土木建筑国家级工法汇编

（2003～2004 年度）

建设部工程质量安全监督与行业发展司
中　国　建　筑　业　协　会

中国计划出版社

图书在版编目（CIP）数据

土木建筑国家级工法汇编：2003~2004年度/建设部工程质量安全监督与行业发展司，中国建筑业协会编.北京：中国计划出版社，2007.1

ISBN 978-7-80177-757-7

Ⅰ.土… Ⅱ.①建…②中… Ⅲ.土木工程-工程施工-建筑规范-汇编-中国-2003~2004 Ⅳ.TU711

中国版本图书馆CIP数据核字（2006）第164365号

土木建筑国家级工法汇编

（2003~2004年度）

建设部工程质量安全监督与行业发展司

中 国 建 筑 业 协 会

☆

中国计划出版社出版

（地址：北京市西城区木樨地北里甲11号国宏大厦C座4层）

（邮政编码：100038 电话：63906433 63906381）

新华书店北京发行所发行

世界知识印刷厂印刷

787×1092毫米 1/16 75.5印张 1883千字

2007年1月第一版 2007年1月第一次印刷

印数1—3000册

☆

ISBN 978-7-80177-757-7

定价：130.00元

土木建筑国家级工法汇编
（2003～2004年度）

编　委　会

前　言

建设部于2006年1月新审定出2003~2004年度国家级工法120项，并以建建［2006］16号文公布，至此，建设部已相继审定并公布了521项国家级工法。实践证明，国家级工法的颁布和推广应用，对提高施工企业的技术、管理水平和市场竞争能力起到了明显的作用。尤其是近年来建筑施工企业将工法与推广新技术的工作结合起来，在工程中广泛运用，产生了良好的经济和社会效益。

2006年公布的120项国家级工法涉及地下工程与深基础施工、混凝土和预应力混凝土施工、模板工程、钢筋连接、特种结构和设备安装等新技术内容。为便于广大建筑施工企业学习和推广应用国家级工法成果，现将其汇编成《土木建筑国家级工法汇编》(2003~2004年度)。

本书汇编的工法，技术水平高、应用广泛、内容翔实、图文并茂、文字表达准确，能指导土木建筑工程的施工与管理。既可作为建筑施工企业中工程技术人员必备的一本工具书，同时也可供科研、设计、教学等单位从事土木建筑专业的技术人员学习与参考。

建设部工程质量安全监督与行业发展司
中　国　建　筑　业　协　会

二〇〇六年十月

建设部关于公布2003～2004年度国家级工法的通知

建质［2006］16号

各省、自治区建设厅，直辖市建委，江苏省、山东省建管局，国务院有关部门建设司，国资委管理的有关企业，新疆生产建设兵团建设局：

2005年12月，我部组织专家对有关部门和地区申报的232项工法进行了评审，审定120项为2003～2004年度国家级工法。现予以公布。

希望各地区、有关部门高度重视工法管理工作，鼓励建筑企业不断采用新技术、新工艺，并及时总结施工经验，促进工法在企业间的交流，进一步提高我国建设工程的施工技术水平。

附件：2003～2004年度国家级工法名单

中华人民共和国建设部

二〇〇六年一月十九日

附件：

2003～2004年度国家级工法名单

1．工法编号：YJGF 01—2004
工法名称：铁路桥桩基托换施工工法
完成单位：中铁十五局集团有限公司
主要完成人：赵　林、吴健强、董　志、赵世永、杨明君

2．工法编号：YJGF 02—2004
工法名称：特大吨位桩基托换施工工法
完成单位：中铁隧道集团有限公司
主要完成人：刘建国、潘明亮、赵春华、朱成杰

3．工法编号：YJGF 03—2004
工法名称：压力分散型抗浮锚杆施工工法
完成单位：中国京冶建设工程承包公司
中国建筑工程总公司国内业务部
主要完成人：卜庆龙、柳建国、李保平、程良奎、耿冬青

4．工法编号：YJGF 04—2004
工法名称：等厚掘搅水泥土防渗墙施工工法
完成单位：江苏弘盛建设工程集团有限公司
主要完成人：翟浩辉、陈福坤、薛　峰、吴　平、孙　刚

5．工法编号：YJGF 05—2004
工法名称：深厚覆盖层（含巨漂）高喷防渗墙施工工法
完成单位：中国水利水电第七工程局成都水电建设工程有限公司
主要完成人：马邦凯、罗建林、邹　刚、张秋红、黄春霞

6. 工法编号：YJGF 06—2004

工法名称：导洞施工防护隔离桩墙施工工法

完成单位：中铁隧道集团有限公司

主要完成人：马锁柱、王先堂、胡春停、龚晓明、蒋树谦

7. 工法编号：YJGF 07—2004

工法名称：地下室薄型滤水层防排水施工工法

完成单位：上海市第四建筑有限公司

主要完成人：晏汇明、周红兵、黄　铁、倪建新

8. 工法编号：YJGF 08—2004

工法名称：多年冻土区钻孔灌注桩施工工法

完成单位：中铁十六局集团有限公司

主要完成人：程红彬、杨希文、常彦博、邸建玄、陈卫东

9. 工法编号：YJGF 09—2004

工法名称：后植入钢筋笼灌注桩成桩施工工法

完成单位：北京市机械施工公司

主要完成人：常乃麟、张治华、杨立新、李　虹、刘晓泉

10. 工法编号：YJGF 10—2004

工法名称：船坞坞壁组合箱型钢板桩施工工法

完成单位：上海市第七建筑有限公司

主要完成人：林锦胜、方　刚、汤永根、陶　金

11. 工法编号：YJGF 11—2004

工法名称：高喷插芯组合桩施工工法

完成单位：天津市华正岩土工程有限公司

主要完成人：雷玉华、张华东

12. 工法编号：YJGF 12—2004

工法名称：地铁车站单跨军用梁盖挖顺筑施工工法

完成单位：中铁四局集团有限公司

主要完成人：周振强、仝学让、毛松如、伍　程、王圣涛

13. 工法编号：YJGF 13—2004

工法名称：浅埋暗挖地下框架结构多导洞施工工法

完成单位：中铁十六局集团有限公司

主要完成人：马振江、胡方田

14. 工法编号：YJGF 14—2004

工法名称：穿越城市主干道浅埋暗挖平顶直墙矩形双跨结构施工技术及应用施工工法

完成单位：北京建工路桥工程建设有限责任公司

主要完成人：侯　剑、韩东林、徐　军、齐西通、赵铁山

15. 工法编号：YJGF 15—2004

工法名称：三拱两柱结构暗挖中洞施工工法

完成单位：中铁三局集团有限公司

主要完成人：陈铁师、任立志、顾拥武、于东雨、海　胜

16. 工法编号：YJGF 16—2004

工法名称：复合盾构施工系列工法

完成单位：中铁隧道集团有限公司

主要完成人：洪开荣、杨书江、郭　磊、叶慷慨、张宏伟

17. 工法编号：YJGF 17—2004

工法名称：盾构隧道双层路面的上层道路施工工法

完成单位：上海市第二市政工程有限公司

主要完成人：朱继文、蒋洪进、黄　勇、陈剑敏

18. 工法编号：YJGF 18—2004

工法名称：双圆土压平衡盾构施工工法

完成单位：上海隧道工程股份有限公司

主要完成人：吴惠明、顾春华、刘千伟、张　曙、王旋东

19. 工法编号：YJGF 19—2004
工法名称：土压平衡顶管施工工法
完成单位：北京市政建设集团有限责任公司
北京市市政工程研究院
主要完成人：关　龙、王世高、宗大武、方依文、祁从刚

20. 工法编号：YJGF 20—2004
工法名称：偏心多轴多刀盘式矩形顶管顶进工法
完成单位：上海隧道工程股份有限公司
主要完成人：孙永华、吕建中、傅德明、张冠军、杨　磊

21. 工法编号：YJGF 21—2004
工法名称：软土层水平冻结法连接通道施工工法
完成单位：上海隧道工程股份有限公司
主要完成人：丁光莹、杨国祥、朱　俊、岳丰田、秦一雄

22. 工法编号：YJGF 22—2004
工法名称：多年冻土隧道施工工法
完成单位：中铁二十局集团有限公司
主要完成人：任少强、况成明、张永鸿、郭朋超

23. 工法编号：YJGF 23—2004
工法名称：悬索桥复合式隧道锚碇施工工法
完成单位：路桥华南工程有限公司
主要完成人：王崇旭、王嗣江、李　勇、黄小鹏

24. 工法编号：YJGF 24—2004
工法名称：高压富水深埋充填型岩溶隧道施工工法
完成单位：中铁隧道集团有限公司
主要完成人：陆少伟、罗　琼、石新栋、张继奎、金强国

25. 工法编号：YJGF 25—2004

工法名称：高等级公路双连拱隧道施工工法

完成单位：中铁十七局集团第三工程有限公司

主要完成人：周志伟、孙修德、程素丽、曹会芹

26. 工法编号：YJGF 26—2004

工法名称：超小净距并行隧道施工工法

完成单位：中铁一局集团有限公司

中铁七局集团第三工程有限公司

主要完成人：杨永强、李长山、拓守盛、赵有歧、权县民、许青峰

27. 工法编号：YJGF 27—2004

工法名称：大断面隧道钻爆法快速施工工法

完成单位：中铁十二局集团有限公司

主要完成人：高连成

28. 工法编号：YJGF 28—2004

工法名称：节能环保水压爆破工法

完成单位：铁道建筑研究设计院

主要完成人：何广沂、段昌炎、王太超

29. 工法编号：YJGF 29—2004

工法名称：建基物基底水平预裂爆破施工工法

完成单位：中国核工业华兴建设有限公司

主要完成人：张卫兵、李新建、蒋雷龙、李付安、郭雪珍

30. 工法编号：YJGF 30—2004

工法名称：双壁钢围堰无导向船下沉施工工法

完成单位：中铁十二局集团有限公司

主要完成人：崔耀华、张复平、贾国盛、许超英

31. 工法编号：YJGF 31—2004

工法名称：预制结构的水上浮运沉放施工工法
完成单位：上海隧道工程股份有限公司
主要完成人：何拥军、肖晓春、张洪林、杨国祥、林家祥

32. 工法编号：YJGF 32—2004
工法名称：水下模袋混凝土基础施工工法
完成单位：上海隧道工程股份有限公司
主要完成人：祝建伟、何拥军、肖晓春、吴超美、杨国祥

33. 工法编号：YJGF 33—2004
工法名称：大直径圆形混凝土结构滑模沉井施工工法
完成单位：长治市建筑工程总公司
主要完成人：牛昆山、王和气、成淑贞、段富增、原海学

34. 工法编号：YJGF 34—2004
工法名称：地下裸岩水封式储气库修建工法
完成单位：中铁隧道集团
主要完成人：杨世武、朱常春、万姜林、刘招伟、郑大荣

35. 工法编号：YJGF 35—2004
工法名称：基于 GPS 实时监控水下抛石施工工法
完成单位：中国建筑第八工程局第三建筑公司
主要完成人：程建军、高安定、招庆洲、沈兴东

36. 工法编号：YJGF 36—2004
工法名称：船闸闸室墙移动龙门整体大钢模施工工法
完成单位：淮阴水利建设集团有限公司
主要完成人：刘　健、朱会祥、仲兆西、朱育清、王　会

37. 工法编号：YJGF 37—2004
工法名称：SBS 改性沥青混凝土路面施工工法
完成单位：路桥集团第一公路工程局

天津第二市政公路工程有限公司
主要完成人：刘树良、王桂霞、王清泉、毕　娟、刘　宪

38. 工法编号：YJGF 38—2004
工法名称：沥青玛瑺脂碎石混合料（SMA）路面面层施工工法
完成单位：深圳市市政工程总公司
路桥集团第二公路工程局
主要完成人：高俊合、尹剑辉、刘声向、严晓生、张景禄、李晓华

39. 工法编号：YJGF 39—2004
工法名称：沥青路面现场热再生工法
完成单位：上海浦东路桥建设股份有限公司
主要完成人：王庆国、徐　斌、奚丽珍、赫振华

40. 工法编号：YJGF 40—2004
工法名称：F1 赛道沥青路面施工工法
完成单位：上海市第一市政工程有限公司
上海建设机场道路工程有限公司
主要完成人：费　翔、姚红英、曹亚东、潘名先、严　军

41. 工法编号：YJGF 41—2004
工法名称：F1 赛车场赛道软基处理综合技术系列工法
完成单位：中铁四局集团有限公司
主要完成人：熊选爱、吴业宏、高传伟、张宏斌、王　瑛

42. 工法编号：YJGF 42—2004
工法名称：热熔标线水线放样施工工法
完成单位：北京华纬交通工程公司
主要完成人：刘承华、张齐仑、王景春、藏卫国、朱　杰

43. 工法编号：YJGF 43—2004
工法名称：提速道岔用混凝土岔枕长线生产施工工法

完成单位：中铁八局集团有限公司

主要完成人：王 江、刘振民、吴利清、杨先凤、张志红

44. 工法编号：YJGF 44—2004

工法名称：长轨排法一次铺设整体道床无缝线路施工工法

完成单位：中铁三局集团有限公司

主要完成人：史柏生、赵文君、杨世杰、牛建成、张爱萍

45. 工法编号：YJGF 45—2004

工法名称：新建200km/h以上有碴轨道机械作业组整道施工工法

完成单位：中铁二十二局集团有限公司

主要完成人：雷 丁、赵东田、赵巨宏、杜以军、郝银根

46. 工法编号：YJGF 46—2004

工法名称：跨座式单轨PC轨道梁架设工法

完成单位：中铁十一局集团有限公司

主要完成人：李 青、孔凡华、韩 阁、苏明辉

47. 工法编号：YJGF 47—2004

工法名称：跨座式倒T型PC轨道梁现场制造工法

完成单位：中铁三局集团有限公司

主要完成人：史柏生、张宇宁、李新民、童 鹏、秦德进

48. 工法编号：YJGF 48—2004

工法名称：先张法折线配筋预应力混凝土简支梁预制工法

完成单位：中铁一局集团有限公司

主要完成人：和民锁、马新安、白双明、曹新刚

49. 工法编号：YJGF 49—2004

工法名称：空间预应力索桥结构制索及调索工法

完成单位：中铁十一局集团有限公司

主要完成人：刘学庆、郭维田

50. 工法编号：YJGF 50—2004

工法名称：磁悬浮轨道梁精密调位施工工法

完成单位：中铁十六局集团有限公司

主要完成人：赵旭清、江拔其

51. 工法编号：YJGF 51—2004

工法名称：自锚式钢桁梁悬索桥施工工法

完成单位：中铁十二局集团有限公司

主要完成人：张喜胜、杜振兵、张瑞森、晋显富、陈春华

52. 工法编号：YJGF 52—2004

工法名称：悬索桥主缆索股架设工法

完成单位：路桥华南工程有限公司

主要完成人：王崇旭、王嗣江、黄小鹏、李　勇

53. 工法编号：YJGF 53—2004

工法名称：斜拉桥主梁活动支架施工工法

完成单位：中铁大桥局集团有限公司

主要完成人：许佳平、汪志榜、农代培

54. 工法编号：YJGF 54—2004

工法名称：斜拉桥索道管安装施工工法

完成单位：天津城建集团有限公司

主要完成人：胡　跃、任师魁、刘润楠、郑　力、韩振勇

55. 工法编号：YJGF 55—2004

工法名称：大跨度滑动模板支架系统施工工法

完成单位：天津第一市政公路工程有限公司

主要完成人：王顺来、刘炳华、刘伯军、赵春风、吴子秋

56. 工法编号：YJGF 56—2004

工法名称：多跨连续钢管系杆拱桥施工工法

完成单位：中铁十三局集团有限公司

主要完成人：战丽娜、闫丹丹、姚广臣

57. 工法编号：YJGF 57—2004

工法名称：钢管拱桥单铰万吨转体施工工法

完成单位：中铁大桥局集团有限公司

主要完成人：陶建山、陈国祥、张春新、周永峰、苏 辉

58. 工法编号：YJGF 58—2004

工法名称：大跨径钢管混凝土拱桥无支架吊装斜拉扣挂工法

完成单位：四川路桥建设股份有限公司

主要完成人：张佐安、王明琪、沈国清、于志兵、卢 伟

59. 工法编号：YJGF 59—2004

工法名称：箱型拱桥无平衡重双箱对称同步转体施工工法

完成单位：四川公路桥梁建设集团有限公司

主要完成人：孙 云、曹平辉、吴跃英、李禄锌、刘兴全

60. 工法编号：YJGF 60—2004

工法名称：用贝雷架做移动模架分段浇筑箱型连续梁工法

完成单位：中铁二十二局集团有限公司

主要完成人：辛双六、王参军、周光忠

61. 工法编号：YJGF 61—2004

工法名称：客运专线后张法预应力混凝土箱梁预制施工工法

完成单位：中铁十二局集团有限公司

主要完成人：赵晋华、刘占伟

62. 工法编号：YJGF 62—2004

工法名称：大跨度预弯组合梁施工工法

完成单位：中铁三局集团有限公司

主要完成人：汪功伟、杨世杰、牛建成、张爱萍、徐建中

63. 工法编号：YJGF 63—2004

工法名称：旧桥改造之桥梁同步顶升施工工法

完成单位：天津城建集团有限公司工程总承包公司

主要完成人：杨　勇、田乃婷、汪济堂、徐政华、宋成国

64. 工法编号：YJGF 64—2004

工法名称：空间扭曲变截面箱型钢梁制作工法

完成单位：天津六建建筑工程有限公司

主要完成人：肖广福、周晓鹏、么敬裕、王立明、付美银

65. 工法编号：YJGF 65—2004

工法名称：大面积钢屋盖多吊点、非对称整体提升工法

完成单位：深圳建升和钢结构建筑安装工程有限公司

主要完成人：鲍广鉴、王　宏、徐重良、刘家华、韩敬海

66. 工法编号：YJGF 66—2004

工法名称：大跨度箱形变截面钢筋混凝土拱施工工法

完成单位：中国建筑二局第三建筑公司

主要完成人：施锦飞、张公义、倪金华、罗琼英、闵学军

67. 工法编号：YJGF 67—2004

工法名称：钢管混凝土柱与钢筋混凝土环梁组合框架节点施工工法

完成单位：山西省第一建筑工程公司

主要完成人：李德明、张若征、田素卿、王小红、牛武功

68. 工法编号：YJGF 68—2004

工法名称：骨架式膜结构施工工法

完成单位：浙江省建工集团有限责任公司

主要完成人：金　睿、卓建明、洪其建、林学文

69. 工法编号：YJGF 69—2004

工法名称：体育场馆环向超长钢筋混凝土结构无缝施工工法

完成单位：中国建筑第八工程局
主要完成人：毛仲喜、戈祥林、陈　新、郭显亮、周　莉

70. 工法编号：YJGF 70—2004
工法名称：多层面超大面积钢筋混凝土地面无缝施工工法
完成单位：中国建筑第五工程局第三建筑安装公司
主要完成人：湛裕勤、喻国斌、甘鲁湘、李廷勇、郑杰平

71. 工法编号：YJGF 71—2004
工法名称：超长超厚一次连续浇筑大体积无微膨胀剂混凝土裂缝控制技术施工工法
完成单位：北京建工集团有限责任公司总承包二部
主要完成人：齐　明、谢　婧、刘爱玲、李雁鸣、张显来

72. 工法编号：YJGF 72—2004
工法名称：无粘结预应力智能控制张拉施工工法
完成单位：中铁十二局集团建筑安装工程有限公司
主要完成人：赵红鹰、王有才、黄亚飞、王兆强、徐海英

73. 工法编号：YJGF 73—2004
工法名称：核电站安全壳预应力施工工法
完成单位：中国核工业华兴建设公司
主要完成人：张卫兵、赵月洲、王德桂、郝发领、宋建义

74. 工法编号：YJGF 74—2004
工法名称：防静电水磨石地面施工工法
完成单位：中国建筑第七工程局
主要完成人：刘文明、祁忠华、杨长伟、黄延铮

75. 工法编号：YJGF 75—2004
工法名称：软土地基大面积承重耐磨地面施工工法
完成单位：天津三建建筑工程有限公司

主要完成人：林克文、吴庆祥、宋红智、芦庆祥、陈有生

76. 工法编号：YJGF 76—2004
工法名称：大面积混凝土地面机械化一次性施工工法
完成单位：中国第十三冶金建设公司
秦皇岛市三信建筑安装工程有限公司
主要完成人：辛志龙、郝三乐、崔建生、何　威、张雪玲、刘宏峰

77. 工法编号：YJGF 77—2004
工法名称：低温辐射电热膜施工工法
完成单位：山西建筑工程（集团）总公司总承包部
主要完成人：焦悟理、朱慧捷、吕　薇、李庆新、王晋城

78. 工法编号：YJGF 78—2004
工法名称：超高层钢结构建筑大型液压爬架施工工法
完成单位：北京建工集团有限责任公司总承包二部
主要完成人：齐　明、任海波、杨玉萍、李雁鸣、赵继刚

79. 工法编号：YJGF 79—2004
工法名称：平板玻璃钢圆柱模板施工工法
完成单位：北京城建二建设工程有限公司
中国华西企业有限公司
主要完成人：李鸿飞、徐亚柯、汪玮瑛、唐在权、邱云胜、甘宇生

80. 工法编号：YJGF 80—2004
工法名称：建筑橡胶隔震支座施工工法
完成单位：中国建筑第七工程局第三建筑公司
主要完成人：张世奇、王彬贵、李统瑞

81. 工法编号：YJGF 81—2004
工法名称：压型铝板屋面施工工法
完成单位：东亚联合控股（集团）有限公司

上海市第二建筑有限公司
主要完成人：张耀明、桂　昕、黄　巍、马金海、尤莉波

82. 工法编号：YJGF 82—2004
工法名称：超大面积大型蜂窝铝板吊顶、挑檐施工工法
完成单位：北京市建筑工程装饰公司
主要完成人：张春雷、姚　斌、张　庚、上官越然、宫晓鸣

83. 工法编号：YJGF 83—2004
工法名称：隐胶缝蜂窝铝板幕墙施工工法
完成单位：中铁建工集团有限公司
主要完成人：曹少伟、王凤义、郭新贺

84. 工法编号：YJGF 84—2004
工法名称：清水饰面混凝土施工工法
完成单位：中国建筑第三工程局
主要完成人：张金序、周鹏华、郑玉华

85. 工法编号：YJGF 85—2004
工法名称：GRC 外墙装饰构件施工工法
完成单位：山西省第三建筑工程公司
主要完成人：吉阳胜、常文慧、冯根明、赵　军、王宏伟

86. 工法编号：YJGF 86—2004
工法名称：大面积木质幕墙施工工法
完成单位：北京市建筑工程装饰公司
主要完成人：张春雷、张宝奇、单艳杰、王　冉、邵　奇

87. 工法编号：YJGF 87—2004
工法名称：大、厚、重艺术浮雕石材干挂工法
完成单位：福建六建建工集团公司
主要完成人：张善庆、陈永耀、陈伯朝、郑少佳

88. 工法编号：YJGF 88—2004

工法名称：聚苯保温板与混凝土现浇复合外墙施工工法

完成单位：浙江舜杰建筑集团股份有限公司

江苏省华建建设股份有限公司北京分公司

主要完成人：蒲梦江、王自力、陈光明、程　杰、朱　靖、姚荣海

89. 工法编号：YJGF 89—2004

工法名称：混凝土外墙钢丝聚苯板外保温施工工法

完成单位：中国建筑第一工程局第二建筑公司

中铁建设集团有限公司

中铁十七局集团建筑工程有限公司

主要完成人：费秀春、张友芹、徐梦南、王　伟、赵　伟、曾禄刚、卫立志、李永胜、郭志豹

90. 工法编号：YJGF 90—2004

工法名称：500kV 大跨越工程特殊立塔及架线施工工法

完成单位：安徽送变电工程公司

主要完成人：宫阿龙、薛慧君、殷传仪、黄成云、罗义华

91. 工法编号：YJGF 91—2004

工法名称：超大型龙门起重机整体提升安装施工工法

完成单位：江苏天目建设集团有限公司

主要完成人：史洪卫、史胜海

92. 工法编号：YJGF 92—2004

工法名称：DBQ3000 型门座塔式起重机安装（拆除）工法

完成单位：中国第一冶金建设公司

主要完成人：郭新发、黄树琦、李前国、余宗奎、所玉敏

93. 工法编号：YJGF 93—2004

工法名称：特大型轧机机架吊装工法

完成单位：上海宝冶建设有限公司

主要完成人：丁明富、庞鸣梁、姜志前、周　勤

94. 工法编号：YJGF 94—2004
工法名称：炭素焙烧炉砌筑工程施工工法
完成单位：山西省工业设备安装公司
主要完成人：杜振慧、茹向阳、曹海洋、杨丽娟、杨娟香

95. 工法编号：YJGF 95—2004
工法名称：3000m^3 以上特大型高炉炉体砌筑工法
完成单位：上海宝冶建设有限公司
主要完成人：李世耀、何明伟

96. 工法编号：YJGF 96—2004
工法名称：20 万 m^3 多边形稀油密封（曼式）煤气柜施工工法
完成单位：马鞍山钢铁股份有限公司修建工程公司
主要完成人：王志强、张宏亮、葛风林、张学英、陈宜东

97. 工法编号：YJGF 97—2004
工法名称：乙烯装置 10 万吨/年乙烯裂解炉安装施工工法
完成单位：中国石化集团第十建设公司
主要完成人：杜宗岚、焦富刚

98. 工法编号：YJGF 98—2004
工法名称：滩海油田大型平台整体浮装就位施工工法
完成单位：胜利油田胜利石油化工建设有限责任公司
主要完成人：桑运水、藏全斋、姜俊荣、郭　刚

99. 工法编号：YJGF 99—2004
工法名称：柔性接口离心铸铁排水管安装工法
完成单位：山西省第三建筑工程公司
中铁建工集团有限公司
山西四建集团有限公司

主要完成人：崔建明、李　琼、郭俊英、柳海民、刘振钰、许国华、
靳联学

100. 工法编号：YJGF 100—2004
工法名称：无檩条结构组合压型钢板制作工法
完成单位：上海宝冶建设有限公司
主要完成人：龚俊杰、朱卫军

101. 工法编号：YJGF 101—2004
工法名称：利用移动组装式电阻炉对非标准设备退火施工工法
完成单位：太原钢铁（集团）建设有限公司
主要完成人：张保栋、王守刚、李建军、张树兵、郝仲魁

102. 工法编号：YJGF 102—2004
工法名称：燃气式罩式退火炉安装工法
完成单位：中国第二十冶金建设公司
主要完成人：魏　强

103. 工法编号：YJGF 103—2004
工法名称：特大型高炉冷却壁在线快速更换工法
完成单位：上海宝冶建设有限公司
主要完成人：王　雄、朱宝良、李树彬、张　顺、彭根东

104. 工法编号：YJGF 104—2004
工法名称：带水大开挖成沟、控制负浮力牵引管道穿越大江大河施工工法
完成单位：管道局石油天然气管道第四工程公司
主要完成人：高建国、宋华奇、王平国、朱东志、曹会清

105. 工法编号：YJGF 105—2004
工法名称：盾构隧道 ϕ1016mm 管道安装工法
完成单位：大庆油田建设集团

主要完成人：王校东、华　晶、王柏强、刘亚洲、赵传海

106. 工法编号：YJGF 106—2004
工法名称：长输管道真空干燥施工工法
完成单位：管道局石油天然气管道第四工程公司
主要完成人：代宗育、解立功、王　平、黄运祥、陈仲举

107. 工法编号：YJGF 107—2004
工法名称：大口径长输管道清管试压工法
完成单位：中国石油天然气管道第三工程公司
主要完成人：陈兵剑、李　林、钱明亮、孙克刚、林金河

108. 工法编号：YJGF 108—2004
工法名称：超高压输气站场工艺管道爆破吹扫、气压试验施工工法
完成单位：北京城建亚泰建设工程有限公司
主要完成人：吴雄平、吴精辉、刘　兵、刘传高、董佳节

109. 工法编号：YJGF 109—2004
工法名称：大口径管道内喷涂施工工法
完成单位：中油管道防腐工程有限责任公司
主要完成人：穆　铎、许传新、刘月芳

110. 工法编号：YJGF 110—2004
工法名称：大型机组油系统冲洗工法
完成单位：中国石化集团第五建设公司
主要完成人：王学义、李明忠、张建国、刘国忠、李福阳

111. 工法编号：YJGF 111—2004
工法名称：大中型球罐无中心柱现场组装工法
完成单位：中国化学工程第十三建设公司
中国石油天然气第一建设公司
主要完成人：曹顺跃、李小朋、李　强、阮刚锋

112. 工法编号：YJGF 112—2004

工法名称：大型立式圆筒形压力容器现场整体内燃法热处理工法

完成单位：中国石油天然气第一建设公司

主要完成人：卫建良、薛金保、刘朝志、王启宇、张志强

113. 工法编号：YJGF 113—2004

工法名称：N6/Q235A 镍/钢复合板焊接工法

完成单位：中国化学工程第六建设公司

主要完成人：简　逖、董冬益、吴泽祥、吕金武、王广继

114. 工法编号：YJGF 114—2004

工法名称：不锈复合钢板焊接操作工法

完成单位：太原钢铁（集团）建设有限公司

主要完成人：于立兴、王秋平、彭　善、孙计成、裴保华

115. 工法编号：YJGF 115—2004

工法名称：GSM－R 天馈系统安装调试工法

完成单位：中铁四局集团有限公司

主要完成人：林　蹟、阮　波、裴　光

116. 工法编号：YJGF 116—2004

工法名称：驼峰自动化信号施工工法

完成单位：中铁八局集团电务工程有限公司

主要完成人：吴开强、黄存宣、朱永丽

117. 工法编号：YJGF 117—2004

工法名称：铁路数字调度通信系统调试工法

完成单位：中铁八局集团电务工程有限公司

主要完成人：汪建清、朱永丽、谢　邦

118. 工法编号：YJGF 118—2004

工法名称：ZPW－2000A 无绝缘自动闭塞设备安装及调试工法

完成单位：中国铁路通信信号集团公司天津工程分公司
主要完成人：徐国斌、齐进宽、潘书庆、刘圣革、郜建民

119. 工法编号：YJGF 119—2004
工法名称：接触网全补偿弹性链型悬挂施工工法
完成单位：中铁电气化局集团有限公司
主要完成人：祝玉林

120. 工法编号：YJGF 120—2004
工法名称：SEI 列控联锁一体化系统设备安装、调试工法
完成单位：中铁电气化局集团有限公司
主要完成人：沈九江、梁　辉、朱俊鹏、蒋先进

目录

铁路桥桩基托换施工工法

YJGF 01—2004

中铁十五局集团有限公司

赵　林　吴健强　董　志　赵世永　杨明君

随着城市建设的发展，越来越多的城市需要修建地铁。深圳地铁一期工程老街至大剧院区间隧道，直接穿越广深铁路高架桥，由于受到线形控制，需要进行桩基托换施工，而且在不影响正常运营的情况下进行桩基托换。经过参建各方技术施工人员的努力，解决了该工程地质恶劣、施工干扰严重、技术难度大等施工难题，按时优质完成了这一项国内首次、世界罕见的铁路桥梁动载托换工程，各项工程质量均达到优良标准，且被评为优质工程，受到深圳市政府、地铁公司、广深铁路股份有限公司等单位的高度赞誉。这项技术 2003 年 11 月 15 日通过专家鉴定，达到国内领先水平。我们将这项技术总结形成本工法。

一、工法特点

1．在线路运营状态下，保证被托换铁路桥墩、梁的几何状态及应力的稳定，从而确保铁路运营安全及桩基托换施工的顺利进行。

2．施工全过程充分发挥高精密仪器的监控量测作用，及时反馈信息调整施工技术方案和措施，认真做好与铁路运输部门的协调配合，确保项目一次成功。

3．重视做好基坑帷幕及挖孔桩止水帷幕施工工作。

4．施工组织科学合理，保证措施得力，工序衔接紧密。

二、适用范围

本工法广泛适用于桩基托换施工，当要求施工期间不影响铁路正常运营的动载条件下铁路桥桩基托换施工更显其优越性。

三、施工工艺

1．工艺流程

施工准备→基坑外侧施作支护旋喷桩止水帷幕及托换新桩的围护结构→临时钢支架基础钢管桩施作→临时钢支架的加工及安装→线路扣轨→在临时钢支架立柱上安装 H 型钢横梁→在横梁上支设千斤顶并顶升铁路桥梁部→挖孔桩止水帷幕施作→挖孔桩施工→托换梁基坑开挖→桩帽及旧桩节点处理→托换梁绑扎钢筋、固定钢绞线→立模→浇注托换梁混凝土→钢绞线部分张拉→孔道压浆→封端→托换梁分级顶升→钢绞线分步张拉、孔道压浆、封锚→桩梁固结→千斤顶卸载→基坑回填→路面恢复。

第一片托换梁施工完后，根据监测结果，将工序改为先托换梁先顶升（1000kN），然后边张拉，边分级顶升。

铁路桥桩基托换的具体布置详见图 1 和图 2。

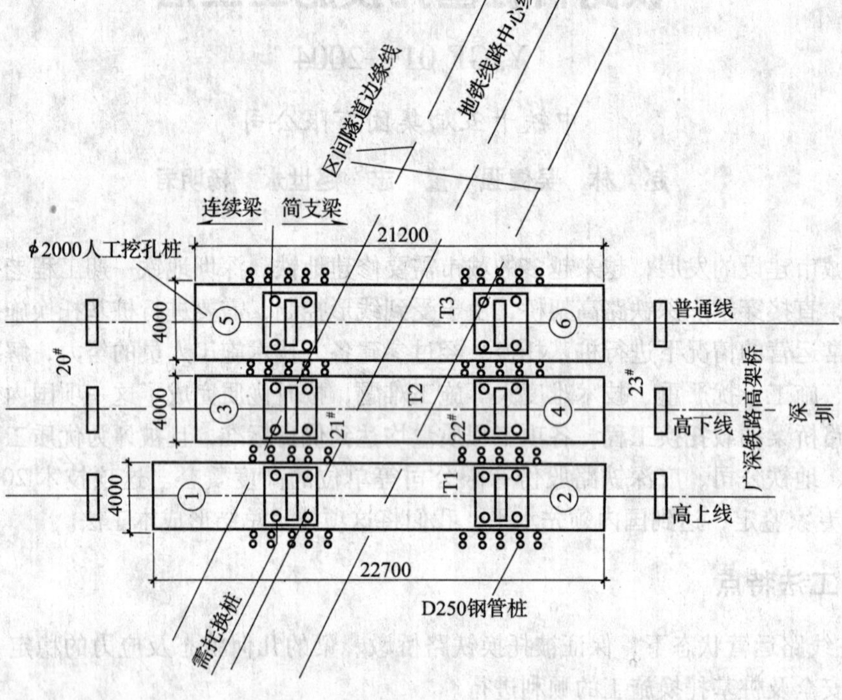

图 1　铁路桥桩基托换平面（单位：mm）

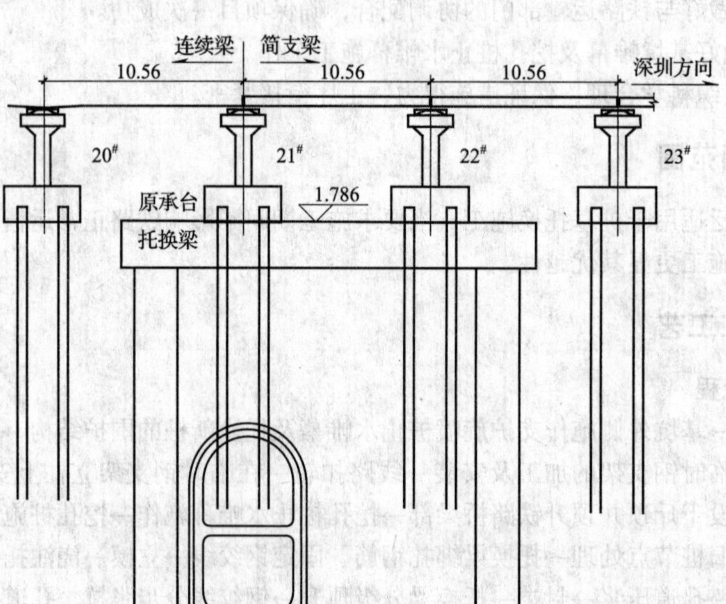

图 2　铁路桥桩基托换立面（单位：m）

2. 施工步骤和方法

（1）首先在基坑四周施做三排单重管旋喷桩，用于施工中防止涌水涌砂，并且还用作基坑围护。旋喷桩直径为800mm，间距600mm，帷幕底进入残积土层3m以上，并且每个旋喷桩中插入钢管以加劲，旋喷桩顶部设置500mm厚的C25钢筋混凝土联梁。

（2）地面旋喷桩施工完成后，进行线路扣轨架空支架的施工，然后对线路进行扣轨。与此同时施工钢支架，钢支架设于每个需托换的墩位处，见图3。其基础采用D250微型钢管桩，打入深度为19m，钢管内充填混凝土，增强其刚度和强度。钢管桩顶为1.2m高的C30混凝土联梁，其上为钢支架。在钢支架立柱的中部焊有H型钢横梁，型钢穿过铁路梁底部，在梁底与H型钢顶面预留千斤顶所需的顶升高度，然后在钢支架上设置千斤顶，顶升铁路桥梁部。同时钢支架立柱顶部支撑扣轨梁的纵梁，这样使80%的梁部恒载引起的支座反力由钢支架承担，减少了铁路荷载对被托换桥墩和桩基的影响，保证了行车的安全。

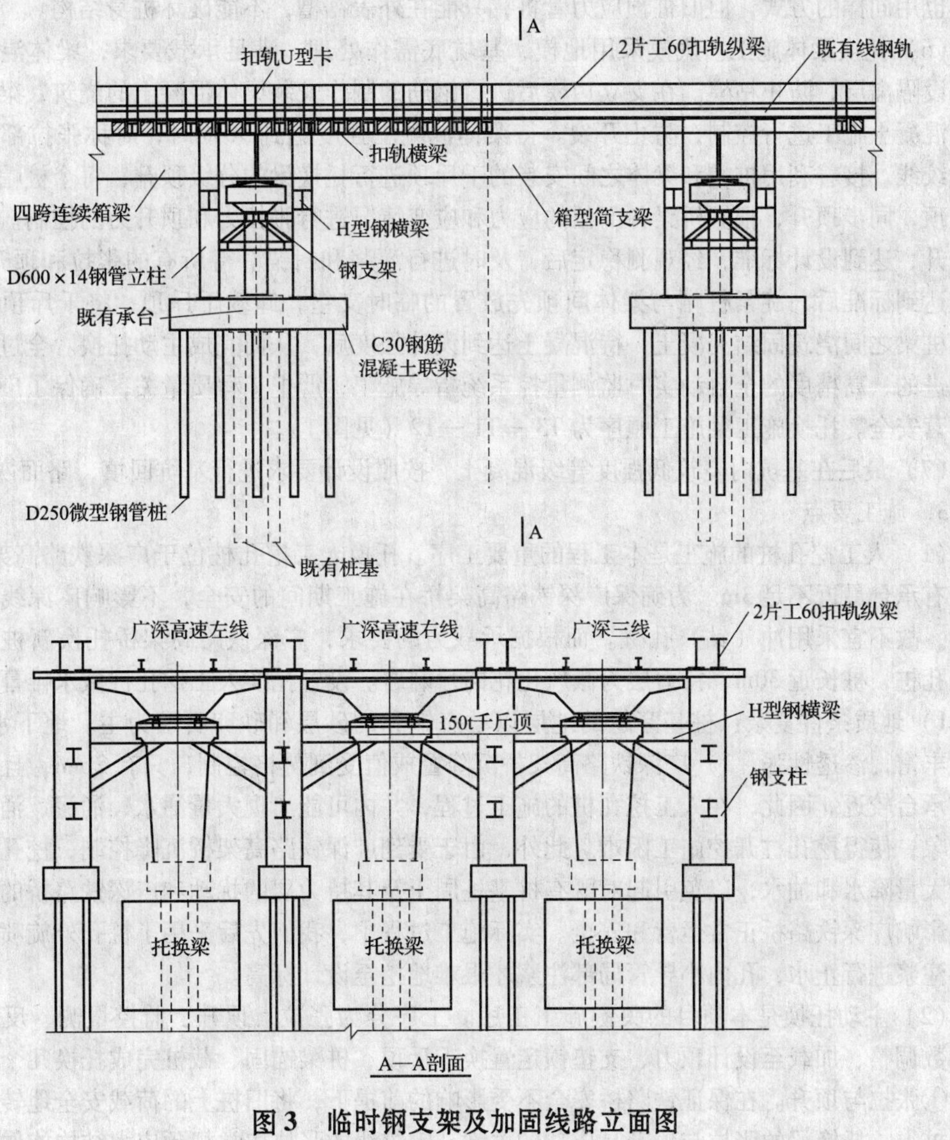

图3　临时钢支架及加固线路立面图

（3）进行挖孔桩四周止水帷幕的施做，采用两排旋喷桩，这样可以最大限度地隔断四周的汇水来源，然后进行6根$\phi 2.0$m的托换新桩挖孔施工。采取边挖边支护的方法，达到孔底标高后，制作钢筋笼，灌注桩身混凝土。

（4）进行托换梁基坑开挖工作。基坑深6m，下挖至既有承台下3.7m，先开挖出一个承台处的地基土，观测桥上列车通过时的原桥基础、梁部及施工钢支架的位移值，若没有超出警戒值或出现任何异常情况时，再进行另一条基础的开挖，避免同时全面开挖。完成一个，回填一个，然后再进行其他线路的托换施工。若发现原桥基础下沉，通过施工支架上的千斤顶顶升来调整线路标高，再用临时调节垫板垫在原支座下，保证线路的几何尺寸。

（5）待基坑开挖完成后，施工新桩桩帽和承台及旧桩的节点处理。桩帽为钢筋混凝土结构，将桩头浮浆部分全部凿除后，绑扎钢筋，浇筑混凝土。托换梁与承台的联结采用对承台底部凿毛、洗净并植筋，涂刷锚固剂，在浇筑托换梁混凝土时，两者刚性联结。与旧桩的联结也用同样的方式，但旧桩预应力管桩，只能在外表锯槽，不能破坏桩身结构。

（6）托换梁体施工。底模采用地模，基坑底需作处理，满足承载要求，梁体混凝土与底模设隔离层，防止粘模。在支立边模后进行钢筋的制作安装梁体混凝土的浇筑，梁体按大体积混凝土施工进行控制，防止开裂。待梁体混凝土强度达到90%时，对称张拉部分预应力钢绞线。接着利用桩帽和梁体之间安装的千斤顶进行托换梁的分级顶升，每个桩帽设两台千斤顶，同步顶升，根据桥梁各部位的应力和应变情况进行张拉力和顶升力的控制。边张拉边顶升，达到设计标准，经观测稳定后，及时进行灌浆和封锚。待所有的张拉和顶升完成，监测达到标准后，旋紧桩帽与梁体间预先放置的临时支垫，卸载千斤顶，将千斤顶置换出来。桩梁之间浇筑固结混凝土，待混凝土达到设计强度后，从而完成主动托换。全过程采用了先进的、高精度的全自动实时监测量控系统指导施工，严把工程质量关，确保了广深铁路桥运营安全。托换施工梁施工顺序为T3→T1→T2（见图1）。

（7）最后在基坑内浇筑低强度等级混凝土，按照设计要求进行基坑回填，路面恢复。

3. 施工要点

（1）人工挖孔桩的施工是本工程的重要工序。托换人工挖孔桩位于广深铁路高架桥下，距既有承台最近不足3m。为确保广深铁路高架桥在施工期间的安全，不影响广深线的正常运营，故不宜采用冲（钻）孔桩。而根据承载力的要求，广深铁路高架桥托换新桩采用人工挖孔桩，桩长近30m，持力层为微风化花岗片麻岩。设置托换人工挖孔桩截水帷幕原因如下：1）地质条件复杂：桩基穿越的地层以动态饱和的砂层和砂卵石层为主。地下水位高、水量丰富，渗透性强。2）广深铁路高架桥沉降警戒值受到严格控制，只有2mm，且新桩距既有承台较近。因此，在人工挖孔桩的施工过程，井内可能出现大量涌水、涌泥、涌砂和坍塌现象，使得挖孔桩开挖施工困难。此外，由于受到广深铁路高架桥沉降控制，挖孔桩不得进行大量降水和抽水，以免引起对既有桩基桩周土及其持力层的扰动和广深铁路桥的超量沉降，影响广深铁路桥正常运营和安全。实际施工过程中，我们先后采用了桩孔外旋喷桩、袖阀管注浆进行止水，孔内小导管局部注浆才艰难地挖至设计标高。

（2）主动托换是本项目的关键施工工序。工序分为张拉、顶升、监控量测、反馈信息及参数调整、加载至设计顶力、支垫锁定置换千斤顶、桩梁锚固、截桩完成托换几个部分。

①张拉与顶升。在保证铁路桥安全不受影响的前提下，将旧桩上的荷载安全地转移到托换新桩上，托换梁的张拉与顶升是成功的关键。钢绞线的张拉按常规预应力结构施作，但在

张拉过程中，托换梁受压后，产生跨中上拱，端部出现下沉，会对与之固结的既有桥墩造成竖向和平面位移，因此，应合理确定顶升和张拉的顺序及施加的应力，减少结构物的变位。根据设计要求的最大顶升力，分 12 级逐步施加顶升力，前 80% 的荷载平均按 8 级进行加载，后 20% 的荷载平均按 4 级进行加载，严格控制每级顶升力。采用边张拉，边顶升的方式，减少结构变形。在每级施加顶力过程中，连续记录监测数据和加载数据，进行分析，以指导下一级操作。每级施加时间确定为 10 ~ 30min，前 8 级持续时间 30 ~ 60min，后 4 级的最后一级持续 12 ~ 24h，最终荷载为 100% 。具体实施中首先测量放线确定各千斤顶和临时支垫的具体位置、千斤顶的顶面和底面标高。然后在托换梁的两头桩帽上各放置 YSD500t 的千斤顶 2 台和支垫，并调节到设计高度。再用精密水准仪（精度为 0.1mm）进行抄平，允许误差为 1.0mm。支垫安装到位后，用粗钢筋将预埋钢板与支垫底板临时焊在一起，固定在桩帽上。桩顶与托换梁之间垂直距离为 650mm，支垫设计高度为 640mm，剩余的 10mm 空间和顶升位移一起通过支垫上螺丝端杆的螺母进行调整。每个桩帽的两个千斤顶由一个油泵控制，以达到两个千斤顶同步顶升的目的。当千斤顶顶升到所需要的荷载后，将油泵锁死，并且将螺丝端杆上的螺母旋转到位，使支垫顶紧托换梁底，当支垫全部顶到位后，方可启动油泵，使千斤顶回程复位，完成一级顶升过程。

②监控量测、信息反馈与参数调整。监控量测是指导整个托换过程的关键环节。通过在张拉和顶升过程中对托换大梁的挠度、应变和倾斜，托换新桩的应变以及临近桥墩的沉降、水平位移和倾斜度的监测，使张拉和顶升过程引起的托换梁和桥梁变位控制在设计标准之内（监测项目及测点布置详见附录）。按原方案采取先张拉部分预应力钢绞线，然后再进行分级顶升。通过对 T3 梁的监测，发现一次施加张拉力过大（一次张拉 8 束，共 12 束），对托换结构的变位影响较大，产生了托换梁跨中上抬 0.51mm、两端下沉 1.2mm 和平面扭转现象，同时也导致既有桥墩产生了较大的墩顶位移（详见附表 3）。在 T1 和 T2 托换梁的施工中，采用先施加 1000kN 的顶力，对称张拉其中四束钢绞线，然后再施加顶力至 2000kN，对称张拉剩余 8 束钢绞线，最后按确定的顶升方案分级、慢速、均匀施加顶力至设计值。施加顶力过程中还要根据监控系统的信息反馈，控制托换梁两头的千斤顶的压力和位移，从而保证托换梁两端的平衡。根据监测系统反馈的信息，在 T2 托换梁施工中，进行了超载顶升，然后再卸载至设计顶力，以消除桩梁的非弹性变形。

③锁定支垫、置换千斤顶及桩梁锚固。顶升达到设计值，各项指标经检测满足设计要求，当桥梁和托换桩基础的沉降达到一定的稳定甚至不再沉降时，锁定支垫，方可撤销千斤顶，所有顶力由支垫承担。桩梁锚固时将托换桩基础与托换梁之间的空间连同钢支垫一起用混凝土浇筑，托换梁底的缝隙由预埋的注浆管压注水泥浆填实。

④截桩。托换完工后，暗挖隧道挖至既有管桩时，可进行洞内截桩，完成基础承载结构的转换。

（3）桩基托换是在不中断运营状态下组织施工的，控制铁路桥的沉降和变形是确保安全的前提条件。根据设计文件要求，桥墩下沉量不大于 2mm，上抬量不大于 1.5mm，墩顶位移控制在 1.0mm 以内。为满足上述技术标准，采取以下措施：

①对广深铁路桥被托换的桥跨利用钢支架和扣轨进行了加固处理。钢支架承担了 80% 恒载引起的支座反力，并根据桥墩的变位情况，适时调整梁部下的千斤顶，保证轨道的几何尺寸。

②减少在挖孔桩及基坑开挖过程中对原桥的扰动。尤其是在基坑下挖到承台以下 3.7m，造成承台下相应的桩基悬空，不仅减少了桩基的承载力，而且水平方向稳定性大幅降低。为保证行车安全，在承台四周加设支撑，固定在基坑壁稳定部位，并利用墩顶的静力式水准仪及电子位移计对桥墩的下沉和纵横向位移进行严密监控，确保桥墩变位在设计标准以内。

③托换大梁的张拉顶升是利用列车未过天窗的时间进行，在没有列车动载的情况下，取得可靠的力学数据，用于指导托换施工。在开通线路以前，必须完成预定的阶段张拉和顶升任务，顶升到一定吨位后用支垫锁定，开通后的前三列列车限速通过，严密监控列车通过时桥墩及托换梁的应力和变形情况，若无异常，列车正常通过。

④控制托换阶段顶升加载的速度，减少非弹性变形，从而减少既有墩梁的变位。根据设计要求的最大顶力，分十二级逐步施加顶力，严格控制每级顶升荷载，使顶升工作压力缓慢、均匀增加，避免桩梁荷载突变而导致不良后果。在对托换梁进行顶升的过程，也是对托换新桩进行预压，通过预压，使托换新桩大部分沉降，在托换阶段得以完成，减少托换后的非弹性变形，从而减少了托换后桩梁的变位。

⑤托换完毕后，在隧道开挖截桩前，对托换桩、托换梁、既有铁路桥梁和墩身进行监测，随时保持柱顶沉降在 1.0mm 以内。隧道暗挖截桩时，进一步观测各项目的变化情况，对比截桩前后的应力和应变增量。监控量测要持续到地铁施工完成后的一年时间，若超出限值，则通过既有桥下的支座进行调整。

通过采取以上措施，托换的整个过程均在严密监控下安全、有序进行，未出现异常情况，结构物的变形均控制在限值以内。截桩 3 个月以后整个托换结构已经完全稳定，铁路桥桩基托换工程顺利完成。

四、机具设备

机具设备见表 1，测量仪器设备见表 2。

表1 机 具 设 备

序号	设备名称	型号规格	单位	数量	备 注
1	挖掘机	DH55 – V	台	2	
2	钻机	XJ – 100	台	6	
3	高压旋喷钻机	YE – 100	台	8	
4	高压泥浆泵	Y – 2	台	5	
5	混凝土输送泵	HBT60A	台	2	
6	汽车吊	500kN	台	1	
7	拖车	60t	辆	1	
8	钢筋弯曲机	GW40 – 1/2	台	2	
9	钢筋调直机	CF4 – 14	台	1	
10	电弧焊机	24kVA	台	8	
11	卷扬机	30kN	台	2	

续表 1

序号	设备名称	型号规格	单位	数量	备　注
12	千斤顶	150t	台	24	
13	千斤顶	600t	台	12	
14	锚具	OVMP15－12	套	72	
15	注浆泵	BW－250	台	2	
16	水准仪	DS3	台	2	
17	全站仪	GTS－711	台	1	

表 2　监测仪器设备表

序号	仪器名称	单位	数量	备　注
1	静力式水准仪	台	3	精度 0.01mm
2	精密水准仪及数码铟瓦标尺	台	1	精度 ±0.1mm
3	倾角仪	台	7	精度 2″
4	钢筋应变计	台	29	精度 $1\mu_\varepsilon$
5	电子位移计	台	4	包括电阻应变片
6	电子压力传感器	台	4	包括电阻应变片
7	百分表	台	8	精度 0.01mm
8	数据实时传输单元	套	3	

五、劳动力组织

劳动力组织见表 3。

表 3　劳动力组织

序号	班组	人数	组　成
1	项目部	21	指挥 2 名，质量检查员 2 名，安全检查员 2 名，技术人员 6 名，试验人员 3 名，测量监控人员 6 名
2	旋喷桩工班	30	班长 4 名，拌浆 8 名，开泵 4 名，开钻机 4 名，加换钻杆 8 名，现场管理人员 2 名
3	钢管桩工班	23	班长 3 名，拌浆 6 名，开泵 3 名，开钻机 3 名，加换钻杆 6 名，现场管理人员 2 名
4	模板及架子工班	28	运输 3 名，吊车司机 2 名，木工 3 名，模板工 10 名，架子工 8 名，现场管理人员 2 名
5	钢筋制安工班	48	钢筋下料 3 名，弯筋 5 名，对焊 4 名，电弧焊 10 名，运输 6 名，布筋名，绑扎钢筋 8 名，杂项 6 人
6	混凝土工班	24	输送泵司机 3 名，安、拆泵管 5 名，混凝土振捣 6 名，整平压光 4 名，养护 2 名，杂项 4 名
7	预应力工班	37	安波纹管 3 名，下料、编束 5 名，开卷扬机 2 名，张拉 10 名，读数记录 4 人，封锚 3 人，压浆 6 人，杂项 4 人
8	铁路扣轨封锁	27	信号联络 4 名，吊车司机 2 名，运输 6 名，配合人员 15 名

六、质量控制

1. 由于动载条件下桩基托换在国内尚属首例，没有可借鉴的经验，因此施工前的技术准备工作一定要充分，技术方案要切实可行，安全措施要准确到位。

2. 施工中严格执行《铁路桥涵地基和基础工程质量检验评定标准》、《铁路桥涵工程质量检验评定标准》、《预应力钢筋混凝土检验标准》等要求。

3. 依据 GB/T 19001—2000 - ISO 9001:2000 标准要求建立质量保证体系并操作运行。

七、安全措施

1. 项目部专门设立了安全管理机构，由项目经理任组长，技术主管任副组长，专职安全员负责全工程的安全管理工作，各生产班组设兼职安全员，协助班长做好本班组的各项安全管理活动。

2. 施工过程中必须把铁路行车安全放在首位，当施工与行车安全发生矛盾时，严格遵循"安全第一"的原则，绝对服从铁路行车安全的需要。对行车安全影响较大的施工工序，向铁路运输部门申请办理施工期间的列车慢行手续。

3. 积极主动地与铁路运输部门联系沟通，认真采纳铁路运输部门的意见，认真编制铁路封锁施工方案，按规定向铁路运输部门提报线路封锁计划，协同铁路运输部门召开封锁施工方案协调会，及时落实封锁计划。

4. 项目施工过程中进行全过程监测，确保线路轨道、桥梁、设备等位移、变形、沉降值等控制在设计要求和规范允许范围内，随时掌握其变化情况，发现异常，立即采取相应措施。

八、效益分析

铁路桥桩基托换施工工法解决了不影响铁路运营条件下的施工难题，为今后类似工程施工提供了可借鉴的经验，也填补了国内在这一领域的空白，中铁十五局集团公司采用本工法安全、稳妥、高质量地完成广深铁路桥桩基托换的施工，受到了有关各方的高度赞誉，取得了良好的社会效益。

九、工程实例

深圳地铁一期工程 4A 标段暗挖隧道位于老街——大剧院区间东段，直接穿越广深铁路高架桥（该处的广深铁路里程为 K144 +935），托换工程里程位于深圳地铁一期工程线路里程 ZSK2 +035 ~ ZSK2 +055 处。需托换的该处广深铁路高架桥为三线桥，桥墩基础为四桩承台，桥桩基础为打入式预应力钢筋混凝土管桩，桩底侵入隧道结构以内。区间隧道穿越该处的广深铁路高架桥 22# 桥墩右线及第三线承台下各四根桩基和接触网电杆 2 根。其中 21# 桥墩一边为四跨连续梁的边跨，另一边为简支梁，22# 桥墩两边均为简支梁。施工地点广深高架桥东侧是建设路，西侧是和平路，南边为深南路穿孔桥，北边为解放路，正好处于铁路桥下绿化带。

设计最终决定对广深铁路桥的 21# 桥墩和 22# 桥墩共六个基础进行托换，新基础为人工挖孔灌注桩，采用托换梁将原桥该处墩基础荷载转移到新基础上。采取主动托换形式。托换梁为预应力钢筋混凝土结构，共 3 片梁，各自托换一条线路桥梁 21# ~ 22# 桥墩的两个承台八根管桩，托换梁置于被托换的既有承台下，新基础桩为 ϕ2.0m 的人工挖孔桩。梁与桩基先各自独立施工操作，桩基托换受力转换后再连成刚性整体。为达到主动托换的目的，在托换时，在托换梁与挖孔桩之间设置千斤顶加载，利用千斤顶使托换梁的恒载、桥墩及上部结构的恒载、既有管桩的负摩擦力提前施加于新基础桩上。同时使新基础桩的大部分沉降位移通过顶升的预压来完成，从而通过主动加载实现作用在原结构桩上的荷载经托换梁转移到新基础桩。

广深铁路桥桩基托换工程于 2001 年 8 月 15 日进场，在深圳市地铁有限公司、广深铁路股份有限公司及铁道第二勘察设计院、中咨公司监理部等有关单位的大力支持下，经过广大施工人员的努力，克服了该工程地质恶劣、施工干扰严重、施工技术难度大等等一个又一个的施工难题，终于在 2002 年 11 月 20 日按时优质完成了这一项国内首次、世界罕见的铁路桥梁动载托换工程。

附录（仅供参考）

1. 监测项目

在预应力张拉和主动托换期间主要对大梁的挠度、应变，托换新桩的应变、位移以及被托换桥墩的沉降、水平位移进行监测。监测项目见附表 1。

附表 1　监测项目表

序号	监测项目	监测仪器	精　度
1	大梁、新桩应变	钢筋应变计	$1\mu_{\varepsilon}$
2	被托换桥墩的纵横向相对位移	百分表及电子位移计	0.01mm
3	新桩桩顶与托换梁之间的相对位移	电子位移计	0.01mm
4	被托换桥墩的沉降	静力式水准仪与位移计	0.01mm
5	大梁与桥墩	倾斜倾角仪	2″

2. 测点布置

测点布置详见附图 1 ~ 附图 3。

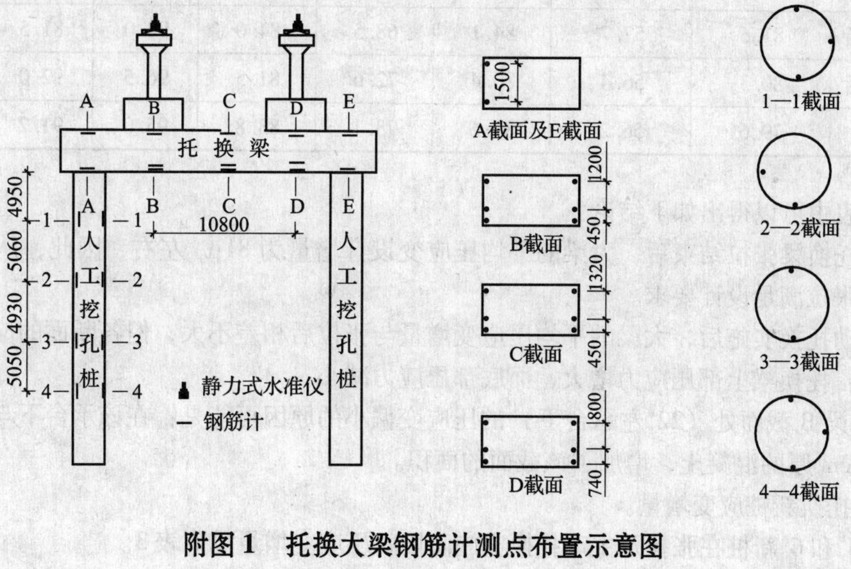

附图 1　托换大梁钢筋计测点布置示意图

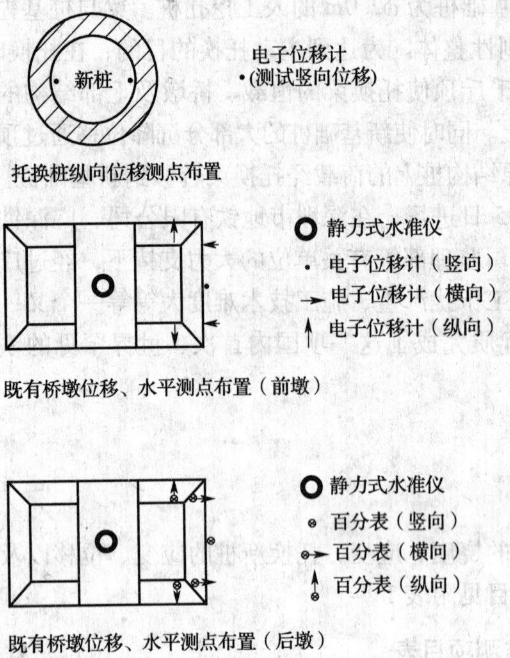

附图2　托换梁张拉、顶升阶段桥墩、新桩位移测点布置示意图

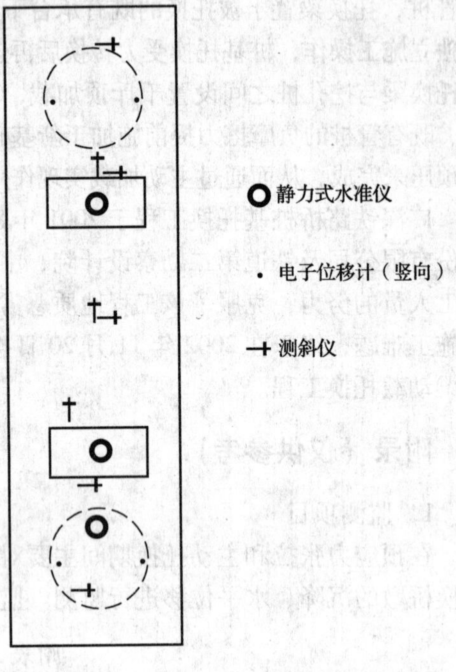

附图3　托换梁主动托换阶段监测点布置示意图

3．监测结果

（1）托换大梁压应变增量。

各托换梁在张拉及主动托换实施阶段的压应变增量平均数据详见附表2。

附表2　各托换梁及主动托换实施后平均压应变增量值

工况	T3 梁平均应变增量（μ_ε）		T1 梁平均应变增量（μ_ε）			T2 梁平均应变增量（μ_ε）		
	A 断面	B 断面	B 断面	C 断面	D 断面	A 断面	B 断面	C 断面
张拉结束后	81.6	57.7	84.1	68.5	84.0	92.0	81.5	84.0
主动托换后	80.3	56.4	86.4	72.6	81.5	96.5	92.0	85.9
工后监测	79.6	56.2	83.6	73.1	83.8	95.0	91.2	84.8

从上表中可以得出如下结论：

①各托换梁张拉结束后，大梁的平均压应变设计增量为81μ_ε左右，因此，从上表中可以得出：张拉满足设计要求。

②主动托换实施后，大梁的平均压应变增量与张拉后相差不大，但各断面的应力状态发生了改变：托换梁上部压应力增大，而底部压应力减小。

③T3梁B截面处（22#左承台下）的压应变偏小的原因可能是：在该承台下与托换同时浇注了60cm厚的混凝土，增加了该截面的面积。

（2）托换新桩应变增量。

1#、3#和6#新桩在张拉及主动托换实施阶段的压应变增量见附表3。

附表3　托换新桩压应变增量变化表

托换新桩	断面距桩顶距离（m）	张拉结束后		主动托换后	
		平均应变增量（μ_ε）	对应压力增量（kN）	平均应变增量（μ_ε）	对应压力增量（kN）
1#	5.0	13.8	1450	18.8	1980
	20.0	2.7	280	2.2	230
3#	3.5	24.3	2560	36.2	3740
	12.6	3.4	350	7.1	750
6#	5.0	7.9	830	19.7	2070
	20.0	0.7	74	1.4	150

根据托换新桩应变增量分析，新桩桩端基本未受力，托换顶升荷载基本由桩周土摩擦力所承担，因此，在主动托换过程中，新桩沉降基本为桩身弹性压缩变形。

（3）被托换桥墩位移变化。

被托换桥墩位移变化见附表4。

附表4　被托换桥墩位移变化表

托换梁	被托换桥墩	位移方向	张拉结束后	桩梁联结后	最大累计上抬量
T1	21#右	竖向（mm）	0.18	0.55	0.61
		横向（mm）	0.20（西）	0.23（西）	
		纵向（mm）	0.18（北）	0.23（南）	
	22#右	竖向（mm）	0.28	0.63	0.74
		横向（mm）	0.05	0.01	
		纵向（mm）	0.32（南）	0.22（北）	
T2	21#中	竖向（mm）	0.16	0.55	0.79
		横向（mm）	0.08	0.12（西）	
		纵向（mm）	0.17（北）	0.42（南）	
	22#中	竖向（mm）	0.26	0.53	0.65
		横向（mm）	0.24（西）	0.21（西）	
		纵向（mm）	0.06	0.51（北）	
T3	21#左	竖向（mm）	0.43	0.86	1.02
		横向（mm）	0.55	0.04	
		纵向（mm）	0.50	0.12	
	22#左	竖向（mm）	0.52	0.89	1.12
		横向（mm）	0.08	0.18	
		纵向（mm）	0.48	0.16	

注：表中除21#和22#左桥墩纵横向位移为桥墩与桥梁梁体纵横向相对位移，其他均为绝对位移。

从附表4中可以得出：

①在预应力张拉和主动托换过程中，引起了桥墩与桥梁梁体之间产生了纵横向相对位移，但其位移量均小于设计允许值1.0mm。

②在主动托换过程中，被托换桥墩最大累计上抬量为1.12mm（$22^{\#}$），小于设计允许值1.5mm。

（4）新桩桩顶与托换梁之间的相对位移。

①在T3梁张拉阶段，一次张拉力过大以及千斤顶和安全自锁装置安装不密贴，引起了较大的结构位移和托换大梁的平面扭转。在T1和T2梁张拉过程中，调整了张拉、顶升的顺序和施加的荷载，未出现此类现象。

②在主动托换顶升阶段，同一根托换新桩上的两个千斤顶位移最大差值见附表5。

附表5　主动托换顶升阶段同一根托换新桩上的两个千斤顶位移最大差值

托换梁	T1		T2		T3	
托换新桩	$1^{\#}$	$2^{\#}$	$3^{\#}$	$4^{\#}$	$5^{\#}$	$6^{\#}$
两个千斤顶位移最大差值（mm）	0.16	0.28	0.08	0.11	0.18	0.20

从上表可以看出，在主动托换顶升阶段，同一根托换新桩上的两个千斤顶位移最大差0.28mm（$2^{\#}$桩），这说明同一根新桩上的两个千斤顶顶升同步性良好，基本避免了托换大梁产生平面扭转现象。

（5）托换大梁挠度和新桩沉降。

①在T3梁前8束预应力筋张拉结束后，托换大梁中部产生了上台，大梁两端下沉，梁跨中的最大上台量为D3的0.51mm，大梁两端的最大下沉量为L2的1.2mm。这说明张拉使托换大梁产生了反拱。

②在T3梁主动托换结束后，$6^{\#}$新桩累计沉降了1.16mm。

特大吨位桩基托换施工工法

YJGF 02—2004

中铁隧道集团有限公司

刘建国　潘明亮　赵春华　朱成杰

深圳地铁国贸—老街区间重叠隧道穿越百货广场大厦的桩基托换具有托换桩多（6 根）、托换轴力（18000kN）和桩径大（2000mm）、地质条件差、地下水头高、托换位置深（地下三层）、使用环境复杂（中间穿越地铁，有振动影响）等几大特点，目前国内外尚无类似大轴力托换施工经验（日本类似托换最大轴力 8750kN，国内 5900kN）。为此，中铁隧道集团成立了科技攻关小组，结合重叠隧道施工技术总课题，对大轴力桩基托换技术的理论及机理、托换结构、施工工艺、托换环境评估等方面问题开展研究，取得了成功，并根据科研成果和施工经验总结形成本工法。

一、工法特点

1. 采用低高度预应力钢筋混凝土梁做托换梁，梁高低、刚度大，解决了托换梁刚度（尺寸）问题。

2. 梁柱接头强度和保证托换过程中接头不发生滑移的构造措施克服了梁柱接头强度难题，能充分保证托换作业安全顺利。

3. 能正确设计和估算被托换柱的变形状况和柱顶结构物的刚度，掌握主动托换中荷载的分配关系，防止结构物变形超标、受损，保持结构物变形始终控制在允许范围内（顶升量和沉降量），保持托换大梁承受的荷载始终在允许范围之内。

4. 施工中监测反馈方案措施完备。

5. 准确确定托换分级荷载大，小千斤顶自锁装置配置与使用合理可行。

二、适用范围

适用于 20000kN 以下构筑物桩式基础的大中型桩基托换工程。

三、工艺原理

桩基托换分为主动和被动托换。本工法为主动托换。在旧桩截桩之前，对新桩和托换结构加载，消除部分新桩和托换结构的变形，使得托换后桩和托换结构的变形限制在允许范围内。该技术应用于大轴力、结构物对变形要求严的桩基托换，其原理参见图 1。

四、施工工艺

1. 工艺流程（见图 2）

2. 施工前准备——模型试验

（1）试验目的。

①作 1:4 整体模型试验，进一步验证剪跨比及实际预应力对接头滑移的影响。

②模拟实际托换工程中柱体轴力的转移过程，了解托换过程中荷载的分配关系、上部结构变形情况。

③检验梁——柱接头的抗剪滑移性能和强度，检验托换大梁的性能及构造，观测托换大梁的受力状态（强度、刚度和抗裂性）。

④模拟主动托换过程和截桩过程中整体结构的反应，掌握托换施工工艺。

⑤检验主动托换施工的顶升系统，演练施工队伍。

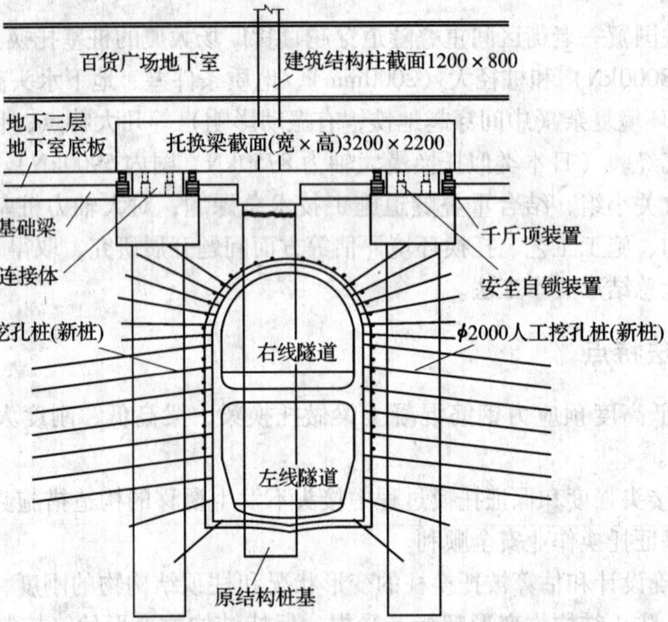

图 1　百货广场桩基托换原理（单位：mm）

（2）模型试验主要结论。

①关于托换结构。

试验表明，百货广场 18000kN 桩基托换结构的设计具有足够的安全储备，能够保证上部结构和托换结构本身的安全。

1/2 梁 - 柱接头抗剪试验结果表明，在剪切条件下，采用企口 + 锚筋 + 预应力的接头方案，接头初始滑移安全系数 > 1.8，对应原型初始滑移荷载 > 32400kN。

1/4 整体模型试验结果表明，在弯剪的共同作用下，接头初始滑移安全系数为 1.8，对应原型初始滑移荷载为 32320kN。预应力托换大梁的开裂安全系数为 1.5。

试验结果也表明，梁体斜交可能造成的局部应力集中对结构没有影响，被托换柱承受顶升荷载带来的超压也是安全的。托换大梁两端 3 台和 2 台千斤顶与大梁接触处梁体的局部抗压能力也没有问题。

②关于主动托换方案。

根据试验结果可以确定采用主动托换方案是可行的。施工过程中需要对位移进行实时监测，据此调整千斤顶的顶力，使施工的每一步骤都控制被托换柱的顶升和下沉位移量在 +1 ~ -3mm 以内，这是确保上部结构的安全的关键。

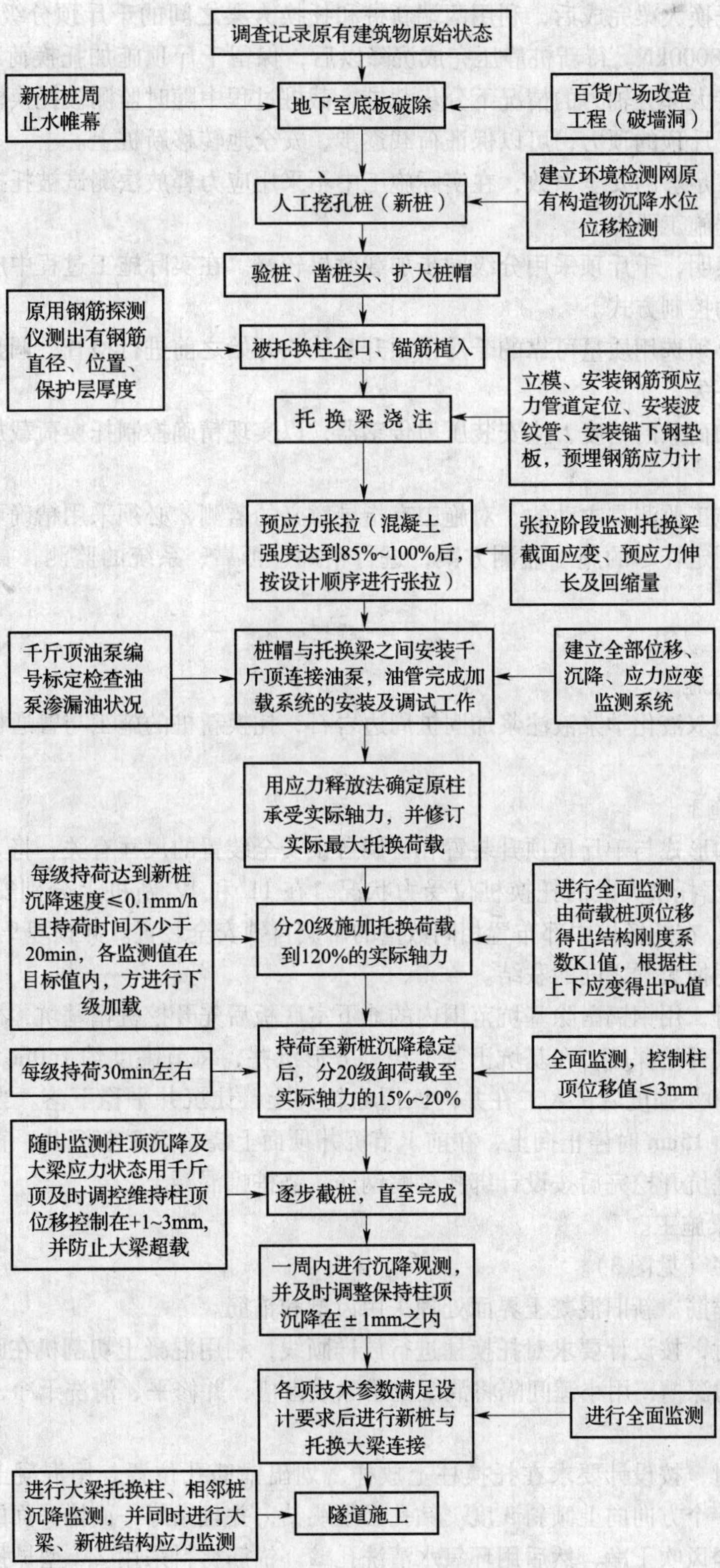

图2　桩基托换工艺流程图

在新桩和托换大梁完成后，利用两端新桩和托换大梁之间的千斤顶分级同步施加顶力，最多可以达到18000kN。待新桩静压完成沉降以后，保留千斤顶施加托换荷载10%的顶力，在被托换桩保持大部分轴力的情况下分步截桩，截桩过程中随时监测被托换柱处的顶升和下沉位移，调整千斤顶的顶力，可以保证荷载逐步、安全地转移新桩上。

托换结构有足够的安全系数，在实际施工中不采用应力释放法测试被托换桩实际轴力。

③实际工程施工要点。

模型试验表明，千斤顶采用分级同步加载效果较好。在实际施工过程中应采用同样方式或更精确有效的控制方式。

托换施工必须选用质量可靠的千斤顶顶升系统，开始之前进行检查，调整好整个顶升系统，做到万无一失。

为保证施加荷载的精度，应安装压力传感器，以实现精确控制托换荷载加载和卸载时的荷载。

主动托换施工监测是主动的、对施工有指导意义的监测，必须采用精确可靠的监测仪器和监测系统，制定详尽的施工监测方案，进行精确、可靠、系统的监测，真正实现信息化施工。

3. 托换施工方法

（1）托换桩施工。

施工前先用双液化学浆液注浆加固桩周边岩石，托换新桩的施工与普通桩基施工工艺没有差别。

（2）桩帽施工。

桩帽的结构形式与千斤顶顶升装置和可调自锁安全装置的尺寸有关，将人工挖孔桩桩帽扩大3.2m，依据托换大梁的托换桩位受力状况，在11#和12#新桩上分别安装2台和3台5000kN千斤顶，在托换桩中部布置相同数量的可调自锁安全装置。并预埋94个$\phi32$钢筋连接套筒用于与托换大梁之间的联结。

桩帽施工时，用钢镐凿除基坑范围内的地下室底板后先开挖桩帽基坑，视基坑土体的自稳能力确定一次开挖深度，在基坑土基上浇捣方形沉井，每节高度约1.0m。待前一节沉井的混凝土达到70%强度后，人工在井内四周均匀掏土，让沉井平稳下落。当沉井下落到顶面高出基坑顶面15cm时停止掏土，在前1节沉井顶面上浇筑第2节沉井，直至完成桩帽基坑开挖。桩帽基坑开挖完后按设计绑扎桩帽钢筋，浇桩帽混凝土。

（3）托换梁施工。

①施工顺序（见图3）。

②齿槽和锚筋。新旧混凝土界面处理采用齿槽和锚筋。

齿槽施工时，按设计要求对托换柱进行放样画线，利用混凝土切割机在画线位置将混凝土锯入25mm的深槽，用小锤间隔将混凝土凿除成齿槽，并修平、清洗干净，同时保证不损坏不凿区域。

锚筋施工时，按设计要求在托换柱上放样，划出锚筋孔位置。用混凝土取芯机钻$\phi38$的孔，成孔向一个方向向上倾斜3度。钻孔必须跳钻，并且钻好一面锚一面的钢筋。锚筋前必须将孔内灰尘风吹干净，然后用环氧水清洗孔壁。锚筋材料采用ZM型早强锚固包，锚固包使用前应先水浸约1min，将其湿润，塞满已清干净的后插入$\phi32$钢筋至孔底，并将孔口的锚固包压密实，然后再钻第2面的钢筋，如此循环，直至锚完所有锚筋。

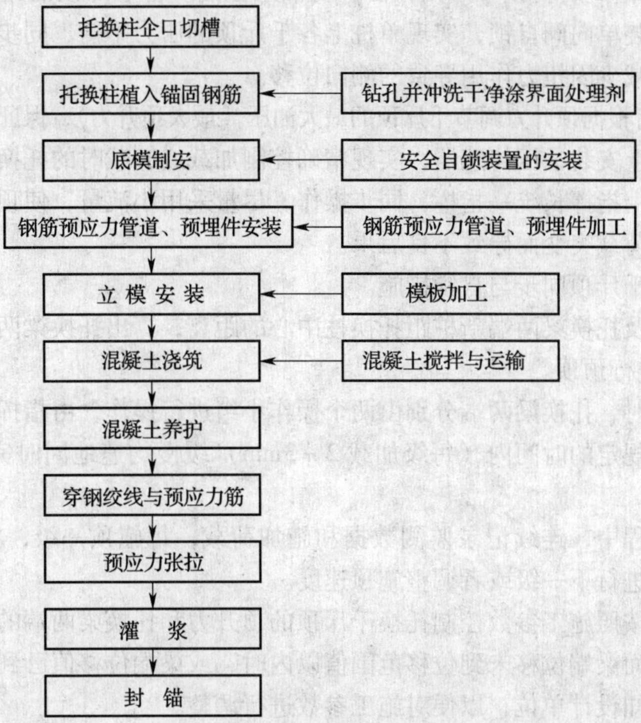

图3　托换梁施工顺序图

③托换梁钢筋施工。

钢筋安装前先测量定位，作托换梁底模，在其上定出普通钢筋、波纹管和预埋件分布大样，然后严格按设计及规范要求绑扎钢筋、设置预应力波纹管锚垫板及预埋件，并严格遵循“普通钢筋让预应力筋”的原则下进行施工，保证钢筋有足够的保护层。

④托换梁模板施工。

模板采用20厚夹板制作，竖向支撑用10cm×8cm木方，横向用[25槽钢，穿墙螺栓收紧。

安装除要求接缝平整和不漏浆外，支撑系统应牢固，具有足够的稳定性、强度和刚度。

模板的安装顺序为先底模后侧模。

模板的几何尺寸和位置，应能保证托换梁的相关位置和结构尺寸、形状要求。

⑤托换梁混凝土施工。

托换梁混凝土采用搅拌站制作的C60商品混凝土，搅拌运输车运输。采用混凝土泵车泵送浇筑，坍落度控制在16±2cm，混凝土振捣采用插入式振捣器分层振捣。

⑥托换梁预应力施工。

托换梁纵向、横向采用后张法有粘结预应力锚筋，混凝土强度达到85%及7d龄期后方进行预应力钢筋。张拉顺序为先张拉横向顶应力钢筋，全部完成后才张拉纵向顶应力钢筋。

（4）千斤顶顶升（力的转换）。

①同一根桩上多个千斤顶压力同步与自锁措施。

每根新桩布置2~3台自锁千斤顶，由一台油泵控制。各千斤顶油路并联，每个千斤顶油路和总油路均安装单向阀自锁，实现单桩上各千斤顶的压力平衡、同步与自锁，使托换梁在顶升中能避免或减少因扭力作用导致的侧向位移。

油泵的溢流阀可根据顶升力调节千斤顶的最大油压（最大顶升力），保证顶升时不会超压。

各千斤顶油路上安装油压传感器，实现精确控制加载或卸载时的托换荷载。

每级顶升操作由指挥长统一指挥，同步操作，尽量采用小流量，使顶升千斤顶的工作压力慢速增加，避免荷载突变而导致不良后果。

②托换梁两端千斤顶同步与自锁措施。

根据托换荷载及托换梁两端新桩距托换柱中心的距离，算出托换梁两端的预顶力，将其预顶力分成15级进行预顶。

分级加载顶升时，托换梁两端分别由两个操作小组进行操作，由指挥长统一指挥，严格按分级荷载在统一规定的时间内（每级加载2~3min）缓慢均速地同时完成一级加载顶升，之后将千斤顶自锁。

在每级施顶过程中，连续记录监测数据和施加荷载，每施顶一级，将数据进行统计分析，得出结论后再进行下一级或者调整施顶速度。

顶升时，严格按照施工参数控制托换千斤顶的顶升力和托换梁两端的位移，各千斤顶顶升力已达到控制值而梁端位移未到位移范围值以内时，或梁端位移值已到而顶升力未达到控制值时，应立即通知设计单位，以便对施工参数进行调整。

（5）截桩。

在托换柱预顶完成，卸荷至15%~20%的轴力，待新桩沉降变形稳定后，采用钻石链式切割机，由外到内层层剥离的施工方法进行截桩。该方法振动小，安全可靠，切割位置的标高为-7.5~-8.0m。切割共分6~8级，每级间隔时间约2h。将桩水平方向切断后，两切口中间的桩身混凝土用手动葫芦取出。

逐级截桩时要严密地进行连续监测，根据监测信息，适时地调整顶升系统和锁定系统，自锁千斤顶及可调自锁安全装置操作手随时待命，保证接头处的竖向位移在设计值范围内，实现荷载的可靠转换。

（6）监测。

①新旧桩应力监测。

新桩的应力状况受到桩侧土压力、摩阻力，以及隧道开挖土体挠动、单侧土摩阻力的损失等复杂因素的影响，必须进行详细监测，以确定新桩的纵向应力的分布及桩侧土摩阻力的分布情况。监测方法是：在新桩施工时，每根桩从桩底到桩头均布5个测试断面，每个断面对称预埋4个钢筋计，在托换施工及隧道开挖施工过程中对新桩应力进行全程监测。

被托换柱及桩在托换大梁以上和以下的应力分别选取一个Z上截面和Z下截面测试。Z上截面布置12个钢弦应变计，测试截面轴力、角点局部应力状态和截面的泊桑比；Z下截面布置4个钢弦应变计，测试托换过程中桩（柱）上、下部分的应力分配状况，确定柱顶与桩底的刚度比，并据此调整顶升方案。

②新桩的沉降监测。

新旧桩的沉降采用静力式水准仪监测，测试精度为0.01mm，新桩的测点布置在桩头，参考点应距被托换桩足够远，以避免地面变形产生的测试误差。此项观测可以得出旧桩的位移状况和新桩的沉降过程，通过荷载沉降曲线和沉降时程曲线预估沉降稳定的终极值。

在隧道暗挖过程中，托换新桩的水平位移也须进行监测，可采用相对位移测试方法。

③梁－柱接头的相对滑移监测。

在接头主动端和被动端分别采用4只位移计测试。整个托换过程中都要密切关注滑移的情况，若有初始滑移发生，即应停止施工，查明原因，采取相应措施解决。

④托换大梁的应力、挠度监测。

采用应变计测试梁体最大弯矩截面的纵向应力，1个断面布设10只应变计，监测预施应力阶段梁体的预压应力和托换阶段梁体的受力状态，检验梁体的抗裂性能。梁体挠度的测试，采用在梁顶两端简支刚度足够的钢梁，在钢梁与梁体之间布置6只百分表测试梁体的挠度。由于梁体较宽，应在梁顶两边各布置一根钢梁，共需12只百分表，以测出梁体的实际挠度。整个施工过程中，托换大梁的应力、挠度应控制在安全范围之内。

托换大梁梁底与桩帽之间应安装4只百分表，用以监测加荷与卸荷过程中梁端有无扭转现象发生，以及卸荷前后安全装置的压缩变形。

⑤被托换柱与邻近柱相对沉降监测。

在被托换柱及相邻柱上安装静力水准式沉降仪进行测试，它配有自动测试模块和分析软件，能对施工全过程柱的沉降差进行全自动实时监测和信息的迅速反馈。

⑥应力释放法检测被托换柱的实际轴力。

在切桩前，通过应力释放法测试被托换桩的实际轴力。

⑦邻近被托换柱的梁板附加应力监测。

在托换施工及暗挖隧道施工过程中，在梁板上布置应力测点，如果结构主要受力变形敏感部位出现裂缝，则在裂缝上布置裂缝计，随时监测裂缝的发展变化。

五、机具设备（见表1）

表1　机具设备配备表

序号	机具名称	规格	数量	附注	序号	机具名称	规格	数量	附注
1	提升卷扬机	2t	1套	竖井出碴用	12	挖掘机	$0.5m^3$	1	装碴
2	风钻	YT－28	12	钻孔	13	小斗车	$0.5m^3$	10	运碴
3	风镐	G－10	10	挖硬土	14	钻机	XY－2	2	注浆钻孔
4	空压机	$20m^3$	1	供风	15	张拉设备	套	2	预应力张拉
5	注浆泵	双液	2	注浆	16	电动液压千斤顶	500t，自锁	30	托换用
6	潜水泵	2kW	6	抽水	17	电动油泵		32	托换用
7	电焊机		4	焊接	18	切割机		4	切桩用
8	弯曲机		1	钢筋加工	19	监测仪器	套	2	监测用
9	钢筋切断机		1	钢筋加工	20	反力架	自制	8	托换用
10	拌和机	JZC350	1	拌喷浆料	21	混凝土输送泵	HBT60	1	灌注混凝土
11	湿喷机	YK961	1	喷混凝土					

六、劳动力组织（见表2）

表2 劳动力组织人员表

序号	工 种	人数	工作内容	序号	工 种	人数	工作内容
1	项目经理	1	现场管理	10	木模工	8	立模
2	技术人员	10	施工技术指导	11	钻机工	8	钻孔、注浆
3	质检员	1	质量控制、检查	12	电焊工	10	钢筋加工
4	安检员	1	安全监督、检查	13	机械司机	6	机械操作
5	测量、监测人员	16	量测、监测	14	机械修理工	6	机械修理
6	开挖工	48	挖孔、装碴出碴	15	托换技工	8	切桩、顶升
7	施工管理	8	现场管理	16	普工	20	杂工
8	混凝土工	20	混凝土灌注	17	电工	5	施工用电
9	钢筋工、预应力	24	钢筋加工、绑扎		合 计	200	

七、质量控制

1．18000kN大轴力桩基托换施工属国内首例，没有可供借鉴的经验。因此，施工前的技术准备工作一定要做好，使技术方案要合理、可行。

2．各工序的质量控制要严格，并按结构工程施工及验收规范、标准等为依据进行验收。

3．所有材料如钢筋、预应力筋、锚具、浆材等必须符合质量标准要求。

4．预应力施工严格按设计要求及工艺技术标准施工。

5．要保证新桩和托换梁的施工质量。

6．托换梁与柱底等托换节点的混凝土齿槽应处理安全。

7．严格质量检查制度，及时解决施工遇到的技术难题，开展好QC小组活动。

八、安全措施

1．坚持施工安全第一的方针，做好防涌水、防裂、防沉降工作。

2．施工前做好超前地质预报工作，并根据不同的地质情况，采取桩周注浆加固、超前小导管注浆等措施，确保桩孔施工安全。

3．托换施工及隧道施工期间，必须严格监测。

4．切桩应分级严格控制，及时调控变形。

5．破底板前采取止水措施，防止地下水大量涌入。

6．新桩施工紧邻既有建筑物桩且新桩低于既有桩底2～6m不等，新桩施工造成既有桩底以下基层形成侧面临空，影响既有桩安全，施工中要加强护壁，采取必要的超前支护措施。

7．顶升前测定实际轴力，确定顶升分级荷载。

8．千斤顶顶升时，统一指挥调度，托换梁两端需均衡同步加载，均衡顶升。

九、效益分析

大轴力桩基托换施工工法解决了城区地铁施工的难题，为今后大轴力桩基托换的设计提供了理论和实践的科学依据，为类似工程的施工提供了可供借鉴的经验，填补了国内在大轴力托换施工的空白。采用此工法安全、快速、高效地完成深圳地铁3C标段桩基托换的施工任务，区间隧道成功地穿越百货广场高层建筑托换桩基群，保证了周围建筑物和地下管线的安全，受到社会各方的好评，其社会效益是不可估算的。经测算，采用大轴力桩基托换施工方案比采用绕道延长线路的方案节约土建费用约70%，其经济、社会和环境效益是明显的。

十、工程实例

深圳地铁一期工程线路由于受走向及最小半径（$R_{min}=300m$）等条件限制，只能从百货广场大厦裙楼下穿越。百广场主楼22层，裙楼9层，地下室3层，为框梁—剪力墙结构，基础为独立桩基端承桩，需进行桩基础托换。桩端持力层（强风化层）承载力标准值2700kPa，桩身直径最大ϕ2000的人工挖孔桩（C25），根据楼层估算托换桩最大设计轴力约18900kN。从资料检索结果看，属国内外地铁地下工程中迄今为止托换位置深度大，最大轴力的桩基托换，托换位置工程地质条件复杂，地下水位高，加之变形控制严，环境复杂，国内外无类似工程成功经验，故施工难度大。被托换桩施工参数见表3。

表3　被托换桩施工参数表

被托换桩号	TZ24	TZ38	TZ39	TZ58	TZ59	TZ77
原估算轴力标准值（kN）	10000	9680	13200	12400	15120	9600
原轴力设计估算值（kN）	12500	12100	16500	15500	18900	12000
托换期间最大轴力估算值（kN）	19500	18600	18800	19200	19900	16500
托换期间最小轴力估算值（kN）	5612	5741	7416	7066	8126	5176
预顶力控制值（kN）	6500	6500	8500	8000	10000	6500
预顶期间梁端位移值（mm）	2~3	3~4	3~4	2~3	2~3	2~3
预顶期间柱端位移值（mm）	1	1	1	1	1	1
预顶期间柱端沉降控制值（mm）	-3	-3	-3	-2.5	-2	-3

根据百货广场的结构、基础形式及操作空间，百货广场桩基托换采用梁式托换结构柱的型式，托换新桩采用人工挖孔桩，整个托换工程在地下三层室内进行。

根据高层结构变形要求，裙楼桩基采用主动托换。托换时，在托换梁和新桩之间设置加载千斤顶，利用千斤顶加载使上部结构有微量顶升位移，同时使新桩的大部分沉降位移在顶升时预压完成。从而通过主动加载实现作用在原结构桩上的荷载经托换大梁转移至新桩上，且原桩（柱）顶升值和新桩沉降也得到有效控制。截桩在开凿人工孔，至托换梁底下逐步截断旧桩。截桩后暗挖隧道开挖、衬砌变形稳定后（期间千斤顶装置及时调整）。托换梁与新桩连接形成永久结构，托换完成。桩基托换及隧道施工全过程都实行了严格的全过程监控、量测，确保了结构安全。

工程于2001年3月开工，2003年7月竣工。施工中，通过技术攻关解决了软弱地层桩基开挖支护、托换梁以及截桩、力的转换等技术难题，保证了百货广场等高层建筑物、地下管线的安全和正常使用，安全、快速、高效地完成深圳地铁3C标段桩基托换的施工任务，工期提前6个月。工程竣工后，周边环境与所有建筑物安全无恙，工程质量优良，无施工安全事故发生，被评为深圳市树为品牌工程，受到业主和社会各方的好评，取得了良好的社会效益和较大的经济效益，形成了系统完整的特大吨位桩基托换工法，为我国以后类似的工程施工提供了可借鉴的工程实例。

压力分散型抗浮锚杆施工工法

YJGF 03—2004

中国京冶建设工程承包公司　中国建筑工程总公司国内业务部

卜庆龙　柳建国　李保平　程良奎　耿冬青

当建筑物基础埋藏较深时，在历史最高地下水位情况下，结构的重量包括静载荷不足以抵抗地下水的上浮力，必须增加结构重量或将其锚固于下卧层中，以增强结构对竖向位移的抵抗能力。而增加结构底板的厚度，常常是很不经济的。采用将底板锚固于下卧地层的方法来抵抗垂直位移是较为经济的。其中压力分散型锚杆是一种可以有效解决建筑物上浮问题的方法。

一、工法特点

压力分散型抗浮锚杆施工中最突出的问题是锚孔注浆问题、锚杆防腐问题以及由锚杆引起的基础底板防水问题。锚孔注浆工艺可采用常压注浆结合二次高压注浆工艺。锚杆防腐是由无粘结钢绞线外包的油脂、涂塑层再加上外裹的水泥浆体构成，形成多层防腐。锚头外露钢绞线用防腐树脂、砂浆封闭，承载体可用防锈漆及沥青材料涂刷，进行防锈、防腐处理。锚杆的防水主要为锚杆与基础底板的节点处的特殊防水处理措施。

二、适用范围

适用于建筑物自身重量不足以克服地下水对建筑物整体上浮力的工程。

三、工艺原理

在基槽开挖至基础底板板顶标高以上 1～2m（预留保护层）时，即可施工抗浮锚杆。锚杆的注浆体直径及桩长根据抗浮锚杆所承受的抗拔力而定。锚杆施工结束并达到养护龄期，即可进行锚杆验收试验。之后，进行清槽工作，施工基础底板，期间做好锚杆与基础底板间的防腐及防水。在建筑物主体结构封顶时，可对锚杆进行张拉、锁定，将锚头锁定在基础底板顶。

四、工艺流程

本工法工艺流程见压力分散型抗浮锚杆施工工艺流程图（见图 1）。

1. 锚杆成孔施工工艺

锚杆成孔可采用泥浆护壁成孔工艺。利用地质钻机带动小型组合牙轮钻破砂卵石地层，通过泵送人工配置的优质泥浆，利用组合的正反循环系统，将破碎的小颗粒砂卵石带出孔底；实践表明优质泥浆可以有效地稳定砂卵石层的孔壁，使所造的钻孔壁在相当长的时间内不坍塌。地质钻机锚孔钻进方法如下：

（1）安装锚孔钻机、调平、调立、稳固。

（2）粘土地层选用前导式三翼钻头正循环清水钻进，卵石地层选用组合牙轮钻头。

（3）遇砂、卵石地层需采用泥浆护壁。

（4）锚孔钻进经常检查钻头尺寸，保证钻孔孔径。

（5）掌握锚孔中心度，防止锚孔偏斜，跑斜后应采取措施，重新成孔。

（6）锚孔成孔后，将连接空压机的洗井管置入孔内，由上往下，再由下往上反复冲洗，同时不断补充清水至孔内泥浆比重小于等于1.05，沉渣小于等于30cm。

（7）做好孔口维护，防止泥浆流入孔内。

2. 锚杆注浆施工工艺

本工法注浆采用普硅水泥，浆液水灰比0.4:1，锚杆注浆每延长米水泥用量不小于设计用量，减水剂用量为水泥重量的0.8%，水泥浆搅拌均匀，具有可靠性，低泌浆性。

注浆采用常压注浆和二次高压注浆。注浆前先泵送清水至孔口返水以疏通管路，后采用常压泵送方法注浆，注浆前不得拔出注浆管，以保证锚杆底端注浆充实；采用水下灌注法，首次注浆量以注满孔为准，充盈系数达1.2以上；注浆作业连续，注浆管要边注边拔，拔管高度不超出孔内浆液面。要注意上拔注浆管至各层承载体附近时，要充分注浆后再上提。待一次注浆体初凝强度达5.0MPa后，即可用高压注浆管进行二次高压注浆。本工法由于采用的是纯水泥浆液，二次注浆的时间可在一次注浆后24h进行，最多不宜超过40h。通常二次注浆的开启压力宜控制在2~5MPa之间。锚固段注浆采用孔底返浆法，将注浆管插入到距孔底50cm处，用压浆机（泵）将水泥（砂）浆通入注浆管注入孔底，水泥（砂）浆从钻孔底口向外依次充满并将孔内空气压出，而水泥浆则由孔眼处挤出并冲破第一次注浆体。

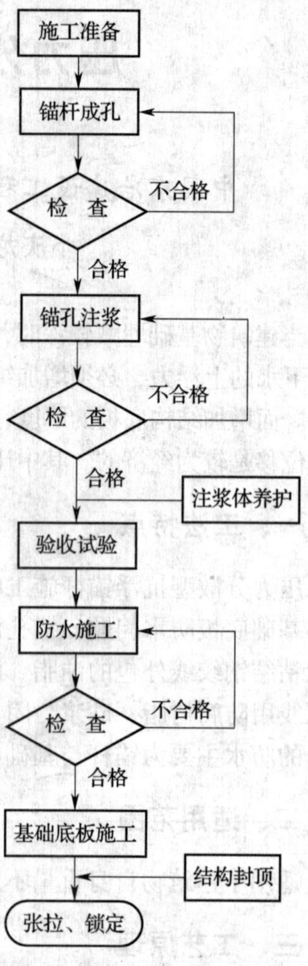

图1 压力分散型抗浮锚杆施工工艺流程图

3. 锚杆防腐

本工法锚杆的防腐是由无粘结钢绞线外包的油脂、涂塑层再加上外裹的水泥浆体构成，形成多层防腐。防腐主要是包括聚酯纤维承载体的铁铸头和挤压锚承载体的挤压锚具、钢板以及钢绞线涂塑层的损坏处。锚杆头外露钢绞线用防腐树脂、砂浆封闭，承压板用防锈漆及沥青材料涂刷，进行防锈、防腐处理。同时防止锚杆构造锈蚀发生，对定中中心装置、定位架等，外涂防锈漆。

4. 节点防水

因抗浮锚杆锚固在建筑物基础底板上，即抗浮锚杆要穿过基础底板防水层，因此锚杆与底板的节点处需采取特殊防水处理措施。具体做法见节点防水做法图（见图2）。

在混凝土浇筑前，对钢绞线全部进行检查，并进行二次防腐。如果钢绞线表面的橡胶保护层被破坏，则以胶带缠绕，并在表面刷环氧树脂进行加强保护。

对穿过底板的预应力钢绞线防水措施，如果采用预埋止水钢套管技术，有可能会产生地下水从钢管内壁渗出的隐患。因此采用在钢绞线部位缠绕遇水膨胀橡胶。由于钢绞线在底板部位外套遇水膨胀橡胶，为了避免遇水膨胀橡胶在混凝土浇筑前因下雨等意外原因造成失效，遇水膨胀橡胶外面须以塑料膜进行保护。当混凝土浇筑至该部位时才拆除。

5. 锚杆张拉、锁定施工工艺

锚杆张拉、锁定须在建筑物主体结构封顶后方可张拉。抗浮锚杆的张拉、锁定采用隔二拉一的方法施工。张拉方法采用锚夹具式直接拉拔法，具体步骤见锚杆张拉、锁定施工工艺流程图（见图3）。

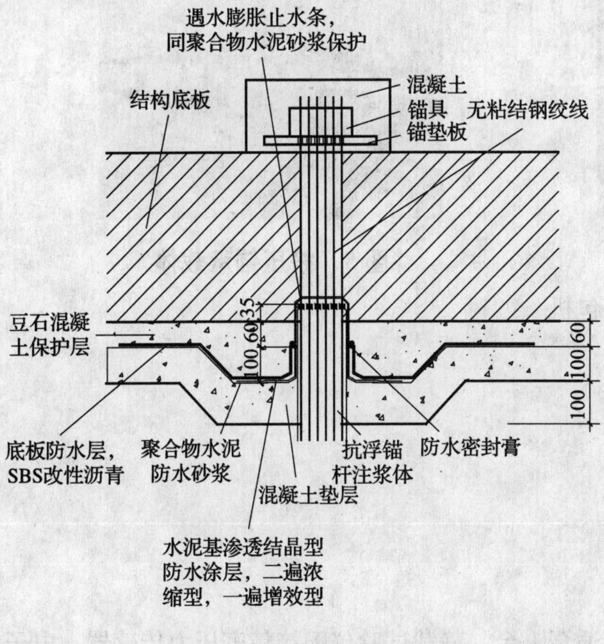

图2　节点防水做法图

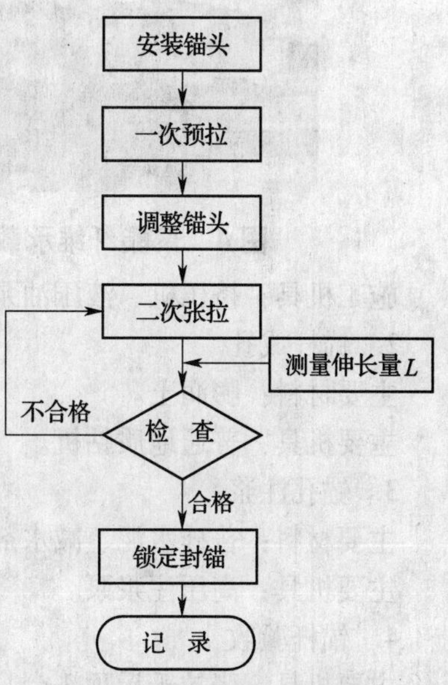

图3　锚杆张拉、锁定施工工艺流程图

（1）清洗锚杆的预应力筋、工作锚及夹片、工具锚及夹片、限位板和承压板等张拉用部位。

（2）将工作锚板套置在预应力筋上并紧贴承压板，放入夹片并固定，注意应使自由段内预应力筋相互平行，不得交叉缠绕。

（3）将限位板、工作锚千斤顶和工具锚板依次套在预应力筋上，放上工具锚夹片预紧。

（4）将高压油管与高压油泵和千斤顶相连，即可施加预应力。

（5）随着千斤顶进入工作状态，预应力筋被固定在工具锚板上，限位板会使工作锚夹片就位，预应力筋被拉伸。

（6）锚杆进行正式张拉之前，每个单元应取0.1～0.2轴向拉力设计值N_t，对锚杆预张拉1～2次，使其各部位的接触紧密，杆体完全平直。

（7）千斤顶的拉力按荷载分级逐渐增大至所要求的张拉荷载。

（8）千斤顶卸压至锁定值，工作锚夹片回缩并自锁。

张拉、锁定按从远端到近端顺序进行，最大张拉荷载为1.1N_t，按0.1N_t、0.5N_t、

0.75N_t、1.0N_t、1.1N_t 分五级张拉，并记录每级的位移值；然后卸荷至设计锁定荷载值进行锁定。荷载皆指单元体荷载（2 根钢绞线之和），但变形则为 1 根钢绞线的变形。

五、主要材料及施工机具

1. 锚杆杆体及承载体

主要材料：杆体采用无粘结预应力钢绞线，承载体列举下列两种做法。见聚酯纤维承载体图和挤压锚承载体图（见图 4 和图 5）。

图 4　聚酯纤维承载体

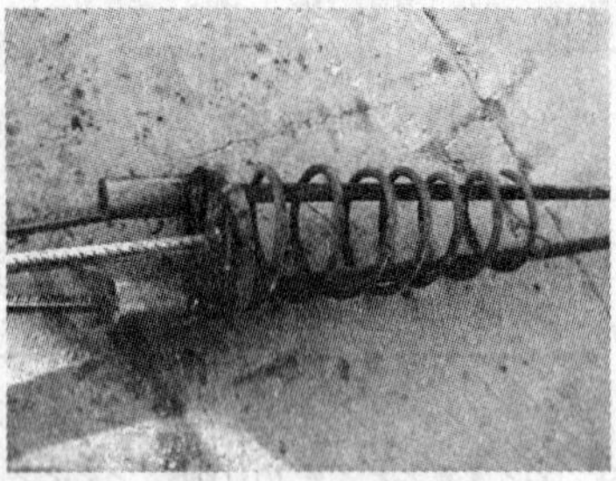

图 5　挤压锚承载体

施工机具：挤压机、液压油泵、打包机

2. 锚杆成孔

主要材料：膨润土。

主要机具：普通地质钻机。

3. 锚孔注浆

主要材料：普硅水泥、减水剂。

主要机具：高压注浆泵。

4. 锚杆验收

主要机具：张拉千斤顶 4 台，高压油泵 1 台，静载试验仪配接精密压力传感器，电子位移传感器 4 只，高精度校验荷载传感器 1 台。

5. 锚杆防腐及防水

主要材料：防腐采用环氧富锌底漆。防水：SBS 改性沥青，聚合物水泥防水砂浆，水泥基渗透结晶型防水涂层（二遍浓缩型，一遍增效型），遇水膨胀止水条，防水密封膏。

6. 锚杆张拉、锁定

主要机具：液压油泵 1 台、千斤顶 1 台、高压油管 2 根、与油泵配套的油压表 2 只及测量钢绞线位移的量具。张拉设备在施工前应进行校核和标定，以保证数据的真实性。

六、劳动力组织

抗浮锚杆施工按工种分成几个专业队，具体如下：

1. 抗浮锚杆成孔、泥浆疏导（泥浆护壁）：

泥浆护壁成孔：组长 1 人，机长 1 人，技工 3 人，力工 5 人。

套管跟进护壁成孔：组长 1 人，机长 1 人，技工 2 人，力工 2 人。

2. 抗浮锚杆注浆、返浆清理：组长 1 人，机长 1 人，技工 2 人，力工 5 人。

3. 锚杆制作、吊放：组长 1 人，技工 10 人，力工 5 人。

4. 锚杆验收试验：组长 1 人，技术员 2 人，技工 2 人，力工 4 人。

5. 锚杆防腐、防水：组长 1 人，技工 10 人，力工 10 人。

6. 锚杆张拉锁定：组长 1 人，技术员 2 人，技工 10 人，力工 5 人。

七、职业健康安全要求

1. 所有用电设备及配电柜应安装漏电保护装置，并张贴安全用电标识，严禁无电工操作证人员进行电工作业。

2. 施工现场要定期进行安全用电检查，电工每天对现场的线路、电气设备进行检查，不符合要求的立即整改。

3. 施工场区内危险区须挂警示牌，场区内配备足够的灭火器材。

4. 各种设备必须严格按安全操作规程进行操作，严禁违章作业。

5. 定期对各种设备进行调试、保养和维修，保证施工设备安全可靠。

6. 所有作业人员需配备必备的劳动保护用品。

八、环境要求

1. 锚杆成孔过程中的废弃泥浆应集中排至泥浆池，及时消纳。

2. 水泥浆搅拌站应有挡风装置防止粉尘飞扬。

九、质量要求

抗浮锚杆工程验收，按《建筑桩基技术规范》（JGJ 94—94）和《土层锚杆设计施工及验收规范》（CECS 22:90）相应条款。

锚杆验收检验：采用四台相同规格的张拉千斤顶并联由一台油泵均匀供压，见验收试验装置图（见图 6），确保试验过程中，四个承载体受力相同。测试压力的同时，分别测试 4 组钢绞线的变形，即“相同拉力不同变形”。检验数量为锚杆总数的 5%，检验方法为现场拉拔试验，拉拔力为 1.5 倍的锚杆设计值。当锚杆锚固体达到设计强度后，可以进行验收试验。依据《土层锚杆设计施工及验收规范》（CECS 22:90），采用单循环试验方法。

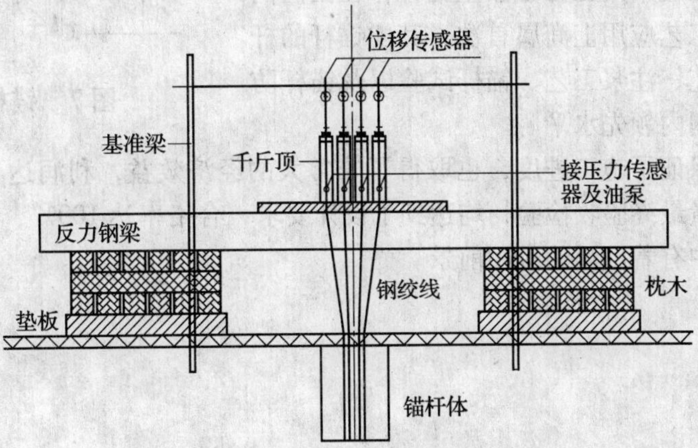

图 6　验收试验装置图

十、效益分析

当前国内对建筑物基础抗浮大多采用：1）抗浮钢筋混凝土灌注桩；2）抗浮锚杆（拉力型）。其中抗浮桩属常规做法，工艺成熟，有经验可循，但由于材料采用钢筋笼＋混凝土，投资较大，且混凝土抗拉性能差。而抗浮锚杆（拉力型）通长提供的拉拔力较小，对于抗浮设计承载力较高的工程，传统的锚杆已不能有效的满足工程建设需要，且固定段的灌浆体易出现张拉裂缝，防腐性能差。

相对于以上两种施工工艺，压力分散型锚杆则借助无粘结预应力钢绞线使之与灌浆体隔开和特制的承载体，将荷载直接传至底部的承载体由底端向固定段的顶端传递的。锚杆工作时，固定段的灌浆体受压，不易开裂，同时锚杆的防腐是由无粘结钢绞线外包的油脂、涂塑层再加上外裹的水泥浆体构成，形成多层防腐，用于永久性锚固工程是有发展前途的。

十一、应用实例

北京新保利大厦由 1 栋高层多功能主体大楼及其四周纯地下室部分组成，主体大楼建筑总高度 99.80m，主结构为钢筋混凝土框架剪力墙结构＋钢结构，外围纯地下建筑为框架结构，总建筑面积 100660m²。本工程设计的压力分散型抗浮锚杆是在基础底板下土层内形成直径 150mm、有效长度 23m 的锚杆，锚杆极限承载力取 1300kN。锚索为 8 根钢绞线，在锚杆有效长度内设置 4 个承载体，承载体间距设为 4.5m，每个承载体分别受 2 束 7ϕ4（1860MPa）低松弛无粘结预应力钢绞线张拉。锚索顶端共 8 束钢绞线与基础底板锁定。锚杆数量共计 649 根。锚杆长度 25m（含锚入底板内 1.0m），设计拉力 650kN。见锚杆构造图（见图 7）。

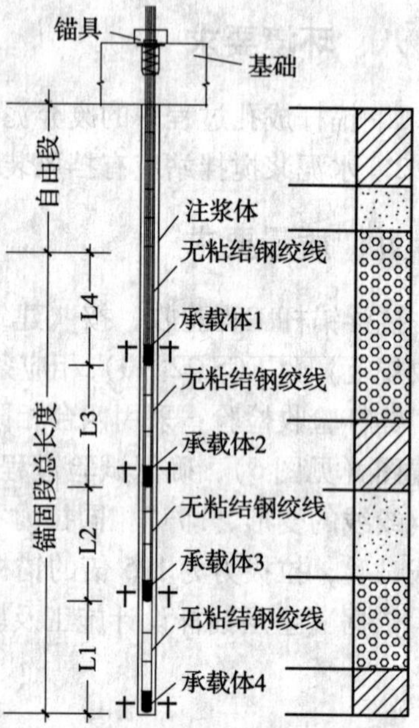

图 7　锚杆构造图

本基础抗浮工程采用压力分散型锚杆，在国内同种地层同种施工工艺应用上尚属首次，其中锚杆的杆体制作、成孔工艺、注浆工艺、锚杆试验以及锚杆防腐与防水均达到国内领先水平。

该工艺不仅保证了施工进度，也取得了非常大的经济效益，利润达 18%。同时通过工程锚杆的工程质量最终验收检验，均达到了设计要求，合格率达 100%，表明该项技术在处理基础抗浮工程中有着广泛的应用前景。

等厚掘搅水泥土防渗墙施工工法

YJGF 04—2004

江苏弘盛建设工程集团有限公司

翟浩辉　陈福坤　薛　峰　吴　平　孙　刚

等厚掘搅水泥土防渗墙施工工艺是一种建造地下连续墙的新技术，它具有挡土、支护、防水截渗、固基、承重等多重功能。我公司通过吸收和引进国外的先进技术，结合我国的实际情况，不断攻关，已成功地研制出了等厚掘搅水泥土防渗薄墙施工机具以及施工技术［ESMTW（Equithickness Soil - cement Mixing Thin - Wall）技术］和等厚掘搅水泥土地下连续墙施工机具和技术［ESMW（Equithickness Soil - cement Mixing Wall）技术］，2001 年7 月此项成果已通过了国家“948”项目办组织的国家级鉴定和验收。此后，在经过多个工程的应用实践的基础上，通过不断的提高和完善，2003 年该技术被批准为江苏省建筑业年度工法。现将本工法内容简述如下。

一、工法特点

1. 工法先进。采用注浆、第5（3）根供气轴同步掘搅技术（见图1），有效地提高了成墙质量、深度和工效；正向掘进搅拌，反向回转提升，来回一次成墙。

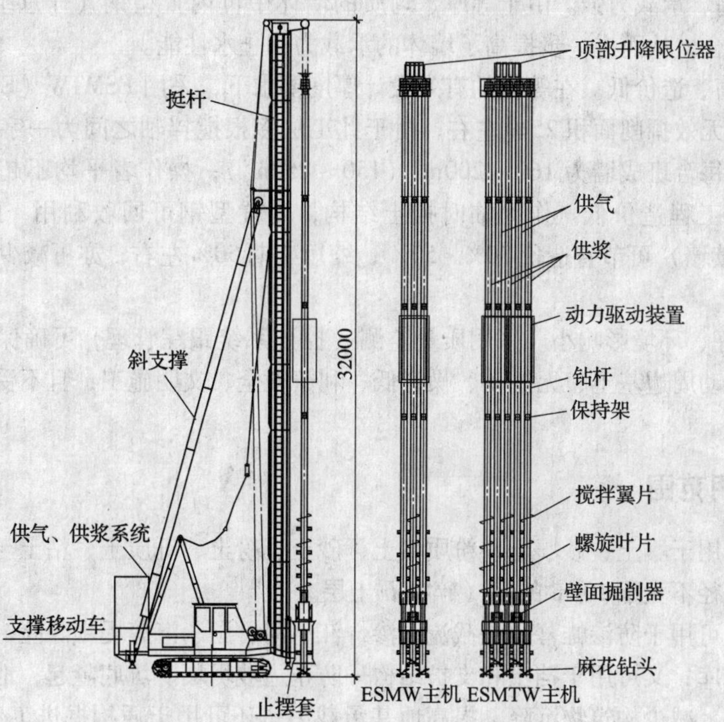

图1　ESMTW（ESMW）造墙机

2. 墙体等厚、壁面平整。采用壁面切削技术(见图2)，以达到墙体等厚，两侧壁面平整，没有无效挖掘面积。

3. 墙体均匀密实、延续性、整体性、抗渗性好。搅拌轴带有加长的多片螺旋叶和搅拌翼，增加了单位时间内掘搅基土的次数，以及壁面切削器和麻花钻头与高压气体的升扬置换共同作用，使得组成墙体的混合物上、下、左、右均匀、密实一致；墙体每幅间为套接，从而提高了墙体的延续性、整体性和防渗性能。

4. 成墙深度大、壁厚薄。一次性成墙深度可达30m；最小厚度为0.30m。

5. 稳定性好，垂直精度高。由于三支点桩架能跟踪纠偏；动力驱动装置能随搅拌轴上下滑移，降低了重心；转轴间的旋转方向互为相反，能自稳平衡，止摆套管限位和加长的螺旋叶片的导向等组合作用，保证了钻具垂直精度小于3‰。

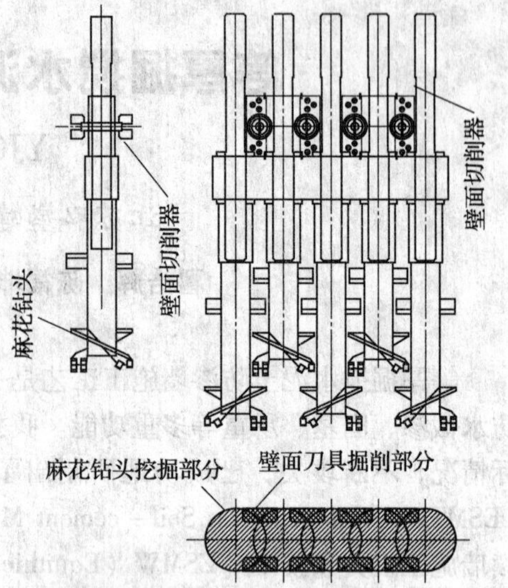

图2　壁面切削器和挖掘头

6. 分体独立驱动、能耗低。第5（3）根钻具的动力源为独立分体结构，抗干扰性强，启动负荷小、能耗低。

结构紧凑、易地快捷方便。注浆泵，制、供气系统，储浆桶和配电柜置于支撑移动机尾部，并与其融为一体，使得移动支撑机易地方便、灵活、快捷。

7. 强度高、承载力强。由于等厚、匀质的墙体中可内置型钢（任意组合)，使承载和抗渗有机地结合，从而进一步提高了墙体的承载力和止水性能。

8. 工效高、造价低。在等量的有效设计厚度要求下，采用ESMTW（ESMW）技术比普通深搅可减少无效掘削面积25%左右；由于此工法多根搅拌轴之间为一字形整体布列，机械化程度高；每台班成墙为160～200m^2（150～250m^3)；操作者平均不超过12（16）人；能就地取材；工程造价低。作为临时挡土结构，内置型钢可回收利用，此工法比置换法(现浇地下连续墙）可节省造价30%～50%；缩短工期50%左右；亦可减少大量的土石方料的开挖和运输。

9. 质量好、环境影响小。采用质量监测（控）系统跟踪管理，可确保工程质量；无泥浆污染、不扰动周边基土、无振动、噪音低、利于安全、文明施工；且不受周边建筑物或环境的影响。

二、适用范围

此工法适用于壤土、砂壤土、粉质壤土、砂土、粉土、砾质土、粘土与上述土类相间或混杂以及含粒径不大于10cm的卵（碎）石土层。

此工法既可用于防渗帷幕——截流防渗，江、河、湖、海等堤坝除险，污水深化处理池和建造地下水库；又可用于挡土和支护结构—防止边坡坍塌、坑底隆起；地基加固或改良—防止地层变形、减少构筑物沉降、提高地基承载力；还可用于盾构掘进工作井、煤矿竖井、城区排水和污水管道、路基填土及填海造陆的基础等多项工程；对多弯道、小半径的堤坝有较好的适应性。

三、工艺原理

ESMTW（ESMW）工法是在移动支撑机上的三支点垂直立柱挺（导）杆上装载着ESMTW（ESMW）型挖掘搅拌驱动装置，第5（3）根掘削搅拌轴将ESMTW（ESMW）回转动力传至下面的挖掘头（麻花钻头）及壁面切削器上，同时通过第3（2）孔送浆、第2（1）孔送气、轴掘搅、壁面切削，三维作业、跟踪监控，在原有位置将基土和固化剂（水泥系等）强制混合均匀搅拌，被注入的水泥系固化剂与基土中的水发生水解、水化反应，使透水或软弱基土凝结成等厚、均匀的地下连续墙的施工技术，见图1。

四、工艺流程及操作要点

1. 工艺流程（见图3）

工艺流程包括清场备料、放样接高、安装调试、开沟铺板、移机定位、掘进搅拌、回转提升、成墙移机、安装芯材等。

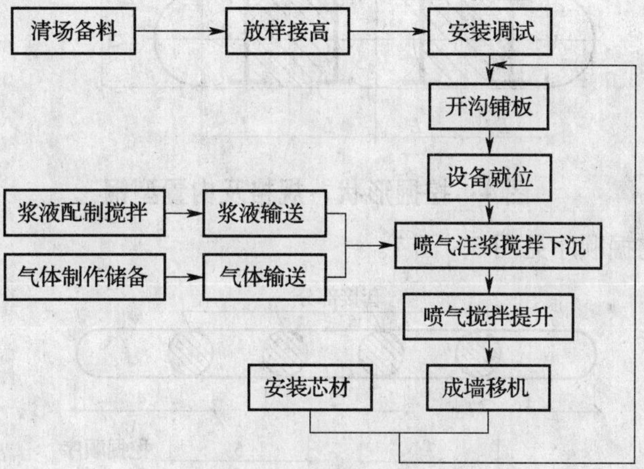

图3　工艺流程图

2. 施工操作要点

（1）施工准备。

①清场备料。平整压实施工场地，清除地面地下障碍，作业面不小于7m，当地表过软时，应采取防止机械失稳的措施。备足水泥量和外加剂。

②测量放线。按设计要求定好墙体施工轴线，每50m布设一高程控制桩，并作出明显标志。

③安装调试。支撑移动机和主机就位；架设桩架；安装制浆、注浆和制气设备；接通水路、电路和气路；运转试车。

④开沟铺板。开挖横断面为深1m、宽1.2m的储留沟以解决钻进过程中的余浆储放和回浆补给，长度超前主机作业10m，铺设箱型钢板，以均衡主机对地基的压力和固定芯材。

⑤测量芯材高度和涂减摩剂。根据设置的需要，按设计要求测量芯材的高度并在安装前预先涂上减摩剂（脱模剂、隔离剂）。

⑥确定芯材安装位置。在铺设的导轨上注明标尺，用型钢定位器固定芯材位置。

(2) 挖掘规格与造墙方式。

①挖掘规格形状，见表1和图4。

表1 挖掘规格表

型 号	ESMTW –		ESMW –	
	527025	532030	350	560
轴数（根）	5		3	
挖掘深度（m）	25	30	25	25
轴间距离 L（mm）	270	320	350	560
标准壁厚 D（mm）	300 ~ 330	360	400 ~ 500	700 ~ 850
内置型钢	无		有	

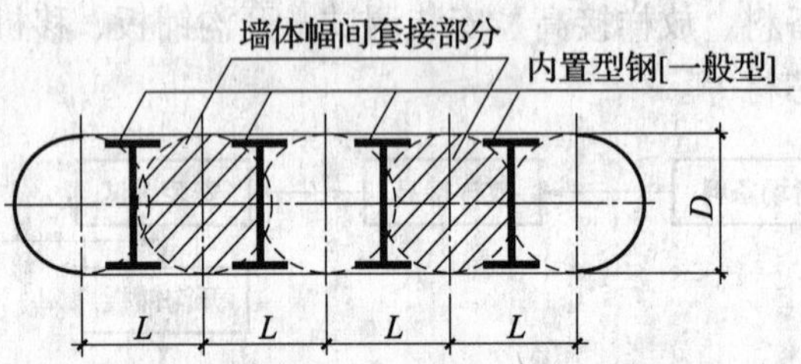

图4 挖掘形状、规格及内置型钢

②挖掘顺序。挖掘顺序见图5 ~ 图7。

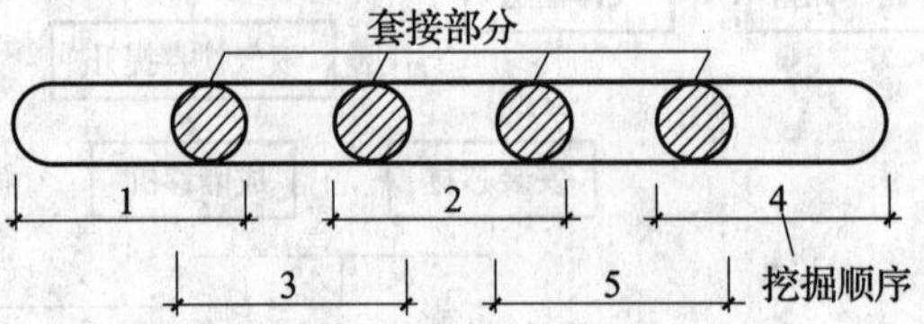

图5 往复式双孔全套打复搅式标准形

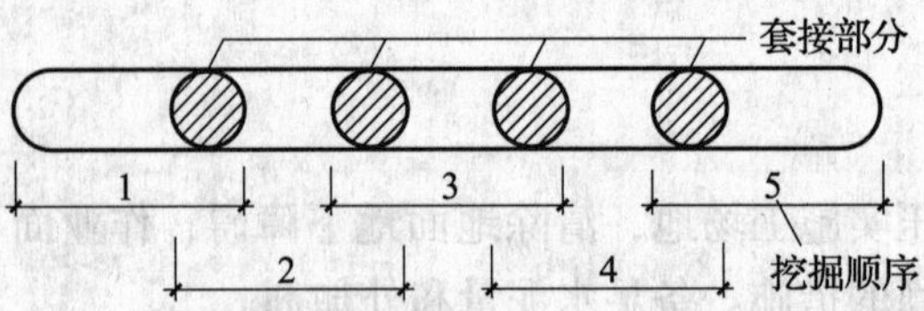

图6 顺槽式单孔全套打复搅式套叠形

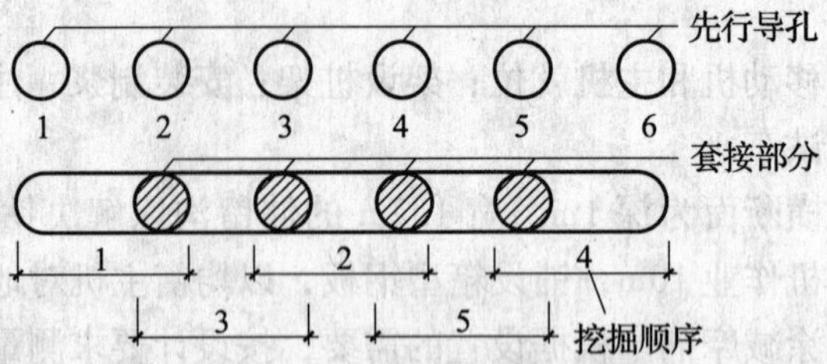

图7 预钻孔套打式标准混合形（当标准贯入度 $N>50$ 采用）

③芯材安装。根据设计需要插入 H 型钢、钢筋混凝土预制桩等，如图 4、图 8 所示。

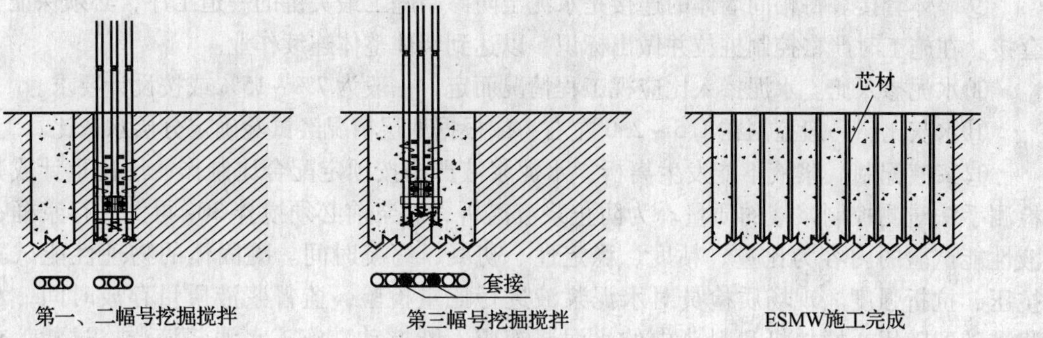

图 8　成墙剖面图

（3）造墙管理。

①钻头定位。将轴钻机钻头定位于墙体中心线和每幅标线上。偏差控制在 ±5cm 以内。

②垂直的精度。采用经纬仪作三支点桩架垂直度的初始零点校准，并用垂直角度仪跟踪调整钻具的垂直度在 ±3‰以内。

③挖掘深度。控制挖掘深度为设计深度的 ±0.2m。为详细掌握地层性状及墙体底线高程，应沿墙体轴线间隔 50m 布设一个先导孔，局部地段地质条件变化严重的部位，应适当加密钻进导孔，取芯样进行鉴定，并描述给出地质剖面图指导施工。

④挖掘搅拌速度。开动掘进搅拌 ESMTW（ESMW）主机，并徐徐下降钻头与基土接触，按规定要求注浆、供气。开始慢速搅拌进尺，当钻进深度达 4～5m 后改为快速掘进，一般控速为 0.5～1.0m/min。掘进达到设计深度时，延续 10s 左右对墙底深度以上 2～3m 范围，重复提升 1～2 次。此后慢速反转提升转杆，提升速度不应太快，一般为 1.0～1.5m/min；以避免形成真空负压，孔壁坍陷，造成墙体空隙。搅拌时间－钻进、提升关系图见图 9。

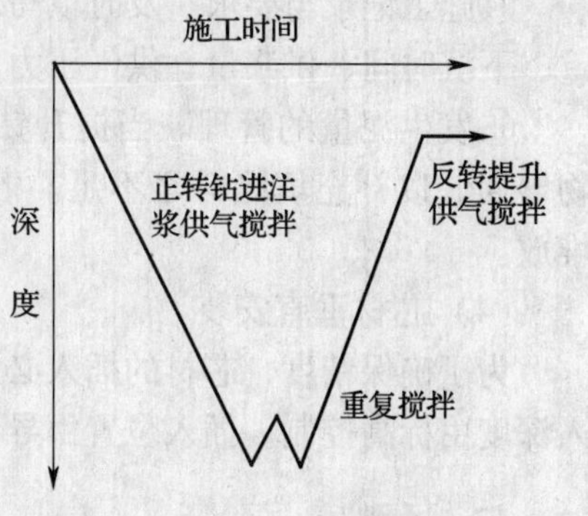

图 9　搅拌时间－钻进提升关系图

⑤注浆。制浆桶制备的浆液放入到储浆桶，经送浆泵和管道送入移动车尾部的储浆桶，再由注浆泵经管路送至挖掘头。注浆量的大小由装在操作台的无级电机调速器和自动瞬时流速计及累计流量计监控；一般根据钻进速度与掘削量在 80～140L/min 内调整。在掘进过程中按规定一次注浆完毕。若中途出现堵管、断浆等现象，应立即停泵，查找原因进行修理，待故障排除后再掘进搅拌。当因故停机超过半小时时，应对泵体和输浆管路妥善清洗。

⑥供气。由装在移动车尾部的空气压缩机制成的气体经管路压至钻头，其量大小由手动阀和气压表配给；一般控制压力为 0.3～0.4MPa 左右，全程气体不得间断。

⑦成墙厚度。为保证成墙厚度，应根据搅拌头叶片磨损情况定期测量叶片外径，当磨损达到 2cm 时必须对刀片进行修复。

⑧墙体均匀度。为确保墙体质量，应严格控制掘进过程中的注浆均匀性以及由气体升扬

置换墙体混合物的沸腾状态。

⑨墙体套接。每幅间墙体的连接是水泥土防渗墙施工最关键的一道工序，必须保证充分套接。在施工时严格控制桩位并做出标识，以达到墙体整体连续作业。

⑩水泥掺入比。水泥掺入比应视工程情况而定，一般为7%～15%或按设计要求。

⑪水灰比。一般控制在1.5～2.0左右；或根据地层情况经试验确定分层水灰比。

⑫浆液配制。浆液不能发生离析，水泥浆液严格按预定配合比制作，用比重计或其他检测手法量测控制浆液的质量。为防止浆液离析，放浆前必须搅拌30s再倒入存浆桶；浆液性能试验的内容为比重、粘度、稳定性、初凝、终凝时间。凝固体的物理性能试验为抗压、抗折强度。现场质检员对水泥浆液进行比重检验，监督浆液质量存放时间，水泥浆液随配随用，搅拌机和料斗中的水泥浆液应不断搅动。施工水泥浆液严格过滤，在灰浆搅拌机与集料斗之间设置过滤网。浆液存放的有效时间符合下列规定：1）当气温在10℃以下时，不宜超过5h。2）当气温在10℃以上时，不宜超过3h。3）浆液温度应控制在5～40℃以内，超出规定应予以废弃。浆液存放时间过超过以上规定的有效时间，作废浆处理。

⑬特殊情况处理。当遇较大石块或地下构筑物时，用人工、机械方法清除或采取高喷灌浆对构筑物周边及上下地层进行封闭处理。当两幅间施工时间间隔过长而不能充分套接时，必会出现施工接头，沿原定的施工轴线或在施工轴线的任意一侧，相距两有效墙体（不到设计深度的墙体不作有效墙体）边缘3～5cm处连续成墙，中间3～5cm不连续处用钻孔灌注水泥砂浆连接或采用其他方法进行搭接。

⑭施工记录与要求。及时填写现场施工记录，每掘进1幅位记录一次在该时刻的浆液比重、下沉时间、供浆量、供气压力、垂直度及桩位偏差。

⑮发生泥量的管理。当提升钻具离基面4～5m时，将置存于储留沟中的水泥土混合物导回，以补充填墙料之不足。若仍有多余混合物时，待混合物干硬后外运至指定地点堆放。

（4）芯材垂直安装。

为了确保精度，芯材的插入必须准确、垂直，其垂直度应用经纬仪进行观测、控制。插入深度由标高控制。插入位置由导轨上标线确定。

五、材料

1. 固化剂。通常使用32.5（或其他强度等级）普通硅酸盐水泥。在寒冷地带施工，必须缩短工期的时候，才使用快凝水泥。在含有机物多的地基中使用，事前必须做掺和实验，决定种类、配合比。

2. 水。通常使用自来水，如采用当地自来水以外的水源时，必须进行水质判断。海水会助长土壤的透水性。

3. 添加剂。粘土、膨润土、减水剂、速凝剂等。

4. 芯材。H型钢、钢筋混凝土预制桩等。

六、机械设备组成和检测设备

1. 主要施工机械组成（见表2）

表2　施工主要机械

类别	设备名称	规格型号	单位	数量	配套功率（kW）	用　途
主机	ESMTW 机驱动装置	5 轴电动	套	1	5×24、2×55	为挖掘提供动力源
	ESMW 机驱动装置	3 轴电动	套	1	3×50、2×75	为挖掘提供动力源
	掘削搅拌轴	6～8m	根	按需		传递动力
	壁面切削器		套	1		水平旋转切削壁面
	挖掘头	ϕ300～850mm	件	5（3）		挖掘基土之用
	保持架		件	1		保持钻杆稳定
	止摆套		件	1		限制螺旋叶片位移及垂直导向
支撑机	液压履带式移动车	50t 级	台	1	117.6	装载主机
辅助设备	螺旋式水泥输送机	ϕ200mm	台	1	3	制、供浆
	制浆机桶	ϕ1300mm	台	1	3	
	储浆桶	ϕ1300mm	台	2	2×3	
	注浆泵	HBW140/3	台	3	3×7.5	
	送浆泵	ϕ65mm	台	1	11.0	
	水箱	1.5m^3	台	1		
	送水泵	ϕ80mm	台	1	7.5	
	空气压缩机	3m^3/min	台	1	22	供气辅助挖掘
其他	电源	250kW	台	1		驱动装置、制浆、供气系统、照明、维修动力
	高压清洗机	1/2″喷嘴	台	1	2.2	清洗钻杆
	挖掘机	0.5m^3	台	1		挖储留沟、挖弃土
	自卸卡车	5t	辆	1		运输泥土
	垫板	120×18×650cm^3	块	6		液压履带式移动车行走
	拔取芯材液压设备	40MPa、2×100t	套	1		拔取芯材
	吊车	16t	台	1		吊装芯材

2. 主要检测设备和配置（见表3）

表3　主要检测设备和配置

序号	设备名称	规格型号	单位	数量	用　途	应遵循标准
1	导杆立柱倾斜仪	Angelstar 电子角度仪、MZQ－1 型载荷倾角监测仪	只	2	指示导杆立柱垂直度	相关技术标准
2	流量计	MLF－1 型深层搅拌桩监测仪、IFM4080F	只	3	测量输浆量	相关技术标准

续表3

序号	设备名称	规格型号	单位	数量	用　　途	应遵循标准
3	经纬仪	DJ2	台	1	校核导杆立柱垂直度	相关技术标准
4	水准仪	钟光 DS3	台	1	量测水平度	相关技术标准
5	压力表	1.5MPa	只	5	量测供气、供浆压力	相关技术标准
6	钢卷尺		把	2	测距	相关技术标准
7	比重计		支	按需	测量浆液比重	相关技术标准

七、劳动力组合

人员组合及工作岗位见表4。

表4　劳动力组合

工种	岗位内容	ESMTW 机人数	ESMW 机人数	技术要求
领班	全面负责施工质量、安全、进度，贯彻岗位责任制，协调各岗位有序施工	1	1	持有助工以上证书
主操作员	按规程操作主机，视工况调节好水泥浆量和气量，对运行中的非正常情况能作出应急处置	1	1	需经岗位培训
起重工	按规程操作吊车，负责芯材安装		1	需经岗位培训
制浆员	按规程操作制浆机，根据要求配制好浆液	2	1	需经岗位培训
机电员	负责机械发电、供电，机器和电气系统的维护和保养	2	2	持有电工上岗证
普工	负责开挖储留沟，回浆储存、回注和修复场地、布置导轨、安装芯材	6	10	需经岗位培训
合计每台班劳动组合人数		12	16	

八、安全生产与文明施工

1. 健全组织。成立以项目经理为首的安检小组。制订安全操作规程和文明施工管理规章及奖惩制度，建立个人劳动保险和安全卡。

2. 安全防护。按照安全规程和治安管理条例，加强劳动保护；施工现场设置安全防护装置，配戴安全帽，高空作业时系好安全带。

3. 文明施工。做好环境卫生，保护好植被，弃浆和材料堆置整齐有序，文明用语，确保道路通畅。

九、质量管理

1. 为确保该工程的质量优良，对工程施工进入全面质量管理，从组织上建立施工织管理网络，成立分项工程经理部，配备专职质检工程师，各班组配备质检员。

2. 按设计和规范要求制定科学合理的施工方案和安全操作规程、安全文明管理措施及岗位职责。

3. 严格控制主要大宗材料水泥的质量，坚持材料验收合格证制。

4. 单元工程的质量评定执行初检、复检、终检的三级质量检查制。

5. 施工质量检查内容：

（1）对墙顶、墙底高程，墙体垂直度，墙体水泥掺入比，浆液水灰比等墙体施工作业全过程进行检测。

（2）采用标准试模采集试样、钻孔取芯、开挖检查、围井、注、抽水试验及无损伤探测检验进行墙体质量检查；检测28d试样的无侧限抗压强度是否大于0.5MPa、渗透系数小于10^{-6}cm/min量级或达到设计要求。

（3）施工质量控制点和控制标准见前面操作要点中所述。

十、环境保护

在实际施工之中应采取相应的措施避免产生噪音、振动、泥土飞溅、流出及地基变形等诸如此类的现象，以降低对周边环境的影响。

保护好施工现场的有关建筑物和设施、各项观测设施的仪表和仪器、各类钻孔的孔口、排水孔的孔口装置、保留的芯样等。

清除非要求永久保留的结构物及其他辅助设施。

十一、经济、社会效益及推广应用

ESMTW防渗薄墙的推广应用可大幅度降低工程成本，深度在10m以内由80元/m^2降到60元/m^2，深度在10m以上从250元/m^2降到100元/m^2，可大大提高加固工程的安全可靠性；可极大地、长久地提高江河渠库的堤坝防渗抗灾能力，减轻防洪压力，提高保安能力，对保障人民生命和财产安全及社会经济发展将起到积极的作用，其社会效益是十分明显的。

ESMW地连墙（内插型钢），每m^3掺入水泥在300kg左右，与相同直径、承载的挡土桩相比，节省造价在25%以上，若采取回收型钢措施，则更便宜。而与目前常规的置换法地连墙相比，可降低造价30%~50%左右。

上述工法的推广应用符合国家“948”项目的总体要求和意图——通过引进、消化、吸收、创新、推广已形成产业。

完全国产化的ESMTW机和ESMW机价格是国外同类产品的四分之一。由于该产品不仅在性能上更符合国情，而且在价格上适中，所以其不仅可介入国家重点工程中拟引进国外设备的部分市场，而且拥有在我国一般基础工程中普及应用的价格水准和强劲的市场竞争力。因此它的研发成功，一是可以减少进口二手机或用昂贵的价格进口原装机的数量，为国家节省大量的外汇；二是为更多的工程需采用先进工法施工而无力购置国外先进设备而提供了经济安全且可靠的施工机械；三是可逐步取代那些传统和过时的工法。

运用ESMTW工法实绩见表5。

表 5　ESMTW 工法实绩表

时间	工程名称	工程地点	成墙深度（m）	成墙面积（万 m^2）	水泥掺入比（%）	水灰比	土质	抗压强度（MPa）	渗透系数 $i\times10^{-6}$（cm/min）	评定等级
2000. 7	江扬集团滨江船厂船坞基础止水帷幕	扬州市新坝镇	19. 5	1. 95	16	1. 5	粉土细砂	7. 89	1. 24 ~ 5. 12	
2001. 4	淮北大堤饶陆段截渗墙	安徽省颍上县	15	2. 0	12	1. 5	粉质壤土	0. 53	1. 11 ~ 1. 51	
2002. 3	汉江遥堤防渗墙	钟祥市大王庙	15. 5 ~ 20. 6	0. 84	18	1. 6	砂质土	3. 14	4. 83	优良
2002. 12	泗源沟节制闸除险加固防渗围幕	江苏省仪征市	20. 5	0. 20	18	1. 5	粉质壤土			
2003. 7	上马水库除险加固主坝水泥土防渗墙	山西省运城市	2. 5 ~ 22	1. 65	11	1. 8	粉土	3. 5	2. 35	优良
2004. 4	淮河入江水道堤防防渗处理	江苏省淮安市	10. 8	1. 57	11	2. 0	粉质壤土	0. 81	1. 06	优良
2004. 10	淮河干流姜唐湖蓄（行）洪区堤防加固截渗墙	安徽省颍上县	22 ~ 26. 5	8. 5	10、13	2. 0	粉砂层	1. 9 ~ 13. 2	2. 77 ~ 4. 21	
2005. 12	南水北调刘山站截渗围幕	江苏省邳州市	25	0. 8	15	2. 0	中砂	1. 40 ~ 5. 80	1. 21 ~ 4. 86	
2006. 2	淹水水库截渗墙	湖北省松兹县	11	1. 0	15	2. 4	红重粘土			
2006. 2	北闸截渗墙	湖北省公安县	16	1. 5	15	2. 0	砂质壤土			

深厚覆盖层（含巨漂）高喷防渗墙施工工法

YJGF 05—2004

中国水利水电第七工程局成都水电建设工程有限公司

马邦凯　罗建林　邹　刚　张秋红　黄春霞

高压喷射灌浆施工法主要应用于地基加固和基础防渗止漏工程。中国水利水电第七工程局在四川岷江福堂水电站临时围堰工程防渗中采用高压喷射灌浆施工法，成功解决了地质条件复杂（覆盖层深厚，孔深18.3m；孤石含量达35%，巨漂最大粒径为2.0m；渗透系数K值为$10^{-1} \sim 10^{-2}$cm/min等）地层的防渗问题。该技术已于2003年经过四川省科技厅组织的成果鉴定。

一、工法特点

1．采用多功能岩土工程钻机配合潜孔偏心跟管超前钻进工艺，解决了在大块石（含巨漂）地层中快速、高精度钻进成孔问题。

2．采用薄壁易碎的PVC管护壁，解决强渗透性深厚覆盖层中易塌孔、护壁难的问题。

3．采用低温、早强型速凝稳定浆液，解决了在低温动水条件下大块（孤）石形成架空渗漏问题。

4．在高喷防渗墙施工过程中，针对大块（孤）石架空、粉细砂层、强透水地层等不同地质情况采用预堵漏、静喷、静灌、间隔提升等复合型喷灌参数，增加了高喷浆液对各种地层的填充和对大块（孤）石的裹袱效果，保证了高喷墙体搭接的可靠性。

二、适用范围

高压喷射灌浆施工技术目前应用范围主要有地基加固和防渗止漏工程，适用于软弱土层，如第四纪的冲（淤）积层、残积层、卵砾石层以及人工填土等地层，由于高压喷射灌浆施工法能解决软基处理中其他技术难以解决的工程问题，它具有施工速度快，工艺简单、成本低、凝结体（可控性）稳定性好、施工安全等优点，使用范围正在不断扩大，在水利水电建设中，高喷灌浆广泛应用于低水头土石坝坝基、堤防、临时围堰的防渗，边坡挡土，基础防冲，地下工程缺陷的修补等工程。

三、工作原理

将30～50MPa的高压水和0.7～0.8MPa的压缩空气输到喷嘴，喷嘴直径2～3mm，造成流速为100～200m/s的射流，切割地层形成缝槽，同时由1.0MPa左右的压力把水泥浆由另一钢管输送到另一喷嘴以充填上述缝槽并渗入缝壁砂卵、砾石或土层中，凝结后形成固结体或防渗体。

四、工艺流程及施工要点

1．工艺流程（见图1）

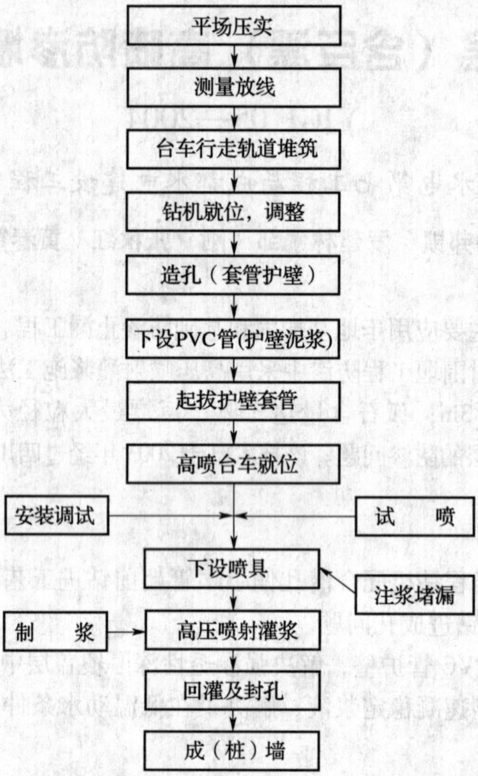

图1　高压喷射灌浆试验工艺流程图

2. 施工要点

（1）布孔。福堂电站围堰高喷防渗墙采用双排旋喷连锁桩，孔距1m，排距0.6m，孔深18.3m；分四序施工。

（2）造孔。

①钻孔需分排分序间隔施工，相邻次序孔施工时间间隔不少于24h。双排孔先施工下游排，后施工上游排。

②钻孔过程中，详细准确记录钻孔时遇到的各种现象，根据返碴情况、钻进速度、钻机及冲击器运转情况判断地层分层深度，大块石的分布、埋深、粒径及架空、漏失、串通等情况，并停钻测量余尺，准确记录其厚度及埋深。

③钻孔终孔后，先取出钻杆，然后下入 $\phi100 \times 1.5$mmPVC 管护壁，起拔套管。PVC 底部用无纺布包扎，接头套接后用塑料带密封，要确保不脱接及接头处不漏浆。在块碎石堆积架空的孔段，将护壁 PVC 管钻成花管，用预注浆堵漏。注水试验孔堆筑层以下孔段全部钻成花管。

3. 高喷灌浆

（1）高喷灌浆参数（见表1）。

（2）高喷灌浆。

①高喷分序：每排孔需分序间隔施工，相邻次序孔施工时间间隔不少于24h。双排孔先施工下游排，后施工上游排。

表 1　高喷灌浆参数表

项目	技术参数	相应要求	备　注
高压水	压力：40～46MPa	水嘴个数：2 个 水嘴直径：1.75～1.85mm	
	排量：75L/min		
压缩空气	压力：0.4～0.7MPa	风嘴个数：2 个 气嘴与水嘴间隙 1.5～2.0mm	
	排量：1.5～2m^3/min		
浆液	压力：0.2～0.6MPa	进浆比重≥1.6g/cm^3	充分利用孔口返浆
	排量：40～100L/min	回浆比重≥1.2g/cm^3	
提升速度	一序孔：5～7cm/min	根据地层和返浆情况做适当调整，在地层交界处、粉细砂层停止提升静喷或降低提升速度等	
	二序孔：6～8cm/min		
旋转速度	6～8r/min	折线搭接，摆角 30 度，形成微折板墙	

②高喷灌浆：当喷具下入到设计深度后，启动旋摆机，调节风水浆的流量、压力和旋摆机的旋转速度，使之达到设计值，待孔口返浆比重符合要求后，开始提升，边旋转边提升，自下而上喷射灌浆，直至孔口停喷。在高喷灌浆过程中，要时刻注意检查施工机具运转是否正常，风水浆的流量、压力，进浆、回浆比重及旋转、提升速度等参数是否符合要求。

③高喷灌浆结束后，由专人负责用弃浆进行孔口注浆，直到回填密实，浆面不再析水下沉为止。

④在喷灌过程中，对于不返浆的地层和孔段，为了防止浆液严重漏失，提高高喷效果，采用间隔提升的办法，即静灌→喷灌、提升→静喷→喷灌、提升→……→喷灌、提升→孔口，以保证灌入足够浆液，避免出现浆液脱空区。在架空地层和渗漏通道，采用静灌、复喷、加浓浆液、孔口掺砂、水玻璃等措施，直到孔口返浆符合要求为止。或在高喷孔上游钻堵漏注浆孔，进行双液预注浆，充填架空地层。

⑤直径在 50cm 以上的大块石易被嵌袱在旋喷桩之间，在施工过程中，当喷射到大块石下界面 50cm 时进行静喷或复喷，以便在靠近大块石处形成更大的桩体直径；在大块石上界面进行静灌或复喷，以补充足够的浆液。在块石集中区域，即使局部地方直接喷射不到，但在高压喷射、挤压、余压渗透及浆气升串综合作用下，仍然可以形成一道连续的高喷防渗墙。

⑥对于漏失特别大的地层和孔段，下喷具前预先进行预注浆堵漏处理。

五、主要灌浆材料及浆液配制

1. 主要灌浆材料（见表 2）

表 2　主要灌浆材料

材料名称	规　格	说　明
水泥	P. O. 32.5R 普通硅酸盐水泥	硬化、凝固、防渗材料
粘土	200 目钙基膨润土	悬浮、稳定浆液作用
纯碱	工业用纯碱（碳酸钠）	分散剂
速凝剂	AC	速凝、早强、高效减水剂
水	净化河水	浆液的分散相

2．浆液配比

水: 水泥: 膨润土: 纯碱: AC 按 118: 100: 25: 1.5: 2 进行配制。

3．配制浆液的加料顺序

水→膨润土→纯碱→水泥→AC→使用

配制浆液时，必须按加料顺序加入所需材料，各种材料的加量要准确无误，水、纯碱和AC 用固定的量加入。

4．浆液拌制及使用

浆液搅拌时间，加入膨润土的浆液不少于 7min，其他浆液不少于 3min，所加制浆材料直接加入搅拌槽中进行拌和，浆液必须充分过筛过滤，自制备到用完时间不超过 4h，其中早强速凝浆液不得超过 1.5h。

六、高喷灌浆机具设备

1．钻孔设备。钻孔采用阿特拉斯 A66－CB 和英格索兰 KR803－02 全液压多功能钻机配合气动冲击器偏心跟管钻进成孔工艺。钻头采用 $\phi130 \sim \phi152$ 合金球齿偏心钻头，跟进套管采用 $\phi140$ 无缝管，丝扣连接。

2．高喷设备。高喷灌浆采用 GS500－4 型高喷台车和 3S2－62MPa 型高压泵，并列三联管法自下而上旋喷成墙（见图 2）。喷具直径 $\phi89$，采用专用高强螺栓连接，连接处用尼龙垫密封。GS500－4 型高喷台车具有一次性提升 15.0m 的特点，提升采用无级变速，变速范围 0～25cm，3S2－62MPa 高压泵，额定工作压力 62MPa，实际工作压力 42MPa，具有长时间连续工作的特点。

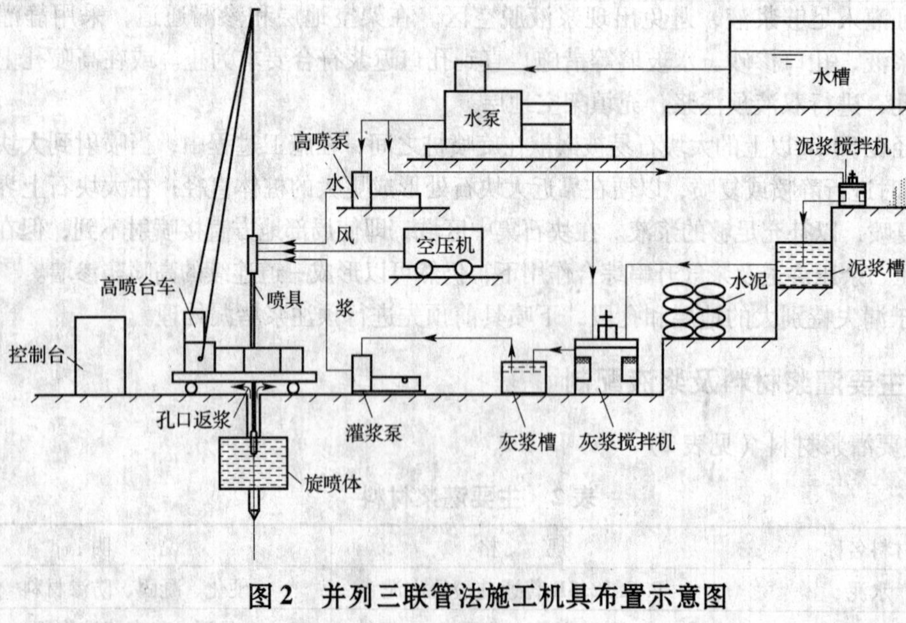

图 2　并列三联管法施工机具布置示意图

七、劳动力组织及安全措施

1．劳动力组织

高喷灌浆施工法分三大工序：钻孔、制浆、高喷灌浆，每班人员配备如下：钻孔 4 人，制浆5人，高喷灌浆4人，机电维修工和工程技术人员各一人；高喷灌浆要三班连续施工。

2. 安全措施

（1）由主抓工程质量安全的项目主管负责主抓安全工作。制定本项目的安全生产制度，实行安全生产责任制；制定安全生产奖罚措施，将职工安全生产与经济利益挂钩。

（2）项目设专职安全员制定安全生产措施，明确规定安全生产注意事项，并监督、检查其实施。专职安全员有权在施工现场根据安全生产制度、安全生产措施开具罚款单。

（3）要求所有参加施工人员熟知本工种的安全技术操作规程。并在工程施工之前，组织所有员工进行安全生产教育，使员工明确“安全生产、预防为主”，树立牢固安全生产意识。

（4）给所有员工按规定配齐劳保用品。要求所有进入施工现场人员必须配戴安全帽。

（5）每星期至少进行一次安全生产大检查，积极查找事故隐患，并针对查出的事故隐患制定纠正措施。

（6）安全保证体系结构见图3。

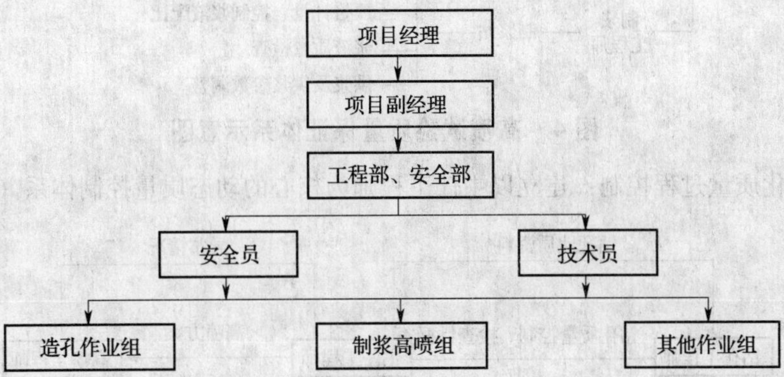

图3　安全保证体系结构图

八、质量要求和质量控制

1. 质量要求

围堰高喷后，其墙体渗透系数K值在$10^{-4}\sim10^{-5}$cm/min，基坑渗水量$1m^3/250m^2\times24h$。施工及质量检查引用规范：《高压旋喷注浆技术规范》（DL/－T 5184），《水工建筑物水泥灌浆施工技术规范》（YSJ 210—92、YBJ 43—92）。

2. 质量控制

施工前，根据工程实际地质条件，组织工程技术人员反复认真讨论研究，结合高喷试验成功经验，确立一套适用于本工程地质的技术措施和工艺流程，从造孔到喷灌完成后的封孔，细到每一个环节，都制定相应的技术质量控制和检查验收标准。从技术上对工程施工质量作出保证。

高喷质量主要靠中间工序的质量控制，严格施工过程质量控制是保证工程质量最有效的手段，严格要求每个孔、每一层、每一段的过程质量控制。

（1）建立健全质量保证体系（见图4）。

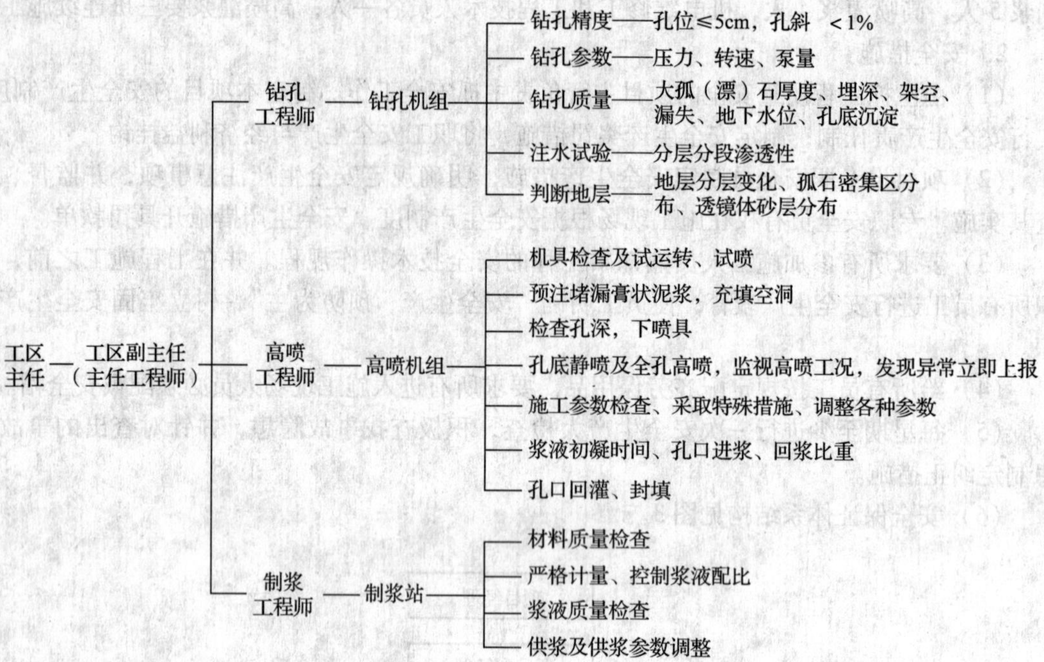

图4　高喷试验质量保证体系示意图

（2）强化质量过程控制：建立以主任工程师为核心的动态质量控制体系（见图5）。

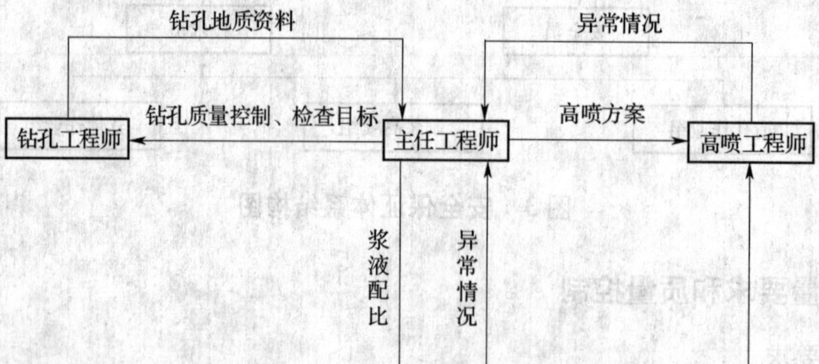

图5　高喷施工过程质量控制示意图

（3）高喷施工过程具体质量控制。

①钻孔质量控制。

a. 对所有钻孔的孔位偏差，孔斜偏差，孔内沉积物厚度严格控制。

b. 开钻前用水平尺和吊重锤的办法对钻具的垂直度进行校核，符合要求后方可开钻，钻杆上应装一套扶正器，以确保钻孔精度。

c. 在钻进过程中随时用重锤、水平尺校正钻孔的垂直度，钻孔孔斜率小于1%。

钻孔结束后，对钻孔进行检测和验收，并绘制详细的钻孔地质简易柱状图。

②高喷灌浆质量控制。

a. 高喷作业必须有技术员或质检员在场的情况下进行，技术员对喷具组装及试运转认可后才将喷具下入孔内。

b. 根据钻孔地质简易柱状图，制定相应的高喷参数和详细施工措施。

c. 高喷过程中随时检查各机具运转及施工参数是否正常。检查内容主要包括：喷具入孔深度、高压水压力、水量、空压机气压、气量、水泥浆浆量、浆压、进浆和返浆比重、提升速度、旋转速度等。

d. 钻孔、喷灌遇下列情况，做孔外处理，以确保防渗墙的连接效果：钻机遇局部架空地层，高喷不返浆；遇强返水和动水地层；遇孤石密集区或直径较大块石。

e. 浆液制备严格按配比要求加量和顺序加料，并专人负责。

f. 施工现场，值班技术人员还必须对每天运抵的钻孔材料、浆液材料如 PVC 管、水泥、纯碱、膨润土等进行检查验收，做浆液配比试验，及时调整浆液配比指导施工生产。

九、经济效益分析

1. 施工中采用如下控制措施以提高防渗墙施工自身的经济效益：

（1）实行约束和奖惩制度，使机组人员自觉节约材料、控制成本。

（2）针对不同地层条件使用不同材质或新、旧程度不等的钻头。

（3）通过地层分析，要求大块石钻进采用“裸钻”。

（4）对于易损材料如套管、钻头、钻杆等，加强修配，从而提高材料的“修旧利废”率，降低造孔成本。

2. 科学、合理、快速建成高质量的防渗墙，不仅能保证基坑一次排完水，也降低了日常排水费用，同时也是确保水利水电工程能在汛期正常施工，不受洪水影响。其经济效益由此可见非同寻常。

3. 高喷防渗墙在福堂电站成功应用，降低了电站围堰基础防渗工程成本，节约投资20%，缩短了施工工期 2 个月，受到业主、监理、设计的一致好评，为在岷江流域其他工程的防渗设计提供了另一种方案的理论依据和技术保证，同时为企业进一步拓宽市场创造了良好的基础。

十、工程实例

龙滩水电站位于红水河上游的广西壮族自治区天峨县境内，大坝下距天峨县城 15km。枢纽主要由碾压混凝土重力坝、泄洪建筑物、通航建筑物及引水发电系统组成，最大坝高 216.5m，是世界第一碾压混凝土高坝。电站总装机 540MW，属于国家大（Ⅰ）型工程。

大坝施工采用围堰一次拦断河床的隧洞导流方式。上、下游主围堰采用 RCC 围堰，在土石围堰的保护下进行施工。土石围堰由人工填筑体组成，围堰地质从上到下依次为：人工粘土、块碎石夹土层；原始河床覆盖层；基岩。河床砂卵石覆盖层厚度为 0 ~ 8.0m。在围堰防渗轴线截流戗堤下面及截流时用的大量钢筋石笼、混凝土异形体，形成了大的架空区。围堰防渗墙坐落在基岩上，基岩裂隙发育，表层破碎，风化强烈，透水性强，其渗透系数 K 值达$10^{-2} \sim 10^{-1}$cm/s。

围堰防渗采用高喷防渗墙，在同类型电站中还是首次应用，为了确保围堰高喷防渗在技术上的可靠性，工期上的可行性，业主、设计、监理、七局八局葛洲坝联营体在土石围堰高喷防渗墙施工之前进行高喷试验。2003 年 8 月 25 日 ~9 月 13 日在上游土石围堰右岸堰肩进行了高喷试验，试验完全模拟上游土石围堰地质条件，试验中发现人工填筑体特别架空，高喷后墙体还存在空隙，需要进行补浆。根据试验成果确定围堰防渗采用高喷灌浆和静压补强灌浆相结合的方式。上游土石围堰轴线长 238m，高喷防渗采用单排和双排墙体相结合，特别是河床深槽段和龙口段，除了双排高喷墙体外，还对地层进行了预注浆和对墙体进行静压补强灌浆。2003 年 10 月 ~2003 年 12 月 10 日，历时 70d，完成上游土石围堰高喷防渗墙施工，累计完成高喷钻孔 336 个，钻孔进尺 6134.5m，静压补强灌浆钻孔 208 个，钻灌进尺 3091.6m。到目前为止，上游土石围堰运行情况良好，达到了设计要求。

注水试验显示：高喷后渗透系数 K 值都从灌前的 $10^{-1} \sim 10^{-2}$cm/s 数量级提高到 10^{-5}cm/s 数量级，完全满足设计防渗要求。

钻孔取芯显示：取芯高程 EL228.5 ~200.5，段长 28m，获取岩芯 24.9m，取芯率 89%。从取出的岩芯来看：大部分岩芯胶结密实，有少量松散破碎，在漂卵石层岩芯采取率较低且岩芯较破碎；在取出的岩芯中明显能看见块石被水泥结石胶结、裹袱。

导洞施工防护隔离桩墙施工工法

YJGF 06—2004

中铁隧道集团有限公司

马锁柱　王先堂　胡春停　龚晓明　蒋树谦

在城市修建地铁，不可避免地要在地面建筑物（构筑物）附近穿过，甚至为了争取最好的线路运营方案，也不得不选择从地面建筑物附近穿过。在既有地面或地下建筑物（构筑物）附近修建隧道，不仅需要保证隧道工程本体施工的安全，还必须妥善地解决隧道工程对附近既有建筑物的影响问题。埋深较浅的隧道暗挖施工常常会引起地层移动和地表下沉，如果不加保护，周边既有建筑物就可能发生过量变形甚至破裂、破坏。导洞施工防护隔离桩墙施工工法（简称："导洞－隔离桩墙工法"）是中铁隧道集团在北京城铁13号线14标区间浅埋隧道下穿高层楼房段创造性应用的一种新颖的施工方法，它巧妙地把导洞－隔离桩墙作用与土体的支撑作用联成一体，提出了"地下基坑"概念，并进行模拟与计算，全新的构思、设计和施工实践在国内、外未发现有类似的报道，其科研成果已由北京市建设委员会鉴定，并获得了2003年北京市科学技术二等奖。由于在处理地层与结构、隧道施工与既有建筑物相互作用方面效果明显，技术先进，故有明显的社会效益和经济效益。

一、工法特点

1. 导洞－隔离桩墙利用地下导洞施作钻孔隔离桩，并将隔离桩与导洞衬砌连接在一起，能有效地保护邻近既有建筑物，使地下工程的施工中对它的影响非常之小，是新构思、新技术。

2. 提出了"地下基坑"围护结构分析模型和解析方式，是一种新的尝试，用简单的代数运算即可预测地层沉降和水平位移值，与实测值相比在同一数量级上。

3. 将数据处理和信息反馈技术应用于施工，利用监控量测指导施工，动态修正施工方法和支护参数，确保施工安全、快速。

4. 导洞－隔离桩墙工法将地表作业转入地下，避免了施工对城市地面、路面的占用，保证了城市地面交通畅通，适应了对环保要求高的城市地下施工的要求。

二、适用范围

本工法适用于临近建筑物（构筑物）、地面条件限制、地层构造复杂、富水条件下的暗挖施工。

三、工法原理及关键技术

1. "导洞－隔离桩墙" 防护

由于地面条件限制，无法在地面施做钻孔灌注桩及地表深井降水。基于以上因素，在区间隧道两侧，贴近楼层基础各施作一导洞，在导洞内施作钻孔灌注桩，桩顶与导洞格栅连接，导洞犹如一根刚度很大的帽梁，将各根钻孔桩连接成为一道整体性较好的桩墙，而导洞之间的未被开挖掉的土体犹如支撑左、右两道桩墙间的横撑，从而成为一个稳定可靠的“地下基坑”的围护结构，承受因开挖双连拱隧道（犹如基坑内挖土）而产生的土体的侧向压力，并限制桩墙外土体的竖向变形（沉降）。

2. 洞内水平降水

无水施工是控制沉降保证隧道周边建筑物（构筑物）安全的前提，地质分层情况复杂或在繁华闹市区地表无条件采取深井降水的情况下，采取洞内水平降水，充分利用地层渗透系数水平方向大于垂直方向的特点，可达到降水效果时间短、效果明显、可操作性强的目的。

3. 改进隧道施工工艺

在导洞－隔离桩墙防护下，区间隧道施工以新奥法为依托，采取加密超前管棚、加强超前注浆、初支背后注浆加固、增设临时仰拱等支护方法，通过全过程的施工监控量测，随时调整支护参数，从而达到安全、快速通过高层建筑地段的目的，拓宽了浅埋暗挖在城市地铁施工中的使用范围。

4. 全过程的监控量测与分析

全过程监控量测并确定适宜的监测内容，是指导施工和控制地表下沉、监视土体及结构的稳定，保证施工安全的重要手段，为修正设计和变更施工方法提供了科学依据。

四、工艺流程及施工要点

1. 施工工艺流程

施工准备→导洞施工→隔离桩墙施工→洞内水平降水施工→隧道开挖及初支→隧道结构施工。

2. 施工要点

(1) 导洞施工。

导洞断面大小由施工工艺、围岩条件、采用设备等因素确定，可为拱形直墙或曲墙。视情况可采用全断面或上下台阶法施工，其工艺流程参见图1，导洞－隔离桩墙断面结构示意参见图2，施工中的具体要求有如下几点：

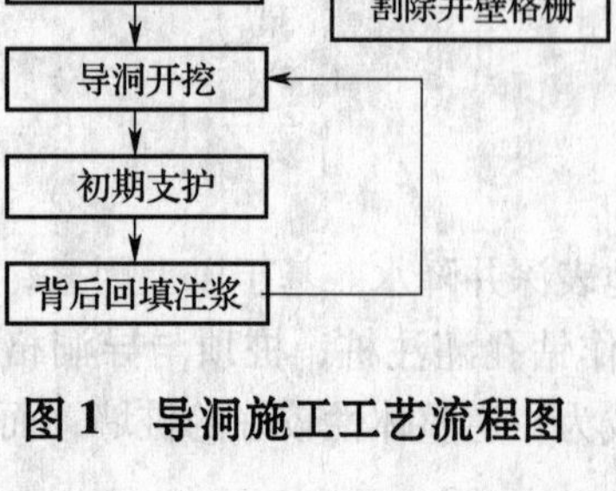

图1 导洞施工工艺流程图

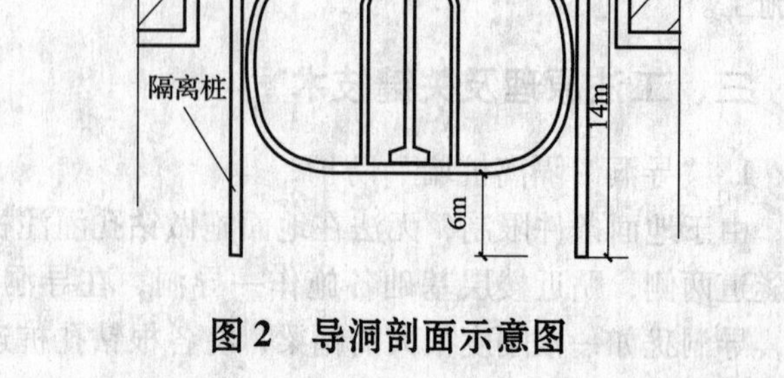

图2 导洞剖面示意图

①严格控制导洞线路精度，确保导洞与结构关系。

②喷混凝土封闭后开挖前排设超前管棚，间隔一个作为超前注浆管，于开挖前超前注水泥、水玻璃双液浆。

③严格控制开挖进度，每次开挖一榀，并留核心土，严禁多榀一次开挖。

④遇到导洞上方存在人工杂填土，开挖过程出现不良地质情况及时对开挖面进行网喷封闭，进行加固处理后再施工。

⑤严格控制钢支撑间距，网构钢架应精确定位，注意“标高、中线、前倾后仰、左高右低、左前右后”等各个方位的位置偏差，钢支撑保护层临土侧50mm，背土侧30mm。安装允许误差见表1。

表1　网构钢架安装允许误差

方位	中线	高程	倾斜度	左、右拱脚标高	左、右钢架里程同步
允许误差	2cm	+2cm ~ 0	≤2°	±2cm	±2cm

⑥按设计施工双层满铺钢筋网，将纵向连接筋、钢筋网与网构钢架连接牢固。

⑦滞后掌子面5m 回填注浆一次，浆液为纯水泥浆，在楼房段注意控制注浆压力，避免破坏楼房地下室。

⑧导洞施工过程中，加强量测频率，及时反馈量测结果，以便根据量测结果及时修正支护参数，确保安全。

（2）隔离桩墙施工。

导洞施工完毕后，在两侧导洞内各施工一排钢筋混凝土钻孔灌注桩，将楼房基础与隧洞隔离。隔离桩墙施工工艺流程图（见图3）。

依据测量控制桩点及设计图纸定出桩孔平面位置，经各级测量核验无误后进行施工。

钻机须满足地下导洞狭小空间和钻孔深度的施工要求。为防止塌孔和保证成孔质量，钻孔灌注桩采取1、4、7跳格法施工，即一格成桩后再做另一格的桩。

（3）水平降水。

先在已施工隧道底板施工作水平降水基坑，在水平降水基坑内用水平钻机成孔，埋设水平降水管，超前将隧道施工范围内地下水降至隧道底部仰拱以下1.0m左右，保证后续开挖初支无水施工。洞内降水引起地层沉降应注意控制成孔时砂土流失、控制抽水含砂量<1/200000、控制抽水量，避免抽水过度引起地表下沉。

①施工方法。根据水平抽水钻机工作空间确定工作坑尺寸并先施工，完毕后安置水平钻机。采用 ϕ89mm 钻头打孔清水钻进，ϕ89mm 套管跟进。将套管打到预定长度后，停止钻进冲孔。从套管中放进 ϕ60mm/ϕ50mm 螺旋打眼缠丝 PVC 滤水管，拔出 ϕ89mm 套管，将 PVC 滤水管留在土层中，封孔口使地下水从 PVC 滤水管中自动流出。

②降水效果。由于是利用坡度降水，降水效果较好，降水直接和彻底，且造价低，操作简便，是一条降水的好捷径。

（4）隧道施工工艺的改进。

①增设临时仰拱，及时封闭，步步成环。大跨度隧道施工都要分台阶开挖，从拱部开挖至底部仰拱封闭历时较长，不利于掌子面的稳定。为控制拱顶及地表沉降，遵循浅埋暗挖及

时封闭步步成环的原则，增设上半断面临时仰拱，使上半断面及时封闭。施作临时仰拱后，支撑刚度增大，与基底接触面积增加，缩短了封闭时间。步步成环，使支护与围岩间形成了有效的收敛——约束体系，因而有效地控制了地表变形。同时，利用临时仰拱形成上部施工通道，避免上下施工干扰，缩短施工循环时间。

图3　隔离桩墙施工工艺流程图

②仰拱基底换填碎石和注浆。特殊地层情况下，受降水时间限制仰拱部位有滞留地下水，基底粉细砂层浸泡和人工扰动后，造成基底液化软弱，减小了地基承载力，使仰拱封闭后沉降仍不收敛。为控制沉降，在仰拱基底换填一层碎石，喷混凝土封闭后及时回填（注纯水泥液浆）。基底换填有效控制了沉降，仰拱喷混凝土封闭后沉降很快收敛，保证了施工安全。

③加密拱部超前管棚、增设边墙超前管棚及锁脚锚杆。进行地面、地下降水后，开挖后掌子面自稳性差，围岩可注性差，因此，环向和纵向加密拱部超前管棚，增设锁脚锚杆可有效控制掌子面土体稳定，控制沉降。

④加强超前注浆和背后回填注浆。拱部开挖前将超前管棚间隔一个作为注浆管超前注入

水泥浆，滞后掌子面几米在初支背后进行回填注浆，填充空隙，能有效地保证自稳性差的开挖面自稳，控制沉降。

a. 超前注浆参数：

注浆管：$\phi 42$，$L=2$m@300，每榀布置

外插角：10°~20°，围岩可注性差时取小值

布置范围：拱墙

浆液：水泥、水玻璃双液浆

浆液配比：水泥浆:水玻璃：1:0.5

水泥浆水灰比：1:1，水玻璃为35Be′

注浆压力：0.4~1.0MPa，可注性差时取大值

注浆结束标准：达到设计注浆量或达到设计压力保持20min。

b. 背后回填注浆：

喷混凝土完毕后进行拱墙、底部背后注浆，以起到充填空隙、加固地层的作用，使隧道结构与周边土体密实，有效控制地表沉陷。背后注浆滞后初支封闭成环后3~5m进行，注浆压力控制在0.3~0.5MPa。

⑤及时进行初喷，确保开挖面稳定。掌子面开挖过程中，拱部开挖面暴露时间较长，难以保证开挖面稳定，除采取留核心土外，还要挂网，初喷较厚的一层混凝土形成壳体，充分保证开挖面稳定。

（5）监测技术与分析。

全过程监测隧道周边建筑物（构筑物）的变化情况，及时测量各主要工序施工阶段引起的动态沉降数值，并与分析计算值比较，反馈指导设计和施工，是确保工程安全的关键，详见表2。

表2 监测项目汇总表

序号	监测项目	监测仪器	监测频率	监测目的
1	地表沉降	WILD-N3精密水准仪，铟钢尺	初期：1~2次/d 后期：1~2次/3d	掌握隧道及地表及周边环境的影响程度和范围
2	建筑物沉降与倾斜			
3	地下管线沉降			
4	拱顶沉降	苏光DSZ-1水准仪，钢挂尺	初期：1~2次/d 后期：1~2次/3d	了解隧道施工过程中支护结构变位情况及规律
5	结构收敛	坑道收敛计		
6	围岩压力	压力盒，频率接收仪	初期：1次/3d 后期：1次/7d	了解隧道施工过程中围岩压力、接触应力及结构自身应力大小及分布情况
7	初支与二衬间压力			
8	初支钢筋内力	钢筋计，应变计、频率接收仪		
9	二衬钢筋内力			
10	混凝土应变			
11	地下水位	电测水位计	初期：1次/d 稳定后：1次/2d	掌握基坑及暗挖隧道需降水段地下水位情况

注：可根据施工条件和沉降情况增加或减少观测次数，随时将监测信息报告给现场技术人员。

五、机具设备（见表3）

表3　机具设备表

序号	设备名称	设备型号	单位	数量	用　途
1	异型钻机		台	3	灌注桩施工
2	手拉葫芦	5t	台	1	钢筋笼吊放
3	正铲装载机	ZL50	台	1	运土
4	卷扬机	3t	台	1	拉直钢筋
5	钢筋弯曲机	GW40	台	1	钢筋加工
6	电焊机	BX－300	台	4	钢筋加工
7	钢筋切割机	GJ40	台	1	钢筋加工
8	搅浆筒		台	2	制备泥浆
9	混凝土喷射机	PZ－5B	台	2	喷射混凝土
10	注浆泵	KBY－50/70	台	1	回填注浆
11	通风机	SDFN0．6．5	台	1	导洞通风
12	混凝土输送泵	HB－30D	台	2	灌注混凝土
13	漏斗及导管	ϕ200	套	1	灌注混凝土
14	泥浆泵	TBW850/50	台	2	抽泥浆

六、劳动力组织（见表4）

表4　劳动力组织表

序号	单项工程	所需人数	备　注
1	管理人员	4	
2	技术人员	4	
3	导洞施工	48	
4	钻孔灌注桩施工	48	
5	钢筋加工	15	
6	杂工	5	
	合　计	124	

七、质量控制

1．工程质量标准

（1）导洞施工质量执行《铁路隧道施工及验收规范》。导洞允许偏差按表5执行。

（2）钻孔灌注桩施工质量执行《地下铁道工程施工及验收规范》、《混凝土结构工程施工质量验收规范》。隔离桩允许偏差见表6。

表5 导洞允许偏差表

序　号	项　目	允许偏差（mm）	检查频率	检验方法
1	中线	±10		用钢尺
2	标高	±10		用水平仪
3	同步	±30	每榀格栅	用钢尺
4	环向闭合	±50		用钢尺
5	垂直度	20		锤球、钢卷尺

表6 钻孔桩成桩允许偏差

项　次	检查项目		规定值或允许偏差	检查方法和频率
1	混凝土强度（MPa）		在合格标准内	按 JTJ 071—98 附录 D 检查
2	桩位（mm）	排桩	50	用经纬仪检查纵、横方向
3	钻孔倾斜度（%）	直桩	1	查灌注前记录
4	沉淀厚度（mm）	支承桩	不大于图纸规定	查灌注前记录
5	钢筋骨架底面高程（mm）		±50	查灌注前记录

2. 质量措施

（1）导洞必须按照设计要求施做超前小管棚，导洞施工不得欠挖，应根据现场情况积极采取措施防止塌方，如初喷等。严禁多榀一次开挖。对意外出现的超挖或塌方应采用喷混凝土回填密实，并及时进行回填注浆。成环后滞后掌子面几米进行必须及时进行回填注浆。

（2）隔离桩钻孔时，必须严密注意地层地质变化，及时调整钻杆速度和钻压。严格控制护壁泥浆的比重、含砂率和 pH 值。

（3）隔离桩成孔后必须进行孔径、孔深、孔斜率及沉碴厚度的检测，下钢筋笼后，灌注水下混凝土之前复测沉碴厚度，确保满足规范要求。

（4）下钢筋笼应缓慢进行，防止刮碰孔壁，水下混凝土应一次灌注成桩。

（5）隔离桩施工必须按隐蔽工程要求做好施工记录。

八、安全措施

1. 认真贯彻“安全第一，预防为主”的方针，坚持管生产必须管安全的原则，根据国家有关规定、条例，结合施工单位实际情况和工程的具体特点，组成专职安全员和班组兼职安全员以及工地安全用电负责人参加的安全生产管理网络，执行安全生产责任制，明确各级人员的职责，抓好工程的安全生产工作。

2. 施工现场的布置应符合防火、防风、防雷、防洪、防触电等安全规定及安全施工要求。

3. 各类房屋、库房、料场等的消防安全距离符合公安部门的规定，室内不得堆放易燃品。严禁在木工加工场、料库等处吸烟；现场的易燃杂物随时清除；严禁在有火种的场所或其近旁堆放。

4. 氧气瓶不得沾染油脂，乙炔发生器必须有防止回火的安全装置，氧气瓶与乙炔瓶要隔离存放。

5. 施工现场的临时用电，必须严格按照《施工现场临时用电安全技术规范》的有关规范规定执行。

6. 电缆线路应采用“三相五线”接线方式，电气设备和电气线路必须绝缘良好，场内架设的电力线路其悬挂高度和线间距必须符合安全规定，并架在专用电杆上。

7. 施工现场使用的手持照明灯使用36V的安全电压。

8. 室内配电柜、配电箱前要有绝缘垫，并安装漏电保护装置。

9. 对将要停工时间较长的开挖作业面，不论地层好坏均应作网喷混凝土封闭。

10. 建立完善的施工安全保证体系，加强施工作业中的安全检查，确保作业标准化、规范化。

九、效益分析

1. 社会效益

(1) 该工法避免了因地面施工产生的振动、噪音、粉尘等公害，不干扰附近居民及企事业单位的正常生活及工作。

(2) 该工法超近距离安全穿越高层居民楼房的成功，将为以后城市地下工程在类似情况下施工提供了可靠的决策依据和技术指标。

(3) 该工法有利于城市地下工程的发展，同时，也是施工单位技术领先的需要。

2. 经济效益

采用此方案，周围既有设施完好无损，确了保居民生命、财产安全，避免了线路绕行和居民临时迁移，节省大量投资。

十、施工实例

1. 工程概况

北京城铁13号线14标段暗挖地下结构为双跨连拱隧道，采用浅埋暗挖中洞法施工。典型断面开挖宽度为12.05m，开挖高度为7.397m，支护形式为复合式衬砌。区间隧道在里程K39+505~K39+585之间，从两栋Y型高层居民楼中间下穿，在K39+618处（居民楼以南33m）设1号施工竖井承担该段隧道施工。两座高层楼房地面以上22层（66m高），地下两层，楼房基础为现浇钢筋混凝土箱型基础（无桩基），箱型基础持力层为2.7m厚的换填级配砂石，暗挖隧道外轮廓线距楼房基础水平距离最小为1.6m。楼房与暗挖隧道的位置关系如图4所示。

该段的地层情况由上到下依次为：8.40m厚的人工填土层、1m厚的粉细砂层、3.8m厚湿~饱和状的硬塑粘质粉土与粉质粘土层、2.9m厚稍密－中密状的饱和粉细砂层及下层粘土。

地下上层滞水水位埋深4.0m左右；潜水水位埋深在地面下7.5m，高出隧道开挖拱顶；承压水水位埋深18.8m，对隧道施工无影响。

区间隧道在粘质粉土和粉细砂地层中穿过，上层滞水和潜水已进入隧道断面。

2. 监测技术与分析

采用“导洞－隔离桩墙”工法防护后，为保证施工过程楼房的安全稳定，并及时监测各主要工序施工阶段引起的沉降动态数值，北京市房屋鉴定总站和施工单位监测组对过楼房施工进行了全过程监控量测。

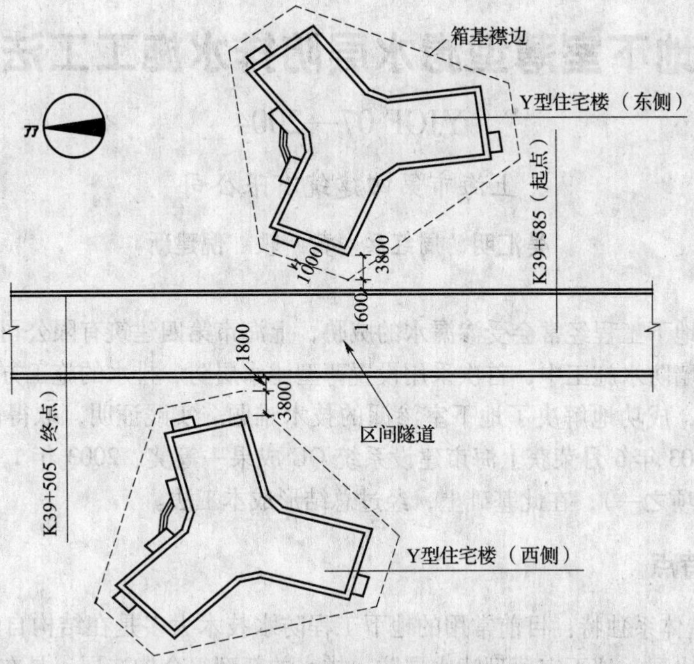

图4　楼房与区间隧道平面位置关系示意图

地表沉降监测结果显示，地表最大沉降量为－45.2mm，发生在隧道中线位置，中洞施工引起沉降占总沉降量的46%，较侧洞稍大。整个沉降槽断面较窄，宽20m左右，基本位于隔离桩之内，说明隔离桩隔离作用明显，改进的暗挖双连拱隧道施工工艺有效控制了沉降。

地中水平位移观测结果显示，最大值为2.4mm，大多发生在隧道拱腰以上位置。中洞引起地中水平位移最大为1.8mm，侧洞施工和中洞初支拆除引起地中水平位移较小。

楼房基础沉降监测结果显示，最大沉降值为18.9mm，平均沉降为12.7mm，中洞施工引起楼房基础沉降最大，占总沉降量的50%。

3. 施工情况

暗挖隧道开挖跨度达12m，覆土仅为1倍洞径左右（7～12m），围岩难以形成承载拱，上覆土柱荷载较大，采用中洞法施工，工况要求中隔墙形成承载能力后才进行侧洞开挖，最后施作侧洞衬砌形成双连拱结构。

工程施工时，在K39＋618（居民楼以南33m处）设施工竖井一座。在里程K39＋505～K39＋585的过楼房段于2001年4月6日开工，2002年7月28日竣工。由于采用导洞－隔离桩墙的防护结构，并充分利用了地下土体的受力与平衡作用。采用仰拱底水平降水技术，有效地解决了施工降水问题。通过对隧道周围土体的换填、超前支护和注浆加固，有效地控制住了地层变形。施工全过程处于安全、稳定、快速、优质的可控状态，楼房倾斜率不到0.3‰～0.4‰，化解了居民因担忧而干扰施工的矛盾，双连拱隧道中洞、侧洞平均施工进度为45m/月，进度合理，3个月的停工也未影响到工程总工期。工程质量优良率达98%以上，无安全生产事故发生，得到了各方的好评。

地下室薄型滤水层防排水施工工法

YJGF 07—2004

上海市第四建筑有限公司

晏汇明　周红兵　黄　轶　倪建新

长期以来，地下工程经常会受渗漏水的威胁，上海市第四建筑有限公司在上海震旦国际大楼的地下室外墙防水施工中，首次采用设置薄型滤水层防、排水的施工方法，以新型组合构造防水的技术，成功地解决了地下室渗漏的技术难题。实践证明，取得了良好的防渗效果，该成果在2003年6月荣获上海市建设系统QC成果一等奖、2003年1月获上海市科技进步三等奖（子项之一），在此基础上，经过总结形成本工法。

一、工法特点

1．防水构造体系独特：目前常用的地下工程防水技术大多是在结构自防水的基础上设置涂膜或卷材防水层。地下室薄型滤水层防、排水的新型组合构造层，是在地下室外墙的迎水面侧，采用了“防水—排水—防水”的组合构造挡水工艺，使少量渗漏水或地表水在重力的作用下，按既定通道有组织的排放，以此来消除地下水压力，以有组织的排水来实现防水的功能，防渗漏效果显著。

2．工艺简便、降低成本：“两墙合一”中设置薄型滤水层防、排水的新型组合体系，在形成防、排水层的同时兼作内衬墙模板，工艺简单、工效高，可以不用对地下室衬墙背水面进行防水处理，可以降低工程成本。

二、适用范围

适用于带地下室结构的防水，特别适用于埋深较深、水文地质条件差、周边环境复杂、防水施工操作面小（如二墙合一的结构体系）、防水等级高的基础结构防水，如：高层建筑地下室、游泳池等。

三、工艺原理

将平面防、排水中使用的基本组合“结构体系＋整体空隙夹层＋带支点的面层”引入地下室立面外防水，采用带圆形支点的塑料夹层板作为构筑排水层空腔的材料。

少量渗漏水或地表水经由地下室内衬墙立面滤水层汇入基础底部隔水仓，再排出地下室。通过构建这样一个整体的防排水路径，起到防水和有组织排水相结合的功能。

整体排水路径示意见图1。

四、工艺流程及操作要点

1．工艺流程（见图2）。

2．操作要点：基层处理（填充层砌筑）。

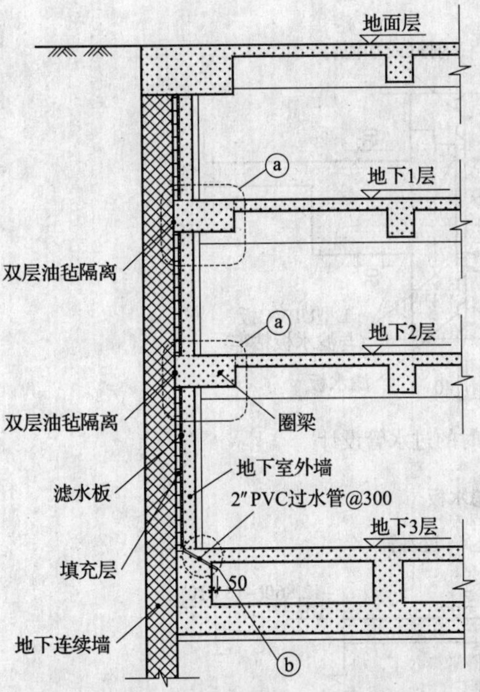

图1　地下室外墙排水系统剖面图

注：从上图可以看出，滤水层中的水经由过水管进入底板隔水仓，并汇流至集水井，通过水泵将水抽出地下室。

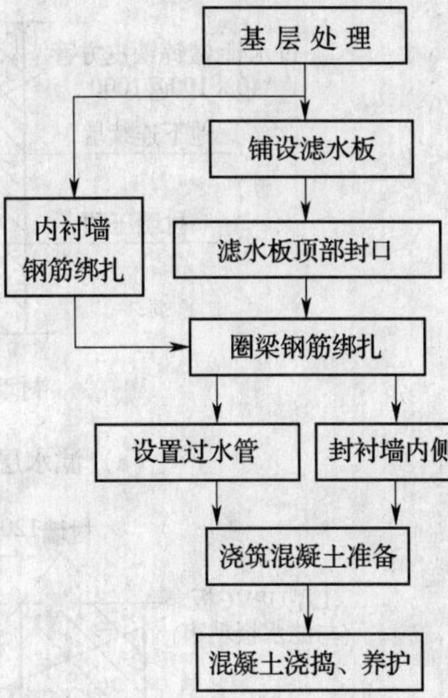

图2　施工工艺流程

（1）地下连续墙与外板墙间预留160mm厚空隙，由120mm厚砖墙填充层（用以调整地下连续墙的垂直度和保证滤水层的施工宽度）和40mm厚滤水层构成。

（2）砌衬墙时，每隔1.2m设置素混凝土块，便于射钉固定滤水板。

（3）衬墙与地下连续墙之间的空隙处理：空隙≥40mm时，灌C20细石混凝土，空隙<40mm时，灌水泥与黄砂的拌和料，浇水密实。

3．塑料滤水板的基本构造与连接方式。

（1）H40塑料夹层板的支点呈杯型，高度40mm，门幅1250mm，长度任意，可根据需要自由裁切。支点的前后、左右叠合搭接就形式整体（见右图示意）。要求至少叠合2扣，并在搭接部位用粘结剂粘平。

（2）滤水板固定：在滤水板的杯形支点部位用射钉或水泥钉与衬墙中的混凝土块固定，也可用聚氨酯粘合剂点粘在墙体上，间距1.2m。

（3）为了防止传力带的混凝土从滤水板上口进入滤水板，在滤水板顶部设置L型压顶盖板。

4．过水管设置。

（1）过水管可以是塑料UPVC管或钢管。

（2）过水管长度为圈梁高度+50mm，其中上口高出圈梁顶面10mm，下口插入滤水空腔40mm，且下口成切削状，便于穿插（注：插入隔水仓内的过水管以一定角度弯折）。

（3）过水管在结构圈梁钢筋绑扎完成后设置，与圈梁钢筋点焊固定。

（4）图3为过水管设置示意图。

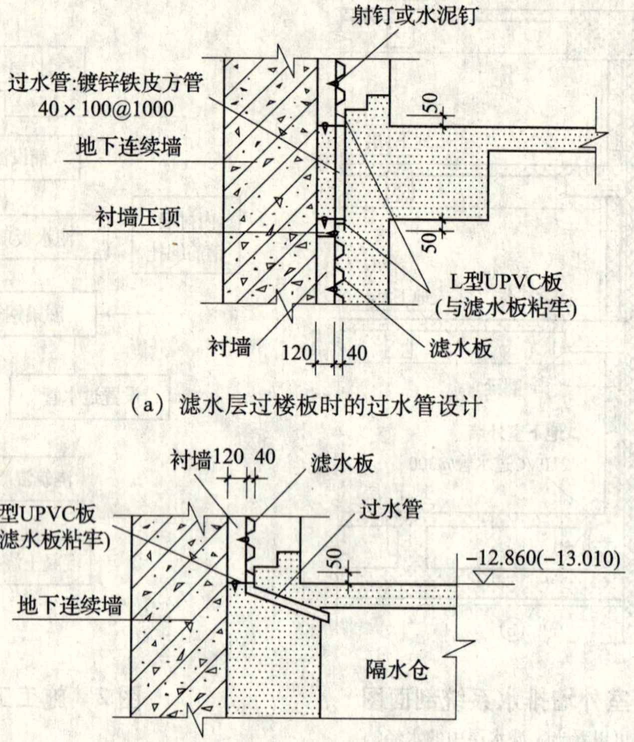

（a）滤水层过楼板时的过水管设计

（b）进入底板隔水仓的过水管设计

图3　过水管设置示意图

5. 防止滤、排水通道堵塞的注意事项：

（1）每层的滤水板设置到设计高度后，在滤水板的顶部设置统长的“L”型封口板，防止圈梁混凝土侵入滤水空腔。

（2）封口板长边80mm，短边50mm，其中长边与压顶圈梁固定（固定方式可以是射钉或水泥钉，也可以是粘合剂粘结），短边对滤水板起限位作用。

(3) 封口板的选择可以是UPVC塑料成型板，也可以是铁质薄板。封口板按2m间距预留过水管孔。

6. 在浇捣混凝土前，须对过水管作临时封堵。封堵采用布团塞口，在立上层滤水板前拔除，防止滤水空腔内混入杂物，引起管塞。

7. 滤水板的搭接方向应与混凝土的浇捣流向保持一致，防止混凝土逆向流淌撕开接口而进入滤水层。

8. 在施工上层滤水板前，先对基层及基底进行清理，然后对相邻两过水管间的槽底进行砂浆找坡，最薄处10mm（与过水管齐平），最厚处位于相邻两过水管的中段，坡度不宜小于2%。

五、材料要求

1. 塑料滤水板的选择应满足以下两个方面要求：

（1）滤水板的厚度（指支点高度）不得超过地下连续墙与内衬墙间的间隙。

（2）滤水板的抗压强度要能抵御混凝土浇捣产生的侧压力。

2. 塑料滤水板的部分产品规格、性能、指标（见表1）：

表1 滤水板的规格、性能

产品规格		单位	混凝土面层		
			H40	H25	H10
尺寸	片材厚度	mm	1.1	1.0	0.8
	支点高度	mm	40	25	10
	支点中心距	mm	82	41	20.5
	空隙率	%	88	84	82
强度	塑料产品抗压	t/m^2	5	18	60
	复合后的抗压	t/m^2	200	250	300

六、机具设备（见表2）

表2 机械设备

序号	机械名称	型号	数量
1	砂轮切割机		2台
2	电焊机		1台
3	射钉机		3把
4	划刀		6把

七、劳动力组织及安全

1. 劳动力组织（见表3）：

表3 劳动力组织

序号	项目	劳动组织	人数
1	管理人员	技术员、施工员、质量员等	4人
2	木工	1个施工班组	10人
3	辅工	1组	6人
4	电焊工	1组	2人

2. 安全施工。按国家颁发的《建筑安装工程安全技术规程》执行外，还必须注意以下几点；

（1）基坑周边必须设置固定的防护栏杆、上下行人楼梯。

（2）明火作业时必须有专人对产品进行监护，防止造成对滤水板的损伤。

（3）滤水板现场仓储时，需配备一定数量的灭火机，并禁止周围使用明火。

八、质量要求

1. 薄型滤水层的施工质量检验参照《混凝土结构工程施工质量验收规范》(GB 50204—2002）中模板分项工程进行检验评定。

2. 滤水板分项工程质量验收标准（见表4）。

表4　滤水板验收标准

序　号	项　目	允许偏差	检查方法
1	滤水板表面质量	表面无损坏	目测
2	滤水板搭接宽度	不少于2扣	目测
3	标高	±5mm	直尺/麻线
4	每层垂直度	3mm	用2m靠尺
5	表面平整度	2mm	用2m靠尺
6	相邻两板高低差	2mm	用2m靠尺

九、效益分析

1. “两墙合一”中设置薄型滤水层防、排水的新型组合防水体系工艺简单、工效高，可以大幅度地缩短工期。

2. 塑料滤水板价格低廉，可以较大幅度地减低工程造价，良好的防渗性能还可以节约大笔的维修费用，经济效益相当显著。

3. 经对其工效、成本方面进行分析比较，与空腔内设置合成高分子卷材相比较：

（1）工效提高：提高工效70%。

（2）成本降低：成本降低率16%。

（3）薄型滤水板替代了地下室外墙模板，节约了模板及支模体系的一次性投入，较大幅度地减低工程造价。

十、工程实例

上海震旦国际大楼位于浦东新区陆家嘴金融贸易区，是一幢地下3层、地上37层的超高层建筑。

工程的基础型式为钢筋混凝土桩筏基础，埋置深度15.3m。其中基础底板除主楼部位为3m厚整底板外，副楼部位采用3m高的隔仓式底板，其基本模式为“上底板+承台/地梁+下底板”，中间形成彼此相通的隔水空腔（俗称隔水仓）。

地下室采用“两墙合一”，另外在地下室外墙内侧设有钢筋混凝土内衬墙。衬墙与地下连续墙净距160mm。

工程的水文地质条件较差，基础埋深范围内的第③层土缺失，第②、④层土土层厚、含水量高、渗透系数大，且多为砂性土。此外工程地处黄浦江畔（距黄浦江不足百米），地下水补给丰富，水位受潮汐影响。

工程建筑等级属特级，防水Ⅰ级，地下室外墙采用薄型滤水层防、排水构造体系，薄型滤水层的展开面积约 $4400m^2$，地下室结构完成后，经组织专项检查，未发现任何渗漏情况，上海震旦国际大楼先后荣获上海市“白玉兰”工程奖、国家“鲁班奖”。

多年冻土区钻孔灌注桩施工工法

YJGF 08—2004

中铁十六局集团有限公司

程红彬　杨希文　常彦博　邸建玄　陈卫东

在铁路、公路桥梁混凝土钻孔灌注桩基础施工中，由于国产回转、冲击及反循环施工钻机存在效率低、转移孔位繁琐、对环境污染大、钻孔成本高等缺点，因此，逐渐被意大利、德国一些公司生产的性能先进的旋挖钻机挤出桩基工程市场。旋挖钻机机械化、自动化程度高、现场移位灵活方便、成孔效率高且质量好、环境污染小，在桩基施工中，有着常规钻机无法比拟的技术优势，因而越来越受施工单位的青睐及业主和设计部门的欢迎，旋挖钻机钻孔日益普及，但在多年冻土区旋挖钻机钻孔灌注桩施工还只是尝试。我单位在施工的青藏铁路多年冻土区第十六标段2002、2003两年的桥梁桩基施工中，经过不断的尝试，逐渐总结出一套旋挖钻机施工桥梁桩基的施工经验，归纳后形成本工法。

一、工法特点

1. 设备性能先进，自动化程度高，劳动强度低。旋挖钻机为履带式全液压自行式钻机，采用全套液压系统，有些还配备先进的电脑操作系统。

2. 施工进度快，钻进效率高。旋挖钻机回转扭矩大，并可根据地层情况自动调整。钻压力大，并易于控制。同时由于旋挖钻头直接从孔内提取岩土，故其钻进速度非常高。

3. 不需要泥浆循环，施工现场整洁，环境污染小，同时旋挖钻机振动小，噪声低。减少了对多年冻土环境的热扰动。

4. 采用大功率旋挖钻机，克服因缺氧机械效率折减带来的施工困难。

5. 一机多用，实现多种钻进方式，以满足大型施工机械对不同施工方法的适应性。

6. 成孔质量高，扩孔率小。

二、适用范围

适用于多年冻土区不同地质情况的公路、铁路桥梁及其他结构物桩基施工，也可适用于非冻土地区桩基施工，但地下水丰富地质自稳性差时，应慎重选择。

三、工艺原理

根据冻胀力作用于基础表面的部位和方向，可划分为三种冻胀力：切向冻胀力、水平冻胀力、法向冻胀力（见图1）。水平冻胀力相互抵消，对工程造成破坏的主要是冻胀产生的切向冻胀力和法向冻胀力。在工程建设中，采取以下措施防止桩基础冻胀。

1. 为避免桩基础受到法向冻胀力，将桩基础嵌入多年冻土天然上限以下一定深度。

2. 将钢制护筒埋入多年冻土上限以下至少0.5m，护筒内径比桩径大10cm，并于护筒外围涂以渣油，成桩后不拆除护筒，减少外表面的亲水程度。

3. 尽量采用高桩承台，冻胀严重地区采用钻孔扩底桩。

4. 在护筒外侧、低桩承台底部采用渣油拌制粗颗粒土回填。这些措施的采用，能有效地减小切向冻胀力，降低冻土对护筒的上拔冻胀力（见图2）。

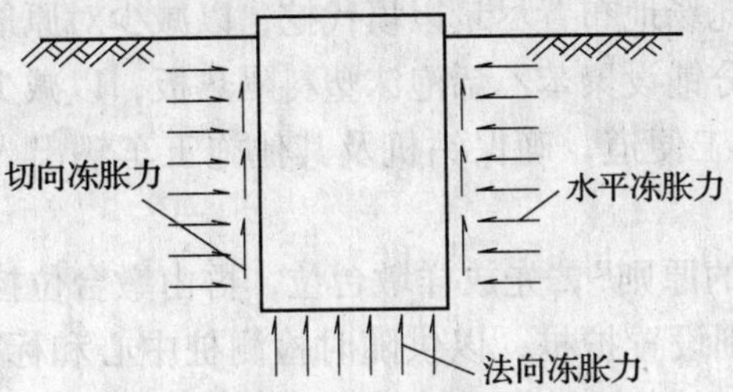

图1　作用于桩基础的冻胀力

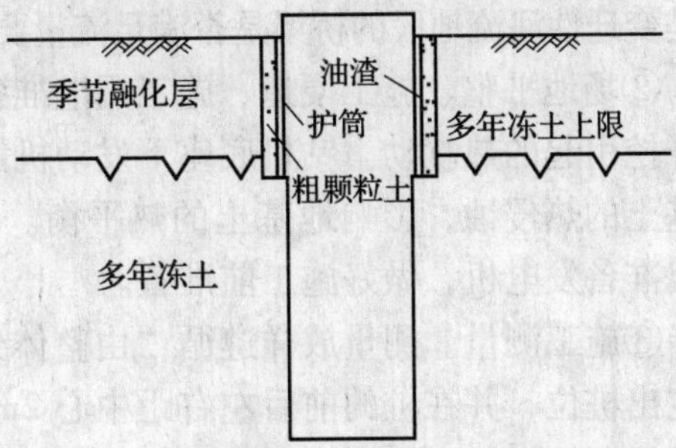

图2　钻孔灌注桩防冻胀示意图

同时，旋挖钻机干法成孔有效地保证了孔位置正确和钻孔的垂直度，有效解决对冻土的热扰动问题，并有利于高原环保；采用低温早强耐久混凝土，避免了对多年冻土的热侵蚀，又避免了混凝土低温浇筑带来的强度增长慢的问题。

四、施工工艺

1. 工艺流程（见图3）

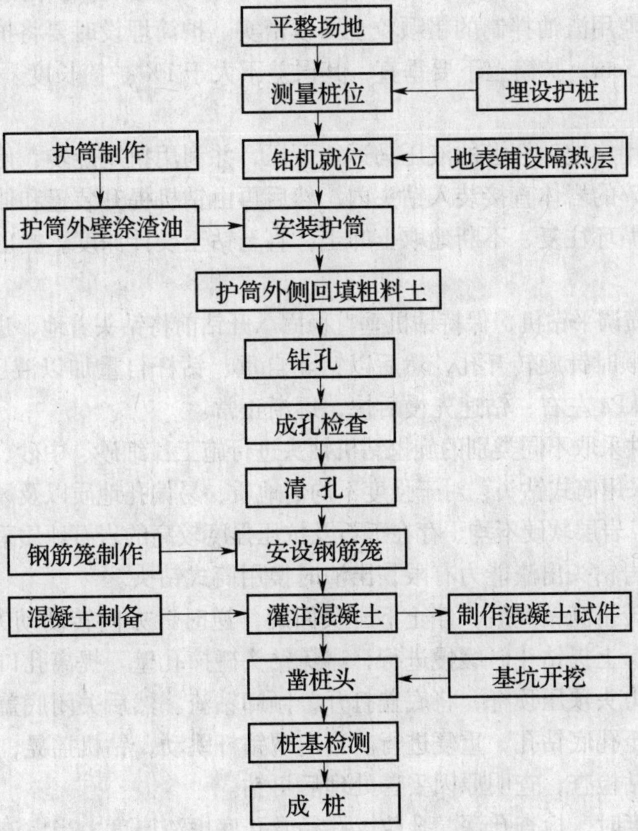

图3　钻孔灌注桩施工工艺流程图

2. 施工操作要点

（1）施工准备。

①设计图优化核对。确定桥梁墩台位置是否合理，净跨净空是否满足使用要求；跨河桥尤其是变迁性河流地段的桥梁是否满足流量要求；基础类别是否满足《冻土地区设计暂规》。

②场地平整、施工便道、施工用电准备。钻孔场地布置尽量以填代挖，以减少对原地表的开挖引起的热扰动。钻机底座下发动机散热部分铺设聚苯乙烯泡沫塑料隔热板，以减少对地基土的热侵蚀，影响地基土的热平衡。修建施工便道，确保钻机及其他施工车辆出入通行。准备发电机，做好施工前准备。

③施工测量。测量放样遵循“由整体到局部的原则”，先放样墩台位，再由墩台位控制桩定出桩位，并在桩的前后左右距中心2m处分别设置护桩，以供随时检测桩中心和标高。测量控制桩要注意保护，防止地表扰动、冻融引起桩位变动。

（2）钻机就位及设备进场。

采用德国宝蛾旋挖钻机成孔。钻机利用自动走移系统就位，钻头与桩位的对位误差要小于2cm。

（3）埋设护筒。

护筒一般采用5~6mm厚的钢板卷制，内径比桩径大10cm；护筒埋至多年冻土上限以下0.5m。钻机就位后，先用比护筒直径大一级别的螺旋钻头施钻，钻至冻土上限以下0.5m深度后停钻，安放护筒。安放前，护筒外表面涂满10mm厚渣油。护筒准确就位后，其外侧与孔壁所形成的孔隙用渣油拌制的粗颗粒土回填密实。护筒埋设时要将护筒中心与桩中心对准，其误差不大于5cm，护筒上下要垂直，其误差不大于1%护筒长度。

（4）钻孔。

旋挖钻进是利用旋挖钻杆上的液压马达往下压，并利用扭矩旋转，使旋挖钻头挤压并旋转切入土体，使破碎的岩体直接装入钻头内，然后再由钻机提升装置和伸缩式钻杆将钻头提出孔外卸土，这样循环往复，不断地取土卸土，直至钻至设计深度。提出孔外的钻渣，装入自卸汽车运走。

①钻孔前，纵横调平钻机，保持钻机垂直稳固。开钻前将钻头着地，进尺深度调整为零。

②钻进时原地顺时针旋转开孔，然后以钻斗自重、钻杆自重加以液压力作为钻进压力，初钻压力控制在90kPa左右，钻速先慢后快，逐渐正常。

③不同地质条件采取不同类别的旋挖钻机钻头进行施工：细砂、中砂、砾砂、角砾土、圆砾土及强风化层可采用筒式钻头；对于强度不均匀地质、易偏孔地质以及风化、中风化岩层采用短螺旋勘岩钻头；岩层软硬不均、存在孤石及抗压强度较高的岩石地质采用筒式勘岩钻头。

④因短螺旋勘岩钻头出渣能力有限，出渣时换用筒式钻头。

⑤当钻斗被旋转挤满钻渣后，停止下压及回旋，逆时针方向转动动力头，稍向下送行，关闭钻头回转底盖。上提钻斗时缓慢进行，避免钻头碰撞孔壁。提离孔口后，钻机自身旋转至自卸车处，用动力头顶压顶杆，将底盖打开，倾卸钻渣。然后关闭底盖，旋回孔位，对准孔位慢慢将钻斗放至孔底钻孔，重复进行。当出现钻杆跳动，钻机摇晃，钻不进尺等异常情况时，立即停机提钻检查，查明原因妥善处理后再钻。

⑥钻至设计深度时，检查孔深、孔位、孔径及孔底虚渣厚度，当虚渣厚度大于规范允许厚度时（柱桩10cm，摩擦桩30cm），及时清孔。清孔采用筒式钻头。清孔合格后，再次进

行孔深、孔位、孔径及垂直度检测，合格后转入下道工序。

⑦钻孔过程中，注意填写钻进记录，绘制地质剖面图，现场配备钻渣样盒，对钻进情况及地层地质的情况进行记录，与设计进行比较。

（5）钢筋笼制作与安装。

①钢筋笼制作。钢筋笼在桥位的钢筋加工场或加工棚制作。钢筋端面比较平整时，采用预热闪光焊，端面不够平整时，采用闪光－预热－闪光焊工艺。雨天、雪天、大风天气及环境温度低于－20℃时不得进行露天焊接作业。必须施焊时，要采取有效的遮蔽保温措施。焊后热处理完毕，让其在环境温度下自然冷却，焊后未冷却的接头严禁碰到冰雪。钢筋焊接时，主筋内缘应光滑，钢筋接头不得侵入主筋净空内。钢筋笼下端应整齐，用加强箍筋全部封住不露头，使混凝土导管能顺利升降，防止与钢筋笼卡挂。在其上、下端及中部每隔2.5m左右距离于同一横截面上对称设置4个$\phi16$钢筋耳环，确保钢筋的保护层厚度。

②钢筋笼安装。钢筋笼一般用吊车整体吊装，当钢筋笼长于25m时，考虑到吊车臂长，将钢筋笼分节制作，现场分段吊装焊接接长。采用汽车吊吊装入孔，吊放钢筋骨架入孔时，切勿撞击孔壁。分段吊装时，钢筋笼运至孔口，吊入孔内，并在孔口进行焊接接长。具体作法为：钢筋骨架用吊车起吊，第一段投入孔内后用钢管或型钢临时搁置在护筒口，再起吊另一段，对正位置焊接后逐段放入孔内至设计标高，最后将最上面一段的吊环挂在孔口并临时与护筒口焊牢定位，以免在浇筑混凝土过程中发生掉笼或浮笼现象。钢筋骨架在下放时，下落速度要均匀，要防止碰撞孔壁，如放入困难，要查明原因，不得强行插入。钢筋骨架安放后的顶面和底面标高误差不得大于±5cm。成孔后，应尽快吊装钢筋笼，避免桩孔长时间闲置。

（6）灌注混凝土。

采用导管法灌注桩基混凝土。混凝土在拌和站集中搅拌，用混凝土输送车运至现场。应尽快进行混凝土灌注，减少成孔的闲置时间。桩基混凝土采用低温早强耐久混凝土，由于灌注混凝土时输入冻土的热量较大，因此混凝土入模温度一般控制在0～5℃范围内。

导管接头为法兰盘加锥形活套式，直径0.25m，分节长度为2m，底节长4m，漏斗下可配短节。导管要求内壁圆顺、内径一致，使用前须进行试拼、试压，不得漏水，并编号及自下而上标示尺度。导管在吊入孔内时，其位置应居中、轴线顺直稳步沉放，防止卡挂钢筋骨架。

灌注混凝土前，复测沉碴厚度，合格后进行灌注。每根桩混凝土灌注要连续进行，不得中断，混凝土坍落度控制在18～20cm内。灌注混凝土，应连续进行，并尽可能缩短拆除导管的间隔时间；灌注过程中要经常用测锤探测孔内混凝土面位置，及时调整导管埋深，要保证导管埋置深度在任何情况下，不得小于1m，一般控制在2～6m左右，灌注过程中设专人经常测量导管埋置深度，做好记录。

灌注完毕，拔管时注意慢提及反震，以保证桩芯混凝土密实度。为确保桩顶质量，桩顶加灌0.5～1m高度。同时指定专人负责填写混凝土灌注记录。

混凝土在拌和站必须按耐久混凝土标准进行自动计量配比，对拌和物温度、搅拌时间、出料温度、入模温度等进行检测、记录，并且在灌注现场还必须对含气量、坍落度及泌水率三项指标进行现场检测，确认合格后方可使用，对检测不合格混凝土，转作他用或废弃。混凝土灌注完后，应在桩表面覆盖草垫或用编织袋装珍珠岩覆盖蓄热保温，起到桩顶养生的作用。

（7）桩基检验。

所有桩基达到一定强度后，用风镐凿除桩头浮渣，直到凿除到新鲜岩面，并进行打磨，进行小应变无损检测。对桩身混凝土质量有疑问时，进行钻芯取样。

（8）桩基回冻。

桩基工程施工改变了地基的热平衡条件，施工活动产生的各种热量——钻孔的摩擦热、回填料的热量、灌注桩混凝土的水化热等，使桩基地温场急剧变化，引起桩周地基土一定范围升温及融化。为形成新的热平衡状态，多年冻土区钻孔灌注桩桩身混凝土浇筑后，须经过一个阶段的热交换过程后方可进行承台以上部分的施工。

通过对冻土区桥桩基础地温变化观测得出：由于混凝土拌和蓄热及硬化过程中冰化热的释放，某桩周（8m长）与冻土交界面上，温度波动5.2℃，桩周土体恢复到稳定负温值需要50～60d。

地温变化曲线示意图见图4。

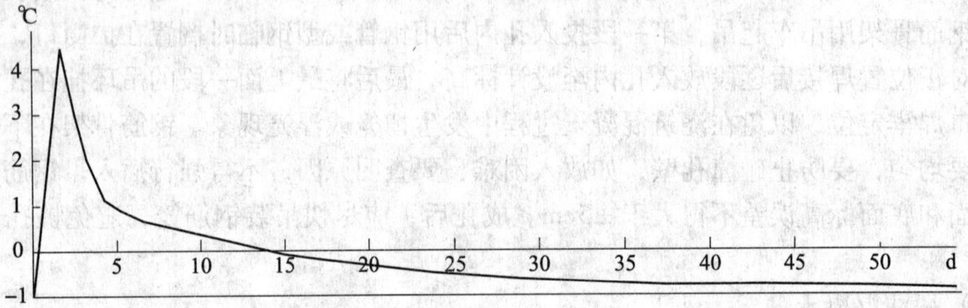

图4　地温变化曲线示意图

五、劳动力组织（见表1）

表1　劳动力组织一览表

序　号	工　种	人　数	职责作业项目
1	现场指挥	1	现场调度、指挥
2	钻机司机	2	钻孔施工
3	机运司机	7	现场平整、混凝土运输、钢筋及钢筋笼运输吊装
4	修理工	2	机械修理
5	钢筋工	6	钢筋加工
6	电焊工	4	钢筋焊接
7	拌和站	30	混凝土生产
8	测量工	3	测量
9	工程师	1	技术质量控制
10	电工	1	现场发电及设备电力安装
11	试验员	2	现场试验

注：按每个工点安排。

六、机具设备（见表2）

表2　主要机械设备配备表

机械设备名称	规格型号	单　位	数　量	作业项目
旋挖钻机	宝峨22	台	1	钻孔施工
混凝土输送车	$6m^3$	台	3	混凝土输送
装载机	ZL50C	台	1	上料及平整场地
自卸车		台	3	运料、运钻渣、场地平整
电焊机		台	5	钢筋焊接
钢筋切割机		台	1	钢筋加工
吊车	16t	台	1	起重配合、钢筋笼吊装
发电机	30kW	台	1	施工用电
全站仪		台	1	测量放线
经纬仪		台	1	测量放线
水平仪		台	1	测量放线

注：按一台旋挖钻机配备。

七、质量控制

1. 钻孔完成后及时封孔，孔深、孔径、垂直度及沉碴厚度符合《青藏铁路多年冻土区桥涵工程质量检验评定及验收标准》。

2. 成孔后，加强各工序衔接，快速施工，减少对周围冻土的侵蚀，防止长时间的成孔闲置，以免造成坍孔等现象。

3. 雨天、雪天、大风天气及环境温度低于 −20℃时不得进行露天焊接作业。必须施焊时，要采取有效的遮蔽保温措施。焊后热处理完毕，让其在环境温度下自然冷却，焊后未冷却的接头严禁碰到冰雪。

4. 钢筋的焊逢长度、质量标准必须符合桥涵规范及质量评定验收标准要求。

5. 耐久混凝土入模温度控制在 0～5℃，混凝土灌注迅速、连续，中间不能中断。现场测试含气量、坍落度及泌水率三项指标，混凝土满足八项耐久性指标。

6. 桩基回冻完成后，再进行承台施工。

八、安全措施

1. 加强钻孔桩施工安全防护。桩基成孔后不能及时灌注时，设安全警示标牌，防止人员、机具等落入孔内。

2. 施工过程中钻机较高，严防倾倒，移动时必须有人指挥。

3. 因高原施工，施工人员的劳动时间不得过长，一般每天工作时间不超过6h。

4. 悬挖钻机司机经严格培训，严禁非专业司机操作。

5. 做好防雪、防雨、防雷、防冻等应急准备。

6. 对地上、地下的管线进行标识和安全保护，严禁施工过程中造成破坏。

九、环境保护

1. 在桥梁限界范围内设置围挡，施工场地尽量小，不得随意占用、破坏土地。

2. 严禁随意弃渣，钻孔弃渣运至设计取土场，保护高原生态环境。

3. 悬挖钻机无泥浆循环，减少了对冻土热扰动，有利高原环保。

4. 施工场地内进行草皮移植，以便施工完毕后进行环境恢复。

十、技术经济分析

采用旋挖钻机成孔施工，解决了高原冻土区快速施工的问题，自动化程度高，劳动强度低，施工效率高；减少对多年冻土环境的热侵蚀，保证了成桩质量；不需要泥浆循环，有效保护了高原冻土环境和生态环境，最大限度地减少了对多年冻土的扰动，符合设计的基本要求，受到监理和业主的好评，取得了良好的社会效益，同时也取得较好的经济效益，节约资金 126 万元。

十一、工程实例

青藏铁路格尔木至拉萨段全长 1100 多公里，穿越世界海拔最高、气候条件恶劣且有世界屋脊之称的青藏高原。青藏高原平均海拔高程 4500m 以上，寒冷干旱，气候多变，四季不明，空气稀薄，气压低，一年内冻结期长 7 ~ 8 个月（每年 9 月至次年 4、5 月），蒸发量远大于降水量。多年冻土区年平均气温 -2 ~ -6.9℃，7 月份气温最高，平均 6.5 ~ 8.1℃，一月份气温最低，平均 -14.5 ~ -17.4℃，年平均气温较差 15 ~ 26℃，极端较差不超过 50℃。

由中铁十六局施工的青藏铁路十六标段地处三江源自然保护区，全长 46.5km，属布曲河谷阶地及温泉断陷盆地，海拔高度自 4712m 至 4835m，为唐古拉山区北麓。线路经过地段主要为高温极不稳定多年冻土区，与布曲河河床及两侧形成的河流融区、温泉断陷盆地形成的构造融区，多次交替出现。共有桥梁 27 座，6456.04 延长米，1044 根钻孔灌注桩，共计 22246.5 延长米，大部分采用旋挖钻机施工。2002 年 6 月开工，2003 年 11 月完工，桩基施工结束后，经检测十六标段桥梁桩基全部为Ⅰ、Ⅱ类桩，其中Ⅰ类桩达到 90% 以上，成桩质量优良。

后植入钢筋笼灌注桩成桩施工工法

YJGF 09—2004

北京市机械施工公司

常乃麟　张治华　杨立新　李　虹　刘晓泉

在建筑、交通、矿山、码头等基础工程中，经常采用桩基础。基桩施工方法和配套施工机具得到了广泛开发与应用。由于城市建设对噪声、振动控制愈加重视，打入式预制桩和振动沉管灌注桩受到限制。而泥浆护壁灌注桩施工工艺的造价低，可成桩的直径和桩长较大，并且由于采用泥浆处理方法，能减少泥浆对环境的污染，因此在地下水位以下成桩仍有较大市场。

本工法属于建筑基础工程领域的研究课题，是对现浇混凝土灌注桩施工技术的研究与应用。具体说是一种长螺旋钻孔中心压灌混凝土后植入钢筋笼灌注桩成桩技术。这项技术是借鉴国外成桩工艺的思路，我国自行开发研究成功的。该技术的开发经历了较长周期、较多单位分别研究、探索与应用的过程。我公司对此项技术进行了长期深入细致的调查、研究、试验、考核和应用。经不断积累，不断进步，使该项技术达到了工程应用的较高水平。该技术施工噪音小、效率高，经济性好，在桩径 $\phi400$、$\phi600$、$\phi800$，桩长约 28m 范围内其特点能得到充分发挥。

一、工法特点

1．中心压灌混凝土护壁和成桩合二为一，根本排除了泥浆污染和泥浆处理问题，做到绿色施工。

2．节约大量水、水泥及泥浆处理费用。

3．由于钻机成孔后，用拖式泵将混凝土通过钻杆中心从钻头活门直接压入桩底，桩底无虚土；泵压混凝土具有一定动压力，桩端和桩侧与桩身周围土壤结合紧密，无泥皮影响。这就从根本上改善了基础桩的承载和变形性状。特别对基础桩抗拔受力性能的改善起到重要作用。

4．钢筋笼植入混凝土中有一定振捣密实作用，钢筋笼的钢筋与混凝土的握裹力能够充分保证，没有泥浆遗留减低握裹力的可能。

5．简化施工程序，提高施工效率。

二、适用范围

1．水位较高，易坍孔，长螺旋钻孔机能够钻进的土层，比如：回填土、粘土、粉质粘土、粘质粉土、粉细砂、中粗砂、卵石交互层等。

2．易成孔的土层或水位较深，坍孔位置较低，能使用其他更经济可靠方法施工的，不建议首选此工艺。

3．成孔直径 $\phi400$、$\phi600$、$\phi800$ 的桩长一般不超过 28m。

三、工法原理

利用长螺旋钻孔机钻孔到预定深度，在提钻同时用混凝土泵通过钻杆中心将混凝土压到已钻成的桩孔中形成桩体，用吊车将专用植笼设备和钢筋笼吊起，在形成的素混凝土桩体中植入钢筋笼，采用此法能提高桩的承重、抗拔能力；施工程序简化，提高效率，降低造价。解决该项技术的首要难题是保证在素混凝土桩体中植入钢筋笼的“到位率”，即满足将灌注桩的钢筋笼100%植入到混凝土设计深度要求。而钢筋笼的植入是与混凝土的坍落度、和易性及植笼设备的振动频率、振幅和振动冲击形式有关。本工法提出了后植入钢筋笼灌注桩成桩法对混凝土的各项要求；发明制造了中低频专用振动植笼设备；为保证钢筋笼植入的垂直度，提出了不完全卸荷振动植笼概念；对于极个别由于各种原因不能植入到位的钢筋笼，采用有效办法拔出钢筋笼，以保证在原地原位重新成桩。

四、工艺流程

1. 工艺流程图（见图1、图2）。

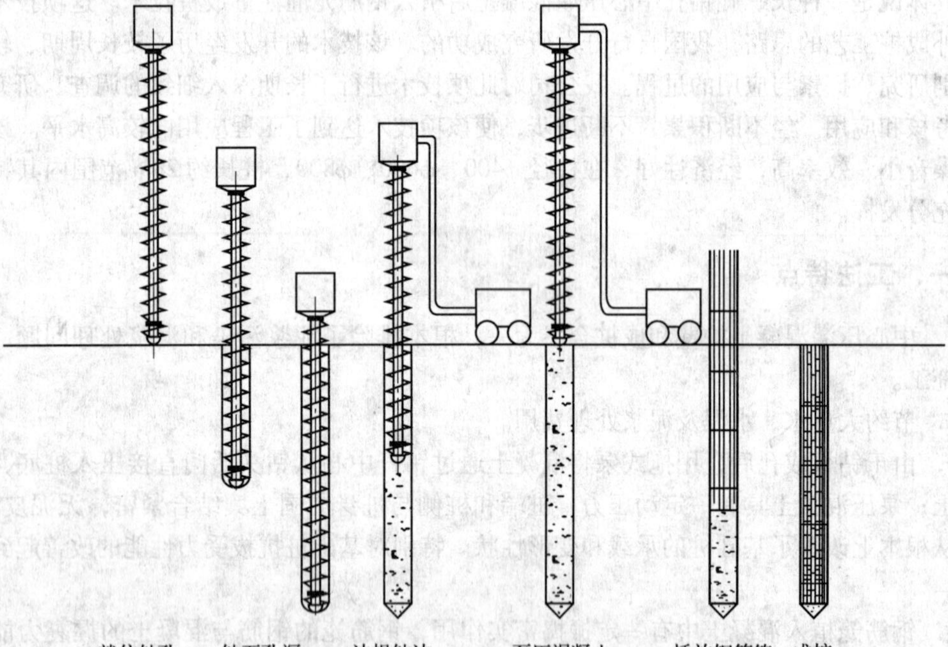

图1　工艺流程图示意图

2. 极少数钢筋笼不到位→振拔钢筋笼→待混凝土初凝后在原桩位重复成桩工艺。

五、施工要点

1. 具体施工工艺

（1）按施工图测放桩位。

（2）现场制造钢筋笼。

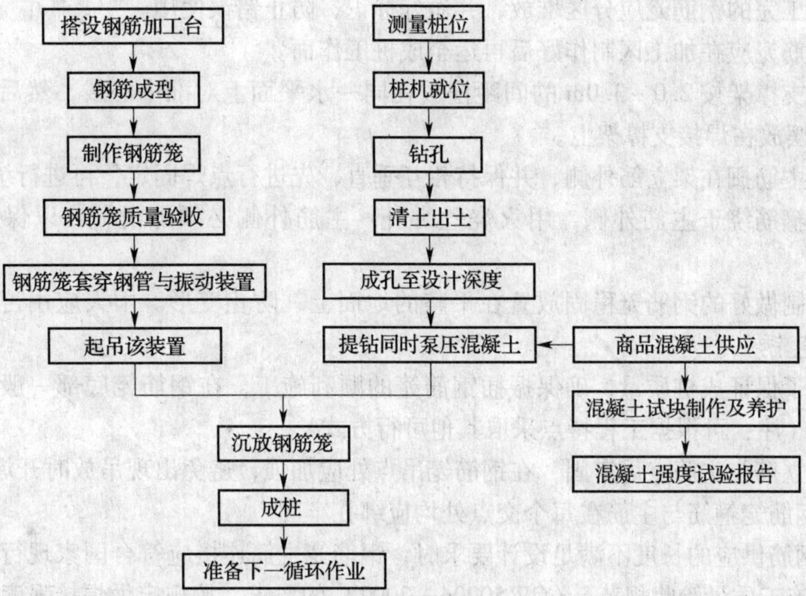

图2　工艺流程框图

（3）桩机就位，调整钻杆与地面的垂直度，垂直度偏差不大于1%；钻头对准桩位，启动钻机入钻，观察钻机电机电流表，根据电流大小控制下钻进尺，钻到预定深度。在成孔钻进的前，应及时通知搅拌站按照配合比要求将足够量的混凝土及时送到钻机施工作业面浇灌；

（4）用混凝土泵完成钻孔中心压灌混凝土成桩，钻进到设计深度后，略提钻杆20～50cm。以便混凝土料将活门冲开。边提钻边压灌混凝土，提钻与压混凝土速度必须匹配。混凝土的灌注高度应高于设计桩顶标高50cm。多余的部分后期凿掉，以保证桩顶的强度满足设计要求。钻杆拔出孔口前，先关混凝土泵，注意保证钻杆内存料量，满足桩顶高度。

（5）钻孔同时，将振笼用的钢管在地面水平方向穿入钢筋笼内腔。确认钢管与专用低频振动装置连接良好，钢筋笼与振动装置用钢丝绳柔性连接。钢管的上部和下部必须开设透气孔、保浆孔。

（6）待钻孔中心泵压混凝土形成桩体后，钻杆拔出孔口前，先将孔口浮土清理，然后将已吊起的振动装置、钢管及钢筋笼垂直对准孔口，把钢筋笼下端插入混凝土桩体中，采用不完全卸载方法，使钢筋笼下沉到预定深度；钢筋笼到位后，振动拔出钢管，放置地面。准备下一循环作业。

（7）遇少量钢筋笼下沉不到预定深度的情况，利用拔桩原理把钢筋笼从混凝土桩体中引拔出来。待桩体初凝后，在原桩位重复以上成桩工艺，完成现浇桩施工。

（8）采用竖向滑动式出土器，能方便渣土的倒运，保证作业面标高，便于桩位的确认和桩机就位。

2．钢筋笼制作

（1）根据设计，计算箍筋用料长度、主筋分布段长度，将所需钢筋调直后用切割机成批切好备用。由于切断待焊的主筋、架立筋、箍筋的规格尺寸不尽相同，注意分别摆放，防止错用。

（2）加工完的钢筋笼应分区堆放，并做好标识，防止错误使用。

（3）钢筋笼应在加工区制作好后再运至成桩工作面。

（4）将支撑架按2.0~3.0m的间距摆放在同一水平面上对准中心线，然后将配好定长的主筋平直摆放在焊接支撑架上。

（5）将主筋搁在架立筋外侧，并保持相互垂直，先进行点焊固定，再进行统一焊接。

（6）将箍筋绕于主筋外侧，用火烧丝绑扎。主筋外侧必须加滑靴，以保证桩钢筋保护层；

（7）将制做好的钢筋笼稳固放置在平整的地面上，防止变形。雨天应用苫布将钢筋笼盖好，以防生锈。

（8）为了保证成桩质量，确保振插钢筋笼的顺利施工，在钢筋笼底部一般采取图3所示技术措施（注：可根据工程特点采取其他可行方式）。

（9）架立筋与主筋点焊牢固，在钢筋笼吊点处应加强，避免出现吊放时开焊。

（10）钢筋笼箍筋与主筋在每个交点处均应绑扎牢固。

（11）钢筋供应的长度不满足设计要求时，钢筋笼主筋连接应符合国家现行标准《混凝土结构工程施工质量验收规范》（GB 50204—2002）的要求，按规定做焊接强度试验。

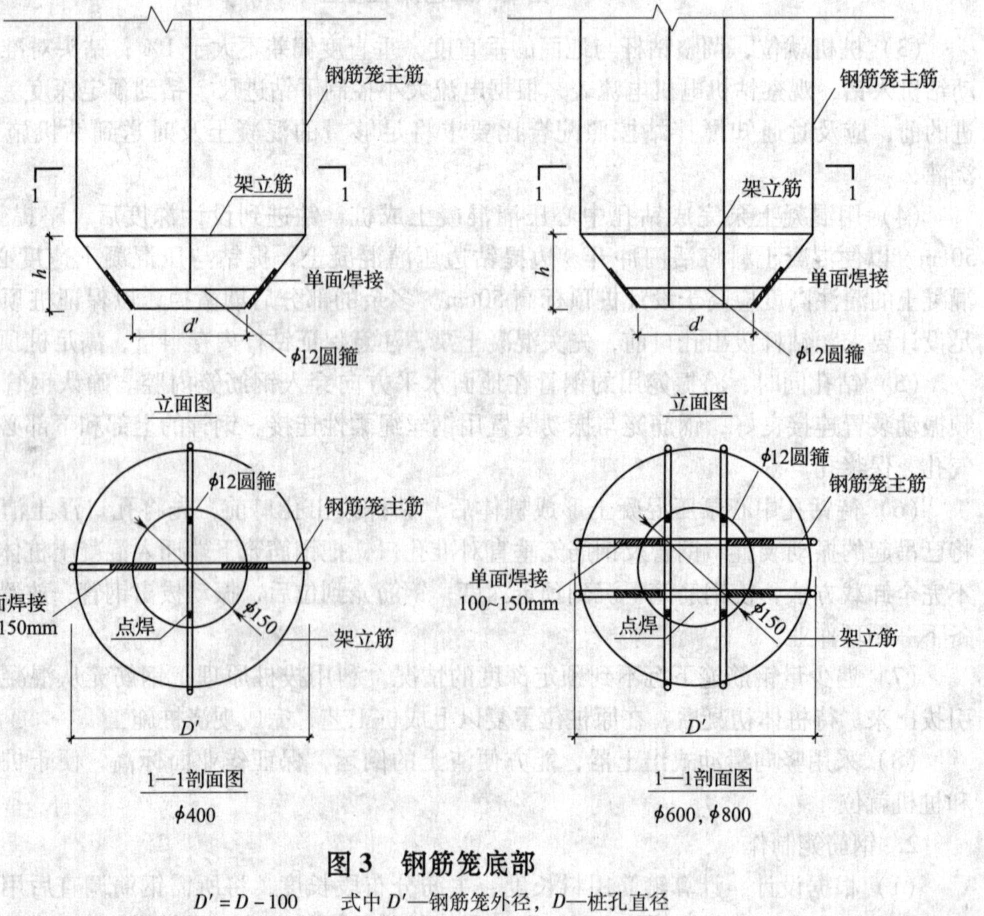

图3　钢筋笼底部

$D' = D - 100$　　式中 D'—钢筋笼外径，D—桩孔直径

$d' = d + 30$　　式中 d'—笼端尺寸，d—钢管直径

$h = D'/2 \sim 2D'/3$　　式中 h—笼端锥部高度尺寸

（12）钢筋在使用前，要抽样检验钢筋的机械性能，合格后方可使用。

（13）钢筋笼制作及混凝土的灌注等均应执行《混凝土结构工程施工质量验收规范》（GB 50204—2002）及《建筑桩基技术规范》（JGJ 94—94）的规定。

（14）钢筋笼质量检验标准（见表1）。

表1　钢筋笼质量允许偏差及检验方法

项　次	项　目	允许偏差（mm）	检测方法
1	主筋间距	±10	尺量
2	箍筋间距	±20	尺量
3	钢筋笼直径	±10	尺量
4	钢筋笼长度	±100	尺量
5	钢筋笼保护层	±20	尺量

3．混凝土的供给与保证

（1）混凝土配合比由所选用的搅拌站提供，必须保证混凝土的品质。

（2）混凝土强度应满足设计要求，混凝土具备良好的和易性，初凝时间应大于6h，入泵坍落度200～220mm。粗骨料为5～16mm豆石或碎石，普通硅酸盐P. O. 42. 5或P. O. 32. 5级水泥，细骨料采用中粗砂，另掺加一定比例的I级粉煤灰。

（3）采用商品混凝土，混凝土罐车运送。根据运距，温度等条件预留混凝土坍落度损失量。

4．施工技术要求

（1）钻机就位时，必须平整稳固，经专人用线锤或经纬仪检查钻杆的垂直偏差，钻杆垂直度采用双向90°控制，同时检查桩位偏差情况，符合要求后方可开钻。

（2）初步定位后，再进行复核；在正式施打前再由每台桩机复测一次，准确无误后再施工。

（3）钻进过程中应根据地层变化及时调整钻进速度，一次达到设计深度，确保桩长和桩径。

（4）首盘混凝土灌注前，应先用清水清洗管道，再泵送一定量砂浆润滑管道。

（5）注意桩底灌注质量，提钻冲开单向阀门的高度不得超过50cm（观测钻杆提升量）。

（6）根据泵排量和桩径确定泵压一次钻杆的提升量，匀速提钻并保证钻头尖始终埋在混凝土内，防止断桩。

（7）随时检查泵管密封情况，以防漏水造成局部坍落度损失。

（8）在易缩径地层降低提钻速度，保持钻头埋在混凝土内。

（9）浇筑混凝土前对混凝土进行检查，对每一车混凝土测量坍落度并做好记录，保证连续浇注混凝土，避免中间停顿。

（10）必须对吊车司机进行交底和培训，在下插钢筋笼的过程中采用不完全卸荷下沉法，尽量减少振动时间。让钢筋笼形成自然垂直状态，对准孔位中心在其自重的作用下插入，待钢筋笼速度变得缓慢时，再打开振动器进行振动植入钢筋笼工序。

（11）拔出振动管时应动作缓慢，保持钢管透气孔通畅。遇振动时间比平均振动时间长的应注意桩顶混凝土的完整性，遇到振动沉管时间短的情况应注意避免就位的钢筋笼过度下沉。

（12）成桩完毕后，应监察桩顶标高和成桩质量。

（13）成桩后注意保护桩头，保证24h内不得扰动，严禁车辆碾压桩头，挖土机碰撞；若天气寒冷，采用泥土进行覆盖。

（14）为了保证桩头混凝土的质量，在灌注混凝土时，要求灌到成桩工作面，多余部分剔除。

（15）清除桩头应在成桩3d后进行；清除桩头时应先用水准仪或经纬仪测放出桩顶标高，然后用钢钎等工具剔除多余桩头至桩顶标高。

（16）桩头清土采用小型挖掘机机械配合人工的方法进行，槽底预留100mm人工清除。

（17）桩体施工完养护7d以后，方可进行小应变检测试验，桩体施工完养护28d以后，方可进行单桩静载的检测试验。

（18）混凝土试块的选取，应遵守有关规定。

5．施工机械管理

（1）施工机械应设定专人负责，施工机械的操作人员必须经培训后上岗。

（2）施工机械应定期检查、维修、保养。

（3）在每台班之前，必须对螺旋钻机、汽车吊、振动锤及拖式泵等进行检查，发现存在安全隐患的地方，立即进行修理、更换。严禁机械设备带着安全隐患投入使用。

（4）振动装置技术安全操作要求

①电机可以直接启动，应该设专用启动箱，电路须设漏电路保护开关。

②电缆夹紧出口处，必须垫橡胶套。提放振锤时避免抻压电缆。

③经常检查各部螺栓，有松动的及时紧固。检查销子的开口销，一定锁好。

④启动振动锤前，应检查箱体内是否有足够润滑油。检查油面高度标高在箱体侧面油面螺孔中心。

⑤振拔钢筋笼时不允许把弹簧压并。

⑥插拔钢筋笼均须设安全钢丝绳2根。振动锤悬吊架与吊车吊钩连接必须设防脱钩装置。

⑦起吊钢筋笼前，应检查钢筋起吊点处焊接是否牢固，吊绳、挂钩是否存在问题，若发现异常情况，应立即进行处理解决。在起吊钢筋笼过程中，吊车臂及钢筋笼下严禁站人。

⑧下放钢筋笼时用吊车先静力下放保持垂直。待下沉速度减缓将要停止时，开动振动锤将钢筋笼沉放到预定位置。注意沉放钢筋笼应采取不完全卸荷操作方式，即吊钩不得完全卸载。

⑨起拔钢管工序应全程振动，不允许频繁停启电机，必须把管上的混凝土振动脱离。管子没完全拔出时不得停振。

⑩雨天应把振动锤电机用苫布盖好。

⑪半年更换润滑油一次，20#机械油15L。如有漏油，应及时修理，及时加油到标准油面高度，油面高度距箱底内侧50mm。

⑫弹簧轴和铰链轴半年加黄油一次。

⑬连接部螺栓紧固件随时检查，应在进工地前做保养检查。

⑭振动锤丢转时，采取在电机板下部垫平垫的方法，张紧皮带。每次张紧，加垫厚度不大于3mm。

⑮电机加强箍与皮带罩应连接牢固。电机加强箍螺栓紧固可靠，以免电机铸铁壳出现裂纹。

六、施工质量控制要求

本工法质量标准按《建筑地基基础工程施工质量验收规范》（GB 50202—2002）、《钢筋焊接及验收规程》（JGJ 18—2003）、《混凝土结构工程施工质量验收规范》（GB 50204—2002）执行，并需强调和补充以下条文。

1. 成桩质量标准

（1）桩体倾斜偏差不超过1%，用线锤和经纬仪测量钻杆。

（2）桩长允许偏差不超过300mm，进入持力层按设计要求。

（3）桩径偏差不超过50mm，桩径不允许出现负偏差。

2. 工程质量保证措施

（1）施工过程严格执行施工过程控制程序，确保施工质量。

（2）场每种桩型的钢筋笼应及时做好备用。

（3）现场成立质量监控小组，严格按照国家有关规范，规程要求施工，实行全面质量管理。

（4）实行三级质量管理制度，即施工个人自检、下道工序上检、专职质量员把关。

（5）钢筋、混凝土等材料进场后及时按照施工规范要求进行质量检验。

（6）施工前由施工、技术负责人结合图纸进行详细的技术交底。

（7）施工期间由现场技术人员及质检人员抽查成孔深度和桩长，并做好记录，可采用尺量钻杆的方法。

（8）派专职人员进行试验工作，做好各种试验数据和整理，发现问题及时解决；试验工持证上岗。

（9）各项记录真实完整，及时整理。

3. 桩身质量的保证

（1）成桩质量检查主要包括成孔、泵压灌注混凝土、钢筋笼制作及振插安放等三个工序过程的质量检查。

（2）对分供方原材料质量与计量、混凝土配合比、坍落度、混凝土强度等级等进行检查。

（3）筋笼制作应对钢筋材料、规格、焊条规格、品种、焊口规格、焊缝外观和质量、主筋和箍筋的制作偏差等进行检查。

七、机械设备和人员配置

机械设备配置见表1，人员配置见表2。

表1　单台桩机设备配置

序号	设备名称	技术参数	单　位	数　量	备　注
1	履带或步履桩机		台	1	
2	长螺旋钻孔机动力头		台	1	
3	ϕ400 ~ ϕ800 钻杆		套	1	
4	ϕ400 ~ ϕ800 钻头	带混凝土出料活门	个	1 ~ 2	可有一个备用
5	出土器或护圈		套	1	

续表 1

序号	设备名称	技术参数	单　位	数　量	备　注
6	混凝土拖式泵		台	1	
7	混凝土输送钢管		m	若干	
8	混凝土输送软管		m	若干	
9	装载机		台	1	
10	振笼装置		套	1	
11	起动箱		个	1	
12	振笼钢管或型钢		根	1	
13	运钢筋笼小车		辆	2 ~ 3	
14	拔笼器		个	1	
15	制造钢筋笼设备		套	1 ~ 2	
16	汽车吊		台	1	

表 2　单台桩机人员配置

序　号	职　务	人　数	备　注
1	工长	1	
2	指挥	1	
3	螺旋钻机机长	2	
4	混凝土泵机长	2	
5	质检员	1	
6	测量校正	2	
7	电工	1	
8	安全员	1	
9	其他工作人员	4 ~ 6	

注：上述特殊工种及管理人员应具有相应资格

八、安全管理要求

1. 应按照国家有关部门颁发的现行的《建筑机械使用安全技术规程》（JGJ 33）、《施工现场临时用电安全技术规范》（JGJ 46）、《建筑施工安全检查标准》（JGJ 59）等有关规范标准和上级及本企业制定的有关安全规定执行。

2. 施工前必须探明现场地下障碍物和地下管线情况，在施工中采取相应的技术措施。

3. 在每台班之前，必须对螺旋钻机、汽车吊、振动锤及拖式泵等进行检查，发现存在安全隐患的地方，立即进行修理、更换。严禁机械设备带着安全隐患投入使用。

4. 起吊钢筋笼前，应检查钢筋起吊点处焊接是否牢固，吊绳、挂钩是否存在问题，若发现异常情况，应立即进行处理解决。在起吊钢筋笼过程中，吊车臂及钢筋笼下严禁站人。

5．施工现场应设围挡和门卫，禁止无关人员入内。

九、效益分析

后植入钢筋笼灌注桩成桩法的实验和生产实践证明，该技术产生了较好的社会效益和经济效益。

该施工方法钻孔过程噪音低、振动小。在成孔过程采用护壁和中心泵压灌注桩桩体材料一次完成的方法，排除了大量泥浆处理和运输的工作。从根上避免了由此对施工现场和周边环境的污染。在植笼过程中，由于振动设备能量小，又是在流塑性混凝土中施加作用力，因此不会产生较强烈的振动和冲击反响，其振动和噪声完全控制在施工允许的范围之内。可以确认该工法对环境影响小，是一种环境保护型的绿色施工方法。由于工期短，对周边交通，社会活动影响也较小。

基础工程护坡桩的施工采用该工法与正反循环湿作业灌注桩成桩法相比，具有单机施工效率高，泥浆用量较少的特点，为护坡桩施工后的土方施工创造了良好条件。

对于小直径的基础桩，比如直径400mm的基础桩，采用普通泥浆护壁成桩法施工，混凝土的浇注几乎不可能，但对于直径400mm的桩，正是采用该工法的强项。而同样一立方米的混凝土，在同样的土层中，采用直径400mm的桩比采用直径600mm的桩提供的桩侧摩阻力大1.5倍。

在基础施工中采用新技术、新工艺用较少的能源、材料消耗，使基础获得的较高承载力和减少沉降量，是降低成本，产生经济效益的有效途径。本基础施工工法与传统泥浆护壁成桩技术相比可明显提高单桩承载力，因此可将桩数桩径减少，既满足设计和使用要求，又能达到减低成本的结果。

船坞坞壁组合箱型钢板桩施工工法

YJGF-10—2004

上海市第七建筑有限公司

林锦胜　方　刚　汤永根　陶　金

20世纪90年代起船坞坞壁大多采用高桩承台单锚钢板桩，兼作止水墙结构，钢板桩兼施工阶段围护结构和坞壁永久结构。90年代末，我公司将单道围檩锤击施工工艺用于船坞坞壁组合箱型钢板桩施工，形成了船坞坞壁组合箱型钢板桩锤击沉桩施工工艺，该工艺施工速度快，沉桩后钢板桩外观平整、顺直、美观，单道围檩结构轻巧，沉桩设备要求低，所采用的防水胶止水效果好。该项目2001年11月通过上海市建设委员会鉴定，2002年获第十六届上海市优秀发明选拔赛一等奖，2003年获上海市科技进步二等奖，2003年获全国发明展览会金奖，2004年获第十三届全国"星火杯"创造发明竞赛优秀项目金奖。在施工实践基础上，总结编制了本施工工法。

一、工法特点

1. 该组合箱型钢板桩由两根"Z"型钢板桩和一根"U"型国产钢板焊接组合而成；桩体刚度大，适用于锤击施工，并可作为基坑围护结构和永久结构的特点，见图1组合钢板桩的组成、图2工程实例。

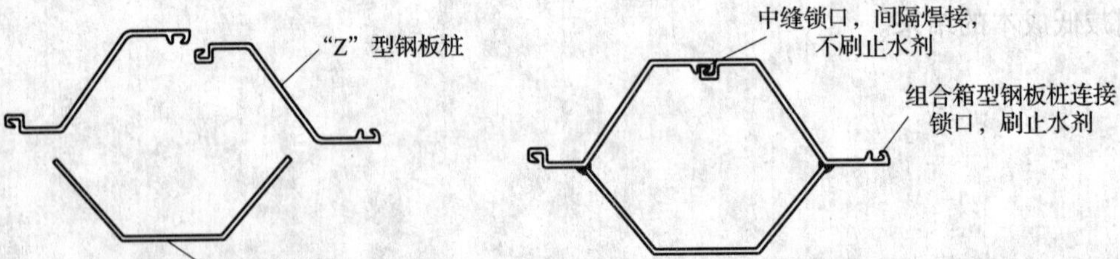

图1　组合钢板桩

2. 利用国内现有沉桩设备实现桩与桩空间位置控制一体化施工工艺，采用桩架导向锤击、单道围檩限位、屏风式插桩和间隔反向送桩工艺，保证施工质量。

3. 在组合箱型钢板桩锁口内涂刷"复合型I"止水胶，减小沉桩过程锁口的阻力，止水胶遇水膨胀，起到防水的功效。

4. 在阴阳转角处设置异型钢板桩控制平面尺寸，在沉桩过程中设置纠偏桩以矫正桩体的垂直度。

图2　工程实例

二、适用范围

本工法适用于软土地基上，防水施工质量要求高，截面较大船坞坞壁组合箱型钢板桩施工或者以组合箱型钢板桩为围护墙体的基坑围护结构施工。

三、工艺原理

采用桩架锤击沉桩，单道围檩与桩架组成导向系统，屏风式插桩，冷锤沉桩施工，反向间隔连续送桩；钢板桩的锁口采用涂刷遇水膨胀“复合型Ⅰ”止水胶，送桩时减少摩擦和止水双重作用；为控制平面尺寸和桩体的垂直度，设置异型桩和纠偏桩。

四、工艺流程及操作要点

1. 施工工艺流程（见图3）

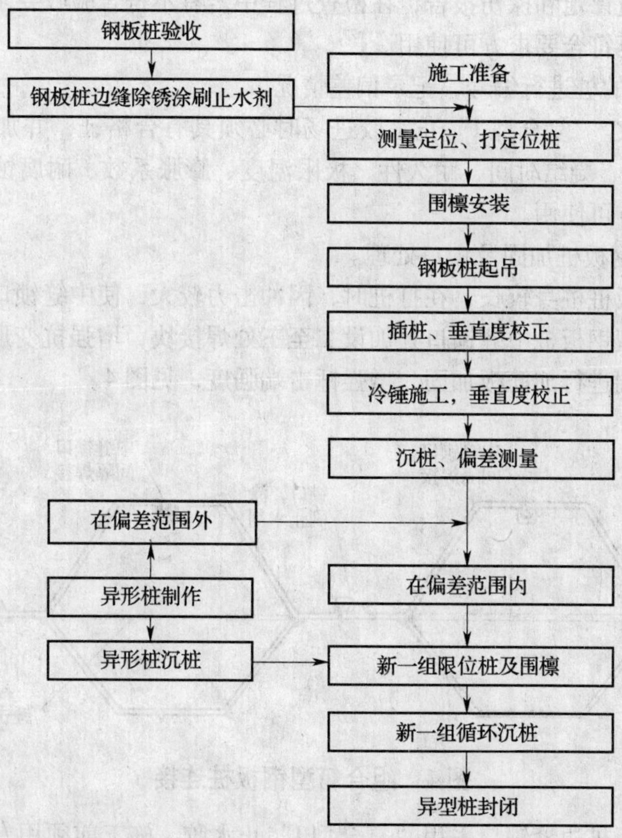

图3 施工工艺流程

2. 施工操作要点

(1) 施工准备。

①钢板桩制作。组合钢板桩的材质由设计确定，钢板桩的结构型式采用两根优质“Z”型钢板桩和一根“U”型国产钢板焊接组合而成。焊接工艺要求由设计制定，委托专业加工厂加工。

②钢板桩的运输及堆放。钢板桩运输采用平板车运输，运输中大于三处搁置点，运输途中平稳行驶。钢板桩必须堆放在硬地坪上，大于三处搁置点，堆放不超过三层。

③钢板桩验收。组合箱型钢板桩除在进场时由制作方提交合格证后，组合箱型钢板桩进场时应进行逐个验收，按设计标准及规范要求进行，验收内容及标准如下：

a. 组合箱型钢板桩长度：+300mm，-0。

b. 端面尺寸：高度+10mm，宽度+10mm。

c. 桩身焊接质量。

d. 组合箱型钢板桩桩端平整度及平面倾斜小于5mm，采用角尺与塞尺配合复核。

e. 锁口通畅与否的检查，用2m长标准段雌雄锁口各一只，插入组合箱型钢板桩两侧锁口内，以往返两次顺利通过为准。

f. 组合箱型钢板桩桩身侧向弯曲矢高和正向弯曲矢高均为≤0.12%。

g. 在提交组合箱型钢板桩合格证的同时，应提交组合箱型钢板桩的质保资料、试验报告及制作过程中质量评定和探伤报告，在检查过程中若有不符合验收要求的组合箱型钢板桩必须经过校正，直至符合要求方可使用。

h. 对检验合格的桩进行编号，记录偏差情况。

④辅助材料验收。“复合型Ⅰ”止水胶进场时必须具有合格证，并加以检查，对“复合型Ⅰ”止水胶的粘度、凝结时间、耐久性、极限温度、膨胀系数、耐腐蚀性、粘附力等要进行复试，复试合格方可使用。

（2）组合箱型钢板桩加固及锁口处理。

①组合箱型钢板桩桩身较长，在打桩时，因冲击力较大，使中缝锁口容易挫动，错位较大，应先在组合箱型钢板桩中缝锁口处加设二至三处焊接块，增强抗变形强度，减少错位变形；在桩端头锤击端进行加筋板加固，增强锤击端强度，见图4。

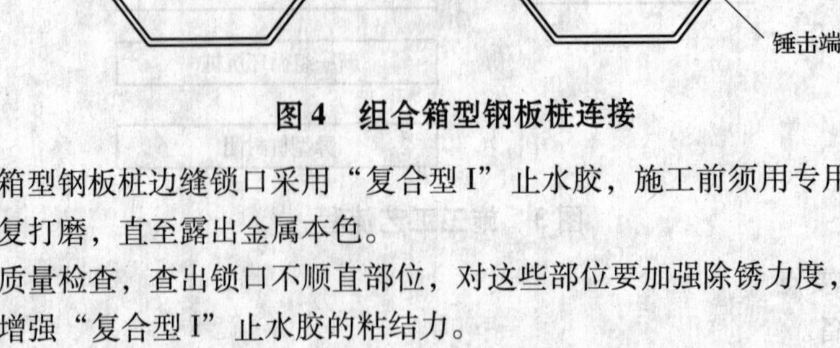

图4 组合箱型钢板桩连接

②组合箱型钢板桩边缝锁口采用“复合型Ⅰ”止水胶，施工前须用专用工具清除锁口内的锈迹，反复打磨，直至露出金属本色。

③外观质量检查，查出锁口不顺直部位，对这些部位要加强除锈力度，使之光滑，减少沉桩阻力，增强“复合型Ⅰ”止水胶的粘结力。

④“复合型Ⅰ”止水胶开桶后调制均匀即可使用，涂刷“复合型Ⅰ”止水胶前应对基层用干回丝擦一遍，用以清除灰尘，涂刷时采用专用的胶枪喷注，做到涂膜均匀，黏附力强，无漏涂、流挂等现象。“复合型Ⅰ”止水胶固化时间大于72h，在涂刷止水剂后，打桩应在

72h内完成。

(3) 定位桩及沉桩测量控制。

①组合箱型钢板定位。专为沉桩配备水平围檩导向架，由限位桩和围檩构成。桩架顶端具有约束性，围檩形式可采用单道围檩，组成沉桩的导向系统。单道围檩导向架由限位桩和钢围檩组成，限位桩采用600钢管，长约10m，顶部设置钢横梁，钢横梁两端设置限位立柱，形成蟹钳式形状，用以搁置两根钢围檩，钢围檩长15m，用H400×400×14mm型钢制成，两钢围檩之间设置卡板限位，以确保尺寸和位置准确，见图5。

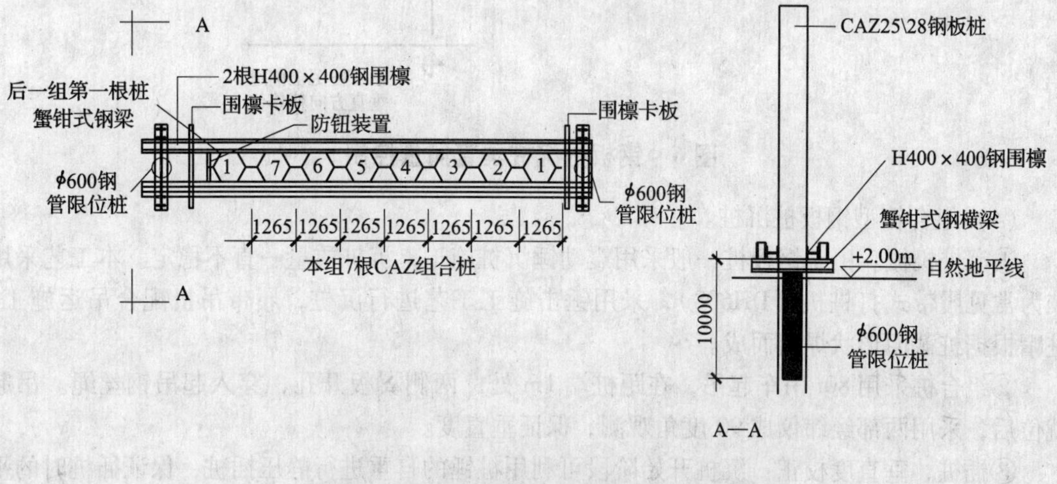

图5 第一组定位桩围檩平面布置示意图

②组合箱型钢板桩沉桩过程需要在二个垂直方向进行垂直度观察，在前进方向组合箱型钢板桩的中心线上，距打设位置约25m处架设经纬仪进行垂直度监测，另一方向为在距桩正面约25m处施放一条组合箱型钢板桩轴线延长线的平行线，在平行线上把相应组合箱型钢板桩外侧锁口位置架设经纬仪进行垂直度监测。

③插桩测量控制。轴线延长线上的仪器架设位置必须精确，使得仪器视线与组合箱型钢板桩轴线一致，插桩时，如果组合箱型钢板桩锁口中心线与仪器中"十"字丝吻合，说明组合箱型钢板桩插在的轴线方向没有问题。同样，桩机正面仪器架设的位置也必须正确，插桩时，如果组合箱型钢板桩锁口处边线与仪器中"十"字线不吻合，说明组合箱型钢板桩在轴线方向有倾斜，见图6。

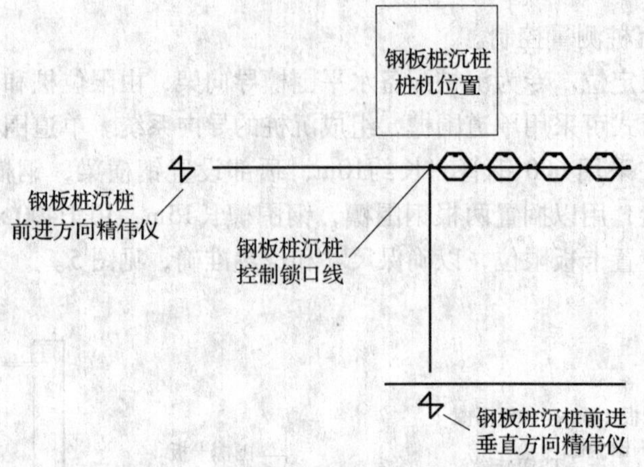

图 6　钢板桩沉桩垂直测量控制

（4）组合箱型钢板桩沉桩。

①沉桩机械。由于钢板桩一般采用震动锤沉桩施工，沉桩质量一直不稳定。本工艺采用较为常见履带式打桩机（DH608），采用锤击施工工艺进行沉桩，履带吊机配合吊运施工。桩帽根据桩截面形状焊接而成。

②组合桩采用 80t 吊车起吊，在距桩端 1m 处，两侧翼板开孔，穿入起吊钢丝绳。吊起就位后，采用两部经纬仪成 90 度角观测，保证垂直度。

③插桩、垂直度校正：沉桩开始阶段可利用桩锤的自重进行静压插桩，保证插桩时的平整和垂直，下沉过程中经纬仪随时观测，若发现有微量偏移，应及时用卷扬机纠偏，桩入土超过 1/2 桩长后，不得强行纠偏。以此类推，直至该组组合箱型钢板桩插桩完毕，拆除围檩。每组七根组合箱型钢板桩插桩完成后，同时插入后一组的第一根桩。

④冷锤施工、垂直度校正：桩停止下沉后，可用冷锤施打，每打一锤，都应及时观测，调整垂直度，直打到组合箱型钢板桩桩顶距地面约 8m 时停锤。

⑤组合箱形钢板桩送桩施工：桩机行走于组合箱型钢板桩一侧，转 90 度角与履带垂直，安装好送桩杆。组合箱型钢板桩送桩时采用间隔反向跳打方法，每组组合箱型钢板桩约 7 根，送桩顺序为 2，4，6，然后 7，5，3，1。最后为后一组的第一根桩，留在地面上作后一组桩围檩的定位桩，起控制限位作用。送桩时要观察沉桩过程中的变化情况，送桩杆上刻有进尺标志；且有水平仪跟踪观察，确保桩顶标高控制。为防止送桩过程中相邻桩体被带下，先送桩的桩顶标高以上限偏差控制，后送桩的按相邻的桩顶标高控制。沉桩工艺示意图见图 7。

⑥第二组桩围檩导向架系统：第二组桩定位利用已打入到位的桩体（尚未送桩），再在其轴线方向的前方打设限位桩（在围檩的长度内），安装横梁，然后将围檩吊装就位，且紧靠桩体的两侧，围檩在就位桩体的一端用螺栓连接固定，另一端搁置在限位桩顶部的蟹钳内，在校正位置后，外侧用垫铁垫实，交付插桩施工，待该围檩内插桩完成后，再拆除围檩、拔除限位桩，如此往复进行流水施工，见图 8。

⑦沉桩中偏差测量。在沉桩过程中，应缓慢施工，用经纬仪进行测量，随时注意调整桩的垂直度，同时保证桩定位于方格网之内，做好沉桩记录。若偏差超过 3‰，则在后一组桩中设置异型组合箱型钢板桩纠偏。

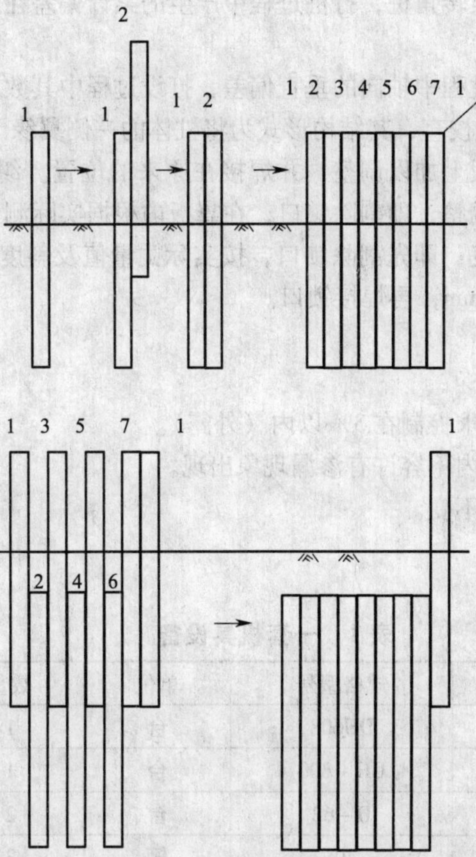

图7　沉桩工艺示意图

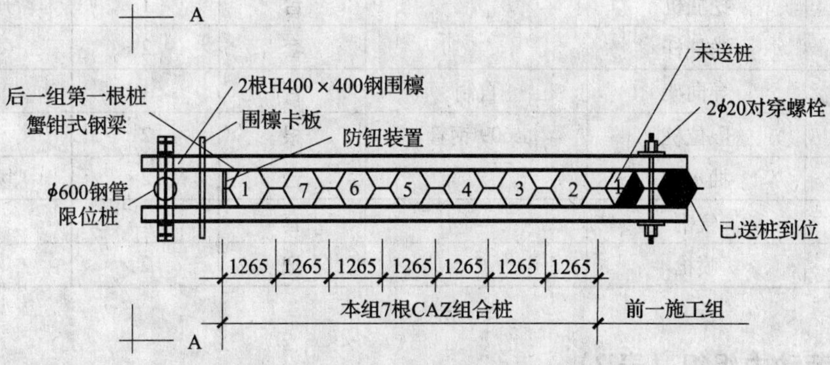

图8　限位桩围檩平面布置示意图

(5) 异型组合箱型钢板桩施工。

异型组合箱型钢板桩分为两种形式，第一种为转角桩（分为阴角和阳角），第二种为沉桩过程中用以纠偏异型桩，组合箱型钢板桩连续打设后，其轴向总有一定的垂直偏差，超过一定量后对沉桩及外观质量将带来影响，在轴向垂直偏差超过3‰时应设置异型桩纠偏。

①转角桩结构形式为割除组合箱型钢板桩单边锁口，按理论数据，测量出转角线上桩身的位置，被割除的锁口安装在该位置上，通过电焊连接并加设劲板，增强转角翼缘板的强

度。每个阴阳角转角仅有一根转角桩，打桩过程中产生的累计偏差在纠偏桩中消除，故转角桩的位置基本保持不变。

②纠偏桩主要消除沉桩过程中轴向的垂直偏差，打设过程中其数量不可预测。只有当垂直偏差超过3‰时，设纠偏桩校直，其结构形式为将桩体的一侧翼缘（带锁口）割除，根据桩体的实际偏差量，在翼缘板上加以调整，并焊接在原来的位置。纠偏桩一般有两种情况，一种情况为在标准翼板宽内调整，即割除锁口，在翼板内根据实际测量值进行调整，再焊接锁口。另一种为增加翼板宽度：即先割除锁口，按实际丈量值及斜度，用12mm厚16Mn钢板接长，每次接长宽度≤200mm，再焊接锁口。

五、质量标准

1. 打桩时垂直度偏差要求控制在3‰以内（外露）。
2. 组合箱型钢板桩锁口内不容许有渗漏现象出现。
3. 阴阳角位置要求相对不变。

六、机具设备（表1）

表1　一套机具设备

序号	机具名称	规格型号	单位	数量	用途与备注
1	履带式打桩机	DH608	台	1	沉桩施工
2	吊机	CH－800	台	1	吊桩及插桩
3	桩锤	D－62	台	2	沉桩
4	大件运输车	40t	辆	3	桩运输
5	推土机		台	1	场地平整
6	挖掘机		台	1	开挖沟槽
7	送桩杆		套	2	
8	导向架	自制	台	1	限位
9	限位桩	ϕ609钢管	根	2	限位
10	抽水泵		台	2	场外排水
11	气割		套	1	异型桩
12	喷枪		把	2	止水胶

七、劳动力组织（表2）

表2　一个班组的劳动力组织

序号	工种	人数	序号	工种	人数
1	指挥	1	5	电焊工	2
2	测量	2	6	防水工	2
3	打桩	2	7	记录	1
4	起重工	4			

八、施工安全

1. 严禁吊桩、吊锤回转或行走等动作同时进行。打桩机在吊有桩和锤的情况下，操作人员不得离开岗位。

2. 打桩作业区内应无高压线路，作业区应有明显标志或围栏，非工作人员不得进入。桩锤在施打过程中，操作人员必须在距离桩锤中心5m以外监视。

3. 桩机、吊车组装、拆卸必须在空旷场地进行，上空不得有高压线或障碍物，确保组装、拆卸、装车顺利进行。打桩机械必须具有验收合格证。

4. 桩机起吊时，禁止横向张拉，正面张拉不大于2m。桩机提升柴油垂直时应注意起落架状态，发现异常情况应紧急停车。任何人不得在桩锤提升后，在桩锤下停留或通过；扒杆下方起吊的重物下，任何人也不得停留或通过。

5. 施工过程中，如遇大雨、暴雨或六级以上大风时，必须立即停止施工。为确保施工质量及施工安全，打桩严禁夜间施工。

6. 桩机施打过程中，施工人员必须远离桩锤5m以外的安全处，30m范围内严禁非施工人员靠近。施工区域要设置警戒线。

7. 卸桩、吊桩过程中持桩小钩外必须系好缆风绳，确保控制吊运中的方向，以防发生桩机、吊车、汽车相碰事故。

8. 桩机、吊车施工过程中必须确保场地平整，地基较软不能满足桩机施工要求时，必须垫好路基箱或30mm厚钢板。桩堆放皮数不超过三皮。

9. 桩机、吊车司机、电工、电焊工、起重指挥工必须持证上岗。

10. 吊桩、喂桩、送桩、吊机和桩机移位时必须有专人指挥，分工明确，统一信号。

11. 氧气瓶、乙炔瓶必须保持5m以上的距离，距明火电焊必须保证10m以上的安全距离。乙炔瓶严禁倒放，乙炔瓶必须安装回火安全装置。氧气乙炔减压器上应有安全阀和防回火器，高低压表完好，计量正确。

九、效益分析

1. 在组合箱型钢板桩施工中，沉桩工艺解决了质量控制难点，组合箱型钢板桩外观平整顺直，涂刷饰面涂料直接作为结构面层，节约饰面费用。

2. 组合箱型钢板桩作为永久坞壁结构，在围护挖土期间作为围护结构墙体，节省围护结构费用。

3. 组合箱型钢板桩锁口涂刷“复合型Ⅰ”止水胶，在沉桩阶段作为润滑剂，竣工后遇水膨胀，起止水作用。

4. 组合箱型钢板桩结构体系作为一个永久的坞壁结构体，具有综合成本低、工期短、成效快的显著优点。

十、工程实例

上海外高桥造船基地位于浦东新区长江口南港河南岸，新建的船坞，是我国最大的、最具现代化水准的干船坞，1#船坞长 480m，宽 106m，设计深度 12m；2#船坞长 360m，宽76m，设计深度14m。坞壁墙身为组合箱型钢板桩。以二根“Z”字形进口钢板桩连接后加覆国产“U”型钢板，组成六角形箱体结构。两种钢材弹性模量不一，桩长25m/21m。坞壁设计中，组合箱型钢板桩既是船坞的围护结构，又是坞室外露的永久结构，为此，组合箱型钢板桩的平整度、垂直度及止水效果成为船坞施工成败的关键，也是需要攻克的技术难关。

通过该工法工艺，成功实现了上海外高桥造船基地船坞大面积组合箱型钢板桩锤击沉桩，取得了可观的经济和质量效果，作为船坞坞壁永久结构的组合箱型钢板桩，表观平整顺直，无渗漏；首次使用的“复合型I”止水胶专业产品，比较黄油、滑石粉剂、沥青、树脂等传统润滑止水材料，效果更佳，具有先进性。该工程于1999年10月开工，2001年10月全面竣工，2001年11月开始投入试生产，前后工期为两年时间，远低于同规模船坞施工工期，船坞整体施工质量达到优良标准，见图9。

图9　竣工后的坞壁

高喷插芯组合桩施工工法

YJGF 11—2004

天津市华正岩土工程有限公司

雷玉华　张华东

在传统的桩基施工中，不可避免地遇到震动、或噪音污染、或泥浆排放污染等，给设计和施工造成困难，对环境造成不利影响。

高喷插芯组合桩主要是针对软土地区桩侧摩阻力和端阻力较低的特点，经过多年研究和实践，开发出的技术先进、经济环保的专利新技术（专利权人：雷玉华，专利号：ZL03109768.5）。它是在高压旋喷水泥土体中插入预应力混凝土桩（或沉管桩、钢桩等）作为芯桩而形成的一种新型组合桩。通过高压旋喷水泥土桩和强度很高的芯桩的有效组合，使单桩承载力显著提高，而综合造价却明显降低。本技术适用地层广泛，是一种极具生命力和发展空间的新技术，经济效益和社会效益显著。

一、工法特点

1. 通过高压旋喷对桩周土进行加固，增大了桩侧摩阻力和端阻力，承载力显著提高，工程造价显著降低，节省工程投资。

2. 适用地层广泛，可应用于淤泥、粘土、粉土、砂土层等。

3. 可充分利用社会上的高压旋喷桩机和静力压桩机（或沉管桩机），提高了设备的利用率，实现了社会资源的有效配置。

4. 通过高压旋喷使粉土、粉砂层变软，解决预制桩（或沉管桩）难以穿过粉土、粉砂层的不足；对施工场地地表承载力要求也大大降低，可减轻桩机配重。

5. 可作帷幕止水支护桩，克服了深搅只能止水、支护深度不足的困难。

6. 芯桩可提前预制，采用静压、锤击工艺，施工速度快。

7. 组合桩芯桩外包裹有水泥土，提高了组合段芯桩的防腐能力。

8. 无泥浆外排污染，如采用静压芯桩工艺，无噪音、无震动，施工经济环保。

二、适用范围

1. 适用于淤泥、粘土、粉土、砂土层等地层，也可用于对桩端卵（砾）石层、砂卵（砾）石层或风化岩层进行注浆加固处理。

2. 可广泛应用于桩基设计施工中，尤其适合我国沿海软弱地基的施工。

3. 本工法主要是针对支承桩，对挡土桩仅供参考。

三、工艺原理

该桩型是在高压旋喷水泥土体中插入预应力混凝土桩（或沉管桩、钢桩等）作为芯桩而形成的一种新型组合桩。由高压旋喷水泥土桩与强度很高的芯桩两部分组成。首先用高压水泥浆通过钻杆由喷嘴中喷出，形成喷射流，边旋转边喷射，以此切割土体并与土拌合形成水泥土，在土体中形成大于芯桩直径的水泥土桩，然后插入一根（或数根）芯桩组合成桩。利用旋喷工艺加固桩周土、穿透硬土夹层或对桩端土进行加固，提高桩侧摩阻力和端阻力，芯桩具有足够的桩身截面强度，能满足承载要求，通过高压旋喷水泥土桩和芯桩的有效组合，使单桩承载力显著提高。本桩型组合承载力比芯桩承载力提高一倍以上，而综合造价却显著降低，因此本桩型具有工程造价低，桩体承载力高的显著特点。

四、构造与设计

1. 术语

（1）高喷插芯组合桩——由高压旋喷桩和同心芯桩组成的桩型。

（2）芯桩——高喷插芯组合桩的刚性芯体。

（3）组合段——高压旋喷桩内有芯桩的桩段。

（4）芯桩段——芯桩外无高压旋喷桩的桩段。

（5）固底段——芯桩桩端以下的高压旋喷桩段。

（6）全组合桩——全长为组合段的高喷插芯组合桩。

（7）下组合桩——桩下段为组合段的高喷插芯组合桩。

（8）固底组合桩——桩下段为固底段的高喷插芯组合桩。

（9）芯端组合桩——桩下段为芯桩段的高喷插芯组合桩。

2. 主要组合形式

高喷插芯组合桩主要组合形式见图 1。

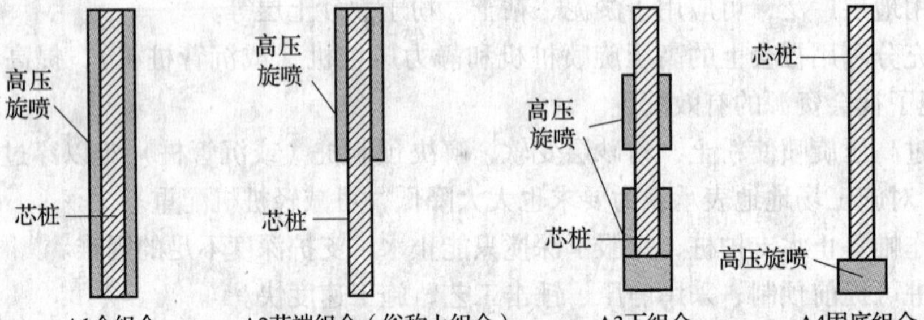

图 1　高喷插芯组合桩常见组合形式图

3. 选型与布置

（1）高喷插芯组合桩分类：

①按组合形式分为全组合桩和分段组合桩两种。

②分段组合桩按桩下端组合形式分为下组合桩、固底组合桩和芯端组合桩三种。

③按芯桩成桩工艺不同分为预制芯桩、灌注芯桩等。

④预制芯桩按芯桩几何形状不同可分为圆柱形（如预应力管桩）、方形（如混凝土预制方桩）等。

⑤灌注芯桩按成孔工艺不同分为沉管灌注芯桩、长螺旋钻孔灌注芯桩等。

（2）选型原则：

①高喷插芯组合桩的组合形式和芯桩选型应根据地质条件、上部结构对承载力和变形的

要求综合确定。

②高喷插芯组合桩的组合段宜设置在性质较好土层内。

③当桩长范围内存在硬土夹层时，宜在硬土夹层范围内设置组合段。

④当桩长范围内存在多层性质较好土层时，可分段设置组合段。

⑤当桩端土较软或不均匀时，宜采用固底组合桩。

（3）高喷插芯组合桩长度应根据地质条件、上部结构对承载力和变形的要求确定，桩端进入持力层深度应满足国家行业标准《建筑桩基技术规范》（JGJ 94）的规定。

（4）高喷插芯组合桩用作桩基或复合地基时，桩中心距不宜小于3.0d且不宜小于2.5D。高喷插芯组合桩用于复合地基时可只在基础范围内布置。

（5）基础（承台）边缘至边桩中心的距离不宜小于芯桩直径，且桩的外边缘至承台边缘的距离不小于150mm。对于条形承台梁，桩的外边缘至承台梁的外边缘不应小于75mm。

4. 构造

（1）高压旋喷桩与芯桩直径差值不宜大于芯桩直径的1.5倍，不小于芯桩长度的0.5%且不宜小于200mm。

（2）预制芯桩配筋应按上部结构竖向荷载、抗水平推力的要求和吊运条件确定。

（3）预制芯桩混凝土强度等级不应低于C25，全组合桩芯桩混凝土保护层厚度不应小于20mm，其余形式组合桩芯桩混凝土保护层厚度不应小于30mm。

（4）灌注芯桩强度等级不应低于C20；全组合桩灌注芯桩混凝土保护层厚度不应小于35mm，其余形式组合桩灌注芯桩混凝土保护层厚度不应小于50mm。

（5）水泥土抗压强度不宜低于0.8MPa。高喷插芯组合桩每个组合段长度不应小于2m；固底组合桩旋喷固底段长度宜为1～2m，长度超过2m时桩侧摩阻力按2m计算。

5. 计算

（1）单桩竖向承载力特征值和水平承载力特征值的确定应按现行国家标准《建筑地基基础设计规范》（GB 50007）的相关规定执行。

（2）高喷插芯组合桩复合地基承载力特征值可按下列方法之一确定：

①现场单桩或多桩复合地基荷载试验：试验要点和特征值确定应遵照现行国家行业标准《建筑地基处理技术规范》（JGJ 79）执行。当按相对变形值确定复合地基承载力特征值时，可取s/b或s/d等于0.006所对应的压力。

②用载荷试验确定单桩竖向承载力特征值同时考虑折减后的桩间土承载力，折减系数可取0.60～0.80。

（3）初步设计阶段，当无试验资料时，单桩竖向承载力特征值可根据桩的组合形式按式（1）和（2）估算

①芯端组合桩：

$$R_a = u_p^x \sum_{i=1}^{m} q_{sia}^c l_i^x + u_p^c \sum_{j=1}^{n} q_{sja}^c l_j^c + q_{pa}^c A_p^c \tag{1}$$

②其他组合桩：

$$R_a = u_p^x \sum_{i=1}^{m} q_{sia}^x l_i^x + u_p^c \sum_{j=1}^{n} q_{sja}^c l_j^c + q_{pa}^x A_p^x \tag{2}$$

式中 R_a——单桩竖向承载力特征值；

q_{sia}^{x}——第 i 组合段或旋喷固底段的桩侧阻力特征值（kPa），可按天津市工程建设标准《岩土工程技术规范》（DB 29）混凝土预制桩的桩侧阻力特征值乘以相应的调整系数 η_s，调整系数 η_s 按经验取值，无经验时 η_s 可取 1.3～1.6；

q_{pa}^{x}——组合端或固底端桩端阻力特征值（kPa），可按天津市工程建设标准《岩土工程技术规范》（DB 29）混凝土预制桩的桩端阻力特征值乘以相应的调整系数 η_p，调整系数 η_p 按经验取值，无经验时 η_p 可取 0.5～0.7；

q_{sja}^{c}——第 j 芯桩段的桩侧阻力特征值（kPa），可按相应芯桩型取值；

q_{pa}^{c}——芯桩桩端端阻力特征值（kPa），可按相应芯桩型取值；

u_p^x、u_p^c——高压旋喷桩周长（m）、芯桩周长（m）；

l_i^x，l_j^c——第 i 组合段（或固底段）长度（m）、第 j 芯桩段长度（m）；

A_p^c、A_p^x——芯桩桩端处截面面积（m^2）、高压旋喷桩端处截面面积（m^2）。

五、施工工艺流程及施工要点

1. 施工准备

（1）正式施工前施工单位应具备下列文件资料：

①岩土工程详细勘察资料；

②建筑物平面布置图及高程；

③高喷插芯组合桩桩位平面布置图及技术要求；

④试桩资料或工艺试验资料；

⑤施工组织设计。

（2）施工前应清除地上和地下障碍物并平整场地，平整后场地标高宜高于旋喷顶标高 0.5m 以上。

（3）桩位放线定位前应设置测量定位点和水准基点，并采取妥善措施加以保护。

（4）根据设计桩位图在施工现场布置桩位，桩位确定后应填写放线记录，经有关部门验线后方可施工。

（5）桩位点应设有不易破坏的明显标记，并应经常复核桩位位置以减少偏差、避免漏桩。

2. 施工工艺流程

芯桩如采用静压混凝土管桩芯桩，其施工可分为高压旋喷桩施工和芯桩施工两个阶段，施工顺序又分为下列两种方式。

（1）先高压旋喷施工，然后插入管桩芯桩，简称 AB 式，工艺流程见图 2，施工步骤如下：

①测量定位，高压旋喷桩钻机就位、对准桩位、调平。

②不喷浆钻孔至设计旋喷底端。

③边提升钻杆边高压旋喷注浆至设计旋喷上部标高、旋喷成桩，提出钻杆，做好标记，高压旋喷钻机移到下一桩位。

④静压桩机移机就位，芯桩对准旋喷桩中心，确认桩中心位置无误后，调整桩身的垂直度，压入芯桩至地面以下后，用送桩器将芯桩压至预定深度。

（2）先静压旋喷桩上部的管桩，然后在管桩孔内下入钻杆进行高压旋喷施工，最后插入剩余管桩芯桩，简称 BAB 式，工艺流程见图 3。施工步骤如下：

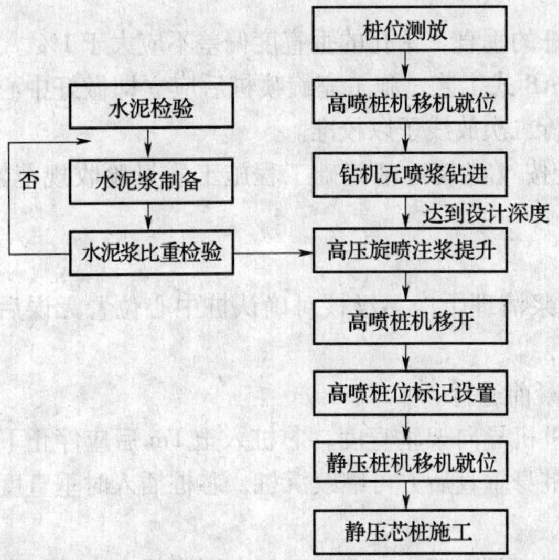

图2　AB式高喷插芯组合桩施工工艺流程图

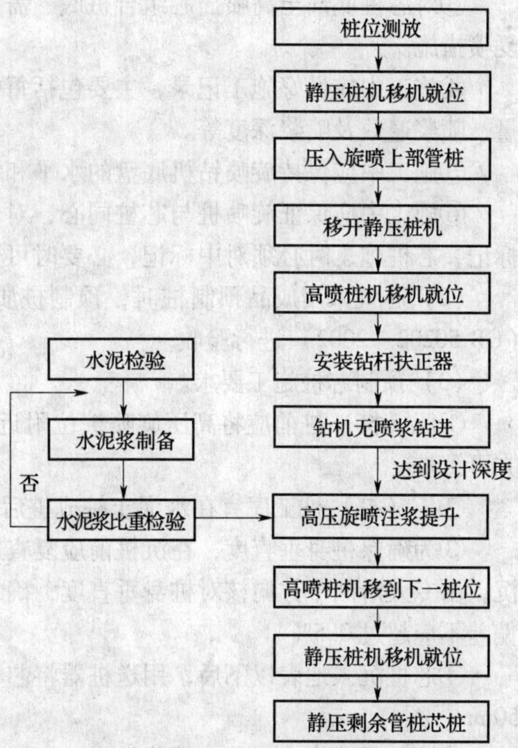

图3　BAB式高喷插芯组合桩施工工艺流程图

①测量定位，静力压桩机就位，吊桩、对准桩位，桩身对中调直，将上部管桩压到位，移开静压桩机。

②高压旋喷桩钻机就位、将钻杆对准管桩孔中心，下入钻杆，并在管桩孔内上下两端各安装一个扶正器，调平。从孔内钻孔至设计旋喷底端。

③边提升钻杆边高压旋喷注浆至设计旋喷上部标高、旋喷成桩，提出钻杆，高压旋喷钻机移到下一桩位。

④静压桩机移机就位，调整桩身的垂直度，压入剩余管桩，芯桩压入地面以下后，用送桩器将芯桩压至预定深度。

3. 施工要点

（1）高压旋喷桩施工。

高压旋喷桩施工及质量控制按《建筑地基处理技术规范》（JGJ 79）有关高压喷射注浆法的要求执行。根据高喷插芯组合桩特点尚应做好以下几点：

①严格按照试成桩或工艺试验确定的有关工艺标准进行施工；施工前应对有关设备参数如：高压注浆泵单位时间输送量（m^3/min）、高压泵压力（MPa）、旋喷钻机升降速度（m/min）、旋喷钻机转速（r/min）等重新进行标定，开工前应进行施工技术交底。

②宜采用提升喷浆，喷浆提升速度、遍数应和注浆泵单位时间输送量（m^3/min）相匹配，工作电流不应大于额定值，停浆面应高出桩顶设计标高300～500mm。

③对芯桩底部至高喷插芯组合桩底、需要局部扩大加固范围或提高强度的部位，应采取复喷措施。

④施工中应做好施工记录，主要包括每根桩注浆时间、水泥用量、水灰比、每延米喷浆量、喷浆遍数及喷浆深度等。

⑤施工中应保持旋喷钻机底盘的水平和钻杆的垂直，钻孔的垂直度偏差不应大于1%。

⑥施工中应保证旋喷桩与芯桩同心，对于AB式工艺，施工完旋喷桩后应立即做好中心标记，芯桩施工时必须对中标记，必要时可进行二次放线予以校准。

（2）芯桩采用成品预制桩时，预制桩质量按《建筑地基基础工程施工质量验收规范》（GB 50202—2002）进行验收。

（3）预制芯桩施工要求。

①压（打）桩前应将高压旋喷桩位附近泥浆清理干净，经核对确认桩中心位置无误后方可沉桩。

②压（打）桩工序宜在水泥土桩成桩后终凝前进行。

③为确保桩身垂直度，在沉桩前应复查压桩机导向架垂直度，芯桩入土1m后应停止下沉，由专人沿两个方向核对桩身垂直度，确认桩身垂直后方可继续沉桩，芯桩插入时垂直度偏差不应超过0.5%。

④芯桩沉入地表以下后，用送桩器将芯桩压至预定深度，芯桩顶标高不应低于设计标高50mm。

⑤沉桩后允许有少量水泥浆挤出，如遇大量水泥浆外溢时应考虑减小水灰比，否则应考虑水泥浆流失对高喷插芯组合桩承载力的影响。

⑥预制芯桩接桩时可采用焊接，应尽量减少焊接时间，并应保证接桩后桩身的垂直度。

（4）灌注芯桩施工。

①灌注芯桩施工要求及质量控制按国家行业标准《建筑桩基技术规范》（JGJ 94）的有关规定执行。

②采用沉管灌注芯桩时，沉管时间应通过成桩试验确定，拔管速度一般土层宜在1.2～1.5m/min、软弱土层拔管速度宜在0.6～0.8m/min，混凝土充盈系数应大于1.0。

③采用干作业成孔灌注芯桩时，应待桩身水泥土达到一定强度不致坍孔缩颈时方可进行。

六、材料

1．高压旋喷桩固化剂宜选用强度等级不低于32.5级的普通硅酸盐水泥或矿渣水泥，水泥掺量宜取被加固湿土重量的15%～40%，水泥浆水灰比应根据地基土和设备条件通过现场试验确定，一般可选用1.0～1.5，外掺剂可根据工程需要和地质条件选用具有早强、缓凝及节省水泥等性质的材料，成桩后桩顶部分水泥土芯样28天抗压强度不宜低于0.8MPa。

2．无可靠经验时，设计前宜进行拟处理土层的室内水泥土配比试验，选择合适的固化剂、外掺剂及其掺量，为设计施工提供相应龄期的水泥土强度及其工程特性参数。

3．预制芯桩的强度应满足上部结构荷载和抗水平推力的要求。

4．施工中购进芯桩质量应满足设计和《建筑地基基础工程施工质量验收规范》（GB 50202—2002）要求，现场预制芯桩混凝土强度等级不应低于C25，混凝土保护层厚度：全组合芯桩不应小于20mm，其余形式芯桩不应小于30mm；灌注芯桩强度不应低于C20，混凝土保护层厚度：全组合芯桩不应小于35mm，其余形式芯桩不应小于50mm。

七、机具设备

1．适用的机械设备

（1）高压旋喷钻机。代表机型XPL－20型，XPL－30型，XPL－50型，整机有履带式、步履式和轨道式。

钻杆：50钻杆。

（2）高压注浆泵。代表机型GZB－40，GZB－40A

（3）静压桩机。

代表机型：250t，320t，400t，500t，600t

压桩形式：抱压式，顶压式

夹桩箱配钳口　ϕ300、ϕ400、ϕ500、ϕ600、F350、F400、F450

（4）锤击桩机。

整机行走方式：步履式、走管式

打桩锤规格：D3.2t、D4.0t、D5.3t、D6.3t

（5）沉管桩机。

整机行走方式：步履式、走管式

规格型号：DZ60，DZ75，DZ90

桩管规格：ϕ377，ϕ426，ϕ480

2．测量仪器的配备

（1）测量仪器：

①J_2经纬仪。

②SD_3水准仪。

③50m钢卷尺。

（2）水泥浆测试仪器：

①比重计。

②磅秤。

③流量计。

3．施工机械选型

（1）旋喷机械。

根据设计深度、土层条件选择适合的机型，深度必须满足设计要求。

（2）高压注浆泵。

根据桩基设计直径、土层条件选择适合的高压注浆泵，注浆压力应达到25MPa以上。

（3）芯桩施工机械。

采用预制桩芯桩，其施工机械应根据芯桩设计直径、土层条件、周围施工环境、工期要求选择适合的静压桩机或锤击桩机，并配备好相应的钳口和配重。

采用沉管芯桩，其施工机械应根据芯桩设计直径、土层条件等要求选择适合的沉管桩机。

（4）水泥浆制备设备。

（5）沉管芯桩施工辅助设备。

①混凝土搅拌和灌注设备。

②钢筋骨架加工机械。

③钢筋笼吊放机械。

八、劳动力组织

1．高压旋喷施工

桩机操作工1人，加接、拆卸钻杆2人，高压注浆泵操作1人，水泥浆搅拌2人，辅助工人2~3人。

2．芯桩施工

（1）采用预制芯桩。

①采用静压桩机：操作工1人，起重司机1人，吊桩工1人，电焊工2人，拴管1人，观测2人。

②采用锤击桩机：桩机操作工1人，吊桩工1人，电焊工2人，吊桩工1人，观测2人。

（2）采用沉管芯桩。

桩机操作工1人，桩尖、桩管对位、灌注3人。

混凝土搅拌，搅拌机操作1人，上料4人，计量1人。

钢筋笼制作电焊工3人。

辅助工人8~10人。

（3）辅助工。

其他工种如电工、修理工、测量工酌情考虑。

以上劳动组织为一套组合设备一班施工人员，如两班制则乘以2。

九、应注意的安全事项及具体措施

1．贯彻“安全第一、预防为主”的安全工作方针，加强安全教育，严格执行安全生产制度和操作规程，做好安全交底。

2．健全安全管理组织，各级管理组织设立专职安全员和兼职安全员，对安全关键部位进行经常性检查。

3．应做好班前安全技术交底，提高安全意识。

4．加强机械维护、检修、保养，机电设备由专人操作。钻机的螺丝、销扣要经常检查，如有松动、损坏、不灵要及时修复或更换。

5．施工作业前检查桩机各部位连接是否牢固，液压系统的零件接头有无破损。

6．严格用电管理，施工现场的一切电源电路的安装和拆除，必须由持证电工操作，电器必须严格接地、接零和漏电保护器，场地电缆应架空，严禁拖地和埋压土中。

7．做好防雨、防雷和防洪措施工作，现场施工人员需戴安全帽。

8．严禁酒后操作机械和上岗工作。

9．起重机械作业时，须在合格的指挥人员指挥下进行，驾驶人员须服从指挥，吊臂下严禁站人。

十、质量要求

1. 本工法所采用的施工技术规范

（1）天津市工程建设标准《高喷插芯组合桩技术规程》（DB/T29－160－2006）。

（2）《建筑桩基技术规范》（JGJ 94—94）。

（3）《建筑地基基础工程施工质量验收规范》（GB 50202—2002）。

（4）《建筑地基处理技术规范》（JGJ 79—2002）。

2. 质量标准要求

（1）高压旋喷桩检查的重点是：常规检查或抽测水泥用量、桩长、钻机转数和升降速度、喷浆压力、喷浆时间、喷浆部位、停浆处理方法等。

钻孔位置　　　≤50mm；

钻孔垂直度　　≤1%；

孔　　深　　　±200mm；

（2）对重要工程或因土质复杂造成高压旋喷桩成桩质量可靠性较低的工程，可在压桩前或制作现浇芯桩前，用工程钻机取软芯，鉴别水泥掺量和旋喷均匀程度，必要时可根据设计要求制作试块测定水泥土方强度。检测数量根据具体情况由设计确定，但不宜少于3根。

（3）预制钢筋混凝土芯桩质量检查按照《建筑地基基础工程施工质量验收规范》（GB 50202—2002）有关规定执行，对于批量生产的预制钢筋混凝土芯桩尚应出具产品质量合格证。

（4）预制钢筋混凝土芯桩的沉桩质量检查主要包括：桩位、桩身垂直度、沉桩深度及桩顶标高、接桩质量等。

（5）现浇混凝土或钢桩芯桩质量检查，可根据其施工方法参照《建筑地基基础工程施工质量验收规范》（GB 50202—2002）和《建筑桩基技术规范》（JGJ 94—94）的有关规定执行。

（6）高喷插芯组合桩允许偏差和检验方法（见表1）。

表1　高喷插芯组合桩允许偏差和检验方法

项次	项　　目	允许偏差（mm）	检查方法
1	芯桩插入时垂直度（%）	0.5	吊线和尺量检查
2	单、双排布桩条形基础垂于条基轴线方向 单、双排布桩条形基础平行于条基轴线方向	100 150	拉线和尺量检查
	独立基础	$D/3$	
	片筏基础边桩 中间桩	$D/3$ $D/2$	
	芯桩与搅拌中心偏差	50	尺量检查
3	芯桩顶标高	±50	用水准仪检查

十一、应用实例

实例1：天津汇洋石油储运有限公司油库桩基工程。

2005年天津汇洋石油储运有限公司在天津港南疆码头投资兴建7.8万m^3油罐，根据岩土工程勘察报告，本工程场地地面下16~24m范围内存在不均匀粉土层，静压桩与沉管桩难以穿透，原设计采用钻孔灌注桩，桩径$\phi600$，桩长35m，设计单桩极限承载力2350kN。后改用高喷插芯组合桩，比原设计方案节省投资20%以上，而且施工速度快，无泥浆外排（而钻孔灌注桩泥浆外排量为5万m^3）。通过静载荷试验检测，单桩极限承载力达到2350kN，满足设计要求，经检测工程质量满足设计要求。

实例2：中石化天津乙烯炼化一体化南疆油库桩基工程。

2006年，中石化在天津港南疆码头投资建设天津乙烯炼化一体化南疆油库工程，本工程占地面积约10万m^2，共建6个10万m^3油罐，总容量60万m^3。油罐基础设计下组合高喷插芯组合桩，设计桩长29m，单桩极限承载力2800kN，总桩数5670根。经静载荷试验检测承载力达到设计要求。本工程原设计拟采用预制方桩，后通过试桩采用高喷插芯组合桩，比原设计方案节省投资20%，工程应用效果较好。

实例3：南开大学学生宿舍9号楼工程。

2006年，南开大学新建9号学生宿舍楼，总建筑面积28000m^2，层高15层。设计采用中部组合高喷插芯组合桩，设计桩长33m，单桩极限承载力2300kN。解决了普通预制桩难以穿透中部粉土夹层的难题，提高了单桩承载力。经静载试验检测承载力达到设计要求，节省投资25%，工程应用效果较好。

地铁车站单跨军用梁盖挖顺筑施工工法

YJGF 12—2004

中铁四局集团有限公司

周振强　仝学让　毛松如　伍　程　王圣涛

随着经济的迅猛发展，城市交通将面临更大的压力，城市地铁的建设将缓解这一压力。在人口密集、交通繁忙的闹市区修建地铁车站，其中面临的一个首要问题是，在不影响或不严重降低城市交通主干线的交通流量和安全的前提下，进行地下工程施工。

中铁四局集团在城市地铁车站施工中，组织科学技术攻关，经过不断总结和提高，形成了一套地铁车站采用单跨军用梁盖挖顺筑法施工的技术，成功地运用于深圳地铁科学馆站的建设中，取得了明显的社会效益和经济效益。该工程关键技术于2003年11月3日通过安徽省科技厅的鉴定。经总结，形成本工法。

一、工法特点

1. 利用车站围护墙（挖孔桩或钻孔桩组成的桩板墙或地下连续墙）作为支承，修建临时桥面系统，保障主干道的行车；并在其下进行土石方开挖和混凝土框架结构的浇注施工。

2. 采用军用梁构筑稳固的桥面系统，不降低主干道的车速；同时又作为深基坑的第一道钢支撑，下部空间较大，可利用机械开挖，提高工效，加快进度。

3. 明（盖）挖或暗挖修建车站的通道、出入口作为基坑土石方开挖和支撑、材料混凝土供应进出口，形成良好的物流通道。

4. 无需增加特殊设备，投资少，工艺可操作性强，经济合理，易推广。

二、适用范围

本工法适用于城市繁华交通主干道地段的地铁车站及类似大型地下工程。

三、工艺原理

盖挖顺筑法是在按交通分流设计确定的容许封闭的局部车道范围内，分次围护结构，和临时桥面系统施工；在临时路面系统的支护下，由上而下逐层开挖基坑内土石方和加设钢支撑，直至设计标高；再由下而上修筑车站主体结构，最后回填土方，拆除军用梁恢复正式道路。

四、工艺流程及操作要点

1. 工艺流程

盖挖顺筑法施工工艺流程见图1。

2. 工艺操作要点

（1）分两次封闭两道，施工两侧围护结构及冠梁。

①围护结构采用密排人工挖孔桩。

ϕ1200mm 密排人工挖孔桩，间距 1.2m，桩身相切，护壁咬合。桩身采用 C25 钢筋混凝土，并预埋钢筋接驳器，内衬结构形成复合墙。挖孔桩按跳三挖一，三个循环开挖：即每四个桩为一组，三个循环按Ⅰ→Ⅱ→Ⅲ顺序开挖。见图 2。

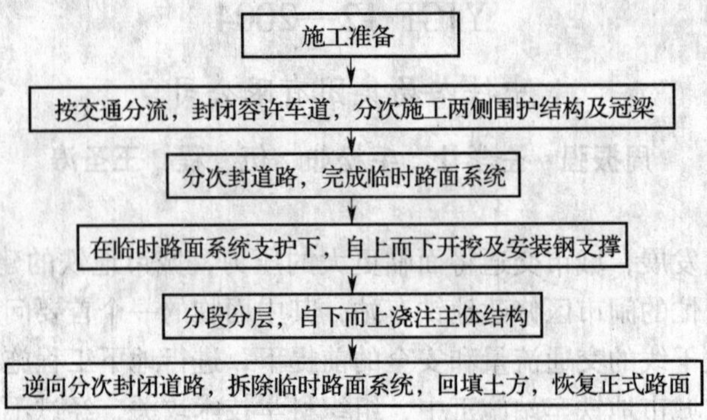

图 1　盖挖顺筑法施工工艺流程

图 2　挖孔桩跳挖示意图

②桩顶冠梁的施工。挖孔桩上设置桩顶冠梁，将排桩连接为整体。桩顶冠梁随挖孔桩进度分段施作，分段长度约 40m。

③地下管线的防护。

施工前核实地下管线资料，查明管线类型、规格、埋深；对基坑开挖中不能拆移的管线做出详细的管线悬吊方案，经管线业主单位或相关部门同意后实施管线悬吊和基坑开挖。

（2）临时路面系施工。

临时路面系由六四式加强型军用梁、纵向联结系及预制钢筋混凝土路面板组成。路面板间的缝隙用麻筋及沥青填塞密实。然后在其上铺设 1.0～3.0cm 沥青混凝土，不降低行车速度。

为保证七个车道行车，先施工一侧人工挖孔桩、桩顶冠梁及一侧风道、出入口的临时路面系统（见图 3）；然后，封闭另一侧两车道，施工另一侧人工挖孔桩、桩顶冠梁及另侧风道、出入口的临时路面系统（见图 4）；第三次围挡，占用两车道，开挖车站半幅土方，搭设临时支墩，拼装半跨军用梁和桥面混凝土板（见图 5）；第四次占用另侧两车道，开挖另半幅土方，拼装另侧军用梁，吊安桥面板，完成临时桥面系统，并施工两端相应的挖孔桩及冠梁（见图 6）。

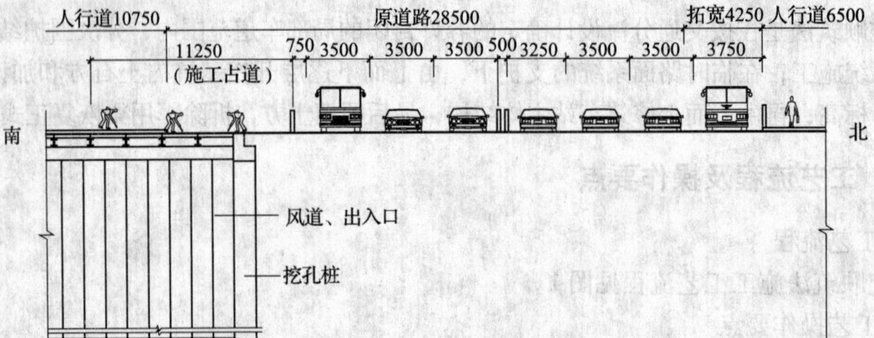

图 3　第一次围挡及交通疏解示意图

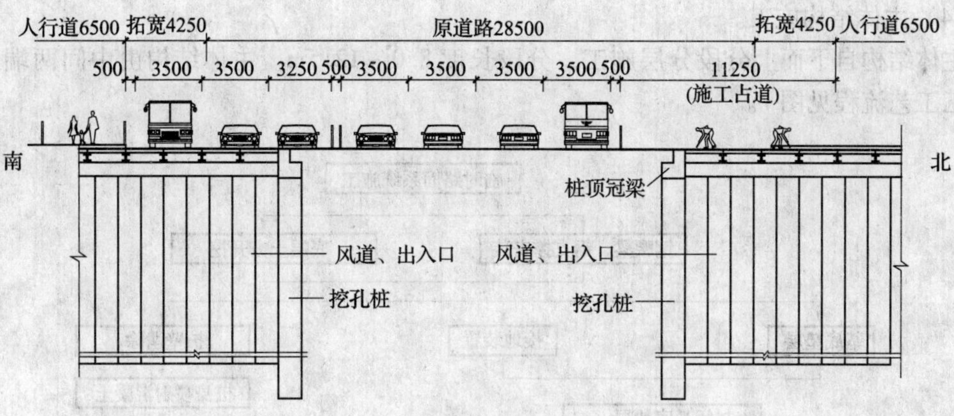

图4　第二次围挡及交通疏解示意图

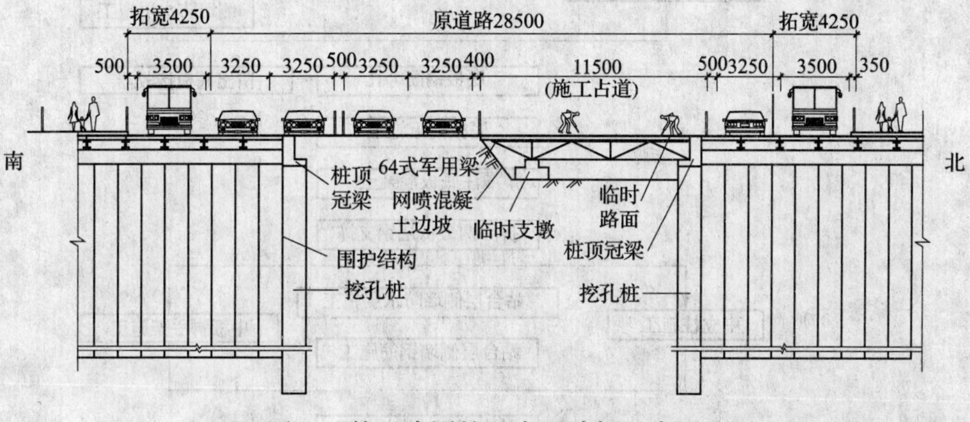

图5　第三次围挡及交通疏解示意图

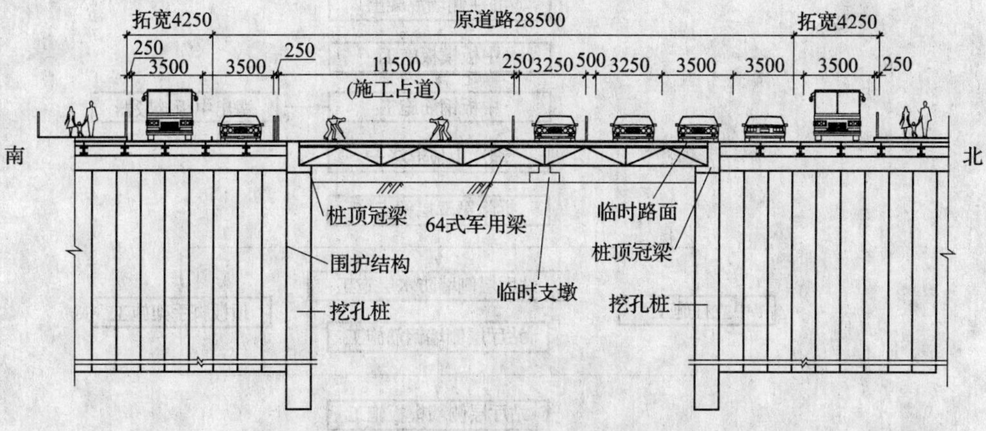

图6　第四次围挡及交通疏解示意图

（3）基坑开挖及支撑。

在临时路面覆盖下，分两层开挖土方，第一层土方开挖至中板标高，由两端向中间开挖，安装钢支撑，第二层开挖至设计标高，自车站中间向两端开挖，开挖完成地段，人工检底，进行接地装置和混凝土垫层施工。

（4）主体结构施工。

主体结构自下而上分段分层施工，分段长度 8.0～12.5m。主体结构由中间两端进行，其施工工艺流程见图 7。

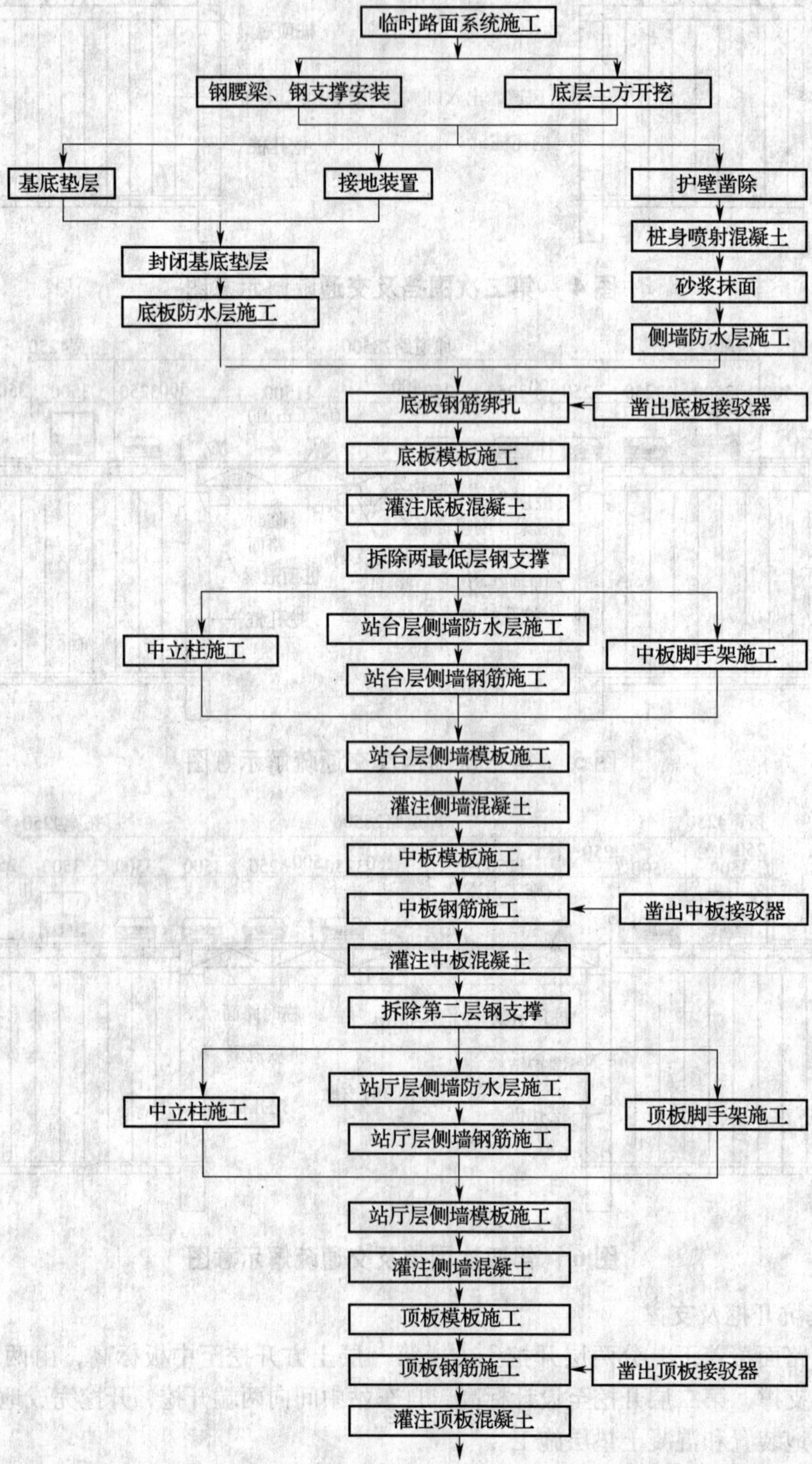

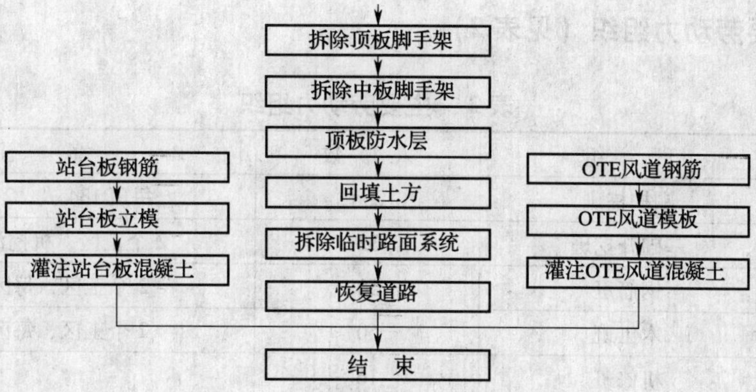

图7　主体结构施工工艺流程

（5）顶板防水层及临时支墩完成后，逆向次序分次占两车道，分两幅拆除临时路面系统的路面板和军用梁，填筑路基土石方，按设计完成地下管线回迁和恢复路面。

五、材料

主要施工材料为 R32.5 和 R42.5 普通硅酸盐水泥；级配良好、符合规范要求的粗、细集料；合格的 I 级和 II 级钢筋；合格的 Q235 钢材。

六、主要机具设备（见表1）

表1　主要机具设备

序号	机械名称	规格型号	单位	数量	备　注
1	挖掘机	HD-700	台	2	
2	挖掘机	PC200	台	2	
3	装载机	2L10B	台	2	
4	自卸汽车	15t	台	10	
5	载重汽车	EQ1116　6t	台	1	
6	汽车吊	QY16　16t	台	1	
7	移动式桁吊	10t	套	4	
8	混凝土输送泵	HBT60	台	1	
9	混凝土输送泵	HBT40	台	2	
10	混凝土喷射机	PC-5	台	2	
11	注浆机	KBY-50/70	台	1	
12	箱式变压器	NXB-10SQ-315	套	1	
13	箱式变压器	NXB-10SQ-200	套	1	
14	钢筋切断机	GJ-40	台	2	
15	钢筋弯曲机	WJ-40	台	2	
16	电焊机	BX-300 17kVA	台	6	
17	电焊机	BX-500 22kVA	台	4	

七、主要劳动力组织（见表2）

表2　主要劳动力组织

序号	班　组	人　数	备　注
1	围护桩班	268	每班134人，2班作业
2	基础开挖班	32	2个工区，机挖汽车运土
3	钢筋班	50	2个工区，每区40人
4	木工班	60	2个工区，每区30人
5	机修班	16	
6	防水施工班	20	
7	混凝土班	15	
8	其他	20	

八、安全措施

1. 对深基坑围护结构、围岩土、水压力及钢支撑轴力进行监测，达到报警值要及时报警和采取措施。

2. 建立军用梁临时桥面系统的监控量测，加强检查、养护维修，保障行车安全。

3. 利用吊车向前进方向安装军用梁及桥面板，尽量利用夜间进行，并注意相邻车道安全。

4. 带电机械必须接地，要有防雨设备，电动工具等要有触电保护器。

九、质量要求

1. 围护桩定位准确。为防侵限，宜向外移留适当误差。挖孔桩桩身咬合，相接留凹槽，安装橡胶止水带，提高防水效果。

2. 冠梁是军用梁的支承，顶面要求平整（最好埋支承钢板），标高准确。军用梁就位后与冠梁顶紧，形成支撑。特设的加强型钢纵向连结系，利于力的纵向传递。路面板要与军用梁螺栓拧紧，支承胶垫牢固。

3. 军用梁、路面板与军用梁的连结、钢支撑和围护桩在施工期间严格进行监控量测和检查，实行信息化技术施工。

4. 车站的双层框架钢筋混凝土结构采用通常的由下向上的传统浇注方法，遵循相关规模和规范进行。

十、环保措施

1. 建立环境保护管理体系，成立现场环境保护与文明管理机构，切实贯彻国家及地方环保法规。

2. 实行环保责任制，保持施工区域和生活区域的环境卫生，及时收集各种生活、生产垃圾，按要求进行处理，生活污水经处理纳入市政污水系统。

3. 施工噪声较大的工序，要选择合适的时间进行施工，并在工程中采用相适宜的隔音降噪措施，降低施工噪声对环境的影响。

4．施工场地及道路应硬化，并经常洒水保持清洁，工地出入口设置洗车槽，运输车辆要采取覆盖措施，确保市区环境不受污染。

十一、效益分析

1．盖挖法与浅埋暗挖法比较，经济效益显著。

浅埋暗挖法施工方案，虽然对地面交通无影响，但施工风险大，工程质量不易保证，工期长，投资大。盖挖顺筑法施工方案，虽然对地面交通有一定影响，但能保证七车道正常行车，且质量易保证、施工较安全，工程造价降低20%~30%。

2．采用军用梁桥面体系，利于施工，成本降低。

盖挖顺筑法的关键技术之一是修造一个稳固的临时路面系统。

与格构主柱、纵横梁组成的桥面系统比较，采用六四加强型军用梁作横梁，路面板直接安装在军用梁上，并作为基坑的第一道钢支撑，在深圳地铁科学馆站的成功应用，给地铁车站采用盖挖顺筑法施工创造了良好前景，并降低成本15%~20%。

十二、应用实例

深圳地铁科学馆站位于深南中路行车道下方，为10m岛式站台，双层双跨（局部三跨）钢筋混凝土框架结构，全长222.5m，围护结构采用密排$\phi1.2$m人工挖孔桩，桩身相切，护壁咬合。设有四个出入口和通风道。主体结构埋深（顶板顶面至地面距离）3.3~3.8m，车站总建筑面积11305.6m^2。

工程于2001年7月17日开工，2003年1月18日封顶，完成主体结构。

该方法在深圳地铁科学馆站应用的结果表明：该工法安全可靠，采用军用梁作临时路面系统的钢横梁和基坑开挖的第一道钢支撑，简化了工序，为主体施工提供较大的空间，缩短了工期，经济实用，对城市交通干道的干扰较小，取得了很好的社会经济效益。

浅埋暗挖地下框架结构多导洞施工工法

YJGF 13—2004

中铁十六局集团有限公司

马振江　胡方田

随着国民经济的飞速发展，各种地下基础设施的建设越来越多，而这些设施往往建在人口密集，交通拥挤、各种管线较多地段，为不影响正常学习、生活及交通等，许多较大地下设施采用浅埋暗挖法施工，而浅埋暗挖多导洞施工法是解决埋深较浅、跨度较大结构的一种有效途径。

北京城市铁路东直门车站地下方厅是目前国内最大的平顶方厅结构，它施工难度大、技术复杂、工艺新、质量标准高，集高、难、新于一体，具有较高的科研价值，将整体结构分解成 11 个导洞分快施工，最后形成整体，保证了工期和质量，取得了明显社会效益和经济效益，在此基础上总结形成该工法。为以后大断面地下结构的施工提供很好的经验与参考价值。本项目开发的“浅埋暗挖大断面地下方厅多导洞施工技术”成果分别获 2002 年度集团公司科技进步二等奖、2003 年度中铁建总公司科技进步二等奖、2004 年度北京市科技进步二等奖。

一、工法特点

1. 将地下大跨度平顶方厅矩形框架结构化大为小，分解成多导洞分快施工，最后形成整体。

2. 有效克服地质条件恶劣、结构围岩土体松散自稳能力差和易坍塌的难题。

3. 地下施工静悄悄、地上交通车水马龙，不影响地上正常学习、生活及交通现状。

4. 施工工序复杂，转换频繁，必须合理安排各工序，做好受力转换，确保结构的受力平衡。

5. 二次衬砌采用分段跳格法施工，施工缝较多，处理好施工缝部位的防水，保证混凝土的防水效果是关键。

二、适用范围

本工法适用于围岩土体松散、自稳能力差的框架结构多导洞分快施工，最后形成结构整体的地下工程。

三、工艺原理

浅埋软弱地层暗挖大断面平顶框架结构，按照新奥法“管超前，严注浆、强支护、短进尺、早成环、环套环、勤量测”的原则，将大洞室分为若干个小导洞，采用分块开挖，缩短封闭时间，利用洞室中隔墙有效控制地层沉降，保证施工安全；采用地层超前小导管注浆技术，有效克服地质条件恶劣、结构围岩土体松散、自稳能力差和易坍塌的技术难题。

四、施工工艺

1. 工艺方法及施工顺序

按照新奥法“管超前、严注浆、强支护、短进尺、早成环、环套环、勤量测”的原则，将地下大跨度平顶方厅矩形框架结构分为若干个导洞，按台阶法开挖，利用中隔墙有效控制地层沉降，保证施工安全。地下方厅的土方和进料运输任务主要由施工竖井和4#风道承担地下方厅的出土进料任务。根据地下方厅框架结构的结构特点，将地下方厅分为11个导洞（见图1），每个导洞按上中下台阶顺序进行开挖，3#、4#导洞跳格开挖。换乘通道中洞在距开口4.8m时逐步挑高进入3#～5#导洞施工，2#导洞开口部位的临时梁柱完成后，开口施工2#横通道，2#横通道施工完成后，施工相应部位的临时梁柱进入3#、4#11个导洞的施工。施工顺序为：先施工3#导洞，后施工4#导洞。其中3#－6#导洞从4#风道开辟工作面，3#导洞初期支护完成后即施工相应部位的二衬梁柱，每段施工长度为6m，二衬梁柱完成后分段跳格施工其余部位的二次衬砌，最后形成方厅框架结构主体。

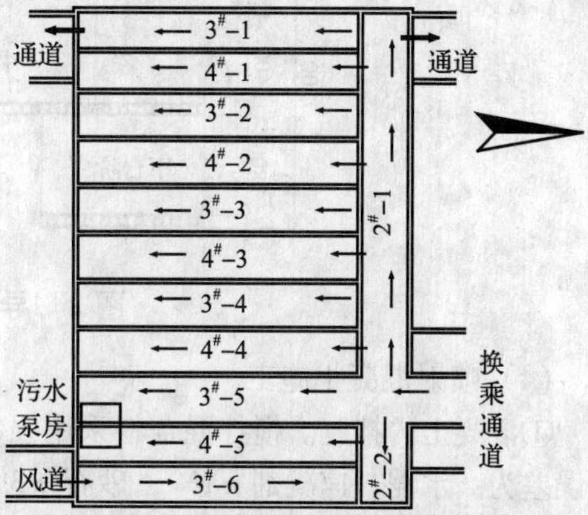

图1　地下方厅施工顺序图

方厅工艺流程按土方开挖→小导管超前注浆加固地层→格栅架设→喷射混凝土施工→防水层施工→二次衬砌施工→监控量测的顺序进行施工。

2. 施工要点

（1）土方开挖。

开挖采用上中下台阶顺序施工，台阶长度控制在3～5m，开挖步长0.5m，人工使用风镐开挖，手推车运输。

由于地下方厅围岩土体松散，稳定性差，因此，将导洞由原设计的两步开挖改为三步开挖，即由上、下台阶改为上、中、下三个台阶，中层板临时支撑设在中台阶（见图2），台阶长度控制在3～5m；同时为了防止顶部、边墙和掌子面坍塌及地表沉降，在顶部和边墙打设超前注浆小导管，形成超前管棚，小导管采用$\phi42$注浆花管，长3.0m，前后搭接不少于1.0m，间距300mm，每一循环步都要对工作面施作$\phi6@150\times150$钢筋网喷80mm厚混凝土；在上中台阶拱脚打设锁脚锚杆，每榀格栅每侧各打设一根，采用$\phi42$钢筋，长度为3.0m；在掌子面打设注浆小导管，用以预先加固土体，采用$\phi42$钢管，长度为3.0m，间距600×600，纵向不搭接。土层加固均采用水泥水玻璃双液浆，配合比根据现场试验修正，一般注浆压力初浆为0.3MPa，终浆为0.6MPa。

（2）小导管超前注浆加固地层。

采用小导管超前支护预加固地层技术，通过注浆固结土体，使小导管周围土体固结成一拱形承载壳，在小导管及承载壳的棚架作用下开挖下部土体既安全又稳妥，有效地控制拱顶及边墙的坍塌。

（3）格栅架设。

隧道洞室开挖成形后，为防止开挖面暴露时间过长，引起坍塌，应立即进行格栅挂网喷射混凝土施工。格栅为矩形断面，由4根$\phi28$（或$\phi25$）主筋组成，辅筋采用$\phi12$螺纹钢，格栅间距@500，内外两侧布设$\phi16$@1000纵向连接筋。格栅内、外两侧布设$\phi6$@150×150钢筋网片，且钢筋网片间预留搭接量，以增强喷射混凝土的整体性。

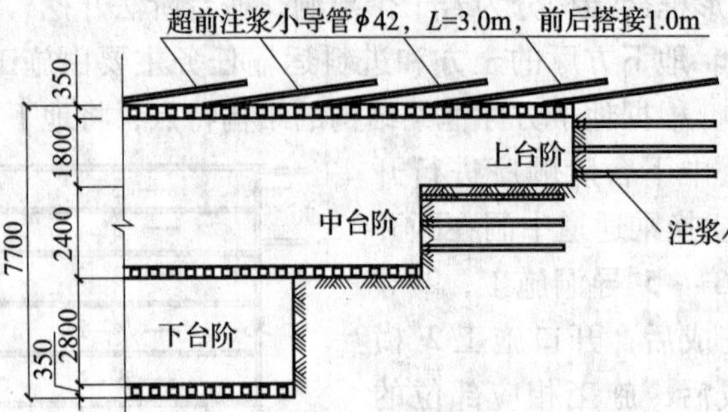

图2　导洞开挖纵断面图

（4）喷射混凝土施工。

①混凝土的拌制。搅拌混合料采用强制式搅拌机，搅拌时间不小于2min。原材料的称量误差为：水泥、速凝剂±1%，砂石±3%；拌和好的混合料运输时间不得超过2h；混合料应随拌随用，剩余的混合料不得再次使用。

②混凝土喷射。喷射混凝土采用潮喷工艺，喷射设备采用众鑫牌喷射机，型号PZ－5B（5～5.5m^3/h），人工掌握喷头直接喷射混凝土。操作顺序：喷射时，先注水，后送风，然后进料。

上料：喷射机要连续上料，保持机筒内料满，并在料斗口设一活动1500mm孔筛网，避免超大骨料进入机内。

喷射混凝土作业应分段分片进行。喷射作业自下而上进行，先喷格栅钢架与拱壁间隙部分，后喷相邻两钢格栅之间的部分。喷射混凝土分层进行，一次喷射厚度根据喷射部位和设计厚度而定，拱部宜为5～6cm，边墙为7～10cm，后喷一层应在先喷一层凝固后进行，若终凝后或间隔1h后喷射，受喷面应用风水冲洗干净。喷射混凝土喷头垂直于受喷面，喷头距受喷面距离以0.6～1.2m为宜。

③养护。喷射混凝土2h后开始洒水养护，养护时间不少于14d，保证喷混凝土达到足够的强度。

（5）防水层施工。

①铺设PE泡沫缓冲层。

用垫圈将PE板固定在初衬基面上，PE板间搭接宽度不小于50mm，搭接缝用热焊机焊接。一般顶部、侧墙间距为0.5m，底板间距为1.0～1.5m，呈梅花形布置。

②ECB防水卷材的铺设。

用热焊机将ECB防水卷材焊接在$\phi100$的PE塑料垫圈上，连接方式采用搭接，搭接长度为100mm，用热焊机焊接，要求热焊牢固、无漏缝。

ECB防水卷材铺设与PE泡沫缓冲层的铺设顺序一致，即先侧边墙后底板，两侧墙角处各留有500mm搭接预留量。避免侧墙与底板连接处防水层有焊缝，用热焊机将ECB防水卷材焊在 PE 塑料圆垫片上，位置要对准，避免用力过大，以免破坏防水板。焊强 ECB 防水卷材接缝时，焊机的温度和速度必须根据当时的通道条件，且实验充气合格后确定。卷材用热焊机自动焊接时，用空气加压至 0.1MPa 保持 1～2min 不漏气为合格。

③特殊部位防水层施工。

在本工程施工过程中，为确保马头门开口处的防水质量，采用铺设双层 ECB 卷材和 PE 泡沫衬垫，并用 1.5mm 厚铁皮予以保护，以防止初支破除时损坏防水层。阳角部位铺防水层时，先用防水砂浆抹成圆角，以防防水板铺设时吊空，阴角部位的初支修整成圆弧状或削除尖角圆顺过渡，以防尖角刺破防水板。

④施工缝和变形缝的防水施工。

在施工缝中部设遇水膨胀橡胶条，遇水膨胀橡胶条安装时，先用高压风吹干净基面，用氯胶式湿固性环氧树脂均匀地涂刷在槽口基面上，风干后立即粘贴橡胶止水条。施工缝处混凝土浇筑时，要加强振捣施工缝处的混凝土，但不得直接振捣橡胶止水条。

地下方厅与换乘通道、4#风道、南北联络通道连接部位各设一道变形缝，采用橡胶止水带，在混凝土结构变形缝处，沿结构厚度的中心线将止水带的两翼分别埋入结构中，圆环中心对准变形缝中点。

在顶底板水平安装时使止水带形成盆式，以避免止水带下的气体在混凝土浇捣时无法逸出，形成空隙。止水带设置时不可翻转，扭曲，如发现破损立即进行更换。在混凝土浇筑前应避免止水带被污物和水泥砂浆污损，表面有杂质须清理干净，以免混凝土与其咬合不紧密造成渗水通道。接触止水带的混凝土不应出现粗集料集中和漏振现象。橡胶止水带应就位准确，安装牢固，以细铁丝悬吊在钢筋上固定位置，模板的端板应做成厢形。在浇注一侧混凝土时保护橡胶止水带的另一侧翼不受到破坏，止水带的端头离周围钢筋的距离不小于 20mm，纵向固定间距不大于 250mm。

（6）二次衬砌施工。

混凝土采用商品混凝土，运输采用混凝土运输车。二衬钢筋施工采用地面下料加工半成品，地下现场绑扎，主筋连接采用冷挤压连接，原理是：将两根带肋钢筋插入钢套筒，用专用的挤压设备向钢套筒径向加压，使之产生塑性变形，依靠变形后的钢套筒与被连接钢筋横肋紧密咬合，将两根钢筋牢固连接在一起。

先施工地下方厅 3#－5 底梁、柱，再施工顶梁；先施工地下方厅 3#－4 底梁、柱，再施工顶梁；6m 跳格施做 3#－5，3#－4 中间顶板；依次循环施作其他梁柱、并将梁柱间顶板连为一体；柱 B1－柱 B4、柱 E1－柱 E4 之间顶梁、顶板混凝土浇筑完毕，施作墙、底板混凝土，开辟运输通道后施作 3#－1、3#－2 间、2#导洞二衬混凝土（见图 3）。

二衬混凝土施工采用分段跳格法施工，每段长度 6m 左右。底板和边墙混凝土采用分层浇筑，按照浇筑时形成的自然斜面逐层循序推进，一次到顶。混凝土采用插入式振捣棒对混凝土进行振捣，必须保证有足够数量的振捣棒备用。

顶板混凝土的灌注采用加强封堵板泵送挤压混凝土施工工艺，选择具有足够强度的顶板模板施工支撑体系，保证在一定压力下模板支撑拱架不至于失稳。设计具有能承受一定挤压的挡头模板，利用结构纵向钢筋作为拉杆加固挡头板，钢筋与模板体连接采用倒楔形螺杆锚固结构。

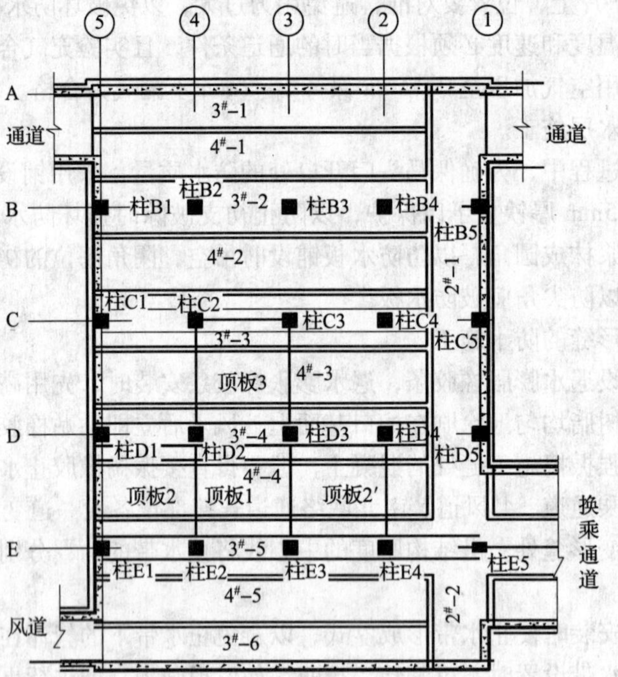

图3　二衬施工示意图

在拱顶最高位置贴近初期支护表面处布设二次衬砌混凝土后补偿注浆管，一则通过浇灌检查混凝土灌满程度，同时待混凝土达到一定强度后注浆，以补偿混凝土因收缩或未灌满而造成的顶板空隙。

（7）监控量测。

①监测项目。监测项目主要有净空水平收敛量测、拱顶下沉量及底板隆起、衬砌及钢筋应力量测、压力量测、地表沉降、洞内观测。

②监测点布置（见图4、图5）。

③监测方法。由于地下方厅地面为东直门交通枢纽，监控量测非常重要，针对混凝土路面强度大，即使拱顶沉降大，但也不一定反映到混凝土路面的特点，我们采取钻孔设置沉降钢筋的方法予以解决。

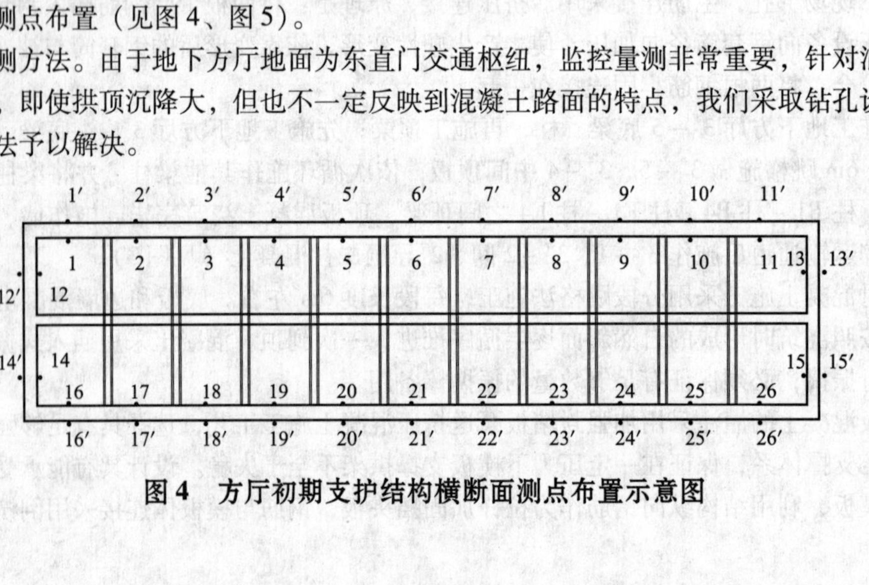

图4　方厅初期支护结构横断面测点布置示意图

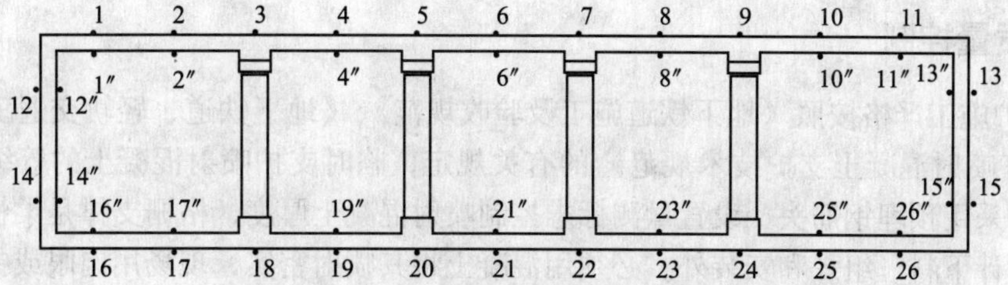

图5　方厅二次衬砌结构横断面测点布置

五、劳动力组织（见表1）

表1　劳动力组织表

序号	作业工班	工作内容	人数		
			技术人员	技工	普工
1	技术组	综合技术管理	4		
2	开挖工班	工作面开挖、出碴	1	20	25
3	支护工班	打小导管、注浆、喷射混凝土	2	12	10
4	钢筋工班	钢筋加工	1	8	12
5	测量工班	施工放线、量测监控	1	3	
6	试验工班	材料式件检验	1	2	
7	其他	开空压机、通风机、供电、水等	1	3	6
	合计		11	48	53

六、机具设备（见表2）

表2　机具设备表

序号	机具名称	规格型号	单位	数量	用　途
1	混凝土搅拌机	JW350	台	2	拌制喷射混凝土
2	空气压缩机	$20m^3/min$	台	2	供风
3	风镐	G10	台	10	破除中隔壁
4	混凝土喷射机	TK961	台	4	喷射混凝土
5	注浆泵	BW－250	台	2	注浆
6	混凝土输送泵	HBT60	台	1	灌注混凝土
7	电葫芦	10t	台	2	垂直提升
8	钢筋调直机	GF4－14	台	2	加工钢筋
9	钢筋弯曲机	GW40－1	台	2	加工钢筋
10	钢筋切断机	GJ5－40	台	2	加工钢筋
11	电焊机	AG－300	台	6	焊接钢筋
12	装载机	ZL40	台	1	装碴
13	自卸汽车	17.5t	辆	2	运碴
14	变压器	400kW	台	1	供电
15	轴流风机	28kW	台	2	通风

七、质量控制

1．支护施工严格按照《地下铁道施工及验收规范》、《地下铁道、轻轨交通工程测量规范》、《锚杆喷射混凝土支护技术规范》的有关规定，临时支护喷射混凝土的等级不应低于设计要求，采用预埋钢筋头、设置量测标志控制喷射混凝土厚度，格栅支撑是柔性结构，除了严格按设计下料、组焊和安装外，必须用混凝土将其喷射密实，现场用肉眼或锤击办法进行检查，发现空鼓不实之处，应凿开补喷。

2．灌筑混凝土执行《地下铁道施工及验收规范》、《混凝土结构工程施工质量验收规范》、《砌体工程施工质量验收规范》的有关规定，认真控制配合比，严格控制钢拱架模板加工质量，保证衬砌混凝土强度和观感质量。

3．监控量测。现场进行地质和支护状况观察、周边位移量测、拱顶下沉量测，地表下沉量测等项目，及时掌握围岩和支护动态，判断支护的可靠性，以保证施工安全和围岩稳定。

八、安全措施

除遵照有关规范、标准进行施工外，还应采取以下措施：

1．进行全员安全教育，针对工程特点、参照有关安全规则制订、落实安全规章制度。

2．开挖的各分步在完成规定的进尺后，必须立即架设格栅喷射混凝土，以减少围岩的变形。

3．各分步开挖必须在临近作业面的初期支护有一定强度后实施，开挖台阶长度应以能尽快使初期支护闭合而不造成两部施工干扰为原则。

4．加强对围岩和支护的动态监测，进行信息化管理，根据量测数据，分析、判断围岩和支护的稳定状态，并采取正确的态度，科学组织施工，确保安全。

九、环境保护措施

施工过程中对周围建筑物（包括国家文物）的保护及对工程弃碴、污水排放、机械噪音控制和生活垃圾处理，均应按照国家环保部门的环保要求执行，各项控制指标均不超过规定的允许值。主要采取如下措施：

1．环境保护教育。认真学习国家和地方环境保护的各项法律、法规和标准，在开工前对全体职工进行宣传、教育增强全员环保意识。

2．施工现场环境美化。工地应落实门前三包环境责任制，不在工地门前围栏外侧公用场地堆放材料、垃圾等。对门前屋后凡可进行绿化的地点均临时种植花草树木。

3．保护公共设施及文物。施工中有责任确保城市公共设施的安全。在土方开挖过程中，如发现有文物迹象，应局部或全部停工，采取有效的保护措施。

4．粉尘控制。做到施工场地硬化，要定期向地面的洒水，减少灰尘对周围环境的污染。禁止在施工现场焚烧有毒、有害和有恶臭气味的物质。装卸有粉尘的材料时，应洒水湿润或在仓库内进行。拆除临时设施时，及时洒水处理，降低扬尘污染。

5．噪音控制。在距居民区较近的施工现场，对主要噪音源如空压机、铲车等采用有效的吸音、隔音材料施做封闭隔声屏蔽，使其对居民的干扰降至规定标准；在机械设备采购时，尽量采用低噪音设备。夜间施工领取“夜间施工许可证”，并采取有效措施减少噪声扰民；同时，在夜间施工时，严禁大声喧哗，装卸物料及码放时轻拿轻放。夜间施工光源如铲车、汽车灯光及施工照明灯不直接对居民房，并采取有效措施避免直接照射。

6. 预防水污染的措施。工程开工前，根据现场市政排水设施布设情况和施工现场临建情况将排水设计方案上报市政排水主管部门同意，并向市政排水主管部门申领施工临时排水许可证。工地排水实行雨水、污水分流制度，且所有排放的污水，应符合国家标准《污水排入城市下水道水质标准》和《污水综合排放标准》的规定。

十、技术经济分析

1. 本工法技术可靠，分步跳格开挖减少对围岩的扰动，充分发挥围岩自稳能力，施工安全稳妥，在北京城市铁路东直门车站地下方厅工程施工中，未发生坍塌、人员伤亡事故。

2. 通过优化施工程序、结构和临时支护刚度，能有效控制围岩变形和地表沉降，从而保证地面建筑物和地下管线的安全。

3. 通过超前注浆支护和跳格开挖，使初期支护成型好，减少超欠挖。

4. 地下方厅的顺利施工，未对市民的工作生活造成任何影响，为以后同类工程的施工提供了参考、积累了经验，用数据证明了施工工艺的可行性及科学性，是我公司施工水平的重要体现。

5. 地下方厅理想的防水效果，使防水维护问题一劳永逸地得到解决，节约了维护费用。该成果应用于生产后，使原来滞后一个月工期能够按时完成，节约了成本，降低了造价35万元。

十一、工程实例

北京城市铁路东直门车站地下方厅位于东直门立交桥下、城铁东直门车站的南端，北侧通过换乘通道南段与车站相连，西侧通过南北两条连接通道与环线地铁相连，南侧通过风道连接到风亭。地下方厅南北长24m，东西长35m，矩形框架结构，顶板覆土厚约11m左右，为目前国内最大的地下方厅工程，结构断面大，受力转换复杂，地质条件较差，且地面为交通枢纽，地下管道众多。为了保证地面建筑物和地下管线的安全，设计要求地表沉降控制在30mm以内。

2001年12月开始，2002年6月20日正洞初期支护全部完成，开挖过程中地表最大沉降为18mm，二衬结束时地表累计沉浆为26mm，支护结构稳定。监测数据和施工效果表明，地层应力释放和重分布均匀平缓，支护体系内力转换过度平稳，有效地控制了地层沉降，确保施工安全。

穿越城市主干道浅埋暗挖平顶直墙矩形双跨结构施工技术及应用施工工法

YJGF 14—2004

北京建工路桥工程建设有限责任公司

侯　剑　韩东林　徐　军　齐西通　赵铁山

北京地铁5号线为南北向线路，在里程K16+694.50~K16+793.00处与现况城市主干道北四环路正交。地铁线路在路南为地下结构，向北穿过北四环路后立即以24‰的坡度穿出地面改为地上高架桥结构。为避免坡度过大，下穿北四环路的地铁区间结构覆土只有5~6m。

北四环路是北京市重要的城市主干道，是北京市交通的大动脉。为保证地铁区间结构施工期间，北四环路能够一如既往的正常通行，地铁区间结构采用浅埋暗挖法由地下“静静地”穿过北四环路。

然而北四环路南北侧辅路处有13条之多的地下管线，大多为主要干线。如直径1400mm的雨水、直径600mm的污水等，还有其他电信、电力、上水等多条重要管线。其中，深度最大的一条污水管线，管底距地面约4m，距离地铁结构顶约1m。

因此，地铁区间结构顶部无法起拱，只能采用平顶直墙的断面结构型式穿过城市主干道。并且，施工时需控制其不均匀沉降，要求地表沉降累计最大不超过30mm，地表沉降警戒值为21mm。穿越城市主干道浅埋暗挖平顶直墙矩形双跨结构施工技术及应用工法就是在这种特殊情况下的成功应用。

平顶直墙段（K16+694.50~K16+793.00）暗挖区间，隧道全长98.5m，分为两部分：标准段80.5m和人防段18m。结构型式均为平顶直墙双跨矩形结构，断面形式详见下页图1（以标准段为例）。隧道施工采用复合衬砌结构型式，CRD法开挖。标准段开挖断面为10.5（10.55）m×6.74（6.79）m，人防段开挖断面为13.2m×8.28m。初期支护厚350mm，CRD法分步开挖时中隔壁厚250mm，中隔板厚150mm。二衬底板厚600mm，边墙厚500mm，顶板厚550mm，中隔墙厚400mm。平顶直墙结构如图1所示。

一、工法特点

1. 采用大管棚进行超前支护，在大管棚的间隙中，施作小导管支护。采用大管棚结合小导管注浆超前支护加固地层，与初期支护形成棚架结构体系，共同承受管棚上部荷载。

2. 开挖之前先对顶部范围进行超前小导管注浆加固地层，浆液采用水泥水玻璃浆液。根据不同土质情况在浆材选择上准备了多种方案。遇到粉土层时，采用水泥浆液；遇到无水的粉细砂层时，可考虑使用改性水玻璃浆；遇到被水浸泡的粉细砂层时，在平顶部位考虑使用一部分超细水泥、水玻璃浆液，总的原则是浆液要满足固定地层，防止塌方的需要。

3. 针对暗挖平顶直墙跨度较大，该技术开挖支护的指导思想为“化大跨为小跨”，开挖步骤来源于“CRD法”，并做了一些创新。将大跨度的平顶直墙划分成了左、中、右三个洞，然后在每个洞内增加临时横隔板，以满足各洞支护实现“快封闭”的要求。

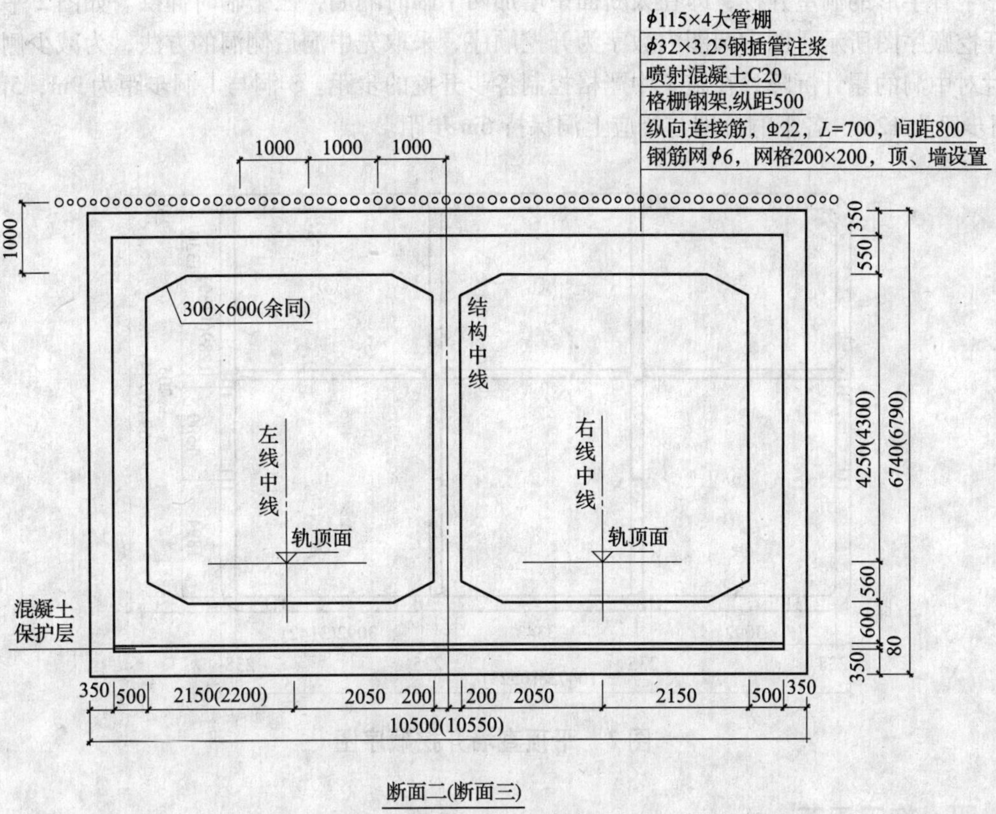

图 1　平顶直墙结构横断面

4. 采用多种防水新材料新工艺，包括 PVC 塑料防水板、背贴式止水带、中埋式钢边橡胶止水带以及水膨胀嵌缝胶及注浆管系统等，各种防水材料的连接也是技术关键，满足地铁工程在日后使用中的防水要求。

二、适用范围

适用于采用浅埋暗挖法施工的横向大跨度平顶直墙结构，特别是位于覆土较浅、土质较差、对地面沉降控制要求高的隧道段。

三、工艺原理

浅埋暗挖法是利用开挖土体具有的一定自立性和稳定性，以加固、处理软弱地层为前提，采用足够刚性的复合衬砌为基本支护结构的一种用于软土地层近地表隧道的暗挖施工方法。

对于断面跨度超过 7m 以上的隧道，一般高度也很大，特别是对于平顶直墙断面结构，则需要采用交叉中隔墙法（CRD 法）进行施工。其主导思想是：将大断面隧道分割成小断面隧道，每个小隧道的初期支护都是封闭成环，保持稳定；按一定顺序开挖支护好的小断面隧道最终通过拆除临时支撑形成大断面隧道。

本段区间跨度已经达到 10.5～13.2m，所以在通常的 CRD 工法基础上进一步推广，采用三个日字形的洞室开挖，即在大断面中增加两个临时隔墙，三个临时仰拱。如图2平顶直墙开挖顺序图所示。图中圆圈内数字为开挖顺序，采取先中洞后侧洞的方法，为减少侧洞开挖时对中洞的累计沉降，在施工中严格控制各步开挖的步距。3洞与1洞步距为9m，5洞与1洞步距为12m，各下洞分别与相应上洞保持6m步距。

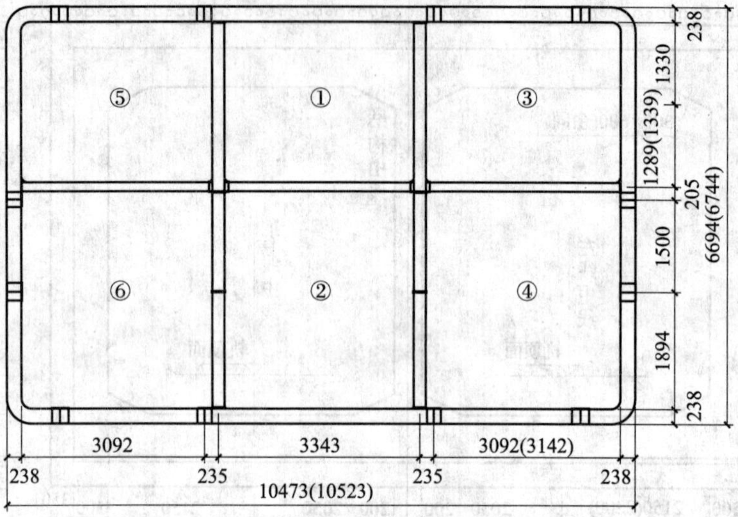

图2 平顶直墙开挖顺序图

四、施工工艺

1. 过四环路段区间隧道开挖及初期支护施工

(1) 大管棚施工技术。

大管棚是保证施工过程中地层的安全稳定、控制施工引起的地表沉降的重要措施。在过主要路段时，拱顶的超前支护形式为：大管棚+小导管支护，钢管内填充细石混凝土或水泥砂浆及水泥浆，为防止管棚间及管棚下土体的塌落，造成大面积超挖，在大管棚的间隙中，施作小导管支护。为此采取大管棚结合小导管注浆超前支护加固地层，并与初期支护形成棚架结构体系，共同承受管棚上部荷载。大管棚采用管径ϕ115mm，壁厚4mm的无缝钢管，单根长21m，环向间距每米3根，纵向搭接长度3m，隧道全长分五循环施作。管内注浆为C15细石混凝土，压力0.2~0.6MPa。第一循环大管棚采用在马头门上部全断面施工，以后各循环按开挖顺序在各洞断面上分别施作。

①大管棚施工工艺流程（见图3）。

②大管棚施工质量控制及措施：

a. 严格按照技术交底施工。

b. 大管棚管节堆放严禁翘曲，严格注意管节两端对口丝扣的保护。

c. 精确调整钻机导向架，严格控制每根管的空间位置。

d. 在钻进过程中，经常测量钻进的高程和方向，发现异常及时调整。

e. 下管节要及时、准确、快速。

f. 保证注浆量和注浆参数在施工允许范围内。

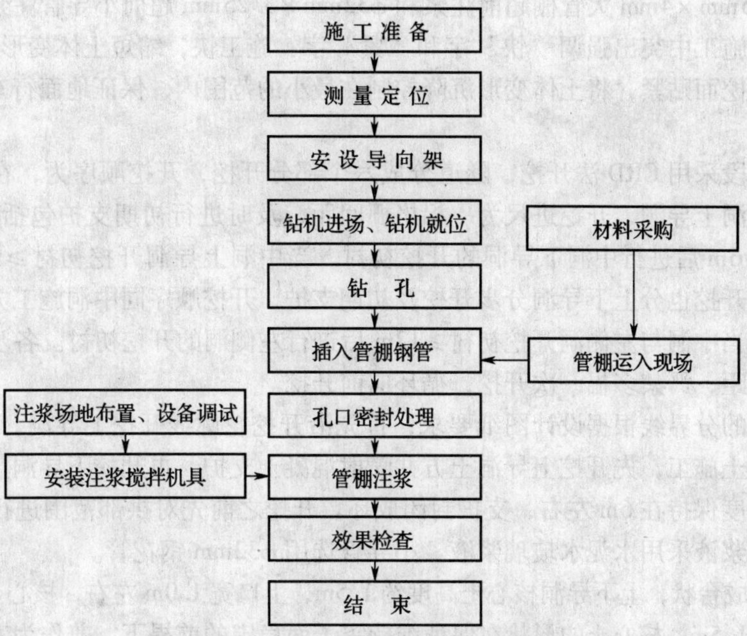

图3　大管棚施工工艺流程

g. 保证施工钻机的正常运转，配备足够的维修人员和零配件。

h. 在施工沉降要求严格的地段，管棚架设要安装定位架。

（2）开挖及初衬。

①隧道穿越四环路段初支施工工艺流程。

图4为隧道穿越四环路段初支，每洞单循环施工工艺流程。

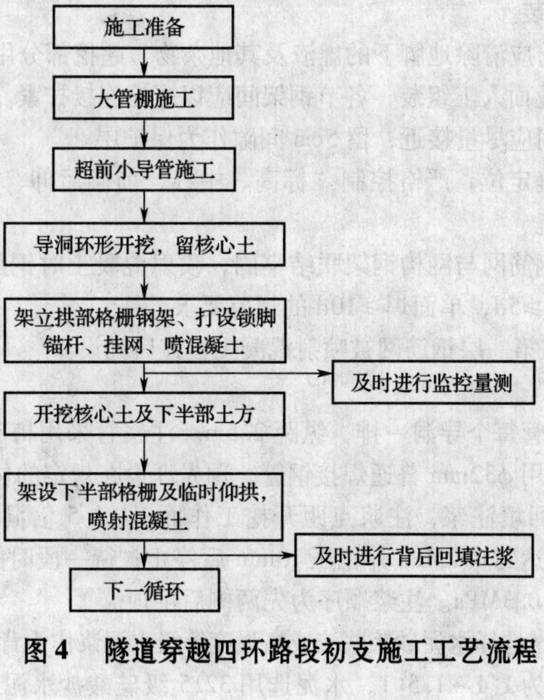

图4　隧道穿越四环路段初支施工工艺流程

通过 ϕ115mm×4mm 大管棚超前注浆和 ϕ32mm×3.25mm 超前小导管注浆对前方土体进行预加固，在施工中突出强调“快”字和“紧”字：施工快，缩短土体变形时间；支护紧，格栅钢架与开挖面贴紧，将土体变形沉降控制在最小的范围内，保证地面行车和地下管线的安全。

过四环路段采用 CRD 法开挖，隧道分成六个部分开挖，开挖顺序为，在大管棚施工完毕后先开挖中洞上导洞，开挖进尺为一榀格栅间距，及时进行初期支护包括临时仰拱支护。至上导洞开挖 6m 后进行中洞下导洞的开挖初衬。当中洞上导洞开挖初衬≥9m 后即开挖右侧洞。右侧洞开挖也分上下导洞分步开挖及初期支护，开挖顺序同中洞施工方法，开挖后及时进行封闭，当中洞与左侧洞开挖初衬≥12m 后进行左侧洞的开挖初衬。各步每次开挖进尺为一个格栅间距，严禁多榀一次开挖，循环向前开挖。

上下导洞的分界线根据设计图纸要求，首先沿开挖轮廓线开挖上导洞，导洞高 2.84m，采取预留核心土施工，先开挖上导洞土方并喷射混凝土支护，再开挖下导洞土方并支护，上下导洞错开长度保持在 6m 左右，支护封闭成环。开挖之前先对拱部范围进行超前小导管注浆加固地层，浆液采用水泥水玻璃浆液。小导管选用 ϕ32mm 钢花管。

核心土留成台状，上下导洞核心土高度约 1.5m，上口宽 1.0m 左右，核心土沿隧道掘进方向长度 0.75～1.5m，核心土的形状在保证维持掌子面稳定的前提下，兼作为工作平台，以便于进行格栅安装、喷射混凝土操作。在上导洞外侧格栅安装过程中按图纸要求打设锁脚锚管(以 20°斜向下打入)。土方开挖及运输采用人工方式，辅助风镐等工具松动土体，人工装车。

每循环开挖步距 0.5m，在土体不稳定地段格栅加密，开挖步距相应减小。

各导洞施工顺序：超前小导管打入→超前小导管注浆加固地层→留核心土开挖土方→测量开挖断面轮廓→安装格栅钢架或临时钢支撑→做纵向连接筋挂钢筋网→喷混凝土至设计厚度。

②钢筋拱架架立安装。

a. 网构钢架安装前应清除地脚下的虚渣及其他杂物，超挖部分用混凝土块或砖块垫实。

b. 钢架在开挖作业面人工组装，各节钢架间应以螺栓连接拧紧。

c. 钢架与土层之间应尽量接近，留 5cm 间隙作为保护层。

d. 网构钢架应精确定位，严格控制“标高、中线、前倾后仰、左高右低、左前右后”等各个方位的位置偏差。

e. 纵向连结筋、钢筋网与网构钢架联结牢固，喷射混凝土时钢筋网不得晃动。纵向连接筋焊接应满足双面焊≥5d，单面焊≥10d 的规范要求。

f. 第二层钢筋网在第一层钢筋网被喷射混凝土覆盖后铺设。

(3) 初衬背后注浆。

初期支护背后注浆管每个导洞一排，纵距 2.5m。注浆管采用梅花形布置，布孔时避开环向施工缝。注浆管采用 ϕ32mm 普通焊接钢管，预先埋设在规定的位置上。

每成洞 5m 做一次回填注浆，注浆点距开挖工作面 1～1.5 倍洞径。注浆分两次进行，第一次注浆，注浆压力达到 0.2MPa 并稳压 10min 后停止；待一段时间后进行二次补浆，二次补浆稳压压力应达到 0.3MPa。注浆顺序为先两侧后拱顶。

根据既有工程经验，选择水泥砂浆浆液或高强度等级水泥浆作为背后回填浆液较为适宜。

水泥砂浆水灰比宜为 1∶1～1.5∶1，水泥选用 32.5 级硅酸盐水泥，内掺水泥用量 9% 的

Fs－1 防水剂及聚丙烯酰胺（水用量的 0.5～1.0‰，拌浆前先溶于水）。

（4）动态跟踪注浆技术。

本标段区间工程下穿四环路部分地段，因隧道埋深较浅，拱顶土质较差（杂填土、粉土、粉细砂及中粗砂），地下水丰富，这些情况对于控制拱顶地层变形很不利，在隧道施工时采取强支护（大管棚＋小导管超前注浆，临时仰拱、回填注浆等）措施外，还拟采取动态跟踪注浆。

跟踪注浆技术是针对路面因其基础下沉引起路面下沉危害交通安全而采取的，以全过程密集监控量测为指导，以控制基础沉降或恢复基础高程为目的的动态加固技术。在隧道开挖前建立量测基准值（路面的警戒值为 21mm），隧道开挖时连续监测，一旦发现基础沉降超出警戒值，即实施洞内洞外注浆抬升基础。这种方法的优点是机具设备小、灵活机动、针对性强、节省费用，实施时重点依据全过程密集监控量测结果，要点是及时采用合适的手段，以洞内洞外小压力、多注点等方式保证主要交通主干道的安全。

2. 过四环路段区间隧道二衬施工

（1）二次衬砌纵向施工顺序：

人防段长 18m，起止里程为 K16＋694.5～K16＋712.5。人防段纵向每一施工段为 4.5m，共分四个施工段。为保证拆除临时支撑时初衬结构安全，在区间最南端预留一段 4.5m，待人防段其余三段施工完毕后再施工。二衬施工由南往北，首先拆除 6m 的临时支撑，施工 4.5m 二衬，第二次拆除 4.5m 的临时支撑，施工 4.5m 二衬，第三次拆除 3m 临时支撑，施工 4.5m 二衬。施工顺序进行，但中墙与侧墙施工时间应错开，即第一、二段中墙施工完毕后，方可施工第一、二段左洞二衬，完成后再开始施工第一、二段右洞二衬。

标准段长 80.5m，起止里程为 K16＋712.5～K16＋793。采用跳段施工的方法进行。每一施工段为 6m，考虑钢筋和防水板的预留以及操作空间的要求，拆除临时支撑时，与相邻施工段之间预留 1m。全长分成两个流水段。第一流水段长 40m，第二流水段长 40.5m，两个流水段同时施工。每个流水段当中按照二衬施工的横向施工顺序进行流水施工，顺序由南往北依次施工。首次拆除 8m，施工 6m 二衬，间隔为 10m，两施工段顺序流水施工。

按照设计要求，中墙施工完成后应最少达到设计强度 80% 以上方可拆除侧洞临时支撑，施工侧洞二衬。故在中墙施工后，测试同条件试块的 3d 及 7d 强度，以检验中墙强度是否达到设计要求。经过现场检测一般 3d 强度可达设计强度 80% 以上。

混凝土采用输送泵泵送入模，输送系统见图 5 所示。

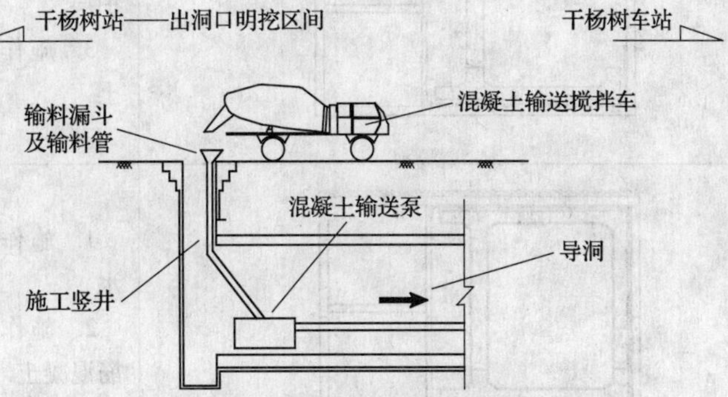

图 5　混凝土洞内输送示意图

（2）二次衬砌横向施工顺序：

①标准段二次衬砌的施工顺序是：拆除中洞横向临时支护，铺设防水层，施作中墙→拆除左侧临时支护，铺设防水层，施作左侧结构→拆除右侧临时支护，铺设防水层，施作右侧结构，详见平顶直墙标准段二衬施工流程表（表1）。

表1　平顶直墙标准段二衬施工流程表

序号	图　　示	说　　明
1	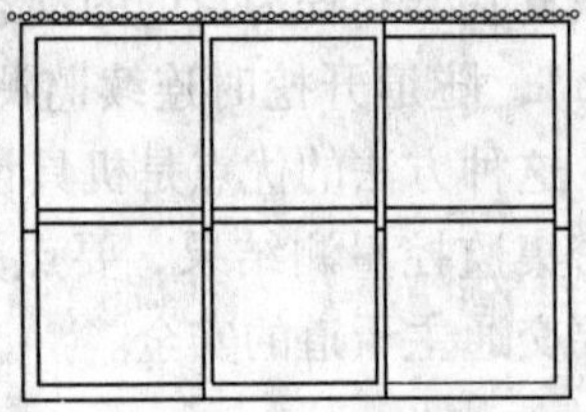	初衬施工完毕，形成六个导洞
2	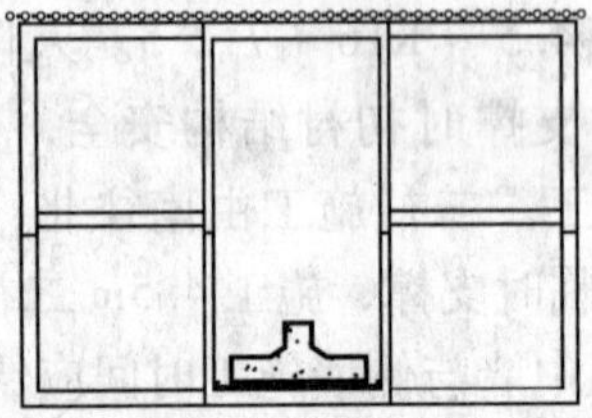	1. 施作中洞底部防水及保护层 2. 施作中洞底板钢筋混凝土
3	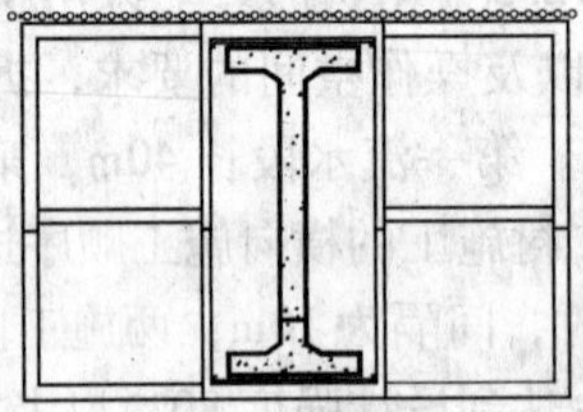	1. 拆除中洞临时中隔壁 2. 施作中洞顶部防水 3. 施作中墙钢筋混凝土
4	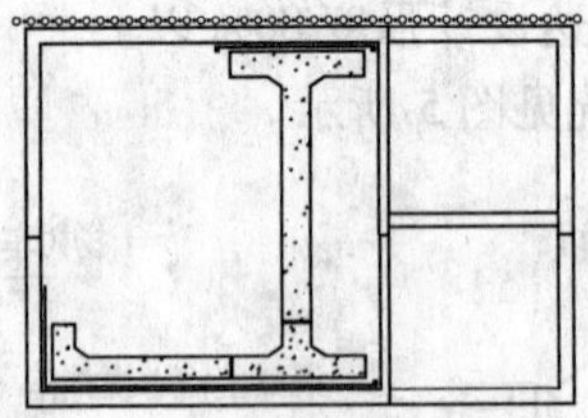	1. 拆除左侧洞临时中隔壁 2. 施作左侧洞底部防水及保护层 3. 施作左侧洞底板钢筋混凝土
5	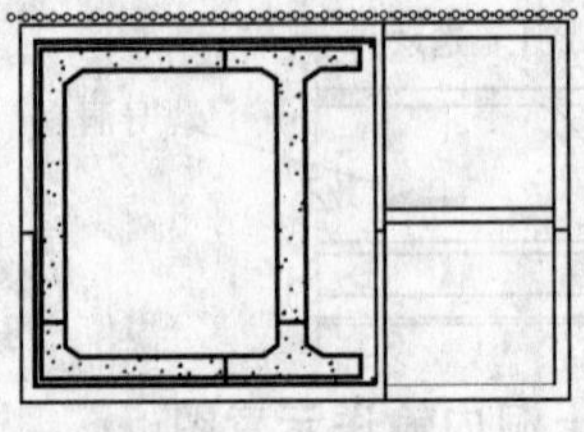	1. 施作左侧洞边墙及顶部防水 2. 施作左侧洞边墙及顶板钢筋混凝土

续表1

序号	图　　示	说　　明
6	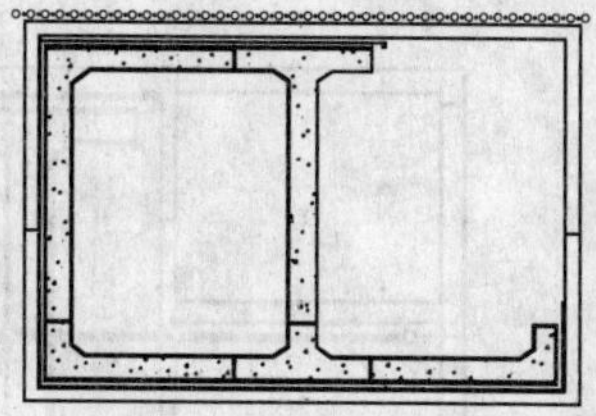	1. 拆除右侧洞临时中隔壁 2. 施作右侧洞底部防水及保护层 3. 施作右侧洞底板钢筋混凝土
7	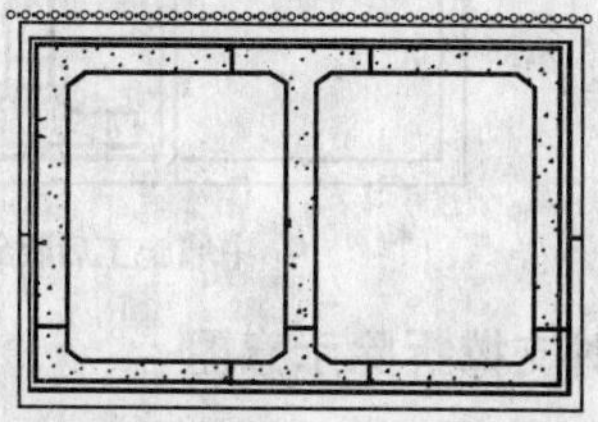	1. 施作右侧洞边墙及顶部防水 2. 施作右侧洞边墙及顶板钢筋混凝土

②人防段边墙高为8.28m，根据设计要求，在拆除临时横撑及二衬施工过程中，增加钢管支撑以保证边墙初衬的结构安全。

（3）临时支撑拆除施工方法及技术措施。

①临时支撑拆除施工方法。

本工程隧道采用CRD工法施工。在二衬施工时，需拆除断面内的临时支撑。为保证支撑拆除时的初衬结构安全，采取支撑拆除分段进行。按照各断面的特征确定分段长度，根据设计要求分段拆除临时支撑长度为6m，但标准段二衬首段施工时，考虑到防水板及钢筋应预留搭接长度，故标准段二衬第一段施工前拆除临时支撑长度为8m，以后每次拆除6m临时支撑。每个拆除段（4～8m长）内，沿隧道方向分成1.5m的竖向段，竖向段拆除跳段施工，先凿1、3段，再凿2、4段。每个竖向段按照先上后下的顺序凿除。

拆除时间：中洞底板混凝土浇筑完，拆除中洞临时中隔板。在中墙施作完成后按二衬施工顺序依次拆除左右洞临时隔墙和临时中隔板。

破除方法：先凿除支撑钢架之间的混凝土，保留钢架，待凿除段内的混凝土全部凿除后，再割除钢架，进行二衬混凝土的施工。破除混凝土采用风镐。

②临时支撑拆除施工技术措施。

支撑拆除实行信息化施工，以监测数据为依据，实行动态管理，动态施工。

在拆除施工之前，先根据设计要求进行结构变形监测布点。在拆除施工阶段加密监测频率，监测的重点是拱顶下沉、结构收敛和地表沉降，根据监测数据绘制变形－时间曲线，如变化累计值或变化速率超过警戒值，立即采取措施，控制变形继续扩大。如拱顶下沉加大，则在拱顶位置设置临时钢支撑，控制下沉，同时缩短拆除段长度。支撑拆除施工要求快速施工，尽快使二衬成环。拆除时多分段，多投入风镐等工具，使拆除段快速拆除，快速衬砌。

标准段不加钢管支撑，应在拆除临时支撑前严格监测边墙的变形。考虑初衬施工时设置的水平收敛计在中洞的上部，并非在边墙的中心，故在拆除临时支护前，增加水平收敛计以动态监测施工。具体做法是：每施工段纵向间距2m设置3组收敛点，收敛点竖向位置在边墙中部，对称设置。由于中墙施工后隔断了收敛的监测，在二衬中墙浇筑前，在中墙相应位置两侧各预埋一根钢筋作为收敛计。具体监测方法为：在拆除前先测定初始值，然后在拆除临时支撑时定时监测，见图6所示。

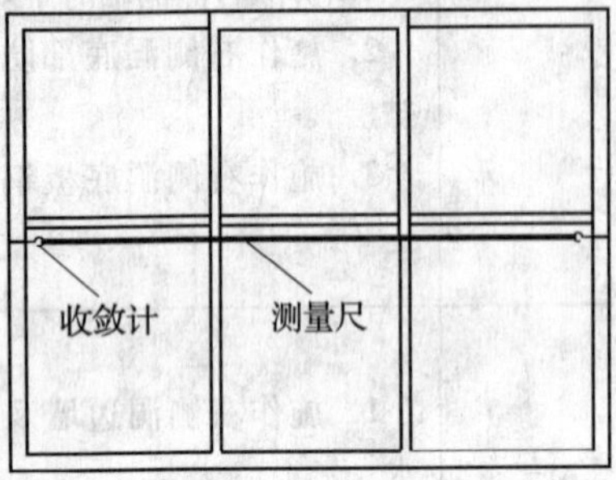

中墙施工前的收敛测量

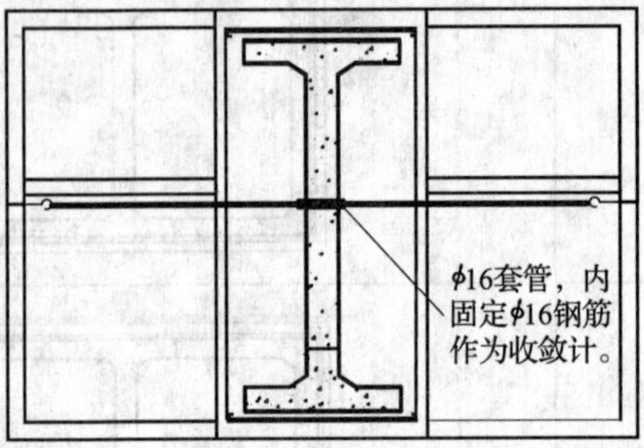

中墙施工后收敛测量方法

图6　临时支撑拆除示意图

（4）基底清理。

喷射混凝土基面粗糙，凹凸不平，钢筋头、锚杆头外露，因此对混凝土基面进行回喷，钢筋及凸出的管件等进行割除，并用砂浆抹成圆曲面，基面如有明水则用堵漏剂堵水。

（5）防水板施工。

区间隧道防水层为1.5mm厚PVC防水板，采用无钉铺设。主要工艺为防水板固定和接缝焊接。

①铺设无纺布。

防水缓冲层为400g/m^{2}无纺布。无纺布采用射钉固定方式，即采用半径50mm的塑料垫圈，用射钉枪将无纺布固定在初衬基面上。固定点间距纵向0.5～0.8m，环向边墙为0.5～0.8m，拱部为0.5m，底部为1.0～1.5m，固定点呈梅花状排列（图7）。

②防水板的铺设（见图8）。

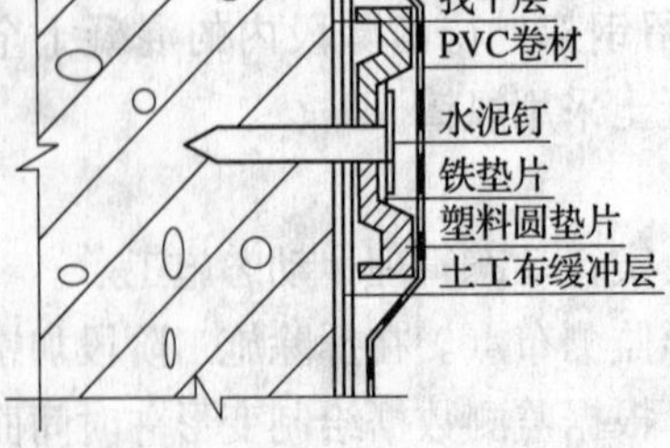

图7　PVC防水板固定示意图

图8　防水板的铺设

卷材防水层铺装在混凝土施工前进行。根据隧道二衬混凝土施工的工艺，防水板分底板防水层铺设和侧墙及顶板防水板铺设。

底板防水板沿隧道方向纵幅铺设，两边高出铺底混凝土高度并超过预留钢筋高度300mm，以便在与侧墙防水层焊接时便于热熔焊机操作。

侧墙及顶拱防水卷材沿隧道环向铺设，与仰拱防水板接缝顺向压茬，以防浇注二衬混凝土时，混凝土下落撕开焊缝。

a. 固定。

无纺布缓冲层铺装完毕后，将 PVC 防水板贴在无纺布外面，用电热压焊器对有塑料垫圈处防水板进行控温加热，加热到一定温度，将防水板粘合在一起，粘合牢固且不烧穿塑料防水板。

防水板铺设时应留有余量，不得绷得太紧，防止混凝土浇筑时，防水板被拉紧而使固定处防水板受力过大，造成撕裂。

b. 焊接。

防水板接缝采用热熔焊机焊接，双焊缝焊接。板材搭接长度，短边不小于 150mm，长边不小于 100mm，相邻两幅卷材的接缝应错开，严禁“十”字焊缝。

焊接温度控制在 240 ~ 300℃；焊接速度宜为 0.6 ~ 1.2m/min。对机械焊接不到的特殊部位，采用手工焊接补焊。

（6）施工缝及变形缝的防水。

①所有施工缝均采用中埋式钢边橡胶止水带进行防水处理。环向施工缝采用中埋式钢边橡胶止水带 + 背贴式止水带的方法。纵向轴线与施工缝偏差不得大于 20mm。止水带两侧埋入混凝土中任何部位的厚度均不得小于 150mm。环向施工缝另加一道背贴式止水带进行加强防水，背贴式止水带预留注浆管进行注浆。

②迎水面无法安装中埋式止水带的非洞口部位的施工缝采用水膨胀止水胶条进行防水处理，并设预留注浆管系统以防日后漏水补注超细水泥浆。

③变形缝的防水。

变形缝的防水采用中埋式钢边止水带 + 背贴式止水带 + 嵌缝胶，如图 9 所示。

钢边橡胶止水条带一般按标准长度生产，在现场需要采用特殊工艺与下段止水带进行对接，为使钢边橡胶止水带端头对接牢固，要制作 U 型箍件，箍件材料为 0.8mm 厚热浸镀锌钢板，同时需要配套使用未硫化的丁基橡胶腻子片和橡胶薄片。未硫化的丁基橡胶腻子片可在自然条件下硫化，因此在腻子片的外侧需要包裹橡胶薄片进行保护，防止现浇混凝土对腻子片的侵蚀。

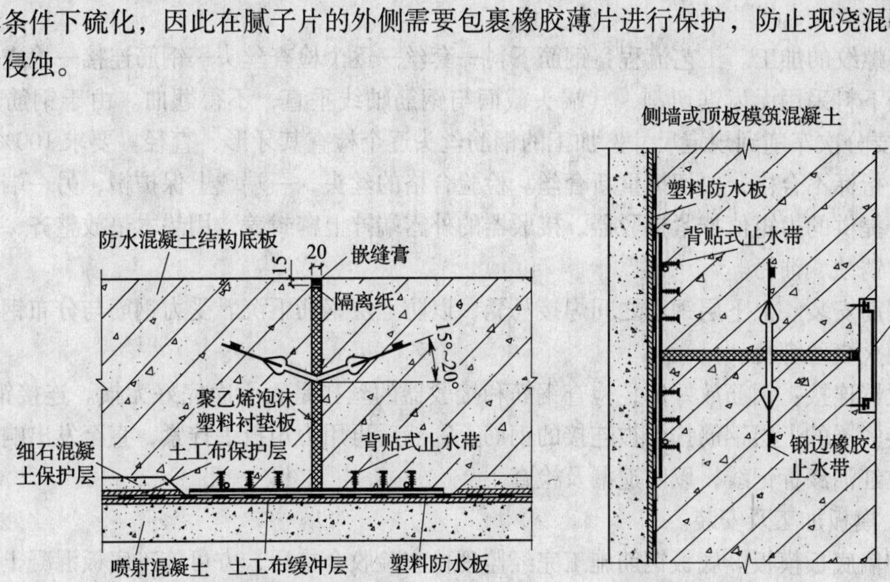

底板变形缝防水构造　　侧墙和顶拱变形缝防水构造

图 9　变形缝防水构造图

钢边橡胶止水带对接时，要求对接头部位对齐，然后在止水带两头钢边上各放一个U型箍件，用铆钉枪通过预留钉孔铆上铆钉。

铆住后，在U型箍件外，沿钢边止水带横向缠绕一圈未硫化的丁基橡胶腻子片，在最外边粘上一层橡胶薄片，要求用酚醛树脂胶粘剂粘住最外层胶片缝隙，起到密封作用。

钢边橡胶止水带对接工艺流程：制作U型箍件，钢边橡胶止水带端头对齐，铆U型箍件，粘贴腻子片，粘贴橡胶薄片。

（7）二衬钢筋加工及安装。

①主筋净保护层。结构与土壤直接接触的一侧为50mm，顶、底板及侧墙内侧为40mm。

②垫块。底板垫块使用自制的高标号水泥砂浆垫块。为保证保护层的有效厚度，制作垫块用模板作底模，垫块浇筑后必须进行二次压光，然后切割成50mm×50mm的方块，插入绑丝。侧墙、顶板使用购买的成品塑料垫块。垫块梅花型布置，每平方米不少于5个。垫块垫在主筋与分布钢筋的十字交叉处。

③钢筋的搭接与锚固。受拉钢筋的最小锚固长度为30d，受拉钢筋的最小搭接长度为35d。

④钢筋的连接。采用三种形式。钢筋制作场加工钢筋采用闪光对焊接长，然后加工成型。中洞与侧洞连接预留接头部分，按设计要求采用钢筋接驳器。施工做法为：首先将钢筋按下料单下料，两端头用套丝机套出丝扣，套好的丝扣用塑料套加以保护，然后弯曲成型。其余钢筋安装时ϕ20及ϕ22使用电弧搭接焊工艺，单面焊，焊缝长10d。焊条选用J506焊条，焊条的选用及质量要求符合《钢筋焊接及验收规程》（JGJ 18—96）的规定。ϕ18及ϕ18以下钢筋采用非焊接的绑扎搭接，受拉钢筋的最小锚固长度为30d，受拉钢筋的最小搭接长度为35d。

钢筋加工严格执行设计图纸及施工规范。钢筋连接接头位置受压区在跨中，受拉区在支座。钢筋焊接长度：双面焊5d，单面焊10d，钢筋接头应错开布置，在35d范围内，同一断面钢筋接头面积不得超过钢筋面积的50%。加工好的钢筋，按规格分类堆放整齐待用，并立好标识牌。

⑤直螺纹的加工。工艺流程：钢筋下料—套丝—逐个检查丝头—钢筋连接—检查。

钢筋下料采用无齿锯切割，其端头截面与钢筋轴线垂直，不得翘曲。由于钢筋直径为ϕ25，需要分次车削到规定尺寸。加工的钢筋丝头逐个检查其牙形、直径。要求100%合格。如有一个指标不合格，要切掉重新套丝。检验合格的丝头，一端戴上保护帽，另一端按型式检验报告提供的力矩值拧紧接驳器，接驳器的外露端拧上密封盖，用垫木垫放整齐，防止钢筋变形、锈蚀、油污。

⑥钢筋安装。上下层钢筋之间焊接马凳，以防上层钢筋下沉。受力钢筋与分布钢筋及箍筋之间用火烧丝绑扎。

接驳器连接：钢筋放好后，检查钢筋和接驳器的丝扣是否干净完好无损。连接钢筋时，将已拧接驳器的上层钢筋拧到被连接的钢筋上，然后再用力矩扳手拧紧，直至发出响声，并随手划上红油漆标记线，以防遗漏及检查。

（8）模板加工及安装。

①中墙底板模板。底板钢筋施工完经监理检查验收合格后，方可施工底板混凝土，采用输送泵泵送商品混凝土施工。底板模板采用钢模和木模组合拼装而成，具体详见图10中墙底板支模示意图。中洞底板与侧洞底板钢筋采用直螺纹钢筋接驳器进行连接。防水施工时应

预留出一定长度的防水板以满足搭接，在混凝土浇筑时，对这部分防水板应加以保护，在支模时，将预留防水板卷起置于底层预留钢筋和初衬底拱之间，在防水板外加木板以保护，防止浇筑时戳坏防水板。水平施工缝留置于底板梗斜以上300mm处。为拆除中隔板施工中墙，钢筋可在该处断开，连接采用直螺纹钢筋接驳器，按照规范要求，如果是位于受拉区的钢筋，在35d范围内接头面积数量不应超过该范围钢筋截面总面积的50%，故受拉区的接头位置应当错开，具体错开的位置为施工缝以上150mm和950mm。

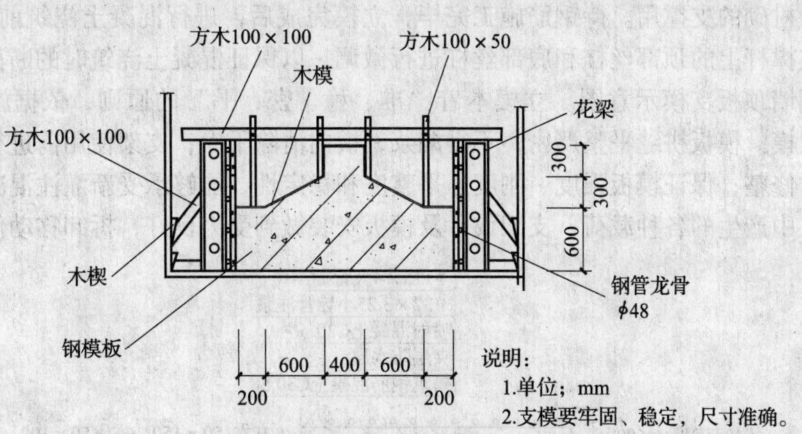

图10　中墙底板支模示意图

②中隔墙及中洞顶板。中隔墙及中洞顶板支模图见图11所示。预留钢筋采用直螺纹钢筋接驳器进行连接。中隔墙顶板防水施工时，应预留出一定长度的防水板以满足搭接，在混凝土浇筑时，对这部分防水板应加以保护，在支模时，将预留防水板卷起置于上层预留钢筋和初衬拱顶之间，在防水板外露部分加木板以保护，防止浇筑时戳坏防水板，该处做法详见图11所示。

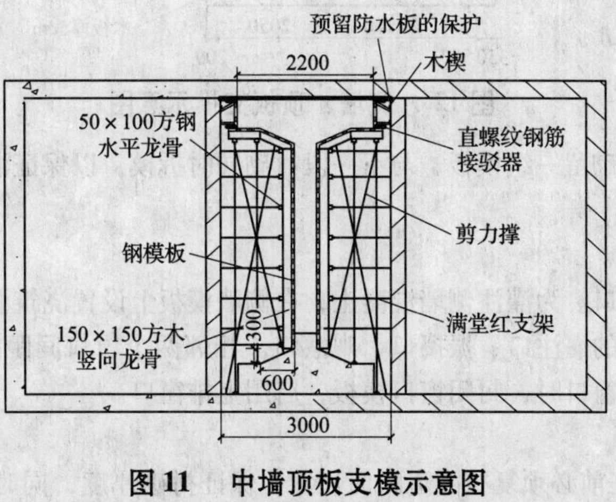

图11　中墙顶板支模示意图

③侧墙、顶板混凝土施工。支架拟采用腕扣式脚手架支搭而成。模板采用1200mm×600mm×53mm的钢模板，侧墙竖向龙骨采用150mm×50mm的方木，间距600mm水平龙骨采用ϕ48的双钢管，间距600mm，满堂红支架钢管用顶托固定撑在支架上，顶托与支架之间用十字卡子连接。顶托间距600mm×600mm。每个顶托槽内沿结构纵向放2根50mm×

100mm 方钢，间隙用木楔备紧，木方与方钢之间用 12#铁线绑扎连接。间隔 5m 每断面设 3 道剪力撑，通过地锚固定在底板上。

根据隧道边墙、顶板的形状及尺寸，放出模板厚度，并充分考虑预留混凝土浇筑时由于自重而引起的拱部下沉量，确定出支架支搭尺寸，进行预拼装（见图 12）。隧道底板浇筑后，即架立拱架。首先根据测量放线确定的位置将支架初步摆放，支架就位后利用纵向连接系将各榀连接成为稳定的空间体系，进行初步调整，逐榀测量校正，即作为钢筋绑扎的台架，又作为衬砌的支撑用。待钢筋施工完毕，立模完成后，进行混凝土浇筑前的最终复核，利用支架支撑杆上的顶部丝杠和底部丝杠进行微调，以保证混凝土浇筑时的断面空间。具体详见下图侧墙顶板支模示意图。立模本着“准、稳、密、平”的原则，依据施工图及技术规范要求立模。模板拼缝平整严密，不得漏浆，模内清除干净；支架使用前进行检查，重复使用时随时修整；保证模板强度、刚度、平整度和稳定性，能够承受新灌注混凝土重力、侧压力及施工中产生的各种载荷；支架设计及模板安装做到受力良好，拆卸移动使用方便。

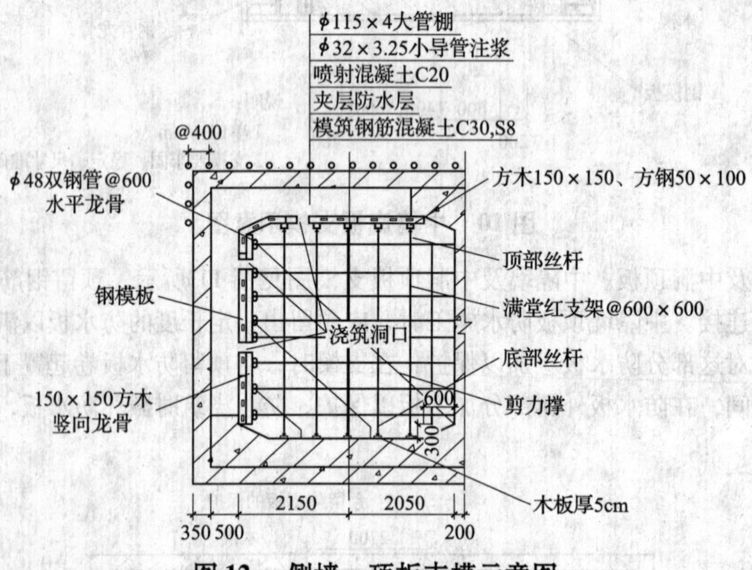

图 12 侧墙、顶板支模示意图

在拆模时每段衬砌留一组模板，与下一段衬砌同时拆模，以保证混凝土面的平整度以及接茬的平顺。

（9）混凝土浇筑。

①混凝土浇筑洞口。为灌注侧墙混凝土，在侧墙模板上设置浇筑洞口，如上图所示。其有三个作用：混凝土的灌注口、振捣口、观察口。相邻两个窗口间距 2m。窗口采用特制模板，浇注混凝土面至窗口时，封闭窗口模板，启用上排窗口。

②混凝土浇筑。

a. 隧道衬砌施工前必须复核隧道断面尺寸，保证衬砌厚度，同时检验防水层铺设是否符合要求，有无破损，衬砌钢筋保护层厚度能否满足要求。如有上述任何一项问题，不得进行衬砌施工，必须经处理满足设计及规范要求后方可进行施工。

b. 混凝土采用输送泵泵送入模，两侧边墙采用插入式振捣器振捣，拱部可采用附着式振动器振捣。

c. 混凝土浇筑连续进行，两侧对称，水平浇筑，不得出现水平和倾斜接缝，如混凝土浇筑因故中断，则在继续浇筑施工前，必须凿除已硬化的混凝土表面松软层及水泥砂浆薄膜，并将表面凿毛，高压水冲洗干净。

d. 混凝土拆模时其强度必须达到一定强度后才能进行，拆除模板后派专人立即进行养护，养护时间不少于14d。

混凝土施工前，根据设计要求布置预埋件，预留孔洞，并复核其位置。在施工过程中检查其位置及形状变化，必要时采取措施处理。

（10）二衬背后注浆。由于模注混凝土工艺的局限性，在平顶位置，二衬混凝土与初衬混凝土之间往往存在间隙，其间隙一般在0～30mm之间。为此二衬施工完毕，为保证结构受力安全，需要对该间隙进行灌浆充填。此外由于二衬施工结构混凝土缺陷观察不到，为弥补这些缺陷，增强结构防水性，在二衬背后注浆具有防水效果。

二衬模板安装时在拱顶及施工缝位置预埋注浆管，注浆管顶端管口靠近防水层表面，并将注浆管用钢筋固定，以免混凝土浇筑过程中造成注浆管移位。二次衬砌背后注浆孔距6m/组，每组3个，采用$\phi32$普通焊接钢管作为注浆管，管采用梅花形布置，布孔以避开环向施工缝为宜。此外考虑到平顶直墙结构的特殊性，中墙的支撑作用对于拆除边洞的临时支撑有着重要的意义，故在中墙的拱顶范围内采用加密注浆管，用$\phi32$@2000mm钢管进行背后注浆。根据设计施工缝、背贴式止水带等位置预留了注浆管，为保证施工缝及变形缝的防水效果，需要在施工缝或背贴式止水带处注浆。

二衬背后注浆在二衬混凝土达到设计强度100%进行。浆液采用水泥砂浆，配比为1∶1，水灰比1∶0.4～0.5，水泥中添加2%～3%的微膨胀剂。注浆压力0.2～0.3MPa，稳压10分钟。注浆压力不宜过高和过低。

五、劳动力组织（见表2）

表2　主要劳动力计划表

人员类别		人数
管理人员		10
施工操作人员	技术工作人员	5
	电焊工	24
	防水工	12
	钢筋工	48
	混凝土工	40
	普工	30
	电工	2
	测工	6
	机械司机	10
	机修工	3
合计		190

六、机具设备（见表3、表4）

表3　一衬施工主要机械设备表

设备名称	数量	规格型号	主要工作性能指标
一、支护设备			
锚喷机	4	TK961	
注浆泵	2	ZTGL/150	120L/H10.5MPP
小导管钻机	2	DK-70	$\phi50$
大管棚钻机	1	MK-5型水平地质钻机	
制浆机	2	ZJ-400	
空压机	2		$20m^3$、$10m^3$
二、开挖设备			
风镐	10	03-11	2.5t
空压机	3		$20m^3$、$10m^3$
三、排降水设备			
真空泵	5		
泥浆泵	2		
四、运输及起重设备			
自卸汽车	5	19.5T、132AL	20t、15t
汽车吊	1	YQ-16	16t
电动葫芦	6		5t
五、钢筋混凝土设备			
混凝土输送泵	2	MCP-75	$60m^3/h$
混凝土搅拌机	2	J4-375	$12.5m^3/h$
钢筋弯曲机	2	WJ-40	
钢筋切割机	2	QJ-40	
对焊机	2	YQ-160A	120kW
电焊机	15		50kW
钢筋调直机	2	GT40-14	
振捣器	5	HZ250、HZ270	
六、测量、监测仪器			
经纬仪	2	J2	
全站仪	1	TC1610	
收敛仪	4		
精密水准仪	2	NI004	
激光指向仪	6	YBJ-600	

续表 3

设备名称	数量	规格型号	主要工作性能指标
七、其他设备			
发电机	1		120kVA
变压器	1	315kVA	
高压水枪	2	DAI-100	

表 4　二衬施工主要机械设备表

设备名称	数量	规格型号	主要工作性能指标
一、钢筋混凝土设备			
混凝土输送泵	3	MCP-75	$60m^3/h$
混凝土搅拌机	2	J4-375	$12.5m^3/h$
钢筋弯曲机	2	WJ-40	
钢筋切割机	2	QJ-40	
对焊机	2	YQ-160A	120kVA
电焊机	15		50kVA
钢筋调直机	2	GT40-14	
震捣器	10	HZ250、HZ270	
直螺纹成型机	2	GHB40	4kVA
二、测量、监测仪器			
经纬仪	2	J2	
全站仪	1	TC1610	
收敛仪	4		
精密水准仪	2	NI004	
三、其他设备			
发电机	1		120kW
高压水枪	2	DAI-100	

七、质量保证措施

平顶直墙暗挖区间二衬结构质量目标是争创北京市结构长城杯，对于结构的施工质量提出了严格要求，针对该质量目标，分解到施工的各个工序，要求在喷射混凝土、钢筋、模板、混凝土浇筑、防水层各方面精心施工，确保每一环节的施工质量，从而实现质量目标。

1. 认真审核图纸

开工前必须做好充分的技术准备工作，组织各部门认真审核图纸，深入领会设计意图，找出关键技术、施工要点。对于需要澄清的问题及时与设计人沟通，及早解决问题，为编制切实可行的施工方案奠定基础。

2．明确质量标准

本工法涉及防水、钢筋、模板、混凝土四大主要工程类别，同时还穿插有锚喷、注浆等分项工程。施工中必须认真执行和遵守的主要规程、标准有：

《地下铁道工程施工及验收规范》（GB 50299—1999）

《混凝土结构工程施工质量验收规程》（GB 50204—2002）

《锚杆喷射混凝土支护技术规范》（GB 50086—2001）

《地下工程防水技术规范》（GB 50108—2001）

《地下防水工程施工质量验收规范》（GB 50208—2002）

《钢筋焊接及验收规程》（JGJ 18—96）

3．做好技术交底

认真做好技术交底是质量保证措施的重要内容。方案审批通过后，应由项目总工程师组织各部门相关人员进行方案的技术交底。分项工程开工前，应由技术负责人对施工队伍负责人、施工员、特殊工种施工负责人进行细致的书面技术交底。在工序开工前，应由施工员对所有操作工人进行具体的技术交底。通过这种三级交底体系，将方案中的技术要求、质量标准贯彻到施工第一线。

4．完善检验制度

现行的质量检验制度已很完善，重要的在于认真执行和责任落实。

将原材进场的质量责任落实给物资负责人，由他全权把关，并由他承担质量责任。现场检验的质量责任落实给质量工程师，由他监督自检、互检、交接检的落实，负责报验程序符合规定，对工程质量负首要责任。

由项目的主要管理人员担负起重要的质量责任，有利于各项质量保证措施的全面贯彻和深入落实。

八、安全、环保措施

1．安全措施

在平顶直墙暗挖施工时，严格执行现行的临时用电、机械操作等安全规程的基础上，并应执行以下安全措施：

（1）施工竖井前，应先做好地上、地下管线调查，采取严格有效的保护措施。

（2）现场所需电气设备搭设防护棚。

（3）施工竖井四周设护栏、排水沟及挡水墙。

（4）提升设备，喷射机、空压机注浆设备等，使用前应进行性能检验和必要试验，合格后方可使用。

（5）工作面开挖后应保证连续作业。如遇特殊情况停止时，应及时封闭工作面。

（6）喷射混凝土设备应随时检查是否处于正常运行状态，发现问题及时处理。

（7）及时反馈监控量测信息，发现异常情况及时分析原因并采取有效措施。

2．环保措施

（1）运送砂子、石子、土方及碴土的车辆必须有遮盖装置，车轮必须清洗干净。

（2）搅拌机在运行过程中，应防止尘土污染空气，必须遮盖或搭临时棚。

(3）施工中，应控制噪声，对产生噪音设备应安装吸声板或搭建临时封闭隔音室。

(4）洞内喷射混凝土时要戴好必要的防尘面罩，洞内要有通风设备，确保空气新鲜。

九、效益分析

过四环浅埋暗挖平顶直墙双跨结构作为地铁五号线的施工重点，由于其跨度大、埋深浅、对地面沉降要求高，在施工之前就备受业主、设计、监理、建工集团的重视。经过本施工工法的实施，有效地控制了地表沉降和结构变形，确保了北四环主干道及相应管线的安全，创造了巨大的社会效应和经济效益。

十、工程应用实例

本施工工法在北京地铁五号线穿越北四环路的施工过程中得到了充分的应用。本工程于2004年9月开工，至2005年7月完成二衬背后回填注浆，历时近一年，暗挖长度98.5m，开挖土方7512.4m^3，铺设防水层（同初期支护面积）3200.2m^2，浇筑二衬混凝土2084.3m^3，各项注浆约1200t。由于本工程采用了正确的隧道开挖及土体支护方法，合理进行土体超前注浆加固，在运用本工法的各项关键技术时都能够做到，最终确保平顶直墙隧道结构安全穿越城市主干道，控制沉降在30mm以内，同时未对城市主干道的正常交通造成极大影响，赢得了极好的社会经济综合效益，证明本工法在实际工程应用当中具有广泛的推广价值和独特的优越性。

三拱两柱结构暗挖中洞施工工法

YJGF 15—2004

中铁三局集团有限公司

陈铁师　任立志　顾拥武　于东雨　海　胜

随着我国城市地铁和交通快速轨道的发展，修建地铁的大城市也越来越多。实践证明，轨道交通（地铁）具有高效、节能、环保、运量大、速度快、安全性好、占用城市道路面积少、防空好等优点。轨道交通所到之处交通压力缓解、楼宇兴旺、土地增值、商业更加旺盛。由于地铁所经过的地段大部分为繁华的商业区，有些地段受拆改费用、交通占道、地下管线保护、古文物保护、环境保护等方面的影响，明挖（盖挖）地铁车站受到限制，只能采用暗挖法施工，从而出现了暗挖地铁车站。

北京地铁五号线磁器口站、天坛东门站、崇文门站工程，采用三拱两柱暗挖车站中洞法综合配套施工技术，保证了工程质量和安全，按期完成了施工任务，取得了良好的社会效益，总结形成本工法。

一、工法特点

1. 采用 CRD（Cross diaphragm）施工方法完成中洞开挖，形成安全中洞初期支护体系。

2. 在中洞内完成底板、底梁、钢管柱、中板、顶梁和中拱，形成稳定中洞支撑体系，承受围岩主要荷载，为边洞开挖提供安全条件。

3. 采用 CRD 法对称完成边洞开挖。

4. 拆除临时初期支护体系，完成边洞二衬施工。

5. 体系转换过程中，合理确定分段长度，同时加设钢支撑。

6. 充分发挥监控量测作用，信息化指导施工。

二、适用范围

1. 适用于围岩自稳能力较差的地铁大跨双层暗挖车站。

2. 适用于多连拱等地下停车场、地下商场、大跨公路、铁路隧道的施工。

三、工艺原理

把大跨地质较差的隧道分成三个部分，各部分条块分割，保证开挖期间安全，先形成中洞初期临时结构，在临时结构内施做永久衬砌结构，形成中部稳定支撑，承受围岩主要荷载，然后对称开挖边洞部分的各分块，最后形成整体结构。体系转换过程中，结合监测情况加设钢支撑。

四、工艺流程

1. 工艺程序

施工准备→超前管棚→注浆加固→中洞各部开挖→防水层铺设→中洞底板、底梁→立柱

→中洞中板→顶梁、中拱→超前管棚→注浆加固→边洞各部开挖→临时隔壁拆除→防水层铺设→边洞底板→边墙、中板→边拱→二次衬砌背后注浆。

工法步序见图1。

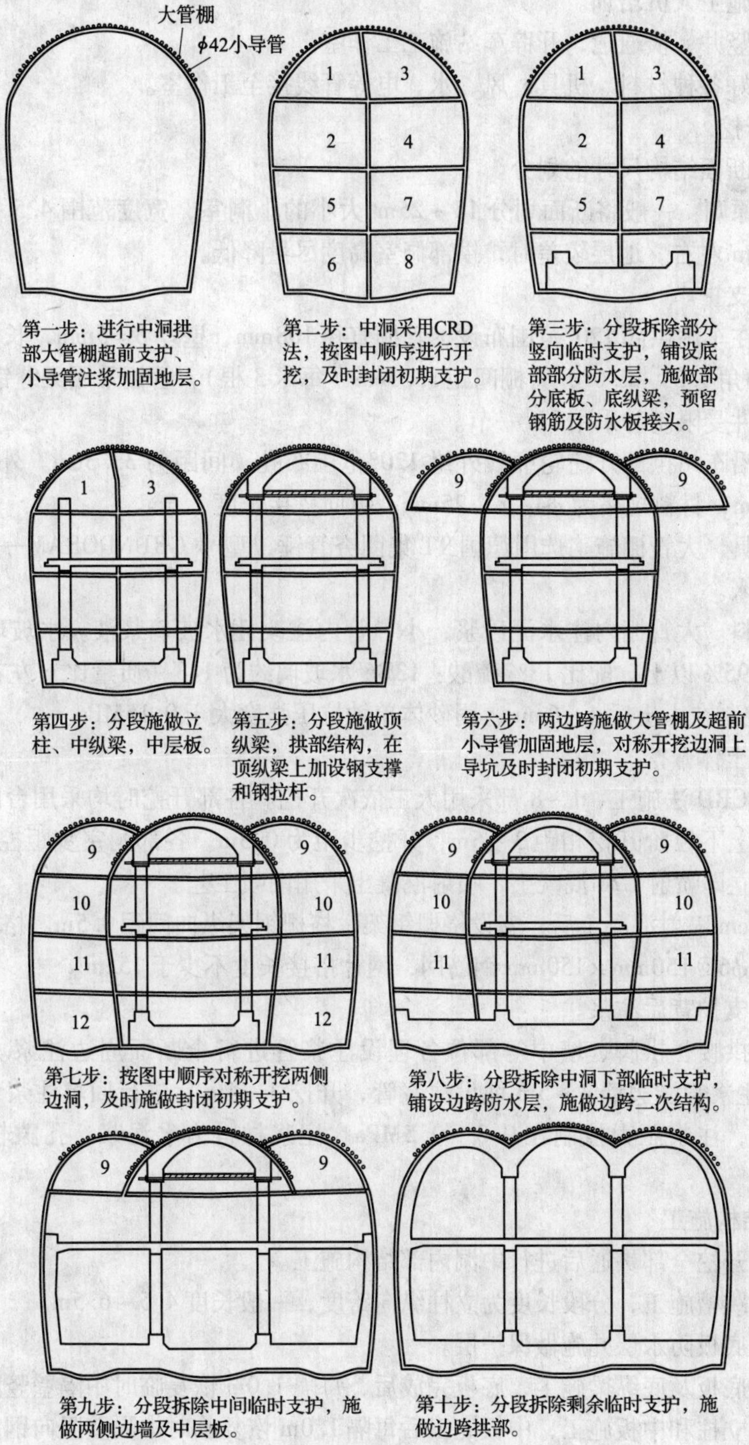

图1　工法步序示意图

2. 施工准备

（1）施工降水，使地下水降至结构底板1m以下。

（2）搭设竖井提升架。

（3）进行施工人员培训。

（4）开挖竖井、横通道，开辟车站施工工作室。

（5）准备好各种材料、机具，风、水、电等管线接至工作室。

3. 中洞开挖

（1）施工断面结构尺寸的划分。

断面划分原则：一般将断面划分15～25m^{2}大小的小洞室，宽度范围4.5～6m，高度范围在3.2～4.2m左右。地层较差时，拱部洞室高度尽量降低。

（2）超前支护。

①大管棚在车站拱部120°范围布设，管棚直径108mm，壁厚$\delta=5$mm，长度18m，搭接长度3m。外倾角1.5°～2.0°，管棚间距33.3cm（每米3根），管棚采用无缝钢管，6m一节进行焊接，条件受限制时采用3m一节。

②小导管沿车站拱部开挖轮廓线外缘120°范围布孔，间距为33.3cm。外插角为20°～30°，管长2.0m，材料规格为$\phi42\times3.25$mm，纵向搭接长度1.5m。

③选用机具。大管棚施工选用德国TT集团夯管锤，型号GRUNDORAM—ATLAS，小导管采用风镐顶入。

④注浆材料。大管棚内注水泥砂浆，小导管内注改性水玻璃浆液。水玻璃35～45Be′，工业硫酸浓度95%以上。配比13%硫酸：13Be′水玻璃约为1:3（质量比）左右，pH值3～5，凝结时间控制在入土后4～6min，固砂体单轴抗压强度大于0.15MPa。

（3）中洞土体开挖。

中洞采用CRD法施工，1～8部采用人工依次开挖。各部开挖时均采用台阶法施工，台阶高3～4m，上下台阶开挖相距3～5m，开挖步距为0.5m。各部洞室步距控制8～10m左右，开挖过后立即喷射C20混凝土，喷射混凝土采用潮喷工艺。

初喷3～5cm喷射混凝土后，安设格栅钢架，格栅钢架纵向间距0.5m。格栅钢架与初喷混凝土间铺设$\phi6$@150mm×150mm钢筋网，网片搭接长度不少于15cm。

（4）初期支护背后注浆。

在拱顶、拱腰、拱脚、墙中等部位各埋设注浆管进行全断面周边注浆。顶部纵向每3m左右布设注浆管，边墙4～5m埋设注浆管，开挖3～4m后进行回填注浆，注浆机械选用低压注浆泵，注浆压力控制在0.3～0.5MPa。注浆材料为水泥浆，孔隙较大部位注水泥砂浆。

3. 中洞结构施工

（1）中洞开挖全部贯通后进行中洞内部结构施工。

（2）分段跳槽施工，分段长度为立柱纵向跨度，一般长度4.5～6.5m。

（3）铺设底板防水层并施做保护层。

（4）进行底板及底纵梁施工，底板完成后，每隔1.0m恢复临时中隔壁竖向钢支撑。

（5）进行立柱和中板施工，中板完工后每隔1.0m恢复临时中隔壁竖向钢支撑。

（6）顶纵梁施工。

为保证梁的施工质量，将顶芯梁和顶拱分开浇筑混凝土，先施作顶芯梁，再施工拱顶衬砌。铺设拱部防水板时，预留好防水板接头并加保护，对连拱部位，做好“V”型节点防水。

顶纵梁的混凝土达到强度要求后，在立柱及顶梁上安装 $\phi28$ 可调式拉杆和横向工字钢支撑，间距 1m，其布置详见下图 2。钢支撑分担由中部拱跨传递的内侧挤力，钢拉杆承受拱脚外移产生的拉力。

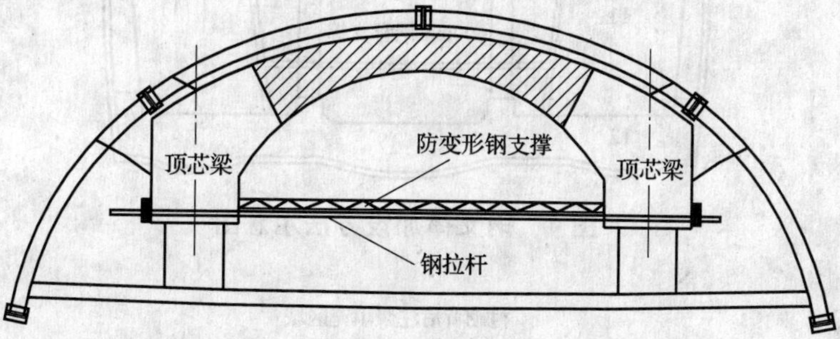

图 2　顶纵梁施工布置示意图

4. 边洞开挖支护

（1）边跨开挖前先施作大管棚及小导管超前支护，施工工艺同中洞管棚支护工艺。

（2）开挖时，两侧导坑同时采用人工对称开挖。开挖时遵循“小分块、短台阶、多循环、快封闭”的原则，严格对称开挖，各部洞室步距控制在 8 ~ 10m。初期支护同中洞初期支护施工工艺。

5. 边洞结构施工

（1）拆除中洞下部竖向临时支护，拆除长度为立柱纵向跨度，先加设临时钢支撑，加设方法如图 3。

（2）地基整平后铺设底层防水板，做好与既有中洞防水板的连接，并预留边墙防水板接头。绑扎钢筋，支立模板，浇筑底版混凝土。

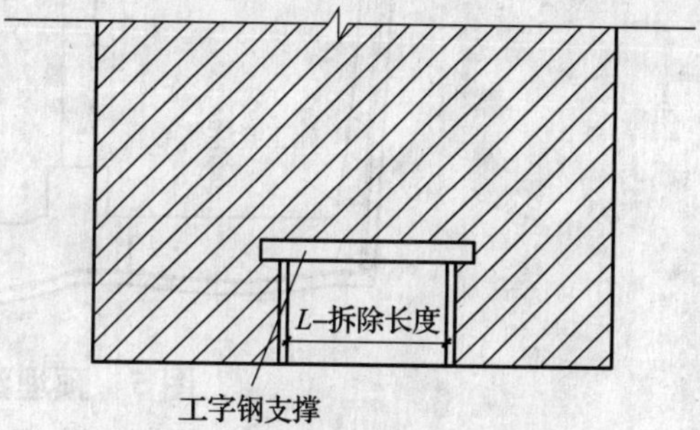

图 3　临时钢支撑加设示意图

（3）底板混凝土达到设计强度后，拆除下部水平向临时支撑，敷设边墙防水层，预留防水板接头，绑扎边墙钢筋，支立模板，浇筑边墙混凝土。

（4）加设水平钢支撑，拆除下部第二道水平向临时支护，绑扎中层板、边墙钢筋，支立模板，灌注混凝土，振捣密实。钢支撑加设方法如图 4。

（5）拆除剩余的临时支撑，敷设剩余边墙及拱部防水板，施做上层剩余边墙及两侧拱部二次衬砌。

6. 二次衬砌背后注浆

在边洞二次衬砌混凝土时，预埋注浆管，直径为 40mm，详见图 5 预埋注浆管布置图。

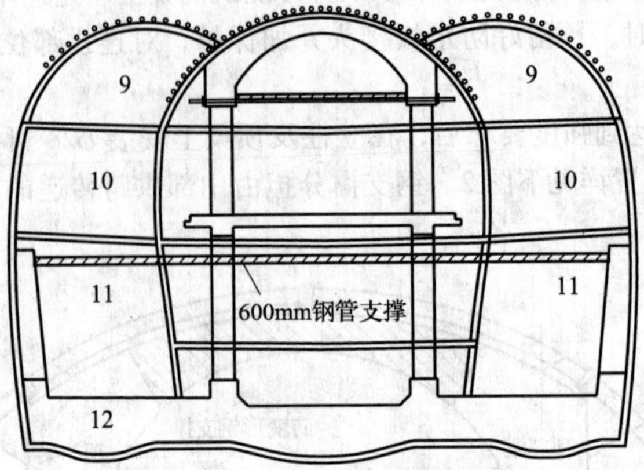

图 4　钢支撑加设方法示意图

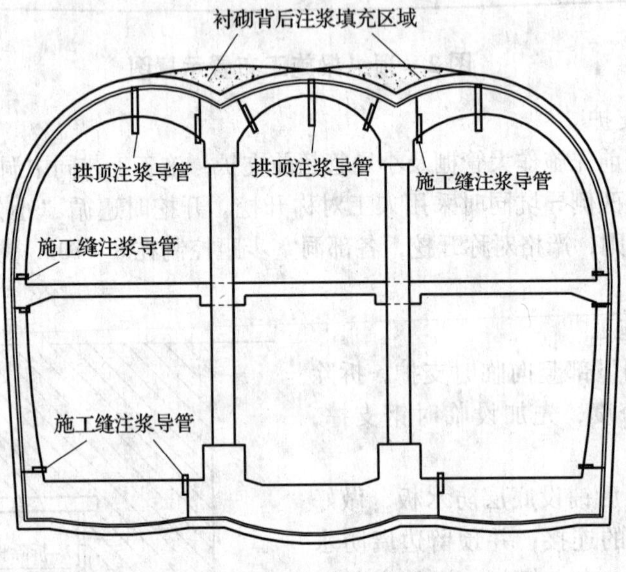

图 5　预埋注浆管布置示意图

二次衬砌背后注浆浆液采用水泥浆，拱部也可采用水泥砂浆，压注水泥浆时，根据注浆记录绘制 $P-Q-T$ 曲线来判断注浆效果（P—注浆压力，T—注浆时间，Q—注浆量），注浆压力控制在 0.1 ~ 0.2MPa。

7．监控量测

利用监测仪器对施工过程中的各种变形和应力进行量测，通过量测数据计算施工过程中地层变化情况，计算初支和构件受力及变形情况，以此判定施工过程是否安全。对于地表沉降和拱顶下沉、净空收敛等监测项目，利用精密仪器直接测出变形，对于初支内力、土压力及钢管柱等结构受力情况，埋设监测元件，利用振弦读数仪量测钢弦频率的变化，计算结构的内力。

（1）量测仪器。

①对于地表下沉，拱顶沉降类，利用精密铟钢尺配合 SD0.7 水准仪进行量测。

②对于隧道净空收敛量测则利用收敛仪进行量测。

③对于初支内力、立柱等埋设钢筋计、表面应变计、土压力盒，利用振弦读数仪和电子应变仪进行量测。

（2）监测项目。

监测项目主要包括工程地质与支护状况观察、地表沉陷监测、管线位移监测、立柱受力监测、拱顶下沉、底部隆起及周边位移监测、围岩压力监测、格栅及内衬主筋内力监测。

（3）监测方法、频率（见表1、表2）。

表1　A类量测项目

序号	观测名称	方法及工具	断面距离	量测频率				备注
				1～7d	7～15d	15～30d	30d以后	
1	地层及支护情况观察	现场观察及地质描述						每次开挖后立即进行
2	地表沉降	精密水准仪	10m	2次/d	1次/d	1次/2d	1次/3d	拆撑时频率适当加密
3	拱顶下沉	精密水准仪	10m	2次/d	1次/d	1次/2d	1次/3d	开挖后立即进行或拆撑后立即进行
4	净空收敛	收敛仪	10m	2次/d	1次/d	1次/2d	1次/3d	开挖后立即进行或拆撑后立即进行
5	底部隆起	精密水准仪	15m	2次/d	1次/d	1次/2d	1次/3d	开挖后立即进行或拆撑后立即进行
6	地表、地面建筑、地下管线及构筑物变化	水准仪和水平尺	每30m一个断面	开挖面距量测断面前后＜2B时，1～2次/d 开挖面距量测断面前后＜5B时，1次/2d 开挖面距量测断面前后＞5B时，1次/1周				

表2　B类量测项目

序号	观测名称	方法及工具	断面距离	量测频率			
				1～7d	7～15d	15～30d	30d以后
1	围岩压力	压力传感器	20m	1次/d	1次/d	1次/2d	1次/（2～3d）
2	立柱应力	表面应变计	6m	1次/d	1次/d	1次/2d	1次/（2～3d）
3	格栅、内衬主筋内力	钢筋计频率仪	20m	2次/d	1次/d	1次/2d	1次/（2～3d）

（4）监测的反馈程序及管理。

在取得监测数据后，及时进行整理，绘制 $U-T$（U—位移、受力，T—时间）变化曲线图。数据信息采用计算机进行管理，确保每次监测均有结果。对当月的施工情况进行评价，并提出合理建议。

五、机具设备（见表3）

表3　主要施工机械配备表

序号	机械名称	规格型号	指　标	数量（台）
1	电动空压机	XP825E	$23.5m^3/min$	2
2	风镐	C－10A	$1.2m^3/min$	20
3	机动翻斗车	1.5t	$0.6m^3$	4
4	混凝土喷射机	PZ－5	$5m^3/h$	6
5	夯管锤	tt 145mm		2
6	防水板热合机	TH－1		6
7	双液注浆泵	G2JB	11kW	4
8	灰浆搅拌机	RM－100	4.6kW	4
9	龙门架	自制	双梁	2
10	电动葫芦	QH6	10t	6
11	混凝土输送泵	HBT60	$60m^3/min$	2
12	混凝土拌和机	JZC－350	350L	2
13	灰浆泵	PH－5	3kW	2
14	钢筋加工机械		套	2
15	交流电焊机	BX3－300－2	30kW	18
16	通风机	SDFNo	28kW	4
17	发电机	静音型	300kW	1
18	抽水机	8DA－12	扬程30m	10

六、劳动力组织

1. 车站开挖主要人员配置（见表4）

表4　开挖主要人员配置表（按一个竖井施工配备）

序号	工　种	人数	工作内容
1	队长	1	负责全面工作
2	技术负责人	1	负责全面技术工作
3	技术员	8	现场技术指导及施工监测
4	安质员	3	安全、质量
5	测工	2	放样及控制测量
6	领工员	3	施工生产安排
7	试验	2	试件制作、送检
8	注浆班	12	超前注浆、背后回填注浆
9	开挖班	80	开挖、出土、支立钢架
10	喷射班	18	搅拌料、操作喷射机、喷射混凝土
11	保证班	12	电工、风水供给、提升、机械维修保养
12	钢筋班	25	钢筋制作

2. 车站衬砌主要人员配置（见表5）

表5　衬砌主要人员配置

序号	工班	工　种	人数	工作内容
1	监测组	测工、技术员	3	体系转换过程监测
2	拆除班	操作手	4	操作风镐
		司　机	3	运输弃渣
		清渣工	3	清理装运
3	钢筋班	钢筋工	12	钢筋下料、绑扎
		电焊工	8	钢筋焊接
4	防水班	铺设工	3	无钉铺设
		焊　工	1	施工缝焊接
		质检员	1	充气检查焊接质量
5	立模班	工班长	1	负责协调工班工作
		架子工	3	搭设脚手架、立拱架
		木　工	2	堵头、拱架加工
		模板工	10	支立、拆除、清理模板
		测量员	2	结构放线
6	灌注班	工班长	1	负责协调工班工作
		输送泵司机	1	输送泵操作、维修及下料控制
		检料工	2	混凝土进料的控制，收拾下料口
		振捣工	4	混凝土振捣
		试验工	1	制作试件、送检
		清渣工	4	现场清理残渣、关闭工作口、安拆导管
7	保证班	工班长	1	负责协调工班工作
		电　工	3	现场供电
		电葫芦司机	3	进出料提升
		管道工	2	各种管道安设、拆除
		修理工	3	机械修理

七、质量要求

本工法执行《地下铁道工程施工及验收规范》、《地下工程防水技术规范》、《混凝土结构工程施工质量验收规范》等有关规定外，还应做到以下几点：

1. 严格遵循“管超前、严注浆、短开挖、强支护、早封闭、早成环、环套环、勤量测”的24字方针，开挖中严格控制进尺，开挖后快速封闭成环。

2. 初期支护喷射混凝土完成后，对表面进行刮平处理，保证防水层铺设时基面平整度。

3. 防水材料选用优质材料，遵循“以防为主、以排为辅、刚柔结合、多道设防、因地制宜、综合治理”的原则，采取以提高结构自身防水性能、附加防水层、多道防线的整体防水方案。混凝土选用补偿收缩抗渗混凝土。

4. 做好梁、拱、柱结合部位的防水。

5. 混凝土灌注采用泵送入模方式，充分振捣，保证混凝土密实，对于拱部坍陷部位预埋注浆管，回填注浆填充空隙。

八、安全措施

地铁车站工程是一个复杂的项目，安全管理面广、点多，穿越地下各种管线，环境安全要求高。因此施工过程中贯彻“安全第一、预防为主”的方针，从宏观和微观两个方面控制。宏观上主要以有关的法制、经济和教育为手段，使员工的行为符合安全规范要求；微观上则主要以具体危险源为对象，对施工的全过程建立事故树，对可能的危险点进行判断分析，确定重要危险源、制定技术方案。具体措施如下：

1. 建立完善的安全管理制度，加强对全体职工的安全意识教育，实行安全生产责任制，把安全工作放在首位来抓。

2. 编制应急预案，明确抢险的具体技术措施，并进行应急演练。

3. 建立和完善监测系统网，并将监测点的资料实行信息化管理，及时反馈信息，正确指导施工。

4. 收集地铁沿线重要建筑物、地下管线及岩土资料；制定专项施工方案，保证施工安全。

5. 针对不同工程和工序，确定安全风险控制点和控制指标，加强过程控制，降低风险指数。

6. 与第三方监测单位加强沟通，及时掌握双方的监测情况，保证成果准确。

7. 对重要建（构）筑物实行全过程监测。

8. 确定预警和报警的界限值，根据变形情况及时作出预警和报警，提高信息化施工管理的时效性。

9. 对关键技术措施进行分析，论证和评审，对其可行性以及安全风险性作出可靠的评估。

九、经济效益和社会效益

1. 经济效益

目前，国内使用的方法还有柱洞法和眼镜法等，该方法与上述方法相比，具有工作面多，工期明显加快的优点，能提高工效22%，工程造价降低3%～5%。

2. 社会效益

由于城市经济的飞速发展，修建地铁的大城市也越来越多，在繁华市区进行地铁车站施工明挖法、盖挖法已越来越受限制。目前，国内地铁车站大部分采用双层结构形式，因此该方法有广阔的应用前景，该方法也可应用于地下停车场、地下商场等暗挖施工的工程。

十、工程实例

1. 磁器口车站是北京地铁5号线与规划北京地铁7号线的换乘站，车站全长180m，宽21.87m，高14.933m。车站建筑面积为12244.2m^2，车站主体覆土深度为9.8～10.3m。车站为双层岛式三拱两柱结构，车站地下一层为站厅层，预留通道实现与七号线换乘，地下二层为站台层。

车站支护采用复合式衬砌，初期支护为ϕ25格栅钢架加C20喷射混凝土，厚度30cm，二次衬砌为C30、抗渗等级S10的防水钢筋混凝土，最薄处厚度50cm。立柱为C40钢管混凝土柱，站厅板、站台板为 C30 普通钢筋混凝土。具体结构见图 6。

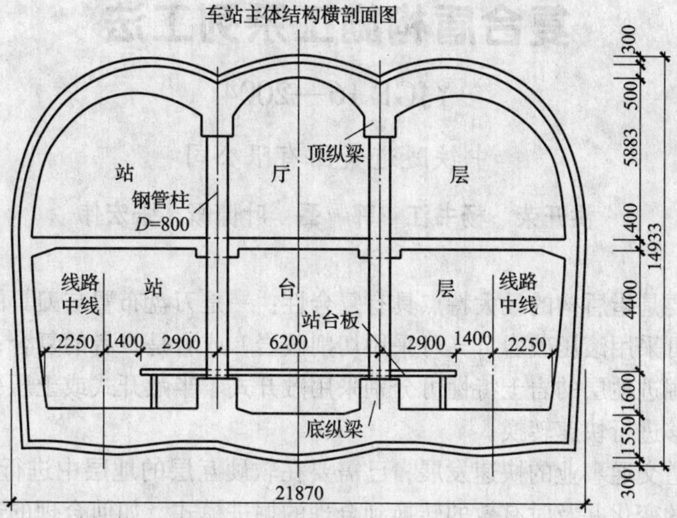

图 6　车站支护结构示意图（单位：mm）

（1）地层地质。

磁器口车站地层表层为人工填土，再下为粉土层、粉质粘土层，再下层为粉细砂层、中粗砂层，车站站厅层主要位于粉细砂层中。

车站站台层底层主要以粉质粘土层、粉土层为主，结构底板主要为卵石圆砾层。地层性质如下：

①粉质粘土、粘土、粉土层为饱和土层，属Ⅵ级围岩，土体的自稳能力差，在地下水的作用下强度大大降低，易发生坍塌现象。

②中粗砂、粉细砂层为含水层，属Ⅵ级围岩，在地下水作用下易发生涌水、流砂、塌方等现象。

③圆砾层为富含水层、饱和状态，密实，属Ⅴ级围岩，有一定的自稳性。

（2）水文地质。

地层中地下水按水力性质分为上层滞水、潜水和承压水。

（3）周边环境。

车站地面路口处建筑密集，西南侧为已经竣工的北京大都市街商场，最近点距风井 2.1m；东北侧风井北侧有一六层银行楼，距井边 3.5m。在崇文门外大街与两广大街交叉口处的市政管线众多，大部分与道路走向平行，并在路口处交叉和分支，沿道路的管线主要设于道路分隔带、辅道及人行道之下。与车站主体及出入口、通道、风道、风亭平面位置有交叉和影响的主要管线有 31 条，包括污水管、雨水管、电力、电信、自来水、煤气、有线电视、热力管线等。

我们采用本工法施工，2003 年 10 月开始中洞开挖，2004 年 12 月完成主体结构，历时 15 个月。施工中，由于工法措施得当，保证了施工过程安全、质量和工期，得到了各方面好评。

2. 北京地铁五号线 3 标段天坛东门站，5 标段崇文门站结构均为三拱两柱暗挖车站，而且崇文门站穿越既有地铁 2 号线，采用本工法也都顺利完成了施工。

复合盾构施工系列工法

YJGF 16—2004

中铁隧道集团有限公司

洪开荣　杨书江　郭　磊　叶慷慨　张宏伟

复合盾构主要是指盾构的最大特点具有复合性：一是刀盘布置与刀具的可更换性，使得盾构破岩方式既可采用滚压破岩，又可采用切削破岩，或者是二者的复合；二是掘进模式的复合性，根据被掘进地层的岩土特性可分别采用敞开式、半敞开式或土压平衡模式掘进，且各种掘进模式能够进行快速转换。

随着城市轨道交通事业的快速发展，已需要在软硬互层的地层中进行盾构法隧道施工。但如何判断地层的变化并及时有效的转换到合理的掘进模式，如何合理的选择掘进模式来满足环境保护的要求等成为迫切需要解决的问题。

广州地铁二号线越三盾构区间工程地质条件复杂，各种地层相互交错、软硬不均、岩石强度差异大，区间隧道穿越范围内的上方建（构）筑物密布。隧道所穿越的地层从上到下主要有残积土可塑层、残积土硬塑层、全风化岩、强风化岩、中等风化岩、微风化岩。

中铁隧道集团有限公司在承建广州地铁 2 号线越秀公园站～三元里站区间盾构工程中，组织科研及工程施工技术人员对此进行了研究，取得的科研成果已通过河南省科学技术厅鉴定，为盾构实现快速掘进、高效优质建设该工程创造了条件，并在广州地铁 3 号线大石南～汉市区间盾构工程施工中进行了完善，在此基础上经总结形成本工法。

一、复合盾构的掘进施工

1. 掘进施工的特点及适用范围

(1) 复合盾构掘进施工能保证连续可控，各子系统同时运转、各配套工序有序进行，施工速度快。

(2) 能适应不同地层，可根据不同地层的特点灵活地选择掘进模式与掘进参数，以达到高效率、低成本的目标。

(3) 通过掘进参数的调整，能有效控制地层沉降，能确保施工和附近地层和地面建筑物的安全。

(4) 适用于在不同地层中采用复合盾构或土压平衡盾构施工的城市地铁、铁路、公路、水工隧道等地下工程。

2. 施工工艺

(1) 工艺原理。

①敞开式掘进模式（OPEN）。盾构切削下来的渣土进入土仓后即被螺旋输送机排出，土仓基本处于清空状态，掘进中刀盘和螺旋输送机所受反扭矩较小，土仓不能支撑开挖面地层和防止地下水渗入。该模式适用于能够自稳、地下水少的地层。

②半敞开式（SEMI－OPEN）。半敞开式又称为局部气压模式。掘进中土仓内的渣土未充满土仓，通过盾构保压系统向土仓内输入压缩空气与渣土共同支撑开挖面和防止地下水渗入。该模式适用于具有一定自稳能力和地下水压力不太高的地层，其防止地下水渗入的效果主要取决于压缩空气的压力。

③土压平衡模式（EPB）。掘进中切削下来的渣土充满土仓，通过控制盾构推进速度和螺旋输送机的排土量产生与掌子面土压力和水压力相平衡的土仓压力来稳定掌子面地层和防止地下水的渗入。通过测量土仓内的土压力来随时调整盾构推进速度和螺旋输送机的转速，控制出渣量。该模式适用于不能自稳的软土和富水地层。

（2）施工工艺流程（见图1）。

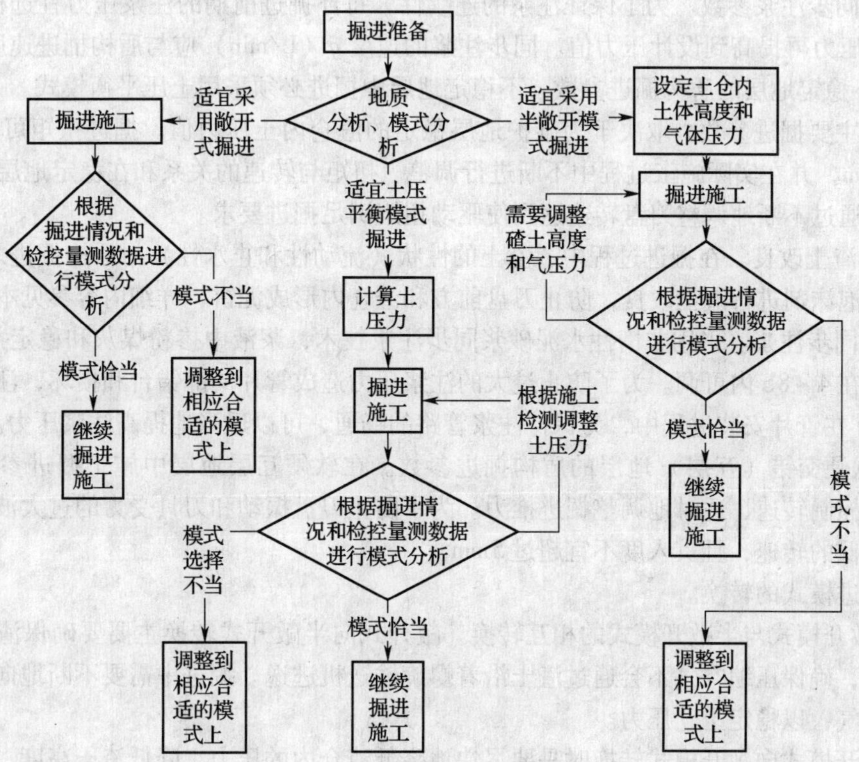

图1　施工工艺流程

（3）施工方法。

根据不同地段的工程水文地质情况，确定掘进推力（P）、掘进扭矩（T）、刀盘转速（R）以及由此控制的掘进速度（V），确定满足掘进速度下的螺旋输送机的转速（r）、注浆速度（q）和注浆压力（P_2）等掘进参数。在施工期间，对掘进参数进行动态管理，结合地面监测反馈信息及时进行分析总结，再对掘进参数进行优化。

①不同掘进模式的掘进参数选择。

a. 稳定地层的盾构掘进参数。该地层掘进采用敞开式。若因地下水的流失造成较大的地表沉降，可建立局部气压，采用半敞开式模式掘进。

（a）主要掘进参数的选择。主要是刀盘推力和刀具贯入度选择，须根据设备的性能、生产厂商的设定、操作规程、地层情况和岩石类型来确定。

在工作面能够自稳，节理裂隙发育而地下水不丰富的不均质岩层中采用敞开式掘进，一般采用较低的转速和较大的贯入度。如在泥质、粉质砂岩中，掘进时刀盘转速宜控制在1.0~1.5rpm，掘进速度可达到30~40mm/min。如该地层地下水比较丰富，需控制地下水流失，则采用半敞开模式掘进或土压模式掘进，渣仓内压力依据地下水压而确定。在隧道上覆岩土层厚度大于9m、地下水位位于地表以下1.0~2.0m，上部压力一般为0.12~0.15MPa时，推力调整为10000~13000kN。

（b）螺旋输送机转速。在敞开模式和半敞开模式掘进中，螺旋输送机的转速依据掘进速度和渣仓内压力传感器显示的压力进行调整。在半敞开模式掘进中，螺旋输送机的转速要达到与掘进速度相匹配的出渣速度，同时要保证螺旋输送机出料口处不发生喷涌现象。

（c）同步注浆参数。为了保证注浆的连续性，每环掘进前期的注浆压力宜选稍低一点，后期注浆压力再提高到设计压力值。同步注浆的速度 q（L/min）应与盾构掘进速度相匹配。

b. 不稳定地层的盾构掘进参数。不稳定地层中掘进必须采用土压平衡模式。

（a）主要掘进参数。取决于为维护地层稳定的渣仓内土压力值。掘进扭矩可取3200~4120kN·m，并在实际施工过程中不断进行调整。扭矩与转速的关系和在稳定地层中掘进一样，只能通过不断地调整刀盘转速达到使驱动扭矩满足掘进要求。

（b）渣土改良。在掘进过程中，渣土的性状（流动性和止水性）对盾构掘进影响很大，必须使用泡沫剂进行渣土改良，防止刀盘前方和渣仓内形成泥饼，详细内容参见本文四。

（c）同步注浆。采用非惰性水泥砂浆同步注浆技术，浆液中掺粉煤灰和稳定剂等材料，初凝时间在4~8h内可调。为了防止过大的注浆压力造成管片局部错台和损坏，注浆压力大于5MPa。在管片安装过程中，为保持注浆管路的畅通，可以适当地提高注浆压力。

c. 软硬交错（互层）地层的盾构掘进参数。在软硬互层地层中施工掘进参数变化较大，必须控制转速、适时地调整掘进推力。为了防止刀盘振动和刀具受力的过大波动，一般宜采用较低的转速，且贯入度不宜超过5mm。

②掘进模式的转换。

a. 敞开模式与半敞开模式的相互转换。敞开式向半敞开式转换主要要确保渣仓内能够保住气压，确保压缩空气不会通过渣土沿着螺旋输送机逃逸。掘进中需要不断地向渣仓内补充压缩空气，以稳定土仓压力。

半敞开模式向敞开模式转换时是要尽快地降低渣仓内的压力，降低渣土高度。因此，要加大螺旋输送机的转速，加大出料口的开启度，以利于渣土的排出。但也应在渣仓内保留一些渣土，使渣土高出螺旋输送机进料口约1m，否则螺旋输送机的出渣效率极低。

b. 敞开模式与土压平衡模式的相互转换。敞开掘进模式向土压掘进模式转换时要尽快建立所需的土压。一般先停止螺旋输送机出渣，使渣土尽快填渣仓内的空间并形成土压支撑工作面。当渣仓内的土压达到掘进设计土压值后，再开启螺旋输送机进行排土出渣，并使出渣速度与掘进切削下来的渣土量相平衡，以保持土压的稳定。

c. 半敞开模式与土压平衡模式的相互转换。半敞开掘进模式向土压平衡掘进模式转换时减小螺旋输送机的出渣速度，将渣仓内压缩空气所占住的空间用渣土替换，增加渣仓内的压力，使渣仓内的空气以逃逸的方式进入地层，从而建立土压平衡掘进模式。

土压平衡模式向半敞开模式转换时，一般是缓慢加大螺旋输送机的转速以加大出渣速度，降低渣仓内渣土高度。同时，向渣仓内注入压缩空气，使渣仓内的最小压力不低于设计值。

③方向的控制与调整。

a. 采用VMT隧道自动导向系统和人工测量辅助进行盾构姿态监测。VMT系统能够适时显示盾构当前位置与隧道设计轴线的偏差以及趋势，进行导向和自动定位。导向系统的测量仪器及后视基准点需要前移时，必须通过人工测量来进行精确定位。为保证推进方向的准确可靠，每周进行两次人工测量，以校核自动导向系统的测量数据，复核盾构的位置、姿态，确保掘进方向正确。

b. 采用分区调整盾构推进油缸推力来控制盾构掘进方向。根据线路条件所做的分段轴线拟合控制计划和导向系统反映的盾构姿态信息，结合隧道地层情况，通过分区操作盾构的推进油缸来控制掘进方向。每环掘进时，对盾构竖直和水平方向姿态的调整量不超过6mm。

根据线路条件情况的具体调整方法是：上坡段掘进时，适当加大盾构下部油缸的推力；下坡段掘进时，适当加大上部油缸的推力；左转弯曲线段掘进时，适当加大右侧油缸推力；右转弯曲线掘进时，适当加大左侧油缸的推力。

④刀具更换。

正确及时地更换刀具，可以减少刀具的非正常损坏及意外停机换刀时间，达到提高设备利用率、降低刀具损耗的目的。刀具更换应遵循“合理、批量、快速”的原则。

“合理”更换。“合理”更换是指刀具类型与掘进地层相适应，刀具更换计划合理。在硬岩地层中掘进应以滚刀破岩为主，软岩地层中以切刀和齿刀为主。更换中，应做到新旧刀具刀圈安装过渡合理，对非正常损坏的刀具及时进行更换。

“批量”更换。为了保证刀具破岩的效率，减少刀具更换频率，可有计划地分批分量更换边刀、正滚刀、中心刀、刮刀、切刀。

“快速”更换。刀具更换在近似密闭的仓内进行，为了保证换刀人员和机械设备的安全，必须快速准确地换刀。在硬岩或自稳能力较强的地段因不需要在土仓蓄压以提供额外支撑压力，这时可在无压下直接进入刀盘换刀。在软岩、含水丰富地段，土层无自稳能力，必须由盾构来提供使地层稳定的支撑压力（EPB），这时，工作人员只能在带压进舱模式下进行换刀。

⑤运输方式。

洞内水平运输采用重载轨道列车运输，列车长54.6m，由九节车辆组成，其编组是一辆350kN交流变频机车、五辆矿车、一辆砂浆车和两辆管片车，为43kg/m级的单线轨道，一个掘进循环的材料和渣土由编组列车一次运进与运出。管片、轨料、油脂油料等的垂直运输由单梁门吊完成，渣土由两台双梁悬臂门吊先垂直提升，然后水平移动到悬臂卸渣平台侧卸掉。

3. 机具设备（见表1）

表1　机具设备配备表

序号	名　　称	规格型号	数量	用　　途
1	复合盾构	EPB6280mm	1台	
2	编组列车		2列	运送管片、砂浆及出渣
3	砂浆搅拌站	TS－500（$20m^3/h$）	1座	生产同步注浆用砂浆
4	单梁门式起重机		1台	吊放管片及其他材料
5	双梁悬臂门式起重机		2台	卸渣
6	轴流风机	SFD－4－10/0	1台	隧道通风

4．劳动力组织

盾构掘进施工分两班进行，每班劳动力安排见表2。

表2　劳动力组织表

序号	岗位名称	人数	职责
1	班长	1	负责现场施工管理
2	盾构主司机	1	盾构操作
3	管片安装司机	1	管片安装机操作
4	管片安装工	4	管片安装
5	注浆司机	1	同步注浆
6	机车司机	2	机车行车调度
7	调车员	2	
8	轨线工	2	
9	辅助工	2	
合计		16人/每班	

5．质量控制

盾构掘进施工必须严格执行《地下铁道工程施工及验收规范》中第八章“隧道盾构掘进法施工”及《复合盾构安全操作规范》、《复合盾构维修保养规程》及《海瑞克盾构技术规范及使用说明书》的有关规定。此外，还需做到：

（1）掘进时对称位置的油缸推力差尽量不超过5MPa，以避免管片损坏或产生错台，并合理进行掘进方向的调整，确保成形隧道的质量。

（2）正确进行管片选型，管片吊装、运输过程中注意对管片的保护，避免损坏管片以及管片的防水材料，管片安装按由下至上、左右对称的原则进行。

（3）必须遵循注浆与掘进同步进行的原则，注浆量与注浆压力必须达到技术交底或技术方案的要求，每班至少清洗一次注浆系统，使其保持处于良好的工作状态。

6．安全措施

严格按项目安全管理制度和施工方案组织施工，严格执行相关的设备操作规程。参加掘进施工的管理干部、技术人员、操作工人必须通过合格的系统培训，全面掌握相关的安全知识，各工序全面达到相应的安全操作要求。此外，在掘进工序中还应做好以下几点保证安全的工作：

（1）加强垂直及水平运输系统的安全监控，防止机械伤害事故的发生。

（2）落实各种掘进模式转换中的安全措施，做好现场安全监督。

（3）严格信息化管理，加强地表巡查工作，消除安全隐患。

（4）管片拼装时，非操作人员不得进入管片拼装区域，管片拼装机司机在操作过程中随时关注管片拼装区域内人员情况。

7．效果

（1）2001年4月~2002年2月，我们使用复合盾构施工越三盾构工程，创造了日掘进20环（30m）、月掘进405m的全国纪录，工程提前2个月竣工，质量优良，为企业赢得了较好的社会声誉。

（2）大汉盾构工程中于2003年4月开始掘进，创造了始发月就掘进400多米的好成绩。截至2004年3月31日，创造了盾构月均进尺331.3m，最高月进尺562.5m的全国新记录。

（3）在未采取其他任何辅助措施下安全顺利地下穿了京广铁路广州火车站站场14股轨道及其站场站台、地下邮政通道与人行天桥，其中3股快速直行线地表沉降只有5.4mm；穿过距隧道0.56~2m的房屋桩基群时，房屋最大下沉量仅5.3mm。

二、盾构管片制作与安装

盾构法施工中多采用预制混凝土管片作为隧道衬砌结构，对管片的几何尺寸、强度、抗渗能力要求较高，以保证管片的承压能力和安装精度。

1. 特点及适用范围

管片制作过程程序化、工厂化，制作、安装的全过程质量可控，工艺可操作性强，生产效率高，速度快，质量好，便于在类似工程中推广使用。

适用于采用盾构或双护盾TBM施工的城市地铁、铁路、公路、水工隧道等地下工程中类似衬砌结构的管片制作与拼装。

2. 施工工艺

（1）工艺原理。

管片制作时，每个工序从模板制作到成品养护按程序化、工厂化生产方式进行，确保管片生产的高效率、高产量、低成本。

管片安装采用机械化方式，机械为主，人工为辅，测量与质量检验紧密结合，最终形成稳定性良好的工程结构。

2. 施工工艺流程（见图2）。

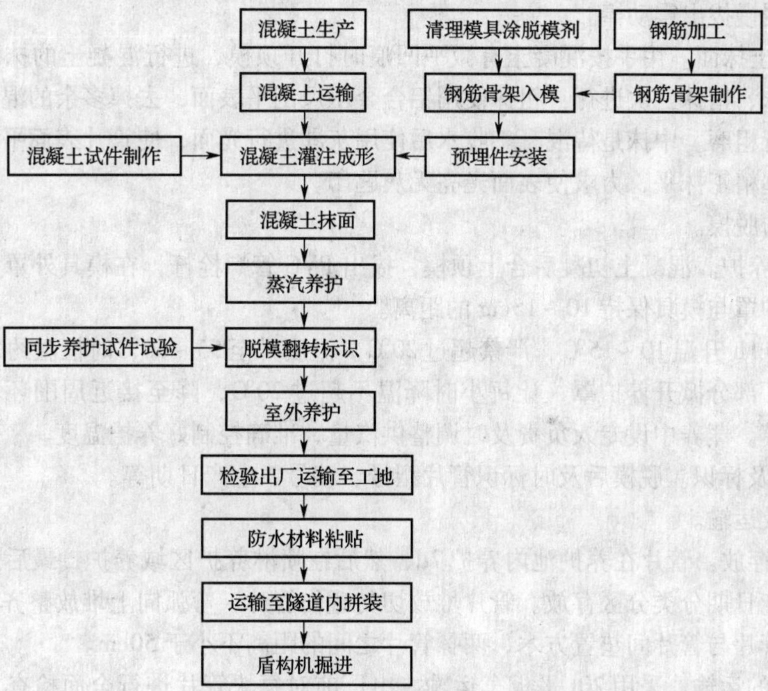

图2　盾构管片制安施工工艺流程图

（3）施工方法。

①钢模制作。选择具备钢模生产资质的专业厂家制造钢模，并满足工厂化、程序化的生产要求和产品的精度要求，模具必须严格按照操作说明书进行维护保养和日常检测。

②钢筋骨架加工。严格按钢筋加工大样图进行断料和弯曲成型，骨架焊接成型在符合设计要求的靠模上进行。钢筋与钢筋之间及邻近的金属预埋件之间净距离不少于25mm。

钢筋焊接电流控制在100～140A之间，焊接时不得烧伤钢筋，焊口要牢固，焊缝表面不允许有气孔及夹渣。焊接后将氧化皮及焊渣及时清除干净。

③组模。清理干净模具表面，检查模具的精度符合要求后开始组模。用喷雾器均匀喷涂脱模剂，出现流淌现象时可用干棉纱吸去多余的脱模剂。

钢筋骨架装上保护层定位卡后，由桥吊配合专用吊具放入模具。由专人负责检查周边及底部混凝土保护层是否匀称，在校正定位钢筋的同时，绑扎钢筋部件、固定预埋配件。

最后，专项负责人对模具、钢筋骨架、保护层、预埋件进行检验，确认合格后进入下道工序。

④混凝土生产、灌注成型。

a. 混凝土搅拌。采用自动计量拌和系统。上料系统和搅拌系统要定期检验，使电子称量系统的精确度始终保持准确，搅拌机始终保持完好状态。严格按照审批的混凝土配合比单组织生产，严格控制混凝土搅拌时间在2min。

b. 混凝土浇筑。采用分层下料方式。打开顶盖浇筑1/3～1/2混凝土，合上顶模后从模具中部继续浇筑混凝土并启动振动器，振至模具内混凝土完全装满。

在混凝土振实过程中，认真检查各部位的紧固螺栓，如有松动立即紧固。

采用插入式震动棒作为辅助振源时，震动棒先从与灌浆孔螺栓相距20cm左右处斜插入，然后开始向外周插捣，并与侧模方向平行，至灌浆孔螺栓位置不再冒喷气、水泡时为止，结束后缓慢拔出震动棒。

c. 混凝土抹面。用手按混凝土有微平凹痕时打开顶模，进行混凝土的抹面工作。抹面按粗抹、中抹、精抹三次进行：粗抹使用铝合金压尺刮平表面，去掉多余的混凝土或填补凹陷处，并进行粗磨。中抹是待混凝土收水后使用灰匙进行光面，使管片表面平整、光滑。精抹是使用长匙精工抹平，力求使表面光亮无灰匙印。

⑤养护与脱模。

a. 蒸汽养护。混凝土初凝后合上顶模，拔出PVC管螺栓杆，在模具外罩上密闭的帆布罩。帆布养护罩与模具保持10～15cm的距离。

蒸养时，1h升温10～15℃，严禁超过20℃。温度升至55～60℃时恒温约2h。降温时先关上供汽阀，部分掀开养护罩，让每小时降温不超过20℃，降至接近周围环境温度时，过半小时后脱模。蒸养中设专人负责及时调整供汽量，准确控制好养护温度。

b. 脱模及标识。脱模后及时标识管片型号、编号、生产日期等。

⑥存放及运输。

a. 管片存放。管片在养护池内养护7d，然后在喷淋养护区域养护，最后运至堆放场地按型号及生产日期分类分区存放。管片堆放切勿碰伤管片，弯弧向上堆放整齐，堆放高度不超过四块，管片与管片间垫置方木，两摞管片之间的距离不小于50cm。

b. 管片的运输。采用20t平板车运输，出厂前对每块管片进行全面检查，严禁有质量缺陷的管片出厂。每环管片分两摞堆放，每摞三块。标准块按A2、A1、A3的顺序自上而下排列，邻接块与封顶块按 K、B、C 的顺序自上而下排列。管片装车后捆绑好保险带，防止在运输过程中移位、倾斜。

⑦防水材料粘贴。管片在现场经质检工程师检查验收后，粘贴防水材料。粘贴前先将管片环纵接触面及预留粘贴止水条的沟槽清理干净，再用刷子涂抹粘贴剂。涂后待不粘手时，将框形止水条放入密封沟槽内，凸肋边粘贴在管片背千斤顶一侧，用木榔头敲紧止水条使之与管片面密贴。用同样的方法粘贴环纵缝衬垫，环缝的软木衬垫粘贴在管片背千斤顶侧环面，纵缝的丁腈软木橡胶衬垫粘贴在标准块单侧、邻接块 B 块两侧、C 块单侧，封顶块两侧不粘贴。止水条及软木衬垫粘贴好后，粘贴管片角部自粘性橡胶薄板，加强角部防水。

⑧管片拼装。管片由管片运输车运至隧道内，按安装顺序利用管片吊机吊运并存放在管片小车上或放于设备桥区域。管片衬砌环宜采用错缝拼装。管片安装时，清理干净安装区域内的杂物，根据管片块的安装位置收回该处的推进油缸（严禁将非安装处的油缸同时收回）。当封顶块的位置在上部时，从底部开始，左右交叉安装，最后安装封顶块；当封顶块的位置在下部时，从最下部的邻接块开始，一个方向逐块安装，最后安装封顶块。

封顶块的安装应先径向插入 4/5 长度左右，后进行微调使之与相邻管片平顺连接，再伸出推进油缸将其纵向插入。

管片安装机的抓取力应控制在管片吊装孔的抗拔力以内，一般为管片自重的 2～3 倍，在连接管片的螺栓全部拧紧后，才将抓取装置与管片分离。

伸出推进油缸时，一定要把推进油缸的压力在控制室内调低到 3～4MPa。

管片微调到位后，先将连接螺栓插入预留孔内，然后将推进油缸伸出顶紧管片，先顶中间，后顶两边。除封顶块外，顶紧油缸不得少于 3 个。管片脱出盾尾后，要及时对所有螺栓进行复紧。

3. 机具设备（见表 3）

表 3　管片制作、拼装机具设备表

序号	设备名称	规格型号	数量	用　途
1	管片钢模具	6000×300×1500	6 套	
2	混凝土搅拌机	TZJ－60	1 台	
3	搅拌系统	ELBAEMC45	1 台	
4	蒸汽锅炉		2 台	
5	喷淋养护设备	自制	1 套	
6	混凝土运输平板车	自制	1 辆	
7	管片翻转机	自制	1 台	
8	空气压缩机	3L－10/8	2 台	
9	调直切断联动机	直径 3－8	1 台	
10	钢筋自动切断机	TFC－M	1 台	
11	钢筋弯曲机	GWB－40	6 台	
12	钢筋弯弧机	R－32－U	2 台	
13	电焊机	BX3－300－2A	11 台	

续表 3

序号	设备名称	规格型号	数量	用　途
14	双梁桥吊		4台	
15	单梁桥吊		1台	
16	叉车	CPCD80kN	4台	
17	万能材料试验机		1台	
18	液压万能试验机	WE－600	2台	
19	压力试验机	NYL－2000D	1台	
20	电动抗折试验机	DKZ－5000型	1台	
21	混凝土渗透仪	HS40	1台	
22	管片抗渗试验机		1台	
23	混凝土加速养护箱	HJ－84	1台	
24	恒温恒湿设备	B1666－1C	1套	
25	三环拼装设备	自制	1套	
26	管片安装机		1台	盾构配套设备
27	管片运输车	自制	4台	与运输系统配套
28	风动扳手		2把	

4. 劳动力组织

管片制作与安装施工分两班进行，每班劳动力安排见表4。

表4　劳动力组织人员配备表

序号	岗位名称	人数	职　责
1	班长	1	负责现场施工管理
2	钢筋加工	16	其中下料5人，弯弧5人，弯曲6人
3	钢筋骨架制作	6	
4	模具检测	3	
5	组模	10	
6	混凝土生产	2	
7	混凝土浇筑	4	
8	混凝土抹面	4	
9	蒸汽养护监控	1	
10	管片脱模	4	
11	管片修补	4	
12	桥吊司机	4	含地面配合2人
13	管片水养及喷淋养护	2	
14	质量检查员	4	

续表4

序号	岗位名称	人数	职　责
15	车间办公室	2	试验人员1人，技术人员1人
16	管片安装司机	1	操作管片安装机（与掘进合班）
17	管片安装工	4	安装管片（与掘进合班）
18	管片供应	3	管片选型及止水材料粘贴
合　计		70+（5）人/班	

5. 质量控制

管片的制作和拼装精度必须严格执行《地下铁道工程施工及验收规范》（GB 50299—1999）中8.6节“钢筋混凝土管片拼装”及8.11节“钢筋混凝土管片制作”的有关规定。

（1）管片生产质量控制。

①加强原材料的质量控制，管片生产所用的砂石、水泥、钢筋等严格按照频率取样试验，严禁不合格材料进场。

②做好模具的维修保养工作，加强模具尤其是关键部位的清理工作，每周对模具精度进行一次全面检查，对基础垫块进行调整；加强螺栓上紧的扭矩和顺序的监督；对脱模后的管片尺寸进行测量。

③钢筋笼制作严格执行作业指导书“钢筋骨架部分”的质量要求，经检验合格后挂上合格标志放于产品区。

④加强混凝土生产质量监控，浇筑混凝土时控制好振捣器的振动时间，由拌和站指定责任人认真填写混凝土送料单，不定期对拌和站进行检查。同时，认真做好混凝土质量跟踪检查，并填表备案。

⑤认真做好混凝土管片的蒸汽养护及脱模后的养护工作。

（2）管片拼装质量控制。

①严格进场管片的质量检查，吊装运送管片时做好保护工作，防止管片破损。

②管片堆放区设置防雨的设施。止水条及衬垫粘贴前，对管片接触面进行彻底清洁，确保粘贴稳定牢固。

③管片拼装前对管片安装区进行清理，保证安装区及管片间接触面的清洁。

④管片安装时，利用拼装机的微调装置，将待装的管片与已安装管片块的内弧面纵面调整到平顺相接状，充分减小错台。调整时，动作要平稳，避免管片碰撞破损。

6. 安全措施

严格按项目安全管理制度和施工方案组织施工，严格执行相关的设备操作规程。参加管片制作与拼装的管理干部、技术人员、操作工人必须经过系统合格的培训，明确各工序的安全操作程序。

（1）管片制作安全措施。

①进入生产车间后必须佩戴安全帽，不得在起吊物下站立及行走。

②行车司机必须经培训考试合格后才能进行单独操作。行车启动前须打铃，检查各方面动态，认真观察周围的环境安全。工作过程中必须集中注意力，听从起重工的指挥。

③机械设备严格按有关操作规程进行操作，做好经常性的检查和保养。非操作人员一律不得擅自动用，电气设备维修保养一律由电工进行，机械停止使用时应切断电源。

④吊具使用之前必须认真检查，对已磨损的部件及时修复更新。

⑤电焊、气割时周围不得有易燃易爆物品，否则不得进行操作。

⑥管片成品堆放时不得超高，堆放要平稳。

（2）管片拼装安全措施。

①管片拼装时，非操作人员不得进入管片拼装区域。管片拼装机司机在操作过程中要随时关注管片拼装区域内的人员情况。

②拼装施工人员应将管片拼装机移动范围内的管线放到合适的位置，避免管线损坏。

③紧固螺栓时不得移动管片拼装机，以免人员摔跌受伤。

④严禁用管片拼装机进行非管片拼装的拉、推、顶操作，以免损坏设备。

⑤操作人员使用的工具应放到稳妥的位置，避免工具从高处坠落打坏推进油缸等设备。

7. 效果

管片生产过程可控，生产速度快、效率高、精度高、产品质量好，能满足盾构快速掘进对管片数量和质量的需求。

管片安装速度快，安装一环管片时间可控制在 20 ~ 35min 内，管片错台可控制在 10mm 以内，其中 95 以上保持在 5mm 以内。

三、环形间隙同步注浆

盾构施工时隧道管片的成型质量、地层形变状况、地表沉降的大小都与环形间隙注浆密切相关。环形间隙同步注浆是指盾构向前推进时，在盾尾外附近的管片与围岩间不断形成环形空隙的同时通过盾尾上的注浆管不断对这新产生的环形空隙进行的填充注浆，以尽早稳定管片环，控制地层变形。

1. 特点及适用范围

采用机械化作业，工序严谨，施工进度快，工程质量易控制；采用非惰性浆液连续地对管片背后与围岩之间不断产生的空隙进行同步填充，确保了管片结构的早期稳定和隧道的结构防水质量，能有效地控制地表沉降。

适用于采用盾构或双护盾 TBM 施工的城市地铁、铁路、公路、水工隧道等地下工程中的管片衬砌背后环形间隙同步注浆施工。

2. 施工工艺

（1）工艺原理。

①同步注浆。通过同步注浆系统及盾尾的注浆管，在盾构向前推进时形成盾尾空隙的同时，不断对该处进行注浆，将盾尾空隙在其形成的极短的时间内将其充填密实，使周围岩体获得及时的支撑，可有效地防止岩体坍陷，控制地表沉降。

②补充注浆（补强注浆）。采用地表沉降监测进行信息反馈，结合洞内超声波或人工开孔等方法探测管片衬砌背后有无空洞，对同步注浆后仍存在的空洞和密实性差的地方，通过管片上的注浆孔实施补充注浆，进一步加固地层，有效地控制住地表沉降。

（2）施工工艺流程（见图 3）。

（3）施工方法。

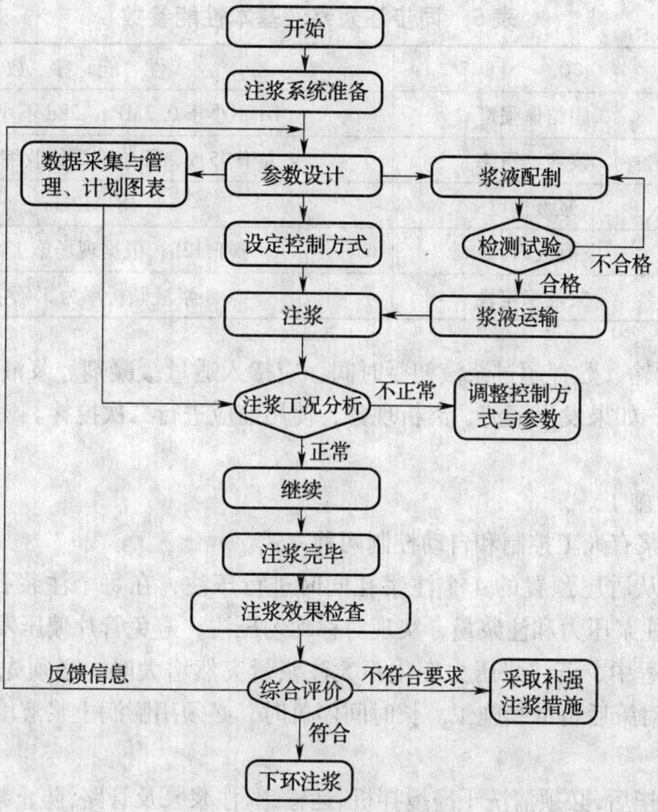

图3 施工工艺流程图

①注浆参数。

a. 同步注浆参数。

(a) 注浆压力。注浆时，既要保证对管片背后环向空隙的有效充填，也要防止因注浆压力过大而引起地表隆起或破坏管片结构，注浆压力宜控制在0.25~0.45MPa。

(b) 注浆量。通常取环形间隙理论体积的1.2~1.6倍，每环注浆量Q=4.86~6.1m^3。

(c) 注浆结束标准。采用注浆压力和注浆量双指标控制标准：当注浆压力达到设定值、注浆量达到设计值的85%以上时，即可认为达到了质量要求而结束注浆。

b. 补充注浆参数。采用水泥-水玻璃双液浆，通过注浆孔（管片吊装孔）钻孔，钻孔进入围岩，同时对周围岩体进行补充加固，相关参数为：

扩散方式：渗透~劈裂； 浆液扩散半径：1m；
有效加固范围：2m（柱状间隔加固）； 注浆压力：0.3~0.5MPa；
每环注浆量：7.3m^3； 凝结时间：20~120min。

②浆液拌制、运输及贮存。

a. 浆液性能（见表5）。

b. 拌制浆液的膨润土应提前一天制成浆液，使用前再与其他原材料进行混合。投料按砂、水泥、水依次进行。配制计算时，膨润土浆液中的用水量应计入总配合比中。

c. 浆液通过输料管下放到编组列车的砂浆运输罐（6.5m^3）内运至掘进工作面，通过后配套拖车上的砂浆泵将砂浆罐中的浆液抽入同步注浆泵的贮浆罐。

表5　同步注浆浆液基本性能参数

序号	项　目	性 能 参 数
1	固结体强度	1d 不小于 0.2MPa，28d 不小于 2.5MPa
2	浆液结石率	大于 95%，即浆液固结收缩率小于 5%
3	浆液稠度	8～12cm
4	凝胶时间	小于 12h；根据现场施工需要调整
5	浆液稳定性	浆液倾析率为 5% 左右

d. 若浆液运输、贮存超过浆液初凝时间，应掺入适量缓凝剂。浆液在运输与贮存过程中不得随意加水。如果发生沉淀、离析现象，使用前应进行二次搅拌。

③注浆施工。

a. 同步注浆施工。

(a) 同步注浆有人工控制和自动控制两种方式。

(b) 注浆时从盾尾预置的 4 个注浆孔同时进行压注，在每个注浆孔出口设置分压器，以便检测、控制注浆压力和注浆量，实现对称均匀压注，避免管片偏压发生错台或损坏。

(c) 注浆过程中，若注浆压力变化不大注浆量突然增大时，必须先停止注浆，待查明原因并采取有效对策后再继续施工。长时间停机时，必须用膨润土浆液填充注浆管路，防止管路堵塞。

(d) 注浆完毕后,必须清洗干净搅拌机、运输罐、注浆泵及管路,防止浆液在设备中凝固。

b. 补充注浆施工。

管片拼装衬砌完成 10 环以后，每 6m 左右（4 环）在拱部钻孔检查同步注浆情况，管片背后有孔洞或渗漏水时实施补充注浆，先压注管片背后空隙大或节理裂隙较发育的一侧，在软硬不均地层中注浆时，应先从软岩侧进行。管片背后有水涌出时，应及时调整双液浆的配比，缩短胶凝时间，达到迅速阻水的目的。

④几种漏浆现象的处理。

a. 盾尾漏浆：一般采用棉纱和木楔封堵。

b. 掌子面漏浆：由于盾壳与岩面间空隙过大，注浆时浆液会窜至掌子面，对策是利用泡沫注入系统，向盾壳与岩壁间注入膨润土形成隔离环，阻止浆液流入掌子面。

3. 机具设备（见表6）

表6　环形注浆机具设备表

序号	名　称	规格型号	数量	用　途
1	同步注浆泵	SWING KSP12	2 台	管片背后同步注浆（盾构自带）
2	砂浆罐车	$6m^3$	2 台	运输砂浆（运输系统配置）
3	砂浆搅拌站	TS－500（$20m^3/h$）	1 座	生产同步注浆用砂浆
4	双液注浆泵	KBY－50/70	1 台	补充注浆用
5	双液搅拌机	QV－500/50	1 台	浆液拌制
6	单梁门式起重机	150kN/23.2m	1 台	补充注浆材料吊放（运输系统配置）

4. 劳动力组织

管片环形间隙注浆施工分两班进行，每班劳动力安排见表7。

表7　劳动力组织人员配备表

序号	岗位名称	人数	职　　责
1	班长	1	负责现场施工管理
2	值班土木工程师	1	现场技术指导
3	同步注浆司机	1	操作同步注浆泵
4	搅拌站	3	拌制同步注浆用砂浆
5	门吊司机	1	吊放管片及其他材料
6	运料工	3	水泥、水玻璃等材料运输
7	注浆泵司机	2	双液注浆泵操作及施工记录
8	制浆工	4	双液浆浆液配制
合　计		16人/班	

5. 质量控制

(1) 按照《质量计划》要求，注浆工序按特殊过程控制程序进行控制：人员培训后上岗；所用设备、计量器具等定期鉴定；所用各种原材料的检验执行《采购产品的检验和试验控制程序》；施工过程施行连续监控，并详细记录。

(2) 通过试验选定合适的注浆材料及浆液配比，浆材的物理力学指标符合设计要求。

(3) 浆液严格按工程师通知的配合比配制，浆材计量误差控制在规范允许范围内。

(4) 制订详细的注浆施工设计、工艺流程及注浆质量控制程序，严格按要求实施注浆、检查、记录，及时作出 P（注浆压力）—Q（注浆量）—t（时间）曲线，分析注浆效果，反馈指导下次注浆，并及时报告业主和现场监理工程师。

(5) 根据洞内管片衬砌变形和地面及周围建筑物变形监测结果，修正注浆参数和施工方法，发现情况及时解决。

(6) 做好注浆设备的维修保养，确保注浆材料供应，保证注浆作业连续不中断。

(7) 补充注浆结束后，做好注浆孔的密封，防止注浆孔处渗漏水。

6. 安全措施

(1) 严格按项目安全管理制度和施工方案组织施工，严格执行相关的设备操作规程。

(2) 建立健全各岗位安全责任制，加强施工人员的安全意识，进行岗前安全技能培训。

(3) 严格进行注浆技术交底施工。除注浆泵操作人员外，其他人员不得开启注浆泵。

(4) 补充注浆在后配套拖车及修补架等高空处进行时，必须佩戴相应安全防护设施，谨防高空坠落。

(5) 加强管线接头、阀门等有压不安全部位的检查维修，确保设备完好，作业全程安全。

7. 效果

环形间隙同步注浆采用非惰性浆液，克服了双液注浆容易堵管的问题，解决了惰性浆液同步注浆所带来的管片成型难以控制的难题。在施工过程中根据不同的地层情况，选择相应的注浆材料及注浆参数，不仅满足了各种地层注浆施工的要求，而且有效地控制了地层的变形与沉降，确保了盾构安全快速掘进，提高了隧道的防水质量。

四、掘进渣土改良

渣土改良仅适用于复合式盾构或土压平衡盾构施工。经改良的渣土具有良好的塑流状态，良好的粘—软稠度，低的内摩擦力和低的透水性。使渣土在掘进过程中具有较好的土压平衡效果，较好的止水效果和排渣效果，有效防止土渣粘结刀盘而产生泥饼，防止排土时的喷涌，降低刀盘及螺旋输送机扭矩，延长刀具和螺旋输送机的使用寿命，提高掘进效率，使施工达到经济高效的目的。

1．特点及适用范围

采用盾构掘进参数和渣土性状控制法，及时有效的改良渣土，有利于发挥盾构施工高效、安全的特点。能有效地降低刀盘和螺旋输送机的工作扭矩、降低了渣土对机械部件的磨损，节能降造明显。

适用于复合式盾构或土压平衡盾构的隧道施工。

2．工艺原理

在盾构掘进产生的渣土中，通过泡沫发生系统掺入泡沫剂或膨润土，使渣土的流动和粘度等性能得到改善，便于盾构掘进、出渣和地层稳定，减小盾构部件损耗，达到盾构施工快速、安全、高效的目的。

3．工艺流程及操作要点

（1）渣土改良总体工艺流程（见图4）。

（2）渣土改良方法。

一般分为泡沫剂法和膨润土法。实际施工中使用最多的是泡沫剂法，膨润土法只作为泡沫剂法的补充方法。

①泡沫剂法。泡沫剂是一种无色、无毒、无味的粘稠状工业制剂，目前施工中多用法国CONDAT公司的盾构专用泡沫剂和麦斯特上海（代理经销）公司的盾构专用泡沫剂。

盾构上的泡沫发生器混合高压空气、水、和泡沫剂生产高压泡沫，再由泡沫管路输送到刀盘、土仓、螺旋输送机内。泡沫的组成比例一般为：泡沫溶液由1%~3.5%的泡沫剂和97%~99%的水组成。泡沫由90%~95%的压缩空气和5%~10%的泡沫溶液混合而成。泡沫的注入量按开挖方量及渣土实际情况计算，并根据施工情况及时进行优化。

②膨润土法。用在破碎且渗透性大的地层。膨润土浆液按膨润土∶水（体积比）=1∶2~4组成，所需材料和机具比较简单，用专用的膨润土泵直接把搅拌好的膨润土浆液泵入土仓即可。

4．机具与材料

渣土改良过程中所需要的主要机具与材料见表8。

5．劳动力组织

无需专用人员，所有操作由掘进主司机和掘进班人员完成。

6．质量标准及技术要求

（1）加强泡沫系统的检查维护，特别是一些阀门和传感器等部位，要常检查有无泄漏或堵塞。

（2）泡沫剂运输和装载过程中要避免杂质进入，防止造成使用中发生工作系统故障。

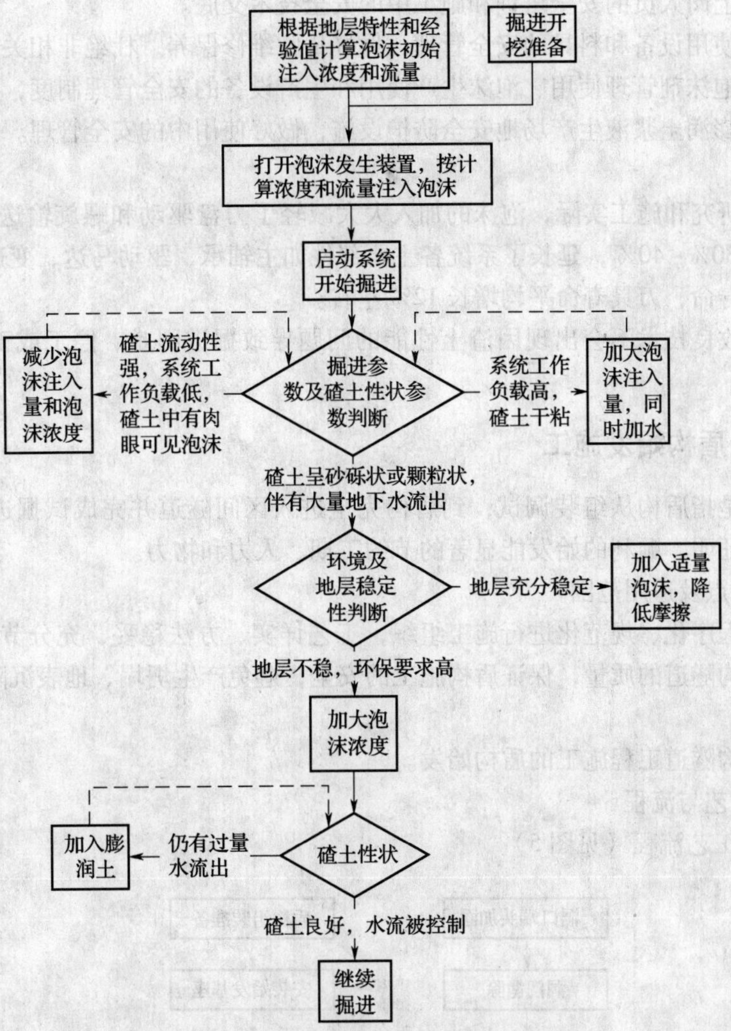

图4　渣土改良工艺总体流程

表8　渣土改良的主要机具与材料配备

序号	名　称	数量	备　注
1	泡沫储存罐	1个	盾构自带
2	泡沫发生器	1台	盾构自带
3	空气压缩机		盾构自带
4	泥浆泵	1	盾构自带
5	泥浆储存搅拌罐	1	盾构自带

（3）掘进施工中泡沫注入遵守“早注晚停”的原则，即开机前先小流量注入泡沫，停机后再关闭泡沫，以避免管路堵塞。

（4）每环的泡沫使用量应有专门的统计，监控泡沫注入情况，出现异常及时分析。

7. 安全措施

（1）做好上岗人员的安全培训和施工中的安全技术交底。

（2）加强使用设备和料具的安全管理，做好日常维修保养，杜绝非相关人员动用设备。

（3）制定泡沫剂管理使用、泡沫生产使用和生产设备的安全管理制度，并认真实施。

（4）做好膨润土浆液生产场地安全防护设施，做好使用中的安全管理。

8．效果

根据试验研究和施工实际，泡沫的加入大大减轻了刀盘驱动和螺旋输送机的工作负荷，节约驱动能源30%～40%，延长了系统各主要部件如主轴承、驱动马达、变速箱、油泵、刀盘和刀具使用寿命，刀具寿命平均增长12%左右。

采用渣土改良技术不会出现因渣土性能的问题导致掘进困难、停工或工程事故的现象发生。

五、复合盾构始发施工

盾构始发是指盾构从组装调试，到盾构完全进入区间隧道并完成试掘进为止的施工过程。工程经验证明，顺利的始发能显著的节约工期、人力和物力。

1．工法特点及适用范围

按照施工程序化、规范化进行施工组织，工艺详实、方法稳妥，充分节约时间和资源，能保证始发盾构隧道的质量，保证盾构施工的安全，避免产生坍塌、地表沉降失控等不良施工事件。

适用于盾构隧道工程施工的盾构始发。

2．施工工艺与流程

（1）施工工艺流程（见图5）。

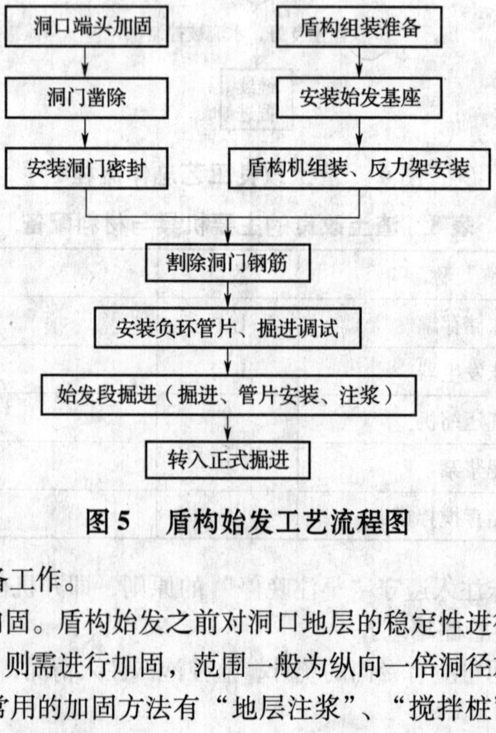

图5　盾构始发工艺流程图

（2）始发洞门的准备工作。

①始发洞口的地层加固。盾构始发之前对洞口地层的稳定性进行评价，如果出洞地层在破除洞门后稳定性不足，则需进行加固，范围一般为纵向一倍洞径左右，横向超出隧道开挖轮廓1～3m甚至更远。常用的加固方法有“地层注浆”、“搅拌桩”、“旋喷桩”、“钻孔素

桩”等。地层加固要保证洞门破除后的土体有充分的强度和稳定性，在盾构始发掘进之前不能坍塌。

②洞门凿除。盾构始发的站或井的围护结构一般为钢筋混凝土的桩或连续墙，盾构刀盘无法直接切割通过，需要人工凿除。洞门凿除以不耽误盾构进洞、洞门后的土体暴露时间不过长为原则。凿除时，不能直接暴露出土体，应保留围护结构的最后一层钢筋和钢筋保护层，待盾构刀盘到达之后再割除最后一层钢筋网。

③洞门密封系统的安装。洞门密封是为保证洞门口处的管片背后可靠注浆，防止隧道贯通后的水土流失。洞门密封系统最好采用帘布橡胶板加折页压板型式。该系统由洞门框预埋钢环板、帘布橡胶板、折页钢压板及固定螺栓和垫片组成，其优点是简单可靠，不需人工调整，折页压板可以自动压紧在盾壳和管片上，保证注浆时浆液不会外漏。系统结构及工作原理见图6。

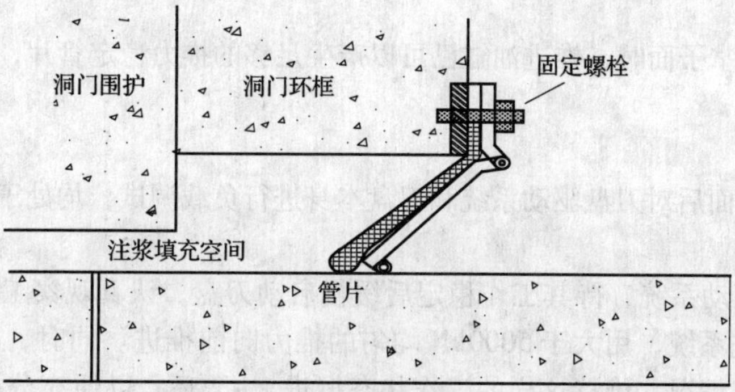

图6　密封系统工作原理示意图

(3) 盾构组装调试和反力架的安装。

①始发基座的安装就位。始发基座作为盾构拼装和试推进的工作平台，分基础部分和托架部分。基础部分一般为钢筋混凝土的条形梁结构，表面预埋钢板，其主要作用是为托架部分提供牢固和高度合适的平台。托架部分为钢制的弧形结构，可以很好的托起盾构主机。托架部分为现场拼装，然后根据盾构主机的始发中心位置精确定位，最后和基础部分的预埋钢板牢牢焊接固定（见图7）。

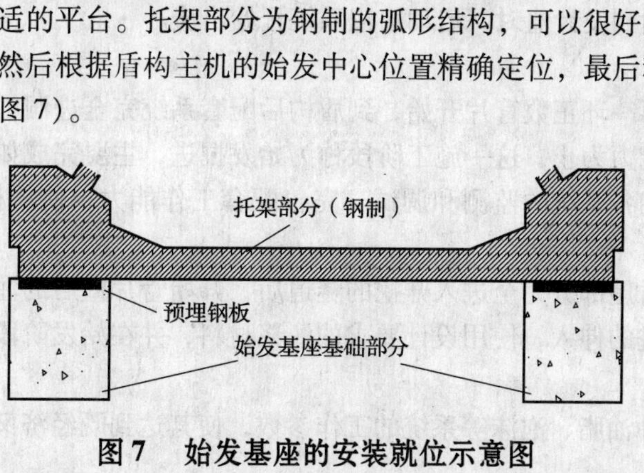

图7　始发基座的安装就位示意图

②盾构的组装调试。先依次放下盾构的后配套系统，推入始发竖井的后部，并分别连接，让开空间后拼装主机。如竖井内没有放后配套系统的空间，就把后配套系统放在地面，然后用延长管线连接后配套和主机。主机的各部件体积和重量都很大，连接要求很高，需用多台吊机协调吊装，需作业人员有较高的专业素质、丰富的经验和默契的配合。盾构主机与

后配套拼装连接完成后，就可以依次进行电气、液压等系统的调试。

③反力架的安装。在盾构主机拼装的同时进行反力架的安装，安装位置根据反力架的尺寸、盾构主机的尺寸和管片的尺寸精确确定，安装中需特别小心进行，不能碰撞到主机，其安装的位置误差、垂直度误差应控制在10mm以内。完成后应有牢固的支撑，能为盾构始发提供8000kN以上的反推力。

（4）负环管片的安装。

①分别调试推进系统和管片安装系统，确保这两个系统能稳定工作。割除洞门内的最后一层钢筋网，在盾尾壳体内安装管片支撑垫块，为管片在盾尾内的定位做好准备。

②从下至上一次安装第一环管片，并使管片的转动角度符合设计要求，换算位置误差不超过10mm。安装拱部的管片时，由于管片支撑不足，要及时进行加固。第一环负环管片拼装完成后，用推进油缸把管片推出盾尾，并施加一定的推力把管片压紧在反力架上，再开始下一环管片的安装。

③当刀盘抵拢掌子面时，推进油缸已可以产生足够的推力稳定管片，于是把管片定位块去掉。

（5）试掘进。

刀盘抵拢掌子面后对刀盘驱动系统和刀盘本身进行负载调试，均处于正常情况时开始试掘进。

①首先启动驱动系统，待其工作稳定后缓慢启动刀盘，认真观察工作扭矩的变化。情况正常后启动推进系统，用大于5000kN均匀的推力向前推进。同时，打开泡沫系统，观察泡沫系统的工作情况，维持这样的工作状态掘进1～2环，以便充分检查各系统的工作情况。

②逐渐增加盾构的推力，使驱动系统达到50%～70%的满负荷工作状态，但推力不能大于反力架的安全工作能力，观察驱动系统的噪音、震动、温度等工作指标是否正常，检查油脂、泡沫的注入是否正常。

③当土仓压力达到设计值时，启动出渣系统开始出渣。

（6）始发掘进。

从正式进洞的第一环正数管片开始，到盾构后配套系统完全进洞，负环管片拆除，系统完全达到设计生产能力为止，这一施工阶段称为始发掘进，主要完成如下的工作内容：

①不断进行盾构各系统的监测和调试，完善配套工作能力，使盾构工作能力达到80%以上。

②盾构主机的盾尾部分完全进入开挖的隧道后，开始管片壁后的注浆施工，初期使用早凝型浆液。随着掘进的伸入，使用设计要求的注浆材料，并在始发阶段结束前使注浆系统达到完全的工作能力。

③完成优化各种油脂、泡沫等系统的工作参数，使其达到既经济又能保障施工效率和设备安全。

④水平和垂直运输系统的配套工作能力达到设计工作状态。

⑤隧道内轨道、管线、照明等设备的安装布置呈有规律的生产状态，能保证正常的掘进施工。

3. 机具和材料（见表9）

表 9　始发过程所需主要机具与材料表

序号	名　称	型号	数量	备　注
1	空压机	10m/min	1 台	
2	风镐		6~8 把	
3	电焊机		2 台	
4	管片运输车		1 辆	
5	砂浆运输车	$6m^3$	1 辆	
6	出渣矿车	$16m^3$	3 辆	
7	机　车		1 辆	
8	门　吊	400kN	1 台	
9	始发台		1 个	
10	反力架		1 付	
11	负环钢管片		1 环	
12	洞口密封		1 套	

4. 劳动力组织

始发施工分两班作业，每班劳动力安排见表 10。

表 10　始发过程的劳动力组织表

序号	工种	人数	备注	序号	工种	人数	备注
1	主司机	1 人		7	材料供应	2 人	
2	管片安装	3 人		8	搅拌司机	2 人	
3	注浆司机	1 人		9	值班工程师	1 人	
4	调车员	1 人		10	工班长	1 人	
5	机车司机	1 人					
6	门吊司机	1 人		合计		14 人/班	

5. 质量标准及技术要求

（1）盾构初期的定位误差：高程和水平位置误差均≯20mm；与隧道设计轴线的角度误差＜2‰。

（2）正环管片的平整度＜5mm；水平及高程偏差＜50mm。

（3）盾构主机完全进洞、始发掘进到 20m、50m 的位置时，进行导向系统的复测和精确度调整，保证导向系统的可靠。

6. 安全保证措施

（1）盾构大件吊装作业必须使用专业公司的设备，由专业人员进行作业和指导，严格按照吊装施工组织方案进行作业，确保吊装作业安全无误；

（2）盾构组装调试必须有专业人员指导，杜绝机械和电气事故；

（3）反力架的安装加固要严格检查，杜绝任何形式的安装缺陷；

（4）管片安装应由经过安全培训的专业队伍完成，安装作业区内严禁其他人员进入；

（5）盾构始发之前在两侧盾壳焊接防扭装置，防止盾构在始发台掘进时发生旋转；

（6）负环管片拆除时先计算管片的稳定性，确保洞口处的管片不会在推力下发生位移。

7. 效果

施工程序化、工艺详实、方法稳妥、工作规范标准、各工序之间的关系被科学合理地连接，充分节约了时间和资源，人工劳动强度小，有效地保证了始发段管片拼装和隧道防水质量，保证了盾构施工的安全，避免了产生坍塌、地表沉降失控等不良施工事件。

六、复合盾构过站施工

盾构过站就是盾构完成一个区间掘进后进入已经施工完成的车站，然后用专用设备将盾构主机和后配套移动到车站另一端的洞门处，准备进行下一区间隧道掘进的过程，主要包括主机通过站场、后配套通过站场、二次始发准备等。

1. 特点及适用范围

方法简单成熟，过站速度快，安全性好，经过了国内多家施工单位的施工检验，盾构从出洞过站到抵达站台另一端的洞门并达到始发条件只需20d左右。

适用于城市地铁工程中盾构通过地铁车站或其他类似工程。

2. 工艺流程及操作要点

（1）盾构过站施工总体流程（见图8）。

（2）过站前的准备。

①所通过车站的地面处理。盾构到达洞门之前，清理盾构通过车站地面前进的障碍物、平整通过场地。

②过站预埋件的安装。过站预埋件主要有卷扬机反力固定点，反力架着力点等，均为钢结构，与车站底板混凝土一起施工，前者安装在车站底板的表面上，后者安装在车站底板预留坑的侧壁上。

（3）主机过站的准备工作。

①主机与接收托架的固定。主机刀盘出洞后继续安装管片，推动主机使主机完全爬上接收托架，沿纵向用数块钢板把主机和托架牢固连接。

②主机与后配套的分离。用标识牌认真、仔细、无误地标识所有要断开的部位，仔细清洗油管、风管和电缆的断开部分，液压系统的油管要由专业人员清洗仔细，防止液压系统污染。最后，断开主机与后配套的所有连接并保护好接头。

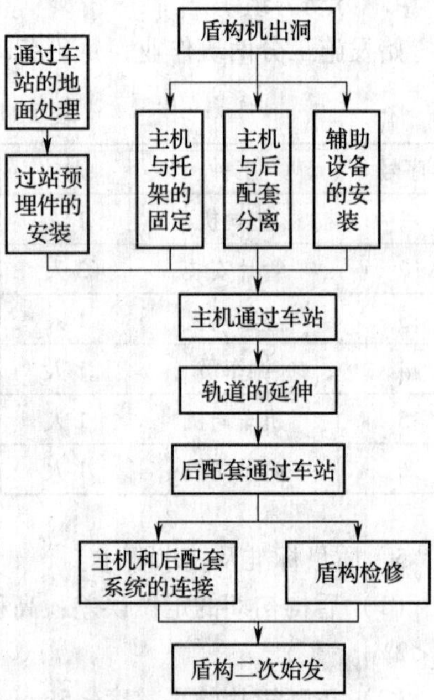

图8　盾构过站流程图

③辅助设备的安装。需要在盾构主机上安装的辅助设备主要有：临时配电箱、液压泵站、主机举起千斤顶、推进千斤顶等。

液压泵站为举起千斤顶和推进千斤顶提供动力，安装在盾尾内的临时平台上。

举起千斤顶的作用是顶举起主机，共有四个，安装在盾构主机的前体和中体上，单台千斤顶的举起力应大于三分之一的主机重量。

推进千斤顶共有两台，顶推盾构前移，推进根据主机前移的滚动摩擦力计算。推进千斤顶经常移动，一端支撑在托架下的钢板座上，一端顶推接收托架使盾构前移。

（4）主机过站。

启动液压泵站，举起主机，使接收托架距离地面有20mm的空隙。在托架下部铺设钢板，钢板的厚度根据主机的重量和地面混凝土的强度来确定。钢板铺设的长度一般为盾构主机长度的2~4倍。

在钢板和托架之间铺设钢滚杠，其直径根据举起千斤顶的最大行程确定，长度在1m左右，以两个工人能较容易搬动为宜，数量根据主机的长度和地面混凝土强度来确定。

平稳收回所有举起千斤顶，使主机和托架落到钢滚杠上，启动推进千斤顶，推进主机前移。同时，把后部脱出的钢滚杠再次摆放到主机前部，使主机能连续前进。

移动过程中，若盾构偏离中心线，偏量较小时用单边推进油缸在推进过程中纠偏，偏量较大时用滚杠进行纠偏，具体方法是先用顶升油缸顶起过站小车，改变滚轴的方向使每一根滚轴都正对着要纠正的方向，然后再收回顶升油缸，用单边推进油缸缓缓推进，直到完成纠偏。

主机前移到钢板的尽头时，再次用举起千斤顶举起主机和托架，把地面钢板向前拖动，然后摆放钢滚杠落下主机继续前移，直到盾构主机到达车站另一端。

盾构前进可用推进千斤顶推进，也可用大型卷扬机拖拉。但用大型卷扬机配合滑轮组的工艺比较复杂，设备也较多。采用何种方法可由施工单位根据具体情况决定。

（5）后配套系统的过站。

后配套系统的过站比较简单，要求的前进动力较小，可用卷扬机拉，也可用运输机车推。在主机前移的同时，即可在后配套前部铺设后配套和运输系统的轨道。

（6）主机与后配套系统的连接及盾构检修。

主机和后配套系统到达车站端头后，即开始主机和后配套的重新连接。同样，要由有经验的技术人员和工人，根据断开时的标识逐一认真连接。连接完成后开始系统调试和盾构检修，准备下一阶段的掘进施工。

3．机具设备及材料配置（见表11）

表11　盾构过站需用的主要机械设备与材料

序号	设备名称	规格型号	数量	备　注
1	接收托架		1台	
2	液压千斤顶	根据实际定	4台	举起
3	液压千斤顶	800kN	2台	推进
5	液压泵站		1套	
7	卷扬机	30kN	1台	
9	链动葫芦		若干	
10	电焊机		2台	
11	气割设备		2套	
12	钢板	16mm厚（或根据实际定）	根据实际定	
13	滚轴	根据实际定	根据实际定	

4．劳动力组织

安排两班制，24h 轮流上班，具体人员配置情况见表 12。

表 12　盾构过站每班劳动组织

序号	职务名称	数量（人）	备　注
1	总指挥	1	
2	土木技术人员	3	
3	机械技术人员	6	
4	技术工人	8	
5	普通工人	20	
合　计		38 人/班	

5．质量标准及技术要求

（1）主机与后配套的断开和重新连接必须由专业人员和熟练的技术工人进行。

（2）千斤顶与主机的焊接都必须由专业焊工进行，焊接质量经检验符合要求。

（3）后配套和运输轨道的铺设应满足后配套重量和运输车辆的要求。

（4）做好各辅助设备和预埋件的安装质量检查验收。

6．安全保证措施

（1）做好各项工作的组织安排和安全技术交底，所有作业人员在施工作业中必须严格遵守各种安全作业要求，做到工作安排合理有序、设备移动有人统一指挥、各项安全措施落实到位。

（2）严格把好每项工作的安全质量关，主机的准备和过站时，应保证所有设备的安全，保证辅助设备和预埋件的安装质量，所有工作都应处在安全可控状态。

7．效果

工艺简单有序、合理紧凑、安全高效、速度快，盾构从出洞到抵达站台另一端只需 15d 左右，各项效益明显。

七、复合盾构到站施工

盾构施工到站是指盾构主机（下简称盾构）沿设计线路最后 50m 的掘进贯通过程，包括到站掘进、管片拼装、壁后注浆、洞门加固、洞门破除、盾构出洞、后续工作等内容。

1．特点及适用范围

能科学地控制工序工作深度，稳妥加固地层，保证施工安全；能避免隧道贯通面产生坍塌、地表沉降失控；管片的拼装和防水质量良好；能最大限度地降低成本。

适用于各种类型的盾构修建城市地下隧道工程和其他类似工程的到站出洞。

2．工艺流程及操作要点

在对出洞段地层预先加固的基础上，严格控制贯通前的测量和到站掘进工艺，合理安排洞门凿除时间，认真做好接受基座和后续工作等，使盾构能安全平稳出洞，快速转入过站工序。

（1）施工工艺流程（见图 9）。

（2）到站洞门的准备工作。

主要为出洞地层加固、洞门凿除和洞门密封系统的安装，具体做法与始发洞门相同（参见第五节始发洞门准备工作中的相关内容）。

（3）到站段盾构的掘进。

①贯通前的测量。盾构到站前50m，对洞内所有的测量控制点进行一次系统的控制测量，并进行平差计算，对盾构的姿态进行一次人工测量。通过测量，精确掌握盾构相对隧道设计轴线的位置和姿态，再根据洞门中心坐标确定盾构的出洞掘进路线。正常情况下，盾构刀盘中心的出洞坐标应比洞门中心的坐标高20～50mm。

②盾构的掘进。严格按照出洞线路掘进。如出洞前的地质情况较差，应严格控制好土压力或泥水压力，防止地面沉陷过大。

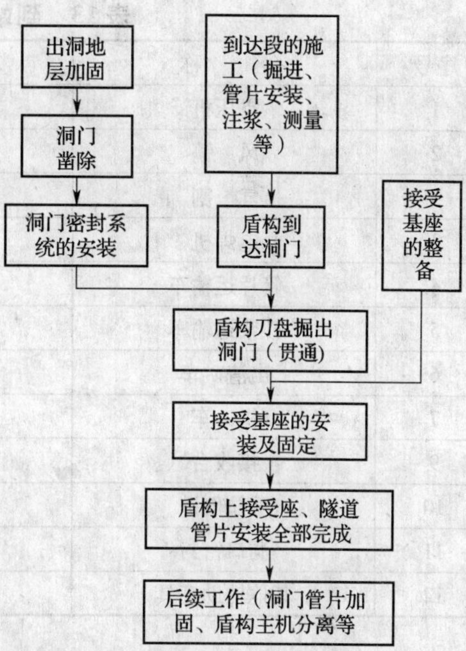

图9　施工工艺流程

盾构到达洞门前1～2倍洞径时，应减小掘进的推力，放慢推进速度，防止推力过大洞门外突。同时，应有人观测洞门，反馈信息，及时调整盾构推进操作步骤。当盾构刀盘切割洞门最后一层混凝土、停在洞门钢筋网的后部时，立即派熟练工人割除所有的钢筋网，盾构继续推进到洞门密封系统完全压在盾壳上，拉紧密封系统钢丝绳，防止泥水流失。

③盾构主机上接收座。接收座应在盾构出洞前放置在洞门前方。盾构刀盘出洞后，根据盾构的实际高程和姿态固定接收座，固定的接收座姿态应与盾构的姿态严格一致，要非常牢靠，不能让盾构在推进时栽头或产生位移。盾构主机完全“爬”上接收座时，即可断开主机与后配套的连接。

④管片安装。出洞段盾构推力越来越小，刀盘到达洞门后为空载推进，推进油缸作用在管片上的反力很小，管片环缝间的密封条不能被充分压紧，为保证防水性能需采取如下措施：严格选择管片，避免出现大的错台；用型钢从管片内侧的螺栓孔处拉紧相邻的管片；端管片环间螺栓更换为更高强度螺栓，并要多次紧固。

⑤注浆。仍可采用盾构上的同步注浆系统，浆液采用快凝浆液，加大水泥的掺量。浆液配比根据试验和掘进速度定。盾构刀盘出洞后，根据洞门密封系统的工作能力降低注浆压力。靠近洞门的最后两环管片的注浆必要时可采用从管片吊装孔注入水泥水玻璃双液浆。此外，盾尾要等最后一环管片的浆液有充分强度时才能脱出洞门密封，以免造成浆液流失。

（4）后续工作。

盾构主机完全离开洞门后，应根据洞门管片的状态及时采取补注浆液、搭建支撑等加固措施。

3. 到站工序所需机具设备（见表13）

4. 劳动力组织（见表14）。

表 13　到站工序所需机具设备

序号	名　称	型　号	数　量	备　注
1	空压机	10m/min	1 台	
2	风　镐		6 ~ 8 把	
3	气　割		2 套	
3	电焊机		2 台	
4	管片运输车		4 辆	
5	砂浆运输车	$6m^3$	2 辆	
6	出渣矿车	$16m^3$	2 列	
7	机　车		2 辆	
9	接收台		1 个	
10	手拉倒链	100kN	2 副	
11	洞口密封		1 套	
12	其他辅助工具		若干	

表 14　到站工序的劳动力组织

序号	工　种	班次（班）	人数（人）	备　注
1	主司机	2	1	
2	管片安装	2	3	
3	注浆司机	2	1	
4	调车员	2	1	
5	机车司机	2	1	
6	门吊司机	2	2	
7	材料供应	2	4	
8	搅拌司机	2	2	
9	值班工程师	2	2	
10	工班长	2	1	
11	贯通面观察人员	2	2	
12	洞门凿除	2	8 ~ 10	
合　计			28 ~ 30 人/班	

5. 质量标准及技术要求

盾构进站时偏差允许值：刀盘平面≤±20mm、刀盘高程≤±20mm、盾构平面姿态≤±0.2% 设计坡度。

管片错台≤±10mm，管片螺栓紧固多于三次。注浆填充率不小于理论值的 120%

6. 安全保证措施

(1) 洞门地层加固应保证质量，加固不合格严禁盾构掘进。

(2) 洞门凿除应把握好时机，不能让洞门后的土体暴露时间过长。

（3）隧道贯通前必须全天候观测洞口状态，一旦出现变形立即反馈到盾构作业面。

（4）加大地表沉降的检测频率，一旦地表出现沉陷，立即采取有效措施进行处理。

（5）注浆时应随时观测洞门密封系统的工作情况，并及时紧固钢丝绳，一旦出现洞门密封破坏的情况，立即采用加固措施并补注双液浆。

7. 效益分析

由于施工程序化、工作标准化，避免了地表沉降失控，有效地保证了到站区域的管片拼装和隧道防水质量，工序衔接合理，劳动强度小，效率高，各方面都取得了一定的效益。

八、工程实例

广州地铁二号线越三区间盾构工程全长3926单线延米，从市内众多建筑和道路下通过，在广州火车站向北穿越铁路站房后穿越火车站站场14股轨道。穿越地层大部分是强风化岩、中风化岩及微风化岩，少部分为全风化岩、残积土层和断裂破碎带。岩石强度变化范围为20kPa~76.2MPa。地下水主要为第四系空隙水与基岩裂隙水，位于地表下1~2m。

广州地铁三号线大汉区间盾构工程全长约为3960双线延米，由一个明挖区段、三个盾构隧道区间和一个矿山法暗挖区段构成。工程地质上部为第四系（Q）地层，下伏基岩为白垩系下统（K1）陆相碎屑岩及上元古界震旦系（Z）混合岩。以礼村断裂为界，向北为红层岩系分布区，向南为混合岩分布区。硬岩不仅石英含量高、颗粒粗，对刀具的磨耗率高，强度更高达156.5MPa，而且地层的软硬复合变化更频繁，大大增加了施工难度，非常不利于盾构施工。

两个工程采用复合盾构施工工法，很好地解决了软硬复合、强度差异很大、变化频繁的地层盾构施工难题；解决了粘性地层防泥饼、软硬地层盾构掘进方向控制和惰性浆液同步注浆所带来的管片环成型难以控制等问题；解决了广州地铁一号线（由国外的公司施工）存在的管片裂缝难题，在未采取其他任何辅助措施下安全顺利地下穿了京广铁路广州火车站站场14股轨道及其站场站台、地下邮政通道与人行天桥和距隧道0.56~2m的房屋桩基群。

越三盾构工程在2001年4月~2002年2月间施工，创造了日掘进20环（30m）、月掘进405m的全国纪录，工程提前2个月竣工，经过近两年的运营证明，该工程结构良好、使用可靠、质量优良，已获2003年度中国铁道工程建设协会火车头优质工程一等奖，中央电视台曾以该工程为基础做了一期“走近科学”节目，为企业赢得了良好的社会声誉。

大汉盾构工程于2003年4月开始掘进，创造了始发月就掘进近400多米的好成绩。到2004年3月底，又创造了盾构月均进尺331.3m，最高月进尺562.5m的全国新记录。该工程建成后安全、质量和环境保护状况良好，管片姿态、高程和平面偏差均小于30mm，无渗漏水现象。工程质量得到驻地监理部和业主代表的好评。

复合盾构施工工法的成功开发和应用，拓宽了盾构施工范围，提高了我国盾构施工在国际上的影响力，为广州地区以及其他类似地质条件的地铁隧道选择施工方案及方法提供了很好的借鉴依据，具有很大的应用和参考价值，具有良好的经济与社会效益。

盾构隧道双层路面的上层道路施工工法

YJGF 17—2004

上海市第二市政工程有限公司

朱继文　蒋洪进　黄　勇　陈剑敏

双层盾构隧道的上层道路施工工法是指采用架梁设备在已完成的盾构衬砌牛腿上架设板梁后，再进行路面的施工的施工方法。

目前国际上采用此类双层设计的隧道仅有法国在建的A86公路东线隧道工程一项见图1。由于隧道断面是在已有盾构机的条件下进行的，因此隧道的内径被限定，结构上不做二次衬砌，即便如此，上层二条小车道净高也很小，在如此狭小的空间内进行上层道路结构的设置与施工，国内外尚无先例。

图1

根据双层隧道与单层隧道的不同断面结构特点，在上层道路施工技术上有着一些有利的方面，特别是在长大隧道的施工中，有着其独特的优越性，这对完善双层道路的施工技术以及促进双层隧道的应用有很大的价值。

一、工法特点

1. 结合隧道内双层道路的建筑断面与结构设计，从施工角度探索最合理的隧道内部结构形式、支承形式及道路结构形式。对上层道路的结构形式进行了优化，并对结构内力进行分析，首创性采用带预制牛腿管片的方法解决了设计上的难题。

2. 带中腿管片安装的拼装机改制及应用，在机械结构上保证管片成环拼装的可靠性，对盾构机、安装板梁所需特殊起重机等施工设备的改造与配套研究，顺利地完成了适应带牛腿管片安装的拼装机的改制，根据隧道的特殊环境设计了悬臂起重机。

3. 创造性的在隧道内运用了立体运输，减小了上层结构施工与下层施工的影响，高速优质地完成了板梁架设。

4. 可以在隧道推进的同时，进行上层道路的施工。

二、适用范围

本工法适用于各类型的大断面双层盾构隧道施工。

三、工艺原理

1. 上层道路施工的工序安排

准备工作→钢平台制作→牛腿混凝土垫层→支座安装→预制板吊装→上层道路结构制作

→拆除钢平台→下层道路结构制作。

2. 上层道路施工考虑主要因素及荷载分析

（1）牛腿形式的选择。

从整体分析，牛腿形式是最为重要的关键问题，直接涉及盾构施工与后期结构施工。牛腿作为上层道路的主要受力部位，长期承受动载，需绝对确保使用安全。因此从质量、耐久性、可靠度等几方面考虑，选择了牛腿与管片结合在一起的预制形式。为此，对混凝土管片钢模、盾构拼装机与车架等进行了适应性改造。

（2）上层道路板的选择。

为加快施工进度，上层车道结构采用预制板作为受力构件，每块路面板两端下设4块平板球冠型橡胶支座，并安放在牛腿垫层（调节衬砌旋转）上传递受力。为承受施工期间电机车的重载，预制板可进行相应配筋。预制板上面再铺装路面结构层，以使预制板形成板壳共同受力。预制板根据中部起吊的原则，可不采用预应力结构。

（3）荷载分析。

根据有限元分析，双层隧道上层路面结构的关键在于牛腿和管片、路面板的连接，有限元计算结果的压应力数值一般都不会超过混凝土的设计强度，拉应力虽然可能超过混凝土设计强度，若考虑配筋还是在安全范围内，但是在这些关键位置采取足够强度的配筋设计和加强施工、运营过程中的应力应变监测是使得结构安全工作的保证。

3. 盾构推进与上层牛腿的混凝土垫层、支座安装

在盾构推进施工约200m后，隧道即基本稳定（水平和垂直偏差值均小于±100mm的偏差值范围），此时可开始进行垫层的施工。

垫层与支座通过在接管台车后跟进的道路施工台车进行。钢筋网片成型后运进隧道并绑扎，垫层侧模用膨胀螺栓直接固定在牛腿上。在垫层施工前对牛腿旋转情况进行测量，根据结果调整厚度。牛腿现浇段根据上层预制板梁吊装情况分一次或二次浇筑完成，详见图2。

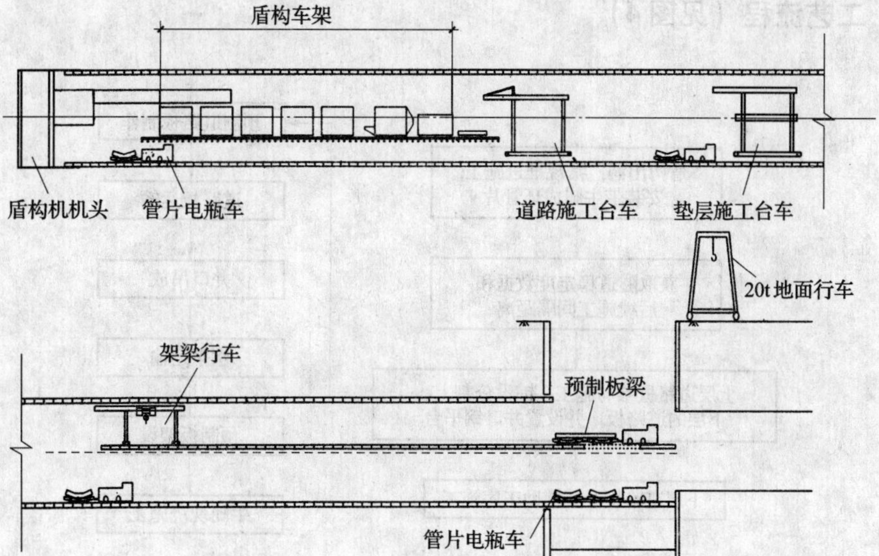

图2　上层道路施工总体方案图

4. 上层道路板安装

上层道路板在运输到位后，先将预制板卸车，电机车退回。吊装采取完全上层安装，构件悬臂回转的形式。为提高有效起吊高度，行车葫芦采用可以节约高度的双轨行走机构以及DEMAG钢丝绳葫芦。并在行车末端设计一个顶托装置，直接顶在了隧道拱顶上。为确保大坡度下的安全，行车只在静止状态工作，并使用了锁轨器。

预制板的安装采用有4个吊点的铁扁担进行，施工中盾构施工用装置应在预制板安装前摆放到位，以免造成安装困难。在遇到钢管片的位置，因旁通道施工钻孔需要预制板留出一定距离，进行架设钢轨枕的特殊处理，此区域的道路结构需等到旁通道施工完成后再进行。当盾构进洞后，由于车架的阻挡，不能将预制板全部铺设完，车架段需等到车架全部拆完后再进行铺设。

伸缩缝沿隧道轴线方向每隔30m布置一条，其位置与隧道管片的变形缝位置一致，详见图3。

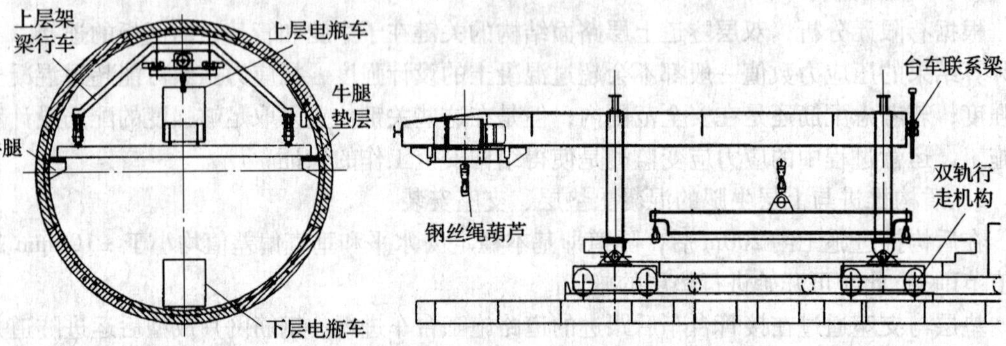

图3　架梁方法图

四、工艺流程（见图4）

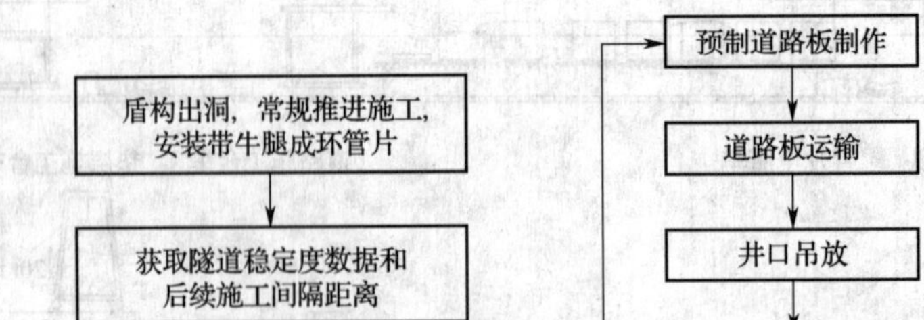

图4　工艺流程

五、施工要点

1. 与盾构推进有关的施工

将隧道施工与上层道路施工分为上下两部分，在负环拆除后，即在负环上架设道路板，电机车在已经架设好的上层预制混凝土道路板上行走，通过一部特殊行车进行上层预制混凝土道路板的架设与管片、钢管等材料的转驳，再由隧道底部的电机车将管片等运到前方。盾构推进施工则利用下层空间进行施工，互相不干扰。

2. 垫层施工

牛腿混凝土垫层施工时，利用后跟进的道路施工台车进行立模和浇筑混凝土施工，立模时在牛腿侧面上打上下两只膨胀螺栓，把事先加工好的三脚架固定压膨胀螺栓上，然后模板搁置在牛腿侧面的三脚架上，在模板侧面用三脚铁加钢管固定。三脚架在加工时预留有活络的孔洞，可根据牛腿位置变化，现场调节。牛腿垫层钢筋在上面钢筋加工场地配制，运输到井下，根据调坡情况现场绑扎。

在上层电机车前部装一个混凝土容量为 $1m^3$ 的钢储放箱。混凝土运输到道路施工车后通过隧道内的上层道路施工小行车吊运至操作面，然后用人工进行垫层浇筑。

3. 板梁施工

上层路面板用14t 电机车运输到位后，先将预制板卸车，电机车退回。预制板通过上层架梁行车安装到位，该行车采用16t 的 DEMAG 钢丝绳葫芦。在上层车道板上铺设的机电车轨道下必须铺设槽钢垫块，垫块安装在两块车道板之间并≤0. 5m 处，使下层车道板的受力均匀。

4. 上层道路结构施工

车行板安装结束后，进行上层道路的结构施工，在不影响盾构推进施工的前提下，可以穿插进行后浇法牛腿的施工。

上层道路结构施工包括：车道板间的绞缝施工、铺装层、防撞栏、侧墙及侧墙顶排水沟、预留孔道与预埋件、后浇牛腿。上述工作内容可根据车道板安装进度进行穿插交叉施工。

六、质量标准

按照《市政地下工程施工及验收规程》（DGJ 08—236—1999）所要求的允许误差，检验测量结果达到精度要求。

1. 垫层施工对隧道盾构推进质量要求

（1）隧道实际轴线与设计轴线允许高程偏差 ±50mm，平面偏差 ±50mm。

（2）管片环面间隙 <1mm，无大于 0. 3mm 宽的裂缝及剥落现象。

（3）水平直径和垂直直径允许偏差 <50mm。

（4）在正常推进条件下，沉降值控制范围 15 ~ －40mm。

2. 板梁架设要求的隧道稳定标准

在隧道推进 200m 内（上层道路施工前），对隧道沉降监测数据及盾构和管片的报表来统计隧道的沉降速率与 40m 内隧道差异沉降的控制标准。隧道沉降速率≤0. 1mm/d；40m 内的隧道差异沉降控制标准为≤1mm。

七、机具设备（见表1）

表1 机 具 设 备

序号	设备名称	数 量	用 途	备 注
1	20t 行车	1台	吊运预制板梁	
2	电瓶车	2部	运输预制板梁	
3	垫层施工台车	1台	运输混凝土	
4	架梁机	1台	敷设预制板梁	
5	4.5t 自卸卡车	1辆	运输	
6	定型模板	$1500m^3$	结构	
7	插入式振捣器	20台	浇混凝土	
8	平板式振捣器	4台	铺装	
9	$0.9m^3$/分空压机	2台	凿毛	
10	GC40—A 型钢筋切断机	1台	钢筋	
11	GC40—1 型钢筋成型机	1台	钢筋	
13	AX320 * 1 型直流电焊机	1台	钢筋	
14	水准仪	1台	隧道内测量	
15	经纬仪	1台	牛腿测量	

八、安全生产措施

本施工涉及必须对施工全过程、各道工序进行有效的监控，把事故苗子消灭于生产之前。同时成立上层道路施工安全监理小组，安全监理小组由各类安全专业人员组成。安全监理小组对上层道路施工实施风险管理和监控。

1. 施工时，上层车道板上不得堆载，施工荷载应严格控制在规定范围内。

2. 运输板梁的电瓶车，因隧道坡度较大，需要设性能良好的刹车装置，并在运输过程中，限制速度，防止溜车。

3. 为保证施工过程中，上层车道板不偏心受力，运输钢轨与车道板间应设垫块，垫块应位于车道板横截面中部 0.5m 范围内，架板专用台车轮轴也应位于该范围内。

4. 上层车道板设置4个吊点，车道板吊装时应采取保护措施保证施工安全。

九、劳动力组织

道路的施工考虑到24h 作业，保证操作的连续性。操作界面需要相应的人员进行连续施工（见表2）。

表2　劳动力组织

工作项目		工　　种	人　　数	阶　　段
预制道路板制作	钢筋网制作	普通工	15	道路板架设前
	立模	普通工	9	
	混凝土浇捣	普通工	6	
道路板运输	装卸指挥	指挥起重工	3	
	驾驶员	普通工	3	
井口吊放	井上指挥	指挥工	3	道路板架设
	井下装卸	指挥工	6	
水平运输	电平车司机	普通工	3	
预制板架设	架设指挥班长	施工员	3	
	支座及板梁架设	井下工	12	
	测量及监测	测量工	6	
	安全	安全员	2	
牛腿现浇施工	混凝土浇捣	井下工	8	结构施工
道路结构施工	模板施工	普通工	5	
	钢筋绑扎	钢筋工	10	
	混凝土浇捣	井下工	6	
总　　计			100	

十、效益分析

1. 经济效益

通过优化设计和施工工艺，可节约工期4～6个月，并通过改进上层牛腿和道路板设计，将现浇更改为预制等，产生可观的直接及间接经济效益高达1000～2000万，利润达300万元。

2. 社会效益

该成果为同类型工程，及今后拟开展的其他双层公路隧道的施工提供了更多的技术支持和技术保障，从而产生更大的经济效益和社会效益。

十一、工程实例

该项技术的应用于上海复兴路越江隧道工程的道路施工中。

上海市复兴东路隧道工程是规划中连接浦西南外滩、新黄浦区与浦东小陆家嘴地区的重要通道工程，北距延安东路南、北线隧道约1.6km，南距南浦大桥约2.0km。复兴东路隧道工程的建成将直接沟通浦西复兴东路和浦东张杨路，对浦东的开发、开放，完善上海市城市交通网络都将起重要作用。

复兴东路越江隧道道路施工工程，位于浦东张杨路、浦城路口往浦西方向越江隧道内至江中部分，分南线与北线两部分，全长约1215m。隧道道路施工法，分两步实施，第一部分先开始上层预制板安装及上层道路施工，与隧道盾构推进同时进行。第二部分隧道贯通后进行下层道路的结构施工。旁通道附近结构必须在旁通道完成后再行施工。

上层道路板施工包括牛腿上混凝土垫层施工，橡胶支座安装，预制板架设。南北线共计有1620块混凝土上层道路板的架设，该板根据衬砌环类型共分为3种基本型号及三种衍生型号，尺寸约为1500mm×9400mm×400mm。牛腿上垫层的设计厚度为118mm，需根据管片拼装的旋转情况与隧道轴线情况做略微的调整。支座为平板球冠型橡胶支座，每块板下有4块橡胶支座。

隧道南线、北线掘进施工都非常顺利，正常情况下进度达到了6~7环/d，单线的总推进时间都不到6个月，速度与同类隧道相当。管片的拼装质量良好，尤其在牛腿高差的控制方面完全符合设计要求。上层道路施工期间，每天平均架板梁15块，最高纪录为25块，两条隧道的板梁都分别在2个月不到的时间里完成了架设缩短了总体工期4~6个月，产生了可观的效益。同时，也为上海至崇明越江隧道，跨越长江、黄河、海峡隧道施工作为技术储备，提供参考。

双圆土压平衡盾构施工工法

YJGF 18—2004

上海隧道工程股份有限公司

吴惠明　顾春华　刘千伟　张　曙　王旋东

随着城市市政建设和轨道交通的飞速发展，地下空间的不断开发利用，有效、可发展的地下资源在大量缩减，并逐步开始制约和限制城市的规划发展。为此，对地下空间的开发利用提出了更高的要求，特别在遇两侧障碍物间距较小等特殊工况时无法采用传统的单圆型盾构进行上下行线的设计施工，如何进行工艺改进，更合理有效地布置隧道断面，在进行工程建设的同时节约地下资源、保护环境是目前面临的重要课题。而双圆隧道由于其有效节约地下空间资源，减少对周边环境的影响、降低工程造价，已逐渐在地铁、市政、能源等工程建设中得到广泛的应用。

2003 年，上海隧道工程股份有限公司率先采用 ϕ6. 52m × W11. 12m 双圆盾构机（见图 1）成功建设了上海轨道交通 M8 线以及 L4 线双圆隧道，使中国成为继日本之后第二个拥有此项技术的国家。该技术成果于 2004 年 10 月通过了上海市科学技术委员会的技术鉴定，成果整体水平达到国际先进。

图 1　双圆盾构机

一、工法特点

在整个施工过程中，整套控制系统以土压平衡为工作原理，通过两个刀盘对正面土体的切削，并不断调整掘进速度和左右螺旋机转速来控制土仓内土体压力，以维持正面土体的稳定。本工法的主要特点：

1. 辐条式刀盘切削土体，灵敏度高且具有精确的同步性。
2. 土压力设定精确。土压计多，选择自由可相互参照有利于土压力的设定。
3. 盾构横向尺寸较大，平面控制效果明显。
4. 特殊形状所决定的盾构偏转姿态需着重控制。
5. 通过调整左右螺旋机的出土量可修正盾构姿态。
6. 盾壳前端一圈注浆孔的布设可大大减少盾构正上方的地表变形量。
7. 对盾构掘进出土量、同步注浆量、盾尾油脂压注量以及盾构与管片间建筑空隙等参数能形成自动控制管理，提高施工技术精度，加快施工速度。

二、适用范围

本工法适用于淤泥质粘土、粘土、砂性土、粉砂土，尤其适用于在市区狭窄道路下或遇间距较小且较难处理的地下桩基下穿行，解决了原工艺上的不足。该工法不仅能代替以往地铁隧道和地下高速公路等一直使用的大断面圆形盾构构筑的单线（双向）隧道及两单圆形盾构构筑的双线（单向）隧道。同时根据施工条件等因素，可对隧道形状进行各种选择和变更，是一种自由度较大的施工方法。

三、工艺原理

双圆土压平衡盾构施工工法是利用土压平衡盾构的基本原理，利用盾构千斤顶推进盾构机，利用布置在盾构机前左右两个通过变频驱动控制同步性的刀盘进行土体切削，并利用左右螺旋机向外排土。在盾构推进过程中，通过控制和调整盾构土压舱内切削土体的压力和盾构开挖面前水土压力的相对平衡，保证开挖面前土体的稳定，从而有效地控制地层和地面沉降。通过纠偏盾构千斤顶和合理的编组等盾构机姿态控制手段，有效的控制双圆盾构的轴线偏差。在推进一定距离后，由设在盾构本体上的拼装机将预制钢筋混凝土管片在盾构外壳的保护下拼装成环，从而实现一次掘进完成两条隧道的施工任务。双圆土压平衡盾构主机构造如图 2。

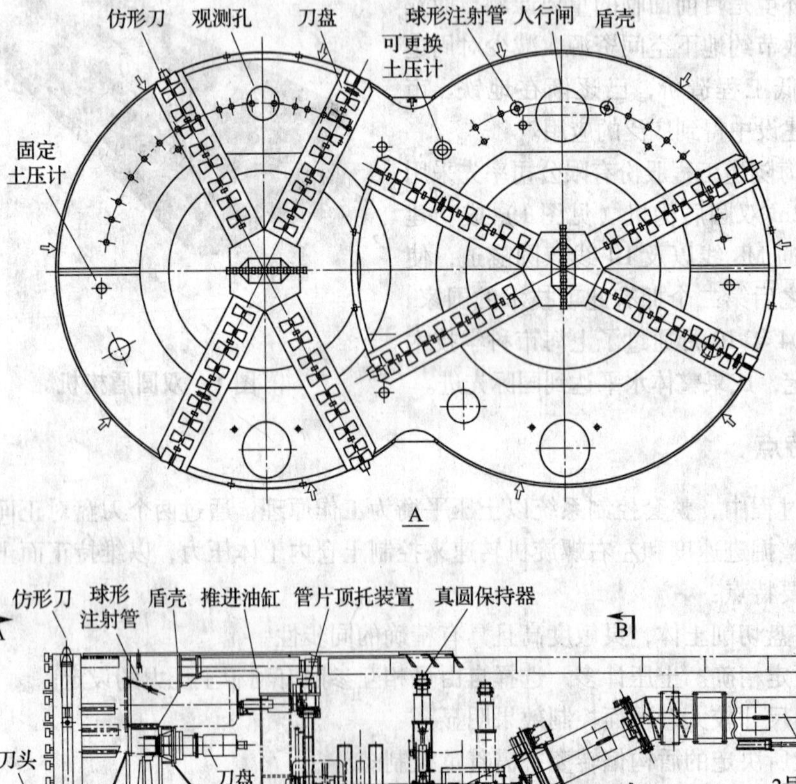

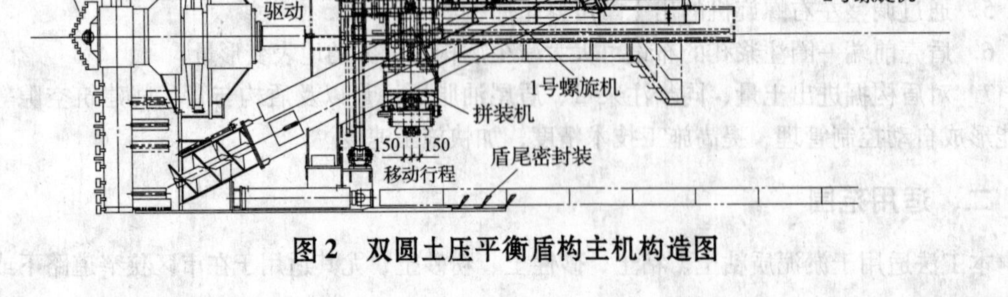

图 2　双圆土压平衡盾构主机构造图

四、工艺流程（见图3）

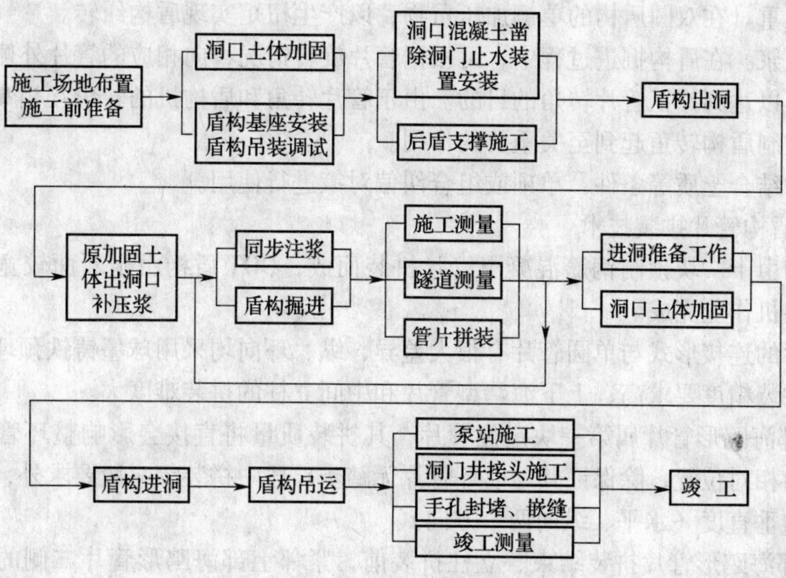

图3 工艺流程图

五、施工要点

1. 双圆盾构出洞

（1）出洞前准备工作。

盾构出洞前，需确认外侧土体状态良好、盾构机性能良好、人员、材料准备充足后方可进行。盾构出洞段施工应结合盾构设备性能、周边环境要求及工程质量要求，对土压力、总推力、刀盘扭矩、推进速度、出土量、注浆量等施工参数不断优化。

双圆盾构洞门止水装置主要采用帘布橡胶板结合气囊形式，在凹槽部位利用气囊的压力将帘布橡胶板紧贴住盾构壳体，从而起到良好的洞门止水作用。

2. 双圆盾构轴线控制

双圆盾构推进轴线控制分为：平面控制、高程控制和偏转控制。

（1）平面控制。

由于双圆盾构机相对于单圆来说宽度较大，为此，在左右侧千斤顶推力差相同的情况下，由于双圆盾构力矩半径比单圆大，产生力矩大，故一般情况下纠偏效果也就更明显。

（2）高程控制。

在高程方向，因用盾构千斤顶单侧推出而产生的力矩几乎与单圆的情况是相同的，故调整能力可以考虑与单圆情况相同。

（3）偏转控制。

①控制盾构机的制造精度，控制双圆盾构左右外壳体的扭曲量。

②利用修正偏转千斤顶。利用千斤顶推力在圆周方向的分力来修正偏转。

③千斤顶编组。由于双圆盾构宽度较大，在满足盾构姿态（平面和高程）的前提下，采用不同的千斤顶的编组形式一定程度上能进行偏转的修正。

④利用仿形刀。利用仿形刀的局部超挖进行改变偏转方向的方法。

⑤控制出土量。利用左、右螺旋机的出土量不同达到控制盾构转角的目的。

⑥单侧压重。在双圆盾构的单侧加压重物，以产生扭矩实现盾构纠转。

⑦壁后注浆。在盾构掘进过程中，可根据管片旋转情况，向相应的管片外侧不对称压注可硬性浆液，以达到修正管片转角的目的。由于管片转角和盾构机的转角互相牵制，控制了管片转角对控制盾构转角起到至关重要的作用。

在施工中结合土质等条件，单项或组合纠偏对策进行使用。

3．双圆盾构管片拼装技术

隧道衬砌由十一块预制钢筋混凝土管片拼装而成，DOT 盾构由于断面较宽，管片拼装需由二台拼装机作业完成。

双圆管片的连接形式与单圆管片有很大差异，纵、环向均采用球墨铸铁预埋手孔加短螺栓的形式，拼装精度要求高；上下海鸥型管片和中间立柱的拼装难度大。

（1）下部海鸥形管片属第一块定位管片，其拼装质量将直接会影响整环管片拼装质量及其与盾构的相对位置，除保证其与前环管片无踏步、居中拼装等一般要求外，还应保证其与隧道轴线的垂直度（水平、纵向两个方向）。

（2）上部海鸥形管片拼装结束、立柱拼装前，紧邻上部海鸥形管片二侧的管片螺栓不宜拧紧，便于立柱拼装时上部海鸥形管片有一定的上下调整余地。同时综合利用管片顶托装置、左侧拼装机、盾构千斤顶，扩大立柱拼装间隙。拼装流程示意图见图 4。

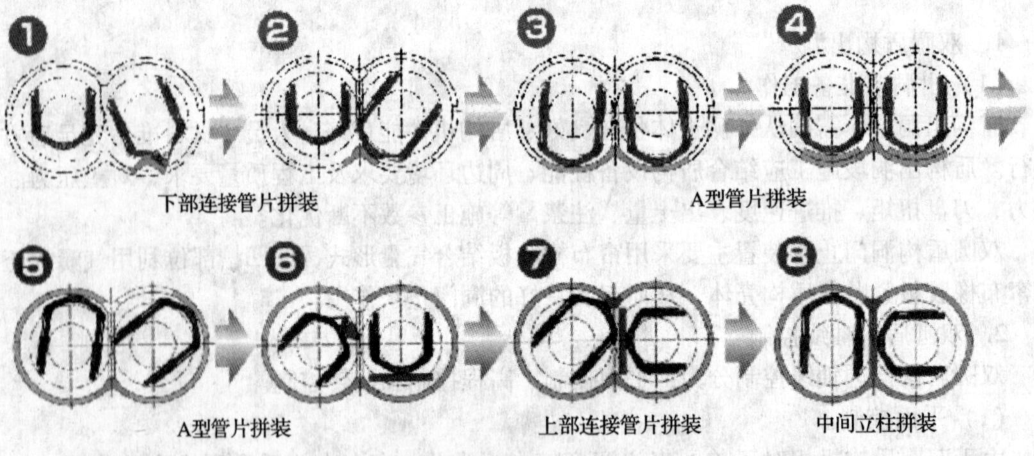

图 4　拼装流程示意图

4．双圆盾构地层变形控制技术

（1）土压力管理。

摸索并设定与外部原状土相当的土压力值，减少对正面及上部土体的扰动。

（2）注浆管理。

①保证每环注浆总量要到。

②保证均匀合理地压注。

③浆液的配比须符合质量标准。

通过同步注浆及时充填建筑空隙，减少施工过程中的土体变形。

另外，通过壁后注浆设备壁后补压注浆控制土层的后期沉降。

（3）推进速度管理。

在施工中需不断根据实测地层变形情况对上述参数进行调整。

（4）进行土体改良，增加土仓内土体的塑流性能，及时填充辐条留下的建筑空隙。

（5）利用盾构中心顶部的注浆孔及时填充润滑材料，膨润土、陶土粉和水的混合物减少凹槽处的背土现象。

（6）设置有效的地面变形监测点，及时进行地面变形的监测并同步反馈至盾构控制室，以便及时进行施工参数的调整。

5．双圆盾构进洞

（1）进洞前准备工作。考虑到双圆盾构断面较大，因此对洞圈进行了缩小处理并在断面上布设注浆管。

（2）盾构推进姿态根据实测洞圈坐标进行调整，尤其需考虑转角的因素。

（3）盾构进入加固区土压逐渐降低至最低，有效排除土仓内积土，缩短进洞清理时间，加快进洞进度，降低工程风险。

（4）盾构实施两次进洞的原则。

六、质量标准

由于是我国首次采用双圆土压平衡盾构施工工法进行隧道施工，隧道推进质量验收尚无现成的规范和标准可循，故参考日本方面的有关施工经验并借鉴上海地区单圆盾构隧道施工质量验收标准，并在建设，监理，设计和施工单位各方有关专家论证的基础上，制定了双圆盾构隧道施工质量控制和验收的暂行标准（见表1）。

盾构施工过程中对周边环境的影响控制在规定范围内，地表最大隆沉量范围+20～-40mm。

表1　管片拼装其外观质量偏差表

项　目	允许偏差
高程轴线偏差	±70mm
平面轴线偏差	±70mm
转角	≤0.6度
直径偏差	<4‰D
相邻环管片高差	<4mm
环、纵缝张开	<2mm

七、机具设备（见表2）

表2　双圆盾构施工设备表

序　号	设备名称及规格	数　量	使用日期
1	双圆盾构机	1台	全工期
2	龙门行车　32t	1台	全工期
3	龙门行车　15t	1台	全工期

续表2

序　号	设备名称及规格	数　量	使用日期
4	14t电瓶车	4辆	全工期
5	充电机	4套	全工期
6	电　瓶	8箱	全工期
7	平板车	12节	全工期
8	$8m^3$ 土箱	8只	全工期
9	自动跟踪仪 TCA1800	1台	全工期
10	全站仪	1台	全工期
11	水准仪　NA2	2台	全工期
12	经纬仪　WILDT2	1台	全工期
13	电焊机	5台	全工期
14	风　机	2套	全工期

八、安全与环境保护

1. 安全

(1) 必须遵循安全第一的原则。由于盾构工作面作业空间比较广，同时作业人数较多，因此对整个盾构推进实施安全过程控制。

(2) 由于双圆盾构左、右两条隧道同时掘进成型，在材料运输以及管片拼装等方面存在交错施工，因此每班班前的安全讲评突出对垂直运输、水平运输、管片拼装等重点安全部位的重视。

(3) 双圆隧道由于在单位时间内工程量大，为了确保出土、管片运输车辆进出工地大门的安全工作，委派专人维护交通，确保了行人、车辆的安全。

(4) 由于双圆盾构施工较单圆单条隧道施工对周边环境的影响面较广，因此凡涉及盾构吊运、施工沿线的高压线保护、地下管线的保护、盾构进出洞等重要项目时，落实监控人员并采取必要监控措施方案和方式。

2. 环境保护

(1) 施工前，对工作井周围及隧道轴线沿途建筑物、构筑物进行调查，以便采取对策。采用低噪声设备，音源配置合理或采用隔音设备。

(2) 施工时，建筑物保护措施及时有效，有效控制盾构施工过程中地面变形量以及后期变形量，尽量减少对周边环境的影响。

九、劳动力组织

双圆盾构技术含量高、专业性强，现场除配备技术、质量、安全、设备、电气、材料等各类管理技术人员外，每个盾构推进班组还需配备施工人员。

作业人员考虑一天24h连续作业，每作业班配备人员见表3。

表3　每作业班配备人员

序号	岗位	工种	人数	序号	岗位	工种	人数
1	当班工程师	技术员	1	7	电机车司机	电机车司机	4
2	班长	施工员	1	8	电气维修	电工	1
3	盾构司机	技术员	1	9	行车司机	行车工	2
4	管片拼装	土建工	5	10	测量	测量工	1
5	机械维修	机修工	1	11	井口吊运	普工	1
6	料具	普工	1	12	同步注浆	普工	1

十、效益分析

与以往的盾构工法相比，一方面双圆盾构工法由于其合理的隧道空间的利用，极大地节约了地下空间资源，而且对高楼林立、地下障碍物较多的地区的地铁施工具有较为实用的使用价值，可减少动拆迁量，有着无可比拟的社会环境效益和经济效益；另一方面，由于双圆盾构一次掘进即完成二条隧道，施工工期大大缩短，减少了建设周期和对周边环境的影响，也降低了工程造价。

十一、应用实例

由上海隧道工程股份有限公司承建的黄兴绿地站～翔殷路站～嫩江路站～开鲁路站双圆盾构隧道工程，共三个隧道区间，于2003年4月10日开工。隧道断面尺寸：外尺寸ϕ6300mm×W10900mm（外径×宽度）、内尺寸ϕ5700mm×W10300mm（内径×宽度），双线中心间距：4600mm，全长2491m；工程首次采用两台双圆加泥式土压平衡盾构来完成三个区间隧道的推进任务。

隧道衬砌采用预制钢筋混凝土管片，错缝拼装；管片纵、环向连接采用球墨铸铁预埋手孔结合短螺栓形式，纵、环向螺栓尺寸为M27；每环由圆形管片A（8块：A1、A2、A3、A4、A5、A6、A7、A8）、大海鸥形管片B（1块）、小海鸥形管片C（1块）及柱形管片D（1块）共11块管片构成，管片厚度300mm，环宽1200mm；混凝土强度等级C50、混凝土抗渗等级1.0MPa。接缝防水均采用遇水膨胀橡胶止水条。

在三条区间隧道施工过程中，双圆加泥式土压平衡盾构顺利地在②$_{3-1}$灰色粘质粉土、②$_{3-2}$灰色砂质粉土以及④灰色淤泥质粘土等土质中掘进，克服了浅覆土施工、曲率半径小施工等困难；尤其是本工程进、出洞都处于透水性强，孔隙水压变化大的②$_3$层砂质粉土，且覆土仅为5m的情况下，通过对地面变形采取了种种技术保护措施以及及时的优化盾构施工参数使得进出洞施工得以圆满完成，实现了双圆盾构真正意义上的第一次整体盾壳进洞。

在施工沿线，通过优化监测方案、调整施工参数，有效地控制了盾构施工过程中的地面沉降，将地面变形控制在3cm以内，减少了诸多辅助措施的实施，最终成功地穿越了众多的临近建筑物及大直径管线。例如双圆盾构在掘进翔殷路～嫩江路区间段隧道时，先后安全稳妥地穿越了宽达26m，深4m左右的虬江桥桩基托换后新建的箱涵以及距离隧道边线仅有0.35m且单边经过土体加固的ϕ1500污水管等，产生了显著的社会、环境效益以及经济效益。

土压平衡顶管施工工法

YJGF 19—2004

北京市政建设集团有限责任公司　北京市市政工程研究院

关　龙　王世高　宗大武　方依文　祁从刚

土压平衡顶管施工工法是机械化顶管施工的主要方法之一，属于机械化、长距离顶进技术，对施工技术管理有较高的要求，主要体现在对顶管设备操作的严谨性、对施工工艺参数计算和选择的准确性和合理性等。为了规范施工管理，提高施工技术水平，促进非开挖地下管道机械化施工技术的应用和发展，在自主研制的加泥式土压平衡顶管机成功的基础上，大力开展土压平衡顶管施工工法推广应用。

一、工法特点

土压平衡顶管施工工法采用机械掘进技术，其特征为：全断面机械切削掘进；掘进机前端有密闭的土仓；掘进过程中土仓压力与土体主动侧压力平衡；通过切削、搅拌并经螺旋输土机排出弃土。通常土压平衡顶管的主要设备包括：掘进机、主顶设备、测量设备、控制系统等；辅助设备包括：水平及垂直运输设备、加泥设备、注浆设备、中继间等。施工示意图见图1。

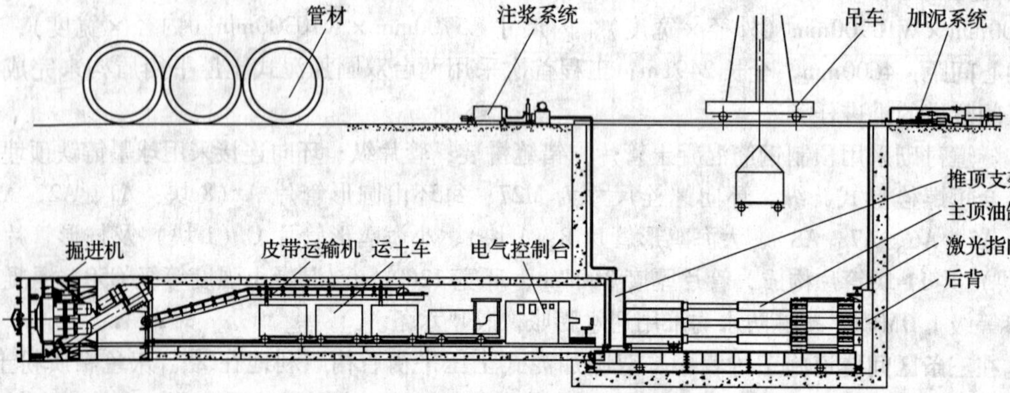

图1　土压平衡顶管施工示意图

二、适用范围

土压平衡顶管施工工法适用于软土地层一般地质环境条件下的城市室外给水、排水、电力及其他适用于顶管施工的管道工程（一般软土地层系指非岩石地层；所谓一般地质环境条件，应排除存在地下不明障碍物的情况）。

土压平衡顶管一般适用于管径1.5～3m的管道施工。采用顶进套管的方法敷设各种管线，可使土压平衡顶管的适用范围得到拓宽。

由于土压平衡顶管顶距长、不需降水、能很好地控制地面隆沉等特点，像一些穿越重要公路、铁路、建筑物等特殊工程段应用土压平衡顶管施工工法，可达到更好的效果。

三、工艺原理

土压平衡顶管施工应用土压平衡原理，随时根据测量监控数据及土仓压力，通过调整螺旋输送机排土速度控制土仓压力及地面隆沉。当土仓压力高于设定值或地面隆起测量数据超过允许值时，调高螺旋输送机转速加快排土降低土压；当土仓压力低于设定值或地面沉降测量数据超过允许值时，调低螺旋输送机转速减缓排土使土压上升。

四、工艺流程

土压平衡顶管施工的工艺流程为：

施工准备→工作竖井施工→设备安装、调试、试运行→正式顶进$\xrightarrow[\text{加泥、注浆}]{\text{测量监控}}$中继间顶进（长距离顶管时）→掘进机接收

五、操作要点

1．施工准备

土压平衡顶管施工前应编制详细的施工组织设计，其中施工方案应包括以下内容：

（1）施工依据、内容、范围。

施工方案应依据经过批准的工程文件，按照经过批准的地勘资料进行工艺设计；施工方案应明确施工内容和范围并绘制施工现场平面布置图。

（2）顶管设备的选择。

不同类型的土压平衡顶管机在适用地层条件上存在差异，应根据实际施工条件选择适用的机型。

（3）施工工艺。

施工工艺主要包括：顶管区间段长度的确定，是否使用中继间以及中继间的数量和布置；初始顶进的方案及措施；土压力控制的方案及措施；加注土体改良添加剂的方案及措施；测量及纠偏的方法；长距离顶进减阻的方案及措施；管道内弃土水平运输方案；掘进机接收的方案及措施等。

（4）施工工艺参数的计算。

工艺参数计算主要包括：顶力的计算、后背承载力的计算、土压控制值的计算、加泥、注浆系统的相关计算等。

（5）工作竖井的设计和施工方法。

竖井设计和施工方法主要包括以下内容：工作竖井位置及断面形式的选择；工作竖井的尺寸；工作竖井的开挖及支撑方法；后背结构的设计及安装方法；洞口密封的设计；工作平台的支搭方法；工作竖井的降水措施等。

（6）设备安装调试的技术措施。

施工设备的安装、调试的技术措施主要包括：施工设备的安装位置、安装精度和牢固要求、安装顺序、调试方法和要求等。

（7）施工过程控制的技术措施。

施工过程控制的技术措施主要包括以下内容：工作竖井内管子吊运和安装、弃土外运、测量等作业的空间布置以及平行或交叉作业的安排等；顶管出洞及入洞措施；施工过程中掘进机与工作竖井及地面指挥的联络通讯方式等。

（8）质量安全的技术措施。

质量和安全技术措施主要包括：控制掘进轴线误差及其他质量因素的措施；顶进操作及设备维护的技术与安全措施；控制地面隆起、沉降的措施；穿越重要构筑物的技术与安全措施；穿越河道时防止河水与顶管机贯通的措施等。

（9）应对突发事件的预案。

进行施工过程中技术、质量、安全的风险分析，制订处理风险事件的应急措施。

（10）施工记录。

施工记录包括顶进过程中的顶进长度、顶力数值或油泵压力表数值、管位偏差及其校正情况、机械运转情况、土质水位变化以及出现的问题等。

2. 工作竖井

（1）工作竖井位置的选择应根据管道设计、地形、地层结构、施工环境条件等因素选定。

（2）工作竖井的开挖断面应根据工作竖井类型、现场环境、土质、挖深、地下水位、支撑材料规格、管子规格、顶管机设备安装和操作空间要求等条件确定。

（3）工作竖井的挖掘深度应满足顶进设备轨道高程及基础厚度的要求。

（4）工作竖井的结构及支撑应根据开挖断面、挖深、土质条件、地下水状况及总顶力等进行施工设计。

（5）工作竖井一般应利用原土作后背，后背墙的建造应满足顶管受力时有足够的刚度并将顶力均匀地传给后背。只有在地形条件不允许且顶距较短的情况下才考虑采用人工后背。利用已完工管道作后背时，顶力中心宜与已完工管道中心重合，并计算已完工管道所能承受的顶力，严格限制施工顶力。后背钢板与管口间垫以缓冲材料以保护管口不受损伤。

（6）竖井前壁上应预留顶管入土洞口（穿墙管），入土洞口宜用混凝土浇筑或用筑入混凝土的钢管制成，洞口中心与管道中心重合，洞口直径宜大于顶管机刀盘直径2～5cm。

（7）工作竖井应采用混凝土基础，工作竖井内设有集水坑。

（8）根据施工设计搭建用于吊运和防护的工作平台，工作竖井上的平台孔口的尺寸满足管子及弃土吊运空间所需，平台孔口安装护栏并在适当位置上设置爬梯。依据管重及其他附加荷载计算选用工作平台承重主梁。依据起吊设备能力及起吊物重量核算起重架。垂直运输设备必须按施工中最大起吊重量选型，且符合起重设备使用的有关规定。起重设备设专人检验、安装，并遵守安全操作规程。

（9）工作竖井应设防雨棚，有良好的施工照明条件。

（10）顶管完成后，应及时拆除、清理工作竖井，并进行井室等施工作业，经检验合格后及时回填。

3. 设备安装和试运行

设备安装前，根据设备的操作要求及施工方便的原则确定各设备的安装位置、各种管线和电缆的铺设位置和走向等。对设备的吊运、安装顺序进行计划和安排。

（1）设备的安装。

①主顶设备底盘的安装应支撑牢固，防止产生受力变形或位移。底盘的调整和定位宜在将掘进机吊运至底盘导轨上后进行。

②主顶设备液压系统宜设置在主顶设备附近以便于操作，液压软管接头连接清洁无污染。

③掘进机平稳地吊运到底盘导轨上，掘进机尾部与边圈之间按规定放入垫圈，掘进机的刀盘应置于导轨之前。

④吊运完成后，调整底盘及掘进机的位置、高程、中线、倾仰角、旋转角等，符合要求后，进行掘进机姿态仪（或其他倾角测量仪器）、激光目标靶（或其他测量目标）的校正。

⑤工作竖井总电源闸箱及用电设备必须执行三相五线制，且安装漏电保护装置，工作竖井及管内使用36V以下的照明设备；总电源的匹配大于顶管施工过程中需同时运行的全部设备功耗之和；长距离顶管时须考虑电缆的电压降。掘进机内应设有应急照明电源。掘进机、工作竖井及地面设备之间设置通讯联络设备。

⑥工作竖井内测量仪器的基座不能固定在主顶装置底盘、工作竖井后背或其他可能在顶进受力时产生变形或位移的基础上，应安装在独立的固定基座上，以减少重复移动和调整次数。宜使用激光经纬仪或激光指向仪与安装在掘进机内的激光目标靶共同组成方位误差测量系统，对顶进的高程和轴线误差进行全过程的监控。

⑦加泥系统及注浆系统应安装在地面上适当位置，符合方便投料和排放所需落差的工艺要求，并设防雨棚遮盖。

⑧当顶管顶入管子长度满足皮带运输机所需的安装位置后，开始安装皮带运输机和铺设轨道。

⑨当顶管顶进长度超过100m时，设置通风设备。通风设备结合管道内的工作环境条件选定，保证管道内有足够的氧气。

（2）设备试运行。

设备试运行之前，应对设备的安装，各种管线、电缆的连接进行检查，确认安装和连接无误后方可接通电源。

设备的试运行应遵照设备说明书进行。通过试运转查找和消除设备可能存在的所有问题，确认其处于完好状态。主要包括以下内容：

①不加载的情况下，电源电路开关的接通、切断工况试验和检查。

②液压系统控制阀件的动作灵敏、正确，特别注意有无控制电路反接的现象、操作台显示动作与实际动作是否一致。

③设备润滑和密封系统供油正常，油路畅通，供油压力可在设定的范围内调节。

④刀盘正反旋转动作正确，无异常响声。

⑤螺旋输送机螺杆正反旋转动作正确，无异常响声。

⑥纠偏千斤顶的伸缩动作正常，编组动作与操作台显示一致。试车完毕将千斤顶回缩到工作零位。

⑦顶进千斤顶伸缩动作正常，试车完毕将千斤顶回缩到工作零位。

⑧加泥系统、注浆系统输送泵的试运转符合设备说明书的规定。

⑨对加泥、注浆管路进行加压试验和检查，保证管路畅通、无泄漏。

4．顶进

设备安装、调试及试运行正常后开始正式顶进。

（1）初始顶进措施。

①开始顶进前应确认全部设备经试运转状态正常，掘进机在导轨上的中心线、坡度、高程符合规定。

②顶管入土洞口封门的开启应制定相应措施，减少对封门处土体扰动，并防止流动性土或地下水由洞口进入工作竖井。

③掘进机及首节管子穿过洞口是顶管的重要施工过程，应采取措施防止顶进轨迹偏移设定轴线和减轻对洞口土体的扰动。

④在无地下水或地下水得到有效控制的情况下，允许先顶入掘进机，后做洞口密封。

⑤在地下水严重的地层，应采取措施分别对掘进机和顶进管管段进行密封。

⑥应对掘进机重心脱离底盘轨道前后掘进机的顶进轨迹加强观测，及时处理顶进轨迹偏离设定轴线的问题。

⑦初始顶进应注意观察并采取措施，防止在顶进千斤顶回缩时掘进机受前方土压影响产生过量的回弹。

⑧初始顶进 5 ~ 15m 范围内，应加大测量频率，当掘进机偏差接近允许偏差时，应采取纠偏措施。

（2）掘进机刀盘转速和扭矩的控制和调整。

①在顶进过程中，根据土质情况和掘进效果进行刀盘转速和扭矩的控制和调整。

②正常顶进情况下刀盘应调整至高转速、中低扭矩（宜控制在最大扭矩的 2/3 以下）状态工作，以获得较好的切削和土仓泥土搅拌效果，并保留一定的扭矩储备。在施工中需停止刀盘回转时，应先停止顶进，让刀盘继续回转一段时间，观察到刀盘工作电流（或工作油压）开始回落后方可停止刀盘回转。在顶进过程中发现刀盘工作电流（或油压）异常上升时，应降低顶进速度，待电流（或油压）平稳后再按正常速度顶进。

③掘进机发生自转时，应将刀盘回转方向调至与掘进机自转相同方向进行掘进机旋转偏移纠正。

④在砂砾地层中掘进应谨慎操作，防止刀盘被大块砾石或不明地下障碍物卡住。一旦出现刀盘被卡住，应停止顶进并采取以下措施：判断故障原因，分析继续顶进的后果；决定是否继续顶进以及重新起动刀盘应采取的措施；在确认不会进一步加大顶进困难后方可继续顶进。

⑤刀盘的重新起动应采取一切可能的措施降低起动阻力，在确认不会对设备造成破坏或进一步加大顶进困难后，方可加大扭矩起动刀盘。

⑥在采取上述措施后仍不能起动刀盘时，必须经慎重考虑并由有关责任人批准后，方可开启通往土仓的检查通道排除刀盘故障。开启检查通道必须符合以下要求：

a. 确认管道穿过地段无地下水或已采取了降水措施将地下水控制在管道底部以下。

b. 确认无流砂等不稳定地质因素或已采取加固措施稳定土体。

c. 地面上无建筑物或已采取措施防止可能出现的建筑物灾害。

d. 切断除照明设备以外的所有电源。

e. 掘进机内已采取安全和应急措施，确认人员、设备安全有保障。

(3) 顶进设备的操作。

①顶进设备的操作应按前方掘进反馈的控制信息要求实施。

②初始顶进或中途停机重新顶进时，都应遵循从低速到高速的控制原则。

③顶进速度应尽量控制平稳，尤其要避免顶速突然加大的现象。

④对顶进过程中出现的任何工作油压波动都应及时分析原因并采取相应措施。

⑤遇到下列情况时应立即停止顶进，及时分析原因并采取相应措施，处理完善后再继续顶进：

a. 油压突然增高。

b. 发生塌方或遇到障碍。

c. 后背倾斜或严重变形。

d. 顶铁发生扭曲迹象。

e. 管位偏差过大，且纠偏无效。

f. 顶力较预计增大，接近管子接口许可承受的顶力。

(4) 土压值的控制。

按设定的土压值控制土压，在路基、建筑物下顶进应严格控制土压波动。

①稳速顶进，依靠调整螺旋输送机排土速度控制土压。应随时根据测量监控数据及土仓压力，及时调整排土速度。当土仓压力高于设定值或地面隆起测量数据超过允许值时，调高螺旋输送机转速加快排土降低土压；当土仓压力低于设定值或地面沉降测量数据超过允许值时，调低螺旋输送机转速减缓排土使土压上升。

②螺旋输送机排土速度可手动或自动调整，在手动控制能够平稳工作并掌握土压变化规律后，方可实施土压自动控制。实施土压自动控制后，应密切注意其控制效果，及时进行必要的调整。

(5) 螺旋输土机的控制。

螺旋输土机的控制除应满足土压调节的需要外，还应保持排土的连续和畅通。

①应根据土质情况适时调整加入泥浆的配比浓度和加泥量，改善弃土的流动性，维持螺旋输送机正常排土的通畅。

②在粘土地层施工，需长时间（4h 以上）停止掘进时应适当排空螺旋输送机内的存土以防止螺旋输送机被堵塞。

③在地下水或流砂严重的地层施工，停止掘进时应关闭螺旋输送机出土口以防止地下水或流砂涌入机舱。

(6) 纠偏的操作。

纠偏的实施应根据激光测量和姿态倾斜测量的数据进行偏差的综合分析，判断掘进机走向误差及其发展趋势，决定是否实施纠偏以及纠偏方向和纠偏力度。

①纠偏应编组进行，每次使用四个支点中相邻两个支点上的千斤顶，分别实现向上、向下、向左、向右的纠偏动作。

②在高程和中线同时出现误差，都需要纠正的情况下，仍应严格按编组实施纠偏，即高程和中线误差的纠正必须分步实施。不允许使用一个或三个支点的千斤顶进行斜向纠偏。

③纠偏千斤顶的伸出量应根据土质及偏差数值等情况设定，并进行记录。千斤顶的伸出量不得超出设备说明书限定的最大行程量。

④纠偏应遵循以下原则：

a. 当测量结果发现管道顶进中出现偏差趋势，即开始进行纠偏。

b. 纠偏采用渐进方式，使顶进管段逐渐复位。

c. 只有在刀盘旋转的情况下方可进行纠偏操作。

d. 纠偏过程中加大测量频率。

（7）顶进过程中工作竖井管理。

竖井是管子安装、顶进、弃土外运、测量等交叉作业的区域，应制定竖井管理制度。

①应合理安排施工作业顺序并做好施工人员的调配管理，各道工序操作应有专人负责，职责分明。

②掘进机、中继间、竖井内以及地面上设备的操作应有统一的施工指挥，按约定的信号操作，并设有报警信号。

③管子吊运的方式、吊具强度及合理性等应经检查确认安全可靠。管子从竖井平台上吊运至主顶设备轨道上的过程中，应有相应措施保证施工人员的安全，并防止可能对管子造成的损坏。

④管子吊运到主顶设备轨道上后，应进行管端密封圈部位的清洁和润滑处理，并调整好管子接口同心度。管子对接宜借助主顶设备缓慢将管子顶入，应注意检查密封圈的情况，防止被挤坏或挤出。

⑤管内水平运输轨道的铺装应符合水平和高程等质量要求，轨道对接应平滑和牢靠，确保运土车不会脱轨。轨道的尾端应装有限位装置，防止运土车冲出轨道。

⑥顶铁应有足够的刚度，顶铁上有锁定装置；顶铁的安装必须保证对位准确，防止千斤顶活塞杆受力偏离中线；边圈与管口之间应采用缓冲材料衬垫。

⑦施工过程中应注意防止顶进千斤顶活塞杆被硬物撞伤，应及时清除洒落在活塞杆上的泥砂和污物。

⑧施工过程中应注意保护好测量基准点及固定在竖井内的激光测量仪器等，测量点及测量仪器应定时或定况进行校核。

⑨施工过程应避免出现互相干扰的交叉作业。

⑩每根管子顶进完毕，进行电缆、加泥管、注浆管、排土管、水管等的断开和穿过管子后再接通作业时，应注意以下事项：

a. 电缆断开前应先切断电源。

b. 电缆插头拔下后应做好插头防护，防止被泥砂污染。

c. 电缆再接通前应检查插头是否清洁、干燥。

d. 加泥管、注浆管、排土管、水管等的断开前应停止泵送、关闭阀门，并采取措施防止泥浆外泄。

e. 在操作过程中应注意防止各种电缆和管线被挤坏。

f. 各种电缆和管线的分布应避免因顶进设备等的移动受到扯拽。

⑪施工现场应设置管子存放区，管子宜放在用型钢铺设的滚道上，排放整齐，以方便将管子移到井口位置。

⑫弃土运输是影响施工速度的主要因素之一，应合理安排和调度以提高运土效率。施工现场应设置用于临时堆放弃土的区域，采取设围挡等措施防止泥浆状弃土溢流。临时堆放的弃土应尽快运出施工现场。

（8）施工指令及记录。

①土压平衡顶管施工应有统一的施工组织和现场指挥，顶进指令、纠偏指令、停工指令的下达应由有关责任人做出。

②顶进应昼夜连续施工，除顶管机停机正常维护或不可抗拒情况外，不得中途停止作业。

③每班均应填写施工记录。施工记录应包括顶进长度、顶力数值或油泵压力表数值、管位偏差及其校正情况、机械运转情况、土质水位变化以及出现的问题和应注意事项。交接时应将施工记录向下一班交接清楚。

④应设专职人员对顶管施工设备进行定期保养和日常维修，做维修保养记录。设备的保养和维修应符合设备使用说明书的要求。

5. 测量与监控

（1）编制测量与监控方案。

顶管施工开始前，应根据设计文件规定的工程内容与现场环境条件及顶管施工特点编制工程的测量与监控方案，主要包括：

①平面与高程控制测量方案。

②工作竖井内及管道内控制测量方案。

③顶管施工中的测量项目、内容、要求。

④顶管贯通前的测控方案。

⑤地面及周边建筑物隆沉监控方案。

（2）高程及中线误差监测。

①土压平衡顶管施工测量应建立地面与地下测量控制系统，控制点应设在不易扰动、视线清楚、方便校核、易于保护处。

②为了实现对掘进机偏离轴线误差的动态监测、提高施工测量效率并与机械化顶管技术相适应，土压平衡顶管应尽量采用激光导向和姿态监控技术。

a. 掘进机内宜安装姿态仪，用于监测掘进机的前后倾仰和自转偏斜误差。

b. 掘进机内宜安装激光接收光栅靶，与设在工作竖井的激光指向仪（或激光经纬仪）共同实现对掘进机高程及中线误差的动态和全过程监测。

③宜以激光测量数据作为顶进过程中判断掘进机高程及中线误差的主要依据，并结合掘进机姿态倾斜测量数据的分析，判断顶进偏差。在施工经验不足的情况下，应使用水准仪和经纬仪进行掘进机高程及中线误差的校验测量；这种测量方法还用于对顶进管段高程及中线误差的测量。

④使用水准仪和经纬仪对掘进机和管道测量应安排在停止顶进、运出弃土的工作间隙进行，在纠偏过程中应增加测量次数，反之在顶进正常的情况下可减少测量次数。

⑤每完成一根管子的顶进，应测量一次管道中心线和高程；每个接口应测一点，有错口时测两点，并形成文件。

⑥工作竖井与接收竖井贯通后，应进行管道最终验收测量。确定管道的中心线与管底高

程、井位位置。

（3）地面隆沉情况监测。

对顶管施工中地面隆沉情况进行监控，监控应符合下列要求：

①监控基准点应设在施工影响区域外，并具有良好通视与防干扰条件。

②隆沉观测点应沿掘进机前进轴线方向对称安排布置，具体布设尺寸应结合初始顶进试验，由施工设计确定。

③对需要保护的建筑物、构筑物等应设监控点。

④对已完成的管段应继续进行隆沉观测，观测间隔时间按控制测量方案确定。

（4）数据记录与反馈。

准确填写顶管施工过程中每次及最终量测数据，形成完整的测量记录。每次测量、监控的轴线误差及地面隆沉数据，应及时整理好反馈给施工指挥人员，以利随时进行纠偏或土压调整施工操作。

6. 触变泥浆与填充注浆

（1）制订方案。

触变泥浆的加注应按施工方案进行，顶管完毕应通过注浆进行管外空隙填充和泥浆置换。施工方案应包括以下主要内容。

①泥浆配合比、注浆量及注浆压力的确定。

②制备和输送泥浆的设备及其安装规定。

③注浆系统及注浆孔的布置。

④顶进洞口封闭泥浆的措施。

⑤填充注浆和泥浆的置换。

（2）加注触变泥浆。

①掘进机外径宜比顶进管子外径大 2～6cm，注浆后使土体与管子间形成 10～30mm 厚的泥浆环。

②应根据管道直径、土质条件、计算注浆量等确定每个注浆断面上注浆孔的数量。

③注浆应从掘进机后的第 1、2 节管开始进行，并通过对注浆分闸门的控制，使管道的前端在顶进过程中始终得到浆液补充。

④顶进过程中还应通过后续管子的补浆孔进行补浆，补浆孔的间距和数量取决于土质、顶速等，宜相隔 2～5 节管布置补浆孔。

⑤注浆压力因管道上方土体的塌落程度、土体的渗透系数以及注浆管路沿程压力损失等而存在差异，注浆压力控制宜遵循以下原则：

a. 浆液能以较平稳的工作压力连续注入。

b. 防止浆液窜入掘进机开挖面。

c. 注浆压力的上限不允许超过管道上方覆土的承压能力。

（3）填充注浆。

顶管终止顶进后，应向管外壁与土层间形成的空隙，或减阻触变泥浆层进行充填、置换，保障被穿越的地面构筑物安全。注浆应符合下列要求：

①应由管内均匀分布的注浆孔向外侧空隙压注浆液；注浆应与地面监测相配合，应采用多点注浆将管道与土层间的间隙充分填满，注浆量宜按计算空隙体积的 150% 控制。

②注浆压力应根据管顶覆盖土层的厚度计算或试验确定，宜为0.1～0.3MPa，砂卵石层宜控制在0.1～0.2MPa。

③注浆结束后，应在规定时间内将注浆孔封闭。

7. 中继间顶进

使用中继间接力顶进是长距离顶管的重要技术措施，随着顶进距离的增加，管壁与土体的摩阻力随之增大，虽然利用触变泥浆可以减阻，但其作用毕竟有限。长距离顶管应设置中继间，采用中继接力顶进技术，提高一次顶进的距离，并减少工作竖井。

（1）应依据顶进作业总顶力的计算和顶进管材的管壁承受能力等在施工方案中确定中继间的设置及其使用数量。

（2）中继间应符合下列要求：

①具有足够刚度、卸装方便，在使用中具有良好的连接性、密封性；

②中继间的设计最大顶力不宜超过管子承压面抗压能力的70%；

③中继间内设备应设置和安装紧凑，留有足够的管内运输通道；

（3）中继间应在主顶设备底盘轨道上与顶进管联接，顶进中不得错位。

（4）应在主顶设备顶力达到中继间设计顶力的3/4前使用中继间。

（5）中继间的液压设备与工作竖井顶进设备宜集中控制。中继间超过3个时，宜设置中继间联动装置以提高施工速度，其工作顺序应自距掘进机最近的中继间开始。顶进时，距掘进机最近的中继间液压油缸伸出，其他中继间应保持不动，在所有中继间依次完成顶伸后，工作竖井内主顶液压油缸完成最后顶进作业。

（6）完成管段顶进作业后，中继间应从第一组起逐组拆卸，并在中继间空档将管节碰拢前安装止水材料，或在中继间空档放钢筋浇筑混凝土。

8. 掘进机的接收

（1）接收竖井一般设在管线的井室位置。接收竖井的挖掘、支撑等方式与工作竖井类似。在含地下水地段也应进行降水处理。

（2）接收竖井的尺寸应满足掘进机及首节管顶至预定的位置，掘进机与首节管脱离后，进修设备检查、维护及吊运所需空间要求。

（3）接收竖井宜浇筑混凝土地面及铺设掘进机轨道。

（4）接收竖井应预留掘进机出洞口，洞口直径宜大于掘进机直径10～20cm。洞口封门可采用低强度混凝土、砖墙或木结构等。

（5）在地下水严重的地段，应进行洞口密封处理。

（6）掘进机临近接收竖井井壁封门1～2m时，应调整、控制掘进机掘进速度，加密对掘进机轴线的测控。

（7）封门拆除后，掘进机应及时通过洞口。

（8）掘进机及首节管被顶入接收井到达预定位置后，应及时封堵洞口与管子的缝隙。

（9）宜在竖井内清除掘进机外表的泥土，并进行必要的设备检查和维护。

六、材料

1. 顶管管材要求

（1）必须对运进现场管子进行严格质量检验，不合格的管子严禁用于顶管施工。

（2）顶管用混凝土管宜采用钢承口的接口形式，管材质量应符合下列要求：

①混凝土管节表面光洁、平整、无砂眼和气泡；接口尺寸符合规定；

②钢套环尺寸符合设计规定，接口无疵点，焊接接缝平整，肋部与钢板平面垂直，且应按设计规定进行防腐处理；

③密封橡胶圈安装前保持清洁，无油污；

④混凝土管接口处加衬垫，防止管口受力不均而被顶坏。

（3）顶管用钢管应根据设计要求进行钢管防腐绝缘，检验合格后，对绝缘防腐层采取保护措施。

（4）顶进钢管接口焊接后，接口处应补作防腐绝缘层及钢丝网水泥保护层，抹钢丝网水泥时，宜加速凝剂。

（5）采用钢丝网水泥保护层时，应在适当距离焊制保护钢丝网水泥的肋板，顶进设备与管口接触部位应设特制护口边圈保护管壁；

2. 加泥、注浆浆材

（1）土体改良浆材。

施工过程中根据土质、获取条件和成本情况等选择适用的土体改良浆材。

①在粘性较低的粘土层可直接加注清水经刀盘搅拌使弃土具备流动性；

②在砂、砂砾、特别是含水的砂砾层宜加注粘土浆、膨润土浆经刀盘搅拌使弃土具有塑性、流动性和止水性；

③在砂卵地层宜加注特制的泡沫进行土体改良。

④泥浆浓度配比及加泥量可参照表1设定，在顶进过程中宜根据实际土质情况、刀盘扭矩和螺旋机排土情况等进行调整。

⑤初始顶进阶段泥浆加注处于试验调整过程，可断续加注，在调整稳定后宜连续加注。

表1　泥浆浓度及加泥量

土质类别	泥浆浓度（%）	加泥量/切削弃土量（%）
亚砂层	5~15	≤10
细砂层	15~30	≤30
砂砾层	30~50	≤30

（2）触变泥浆和填充注浆。

①触变泥浆的配合比应按管道周围土层的类别、膨润土的性质以及触变泥浆的技术指标确定。膨润土在使用前应测定其胶质价。触变泥浆配制应符合下列要求：

a. 按试验确定的触变泥浆配合比，称量水、膨润土及碱的质量；

b. 分别配制碱溶液和膨润土浆液；

c. 将配制好的碱溶液，注入膨润土浆内，通过制浆机搅拌至均匀，形成触变泥浆；

d. 配制好的触变泥浆静置12~24h后方可使用。

②填充注浆浆液宜采用水泥粉煤灰系列，应搅拌均匀，无团块、杂质。

七、施工设备

1. 加泥式土压平衡顶管机（见图2）

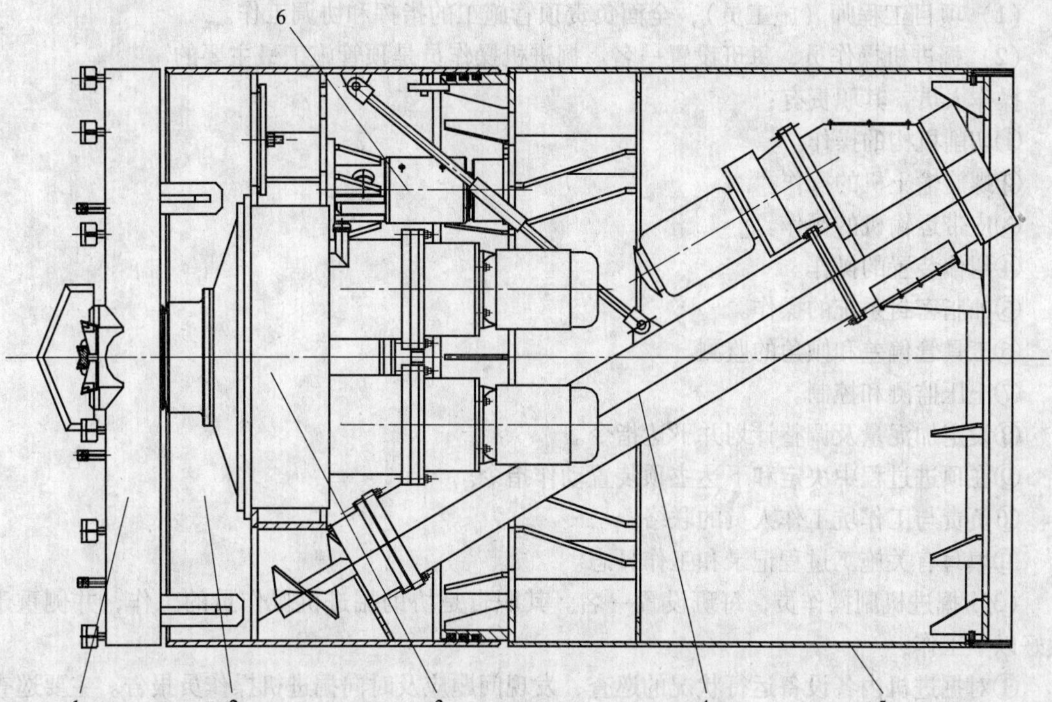

图2　土压平衡顶管掘进机简图

1—刀盘；2—土仓；3—刀盘驱动系统；4—螺旋机；5—壳体；6—纠偏系统

土压平衡顶管施工工法的关键设备为加泥式土压平衡顶管机。其主要技术特征为：

（1）增强型中心及周边刀具布置，以及由硬质合金和耐磨材料组成的复合型刀具，提高刀具的耐磨和抗冲击性能，更适合砾石地层的掘进。

（2）采用了恒功率变量液压驱动或变频电机驱动技术，刀盘启动性能好，在非均匀卵石层中掘进，有利于改善刀盘的切削和搅拌效果；可满足长距离的顶进。

（3）采用变频调速技术的螺旋输送装置，确保手动或自控工况下调节土压的有效性和可靠性。

（4）设计了多孔位加泥系统，具备加注护壁泥浆的技术手段，用于降低减阻泥浆的外渗，提高减阻效果，从而加大顶进距离。

（5）设备运行状况的集中显示和控制，以及激光靶跟踪加倾角仪测斜的动态方位误差监控系统，使监测和操作工作更直观、更方便。

（6）长行程、整体式主顶装置，无需顶铁，提高施工效率，工作安全可靠。

2. 其他设备

土压平衡顶管施工用到的主要设备还包括：测量装置、中继间、水平及垂直运输设备、加泥设备、注浆设备等。与一般顶管施工所用的设备相似。

八、劳动力组织及安全措施

1. 人员构成及其职责

(1) 项目工程师（施工员），全面负责顶管施工的指挥和协调工作。

(2) 掘进机操作员，每班设置一名。掘进机操作员是顶管施工最主要的操作人员，其职责有：

①切削机构的操作。

②螺旋输土机的操作。

③皮带运输机的操作。

④纠偏装置的操作。

⑤油脂密封系统的操作。

⑥工具管偏差和倾角的监测。

⑦土压监测和控制。

⑧设定加泥量及调整计划并下达指令。

⑨在顶进过程中决定和下达主顶装置动作指令。

⑩负责与工作坑工作人员的联络。

⑪填写有关施工过程记录和工作日志。

(3) 掘进机副操作员，每班设置一名。其职责是协助掘进机操作员的工作，并侧重于做好以下工作：

①对掘进机内各设备运行状况的巡查，发现问题应及时向掘进机操作员报告。主要巡查内容如下：

a. 对切削机构运行可能出现的异常噪声、温升等情况的观测。

b. 对螺旋输土机排土情况的观测。

c. 对皮带运输机运行情况的观测。

d. 对油脂密封系统运行状况的观测。

②处理螺旋机出土不畅、皮运机皮带跑偏、弃土外溢等小故障。

③添加密封油脂。

④清洗加泥通道。

(4) 主顶装置操作员，每班设置一名。其职责是：

①在顶进过程中，根据掘进机操作员的指令，进行主顶装置的操作。

②在非顶进过程中，配合装管人员进行管子安装等。

(5) 中继间操作员，当使用中继间时设置一名。其职责是在顶进过程中，根据掘进机操作员的指令，进行中继间的操作。

(6) 测量人员若干，其职责是：

①激光指向仪和目标靶的初始安装、调整和定位。

②顶进过程中对激光指向仪偏移的检查和调整。

③管道垂直、水平误差的实测。

(7) 坑内辅助人员若干，负责坑内混凝土管吊运、安装，弃土外运等。

(8) 地面辅助人员，每班设置若干名。其职责有：

①加泥设备的操作及供料。

②注浆设备的操作及供料。

③混凝土管地面吊运。

④弃土地面运输。

（9）运土牵引车司机，每班设置一名。

（10）坑口吊车司机，每班设置一人。

（11）机械、电气设备维修人员若干。

2. 施工安全措施

（1）操作人员必须经过安全及技术培训，经考试合格方可上岗并在指定岗位上操作；非专业人员不得从事机械及电器的维护维修作业，严禁擅自拆改设备。

（2）进入施工现场的人员需按规定佩戴劳保用品。

（3）与施工无关人员不得进入施工现场。

（4）进出管道前，必须得到输土设备操作人员同意并确认运土车已停驶方可进出管道。

（5）输土设备驾驶室只准司机一人操作，其他人员不得搭乘或操作，输土设备严禁用于人员运输。

（6）作业中各环节操作人员间必须严格按约定操作信号操作，遇到任何报警信号，应立即停止操作。

（7）因故停顶后在恢复顶进前必须对支承、平台、支架、吊具索具、机械设备及电器设备进行检查，对地面以下工作面空气中氧含量及有害气体含量进行检测，确认安全后方可作业。

（8）作业中传递工具、材料必须轻拿轻放，稳妥传递，严禁抛扔。

（9）电线电缆、管路、信号控制线连接必须牢固可靠，并应靠管壁装卡稳固，严禁使其受压或用于悬挂物体。

（10）顶管作业过程中，必须按安全技术交底要求保护地下管线和构筑物，人员不得踩踏。

（11）作业面遇到不明构筑物或有异常情况时，应立即停止作业，报告施工技术管理人员，经处理并确认安全后方可继续作业。

（12）顶管作业必须执行交接班制度并保持记录完整。

（13）顶进距离超过100m时，应采取强制通风措施。

（14）地面以下工作面照明用电电压不得高于36V，潮湿场所应使用12V电压供电，照明变压器应独立于工具管供电系统。

（15）人员上下工作坑必须走安全梯，安全梯应固定在支撑上，并设扶手或护圈，严禁运土土斗乘人。

九、质量要求

顶管施工质量应符合下列规定：

1. 接口必须密实、平顺、不脱落，密封材料完好、均匀。

2. 管内不得有泥土、石子、砂浆、砖块、木块等杂物。

3. 管外壁与土体间的空隙，应填充处理完毕。

4. 有严密性要求的管道应经水压、闭水试验合格。

5. 顶管允许偏差见表2。

6. 地面隆沉值在设计允许范围之内。

表2　土压平衡顶管允许偏差表

序号	项目			允许偏差（mm）	检验频率		检验方法
					范围	点数	
1	中线位移	$D<1500$		≤30	每节管	1	测量并查阅测量记录
2		$D\geqslant1500$		≤50			
3	管内底高程	$D<1500$		+10 -20	每节管	1	用水准仪测量
4		$D\geqslant1500$		+20 -40			
5	相邻管间错口	混凝土管	$D<1500$	≤10	每个接口	1	用尺量
6			$D\geqslant1500$	≤10			
7		钢管		≤2	对顶接口	1	用尺量
8	相顶时管节错口			≤30			

十、效益分析

开发长距离机械化顶管技术，推广土压平衡顶管施工工法，替代目前普遍使用的人工顶管施工法，是应用现代科学技术进行市政管道和地下交通工程建设的必由之路。其经济社会效益十分显著。

1. 与人工顶管法相比，有以下经济效益优势

（1）长距离顶进，减少工作竖井50%～80%，即可节省竖井建造及地面拆迁费。

（2）施工速度快，工期短，减少工程间接费和施工管理费。

（3）施工质量好，减少工程返修和后期维护费。

（4）无需降水，节省顶管沿线降水费用。

（5）施工对交通及周边环境影响小，避免人工顶管法施工常见的因占用路面、中断交通、地面沉降等用于环境维护和补偿的费用。

2. 与人工顶管法相比，社会效益突出

（1）技术先进，施工质量好、速度快。实现快速和优质的城市管道工程施工。

（2）改善作业环境，降低劳动强度，减少不安全因素。

（3）减少工作竖井数量和地面拆迁量，减轻了施工对地面交通的干扰和对城市环境的负面影响。

（4）无需大范围的施工降水，避免地面因降水出现不均匀沉降和对水资源的破坏。有利于维护城市的自然生态平衡。

十一、应用实例（见表3）

表3　土压平衡顶管法应用部分工程实例

工程名称	管道直径（mm）	顶进距离（m）	施工日期
小月河东岸污水干线工程（下段）	2150	454	2002年1月
小月河东岸污水干线工程（下段）	2400	719	2002年2月
回龙观电力管线工程（穿越京昌高速公路）	2150	110	2002年8月
清河电力管线工程（穿越京昌高速公路）	2150	120	2004年8月
清河中水管线工程（穿越京昌高速公路）	2150	140	2005年7月

十二、结论

土压平衡顶管施工工法实现全断面机械开挖，开挖面土压平衡，地面沉降小，不需降水，能纠偏，施工质量高，施工速度快，可实现长距离顶进（顶进距离≥600m），工人劳动强度低，设备和人员安全有保证。其关键技术为自主研制的加泥式土压平衡顶管机。设备性能良好，使用操作方便，能适应北方地区复杂地层条件。填补了北京市机械化顶管的空白，初步突破了国内砂卵石地层机械顶管施工的难题，已达到国内领先水平。

本工法的编制为土压平衡顶管施工提供了技术依据和施工保障条件，对于指导北方地区复杂地层条件的土压平衡顶管施工，降低施工成本，提高施工效益，促进机械化顶管技术的推广应用具有现实意义。

偏心多轴多刀盘式矩形顶管顶进工法

YJGF 20—2004

上海隧道工程股份有限公司

孙永华　吕建中　傅德明　张冠军　杨　磊

偏心多轴多刀盘式矩形顶管顶进工法是利用偏心多轴多刀盘式矩形顶管机完成矩形断面的隧道施工，其结构断面的合理性可减少土地征用量和掘进面积，降低工程造价，可用于建造地铁车站、地铁及水底隧道旁通道等。日本从1981年开始研究矩形隧道施工，1995年大丰建设（株）采用1台4.38m×3.98m的DPLEX矩形盾构，在千叶县习志野市菊田川2号干线掘进了2条并列的矩形排水隧道。上海隧道工程股份有限公司于1995年开始矩形施工技术的研究，研制的3.8m×3.8m组合刀盘式矩形掘进机应用于上海地铁2号线陆家嘴车站5号出入口工程、人民大厦地下连通道工程，并形成了施工工法。2002年11月，上海隧道工程股份有限公司开展了对异形盾构施工技术的研究，研制了一台截面尺寸1.2m×1m马蹄形的偏心多轴刀盘式掘进试验机，并进行一系列模拟试验。并于2003年研制了一台4m×6m偏心多轴式刀盘土压平衡矩形掘进机，同年10月在宁波市开明街－药行街地下通道工程中成功应用，取得了显著的技术成果、经济效益和社会效益。该技术成果于2004年4月通过了由上海市科学技术委员会组织的技术鉴定会，成果水平达国际先进，同年获上海市科技进步二等奖，第十八届上海市优秀发明选拔赛一等奖。

一、工法特点

1. 利用偏心多轴多刀盘式矩形顶管机可对矩形断面进行全断面切削，保持土压平衡，对周围土体扰动小。

2. 在同等截面下，矩形隧道的断面形式比圆形隧道的利用率高，可减少地下掘进土方。用于人行、车辆等的地下通道不需再进行地面铺平工序，不仅省时而且可降低工程造价。

3. 偏心多轴多刀盘矩形顶管机对数台驱动部分及两台刀盘部分，由于可以按小型化机组配置，便于安装，拆开搬运，适宜于大断面矩形隧道施工。

4. 由于切削刀盘的转动半径小，切削刀头的滑动距离变小，减少了刀头的磨损，有利于长距离掘进。

5. 通过可编逻辑程序控制器及各类传感器等随时监测施工状况，确定施工参数，使整个施工过程处于受控状态，从而有效控制矩形隧道顶进轴线、转角偏差及地面沉降。

二、适用范围

本工法适用于在粘土、淤泥质粘土、粉质砂土及砂质粉土等地层中掘进断面尺寸为长度6m以下、高度4m以下的矩形隧道。特别适用于在错综复杂的各类地下管线下以及必须进行地下暗挖的工程中进行矩形断面的施工，覆土深度大于等于1倍的管节高度，保证地面建筑物不受损害。可用于建造地铁及水底隧道旁通道、地下通道、城市地下线路共同沟、地下管节顶进结束后，必须进行机头的姿态测量，并做到随偏随纠，且纠偏量不宜过大，以避免土体出现较大的扰动及管节间出现张角。

（5）地面沉降控制。

①利用偏心多轴多刀盘矩形顶管机对矩形断面进行全断面切削。严格控制施工参数，防止超、欠挖。

②解决偏心多轴多刀盘矩形顶管机机头顶部背土问题。在偏心多轴多刀盘矩形顶管机的机头壳体顶部安装压浆管，并开有压浆槽，使浆液均匀分布于整个上顶面，在土体和壳体平面之间形成一泥浆膜，以减少土体同壳体的摩擦力，防止背土现象的发生。

（6）止退装置。

为了克服顶进时前端的阻力，防止每次拼装管节和加垫块时，机头和管节后退，在前基座上需安装一套止退装置，将管节和机头稳住，从而使地面沉降明显减少。

五、材料

本工法采用钢筋混凝土矩形管节，混凝土强度为 C50 抗渗等级为 0.8MPa，并采用承插式 F 型钢套环、锯齿形橡胶止水圈。

六、机具设备

1. 主要施工设备

偏心多轴多刀盘式矩形顶管机（见图 3），由上海隧道工程股份有限公司研制，并已在工程中得到应用。

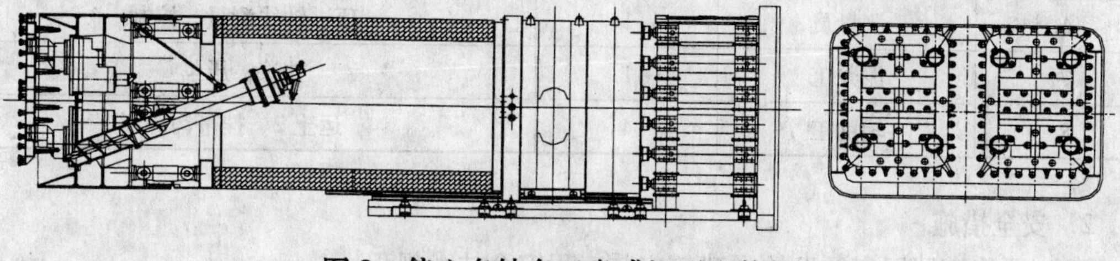

图 3　偏心多轴多刀盘式矩形顶管机

主要由顶管机机头、切削刀盘及刀盘驱动装置、纠偏装置、螺旋机、主顶装置、动力装置、压浆系统、电气控制系统及监测系统等组成。

2. 配套设备（见表 1）

表 1　配 套 设 备

序　号	设备、仪器名称	数　量
1	压浆泵	1 台
2	平板车	2 辆
3	土箱	2 个
4	300t 履带吊车	1 辆
5	137t 汽车吊	1 辆

续表1

序　　号	设备、仪器名称	数　　量
6	卷扬机	2台
7	电焊机	2台
8	水准仪	2台
9	经纬仪	2台

七、劳动力组织及安全措施

1. 劳动力组织

施工人员：每班12人，具体分工如表2所列。

表2　劳动力组织

序　　号	人　　员	数　　量	职责分工
1	组长	1	指挥、调度、质量控制
2	技术人员	1	技术管理、质量管理、施工记录、施工分析
3	操作员	1	顶管机操作
4	机、电维修员	2	设备检修并兼职其他工作
5	起重工	1	行车驾驶
6	测量员	1	顶进轴线测量、控制
7	泥浆工	1	拌浆、压浆
8	辅助工	4	运土2、挂吊钩等

2. 安全措施

(1) 严格遵照国家颁发的《建筑安装工程安全技术规程》。

(2) 顶管机及管道内照明用电应使用安全电压。

(3) 混凝土管节吊运时，管下严禁站人。在顶进过程中，顶铁两侧不得停留人。

(4) 顶进作业中当油压突然升高时，应立即停止顶进，查明原因并进行处理后，方可继续顶进。

(5) 及时检查各操作员的操作程序，严防违章操作。

(6) 及时检查各压力管接头的可靠性，防止压力管爆裂伤人。

八、质量要求

除应遵照国家标准《建筑地基基础工程施工质量验收规范》、《混凝土结构工程施工质量验收规范》和上海市建委颁发的《市政工程质量检验评定标准》、顶管标准的有关规定外，施工中还应做到：

1. 矩形管节的边长误差 < ±2mm，高度误差 < 1mm，上下平面矩形外框对角线误差

<5mm，侧向平面与上下平面的垂直度误差<2mm。

2. 覆土深度大于管节高度时，隧道段地面最大隆起值为10mm，最大沉降值为30mm。

3. 顶进时，转角必须控制在±1°之内。

九、效益分析

1. 与圆形顶管相比，没有浪费的掘进面积，充分利用了结构断面，从而使地下空间得到有效利用。而用于人行、车辆等的地下通道不需再进行地面铺装工序，亦可节约大量的时间和资金。

2. 与箱涵顶进相比，由于土压平衡的控制，对土体的扰动小，能有效地控制地表的沉降和隆起，可在闹市区或建筑密集场合下的管道施工，大大减少了地上地下构筑物破坏而带来的损失。

3. 与其他形式的矩形顶管机相比，由于切削机的转动半径小，就可以做到掘削转矩较小，可减小装备扭矩，减少施工成本；而切削刀头的滑动距离变小，则减少了刀头的磨损，有利于长距离掘进。

4. 在穿越道路、铁路、隧道、河流等不宜开槽埋管的隧道施工时，利用偏心多轴多刀盘矩形顶管机施工则可保证交通通行，大大减少了因施工所引起的道路中断，具有明显的社会效益和经济效益。

十、应用实例

宁波市开明街~药行街地下通道位于开明街~药行街交叉路口，为地下双向人行通道。药行街是宁波市内主要交通道路之一，客流量和车流量都很大。该通道包括两条长度各为50m的平行矩形顶管、两个工作井（始发井和接收井）及四个出入口组成，两条隧道净间距为2m，顶管推进坡度为0，平均覆土厚度为4m。

该通道穿越药行街，地下管线有给水管、热力管、电力电缆、雨水管、电信电缆、污水管等管线，其中埋深最深的ϕ450污水管距通道顶为1m。

2003年9月，由上海隧道股份公司研制的4×6m偏心多轴多刀盘矩形顶管机正式应用与宁波开明街~药行街地下通道，以日顶进速度5m，最高速度6m/d，于10月21日便圆满完成了两条50m矩形隧道，最大沉降控制在50mm之内，转角控制在±1°之内。

软土层水平冻结法连接通道施工工法

YJGF 21—2004

上海隧道工程股份有限公司

丁光莹　杨国祥　朱　俊　岳丰田　秦一雄

软土层水平冻结法连接通道施工工法是利用人工制冷技术临时改变土层特性使之变成冻土，在冻土帷幕的保护下进行通道结构施工的地层施工新工艺，该工艺适用性广，使用可靠，在含水地层中使用几乎不受其他条件的限制。该技术由上海隧道工程股份有限公司研究并成功用于工程。该新工法在地铁旁通道、越江公路隧道联络通道土层加固中取得了良好的效果，并推广应用到盾构进洞、人行通道等工程施工中。

该新工艺于2002年1月用于大连路越江隧道1#和2#联络通道的施工，取得了良好效果，并于2004年10月通过由上海市科学技术委员会组织的技术鉴定，成果水平达国际先进。

一、工法特点

1. 适用复杂地质条件下的地铁旁通道、江底隧道联络通道、地铁出入口等一切含水不稳定地层，冻土强度高，隔水效果好。

2. 冻结体加固均匀、整体性好。加固体厚度和强度可人为调控。

3. 施工方法灵活，形式多样。冻结加固体形状，可根据需要灵活设计和施工，不需要时加固体可迅速解冻，恢复地层原来特性。

4. 施工简单、快速，工期短，安全性高。

5. 对地层深度没有限制，长度根据水平钻进的技术可在1~50m之间，施工设备、仪器体积小，适合隧道、基坑内狭小的施工场地要求。

二、适用范围

软土层水平冻结法连接通道施工工法可以在以下领域得到应用：

1. 越江隧道联络通道、地铁旁通道、急转弯和交叉点等施工。

2. 地铁出入口、人行通道等施工。

3. 盾构进洞、隧道的地下或海底对接。

4. 隧道涌水、坍塌事故的冻结修复。

三、原理

制冷技术是用氟里昂作制冷剂的三大循环系统完成的（见图1），三大循环系统分别为氟里昂循环系统、盐水（$CaCl_2$溶液）循环系统和冷却水循环系统。制冷三大循环系统构成热泵，将地热通过冻结孔由低温盐水传给氟里昂循环系统，再由氟里昂循环系统传给冷却水循环系统，最后由冷却水循环系统排入大气。

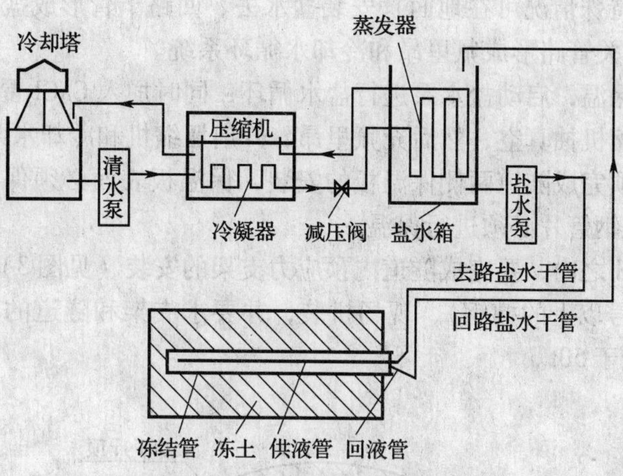

图1　水平冻结加固原理图

随着低温盐水在地层中的不断流动，地层中的水逐渐结冰，形成以冻结管为中心的冻土圆柱，冻土圆柱不断扩展，最后相邻的冻结圆柱连为一体并形成具有一定厚度和强度的冻土墙或冻土帷幕。

四、工艺流程（见图2）

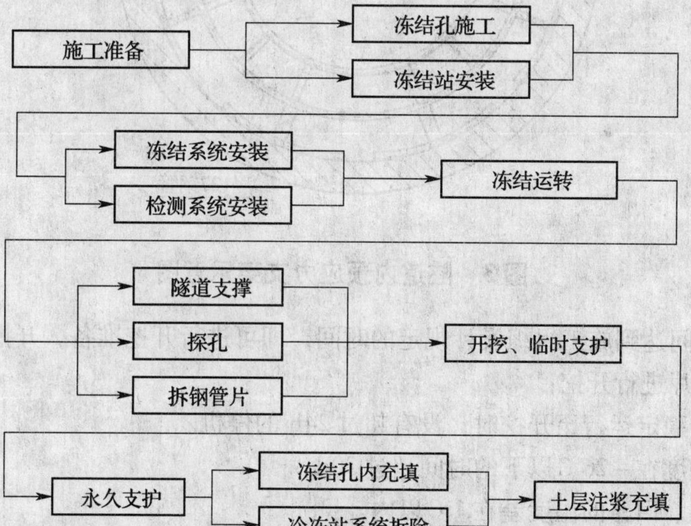

图2　冻结法施工工艺流程

1. 按冻结方案要求布置钻孔位置，利用旋转钻机以冻结管为钻杆将冻结管钻进至设计长度或使用冲击钻机将冻结管直接打入地层至设计长度，成孔后进行孔口管内注浆。

2. 钻孔直径125～200mm，水平孔，成孔后进行孔内测斜。

3. 检查冻结管的密封性，进行压力试验。

4. 在89～133mm冻结管内放入外直径35～65mm的供液钢管，形成内外套管，使内外套管间能形成液体循环回路。

5. 在隧道内（特殊情况可在地面）安装盐水去、回路干管形成盐水循环系统，安装压缩机、冷却水塔及相关管路形成氟里昂和冷却水循环系统。

6. 对管路进行保温，启动盐水泵进行盐水循环，同时加入 $CaCl_2$ 晶体至盐水所需浓度。

7. 对氟里昂压缩机抽真空，然后充氟里昂，开启压缩机和冷却水泵进行冻结。

8. 冻结前，必须完成隧道两侧保温板的安装，保温板表面必须保温处理，以表面不结露为原则，两侧隧道钢管片必须进行保温。

9. 冻结开机 10d 之内，要完成隧道内预应力支架的安装（见图 3），预应力支架使用型钢加工（一般为 18 号以上的槽钢），现场拼装，并要求支架和隧道的支点不少于 6 个，每个支点的支撑力不少于 50t。

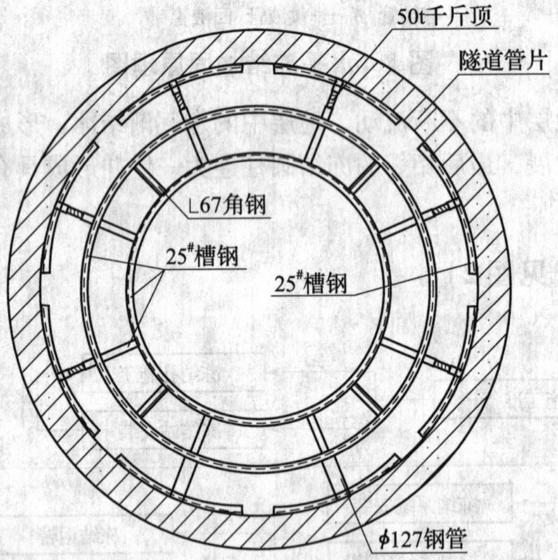

图 3　隧道内预应力支架示意图

10. 冻结时间达到施工组织设计规定的时间，即可进行开挖准备，开挖前必须满足下列条件才可开钢管片进行开挖：

（1）冻结站稳定运行至开挖时，没有超过 24h 的停机。

（2）盐水温度在 -26℃以下的时间超过 30d。

（3）盐水去、回路的温度差在 1℃以内。

（4）管片后面 1.2m 处的冻结壁最小厚度大于达到设计要求。

（5）冻土的平均温度等于或小于设计值，冻土与管片的胶接长度大于 1.5m。

（6）测温孔内的所有温度测点的温度下降正常，平稳，在旁通道开挖范围内的测点不能高于 +5℃。

（7）冻结范围内探孔不能有流砂现象（个别孔可以有滴水现象，但水流不能成线状）。

（8）泄压孔内的压力从冻结开始时的水土压力缓慢升高到一定值（最大值）后又缓慢降低，最后降至 0，打开泄压孔没有明显的水、砂流出（允许有少量的水滴出）。

(9) 安全门关闭自如，能够起到危急时刻确保安全的作用。

(10) 隧道内准备足够的抢险物资（沙袋、水泥、注浆泵等）。

(11) 打开钢管片后即可进行正式开挖，开挖从一条隧道向另一条隧道施工，根据工程结构特点，连接通道开挖掘进采取分区分层方式进行，其施工顺序如图4所示。

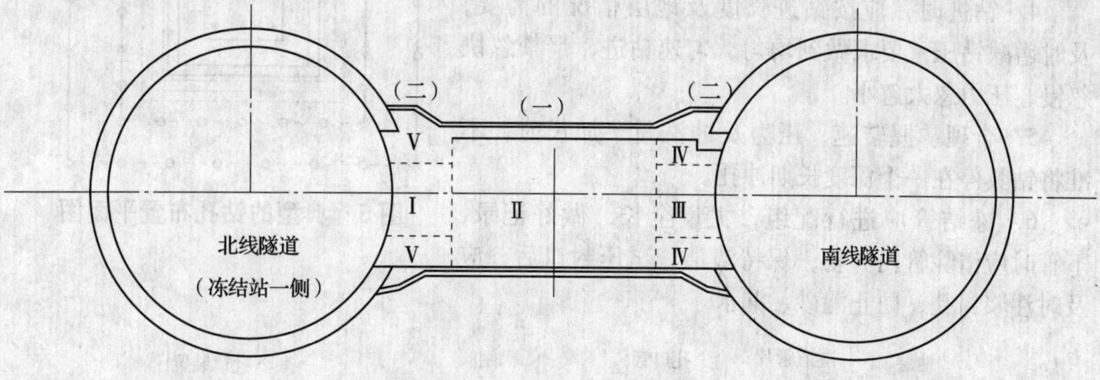

图4　开挖顺序示意图

说明：Ⅰ～Ⅳ表示挖顺序；（一）、（二）表示浇混凝土顺序。

采用全断面一次开挖，开挖步距为0.3m或0.5m。两端喇叭口处断面较大，为减轻开挖对隧道变形的影响，开挖步距控制为0.3m。

五、材料要求

1. 冻结管为外直径89～133mm的优质无缝钢管，材质20#低碳钢。

2. 供液管为外直径35～65mm的无缝或有缝钢管，材质20#或10#低碳钢。

3. 盐水使用$CaCl_2$晶体配制而成，波美度24.1°～30.8°，对应冰点－21.2～－42.6℃。

4. 选购市场上销售的符合国家质量要求的氟里昂。

5. 冷却水可用河水、井水、海水或其他清洁水，对含有油脂、糖类酸性大的水和工业生活废水不宜采用。

6. 保温用棉絮或聚氨酯发泡材料，以保温后表面不结露为宜。

7. 冻结管和供液管与盐水去、回路干管的连接使用Y型接头，高压胶管软连接。

8. 开挖临时支架使用16#以上槽钢加工，上部拱架和下部立柱采用螺丝连接，后面的木背板厚度不小于5cm，背板和冻土层之间用砂充填密实。

9. 木背板和支架全部完成后，进行挂金属网喷混凝土，混凝土强度等级不低于C13，金属网一般为自制60mm×60mm网格，钢筋直径4～6mm，也可购买成品金属网。

10. 防水层及永久结构按设计图施工。

11. 建议有条件的单位施工前进行冻结管试件的强度试验，试验参照国标GB 228—87。

六、钻孔施工

1. 根据施工组织设计对施工钻孔位置进行放样，并认真进行复核、定位。典型的钻孔布置平面图见图5。

2. 钻孔开孔一般采用开孔器，开孔直径 125～200mm，外面安装孔口管密封装置，典型的孔口管密封装置见图 6。

3. 钻进过程中尽量少用泥浆护壁，以钻机容易钻进为标准。

4. 钻进时，应按钻进长度及地层情况的需要，及时增减钻压，要求做到均匀、匀速钻进，严禁忽快忽慢，压力忽大忽小。

5. 合理掌握转速、压力及冲洗量，加尺时，不准将钻具停在一个深度长期冲孔。

6. 冻结管应进行配组，丈量全长，做好记录，下管时应清除管内异物，保持清洁，试压封口后，应及时注浆封孔，防止漏砂、漏水。

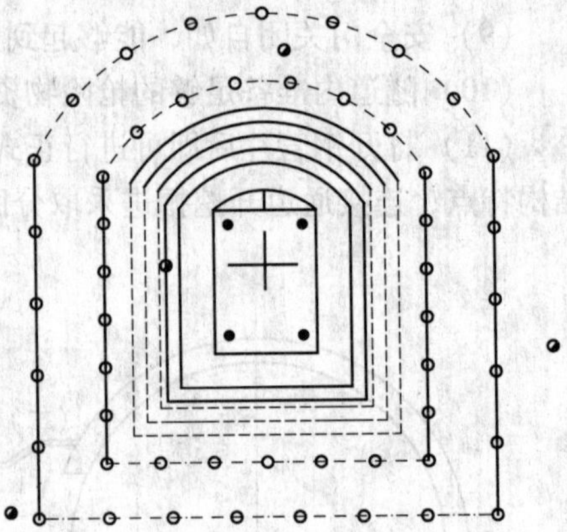

图 5　典型的钻孔布置平面图

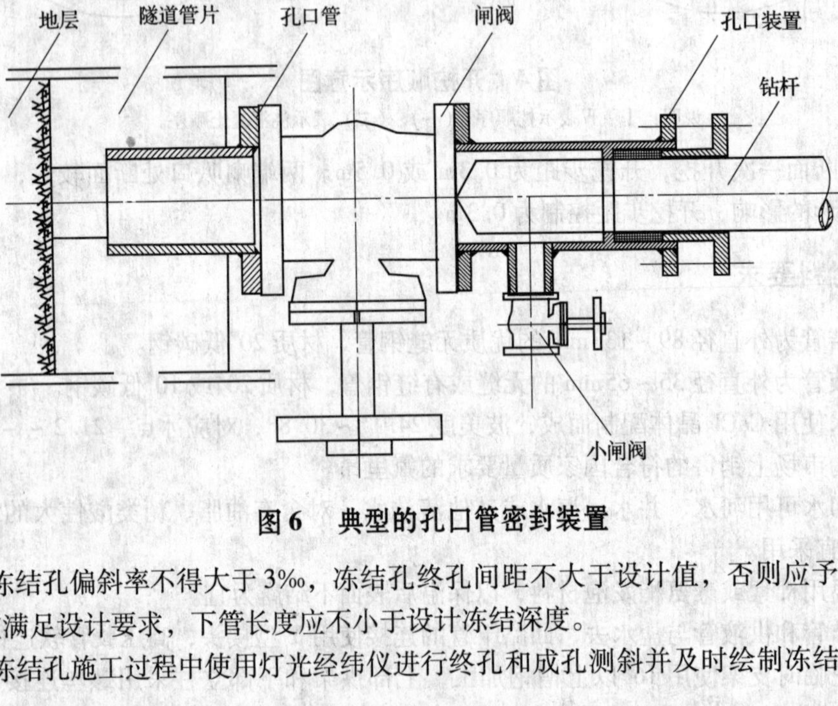

图 6　典型的孔口管密封装置

7. 冻结孔偏斜率不得大于 3‰，冻结孔终孔间距不大于设计值，否则应予以补孔，冻结深度应满足设计要求，下管长度应不小于设计冻结深度。

8. 冻结孔施工过程中使用灯光经纬仪进行终孔和成孔测斜并及时绘制冻结孔偏斜平面图。

9. 测温孔布置在相邻冻结孔终孔间距较大的界面上。具体位置由现场技术负责人和项目经理共同商定。测温管的下放及焊接严格按冻结孔的质量要求施工，并及时绘制偏斜平面图。

七、冻结施工及机具配备

1. 冻结初期要保证制冷系统满负荷运行，在 7d 内将盐水温度从常温降到 -25℃以下。

2. 盐水循环系统压力保持 0.2～0.3MPa，盐水去、回路温度差 1～3℃。

3. 钻孔使用普通锚杆钻机或其他液压钻机，如无锡 MD－5 型、MD－10 型等。

4. 冷冻机根据需冷量确定，型号主要有W－YSLGF300Ⅱ型、YSKF212.5型等。盐水泵选用普通水泵，流量按额定流量折减75%考虑。

5. 冻结管连接采用“外管箍焊接”或“内衬箍坡口对接焊”，建议有条件尽量使用“内衬箍坡口对接焊”接头，密封性试验要求压力0.8～1.2MPa。

八、开挖与结构施工

开挖与结构施工工艺流程见图7。

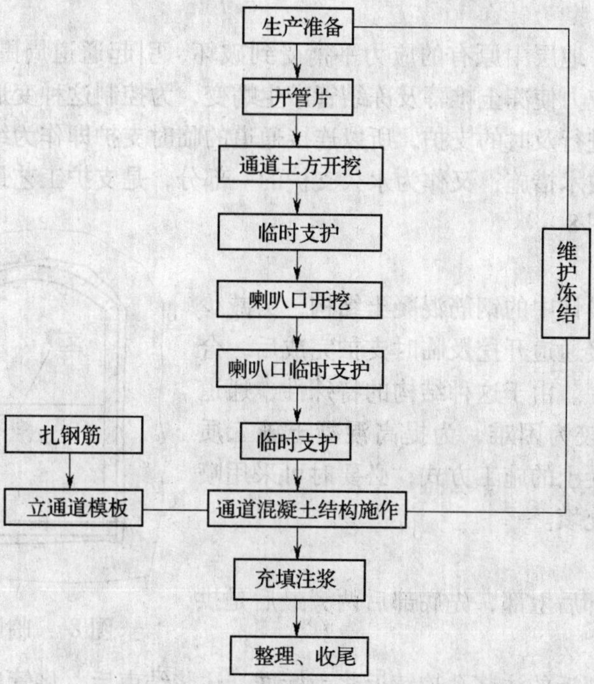

图7　开挖与构筑施工工艺流程图

1. 施工准备

(1) 钢管片接缝焊接。

将连接通道口部的钢管片之间（欲拆除的管片除外）的接缝采用满焊的方式将每条接缝焊接好，以提高其整体性。

(2) 预应力支架及安全应急门安装。

开挖施工之前，需在连接通道开口处两侧隧道内设置简易预应力隧道支架，以减轻通道开挖构筑施工对隧道产生不利的影响。

安全应急门是考虑开挖构筑期间，帷幕发生大量砂、水涌出，或位移变形超值，其他措施抢救无效的情况下，为确保隧道安全而使用的。安全应急门安装要牢固可靠，门扇启闭方便。

2. 通道开挖

(1) 开钢管片。

加固土体强度达到设计要求及准备工作就绪后开挖构筑工作就可正式开始，探孔后即可开钢管片。

（2）土方开挖。

正式开挖前应进行探孔检查，探孔应打在冻结帷幕薄弱处，探孔处无涌砂突水现象，地层稳定冻结帷幕正常，测温效果良好，即可打开钢管片正式开挖，然后根据采用矿山法进行暗挖施工。

3. 支护方式

采用两次支护方式。第一次支护（临时支护）采用钢支架加木背板，再喷射混凝土。第二次支护（永久支护）采用现浇钢筋混凝土。

（1）临时支护。

连接通道开挖后，地层中原有的应力平衡受到破坏，引起通道周围地层中的应力重分布，这种重新分布的应力使冻土帷幕及冻结管产生蠕变，为控制这种变形的发展，冻土开挖后就要及时对冻结壁进行及时的支护，所以连接通道的临时支护即作为维护地层稳定、确保施工安全的一项重要技术措施；又作为永久支护的一部分，是支护工艺最为关键的一步。临时支护的结构形式见图8。

（2）永久支护。

永久支护为结构设计中的钢筋混凝土结构，为减少混凝土施工接缝，连接通道开挖及临时支护完成后，合理确定混凝土浇筑顺序。由于这种结构的特殊性，通道顶板内的混凝土浇筑较为困难，为提高混凝土施工质量，可采取无振捣混凝土的施工方式，必要时可采用喷浆机对浇筑空隙进行充填。

（3）充填注浆。

注浆要遵循先下部后上部，先底部后两旁最后是拱顶的原则。

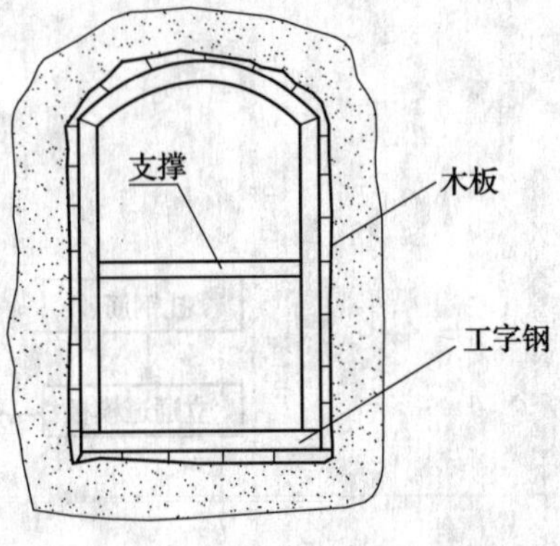

图8　临时支护示意图

注浆是否结束以邻近的注浆孔连续返浆为标准，注浆结束后，将管口封堵。壁后注浆应结合融沉跟踪注浆进行。

（4）收尾工作。

预应力支架拆除：待通道钢筋混凝土结构达到设计强度后，拆除隧道内临时支撑点，再次拧紧钢管片内所有连接螺栓。

钢管片格腔采用混凝土充填，外露钢构件表面均涂厚浆型环氧沥青漆二度。

九、施工监测及质量检查

1. 钻孔深度应达到设计深度，误差 < −100mm，孔偏斜率不得大于3‰。

2. 认真记录钻孔钻进及冻结管下放情况，并及时统计。

3. 选用无污染、效率高、体积小、重量轻、制冷量大、安装运输方便的螺杆冷冻机组作为制冷系统的主机。

4. 应采用逐步降温的过程，防止冻结管由温度应力造成的开裂。

5. 严格控制冻结管间距，一般情况下冻结管终孔间距 < 1.4m，如达不到要求应补孔。

6. 每天一次对制冷系统和测温孔的温度、压力、流量进行记录，依此判断系统的运行情况。

7. 工程监测作为该工法的一项重要施工内容。其目的就是根据量测结果，掌握地层及隧道的变形量及变形规律，以指导施工。其主要监测内容为：地表沉降监测、隧道变形监视、通道收敛变形监测、冻土压力监测。

8. 冻土圆柱的扩展速度应达到 20～30mm/d，每个冻结孔的盐水流量应达到 4～6m^3/h。

9. 地面管路的保温应保证效果良好，表面不能有结霜现象。

10. 开挖支架木背板后面必须填充密实，喷射混凝土反弹量不能大于 15%，金属网挂设均匀、搭接长度大于 100mm。

11. 防水层和永久结构施工严格按设计要求。

12. 融沉是冻结法加固施工中不可避免的情况，如果融沉太大，对隧道将产生不利影响。为减少融沉，可通过隧道及旁通道预留的注浆孔，采取跟踪注浆的形式，根据观测到的隧道及地层沉降情况，及时地对地层进行补偿注浆。

13. 在施工过程中，必须严格按照有关设计图纸和设计文件施工，严格执行国家和行业规范、规程、质量标准及有关规定，按照行业质量保证体系要求进行施工质量控制。并采用最新的冻结施工设备、技术，组织安全、文明施工。

十、劳动力组织及安全措施

1. 主要工种为钻机工、电工、机修工、运转工、辅助工以及有关技术管理人员组成。

2. 必须严格按照有关设计图纸和设计文件施工，严格执行国家和行业规范、规程、质量标准和上海市建设委员会上海市市政工程局颁发的有关安全规定执行。

3. 施工人员配备，该工法的施工人员一般需要 30～40 人，具体可参照表 1 配备施工作业人员。

表 1　劳动力配备计划表

序号	岗位工种	人数	序号	岗位工种	人数
一	管理人员	6	二	作业工人	32
	项目经理	1		钻工	20
	项目副经理	1		制冷综合运转	6
	技术负责人	1		电工	1
	施工员	1		焊工	4
	质量员	1		机修工	1
	安全员（质量员兼）				
	材料员	1			
	统计员（材料员兼）				

注：上表中“焊工”4 人的工作时间为冻结管下放和系统安装期间，时间约 45d，“钻工”20 人的工作时间为打钻期间，时间约为 35d，其他人员的工作时间为约 120d。

十一、效益分析

通过工程实践效果分析，水平冻结连接通道施工工法具有冻结速度快、冻土强度高、帷幕均匀性好、施工安全可靠的优点。工程实践中冻土帷幕均匀性好、封闭性好，能做到滴水不漏，且与隧道管片结合严密；融沉作为冻结法施工中不可避免的情况，可通过隧道及连接通道预留的注浆孔，及时地对地层进行补偿注浆，减小融沉量。在数条连接通道的施工中，已经充分显示出其优越性和社会、经济价值。

十二、工程实例

1. 上海市大连路越江隧道

大连路越江隧道工程由东、西线两条隧道组成，两条隧道之间设有两条连接通道，均位于黄浦江底下，相距约400m。位于浦西岸边的连接通道一，东西线隧道中心间距35.705m，隧道间高差3.565m，连接通道净距约25.665m。位于浦东岸边的连接通道二，东西线隧道中心间距27.575m，隧道间高差0.345m，连接通道净距约17.175m。

连接通道一从2003年2月19日开始冻结运转，连接通道二从2003年2月1日开始冻结运转，积极冻结50d后，两条连接通道盐水温度基本都保持在-30℃以下，达到了设计要求。根据计算，冻结壁也都达到了开挖的条件。连接通道一到2003年5月3日冻结结束，冻结运转了73d，连接通道二到2003年4月14日冻结结束，冻结运转了73d。

2. 上海市复兴东路越江隧道

上海市复兴东路越江隧道工程分为北线隧道和南线隧道。两条隧道均设置双层车道，上层通行小型车辆，下层通行大型车辆。在两条隧道中，设置四条连接通道。上层两条连接通道南北线隧道中心间距分别为19.703m和19.942m；下层两条连接通道南北线隧道中心间距分别为20.177m和19.967m。

冻结站设置于隧道内上层楼板上，共设置两个站，浦东侧两条连接通道共用一站，浦西侧两条连接通道共用一站。但每条通道均有各自独立的制冷系统，四条连接通道冻结系统安装工程量包括冷却水循环系统、盐水系统、监测系统等，施工共用45d。四条连接通道均采用矿山暗挖法施工，开挖时，首先从北线一侧打开钢管片向南线一侧开挖掘进，由于冻土强度高，稳定性好，掘进施工采用全断面一次开挖，开挖步距控制为0.5m，喇叭口控制为0.3m。

由于连接通道分别位于双层隧道的上层与下层，结构偏心，这在国内尚属首次，但经过建设者的共同努力，使各项技术均成功实施，经验收四条连接通道结构的各项指标均符合国家有关规范的要求。

多年冻土隧道施工工法

YJGF 22—2004

中铁二十局集团有限公司

任少强　况成明　张永鸿　郭朋超

高原多年冻土隧道工程施工可借鉴的经验较少，其核心技术在于尽量减少气温升高对冻土的影响，避免冻土融化压缩下沉和冻胀力造成施工灾害和运营隐患。

青藏铁路风火山多年冻土隧道全长1338m，轨面海拔4905m，是目前世界上海拔最高的冻土隧道，多年冻土上限1.2～1.8m，冻土层厚达100～150m。洞身全部位于冻土之中。在施工过程中充分把握冻土的工程性质，采用注浆管棚、注浆锚杆，洞内光面爆破等项开挖技术并综合运用粗颗粒土换填明洞覆盖层，全长、全断面设置多重保温层，以及保温、控温、供氧、喷射混凝土、信息监控等多项技术，尽量缩小冻土融化圈，使冻土隧道重建新的热量平衡系统，满足了安全、优质、高效的建设要求。

风火山隧道2001年10月底开工，2002年10月顺利贯通，2003年9月竣工。被评为2002年中国公众关注的十大科技事件。“世界第一高隧－青藏铁路多年冻土带隧道施工技术”2003年被评为青海省科学技术一等奖，经总结形成本工法。

一、工法特点

1．优选施工季节。洞口工程（含明洞）优选寒季施工，所有换填、保温、防护排水等设施均宜在暖季前完成，洞内施工在控温条件下尽量选暖季和寒暖交替季节开展。

2．注重保温开挖。根据洞内外不同开挖施工工序对冻土的扰动情况，采取相应的保温开挖措施。洞口工程（含明洞）开挖需设置遮阳保温棚；正洞采用全断面或短台阶分步开挖，弱爆破及光面爆破技术减少对冻土的扰动并严格控制超欠挖；开挖后清除拱（墙）夹层散碎冰块，迅速喷混凝土封闭岩面。阻隔洞内气温升高对冻土的融化影响。

3．多重保温措施。包括换填粗颗粒土减少冻胀对明洞和洞口浅埋段衬砌结构的影响；采用有轨运输减少洞内废气污染，暖季采用夜间放炮通风和冷风机通风等措施将洞内掌子面温度控制在5℃以下；寒季向洞内衬砌工作区段供热风，确保混凝土施工环境温度不低于－5℃；隧道全长全断面在初衬、二衬混凝土之间铺设“防水层＋保温板＋防水层”，阻隔洞内气温的变化对冻土的扰动，确保运营安全。

4．“以人为本”原则。为解决高原缺氧所造成的人工、机械效率大幅降低的难题，选配高原型隧道施工作业机械；开发研制高原制氧、供氧新技术，对隧道洞内实施弥漫式供氧，并设置可移动氧吧休息室。

二、适用范围

本工法适用于海拔3000m以上冻土地区铁路、公路隧道、过水隧洞等工程。

三、工艺原理

1. 保温施工工艺原理

（1）冻土的热融滑坍与冻胀成因。

冻土的抗压强度很高，其极限抗压强度甚至与混凝土相当。冻土融化后的抗压强度急剧降低，所形成的热融沉陷和下一个寒季的冻胀作用常常造成工程建筑物失稳而难以修复。

含水的松散岩石和土体，温度降低到0℃时，伴随有冰体的产生，这是冻结状态的主要标志。水结成冰时，体积增加约9%，使土体发生冻胀。土冻结时不仅原位置的水冻结成冰，而且在渗透力（抽吸力）作用下，水分将从未冻区向冻结锋面转移并在那里冻结成冰，使土的冻胀更加强烈。

土在冻结过程中由于水变冰体积增大9%，并引起水分迁移、析冰、冻胀、土骨架位移，因而改变了土的结构。在融化过程则必然伴随着土颗粒的位移，充填过剩冰融化排出的空间产生融化固结，从而引起局部地面的向下运动，即热融沉陷（热融下沉）。

（2）冻土隧道保温施工工艺。

优选寒季施工明洞及洞口工程，开挖施工时增设遮阳保温棚，阻隔太阳辐射能量对冻土的影响。正洞采用弱爆破及光面爆破技术减少对冻土的扰动和超欠挖，开挖后清除拱（墙）夹层散碎冰块，迅速喷混凝土封闭岩面；采用有轨运输减少洞内废气污染，减少通风次数和风量；暖季采用夜间放炮通风和冷风机通风等措施将洞内掌子面温度控制在5℃以下，尽量缩小洞室开挖断面外的冻土融化圈。隧道全长全断面铺设“防水层+保温板+防水层”，阻隔隧道竣工后洞内温度的变化对冻土的扰动，确保运营安全。

2. 洞口工程换填施工工艺原理

为防止冻胀对明洞及洞口工程结构的影响，将明洞及洞口仰坡周边冻胀影响范围内的富冰冻土、饱冰冻土和含土冰层挖除，用粗颗粒土换填，严格控制粗颗粒土的含水量，换填后做好防排水设施。这是因为影响冻胀的主要因素是土体类型、含水状况和冻结条件。冻土学家经过长期的试验研究证明：粗颗粒土冻胀小甚至不冻胀，而细颗粒土一般冻胀较大。土体含水量大则冻胀严重；当土体含水量小于某一值时，土的冻胀率为零。

3. 制氧、供氧工艺原理

风火山隧道实测最低含氧量为10.87kPa，不足平原的50%，低于人类生命极限所需氧气含量之11kPa。为解决这一难题，中铁二十局集团与北京科技大学联合研制了国内首台高海拔大型医用制氧站，每小时可生产纯氧24m^3，向洞内进行弥漫式供氧，使掌子面氧气含量达12.9~13.8kPa，并在洞内设置可移动氧吧休息室，生活区实行氧气充灌。充分体现了“以人为本”的原则，提高了施工工效。

四、施工工艺

工艺流程见图1。施工作业程序见图2。

五、施工要点

1. 洞口段（含明洞）开挖与保温施工

（1）明洞开挖。

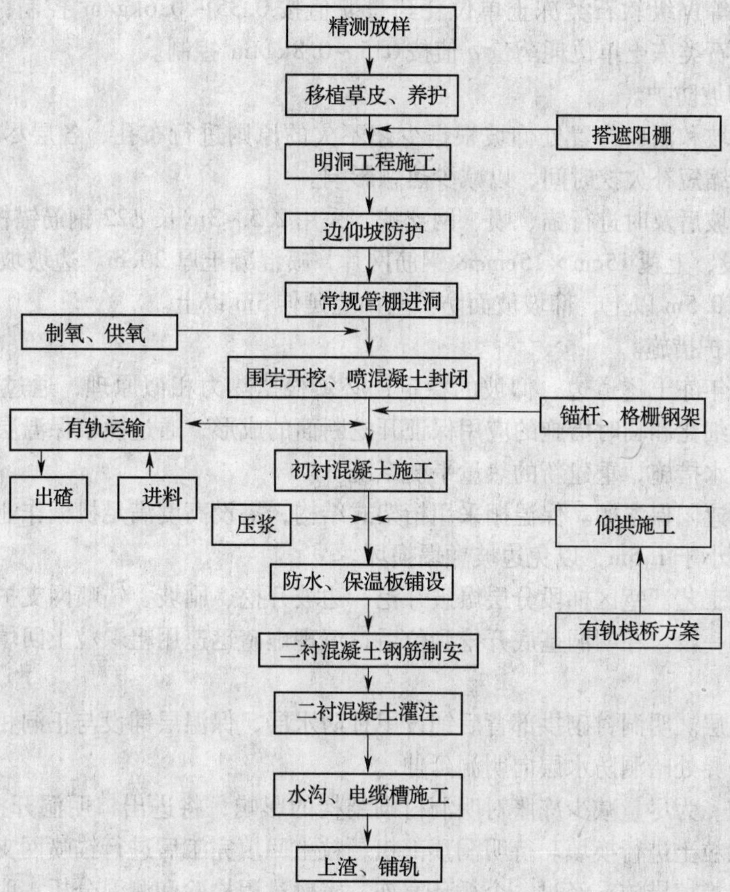

图1　工艺流程图

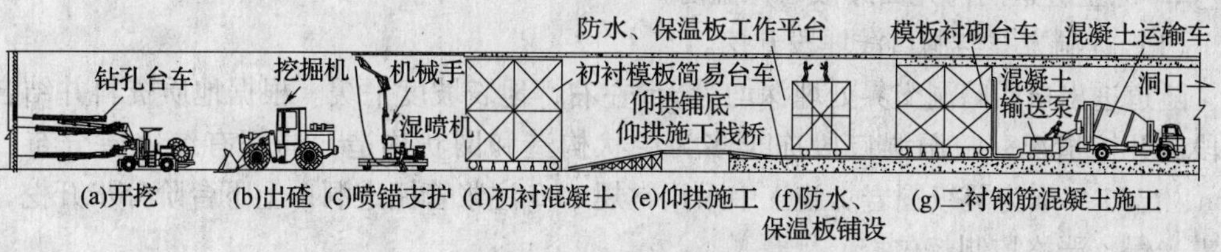

图2　多年冻土隧道工作业程序图

洞口段的开挖严重破坏多年冻土的天然状态，尤其是暖季施工的富冰冻土地带，开挖过程中边坡、基底所暴露的冰层在太阳辐射热作用下发生融化，轻则产生融化泥流、重则产生热融滑坍。因而《铁路路基施工规范》（TB 10202—2002）7.5.4 要求：富冰冻土、饱冰冻土或含土冰层地段路堑，当按保护冻土原则设计时，宜在寒季施工；所有换填、保温、防护排水等设施均宜在暖季来临前完成。

首先在洞顶设置截水天沟；边坡开挖线外低凹处设排水沟。天沟与排水沟相连。按环保要求将地表草皮进行移植养护，机械开挖表层季节融化层。

季节融化层下（冻土上限 1.2 ~ 1.8m 以下）均为多年冻土永久冻结层。采用台阶分层微差松动爆破开挖，使用KBW抗冻防水型乳化炸药，用非电毫秒雷管起爆。粉质粘土、含土冰层和纯冰层等Ⅳ级软石类冻土单位耗药量 q 值按0.35～0.6kg/m^{3}控制；局部石灰岩、砂页岩Ⅴ级次坚石类冻土单位耗药量 q 值按0.5～0.8kg/m^{3}控制。

（2）边、仰坡防护。

明洞两侧边坡和洞口位置处仰坡根据少超不欠的原则进行布孔，各层尽量做到一次成型，最大限度地缩短补欠挖时间，以减少热融影响。

边、仰坡刷坡后及时进行锚、喷、网支护，采用2.5～3m长 ϕ22钢筋锚杆，间距0.8～1.0m梅花形布设，上覆15cm×15cmϕ8钢筋网片，喷混凝土厚20cm。边坡坡面防护分别向地表两侧各延伸0.5m以上，仰坡坡面防护向山上延伸5m以上。

（3）保温防护措施。

为了保持多年冻土隧道边、仰坡的稳定，必须根据热力相似原理，通过施工季节的调整、施工工艺的细化和临时措施的应用保证开挖断面的成形，通过换填保温层或设置支挡结构，合理布设排水措施，重建新的热量平衡系统。

①增设临时遮阳保温棚。保温棚采用桁架式结构，搭设高度满足机械作业要求，桁架立柱距开挖边坡不小于1.5m，以免边坡融塌损坏。

②细化施工工艺。堑区梯段分层爆破开挖；边坡开挖、刷坡、锚喷网支护流水作业，做到成型一段封闭一段。在明洞基底开挖到位后，清理虚碴迅速用粗颗粒土回填，防止基底冻土融化。

③铺设保温层。明洞衬砌拱部背后铺设甲种防水层，保温层铺设与正洞相同。为确保防水效果，明暗分界处暗洞防水层向明洞延伸。

④换填措施。为尽量减少冻胀对明洞衬砌结构的影响，将进出口明洞开挖边坡中富冰、饱冰冻土用粗颗粒土进行换填。待明洞顶部粗颗粒土回填完工后进行锚喷网支护。

采取保温、换填措施，经过一个循环寒冻、暖融过程检验和测温分析，明洞边、仰坡稳定，正逐步回冻形成新的热量平衡系统。

2. 冻土隧道洞内光面爆破与保温防护

（1）进洞方案与洞口浅埋段开挖。

隧道进出口明暗洞交界处埋深均为3m左右，地表坡度平缓。根据地质资料并结合明洞地段的开挖情况，暗洞洞口段冻土多为层状构造和网状构造，局部有纯冰层分布。进口40m、出口48m为Ⅵ级围岩。施工中采用常规 ϕ80注浆管棚进洞；上下台阶分步开挖，周边微震光爆，严格控制超欠挖。

上断面开挖后清除拱部夹层散碎冰块，初喷混凝土3～5cm封闭岩面；及时施作系统锚杆；安装型钢钢架支撑；复喷混凝土至设计厚度；拱墙分界处设锁脚锚杆。上断面开挖3～5m后进行下断面开挖，开挖、支护工序与上断面相同。

（2）洞内光面爆破。

由于高海拔地区接触网空气绝缘间隙较平原地区增大，并考虑预设保温层条件，拱顶内缘至内轨顶面直线段设计净高为7.05m。衬砌断面均为曲墙有仰拱，其中Ⅵ级围岩衬砌断面为850cm×999cm（宽×高）。

本隧道除洞口浅埋段为Ⅵ级围岩外，其余均为Ⅳ、Ⅴ级围岩。分别采用短台阶分步开挖和全断面开挖。光面爆破和预裂爆破参数通过在明洞和浅埋段试验确定：Ⅴ级围岩周边眼间距 30cm，最小抵抗线 40cm；Ⅳ级围岩周边眼间距 40cm，最小抵抗线 50cm。周边眼采用 ϕ32mm 乳化炸药间隔装药。

严格按钻爆设计组织施工。为防止钻孔机械用水在孔内冻结，成孔后及时用 ϕ20mm 钢管送高压风将炮眼内石屑、积水吹干净。采用盐水炮泥堵孔，降尘降温、减少热扰。

为减弱爆破对围岩的振动，减少围岩爆破松动圈的范围，采用多段位延时非电毫秒雷管。根据围岩含冰量情况优化光爆参数，严格控制周边眼角度和眼口位置误差，洞内光面爆破效果良好，光爆残眼率达 70% 以上。

（3）洞内衬砌与保温防护。

该隧道洞身全部位于冻岩之中，含土冰层、饱冰、富冰冻土发育，为减少洞内气温与地层热交换的影响以及冻土热融造成混凝土渗水，在隧道初衬混凝土与二衬混凝土之间设置防水保温层。防水保温层按“防水板 + 保温板 + 防水板”的结构形式（如图 3），沿隧道全长全断面铺设，将隧道二次衬砌以内的气温变化与永久冻土层隔离开。

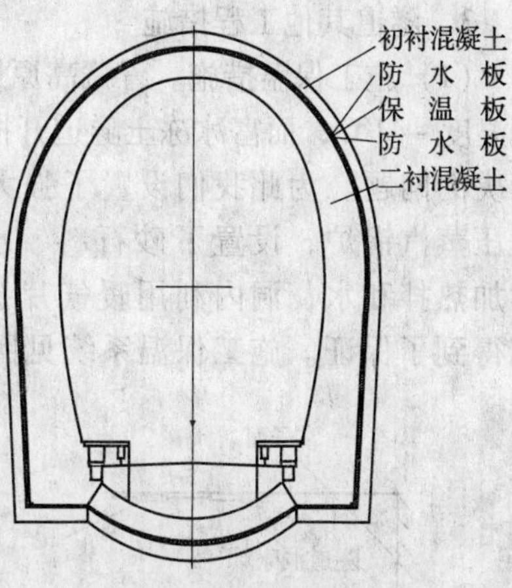

图 3　防水保温层铺设示意图

①模筑混凝土支护。开挖后及时喷射 5cm 厚掺加 WQDZ 低温早强剂的混凝土，阻止洞内空气和冻岩之间热交换，防止冻岩风化及融化。

进入正洞后，为确保基面圆顺，采用模筑混凝土支护。自制初衬台车，泵送低温早强耐久混凝土入模，插入式振捣器振捣密实。混凝土入模温度控制在 5℃，减弱对冻土的热融影响。

模筑 C25 混凝土支护强度达到设计强度的 70% 以后，即可利用预埋注浆管向模筑混凝土支护背后压注 1∶1 水泥浆，以回填支护与围岩间的空隙，避免冻害隐患。注浆压力控制在 0.6MPa。

②防水及隔热保温层施工。采用 PVC 复合防水板：拉伸强度≥15MPa；断裂伸长率≥300%；低温柔性，-35℃无裂纹；抗渗透，耐穿刺；耐水、耐低温；无毒、无菌、耐腐蚀。要求盲沟在低温条件具有弹性，透水性好，能承受不小于 0.5MPa 的压力，并不易锈蚀。在基底及仰拱部位铺设大于 300g/m² 的无纺布。

保温材料聚氨酯板厚 5cm。选用导热系数低、抗压强度高、体积吸水率小的低毒性材料。

施工顺序为：a. 仰拱及墙底防水板──→保温板──→防水板──→无纺布；b. 墙脚水沟纵向 ϕ100mmPVC 盲沟；c. 拱墙环向 ϕ50mm 盲沟──→防水板──→保温板──→防水板。

③“三缝”防水施工。水平及环向施工缝在新浇混凝土前刷 2mm 厚的 WJ 接口粘结剂，在衬砌截面中间布置遇水膨胀止水条；在预设衬砌伸缩缝、沉降缝的断面中间铺设橡胶止水带；在靠近初期支护一侧沿衬砌边缘设 10cm 遇水膨胀橡胶，其余采用 2cm 浸油木板填塞。

④模筑钢筋混凝土衬砌。采用 43kg/m 扣轨梁式栈桥方案开挖、衬砌仰拱，铺底混凝土与仰拱一同浇注并预置曲边墙钢筋。

拱墙衬砌一次成型。采用自制6m长全液压整体钢模衬砌台车，混凝土采用自动计量拌和，TST－6型轨行混凝土输送车运输，HBT60混凝土输送泵泵送入模，插入式振动器配合台车附着式振动器振捣。

⑤混凝土拌和保温措施。工作面最低气温低于－3℃时，衬砌混凝土按冬期施工措施办理。采用DZLZ－10－A型蒸汽锅炉蒸汽提高水温；搭设保温大棚接通暖气对砂、石料进行保温加热。混凝土生产、运输、浇注及质量检验均按《铁路混凝土与砌体工程施工规范》（TB 10210—2001）混凝土冬期施工相关规定执行。确保混凝土温度下降到0℃以前获得抗冻所需要的临界强度。

3. 隧道其他工程措施

（1）施工保温措施。青藏高原风火山地区从每年10月到次年4月长达7个月寒季，最低温度－41℃，而富冰冻土隧道开挖工序在寒季施工比较适宜，故混凝土施工保温是必须解决的问题。为此我们设置了强大的保温系统，在隧道进、出口各安装了一台2.5t的高压蒸汽锅炉，设置了砂石料、水泥、拌和站保温大棚，装入蒸汽暖气片进行保温同时加热拌和水，洞内利用暖气片提高空间温度并进行混凝土蒸汽养生，职工生活保暖也得到了保证。施工保温系统见图4。

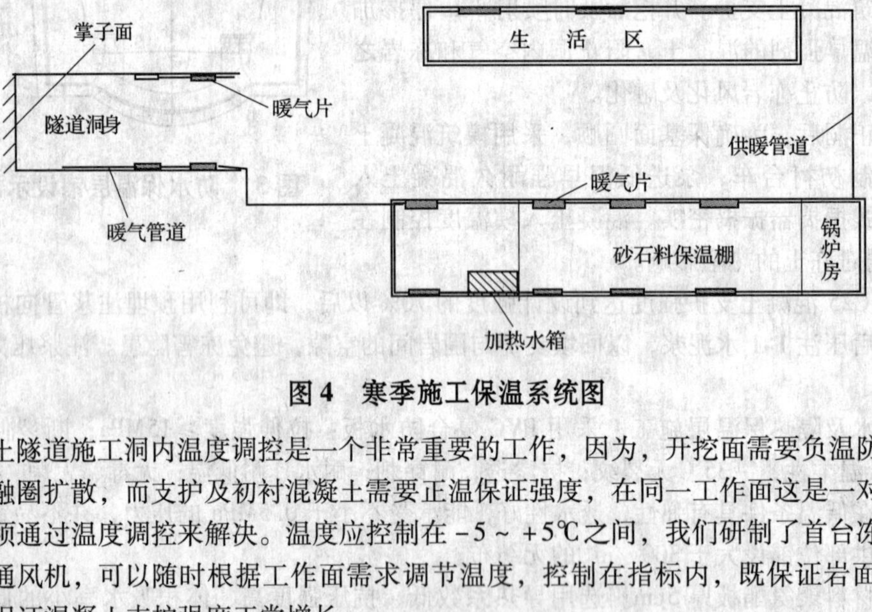

图4　寒季施工保温系统图

冻土隧道施工洞内温度调控是一个非常重要的工作，因为，开挖面需要负温防止融化塌方及冻融圈扩散，而支护及初衬混凝土需要正温保证强度，在同一工作面这是一对尖锐的矛盾，必须通过温度调控来解决。温度应控制在－5～＋5℃之间，我们研制了首台冻土隧道专用空调通风机，可以随时根据工作面需求调节温度，控制在指标内，既保证岩面不融化塌方，又保证混凝土支护强度正常增长。

（2）施工供氧。风火山隧道地处高原，空气稀薄、含氧量低，严重影响施工人员的工作效率，施工通风、供氧至关重要。为保证洞内作业人员吸氧需求，中铁二十局集团与北京科技大学联合研制ZO－30/PSA制氧站（制氧量$24m^3/h$，氧气纯度达96%），用管道向洞内掌子面和可移动氧吧车弥散式连续供氧，管道通至距掌子面10m左右，人员休息时可在氧吧车内吸氧。生活供氧采用氧气充罐方式。隧道供氧系统见图5。

（3）隧道施工环保措施。

①为保护脆弱生态环境，明洞、洞口边仰坡、临建占地地表植被一律移植，建立草皮移植温棚养草，以备竣工恢复使用。

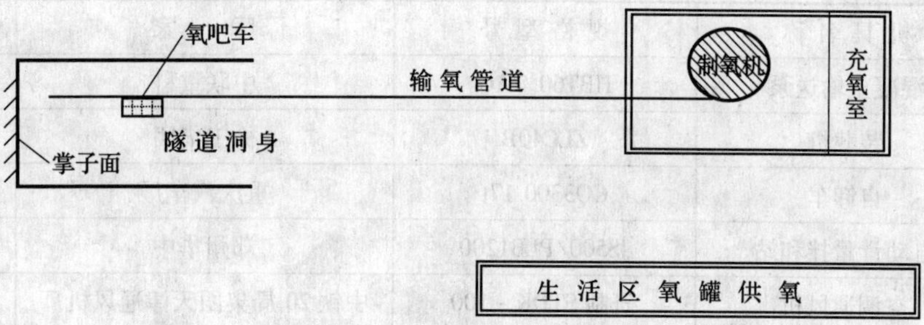

图5　供氧系统平面图

②弃渣场选在远离线路200m以外、不通视线、植被稀少的低洼处，并做好支挡、防护。

③生活、工程垃圾全建垃圾池堆放，有机、无机物分开，集中处理。

④施工机械尽量选用电动力，出渣用有轨运输，减少排气污染；洞内弥散式供氧，提高空气氧含量，大大减少机械烟气排放量。

⑤施工、生活场地必须用环保网隔离。严禁捕杀、侵扰野生动物。

六、机具设备（机具设备进出口单洞配置）

根据冻土隧道的特点，遵循“弱爆破、快喷锚、早封闭”的原则，配置高原型隧道作业系列机械，并留足备用机械和配件，见表1。

表1　机具设备配备表

序号	机具名称	规格型号	厂　家	数量	备注
1	制氧站	研制 ZO－30PSA	中铁20局集团 北京科技大学	1座	制氧供氧
2	氧吧车	自制	中铁20局集团	1台	
3	电瓶机车	CDXT－1 42kW	六盘水煤矿机械厂	3台	
4	梭式矿车	TDSF－1　A14	江西矿山机械厂	3台	
5	混凝土罐车	JST－6　$6m^3$	隧道局机械厂	2台	
6	挖掘机	PC220－6　$1m^3$	济宁小松山推	1台	装碴
7	空压机	750HH　$21m^3$	深圳（美国）寿力	3台	
8	发电机	HDV325 264kW	扬州华东	3台	
9	注浆机	MA1400	成都迈式	2台	
10	蒸汽锅炉	DZL2－1－A	西安锅炉厂	1台	供暖
11	凿岩风枪	YZ28　$3.5m^3/min$	天水风动机厂	30台	
12	露天钻	ROCD7－11	瑞典	1台	

续表1

序号	机具名称	规格型号	厂　家	数量	备注
13	混凝土输送泵	HBT60.7AG	中联重科	2台	
14	装载机	ZLC40B	徐工集团	1台	
15	自卸车	CQ3300 17t	重庆汽车厂	3台	
16	自动计量拌和站	JS500/PLB1200	郑州华中	2台	
17	空调通风机	研制 STDK－100	中铁20局集团天津通风机厂	1台	
18	凿岩台车	自制	中铁20局集团	1台	
19	初衬台车	加工9m	中铁5局集团	2台	
20	二衬台车	加工6m	中铁20局集团	2台	

七、劳动力组织

按进出口同时施工配置，见表2。

表2　劳动力资源配置表

序号	工种	人数	工作内容	序号	工种	人数	工作内容
1	总指挥	1	负责隧道全面工作	11	机械司机	30	各种机械使用、维修
2	技术负责人	1	协调各工序，解决技术难题	12	模板工	36	台车、模板的立、拆
3	技术人员	8	现场技术指导及施工监控	13	混凝土工	50	搅拌、运输、振捣
4	质检员	2	监督开挖、衬砌及支护等工序质量	14	爆破工	10	装药及起爆
5	安全员	2	监督开挖、衬砌及支护等工序安全	15	电工	4	工地安全用电
6	测量人员	3	负责隧道施工放样及控制测量	16	防水、保温板工	35	粘接防水板、保温层及预埋件
7	试验员	5	负责隧道的试验工作	17	环卫工	2	负责隧道冻土环境监测
8	风枪手	32	开挖钻孔	18	医务人员	8	保证施工人员的身体健康
9	钢筋工	40	衬砌的钢筋绑扎	19	普工	24	整理现场及维修便道等其他
10	混凝土喷射手	16	操作喷射机		Σ	309	

八、质量要求

1. 洞口工程选择寒季施工，采用遮阳保温措施，阻隔太阳辐射能量对冻土的影响。保温棚采用桁架式结构，搭设高度满足机械作业要求，桁架立柱距开挖边坡不小于1.5m，以免边坡融塌损坏。

2. 明洞及洞口仰坡周边冻胀影响范围内的富冰冻土、饱冰冻土和含土冰层挖除，用粗颗粒土换填，严格控制粗颗粒土的含水量，换填后在春融前做好防排水设施。

3. 正洞采用弱爆破和光爆技术减少对冻土的扰动和超欠挖。

4. 正洞根据地质情况采用全断面或短台阶开挖，开挖后清除拱（墙）夹层散碎冰块，迅速喷混凝土封闭岩面。

5. 采用有轨运输减少洞内废气污染，减少通风次数和风量。

6. 暖季采用夜间放炮通风和冷风机通风等措施将洞内掌子面温度控制在5℃以下，尽量缩小洞室开挖断面外的冻土融化圈。

7. 确保冬季混凝土施工质量，要求强化寒季混凝土洞外拌制施工保温措施，应用低温早强耐久混凝土新技术配制混凝土。采用加挂保温帘、供热风等措施将衬砌工作区段气温控制在 -5℃以上。

8. 为做到既确保混凝土衬砌质量，又能够减少混凝土温度对冻土融化圈的影响，要求将初衬混凝土入模温度控制在5℃左右；二衬混凝土入模温度可控制在8℃。

9. 隧道全长全断面铺设“防水层 + 保温板 + 防水层”，阻隔隧道竣工后洞内温度的变化对冻土的扰动，确保运营安全。

10. 采用“无钉法”铺设防水、保温板，避免渗、漏水引起冻害。

11. 严格按设计要求施工保温水沟，确保排水畅通，避免水沟渗、漏水和积水冻胀。

九、安全标准

1. 全体参建员工均必须通过体检，并在格尔木（海拔2800m左右）习服一周通过复检后方可进驻施工现场（海拔5000m）。施工队设卫生所，现场指挥部设工地医院，并在格尔木设定点医院。通过建立健全三级医疗体系；备足氧气和抗缺氧、抗低压药物；采取定期体检、巡诊，发现不适及时后送等专项措施，确保员工生命安全。

2. 尽量采用机械作业，减轻体力劳动强度。高原机械作业功效降低、故障率高；司机缺氧反应慢，应特别警惕。通过采用勤换班、设置双司机等特殊措施严防安全事故。

3. 做好工前安全教育，特种作业人员持证上岗。火工品设专人看管，爆破作业严格按安全操作规程实施。

4. 洞外保温棚桁架立柱距开挖边坡不得小于1.5m，以免边坡融塌造成安全事故。

5. 洞内开挖掌子面气温必须控制在5℃以下，严防冻土发生融化塌方。

6. 含土冰层地段，采用短开挖、弱爆破，及时喷射混凝土封闭。

7. 采用有轨运输出碴、进料，减少洞内废气污染和通风时段，有利于提高掌子面弥漫式供氧功效。

8. 加大高原交通运输安全管理力度，保持良好车况，车内携带氧气瓶，确保司乘人员安全。

十、效益分析

1. 社会效益

修建青藏铁路举世瞩目。青藏铁路风火山多年冻土隧道顺利贯通，标志着青藏铁路建设取得了阶段性胜利，铁道部和青藏铁路公司领导亲临施工现场祝贺。该隧道的成功修建，向世人证明在生命禁区建设铁路是可行的，充分展示了我国隧道建设施工的新水平。

2. 经济效益

采用本工法，风火山隧道按合同工期提前达到铺轨条件，工程质量优良。满足了优质高效的建设要求，经济效益显著。

节省人工费：该隧道比合同工期提前八个月贯通，使大部分施工人员、机械设备提前撤离生命禁区，节省人工费400万元（人月工资0.5万元/人月×600人×8个月=400万元）。

节省机械使用费：400万元。

采用本工法，成功缩小了冻土融化圈，减少了热融滑坍造成的超挖工程量，避免了塌方事故，节约成本将在千万元以上；采用多重防水保温设施预防冻土冻胀隐患，使高原冻土隧道重建新的热量平衡系统，近三年观察未发生冻胀现象，避免返工浪费损失将难以计算。

该隧道研制使用的二台制氧供氧设施在全线得到了广泛应用，社会效益、经济效益显著。

十一、工程实例

青藏铁路风火山多年冻土隧道全长1338m，海拔4905m，地处青藏高原腹地可可西里无人区，是目前世界上海拔最高的隧道，多年冻土上限1.2~1.8m，下限深度大于110m。洞身全部位于冻岩之中，穿越含冰冻土、厚层地下冰、少冰及多冰冻土、饱冰及富冰冻土等不良地质，地表上层为坡积粉质黏土，厚度约1~3m，下伏第三系砂岩、泥岩，泥岩成分较多。风化层厚约20m，多破碎，呈土状、碎石土状，基岩裂隙冰发育，局部含冰量达50%，围岩分为Ⅳ、Ⅴ、Ⅵ级3种。其主要工程特点为：

1. 高寒、低压、缺氧，自然环境极为恶劣。

该地区属于典型的青藏高原冰雪型气候，极端最低气温-41℃，寒季为每年9月至次年4月。当地气压约为内地的55%；最低氧分压10.87kPa，含氧量为159.71kPa（内地为299.3kPa）；冬季冰天雪地，沙尘暴频繁；暖季紫外线强烈，雷暴期较长。恶劣自然环境挑战人类的生命极限，人工、机械效率大幅降低，施工异常艰难。

2. 高原冻土隧道施工可借鉴的经验较少，铁道部安排了大量的现场试验、研究项目。

中铁西北科学研究院等科研单位从上世纪50年代开始，对青藏高原冻土的成因、冻土的工程性质、力学特征等方面进行了长期、系统的试验研究。

为验证多年冻土地区隧道结构设计、开挖支护技术及隔热保温技术的合理性，建立一套寒区隧道工程冻融范围的计算理论，获得相应的实验成果和温度场的计算结果。铁道部科学研究院；中铁西北、西南科研院；北方交大；北京科技大；石家庄铁道学院等科研院、校在风火山隧道安排了许多项目的测试及试验研究，如隧道施工通风技术、洞内外气温变化对围岩冻融圈影响等，为风火山隧道冻土施工提供了相关理论依据。冻土隧道施工技术的直接经验则需要在具体施工过程中不断总结提高。

在施工过程中充分把握冻土的工程性质：洞口工程采用台阶分层微差松动控制爆破，常规管棚进洞。通过优选寒季施工；细化施工工艺；增设遮阳保温棚等临时措施保证开挖断面的成形；开挖边坡中富冰、饱冰冻土和纯冰层用粗颗粒土进行换填；设置多重保温层，合理布设排水措施使冻土重建新的热量平衡系统。

洞内作业配备以电力为主的大容量、低能耗、能适应高原特点的隧道机械设备。采用弱爆破、光面爆破等项开挖技术减少对冻土的扰动。综合运用合理选择通风时段；采用有轨运输减少洞内废气污染，减少通风次数和风量；全长、全断面设置多重保温层；以及供水、通风（供氧）、混凝土保温等多项保温技术有效地控制了洞内环境温度，洞内主要作业区环境温度实测平均值见表3。

表3 2002年洞内主要作业区环境温度实测表

月 份	1	2	3	4	5	6	7	8	9	10	11	12
温度（℃）	-2.67	-4.33	-0.67	2.67	4.33	7.33	10.67	10	8	5.5	4.5	2.5

寒季半年11月至次年5月对低温的控制十分有效，洞顶、拱墙分界处、边墙墙角处气温均在-5~5℃之间，能够确保低温早强耐久混凝土衬砌的温度要求。暖季半年6~10月对高于5℃的正温控制不理想，爆破后约1h拱墙开挖面即有未冻水外渗。为此，快速喷射厚5cm掺加WQDZ低温早强剂的混凝土封闭开挖面和掌子面，后续工序及时跟进，尽量减小围岩融化圈。

青藏铁路风火山多年冻土隧道采用本工法，减少了对冻土的扰动，缩小了冻土融化圈，使冻土隧道重建新的热量平衡系统，从而避免了冻土的热融滑坍、冻胀对施工和衬砌结构的影响。满足了安全、优质、高效的建设要求。

悬索桥复合式隧道锚碇施工工法

YJGF 23—2004

路桥华南工程有限公司

王崇旭　王嗣江　李　勇　黄小鹏

锚碇是悬索桥的锚固体，将主缆的拉力传递给地基基础，是支承主缆拉力的重要结构部分。

通常悬索桥采用的锚碇型式有重力式和隧道式，重力式锚碇依靠其巨大的自重及其与地基之间的摩擦力和嵌固力来抵抗主缆的拉力，隧道式锚碇则是将主缆中的大部分拉力直接传递给周围的基岩。隧道式锚碇的造价明显低于重力式锚碇，但由于隧道式锚碇将主缆中的拉力直接传递给周围的基岩，因而要求桥位处必须有良好的地质条件。为了在地质条件较差的桥位处也能采用隧道式锚碇，近年来在我国悬索桥设计中，出现了一种在隧道式锚碇的锚体后方增加一定数量岩锚的隧道式锚碇，这些附加的岩锚进一步将主缆的拉力传递给更深层的基岩，从而提高了在地质条件较差的桥位处隧道式锚碇的锚固能力，这种在锚体后方增加岩锚的隧道式锚碇，称之为复合式隧道锚碇。复合式隧道锚碇是一种新型的悬索桥锚固方式，由于其结构型式的变化，使这种锚碇的施工过程更加复杂化，出现了许多新的施工工艺、技术和方法。

《悬索桥复合式隧道锚碇施工技术》获 2004 年度广东省中山市科学技术进步二等奖及广东省科技三等奖、中国路桥集团科技进步二等奖、“减少斜式隧道锚超挖”获 2003 年全国“金圣杯”QC 成果发表赛二等奖、“确保锚塞体混凝土不产生裂缝”获 2004 年全国“玉柴杯”QC 成果发表赛一等奖及 2004 年“全国优秀质量管理小组”奖、“提高悬索桥预应力锚固系统形成精度”获 2004 年“全国工程建设优秀质量管理小组”奖。

一、工法特点

1．工法使用功能简介

隧道式锚碇相对于重力式锚碇有巨大的经济效益，主要适用于地质情况良好的地方。复合式隧道锚能适用于基岩情况较差些的地方，能克服不良地质的影响。

2．施工方法上的特点

（1）倾斜式锚洞的开挖采用光面爆破法和人工开挖相结合的方式，按照上拱部全断面超前掘进，下部 10°～20°斜面分层掘进方案进行。

（2）初期支护伴随着锚洞开挖的进度进行，开挖一段支护一段。

（3）洞室二衬施工在初衬完工后进行，采用支架法施工。

（4）岩锚采用拉压分散型锚索。

（5）预应力系统安装是隧道锚碇施工中精度要求最高的一项工作，大体积混凝土施工是其中难度较大的一道工序。

二、工法适用范围

本工法适用于悬索桥隧道式锚碇，尤其是复合式隧道锚碇的施工。

三、工艺原理

1. 预应力锚固体系的传力途径：

主缆索股→调节拉杆→锚固连接→ 锚体→ →周边围岩；→岩锚 → 更深层岩体

2. 预应力锚固系统形成包括岩锚、定位钢支架、锚塞体预应力锚固体系。锚塞体预应力锚固系统由拉杆、索股锚固连接器和 P 型预应力锚等组成，锚塞体预应力锚固体系通过联结器和岩锚连接，如图 1。

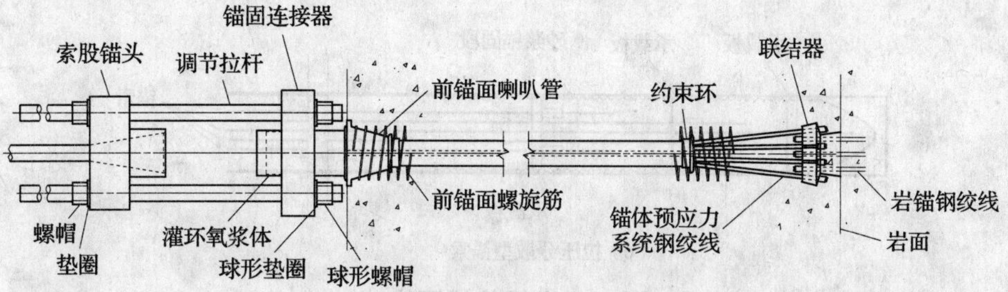

图 1　锚固系统示意图

（1）岩锚施工。

①岩锚概念。

岩锚，即岩土锚固，是一种将受拉锚杆埋入地层，利用锚杆周边岩体强度，进而加固岩面或者使结构物在岩面上牢固生根的技术。将岩锚应用于隧道式锚碇中是一种创新。

②岩锚的分类。

预应力岩锚的锚固方式按锚杆周边灌浆体和岩体的传力形式可分为：受拉型、受压型、拉压型，如图 2。

a. 受拉型岩锚锚索周围灌浆体处于受拉状态，整个锚固段的应力分布很不均匀，锚固段顶部应力最大，其峰值剪应力可达到平均剪应力的 4 ~ 8 倍，向下逐步减小，因而拉伸裂缝和剥离现象首先出现在顶端。

b. 在受压型岩锚中，荷载是通过承载板传递压应力，在这种情况下，水泥砂浆体处在受压状态，但锚固段内的应力分布仍不均匀，承载板板处压应力最大，向上逐步减小。

c. 将以上两种锚固型式的缺点进行改进，发展了拉压分散型锚索，或称为复合型岩锚锚索。在这种岩锚锚索结构中，锚固段受力最为均匀，当锚索承受荷载后，在锚固段拉应力依靠锚索和水泥砂浆体之间的粘结分段传递，压应力由承载板分段向水泥砂浆体传递，并将荷载传递给周围的岩体。复合型岩锚使荷载分散作用于整个锚固段长度上，而不是集中作用于其上部或下部，因此改善了锚固段的受力状态，使应力分布趋向均匀，并使最大应力值显著减小。这样在使用荷载条件下，可以防止岩锚中水泥砂浆体和周围岩体内产生裂缝或发生剥离现象。研究表明，就岩锚发生塑性滑移前的抗拔能力而言，采用压力型岩锚比拉力型岩锚可提高 21.5%，而采用拉压型岩锚，则可使抗拔能力提高 57.0%。

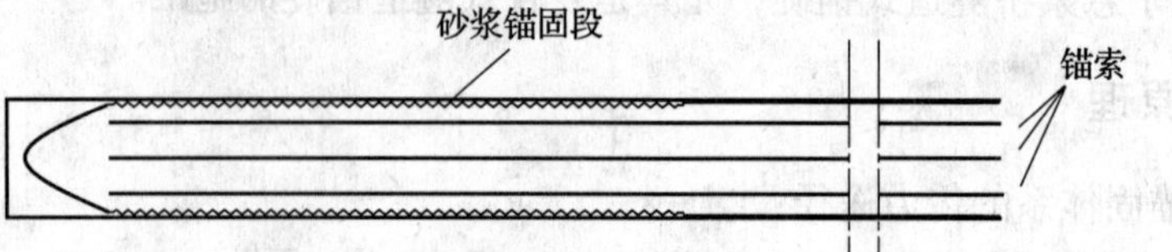

（a）拉力型锚索

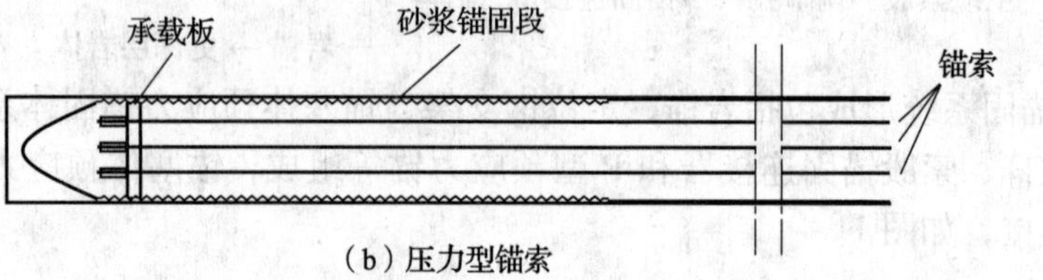

（b）压力型锚索

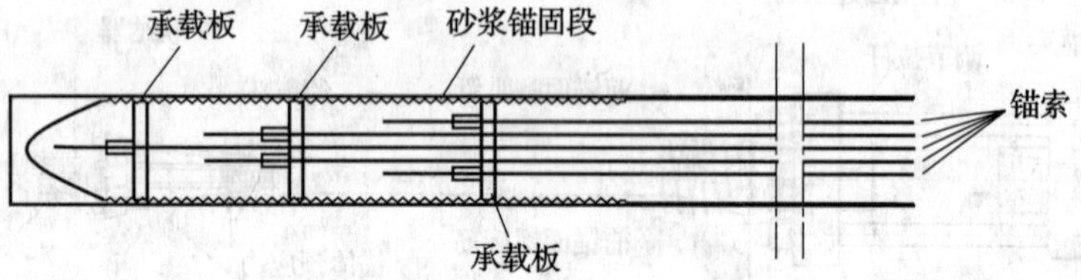

（c）拉压分散型锚索

图 2　岩锚的锚固方式

（2）锚塞体定位钢支架安装。

锚塞体定位钢支架主要用于准确定位各根预应力管道的空间位置，同时又作为劲性骨架加固锚体。为保证预应力管道空间位置的精确性，其安装精度要求也较高。

（3）锚塞体预应力锚固体系施工。

锚塞体预应力体系是整个悬索桥的生命线，精度要求十分严格，必须采用三维空间坐标精确逐个定位，并进行认真的检查核对。

3．锚塞体混凝土浇筑

（1）锚塞体混凝土属大体积混凝土。

一般单个锚塞体的混凝土方量都比较大，故应采取严格的温控措施以防止混凝土温度裂缝的产生。

（2）需对混凝土收缩进行补偿。

隧道锚的锚塞体要求与周围基岩紧密结合，以便将悬索桥主缆的巨大拉力传递到基岩，为了防止混凝土收缩使锚体与基岩产生分离，在隧道锚洞内锚体混凝土施工时，应在混凝土中掺入适量的膨胀剂，对混凝土收缩进行补偿，增强锚体混凝土与周围基岩的紧密联系。

（3）混凝土抗渗要求高。

为防止预应力体系受到腐蚀，锚塞体混凝土通常对抗渗有特殊要求。

4．隧道锚洞中的防水

锚碇是悬索桥的重要部位，隧道锚洞中防水工作的好坏直接关系到能否保障索股及锚具在大桥使用周期内不发生锈蚀，以及能否保证锚体周边围岩不被软化，确保锚体混凝土与围岩紧密结合等。因此，当锚洞围岩情况较差，岩层裂隙发育，存在一定的渗水时，如何做好隧道锚洞中的防水工作，减少洞内积水和洞内空气的湿度，是施工质量控制的关键。

四、施工工艺

1. 施工工序

隧道锚碇开挖→初期支护→围岩压浆→二衬支护→岩锚施工→锚塞体预应力体系安装→锚塞体混凝土施工→锚固体系成型。

2. 隧道锚碇的开挖

锚洞开挖施工程序：测量放线→检查开挖成洞尺寸→炮眼布置→钻孔爆破→出渣→钻孔安装锚杆→架设钢拱架→安装钢筋网→喷射混凝土→下一轮爆破施工。

锚洞开挖采用光面爆破开挖和人工开挖相结合的方式进行。开挖施工采用上拱部全断面超前掘进，下部 10°～20°斜面分层掘进方案；在局部地质条件极易坍塌处先排设压浆小导管，压浆待岩体稍稳固后再开挖，开挖一段、支护一段、封闭一段；开挖施工程序采用“管超前、严注浆、短开挖、强支护、快封闭、勤量测”的基本工艺。开挖工作面布置形式如图 3。

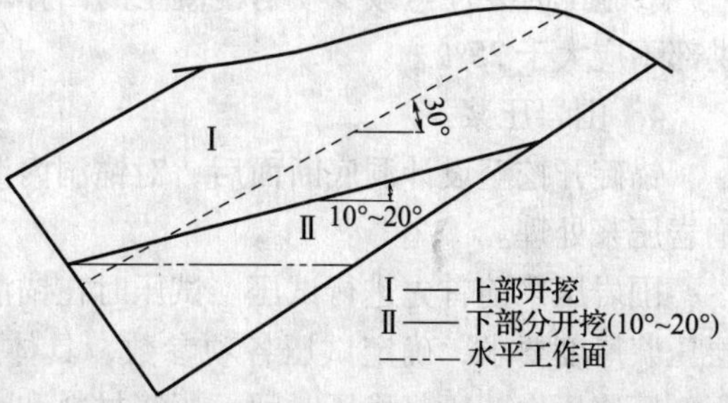

图 3　锚洞开挖工作面示意图

3. 锚洞的初期支护

锚洞每开挖完成一段后，首先进行锚杆的布孔、钻孔、压浆和杆体安装，接着架设钢支架，然后进行钢支架后部的钢筋网安装，最后进行喷射混凝土施工。钢支架通常为钢拱架，锚杆孔垂直于围岩面，喷射混凝土通常采用干喷法，一般进行数次喷射才能完成。由于锚洞的开挖顺序为先上拱、后侧墙、最后为仰拱，因此初期支护的施工顺序也与开挖顺序一样。

（1）锚杆施工。

锚杆孔垂直于围岩面，锚杆和钢支架焊接牢固，锚杆后端的垫板紧贴围岩并焊接在锚杆上，钻好锚杆孔后，应及时进行注浆，防止局部围岩因地质较差与地下渗水较多，从而导致岩层坍落，堵塞锚杆孔，每一个锚杆孔的注浆必须饱满，这样才能达到设计要求，才能保证锚杆与围岩之间的粘结力。对于注浆作业必须注意以下几点：注浆开始或中途停止超过 30min 时，应用水或水泥浆润滑注浆管及其管路；往锚杆孔中注浆时，注浆管应插至距孔底 50～100mm 处，随着砂浆的注入，将注浆管缓慢匀速拔出；锚杆孔注浆饱满后，随即迅速将锚杆插入，锚杆杆体插入孔内的长度不得短于设计长度的 95%；锚杆杆体插入后，若锚杆孔内无砂浆流出，则应将锚杆拔出重新注浆。

（2）钢支架安装。

隧道锚洞内的钢支架的安装分三次进行，第一次安装上拱部的钢支架，第二次安装侧墙部的钢支架，最后安装仰拱的钢支架。

钢支架的测量定位，应利用前面已架立好的钢支架起拱线来控制。在钢支架的架立过程中，一定要注意连接钢板的紧贴性，固定螺帽与螺栓之间的联接一定要紧密，以便保证钢支架在同一断面内。

(3) 喷射混凝土的施工。

锚洞初期支护的喷射混凝土施工通常采用干喷法。喷射混凝土施工对于整个锚洞初期支护的施工质量有很大的影响，因此必须重视这一工序的施工要求：

①首先在进行拌料时，必须严格按实验室提供的配合比进行材料的称量与配合，水泥与速凝剂称量的误差均为 ±2%；砂与碎石称量的误差均为 ±3%；砂的含水率控制在 5% ~ 7%；干混合料每次的存放时间不应超过 20min。

②在喷射混凝土时，一定要保证喷头处的水压为 0.15 ~ 0.20MPa；喷头与受喷岩面要保持垂直，并要注意保持 0.60 ~ 1.00m 的喷射距离。喷射作业开始时，应先送风，后开机，再给料；结束时，应待料喷完后，再关风。向喷射机供料时应连续均匀，机器正常运转时，料斗内应保持足够的存料；喷射机的工作风压，应满足喷头处的压力在 0.1MPa 左右。

③施工时要注意减少喷射混凝土的回弹率，节约成本，侧墙段的回弹率不应大于 15%，拱部不应大于 25%。

4. 围岩压浆

锚碇开挖至设计洞底断面后，对锚洞内渗水情况进行量化的记录，以确定是否需要进行围岩压浆处理。

围岩压浆前首先进行试压。试压时在锚洞中选择几个典型部位进行。试压前，根据的岩层压浆厚度要求，确定试压各项参数，具体参数设计包括：压浆孔深、压浆孔径、压浆孔距、压浆压力、压浆稳压时间、压浆材料和水灰比等。

压浆孔方向应垂直于岩面，为防止粉尘堵塞岩石的缝隙，造成压浆时浆液不畅，应采用真空倒吸法或高压水冲洗法进行清孔。成孔后进行压浆，注浆时压力值通常为 1 ~ 4MPa，压浆压力值约达 4MPa 后稳压几分钟（具体数据要根据试验结果来确定）直至注满为止。

压浆后应检查压浆效果，具体检查方法可以采用取芯法或压水试验法，对局部存在压浆效果不好的部位再进行补压，直到洞室渗水降到最低限度且不再出现明水为止。

5. 锚碇洞室的二次衬砌施工

锚碇所处地段围岩地质条件较差时，设计通常在锚碇洞室的初期支护与二次衬砌之间加设了 EVA 复合型防水板。二次衬砌施工的工序为：搭设支架→初期支护基面处理→铺设 EVA 复合型防水板→绑扎钢筋→立模板→二次衬砌混凝土浇筑。

(1) 搭设施工支架。

初期支护施工完毕后，搭设二次衬砌施工支架的作为模板支撑系统和施工平台，施工支架留出一条施工便道方便人员、材料进出。

(2) 初期支护基面处理。

初期支护通常采用锚网喷射混凝土结合钢支架的结构，其表面粗糙、凹凸不平。为保证防水层质量，铺设防水层前必须对锚网喷射混凝土表面进行严格的检查处理，使之符合防水层铺装要求，处理后的基面应达到支护稳定、平整、圆顺、牢固、无混凝土松动现象。对于锚网喷射混凝土的基面，其平整度按照规范要求为 $D/L \leqslant 1/6 \sim 1/10$，不符合要求的局部应采用水泥砂浆进行抹平处理（$L$—锚喷混凝土相邻两凸面间的距离；$D$—相邻两凸面间凹进去的深度）。

(3) EVA 复合式防水板铺设。

EVA 复合式防水板的铺设方法：在锚碇内拱顶部位正确标出纵向中心线，从拱顶中轴线开始依次向两边侧墙及底板延伸下垂铺设，铺设时力求平整，根据该复合型防水层铺设固定工艺要求，需在初期支护表面布设水泥钉或射钉。为防止铺设时损坏防水层，水泥钉或射钉布设部位需对应设置凹槽；防水板预留绳一般按每平方米4个设置，固定点布置间距应按拱顶及两侧边墙分别设置；防水板之间的焊接，可采用自动爬行塑料热合机进行施工。

（4）洞室二次衬砌的混凝土浇筑。

洞室二次衬砌采用抗渗混凝土，混凝土浇筑顺序为：仰拱、侧墙、顶拱。洞室二次衬砌混凝土浇筑应尽量减少施工缝；各混凝土施工缝应与防水层的接头部分错开；混凝土施工缝处应设有橡胶止水带，止水带埋设于二次衬砌混凝土中部，新旧混凝土各一半；在某些特殊地段，如渗水比较多、孔隙较发育的地段，二次衬砌的施工缝应该错开；浇筑混凝土过程中尽量对称浇筑，以便使模板、支架受力均匀。初期支护与二次衬砌之间的空隙采用压浆填实。

6. 岩锚施工

（1）施工准备。

在隧道锚洞中锚体后端围岩的掌子面开挖完成后，通常将岩锚面采用喷射混凝土进行封闭。在岩锚孔开钻施工前，先搭设好钻机工作平台，同时应设置一定数量的固定点，作为岩锚施工定位网使用，以便精确地控制岩锚孔的成孔。

（2）岩锚孔放样。

将岩锚前端面上的上拱部圆心定为三维坐标系的基点，计算出每个岩锚孔分别在岩锚前端、岩锚面处、岩锚后端的三维坐标以及相应的竖向、水平倾角等数据，列出各岩锚孔的相对三维坐标及角度参数表。采用全站仪用三维坐标法对各岩锚孔进行放样，在开钻前将各个岩锚孔的准确位置标记在岩锚面上。为了便于岩锚孔的放样与监测，将隧道锚洞岩锚前端面的每个岩锚孔，从上游至下游、从仰拱至顶拱依次进行编号。

（3）岩锚孔成孔。

①钻机的定位。采用适合在隧道锚洞中施工的钻机，将钻机就位至工作平台上，然后调整钻机纵、横向位置。让钻杆对准岩锚孔位，使用全站仪确定钻杆的倾角，精确定位后，将钻机固定。为了控制岩锚钻孔的角度，可根据钻孔的角度用木条制成带有垂球的三角板，将三角板靠在钻杆上，调整钻杆角度，当垂球的吊线与三角尺直角边重合时，即可开始钻孔作业。也可将钻机安放在或靠在按照岩锚孔设计角度制作的样架上施工，使得钻孔施工有较高的精度。

②钻孔。钻孔位置确定以后，则可进行钻孔施工，岩锚孔钻得是否顺直，角度是否正确，是岩锚施工的关键。

③清孔。当钻孔达到设计深度后，应及时用洁净高压水冲洗孔道，并用掏渣筒将钻渣彻底掏取干净。在锚索安装前应再次清孔，用软管伸入孔底，将孔内积水抽除干净，并检测钻孔深度。

（4）锚索的制作及安放。

①锚索的制作。岩锚锚索的制作按锚索结构图在专门的制索平台上进行。钢绞线下料时宜用砂轮切割，以免损伤钢材降低抗拉强度；锚索自由段应进行防腐处理，并套上塑料管等，使其与灌浆体隔离开。锚固段要保证锚索本身与灌浆体（砂浆或净浆）紧密的锚固在一起，如采用无粘结钢绞线，在锚固段内要将外包PE套按设计要求长度将其剥去。

②锚索的安放。锚索安放时应能保证进浆和回浆管路畅通，避免锚索扭转；保证锚索在孔中位于对中位置，锚索较长时应设置对中支架。穿索时注意保护好各截面承载体、内支撑环和钢绞线未剥离的PE外套。钢绞线锚索应与灌浆管同时插入。穿索完成后，利用定位钢筋，将锚垫板、螺旋筋、灌浆管和排气管等全部就位并固定。

（5）岩锚的压浆与张拉。

①岩锚的压浆。锚索应位于锚孔中央，岩锚锚索放置就位后应及时进行压浆施工。在压浆过程中采用一次压浆法，停止压浆的标准是排气管出浓浆并稳压5min。水泥浆中掺入减水剂以减小泌水率，同时掺入膨胀剂以抵制水泥浆体的干缩，确保水泥浆体与孔道紧密形成一个整体。

②岩锚张拉。当岩锚孔中压浆浆体的强度达设计张拉强度后，即可进行岩锚的张拉施工。复合型岩锚的张拉通常分级进行，每级持荷时间5min以上，中间过程不卸载。

7. 锚塞体大体积混凝土施工

（1）锚塞体内预应力锚固体系施工。

①定位钢支架安装。锚碇定位钢支架是正确锚固悬索桥主缆的重要构件，锚塞体定位钢支架主要用于准确定位各根预应力管道的空间位置，同时又作为劲性骨架加固锚体。为保证预应力管道空间位置的精确性，其安装精度要求也较高。

为保证预应力管道空间位置的精确性，利用全站仪采用三维坐标法测控每根预应力管道的空间坐标。

由于锚塞体混凝土体积庞大需进行分层浇筑，因此，为了施工的方便，定位钢支架亦分层进行施工，待下一层混凝土浇筑结束后，再进行上一层的定位钢支架的施工，依次循环进行。

②预应力锚固体系施工。通常锚塞体内要设置与主缆索股相同根数的预应力锚束。在专门的制索平台上进行预应力束制作。

利用全站仪采用三维坐标法测控每根预应力管道的空间坐标，并以前锚面作为控制面，通过精确计算各根管道中心坐标位置，设置精度测量网点，确保每根预应力管道中心位置在允许的误差范围内。

（2）锚塞体大体积混凝土施工。

①混凝土的配合比设计。为了防止水化热温度过高使锚体混凝土内外温度差应力过大，造成危害性开裂，施工中选用低热的矿渣水泥、火山灰水泥和粉煤灰水泥等；采用"双高掺"技术，即在混凝土中掺加粉煤灰和减水剂，掺入适量的粉煤灰代替部分水泥，既可减少水泥用量，降低水泥水化热，又提高了混凝土的和易性、可泵性；掺加缓凝减水剂可延长混凝土的缓凝时间，延缓水化热高峰期的出现，消减其峰值；混凝土骨料级配也是影响混凝土强度和可泵性的关键因素，应适当加大骨料直径，采用1~3cm的碎石和中砂，含砂率可采用43%~45%；为了保证锚体与围岩紧密结合在一起，减少锚体混凝土因收缩等因素影响其与围岩的紧密结合，掺加膨胀剂补偿混凝土收缩，并可提高混凝土的强度和抗渗能力。

②分层、分期浇筑混凝土。由于锚体混凝土的方量较大，属大体积混凝土施工，为解决好大体积混凝土由于温度应力引起的开裂，保证锚体混凝土的施工质量，单个锚体的混凝土浇筑采用水平分层、分期进行施工。分层厚度根据混凝土的生产能力和温度计算决定，每层

混凝土的浇筑施工周期根据现场温度测控数据确定，通常为5~7d。每层混凝土浇筑完成后，即在混凝土面层插入钢筋，以加强上下层混凝土的连接。

每次混凝土浇筑施工时必须按斜向分层布料振捣成形，分层厚度为30cm，坡比1:5。为保证下层混凝土初凝前覆盖上一层新混凝土，混凝土初凝时间为18~22h，必须设置相应拌和能力的拌和站。

③控制混凝土入仓温度。混凝土的入仓温度要符合温控要求。控制混凝土入仓温度的方法主要是对混凝土的原材料采取预冷措施，主要为防止阳光直射等原因引起骨料，如砂、石料等的温度升高，这可通过搭设遮阴凉棚，拌和之前对碎石进行淋水降温；砂子采用冷却空气吹风降温。一般对水泥不进行预冷，但要求不使用新出厂的水泥，通常使用出厂14d后的常温水泥。

如果采用上述方法后混凝土的入仓温度仍偏高，则可使用冷却水作为混凝土的拌和用水，直接对混凝土进行降温。冷却水可通过冷水机制作，也可在施工现场设置化冰池，采用冰屑制冷却水的方法获得。

④通过冷却水散热。由于锚塞体是在岩洞中施工，施工时受四周基岩的约束，使锚体向四周的散热条件很差，已浇筑混凝土的锚体中产生的水化热量大部分只能由底部向洞口方向传递。为改善散热条件，确保混凝土内部最高温度符合温控要求，在每层混凝土中设置冷却水管，冷却水管通常采用$\phi25\times1.2$mm的钢管，按蛇形布置，冷却水管竖向间距和水平间距均为1m左右，距混凝土边缘约为50cm。每层混凝土设一个进水管和一个出水管，每一层混凝土中冷却水管通水流量约为$0.9m^3/h$。

混凝土终凝后开始通冷却水，在混凝土升温阶段，每2h测量一次进水温度和出水温度；在混凝土降温阶段，每4h测量一次进出水温度和出水温度，观察降温效果并确保混凝土的内部温度与冷却水进水温度之差不大于22℃。

⑤加强混凝土养护。为防止锚塞体混凝土内外温差过大，混凝土浇筑完成，终凝后即要覆盖麻袋、草垫等物进行保温，并洒水保持表面湿润。当气温骤降时，应将洞口用草袋封闭，减少洞内气温与混凝土内部的温差，使混凝土内部热量在一定范围内逐步释放，确保混凝土内外温差不大于25℃，以防混凝土表面开裂。

⑥温度监测。在锚体混凝土施工过程中，必须掌握混凝土的温度状况才能把握其所需要的冷却温度。因此，在混凝土中必须埋设测温仪，随着锚体混凝土浇筑进行数据采集，为确定采取降温措施提供依据。在每层混凝土的中部埋设测温仪，混凝土浇筑完成后即开始测温，在混凝土升温阶段，每2h测量一次混凝土的内部温度和表面温度；在混凝土降温阶段，每4h测量一次混凝土的内部温度和表面温度，确保混凝土的内外温差不大于25℃。

通过以上诸多措施，通常确保大体积混凝土的内升温不超过60℃，内外温度差控制在25℃以内，入仓温度最高不超过28℃。

⑦冬季施工的安排。冬季施工是指根据当地多年气温资料，室外日平均气温连续5d稳定低于5℃时混凝土、钢筋混凝土、预应力混凝土及砌体工程的施工。在这种情况下进行大体积混凝土施工，制定冬季施工措施如下：混凝土在抗压强度达不到40%前不可受冻，施工中将对新浇混凝土搭设保温棚，进行蒸汽养护，直到混凝土达到抗冻强度为止。混凝土的运输时间应尽量缩短，运输工具应有保温措施。用于拌制混凝土的各项材料的温度，均应满足混凝土拌和后所需温度。

五、主要机具设备（见表1）

表1　主要机具设备

序号	名称	型　号	数量	性　能	用　途
1	钻机	YQZ－1	4	液压干法成孔	岩锚钻孔
2	挤压机	GJ－40	2	液压	P锚制作
3	压浆机	BW150型活塞式	2台	最大压力7.5MPa	压浆
4	油泵	BZ500	4台	最大压力50MPa	预应力张拉
5	千斤顶	穿心式	4台	根据设计而定	预应力张拉
6	空压机	55kW	2台	最大压力0.7MPa	开挖
7	拌和站	BT－90	2套	$160m^3/h$	混凝土拌和
8	混凝土输送泵	HBT60	4台	$60m^3/h$	混凝土浇筑
9	配料机		2台		混凝土材料计量
10	电焊机	交流15kW	4台		钢支架安装
11	装载机	ZL－50	2		转运
12	吊车	QY－25	1		吊装
13	绞车	JD35	4		开挖出渣
14	压风机	$0.6m^3$	2台		洞内空气流通
15	矿车	V－0.6	4台		开挖出渣
16	挖掘机		2台		明洞开挖
17	凿岩机	YT－27	6台		开挖
18	锚杆钻机	YSP45	4台		锚杆钻眼
19	潜水泵	QY－15	2台	扬程65m	洞内排水
20	砂轮机		2台		切割钢绞线
21	喷射机	ZP－5	4台		初衬
22	全站仪		1台		测量

六、劳动力组织（见表2）

表2　劳动力组织

序号	工　种	人　数	备　注
1	土木技术员	2	技术交底、现场管理
2	安全员	1	安全管理
3	木工	10	模板作业
4	张拉工	10	预应力张拉
5	电焊工	10	钢支架安装
6	电工	2	
7	混凝土工	18	混凝土浇筑
8	钢筋工	10	钢筋制作安装
9	技工	16	
10	普工	60	
11	爆破工	8	爆破作业

七、质量控制

1．锚洞放样：为保证锚洞方位正确，锚洞中线点的横向偏差应≤5mm；临时中线点的横向偏差应≤10mm。

2．锚洞开挖：锚洞开挖一般不欠挖；允许局部（单块面积不大于1m²）欠挖，但欠挖不得超过10cm，并不得大于衬砌厚度的1/3。应避免超挖，已超挖的部分应采用同强度等级的混凝土进行填补。

3．爆破施工：严格检查和控制炸药用量及炮眼布置，对爆破效果进行记录和分析，为爆破施工提供依据。

4．岩锚钻孔、锚索安装、灌浆及预应力张拉等每一道工序，均应认真检查并记录，经监理工程师审查签认后，方可进行下一道工序。岩锚施工质量检验标准如下：

（1）孔径：≥160mm。

（2）有效孔深：≥2000mm。

（3）孔位坐标偏差：≤10mm。

（4）偏斜率：≤0.8%（偏差角：≤3′）。

（5）孔内沉渣：设计长度范围内不允许有沉渣。

（6）锚索张拉力符合设计要求。

5．锚碇施工质量控制依据以下规范或规则：

（1）交通部部颁规范：《公路隧道施工技术规范》（JTJ 042—94），人民交通出版社，1995。

（2）交通部部颁规范：《公路工程质量检验评定标准》（JTJ 071—98），人民交通出版社，1998。

（3）交通部部颁规范：《公路桥涵施工技术规范》（JTJ 041—2000），人民交通出版社，2000。

（4）《铁路隧道光面爆破技术规则》，中国铁道出版社，1992。

（5）《锚杆喷射混凝土支护技术规范》（GB 50086—2001），中国计划出版社，2001。

八、安全措施

隧道锚碇的施工在洞内进行，危险性较大，在施工中除严格遵守桥梁安全技术规程的有关规定外，还应注意以下几点：

1．作业人员在洞内施工时，必须启动压风机以确保洞内空气流通。

2．工作面严禁存放爆破雷管和炸药，严格用药管理制度。

3．洞内放炮时，人员必须全部撤出洞且并避开洞口，并在洞口附近100m设置警戒。

4．洞室提升运输必须带电操作，严禁放飞车；严禁施工人员利用矿车进出洞室。

5．预应力张拉时要特别注意断丝或滑丝突发事故的发生，在张拉前端几米处设置防护钢板，以保证其他施工人员的安全。

九、效益分析（见表3）

表3　效益分析

内　　容	复合式隧道锚碇	重力式锚碇
质量方面	相当	相当
混凝土方量	是重力式锚碇的1/5～1/2	是隧道锚碇的数倍
工期	较短	较长
成本	较低	较高
社会效益	投资和工期方面占优势	投资和工期方面占劣势

十、应用实例

1. 重庆市忠县长江大桥

忠县长江大桥主桥是跨径为560m的单跨悬索桥，两岸锚碇均采用复合式隧道锚结构，锚碇锚塞体前端宽9.2m，高8.5m，尾端宽13.0m，高12.0m，单个锚塞体的混凝土方量为1466.2m^3，该工程于1998年11月开工，2001年8月竣工交付使用。

本工法应用时间为1998年11月～2000年11月。

2. 重庆市万州长江二桥

万州长江二桥全长1148.86m，桥跨布置形式为7×40m简支T梁+580m悬索桥+7×40m简支T梁，主桥为跨径580m的单跨悬索桥，两岸锚固体系均为复合式隧道锚碇。单个锚碇长度为59m，锚碇的最大开挖断面尺寸达14.20m×15.333m。锚洞为倾斜式，开挖仰拱坡度分别为34°47′48″与39°26′05″，北岸锚碇开挖总方量为12931.9m^3，锚塞体混凝土的总方量达5774.5m^3，为大体积微膨胀防水混凝土。该工程于2001年12月开工，2004年9月竣工交付使用。本工法应用时间为2001年12月～2003年10月。

高压富水深埋充填型岩溶隧道施工工法

YJGF 24—2004

中铁隧道集团有限公司

陆少伟　罗　琼　石新栋　张继奎　金强国

新建渝（重庆）怀（怀化）铁路圆梁山隧道，全长11070m，穿越毛坝向斜和桐麻岭背斜。其中毛坝向斜段长2200m，为高水位富水岩溶发育地段，施工时先后遇到三处大型深埋充填性溶洞，溶洞埋深500m以上，位于深部滞流带，规模为30~70m，水压力4.5MPa，涌水量一般情况下$1.2\times10^4m^3/d$，最大达$24\times10^4m^3/d$，充填淤泥质粘土、粉细砂、块石等，由于高水压岩溶水的作用，曾发生过大规模爆喷，给工程施工带来很大危害，为国内外罕见，具挑战性的技术难题，因而必须进行特殊的设计、施工和管理。在工程建设中，建设、设计、施工三方组成了科研攻关组，引入了动态设计的管理模式，积极探索特殊不良地质地区隧道施工的新方法，根据施工过程中反馈的信息，不断优化施工方案，采用集物探、钻探、洞探、地质素描等各种手段为一体的超前地质预测预报技术；开挖施工中根据不同的地质情况，必要时采用超前预注浆技术、超前支护技术作为开挖施工的辅助措施；为保证隧道结构的运营安全，根据各段结构承受的不同荷载，设计上采用了多种抗水压衬砌的特殊断面形式，经过不断优化形成了特殊衬砌结构的施工方法，进而形成了在高水位富水深埋岩溶隧道中从地质预报、软弱围岩加固、开挖支护到二次衬砌施工的成套施工方法，成功的突破了毛坝向斜高压富水深埋充填性溶洞地段，使隧道的顺利建成，其科研成果已通过河南省科学技术厅鉴定，并在此基础上总结形成工法。

一、工法特点

1. 针对岩溶发育的无规律性，在高压、富水、深埋充填型岩溶隧道工程中采用了集物探、超前钻孔、洞探、地质素描等手段的综合地质预测预报技术，并将其作为隧道开挖掘进的首道作业工序。

2. 开挖施工按照边探边挖的方法进行，接近溶洞边界时，根据地质情况采用不同的开挖方法，溶洞核心段采用改进的CRD工法加快了溶洞段的施工速度，保证了施工安全。

3. 合理选择注浆材料，采用粗细搭配，先粗后细的注浆方法，对设计隧道开挖轮廓线一定范围的溶洞充填物实施以挤密加固、充填堵水为目的的超前预注浆，达到了稳定开挖掌子面和将水封堵于设计开挖轮廓线以外的目的。

4. 施工期间设泄水洞泄水降压，二次衬砌施工完毕及时封闭泄水洞，降低了溶洞的处理难度，有效地改善了深埋充填型溶洞段隧道施工的作业环境，加快了施工进度。

5. 采用超前预注浆+长、短管棚+初期支护+抗高水压型钢钢筋混凝土二次衬砌所组成的联合超强支护体系与工程结构，确保了安全，解决了高压、富水技术难题。

二、适用范围

本工法适用于高水压（水压1～4.5MPa）富水（涌水量$1.2\times10^4 m^3/d$以上）岩溶隧道及地下工程（铁路、公路、市政、水工、电力等各种地下工程）施工。

三、工艺原理

1. 工艺原理

以超前地质预测预报为基础，对施工组织进行动态管理，施工期间泄水降压，以超前预注浆、长短管棚支护为开挖掘进的辅助措施，施做抗水压衬砌后，封闭临时泄水洞完成整个溶洞段施工。

2. 关键技术

（1）集物探、钻孔、洞探、地质素描等手段为一体，对获得的地质信息进行综合分析的综合地质预报技术。

（2）在高水压富水充填粉细砂溶洞中实施帷幕注浆堵水技术。

（3）高压富水充填型溶洞开挖施工支护技术。

（4）抗水压型钢衬砌施工技术。

四、工艺流程及操作要点

1. 总体工艺流程（见图1）

（1）进入岩溶发育段后，开挖前应先进行综合超前地质预报；

（2）根据综合超前地质初步预报结果，确定下一步施工方案：

①对于普通高压富水段，按照常规软弱困难地层的方法组织施工，遇管道型岩溶，可临时对水进行引排，继续进行开挖支护，二次衬砌施工完毕再处理涌水。

②对于高压富水充填型岩溶核心段，进一步探明溶洞水量、水压、充填介质性质以及岩溶发育范围等信息；根据溶洞发育的有关信息，结合工期、技术、经济的可行性确定采取包括设置迂回导坑、临时泄水洞等辅助施工措施，然后进行开挖支护和二次衬砌施工。

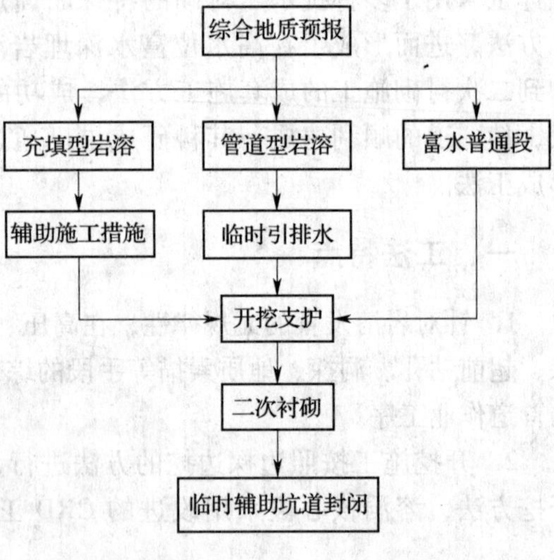

图1　总体工艺流程图

2. 地质预报

综合超前地质预报工艺流程见图2。

（1）研究区域地质资料。

首先，研究区域地质资料，必要时到地表补充测绘，以达到对整个地区地质情况有一个比较全面和深刻的认识，可溶岩分布情况、构造发育情况、地表水系发育情况、当地最低侵蚀基准面标高、岩溶大概发育几层、每层大概标高、哪一层对工程影响最大等。

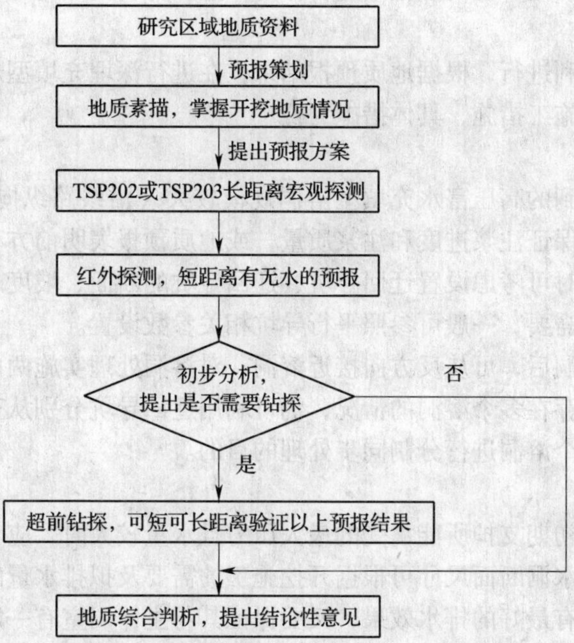

图2　综合超前地质预报工艺流程图

（2）确定地质预报方案。

通过对区域地质资料的分析和把握，制定超前地质预报方案，由于岩溶发育的复杂性，一般要采用综合超前地质预报方法，比较成功的预报组合形式为：做好地质素描、以TSP202或TSP203作长距离的宏观控制性预报，以红外探测作短距离有无地下水的定性预报，以深孔、浅孔超前钻探作验证性预报，通过综合分析，可作出预报结果。

（3）超前地质预测预报。

对开挖面前方未开挖段地质情况采用各种探测手段进行探测，对所取得的地质信息进行综合分析判断，为设计施工提供尽量详细的地质资料，作为对原设计支护参数进行调整和制定符合实际地质情况的施工方案的依据。

①物探法。利用TSP202或TSP203地质预报系统做长距离（100～200m）探测，一般每100～200m预报一次；地质雷达作为补充，探测前方30m范围内地质情况；采用红外探水仪探测前方30m范围内地下水情况，每个开挖循环进行一次。三种物探手段可以相互对比印证，以期获得较为准确的地质情况。

②水平地质钻探。在开挖面布置3～4个超前水平钻孔，孔径90mm，一孔孔深100m，其余孔深30m，每开挖22～25m为一钻探循环，地质异常地段，应采用取芯钻探。根据钻探资料，分析判断地质情况。利用钻孔实测水压及涌水量。

③地质素描。对已开挖段的岩层、岩性、节理等进行地质素描，绘制地质素描图，根据岩层节理发育规律，推测前方地质信息。一般在开挖后及时进行，地层岩性变化点、构造发育部位、地下水发育带附近应每开挖循环进行一次素描，其他地段也应每10～20m进行一次素描。

④地质综合分析。地质综合判断是地质预报的中枢，对采用各种手段得出的预报结果进

行综合归纳、分析、对比，提出预报结论，作为调整设计和指导施工的依据。

3．辅助施工措施

为保证施工的顺利进行，根据地质预报结果，在进行深埋充填型岩溶隧道施工时，需要适当的采取一些辅助施工措施，具体措施为：

（1）迂回导坑。

当开挖过程中遇到的高压富水充填型溶洞规模较大（沿线路纵向发育范围20m以上），一个注浆作业面无法保证注浆进度和注浆质量，或地质预报表明前方存在多个溶洞，从工程进度的角度考虑需要时可考虑设置迂回导坑，迂回导坑的断面、坡度、转弯半径及支护参数等应满足使用功能的需要，一般可参照平行导坑相关参数设置。

迂回导坑绕过溶洞后，可从反方向接近溶洞，对溶洞处理实施两面夹击，降低溶洞处理的难度；对某一区段存在多个溶洞的情况，仍可利用迂回导坑分别从正反向接近溶洞，实施溶洞处理，达到对几个溶洞进行分割同步处理的目的。

（2）泄水减压。

当水压大于设计初期支护所能承受的最大压力且水量较大时，应考虑设临时泄水洞在施工期间泄水减压，泄水洞断面尺寸可根据开挖施工的需要及拟排水量的大小确定，泄水洞的设计位置既要考虑其有最好的排水效果，又要保证其与主体洞室有一定的距离不致对主体结构产生不利影响。

（3）注浆。

①总体注浆工艺流程（见图3）。

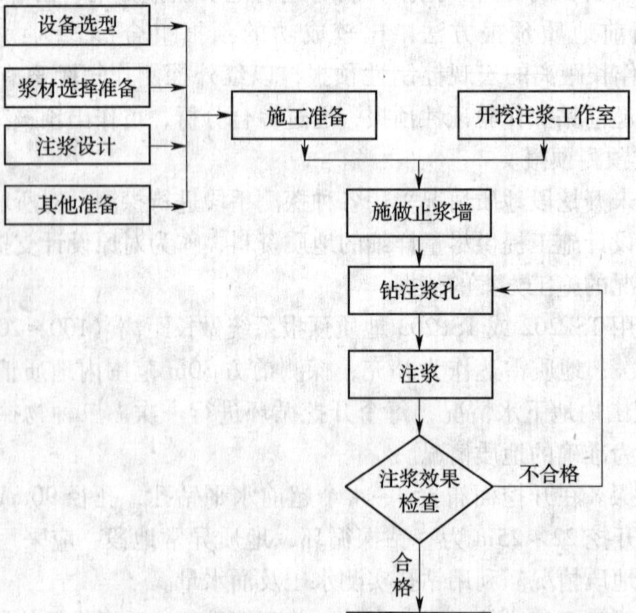

图3　注浆工艺流程图

②钻机、注浆机等注浆设备选型。一般根据地层岩性及设计注浆分段长度等选择钻机型号类型；根据设计注浆压力和流量要求选择注浆泵。

③注浆材料的选择和准备。注浆材料应根据注浆目的、地层岩性，综合考虑环保等因素进行选择。

对于深埋充填型溶洞区，根据溶洞地质特征和注浆加固方案要求，从堵水性、耐久性、环保和工艺可操作性综合考虑进行注浆材料选择。注浆材料一般可按表1选择。

注浆材料选定后，在注浆开始前，应按注浆设计备全、备足注浆材料。

表1　注浆材料选择表

注浆施工方案		注浆材料
超前预注浆	非溶洞体富水地段	普通水泥 - 水玻璃双液浆
	淤泥质溶洞体	普通水泥 - 水玻璃双液浆
	粉细砂层溶洞体	普通水泥、超细水泥 - 水玻璃双液浆
	爆喷型溶洞体	TGRM 浆或 HSC 浆或超细水泥 - 水玻璃双液浆
底部加固注浆		超细水泥单液浆或 TGRM 浆或 HSC 浆
径向加固注浆	一般地段	普通水泥单液浆
	特殊地段	超细水泥单液浆

④注浆施工设计。根据钻孔、注浆设备、注浆材料和要求的注浆加固范围，注浆设计主要有以下内容：

a. 止浆墙。位置尽可能接近溶洞边沿，在进行超前预注浆施工时，满足抵抗注浆施工过程中注浆压力和埋设孔口管的要求设计。

b. 浆液扩散半径。根据注浆材料和拟加固地层工程地质及水文地质特点，经现场试验进行初选。对于粉细沙层，选取浆液扩散半径为2m。注浆施工过程中，可根据注浆施工中地层的吸浆能力，注浆效果的检查评定等状况，对浆液扩散半径进一步调整。

c. 终孔间距。根据注浆加固交圈理论及现场注浆试验，确定终孔间距。

d. 注浆段长度。一般应综合考虑选择钻机的最佳工作能力和溶洞的发育宽度，以不大于30m为宜。

⑤开挖注浆工作室。根据选用钻机型号和注浆钻孔的断面布置确定，一般长10～12m，宽比开挖轮廓大80～100cm。

⑥止浆墙施工。在注浆工作室开挖后进行。

⑦钻孔注浆：

a. 全断面超前预注浆。全断面超前预注浆采取前进式分段注浆施工工艺，即在施工中，实施钻一段、注一段，再钻一段、再注一段的钻、注交替方式进行钻孔注浆施工。前进式分段注浆可采用水囊式止浆塞或孔口管法兰盘进行止浆。

b. 局部注浆。对充填型溶洞，采用超前预注浆只能挤密充填物的效果，使得开挖施工时掌子面比较稳定，同时不会发生大的涌水，浆液一般不能均匀扩散而存在注浆盲区，需开挖时进行局部注浆消除。

c. 径向注浆。在充填型溶洞地段，除进行超前预注浆外，开挖后实施径向注浆补强、封堵散水。加固范围为设计开挖轮廓线外3～5m，可采用ϕ42mm、$\delta=3$mm焊接钢管加工的注浆花管进行全孔一次性注浆。

⑧注浆效果检查评定。注浆效果检查评定主要有分析法、钻检查孔法、和开挖后取样测

试等三种方法，为决策开挖施工方案提供依据。

（4）管棚支护。开挖前进行大管棚、小导管等超前支护，以保证开挖衬砌施工的进行和施工安全。

①大管棚施工：

a. 在施做超前预注浆止浆墙时，按照设计位置预埋管棚导向管。

b. 注浆结束后，通过导向管在开挖断面周边施作环向密排管棚，钻孔用 MKD－5 钻机，钻到深度后安设大管棚。

c. 管棚一般采用 $\phi108/\phi75$mm，$\delta=6\sim8$mm 的无缝钢管加工，每节长度 2 m 或 3m，外设 $\phi5\sim10$mm 单向阀溢浆孔。管棚布设间距@ ＝20～40cm，管棚长度 20m（现场根据钻孔状况以钻入硬岩 1～2m 为原则）。

d. 管棚布设完成后，对管棚进行全孔一次性注浆，以形成超前刚性支护体系，使它和超前注浆帷幕体系共同作用，以提高超前帷幕效果。

②超前小导管施工。根据开挖掌子面的情况，在进行下一循环开挖前，对注浆不足部位或注浆盲区进行小导管补充注浆。注浆为焊接钢管丝扣连接，前端加工成圆锥状并封死。

4. 隧道开挖

采用边探边挖的施工方案，循序渐进。当遇到管道型岩溶时，可暂时将岩溶水集中引排，继续向前掘进，衬砌施工完毕后用顶水注浆的方法将岩溶管道封闭；当遇到充填性溶洞时，开挖接近溶洞边沿后，及时进行施做混凝土止浆墙、超前预注浆及超前管棚支护等溶洞开挖前的准备工作。在深埋充填型溶洞段可根据工程地质和水文地质情况的好坏及时调整开挖方法。按开挖断面的大小可选择全断面法、正台阶法、侧壁导坑法、CD 工法、CRD 工法等。

全断面法：适用于围岩完整或有少量裂隙水或小型管道岩溶的地段。

正台阶法：适用于接近溶洞边沿，破碎岩石或基岩骨架基本完整的基岩加泥沙互层地段。

CRD 工法：适宜于隧道开挖断面全部处于溶腔，溶腔充填物为粉土、沙、碎石开挖跨度较大地段。

对于全部开挖断面均处于充填性型溶洞溶腔的单线铁路隧道，为便于机械作业和底部仰拱衬砌施工，可按如下优化后的 CRD 工法施工：

（1）开挖顺序。

合并 CRD 工法的⑨、⑪步为底部仰拱开挖，将整个断面分成 5 步，按①、③、⑤、⑦和底部仰拱顺序开挖，每步保持一定距离，都开挖完成后进行底部仰拱开挖。

（2）初期支护。

每步开挖时，都要突出快开挖、快支护、快封闭的三快原则，使已开挖部分的初期支护尽快封闭成环。由初期支护形成的杆件结构应始终是稳定结构，并可采用喷 C20 钢纤维混凝土＋钢筋网＋工字钢＋径向锚杆联合支护加强结构。

在底部开挖前，架设型钢斜撑进行⑤⑦步中隔壁托换，斜撑间距一般与设计初期支护间距相同，其材质型号由计算确定，与①③步底板及边墙初期支护的钢件电焊连接。

中隔壁托换完毕随着仰拱底部开挖进度逐步拆除⑤⑦步底板临时支护，并及时将初期支护封闭成环。⑤⑦步底板临时支护的拆除超前仰拱开挖掌子面的距离尽可能短。

(3) 变形监测。

加强开挖过程中对初期支护的变形及收敛监测，正常情况下每 8h 一次，特殊情况适当增加监测频次。当变形及收敛过大时，及时架设横撑或竖撑。

(4) 开挖工序施工步骤（见图4）。

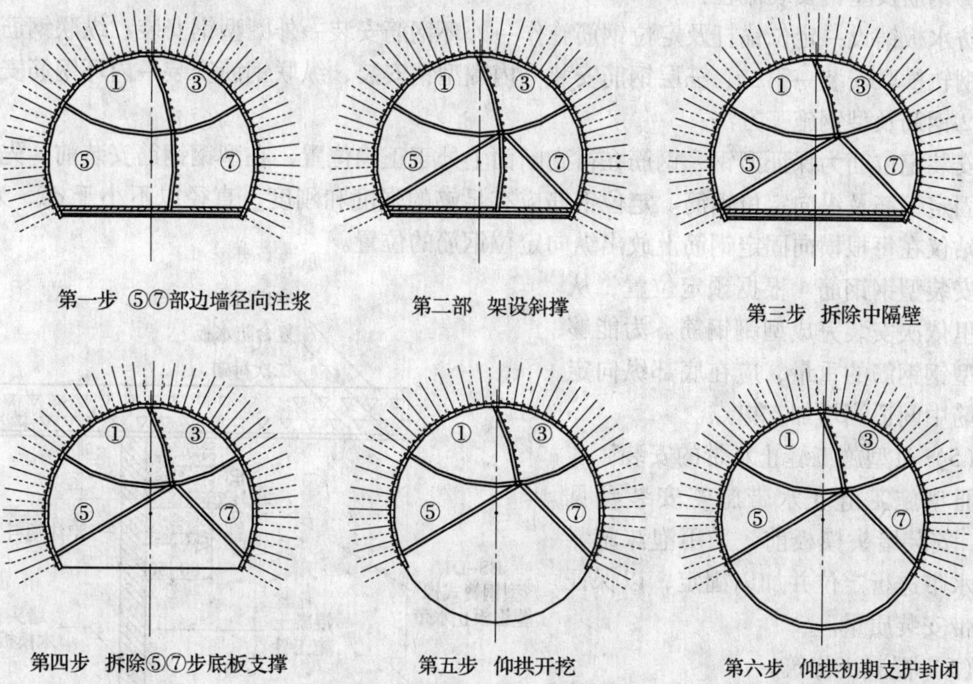

图4 开挖工序施工步骤图

5. 衬砌施工

一般在围岩变形稳定后进行，施做的顺序为先溶洞核心段，后一般段。为减少施工缝，在条件许可的情况下，应尽可能采用全圆穿行式衬砌台车一次浇筑混凝土。导水垫层采用复合防水板，高抗水压衬砌采用圆形型钢钢筋混凝土衬砌，由外到内依次为钢筋…外环型钢…钢筋…钢筋…型钢…钢筋，型钢纵向采用钢筋连接，其施工方法为：

(1) 施工流程。

仰拱开挖完成后按以下步骤进行衬砌施工：施作防水板及纵环向盲管→施作型钢及钢筋→安装Ⅲ型施工缝止水带→浇筑衬砌混凝土。

(2) 钢轨及钢筋的预加工。

①P50 钢轨的弯制。P50 钢轨在工厂弯制，采用弯拱机进行加工，连接成环进行净空检查，内外圈钢轨的轮廓误差不大于 5mm，两钢轨接头缝隙不大于 3mm，螺栓孔孔位误差不大于 1mm，孔直径误差不大于 ±0.5mm。钢轨的纵联钢筋可在工地进行加工，每根长度和丝扣长度误差不大于 ±5mm。

②钢筋的预制。不易弯制的环向钢筋，分段使用钢筋弯曲机在加工厂按设计半径弯制成弧，在洞内采取电弧帮焊接头。

(3) 防水板及纵环向盲管施工。

环向每间隔5m施作一环盲管，两侧边墙沿纵向全段设置盲管，纵环向盲管每隔2～4m用射钉悬挂固定。复合防水板全环设置，采用无钉铺设法施工，悬挂中考虑1.15的松弛系数。

（4）钢筋型钢安装。

①钢筋及型钢安装流程：

防水板铺设→定位锚杆及定位钢筋施作→外环钢筋安装→外圈型钢安装、纵联钢筋、内外环钢轨横联安装→第二、三层钢筋安装→内圈型钢安装、纵联钢筋安装→内环钢筋安装。

②钢筋及型钢施工方法：

安装定位筋为保证型钢、钢筋在衬砌断面上处于正确位置，在型钢钢筋安装前，先施作横向固定钢筋及纵向定位钢筋。定位钢筋应有足够的强度和刚度，直径以不小于$\phi25$为宜，用全站仪在每根横向固定钢筋上放出纵向定位钢筋的位置。

安装型钢钢筋　根据预定位置，从外到里依次安装完成型钢钢筋。为能够承受型钢钢筋的重量，应在底部纵向定位钢筋中间适当增加支撑点。

（5）Ⅲ型施工缝止水带的安装。

Ⅲ型施工缝止水带施工安装参见图5。安装堵头模板前，采用泡沫塑料对止水带进行定位并加以固定，以保证止水带安装质量。

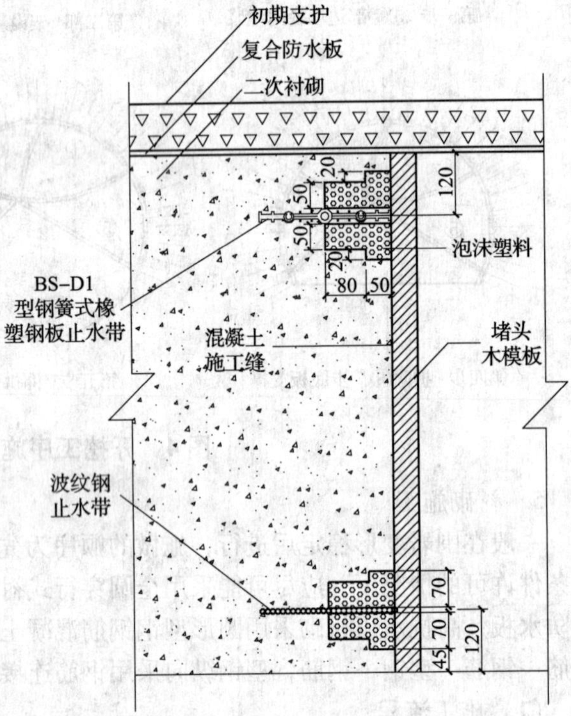

图5　Ⅲ型止水带施工缝示意图（单位：mm）

（6）混凝土浇筑。

①原材料选用。粗细骨料强度、水泥强度等级应满足设计混凝土强度等级配制的要求，粗骨料最好采用机制碎石，最大粒径不应超过31.5mm，级配良好；细骨料采用中粗河沙，小于0.16mm石粉不应超过2%。细骨料大于5mm粒径不应超过15%，小于0.16mm石粉不应超过10%。可适当添加高效减水剂和粉煤灰。

②混凝土浇筑。泵送混凝土自下而上入仓，从已灌筑段接头处向未灌筑方向，分层对称浇灌，防止偏压使模板变形。由于混凝土在密集的钢筋及型钢结构中的流动性较差，浇筑混凝土过程中可通过堵头增设输料口。为保证混凝土灌注密实，可在振捣效果不佳部位预埋TSS管备衬砌后压浆回填。

6. 临时泄水洞和临时辅助坑道封堵

（1）临时泄水洞封堵。

临时泄水洞封堵在正洞衬砌施工完毕后进行，泄水洞封闭前，先在泄水洞内适当位置（圆梁山隧道为距泄水洞口8m）施做混凝土止水墙，从出水点处预埋水压计和排水钢管，排水钢管安装高压闸阀。混凝土止水墙达到设计强度后，关闭高压闸阀通过正洞溶洞段衬砌中预衬砌工作正常，开启闸阀泄水减压，然后进行顶水注浆并灌注混凝土将泄水洞止水墙以外部分封闭。

（2）临时坑道封堵。

临时坑道封堵随着衬砌的进行安排，一般在其失去利用价值后进行，临时坑道回填材料，在临时坑道口两端各8m范围用C20混凝土回填，其余部分可用浆砌片石或C10混凝土回填。

7. 监控量测

（1）监测的目的。

对于高压富水深埋充填型岩溶隧道施工，监控量测应进行施工期间监测和长期监测；施工期间掌握围岩、支护结构的动态信息和地表泉点水位、大气降雨信息，为施工决策的基本依据；长期监测的实施，主要掌握隧道运营期间的动态信息和隧道修建对地表环境的影响程度。

（2）监测的主要项目。

对于高压富水深埋充填型岩溶隧道施工，施工期间主要开展以下项目监测：初期支护拱顶位移及拱墙部位收敛监测；二次衬砌、钢筋应力、应变监测；衬砌承受的围岩压力、水压力监测；影响隧道施工范围的大气降雨规律；洞顶附近泉点水位变化、洞内涌水量变化。

运营期间主要开展以下项目监测：二次衬砌、钢筋应力、应变监测；衬砌承受的围岩压力、水压力监测；洞顶附近泉点水位变化。

五、主要材料

可采用的注浆材料为普通水泥、超细水泥、TGRM浆、HSC浆、水玻璃；管棚材料为$\phi80\sim\phi108$mm钢管及$\phi42$ mm钢管；钢支撑材料为I18型钢及H型钢；型钢衬砌材料为P50钢轨。

六、机具设备

开挖断面80~100m^{2}时，一个工作面所需的机具设备见表2。

表2　主要机具设备

序号	名　　称	型　　号	单位	数量	备　　注
一	地质预报设备				
1	地质预报系统	TSP202或203	套	1	探测长度100~200m
2	红外线探测仪	HY－303	台	1	探水20~30m
3	地质雷达	CR－20B	台	1	探测长度20~30m
4	地质钻机	MK－5	台	4	水平钻孔，与注浆钻机通用
二	注浆设备				
1	地质钻机	MK－5	台	6	钻注浆孔，与地质钻机通用
2	注浆泵	ZJB－30A	台	4	帷幕注浆

续表2

序号	名 称	型 号	单位	数量	备 注
3	注浆泵	YZB－130/14	台	2	帷幕注浆
4	注浆泵	KBY－50/70	台	2	径向注浆
5	浆液搅拌机	300L	台	3	
6	移动空压机	VIP700	台	2	
三	开挖衬砌设备				
1	钻爆设备	钻孔台车或风钻	套	1	
2	混凝土拌和站	$60m^3/h$	座	1	
3	混凝土输送泵	$60m^3/h$	台	1	
4	模板台车	椭圆或圆形	台	1	

七、劳动力组织（见表3）

表3 施工劳动力组织

序号	工 种	人数		职 责
		一班	三班	
一	地质预报	15	27	
1	技术人员	9	9	地质素描、物探、岩芯判定、综合分析
2	工人	6	18	地质钻孔
二	注浆	9	27	
1	技术人员	1	3	全面负责钻孔注浆技术工作
2	工班长	1	3	协助技术人员工作，负责劳力安排
3	司钻	1	3	按钻机台数配备，负责钻孔，并纪录钻孔情况
4	司泵	1	3	负责注浆，并纪录注浆情况
5	工人	5	15	负责安装孔口管，换钻杆，安拆注浆管，制浆等工作
三	管棚施工	10	30	按长管棚施工工法配备
四	开挖支护	16	48	按相应开挖工法配备
五	型钢衬砌	46	138	
1	技术人员	1	3	负责型钢衬砌技术工作
2	工班长	1	3	负责劳力安排
3	钢筋工	12	36	负责加工型钢及钢筋
4	钢筋工	15	45	负责拼装型钢、绑扎钢筋
5	木工	3	9	安装止水带、堵头板
6	机修工	4	12	负责模板台车及输送泵就位
7	工人	6	18	负责混凝土拌制、灌注
8	转运工	4	12	负责混凝土运输
合 计		106	270	

八、质量标准及技术要求

1．TSP202或TSP203应当能宏观控制掌子面前方100～200m范围软弱围岩的发育范围和里程。

2. 红外探测应当能定性判断掌子面前方有无地下水的存在。

3. 超前地质钻孔应揭示掌子面前方的地质情况。

4. 用地质理论和作图法可以通过平行导坑预报正洞地质情况。

5. 通过对以上探测结果的综合分析，准确地预先探知掌子面前方不良地质体。

6. 充填性溶洞地段全环封堵不排水，其他高水位富水地段从泄水孔中流出的水量 $\leqslant 5m^3/m \cdot d$。

7. 不使用有毒有害及对混凝土结构有腐蚀性的注浆材料。

8. 注浆结束后进行检查孔取芯和注水检验，应达到浆液胶结良好，无涌水、涌砂现象，地层渗透系数 $\leqslant 10^{-4}cm/s$。

9. 长管棚间距误差不大于 ±50mm，终端侵入开挖轮廓线内的数量不超过总根数的 10%，管棚内应注水泥或砂浆。

10. 断面平均线性超挖不大于 10cm，钢支撑间距误差不大于 ±100mm，喷混凝土厚度平均大于设计厚度，最小厚度不小于设计厚度的 1/2；喷混凝土强度符合设计及规范要求。

11. 开挖支护后的累计最大变形量不大于 50mm，变形速率最大不超过 10mm/d，否则，应采取支护加强措施。

12. 型钢加工误差不大于 ±10mm，拼装误差不大于 ±30mm。

九、安全措施

1. 超前地质钻孔时，孔口应安装孔口管和闸阀，遇涌水时，可关闭闸阀，避免涌水发生。但孔口管必须安设牢固，防止水压将孔口管冲出伤人。

2. 钻孔时，钻机前方安设挡板，防止泥沙冲出伤人。

3. 注浆管应连接安设牢固，防止管接头脱落，浆液冲出伤人，应经常检查管路，确保注浆管完好畅通。

4. 开挖施工前，应制订应急预案，备足、备全治理涌水、涌沙和约束初期支护变形、下沉的安全物资。

5. 开挖支护后，及时埋设监测点，经常对支护进行监测，发现变形异常，立即采取支护加强措施。

6. 坚持对初期支护进行变形监测，发现异常及时处理。

7. 对洞内涌水量经常进行监测，观察水量变化是否异常。对地表降雨量实施监测，以便合理安排洞内施工工序。

8. 充填性溶洞应安排在旱季开挖通过，减少地表降雨给洞内施工安全带来的危害。

9. 破碎带及充填溶洞地段开挖支护施工时，必须体现“快挖，快支，快封闭”的“三快”原则，使支护结构及时封闭成环。

10. 型钢拱架拼装时，应连接牢固，防止倾斜倒落伤人。

十、效益分析

1. 综合超前地质预测预报技术、超细水泥基注浆材料、对高压富水实施衬砌全封闭，长、短管棚相结合的超前支护，保证了隧道快速施工、安全施工，保护了周围环境。

2. 本工法用于圆梁山隧道施工压缩了施工工期 6 个月，节约现场经费 300 万元，节约洞内设备、用电等固定费用 800 万元。和化学注浆材料相比，仅 2#溶洞节约工程成本 7501 万元。

十一、工程实例

渝怀铁路圆梁山隧道

隧道全长 11070m，是渝怀线关键性控制工程，除主洞为电气化单线铁路隧道外，在主洞的右侧 30m 设全长 11182m 的贯通平行导坑，中间设若干横通道与主洞连通。该隧道穿越区域主要为灰岩，岩溶发育，其主要地质构造为毛坝向斜和桐麻岭背斜及其伴生或次生断裂构造。其中，毛坝向斜核部 DK353 +200 ~ DK355 +410 段为高水位富水区，并有多处大型溶洞存在，水压达 4.5MPa，水量旱季为 $1.2 \times 10^4 m^3/d$，雨季为 $4.8 \times 10^4 m^3/d$，最大达 $24 \times 10^4 m^3/d$；溶洞为充填型溶洞，规模为沿线路方向宽 30 ~ 70m，充填物为粉细砂，粘土，块石等，埋深达 500m 以上。该类型溶洞具有隐蔽性，难以预见性，突发性等特点，给施工带来极大危害。

1. DK353 +200 ~ DK354 +255 段，地质预报与实际开挖后对比基本一致，该段石质较完整，岩溶不发育，采用全断面开挖，径向注浆，抗 1.0MPa 水压衬砌。在 DK353 +690 处有一溶管，采用局部补充注浆封堵，该处前后 30m 采用抗 2.0MPa 衬砌。衬砌后泄水孔出水量小于设计要求标准 $5m^3/m \cdot d$。

2. DK354 +255 ~ DK354 +920 段，位于全隧中间部位、毛坝向斜核部，节理发育，岩溶溶蚀现象严重，发育三个大型充填性溶洞，高压富水，揭露时曾发生大规模突泥、涌水、涌沙，造成地质灾害，施工一度严重受阻，三个溶洞发育范围分别为 DK353 +255 ~ DK354 +280，DK354 +450 ~ DK354 +500，DK354 +860 ~ DK354 +920，溶洞之间还发育一些大小不等的溶管。该段从 2002 年 2 月 1 日遇到第一个溶洞，到 2004 年 4 月 12 日最后一个溶洞上部贯通，共耗时 26 个月时间，月平均进尺仅为 26.6m，特别是 DK354 +450 ~ DK354 +500 段溶洞，充填物为粉细砂，水压达 4.5MPa，水量为 $500 \sim 9000m^3/h$，国内外罕见，极具挑战性。施工中通过采用施工组织动态管理、超前地质预报、迂回导坑贯通、泄水减压、帷幕注浆堵水等措施，成功的突破了该高压富水深埋充填性溶洞段。

3. DK354 +920 ~ DK355 +410 段，大地电磁探测显示，该段存在三处较大的地质异常区，通过采用超前地质预报，边探边挖的施工方案，加快了施工进度，增援了溶洞段的施工，实际开挖表明，除存在石油天然气外，并无溶洞存在。

作为溶洞处理手段地质预报和注浆，在施工工程中充分采用新技术、新材料，地质预报采用了以 TSP202、红外线探水、地质雷达、钻探、洞探、地质素描等手段组成加综合判析的综合地质预报手段；注浆施工中大量采用了超细水泥及 TGRM 和 HSC 浆液为主的新型注浆材料。

圆梁山隧道的胜利建成，为岩溶地区高压富水隧道的施工探索了一条新路，表明通过采取动态设计、动态施工管理、超前地质预报、泄水减压、迂回导坑、注浆堵水、管棚超前支护以及施做抗水压衬砌结构等技术措施是可以克服高水位富水岩溶隧道施工这个难点的，圆梁山隧道施工还首创了在山岭隧道全面注浆堵水，有效地保持了地表生态环境，避免了隧道建成地表干枯局面的发生，取得了巨大的社会经济效益。

高等级公路双连拱隧道施工工法

YJGF 25—2004

中铁十七局集团第三工程有限公司

周志伟　孙修德　程素丽　曹会芹

随着我国高速公路建设的发展和五纵七横高速公路骨干网的逐步形成，高速公路设计为满足线路选线和美观的需要，设计了许多高速公路双连拱隧道，其中一部分已竣工交付使用。我局自1997年至今相继施工了山西省晋城至河南省焦作高速公路省界连体隧道和湖北省襄十高速公路秦家沟隧道。施工采用五导坑先墙后拱法，成功地解决了在软弱围岩中施工大跨度双连拱隧道的难题。我们对之进行了总结，形成本工法。

一、工法特点

1. 能有效地控制围岩变形和地表下沉。

2. 采用五导坑先墙后拱法施工，开挖过程中辅以超前管棚、超前小导管、超前小钢管和锚杆、径向系统锚杆（中空注浆锚杆、砂浆锚杆、早强药卷锚杆）、挂网、钢拱架、喷射混凝土等支护手段，加之开挖对围岩扰动小，故大大提高了施工的安全度。

3. 本工法采用分部开挖，其中导坑可以起到超前地质预报的作用。

4. 采用新奥法施工，其初期支护系统能很好地适应围岩的变化，与围岩形成一个整体，能充分发挥围岩的自承能力。

5. 能利用监控量测等信息化管理方法指导施工，使整个施工过程均处于受控状态。

6. 施工作业简便，不需用特殊的施工机械和设备，容易推广使用。

二、适用范围

本工法适用于双连拱隧道和类似结构地下工程施工。

三、工艺原理

双连拱隧道施工采用五导坑先墙后拱法施工。根据双连拱隧道的结构特点（见图1），中隔墙为左右线隧道拱部的共用支点，必须先开挖中导坑，施工中隔墙衬砌，然后分别开挖左右侧导坑，施工左右侧边墙初期支护及二次衬砌，再开挖左右主洞上导坑，施工拱部初期支护和二次衬砌，最后开挖中槽核心土和仰拱，施工仰拱、仰拱回填和路面。掘进过程中左、右侧导坑以及左、右主洞开挖掌子面应始终保持20m以上的距离。根据地形和覆盖层厚度先施工山体压力较大一侧的隧道，滞后一段时间施工另一侧隧道。主洞开挖前，将中导坑另一侧回填密实，以增强中隔墙的稳定性，减轻山体偏压对中墙的影响。

五导坑先墙后拱法将开挖断面分成七部分，按照施工的先后顺序逐步开挖。此法以新奥法的基本原理为依据，在开挖过程中尽量减少对围岩的扰动，通过超前支护、钢拱架、锚

（网）喷洞壁初期支护系统，使开挖断面及早闭合，控制围岩的变形并使之趋于稳定。同时，建立围岩支护结构监控量测系统，随时掌握施工过程中的动态变化，合理安排、调整施工工艺和修改设计参数，确保施工安全。

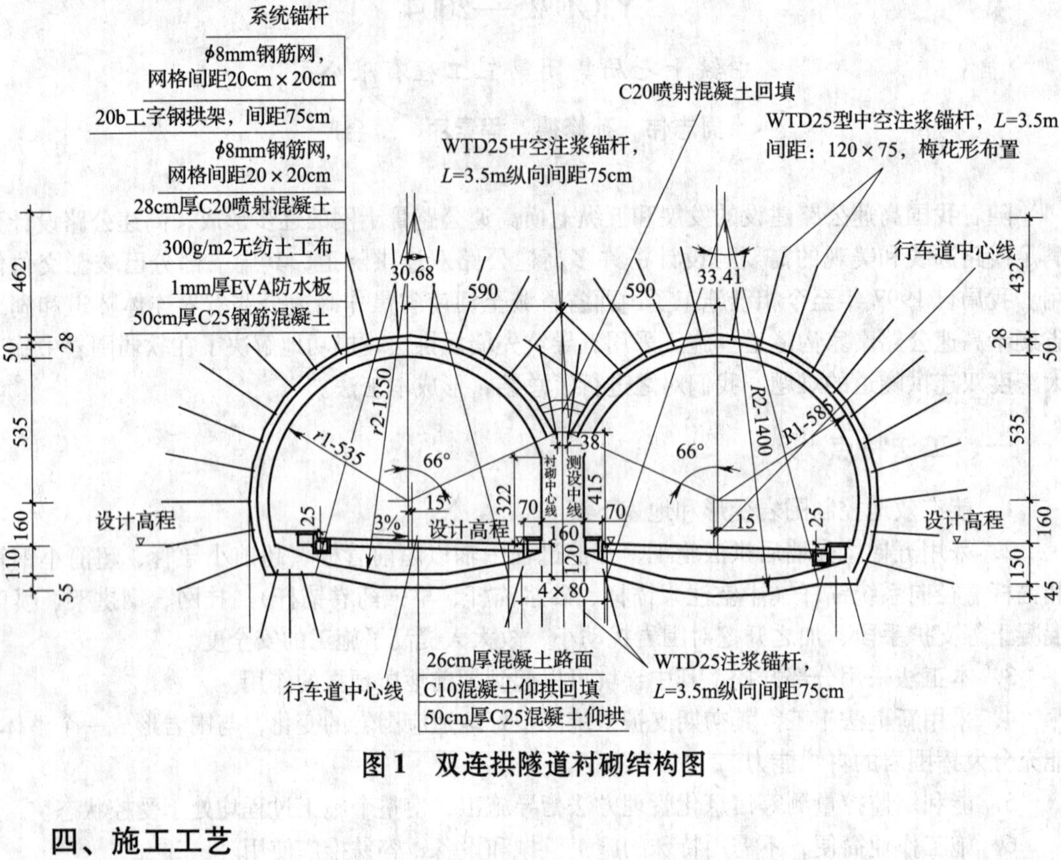

图1　双连拱隧道衬砌结构图

四、施工工艺

1. 施工工艺流程

首先进行洞口段工程的施工。施工工序见图2。洞顶截水沟施工完成以后进行明洞开挖，边、仰坡防护与明洞开挖同步进行。洞口段开挖时成洞面要求保留核心土，非核心土部分开挖至成洞面。明洞开挖完成后立即进行明洞衬砌施工，其次进行洞口 ϕ108 长管棚的施工。先作长管棚导向墙（套拱混凝土），预埋导向钢管，按设计要求钻孔，间隔注浆。洞门墙和明洞回填在后期施工。

中导坑先期施工，洞口段采用扩大断面（进洞后渐变为设计中导坑断面），以便于中导坑出碴运输和支护的施工。中导坑主要施工工序见图3。开挖过程中施工中导坑初期支护以及顶部加强锚杆，中导坑贯通后施作中隔墙基底加固锚杆，从出口往进口方向浇筑中隔墙，中隔墙浇筑完成40m以上且顶部回填密实具备一定强度后开始侧导坑开挖，中隔墙施工完成后选择与主洞开挖一致的侧边回填。侧导坑开挖从出口向进口方向进行，左侧导开挖待右侧导进洞20m时迅速跟进，并始终保持左、右侧导坑开挖掌子面间距20m，且中墙顶回填至右侧导坑开挖掌子面距离20m。中隔墙浇筑完成且墙顶回填7d后开始从进口施工右侧导坑，滞后20m从进口开始施工左侧导坑。左、右侧导坑分别由进口、出口相向掘进，侧导坑贯通后立即开始边墙二次衬砌的施工。侧导坑施工工序见图3。

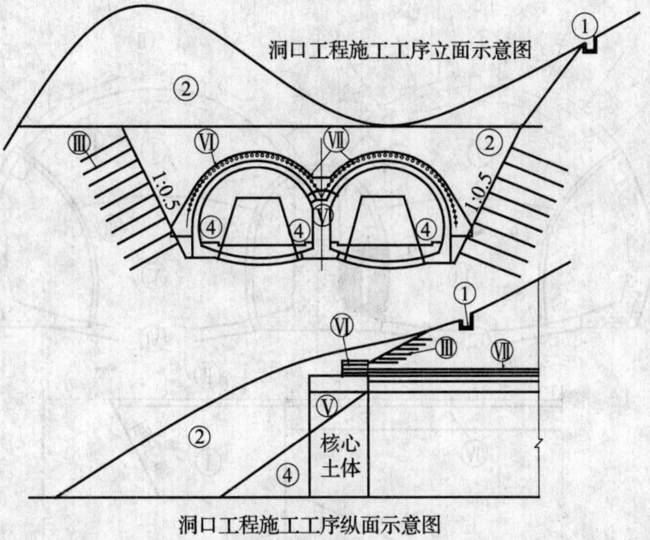

图 2　施工工序

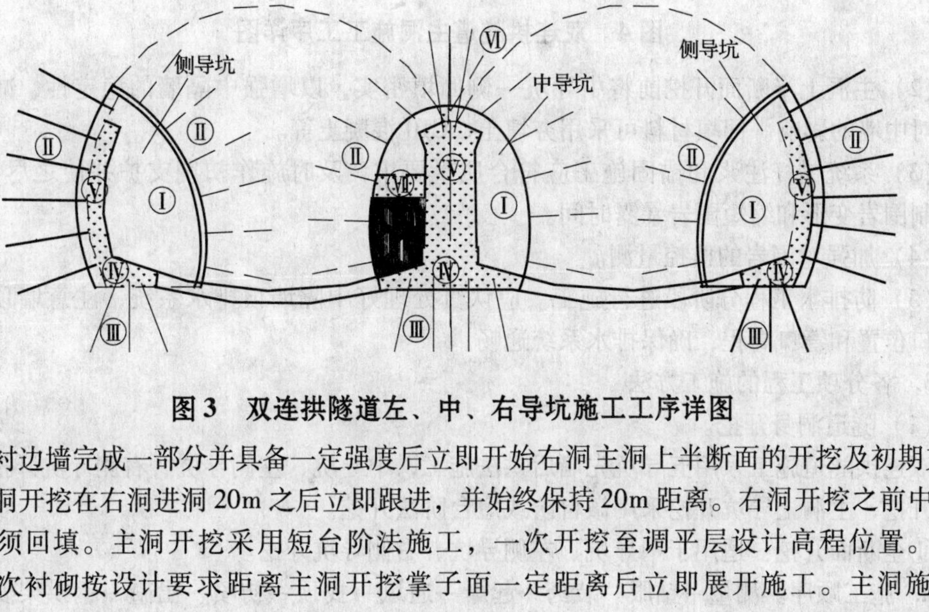

图 3　双连拱隧道左、中、右导坑施工工序详图

二衬边墙完成一部分并具备一定强度后立即开始右洞主洞上半断面的开挖及初期支护，左洞主洞开挖在右洞进洞 20m 之后立即跟进，并始终保持 20m 距离。右洞开挖之前中导坑左侧必须回填。主洞开挖采用短台阶法施工，一次开挖至调平层设计高程位置。主洞拱部二次衬砌按设计要求距离主洞开挖掌子面一定距离后立即展开施工。主洞施工工序见图 4。

拱部二衬完成后立即开始仰拱及仰拱回填和调平层的施工。后续进行混凝土路面的施工和电缆槽、边、水沟的施工，最后进行喷涂、装饰施工和照明系统的安装。

隧道衬砌施工的各阶段统一做好防排水工程的施工。另外注意照明系统预埋管道和预留洞室的施工。

隧道进出口洞门安排合适的时间施工。

2. 施工关键技术

（1）保持合理的分部开挖断面和先后顺序，保持各分部开挖掌子面纵向最小间距。中导坑和侧导坑开挖断面不能太大。各分部开挖轮廓要圆顺，以减少出现应力集中现象。

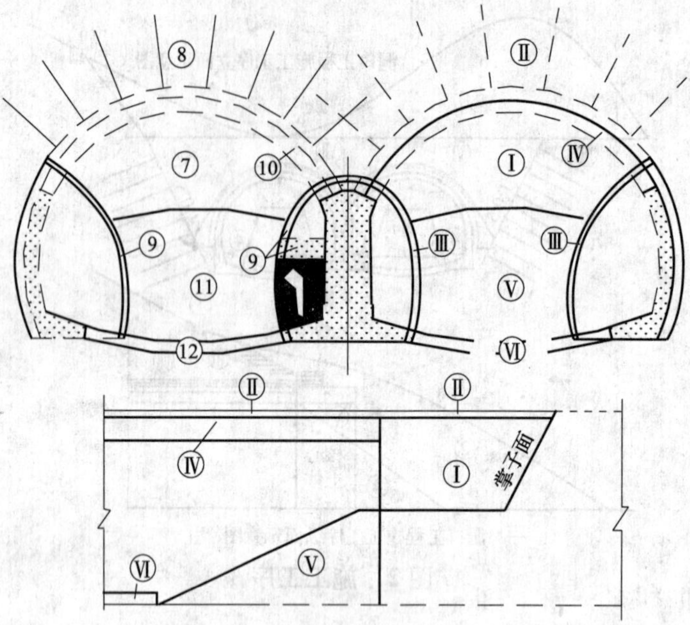

图4　双连拱隧道主洞施工工序详图

（2）主洞上半断面开挖前将中导坑一侧回填密实，以增强中隔墙的稳定性，减轻山体偏压对中墙的影响。回填材料可采用夯填土、C10 混凝土等。

（3）系统锚杆注浆和锚固施工应符合质量要求，及时施作初期支护并使之尽早封闭，以控制围岩变形和缩短围岩暴露时间。

（4）加强对围岩的监控量测。

（5）防排水工程分阶段进行施工。应认真处理好中隔墙顶排水系统，注意墙顶排水管进水口位置和管口高程，确保排水系统通畅。

3. 各分项工程的施工方法

（1）隧道洞身开挖。

双连拱隧道施工采用五导坑先墙后拱法施工，中导坑、左侧导坑、右侧导坑开挖采用全断面开挖，主洞上导坑开挖采用微台阶或短台阶法开挖。

①全断面开挖：适用于中导坑、左侧导坑、右侧导坑开挖。

a. 施工顺序。测量→钻眼→装药→起爆→通风→找顶→初喷→出碴→钢拱架安装→锚网复喷。

b. 进度指标 45 ~60m/月。采用 28 式风枪钻孔，非电毫秒雷管起爆、光面爆破、装载机出碴；开挖后及时支护并监控量测。

②微台阶开挖。适用于主洞Ⅱ类围岩（S2a、S2b 衬砌）。

a. 施工顺序。分部：拱部→主洞核心土→仰拱。仰拱滞后核心土 40m 施工。

拱部：测量→钻眼→装药→起爆→通风→找顶→初喷→出碴→钢拱架安装→锚网复喷至设计厚度。

b. 施工方法。洞口段的Ⅱ类围岩开挖时采用超短台阶法施工，台阶长度控制在 5 ~10m 内，拱墙每循环 0.75m 一榀工字钢拱架。仰拱开挖全断面一次进行，每次开挖 10m，仰拱喷混凝土封闭后应立即进行仰拱和仰拱回填混凝土施工，与拱墙初期支护封闭成环。上部开挖时采用每循环0.75m，下部留核心土以保证成洞面的稳定和便于拱架安装。核心土在下一循环开挖时一同挖掉。进度指标：45m/月。

③短台阶法施工。适用于主洞Ⅲ类围岩地段（衬砌类型S3）。

a. 施工顺序。测量⟶钻眼⟶装药⟶起爆、通风⟶找顶⟶初喷拱部⟶出碴⟶钢拱架安装⟶锚网复喷至设计厚度⟶下一循环。

上下部打眼同时施工，同时起爆。下部装载机配合汽车出碴，上部人工倒碴至下部。

b. 施工方法：由于是软弱围岩较为破碎，短台阶开挖，为便于出碴台阶长度控制在10~15m，拱部采用光面爆破。采用风钻打眼，非电毫秒雷管起爆。循环进尺控制在2m内，进度指标60m/月。

（2）初期支护。

施工工序为：开挖后及时进行初喷混凝土，安装锚杆，挂钢筋网，安装拱架，最后进行复喷混凝土。对于软弱围岩，根据设计，初喷后施作钢支撑、超前支护等。长管棚在进洞前施工。

①长管棚施工。

a. 施工工序：洞口开挖⟶明洞衬砌⟶测量定位⟶施作长管棚导向墙⟶搭设作业平台⟶钻孔⟶扫孔⟶安装管棚⟶管棚注浆。

b. 施工方法。

（a）长管棚导向墙施工。用脚手架作为套拱施工平台，用钢拱架作为混凝土受力结构，先在拱架内侧安上钢模板，按设计绑扎钢筋和安装导向管，并保证导向管的位置和角度准确，然后进行混凝土施工。

（b）搭设施工作业平台：作业平台采用方木按“井”字形搭设，方木间用扒钉钉接牢固，防止钻进时钻机摆动、倾斜等而影响钻孔质量。

钻机就位。为加快施工进度，采用两台钻机平行作业，从低孔开始，由两侧往中间方向进行施工。钻机距工作面距离一般以不小于2m为宜，钻机摆设钻杆方向应与导向管方向一致，以确保钻孔准确性。

（c）钻孔：

- 开钻时，先低速低压，待成孔几米后，再加速加压。
- 钻孔时，必须沿钻机定位后定下来的基线钻孔，随时检查钻孔方向的准确性。用测斜仪测定斜度，发现超限及时纠正。
- 根据地质情况选择不同的钻头，当遇坚硬孤石不能钻进时，采用冲击钻头，把岩石击碎，用高压风将石屑吹出。为普通稍软岩石或土质时可采用合金钻头进行钻进。
- 钻进过程中岩土对管壁的阻力较大，在钻孔过程中前段开孔可采用ϕ125mm钻头，后段根据钻进需要使用ϕ110mm钻头钻孔，以便钢管容易顶入。
- 在钻进过程中常遇到一些特殊情况，如遇到不能钻进，难以成孔等，应分析原因，是软岩土时，土层不能成孔或塌孔时，采用预注浆加固办法或采用加长岩心管的办法。

（d）扫孔。用ϕ108mm的岩芯管进行扫孔，目的是清除孔内碎碴和顺孔，岩芯管长度不小于2.5m，长度稍长较好。

（e）下管（安装管棚钢管）。安装钢管时先用人工顶进，钢管节头均采用丝扣联接，在下管前将钢管节编号，根据加工的钢管节搭配好，并做好记录，然后进行顶进，人工不易顶进时采用钻机顶进，顶进困难时用锤击钢管或用卡钳转动钢管，以取得较好的顶进效果。

钢管顶进如遇故障，顶不进时，查清原因，有的须重新扫孔后再将钢管顶进。

（f）钻进过程中地质情况判断：根据钻孔的速度、岩土取心、司钻压力表等情况判断所钻孔管段的地质情况，并及时做好施工记录，根据记录数据绘制地质剖面图和展开图，为开挖施工提供参考。

（g）长管棚注浆。管棚按设计在导向管上编号，由1#～59#（出口为1#～65#）有孔钢花管开始施工，每钻完一孔便顶进一根钢管，同时每施工一根有孔钢花管后及时进行注浆，再打无孔钢管，无孔钢管可作为检查管，检查注浆质量。为使钢管接头错开，编号为奇数的第一节管采用3m钢管，编号为偶数的第一节管采用6m的钢管。

- 根据设计，有孔钢花管内注水泥—水玻璃浆，其灌注工艺要求较高，须采用分段进行，注浆前先进行单液注浆试验，视效果采用单液浆还是双液浆。
- 注浆前在相应钢管中插入ϕ25mm硬塑料管，在管口处（管棚钢导管）安设钢管盖和注浆阀门（预留排气孔）。
- 注浆采用从孔口一次注入，为使管内浆液饱满密实，注浆时钢管设有排气孔，待浆液充满钢管后，进行终压注浆，直到达到设计注浆压力或设计注浆量时终止。
- 注浆结束标准：按单孔注浆量达到设计注浆量时，作为结束标准，当注浆压力达到设计终压力时也可注浆结束。注浆结束后及时清除管内浆液，并用M30水泥砂浆紧密填充，增加管棚的刚度。无孔钢管填注30#水泥砂浆，以增强钢管刚度。

②工字钢拱架。

a. 施工顺序。拱架制作⟶测量⟶安装⟶锁脚锚杆⟶纵向联接筋。

b. 施工方法。

（a）拱架制作。工字钢拱架在工厂按设计加工成拱片8节，每节两端焊上连接钢板用螺栓连接。拱架加工应在平整的场地上进行，加工好的拱架应在平整的场地上预拼成全断面，以检查平面翘曲度是否在允许的范围内，否则要进行调整。符合要求的要编号，避免混用，才能保证安装成形的钢拱架平面翘曲度符合规范要求。

（b）安装。施工时主洞采用分阶段施工，根据开挖顺序先安装边墙部位。为了使拱部拱架便于与下部连接，安装边墙部位拱架后喷混凝土时连接部位预留30cm不喷，安装好的拱架用纵向连接筋连成一体，按设计打设径向系统锚杆，将径向锚杆的尾部焊于钢拱架上。安装拱架的下端应设立在稳固的地层上。横向和高程误差为±5cm，垂直度±2°，左右纵向误差±5cm。拱架与围岩之间的超挖严禁用片石和背材填塞，必须用喷射混凝土回填，保护层厚度不小于4cm。

③喷射混凝土施工。

a. 施工工序。在锚杆、钢筋网、拱架、超前导管（超前锚杆）等做好之后即进行喷混凝土。

b. 施工方法。

（a）喷射混凝土采用干喷机，混凝土由洞外拌和站集中拌料，混凝土运输车运到工作面。

（b）喷混凝土：喷射混凝土前，用水或高压风将岩面粉尘和杂物进行清理，喷射作业应分段、分片、由下而上顺序进行。在受喷围岩明显凹凸不平处，应先用喷射同等级的混凝土填平补齐，而后再喷射混凝土。初喷混凝土厚度不小于2~4cm。钢支撑等安装完后进行复喷混凝土作业，喷至设计厚度。喷射混凝土施工时，喷嘴应与岩面垂直，距受喷面0.6~1.0m。掌握好风压与水压，减少回弹和粉尘，喷射压力0.1~0.15MPa，水压力0.15~0.2MPa。施工中经常检查出料弯头、输料管和管路接头，处理故障时断电、停风，发现堵管时立即停风关机。施工过程中应经常对已喷射混凝土表面进行修整，确保喷射混凝土表面平整、圆顺。

④锚杆施工

a. 施工工序：隧道的锚杆类型有砂浆锚杆、早强药包锚杆、中空注浆锚杆等类型。锚杆施工工序为：锚杆材料准备⟶钻孔⟶锚杆安装⟶受力检查。

b. 施工方法。用凿岩台车或风钻钻孔，牛角泵或注浆泵注浆。

(a) 砂浆锚杆施工。砂浆锚杆安设有两种方式，其一是造孔后，先装入水泥药卷，再插锚杆，待水泥药卷终凝后，安装孔口垫板；其二是造孔后，利用牛角泵往孔内注入水泥砂浆，然后再插锚杆，水泥砂浆终凝后安装孔口垫板。

(b) 早强药包锚杆施工。其工艺流程为：造孔→安装早强药包→插入锚杆并搅拌。

药包一定要边浸泡边安装，浸泡时间不太长以药包浸透为度，锚杆插入后要充分旋转搅拌药包以孔口有浆液流出为度。

(c) 中空式注浆锚杆。造孔后，先插锚杆并安设止浆塞后注浆，待水泥浆终凝后安设孔口垫板。

⑤钢筋网施工。

a. 施工工序：钢筋网施工是在锚杆安装好后进行。

b. 施工方法：将洞外加工成片的钢筋网紧贴初喷面，用电焊焊于锚杆尾部。

(3) 隧道衬砌。

①中隔墙施工。中导坑开挖贯通以后，对中墙基底彻底清理，并加设注浆锚杆进行基础加固（锚杆要伸入基础50cm以上），然后准确地放出隧道中心线、中墙基础边线，测量基底标高，按要求做基底承载力试验和锚杆抗拔试验。中隔墙施工分两次进行，先施工基础部分，再施工墙身部分，每10m设置一道沉降缝。中隔墙施工时注意预留消防洞室和预埋中墙泄水管、防水板预压钢板、与二次衬砌连接钢筋等。

具体的施工步骤为：测量放样⟶钢筋加工安装⟶侧模安装⟶端模安装⟶混凝土浇筑⟶拆端模、安装沉降板⟶下一循环。

钢筋按照设计要求在洞外加工，现场绑扎。混凝土采用输送泵灌筑，插入式振捣器捣固。混凝土施工过程中在中隔墙顶两侧预压安装膨胀止水条的凹槽。

中隔墙施工一段后，及时用喷射混凝土将中墙顶部回填密实，为侧导坑早日进洞创造条件。回填时注意中心排水管的进水口位置和高程，防止混凝土堵住管口。

②边墙施工。侧导坑开挖贯通以后，对边墙基底彻底清理，并加设注浆锚杆进行基础加固（锚杆要伸入基础50cm以上），然后准确地放出边墙基础边线，测量基底标高，按要求做基底承载力试验和锚杆抗拔试验。边墙施工分两次进行，先施工基础部分至电缆槽底高程，再施工墙身部分，每10m设置一道沉降缝。边墙施工时注意预留照明配电洞室和预埋边墙横向泄水管、防水板、与拱部二次衬砌连接钢筋等。

钢筋按照设计要求在洞外加工，现场绑扎。端模安装时应注意橡胶止水带设置。混凝土采用输送泵灌筑，插入式振捣器捣固。混凝土施工过程中在边墙顶预压安装膨胀止水条的凹槽。

③拱部二次衬砌。衬砌采用C25防水混凝土防水等级S6级。明洞和洞浅埋段，尽快施作二次衬砌，其他地段，应在围岩和初期支护变形基本稳定后进行，施作时间符合设计规定。围岩变形大，流变性特征明显时，应加强初期支护，并及早施作二次衬砌以及采用加强衬砌。二次衬砌浇筑采用轨行式衬砌模板台车和混凝土输送泵完成，并对称地由下而上连续全断面一次灌注。单循环进尺10m，月衬砌进尺100m~150m，视开挖进度和离开挖面的距离而定。

a. 施工工序。测量放线——→钢筋加工安装——→铺设轨道——→台车就位——→涂刷脱模剂——→调整并锁定——→预埋件安装——→安装止水带和端模——→泵送混凝土入模——→脱模——→养生。

b. 施工方法。衬砌钢筋拱片在加工车间制好，利用作业平台安装。衬砌混凝土由洞外自动计量拌和站生产，混凝土输送泵泵送混凝土入模。采用小模板时用插入式振动棒捣固，采用大模板时用卧式振动器振捣。

④仰拱、仰拱回填、调平层。

a. 施工工序。隧底清理——→测量、报验——→立模——→钢筋安装（S2a、S2b）——→仰拱混凝土施工——→填充混凝土——→调平层混凝土施工——→养护开放交通。

b. 施工方法。隧道仰拱、填充（整平层）紧随拱部二次衬砌后进行，施工时将隧底沿纵向分为10m一段，全断面一次施工成形。隧道运输采用过轨梁通过施工段。

（4）防排水施工。

①防水板施工。

a. 施工工序。喷混凝土面清理→工作平台就位→设挂点→挂防水板→接头缝焊接。

b. 施工方法。防水板挂设前先清理喷射混凝土表面钢筋、锚杆头等，在喷射混凝土表面按一定间距设挂点，在洞内利用作业平台将防水板挂设在挂点上，利用土工膜自动爬焊机将防水板接缝焊接牢固。焊缝宽度为10cm。

防水板挂设应遵循“宁松勿紧”的原则。二次衬砌钢筋安装时严禁用电焊，防止损坏防水板或引起火灾。

②膨胀橡胶止水条的施工。膨胀橡胶止水条设在中墙顶与二次衬砌的水平施工缝和边墙二衬与拱部二衬的水平施工缝处。先将中、边墙施工时预压的宽3cm，深1cm的凹槽槽底处理平整，再将止水条粘贴到槽内，纵向应连续，不能间断。二衬混凝土施工前在止水条表面涂刷SR缓膨剂，以防止混凝土未凝结前止水条膨胀。

③橡胶止水带的施工。橡胶止水带设在沉降缝的位置，每10m设置1处。主洞二次衬砌分三次完成，橡胶止水带也分三次埋设，但应保证每道沉降缝处止水带的完整性，接缝采用搭接或焊接。止水带安装时模内部分设钢筋卡固定，止水带中部用模板卡紧，防止混凝土浇筑过程中止水带偏位。

（5）监控量测。

监控量测是采用复合式衬砌隧道必须认真实施的项目，它和光面爆破、喷锚支护是新奥法施工的三大支柱。应根据围岩条件、支护类型和参数、施工方法及量测目的编制量测计划。由专门的量测小组实施量测计划，及时反馈信息，指导施工。不可因任何原因降低量测工作的质量或中断量测。施工监测需按图5程序进行。

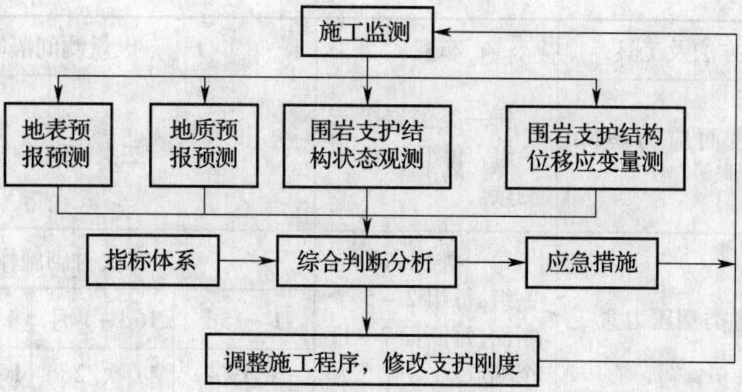

图5　施工监测流程图

现场监控量测的必测项目、选测项目、使用的仪器、布点和量测的频率等如表1所列。周边收敛、拱顶下沉和围岩内位移量测的断面布点情况见图6、图7、图8。

表1　控制测量项目及方法一览表

项目名称		方法及工具	布置	量测间隔时间			
必测项目	地质及支护状况观察	岩性、结构面产状及支护裂缝观察及描述，地质罗盘及规尺等	开挖后及初期支护后进行	每次爆破后进行			
必测项目	水平收敛及拱顶下沉量测	各种类型的收敛计	断面布置见图7、8、9，Ⅱ类围岩每10~15m一个，Ⅲ类围岩每15~25m一个	爆破后24h内进行			
				0~18m	18~36m	36~90m	>90m
				1~2次/d	1次/d	1次/2d	1次/月
必测项目	底板下沉量测	水平仪、水准尺	断面布置见图7、8、9，Ⅱ类围岩每10~15m一个，Ⅲ类围岩每15~25m一个	仰拱开挖后12h进行			
				1~15d	16d~1月	1~3个月	>3个月
				1次/d	1次/2d	1~2次/月	1~3次/月
选测项目	围岩内部位移量测	洞内钻孔安设多点杆或位移计	每一类围岩段选一断面，每断面3~11个测点	爆破后24h内进行			
				0~18m	18~36m	36~90m	>90m
				1~2次/d	1次/d	1次/2d	1次/月
选测项目	锚杆内力量测	各类电测锚杆，锚杆测力计及拉拔器	每一类围岩段选一组，每组3~5根	锚杆施作后开始			
				0~18m	18~36m	36~90m	>90m
				1~2次/d	1次/d	1次/2d	1次/月
选测项目	钢支撑内力量测	应变片及支柱压力计	每20~30榀钢支撑中选一榀，每段钢支撑均测	钢支撑施作后开始			
				0~18m	18~36m	36~90m	>90m
				1~2次/d	1次/d	1次/2d	1次/月

续表1

项目名称		方法及工具	布置	量测间隔时间			
选测项目	喷混凝土应力量测	表面应力解除法	每一类围岩段选一组，每组3~5个测点	二次衬砌施作前进行			
选测项目	二次衬砌压应力量测	各类型压力盒	每一类围岩段选一组，每组2~5个断面，每断面7~11个测点	二次衬砌施作后开始			
				1~15d	16d~1月	1~3个月	>3个月
				1次/d	1次/2d	1~2次/月	1~3次/月

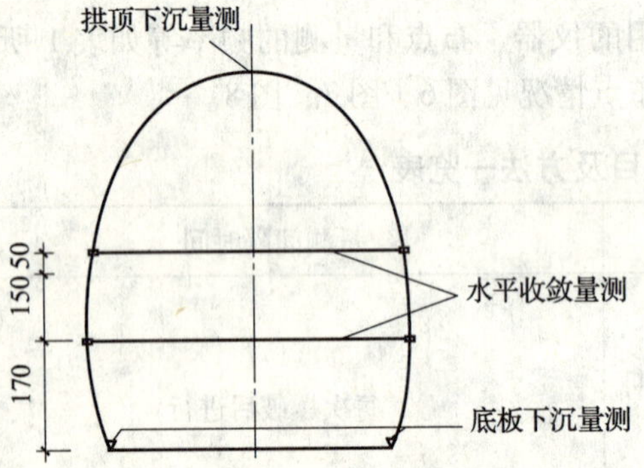

图6　中导坑监控量测布置图

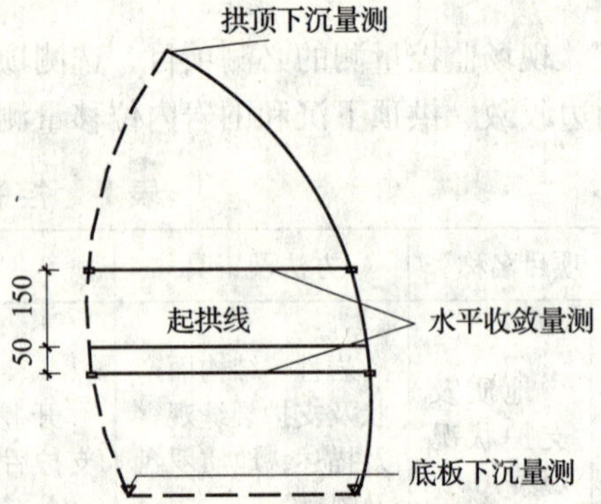

图7　侧导坑监控量测布置图

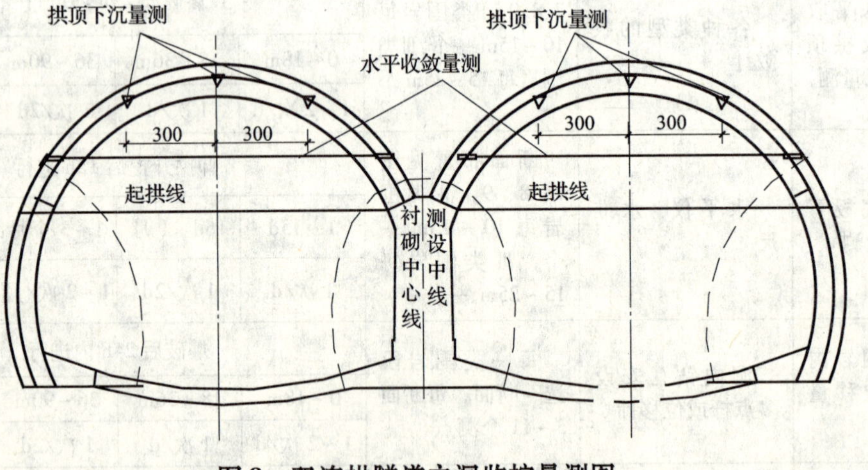

图8　双连拱隧道主洞监控量测图

及时对现场量测数据绘制位移—时间曲线、位移—开挖面距离关系曲线等，当曲线趋于平缓时，进行数据处理或回归分析，以推算最终位移，掌握位移变化规律。位移—时间曲线出现反弯点时，要密切监视围岩动态，并加强支护，必要时暂停开挖，采取相应措施。要将量测结果反馈到设计、施工中，以保证施工的安全性，其次是为了确保设计的经济性，通过降低支护参数，降低造价，达到经济合理。

五、质量标准及控制

1. 开挖质量

双连拱隧道开挖分多次完成，各开挖掌子面的间距不大，中导坑和左右侧导坑之间的围岩厚度不到5m，左右主洞之间围岩最薄处只有1m，开挖施工质量的好坏直接影响围岩的稳定，应采用预裂爆破或光面爆破。

开挖施工质量必须符合《公路工程质量检验评定标准》和《公路隧道施工技术规范》的规定。施工过程中要严格控制各开挖掌子面的纵向间距不小于20m。

2. 支护质量

由于各导坑之间围岩厚度最薄处不足1m，分部开挖对围岩的多次扰动，围岩稳定性较差，超前支护和初期支护的质量直接关系到本工法的成败，故对之要严格控制，要做到：

管棚、小导管设置的间距、角度和注浆质量应符合设计且应保证每环之间的搭接长度。

锚杆施工质量必须符合《公路隧道施工技术规范》的规定，锚杆材料、类型、规格、质量以及性能应符合设计，并按要求作抗拔试验。砂浆锚杆和早强药卷锚杆的钻孔孔径应大于杆体直径15mm。

喷射混凝土的厚度必须保证，可采用预埋钢筋头、设置量测标志进行检查，并实行验收制度，不合格时立即补喷。复喷混凝土时必须保证钢拱架与初喷混凝土面之间的空隙，现场可用肉眼观察和锤击法进行检查，发现不实之处必须凿开重喷。喷射混凝土的强度必须符合设计要求。

钢拱架必须严格按设计下料，接头钢板焊接质量必须合格。加工好的钢拱架要先预拼、编号，将平面翘曲度控制在合格范围内。安装时拱脚必须支垫落实，严禁悬空。

3. 二次衬砌质量

中隔墙是左右洞拱部衬砌结构的共用支点，是施工的重点。中隔墙、边墙和拱部二次衬砌分部施工时要准确预埋连接钢筋和其他预埋件。混凝土的强度和抗渗标号必须达到设计要求。

4. 防排水质量

中隔墙顶排水是整个隧道排水施工的重点，施工过程中应注意墙顶排水管进水口位置和管口高程，确保排水系统通畅。边墙和拱部二次衬砌施工时根据施工进度安装塑料盲沟、横向排水管、防水板等，施工质量必须符合规范要求。

六、施工安全措施

施工过程中除应遵守隧道施工的有关规范外，还应结合双连拱隧道的施工特点，采取以下安全措施：

1. 对全员进行安全意识教育，特别时钻爆、监控量测和安全检查人员，要完善其岗位职责和安全规章制度。

2. 严格控制各开挖分部循环进尺，开挖和支护工作必须衔接紧密，以减小围岩变形。施工过程中要严格控制各开挖工作面的纵向距离不小于20m。

3. 侧导坑开挖时，临近中隔墙混凝土和中隔墙顶回填喷射混凝土强度必须达到一定的强度。后续主洞上半断面开挖必须待想邻先行主洞初次衬砌喷射混凝土达到设计强度才能进行，且先行主洞洞口20m成环（二衬含仰拱封闭成环）后，后续主洞上半断面才能开始掘进。

4. 主洞上半断面进洞前，中导坑另一侧必须先用夯填土和 C10 素混凝土回填密实，可以减小偏压对中隔墙的影响。见图 9。

5. 加强对围岩和支护结构的动态监测，根据量测数据及时判断围岩和支护的稳定情况，如右异常须及时处理。

6. 认真观察并记录中导坑围岩变化情况，据此分析侧导坑和主洞地质情况，必要时采取相应措施，确保施工安全。

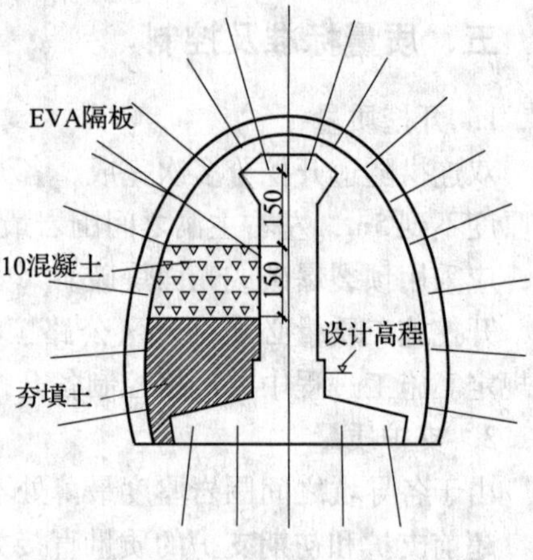

图 9 中导坑回填示意图

七、机具设备

单口作业所需的机具设备见表 2。进口或出口多工作面同时施工时，适当增加部分设备，合理配置，即可满足施工需要。

表 2 单口作业所需机具设备

序号	项目	机械名称	型号	单位	数量	备 注
1	通风及照明	通风机		台	1	200m 以下可不用
		变压器	300kVA	台	1	
2	开挖	压风机	$12m^3$	台	2	
		风枪	28	台	6	
		风镐	G10	台	4	
		装载机	ZL－50	台	1	
		自卸翻斗汽车	8t	台	4	
3	初期支护	钢筋切断机		台	1	
		钢筋弯曲机		台	1	
		电焊机	ZXG－500	台	4	两台洞外，两台洞内
		台式机床	Z4025	台	1	
		氧焊机		台	1	
		混凝土喷射机		台	2	
		拌和站	JS500L	台	2	
		机动翻斗车	1.5t	台	2	
4	二次衬砌	钢筋切断机		台	1	
		钢筋弯曲机		台	1	
		电焊机	ZXG－500	台	4	
		台式机床	Z4025	台	1	
		氧焊机		台	1	
		拌和站	JS500L	台	2	
		混凝土输送泵	HB40	台	1	
		混凝土输送车		台	2	短隧道可不用
		插入式振动棒		台	4	

续表2

序号	项目	机械名称	型号	单位	数量	备　注
5	量测及测量仪器	收敛仪		台	2	
		单点式位移计		根	若干	
		百分表		支	2	
		全站仪		台	1	
		水平仪		台	1	
		水平塔尺		根	2	
		钢尺	50m	把	1	
6	其他	高压风管、水管、通风管、照明灯具的规格和数量，应根据隧道长度、设计风水压力、光照度等参数来确定				

八、劳动力组织

单口作业劳动力组织见表3。左右侧导坑、主洞左右上半断面开挖工作面可以组织流水施工，充分利用劳力资源。双连拱隧道工序较单洞隧道工序多、工期长，有条件最好组织从进出口同时相向施工，但中导坑、侧导坑贯通后中隔墙和边墙必须单口施工，便于主洞早进洞。

表3　单口作业劳动力组织

序号	工作项目	作业内容	人数	序号	工作项目	作业内容	人数
1	开挖及初期支护	风枪手	6	3	测量及量测	测量技术员	1
		清理岩碴	3			测量工	2
		钢拱架加工	4	4	其他	项目负责人	1
		拱架安装	6			技术主管	1
		锚杆、钢筋网安装	4			专职质检员	1
		拌和站司机	1			专职安全员	1
		运料	1			调度	1
		混凝土喷射手	2			电工	1
2	二次衬砌	模板安装	6~8			汽车司机	4
		钢筋加工安装	8~10			装载机司机	1
		混凝土浇筑	6			空压机司机	1
		输送泵司机	1	合计		67~71	
		拌和站司机	2				
		混凝土输送车司机	2				

九、综合效益分析

1. 本工法为双连拱隧道和类似结构地下工程施工提供了途径。

2. 本工法可行性强，施工安全可靠。采用分部开挖分部成环封闭减轻了围岩的松弛程度，充分发挥了围岩的自承能力。所采取的量测方式能敏感的反应围岩及初期支护的稳定情况。

3. 本工法与其他的隧道施工方法比较，不需要特殊的施工机具设备，能节省大量的机械台班费，经济效益显著。

十、工程实例

山西省晋城市至河南省焦作市高速公路省界隧道和湖北省襄十高速公路秦家沟隧道都采用本工法施工。两座隧道全长都为200m，开挖宽度达24m，开挖高度为9.5m。覆盖层为Ⅱ、Ⅲ围岩，且节理发育，岩体破碎，不稳定。施工过程中从未发生大的塌方和人生伤亡事故，初期支护结构稳定，量测结果显示地表稳定基本无下沉，其他各项指标均未超过基准值。采用本工法施工的省界隧道2000年通过竣工验收已交付使用，秦家沟隧道也通过了竣工验收。

超小净距并行隧道施工工法

YJGF 26—2004

中铁一局集团有限公司　中铁七局集团第三工程有限公司

杨永强　李长山　拓守盛　赵有歧　权县民　许青峰

新建或改建铁路、公路双线隧道之间的距离直接影响到隧道的稳定和安全，关系到占用土地的多少、社会环境的保护、工程造价的高低等社会效益，我国隧道设计规范规定：两相邻单线隧道间的最小净距，应按围岩地质条件、隧道断面尺寸及施工方法等因素确定，一般情况，在Ⅴ~Ⅳ类围岩中为（2.0~2.5）B，在Ⅲ类围岩中为（2.5~3.0）B，（其中 B 为隧道开挖宽度)，即在一般情况下两隧道净距应大于15~30m。但是，人们为了避免展线绕避、改善运营及节约用地，往往希望能将两个并行隧道尽量靠近，采用小净距并行隧道。国内外对于超小净距隧道的施工一般采用“中柱法”或“中岩墙法”，即先挖取中间部分围岩，灌注混凝土作为中墙或设纵梁、立柱，后开挖隧道置于中墙上或纵梁上的作法。

由中铁一局三公司承建的宁波招宝山公路隧道为超小净距（3.4~4.2m）隧道，采用两相邻隧道同工序相隔一定距离平行施工；对中夹岩墙采用水平全长注浆锚杆预加固；上半断面以光爆控制对地面建筑物的震动，下半断面以尽量不破坏中夹岩墙围岩为目的的控制爆破技术；开挖后立即喷锚，格栅、支护、二次衬砌，并用先仰拱后墙拱二次模注混凝土等施工技术，取得了成功。本工法是在1995~1998年宁波大桥招宝山隧道施工过程中形成的。

一、工法特点

1. 采用新奥法和控制爆破技术，以合理的开挖顺序及开挖方法、初期支护紧跟、对中夹岩墙加固处理，确保了隧道围岩稳定和施工结构稳定，施工安全可靠。

2. 采用监控量测信息技术指导施工，使施工处于受控状态。

3. 采用中夹岩墙法施工，具有一定的社会经济效益。

4. 可有效地控制地面沉降，对周围环境影响小。

二、适用范围

适用于Ⅲ级以上围岩、两并行隧道之间距离不小于3.4m（单线铁路隧道为0.6B，双线铁路隧道为0.4B，三车道公路隧道为0.3B）的超小净距隧道。

三、工艺原理及关键技术

超小净距隧道施工以新奥法的基本原理为依据，以“短开挖、快封闭、强支护、勤量测”为指导。两隧道根据地质情况分先后施工，先施工围岩较好的一侧，按同工序保持一定距离平行施工，将开挖面合理划分单元，自上而下实施有序分部开挖；喷、锚、网、钢格栅联合初期支护随挖随护，紧跟工作面；先开挖的一侧隧道边墙开挖后即对两隧道中夹岩墙用水平全长注浆锚杆作预加固；初期支护体系、中夹岩墙与围岩共同组成承载体系，协同变形一承载，充分发挥围岩自身承载能力；建立监控量测体系，实施信息化管理，保证施工过程处于受控状态；根据时间－空间效应原则及量测信息实施混凝土衬砌。

关键技术：横向分部、纵向分序开挖法；控制爆破技术；中夹岩墙稳定措施；信息化施工技术。

四、工艺流程（见图1）

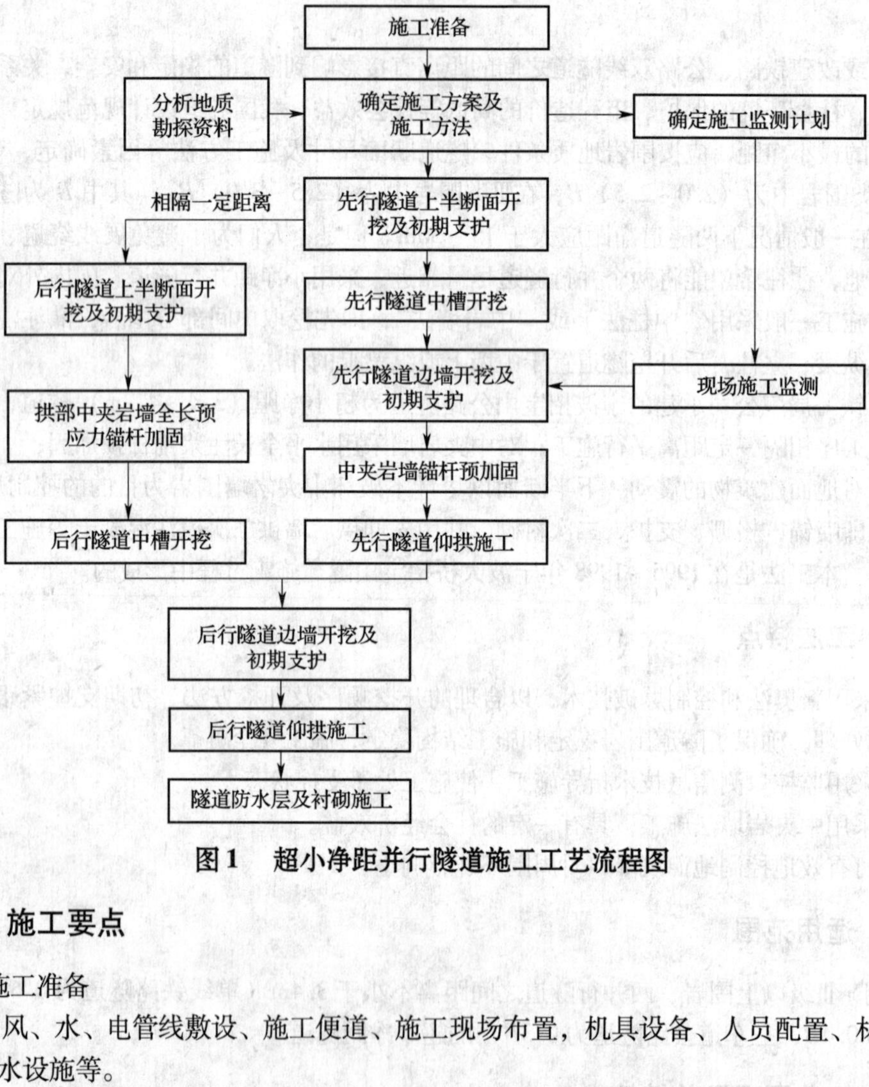

图1　超小净距并行隧道施工工艺流程图

五、施工要点

1. 施工准备

（1）风、水、电管线敷设、施工便道、施工现场布置，机具设备、人员配置、材料准备、修建防排水设施等。

（2）根据地质勘探资料和施工设计，详细分析了解工程地质和水文地质情况，制定相应的施工方法和措施，认真编制施工组织设计，制定施工监测计划。

2. 并行隧道开挖施工顺序

先分部开挖围岩较好一侧的先行隧道，滞后一定距离再分部开挖另一侧隧道，先行隧道开挖、初期支护及仰拱每个工序均要先于后行隧道一定距离，后行隧道初期支护及仰拱完成后，进行先行和后行隧道内层模筑混凝土衬砌施工。分部开挖顺序如图2所示。

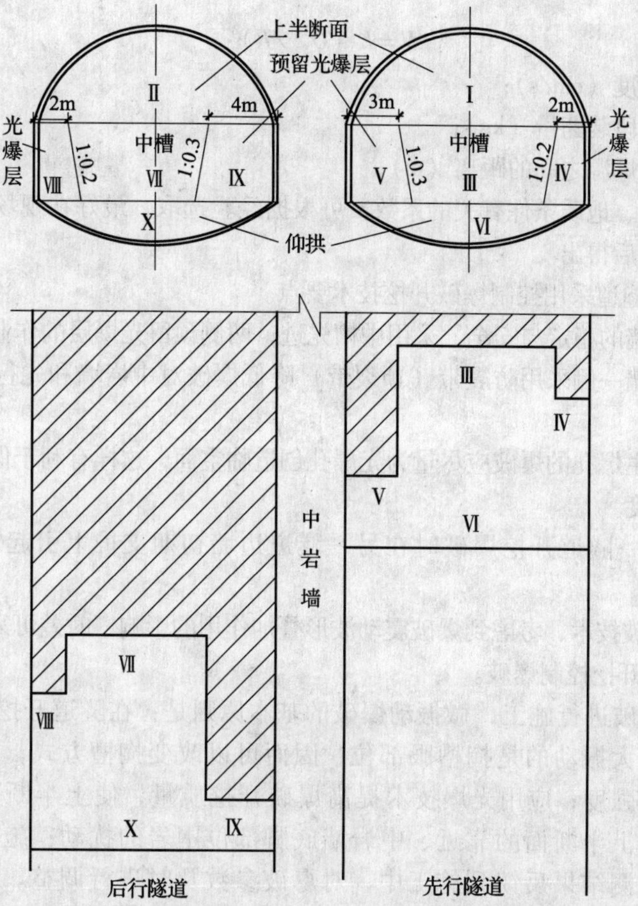

图 2　超小净距并行隧道分部开挖示意图

先行隧道上半断面开挖后立即进行初期支护，后行隧道上半断面滞后先行隧道约 50m 距离平行推进。

从保证超小净距中夹岩墙的稳定考虑，后行隧道各部分开挖工序滞后先行隧道一定距离；两隧道开挖分“三部分”进行，即上半断面开挖完一定距离后，中槽先进，两侧墙滞后一定距离开挖。

在先行隧道下半部完成之前开挖后行隧道上半断面，有可能引起隧道拱脚部位岩体受破坏较大，对开挖两个隧道相邻侧边墙不利，采用穿通中岩墙的预应力砂浆锚杆加固隧道相邻侧墙拱脚以上岩体，确保围岩稳定；同时强调，必须在先行隧道边墙开挖，预加固了两隧道间夹岩墙，完成了仰拱之后一段时间，隧道变形基本停止后，再开挖后行隧道的边墙部分。

3．控制爆破

在上半断面开挖中主要解决爆破振动对周围环境的影响；在下半断面的开挖中主要考虑确保中岩墙围岩的稳定和完整，以及控制后行隧道对先行隧道边墙初期支护的影响。

控制爆破振动主要采用控制装药量和分段微差爆破技术，根据《爆破安全规范》规定，爆破振动强度由速度衡量，爆破时在测点处产生的振动速度值与装药量、爆源与测点之间的距离及振动波传播路径的地质条件有关，一般按下式进行计算，得出的速度值应小于安全控制值。

$$V=K\left(Q^{1/3}/R\right)^{\alpha}$$

式中 V——振动速度（cm/s）；

Q——最大一段装药量（kg）；

R——测点与爆源之间的距离（m）；

K、α——与地形、地质条件有关的系数，可根据经验选取，最好在现场用实测数据进行回归分析后得出。

（1）超小净距隧道采用控制爆破开挖技术要点。

①为保证中岩墙的稳定与安全，采用中槽先进，两侧预留光爆层的作业方法。

②中槽靠中岩墙一侧采用防震带（预裂带）降低爆破对中岩墙和先行隧道边墙初期支护的振动影响。

③预留光爆层主爆孔的爆破应尽量为光爆孔创造临空面，这样有利于保证光爆效果和控制围岩的爆破松弛厚度。

④平行隧道中一隧道开挖爆破时在另一隧道边墙初期支护上引起的振动速度控制在1.5cm/s以下。

⑤采用微差爆破技术，考虑到爆破震动波形叠加作用的影响，时差可采用100ms。

（2）上半断面开挖控制爆破。

采用微振动爆破进行施工，微振动爆破的基本原则是：在隧道开挖爆破中，采用微差爆破技术，产生最大振动的是掏槽眼部位，因而可以改变掏槽方式，控制掏槽眼一次起爆药量来降低振动强度；应用光爆技术提高爆破开挖质量，使上半断面的周边轮廓基本规整，减少爆破对上半断面的靠近、中岩墙底脚部位围岩的扰动；施工中应加强爆破振动监测，及时将监测结果反馈到施工中，对爆破参数及时进行调整。一般单位耗药量按$q=0.6\sim0.9\text{kg/m}^3$控制。

（3）下半断面开挖控制爆破。

两隧道下半断面开挖是在两隧道上半断面开挖以后进行的。

①先行隧道下半断面控制爆破。首先必须严格控制下半断面岩石开挖爆破对中岩墙围岩的破坏范围和影响深度，其次要考虑其对后行隧道上半断面围岩及初期支护的影响程度，确保后行隧道上半断面部位的安全，同时应通过先行隧道的开挖，在进入中岩墙侧开挖以前，找出能确保中岩墙稳定及安全爆破方法和爆破参数。一般单位耗药量按$q=0.4\sim0.5\text{kg/m}^3$控制。

爆破开挖时中槽先进，两侧预留光爆层，靠近中岩墙侧预留光爆层的开挖必须在外侧光爆层取较好的爆破效果后开始，以确保中岩墙安全，考虑内侧光爆层迟后中槽的时间较长，中槽开挖后岩石应力释放对中岩墙围岩的稳定有不利影响，故中岩墙侧预留光爆层的厚度应大于外侧的厚度。

中槽开挖按常规爆破设计。在爆破设计中宜采用偏上的掏槽方法，兼顾掏槽和向上临空面的作用。

②后行隧道下半断面控制爆破。后行隧道下半断面岩石爆破必须保证：

a. 隧道中岩墙受到的影响控制在尽量小的范围内，其单侧围岩的最大破坏范围不得大于1m。

b. 先行隧道边墙的岩石和初期支护不能因爆破而受到损伤，尤其是先行隧道的内边墙所受爆破的影响必须控制在一定范围内，也就是说，后行隧道爆破直接影响中岩墙围岩的稳定，控制后行隧道爆破开挖是超小净距并行隧道成功开挖的关键。

③控制爆破原则：

a. 采用光面爆破技术控制超挖，保证边墙平整及对围岩的影响深度。

b. 采用微差爆破技术控制振动的量值大小，用以控制爆破对先行隧道边墙的影响程度。

c. 采用预裂爆破技术降低爆破振动对围岩的影响。

④爆破开挖方法：

a. 采用中槽先进、两侧预留光爆层的爆破方法。

b. 在中岩墙侧布设防振带，即布一列孔先爆形成一破碎带在中岩墙和中槽主爆破区之间起降振作用，该列孔应用较小的药量最先起爆。

c. 中岩墙侧预留光爆层的厚度取4m左右，一方面有足够的厚度保证中岩墙围岩在中槽爆破后不至于因围岩暴露时间过长、岩体卸荷及应力释放面产生整体变形，使中岩墙岩体受损，另一方面又能创造较好的临空面减少爆破振动影响并保证光面爆破的效果，在施工安排中，尽量缩短外侧预留光爆层与中槽爆破之间的距离，一般不超过20m，同时采用挖后速护等措施来控制岩体变形，中岩墙侧围岩爆破后暴露时间控制在24h以内。

(4) 光面爆破施工。

①钻孔。保证光面爆破效果的关键在于光爆孔在一个平面内且该平面与设计轮廓面尽量重合。隧道边墙无法紧贴设计面钻凿光爆孔，光爆孔应有一定外插角，要求该外插角控制在5度以内，在光爆以后稍加清理后即钻凿下一循环的光爆孔，然后再进行初期支护。

②装药。光面爆破采用弱装药，用小药卷和增大径向不耦合系数的方法改善光爆效果，药卷捆绑在导爆索上，并用竹片固定，由于在进行初期支护以后光爆孔无法使用炮棍，用竹片固定的药串能保证光爆药卷正确定位于光爆孔内，同时将竹片靠近要保护的围岩一侧以改善光爆效果，由于预留光爆层一般有斜度，光爆孔孔底部位无明显夹制作用，故底部不必加药。

③软弱地层爆破参数的调整措施。a. 适当增加主爆孔的装药量或减少主爆孔的抵抗线值，保证光爆层前的岩层有较大的抛出；b. 光爆孔使用高段制微差雷管，拉大主爆孔与光爆的起爆时差；c. 降低光爆孔的线装药密度，直至光爆孔内仅用双股导爆索。

4. 出碴运输

采用挖掘机装碴，自卸汽车运输。

5. 初期支护

初期支护采用喷锚构筑法，由拱架＋全长注浆系统锚杆＋钢筋网＋喷射混凝土构成的初期支护为主要受力结构。为保证夹岩墙的稳定及安全，在中夹岩墙处设单向全长砂浆粘结加固锚杆，锚杆用$\phi22$钢筋梅花布置。

(1) 初期支护施工程序：测量定位→钻孔→锚杆支护→喷混凝土→安设拱架→挂设钢筋网→喷混凝土。

(2) 通过对地质及支护状态、隧道周边位移、拱顶下沉、地表沉陷、拱架应力、锚杆拉拔力等的监控量测，判断支护是否稳定与可靠，必要时调整支护参数。

（3）开挖断面达到要求尺寸，及时出碴后立即喷射混凝土4～5cm，然后打设锚杆，再按设计要求安装拱架、挂钢筋网、最后分层喷射混凝土直到设计厚度。拱架与开挖轮廓之间所有间隙必须用混凝土喷射充填密实。先喷拱架与轮廓之间间隙，再喷拱架周围，最后再喷拱架之间。

（4）系统锚杆拱部用锚固剂锚固，两侧边墙及中夹岩墙锚杆用注浆机先注浆后打入杆体，再焊接孔口端部垫板、封闭孔口的方法施工。

6. 中岩墙预应力锚杆施工

（1）为保证中夹岩墙的稳定及安全，在中夹岩墙起拱线以上设预应力锚杆，锚杆用$\phi 22$钢筋按设计预应力锚固。

（2）预应力锚杆采用后张法施工。在后行隧道上半断面按设计位置钻孔打穿岩体，凿除杆体两端混凝土弧线部分，使垫板与混凝土面密贴，张拉端设在后行隧道内，锚固端设在先行隧道内；由后行隧道上半断面送入杆体，将锚固端的垫板与杆体焊接，并用喷射混凝土封闭孔口；用注浆机沿杆体向孔内注浆，注浆后用锚杆拉拔器立即张拉至设计预加拉力，用扭矩扳手双螺母锁定，并用喷射混凝土封闭孔口。预应力锚杆安装如图3所示。

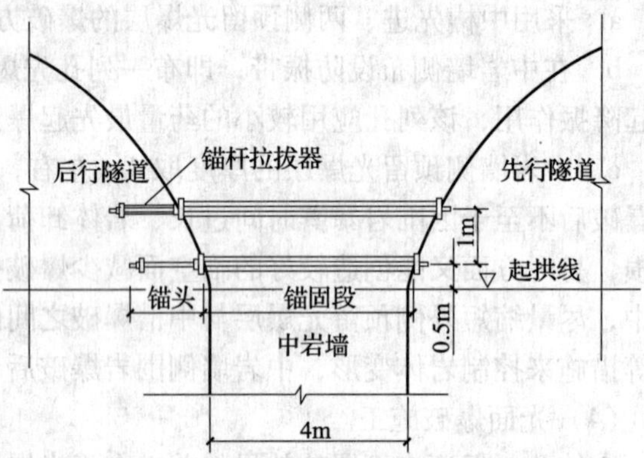

图3 预应力锚杆安装示意图

7. 防水层及模筑混凝土施工

（1）防水层设在喷射混凝土层与模筑衬砌混凝土之间，材料一般由土工无纺布及PE防水板组成，由于模筑混凝土是先墙后拱法施工，防水层的铺设顺序由墙到拱环向铺设，为了避免边墙搭接钢筋对防水层的损伤，防水层环向搭接缝设在起拱线以上1.5m处。

（2）在初期支护表面抹砂浆找平，再铺设一层土工布，后铺设PE防水板。利用防水板布设在围岩和衬砌之间，防止地下水从拱墙渗漏出；在防水层现围岩之间加一层土工布，起缓冲保护作用，防止由于围岩的凸凹不平，锚杆、钢筋等带有尖角的利器凿穿防水板而影响防水效果，同时由于土工布有很好的穿水和滤水性，对地下水起疏导作用。

（3）防水层铺设完成以后，绑扎钢筋，立模浇灌二次衬砌混凝土。

（4）二次衬砌施工应尽量采用整体式模板台车施工，以提高工效和质量。

六、监控量测

超小净距并行隧道施工时，为验证设计的正确性和施工方法的合理性，以及时反馈到设计和施工，在施工中需进行岩体位移、围岩压力和层间接触应力、喷射混凝土应变等测量，以了解隧道开挖及支护过程中岩体松动情况、围岩压力变化规律和支护结构的稳定性等。主要施工监测项目见表1。

表1　监控量测项目

序号	量测项目	量测仪器和工具	测点布置	量测频率
1	围岩及支护状态	地质描述及拱架支护状态观察	每一开挖环	开挖后立即进行
2	地表沉降	水准仪和水平尺	每10~20m一个断面，每断面7~11个测点	$H<2B$时1~2次/d $H<5B$时1次/2d $H>5B$时1次/周
3	拱顶下沉	水准仪、钢尺等	每5~10m一个断面，每断面1~3个测点	$H<2B$时1~2次/d $H<5B$时1次/2d $H>5B$时1次/周
4	周边净空收敛位移	收敛仪	每5~10m一个断面，每断面3~5个测点	$H<2B$时1~2次/d $H<5B$时1次/2d $H>5B$时1次/周
5	声波测试	岩石声波检测仪	选择有代表性的断面在拱脚位置布测点	爆破后进行
6	掌子面前方地质预报	陆地声呐	在上半断面进行测试	每一循环均需进行
7	岩体垂直位移	岩石地面挠度仪	每10~15m一个断面，每断面布置3~5个测点	$H<2B$时1~2次/d $H<5B$时1次/2d $H>5B$时1次/周
8	岩体水平位移	单点位移计	选择有代表性断面，每个断面3组，每组4个测点	$H<2B$时1~2次/d $H<5B$时1次/2d $H>5B$时1次/周
9	压力	钢弦式压力传感器	选择有代表性断面布置测点	$H<2B$时1~2次/d $H<5B$时1次/2d $H>5B$时1次/周
10	混凝土应变	钢弦式混凝土应变计	选择有代表性断面布置测点	$H<2B$时1~2次/d $H<5B$时1次/2d $H>5B$时1次/周

注：①H为开挖面距量测断面的距离；B为隧道开挖宽度。

②地质描述包括工程地质和水文地质。

信息化施工是超小净距隧道施工的重要组成部分，施工中通过监控量测，并对量测结果进行分析研究，指导优化设计和施工，具有重要的意义，施工过程中务必重视。超小净距量测的重点在于：

（1）判断地面变形及隧道内变形对周围环境、隧道施工安全的影响程度。

（2）判断中夹岩墙的受力变形是否影响中夹岩墙的稳定。施工前根据规范及设计要求，提出预警值，以便在量测值超出允许范围时及时采取对策，确保施工安全可靠。

七、施工机具设备

施工机具应根据地质、隧道断面及长度配备。单口作业所需参考设备见表2。

表2　单口作业所需机具设备

序号	作　业	机具设备名称	规格型号	单位	数量	备　注
1	施工通风照明	轴流式通风机	90－1	台	2	通风
		低压变压器	24V，20kW	台	2	掌子面照明
2	开挖	空压机	$20m^3$/min，120kW	台	2	高压供风
		两臂台车	CLJY12.2	台	2	钻孔
		风镐	G10	台	10	开挖
		手持风钻	7655	台	4	钻孔
		挖掘机	EX300	台	1	开挖
		装载机	ZL50	台	1	出碴
		自卸车	CA141	台	4	出碴
		潜水泵	扬程 50m	台	4	抽水
		泥浆泵	$100m^3$/h	台	2	排污水
3	初期支护	钢筋切断机	GQ40－F	台	1	
		钢筋折弯机	GW40－1	台	1	
		电焊机	BX－300	台	3	
		台式钻床	24025	台	1	
		混凝土喷射机	TK－961	台	1	
		搅拌机	JZC350	台	1	
		注浆机	DB6－101	台	3	
4	二次衬砌	搅拌站	$25m^3$/h，LS500	台	1	
		混凝土搅拌输送车	JGC5270GJB	台	2	
		混凝土输送泵	HB60D	台	1	
		插入式震动器	ZN35，ZN50	台	10	
		模板台车	自制	台	2	
5	量测及测量仪器	全站仪	拓普康 301	台	1	方向控制
		经纬仪	J2	台	1	
		水准仪	C40	台	1	
		塔尺		条	2	
		收敛计	GY－85	个	2	
		岩石声波检测仪		台	1	
		陆地声呐		台	1	
		岩体地面挠度仪		台	1	监控量测
		单点位移计		台	2	
		钢弦式压力传感器		台	4	
		钢弦式混凝土应变计		台	4	
		地质罗盘		个	1	
		地质锤		个	1	
		锚杆拉拔器	BL－150B	个	1	

八、劳动力组织

单口作业劳动力组织见表3。

表 3　单口劳动力组织

序号	工作项目	作业内容	人数	序号	工作项目	作业内容	人数
1	开挖	风镐手	4	4	二次衬砌	立模	8
		两臂台车司机	2			灌注混凝土	8
		风钻手	8			运输混凝土	2
		装药	6			搅拌站	6
		起爆	2	5	其他	分队长	1
		装碴	6			技术负责人	1
		出碴	6			专职安全员	1
2	初期支护	锚杆、格栅下料	2			质检员	1
		制作格栅	4			实验员	2
		洞内焊接	4			电工	2
		安装锚杆	4			修理工	2
		混凝土喷射	4			压风机司机	2
		运料	6			运输车司机	4
		搅拌机司机	1			输送泵司机	2
		搅拌机上料	4			辅助人员	3
3	量测及其他	技术员	3	6	合计		115
		测量工	4				

九、质量控制

制定工程创优规划，该专职质量检查人员，配合监理工程师对原材料、各工序质量进行全面检查。认真贯彻 ISO 9002 质量标准，特殊工种实行持证上岗，实行全过程质量控制。

1．按规范施工，可详细参阅公路、铁路隧道施工技术规范及验收标准。

2．严格控制进料及加工。

（1）对混凝土骨料级配、含泥量及外加剂质量严格把关，坚持进一次料，抽查一次，不合格的坚决清退。拌制时严格按配合比计量，缩短运输存放时间，随拌随用（一般掺速凝剂混凝土不超过 30min）。

（2）钢构件下料按 1∶1 大样为准，加工时尽量减少热变形，加工完用模具检验校正，焊点强度应严格把关。

（3）泵送混凝土应严格控制坍落度损失，严禁擅自加水，外加剂应严格计量。

3．加强施工管理。

（1）喷射混凝土应严格按有关规范控制，努力减少超欠挖。

（2）以新奥法原理指导施工，定位与方向控制要有专人负责。

（3）加强监控量测管理，及时反馈信息，提高应变能力。

（4）严格按爆破设计打眼、装药、起爆，提高爆破质量。

（5）加强工序衔接管理。

十、施工安全与环境保护

1．爆破、量测人员和专职安全员必须经过专业培训并取得证书，方准上岗作业。

2. 必须加强全员安全意识教育，交叉施工地段应设调度员加强调度。

3. 洞室开挖后缩短掌子面暴露时间，及时施作初期支护。

4. 随时对量测数据进行分析，根据信息反馈指导施工。

5. 危险火工品严格按《爆破安全规程》及当地公安部门要求执行。

6. 严格控制钻爆施工工艺，提高施工管理水平，加强现场技术力量，进行技术培训，确保爆破技术方案得以正确实施。提高爆破质量和水平，确保围岩、中夹层墙及周围环境的安全。

7. 加强对车辆及人员管理，遵守交通管理规范，坚持文明施工。

8. 加强洞内外电力、通风、给排水管线的管理，防止漏电、漏风伤人。

9. 加强机械保养维修，降低机械的废气排放，不符合排放标准的车辆不允许上路，噪声大的机械改装消声器。

十一、效益分析

1. 对铁路改造的复线建设，在许多情况下，为保持复线隧道与旧线的大净距而采用绕线，甚至隔河修建而增加跨河桥；对新建的双线铁路，人们偏向于修建两个单线隧道以代替一个双线隧道，采用两个单线并行隧道一齐施工或者一个单线隧道先通车再施工第二隧道；在站隧相连的情况下，为扩大车站能力增加路线，往往采用在隧道内设喇叭口等情况下都可以采用超小净距修建隧道，本工法的推广应用对线路选线、设计及施工具有一定的指导和借鉴作用，具有一定的社会效益。

2. 对于高等级公路和高速公路，采用本工法将能解决为保持上、下行两隧道相当大净距而增加上下行公路间距的困难、节省占地、改善公路线路情况。

3. 本工法可减少绕线增加的铁路、公路长度的费用，对于单线铁路隧道减少 10km 线路，可节省 0.5 亿元；对于高等级公路减少 10km 线路，可节省 1.0 亿元，其社会经济效益相当可观。

4. 与采用梁柱法或钢筋混凝土中隔墙法将两隧道并成一个大跨度隧道相比，本工法费用可节省 1/3～1/2，具有一定的经济效益。

十二、工程实例

由中铁一局集团第三工程公司承建的招宝山双线平行隧道由两孔独立并行的单体隧道组成，是宁波大桥的组成部分之一，隧道进口端连接高架引桥通往市区，出口东临甬江紧接主桥通往北仑港。

招宝山隧道起止里程为 DK0 + 860.6 ~ DK1 + 029.6，全长 $L = 169\text{m} \times 2$，洞身内轮廓为直墙，割圆拱、割圆仰拱，开挖宽度为 13.95 ~ 14.45m，高度为 12.25 ~ 12.35m，隧道沿线路纵向设 3% 的纵坡，两相邻隧道净距仅为 3.4 ~ 4.2m，属超小净距并行隧道，隧道最大埋深 34m，进出口端埋深仅为 0 ~ 5m。隧道通过的山体为火山岩，属上侏罗下白垩统的流纹斑岩，斑状结构，流纹构造。隧道周围为旅游胜地招宝山公园，隧道中线的山上有宝陀禅寺、观音阁等宗教寺庙建筑、古运城炮台海防遗迹，已被例为国家级保护文物，又是全国青少年教育基地之一，隧道进出口两端各有一条游路，施工中确保地面建筑物的稳定和安全很关键。两隧道间距离小，确保中岩墙的稳定和安全的技术难度大。施工中主要采取了以下技术措施：

1．进行多种工况和围岩的数值模拟，了解隧道围岩应力、破坏状况，据以确定工程措施以加固和稳定围岩。

2．安排合理的施工顺序，以利于围岩加固和保护围岩。采用两相邻隧道同工序相隔一定距离平行施工的方法。

3．对两隧道间中夹岩墙采取加固措施，保证隧道围岩的稳定。包括从先行隧道边墙开挖后立即用穿透的水平全长粘结砂浆锚杆加固中墙；拱脚以上穿透两隧道的预应力全长注浆锚杆；在中墙为极破碎或泥质时用加密的边墙钢拱＋钢筋网＋喷射混凝土结构支撑拱脚荷载、转移中墙垂直压力；防止拱顶以上岩体拉裂的系统锚杆。

4．控制爆破—为减小中墙冲击力的下半部预留较厚的光面层并采用预裂爆破设隔震带等方法。上半断面以光爆控制对地面建筑物的震动，下半断面以尽量不破坏中夹岩墙围岩为目的。

5．长台阶法开挖，开挖后立即喷锚，格栅、支护、二次衬砌，并用先仰拱后墙拱二次模注混凝土的施工方法

6．量测监控及施工地质工作检测，及时提供信息，指导施工。

该隧道于1995年12月正式施工，1998年初完成主体工程，施工过程中对周围环境影响较小，施工质量和安全取得良好的效果，具有一定的社会经济效益。

（执笔人：中铁一局集团有限公司　杨永强　李长山　拓守盛）

大断面隧道钻爆法快速施工工法

YJGF 27—2004

中铁十二局集团有限公司

高连成

随着经济的迅速发展，公路建设规模的日益扩大，公路隧道尤其是长大公路隧道由于其显著的优越性（如，穿越恒山山脉的雁门关隧道，可将行车时间由90min缩短到5min；穿越秦岭山脉的秦岭终南山公路隧道将公路里程缩短94km，运营的效率和安全性大大提高），得到了迅猛的发展，长大隧道施工水平也得到了很大的提高，但是由于长大隧道特别是特长隧道工期长，直接影响着投资回报周期，因此，长大隧道快速施工显得尤为重要。

隧道掘进施工主要有两种方法，一种是近两年从国外引进的TBM掘进，TBM掘进机施工进度快，但由于其成本高，且对地质变化适应性差，在经济还不发达、工费较低的中国，推广受到限制。另一种就是钻爆法，钻爆法由于其灵活多变，适应性强，应用较广，但是进度较慢。

中铁十二局集团在世界规模第一、长度第二的山岭公路隧道——秦岭终南山公路隧道施工中，独头掘进，独头通风，钻爆法施工。

施工中，开发应用了简易钻孔台架实现了26台风钻同时司钻，Ⅲ类围岩全断面开挖，大断面锥形掏槽等新技术；引进了低污染、高效率的BORTY铲装机、MOXY自卸车等世界先进的机械设备机械；将隧道施工诸多繁杂的流水作业工序转变为平行作业。Ⅳ类围岩平均钻爆时间在3.5h以内，通风排烟20min，装渣运输在2h以内，循环进尺3.7m，掘进单循环平均时间6h，日掘进4个循环，最高日进尺19.7m。2002年2月12日开工，于12月6日掘进到位，历时297天，比计划提前115天。自4月份以来，月月超300m，10月份创造了429.5m的钻爆法施工世界最高纪录。经归纳总结形成大断面隧道快速施工工法。

一、工法特点

1. 采用简易钻孔台架，可以达26台风枪同时司钻，而且移动方便，工序转换简便、快捷。

2. 大断面锥形掏槽法的应用，解决了掏槽眼司钻时间长与其他眼司钻时间短的矛盾，更重要的是大大节约了炸药单耗。

3. 将隧道施工的诸多流水作业工序变换为平行作业，节约时间。

二、适用范围

本工法适用于地质较好的公路双车道以上隧道、铁路双线隧道，尤其是长大隧道效果更加明显，对其他隧道的施工也具有相当的参考价值。

三、施工工艺

Ⅲ、Ⅳ类围岩均采用全断面开挖，运用自制钻孔台架，26台风枪同时司钻、大断面锥形掏槽、岩石炸药和乳化炸药混装、机械化配套、单机压入式通风。

1. 工艺流程（见图 1）

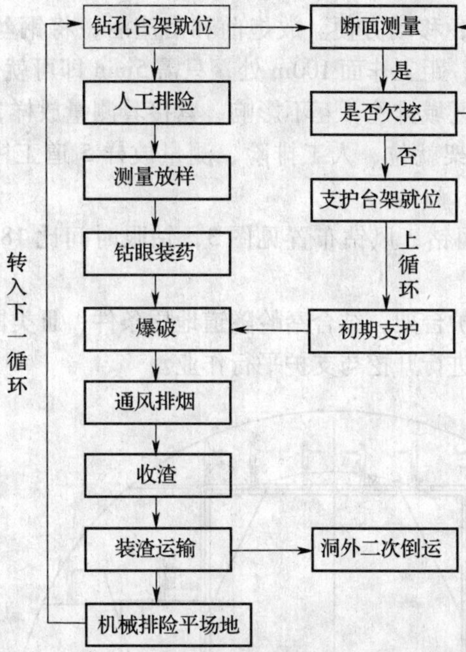

图 1　开挖初支平行作业施工工艺图

2. 施工方法

以下结合秦岭终南山公路隧道出口段施工来叙述施工方法：

(1) 多功能简易钻孔台架的加工。

钻孔台车由于其钻臂少、成本高，用得较少，目前国内隧道施工仍以气腿式风钻占据主流，但据不完全统计，最多也只有 18 台同时司钻，速度与 2 台 3 臂钻孔台车差不多，不够理想。为了加快施工进度，可制作多功能简易钻孔台架，可以 26 台风钻同时施工。

台架结构简单，易加工，只需工字钢、钢管、钢筋等常用材料 8.5t 左右，8 个汽车轮胎。4 个焊工，16 个工日即可完成，见图 2。钻孔台架有如下优点：

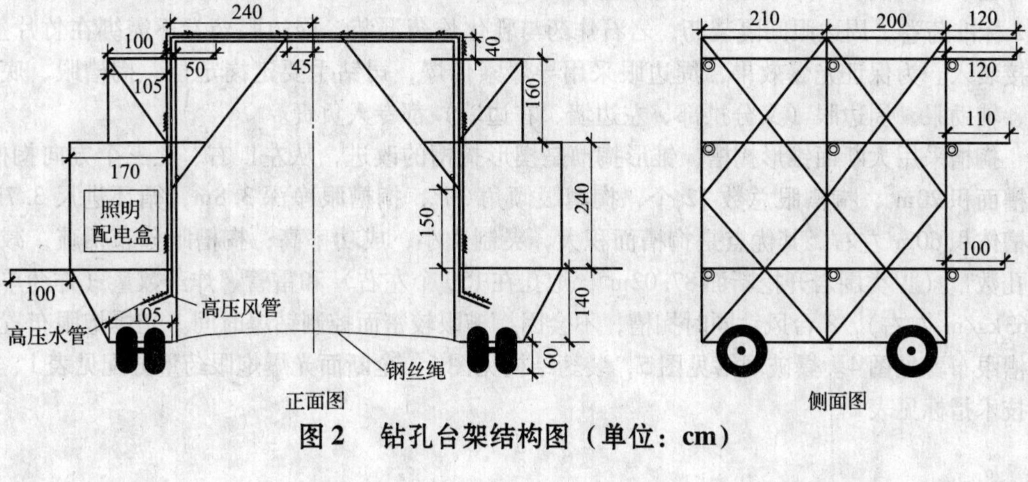

图 2　钻孔台架结构图（单位：cm）

①如图2所示，台架上安装有高压风、水钢管，通过闸阀、软管连接风钻，照明配电盒及照明灯具，免去了拉风水管、电缆，接照明灯等诸多繁杂的工作，开钻前准备工作大大减少，时间大大缩短。

②台架重量小，安装8个轮胎，移动方便。放炮前和出渣后，将钢丝绳套在装载机斗上，在装载机的带动和导向下前行，距工作面100m处，只需5min即可就位。

③就位后，工人在台架的各个区域排险，互不影响，紧接着测量放样，总之，从出渣完到开钻有机械排险、平整场地、台架就位、人工排险、测量放样5道工序，只需30min时间。

④台架上可以26台风钻同时司钻，风钻布置见图3，钻眼时间比18台风钻时可缩短50min。

钻孔台架稍做改进，加工为支护台架，结合秦岭隧道地质条件，Ⅲ类围岩也采用全断面开挖，钻孔和支护台架一前一后，进行开挖与支护平行作业。

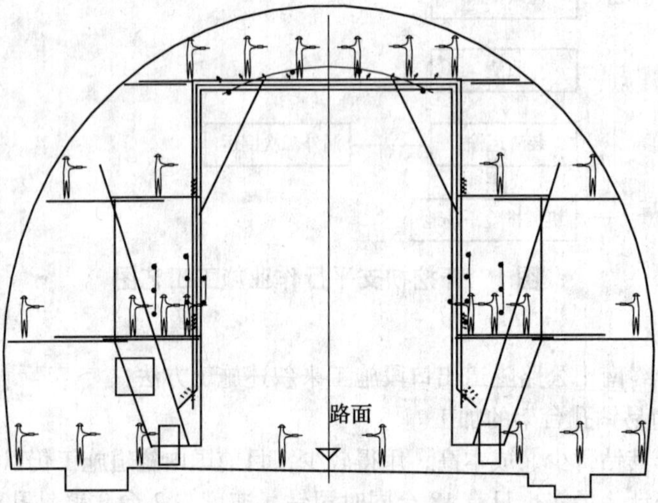

图3　钻孔台架风钻布置图

（2）钻爆。

Ⅲ、Ⅳ类围岩均采用全断面光爆施工，钻眼用YT－28气腿式风钻，ϕ40钻头，统一装ϕ32标准药卷，周边眼间隔装药，岩石炸药与乳化炸药混装，周边眼药卷不需绑在竹片上，直接装入。为保证光爆效果，周边眼采用导爆索传爆，司钻手要定岗定位，掏槽眼、底板眼、辅助眼、周边眼（又分拱部、左边墙、右边墙）都专人负责。

掏槽采用大断面锥形掏槽，锥形掏槽是楔形掏槽的改进，从左、右、上三个方向掏槽，掏槽面积20m^2，掏槽眼总数22个，掏槽眼倾角30°，掏槽眼净深3.8m，循环进尺3.7m，掏槽体积60m^3左右。其优点是掏槽面积大，夹制力小，成功率高；掏槽眼分布稀疏，减少炮孔数量（Ⅳ类围岩开挖断面87.02m^2，炮孔在150个左右）和雷管、炸药数量（炸药单耗0.63kg/m^3左右），8台风钻同时掏槽，不会因掏槽眼较密而控制钻爆时间。光爆炮眼布置及掏槽眼布置见图4。爆破网络见图5，装药结构见图6。全断面光爆炮眼药量分配见表1、经济技术指标见表2。

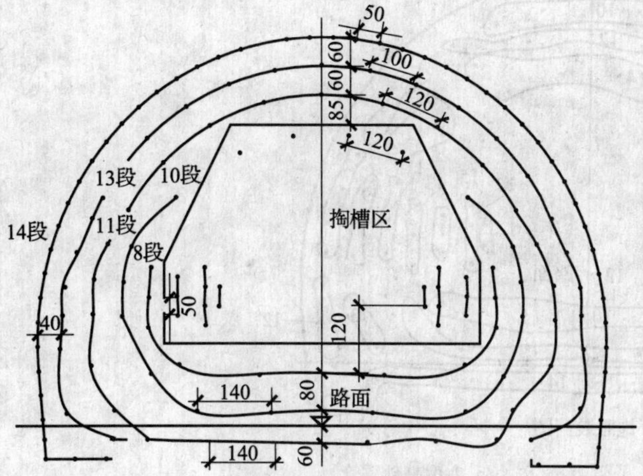

全断面光爆炮眼布置图

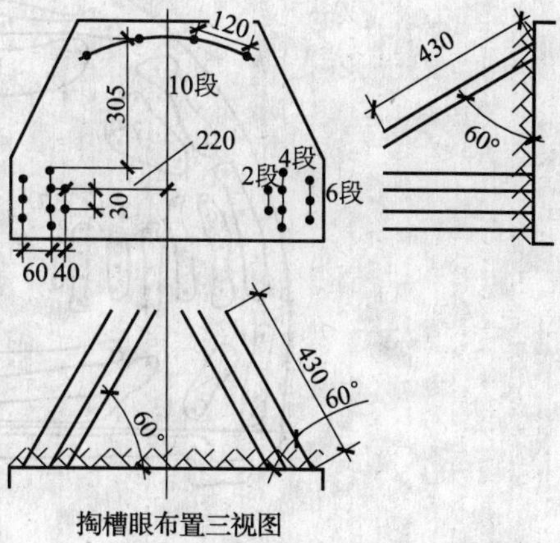

掏槽眼布置三视图

图 4　全断面光爆炮眼布置图

注：尺寸单位：cm，掏槽眼 4.3m，其余眼均为 3.8m。

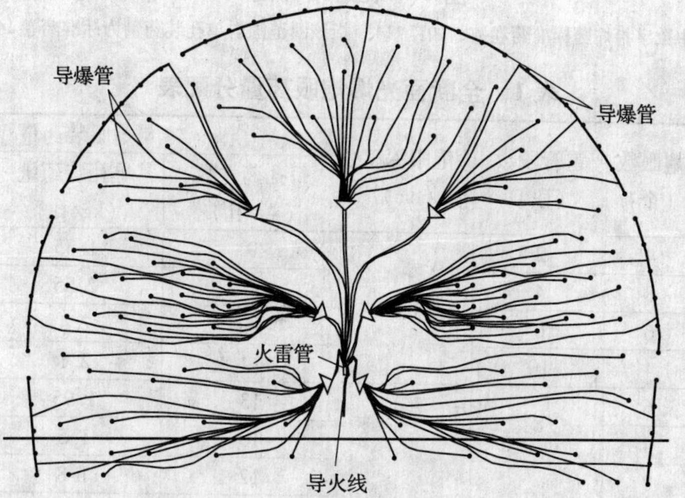

图 5　爆破网络图

注：周边炮眼采用导爆索串联后，与非电毫秒雷管相连，其余炮眼直接与非电毫秒雷管连接，经导爆管引出，汇集到一起，用火雷管引爆。

(3) 通风。

对于长大隧道，通风是制约进度的关键，而通风却却是长大隧道施工的难点。保证通风的效果的关键在通风系统配置、通风管理。

①通风系统配置原则：

a. 优先考虑压入式通风。压入式通风有效射程大，冲淡和排出炮烟的作用强；操作简单，只需隔一定距离延长通风管。

b. 长距离通风尽量采用串联式轴流风机，风压较大。

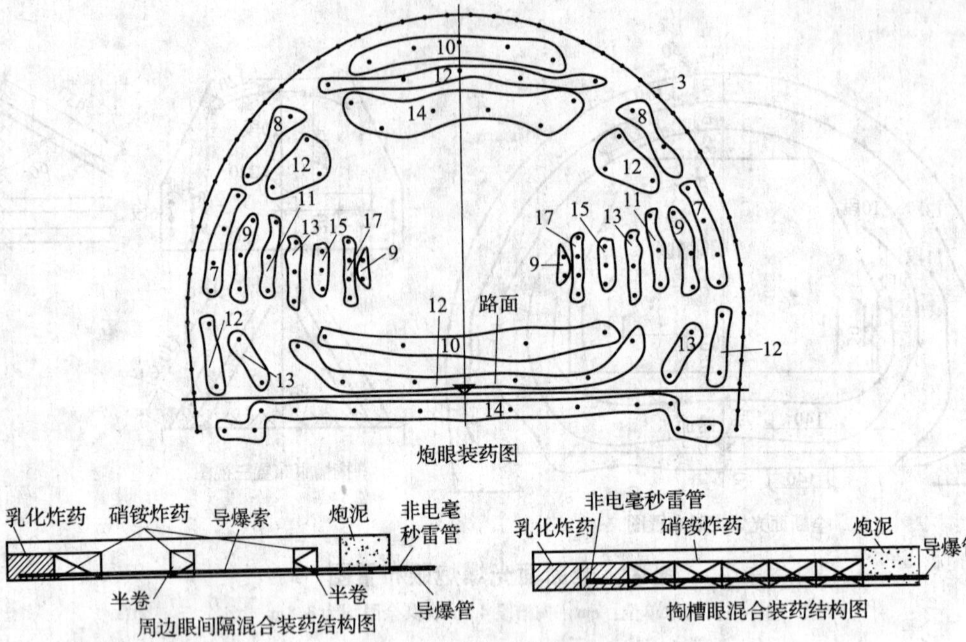

图6　装药结构图

注：图中数字指炸药标准药卷数，如："14" 指该圈范围内单孔装药量为标准药卷 14 卷。

表1　全断面光爆炮眼药量分配表

序号	炮眼分类	炮眼数（个）	雷管段数（段）	炮眼深度（cm）	炮眼装药量		
					每孔药卷数（卷/孔）	单孔装药量（kg/孔）	合计药量（kg）
1	掏槽眼	4	2	430	9	1.35	5.4
2		8	4		17	2.55	20.4
3		6	6		16	2.4	14.4
4		4	10		14	2.1	8.4
5	辅助眼	6	8	380	13	1.95	11.7
6		4			10	1.5	6
7		8	10		12	1.8	14.4
8		6			11	1.65	9.9
9		4	11		13	1.95	7.8
10		6			9	1.35	8.1
11		2			14	2.1	4.2
12		7			12	1.8	12.6
13		6	13		12	1.8	10.8
14		8			7	1.05	8.4
15		4			8	1.2	4.8
16	内圈眼	5			10	1.5	7.5
17	周边眼	50			3	0.45	22.5
18	底板眼	12	15	380	14	2.1	25.2
	合计	150					202.5

表2　全断面光爆经济技术指标表

序号	项　目	单　位	数　量
1	开挖断面积	m^2	87.02
2	平均循环进尺	m	3.7
3	每循环爆破石方	m^3	322
4	炮眼总数	个	150
5	钻孔总数	m	581
6	雷管用量	发	167
7	炸药用量	kg	202.5
8	比钻眼数	个/m^2	1.72
9	比钻眼量	m/m^3	1.80
10	比装药量	kg/m^3	0.63
11	单位体积岩体耗雷管量	发/m^3	0.52
12	预计炮眼利用率	%	97.4

c. 通风管的选用：为防止风压过大通风管开裂，通风机口200~300m采用带钢圈的负压风管。其余采用漏风率低，内摩擦阻力系数小的高强软风管，单节长20~30m（为避免通风管过长，出风口距掌子面太远，出风口固定一节5~10m的短风管）。条件允许的情况下，尽可通选用大直径通风管。通风检算主要从最低允许风速、最多允许工作人数、排除炮烟、稀释内燃机废气四方面考虑。

d. 在确定施工方案时，尽量选用低污染设备，带有废气净化装置的设备更好。

②通风管理。成立专门的通风作业班组，配备一辆高架作业汽车或装载机，负责风管的向前接长、维护和更换。风管末端安设长60m的旧风管，以减少爆破冲击和飞石造成的风管损坏损失。风管出口距工作面距离保持在50~70m。风机安装位置距洞口的距离25m，以避免回风污染。风管挂设要平、顺、直。对于轻微破损的管节，采用快干胶粘贴的方法修补，对于严重破损的管节，及时更换。因洞内渗水和温度变化的影响，风管内积水，每月应排水一次，减少风管承重和阻力。尽量选用经过净化的低污染设备，禁止污染严重的废旧车辆进洞。

秦岭隧道日掘进4个循环，无轨运输，施工高峰期洞内出渣车11台，铲装机、挖掘机、装载机等4台。炮烟、粉尘、内燃机的排出，施工人员和内燃机的供氧，深进尺、高地热、内燃机产生热量，导致洞内温度升高等，通风难度很大。施工中采用2×110kW变频轴流式通风机压入式通风（高效风量2912m^3/min，风压5000Pa），ϕ1500mm高强拉链软风管。施工中加强通风管理，百米漏风率在1.2%以下，放炮后20min，掌子面空气良好。

（4）装渣运输。

洞内装渣采用芬兰产BORYT铲装机。放炮后，首先用装载机将爆破飞石及少量渣收集到渣堆上，然后，博伊特D600W铲装机装渣（小松320装载机、CAT320C挖掘机作为备用装渣设备），挪威产低污染车MOXY自卸汽车运到洞口倒渣场，进行二次倒运。二次倒渣采用CAT320C挖掘机装，东风康明斯运到弃渣场。断面面积87m^2，平均循环进尺3.7m，出渣45车左右，平均2min/车，平均每循环出渣100min。据测算，车速限制在20km/min左右，如车况良好，1km范围内需5台车，以后每掘进300m增加1台车，装运设备匹配。

出渣结束后由CAT320C和小松PC200挖掘机各1台，进行排险和掌子面附近道路整平。掘进至1km时洞内出渣示意见图7。

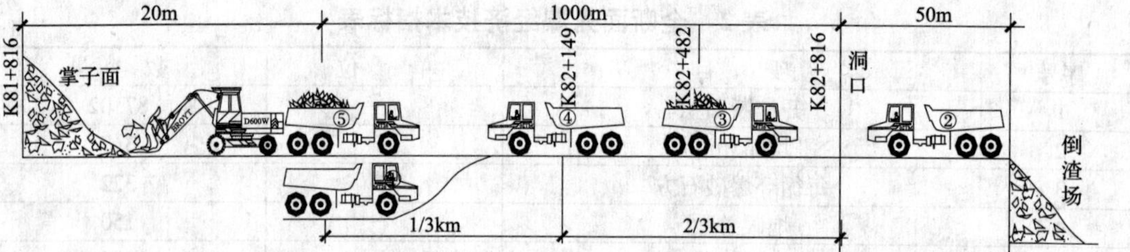

图 7　掘进 1km 出渣示意图

注：①通过对多组统计数据分析后，得知掘进在 1km 左右时，需要 5 台车进行出渣。

②各工序占用时间：倒车就位、装渣 2min，洞内空车、重载行车速度 20km/h，即每 min1/3km。洞内调头 0.5min，洞外弃渣 1min。

③上图中行车状态：①号车在洞内等待半分钟，②号车弃渣完毕，⑤号车已装满，装备出发。③号、④号车在图中可以看出。

洞内装渣采用芬兰产 BORYT 铲装机，斗容 3.4m^3，前轮为钢轮，转盘式，装渣程序是装—转—卸—转—装，而装载机是装—后退—卸—前进—装，比装载机装渣快，装满 20T 一车只需 3 斗，平均 45 秒，据测算，1 台 BORYTD600W 铲装机装渣比两台 CAT973 在汽车左右侧同时装还快；其缺点是，前轮是钢轮，大臂重，行走不方便，很慢，长距离（100m 以上距离）行走时用汽车拖动，其方法是：将 BORYT 装斗搭到汽车马槽上，并施加压力使其前轮离地，汽车行走而拖动 BORYT 前行。

因行走太慢，必须用装载机和挖掘机配合，效率才会充分体现。

考虑装渣运输设备故障因素，对直接影响施工进度的重要设备考虑备用，如：博伊特铲装机作为主要装渣设备，装载机和挖掘机作为备用装渣设备，博伊特装渣时，装载机收渣，挖掘机排险、扒渣，博伊特出现故障时，装载机和挖掘机配合装渣。当洞内出渣车 MOXY、奔驰出现故障时，由洞外倒渣车辆代替，出完后再进行倒渣。

掘进循环时间横道图见图 8。

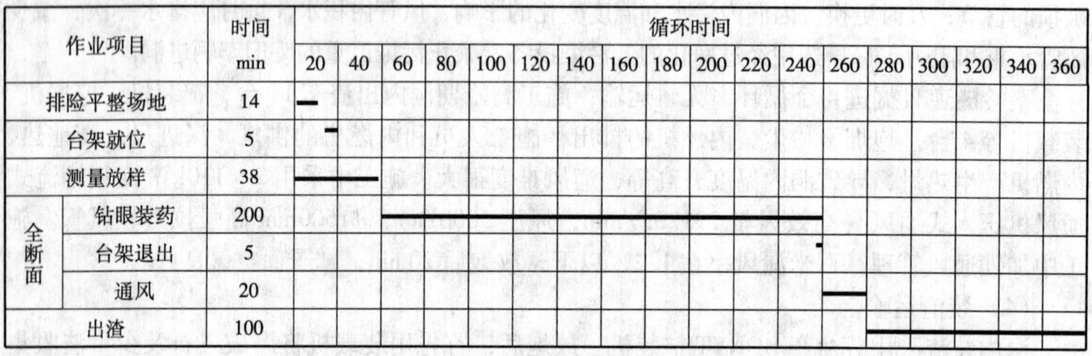

图 8　掘进循环时间横道图

（5）初期支护。

部分初期支护可在简易多功能钻孔台架上与钻爆同时施做，另外单独加工支护台架，结构与钻孔台架相似，剩余部分支护在支护台架上施做，实现了初期支护与开挖平行作业，缩短了施工时间。

（6）仰拱施工。

在设计有仰地段，初期支护完成后，分左右幅及时进行仰拱、填充混凝土浇筑，使初期支护尽早闭合成环，并为施工运输创造条件。

（7）二衬混凝土施工。

与钻孔台架相似，加工防水板作业台架（不同之处在于钻孔台架为轮胎式，防水板作业台架与衬砌台车靠近，采用轨道式），进行防水层施工。

二衬混凝土采用全断面液压钢模台车、泵送混凝土灌注。混凝土在自动计量拌和站拌和，混凝土输送车运输。

开挖、初期支护、仰拱施工、二衬混凝土均平行作业，大大节约了施工时间。

（8）施工统计。

为了不断改进提高，现场技术干部对每循环施工情况都详细记录，记录表格式见表3。

表3　施工现场原始记录表

年　月　日　　第　　循环

<table>
<tr><td rowspan="9">开挖</td><td>时　间</td><td>min</td><td rowspan="9">风枪数（台）</td><td rowspan="9">炮眼数量（个）</td><td rowspan="9">装药量（kg）</td><td rowspan="9">支护</td><td colspan="2">时　间（min）</td><td>工程量</td></tr>
<tr><td>台车就位</td><td></td><td>立钢（格栅）拱</td><td></td><td>榀</td></tr>
<tr><td>画线放样</td><td></td><td>连接筋</td><td></td><td>根/m</td></tr>
<tr><td>钻眼装药</td><td></td><td>打锚杆</td><td></td><td>根/m</td></tr>
<tr><td>放　炮</td><td></td><td>挂钢筋网</td><td></td><td>m^2</td></tr>
<tr><td>通风排烟</td><td></td><td>喷混凝土</td><td></td><td>m^3</td></tr>
<tr><td>出　渣</td><td></td><td>支护里程</td><td colspan="2"></td></tr>
<tr><td>排险扒渣</td><td></td><td>设计围岩类别</td><td colspan="2"></td></tr>
<tr><td>洞内二次倒渣</td><td></td><td>实际围岩类别</td><td colspan="2"></td></tr>
<tr><td rowspan="3">测量情况</td><td>掌子面里程</td><td></td><td rowspan="5">地质描述</td><td colspan="4" rowspan="5">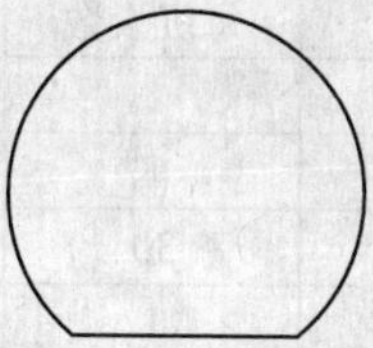</td><td colspan="2">地质说明</td></tr>
<tr><td>标　高</td><td></td><td colspan="2" rowspan="4"></td></tr>
<tr><td>地质监控</td><td></td></tr>
<tr><td rowspan="4">循环情况</td><td>循环进尺（m）</td><td>累计进尺（m）</td></tr>
<tr><td></td><td></td></tr>
<tr><td>循环时间（h）</td><td>本日进尺（m）</td><td colspan="4" rowspan="3">存在问题及处理措施</td><td colspan="3" rowspan="3"></td></tr>
<tr><td></td><td></td></tr>
<tr><td>岩爆情况</td><td colspan="2">无岩爆；轻微岩爆；中等岩爆</td></tr>
</table>

值班人：　　　　　　　　接班人：　　　　　　　　交接时间：

四、机具设备（只列出开挖支护设备见表4）

表4　掘进及初期支护主要机械配备

类别	机械名称	产地	型号、规格能力	单位	数量	备　注
开挖	螺杆式空压机	台湾	21m^3/min	台	8	其中1台备用
	钻孔台架	自制		台	1	轮胎式
	风枪	天水	YT－28	台	30	钻孔，其中4台备用
	挖掘机	美国	CAT320C　1m^3	台	1	排险、扒渣，出渣后整平道路，以便台架就位
		日本	PC200　0.8m^3	台	1	
	装载机	日本	WA320－3　2.1～3.21m^3	台	1	放炮后收渣、拖台钻孔台架

续表4

类别	机械名称	产地	型号、规格能力		单位	数量	备　　注
开挖	推土机	河北	T140－1		台	1	弃渣场平渣
	BORYT铲装机	芬兰	D600W　3.4m³/斗		台	1	洞内装渣
	铰接自卸车	挪威	MT26　20t		台	5～12	洞内出渣
	挖掘机	美国	CAT320C	1m³	台	1	洞外倒渣
	康明斯自卸车	湖北			台	5	
	轴流通风机	山西	2×110kW		台	1	变极多速
初期支护	支护台架	自制			台	1	
	钢筋切断机	太原	QJ40－1		台	1	
	钢筋弯曲机	太原	WJ40		台	1	
	电焊机	上海	BX－300		台	3	
	电焊机	上海	BX－400		台	3	
	钻床	上海			台	1	
	车床	上海			台	1	
	搅拌机	济南	JS500		台	2	
	湿喷机	成都	TK961		台	3	

五、劳动力组织（只列出开挖支护部分见表5）

表5　掘进作业劳动力组织表

项目	工　　种	每班人数	班次	全天人数	备　　注
开挖	工班长	1	2	2	
	空压机司机	1	3	3	兼通风机司机
	司钻手	30	2	60	
	车辆调度	1	2	2	
	挖掘机司机	3	2	6	
	装载机司机	1	2	2	
	铲装机司机	1	2	2	
	推土机司机	1	2	2	
	自卸汽车司机	9～17	2	18～34	随掘进深度增加而增加
	养路工	3	2	6	
	保障人员	3	3	9	
初期支护	钢架、锚杆钢筋片制作	5	1	5	
	拱架安装	8	2	16	
	打锚杆、挂网	5	2	10	
	喷混凝土	10	3	30	
	合计	49～62		157～189	

六、质量控制

1. 本工法以《公路隧道工程质量评定及验收标准》、《铁路隧道新奥法指南》和《公路隧道施工技术规范》为依据进行质量控制。

2. 技术干部根据测量班放样结果，指导风钻手司钻，对上循环的超欠挖进行纠正，支护前，用激光断面仪对断面进行测量，如有欠挖进行处理。司钻手要定岗定位，掏槽眼、底板眼、辅助眼、周边眼（又分拱部、左边墙、右边墙）都专人负责。光爆炮眼残痕率在90%以上，炮茬错台在15cm以内，最大超挖在20cm以内，平均超挖在8cm以内。

3. 喷混凝土大面平整，用2m直尺检查的平整度不大于5cm，确保防水层在初期支护和二次衬砌之间密贴，保证排水畅通。

七、安全措施

执行国家《建筑安装工程安全技术规程》的规定，并应重点注意以下几点：

1. 为确保安全，排险要分三次进行。出渣前挖掘机对开挖轮廓拱部以上进行第一次排险，确保装渣设备的安全，出渣完后挖掘机对开挖轮廓、掌子面第二次机械排险，清除大块危石；台架就位后，风钻手对开挖轮廓、掌子面进行第三次全面、细致地人工排险。

2. 出渣的都是大型车辆（一般都在20t以上），车辆接近洞内作业人员，尤其是养路时，工人的安全受到威胁，为确保作业人员的安全，除了进行认真、细致的安全教育外，还应为养路工等洞内作业人员统一着装鲜艳、带有反光条的养路工服。

3. 加强通风，洞内照明采用透雾力强的高压钠灯，道路平整、无积水是运输安全的必要条件。

八、工程实例

西康高速公路秦岭终南山特长公路隧道东线南口段3000m，其中Ⅱ类围岩200m，Ⅲ类围岩501m，Ⅳ类围岩2299m，隧道穿越地段岩性以含绿色矿物混合花岗岩为主，间夹蚀变闪长岩，霏细岩及花岗伟晶岩脉。隧道穿越大小断层8条，最小开挖断面87.02m^2，最大开挖断面147.7m^2。

独头掘进，独头通风。采用快速法施工，将以往诸多的流水作业工序变为平行作业；运用简易钻孔台架26台风钻同时司钻，Ⅲ类围岩全断面开挖，大断面锥形掏槽等新技术；用低污染、高效率的BORTY铲装机、MOXY自卸车等先进设备。Ⅳ类围岩平均钻爆时间在3.5h以内，通风排烟20min，装渣运输在2h以内，循环进尺3.7m，掘进单循环平均时间6h，日掘进4个循环，最高日进尺19.7m。2002年2月12日开工，于12月6日掘进到位，历时297天，比计划提前115天。自4月份以来，月月超300m，10月份创造了429.5m的钻爆法施工世界最高纪录。

节能环保水压爆破工法

YJGF 28—2004

铁道建筑研究设计院（现更名为：铁道第五勘察设计院）

何广沂　段昌炎　王太超

工程爆破，爆破石方范围最广和爆破石方数量最多的当属露天石方开挖爆破（简称露天爆破）和地下掘进爆破（简称地下爆破）。露天爆破主要是采取风枪打眼浅孔爆破和钻机钻眼深孔爆破法，而洞室爆破仅限于前苏联和我国，但受环境、地质地形的限制以及它固有的缺欠，例如爆后岩石块度不均匀清方困难、爆后边坡地基不稳定、污染环境等，因此国内修建高速公路、建设核电站等，设计文件明文规定不允许实施洞室爆破，其应用范围受到制约，应用前景不被看好。鉴于此，所称谓的“露天爆破”泛指浅孔和深孔爆破。地下爆破主要是隧道（洞）和巷道掘进爆破。综上所述，本工法所指的工程爆破，其内涵为“露天爆破”和“地下爆破”。无论露天还是地下爆破，以往炮眼均“怕水”，所以施工时炮眼有水必须排出干净，此外，地下爆破，除煤矿外，其炮眼常采取无回填堵塞或仅用炸药箱纸壳捲成卷塞入炮眼口，简称隧道常规爆破；露天爆破作业，其炮眼用土或岩屑回填堵塞，简称露天常规爆破。而工程水压爆破是“爱水”的，炮眼有水不排出，无水还要注水，并用专用设备制作的“炮泥”代替土或岩屑回填堵塞。对于炮眼装药后先注水后用“炮泥”回填堵塞的工程爆破，称为“工程水压爆破”。

以往工程爆破，其炮眼一怕有水，二是人们还没考虑到利用水作“文章”。而工程水压爆破相对工程爆破的突破点就在于往炮眼中注入一定量的水并用特制炮泥回填堵塞，借以达到提高炸药能量利用率和保护爆破区域环境的目的，有这种作用和意义的工程水压爆破，实属“节能环保”工程水压爆破。

该项技术分两个省部级科技项目进行研究的，其一为“露天石方深孔水压爆破”，其二为“隧道掘进和城市露天开挖水压爆破”，分别于1997年和2002年通过了省部级鉴定，鉴定认为“在国内外首次提出的‘露天石方深孔水压爆破技术’，并在实践中取得了良好的爆破效果，具有创新性和实用性，为国际先进水平”；“‘隧道掘进和城市露天开挖水压爆破技术’实现了浅孔爆破的工艺技术创新，具有国内领先，国际先进水平。”

在研究和广泛应用该项技术的基础上，经分析总结形成本工法。

一、工法特点

往炮眼注入一定量的水并用专用设备制作的炮泥回填堵塞，这种新型的工程水压爆破与以往常规爆破相比，可以提高炸药能量利用率、提高施工效率、提高经济效益和保护环境，这是对常规工程爆破最显著的突破点创新点，也是本工法最主要的特点。

本工法的技术关键或称技术要点，包括三项内容：

1．炮眼注水工艺；

2．炮泥成分及制作工艺；

3. 炮眼中水袋与炮泥长的匹配，即最佳比例。

二、适用范围

本工法适用范围为铁路、公路、矿山、交通等建设中所进行的露天爆破开挖和地下爆破掘进。对于城镇石方控制爆破采用本工法除了节省炸药、加快施工进度等之外，而且能确保车辆、行人、设施安全和环境不被污染尤为重要。

三、施工工艺

1. 原理

对于工程爆破，无论地下还是露天爆破，其炮眼围岩破碎是由炸药爆炸产生的应力波和爆炸气体膨胀共同作用的结果。工程水压爆破与以往隧道爆破掘进炮眼无回填堵塞和露天爆破开挖炮眼仅用土回填堵塞相比，能充分发挥应力波和膨胀气体对岩石的破碎作用，其原理是：炮眼无回填堵塞，炸药爆炸在炮眼中传播的击波压缩空气而削弱，而由击波传递到围岩中的应力波相应也减弱，由于无堵塞，即无阻挡，膨胀气体很迅速从炮眼口冲出，削弱了膨胀气体进一步破碎岩石的作用。炮眼用土回填堵塞，土比较松散，也是可压缩的，只不过与空气相比压缩性小，但击波能量也受损失，也会削弱应力波对围岩的破碎，此外用土回填虽能对爆炸气体冲出炮眼有一定抑制作用，但会产生大量灰尘污染环境；工程水压爆破，由于炮眼中有水，在水中传播的击波对水不可压缩，爆炸能量无损失的经过水传递到炮眼围岩中，这种无能量损失的应力波十分有利于岩石破碎，此外，水在爆炸气体膨胀作用下产生的“水楔”效应有利于岩石进一步破碎，炮眼有水还可以起到雾化降尘作用；由于炮泥比土坚实、密度大、还含有一定水，抑制膨胀气体冲出炮眼口要比土好得多，而且大大降低灰尘对环境的污染。

2. 施工工艺

工程水压爆破与常规爆破相比，施工工艺主要区别或增加的内容是以下两方面。

（1）炮眼注水工艺。

往炮眼注水的工艺是，先把水装入塑料袋中，然后把装满水的塑料袋（称为水袋）填入炮眼所设计的位置中，即药卷与炮泥之间。塑料袋为常用的聚乙烯塑料制成，袋厚为0.8mm左右，浅孔爆破水袋直径35～40mm，长300mm，深孔爆破水袋直径比钻眼直径缩小2mm左右，水袋长800～1500mm。

（2）炮泥制作工艺。

炮泥是由土、砂和水三种成分组成。三种成分的重量比例是，土：砂：水为0.75：0.1：0.15。

炮泥制作是使用近来生产的PNJ－1型炮泥机，重310kg，外形尺寸1362mm×590mm×1293mm，一小时可制作长200mm、直径35～40mm的炮泥500多个。炮泥的加工过程是，首先把土、砂、水按照一定的比例人工搅和均匀，然后装入炮泥机进料仓，开动电钮，随后长圆形炮泥从出口徐徐压出，这时根据所需长度逐段切割，即炮泥制成。

深孔水压爆破，其炮泥成分及成分比同浅孔水压爆破一样，制作炮泥可仿照蜂窝煤制作方法，只不过不要“蜂窝”，即小圆孔。

工程水压爆破施工程序或称工艺流程类似以往常规工程爆破［见本工法执笔人撰写的“深孔松动控制爆破工法”（国家级工法）］，所不同的是前者炮眼装药后增加装水袋和炮泥回填堵塞两道程序（详见图1、图2）。

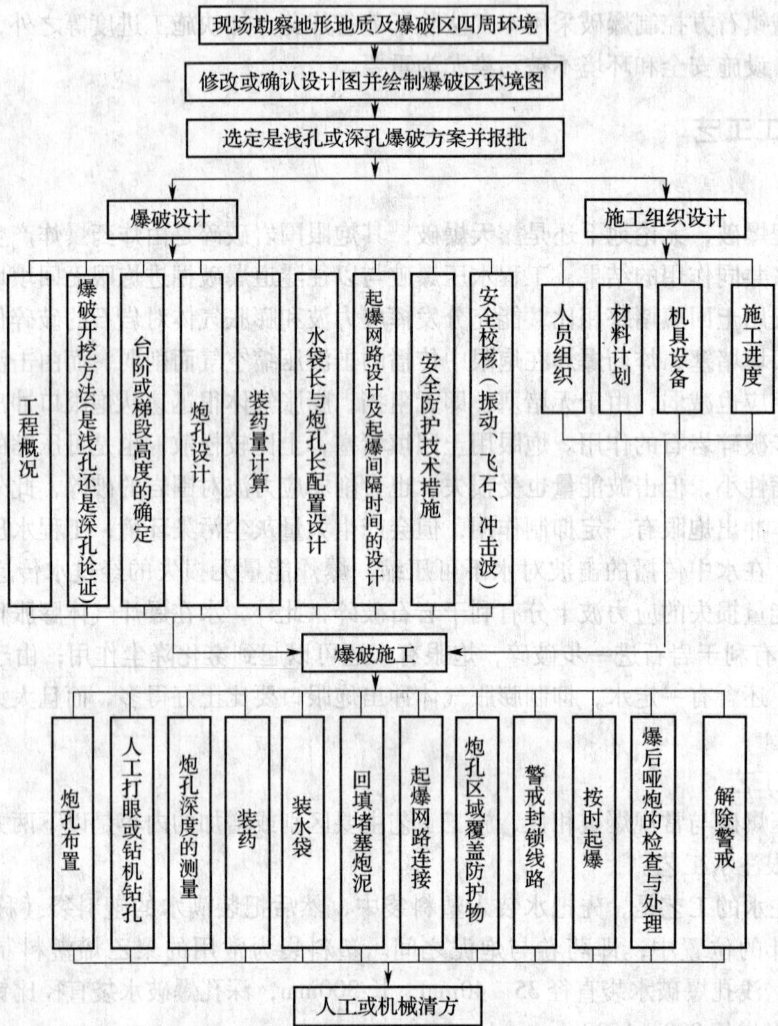

图1　露天水压爆破工艺流程图

(3) 爆破设计。

工程水压爆破与常规工程爆破相比，在爆破设计上增加的内容仅是炸药、水袋和炮泥在炮眼中的位置及长度比例的设计与计算。

工程水压爆破炮眼装药结构如图3所示，炸药长 l_1、水袋长 l_2、炮泥长 l_3 和炮眼深 L 的关系式：

$$L = l_1 + l_2 + l_3$$

式中　l_1 为常规工程爆破85%以下的装药量计算而得。$3/4 \leq l_2/l_3 < 1$

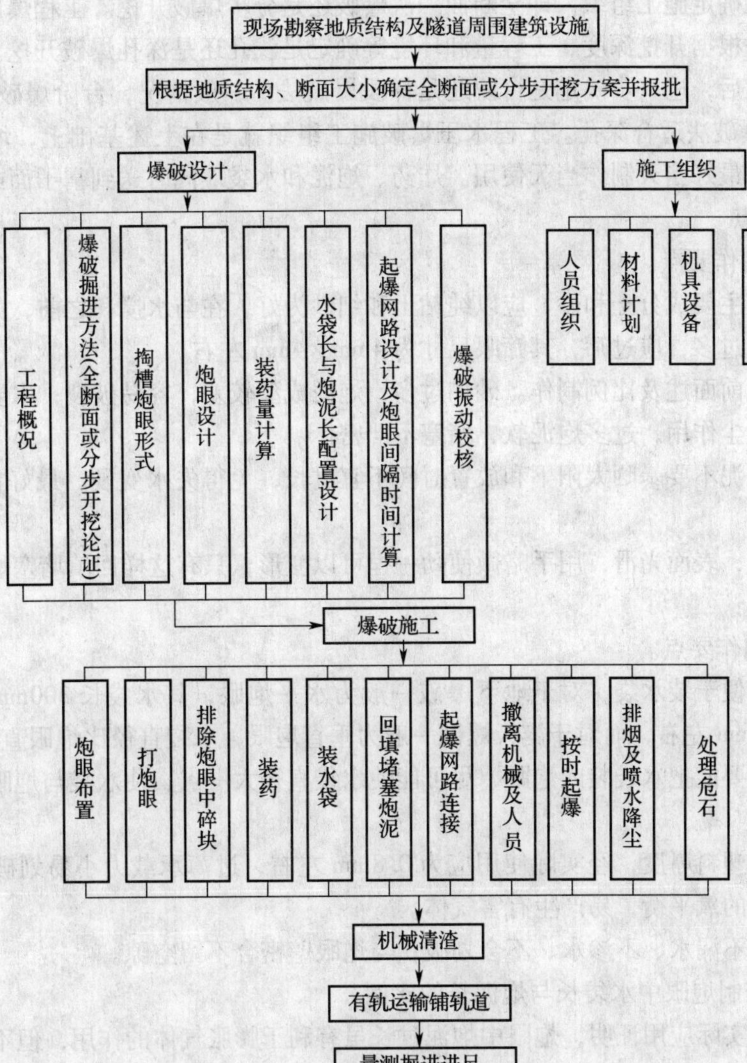

图 2　节能环保工程水压爆破工艺流程图

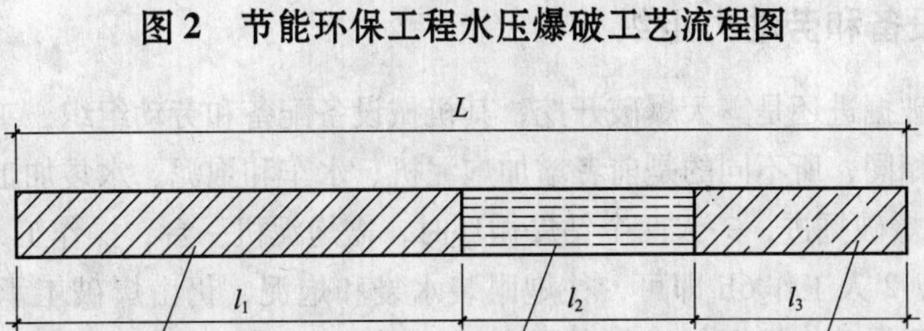

图 3　工程水压爆破炮眼装药结构示意图

4．施工组织

工程爆破中的隧道（巷道）爆破掘进，是根据开挖断面大小与长度、施工工期、现有的机械设备等而确定施工组织，即全断面一次爆破还是分步爆破开挖。工程爆破中的露天爆破施工组织，是根据开挖深度、工程量和环境等确定是浅孔还是深孔爆破开挖。无论确定是浅孔还是深孔之后，进一步确定是台阶还是梯段爆破法。一般情况，台阶爆破法适合浅孔，梯段（分层）爆破法适合深孔。工程水压爆破施工组织就是在上述基础上，增加组织炮泥和水袋的制作，最好当天制作当天使用。炸药、炮泥和水袋应同时送到掌子面或爆破工点。

5. 作业要点

（1）炮泥制作要点。

选取炮泥的主要成分土和砂，应以纯粘土和细砂为好，在与水搅和之前，如有小石块应捡出，如小石块过多，应过筛，其筛眼尺寸为 4mm × 4mm 左右。

炮泥应按照前面述及比例制作。砂如过多，炮泥成型较差，容易破裂；水要适中，过少起不到粘合和降尘作用，过多炮泥软，堵塞不严密。

制作好的炮泥不要暴晒太阳下和放置时间不宜过长，免得失水变硬，最好在使用前 1～2h 制作好。

合格的炮泥，表面光滑，用手略微使劲一捏可以变形，只有这样回填堵塞炮眼才严密和避免产生灰尘。

（2）水袋制作要点。

为了往炮眼便于装水袋，对于地下爆破一般为水平炮眼，其水袋长 300mm，水袋直径小于炮眼直径 3mm 左右，而对于露天爆破一般为垂直炮眼，水袋直径比炮眼直径小 2mm 左右。一句话，只要能把水袋装入炮眼，尽可能使水袋直径大一点，使水袋与炮眼壁密合不留空隙。

对于水袋的塑料厚度，经实际使用应为 0.8mm 左右，过薄承载力小易划破易变形，过厚影响炸药爆炸的氧平衡，易产生有害气体。

合格的水袋不漏水、不渗水、不会划破，与炮眼壁密合不留空隙。

（3）严格控制炮眼中水袋长与炮泥长的比例。

理论研究和实际应用证明，炮眼中炮泥过长虽有利于膨胀气体的作用，但不能充分发挥应力波的作用，反之，炮泥过短，虽有利于应力波的作用，但不能充分发挥膨胀气体的作用，而且出现“冲炮”产生飞石。鉴于此，炮眼中水袋长与炮泥长应处于最佳比例。

四、机具设备和劳动力组织

无论隧道爆破掘进还是露天爆破开挖，其机械设备配备和劳动组织，工程水压爆破与常规工程爆破基本相同，所不同的是前者增加炮泥机、水车和炮泥、水袋加工人员。隧道全断面（$60m^2$左右）爆破掘进，一天两个钻爆循环时，需炮泥机一台，操作工人 2 人工作 2～3h 即可，水袋加工，2 人工作 6h 即可，往炮眼装水袋和炮泥，仍由爆破工承担，无须增加劳力。露天浅孔水压爆破，根据每天（只限白天）爆破方量多少确定炮泥机数量和劳力，如每天爆破 $800m^2$，眼深 2m，计打眼 400 个左右，只需一台炮泥机，2 人操作工作 4～5h，水袋加工，2 人工作 8h 即可保障供应。露天深孔水压爆破使用的炮泥，目前还没有专用设备，人工制作，需劳力 2 人，由于水袋长，相对隧道和浅孔爆破数量少，利用水车在工点就近加工制作，方便，时间短，由爆破工承担，也无须增加劳力。

五、质量标准

1. 炮眼利用率97%以上，露天爆破无石坎。

2. 爆后岩石破碎均匀，隧道爆破岩石粒径比常规爆破缩小25%，露天浅孔水压爆破大于80cm的岩石比常规爆破下降44%以上，露天深孔水压爆破无须“改炮”。

3. 隧道爆破爆堆抛散距离比常规隧道爆破缩短21%，露天爆破岩石原地松动破碎。

4. 粉尘含量，隧道爆破降低42.5%，露天爆破降低92%。

5. 爆破振动速度降低21%。

6. 露天爆破无飞石、无噪声（指城市允许噪声标准以下）。

六、安全措施

工程水压爆破除按本工法执笔人已撰写的“深孔松动控制爆破工法”和“电气化铁路既有线扩堑石方控制爆破安全快速施工工法”（1999~2000年度国家级工法）中的安全措施进行施工外，针对本工法的特点，为确保安全施工，需增加的安全措施为：

1. 严格控制炮眼中炮泥长度

为了避免炮眼发生“冲炮”，炮眼中炮泥的长度绝对不能过短。露天开挖水压爆破，为杜绝个别飞石的出现，其炮泥堵塞长度必须大于炮眼中水袋长度，应控制水袋长与炮泥长之比为3/4左右为宜。露天开挖水压爆破相对于隧道掘进水压爆破控制飞石要严格得多，但后者为了缩短钻眼台车和有关机具设备撤离掌子面的距离（与常规隧道爆破相比，可缩短20%以上），炮眼中水袋长与炮泥长之比应控制为小于1。

2. 杜绝水袋出水

工程爆破常使用2号岩石硝铵炸药，遇水拒爆。为了避免出现这种现象，水袋不能漏水、渗水，也不能划破。如出现这种现象，应按常规工程爆破的方法处理哑炮。

七、经济效益分析

露天爆破，其中浅孔水压爆破，节省炸药费和装车费（岩石爆破破碎，装车效率高）为22%以上，深孔水压爆破，节省爆破费用24%以上。

隧道掘进水压爆破，节省炸药费19%以上，节省人工费、机械费9%。我国铁路隧道近几年以200公里速度增长（新华社重庆10月22日电　记者朱沼德），如按歌乐山隧道采用水压爆破每延米可节省170元的保守数字计算，仅铁路隧道爆破每年增加200km可节省3400万元：如按歌乐山隧道采取水压爆破掘进740.1m可节省20个钻爆循环，那么增建200km隧道可节省5400个循环。

八、工程实例

节能环保型工程水压爆破在隧道爆破掘进和露天浅孔和深孔爆破的应用实例如下：

1. 隧道掘进水压爆破

在渝（重庆）怀（化）线歌乐山隧道进行水压爆破实际应用之前，施工单位是采取炮眼无回填堵塞爆破方法（简称常规爆破法），楔形掏槽光面爆破全断面开挖，掘进炮眼深3.8m，其爆破效果是：每循环进尺多数为3.3m，少数为3.5m，炮眼利用率为86.2%；

每 m^3 岩石用药量 1.25kg；爆堆长度 27.9m，岩石破碎不均匀有大块；爆破后掌子面粉尘浓度平均为 16mg/m^3。

在歌乐山隧道出口实际应用水压爆破的基本条件是，其炮眼参数与常规爆破一样，只对每个炮眼减少一卷药，此外炮眼中水袋长与炮泥长为 3/4 左右。从 2002 年 6 月至隧道贯通始终进行水压爆破的实际应用，累计共进行 200 个循环，每个循环平均进尺 3.7m，炮眼利用率 97.4%；每 m^3 岩石用药量 1.04kg；爆后岩石均匀无大块；爆堆抛散距离缩短 6m，爆后掌子面粉尘浓度降低 42.5%。

2. 露天开挖浅孔水压爆破

重庆闹市区较场口轻轨工程中的基坑爆破开挖，自开工至 2002 年 5 月底，采取常规浅孔爆破，即用土回填堵塞炮眼。常规爆破台阶高度为 2m，垂直打眼深 2.2m，炮眼排距 1m，眼距 1.2m，每个炮眼装药量 0.6kg。爆破后岩石块径大于 80cm 的占总体积的 30%～45%，机械挖装较慢；经测试，粉尘增量为 8.5mg/m^3，振速为 1.1cm/s。

实施的水压爆破与常规爆破炮眼参数、起爆方法等一样，所不同的是：减少装药 15%；炮眼中水袋长 0.65m；用炮泥代替土回填堵塞，炮泥长 0.9m。自 2002 年 6 月至爆破开挖完，采取水压爆破石方 9.5 万 m^2，其爆破效果与常规爆破相比有明显改善：爆后岩石块径超过 80cm 的占 15%～25%，机械挖装明显加快；经测试，粉尘增量为 0.67mg/m^3，振速为 0.91cm/s；无飞石，无噪声（低于城市允许噪声标准）。

3. 露天深孔水压爆破

在北京密云铁矿所进行的露天深孔水压爆破与常规深孔爆破（仅同土回填堵塞炮眼）实际应用对比包括四项内容：深孔水压爆破体积不耦合装药结构与常规深孔爆破的对比，其有关参数见表 1；深孔水压爆破体积和孔径不耦合装药结构与常规深孔爆破对比，其参数见表 2；一次起爆多排孔径不耦合装药结构与常规深孔爆破对比，其参数见表 2；一次起爆多排体积不耦合装药结构与常规深孔爆破对比，其参数见表 3，其一次起爆 45 个炮眼（水压爆破 12 个）分布见图 4。

表 1　体积不耦合装药结构

爆破时间	试验内容	爆区名称	梯段高度(m)	孔数(个)	单孔药量(kg)	单耗(kg/m^3)	不耦合系数 K_1	炸药种类	充水方式	堵塞长度(m)
1995.7.16	体积不耦合装药结构	常 1	12.5	43	600	0.892	1.00	乳化	—	6
		水 1		3	540	0.803	1.19	乳化	积存	5
		水 2		3	510	0.758	1.28	乳化	水柱	5
1995.7.20	装药量为常规爆破的 70%、80%	常 2	12.5	35	660,360	0.948,0.521	1.00	乳化,铵油	—	6.7
		水 3		5	540,285	0.771,0.407	1.36	乳化,铵油	积存水柱	5
		水 4		8	480,255	0.685,0.364	1.58	乳化,铵油	外加水柱	5
1995.8.3	装药量为常规爆破的 80%、75%	常 3	12.0	41	600	0.892	1.00	乳化	—	6
		水 5		2	480	0.714	1.36	乳化		5
		水 6		3	450	0.670	1.46	乳化	外加水柱	5

注：①孔径均为 250mm，孔网参数为 14m×4m，均为梅花布孔排间微差起爆网路；地质条件均为片麻岩混杂磁铁石英岩。

②表格中的两种数据分别对应于乳化炸药和铵油炸药，其余均为乳化炸药。

③K_1 =（孔深 - 堵塞长度）/装药长度。

表 2　体积与孔径不耦合装药结构

爆破时间	试验内容	爆区名称	孔数（个）	单孔药量（kg）	单耗（kg/m^3）	不耦合系数 K_1,K_2	炸药种类	充水方式	堵塞长度（m）
1995.8.10	体积与孔径不耦合装药结构	常 4	42	600,400	0.857,0.571	$K_1=1.00$	乳化，铵油	—	6
		水 7	3	480	0.686	$K_1=1.36$	乳化	外加水柱	5
		水 8	3	315	0.450	$K_2=1.25$	铵油	外加空隙	5
1995.8.13		常 5	36	600,400	0.857,0.571	$K_1=1.00$	乳化，铵油	—	6
		水 9	3	480	0.686	$K_1=1.36$	乳化	外加水柱	5
		水 10	3	315	0.450	$K_2=1.25$	铵油	外加空隙	5
1995.8.28	多排孔孔径不耦合装药结构	常 6	36	600,400	0.857,0.571	$K_1=1.00$	乳化，铵油	—	6
		水 11	9	315	0.450	$K_2=1.25$	铵油	外加空隙	5

注：①应用试验的孔径均为 250mm，孔网参数为 14m×4m，均为梅花布孔排间微差起爆网路；地质条件均为片麻岩混杂磁铁石英岩。

②表格中的两种数据分别对应于乳化炸药和铵油炸药。

③K_1 =（孔深－堵塞长度）/装药长度。

④试验梯段高度均为 12.5m。

⑤K_1、K_2 分别为采取体积不耦合和孔径不耦合装药结构时不耦合系数。

表 3　多排炮孔体积不耦合装药结构

爆破时间	试验内容	爆区名称	梯段高度（m）	孔数（个）	单孔药量（kg）	单耗（kg/m^3）	不耦合系数 K_1,K_2	炸药种类	充水方式	堵塞长度（m）	起爆网路
1995.8.30	体积与孔径不耦合装药结构	常 7	12.5	40	600,400	0.853,0.568	$K_1=1.00$	乳化，铵油	—	6	方形布孔斜 1 起爆
		水 12		11	480	0.683	$K_1=1.36$	乳化	外加水柱	5	
		水 13		3	315	0.448	$K_2=1.25$	铵油	外加空隙	5	
1995.9.15	多排炮孔体积不耦合装药结构	常 8	10.0	36	480,320	0.853,0.569	$K_1=1.00$	乳化，铵油	—	6	方形布孔斜 2 起爆
		水 14		12	385	0.684	$K_1=1.45$	乳化	外加水柱	5	
1995.9.19		常 9	12.0	29	600,400	0.889,0.593	$K_1=1.00$	乳化，铵油	—	6	方形布孔斜 2 起爆
		水 15		12	480	0.711	$K_1=1.36$	乳化	外加水柱	5	
1995.9.30		常 10	10.0	33	480,320	0.853,0.569	$K_1=1.00$	乳化，铵油	—	6	方形布孔斜 2 起爆
		水 16		12	385	0.684	$K_1=1.45$	乳化	外加水柱	5	

注：试验炮孔孔径为 250mm，孔网参数为 7.5m×7.5m；地质条件为片麻岩混杂磁铁石英岩。

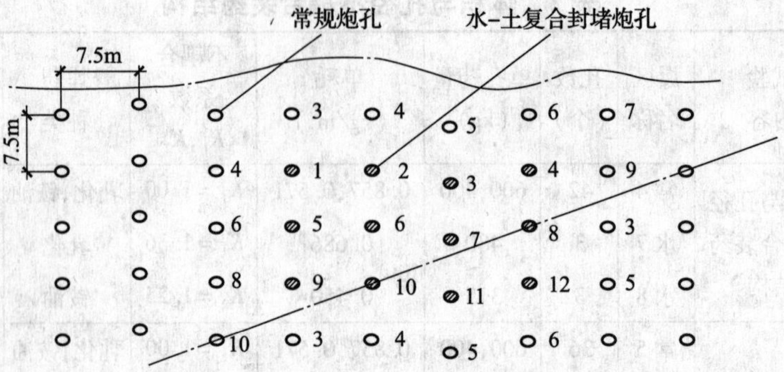

图 4　多排炮孔水－土复合封堵分布

实际应用的对比结果是：在达到常规深孔爆破同样爆破效果时，深孔水压爆破可节省炸药 20% ~25%；体积与孔径不耦合装药结构相比，爆破效果无差异；深孔水压爆破一次起爆多排炮眼与常规深孔爆破效果一样；深孔水压爆破与常规深孔爆破相比，减少了振动和减弱了爆破后冲效应，保护了矿山边帮稳定，此外，消除爆破一瞬间硝烟灰尘飞扬的现象。

建基物基底水平预裂爆破施工工法

YJGF 29—2004

中国核工业华兴建设有限公司

张卫兵　李新建　蒋雷龙　李付安　郭雪珍

随着国民经济的发展，许多矿山、水电站及核电站等大型基础建设相继投建。本着少占农田的原则，这些基建项目大多在山区，场平和基坑土石方爆破基础质量要求高。本工法在江苏田湾核电站一期土石方负挖工程、排水暗沟基坑开挖工程和二期预负挖工程和岭澳核电站二期负挖工程中得到应用和总结，通过了专家组鉴定，同时获得了中国核工业建设集团公司科技进步三等奖和江苏省省级工法。因其爆破后底板平整美观，又对基底破坏性和超挖量达到最小，既能确保高质量要求，又能减少后续混凝土的找平工程量，因此具有良好的经济效益和社会效益。

一、特点

1. 按照设计要求一次爆破至基底设计标高，减少了爆破次数。
2. 爆破后的基底平整度质量高，减少了坑坑洼洼高低不平的现象。
3. 对基岩底板造成的裂纹和松动少，保证了基础的完整性和整体性。
4. 爆破后底板岩石超挖量比找平爆破减少 45% ~60%，减少了底板后期注浆处理或混凝土填补量，大大降低了后期工程造价。
5. 每循环进深为 3 ~4. 5m。
6. 与常规细部找平爆破相比，单位立方施工成本约减少 3%。

二、适用范围

本技术不仅适用于核电站的负挖施工，也适用于民用工程的土石方场地平整、基坑开挖等所有对基础底板质量要求高的岩石爆破，特别是大区域的基底爆破施工，采用此法更为突出。

三、工艺原理

参照边坡预裂爆破施工的基本原理，将临近边坡的缓冲层替换成水平保护层，将竖向预裂孔替换成水平预裂孔，对于预留垂直保护层采用浅孔小台阶垂直孔加水平预裂孔一次爆除法。爆破时水平预裂孔先爆破，这样一来在保护层与基底岩石之间一条水平裂缝，使主爆的爆破应力波传到预裂缝时被反射掉一部分，透射到底部岩体中的应力波强度减少，从而达到减震的目的；另一方面预裂缝切断爆区传来的裂缝，避免其伸入底部岩体，达到保护岩体不被破坏。

四、工艺流程及操作要点

1. 保护层的预留

在基坑最后一层爆破开挖时，为保证基坑底板岩石完好性，满足场平高质量的要求，避免超爆超挖和对基底产生破坏性裂纹和松动，采用预留保护层，即基坑下部梯段的钻孔工作面应比基坑设计标高高出的厚度。根据梯段爆破经验，保护层上方的施工梯段上的钻孔装药直径不大于60mm，梯段高度不大于4m，预留保护层的厚度按上部梯段竖向孔药卷直径的30～40倍留设，见图1。

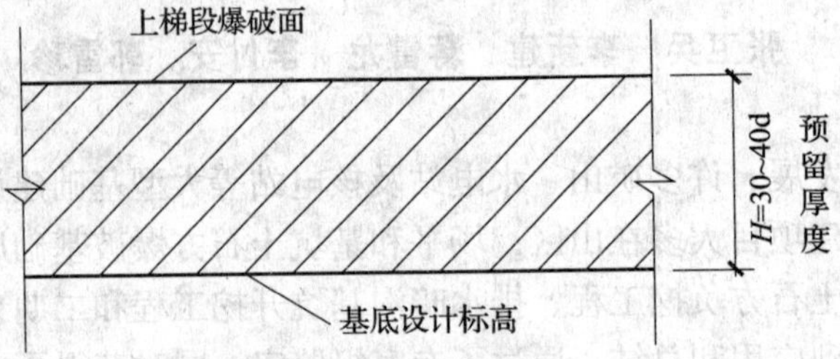

图1　基底保护层预留示意图

2. 保护层水平预裂

预留垂直保护层采用浅孔小台阶垂直孔加水平预裂孔一次爆除法。水平预裂保护层一次爆除法沿用了边坡爆破基本原理，爆破时水平预裂孔先爆破在建基面上形成一条水平裂缝，然后用毫秒雷管分段有序起爆建基面上部预留保护层上的垂直孔，并使水平预裂孔与垂直爆破孔的起爆时间不小于100ms，垂直面与水平面均有预裂孔时，水平预裂孔先爆破，从而形成平整的底板面。

3. 上部台阶爆破

上部台阶垂直炮孔底部距水平预裂孔预留不少于炸药的殉爆距离$25Q^{1/2}$，采用孔径为ϕ42mm的风钻密集钻孔、少装药进行一次性爆除（见图2）。

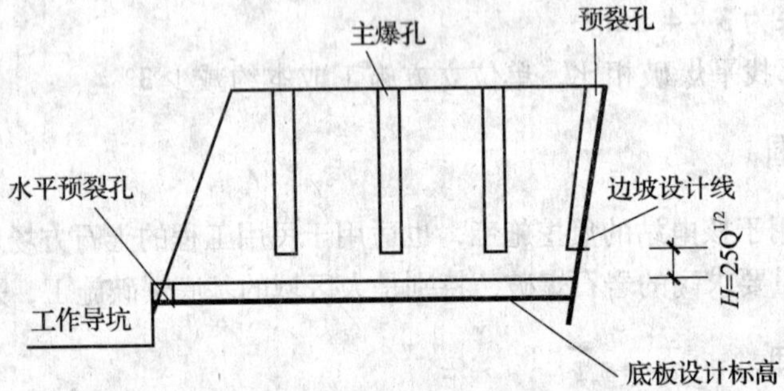

图2　主爆孔、预裂孔、水平预裂孔三者关系图

4. 工艺流程图（见图3）

5. 操作要点

（1）清理孔位工作面。

按照每次爆破设计区域的范围，在放样钻孔前要清除开挖区一定范围内的浮渣和杂物，确保有效孔的实际深度，同时又确保满足凿岩机不产生滑移。

（2）测量放样。

对每次爆破区域先根据地形、地质的实际情况进行爆破设计，确定好技术参数。然后按设计测放出工作面的位置，再按设计要求在工作面布设孔位、孔深及角度，并做好记录，交给钻机手一份，以便随时核对。

（3）凿岩机钻孔。

①钻孔时，孔口周围碎石、杂物等应清除干净，对孔口岩石破碎不稳固段用泥土进行维护，避免孔口形成喇叭状，钻孔结束后用袋子塞孔。

②严格控制预留上部台阶垂直炮孔与底部距水平预裂孔距离，确保单孔药量的殉爆距离。

③严格控制水平预裂孔的深度和角度，炮孔底部低于底板设计标高5~10cm，作为工作导坑。

④若发现孔位和深度不符合设计要求时，要及时补孔或透孔。

⑤钻孔方向朝底板下方有一定的倾斜角度，在软岩中倾角可偏小些，在硬岩中倾角可偏大些。

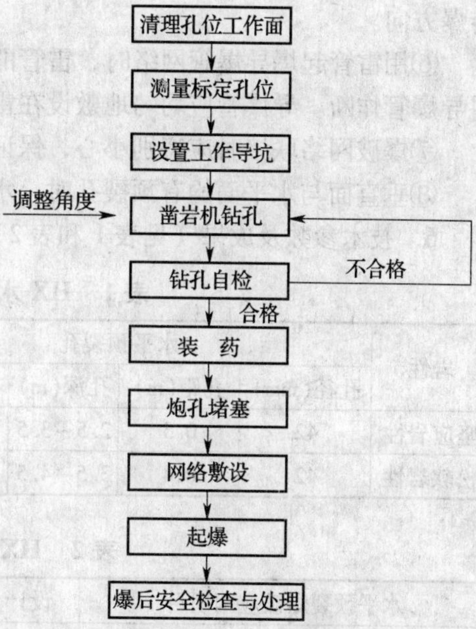

图3 工艺流程图

（4）装药。

①装药前要检查孔内有无积水和水的深度，检查孔深和角度是否符合设计要求。

②装药时要严格按设计装药量进行装药。

③装药过程中如发现堵孔时，应立即停止装药并及时处理。可用竹竿处理，严禁用钻具处理已装过药的孔。

④水平预裂孔采用不耦合间隔装药，将药卷串绑扎在竹片上，再插入孔中，竹片置于孔的底侧。

⑤水平预裂孔装药间隔距离要按照设计要求均匀分布。

⑥水平预裂孔采用低爆速炸药。

（5）堵塞。

①预留层主爆破孔堵塞材料采用粘土。

②边堵塞边用炮棍压实堵塞材料，确保堵塞密实。

③堵塞长度应严格按照设计要求保证堵塞长度，严禁不堵塞爆破。

④水平预裂孔采用柔性材料填塞。

（6）网路敷设及起爆。

①网路敷设应按设计要求进行。同一工作面的导爆管必须是同厂同批号产品。导爆管网路不得有死结，孔内不得有接头。

②爆破网络的联接必须在工作面的全部炮孔（或药室）装填完毕和无关人员全部撤离至安全地点后，由工作面向起爆站依此进行，两线的节点应至少错开10cm，节点必须牢固，绝缘良好。

③导爆索起爆网络应采用搭接、水手接等方法联接。搭接时两根导爆索的长度不得小于15cm，中间不得夹有异物和炸药卷，捆绑应牢固。支线与主线的传爆方向的夹角不得大于90°。

④导爆索网络除连接时的水手结外，禁止打结或打圈。交错敷设导爆索时，应在两根导爆索之间放一厚度不小于10cm的垫块。

⑤起爆导爆索的雷管应绑紧在距离导爆索端部15cm处，雷管的集中穴应朝向导爆索的传爆方向。

⑥用雷管起爆导爆管网络时，雷管的集中穴应反向导爆管的传爆方向，避免雷管引爆时将导爆管炸断。导爆管应均匀地敷设在雷管周围，并用胶布捆扎牢固。

⑦爆破网络联接时应特别小心，保证网络不挤压、拉断等破坏。

⑧垂直面与水平面均有预裂孔时，水平预裂孔先响。

6. 技术参数及成果（见表1和表2）

表1　HX水平预裂爆破技术参数表

岩性	水平预裂孔				垂直辅助孔			
	孔径(mm)	孔距(m)	孔深(m)	q线(kg/m)	孔径(mm)	孔距(m)	排距(m)	单耗(kg/m^3)
坚应岩性	42	0.5	2.5～3.5	0.45	42	1.5	1.0	0.5～0.6
松软岩性	42	0.4	3.5～4.5	0.3	42	1.5	1.5	0.35～0.5

表2　HX水平预裂爆破成果表

水平预裂爆破应用项目	设计允许超挖值（cm）	实际超挖值（cm）	备　注
江苏田湾核电站一期负挖工程	20	8～14	岩性完整
江苏田湾核电站二期预负挖工程	20	9～16	岩性较完整
岭澳核电站二期负挖工程	40	12～32	裂隙发育

五、材料及机具设备

1. 主要材料（见表3）

表3　主要材料表

材料名称	规格型号	备　注
乳化炸药	ϕ32mm、ϕ20mm	具体数量视当班工程量的大小确定
雷管	非电	
导爆管		
导爆索		
竹片	较直	

2. 机具设备（见表4）

表4　机具设备表

设备名称	规格型号	备　注
全站仪	Leica	1台
水准仪	Leica	1台
空压机	10m^3	具体数量视工程量大小及工期确定
风动凿岩机	YT28	
钻头	ϕ42mm	
钻杆	1.0m、2m、3.0m、5m	

六、劳动力组织（见表5）

表5　劳动力一览表

岗　位	人　数	职责范围
爆破队长	1	负责工程施工管理
爆破技术员	1	负责技术，资料整理
测量员	2	负责开挖边线及孔位位置
凿岩机司机	2人/台	负责钻孔
爆破员	1~2	负责装药、放炮及安全警戒
质检员	1	负责各工序的质量检查
安全员	1	负责安全监督检查
保管员	1	负责火工材料的保管
辅助人员	2~4	配合生产人员工作

七、安全管理

1. 贯彻落实“安全第一，预防为主”的方针，以现代管理为手段，以落实各级安全生产责任制，实行全员参加的全方位、全过程控制，强化安全教育，提高安全意识，加大监督力度，确保安全生产。

2. 配备专职安全员，履行安全检查的权利责任，发现问题及时解决，建立施工现场安全巡查日志和检查制度。

3. 制定现场安全生产的措施，对施工安全生产实行全方位的控制。

4. 爆破时指定专人负责，组织实施，涉爆人员一律持证上岗。使用爆炸物品要严格执行领、发和退库制度。

5. 爆破必须有专人指挥，事先设立警戒范围，信号标志，并派出警戒人员至各通道，警戒人员提前半小时上岗并保持和爆破指挥的联系。起爆前要进行检查，必须待施工人员、过往行人、车辆全部避入安全地点后方准起爆。

6. 爆破后5分钟后方准备进场进行爆破效果检查，确认无哑炮后才撤除警戒命令。如发现哑炮要继续警戒，并派熟练爆破员进行哑炮的排除。

八、质量要求

1. 孔网参数允许偏差要求如表6。

表6　孔网参数允许偏差

项　目	技术指标	检验方法
孔距	-5cm，+5cm	钢卷尺检查
孔深	-10cm，0	测绳检查
角度	-0.5°，0°	量角仪检查

2. 如对于建筑物基底有设计要求，必须满足设计要求。

3. 施工过程中要遵照《爆破安全规程》(GB 6722—2003) 要求进行控制。

4. 施工质量标准应符合国家标准《建筑工程施工质量验收统一标准》(GB 50300—2001)、《土方与爆破工程施工及验收规范》(GBJ 201—83) 中有关条文的规定。

5. 施工前进行详细全面的技术交底，使职工全面掌握工序的施工要点，注意事项及质量标准，严格执行施工规范中的要求。

6. 建立健全质量责任制。把质量管理过程中的每项具体任务和责任落实到项目每个部门，每个班组和每一个人身上，使质量工作事事有人管，人人有岗位，办事有标准，工作有考核。

7. 施工员要认真组织实施，检查指导各工序，做到精心操作，确保施工质量。

九、效益分析

1. 基底水平预裂爆破工艺在国内核电负挖工程中首次应用，通过了专家委员会的鉴定。并在我公司承建的江苏田湾核电站一期负挖工程、减震沟和排水暗沟开挖工程、二期预负挖工程、岭澳核电站二期负挖工程中得到广泛的推广和应用，未出现任何安全事故，质量和进度均满足业主的要求，并取得了良好的经济效益和社会效益。

2. 与常规找平底板爆破相比较，基底水平预裂爆破每次爆破每循环长度为 3 ~4. 5m，但无须进行多次重复爆破，并且两者施工成本相差不大。水平预裂爆破技术的应用，减少了基坑底板的超挖，保证了建筑物基底的平整度。经统计分析与国内其他核电站负挖工程比较，其超挖量减少 40% ~65%，大大减少了底板混凝土的填补量，降低了工程造价；同时减少爆破震动对底板造成破碎和增加裂纹的危害，提高了核岛运行和大型建筑物基础安全的可靠性。

3. 因此水平预裂爆破技术的应用不仅克服了容易超挖的现象，同时在所有爆破技术中对建筑物的底板破坏最小。既节约了工程的投资，又提高了工程质量。

十、工程应用实例

工程实例一：1998 年 12 月 ~1999 年 11 月应用于江苏田湾核电站一期负挖工程。该工程位于江苏省连云港市连云区田湾村，土石方爆破开挖量为 87 万 m^3，开挖面积为 46000m^3，有 42 个不同的开挖标高，施工难度大。基底水平预裂爆破首次采用，最大超挖 14cm（允许 20cm)，节约混凝土找平量 6870m^3，降低造价 173 万元，获得良好的经济效益和社会效益。

工程实例二：2000 年 2 月 ~2002 年 5 月应用于江苏田湾核电站减震沟和排水暗沟开挖工程。该工程位于江苏省田湾核电站厂区内，土石方爆破开挖量为 14 万 m^3，为沟槽爆破，最大底宽 30m。通过水平预裂爆破应用，最大超挖 13. 8cm（允许 20cm)，节约混凝土找平量 1600m^3，降低造价 40 万元。

工程实例三：2003 年 8 月 ~2004 年 3 月应用于江苏田湾核电站二期预负挖工程。该工程位于江苏省连云港市连云区田湾村，土石方爆破开挖量为 78 万 m^3，开挖面积为 42000m^2，现已施工完成。底部裂纹少，效果良好。

工程实例四：2004 年 8 月 ~2005 年 6 月应用于岭澳核电站二期负挖工程。该工程位于大亚湾核电站内，土石方爆破开挖量为 34 万 m^3，开挖面积为 20000m^2，现已施工完成。底部裂纹少，效果良好。

常规找平爆破及水平预裂爆破效果见图4～图6。

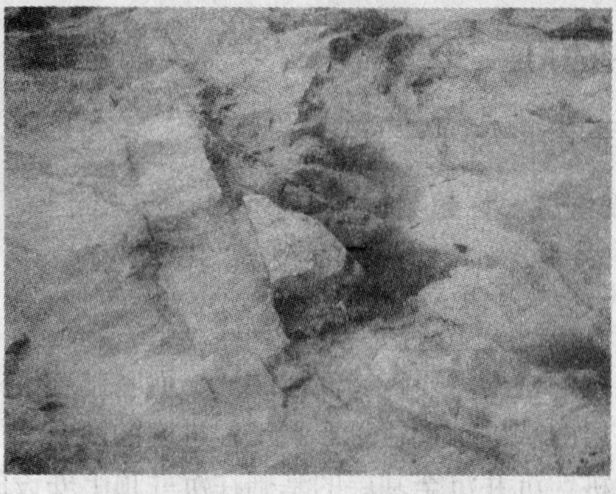

图4　基底常规爆破效果图

图5　基底水平预裂爆破效果图（一）

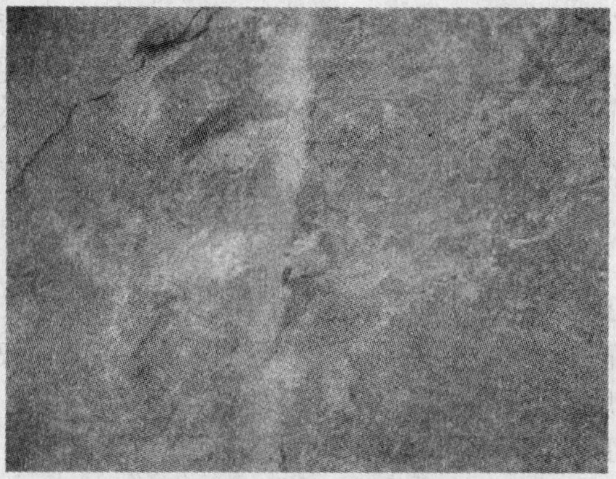

图6　基底水平预裂爆破效果图（二）

双壁钢围堰无导向船下沉施工工法

YJGF 30—2004

中铁十二局集团有限公司

崔耀华　张复平　贾国盛　许超英

前言

随着我国桥梁建设突飞猛进的发展，越来越多的桥梁需要跨越江河湖泊，而基础施工中传统采用的钢板桩围堰钻孔桩基础和沉井沉至基层的基础，存在着影响工程进度的两个薄弱环节，一是钢板桩围堰钻孔桩基础采用单层钢板桩，沉井沉至基层的基础在沉井顶上安设的防水围堰，一般强度较小，围堰内抽水工序的安排受到施工水位的限制，二是沉井基础嵌入岩层清除风化岩的清基工作非常费工费时，特别是在深水急流中工程进度直接制约着整个基础的安全渡洪。相比而言，双壁钢围堰钻孔桩基础采用双壁钢围堰防水结构，该结构吸收了上述两种施工结构的优点，实质上就是一个圆形浮式井筒和防水围堰结合起来的施工结构，能够承受较大的向内或向外的水压力，一般情况下基础施工工序的安排不受外界水位变化季节的影响。该成果获总公司科技进步二等奖，在此基础上我们进一步总结形成本工法。

一、工法特点

1. 在深水急流中可在较短的时间内修建一个深水桥墩。双壁钢围堰能够承受较大的水压力，可以尽可能地提高抽水水位，做到全年都可抽水施工，从而使基础施工各个工序能够紧密衔接，加快施工进度。

2. 施工十分安全可靠，双壁钢围堰结构为浮式沉井，既便于浮运就位又能够承受较大的水压力，还可以克服下沉时底部翻砂的弊病，而且围堰吸泥下沉就位时间短，施工安全。

3. 由于取消了庞大的导向船、联结梁体系等，锚碇系统所承受的风力和水流作用力大大减少，从而简化了锚碇设备的配置与施工。

4. 围堰结构简单，设计快，制造、拼装简便，工序单一。

5. 与过去惯用的导向船、联结梁体系相比，简化了施工工序，加快了施工进度，节省了钢料和水上设备，降低了工程成本。

6. 在同一工程相同结构的施工中，可采用单一的施工方法，从而减少施工设备的投入，同时也便于施工管理。

二、适用范围

特别适用于通航条件要求高，施工区域狭窄，砂粘土及卵石土地层，无法设置导向船的水上施工项目，同时也适用于江河湖泊深水的施工作业。

三、工艺原理

双壁钢围堰由内外两板壁组成，板壁间以刚性支撑予以连接，由于两板壁之间为空腔，底部以环形刃脚封闭，使其具有自浮能力，在底节处于浮起的情况下可以根据设备起重能力逐节加高板壁，在空腔内注水配重并通过吸泥机吸泥促使其下沉，直至将钢围堰下沉至设计指定位置，并通过灌注水下封底混凝土使其保持稳定，而后根据设计要求进行钻孔桩施工，钻孔平台可直接搭设在钢围堰顶面。

四、施工工艺

1. 工艺流程（见图1）

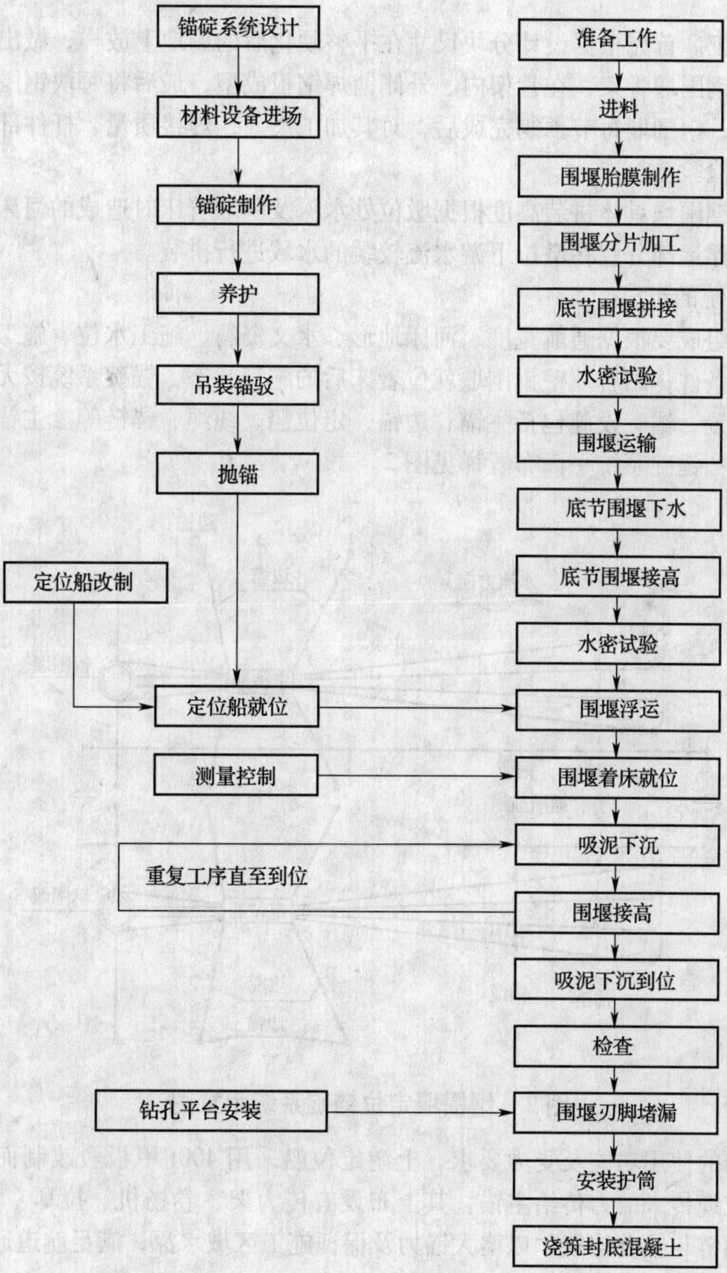

图1　工艺流程图

2. 施工操作要点

（1）双壁钢围堰加工。

①钢围堰设计。双壁钢围堰的设计主要按三种工况进行计算，一是钢围堰下沉阶段，二是钢围堰抽水阶段，三是墩柱施工阶段，另外还要综合考虑钢围堰的运输方式、浮吊起重能力、下沉施工工艺等因素，使其满足施工要求。钢围堰直径、高度要根据施工偏差、施工水位等因素确定，分节高度既要满足浮吊的起重能力，又要保证吊装刚度的要求。为便于调整围堰吸泥下沉产生的偏移和结构受力的需要，可将整个环形壁仓分为若干个封闭的隔水仓。

②钢围堰加工。首先根据设计分块尺寸在平整硬化后的场地上放样，做出钢围堰加工的胎膜，而后组焊钢围堰骨架，在骨架内、外侧铺焊钢板成型，最后将每块钢围堰拼装焊接即形成一节钢围堰，钢围堰每节预制完成后，对其加工尺寸，焊接质量，杆件部位进行全面验收并进行水密性检验。

底节浮运的钢围堰具体拼装高度根据墩位处水深及围堰着床时造成的河床冲刷及涌水高度确定，钢围堰浮运部分宜在墩位下游水流较缓的水域进行拼装。

（2）锚碇系统的组成。

锚碇系统的组成要根据通航宽度、河床地形、水文资料、施工水位、施工设备及水流与桥轴线的夹角等条件，结合双壁钢围堰就位着床后的施工状态，锚碇系统按无导向船下沉钢围堰施工方法设置，锚碇设施包括主锚、边锚、定位船、缆绳、锚链等。主锚、边锚全部采用钢筋混凝土锚；锚碇系统平面布置详见图2。

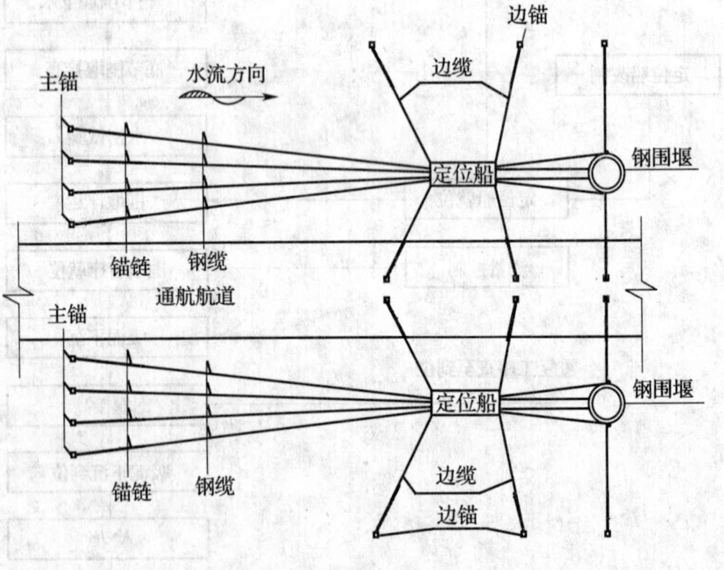

图2　钢围堰定位锚碇系统示意图

根据定位船的使用功能及受力要求，上游定位船采用400t甲板驳改制而成，主要作用是将钢围堰下拉缆传来的力传给主锚，其上布设有传力架、卷扬机、拉耳、主缆、边缆等。每根锚绳通过锚链与锚碇连接，以增大锚力及保证施工区域水深，满足航道通航要求。定位船平面布置见图3。

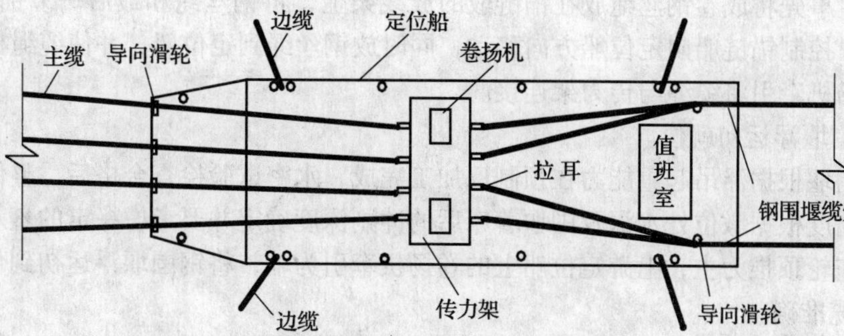

图 3　定位船平面布置图

(3) 锚碇系统的设计。

锚碇系统要综合考虑最高施工水位，锚位处的水深，墩位处垂线平均流速，不同水位时的水流流向，施工区域的风力情况，地质情况，水上设备的作业能力，航道部门的通航要求及水流流态等，而后通过计算确定出锚碇设施的结构大小。

(4) 锚碇系统的施工。

①测量控制。在大桥控制网的基础上，布设临时控制网，以便满足锚碇系统的施工需要。首先在岸边采用花杆从 3 个方向进行控制，便于抛锚浮吊及锚驳的初定位，待锚驳、浮吊到位后，由 3 台经纬仪采用前方交会法准确定出抛锚位置。

②锚碇预制。预制场地的选择要考虑浮吊的起重能力，吃水深度，最好选择在码头进行预制。锚碇采用 C20 钢筋混凝土锚，外形尺寸要根据锚位处的水深、设备起吊能力、自身稳定、制作方便等因素确定，为增加锚的锚着力，前端用钢板做成锯齿形。锚碇采用间隔预制法施工，锚碇强度达到设计强度后，用浮吊起吊装船。

③抛锚准备工作：

a. 对施工水域的水深，流速，流向进行全面的勘测，并绘制测深图、流向图以确定施工船只的航线。

b. 与当地航道、航务管理部门提前取得联系，办理好水上水下施工作业许可证及封航通告，并与业主、航道、航务、监理等有关单位就抛锚施工事宜进行分工，明确各方职责，确保抛锚施工期间通航和施工的安全。

c. 与上游水文、水电站管理部门及当地气象部门取得联系，选择在无大雾、无大风、无大水、无大雨、水电站不放水的情况下进行抛锚。

d. 用拖轮将运锚驳、浮吊顶推至锚位处上游 20m 处，分别利用自身铁锚抛锚定位。

e. 用拖轮将已加工好的定位船拖至桥轴线上游 80m 处，利用定位船自备铁锚抛锚，实现定位船初定位。

f. 在浮吊上将锚链根据设计要求分段整理成线，并将锚链与锚绳连接好。

④抛锚。各主锚抛锚顺序由岸边向江心逐步进行。用浮吊将锚链吊起与锚鼻联结在一起，系吊锚绳扣，将锚碇吊离锚驳临时存放在浮吊上，将锚链和锚鼻连接好，并系好两条缆风绳以便控制锚鼻方向。锚碇着床前用 3 台经纬仪交会测量受力状态下的吊钩位置，求算锚位，做好记录，符合要求后，采用自动脱钩方法脱钩。锚碇下放时要注意锚链跟随下落，以免锚链在河床成堆或改变锚鼻方向。

⑤带缆。事先将成卷钢丝绳放在锚链驳的放线架上，将钢丝绳和最后一节锚链连接好，用拖轮顶推，控制锚链船向定位船方向移动，同时放钢丝绳到定位船，并使缆绳松垂。通过定位船上卷扬机牵引将缆绳与传力架连接。

（5）钢围堰浮运初就位。

底节钢围堰根据浮吊起重能力在预制厂加工完成，水密试验检查合格后，整体吊装下水接高，接高高度根据墩位处水深及围堰着床后的冲刷深度确定并要考虑一定的壅水高度。钢围堰浮运以拖轮顶推为主，上游定位船上的卷扬机牵引为辅，将钢围堰浮运初到位。

（6）调缆准确就位。

将主缆、边缆逐根就位后，调直理顺边缆，实现定位船就位，使定位船纵向中轴线与桥墩横向中轴线重合，并通过滑车组逐根调整主缆，使各缆受力均匀，同样调整定位船与钢围堰之间的连接钢缆绳，加强钢围堰的测量。

钢围堰浮运到位后，通过两台全站仪主测控制，一台经纬仪辅助测量，当其轴线偏移在规范允许范围时，同时启动抽水机向壁仓内对称注水，使围堰均匀下沉。注水量的多少，以使第二节钢围堰接上后，便于施焊为宜。下沉到位后，如轴线偏移不符合规范要求，抽水浮起重新就位。

钢围堰着床就位检查合格后，将其与上游定位船及两侧边锚连接，利用传力架上的卷扬机牵引，通过滑车组逐根调整主缆，使各缆受力均匀。

（7）钢围堰吸泥下沉。

①吸泥设备的配置。吸泥机采用无缝钢管制作而成，管径根据吸泥下沉的地质情况确定，而空压机的配备则由吸泥所需的风压确定，一般吸泥所需的风压不小于0.95MPa。

②钢围堰吸泥下沉。因围堰着床后造成墩位处水流速度加大，水流方向紊乱，河床覆盖层冲刷严重，使围堰发生倾斜，所以吸泥的第一步工作就是将围堰顶面找平，而后从钢围堰中心开始吸泥，逐渐向四周扩散，使中间形成锅底形状，直至刃脚。吸泥下沉工程中要经常变化吸泥机的吸泥部位，每个部位的吸泥量不能过大，使钢围堰均匀下沉，同时要及时安排潜水员下潜，检查钢围堰刃脚四周的地质情况。

开始吸泥后测量队每天至少检查一次钢围堰位置，以便及时调整围堰偏位。当钢围堰刃脚已基本悬空且顶面高差、中心位置偏差符合要求，但钢围堰停止下沉时就要浇筑壁仓混凝土增加钢围堰重量以克服下沉摩擦力，混凝土浇筑时，要严格控制浇筑高度，尽量使每个壁仓混凝土浇筑到统一标高，使围堰均匀下沉。在下沉过程中，发现障碍物时，立即停止吸泥下沉，潜水进行详细勘察，摸清情况，分析原因，采取措施及时处理。

在吸泥下沉过程中，要注意钢围堰的干弦高度不能小于2m，并及时进行钢围堰接高，钢围堰接高采用浮吊分片吊装，置于前节钢围堰上，校正位置后，进行焊接。同时要坚持每天测量水位，定期测量流速，水下地形，墩位处冲淤变化和围堰的移动轨迹，做好原始记录，以便确定精确位置及下沉着床的有关技术参数。钢围堰吸泥下沉详见图4。

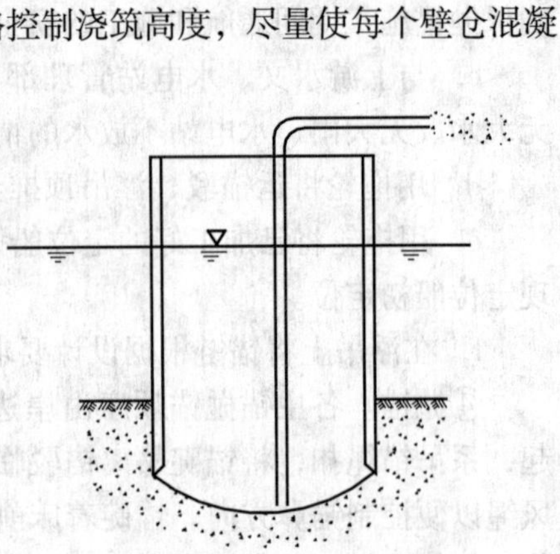

图4　钢围堰吸泥下沉示意图

围堰到达岩面后，经测量确认位置偏差在规范允许范围之内后，由潜水员下水对钢围堰刃脚四周及围堰底面进行触摸，做好记录，而后根据触摸结果及测深记录确定出护筒的下料长度，钢围堰上游刃脚处因水流冲刷较大，外侧抛填钢筋片石笼，内侧刃脚处由潜水员采用干硬性麻袋混凝土封堵，使围堰内部密封。然后进行吸泥清基，搭设封底混凝土平台，安设钢护筒进行水下混凝土封底。

（8）注意事项。

①定位船必须派专人值班，观测锚碇系统的变化，特别是在水位变化大，有风浪气候条件下更要加强观测，发现情况立即处理，并报告有关部门和人员，采取措施，及时解决。

②下沉过程中，要随时调整上游缆绳，调整围堰边缆，保持围堰在设计位置，平稳下沉。

③在围堰下沉过程中，所用设备较多，工作场地均为钢结构物，要注意所有电源及设备的接地零线的保护，严禁乱拉、乱接用电，保证工作场所的整洁和秩序，防止触电。

④特殊工作人员，要有岗位操作合格证，才能上岗作业。在临空位置配备救生圈，设置救生艇。

五、机具设备（见表1）

表1 机具设备

编号	名称	规格型号	单位	数量	作业性质及备注
1	拖轮	800ps/2.2	艘	1	主拖船
2	拖轮	500ps/1.8	艘	1	主拖船
3	工作船		艘	2	办公、生活、供电
4	交通船		艘	2	水上交通
5	浮吊	50t	座	1	起重作业
6	甲板驳	1000t	艘	3	装运围堰
7	甲板驳	400t	条	5	定位船、作业船
8	浅舱驳	250t	条	3	作业船
9	甲板驳	100t	条	1	发电机船
10	浅舱驳	60t	条	1	备修理电焊
11	螺杆空压机	英格索兰 $20m^3$	台	1	吸泥机动力源
12	吸泥机		套	3	抽吸围堰砂石
13	座台发电机	上海 120kW	台	4	装117船供电
14	履带起重机	长江 W－1001/15t	台	1	水上吊重安装
15	交直流弧焊机	ZXE1－500/35kVA	台	23	
16	轮胎装载机	柳工 ZL50C/$3m^3$	台	1	拌和站装料
17	计量拌和机	山东 JS500/800 配	套	4	岸装
18	混凝土输送泵	湖建 HBT60C/75kW	台	4	泵送混凝土
19	慢速卷扬机	重庆 JM－5/11kW	台	8	装定位船
20	卷板机	2000mm×6mm/5.5kW	台	1	加工厂
21	汽车吊	25t	台	1	加工厂
22	台式钻床	自贡 Z4016	台	2	加工厂
23	自动气割机		台	4	加工厂

六、劳动力组织（见表2）

表2 劳动力组织

序号	工种	人数	备注
1	指挥	4	施工组织管理
2	技术指导	8	施工组织设计、现场技术指导
3	测量工	5	定位、下沉测量工作
4	船员	68	拖轮、机动船、驳船管理、操作人员
5	安全员	6	现场、水上设备安全管理人员
6	电工	4	电力供应
7	浮吊司机	18	浮吊操作人员
8	机械司机	24	卷扬机、拌和机等操作人员
9	电焊工	68	钢围堰加工及接高
10	起重工	18	钢围堰吊装、接高及吸泥下沉
11	普工	32	配合施工
合计		255	

七、质量标准及质量控制

1．质量标准

（1）钢围堰底面平均高程符合设计要求。

（2）钢围堰最大倾斜度不得大于围堰高度的1/50。

（3）钢围堰顶、底面中心与设计中心在平面纵横向的位移均不得大于围堰高度的1/50与25cm之和。

2．质量控制

（1）钢围堰加工质量的检验按照国家有关标准组织验收，所有焊缝进行水密试验检验。

（2）钢围堰的着床就位质量直接关系吸泥下沉速度，要精确测量、精确定位。

（3）安排潜水人员潜水掌握围堰底部的地质情况，如有其他孤石、石梁等障碍物，要及时通过水下爆破等措施解决处理，封底混凝土灌注前，有潜水员将掉入围堰内的铁件捞出，以便钻孔桩的施工。

（4）锚碇系统的设计要有一定的安全储备，施工过程中要注意测量观察，及时调整各部位受力情况。

八、安全措施

1．成立以大桥建设指挥部和当地政府为首的，有航务、航道、建设、施工单位参加的大桥安全领导小组，负责桥区内岸线、水域的外界干扰问题的处理，组织制定和指挥实施紧急情况下的应急措施。

2. 成立以项目经理为组长，各有关职能部门负责人为成员的经理部安全领导小组，小组设专职安全员1人，负责检查安全制度，监督各种安全制度的执行。

3. 水上施工配备必要的安全设备，水上施工设施要有一定的安全储备，确保施工正常使用。

4. 抛锚作业时，必须充分做好各种准备工作，尽量缩短占用通航水域的时间。抛锚通知监港部门派出监航，维护航道秩序。

5. 水上施工，确保通讯联络畅通，如发现隐患，即时报告经理部领导和港监，作出果断的方法解决。

6. 凡是水上作业的人员，必须严格按照经理部制定的一切水上施工的安全措施。

7. 潜水作业时，严格遵守潜水安全操作规程。

九、效益分析

1. 在通航宽度要求较高的河段通过取消钢围堰导向船及下游定位船组织深水基础的施工，既满足了航道通航要求，保证了过往船舶的通航安全，又减少了施工船舶的使用。

2. 因取消了导向船、下游定位船等，仅需完成上游主锚、定位船、边锚即可开始钢围堰浮运，使锚碇系统的施工简便、快捷。

3. 取消墩旁龙门吊或桅杆吊，采用大吨位浮吊在墩旁进行吊装作业，充分发挥浮吊的灵活作战能力，加快施工进度，有效降低工程造价。

4. 以隆纳铁路泸州长江大桥一个桥墩基础施工为例，在施工中减少了下游定位船(400t驳船)、导向船（800t驳船)、锚链、锚绳、桅杆吊或跨墩龙门吊、锚碇系统、船舶进出场费等，可节约投资126万元。

十、工程实例

新建地方铁路隆纳铁路隆叙线泸州至纳溪段泸州长江大桥位于长江上游泸州河段，大桥全长1444.5m，主桥为（83.95+3×144+83.95）m一联五跨预应力混凝土连续刚构桥，水中1#、2#、3#墩均采用双壁钢围堰防水结构，大直径钻孔桩基础，双壁钢围堰内径20.2m，外径23m，2#、3#墩双壁钢围堰高度分别为17.5m、12.2m，施工水位为230.0m，河床标高为223.37~224.7m，河床卵石覆盖层较厚，卵石粒径多为8~10cm，少量为15~20cm，最大可达40~60cm，因河道弯曲及两岸山体和阶地钳制，水流流态较为复杂，洪水期洪峰暴涨暴落。业主及航道部门要求该段河道按上下行航道通航维护，通航宽度至少60m。

采用本工法施工，钢围堰吸泥下沉到位后，各项偏差符合规范要求，其中2#墩锚碇系统于2000年12月23日开始施工，2001年6月14日墩身施工出水面。3#墩锚碇系统于2000年12月19日开始施工，期间由于地质原因未能完成钻孔桩施工，在完成了部分桩基施工后，保证了钢围堰完全度讯，于2002年3月6日墩身施工出水面。1#墩采用先筑岛施工桩基，而后下沉钢围堰的施工方法。从三个墩采用双壁钢围堰无导向船下沉施工效果看，能够保证围堰准确着床到位。

预制结构的水上浮运沉放施工工法

YJGF 31—2004

上海隧道工程股份有限公司

何拥军　肖晓春　张洪林　杨国祥　林家祥

浮运沉放施工是先在干坞或船台上预制结构，再利用浮箱或水上浮吊将结构浮运至设计位置，再进行沉放锁定形成水下永久结构的一种施工方法。

嘉兴电厂二期取水工程位于杭州湾海域，海象条件复杂，水深浪大，海水含泥量高，回淤严重，水下施工异常艰难。取水工程为两根双孔矩形断面取水隧道，隧道末端为一圆桶型取水头，采用浮运沉放法施工，需要浮运沉放的结构包括12节管段和2只取水头。针对本工程的具体特点，通过对施工中的难点进行攻关研究与探索总结逐步形成一套完整的"预制结构的水上浮运沉放施工工法"。该工法作为"杭州湾海底沉管隧道施工关键技术研究"科研项目的研究内容之一，于2004年10月通过上海市科技委员会组织的技术鉴定，技术成果达到国际先进水平。

一、工法特点

1. 充分利用预制结构自身的浮力，并辅以浮吊或专用浮运设备（如浮箱）提供一定的吊力，确保结构起浮和水上浮运。

2. 通过建立的预制结构浮运沉放的实时动态测量系统，可以确保预制结构的就位精度。

3. 该工法施工步骤紧凑，从预制结构在坞内起浮到沉放就位锁定需要的时间一般为1~2d。

4. 由于结构预制和沉放基础施工可以同时进行，增加了工作面，缩短了工程总体工期。

二、适用范围

该工法可以推广应用到同类型的预制构筑物的浮运、沉放施工。

三、工艺原理

结构制作完毕后，将所有与外界相通的孔道封闭，利用预制结构的自浮力和水上起重船（或专用浮运设备）提供的辅助吊力实现预制结构起浮和水上浮运。对能够自浮的结构而言，辅助吊力主要起增加浮运沉放结构的稳定性，对不能自浮的结构而言辅助吊力是为了克服结构的负浮力。预制结构浮运至沉放位置后，向预制结构内注入压载水体，预制结构克服干舷下沉。通过建立的预制结构浮运沉放的实时动态测量系统，指导预制结构的沉放就位，确保预制结构的就位精度。测量系统的原理是：在预制结构顶面安装测量塔（1只A型测量塔和1只T型测量塔），将3只棱镜固定在测量塔上，在预制结构浮运沉放过程中，由现场指挥发布观测命令，用岸上的3台全站仪分别同时观测3只棱镜，全站仪与计算机直接连接，测得3只棱镜的坐标，计算机通过专门开发的软件由棱镜的实测坐标和预制结构的控制点坐标建立关系，将预制结构特征点的设计位置坐标换算至实际位置，从而得到浮运沉放结构的姿态。一般在高平潮进行起浮、出坞和水上浮运，在落潮期进行加水下沉，落到低平潮时结构就位。以嘉兴电厂二期取水工程中取水头的浮运沉放施工为例，取水头的浮运吊沉方案见图1，实时动态测量系统见图2。

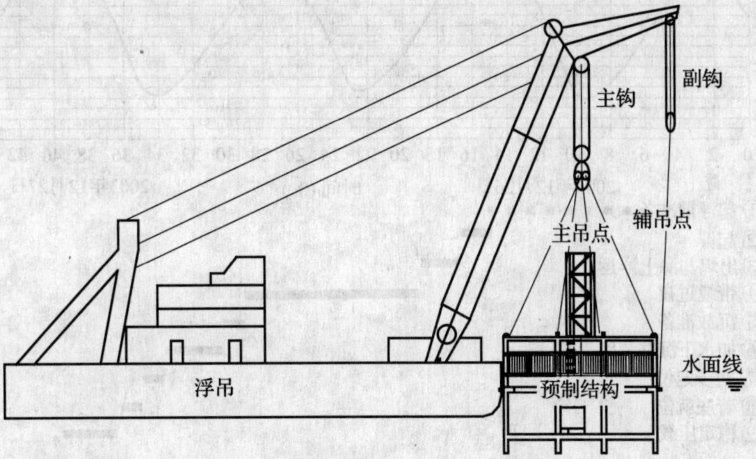

图1　取水头浮运与吊沉方案

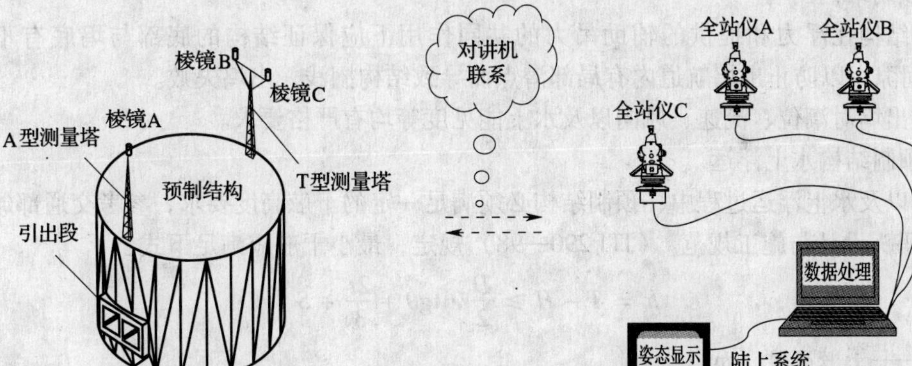

图2　取水头浮运沉放测量定位系统

四、工艺流程

以嘉兴电厂二期取水工程中取水头的浮运沉放施工为例，1只取水头的浮运沉放施工需要2d，一个高平潮和一个低平潮。利用第1d的高平潮进行起浮、出坞和海上浮运，基本到达沉放地点后，取水头、浮吊船以及工作船带好锚缆海上过夜，第2d的高平潮到来前2h开始进行沉放前的准备工作，在落潮期进行加水下沉，落到低平潮时取水头就位。

五、施工要点

1. 预制结构起浮

预制结构起浮前要对偏心状态进行调平，确保结构平稳自浮。调平压载最好用固体压重物在结构的底部进行压载。起浮前应对结构底部四周的淤泥清除干净，减小坞底对结构的吸附作用。

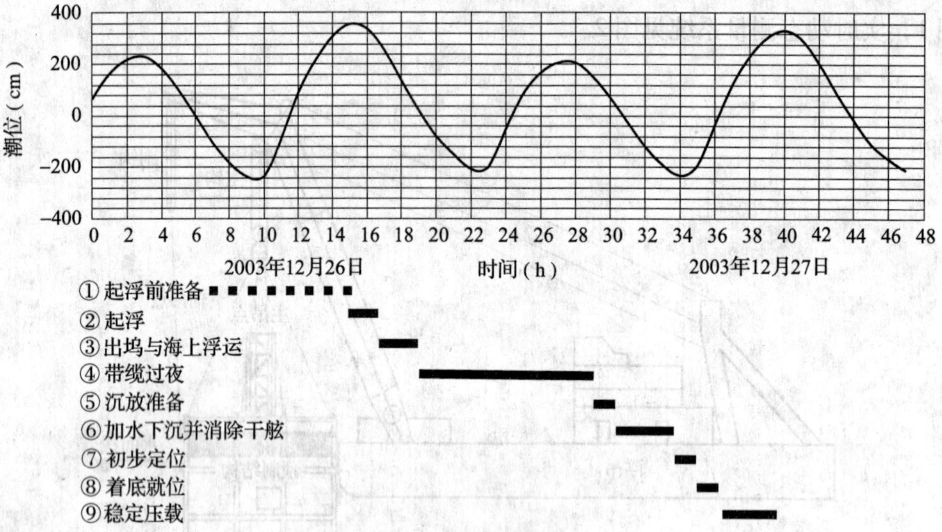

图3 取水头浮运施工流程图

2. 预制结构出坞

预制结构在浮力和提供的辅助吊力的共同作用下应保证结构的底部与坞底有不小于50cm的间隙，以防止出坞航道内有局部潜点而导致结构搁浅，出坞失败。

结构出坞对潮位、流速、风向以及水上能见度等均有严格要求。

3. 预制结构水上浮运

出坞以及水上浮运过程中，预制结构必须满足一定的干舷高度要求，参考交通部颁布的《重力式码头设计与施工规范》（JTJ 290—98）规定，最小干舷应满足下式：

$$h = T - H \geqslant \frac{D}{2} \cdot \mathrm{tg}\theta + \frac{2t}{3} + S$$

式中 h——干舷高度（m）；

T——预制结构的总高度（m）；

H——预制结构的淹没深度（m）；

D——预制结构的外直径（m）；

θ——预制结构的倾角，在浮运过程中采用6°~8°；

S——预制结构干舷的富裕高度（m）；

t——波高（m）。

4. 加水下沉

加水下沉的过程中压载水体在预制结构内部形成自由液面，相当于活荷载，对预制结构的稳定性将产生不利的影响，因此应计算分析在加水下沉过程中自由液面对稳定性的影响以及吊点的受力情况，以便确定最优的沉放方案。

根据交通部《重力式码头设计与施工规范》（JTJ 290—98）预制结构在加水下沉过程中定倾高度大于0.2m，预制结构为稳定状态。

5. 就位后压重

预制结构就位后，为防止在潮流作用下预制结构发生滑移、倾覆等不利情况，应尽快对预制结构进行压载锁定。

六、机具设备（见表1）

表1 施工机具设备配备表

设备名称	型　号	单　位	数　量	备　注
工程船		艘	1	
起重船	浮吊船	艘	1	
拖轮		艘	2	
潜水减压仓		台	1	
卷扬机	10t	台	2	
测量塔	A型和T型	套	2	每套包括1只A型和1只T型
计算机		台	2	
空压机	$20m^3/min$	台	1	中风压
全站仪	DTM－530	台	1	
水准仪	J2	台	1	

七、劳动力组织及安全

1. 劳动力组织（见表2）

表2 劳动力组织表

项　目	人　数	主要工作内容
项目管理	8	全面负责预制结构水上浮运沉放施工的质量、安全、进度等
工程船工作组	20	负责工程船的工作，配合起重船或浮箱进行带缆
起重船工作组	30	负责起重船的工作，对浮运的结构进行定位等操作
陆上作业组	15	配合水上作业
潜水员组	10	进行水下开阀放水，结构就位情况探摸等
合计	83	

2. 安全

由于本工法主要是水上和水下作业，与常规的施工方法与安全生产管理有较大的区别，强化安全施工有极为重要的意义，在施工的全过程中必须贯彻“安全第一、预防为主”的方针。

（1）水上作业。施工船舶证件齐全，有明显夜航标志，并配备救生保护设备，水上作业人员须穿好救生衣。锚系中主锚必须经试拉试验合格后才能使用。

（2）水下作业。须有经过专业培训的潜水员进行水下作业，潜水员下水前须对施工现场进行安全检查，确定符合作业条件方可进行水下作业，并配备必要的救生保护设备。

（3）起重作业。主吊索应有抗拉试验报告，吊机吊具须具备足够的安全系数。

（4）公共水域安全。施工前办理航行通告，利用电台广播，宣传禁航范围和禁航时间，并设置安全标志。

（5）应急预案。针对恶劣气象和海象条件制定相应的应急预案。

八、质量要求

1．质量标准

预制结构制作施工过程中要做好结构的裂缝控制，结构完全封闭后在开坞放水（或结构下水）前应对结构实施气密性试验，以确保结构的水密性满足要求。

预制结构沉放就位的精度应满足相关技术标准要求。

2．质量保证措施

（1）认真抓好工程测量定位及施工中的测量控制，根据业主方提供的坐标，建立管道轴线及预制结构控制网，为保证施工放线点位准确，所定的控制点的数量、精度、位置应符合《港口工程技术规范》规定，沉放前对控制网进行复核。

（2）沉放前，提前1d探摸预制结构基础顶面，确认基础表面无杂物，而且回淤不超过基础顶面。

（3）着底就位选在低平潮期进行，加水压载过程必须跟踪监测预制结构姿态。

（4）锁定回填必须对称进行，施工过程中也需跟踪监测预制结构的姿态。

九、经济效益分析

由于该工法采用先在干坞内预制结构，然后浮运至设计地点进行沉放施工，这样结构制作和沉放基础开挖与施工可以同时进行，增加了施工的作业工作面，也缩短了工期。以嘉兴电厂二期取水沉管隧道工程为例，由于工程采用了浮运沉放施工工艺，缩短了取水工程的总体工期，为实现取水工程提前通水创造了条件，也为整个电厂提前235天投产奠定了基础。

十、应用实例

嘉兴电厂二期取水工程是3#、4#、5#、6#机组的重要配套设施工程，包括两条取水隧道，隧道断面为矩形双孔钢筋混凝土结构，外包尺寸8.1m×4.4m，每孔尺寸3.0×3.0m，壁厚0.7m，内底标高从－11.7～－17.6m。单根取水隧道长约188m，其中靠近循环水泵房侧长47.52m，分3节采用在岩石中大开挖然后现浇结构的方法施工，其余约140m分23.4m左右一节预制后浮运沉放施工，每根取水隧道的浮运沉放段由6节管段组成。每根隧道的末端各有一直径25m，高16.6m的圆桶型取水头，取水头也采用浮运沉放工法施工，一共要进行14次海上浮运沉放施工。工程位于杭州湾海域，海象条件复杂，水深浪大，海水含泥量高，回淤严重，水下施工异常艰难。工程采用先沉放取水头，再从取水头向陆地方向逐节沉放管段的顺序施工。每只取水头浮运沉放施工需要2d时间，每节管段的浮运沉放需要1d时间。两只取水头就位后轴线偏差控制在0.0014弧度以内，为隧道的精确贯通奠定了基础，两条隧道的最后一节管段的横差为3cm，完全满足设计的沉放精度要求。

水下模袋混凝土基础施工工法

YJGF 32—2004

上海隧道工程股份有限公司

祝建伟　何拥军　肖晓春　吴超美　杨国祥

模袋混凝土是我国20世纪80年代初从国外引进的一项现浇混凝土新技术，它采用织物模袋作为软模具，通过混凝土泵将砂浆或混凝土充灌进模袋成型，作为护坡、护底、护岸以及承载基础等结构形式，曾先后在引滦明渠护坡工程、等水利工程中成功应用。近些年来该项技术不断发展，模袋混凝土技术由护坡、护岸工程发展应用到结构的承载基础，施工方法也由水上作业发展到由潜水员在水下浇筑，充灌材料也由普通混凝土发展到早强、快硬、抗冲刷混凝土等。

嘉兴电厂二期取水工程位于杭州湾海域，海象条件复杂，水深浪大，海水含泥量高，回淤严重，水下施工异常艰难。工程采用在干坞内进行结构预制，然后进行海上浮运沉放施工。经过对多种结构沉放基础的方案综合分析比选，确定沉放基础采用水下模袋混凝土基础形式，通过对该基础形式中的关键技术进行试验研究，以及在工程实践中不断改进与完善，逐步形成一套完整的“水下模袋混凝土基础施工工法”。该工法作为“杭州湾海底沉管隧道施工关键技术研究”科研项目的研究内容之一，于2004年10月通过上海市科技委员会组织的技术鉴定，技术成果达到国际先进水平。

一、工法特点

1. 软模袋可以在不影响基础混凝土充灌密实的前提下与凹凸不平的开挖地形密贴，形成良好的传力体系。

2. 将水下基础定位引出到水面进行测量，可实现水下基础的精确定位。

3. 水上升降平台可以升离水面，受潮汛的影响大大减小，可以增加可作业时间。

4. 水上升降平台与搅拌船配合形成独立的水上作业基地，可以在远离陆岸的水域进行混凝土充灌施工。

二、适用范围

该工法适用于定位精度要求较高的小型水下承载基础施工。

三、工艺原理

基础的顶面为钢板，侧面和底面均为软模袋。钢板作为模袋混凝土基础顶面模板，保证基础顶面的平整度，在进行基础定位过程中钢板与导向架的末端刚性联结，通过测量控制导向架来控制基础的顶面标高和平面位置，将水下定位引出到水面进行测量。钢板上开有混凝土浇筑孔、混凝土浇筑检查孔，便于模袋混凝土浇筑过程中对基础混凝土的充满情况进行检查。钢板底部有加劲型钢和防翻杆（防止在混凝土浇筑过程中模袋翻鼓到超过基础顶板）。

软模袋可以在不影响混凝土充灌密实的前提下与凹凸不平的开挖地形相密贴。基础的结构形式见图1。依托海上升降式平台对导向架准确定位，从而实现对基础顶面钢板的准确定位（包括平面位置和顶面标高），然后用倒风缆拉紧固定，最后进行水下混凝土充灌，混凝土由搅拌船直接在水上供应，水下模袋混凝土浇筑立面见图2。待模袋混凝土基础养护到一定强度后即可撤除导向架，进行平台移位。

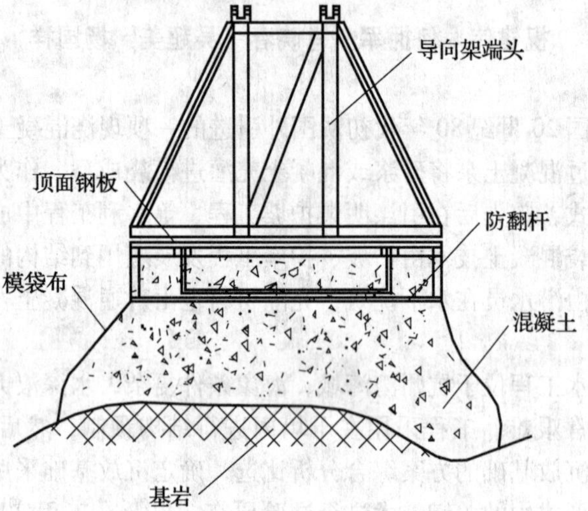

图1　水下模袋混凝土基础示意图

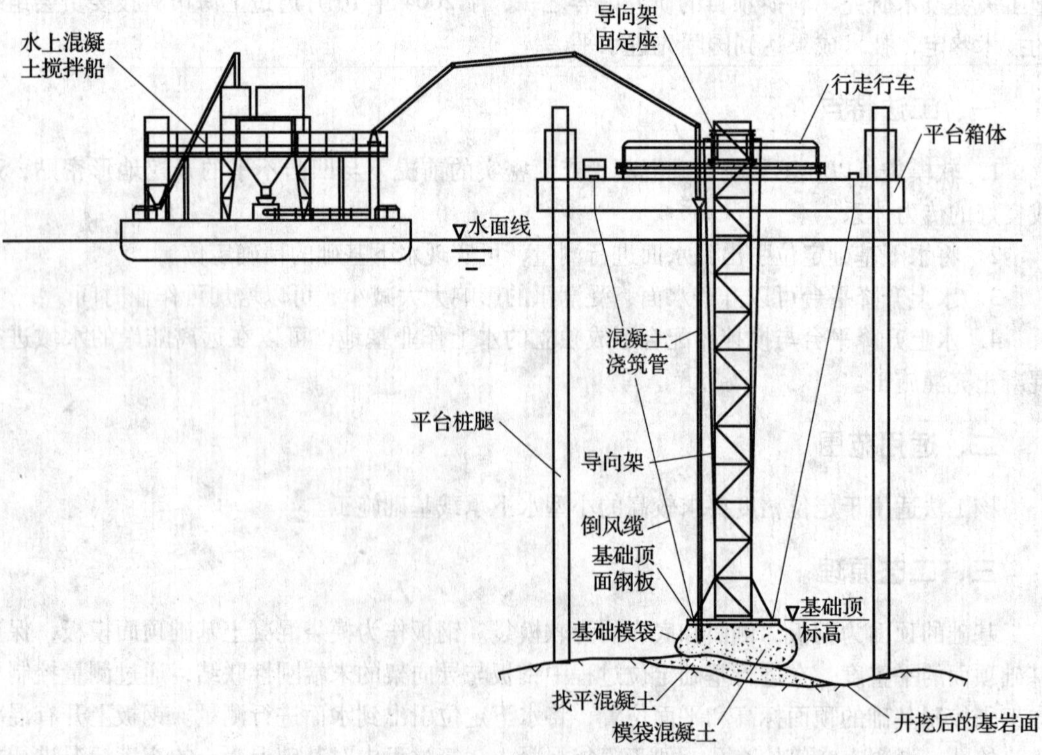

图2　水下模袋混凝土基础浇筑立面图

四、工艺流程（见图3）

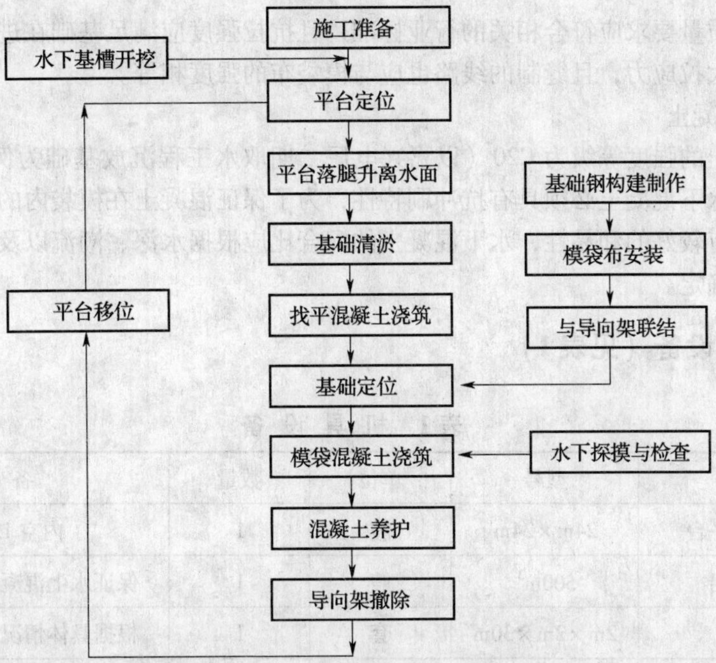

图3　水下模袋混凝土基础施工流程

五、施工要点

1．水上升降平台定位

通过带缆对平台进行定位，平台定位要保证待施工的水下基础应该在平台12m×18m的透空面的正下方，如果是方形基础，则平台的两条轴线应该与方形基础的轴线平行。定位完成后平台落腿升离水面，形成水上作业基地。

2．基础清淤

依托水上升降平台，用20m³中风压空压机供气，2t卷扬机移动ϕ250空气吸泥器，对需要浇注混凝土的范围每次施工前进行清淤，水下潜水员配合用高压水枪将已沉积固结的淤泥冲散，并在水下检查清理位置和清理情况，确保模袋混凝土基础直接坐落在开挖的基岩面上。

3．导向架安装

通过移动水上升降平台透空面上的绗车对导向架进行准确定位，确保导向架的中心位置与水下基础的中心位置一致，最后通过控制导向架的下放深度控制水下基础的顶部标高。当基础顶面钢板的位置达到设计要求后则将导向架用倒风缆拉紧固定。

4．模袋混凝土充灌

模袋混凝土充灌与水下混凝土浇筑施工方法基本相同，混凝土由搅拌船直接供应，保证水下混凝土浇筑过程的连续性，浇筑过程中潜水员在水下配合，探摸模袋内的混凝土充满情况，确保模袋混凝土充灌密实。

六、材料

1. 模袋布

模袋布的质量要求应符合相关的行业标准，且抗拉强度应满足基础在进行充灌过程中模袋布所受的最大拉应力，且缝制的线路也应与模袋布的强度相等。

2. 水下混凝土

水下混凝土的强度等级为C20（以嘉兴电厂二期取水工程沉放基础为例），由于潮流流速较大，因此水下混凝土必须具有抗冲刷特性，为了保证混凝土在模袋内的充满度良好，模袋混凝土又要有较好的和易性，水下混凝土的配合比应根据水深、潮流以及基础尺寸等具体条件进行试验确定。

七、机具设备（见表1）

表1 机具设备

设备名称	型号	单位	数量	备注
水上升降式平台	24m×24m	艘	1	内空12m×18m
水上搅拌船	$500m^3$	艘	1	保证水上混凝土供应的连续性
导向架	2m×2m×30m	套	1	根据具体情况可分为若干节段
吊车	8t	台	1	
全站仪	DTM－530	台	1	
空压机	$20m^3$	台	1	
混凝土浇捣管	$\phi200$	套	1	清淤与浇注水下混凝土
空气吸泥器	$\phi250$	台	1	清淤

八、劳动力组织及安全

1. 劳动力组织（见表2）

表2 劳动力组织

项目	人数	主要工作内容
项目管理	4	全面负责水下模袋混凝土施工的质量、安全、进度等
搅拌船作业组	5	确保水上混凝土供应的及时性与连续性
水上平台作业组	18	平台定位、导向架定位、清淤、浇筑混凝土
陆上作业组	8	基础钢结构制作，配合定位测量
潜水员组	3	水下清淤、水下混凝土浇筑
合计	38	

2．安全

由于本工法主要是水上和水下作业，与常规的施工方法与安全生产管理有较大的区别，强化安全施工有极为重要的意义，在施工的全过程中必须贯彻“安全第一、预防为主”的方针。

（1）水上作业。施工船舶证件齐全，有明显夜航标志，并配备救生保护设备，水上作业人员须穿好救生衣。锚系中主锚必须经试拉试验合格后才能使用。

（2）水下作业。须有经过专业培训的潜水员进行水下作业，潜水员下水前须对施工现场进行安全检查，确定符合作业条件方可进行水下作业，并配备必要的救生保护设备。

（3）公共水域安全。施工前办理航行通告，利用电台广播，宣传禁航范围和禁航时间，并设置安全标志。

（4）应急预案。针对恶劣气象和海象条件制定相应的应急预案。

九、质量控制

1．质量标准

由于水下模袋混凝土基础施工目前还是一种新的工艺，没有相应的规范对水下模袋混凝土基础的施工质量进行明确规定，在具体的工程中基础的定位精度应该满足结构的沉放施工要求。以嘉兴电厂二期取水工程沉放基础为例，基础的定位精度应满足以下标准：

基础纵差≤5cm

基础横差≤3cm

基础高差≤±3cm

后期沉降≤1cm

2．质量保证措施

（1）认真抓好工程测量定位及施工中的测量控制，根据业主方提供的坐标，建立管道轴线及取水头控制网，为保证施工放线点位准确，所定的控制点的数量、精度、位置应符合相应的规范规定。

（2）所用的原材料必须具有出厂证明及试验单，否则不能使用。

（3）水下混凝土基础浇注前必须采用高压水枪和吸泥器将接合面冲刷清理干净，潜水员进行水下探摸，保证基础直接坐落在基岩面上。

（4）为了保证水下混凝土的质量，在混凝土搅拌时掺入一定比例的外加剂，施工前必须在附近水中进行试验，并由试验室提供混凝土配比单。施工过程中留置混凝土试块，并进行试验。水下混凝土浇筑前必须搅拌充分，保证浇筑时有良好的和易性和流动性。

（5）导向架定位后，需用吊锤法对基础四角高程进行复核。

（6）导向架定位后，若一次潮汐不能完成混凝土浇筑，第二次潮汐施工时必须重新定位。

（7）导向架拆除前需进行竣工测量，作为沉放依据。

十、经济效益分析

本工法中水下基础顶面的钢板可以保证基础顶面平整，并实现基础准确定位，软模袋可以在不影响基础混凝土充灌密实的前提下与凹凸不平的开挖地形密贴，形成良好的传力体系，从而克服了水下基础定位以及运营过程中产生后期沉降的难题。水上升降平台定位后可以升离水面形成水上作业基地，水上作业受风浪影响的程度大大降低，从而可以显著增加可作业时间，缩短总体工期。混凝土直接由搅拌船在水上供应，解决了远离岸边的水下基础混凝土输送困难和混凝土浇筑不连续的问题。以上优点决定了该工法具有较强的推广应用价值和广阔的应用前景。以嘉兴电厂二期取水工程为例，由于采用水下模袋混凝土沉管基础形式较一般的桩基础和刮铺碎石基础形式节约成本，也缩短了工期，为实现取水工程提前通水创造了条件，也为整个电厂提前235d投产奠定了基础。

十一、应用实例

嘉兴电厂二期取水工程位于杭州湾海域，海象条件复杂，水深浪大，施工区域内的最大水深为28m，日潮差变化高达6m，海水含泥量高，水下能见度低，回淤严重，水下施工异常艰难。工程共两条取水隧道，每条取水隧道包括：取水头、浮运沉放段和埋涵段。整个取水工程沉放管段共12节，每节管段长约23.4m，为双孔矩形断面，外包尺寸为8.1m×4.4m，过流孔断面为3m×3m，取水头2个，取水头为高16.6m，外径25m的圆桶形构筑物。取水头和浮运沉放段所处的海域为岩石基床，通过水下爆破清碴形成基槽，在基槽内浇注模袋混凝土基础作为取水头和管段沉放的临时基础，隧道贯通后再向基底吹石、压浆形成隧道的永久基础。取水头的模袋混凝土沉放基础共8个，顶面尺寸为3m×4m，高度为1~3m，取水头基础受的最大压应力为10.71MPa。管段沉放的模袋混凝土基础共10个，顶面尺寸为8.5m×1.0m，高度为0.5~2.0m，沉放管段基础的最大压应力为0.74MPa。由于管段沉放就位后的姿态直接关系到管段接头止水带能否压合止水，因此水下模袋混凝土沉放基础的顶标高以及沉放后的后期沉降应该得到严格控制。该工法在工程中的应用情况表明模袋内的混凝土充满度情况良好，基础坐落在基岩上而且与基岩密贴良好，接头处止水带的压缩量达到了设计要求，管段就位后跟踪监测结果表明，管段处于稳定状态，无后期沉降，达到了设计效果。

大直径圆形混凝土结构滑模沉井施工工法

YJGF 33—2004

长治市建筑工程总公司

牛昆山　王和气　成淑贞　段富增　原海学

大直径圆形混凝土地下结构物采用沉井施工法，占地面积小，不需板桩围护，技术操作简便，挖土量少，节约投资，施工稳妥，再加上筒壁采用液压滑升模板施工，不但施工速度快、结构整体性强、节约模板和劳动力；而且有利于提高工程质量和安全施工。我公司运用此工法施工的“长钢（集团）技改65t转炉工程圆形旋流沉淀池”，无论是在进度，还是在质量、效益方面都取得了良好的效果。该工法的关键技术在2004年12月18日通过省建设厅组织专家组进行的审核、鉴定，达到国内领先水平。2005年3月1日被山西省建设厅定为山西省第八批省级施工工法。

一、特点

1. 施工速度快。模板在整个施工过程中只装、拆一次，大大提高了施工的速度。而且操作现场整洁，有利于安全文明施工。

2. 结构整体性好。整个圆形混凝土结构中，模板滑升，钢筋绑扎和混凝土浇筑三个工序一起连续不停顿地施工完成，不留施工缝。

3. 滑模施工始终在离地面或水面不太高的位置进行。

4. 在操作平面的中央，必须有足够的空间，作为垂直运输通道。

5. 中心线的控制必须与下沉挖土密切配合，找出不均匀下沉原因，应先校正下沉的偏斜，然后再调整平台的倾斜。

6. 沉井下沉的速度应与滑升速度相适应，以确保施工的顺利进行。

7. 必须注意沉井每个阶段的自重均能克服下沉摩阻力，如仍不能克服摩阻力时，则应设法增加配重。

二、适用范围

该工法适用于地下结构物或深基础中如地下泵房、地下沉淀池、水池、油库、矿用竖井、桥梁墩台基础、大型设备基础、高层和超高层建筑基础等工程的施工。

三、工艺原理

以液压为动力的穿心式千斤顶，顺着嵌固于已浇筑的钢筋混凝土筒壁中的支承杆爬升时，带动提升架和固着于提升架上的模板、支撑和操作平台一起上升。同时，实施筒壁等竖向构件的绑扎钢筋、浇筑混凝土及混凝土修面等施工过程。当混凝土浇筑至一定高度时，用人工逐层全面、对称、均匀地削薄土层，使沉井在自重和滑模平台等配重作用下破土下沉。

四、工艺流程

挖基坑⟶铺设碎石垫层⟶砌筑刃脚砖垫座⟶支设滑模装置⟶制作底节沉井⟶拆除砖垫座、模板⟶挖土下沉、制作接长第二、三节沉井⟶挖土下沉到设计深度⟶沉井封底、浇筑钢筋混凝土底板⟶施工沉井梁、板、顶及辅助设施。

五、操作要点

1．沉井下沉验算

（1）沉井的自重加滑模装置下沉验算应符合式（1）要求：

$$K = \frac{G_{滑} + G - P_{fw}}{T_f} \geqslant K_S \tag{1}$$

式中 $G_{滑}$——滑模装置总重（kN）；

G——沉井的结构自重（kN）；

P_{fw}——地下水的浮托力，采用排水下沉时，浮托力为零；

T_f——沉井井壁外侧的总摩阻力（kN）；

K_S——下沉系数，对位于软弱土层中的沉井宜取1.05；对位于其他一般土层中的沉井宜取1.15。

$$T_f = UA$$

U——井壁的外围周长（m）；

A——单位周长摩阻力（kN/m）。

如井壁外侧为直壁式 $A = (H - 2.5) f$

如井壁外侧为阶梯式 $A = 1/2 (H + h_1 - 2.5) f$

f——单位面积摩阻力（kN/m^2）；

H——沉井下沉深度（m）；

h_1——沉井下部台阶高度（m）。

井壁外侧与土层间的单位摩阻力 f，可根据土层类别按表1的规定采用。

表1　土层与井壁的单位摩阻力 f 值

项次	土层类别	f（kN/m^2）	项次	土层类别	f（kN/m^2）
1	砂卵石	18～30	4	硬塑粘性土	25～50
2	砂砾石	15～20	5	可塑软塑粘性土	10～20
3	砂土	12～25			

注：①采用泥浆助沉时，单位摩阻力可取3～5kN/m^2；

②当井壁外侧为阶梯形采用灌砂助沉时，灌砂段的单位摩阻力可取7～10kN/m^2。

当沿沉井深度的土层为多种类别时，单位摩阻力的计算值可取各层土的单位摩阻力的加权平均值，即可按式（2）计算：

$$f = \frac{\sum_{i=1}^{n} f_i h_{si}}{\sum_{i=1}^{n} h_{si}} \tag{2}$$

式中　f——多层土的加权平均单位摩阻力（kN/m^2）；

f_i——i 层土的单位摩阻力（kN/m^2），可按下表采用；

h_{si}——i 层土的厚度（m）；

n——沿沉井深度不同类别土层的层数。

采用滑模施工法施工时，其沉井下沉验算 K 值必须≥1.05（1.15），方可使沉井下沉。

（2）沉井下沉稳定按式（3）验算。

下沉稳定系数
$$K_2 = \frac{G_{滑} + G - B_1}{T + R_1 + R_2} < 1 \tag{3}$$

式中　$G_{滑}$——滑模装置总重（kN）；

G——井体自重（kN）；

T——井壁总摩阻力（kN）；

B_1——地下水浮力，排水下沉时为零，不排水下沉时取总浮力的70%（kN）；

R_1——刃脚踏面及斜面下土的支承力（kN）；

$$R_1 = U_0(a + b/2)R_j$$

U_0——沉井外壁轴线周长（m）；

a——刃脚踏面宽度（m）；

b——刃脚斜面与井内土壤接触面的水平投影（m）；

R_2——隔墙和底梁下土的支承力（kN），如无隔墙和底梁时，可不考虑 R_2；

$$R_2 = A_1 R_j$$

A_1——隔墙和底梁的总支承面积（m^2）；

R_j——按表2所建议的土的极限承载力（kN/m^2）。

地基土的极限承载力 R_j 可参考表2选用。由于受施工方法、地基土扰动程度、沉井深浅等因素影响，R_j 值不易确定。因此，可根据当地实际经验慎重选用。

表2　地基土的极限承载力

土的种类	极限承载力（kN/m^2）	土的种类	极限承载力（kN/m^2）
淤泥	100~200	软可塑状态亚粘土	200~300
淤泥质粘性土	200~300	坚硬、硬塑状态亚粘土	300~400
细砂	200~400	软可塑状态粘性土	200~400
中砂	300~500	坚硬、硬塑状态粘性土	300~500
粗砂	400~600		

（3）施工阶段抗浮稳定验算。

有地下水地区的沉井，当下沉到设计标高并浇筑封底混凝土或底板后，应按式（4）进行抗浮验算。

$$K_f = G/B \geq 1.05 \tag{4}$$

式中　K_f——抗浮安全系数，取1.05~1.05；

G——相应阶段沉井的总重量（kN）；

B——浮力（按施工阶段的最高水位计算）（kN）。

$$B = \gamma_w A_s h_w$$

式中　γ_w——水的重度（kN/m^3），一般取 $\gamma_w = 10kN/m^3$；

A_s——沉井的底面积（m^2）；

h_w——地下水位至计算点的距离（m）。

一般沉井依靠自重获得抗浮稳定。当井体重量不能抵抗浮力时，除可增加自重外尚可采取临时降低地下水位、配重等方法。

2. 滑模装置的设计

滑模装置由操作平台系统，模板系统，液压滑升系统，施工精度控制系统和供水供电系统等组成。

（1）操作平台系统设计。

①操作平台。其结构布置采用内、外环梁、辐射梁和拉杆的组成形式。辐射梁的组数与提升架数量相等，即每组辐射梁夹住 1 个提升架。辐射梁、上层内环梁和下层中心鼓筒钢圈、立柱、斜撑用［14 槽钢焊接而成。平台铺板用厚 50mm 木板，与模板上口齐平。在操作平台周围设安全防护栏杆，在操作平台外沿下安装塑料带孔喷水管一周，以作养护筒壁混凝土用。平台整个结构支承在提升架上，供堆放材料、工具、设备、悬挂内外吊脚手架、绑扎钢筋、浇筑混凝土、提外模板之用。

②支承杆。强内采用非工具式 $\phi48$ 的钢管，长度 3m；第一节支承杆制成四种不同长度，按长度变化顺序排序，同一截面数量不超过 25%，以后采用同等长度支承杆连接。支承杆连接采用内套 $\phi38$ 钢管，接头过千斤顶后焊接。

③吊脚手架。分内外吊架，内吊架用钢管、扣件锁成网状，用 $\phi16$ 圆钢悬挂在操作平台下面，铺脚手板、满挂安全网，供修补内壁、调整和修理内模板，堆放材料之用；外吊架分上、下两层，用钢管扣件锁制并固定在提升架上，上层供绑扎钢筋、调整和修理外模板使用，上铺宽 500 ~ 800mm 脚手板，双侧设安全防护栏杆，并满挂安全网。

④安全平台。为防止沉井下沉过程中出现涌浆涌土，操作工无处躲避，危及人身安全，在沉井内筒壁 -17.3m 处埋设埋件（间距 1m），安设安全平台。

（2）液压提升系统设计。

①总荷载计算（总荷载应控制在 5.1 验算 $G_{滑}$ 的范围内）：

a. 滑模装置（包括模板、操作平台、随升井架等）按实际重量计算。

b. 操作平台的施工荷载（按实际重量计算）。

c. 操作平台上液压控柜、电焊机等（按实际重量计）。

d. 其他荷载（按表取）。

②支承杆承载力计算：

支承杆的允许承载力［P］按式（5）进行计算：

$$[P] = \frac{a40EJ}{K(L_0 + 95)^2} \tag{5}$$

式中　$[P]$——支承杆承载力（kN）；

L_0——支承杆脱空长度，从混凝土上表面至千斤顶下卡头距离（cm）；

E——支承杆弹性模量（kN/cm^2）；

J——支承杆截面惯性矩（cm^4）；

a——工作条件（按表取）；

K——安全系数（按表取）。

③千斤顶需用数量（n）按式（6）计算：

$$n \geqslant \frac{N + f \cdot A}{K \cdot [P]} \qquad (6)$$

式中 N——滑模装置及施工操作总荷载；

f——混凝土单位面积摩擦力；

K——工作条件系数（按表取）；

$[P]$——单个千斤顶允许承载力，按支撑杆允许承载力取。

④液压控制及回路。

选用 YKT—36 型液压控制柜，采用分组并联主支油路系统，主油管为 ϕ16mm，支油管为 ϕ8mm，每个千斤顶上安装针型阀，以控制进油，油路通过分油器连接。

（3）模板系统设计。

内外模板均采用工具式定型钢模板，高度 1200mm。模板用钢围圈固定，围圈分为内外两种，内外围圈均为两道，每道围圈采用两根 ϕ48 钢管加工成弧形，用扣件固定在用钢管制成的门架钢托上；上围圈距模板上口不超过 250mm，下围圈距模板下口不超过 300mm。

（4）施工精度控制系统设计。

千斤顶的同步控制采用针形阀；平台水平度控制采用水准仪超平，在支承杆上画线控制。

垂直度观测采用激光铅垂仪，其精度应不低于 1/10000。

（5）供水供电系统设计。

供水用高压水泵，由地面水箱泵至滑模操作平台，代消防和混凝土筒壁养护用。

供电分照明、动力两部分，在平台上设照明、动力开关控制盘。供电采用胶皮电缆线，电源开关设双控，高空、地面均设开关闸刀；电源零线接地可靠，并设置漏电保护器。

平台上设接闪器，地面接地可靠。

（6）大直径圆形混凝土结构滑模沉井施工示意图见图 1。

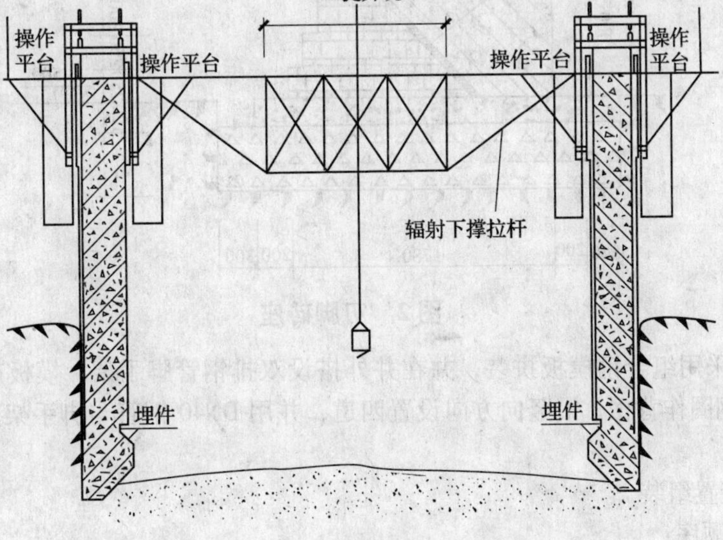

图 1　沉井滑模施工示意图

3. 深井降水

本工程所处位置地下水位高，根据当地的工程地质情况和地下水文情况，拟在距沉井6m外围处打四眼35m深降水井，沉井中央打1眼35m深降水井，用潜水泵进行降水，将深井水抽出井外，用DN300焊接钢管集中排至附近水沟。沉井制作、封底与挖土工程始终在水位线30～50cm以上处进行。

4. 基坑开挖

沉井采取在基坑中制作，以减少下沉深度，降低施工作业面。开挖深度为-3.5m，考虑到沉井外壁的支设需要，基坑比沉井宽2m。挖土采用1台$1m^3$反铲挖土机进行。配合人工修坡和平整坑底，挖出的土方用翻斗汽车运到弃土场堆放。

5. 刃脚支设

刃脚支设模板方案，有垫架法、半垫架法和无垫架法等。如沉井高度大，重量重，可采用砖垫架。即在-3.5m基坑底人工沿刃脚处深挖600mm，并将所挖基槽夯实平整，铺一层500mm厚碎石垫层，用平板振捣器分层振捣密实，并浇筑一层100mm厚C10混凝土赶光压实。

刃脚部分内部用M5.0水泥砂浆砌MU10机红砖做垫座，并用1:2.5水泥砂浆抹面，然后刷隔离剂，具体做法见下图，考虑到刃脚拆除，在垫座砌筑时均分为16等分，中间留20mm空隙，砖砌刃脚垫座应保证设计要求的刃脚踏面宽度，砖刃脚强度及底面宽度应能抵抗刃脚斜面混凝土的水平推力作用而保持稳定。刃脚支设见图2。

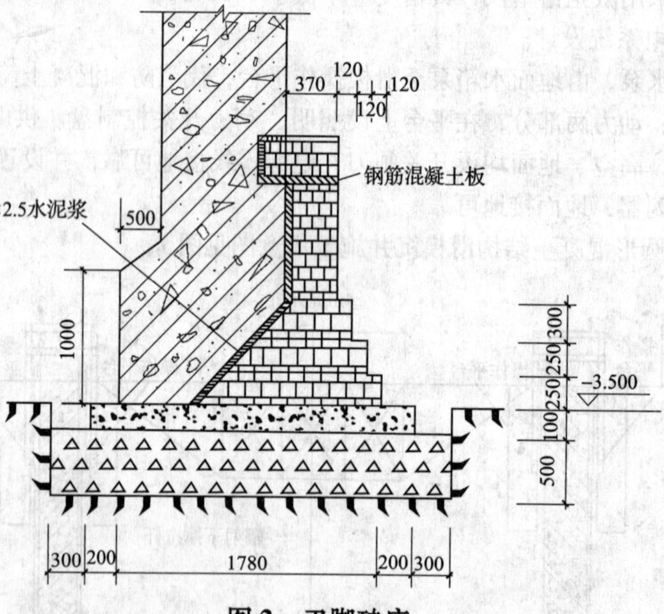

图2 刃脚砖座

刃脚外部采用组合钢模板拼装，并在井外搭设双排钢管脚手架，模板产生很大的侧压力，用10#槽钢圈作背楞，沿竖向方向设置四道，并用DN40钢管与脚手架连接作支撑，保持模板稳定。

6. 滑模装置组装

（1）组装顺序：

搭设内外架子⟶安装提升架和内钢圈⟶安装内外围圈⟶绑扎钢筋⟶安装模

板──→安装辐射梁和斜拉杆──→铺平台板──→安装随升井架及斜支撑──→安装平台栏杆──→安装液压控制装置及千斤顶──→试压、排气──→安装支承杆──→安装垂直运输系统及水、电线路安装内外吊脚手架及挂安全网──→经全面检查合格后方能滑升。

（2）滑模装置的安装应符合以下要求。

①提升架安装应使其与围圈之间紧密接合，其中心位置应以筒壁中心为基准，并保持在同心圆周上，使立柱保持垂直，上下横梁水平，安装时应用水平仪、线锤仔细进行校核。提升架安装完，临时支撑好核对无误后，即可将上、下围圈逐一通过弯钩螺栓与立柱拧紧，并再一次用测量仪器进行校核，然后拆除临时支撑。安装好后，在所有提升架上用水平仪划一道水平线作为控制操作平台水平度之用。

②围圈安装应先将上下内围圈各段按弹线进行拼装，并抄平吊线，在同一水平面上，上下围圈间距正确，再根据内围圈用同法安装外围圈，用特制弦形样板检查和调整内外围圈的间距，然后用扣件联接牢固。安装时围圈的接头在提升架之间。

③模板安装一般先安装内模板，安装时要注意模板立面的垂直度，通常在上围圈接触处嵌一块4mm的钢或木垫板，并牢牢垫实。然后安装外挑脚手的三角挑架，绑好一段高度的钢筋，接着有同法安装外模。模板安装前均在靠混凝土一面刷隔离剂一道，以免与混凝土粘结。模板安装后，应检查、核对半径、位置、壁厚和钢筋保护层等，并作记录。

④操作台安装应在提升架、模板安装位置调整固定后进行；利用拉紧悬索拉杆进行调平对中，升高20～30mm作为起拱，并安好平台板及安全栏杆、安全网。

⑤千斤顶安装时用线锤检查其垂直度，并将线锤通过千斤顶的中心进行吊测，使与筒壁中心线重合，位置不正应进行调整。千斤顶按倾斜坡度安装，其方法是在下横梁上垫一块筒身坡度的斜垫铁。

⑥支承杆安装第一次应用四种不同长度的支承杆交错排列（相互之差约1.0m左右），使相邻的接头不在同一水平面上，以克服接头处强度的降低。支承杆安装应与筒壁一致，本身弯曲应加以校正。

⑦内外吊脚手架安装须待操作平台提升到2.5m左右高度后进行。内吊架悬吊在操作台辐射梁上；外吊架系在外挑三脚架上，吊架下部铺脚手板，吊架外设1.5m高栏杆，外挂安全网。

⑧液压系统的零部件安装前，应进行单体试验，合格后方可进行安装。油路采取分组并联油路。液压控制台的安装位置宜靠近随升井架的一侧，由分油器到各千斤顶的油管长度应相等。液压系统安装完后，进行调试，然后通油排气，再加压至10MPa，重复5次。

⑨滑动模板装置安装完后对整个模板中心线位置、标高、锥度、垂直度及刚度等进行一次全面检查，其允许偏差见表3；核对合格后方可浇筑混凝土。

表3　滑模装置组装的允许偏差

内　　容		允许偏差（mm）
模板结构轴线与相应结构轴线位置		3
围圈位置偏差	水平方向	3
	垂直方向	3
提升架的垂直偏差	平面内	3
	平面外	2

续表 3

内　容		允许偏差（mm）
安放千斤顶的提升架横梁相对标高偏差		5
考虑倾斜度后模板尺寸的偏差	上口	-1
	下口	+2
千斤顶安装位置的偏差	提升架平面内	5
	提升架平面外	5
圆模直径		5
相邻两块模板平面平整度偏差		2

7. 钢筋的绑扎

钢筋在现场机械加工成型，用塔式起重机进行垂直吊装就位，人工绑扎。沉井筒内各层现浇平台预留出足够长的搭接钢筋，待沉井施工完毕后焊接沉井内各层平台及内筒钢筋施工。

每节井壁竖筋一次绑好，水平筋逐次绑扎，接头错开 1/4，并采用焊接方法连接。

8. 混凝土的浇捣

浇筑筒体混凝土时，混凝土配合比应根据设计强度等级、现场气温和滑升速度、实际使用材料等条件，由实验室进行试配确定。水泥采用硅酸盐水泥或普通硅酸盐水泥配制，混凝土的坍落度宜为 5～8cm。混凝土的初凝时间一般控制在 2～3h 左右，终凝时间控制在 4～6h 左右。

每次浇筑混凝土应沿筒壁全面、分层、对称、交圈均匀进行，分层厚度一般为 200～300mm，应用振捣器捣固密实。各层浇筑的间隔时间应不大于混凝土的凝结时间，每次浇筑至模板上口以下约 100mm 为止。

模板的滑升速度不能太快，也不能太慢。一般当出模混凝土贯入阻力值达到 0.35MPa，或混凝土表面湿润，手摸有硬的感觉，可用手指按出深度 1mm 左右的印子，或表面能抹平时即可滑升。

混凝土应及时浇水养护，养护时，水压不宜过大，以免冲坏混凝土表面。对高空喷水困难，可采用涂刷氯偏乳液做养护剂，方法是在混凝土脱模后，由瓦工进行表面修整和压光处理，然后再用排笔刷上乳液二度，使其在混凝土表面形成薄膜，阻止水分蒸发，保证水泥有比较充分的水分反应；根据资料，混凝土强度比未涂养护剂的混凝土提高 3～4MPa。

9. 沉井制作和挖土下沉

（1）根据以往经验和施工图中说明旋流井施工技术要求，旋流井外筒部分全高 19.78m。分三段浇筑，三次下沉，第一段浇成高度 7m，混凝土达设计强度时，使其下沉 6.5m，地面上保留 0.5m，第二段浇成高度 7m，混凝土达 70% 设计强度后，使其与前段所余 0.5m 一起下沉 7m，第三段共下沉 2.3m。至设计 -19.3m 标高为止。为缩短每节混凝土养护周期。采取掺加促凝剂。

（2）混凝土筒壁的接高工作应满足下沉稳定，并根据必要的计算加填土堤或在井内回灌压重水后方可进行，以防止发生“突沉”或过大变形。

（3）刃脚外缘部分突出 50mm，井壁表面作成 1% 坡度以减少摩擦力。

（4）沉井每层挖土量较大，挖土采用人工进行。根据土质情况，采用碗形挖土自重破土方式，先中央后四周，均衡对称地进行，并根据需要留有土台，逐层切削，使其能均匀竖直下沉。

10. 土方吊运

沉井内挖出的土方，装于容量为1m^3吊斗内，用塔式起重机吊至井外，用翻斗汽车运到弃土场堆放。同时，备运一辆泥浆车，待雨水留入沉井或降水有异常时，用泥浆车外运泥浆。

11. 停滑

因施工需要或其他原因不能连续滑升时，应采取“停滑措施”：

（1）混凝土应浇筑到同一水平面。

（2）模板每隔1~2h将千斤顶提升1~2个行程，以防模板与混凝土粘结，但模板最大滑空量，不得大于模板全高的1/2。

（3）再施工时，应对液压系统进行运转检查。混凝土的接槎，应按施工缝进行处理。

12. 防止沉井倾斜、位移、扭转的预防及纠正措施

（1）严格控制各千斤顶的升差，保持操作平台水平，勤检查，勤调整。

（2）可操作平台上的荷载尽量布置均匀。

（3）滑模一般有向先浇筑混凝土的方向偏移的现象，改变混凝土浇筑顺序后，能逐步纠正过来。

（4）调整平台高差，即把偏斜一边的千斤顶高一定程度，使平台有意向反方向滑升，把垂直偏差调整过来。

（5）在千斤顶下加垫楔形铁片，使操作平台在继续滑升过程向反方向倾斜，把垂直偏差调整过来。当偏斜度纠正后，即恢复正规安装。

（6）如由于操作平台上荷载不均匀造成偏斜，也可采取重新调整操作平台上重量位置的方法。

（7）双千斤顶纠正扭转时，可沿圆周等间距地布置4~8对双千斤顶，将两个千斤顶置于槽钢挑梁上，挑梁与提升架横梁相接，使提升架由双千斤顶担承。通过调节两个千斤顶的不同提升高度，来纠正操作平台和模板的扭转。当操作平台和模板发生顺时针方向扭转时，先将顺时针扭转方向一侧的千斤顶高一些，然后使全部千斤顶滑升一次。如此重复将模板提升数次，即可纠正过来。

（8）利用倒链，一头拉住提升架的上部，一头拉在相邻的另一提升架的下部，然后收紧以纠正扭转。

（9）为防止沉井在下沉过程中出现倾斜，应定时用两台经纬仪进行垂直偏差观测，每班至少观测两次，并应在每次下沉后进行检查，做好记录。如沉井已经倾斜，可采取在刃脚较高一侧加强挖土，并可在较低的一侧适当回填砂石，必要时配以井外射水，或局部偏心压载，都可以使倾斜得到纠正。待其正位后，再均匀分层取土下沉。沉井初沉和终沉阶段应增加观测次数。

（10）为防止突沉，施工时应控制均匀挖土，在井壁四周靠近刃脚处挖土时，应注意不宜掏挖过深。

（11）下沉过程中还应注意触变泥浆灌浆槽的泥浆表面变化情况，及时补浆。

13. 防止井壁预留孔洞影响重心偏移和泥水涌入的措施

施工中采取在洞口内外预埋钢框和螺栓，用钢板、木板封闭，中间填与孔洞重量相等的砂石和块石配重的措施，防止井壁预留孔洞影响重心偏移和泥水的涌入。

14. 封底质量保证措施

（1）沉井下沉至设计标高应进行沉降量观测，若8h内沉井下沉量≤1cm，不再下沉后，排干沉井内存水并除净浮泥。

（2）为保证受力底板不受破坏，在封底混凝土尚未达到设计强度时，应从井内底板以下的集水坑中不间断地抽水，使地下水位保持低于底板底面以下30cm。

（3）本沉井封底采用排水封底，分两步进行。第一步进行土形整理，使之呈锅底形，刃脚向中心挖放射形排水沟，填以石子做成滤水盲沟，在中部设2~4个集水井，使井内的水都汇集到集水井中，用潜水泵排出，进行底板混凝土浇筑。第二步，待底板混凝土达到设计强度后，对集水井逐个停止抽水，逐个进行封堵，再在上面浇筑一层混凝土，使之与底板一平。

15. 防止沉井下沉过程中涌浆涌土的安全措施

为防止沉井下沉过程中出现涌浆涌土，操作工无处躲避，危及人身安全，在沉井内筒壁－17.3m处埋设埋件（间距1m），安设安全平台（见图3）。

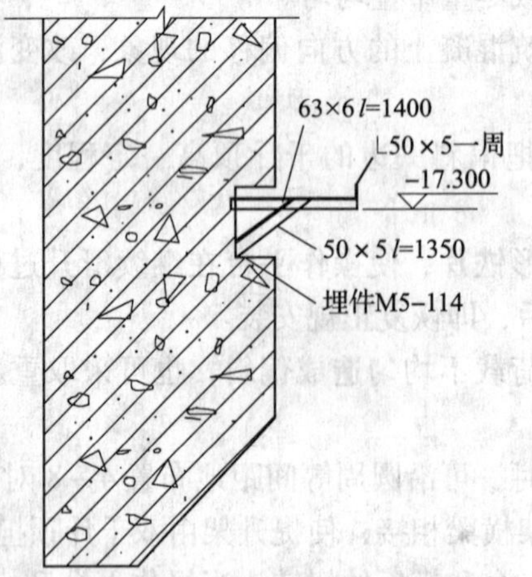

图3　安全平台示意图

六、材料

该混凝土结构除按设计要求掺混凝土外加剂外，无其他特殊材料。

七、机具设备

大直径圆形混凝土结构滑模、沉井施工采用的主要机具设备有：挖土机、翻斗汽车、混凝土搅拌机、混凝土输送泵、振动器（插入式）、振动器（平板式）、塔式起重机、水泵、钢筋切断机、钢筋弯曲机、钢筋对焊机、轮锯机、电焊机、钢模板、钢管、装载机等，其数量依实际工程量定。

八、劳动力组织

采取混合工作队形式，以便互相配合，发挥多面手作用。全队配备正、副队长各1人，木工20人，钢筋工15人，混凝土工20人，起重机工2人，架子工10人，普通工20人，机械工6人，电工4人。

九、质量标准

1. 大直径混凝土结构滑模、沉井施工须遵照《混凝土结构工程施工质量验收规范》（GB 50204—2002），《液压滑动模板施工技术规范》（GBJ 113—87）等规范要求进行。

2. 滑模装置各种构件的制作应符合有关的钢结构制作规定。其允许偏差应符合表4规定。

表4　滑模构件制作的允许偏差

名　称	内　容	允许偏差（mm）	名　称	内　容	允许偏差（mm）
模板	表面凹凸度	1	提升架	高　度	3
	长　度	2		宽　度	3
	宽　度	-2		围圈支托位置	2
	侧面平直度	2		连接孔位置	0.5
	连接孔位置	0.5			
围圈	长　度	5	支承杆	弯　曲	小于（2/1000）L
	弯曲，长度≤3m	2		直　径	-0.5
	长度>3m	4		丝扣接头中心	0.25
	连接孔位置	0.5			

3. 滑模装置组装完毕，应按滑模装置组装的允许偏差表中所列的各项质量标准进行认真检查，发现问题应立即纠正，并做好记录。滑模装置组装的允许偏差表见表5。

4. 沉井制作及下沉定位后的允许偏差和检验方法见表5。

表5　沉井制作及下沉定位后的允许偏差

项次	项　目		允许偏差（mm）	检验方法
1	制作质量	沉井的直径	不大于±0.3%	尺量检查
		沉井的高度	不大于±0.5%	
		井壁厚度	±15	尺量检查
2	下沉后质量	刃脚平均高程与设计高程的偏差	不得超过100	用水准仪检查
		倾　斜	≤D/100	尺量检查 或用经纬仪检查
		水平位移	≤H/100	拉线和尺量检查

注：H为下沉总深度；D为内筒壁直径。

十、安全措施

滑模施工必须遵守《液压滑动模板施工安全技术规程》（JGJ 65—89）和其他有关技术规范、规程。

1. 严格执行有关安全技术生产制度和安全技术操作规程。认真进行安全技术教育和安全技术交底，对安全关键部位进行经常性的检查，及时排除不安全因素，确保安全顺利施工。

2. 严格遵循沉井垫座拆除和土挖开挖、井筒下沉程序，控制均匀挖土，防止沉井发生突然性下沉和严重倾斜，导致人身事故。做好基坑排水，避免管涌流砂现象发生。

3. 沉井上部设安全平台，周围设栏杆；井内上下层立体交叉作业，设安全网、安全挡板；井下作业戴安全帽，穿胶鞋。

4. 起重设备由专人操作和专人指挥，统一信号，预防发生碰撞。拉土车靠近沉井边坡行驶时，加强对地基稳定性检查，防止发生倾斜事故。

5. 加强机械设备维护、检查、保养、机电设备由专人操作。认真遵守用电安全操作规程，防止超负荷作业。沉井内照明采用36V低压电、振动器应连接触电保护器。

6. 做好防洪、防雨、防雷措施，机电、起重设备及钢管脚手架做好接地。

十一、效益分析

1. 缩短结构的施工工期：我公司采用液压滑模施工的65t转炉工程旋流沉淀池比采用组合钢模施工的小型材旋流沉淀池可提前工期20d。

2. 经济效益：我公司采用液压滑模施工的65t转炉工程旋流沉淀池比采用组合钢模施工的小型材旋流沉淀池可节约费用50145元。

表6　经济效益分析表

序号	项目	采用倒模的费用（元）	采用滑模的费用（元）
1	模板	$1387m^2 \times 32.59 = 45202$	2000
2	脚手架	$1387 \times 7.89 = 10943$	
3	设备摊销		20000
4	人工		4500
5	平台摊销		6000
6	降水	$120 \times 5 \times 180 = 108000$	$100 \times 5 \times 180 = 90000$
7	对拉螺栓	8500	
合　计		172645	122500

3. 沉井工程质量有保证：与采用组合钢模板相比，整个筒壁施工过程，不留水平施工缝，显示了滑模工艺的优越性。对直径大、高度高的混凝土结构筒壁，采用滑模施工较其他工艺容易振捣，保证了混凝土施工质量。

4. 施工操作现场整洁，有利于安全文明施工。

十二、工程实例

我公司在长钢（集团）技改项目中施工的65t转炉工程旋流沉淀池，为圆形钢筋混凝土沉井结构，外径14m，内径12m，壁厚1m，沉井高19.78m，采用混凝土封底，内设内径3.5m，壁厚300mm的内筒，内筒与外筒分别在+0.48m，-5.22m处设置厚0.15m的钢筋混凝土平台，在-11～-7.2m处设置溢流堰，沉井外有钢筋混凝土储渣池，南北两侧留有两个铁皮沟接口。实物工程量为：挖土2500m³、钢筋混凝土1050m³、钢筋185t，混凝土强度等级为C30，抗渗等级为S12。该工程施工工期为3个多月，工程无论是在进度还是质量方面都受到了建设和监理单位的一致好评。

地下裸岩水封式储气库修建工法

YJGF 34—2004

中铁隧道集团有限公司

杨世武　朱常春　万姜林　刘招伟　郑大荣

随着全球经济的发展和社会对能源的需求，液态地下储气洞库储气得到了广泛的应用，它依靠对岩层钻孔注浆和对洞壁的喷锚支护，将洞库周围岩层加固和封闭，使储存的气体不能逃逸，地下水不能渗入库内。工程完工后库内储存气体，相通的水幕洞内由水占据，并通过水幕孔与外面的水系相沟通，库内储存气体的压力通过水的作用自动进行调节。气体的存取通过竖井进行。

1997 年，我国利用“水密封原理”在汕头首次修建液化石油气地下储气洞库，该工程主要包括交通洞、水幕洞、主储气洞和竖井等单位工程。主储气洞包括储存丁烷和丙烷的两个主洞室群，储存石油液化气共 20.6 万 m^3。为建好该项工程，开展了“大型地下水封式液化石油气储存洞库修建技术”的科学研究，该项成果通过了河南省科技厅鉴定，于 2004 年获得了华夏建设科学技术一等奖，并由此总结而成本工法。

一、工法特点

1. 开挖对岩体影响小，采用了钢钎维湿喷混凝土及锚喷加固施工技术和相应的减小围岩爆破振动方法，提高了施工进度，能保证大断面洞库群的施工安全。

2. 注浆工艺严密、步骤多，包括渗漏控制注浆、孔隙填充注浆、接触注浆、固结注浆和补充注浆。

3. 本工法的开挖、支护、探孔、注浆、封塞、监测、检测这一系列配套完整的施工工艺，使岩层裂隙和地下水能按设计得到控制，工程结构质量和环境安全得到保障，完成的工程能绝对保持和控制储存液化气的地下水位和地下水力梯度，全面达到各项设计运营标准。

4. 施工管理必须科学严格，由于工程结构和使用功能特殊，施工技术标准高、难度大。在工法应用过程中需严格施工管理，在认真制定和实施施工作业程序、工艺要求、检查标准、工作协调程序、安全计划、消防计划和环保计划的基础上，根据实际地质情况、具体的设备和工艺水平优化完善方案，使施工作业达到规范化、程序化，以全面保证施工安全和质量。

二、适用范围

适用于地下石油液化气储气洞库，大型地下洞室等工程施工。

三、工法原理

先用矿山法施工交通洞、水幕洞和竖井，在水幕孔试验成功之后进行超前探孔和注浆作业，待储气洞库开挖断面及周围岩层充分填充固结后，采用三步正台阶法进行开挖支护和补充注浆，最后进行渗流场控制的水幕系统调试和混凝土封塞。

四、施工工艺流程及操作要点

1. 工艺流程（见图1）

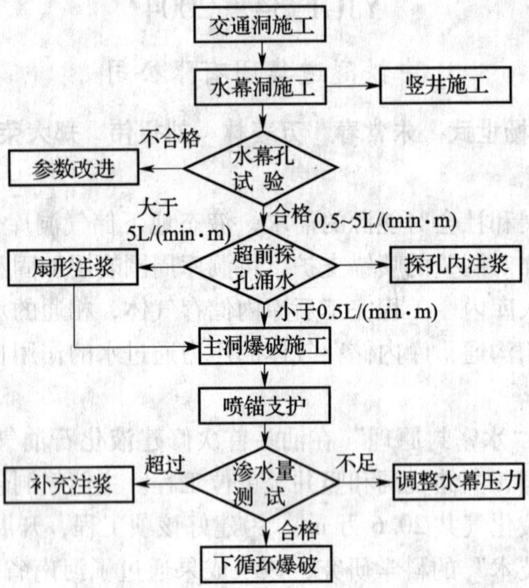

图1 LPG工程施工工艺流程图

2. 操作要点

（1）储气洞库爆破与控制。

采用光面爆破，大断面分三台阶爆破法施工，非电毫秒雷管系统起爆。

①光面爆破参数。一般周边眼间距（E）取40～50cm，抵抗线（W）50～65cm；炮眼深度上台阶3.5m，中下台阶4.2m。

②炮眼布置。

掏槽眼：斜眼掏槽法，连续装药。

周边眼：沿开挖轮廓线布置，采用$\phi25$小药卷连续装药方式。

二圈眼：孔间距稍大于周边抵抗线，采用$\phi42$普通药卷。

底板眼：空气柱间隔装药。

③炸药类型：AE型乳化炸药，周边孔$\phi25$小药卷，其他孔：$\phi42$普通药卷。

④一次装药量： $Q = K \times S \times L$ （kg）

式中 K——软弱围岩爆破炸药单耗（kg/m^3）；

S——开挖断面积（m^2）；

L——炮眼深度（m）。

（2）支护技术。

利用洞室储存液化石油气，通过地下水头、人工水幕压力和水力梯度阻止液化石油气体逃逸，在支护系统上不同于一般地下工程。

①参数设计。采用国际上常用的挪威NGI围岩分类法，利用描述围岩的6个参数，对围岩质量进行量化计算，即围岩质量“Q复合指标法”。Q值表达6个参数组合三项乘积为：

$$Q = \frac{RQD}{J_n} \times \frac{J_r}{J_a} \times \frac{J_w}{SRF}$$

式中 RQD——岩体质量标量，以% 表示。与取芯率、强度有关；

J_n——节理组数，与岩体的结构有关；

J_r——节理面粗糙程度，与结构面强度有关；

J_a——节理蚀变程度，与岩体弱面风化、软化、变形有关；

J_w——节理水折减系数，与节理夹层的充填物饱和水，弱面强度及摩擦系数有关；

SRF——应力折减系数，与岩体的应力、塑化、膨胀、松散、挤压状态有关。

由此得出不同围岩质量指标 Q 值所对应的喷锚组合支护设计参数参见表 1。

表 1　不同围岩质量指标 Q 值对应喷锚组合支护设计参数表

类型	Ⅰ	Ⅱ	Ⅲ	Ⅳ
Q	$Q>40$	$10<Q<40$	$4<Q<10$	$Q<4$
拱顶	局部锚杆 $L=4.0$m 系统锚杆 $L=4.0$m 间隔 2.5m 素喷混凝土 7.0cm	局部锚杆 $L=4.0$m 系统锚杆 $L=4.0$m 间隔 2.5m 素喷混凝土 7.0cm	局部锚杆 $L=4$m/5m 系统锚杆 $L=4.0$m 间隔 2.0m 素喷混凝土 7cm	局部锚杆 $L=4.0$m/5.0m 系统锚杆 $L=5.0$m 间隔 2.0m 钢纤维湿喷混凝土 7cm
边墙	局部锚杆 $L=4.0$m	局部锚杆 $L=4.0$m	系统锚杆 $L=4.0$m， 间隔 2.5m	系统锚杆 $L=4$m，间隔 2m 钢纤维湿喷混凝土 7cm

②锚杆施工。排列成梅花状，在用台车钻打锚杆孔前，用油漆点画出来。兼顾节理状态、尽量垂直于洞室轮廓线。使全部锚杆孔深达到设计值。控制锚杆砂浆在灌注过程中不应产生沉淀，随拌随用，一次拌和量控制在初凝前用完。灌浆要确保孔内浆体饱满。28h 后，用自锁扭力扳手拧紧锚杆螺母锚杆端头部分一律用砂浆覆盖。

③喷混凝土原材料选择：

粗骨料：坚硬、结实、耐用，最大粒径 16mm（并小于喷头口径 1/3）。

细骨料：要求干净，不含淤泥，使用河砂，存放在简易铁皮棚内。

混合骨料级配：符合《喷射混凝土规范》（美国混凝土协会 506）所推荐的级配Ⅲ。

水泥：符合 ASTM150（类型Ⅰ）、ASTM94－94、ASTM150－94 的要求，结合本工程实践选用普通 42.5 水泥。

钢纤维：抗拉强度不小于 370MPa，使用前不能有明显的锈迹。

速凝剂：选用 TCC766 液体活化速凝剂，由湿喷机自动掺入，在喷嘴处混合，剂量为 5% 水泥用量，以增加湿喷钢纤维混凝土的一次喷层厚度和粘结力，减小后期强度损失，减小混凝土料和钢纤维回弹，改善钢纤维定向。

稠度剂：掺量为 1.2% 水泥用量，以达到增加混凝土的坍落度、可泵性及和易性，在减少用水量的同时提高喷混凝土粘结力、强度和耐久性，减少干缩裂缝的目的为宜。

硅粉：比表面积达 20000m^2/kg 以上，掺量在 5% ～12% CW。

④喷混凝土配合比设计。喷混凝土（掺速凝剂）8h 强度不小于 5MPa，28d 强度不小于 21MPa，掺钢纤维时钢纤维 28d 抗挠强度大于 4.5MPa；具有良好的和易性，坍落度要求

12～20cm。

通过现场材料试验，选定喷混凝土的配合比。喷混凝土各种材料的重量配合比可参见表2。

表2　钢纤维喷射混凝土各种材料的重量配合比表

名称	水泥	硅粉	水	SG剂	TCC766	砂	石	钢纤维
重量（kg）	450	30	206	6	24	937	637	40

⑤喷射机械。可采用MBT公司生产的Meyco Spraying Mobile　湿喷机。

⑥喷射方法。施喷时要求喷头与受喷面距离为1～1.5m，喷射压力控制在0.3～0.4MPa之间。喷射时喷头做顺时针方向的旋转，喷射顺序由下而上至拱顶。为保证两次喷混凝土之间的接合，第一次喷混凝土接缝处做成斜面，第二次在斜面上继续施喷。

（3）控制注浆技术。

①注浆方式。依据注浆的作用和注浆的部位，将注浆操作类型划分为五类：

a. 渗漏控制注浆。与一般隧道相比，储气洞对地下水的渗漏控制更为严格。即使地下水的渗漏量非常微小，对开挖隧道施工没有任何影响，但仍需将地下水的渗漏量减少到很低限度，这只有通过在洞内的工作面进行渗漏控制注浆来达到。

b. 填充注浆。为保证气密与水密性，减少气体渗漏的通道，在岩石与喷混凝土间，或处理主节理和断层时，进行填充注浆，以尽可能填满空隙或裂隙来最大限度地防止气体逃逸。

c. 接触注浆。对岩石与竖井混凝土封塞、连接洞衬砌和其他地方衬砌的接触面进行注浆，在高含水带，密封钢拱架的拱背必要时也进行接触注浆，确保洞库的高密闭性和结构的高强性。

d. 固结注浆。在开挖中，为保证开挖所需的围岩正常工作条件，进行固结注浆，以改善开挖面附近的围岩力学特性，为开挖创造良好条件。

e. 补充注浆。为进一步减少开挖对水文地质流态模式的影响，对开挖后洞室残余渗漏部位进行补充注浆。

②控制标准。注浆的主要控制标准可按表3的标准参考使用。

表3　注浆控制的主要标准内容表

控制标准 / 注浆操作类型	注浆判定控制标准	注浆压力控制标准	注浆浆液及配合比控制标准	注浆结束控制标准
填充注浆	岩石的孔隙，节理断层及护背后的孔隙进行注浆充填	0.5～1.0MPa	单液水泥浆 W:C＝1～1.5:1	达到注浆压力且回浆
接触注浆	全部衬砌和混凝土封塞之后与岩石之间的密合，进行接触注浆，从而保证密合，固结围岩，控制渗漏	衬砌后注浆压力0.5MPa 混凝土封塞最大注浆压力2.0MPa	单液水泥浆 W:C＝1～1.5:1	达到注浆压力

续表3

控制标准 注浆操作类型	注浆判定控制标准	注浆压力控制标准	注浆浆液及配合比控制标准	注浆结束控制标准
固结注浆	在对围岩力学物性有疑问如小断层，软弱夹层等区域而不能确定保证正常开挖条件，进行固结注浆	1.0～2.0MPa	单液水泥浆 W: C = 1.5～0.75: 1 水泥－水玻璃浆 W: C = 1.5～1: 1 C: S = 1～0.6: 1	达到注浆压力
补充注浆	开挖后洞室部分区域的渗漏水进行残余注浆堵漏	1.0～1.5MPa	水泥－水玻璃浆 W: C = 0.5～1: 1 C: S = 0.6～1: 1	达到注浆压力

③注浆参数设计。

a. 注浆范围。根据设计及围岩状况，可取开挖轮廓线外3.5m。涌水地带根据钻探情况确定。

b. 单孔注浆半径。按下列公式确定：

$$R = [V/(n\pi L)]^{1/2}$$

式中 V——单孔注入浆材的量；

n——孔隙率；

L——注浆孔长度。

c. 注浆孔间距。根据地质情况及经验进行选择，可参考表4的内容进行。

表4 注浆孔间距选择表

岩 体	说 明	孔间距（m）
岩石状态	细裂隙	1～3
	张开裂隙	2～4
结构	结构与岩体间空洞回填	2～3
孔洞	洞穴填注	3～15

d. 单孔注浆量。单孔注浆量的选择按下列情况综合判定：体积比（浆材体积/所处理的围岩体积），综合考虑施工阶段的围岩孔隙率和孔隙的填注系数来判断选定；钻孔间距和注浆长度；注浆压力；浆液的粘度等。单孔注浆量可以用下式确定：

$$Q = \lambda \cdot V \qquad \lambda = n\alpha(1 + \beta)$$

式中 Q——注入量；

λ——注入率；

V——加固对象的体积；

n——孔隙率；

α——填充率；

β——损失系数。

e. 注浆速度（单位时间内的注入量）。可以由压力－速度曲线确定。先根据注浆前的

注水试验测出压力 - 速度曲线。

f. 注入压力。确定的上限允许注浆压力必须避免在注浆孔内产生水力劈裂，在节理体系中能避免水力劈裂和岩体上抬。确定的下限注浆压力在注浆孔与节理相交处必须足以把浆液驱入节理中，并能使注浆液到达设计的扩散半径。

g. 终止注浆的判定。多裂隙地层及松散破碎带处，使用稳定的注浆材料，按注浆量进行控制。岩石裂隙使用非稳定浆液的注浆，按注浆压力加以控制。

(a) 至宝稳定浆液每米孔长耗浆量达 $0.25m^3$，停止注入。

(b) 非稳定浆液在下列逆向压力情况下终止注浆：

接触注浆	0.2MPa
注浆孔深 3 ~ 6m	0.5MPa
注浆孔深 6 ~ 12m	1MPa
注浆孔深 12 ~ 24m	1.5MPa

h. 注浆孔大小及布置设计：根据注浆钻孔设备及所有要求的注浆类型，注浆孔直径应大于50mm，最大孔深可达50m。在松散地层中，钻孔配装注浆套管。在混凝土结构中，钻孔配预埋孔口管通，并过此管钻注浆孔。每个注浆孔的间距应合理处理。为最有效穿透含水节理，钻孔位置应考虑节理的产状、密度等因素，并根据现场情况修正。

(4) 渗流场控制的水幕施工。

水幕洞是为了提供水幕钻孔的作业空间通道，它的大小能够满足钻机水平钻进水幕孔即可，由一条巷道和一系列钻孔组成。设计时，水幕洞要考虑水幕到储气洞的距离，水幕可达范围及水幕孔方向、间距、长度、直径、倾斜度等特点。水幕洞位于主储气洞上方20m位置，水幕孔钻孔间距10m，水幕近于水平。为了防止钻孔下倾，开孔角度向上倾3度开钻，一般长度100m，钻孔要求主要有：

①水平水幕钻孔直径和深度必须达到设计要求。

②孔位精度在其生成浅形的锥形范围内，即与理论轴线的误差为2.8°，或孔深的5%；如果钻孔超过了误差要求，则必须对误差孔进行注浆，并重新钻孔取代。

③钻孔采用冲击、旋转法，而且只能用清水或两用泥浆或钻孔液进行钻孔。钻完孔后，应彻底冲洗钻孔，清除干净孔内的泥浆和岩屑。

④成孔清孔后，应立即在钻孔上装上机械栓塞，若不能立即安上，则必须盖孔或进行临时堵塞。

⑤对垂直水幕钻孔，应安装水泥套管进行抬高，防止泥浆、岩屑进入孔内。

⑥钻好的孔应在5d内进行注水 - 落水试验。

⑦在坑道进行水平机械回转取芯钻进，即取芯水幕钻孔钻进，对所需要了解的地层按水平（或倾斜）的预定方向进行环状切削，取出岩芯供地质鉴定和地质编录。

⑧进行水平冲击回转钻进（不取芯水幕钻孔），通过坑道钻机与空气压缩机和潜孔冲击钻具的有机结合，形成快速钻进体系的工艺。坑道钻机负责钻具的给进、退出和回转功能，空气压缩机提供冲击动力，潜孔冲击钻具负责冲击破岩钻进功能。

(5) 矿山法施工。

交通洞施工。地质条件好时采用全断面光面爆破开挖，机械化作业。地质条件较差时，如Ⅴ级围岩，节理层理发育，裂隙众多，地下水丰富，可采用台阶法开挖，支护采用锚杆、挂网，甚至设立花拱架，并进行注浆堵水。

①洞体防塌。在围岩破碎、软弱、断层带洞室开挖，应遵循“管超前、短进尺、弱爆破、紧支护”的施工原则。在开工前和施工过程中，准备和存放一定数量的钢拱架、格栅拱、钢筋网、锚杆、小导管、钢板、原木、锯材等应急材料，以备特殊情况之急用。

②防涌水。断层破碎带会与地下水系连通，基岩中岩脉穿插，裂隙发育地带地下水会密集，开挖过程中要注意防止突涌水，准备好防灾堵水材料，如水泥水玻璃双液浆、棉纱、喷浆材料等。及早设计好包括注浆孔布置、注浆压力、注浆量、注浆顺序、凝胶时间等内容的详细注浆堵水方案。

③超前探水。充分利用探测孔，了解掌握开挖掌子面前方的水文地质情况，采取正确的开挖、注浆堵水方式，确保洞室结构和工程施工安全顺利。

a. 主储气洞施工。分三个台阶开挖，斜坡道及联络洞采用斜眼掏槽、光面爆破一次开挖成型。

主储气洞的渗漏水情况控制要求严格，当探孔流量小于0.5L/min·m时，才允许进行洞室开挖爆破；当探孔流量大于0.5L/min·m小于5L/min·m时，要先进行探孔注浆；当流量大于5L/min·m时，要先进行扇形注浆。

b. 竖井施工。竖井的作用是向库内灌注和提取气体，并及时抽排库体内的积水。竖井直径ϕ4.2米，采用人工手风钻打眼爆破。竖井施工主要是合理进行施工组织和设备配备，做好洞口场地设施布置，充分保证起吊设备安全稳固进行，所有作业达到竖井施工安全标准等等。

（6）混凝土封塞施工。

混凝土封塞施工是洞室工程中最后、也是最重要的一个环节。封塞施工的成功与否直接关系到整个工程成败。封塞工程是为了密封住洞库内的气体，它对封塞施工所需材料及混凝土的质量要求都非常高。

①封塞长度：5m。

②施工程序。开挖、支护、安装锚杆、预注浆、清洗岩面、组装内模板、绑扎钢筋，安装回填注浆管、接触注浆管、冷却水管和人孔，随后安装外侧模板，进行混凝土浇筑与养护、测温度与注水冷却、拆模板、回填注浆、接触注浆、人孔注浆等。

③锚杆安装。保证钻孔方向、角度、深度正确，封塞区锚杆要外露50cm，以便和绑扎的钢筋相连接。

④预注浆。在岩壁上按设计进行钻孔注浆，防止施工中岩石的塌落和密封洞壁周围的大小裂隙，不让气体从封塞周边的岩墙中漏出。

⑤混凝土浇筑。采用泵送混凝土法浇筑，选用合适的滑槽，模板中浇注混凝土的高度控制在1.2m以下。浇注时，用振捣棒振捣，每层要求在1h内浇筑完成。浇筑顺序是左、右、中间反复进行，并做好上层和下层之间的充分振动。浇注完成后立即进行混凝土养护，2个星期后混凝土温度与环境相差5℃开始进行回填注浆。

⑥注浆。注浆时注浆泵要用低档，使浆液最大限度的扩散到所有孔隙，浆液配合比W/C=0.5。回填注浆完成后21d进行接触注浆。第一次注浆完成12h后，为消除混凝土收缩产生的裂缝，还需进行第二次注浆，达到全部工序结束的标准。

（7）监控量测及永久监测。

施工过程中进行围岩变形监测和水位观测，工程结束后进行长期永久观测。

①变形监测。主要进行净空收敛量测，观测洞室施工变化趋势。

②爆破震动监测。要就爆破施工时震动速度 <10cm/s。

③水位观测。施工时满足水幕供水需要，及时进行调整供水量。

④永久监测。为运营管理长期监测控制项目。

深水压力计。设在洞口和水幕间以及主储气洞周围。

压力盒。设在主储气洞库周边。

传感器。具备三轴地震检波器，频率宽带为 20～400Hz。

五、机械设备（见表5）

表5　施工主要设备配备表

序　号	设备名称	单位	数量	备注
1	三臂钻孔台车	台	2	
2	二臂钻孔台车	台	1	
3	H518－50 锚杆台车	台	1	
4	麦士德湿喷机	台	1	
5	PZ－5C 喷浆机	台	2	
6	HPZ－1 喷浆机	台	2	
7	ZLC－40 装载机	台	4	
8	ZLC－50 装载机	台	3	
9	380 小松装载机	台	1	
10	XC3260 铁马卡车	辆	10	
11	内燃空压机 $12m^3$	台	3	
12	康明斯出渣机	台	2	
13	阿特拉斯 ZBG－02 注浆泵	台	3	
14	KBY50/70 注浆泵	台	4	
15	BVT 注浆泵	台	2	
16	日本通风机 110kW	台	3	
17	XY－4 地质钻机	套	1	
18	GX－1T 地质钻机	套	2	
19	MKG－5 坑道钻机	套	4	
20	XY－2 地质钻机	套	3	
21	VPH－700 空压机	台	1	

六、劳动力组织

1. 组织机构

本项目具有技术含量高、工程量大、资源投入大、作业面多、工期紧、合同严、施工管理难度大等特点，成立了“TEB 项目管理组”，充分发挥 TEB 设计、科研、施工、制造四位一体的优势。根据 LPG 集散工程施工特点和多工序作业的复杂性及对国外承包商的特点，采用的施工组织机构模式参见图 2。

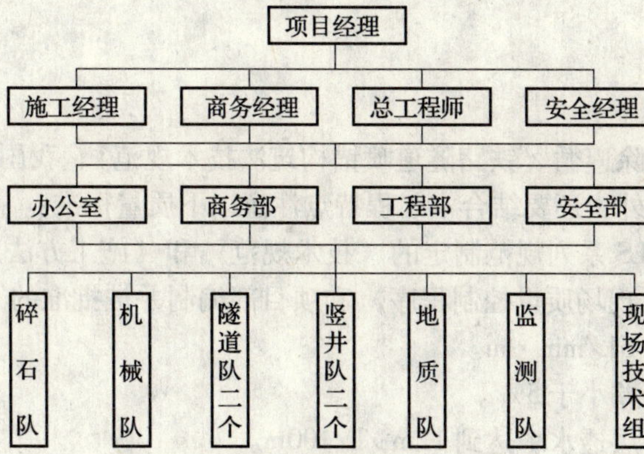

图 2　施工组织机构图

2. 劳动力组织（见表6）

表 6　部门设置、职责范围及人员配备表

序号	部门名称	班组设置	人数	主要职责
1	经理部	经理	1	工程项目负责人，对生产安全、工期、质量、成本负责，审批施工技术方案并落实实施，执行商务合同要求
		副经理	3	
		总工程师	1	
2	办公室		8	人事后勤、卫生、保安工作
3	商务部		6	对业主、总包的技术、商务传递
4	工程部		18	施工计划、方案、现场实施指导
5	安全部		6	安全、质量、规章制度管理
6	丁烷竖井工区	3 班	40	丁烷竖井开挖支护
7	丙烷竖井工区	4 班	61	丙烷竖井开挖支护
8	丁烷主洞	台车3 班	127	丁烷主洞开挖支护运输装载班包括丙烷主洞工作
		炮工6 班		
		注浆支护3 班		
		装载3 班		
9	丙烷主洞	台车3 班	100	丙烷主洞开挖支护运输
		炮工6 班		
		注浆支护3 班		
10	地质钻探	6 班	72	地质孔、水幕孔、观测孔施作
11	土工监测		12	试验、量测、监测
12	碎石加工		18	提供喷浆料等
13	综合加工		37	机修、维护、保养等
合　计			510	

七、质量要求

1. 采用质量标准

采用本工法施工，除遵循《铁路隧道喷锚构筑法技术规范》、我国现行与本工程相关的施工与设计规范和规程外，还要结合本工程特点注意以下质量标准：

（1）总包商根据SLS系列规范制定的《技术规范》和《施工方法》。

（2）总包商制定《现场质量控制程序》和项目部编制并被批准的《质量计划》。

（3）渗水量小于0.5L/min·m。

（4）水幕孔方向误差小于5%。

（5）实施水幕后岩层透水率达到$12m^3/h/100m$。

2. 喷锚工程质量控制指标（见表7）

表7　喷锚工程质量控制指标表

项　目		频　率	要　求
锚杆	锚杆	施工前监理批示	达到设计指标
	扭矩	每20根	$W=19\sim24kg\cdot m$
	拉拔试验	每200根	$F_{拉力}\geqslant15T$
喷浆	喷浆厚度	每$200m^3$	$W_{min}\geqslant80\%W_{设计}$；$W_{平均}\geqslant W_{设计}$
加钢纤维喷混凝土	取芯试验	监理指示	送检（强度，厚度）
	抗压强度	施工前监理批示或每$50m^3$	$R_{平均}\geqslant R_{设计}$
	配比计量	300hs	$R_{28天}\geqslant21MPa$；$R_{8hs}\geqslant5MPa$
	钢纤维	施工前监理批示	达到设计指标
水泥	凝固时间	出厂后3个月内使用	材料使用由监理批准并报送检验结果
	密度		
	抗压强度		

八、安全及环保措施

1. 制定《现场安全健康卫生计划》、《现场安全监察员手册》、《环境保护计划》、《防火与消防计划》、《治安计划》等规章制度。

2. 洞库施工采用分台阶光面爆破法，严格按爆破设计和爆破安全规程操作施工，严格控制药量，炸药、雷管等火工品分开保管、装运，定量从仓库提取，洞内不准存放多余火工品。

3. 定期对所有车辆检查维修保养，多作业面出渣的运输组织由行车调度统一指挥，严禁无证上岗、严禁非专职人员开车和调车。

4. 洞内抽排污水、油水等需经地表专用污水处理厂处理后再行排放，规划弃渣场地，做好环境保护工作。

九、效益分析

1. 大型地下水封式液化石油气储藏洞库修建技术的研究成果在汕头LPG储气工程施工

中得到了成功应用，为国内能源储存类似条件下液化石油气的施工提供了依据和借鉴，对促进液化石油气库储技术的理论和施工技术的发展起到了积极的作用。

2. 通过科研指导，保证了工程安全顺利进行。现场采用 TEB 质量管理体系，在施工质量、人员组织、机械设备配置方面合理安排应用，确保了该工程建设总工期的实现。该项工程质量优良，无安全质量事故和隐患，既有环境未受到明显影响，应用中效果良好，取得了较好的经济效益和社会环境效益。

十、工程实例

汕头 LPG（液化石油气）集散中心工程是我国第一个采用水幕技术修建地下洞室储存液化石油气的工程，工程包括竖井、水幕洞、交通洞、主储气洞等部分，工程平面示意参见图 3，储气洞空间情况参见图 4。

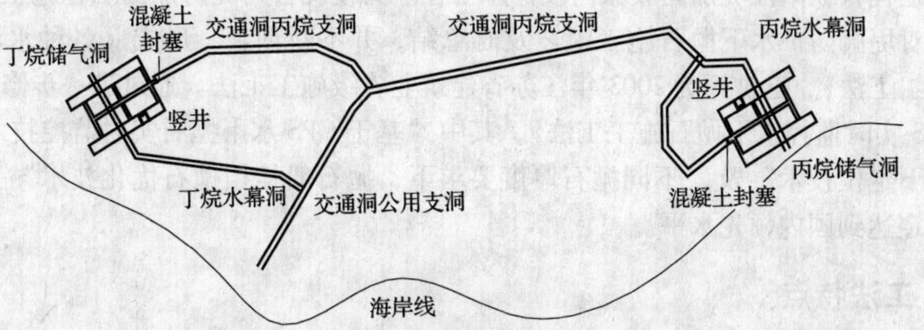

图 3　汕头 LPG 储库工程平面示意图

库区的主体岩石为花岗岩，岩体受大断层构造的控制而较破碎，其间有丰富的后期侵入岩脉，充填于断裂带或与断裂带平行产出。岩脉集中处透水性较好、导通性好，是主要的地下水通道。库区内基岩裂隙水丰富，除经岩脉、裂隙流入的地表水以外，还有局部海水渗透，这些水往往受断层的影响呈承压状。本工程丰富的地下水既给 LPG 运营的高密高压带来了保障，同时也给反坡道施工带来了负面影响。地下水的润蚀、潜蚀，冲走了弱面的填充物，减少了弱面的摩阻，易诱发岩块的滑动，造成洞室开挖后产生岩层失稳的危险。

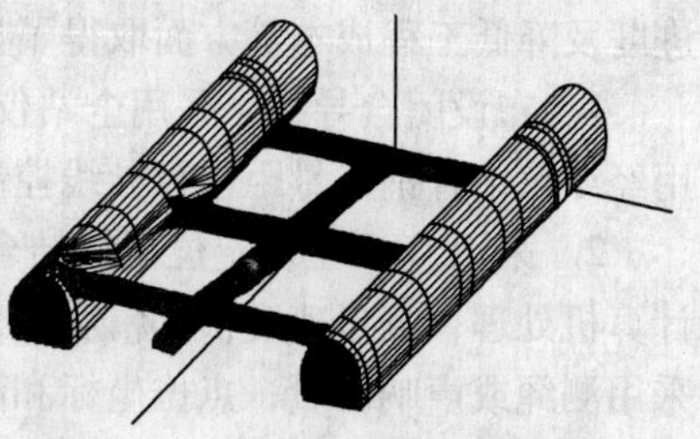

图 4　储气洞空间示意图

中铁隧道集团承建了该工程的全部任务，采用项目法进行施工管理。工程自 1997 年 10 月份正式开工，至 1999 年 11 月份完工，历时 25 个月。汕头 LPG 项目部面对复杂的地质条件和艰苦的环境条件，采用科学的施工方法、先进的组织管理，针对该工程地质条件，制定了大断面爆破施工工艺细则、水幕孔施工技术要求、围岩喷锚支护技术措施、地层渗漏水控制注浆防渗漏标准，在严格规范施工要求下，首次顺利建成了本工程，积累了成功经验，应用中效果良好。

基于 GPS 实时监控水下抛石施工工法

YJGF 35—2004

中国建筑第八工程局第三建筑公司

程建军　高安定　招庆洲　沈兴东

1998 年长江特大洪水过后，为加强长江中下游堤防抵御洪水的能力，国家投资 300 多亿元对长江中下游堤防险段部位进行加固处理。1999 ~ 2001 三个年度，我公司先后承建了长江重要堤防隐蔽工程枞阳江堤加固老洲头险段护岸工程，马鞍山河段一期整治小黄洲及电厂段护岸工程，枞阳江堤加固殷家沟段护岸工程。为使我公司堤防加固工程施工规范化、标准化，针对堤脚防护水下抛石施工工艺及时总结，并不断创新，形成《各种水流状态下水下抛石施工工法》，已被评为 2003 年江苏省建筑业省级施工工法。通过进一步修改完善形成《基于 GPS 实时监控水下抛石施工工法》，其中“基于 GPS 水下抛石实时监控技术”、“复杂水流状态下定位技术”及“不同抛石厚度要求下，抛石船挂挡抛石优化技术”三项关键技术，经鉴定达到国内领先水平。

一、工法特点

水下抛石作为最早的堤脚防护方法，以其具有的种种优点一直沿用至今。本工法采用先进科学技术手段，与过去传统的施工方法相比，在控制抛石质量、保证安全施工、加快施工进度及降低工程成本等方面取得了显著的效果，其主要特点有：

1. 布设闭合导线，采用全站仪进行大范围控制测量，测量速度快、精度高。而过去采用经纬仪结合钢尺量距进行导线控制测量，测量速度慢、精度低。

2. 采用 GPS 全球定位系统结合回声测深仪测量水下地形，点位坐标和高程同时传输给计算机处理，测量速度快、精度高，及时有效监测抛石效果，抛石质量得到有效控制。过去采用测绳或声呐测量，点位坐标和高程不能够同时反映，测量速度慢、精度低，不能及时准确反映水下地形。

3. 通过理论公式计算结合现场实测确定块石的落距，确保定位船定位准确，从而保证了块石抛投位置准确。

4. 复杂水流状态下，定位船的抛锚定位和抛石船的挂挡抛石难度较大，通过采用不同的定位方法，加快施工进度，保证施工质量和安全。而过去一律标准定位方式，在复杂水流区，定位船定位及抛石船挂挡比较困难，无法保证施工质量和安全。

5. 针对不同的设计抛石厚度，抛石船采用不同的挂挡方法，在保证施工进度的同时保证了抛石均匀度。

二、适用范围

本工法适用于长江中下游、内河及湖泊堤脚防护工程施工。适用的水流速度不宜大于 3m/s。

三、工艺原理

采用全站仪进行导线控制测量，通过理论公式计算结合现场实测确定块石的漂距，准确定位抛投断面。根据水流的状态，定位船选择合理的定位方法抛锚定位，抛石船根据不同抛石厚度选择不同挂挡方法进行抛石。通过采用 GPS 卫星定位系统结合回声测深仪监测抛投效果，及时修正抛投方案，最终按设计要求在水下河床上均匀覆盖一层块石，以防止岸坡在水流冲刷下坍塌，确保大堤稳定与安全。

四、工艺流程及施工要点

1．工艺流程

施工准备⟶抛前水下地形测量⟶抛区分格网划分⟶确定抛石提前量⟶施工放样⟶定位船抛锚定位⟶抛石船挂挡抛石⟶抛后水下地形测量⟶定位船移位⟶抛石船挂挡抛石⟶（重复循环）⟶抛石完工⟶竣工测量。

2．施工要点

（1）施工准备。

①原材料质量检验。水下抛石使用的原材料为块石，施工前应对各料场的块石取样试验，块石各项检测指标：比重大于 $2.65t/m^3$，湿抗压强度大于 50MPa，软化系数大于 0.7。块石形状不允许是薄片、尖角状，块石石质不允许是风化石，块石粒径 0.15～0.5m，单块重量不得小于 10kg。

②施工机械及备料。

a．施工用的机械见施工机具表，工程具备开工条件后及时进场。

b．块石询价，确定供应商，签订材料供应合同。

③施工现场准备。

a．建立生活区，参与协调征地、树木砍伐等工作。

b．在港监部门办理水上作业施工许可证。

④建立施工平面控制网。

a．导线网分两级建立（如图 1 所示），采用四等闭合导线建立首级控制网，然后依据首次控制网建立供施工放样使用的加密控制网。四等闭合导线技术要求见表 1 所列。

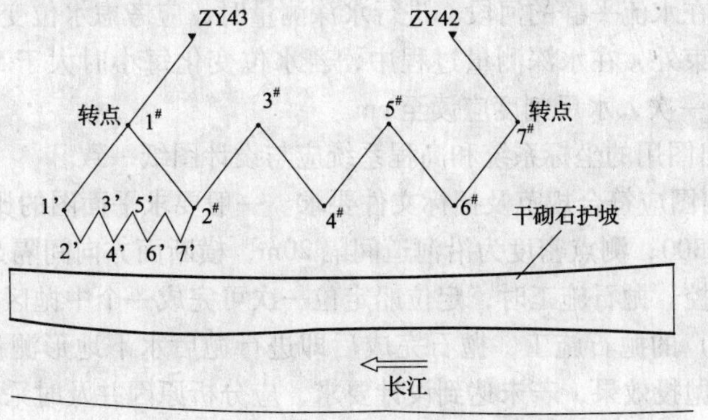

图 1　导线网示意图

ZY43、ZY42—业主提供的起始控制点；1#、2#…7#—导线点；1′、2′…7′—加密控制点

表1　光电测距闭合导线技术要求

等级	闭合导线总长（km）	平均边长（m）	测角中误差（″）	测距中误差（″）	全长相对闭合差	方位角闭合差（″）	测距要求	
							测距仪等级	测回数
	1.8	300		7	1∶35000		3	2
四	3.0	500	2.5	5	1∶45000	±5	2	2
	3.5	700		5	1∶50000		2	2

b. 导线网布设的室外作业。导线网的室外作业包括选点、埋标、测角及量边等工作。导线选点应遵循以下原则：相邻点之间应通视良好，地势较平坦，便于观测，导线点应选在土质坚实的地方，以便于导线点保存和架设仪器；导线边长应大致相等。埋标采用钢筋插入泥土中，周边采用混凝土围护（25cm×25cm），待混凝土凝固后，采用红油漆进行编号。每支导线，采用全站仪往返观测两个测回，记录下每个测点坐标及方位角。坐标增量闭合差在满足规范要求的前提下，进行分配。

c. 施工平面加密控制网的布设。首级控制网布设完成后，建立供施工放样使用的加密控制网，加密控制网沿施工区每隔 80m 布设一个导线点。

（2）抛石区水下地形测量。

①概念。对抛石区施工前、后进行水下地形测量，是控制抛石施工质量的重要手段之一，也是作为施工质量评定的重要依据。包括：抛前水下地形测量、抛后水下地形测量及竣工测量。

②测量方法。通过采用 GPS 全球定位系统、回声测深仪、多功能采集器、计算机、绘图仪和打印机组成一套自动测量系统，利用 GPS 实时动态差分技术进行水下地形测量。由专业测量人员采用 GPS 全球定位系统结合回声测深仪测量，GPS 发射天线架设在起始控制点上，接收天线安装在测量船测深仪探杆上。沿河道断面方向间隔 20m 为一施测断面，测量船按此作为行进路线，沿断面间隔 5m 为一测点。测点坐标由 GPS 全球定位系统测得，同时该点水深由测深仪测得，由多功能采集器采集点位坐标和水深，传输给计算机，最后经成图软件绘制水下地形图。

③水下地形测量过程中注意点：

a. 测点高程的准确与否与水位观测的精度密不可分。水位观测应安设一支牢固的固定水尺，水尺应设置在水流平静的河段。进行水深测量时，应考虑水位变化潮汐的影响，除水深测量的开始和结束外，在水深测量过程中，若水位变化每小时大于 5cm 或变化幅度大于 10cm，应增测水位一次，水尺刻度应读至 cm。

b. 水下地形出图用的坐标系统和高程系统应与设计图纸一致。

c. 水下地形出图应符合规范及招标文件要求。一般要求平面图的比例不得大于1∶2000，断面图不得大于1∶300，测点密度为沿河道间隔 20m，横断面方向间隔 5m。

④抛石实时监控。抛石施工时，定位船定位一次可完成一个中抛区的上半区（详见图 2 抛石区分格网划分）的抛石施工，抛石完成后即进行抛后水下地形测量。将抛石前、后断面进行对比，检查抛投效果，若未达到设计要求，应分析原因并及时采取补救措施，达到对水下抛石的实时监控。分析断面对比图，常见的情况有以下几种：

a. 抛石区抛石增厚不明显或没有增厚，原因是抛石提前量不合理，多数抛石落到抛投区域之外。采取的修正措施是：重新测定块石落距，调整抛石提前量，对该区域进行补抛。

b. 抛石区抛石增厚不均匀，部分区域增厚远超出设计要求，而部分区域增厚很少，分析原因是抛石船挂挡抛石时，未按照指定档位进行抛投，个别档位挂靠次数过多或抛投时抛石船偏位而造成的。采取的修正措施是：对增厚较薄的区域进行补抛。下一断面抛石施工时，施工员应指挥抛石船严格按照指定档位进行抛投，抛石船船尾系绳索与定位船连接，防止抛石船抛投时左右摆动幅度过大。

（3）抛石区分格网划分。

水下抛石施工的重要一环就是合理划分施工小区（即网格），根据施工进度要求，将抛石区沿长度方向划分为若干个大抛区，每个大抛区投入一艘定位船同时施工，每个大抛区沿长度方向每隔 40m 划分为若干个中抛区，每个中抛区再划分为若干个小抛区（即抛石标准网格 10m×10m），不足 10m 宽度的可划分为定宽的小区进行施工。抛区网格划分如图 2 所示。

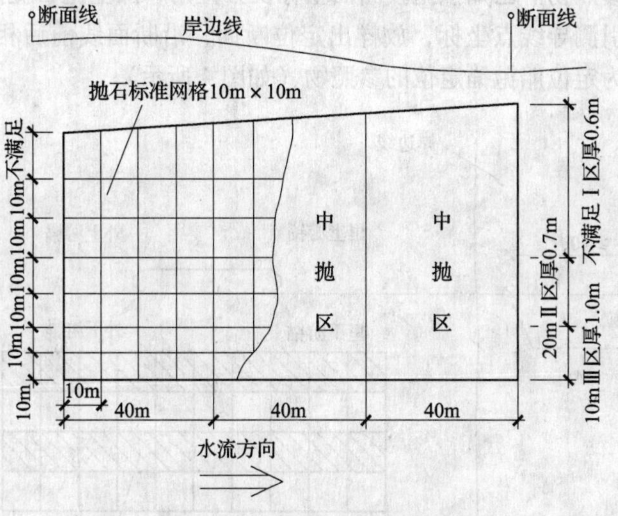

图 2　抛石抛区网格划分示意图

（4）定位船定位施工放样。

①抛石提前量的确定。抛石提前量由块石落距加上装石船头空当距离，块石落距是指块石落入水中后在水流作用下漂移的距离，施工中控制块石落距是施工质量控制的关键。块石落距测定的方法如下：

a. 理论计算。抛投前测量抛区内的流速，将流速仪由定位船上舷侧中部放入水中，至水深 2/3 处测出流速。同时用测深仪测量出断面处水深。流速和水深测量完成后，根据经验公式计算块石落距。

$$S = KVH/W^{1/6}$$

式中　S——块石落距（m）；

V——水流流速（m/s）；

H——水深（m）；

W——块石重量（kg）；

K——调整系数，查表取用，一般可取 0.8～0.9。

b. 现场测定。现场测定落距可以核查落距表是否准确，测定方法如图3所示。

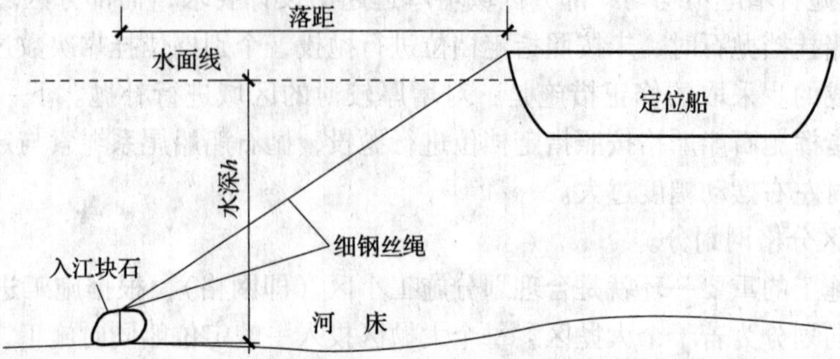

图3 试抛石落距的测定方法

②定位船定位施工放样。定位船在江面上准确定位难度较大，因此需在岸上设立标志，作为定位船定位的参照物。已知拟抛投断面坐标及方位角，加上抛石提前量，即为定位船定位断面。测量人员引测导线点坐标，放样出定位断面，沿断面线前后相距不小于40m插上两根花杆，以此作为定位船抛锚定位的参照物（如图4所示）。

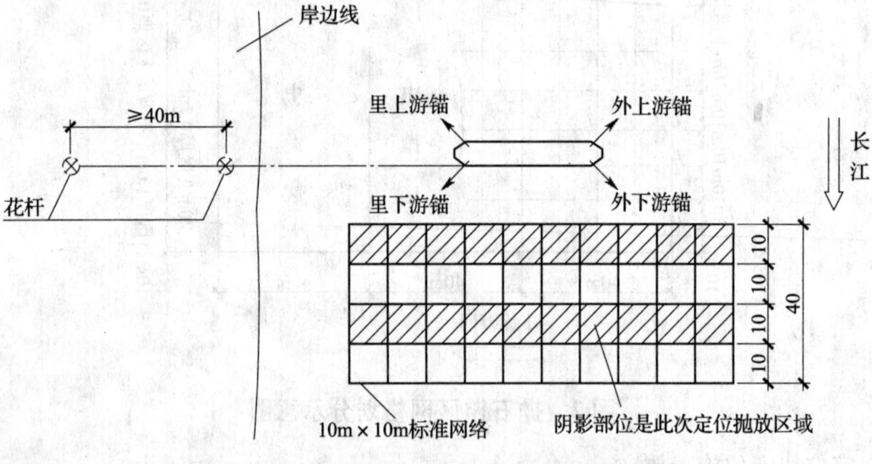

图4 定位船定位施工放样及抛锚示意图

（5）试抛投试验。

正式开工前，应选择有代表性的块石进行现场生产性试验抛投试验，试抛区一般选择80m长，通过试抛投实验取得一系列参数，为大面积正式抛投做准备。

①检验定位船的定位方法是否合理，定位船能否满足施工需要。

②通过施工前后水下地形测量成果对比，检验抛区增厚情况以及抛投均匀度，是否出现断档，以此为依据调整抛石提前量。

（6）定位船定位。

①抛锚。定位船抛锚顺序：外上游锚⟶里上游锚⟶里下游锚⟶外下游锚。抛锚时应注意的是上、下游锚缆应抛成八字形，以便于定位船里外移动（如图4所示）。

②定位。定位船的抛锚定位是水下抛石作业中最重要的环节，定位船定位是否准确与稳定，直接关系到抛石作业的施工质量及安全。影响定位船的定位方法主要因素是江水的流

态，江水的流态主要有平顺水流、紊乱水流、回流三种，不同的流态将决定定位船的定位方法及投入的数量。

a. 平顺水流状态下定位船定位方法。平顺水流状态下江水的流态平顺、稳定。这种流态下，抛石船不易发生侧向摆动，因此抛投作业比较顺利。平顺流状态下主要采用以下两种定位方法：

第一种：定位前在岸边定位断面挖好地锚坑，然后定位船顺水流抛锚定位，接着从定位船绞关上牵引钢丝绳与岸上的地锚相连，调整定位船的锚缆，参照岸上的定位花杆，使钢丝绳位于定位断面上，用卡环在钢丝绳上做好挂挡标识，用于抛石船挂挡抛投（如图5所示）。

第二种：定位船垂直水流定位，抛石船挂靠定位船下弦进行抛石（如图6所示）

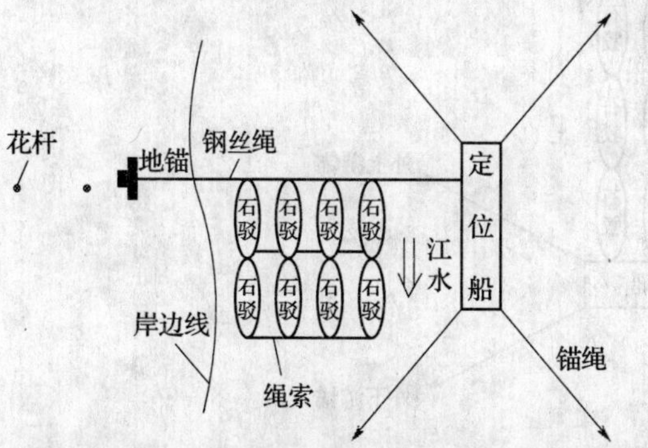

图5　平顺水流拉钢丝绳定位

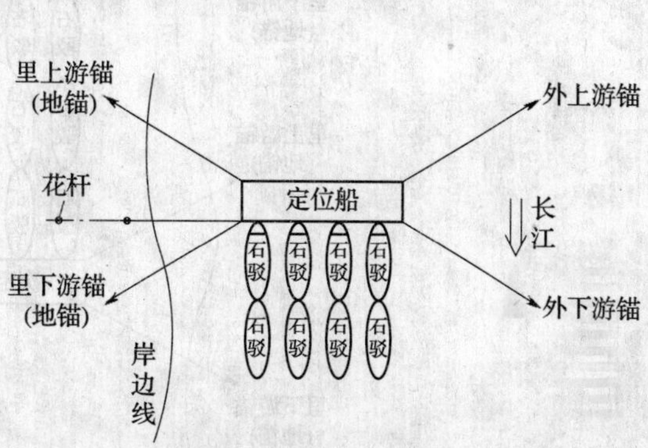

图6　平顺水流定位船垂直水流定位

b. 紊乱水流状态下定位船定位方法。紊乱水流是指受到几个方向水流的作用，流态复杂、紊乱。在这种流态下，定位船定位比较困难，抛石船挂挡后在水流作用下很不稳定，容易发生侧向摆动，通常采用以下两种定位方式。

第一种：定位船垂直水流抛锚定位，完成后抛石船陆续挂靠，通常定位船挂靠四排抛石船，每排四艘，抛石船之间要用绳索相互串联起来，成为一个整体，然后用绳索将整个船队固定在锚缆上，方可进行抛投（如图7所示）。

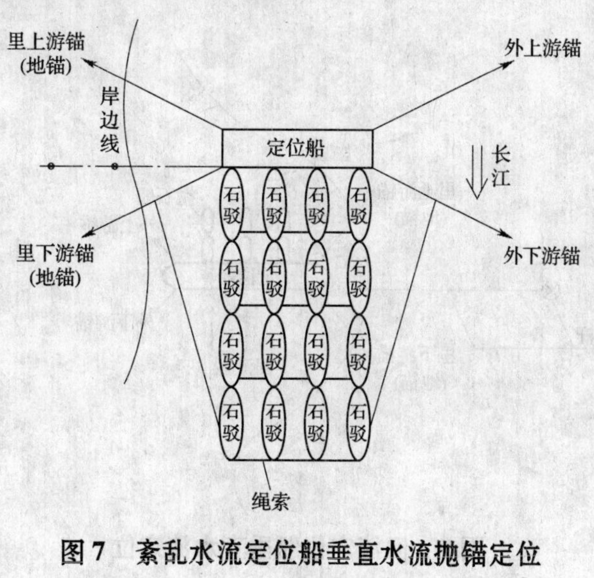

图7　紊乱水流定位船垂直水流抛锚定位

第二种：采用两艘定位船定位，即第一艘定位船（主定位船）垂直水流定位完成后，抛石船陆续挂挡，共四排，每排四艘，第二艘定位船（次定位船）垂直水流抛锚定位，抛石船队尾部采用绳索与其联结（如图8所示）。

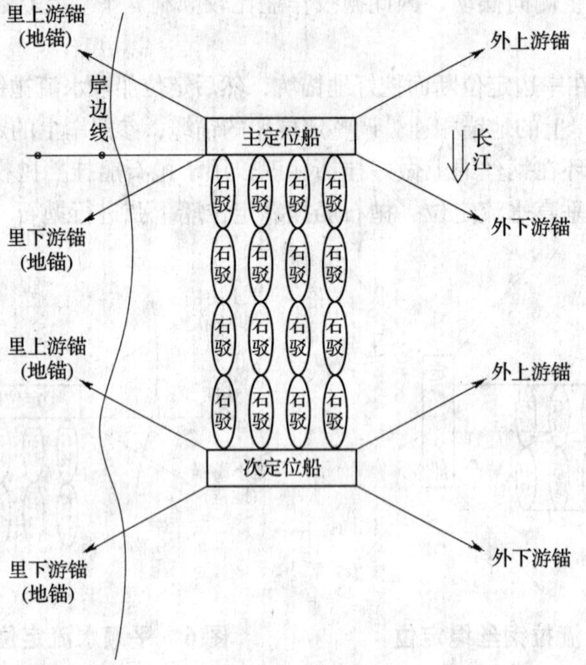

图8　紊乱水流两艘定位船垂直水流定位

c. 回流状态下定位船定位方法。回流是指近岸区水流与主流方向相反。这种情况一般发生在河道突然变化的凹岸，主流受到阻挡后，致使近岸水流方向与其相反。这种情况下，我们采取以下的定位方式：定位船垂直水流定位，抛石船反向挂靠在定位船的上游船舷进行抛石，其抛投方法与通常采用的抛石船顺向挂靠在定位船的下游船舷进行抛石不同（如图9所示）。

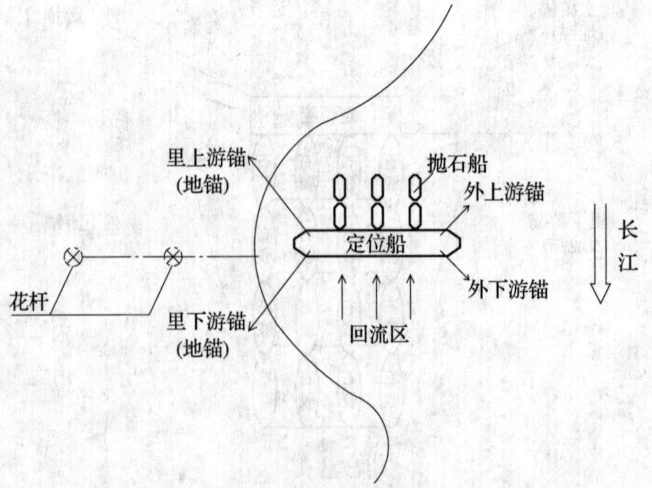

图9　回流定位船垂直水流定位

回流情况下，不能采用顺流区的定位方式。因为顺流区抛石船挂靠在定位船的下游船舷进行抛石，若回流区抛石船挂靠在下游船舷抛石，水流将使抛石船冲向定位船，不仅无法挂靠抛投，而且会导致安全事故。

d. 各种流态定位方法的选择（如表 2）。

表 2　各种流态定位方法选择

流态	序号	定位方法	优点	缺点	宜选择
平顺水流	Ⅰ	定位船顺水流拉钢丝绳定位	操作简便，抛区较宽的情况下水平方向无需移位	施工指挥管理不善钢丝绳存在安全隐患	Ⅱ
	Ⅱ	定位船垂直水流定位	定位稳定，挂挡抛投安全可靠，施工指挥管理便捷	水平移位次数增加抛投效率降低	
紊乱水流	Ⅲ	定位船垂直水流抛石船串联定位	抛石船挂挡抛投稳定安全得到保证	操作不便施工效率降低	Ⅲ
	Ⅳ	两艘定位船前后定位	定位、抛投稳定施工安全得到保证	定位时间长，操作非常不便，施工效率降低	
回流	Ⅴ	定位船定位后，抛石船反向挂靠	有效解决抛石船挂挡施工安全得到保证		Ⅴ

（7）抛石船挂挡抛石。

定位船定位结束后，装石船挂靠定位船下舷进行抛投施工，根据抛护须均匀的原则，各装石船船位应相互错开，以保证抛石均匀。正常装石船上的块石由船侧抛出的距离约为 1.0～2m，因而各装石船船位应相互错开 1.0～2m，从而保证抛投均匀且无空档（如图 10 所示）。

当抛石厚度较厚，超过 1.0m 时，可将抛石标准网格的半区 10m×10m 网格分为 6 个长 10m 条形区域（即三个船位）进行抛布，每个船位依次错开 1.65m（如图 11 所示）。

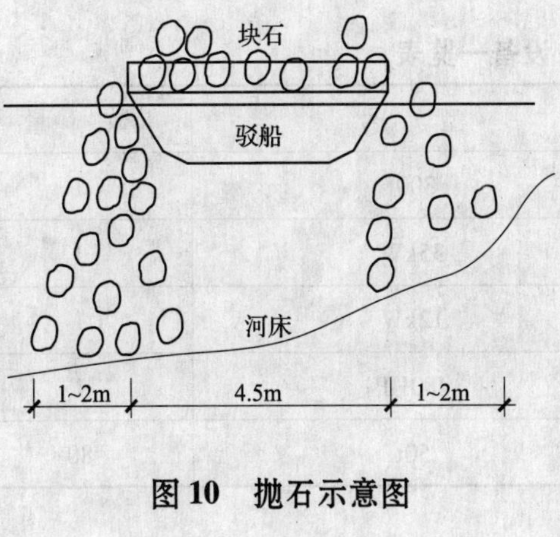

图 10　抛石示意图

图 11　船位位置示意图 1

当抛石厚度较薄不足 1.0m 时，可将抛石标准网格的半区 10m×10m 网格分为 8 个长 10m 条形区域（即四个船位）进行抛布，每个船位依次错开 1.25m（如图 12 所示）。

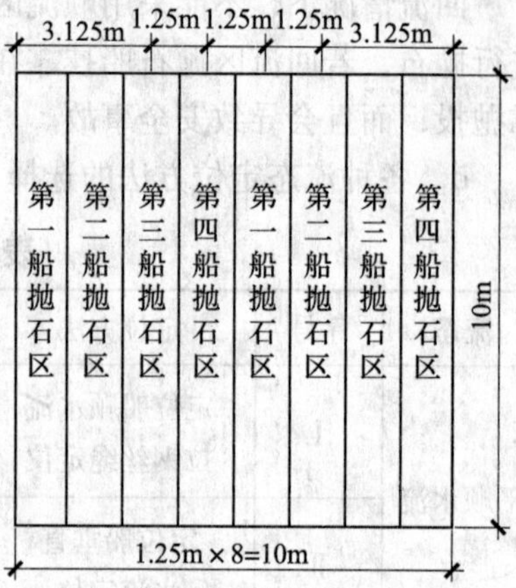

图 12　船位位置示意图 2

3. 施工中注意的问题

（1）抛石作业施工顺序。

施工顺序按从上游向下游，先深泓后浅滩，由远岸及近岸。对于近岸崩窝，抛投施工应由近到远，先坡后脚，突击完成。

（2）块石计量管理。

抛石质量控制最关键的环节是抛石方量的计量。块石计量应在专门的量方码头集中收料，石料船到达现场应由登记员统一指挥按先后顺序停泊，发放收方顺序卡，并在登记表上登记。在监理员旁站监督下，计量员按收方顺序卡进行收方。收方记录采用收方五联单（第一联为施工单位结算联，第二联为监理留存联，第三联为技术留存联，第四联为供应商结算联，第五联为随货同行联），五联单必须由量方监理及抛石监理签字认可。收方时应注意以下问题：

①所有抛石船由项目部统一编号，施工期间不得更改，直至工程完工。

②核验收方顺序卡号及船号是否与登记表相符。

③检查石料材质是否符合规范要求，查看是否存在故意码空现象，一经发现处以惩罚性扣方，屡犯者取消供应资格。

④检查块石堆码是否规范，按照长度、宽度及高度方向进行测量，每个方向测点不得少于 3 个，同时测算出块石空隙率、不合格石料占总量的百分比，以此计算出载石方量。

⑤施工期间应定时或不定时进行过磅复核，检查近期的量方尺度是否准确，对于收方过程中提出异议的船只也要及时过磅复核。

五、施工机具设备

1. 施工机具、设备一览表（见表 3）

表 3　施工机具、设备一览表

序号	机具设备名称	型　号	数　量
1	定位船	300t	1
2	抛锚船	35kW	1
3	交通船	12kW	1
4	测量船	480HP	1
5	抛石船	50t	80

注：指一个大抛区所需机具、设备数量。

2. 检测器具一览表（见表4）

表4　检测器具一览表

序号	机具设备名称	型　号	数　量
1	全站仪	SOKKIA－SET－2C	1
2	GPS卫星定位系统	NGD－60LS	1
3	测深仪	SDH－13D	1
4	流速仪	LS－A2	1

六、劳动力组织及安全措施要点

1. 劳动力组织

（1）管理人员（见表5）。

表5　管理人员一览表

序号	管理人员	数量	职　责
1	现场负责人	1	生产指挥协调
2	技术负责人	1	技术指导监督
3	施工员	2	生产安排、施工原始记录
4	材料员	2	块石收方、计量原始记录
5	测量员	1	测量放样、测量资料整编
6	试验员	1	材料试验、试验资料整编
7	质检员	1	质量抽检、质检资料整编

（2）操作人员（见表6）。

表6　操作人员一览表

序号	操作人员	数量	职　责
1	船长	1	指挥定位船抛锚定位、移位等工作
2	轮机工	1	维修、保养定位船等工作
3	水手	8	定位船的抛锚及起锚等工作
4	抛石工	40	抛投块石
5	抛石船主	80	运载块石

2. 安全措施

（1）水上作业人员必须穿救生衣，抛石工人作业时必须穿戴防滑胶靴和防水服。

（2）块石量方码头尽量选择在水流平顺的河段或港湾，要与抛石区分开，保证抛石施工井然有序进行，避免造成混乱。

（3）抛石船量方完成后向抛石区发船时，每次发船数量不得超过八艘，避免船只过多后哄抢船位，酿成安全隐患。

（4）抛石船进入抛投区域，要在施工员统一指挥下，由内向外依次挂靠定位船。

（5）当定位船顺水流抛锚，定位船牵引钢丝绳与地锚连接时，应保证锚坑开挖深度，防止钢丝绳滑脱而酿成大的安全事故，钢丝绳要定期检查和更换。

（6）抛石施工时，抛石工人必须两边同时抛投，严禁单边抛投而造成船只倾覆。

（7）定位船必须严格按“内规”显示信号，应配备救生衣、救生圈、消防栓等器材设施，施工中安排安全监督艇维持现场秩序和实施救生。

（8）机电设备必须专人管理，非机仓人员严禁下仓。

（9）危险处要设安全警示牌，夜间要挂警示灯。

（10）大雨、雾天及大风等恶劣气候条件下，一律停止水上作业。

七、质量标准和质量控制要点

1. 水下抛石质量标准

水下抛石质量标准遵循水利部《堤防工程施工质量评定与验收规程》（SL 239—1999）（试行）。具体要求见表7、表8所列：

表7　堤脚防护质量检查项目与标准

项　次	检 查 项 目	质 量 标 准
1	抗冲体结构、数量、强度	符合设计要求
2	抛投程序	符合设计要求
3	抛投位置与数量	符合设计要求

表8　堤脚防护质量检测项目与标准

项　次	检 查 项 目	质 量 标 准
1	各种抗冲体体积	允许偏差0～+10%
2	护脚坡面相应位置高程	允许偏差±0.3m

2. 水下抛石质量控制要点

（1）建立健全质量保证体系。

建立以项目经理为第一责任人的质量保证体系，质量保证体系如图13所示。

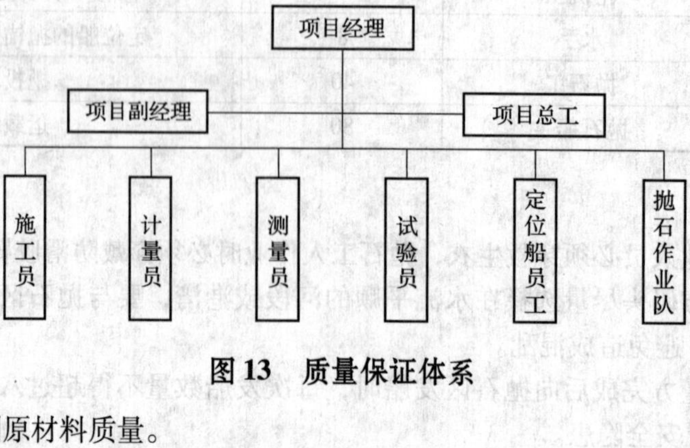

图13　质量保证体系

（2）严格控制原材料质量。

①施工过程中块石应定期抽样送检。

②计量过程中，若发现石料材质不符合规范要求，应予以拒收。

(3) 严格遵循施工工艺。

①测量定位严格按照测量方案实施。

②定位船定位要根据水流状态选择合理的定位方式，抛石船要根据抛石厚度选择合理的挂挡方法。

③采用 GPS 全球定位系统结合回声测深仪对水下抛石实时监控，当完成一次抛投后，必须进行水下地形测量，评价抛投效果。

(4) 严格计量管理。

①严格遵循《项目计量控制手册》的要求进行收方。

②加强对计量工作的复核工作，定期或不定期进行块石过磅称重复核。

八、效益分析

1. 经济效益

(1) 工期奖。

由于方案合理，测量仪器先进，加快了工程施工进度，枞阳江堤老洲头险段护岸工程比合同工期提前 9d 完工，马鞍山小黄洲及电厂段护岸工程比合同工期提前 10d 完工。根据合同条款，两个项目共获得工期奖 71.05（万元）。

①老洲头护岸工程：

工期奖 = 合同总价 ×3% ×得分率 = 1422 ×3% ×80% = 34.13（万元）。

②马鞍山小黄洲及电厂段护岸：

工期奖 = 合同总价 ×3% ×得分率 = 1448 ×3% ×85% = 36.92（万元）。

(2) 降低成本效益。

通过研究水流在各种流态下水下抛石施工工法，采用技术可行、安全可靠、经济合理的定位方法，减少了定位船的投入，提高了抛投效率。施工成本降低额 107.5 万元。

①枞阳江堤老洲头护岸。投标方案计划投入定位船 8 艘，实际投入 6 艘，每艘定位船租赁费 3 万元/月，施工工期 2 个月，节约船舶租赁费：2 ×2 ×30000 = 12 万元。

抛石定额人工费单价 4.16 元/m^3，实际人工费单价 2.5 元/m^3，设计抛石总量 15.5 万 m^3，节约人工费：15.5 万 m^3 ×1.66 元/m^3 = 25.7 万元。

②马鞍山小黄洲及电厂段护岸。投标方案计划投入定位船 5 艘，实际投入 3 艘，每艘定位船租赁费 3 万元/月，施工工期 2 个月，节约船舶租赁费：2 ×2 ×30000 = 12 万元。

抛石定额人工费单价 4.16 元/m^3，实际人工费单价 2.5 元/m^3，设计抛石总量 21.2 万 m^3，节约人工费：21.2 万 m^3 ×1.66 元/m^3 = 35.2 万元。

③枞阳江堤殷家沟护岸。投标方案计划投入定位船 2 艘，实际投入 1 艘，每艘定位船租赁费 3 万元/月，施工工期 2 个月，节约船舶租赁费：1 ×2 ×30000 = 6 万元。

抛石定额人工费单价 4.16 元/m^3，实际人工费单价 3 元/m^3，设计抛石总量 14.3 万 m^3，节约人工费：14.3 万 m^3 ×1.16 元/m^3 = 16.6 万元。

2. 社会效益

从 1999 ~ 2002 年度，长江重要堤防隐蔽工程实施三个年度以来，由于我们采用先进的施工技术方案，科学的管理手段，先后承建了枞阳江堤老洲头险段护岸工程、马鞍山河段崩岸整治小黄洲及电厂段护岸工程及枞阳江堤段殷家沟护岸工程。在施工过程中，我们不断创新总结，优质高效地完成了施工任务。长江水利委员会各级领导多次到现场视察，给予高度赞扬。

水利工程是造福于民的工程，我们通过采用先进合理的施工技术，达到优质高效并使施工成本降到最低，从而保证了堤防的坚固，使百姓受益。

九、工程实例

长江重要堤防隐蔽工程枞阳江堤加固工程1999~2000年度施工老洲头险段护岸工程，护岸长度2440m，工程合同总价1422万元。水下抛石15.5万m^3，仅用45d完成，比合同工期提前9d完成，工程质量评定为优良，未发生一起安全事故。

长江重要堤防隐蔽工程马鞍河段一期整治工程2000~2001年度施工小黄洲及电厂段护岸工程，护岸长度6500m，工程合同总价1448万元。水下抛石21.2万m^3，仅用70d完成，比合同工期提前10d完成，工程质量评定为优良，未发生一起安全事故。

长江重要堤防隐蔽工程枞阳江堤加固工程2001~2002年度施工殷家沟护岸工程，护岸长度3038m，工程合同总价1753万元。水下抛石14.2万m^3，仅用60d完成，按合同工期完成，工程质量评定为优良，未发生一起安全事故。

船闸闸室墙移动龙门整体大钢模施工工法

YJGF 36—2004

淮阴水利建设集团有限公司（现更名为：江苏淮阴水利建设有限公司）

刘　键　朱会祥　仲兆西　朱育清　王　会

移动龙门整体大钢模，作为移动式整体模板应用在船闸闸室主体工程的施工过程中，是一种新的施工工艺。它改变了过去船闸闸室墙临水面采用的满堂支架支撑组合钢模的施工工艺，无需重复搭设支架、拼装模板，节省人力、物力，而且该工艺在应用后取得内实外光、色泽统一、质感美观的效果，获得了显著效益。

一、工法特点

1. 功能齐全，操作简便。移动龙门支架集操作平台，模板支撑，模板移动等功能于一体，两侧龙门竖向钢架下分别装置八副轨道轮，底板上铺设重型轨道钢，拆模后由卷扬机牵引，即可下入下一个工作面，因此在长度上可根据工程的长度来确定，不受长度限制。整体大钢模采用对称方式支架体系，极大地增强了模板支撑的稳定性和安全性，其高度随着闸室墙的设计高度来确定，在刚度满足要求的前提下不受高度限制。

2. 提高工程质量。整体大钢模减少了拼缝，减小了模板的挠曲变形，混凝土可以一次性浇筑成形，减少施工冷缝，提高了闸室墙体的施工质量和外观质量。

3. 节约工期。与传统的满堂支架支撑组合钢模的施工工艺相比，极大地缩短了施工工期。

4. 保证施工安全。与传统工艺相比，减少了高空作业量，对称的支架体系提高了模板支撑的稳定性。

5. 经济效益显著。与传统工艺相比，节约工程成本30%以上。

二、适用范围

经过常熟望虞河江边船闸工程、环太湖大堤瓜泾口水利枢纽船闸工程（图1）、京杭运河淮阴三线船闸工程、徐州刘集船闸工程等项目闸室墙的施工实践证明，移动龙门整体式大钢模施工工艺适用于有序布置的、结构基本类似的大体积混凝土结构物施工。

三、移动龙门整体大钢模工艺原理及基本构造

施工前根据结构物要求进行详细的方案设计，并进行各部位的结构验算，以满足使用要求。

1. 龙门设计

（1）原则：

①龙门高度及宽度满足混凝土结构物尺寸要求，满足拆卸模板及提升模板的要求。一般龙门净高要高于结构物1m，组合贝雷片按模数拼装，龙门净宽离结构物不小于50cm。

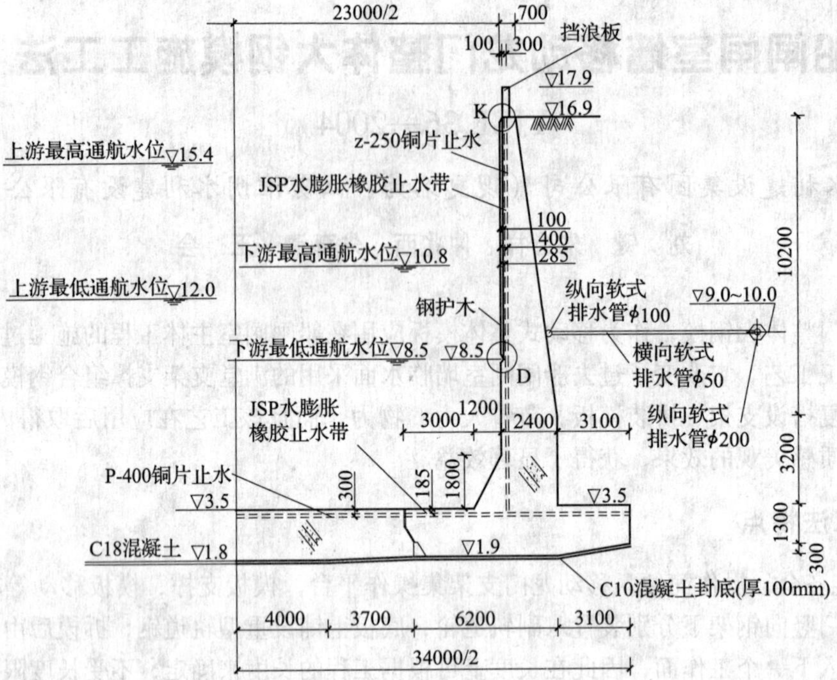

图1　闸室墙结构图1∶150（单位：mm）

②龙门结构须进行强度、刚度的验算，满足泵送混凝土管道冲击力，大模板重量及其他施工荷载的要求，特别要进行刚度验算，要区别于普通起重用的龙门，使混凝土的构筑物满足设计及规范要求。

（2）具体方法：

①采用贝雷片及其配套构件进行组拼（图2、图3），拼装成贝雷桁架，根据计算的结果，贝雷桁架之间采用确定规格的型钢进行加固。

②一般整体式移动龙门需配二副龙门架，每副龙门架所需贝雷片数要进行计算确定。

③龙门支架承载体采用型钢加工成平车，辅以轨道轮，地面铺设重型轨道钢。

④龙门牵引采用两台匀速卷扬机缓慢移动，二副龙门之间用钢丝绳连接。

⑤龙门的横梁两侧各装置起重葫芦，根据模板系统重量确定葫芦所需规格，以便于起吊模板。

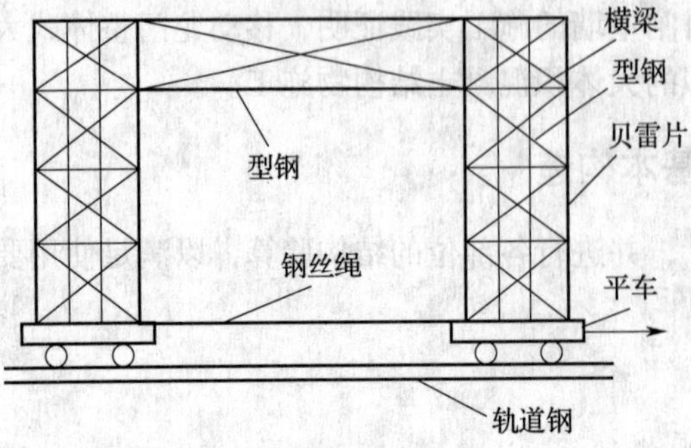

图2　移动龙门结构图

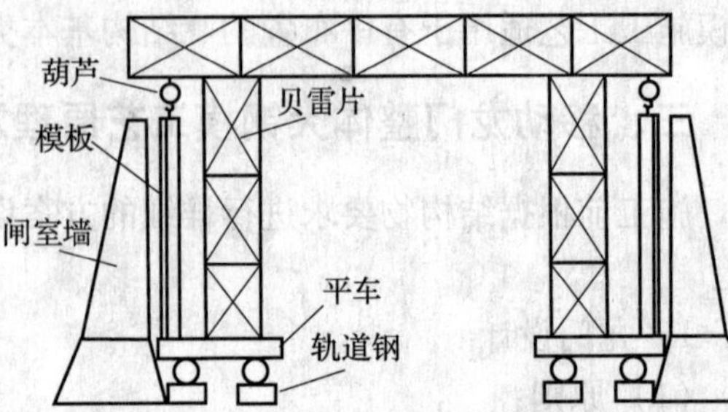

图3　移动龙门就位示意图

2. 整体大钢模设计（见图4、图5）

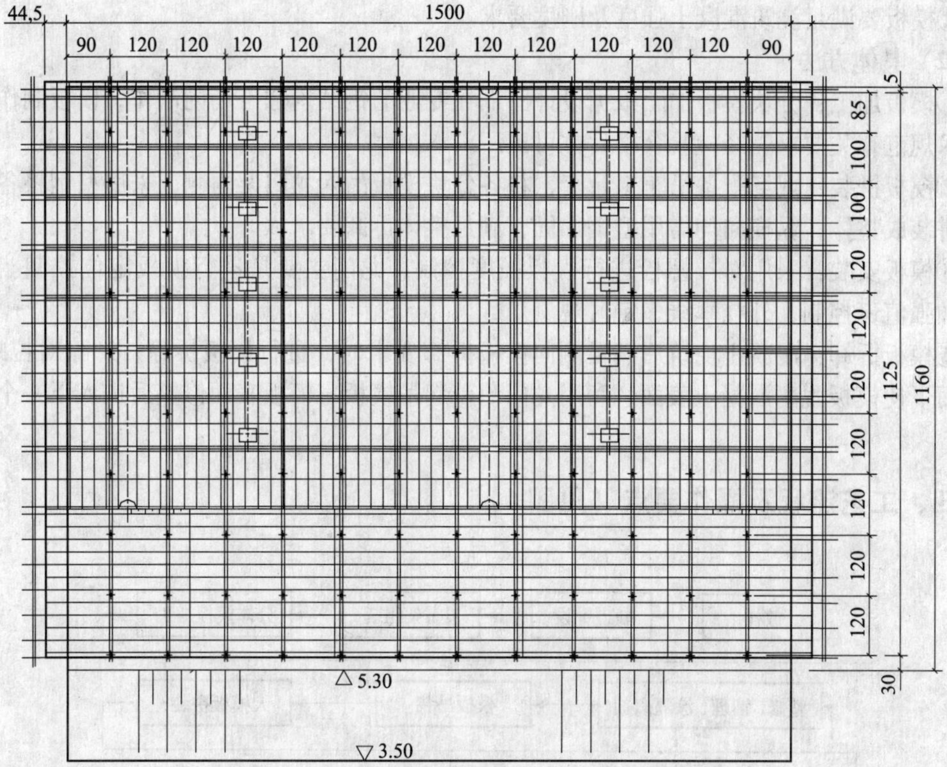

图4　闸室墙大型钢模配制图（单位：cm）

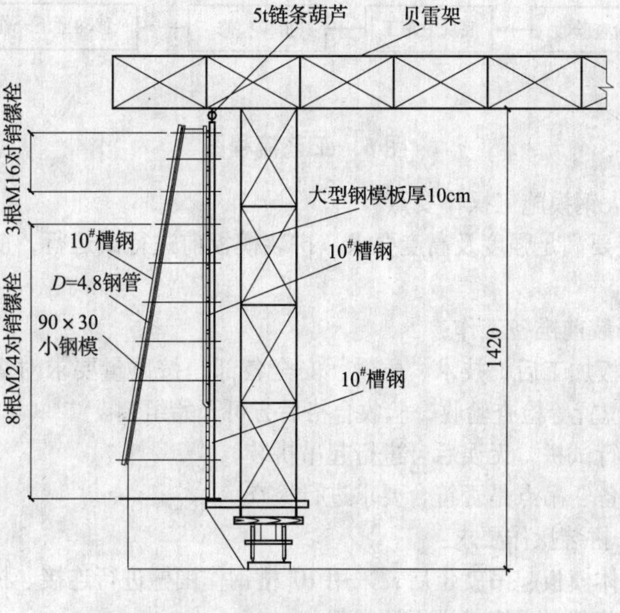

图5　闸室墙大型钢模架立图（单位：cm）

（1）原则：

①设计要满足首次拼装方便及运输的要求，尽量减少模板拼缝。

②模板要满足浇筑混凝土强度及刚度要求。

（2）具体方法：

①模板加工：分块模板加工根据设计图纸在专业的钢结构加工场内制作，模板制作应满足技术规范有关要求，经检验合格后方可出厂。

②模板拼装：现场配备吊车1台套，将各分块模板吊入龙门架内侧，采用型钢将各分块模板拼装成整体，纵横向均需用型钢加固，满足整体拆卸要求。

③模板安装：采用对拉螺栓进行模板强度控制，龙门主要是进行模板定位控制。浇筑时，加强值班控制，外挂垂线，定时观测。

④模板拆卸：混凝土浇筑后满足侧向模板拆卸要求时，进行模板拆除，卸除对拉螺栓，自上而下使模板脱离混凝土表面，利用龙门葫芦起吊模板，模板表面修整后进入下一个作业面。

四、工艺流程及操作要点（见图6）

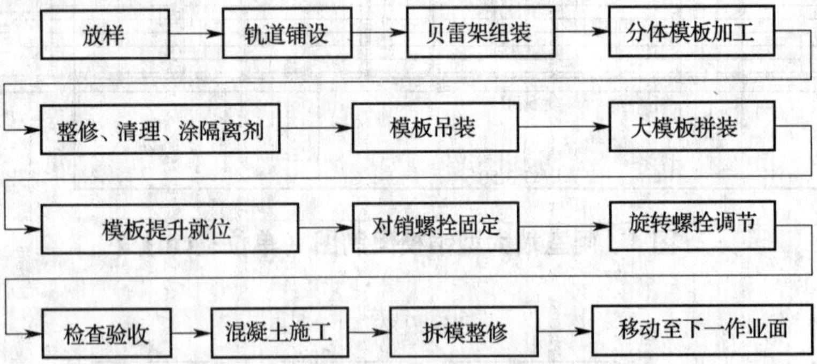

图6　工艺流程图

移动龙门整体大钢模施工操作要点：

1．龙门架安装要满足强度及高度要求，拼装模板前进行试运行，前后移动，观察有无异常。

2．分体模板吊装前准备工作：

（1）分体钢模板加工后，技术、质量、安全各部门按质量要求对焊缝、外形尺寸、平整度、对销螺栓孔位置等检查验收，验收合格后方可开始组装。

（2）吊装前进行试拼，无误后可进行起吊拼装。

（3）对提升设备、吊点是否符合要求进行检查。

3．模板吊装、拼装操作要求：

（1）吊车将分体模板起吊就位后，采用$10^{\#}$槽钢作围檩进行连接、拼装成一体。

（2）利用链条葫芦对大钢模进行调整就位。

（3）利用旋转螺杆对大钢模进行垂直度调整，直至满足设计要求。

（4）固定整体大钢模底部（施工倒角时预埋 ϕ24 对销螺杆以锁紧墙身模板）在混凝土施工过程中，模板支撑系统和龙门架应分离开，避免施工荷载对模板结构产生影响。

（5）考虑到胀模因素，立模时迎水面以整体钢模应向外倾斜 10～15mm。

（6）浇筑混凝土时加强过程控制，模板外侧挂垂线控制垂直度，发现变形立即纠偏。

（7）浇筑混凝土时严格控制施工速度，结构物两侧混凝土要求对称均衡上升。

4. 拆模、移动

（1）在达到混凝土拆模强度后进行拆模，非承重模板达到表面及棱角不因拆模而损伤时，正常强度达 3.5MPa 以上，即可拆除。

（2）将拆模后的整体大钢模悬挂于龙门架两端横梁下卷扬机牵引其移到下一作业面。

五、材料

移动龙门整体大钢模工艺材料主要有龙门架，钢模板，材料符合有关规范要求。关键是控制好加工环节，保证模板质量，主要整体钢模与分体钢模组装质量要求如表 1。

表 1　钢模组装质量要求

项　目		质量标准	检测方法
龙门架	跨距	±2cm	经纬仪、钢尺
	垂直度	±1cm	经纬仪、钢尺
分体模板	长度及宽度	±2mm	钢尺
	连接孔眼位置	1mm	钢尺
	整体平整度	≤2mm	2m 靠尺
	板边平直度	≤2mm	2m 靠尺
	对销螺栓孔位置	±2mm	钢尺
整体模板	拼装缝隙	≤2mm	塞尺
	拼缝处平整度	≤2mm	水平尺

六、机具配备

1. 龙门架 2 副（贝雷片组装）。
2. 轨道轮。
3. 重型轨道钢。
4. 5t 卷扬机。
5. 5t 链条葫芦。
6. 16t 吊车。
7. 电气动力开关柜。

七、劳动力组织及安全措施

施工组织及人员配备情况如表 2。

表2　施工组织及人员配备

工　种	工 作 内 容	人 员 配 备
龙门架	龙门架拼装、移动、拆除	10人，每边5人
架子工	拼装分体模板，调整大钢模垂直度，预埋件安装，安装大模板	20人，每边10人
电焊工	局部模板焊接加固，预埋件焊接	2人，每边1人
指挥	控制龙门架结构稳定安全	2人

1. 施工前必须制订移动龙门整体大钢模操作工艺和安全技术措施，认真落实交底，落实到指挥人员、值班人员。

2. 移动龙门整体大钢模施工作业，必须配备专业组，做到定人、定岗、定职。

3. 为了保证模板、围檩结构与龙门结构连接的稳定性，特别设计了连接旋转螺杆，保证了结构连接的稳定性，在一侧设计一座旋转爬梯以便工作人员上下交通。

4. 移动龙门架外侧满挂安全网。

5. 施工荷载应靠近结构物均匀布置，不得集中于一个架体上，架体荷载不得超过设计允许值。

八、质量要求

1. 分体模板的加工质量与组装质量是控制成品混凝土外观质量的关键，因此必须控制加工质量与组装质量，组织专人进行检查验收。

2. 组织专人把好加工工序质量，尤其是面板的拼装，必须接缝紧密，平整度满足设计与规范要求。

3. 分体模板起吊拼装的要求也应符合规范要求，加固围檩需经计算后保证整体模板的整体性与安全性。

4. 分体模板面板后的围檩与支撑必须经过验算，确保整个模板的刚度、强度，以满足施工中的各种荷载。

5. 对销螺栓孔的位置必须经过验算后进行加工，加工尺寸必须准确。

6. 整体模板与预埋件间的间隙通过点焊、塞海棉条、打石膏等方式进行处理，确保施工混凝土时不漏浆。

7. 模板立好后组织人员对各部位的受力情况进行检查，保证施工前大钢模与龙门架的距离，以防施工龙门架体对整体模板产生影响。

8. 组织质量、技术人员在混凝土施工前进行整体检查，包括模板的垂直度、对销螺栓的松紧牢固、局部受力情况、接头缝等问题进行最后的验收。

9. 混凝土施工过程中组织质量、技术人员进行全过程值班，控制混凝土浇筑厚度，检查施工过程中混凝土侧压力对模板垂直度的影响，以便及时进行调整。

10. 其他的钢筋、混凝土施工质量符合相应有关规定。

11. 以上质量评定依据《船闸工程质量检验评定标准》（JTJ 288—93）。

九、经济效益

与传统竹胶模板满堂脚手工艺比较（按 18 节 ×15m/节计）见表 3。

表 3　经济效益分析表

竹胶模板满堂脚手方案	移动龙门整体大钢模方案
一、材料费 1. 钢管　115t　32 万元 2. 竹胶板　$1800m^2$　12.6 万元 3、板枋材　$60m^3$　10.8 万元 二、人工费 4000 工日　10 万元 合计　65 万元	一、材料费 1. 整体大钢模及围檩　15 万元 2. 钢贝雷片使用费　8 万元 3. 龙门吊拼拆　10 万元 4. 龙门吊拼车及轨道　5 万元 二、人工费 2600 工日　6.5 万元 合计　44.5 万元
工期： 每节闸室 10d，共 18 节，需 180d	工期： 每节闸室墙 8d，共 18 节，需 144d

注：只计迎水面模板。

1. 施工工序、劳动组织系统化、规范化，施工速度快，能保证质量，与翻转模相比，提高工效近 1 倍。

2. 不需要满堂支撑，减少了搭拆费用，不需要重复的进行模板拆装，节省了时间及费用。

3. 有利于改善结构物质量，一次到顶，不留施工缝，整体浇筑成形，能有效的控制大面积混凝土的裂缝。

十、工程实例

1998 年在常熟望虞河江边船闸工程、2001 年在环太湖大堤瓜泾口水利枢纽船闸工程中均使用移动龙门整体大钢模施工工艺，2001 年在京杭运河淮阴三线船闸工程中，该工艺得到进一步的完善和推广，淮阴三线船闸闸身总长 260m，每节长 15m，通过采用该方案，提前 1 个月完成闸室主体工程，拆模后的闸室墙内实外光，各部位尺寸满足设计及规范要求，克服了以往船闸闸室墙裂缝通病，闸室墙至今未发现任何裂缝，经过外观及实测评定，达到优良标准，在省交通厅质监站组织的水下工程验收中被评为优良等级。目前我公司承建的徐州刘集船闸全长 160m，高 10m，采用该工艺施工后，闸室墙施工工期比计划提前了一个半月，闸室墙的质量均满足设计要求，在分部分项验收中被评定为优良等级，取得了很好的经济效益。

SBS 改性沥青混凝土路面施工工法

YJGF 37—2004

路桥集团第一公路工程局　天津第二市政公路工程有限公司

刘树良　王桂霞　王清泉　毕　娟　刘　宪

自2000年在石黄三合同20.8km的高速公路中开始，随后九条高速公路路段也相继施工使用SBS改性沥青修建沥青混凝土路面，累计修建了267.821km。在三年多的施工实践中，对SBS改性沥青混合料的施工特点、材料要求、施工工艺控制要点等进行了大量的总结分析，并形成了一套行之有效的施工方法和施工质量控制措施，使已建成的SBS改性沥青混凝土路面的使用质量达到了国家标准要求，受到了业主的一致好评。为进一步搞好今后SBS改性沥青混凝土路面的施工与施工质量控制管理，在总结以前施工经验的基础上，特编制SBS改性沥青混凝土路面施工工法，以便在今后的施工中推广应用。

一、工法特点

SBS改性沥青混凝土路面施工与普通沥青混凝土路面施工的拌和、运输、摊铺、碾压成型、接缝处理等施工过程基本相同，使用的机械设备完全一样。其不同之处是：SBS改性沥青比较粘稠，改性沥青混合料，只有在更高的温度下，才具有和普通沥青混合料相同的施工和易性。因此，施工各工序过程，均比普通沥青混凝土施工控制温度要高10~20℃。此外，其拌和时间比普通沥青混合料要长，拌和机的功率随之下降。因此，考虑设备投入时宜加大拌和能力。

本工法不考虑改性沥青现场加工，而是使用成品SBS改性沥青，工法只涉及成品检测、试验与储存保管方法。

二、工法的适用范围

本工法适用于使用成品SBS沥青改性材料的高等级公路、城市干道、厂矿道路、机场跑道等热拌改性沥青路面单层表面结构层或双层结构层的路面施工。

三、工艺原理

把粗、细集料按目标配合比设定的比例配料，送入加热、烘干机，充分烘干并加热到规定温度下，进行再筛分，暂存于各热料仓，然后按生产配合比设计确定的比例供料，与同时加热到规定温度、规定比例的SBS改性沥青及规定比例的填料，按设定顺序进入强制拌和机，在强制拌和条件下，搅拌成均匀的改性沥青混合料。运到现场，由带振动夯的自动找平摊铺机进行摊铺作业，再由压路机碾压成型，使结构层达到规定的使用功能。

四、施工工艺流程及操作要点

1. 施工工艺流程图

热拌SBS改性沥青混合料，单层结构的施工工艺流程图见图1。

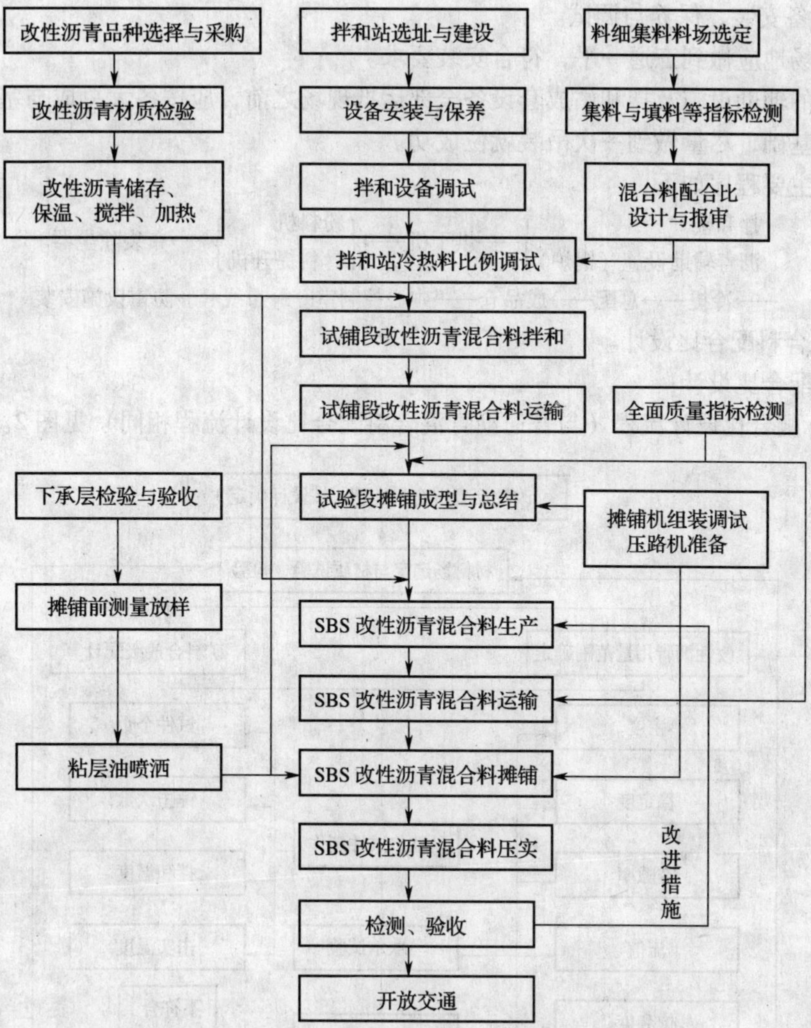

图1　单层改性沥青混合料路面施工工艺流程

2．施工操作要点

（1）拌和站的选址与建设。

①SBS改性沥青拌和站设置与普通沥青拌和站相同，选址宜选在空旷、环境干燥、地势稍高、地下水位低，并具有较好运输条件的地方，能连续拌和供料满足现场摊铺要求（供料半径不宜大于30km）；场地应足够大，能堆放各种规格矿料，改性沥青的储存、保温、加热；改性沥青混合料的拌和场地应符合国家有关环保、安全、环境、消防等规定的要求。

②场站建设时应注意搞好排水，有防雨设施，保证集料，尤其是细集料的防雨、填料的防潮；料场、道路需硬化，保证矿料不被污染混杂。

③选择适合工程进度、质量要求所需的拌和设备，无论是新购的或调用的，都应选用能自动控制的间歇式拌和机，由于改性沥青粘稠度大，拌和效率降低，宜选用产量大的，其除尘、防尘设施，选用能满足工程质量要求和有效防止粉尘污染环境的拌和机。

④拌和站建设布局要规划合理，远离居民区，办公、生活区一定设在拌和站上风头。

（2）设备安装、保养与调试。

①安装场地应做到三通一平，符合安装要求。

②所有的辅助设施及拌和站成套设备全部运抵现场之前，应按各大总成与基础的相互位置图，做好基础，尽量做到一次吊装就位成功。

③安装主要程序如下：

拌和楼 / 沥青辅助设施（锅炉）→烘干机→粉料机 / 骨料提升机→布袋除尘器→冷提→总配→成品仓→中心控制室→布线→防雷设施安装

（3）混合料配合比设计。

①目标配合比设计：

a. 目标配合比设计流程（与普通沥青混合料配合比设计流程相同）见图2。

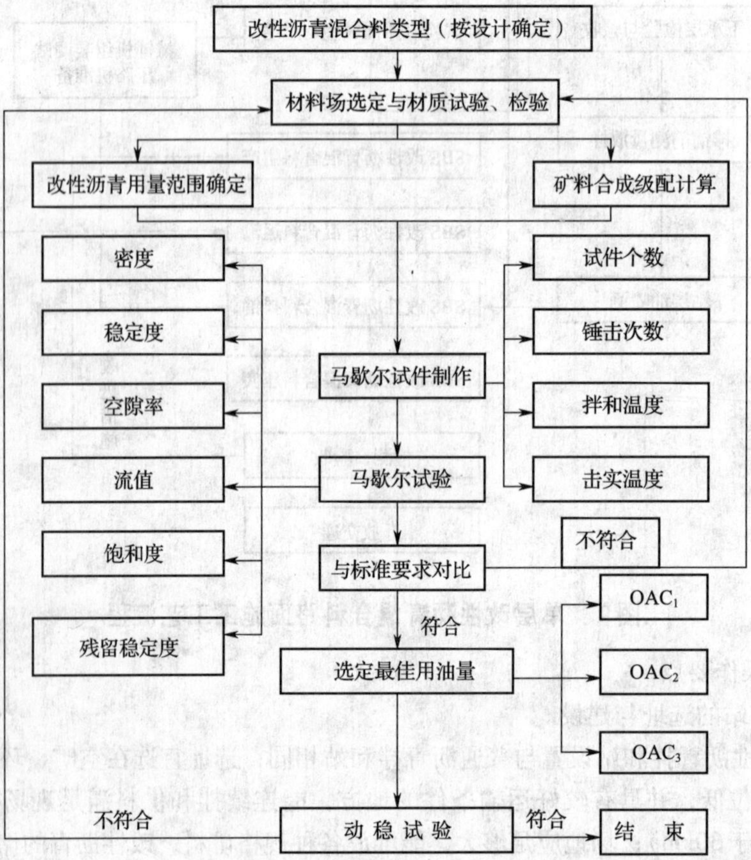

图2 目标配合比设计流程

b. 设计的依据是路面结构层位，混合料类型对照沥青《公路沥青路面施工技术规范》（JTJ 032—94）就可以确定矿料所需级配范围。但应根据结构设计层厚度，正确的选定集料的最大粒径，以求得抗车辙能力与抗疲劳能力兼顾。

c. 根据结构层层位的使用性能要求和实际使用的集料进行配合比组成设计。为更好满足使用性，在设计集料级配时，不能死板地按中值曲线掺配，应在曲线允许范围内适当调整。

d. 确定最佳改性沥青用量。SBS 改性沥青用量（油石比）用马歇尔试验方法确定，一般可先按设计文件或规范要求的用油量范围，在中值与低值之间初步确定改性沥青用量，按上、下每间隔 0.5%（油石比）变化共取 5 种改性沥青用量，制作马歇尔试件，由试验结果和技术标准决定最佳改性沥青用量，并应根据实践经验和道路等级、气候条件进行适当调整。集料的级配及最佳改性沥青用量，需经反复试验调整，要在能满足各项技术指标检验的要求后综合决定。

②生产配合比设计。

a. 生产配合比设计流程见图 3。

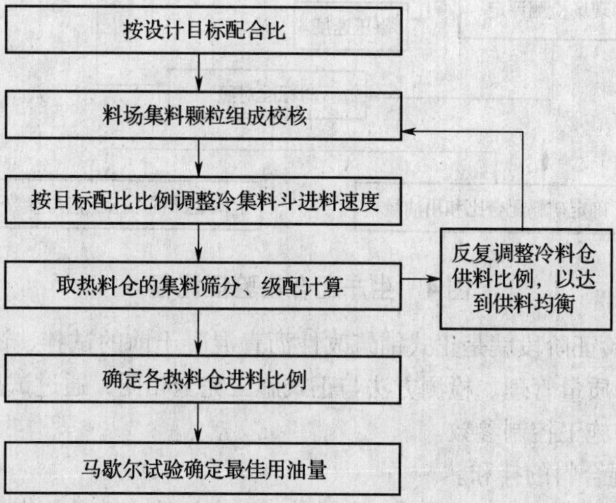

图 3　生产配合比设计流程

b. 把拌和站配料斗中的冷料按目标配合比比例配，送入加热、烘干筒加温、烘干，再经筛分后，按规格进入规定的热料仓暂存供热拌和使用。为确保各热料仓的供料均衡，配料准确，应做到：

（a）冷料斗在上料时，防止不同规格的冷料互相混杂，使配料不准。

（b）严格控制材料规格和集料（特别是细集料）含水量变化，保持相对稳定。

（c）冷料斗应做好流量调试试验，找准流量与集料规格、料斗出口开启高度与小皮带移动速度的关系，以控制冷集料进料的准确性。

c. 从热料仓取样筛分、计算、反复调整冷料仓供料比例，达到供料均衡后，确定热料仓配合比例组成。

d. 用热料仓集料配合比组成，与目标配合比设计阶段确定的最佳 SBS 改性沥青用量、SBS 改性沥青最佳用量 +0.3%、SBS 改性沥青最佳用量 -0.3% 这三种 SBS 改性沥青用量进行马歇尔试验，确定生产配合比最佳用油量。

③生产配合比验证。

a. 生产配合比验证流程见图 4。

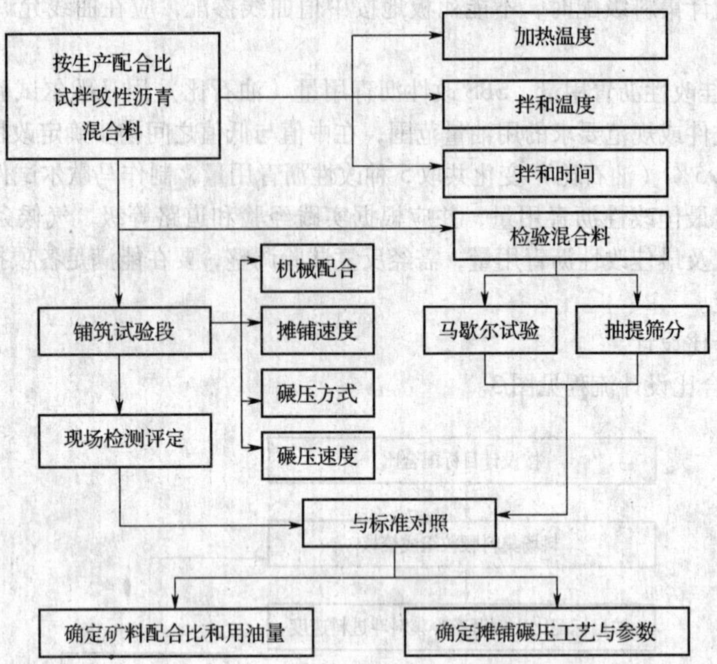

图4　生产配合比验证流程

b. 生产配合比验证阶段就是正式铺筑改性沥青混凝土前的试拌、试铺阶段，采用的机械设备、施工工序、质量管理、检测方法与正式施工完全相同，通过试拌、试铺试验段，为正式施工提供经验与施工控制参数。

（4）改性沥青混合料的拌和。

①SBS 改性沥青的粘度较高，宜采用合适的试验方法确定改性沥青混合料路面的施工温度，通常应在 SBS 改性沥青的基质沥青混合料施工温度的基础上提高 10～20℃。同时还应根据当时施工规场实测的气温、地温、风速等情况，综合确定改性沥青、集料加热温度及改性混合料的出厂温度，这个温度是一个确定值，它的偏差应控制在较小的范围内。

②确定改性混合料拌和的最佳时间，此时间的确定，应根据现场使用的拌和机及施工使用的集料种类、改性混合料的种类等经试验拌和确定。

③拌和过程要注意控制各种材料称量的准确性，其称量误差应控制在以下范围内：4.75mm 以上集料 ±3%，细集料、矿粉 ±2%，改性沥青 -0.1% ～ +0.2%。

④拌和过程中，每一个环节中都应特别强调温度控制。做到改性沥青加热温度、集料加热温度、改性沥青拌和料出料温度均控制在设定温度 ±3℃内。

⑤拌和过程注意集料离析，含水量（特别是细集料）的稳定，含水量过大的细集料（大于5%）禁止使用。

⑥拌和过程质量检查。

a. 拌和质量直观检查应做到经常目测观察，出料时，冒出浓烟（黄烟）或蓝烟是温度过高；白烟温度低改性沥青裹覆不均匀，装车困难，混合料能堆积很高，可能是欠火或是改性沥青含量低；反之，混合料易坍平，则可能是改性沥青含量高或集料含水量大所导致，发现问题应及时处理。

b. 混合料出厂时温度测量，应控制在设定温度较小的误差范围内。

c. 混合料中改性沥青的含量和集料级配的抽提试验检测，密度、马歇尔试验指标检测和热料仓矿料筛分检查一天至少一次，应符合规定的要求。

⑦拌和过程注意事项。

a. 由试验室提供的冷料、热料配比通知单，拌和站只能按提供配比准确配料，无权更改变动。

b. 拌和机操作人员应经过培训持证上岗，分工到人，责任明确，严格按操作规程操作，没有摊铺负责人的指令，不准开盘。

c. 每天早上天凉，温度较低时拌和头几盘料时，应适当提高集料加热温度以保证出料温度高出正常温度几度，然后再按正常加热温度控制。

d. 混合料拌和时采用自动操作装置时，不应随便改变手动操作，严防施工配合比发生变化。

e. 每天上、下班时应对机械设备的零部件、油路、电路、仪表等进行检查保养和清洁，保证仪表显示清晰，运转正常无故障。

f. 拌和停机前，应用不含矿粉和改性沥青的热料拌和几分钟清洗拌和仓，把粘附在拌和仓中的改性沥青混合料清除干净，并立即用柴油清洗沥青系统，以防止改性沥青堵塞管路。

g. 每天应及时完整真实地填写设备运转记录、生产过程各项原始记录、事故处理记录。

h. 拌和完毕卸料后要覆盖、测温签发运料单。

（5）改性沥青混合料的运输。

①SBS 改性沥青混合料运输应考虑拌和能力、运距、道路情况、车辆吨位等因素，合理确定车辆类型及数量，应尽量使用大吨位自卸翻斗车。

②运输车辆的车厢应严密干净，并在车厢内涂涮或喷防粘液（柴油: 水 =1:3）喷涂后车厢中不能有多余液体聚集车厢底。

③装车时，应尽量缩小混合料的出口与车厢的距离，装车时应按前、后、中三次装满，每装一次移动一个位置，以减小离析。

④从拌和站到施工现场，无论运距远近，无论是气温高、低，都应采用两层篷布中间夹棉毯覆盖车，混合料在摊铺时，不掀开覆盖，以便减小运输、摊铺过程中温度损失。

⑤混合料在现场等候待摊铺时，现场施工人员应对每车混合料进行目测检查和温度测量，签收运料单，发现问题立即废弃。

⑥运料车在卸料时，将车倒至摊铺机前 20 ~ 30cm 处停车，严禁撞击摊铺机，挂空挡等待摊铺机前进推动时，听笛声卸料，卸完料听笛声快速驶离。

（6）改性沥青混合料摊铺前准备工作。

①摊铺前现场准备工作。

a. 下承层准备。应对下承层进行认真检查验收，其各项技术指标均应合格后方可进行摊铺工序。摊铺改性沥青混合料结构层时，应对下层进行认真清理、打扫干净，喷洒粘层油后进行。在铺筑上层时应对下承层喷洒粘层油，喷洒时注意严格控制油质和喷洒量，路面不干净、潮湿，气温低于 10℃时禁止喷洒，喷洒与涂刷粘层油时都要均匀，并防止污染，等乳化沥青破乳水分蒸发后，才能进行上层摊铺施工。

b. 施工放样。改性沥青结构层施工多为表面层或少量中面层，放样只需控制平面轮廓或放出行走路线即可。在摊铺机上将摊铺厚度和横坡度控制准确。

c. 机械准备。每天施工前均应对机械设备进行检查和准备：

（7）摊铺机使用参数的选择与调整。

①按工程要求选择确定摊铺机熨平板宽度、设定摊铺厚度和拱度，并将其调整正确，其具体操作方法是：

a. 熨平板宽度调整，应结合摊铺的宽度进行调整，必须相应调整分料螺旋器和振捣梁，并检查熨平板平直度和整体刚度。注意调整时对摊铺机体身左右对称，保持行走平衡，还应考虑上下层纵向接缝应错开30cm以上；为便于摊铺时机械转向，熨平板应与路缘石或边沟之间预留10cm以上间距。

b. 熨平拱度调整，是在宽度调整之后进行，使用拱度调整机构调整。调好拱度应进行摊铺校验，拱度调整时考虑熨平板两端的挠度变形。

c. 摊铺厚度和熨平板初始工作迎角调整。将摊铺机停置摊铺起点平整处，抬起熨平板把与摊铺厚度等厚的垫木（与熨平板沿道路纵向尺寸相同），分别置于熨平板两端的下面，操纵升降油缸，放下熨平板并使升降油缸处于浮动状态，然后将左右两只厚度调节螺旋杆调制使熨平板完全以自重落到板垫块上，并使厚度调节器处于微量间隙的中间位置。

在熨平板厚度位置调妥后，再次调整初始工作仰角，即旋动调节螺杆，使熨平板前缘抬高，形成初始工作角。

当摊铺厚度一定时，应准确记录当天完工时的倾角标尺位置，以便次日按同样的位置工作，以确保均匀一致的摊铺厚度。

d. 熨平板前缘与分料螺旋距的调整，主要根据摊铺的厚度大小，混合料骨料的颗粒大小、摊铺密度的高低，以及混合料温度等情况确定，主要是控制下料速度及通过性。

e. 分料螺旋的高低调整，根据摊铺厚度的大小来调整分料螺旋离地高低，以便控制摊铺时混合料的离析。

f. 振捣梁振幅和频率的调整，根据摊铺厚度、摊铺温度、摊铺速度、摊铺矿料粒径等因素设定调整振幅和频率。

g. 熨平板前刮料板高度的调整，主要根据摊铺厚度，矿料粒径大小进行设定调整，以保证熨平板前混合料的堆积高度一致，使进料料位保持一致，从而保证摊铺厚度准确性，并有利于提高平整度。

②选择摊铺机摊铺速度。摊铺机作业速度选择的前提是：根据混合料拌和供应能力，在保证摊铺作业连续匀速不间断工作的同时，应结合混合料类型、混合料温度、摊铺的气温及摊铺层位压实能力等情况而有所区别。

摊铺速度以拌和能力与摊铺厚度、宽度按下式计算确定：

$$V = \left(\frac{t}{h}\right)n \Big/ (60 \times b \times H \times r)$$

式中 V——摊铺机应控制摊铺速度（m/min），一般在2～6m/min范围内选取；

t/h——摊铺机每台每小时产量（t）；

n——拌和站拌和机台数（台）；

b——摊铺宽度（m）；

H——摊铺厚度（m）；

r——沥青混合料密度（t/m^3）。

（8）摊铺作业程序。

①当摊铺机就位并调整完毕后，就应对熨平板预热和保温，使温度不低于90℃，但也不应过高。温度过高和过低能使熨平板变形和加速磨损，造成改性沥青路面焦化，拉沟降低平整度。

②摊铺机供料要求运输车辆对摊铺机持续不断供料，使摊铺机分料室内的改性沥青混合料高度保持标准状态，须采用闸门自动控制系统操作摊铺。

③自卸汽车中的混合料经检查符合要求后，卸料车缓慢后退到机前卸料，摊铺机边授料，边将混合料分送到分料室，并按事先择定的摊铺速度缓慢启动摊铺机，推动料车前进、摊铺，卸完混合料立即驶离摊铺机，第2台料车应立即倒至摊铺机前15～30cm，挂空挡等候、卸料，以保证摊铺机匀速不停地摊铺。

④摊铺方式：应根据摊铺的摊铺宽度确定方式，采用多幅摊铺时，各幅摊铺的宽度最好相同；使用单机进行不同宽度的多次摊铺时，应尽可能的先摊铺较窄的那幅；采用双机梯进摊铺时，两机距离宜在5m范围内，后面的摊铺机，摊铺时宜重叠前机已摊铺面5cm。

⑤其他注意事项，在摊铺作业时还应注意以下几点：

a. 专人清扫机前两条履带前和浮动基准梁小车前行走面，保证平稳行走。

b. 操作手注意“三”观察，即螺旋输料器末端供料情况，整机转向情况，倾向指针变化情况，三点中任何一点出现异常，应抓紧处理。另外设专人处理螺旋输料器末端的离析现象。

c. 两辆料车卸料间歇尽可能缩短，前车离去，后车卸料之间，做到保持原摊铺速度，但授料斗要保持一定的混合料高度，授料时以混合料不溢出为准，收受料斗集中的多为离析的粗料，而且温度偏低，不能直接送入分料室，应与下车卸下的料混合后再送入分料室，可减小混合料离析和料温差异。

d. 设置专人对摊铺混合料的温度、虚铺厚度等进行实测控制与记录。

（9）接缝处理。

①纵向接缝为热接缝时，应注意以下几点：

a. 两台摊铺机的型号选择相同为好，其结构参数和运行参数应调整成相同。

b. 接缝两侧摊铺层的横坡和厚度均应调整一致，摊铺搭接重叠5cm为宜。

c. 两台摊铺机相距5m左右，以互不影响操作为度越近越好，使混合料能在高温状态下相接。

d. 上下摊铺层的纵向接缝，应错开15cm以上，表面层纵缝顺直，且宜设在路面标线位置上。

②当纵缝接缝为冷料时，宜在第一次摊铺时加设与路面厚度同高的挡板或在第二次铺筑前，将边缘切成顺直、且垂直于下层，并在拆除挡板或清扫洁净后的切面上涂刷沥青粘层油。新摊铺宽度与已铺部分重叠5cm左右，在碾压前用耙子将重叠范围内的大料剔除，并清除大部分重叠的混合料，在纵接缝处的冷热表面上重叠2cm左右，并按规定碾压方法压实。

③横向工作缝的处理应注意以下几点：

a. 改性沥青路面表面层，应采用垂直平接缝，但中面层受条件限制时可采用斜接缝。

b. 相临两幅及上下两层的横向接缝均应错开 1m 以上。

c. 施工结束时，摊铺机应在预定接缝端部约 1m 左右长度的摊铺宽度范围铺上细砂或铺一层牛皮纸或铺一层麻袋片，起隔离作用，以便横缝切割后清除。施工时在纵坡、铺层厚度开始发生变化的断面处，划直线切割成与下层成垂直的切面，并清除切下铺料，在下次摊铺时接成平缝。

d. 在切割、清扫后的接缝处，涂刷粘接沥青。接缝施工时，摊铺机第一次布满料时不前进，用热料预热接缝处至少 10min，或者在低温时使用喷灯，将切口加热至 70℃左右，再进行接缝施工。宜先使用温度最高的一车料进行摊铺。新铺面与已铺的冷面重叠 5cm，压前用耙子剔除重叠部分大料，搂回细料，整平后趁热横压，并使用 3m 直尺检查平整度。

e. 斜接缝搭接长度一般宜为 0.4 ~ 0.8m，搭接处应清扫干净，洒上粘层油，并剔除超过压实厚度的粗料，或用 5mm 筛子筛除一层细料，以保证平顺美观。

（10）混合料碾压成型。

混合料碾压成型是保证 SBS 改性沥青混凝土路面质量的关键，应根据混合料的类型、粒径粗细、SBS 改性沥青粘度高低、含量大小、结构层厚度大小、摊铺速度快慢等因素来选择压路机种类、型号和数量。一般双向四车道 ~ 六车道的高速公路，最少应配 3 台双钢轮振动压路机，2 台轮胎压路机。

①混合料的碾压由专人负责，按试铺段的压实组合方式、压实工艺和遍数控制。压实标准宜采用马歇尔试验密度的 97% ~98% 和最大理论密度的 93% ~97% 控制。

②混合料碾压按初压、复压、终压三阶段进行，必须控制混合料在规定温度范围内完成压实，确保路面结构层的压实度、压实度的均匀性。

a. 初压时的温度宜控制在 160 ~ 170℃的范围内，低温施工时，应提高 5 ~ 10℃。宜用激振力 71/35.3kN 的双钢轮、双振动压路机紧跟碾压，前进时关闭振动装置静压，以 2 ~ 3km/h的速度碾压，返回时沿前进轮迹振动碾压，速度 2.5 ~ 3.5km/h。如初压时出现推移，可使温度适当降低后再压，如出现裂纹应找出原因，及时纠正。

b. 复压宜紧跟初压，与初压交织在一起（无明显界限）在较高温度下进行，利于压密。复压温度控制 140 ~ 160℃。通常使用双振动、双钢轮压路机碾压，也可用钢轮——轮胎组合机碾压，碾压参数参照试铺段结果，通常 4 ~ 5 遍。

c. 终压紧跟复压后进行，一般双钢轮静压 1 ~ 2 遍，以消除轮迹缺陷为度。终压结束时温度宜不低于 120℃为好。

③压实作业段的长短，应由混合料的种类和压实时混合料的温度来确定。在可能的条件下（碾压时不推移，不产生裂缝）压路机尽可能紧跟摊铺机碾压，可以用少的压实遍数，取得高的压实度。压实作业长度主要根据摊铺后的碾压温度与压实终了温度下降的时间长短（压实的有效时间）来确定。

④压实方式：

a. 在横坡方向上作业应由较低逐向较高处碾压，钢轮重叠 15 ~ 20cm，胶轮重叠一个轮。

b. 在碾压过程中，为保持被压面在规定的碾压温度范围内，每完成一个碾压段的碾压，压路机就得向摊铺机靠近一段，每次 20m 折反，随着摊铺的不断前进，压路机也跟着向前推移，宜避免在摊铺层同一断面上造成压痕。

c. 变更压道时，要在碾压区内远离摊铺机一端，并先关闭振动后进行，压路机压实作业的末尾，若能稍微转向，摊铺机后的压痕减至最小。

⑤路面接缝碾压。路面接缝碾压至关重要，它直接影响路面的质量，应高度重视。

⑥特殊情况的碾压。一般特殊情况指小半径弯道、交叉口、陡坡、路边、薄层等处的压实作业。

a. 主道或交叉口碾压，先从弯道内侧或弯道较低一边开始碾压，对急弯应尽可能采取直线式碾压（即缺角式碾压），并逐一转换压道，对缺角处用小型机具压实，作业时注意转向同速度相吻合，尽可能用振动，以减小剪切力。

b. 在陡坡碾压时，先采用轻型压路机预压，无论是下坡还是上坡，压路机的从动轮始终向着摊铺机方向（即从动轮在前，驱动轮在后，与一般正常路段碾压相反），振动压路机碾压时，应先静压，待混合料稳定后，方采用低振幅碾压。混合料温度不宜过高，压路机启动、停止、变速应平稳，避免过高、过低。

c. 路边碾压，在边上没有支撑的厚层碾压时，可在路边 30cm 左右处开始碾压作业，先在路边压实前，形成一条支撑面，以减小碾压时铺层塌边，然后再碾压留下的未压部分，每次碾压时只能向自由边方向伸进 100mm，直到压完为止。

d. 薄层碾压：由于薄层混合料摊铺后降温太快，使有效的压实时间大大缩短，因此，应摊铺后立即紧跟碾压，其压实长度宜 20m 左右，初压速度不超过 2.5km/h，复压速度可适当提高，保证在有效压实时间内完成三阶段碾压作业。

⑦压实注意的问题

a. 先静压，后振压，最后再静压。碾压时驱动轮在前，从动轮在后。

b. 碾压应遵照“紧跟、匀速”，“高频、低幅”的原则。

c. 折返后随时沿前进压痕行驶，压路机返回点应不在同一断面上，而是阶梯状，且复压及终压折回点不能在相同的端面，宜错开 1m。

d. 碾压过程中，防粘轮应预热胶轮轮胎后碾压或钢轮喷雾状水方法控制混合料温度下降速度，或是使用油水混合物擦轮的方式防粘，也是控制、减小混合料的温度下降的有效措施，禁止喷水过大，加速混合料的温度下降。

e. 压路机的碾压作业长度与摊铺速度平衡，紧跟摊铺机向前推进。

f. 碾压速度参照表 1 执行。

表 1　压路机碾压速度（km/h）

压路机类型	初压		复压		终压	
	适宜	最大	适宜	最大	适宜	最大
钢轮式压路机	1.5～2	3	2.5～3.5	5	2.5～3.5	5
轮胎式压路机	3	3	3.5～4.5	8	4～6	8
振动式压路机	1.5～2 静压	3 静压	4～5 振动	4～5 振动	2～3 静压	5 静压

g. 压路机不得在新摊铺的混合料上转向，调头，左右移动位置和急刹车，不得在刚压完的路段进出。

3. 材料

（1）SBS 改性沥青。

SBS 改性沥青是混合料的胶凝材料，其品质优劣对 SBS 改性沥青混凝土路面质量至关重要。如果自制 SBS 改性沥青，应选择低温延度大、含蜡量低的重交沥青为基质沥青，其沥青标号应与工程设计的 SBS 改性沥青标号相对应，选择与基质沥青配伍的改性剂。SBS 改性沥青的技术要求应符合《公路改性沥青路面施工技术规范》（JTJ—036—98）中表 5.2.1 的要求。

（2）粘层乳化沥青。

粘层乳化沥青技术指标应符合《公路沥青路面施工技术规范》（JTG F40—2004）中表 4.3.2 的要求。

（3）粗集料。

粗集料宜用石质坚硬、清洁、不易风化的颗粒。近似立方体颗粒的碎石，粒径、规格应符合标准要求，中面层，宜采用石灰岩等碱性石料轧制，表面层应选择坚硬、耐磨、抗冲击好的碎石或砾石，并严格控制针片状颗粒含量，其技术指标应符合《公路沥青路面施工技术规范》（JTG F40—2004）中表 4.8.2 的要求。

（4）细集料。

细集料宜采用坚硬、洁净、干燥、无风化、无杂质并有适当颗粒级配的人工轧制米砂，宜采用石灰岩轧制，不能使用轧石场的下脚料，可使用适量优质天然砂。其技术指标应符合《公路沥青路面施工技术规范》（JTG F40—2004）中表 4.9.2、表 4.9.3 和表 4.9.4 的要求。

（5）填料。

宜采用石灰岩或强基性岩石等憎水性石料类，磨细的矿粉，要求原石料必须干净无杂质，矿粉必须干燥，清洁。其技术指标应符合《公路沥青路面施工技术规范》（JTG F40—2004）中表 4.10.2 的要求。

五、机具设备

1. 机具设备配备见表 2。

表 2　机具设备配备

序号	名　称	规格	单位	数量	备　注
1	间歇式沥青拌和站	200t/h	台	2	两套组成以满足生产率要求
2	沥青混合料摊铺机		台	2	满足施工要求的不少于两台
3	双钢轮双振动压路机	10t	台	3	激振力大于等于 71/35.3kN
4	轮胎压路机	18～24t	台	2	
5	自卸汽车	15t 以上	台	15～20	根据运距确定
6	外电变压器	620kVA 100kVA	台	1	
7	发电机	260～300kW 500kW	台		有外电也应备 260～300kW 2 台，自发电至少 3 台

续表 2

序号	名　称	规格	单位	数量	备　注
8	推土机		台	1	
9	装载机	zL50	台	2 ~ 3	
10	洒油罐车	4 ~ 8t	台	1 ~ 2	
11	石粉罐	8 ~ 15t	个	2 ~ 3	
12	地中衡		台	1	
13	乳化沥青设备		套	1	
14	平板载重车	5t	套	1 ~ 2	
15	洒水车	5 ~ 8t	台	1	
16	空压机	3 ~ 6m^3	台	1	
17	切割机		台	1	

2. 试验检测设备配备见表 3。

表 3　路面主要试验仪器表

序号	名　称	数量	单位	备　注
1	针入度仪	1	套	测定 15℃、25℃、30℃温度下的针入度值，计算 PI 值
2	延度仪（1.5m 以上）	1	套	
3	软化点仪	1	套	
4	毛细管粘度计	1	根	测定运动粘度 135℃
5	克利夫开口杯式闪点仪	1	套	测定闪点和燃点
6	测定溶解度仪器	1	套	溶解度试验
7	聚合物改性沥青离析试验	1	套	离析试验
8	布洛克菲尔德粘度计	1	台	测定粘温曲线，确定施工温度
9	弹性恢复试验（试模、延度仪、温度计等）	1	套	弹性恢复试验
10	旋转薄膜烘箱	1	台	测定沥青质量损失，评定 SBS 改性沥青抗老化性能
11	车辙试验机	1	台	测定混合料抗车辙能力，供配合比设计高温稳定性检验使用
12	试验用沥青混合料搅拌机	1	台	
13	自动马歇尔击实仪	1	套	
14	自动马歇尔稳定度试验仪	1	套	
15	自动沥青抽提仪（或燃烧炉）	1	套	
16	标准筛（方孔）	2	套	
17	集料压碎值试验仪	1	台	
18	砂当量试验仪	1	台	

续表3

序号	名　　称	数量	单位	备　注
19	恒温干燥箱	2	台	
20	恒温水浴	2	台	
21	路面取芯机	1	台	
22	沥青混合料最大理论密度测试仪	1	台	
23	路面弯沉仪	1	台	
24	路面渗水检测仪	1	台	
25	摩擦系数测定仪（摆式仪）	1	台	
26	连续平整度仪	1	台	
27	电子天平	1	台	称量4~6kg感量0.1g
28	电子天平	1		称量300~500g感量0.001g
29	脱模器	2	台	
30	试模	12	个	
31	冰箱	1	台	

六、劳动力组织

劳动力组织以日产2500~3000t的配套计，其劳动力组合见表4。

表4　劳动力组合

项　　目	所需人数	备注	项　　目	所需人数	备注
拌和站（后台总数）	25~29	1台拌和站所需人数	施工组（前台总数）	58~63	一个作业面所需人数
工长	1		工长	1	
机械技术	1		技术负责人	1	
拌和组	7~10		运输组	11~20	
供油供电组	6		测量放样组	3~4	
机械保修组	3~4		摊铺组	6	
供料组	7		压实组	7~8	
			试验组	6~7	
			专职质检员	1	
			路面工	8	

七、质量控制

1. 本工法的质量控制，基本遵循或部分严于改性沥青路面施工技术规范及有关试验规程、标准，其质量控制标准按表5执行。

表5　SBS 改性沥青混凝土面层施工阶段的质量检查标准

项　　目	检查频率	质量要求或允许差	试验方法
施工温度： SBS 混合料出厂温度	每车料一次	180～185℃	温度计测定
运输到现场温度		170℃	
初压温度		不低于 160℃	
碾压终了温度		钢轮压路机不低于 120℃	
矿料级配：与生产设计标准级配的差 0.075mm	每日每机上、下午各一次	±2%	拌和厂取样，用抽取后的矿料筛分
≤2.36mm		±4%	
≥4.75mm		±5%	
SBS 改性沥青含量（油石比）	每日每机 2 次（上、下午各 1 次）	-0.1% ～ +0.2%	拌和厂取样，离心法抽提
马歇尔试验：稳定度	每日每机上、下午各 1 次	>7.5kN	拌和厂取样，室内成型试验
流值		20～40（0.1mm）	
空隙率		3% ～4.5%	
压实度	每层 1 次/200m/车道	不小于 98%（马歇尔密度） 93% ～97%（最大理论密度）	现场钻孔试验（用核子密度仪随时检查）
厚度： 表面层 总厚度	1 次/200m/车道	-4mm -8mm	钻孔检查并铺筑时随时插入量取，每日用混合料数量校核
平整度：表面层	每车道连续检测	3mm 不大于 0.8mm	3m 直尺测量 用连续式平整度仪检测
中面层		不大于 1.0mm 5mm	用连续式平整度仪检测 3m 直尺测量
宽度	2 处/100m	不小于设计宽	用尺量
纵断面高度	3 处/100m	±15mm	用水准仪或全站仪
横坡度	3 处/100m	±0.3%	用水准仪检测
中线平面偏位	4 处/200m	20mm	用经纬仪检测
外观检查	表面平整，均匀密实，无轮迹裂缝、壅包、油丁、油包		随时目测
构造深度	≤0.07mm		铺砂法
接缝	接缝平顺，无跳车		随时目测 3m 直尺测量

2. 保证质量的关键措施是：

（1）严把材料进场关，不合格的材料严禁进场，进场材料应有醒目标牌标示，分规格堆放，当有变化时，应相应调整配合比。

（2）试验室要准确控制配合比，通过每天检测数据进行调控。

（3）拌和站应严格按配合比通知的比例配料开盘，不得改变，发现问题及时反馈或停机；并做好计量校准和数量分析与验证；严格控制拌和温度与拌和时间。

（4）摊铺速度应与拌和能力匹配，按碾压组合，碾压工序与遍数进行碾压。

（5）认真按照规范要求的质量检测项目、频率、方法进行检查控制。

八、安全措施

1. 安全措施

（1）应遵照中华人民共和国行业标准现行的《公路工程施工安全技术规程》（JTJ 076—95）的要求执行。

（2）应遵照国家颁发的有关安全技术规程和安全操作规程办理。

（3）对参与沥青路面施工的人员应穿戴劳保防护用品，防止烫伤，夏季高温季节施工，应采取防暑降温措施。

（4）对从事沥青试验检测人员除做好通常的沥青作业防护以外，还得做好三氯乙烯等有害气体的防护并发放一定的补贴。

（5）SBS 改性沥青拌和厂应经常检查导热油，防止泄漏入沥青储存罐中而引发火灾，拌和厂内应采取有效的防火、防爆、防毒措施，场内严禁烟火，设置醒目防火警示牌，并配备一定数量的消防器材。

（6）SBS 沥青混合料拌和场的燃油罐和加油站应与导热油热载体炉有足够的距离，防止发生火灾。

（7）凡对沥青敏感的施工人员和试验人员禁止从事沥青路面的施工工作。

2. 环境保护

（1）选择 SBS 沥青混合料拌和场地时，应远离居民区及村庄，无法避开居民区或村庄时应选在主风向下方。

（2）SBS 沥青混合料拌和设备必须有良好的二级除尘装置并能有效地进行除尘，使空气质量标准符合当地环保部门的要求。

（3）废弃的粉尘和 SBS 沥青混合料存放在指定地点，粉尘可采用湿排法或采用经常洒水及覆盖等措施，防止粉尘扩散。

（4）拌和楼的矿粉和发电机等设备的噪音，应符合当地环保部门的要求，不符合者应采取有效措施。

九、经济效益分析

用 SBS 改性沥青能全方位地改善沥青的路用性能，在高温、常温、低温、水稳性和抗老化方面显示出其他材料所不具备的综合性能，延长了路面的使用寿命，从而大大降低了养护费用，收到了良好的社会与经济效益。

由于路面工程质量好坏，体现在路面的使用性能和使用寿命上。使用本工法施工的几条路段目前使用状况良好，业主反馈意见和我们回访调查的情况一致。

凡施工时能认真按照本工法要求进行施工操作，都能一次成功，无返工浪费，可达到成本低、质量好的目标。

十、应用实例

采用SBS改性沥青施工工法所修建的高速公路，从2000年起到2003年，累计有267.821km，其中石黄高速公路为SAC结构层，连云港汾灌高速OPQ21标，临湘－长沙高速LM3标、杭金衢高速8标为AK抗滑结构，大同－运城高速7标、福建－宁德高速B1标为AC结构，汾灌OPQ23标、徐州－宿迁高速21标，京珠高速湖北段二合同为Superpave12.5结构。这些工程都已完工，交工时均为优良工程，投入使用的时间有先有后，但使用性能和使用寿命都得到了业主和社会的高度评价，有良好的社会信誉。

（执笔人：路桥集团第一公路工程局　刘树良　王桂霞）

沥青玛琋脂碎石混合料（SMA）路面面层施工工法

YJGF 38—2004

深圳市市政工程总公司　路桥集团第二公路工程局

高俊合　尹剑辉　刘声向　严晓生　张景禄　李晓华

沥青玛琋脂碎石混合料（下简称 SMA）路面技术于上个世纪 60 年代起源于德国，1990 年美国引进该项技术，并结合本国国情进行了深入的研究、改进。由于 SMA 具有良好的抗滑、抗车辙、耐久等性能，逐渐被欧美、亚洲等国家引进推广。上世纪 90 年代中后期 SMA 引入我国，1996～1997 年南方部分地区也铺筑过试验路段，但分别出现了严重泛油和深车辙等问题，使人们对该技术产生了怀疑，并使其在南方的推广一度受到阻碍，究其原因主要是缺少一套适合本地区实际的技术指标和施工工艺。1999 年深圳市市政工程总公司通过对 SMA 材料选择、配合比设计、沥青混合料拌制、摊铺和碾压等技术进行深入的研究，在深圳市滨海大道全路段 9.8km 成功地铺筑了 SMA 路面。该路面经过 6 年多的使用，经受了高温、暴雨考验，没有出现任何车辙、泛油等问题，其抗滑性能、高温稳定性、耐久性等优越性也得到了充分的体现，后来又成功地应用于 107 国道改造、中山南头大道等多个道路工程，总铺筑面积达 300 多万 m^2，且多项工程被评为省优或金杯奖。本工法即是我们研究成果和多年施工经验的总结。

一、特点

SMA 是一种由沥青、纤维稳定剂、矿粉及少量的细集料组成的沥青玛琋脂结合料填充间断级配的粗集料骨架间隙而组成的沥青混合料，最基本的组成是碎石骨架和沥青玛琋脂结合料两大部分。综合 SMA 的组成特点，可以归纳为三多一少：粗集料多、矿粉多、沥青结合料多、细集料少，掺纤维增强剂，材料要求高，使用性能全面提高。SMA 在技术上具有高温稳定性、较好的抗磨及抗滑性能和耐久性等特性。

二、适用范围

本工法适用于广东等南方高温、多雨地区的高等级公路和城市道路沥青路面工程。

三、SMA 形成机理及路面性能

在 SMA 的组成中，粗集料骨架占到 70% 以上，混合料中粗集料相互之间的接触面（或支撑点）很多，细集料很少，沥青玛琋脂部分仅仅填充了粗集料之间的孔隙，交通荷载主要由粗集料骨架承受。由于粗集料颗粒之间互相良好的嵌挤作用，沥青混合料产生非常好的抵抗荷载变形的能力，即使在高温条件下，沥青玛琋脂的粘度下降，对这种抵抗能力的影响也会减小，因而有较强的高温抗车辙能力。SMA 内部被沥青玛琋脂充分填充，且沥青膜较厚，混合料的空隙率很小，沥青与空气的接触少，因而沥青混合料的耐老化性能好。空隙率小的另一个结果是SMA基本上不透水，对下面的沥青层和基层有较强的保护作用和隔水作用，使路面能保持较高的整体强度和稳定性。

四、材料及配合比设计

1. 材料的准备工作

SMA路面对材料的要求是必须满足规范要求。

(1) 粗集料。

应使用石质坚硬、表面粗糙、形状接近立方体的破碎集料，以保证集料形成嵌挤结构。SMA粗集料的技术要求见表1。

表1　SMA表面层用粗集料质量技术要求

指　标		单位	技术要求	试验方法
石料压碎值	不大于	%	25	T0316
洛杉矶磨耗损失	不大于	%	30	T0317
视密度	不小于	t/m^3	2.60	T0304
吸水率	不大于	%	2.0	T0304
与沥青的粘附性	不小于	级	4	T0616
坚固性	不大于	%	12	T0314
针片状颗粒含量	不大于	%	15	T0312
水洗法<0.075mm颗粒含量	不大于	%	1	T0310
软石含量	不大于	%	1	T0320
石料磨光值	不小于	BPN	42	T0321
具有一定数量破碎面颗的含量，不小于一个破碎面2个或2个以上的破碎面		%	100 90	T0327

(2) 细集料。

采用人工砂，洁净，具有棱角，见表2。

表2　SMA面层用细集料质量技术要求

指　标		单位	技术要求	试验方法
视密度	不小于	t/m^3	2.50	T0329
坚固性	不大于	%	12	T0340
砂当量	不小于	%	60	T0334
塑性指数		%	无	T0118或T0119（土工试验）
棱角性或粗糙度			实测	T0344或T0345

(3) 填料。

必须采用石灰石等碱性石料磨细的石粉，具体要求见表3。

表3　SMA 面层用填料质量技术要求

指　标		单位	技术要求	试验方法
视密度	不小于	t/m³	2.50	T0352
含水量	不大于	%	1	烘干法
粒度范围 <0.6mm <0.15mm <0.075mm		%	100 90~100 75~100	T0351
外观		—	无团粒、不结块	
亲水系数	不大于	—	1	T0353
塑性指数	不大于	%	4	T0118 或 T0119（土工试验）
回收粉的比例	不大于	—	填料总量的 25%	

（4）沥青。

沿海高温多雨地区的 SMA 混合料宜采用改性沥青，至少面层 SMA 应采用改性沥青，改性沥青可参考《公路沥青路面施工技术规范》（JTG F40—2004）的行业标准选用。其性能必须满足技术标准的要求，且应保证供应量能满足需求。

（5）纤维稳定剂。

可采用木质素纤维、聚合物有机纤维、矿物纤维等多种纤维。

纤维储存时应保持干燥，不结团，施工前应对纤维在混合料拌和过程中的均匀打散时间进行试拌确定。

2. SMA 混合料配合比设计

SMA 混合料采用马歇尔试验进行配合比设计，设计程序见图 1。

五、施工工艺及要点

工艺流程：工作面准备──→施工放样──→混合料拌和──→运输──→摊铺──→碾压成型──→保养、检测、开放交通。

1. SMA 混合料的生产拌和

（1）通过试拌确定各冷料仓的供料比例、拌和时间、拌和温度、纤维干拌均匀所需的时间。

（2）纤维的投放采用人工或机械投放。

（3）SMA 混合料拌和以后不得贮存时间过长，要求当天拌和的混合料必须当天使用。

（4）当拌和 SMA 混合料使用除尘装置回收粉尘时，不得大于矿粉总量的 25%，混用回收粉的 0.075mm 通过部分的塑性指数不得大于 4。

2. SMA 混合料的运输和摊铺

（1）尽量采用大吨位运料车，并保证足够的数量，避免摊铺机等料。车厢底部应涂油水混合物。运输过程中应加盖厚篷布，运料车到达现场后必须保证足够的温度。

（2）必须清理好路面下承层，并根据需要洒布透层沥青或粘层沥青。

（3）摊铺机开始铺筑前必须将熨平板加热至 100℃以上，铺筑过程中必须开动熨平板的振动或捶夯等击实装置。

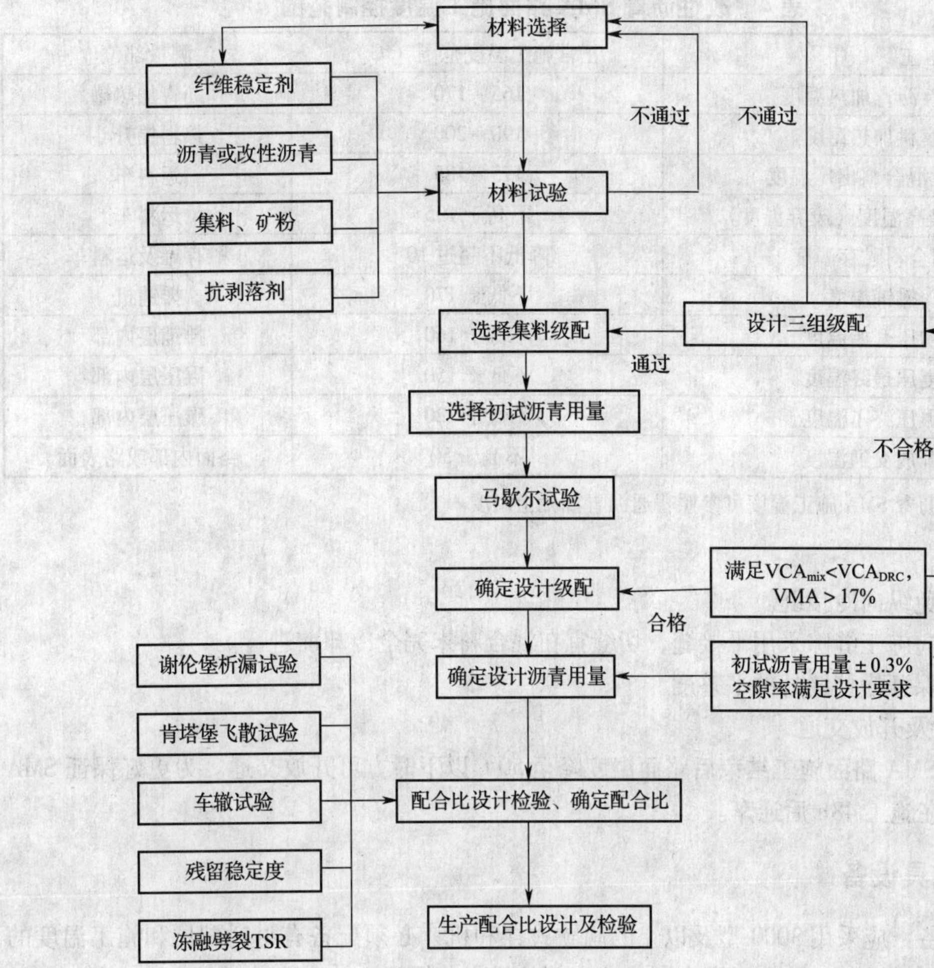

图 1　配合比设计步骤

（4）为保证 SMA 路面的平整度，宜采用全路幅施工。需使用多台摊铺机时，摊铺机应呈梯队形分布，两机间前后距离宜为 10 ~ 20m。摊铺应缓慢、均匀、连续不间断，摊铺速度可根据供料情况调节，通常不超过 3 ~ 4m/min，可以放慢到 1 ~ 2m/min，应尽量减少停顿次数。

（5）SMA 混合料的松铺系数可通过试铺加以确定。

3．SMA 路面的碾压

（1）SMA 路面的碾压宜遵循“紧跟、慢压、高频、低幅”的原则。

（2）SMA 混合料禁止使用轮胎压路机，以防止轮胎的揉搓作用破坏 SMA 路面结构。初压采用 10t 钢轮压路机，紧跟摊铺机压 1 ~ 2 遍。复压用钢轮压路机静压 3 ~ 4 遍，或振动压路机碾压 2 ~ 3 遍。终压采用钢轮压路机静压 1 遍收光。

（3）SMA 碾压速度要慢，初压速度控制在 1.5 ~ 2km/h，复压及终压速度不超过 2.5 ~ 3.5km/h。在碾压中随时监督每遍碾压后的密实度变化，以达到最佳密实度。

（4）为防止混合料粘附在轮子上，应适当洒水使轮子保持湿润。

4．SMA 路面的施工温度

改性沥青 SMA 路面施工温度控制范围详见表 4。

表4　改性沥青 SMA 路面施工温度控制范围

工　　序	正常施工温度范围（℃）	测量部位
改性沥青加热温度	165~170	沥青加热罐
集料加热温度	190~200	热料提升斗
SMA 混合料出厂温度	175~185	运料车
混合料最高温度（废弃温度）	不高于195	运料车
混合料贮存温度	降低不超过10	贮存罐及运料车
摊铺温度	不低于170	摊铺机
初压开始温度	不低于160	摊铺层内部
复压最终温度	不低于150	碾压层内部
碾压终了温度	不低于120	碾压层内部
开放交通温度	不高于50	路面内部或路表面

注：普通沥青 SMA 施工温度可参照普通沥青混凝土温度。

5. 接缝

（1）避免纵向冷接缝。

（2）横向施工缝隙采用平接缝，切缝宜在混合料未完全冷却前进行。

（3）应保证横接缝处的平整度。

6. 养护及开放交通

必须在 SMA 路面施工结束后路面温度降至50℃以下时方可开放交通。为更好保证 SMA 结构，尽量在施工 48h 后通车。

六、机具设备

拌和设备：应采用3000型及以上的间歇式拌和机，必须配备有材料配比和施工温度的自动检测和记录设备，拌和机设有纤维稳定剂的投料装置。

摊铺机：应根据施工道路的路幅宽度确定摊铺机的型号和数量，以保证全路幅摊铺，改性沥青 SMA 混合料宜使用履带式摊铺机。

碾压设备：应备有足够数量的压路机。

应备有装载机、沥青混合料运输车辆等。

七、劳动力组织（表5）

表5　劳动组织及岗位职责表

岗　　位	职　　责
项目经理	确定施工计划，科学组织实施
技术负责人	制定施工方案，实施细则，处理施工中具体问题
施工员	负责现场施工组织安排、调度
试验员	原材料检验，确定混合料配合比，检测生产施工中混合料性能
测量员	负责施工放样等
混合料拌和工	严格按配合比生产拌和混合料
运料车辆驾驶员	运送混合料到施工现场

续表5

岗　位	职　责
摊铺机操作人员	进行混合料的摊铺
压路机操作人员	沥青路面压实
现场检测人员	负责摊铺厚度、温度的检测和控制，检测路面的平整度、压实度及构造深度等
材料员	按计划进构各类工具，合格材料并予验收存放
机修人员	机械设备维修养护
电工	保证混合料生产正常用电
安全员	进行施工安全交底，保证施工顺利进行
普工	配合施工

注：人数应根据工程量大小来确定。

八、质量要求及控制

1．在没有足够的施工经验或施工条件发生变化时应先修筑200m以上试验路段，以确定各项施工参数。

2．在SMA路面施工前，应对路面下承层的平整度和强度进行检查。

3．对SMA混合料和各种原材料进行检测，必须符合规定的质量要求方可采用。

4．成品改性沥青应具有产品质量检验单，产品到场后，应按规定取样检测，确认符合《公路沥青路面施工技术规范》（JTG F40—2004）的质量技术要求后方可使用。

5．现场制作的改性沥青根据其品种和用量确定其检查的项目。

6．SMA的施工质量检验应符合表6要求。

表6　SMA路面施工质量检验要求

项　目	检验频度	质量要求或允许差	试验方法
外观	随时	无油斑、离析、轮迹现象	目测
接缝	随时	紧密、平整、顺直、无跳车	目测、三米直尺
施工温度	1次/车	符合表4要求	数显式温度计
矿料级配	每台拌和机1~2次/d	应符合生产配合比	抽提筛分
油石比	同上	±0.3%	抽提筛分
马歇尔试验：稳定度、流值、密度、空隙率	同上	符合设计要求	拌和厂取样成型试验
车辙试验	必要时	不小于设计要求	现场取样变地成型送试验室试验
渗水试验	随时1~2次/d	基本上不渗水，实测记录	向路面倒水观察用渗水仪测定
构造深度	不少于5处/d	不大于设计要求	铺砂法
压实度	每$2000m^2$检查1次	单点要求不小于马歇尔密度的95%	钻孔法或核子仪
空隙率	同上	不大于设计要求	钻孔法
平整度	对每日铺装的路段全线测定1~2次	不大于设计要求	3m直尺，连续式平整度仪或车载式累积颠簸仪

7．沥青混合料拌和厂的质量管理体制和检查按下列规定进行：

（1）随时检查沥青、集料的加热温度逐车检查并记录SMA混合料的出厂温度。

（2）按规定检查工地混合料的矿料级配和油石比。

（3）对具有自动打印装置的拌和机，应随时检查每个料仓的称量是否符合要求。

（4）按要求制作马歇尔试件，测定密度和空隙率，进行马歇尔试验，各项指标应达到配合比设计要求。试件密度应采用表干法测定。

8．施工现场的施工过程中的质量管理体制和检查，按下列规定进行：

（1）随时检查沥青混合料的施工温度。

（2）路面钻孔取样，检查压实度和空隙率。但当使用改性沥青，在钻孔取样过程中发生改性沥青粘附在钻头的情况时，可不予钻孔。

（3）弥补钻孔实测压实度的困难，必须配备专职技术人员严格控制碾压遍数，观察碾压情况，既达到压实度要求，又防止过碾压。同时需增加核子密度仪的检测次数。

（4）检测路面渗水情况。应随时直接往碾压成型的路面上倒少量水，观察水的渗透情况，应基本上不透水或透水很慢，并按《公路路基路面现场测试规程》规定的方法进行渗水检测时，实测记录渗水系数。

（5）铺砂法检测路表构造深度。采用摆式仪检测路面的摩阻系数。

（6）表中未列出的项目包括：厚度、宽度、纵断面高程、横坡、弯沉等均与一般沥青路面的要求相同。

九、效益分析

由于SMA的沥青用量较普通沥青混凝土（以下简称AC）有所提高，其细集料采用100%的人工砂，加之纤维费用，SMA路面工程造价较AC路面高约10%。但SMA混合料具有较高的抗车辙性能和水稳定性，可提高使用寿命，延后大修时间，根据欧洲一些国家研究结果表明可延长大修时间30%～40%以上，同时降低大修费用。因此，SMA项目总体使用寿命期综合费用要低于普通AC，但具体数额有待进一步研究。此外，SMA路面抗滑能力强，噪声较其他路面结构低，行车舒适安全，其社会效益显著。

十、工程实例

该工法已应用于近十个道路工程，总面积300多万m^2。主要有：深圳市滨海大道SMA沥青路面，107国道宝城段改造工程SMA路面，中山南头大道等。

下面以滨海大道为例介绍SMA应用情况。

由我公司施工的深圳滨海大道于1999年9月建成，通过2000年一年的行车和气候的考验，和通车一年后的多项检测说明深圳滨海大道的SMA路面是成功的，其构造深度TD保持在1.1～1.2mm，与竣工后的检测没有大的变化；摩阻系数多数保持在47BPN以上；路面平整度（采用连续式平整度仪检测）平均值北侧为0.731mm，南侧为0.653mm，远远小于国标（最大1.8mm）要求，自1999年9月竣工到2000年10月，平整度保持良好。迄今，经过六年使用，特别是经历2000年深圳地区高温及特大暴雨的侵蚀，滨海大道路面坚实平整，凹陷、坑槽、拥包、车辙等各种常见病害均未出现，经受了高温、暴雨的考验，效果良好。

（执笔人：深圳市市政工程总公司　高俊合　尹剑辉　刘声向）

沥青路面现场热再生工法

YJGF 39—2004

上海浦东路桥建设股份有限公司

王庆国　徐　斌　奚丽珍　赫振华

沥青路面现场热再生技术是一项对存在病害的沥青路面上面层进行再生利用的综合性养护技术，它既保护环境又节约资源。上海浦东路桥建设股份有限公司从德国 WIRTGEN 公司引进了一套 RX4500 型现场热再生机组（包括一台 RX4500 型再生机和一台 HM4500 型加热机）及相关的沥青路面现场热再生技术。2002 年 10 月以来，上海浦东路桥建设股份有限公司利用沥青路面现场热再生技术对多条城市主干道和高速公路的上面层进行了修复，修复后路面的各项性能都达到了设计要求，上海市有关专家对再生路面的施工质量和该项技术的应用前景予以了充分肯定。

根据待再生路面的病害特点和设计要求，可以采用的现场热再生技术方案有四种：①整形（Reform）：用热再生机组把路面加热后进行耙松、拌和与摊铺，必要时可通过再生机在老化沥青混合料中加入适当的再生剂或软沥青，但不加入新沥青混合料。这样可消除原路面的车辙、表面裂缝、拥包等病害，并改善路面的排水功能。②重铺（Repave）：在整形的基础上，加罩一层新沥青混合料。③复拌（Remix）：利用热再生机组在老化沥青混合料中加入适当比例的再生剂和新沥青混合料，使三者充分混合均匀后得到满足设计要求的再生沥青混合料。④复拌 + 罩面（Remix - Plus）：在复拌的基础上，加罩一层新沥青混合料。

本工法（试行）以德国 WIRTGEN 公司生产的 RX4500 型现场热再生机组和上海推广现场热再生所采用的“重铺（Repave）”工艺为基础，以规范沥青路面现场热再生“重铺（Repave）”施工工艺的各道工序。

一、特点

1. 沥青路面现场热再生是一项集加热、软化、耙松旧路面、拌和与摊铺再生沥青混合料于一体的综合性养护技术，具有效率高、质量好、保护环境、节约资源的特点。

2. 沥青路面现场热再生 100% 地再生利用旧沥青混合料。

3. 对沥青路面进行现场热再生修复处理，可同时实现调整集料级配、恢复老化沥青性能、改善路面排水功能等目标。

4. 再生路面的高温稳定性和抗车辙性能优于相同等级和相同集料组成的新沥青混合料路面。

二、适用范围

1. 沥青路面现场热再生技术主要用于修复路基完好，路面存在车辙、松散、泛油、磨光等病害的沥青路面上面层。

2. RX4500 型现场热再生机组适宜于修复长度大于 50m、宽度不小于 4m 的老化病害沥青路面上面层。

3. 当风力较大，环境温度小于10℃时，不宜进行沥青路面现场热再生施工。

三、工艺原理

沥青路面现场热再生就是通过加热、耙松、拌和与摊铺等工艺，恢复老化沥青性能、调整集料级配，改善路面排水功能和路用性能。加热就是把设计再生厚度的上面层沥青混合料通过红外线加热至130~160℃（加热后路表温度可能达到160℃以上），使上面层沥青混合料变软；耙松就是把加热变软后的沥青混合料进行软铣刨，使之处于混合松散状态；拌和就是把耙松后的老化沥青混合料与再生剂混合在一起拌和，使老化沥青性能得到恢复；摊铺就是再生机的熨平板把再生沥青混合料按设计要求的断面尺寸和横坡、纵坡进行摊铺（如果再生技术方案要求在再生路面上加罩一层新沥青混合料，新沥青混合料可通过再生机的二级熨平板同时摊铺）。

四、工艺流程（见图1）

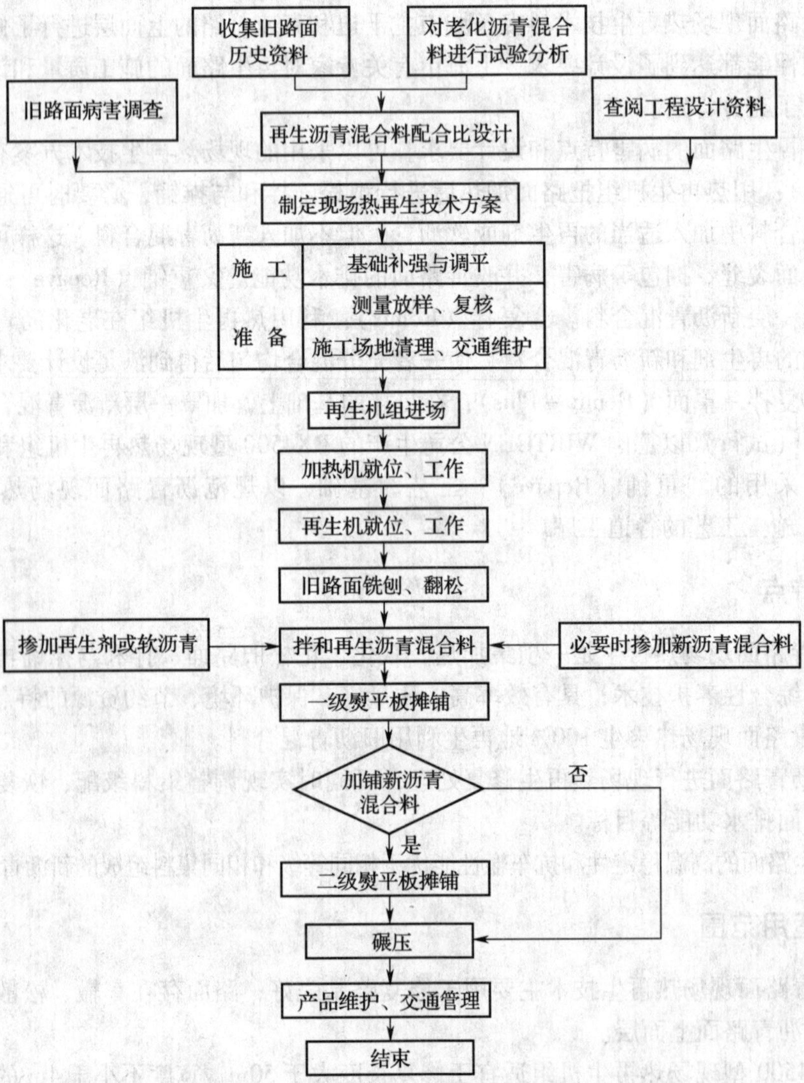

图1 工艺流程图

五、施工要点

1．技术准备工作

（1）对旧路面进行病害调查。

①调查旧路面的路面状况指数（PCI）。

②对旧路面上的各种裂缝进行详细的记录和分析。

③对路基可能已发生损坏的路段，测试该路段路面弯沉。

（2）再生沥青混合料配合比设计。

①收集旧路面历史资料，了解旧路面沥青混合料的配合比、材料组成、材料性能等设计资料。

②钻芯取样，测试旧路面上面层的厚度和孔隙率。

③对有代表性的旧路面上面层沥青混合料进行试验分析，测试其沥青含量和集料级配。

④回收旧路面上面层沥青混合料中的老化沥青，测试老化沥青的针入度、软化点和延度。

⑤按图2流程选择合适的外加剂，使再生沥青性能达到设计要求。

⑥根据马歇尔试验、动稳定度和残留稳定度试验的试验结果确定再生沥青混合料的配合比。

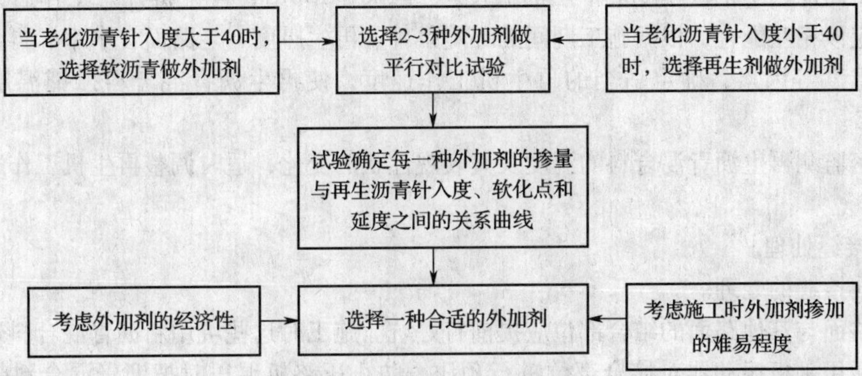

图2　外加剂选择流程图

（3）综合考虑路面病害情况、试验室成果和工程设计要求，制定沥青路面现场热再生技术方案。

2．施工准备工作

（1）对施工区域内路面弯沉大于设计值的路段的基础进行补强；对路面沉降较大的路段进行调平。

（2）旧路面热再生车道测量、放样。

①旧路面存在车辙、坑洞、沉降等变形，对施工前的测量工作要求更高，应根据道路的表面状况和再生技术方案制定严密合理的测量方案。

②根据测量资料和再生技术方案对旧路面热再生车道进行施工放样。

（3）对再生机组和压路机等辅助机具进行维护保养、加油、加气、加水，使之可随时投入工作。

（4）施工场地准备工作。

①清扫施工区域，并根据交通组织方案将其用交通安全护栏封闭起来。

②在施工车道的起始位置、终点位置以及施工车道与伸缩缝的结合部位分别打出一个长

70cm、深4cm、与施工车道同宽的坑，把坑清扫干净后在坑底部和坑壁涂上一薄层乳化沥青（施工时用新沥青混合料把坑填满压实，使再生路面与老路面接顺）。

③用滑石粉把施工车道的边界线标示出来。

④当施工车道一侧为中央绿化带或道路边缘，靠中央绿化带和道路边缘一侧用走钢丝绳的方法控制标高时，钢丝绳应提前打好100m，每隔6m设置一根支撑钢钎。

3．沥青路面现场热再生施工

（1）再生机组和辅助机具进场。

（2）再生机组启动、工作。

①加热机就位，使加热机最后一排加热器板与施工车道起始横断面线齐平，对加热机按从后往前的顺序进行点火。点火后开动加热机在30m长的范围内来回缓慢移动对路面进行加热。

②当加热机把施工车道前30m长的路面加热至耙松厚度最下层的温度达到100～130℃时，把再生机的位置调整好，使再生机的铣刨耙松器与再生路面初始位置齐平，而后对再生机按照从前往后的顺序进行点火，开动再生机。

③调整再生机的铣刨耙松深度，使之达到设计要求。

④当路面加热至耙松厚度最下层的温度达到100～130℃，再生机开始工作后，加热机与再生机应该相互配合，根据施工期间的环境条件、再生厚度、老路面含水率、再生剂掺量和再生剂温度等因素，确定适当的再生机工作速度，使再生沥青混合料摊铺温度保持在130～140℃。

⑤严密监测再生沥青混合料的温度及其表观性状的变化，适时调整再生机工作速度和再生剂掺量。

（3）接缝处理。

①横向接缝的处理。

再生路面与其他路面的结合部位应提前打好坑。施工时这些坑用新沥青混合料进行人工摊铺，而后用平板振动器对接合部位进行预压，防止压路机碾压时把沥青混合料带往老路面，影响再生路面与老路面接合部位的外观。

②纵向接缝的处理。

a．应尽量把再生路面的纵向接缝位置定在道路交通标志线范围内。

b．再生车道之间应有20cm的重复再生宽度，保证再生车道之间热结合。

c．应调整再生机熨平板宽度，使再生机摊铺宽度与再生机铣刨耙松宽度保持一致，避免纵向接缝与再生路面之间产生色差和高差。

（4）桥梁伸缩缝与再生路面结合部位处理。

①施工前可用黄砂把伸缩缝塞满，防止施工时沥青混合料堵塞伸缩缝。施工完毕后再把伸缩缝清理干净。

②施工时把伸缩缝与再生路面结合部位提前打好的坑用新沥青混合料进行人工摊铺，而后用平板振动器对接合部位进行预压，防止压路机碾压时把沥青混合料带往老路面，影响再生路面与伸缩缝接合部位的外观。

③热再生机组通过伸缩缝时，应把机组的红外线加热板和铣刨器提起，避免其损坏伸缩缝。

（5）碾压。

①应选择合理的压路机组合方式及碾压步骤。为达到最佳结果，再生路面的压实宜采用

钢筒式压路机与轮胎压路机组合的方式。

②压路机与再生机之间的距离不宜大于10m。再生路面的压实应按初压、复压、终压三个阶段进行。

③普通沥青混合料初压温度应大于120℃。初压宜采用钢筒式压路机。初压后沥青混合料不得产生推移、发裂。

④复压应紧接在初压后进行，复压宜采用重型的轮胎压路机。

⑤终压温度应大于80℃。终压宜采用钢筒式静态压路机或关闭振动的振动压路机。终压应紧接在复压后进行，不宜少于2遍，确保路面无轮迹。

(6) 产品维护与交通管理。

再生路面碾压后应进行交通管理，待路表温度低于50℃后方可开放交通。需要提早开放交通时，可洒水冷却降低路表温度。

六、质量标准

1. 本工法执行的技术规范

(1)《沥青路面施工及验收规范》(GB 50092—96)；

(2)《公路工程集料试验规程》(JTJ 058—2000)；

(3)《公路工程沥青及沥青混合料试验规程》(JTJ 052—2000)；

(4)《公路路基路面现场测试规程》(JTJ 059—95)；

(5)《公路沥青路面施工技术规范》(JTG F40—2004)；

(6)《公路沥青路面养护技术规范》(JTJ 073.2—2001)；

(7)《上海市公路沥青路面养护技术规程》(SZ—21—2002)；

(8)《上海市热再生沥青路面施工及验收规程》(SZ—23—2002)；

(9)《上海市公路大中修工程质量检验评定标准》(SZ—24—2002)；

(10)《上海市公路工程施工及验收规程》(DBJ 08—229—98)；

(11)《城市道路工程施工及验收规程》(DGJ 08—225—97)。

2. 质量标准及检查方法（见表1）

表1　质量标准及检查方法

序号	检查项目		质量标准	检查方法和频率
1	新材料性能	集料、沥青等原材料的性能	满足《沥青路面施工及验收规范》(GB 50092—96) 的要求	按照《沥青路面施工及验收规范》(GB 50092—96)、《公路工程沥青及沥青混合料试验规程》(JTJ 052—2000) 和《公路工程集料试验规程》(JTJ 058—2000) 所要求的检查频率和检查方法进行检测
		新沥青混合料性能	满足《沥青路面施工及验收规范》(GB 50092—96) 的要求	按照《沥青路面施工及验收规范》(GB 50092—96) 和《公路工程沥青及沥青混合料试验规程》(JTJ 052—2000) 所要求的检查频率和检查方法进行检测

续表1

序号	检查项目			质量标准	检查方法和频率
2	再生材料性能	再生沥青的性能		再生沥青的性能达到《沥青路面施工及验收规范》（GB 50092—96）对相同设计标号的新沥青的要求	再生沥青性能的检查频率和检查方法与《沥青路面施工及验收规范》（GB 50092—96）和《公路工程沥青及沥青混合料试验规程》（JTJ 052—2000）对相同设计标号的新沥青的检查频率和检查方法一样
		再生沥青混合料的性能	稳定度（kN）	≥5	每工作日1组
			流值（0.1mm）	20~45	每工作日1组
			残留稳定度（%）	≥75	每工作日1组
			动稳定度（次/mm）	≥800	1组/50000m^2
			冻融劈裂强度（%）	≥75	每工作日1组
3	再生路面压实度（%）			≥96	1处/2000m^2
4	再生路面平整度（mm）			≤3	3m 直尺，单向每 100m1 处×10 尺
5	再生路面构造深度（mm）			≥0.5	1处/2000m^2
6	再生路面空隙率			3%~6%	1处/2000m^2
7	再生路面厚度			代表值（+10mm，−5mm） 极值（+15mm，−8mm）	1处/1000m^2

七、施工机具

沥青路面现场热再生工艺所用的主要施工机具（见表2）

表2 主要施工机具

编号	名 称	规格	数 量	主要用途
1	加热机	HM4500	1~2台	预热
2	再生机	RX4500	1台	加热、耙松、拌和与摊铺
3	发电机		1台	再生机组加气时使用
4	钢筒式压路机		1台	再生路面初压
5	轮胎压路机		1台	再生路面复压
6	钢筒式压路机		1台	再生路面终压
7	蛙式平板振动器		1个	压边、结合部位预压
8	水准仪		1~2台	测量用
9	平整度测定仪（3m直尺）		1条	测平整度
10	钢丝绳和钢钎		200m钢丝绳、30个钢钎	控制标高
11	铝合金板		8块	控制标高
12	劳动车		4辆	现场运送施工工具
13	施工车		1辆	运送施工垃圾和施工物资等
14	加水车		1辆	对压路机进行加水

注：上述施工机具的配置未考虑备用设备。

八、施工管理

1. 质量和进度管理

(1) 沥青路面现场热再生工艺比较复杂、施工场面较大，对施工管理的要求较高。施工前应进行严密科学的施工组织设计，以保证施工质量和施工进度。

(2) 合理安排施工进度，最大限度地利用白天进行施工，避免夜间施工。以提高施工质量、减少安全事故，保障有时间对机器进行维护保养，使机器能连续正常地工作。

(3) 有专人负责保障油、气、再生剂、新沥青混合料、滑石粉等材料的及时供应。

(4) 有专人在施工现场负责控制再生沥青混合料的温度和再生剂掺量。

(5) 按着有关的规范和标准加强对沥青、集料等原材料质量和再生沥青混合料性能的检测。

(6) 雨季施工时，应注意气象预报，加强施工现场与沥青拌和厂联系，使各道工序紧密衔接。运料车和工地应有防雨设施。

2. 安全、文明施工管理

(1) 沥青路面现场热再生往往在开放交通的情况下进行，安全隐患较多，施工前应进行严密科学的安全文明施工组织设计。

(2) 进入施工区域后再生机组人员应统一服装、辅助工人应穿上反光标志服。

(3) 施工区域内的绿化带应加以保护，防止施工区域内的绿化带被烧伤。

(4) 加热机对老路面进行预热后，应把旧路面上的白色标志线铲除掉。

(5) 对再生机组加气时，以再生机组为中心，以10m为半径区域内的所有人员不能吸烟和使用手机。

(6) 应把施工区域封闭起来，严禁施工人员随意走出施工区域和非施工人员进入施工区域。

(7) 对再生机组进行检修时，应在机器操作台上放置警示标志，严禁其他人发动机器。

(8) 施工现场应配备足够数量的灭火器。

3. 施工设备维护管理

(1) 沥青路面现场热再生机组结构比较复杂，维修费用较高，应按照《4500型热再生机组维护保养手册》和《4500型热再生机组安全控制手册》所规定的维护保养项目和频率对机组进行安全维护保养。

(2) 每天施工前应对再生机组的一些关键部件进行检查，最大限度地防止施工过程中机器出现故障，影响施工质量和施工进度。

九、劳动力组织

1台加热机、1台再生机进行沥青路面现场热再生所需要的主要工种人数如表3（增加1台加热机，则需增加1～2名加热机驾驶员）。

表3 劳动力组织

序号	工种	人数
1	项目经理	1
2	现场技术负责	1
3	再生机组作业队队长	1

续表 3

序号	工种	人数
4	再生机驾驶员	2
5	再生机熨平板和铣刨耙松器操作员	4
6	加热机驾驶员	2
7	再生机组维护保养	3
8	压路机驾驶员	3
9	质量员	1
10	安全员	1
11	资料员	1
12	再生机辅助工	7（抹平 2 人、扫石子 2 人、铲料 2 人、指挥料车加料 1 人）
13	测量辅助工	3
14	现场检测平整度	1
15	操作蛙式平板振动器	1
16	铲除白色交通标志线	1
17	放铝合金板	1

十、效益分析

高等级道路沥青路面现场热再生，充分利用了原有路面材料，大大降低了路面养护成本，估计使用该技术养护后寿命周期费用比采取传统养护方式可降低成本 30%。

沥青路面现场热再生，使沥青和石料能够得到重复利用，一方面减少了固体废弃物的数量，降低了废弃物处置成本；另一方面，由于原材料的重复利用，减少了石料的开采，对于保护自然资源具有重要意义。

经过我们公司财务部门对沪宁高速公路沥青路面现场热再生详细的财务分析，可以看出热再生比铣刨摊铺节约成本 11.064 元/m^2，详见分析表 4。

表 4　效益分析表

项目	铣刨摊铺（元/m^2）	热再生（元/m^2）	备注
铣刨 4cm 沥青路面	4		
运输旧料	2		平均运距 20km
摊铺 4cm 新料费用	27.608		AK－13I 价格：290 元/t
再生剂		3.74	添加量取平均值 11%
丙烷气体		5	测算后为 5 元/m^2
摊铺 2cm 新料费用		13.804	AK－13I 价格：290 元/t
小计	33.608	22.544	
节约成本	热再生比铣刨摊铺节约成本 11.064 元/m^2		

以上财务分析不包含热再生与铣刨摊铺共有的压实费、管理费和试验费等相关费用。

十一、工程实例

本工法已在沪宁高速、成渝高速、京津塘高速等重大工程上应用，主要工程情况汇总如表5。

表5 主要工程情况汇总表

项目 工程名称	所在省份	完成时间	完成数量（$1000m^2$）
川北公路	上海	2002.9	3
奉炮公路	上海	2002.11	10
沪宁高速	上海	2003.8	190
金海路	上海	2003.11	50
成渝高速	四川	2004.10	300
京津塘高速	河北	2005.6	200

F1 赛道沥青路面施工工法

YJGF 40—2004

上海市第一市政工程有限公司　上海建设机场道路工程有限公司

费　翔　姚红英　曹亚东　潘名先　严　军

上海国际赛车场是为举办国际顶级赛事 F1 赛车大奖赛而建的大型国际赛车场，也是继马来西亚雪邦和日本铃鹿之后的亚洲第三个 F1 比赛专业场地。

赛车比赛时车速高、离心力大，而且加减速十分频繁，所以对赛道沥青混凝土路面的质量要求远远高于高速公路。

上海建造高速公路已有十几年的历史，积累了大量建设高标准道路的施工经验，但建造 F1 赛道在上海是史无前例的。F1 赛道在全世界不超过 20 条，可借鉴的工程经验较少。上海具有比较特殊的气候和地质情况，修建 F1 赛道必须结合上海地区的实际状况，结合赛道的特殊要求，对赛道材料和施工技术的适应性进行全面的研究。

为此，我们成立了技术攻关科研小组，建立题为“上海国际赛车场 F1 赛道沥青路面施工技术研究”科研项目。科研小组针对施工中的技术难题，探索解决方法，成功地完成了科研任务，形成了本工法。

“上海国际赛车场 F1 赛道沥青路面施工技术研究”科研项目于 2005 年 3 月 30 日通过上海市建设与管理委员会组织的鉴定。

一、工法特点

1. 从级配碎石基层到沥青磨耗层都采用摊铺机机械化连续施工，并采用在任意方向上使用 4m 直尺搭接 2m 的测量方法评定其平整度。

2. 从级配碎石基层施工开始，在常规测量的基础上提高一个等级，实施精密测量放样。

3. 小半径、大超高横坡、连续弯道的平整度、压实度控制。

4. 纵、横向接缝满足平整度要求的施工工艺。

二、适用范围

1. 适用于 F1 赛道沥青混凝土面层的摊铺施工。

2. 适用于各种高平整度要求的道路、广场、机场跑道沥青混凝土面层施工。

三、工艺原理

1. 设计面层混合料配合比时，应使其既具有骨架型沥青混合料优良的耐磨、防滑、抗剪、抗变形能力，又具有密级配型沥青混合料优良的密实防水和抗疲劳性能；在拌和生产、摊铺碾压过程中具有良好的工作性。

2. 根据在任意方向上使用 4m 直尺搭接 2m 的测量方法评定平整度要求，设计测量放样方案。

3．为保证赛道面层的平整度，应首先保证级配碎石基层摊铺平整度。

4．沥青面层弯道施工和接缝处理，必须服从曲面形状及平整度要求。

四、工艺流程（见图1）

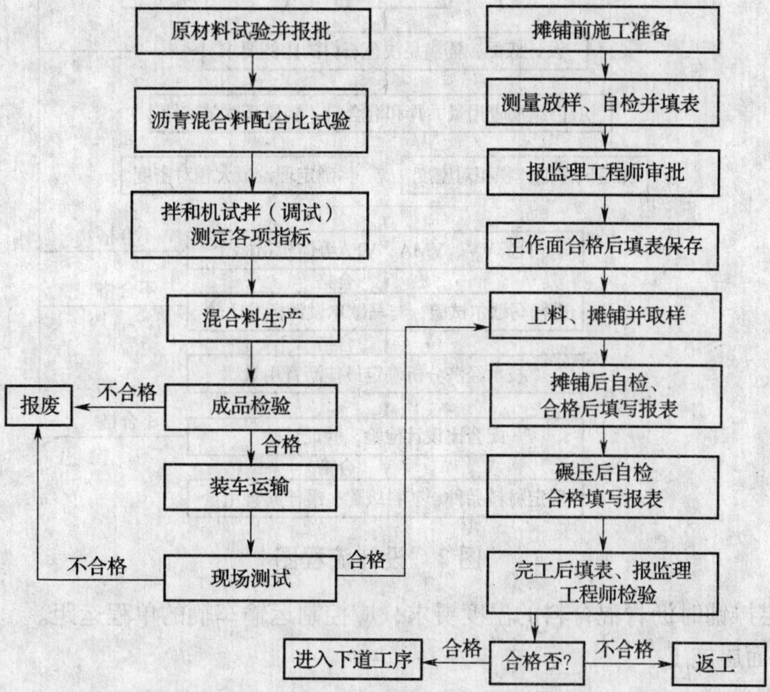

图1　工艺流程图

五、操作要点

F1赛道路面施工时，除应按照《公路沥青路面施工技术规范》（JTG F40—2004）相应要求执行外，还应执行下述要求。

1．赛道沥青混合料配合比设计、生产和运输

（1）沥青混合料配合比确定。

①设计流程见图2。

②F1赛道沥青混合料的设计，包括承重层、粘合层，以及表面层，均采用马歇尔方法。对于表面层混合料的设计，它的级配组成强调关键点的控制，即4.75mm、2.36mm和0.075mm筛孔的通过率必须严格控制，它的各项技术指标中体积指标为关键指标。

③根据实际来料通过试验进行配合比设计。对间歇式拌和机，应从二次筛分后进入各热料仓的材料中取样筛分，确定各热料仓材料比例，供拌和机控制室使用。

（2）沥青混合料生产。

①应严格控制沥青混合料的最终空隙率，并尽可能接近中值。

②每班对沥青混合料取样进行一次马歇尔试验，并测定矿料级配筛分曲线。

（3）沥青混合料的运输。

①应采用车槽内干净、侧向稳定性好的自卸车辆运送混合料。

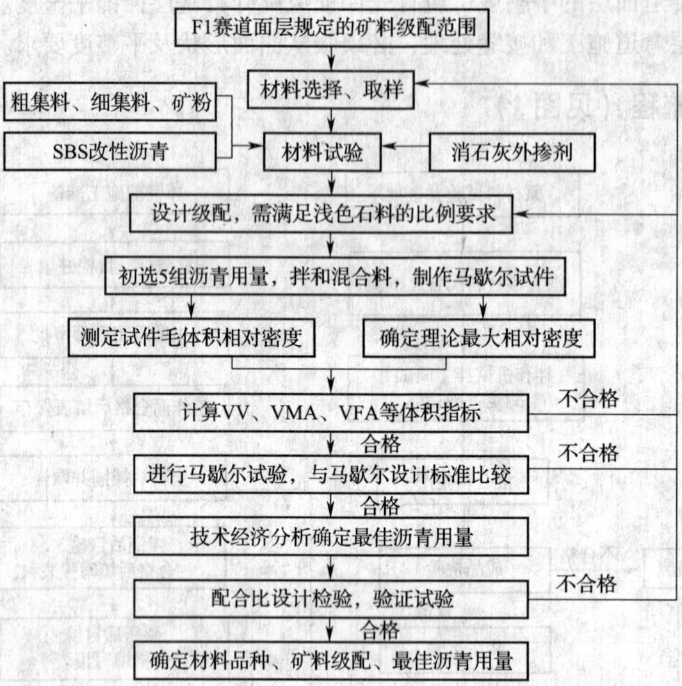

图 2　设计流程图

②为满足摊铺时沥青混合料的温度要求，应控制运输车辆的单程运距。

2. 赛道面层施工

（1）测量放样。

①在常规测量的基础上提高一个等级，实施精密测量放样。

②用于控制摊铺机摊铺线型和高程的测量放样方法如图 3 所示。

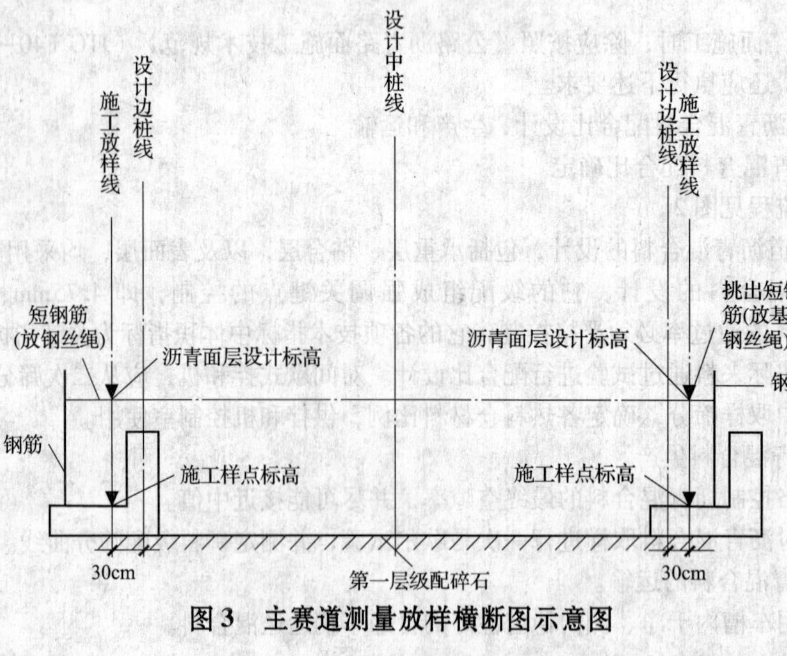

图 3　主赛道测量放样横断图示意图

③每层摊铺前，必须对全路段前一层进行标高及平整度的复核测量。若发现有超标部位及时进行整改。

④用网格布点法加密施工用放样点。直线段每隔 5m 设置一点，变坡段每隔 2m 设置一点。路边线，拼幅线，弯道变坡段的坡度变化点以及宽度变化段的分幅线都必须设置施工用放样点。

（2）级配碎石基层施工。

①运到工地的混合料应及时摊铺，及时碾压，严禁堆放在施工现场。

②混合料摊铺以“宁高勿低，宁铲勿补”为原则，切忌薄层加铺，严禁用齿耙拉平。

③尽量减少纵、横向接缝。分层施工时，纵横接缝均错开，横缝错距大于等于 1m，纵缝错距大于等于 0.3m。

④摊铺时按现场检测的实际数据及时调整摊铺机的振捣频率，尽量提高压实效率；同时摊铺机两侧的找平仪有专人负责，仔细地按实地放样点对施工标高进行精密控制。

⑤摊铺弯道曲面横坡变化段时，摊铺机行进速度必须减缓，防止因摊铺速度过快引起两侧找平仪无法及时反应、无法精确控制标高及横坡。

⑥初压后用路拱板及 4m 直尺检查路拱和平整度，及时进行铲修整平；低凹处应翻松后修整，翻松深度不得小于 10cm。

（3）沥青混凝土摊铺及碾压。

①摊铺施工要点：

a. 摊铺机起步控制：在确定厚度后，用前一天结束段的标尺读数校正熨平板摊铺角度至最佳状态，并用硬木衬垫至施工厚度；摊铺起步速度控制在 2m/min，待正常后以 3～4m/min 速度向前均匀连续不断摊铺。

b. 摊铺过程中的控制。每台摊铺机配备专门人员用 4m 直尺进行平整度跟踪测量，并根据实测结果与机操人员及时沟通联系；机操人员应在最短的时间内将摊铺机和自动找平仪的各项操作参数调整至最佳状态。

c. 在拼幅段多台摊铺机联合施工时，摊铺机应成品字形排列，连续进行摊铺。摊铺时，纵向接缝搭接 10cm，前后间距保持 10m 左右。

d. 承重层、粘结层沥青混凝土摊铺时气温应确保在 10℃以上，面层沥青混凝土摊铺时气温必须控制在 15℃以上。遇到雨天或地面积水时，禁止摊铺。

②碾压施工要点：

a. 碾压用机遵循先轻后重原则，碾压顺序为先边后中，相邻碾压带重叠 1/3 轮宽，拼幅处则应在纵缝位置先行碾压。

b. 压路机碾压时温度、速度要求，按表 1 执行。

表 1　压路机碾压时温度速度要求

压路机类型	初　压		复　压		终　压	
	速度（km/h）	温度	速度（km/h）	温度	速度（km/h）	温度
振动式压路机	静压 1.5～2.0	160℃	振动 4～5	140℃	静压 2.0～3.0	100℃

注：改性沥青碾压温度相应提高 10～20℃。

c. 碾压期间，压路机在来回交替碾压过程中，前后停留的距离应相距 10m 以上，并应驶出压实起始线 3m 以外。

d. 在终压完成后，用同位素探测仪在施工路段进行无损压实度检测，根据检测数据判定施工质量，并作为下阶段施工的重要依据。

e. 在面层进行碾压时，严禁9t以上的重型压路机施工。

③连续弯道（或半径较小弯道）施工要点：

a. 摊铺前，根据设计图纸计算出弯道变化的起点位置及终点位置，并在实地画线标出。

b. 在横坡变化位置精确地计算出其变化的标高点，并换算成施工厚度，以方格网点在实地标出，同时每5m一个横断面在摊铺面上以线型直观地划出横坡的变化情况，直至横坡变化至标准状态。

c. 摊铺施工时，在一旁架设精密水准仪，进行严密的跟踪测量，随时纠错。摊铺时所有施工机械的行进速度要比正常路段慢，摊铺机两侧的自动找平仪操作员根据实地标出的线型、横坡变化情况以及施工厚度随时对仪器进行调整。

d. 对于小半径弯道，按大半径弯道施工工艺进行，然后重新定位，实地标出小弯道的正确线型和坐标，用切割机切除多余部分。

e. 碾压时，采用分轮压路机由边向中顺序碾压，对转弯半径较小的弯道内侧用具有差速调整机构的压路机进行碾压。

④纵、横向接缝的平整度、压实度控制及检测：

a. 横向接缝。赛道沥青磨耗层在摊铺临近结束时，摊铺机在离终点约1m处提起熨平板驶离现场，然后用人工整平后，进行碾压；待碾压完毕沥青混凝土未完全冷却前，用4m直尺沿横向位置进行多点密集检测，以检测点最小偏差值（平整值≤2mm）的位置作为横向接缝的切割点，拉线用切割机切除，在确保磨耗层厚度的情况下形成垂直接缝。

横向平接缝在下次摊铺施工前应进行清洁，待其干燥后，再涂刷粘层沥青，并用摊铺机的熨平板平压在横向接缝的断面上进行预热，待其接缝边口约50cm的沥青混凝土软化后，方可进行下一阶段的沥青摊铺（也可采用红外线路面养护设备进行此项工作）。

摊铺后的横向断面处在未碾压前有专人用4m直尺随时检测，并根据实际情况进行人工补料或挖除，使整个断面处于同一水平面，然后，用轻型压路机沿接缝的横向位置反复碾压直至平整、密实。

b. 纵向接缝。主赛道采用3台摊铺机呈“品”字形施工；施工结束后应停止在同一断面上；若其中一台出现材料剩余，余料也不再使用。在摊铺机连续施工过程中，如有纵向接缝出现松散、不密实情况，应有专人及时用热细料进行填补、刮平，并用小型压路机或手扶式压路机进行反复碾压，确保接缝处密实、不渗水。

六、材料

1. 面层粗骨料必须选用耐磨性能好、抗压强度高、洁净、无风化，颗粒形状接近立方体的闪长岩碎石，同时掺配>30%的浅色石料。

2. 粘合层、承重层粗骨料采用石灰石碎石。

3. 面层细集料采用闪长岩碎石，粘合层、承重层的细集料采用石灰石碎石。要求细集料洁净，无风化、无粘土、无杂质，自然级配好。

4. 各层所用填充料采用磨细石灰石粉。对每批进场石粉必须进行筛分，并对含水量、视密度、亲水系数、外观质量等进行检验。

5. 用作抗剥离剂的消石灰，应控制其纯度、细度、消解程度及Ca、Mg含量。

6. 面层用SBS改性沥青必须具备良好高温性能和低温性能，且具有高弹性恢复率、粘性、内聚力和抗剪切力。

7. 承重层和粘合层选用优质沥青。

七、设备和仪器（见表2）

表2 设备仪器一览表

机具名称	数量	备　注
履带式摊铺机	4台	同一型号具有熨平板伸缩功能，具有自动找平功能
双钢轮压路机	3台	自重为6.78t
双钢轮压路机	4台	自重为8.51t
双钢轮压路机	2台	自重为10.11t
双钢轮压路机	1台	自重为7.5t，随机配有锥轮切割装置及碎石撒布装置
双钢轮压路机	1台	自重为12.55t，随机配有碎石撒布装置
手扶式振动压路机	1台	用于弯道碾压及边口处理，自重1t
水车	2台	
0.5m^3铲车	1台	
乳化沥青喷洒车	2台	
铣刨机（宽度为1m）	1台	
加油车	1台	
沥青混凝土拌站	2台	需有相应的试验室及试验仪器
大型运输车	30辆	
4m长平整度直尺	3套	
核子密度仪	1台	
精密水准仪	2台	
全站仪	2台	

八、劳动力组织（见表3）

表3 劳动力组织

工　　种	人　　数	备　　注
摊铺机操作人员	12	每组3人，总共4组
压路机驾驶员	12	
其他机械操作和设备维修人员	8	
技术工人	25	
现场测量及质量检测小组人员	10	
技术管理人员	6	
工长	1	
总计	74	

九、质量要求

在表4～表13中未列的数据，应按照《公路沥青路面施工技术规范》（JTG F40—2004）相应要求执行。

1. 赛道表面（磨耗）层粗集料质量要求（见表4）。

表4　磨耗层粗集料质量要求

洛杉矶磨耗值	不大于（%）	30
吸水率	不大于（%）	0.5
石料磨光值 PVS	不小于（BPN）	60

2. 赛道表面（磨耗）层填充料质量要求（见表5）。

表5　磨耗层填充料质量要求

亲水系数	不大于	0.9
Rigden 空间含量		≤45

3. 赛道表面（磨耗）层细集料质量要求（见表6）。

表6　磨耗层细集料质量要求

磨光值 PVS	不小于（BPN）	56
吸水率	不大于（%）	0.5
配入比	不大于（%）	10
细砂 <0.075mm 的塑性指数	不大于（%）	4
<0.075mm 的含量	不大于（%）	15

4. 赛道表面（磨耗）层用 SBS 改性沥青技术要求（见表7）。

表7　磨耗层技术要求

针入度25℃，100g，5s（0.1mm）	小于	40
延度5℃，5cm/min（cm）	小于	20
软化点 $T_{R\&B}$（℃）	小于	75～85
Fraass 脆点（℃）	小于	－10
闪点（℃）	小于	200
弹性恢复25℃（%）	小于	70
RTFOT 后残留物		
质量损失（%）	大于	1.0
针入度比25℃（%）	小于	65
延度5℃（cm）	小于	15

5. 赛道沥青表面（磨耗）层混合料级配要求（见表8）。

表8 沥青表面磨耗层材料级配要求

标准方孔筛孔径（mm）	采用值	德国 Tilke 公司要求
19	—	100
16	100	—
13.2	95~100	—
12.5	—	95~100
9.5	70~88	70~80
4.75	48~68	50~60
2.36	36~53	30~40
1.18	24~41	—
0.6	18~30	—
0.3	12~22	10~20
0.15	8~16	—
0.75	4~8	4~7
建议沥青用量（%）	4.5~6.5	5.7~6.3

6. 原材料检验方法按 JTJ 058—2000 执行。

7. 沥青混合料试验方法按 JTJ 052—2000 执行，不相同技术指标见表9。

表9 沥青混合料的技术指标

试验项目	沥青混合料类型	技术要求
稳定度（kN）	粘合层和承重层 表面层	≥8.0 ≥8.0
沥青饱和度（%）	粘合层和承重层 表面层	75~80 75~80
残留稳定度（%）	粘合层和承重层 表面层	>75 >80
冻融劈裂强度比（%）	粘合层和承重层 表面层	≥75 ≥80
动稳定度（次/mm）	粘合层和承重层 表面层	≥1000 ≥3000

8．沥青混合料中各规格原材料的误差应符合表 10 要求。

表 10　沥青混合料中各种原材料规格的允许误差

项　　目	容许误差
沥青含量	±0.3%
筛选的颗粒大小不超过 4.75mm	±4%
筛选的颗粒大小 2.36mm 和 1.18mm 之间	±3.0%
筛选的颗粒大小为 0.60mm、0.3mm 及 0.15mm	±3%
掺配比	±1.5%
空隙率	±1V．–% 绝对值
空隙填充率	±4% 绝对值

9．沥青承重层、粘结层、磨耗层质量验收标准（见表 11 ~ 表 13）。

表 11　沥青承重层质量验收标准

序号	项目	技术标准	检测方法	试验频率
1	压实度	≥95%（中国）	钻芯取样法 以马歇尔为标准	每 200m 每车道一处
2	纵断高程	+10，–10mm	水准仪	直道 4 处/200m 弯道 1 处/5 ~ 10m
3	轴线偏位	15mm	全站仪	直道 4 处/200m 弯道 1 处/5 ~ 10m
4	宽度	+0，+20mm	以轴线为中心，用 钢尺量左右宽度	直道 4 处/200m 弯道 1 处/5 ~ 10m
5	横坡	±0.3%	水准仪	直道 4 处/200m 弯道 1 处/5 ~ 10m
6	平整度	平均值 6mm 极值 8mm	4m 直尺	每车道连续测量， 要求每尺搭接 2m
7	厚度	代表值 –5mm 极值 –10mm	钻芯取样法	每 200m 每车道一处

表 12　沥青粘结层质量验收标准

序号	项目	技术标准	检测方法	试验频率
1	压实度	≥95%（中国）	钻芯取样法 以马歇尔为标准	每 200m 每车道一处
2	纵断高程	+8，-8mm	水准仪	直道 4 处/200m 弯道 1 处/5~10m
3	轴线偏位	15mm	全站仪	直道 4 处/200m 弯道 1 处/5~10m
4	宽度	+0，+20mm	以轴线为中心，用钢尺量左右宽度	直道 4 处/200m 弯道 1 处/5~10m
5	横坡	±0.3%	水准仪	直道 4 处/200m 弯道 1 处/5~10m
6	平整度	平均值 4mm 极值 5mm	4m 直尺	每车道连续测量，要求每尺搭接 2m
7	厚度	代表值 -4mm 极值 -8mm	钻芯取样法	每 200m 每车道一处

表 13　沥青磨耗层质量验收标准

序号	项目	技术标准	检测方法	试验频率
1	压实度	≥98% （德国）	钻芯取样法 以德国马歇尔为标准	$1/1000m^2$
2	纵断高程	+5，-5mm	水准仪	直道 4 处/200m 弯道 1 处/5~10m
3	轴线偏位	10mm	全站仪	直道 4 处/200m 弯道 1 处/5~10m
4	宽度	0，+10mm	以轴线为中心，用钢尺量左右宽度	直道 4 处/200m 弯道 1 处/5~10m
5	横坡	±0.2%	水准仪	直道 4 处/200m 弯道 1 处/5~10m
6	平整度	平均值 2mm 极值 3mm		纵向每车道连续测量，要求每尺搭接 2m 横向每 20m 测一个断面（搭接测）
		σ（mm）≤0.8 IRI(m/km)≤1.5		全线每车道连续按 100 计算 IRI 或 σ
7	厚度	代表值 -5mm 极值 -10mm	钻芯取样法或无损检测法	$1/1000m^2$
8	抗滑（SRT）	≥65（25℃）	摆式仪或横向力系数车测定	每 200m 每车道 1 处或全线车测

十、效益分析

采用本工法中规定的沥青混合料配合比、摊铺和碾压方法做成的 F1 赛道，完全可以满足 F1 赛车的要求，从而节约了进口壳牌沥青和其他原材料的费用，降低了施工成本（每吨沥青可节约 1000 元）；提高了我国沥青混凝土摊铺的施工技术水平。

十一、工程实例

上海国际赛车场是世界上唯一一个在软土地基上建造的赛车场。赛车场主赛道长 5450m，宽度 14～25m，标准横坡 2.5%，最大横坡 12%～13%，最小转弯半径 2.75m，最大上坡坡度 3%，最大下坡坡度 8%，设计最高时速 350km/h，转弯时速 90km/h。赛道路面结构为 10cm 粗粒式 AC－30I 承重层，4cm 中粒式 AC－16I 粘结层，4cm SBS 改性 AC－13I 表层。采用本工法施工。

赛道于 2004 年 6 月 3 日通过国际汽联的验收，FIA 专家一致认为“上海”赛道是至今为止赛道建设最好，质量最高，施工难度最大的赛道。

F1 赛车场赛道软基处理综合技术系列工法

YJGF 41—2004

中铁四局集团有限公司

熊选爱　吴业宏　高传伟　张宏斌　王　瑛

上海国际赛车场位于上海嘉定安亭镇，它不同于一般线性道路，赛道工程是在大面积人工填筑的各种异形丘坡上修筑各型赛道。由主赛道、缓冲区、造型区组成，赛道路面最大高差达8m，造型区最大高差达12m。全长5.451km，宽13～20m，设计速度88～326km/h，路基填筑工期仅一年时间，工期紧迫。

上海国际赛车场场区位于长江三角洲，地貌为农田、河浜、鱼塘纵横交错。土层地质变化较大，在40m深度范围内地基土层主要由饱和粘性土、粉质淤泥土、粉性砂土组成。各土层组成及主要参数见表1。

表1　上海国际赛车场主要地层参数表

地层名称	层厚(m)	层底埋深(m)	含水量 W(%)	重度 γ (kN/m^3)	孔隙比 e_0	塑性指数 I_P	液性指数 I_L	粘聚力 c(kPa)	内摩擦角 ϕ	压缩系数 $a_{0.1\sim0.3}$ (MPa^{-1})	压缩模量 E_S(MPa)
②$_{-1}$粉质粘土	0.99	1.76	27.2	18.1	0.78	14.1	0.47	30	21.0	0.29	6.10
②$_{-2a}$粉质粘土	0.73	2.73	33.7	18.4	0.92	13.7	0.89	23	22.0	0.40	4.83
②$_{-2b}$粘质粉土	0.53	2.79	30.8	18.6	0.86			7	32.0	0.25	7.08
②$_{-3}$砂质粉土	3.25	6.11	28.3	18.9	0.80			5	36.5	0.15	11.80
④淤泥质粘土	2.6	7.72	48.5	16.9	1.36	17.9	1.46	10	11.5	0.97	2.36
⑤$_{-1a}$粘土	14.74	22.77	37.7	17.8	1.07	17.1	0.96	16	13.0	0.62	3.32
⑤$_{-1b}$粉质粘土	6.95	31.55	34.2	18.0	0.99	14.4	0.89	18	20.0	0.42	4.76

由表1可见本场地内最软弱的土层为④层（灰色淤泥质粘土）和⑤$_{-1a}$层（灰色粘土），均属高压缩性土层，高压缩层8.19m，是典型的软土地基。

根据赛道建设工期短、路面对沉降控制的要求高的特点，设计方案在综合分析了上海软基处理的各类建设经验后，采用沉降控制复合桩、轻质填料、堆载预压等综合性软基处理控制技术，以达到控制地基不均匀沉降的目的。赛车场赛道地基处理主要技术措施见表2。

表2　地基处理主要措施简表

赛道填筑高度（m）	主要技术措施	备　注
>4	打入方桩（桩长25m）+二灰+EPS块	表层植被部分素土填筑
2～4	打入方桩（桩长9～25m）+二灰	表层植被部分素土填筑
<2	堆载预压+二灰	卸载后做二灰或石灰土路基填筑

在F1赛车场赛道路基施工中，精心组织，科学施工，总结出沉降控制复合桩施工工法、大规模EPS块构筑路基施工工法、大面积二灰/石灰土路拌法施工工艺改进施工工法，三个工法分述如下。

一、沉降控制复合桩施工工法

沉降控制复合桩地基是一种新的思路（也称为桩网结构），由于桩顶设置了桩帽板，桩帽板以上的路基荷载（包括动载）可视为由桩来承担，桩帽板以下的路基填料荷载由软基来直接承担，因此可控制整个路基的沉降量。

在F1赛车场，依据设计说明和设计图纸，沉降控制复合桩按照正方形布置，边长为3m。在每个沉降控制复合桩上施工一个倒杯形桩帽板，其尺寸有三种形式：对应桩长25、23、21m的桩帽板为1.75m×1.75m×0.2m；对应桩长19、17、15m的桩帽板为1.50m×1.50m×0.2m；对应桩长12.5、10、8m的桩帽板为1.25m×1.25m×0.2m。沉降控制复合桩桩长大于等于15m时可接桩。

1. 工法特点

（1）施工方法简单，施工质量易于控制。

（2）快速提高了地基的承载力，路基施工及堆载预压速度快。

（3）通过调整桩长，克服不同填高的荷载而引起的差异沉降。

（4）准确有效地控制施工后沉降量。

2. 适用范围

本工法既适用于对沉降控制要求较高的赛车场和试车场的赛道软土路基工程，又适用于公路、铁路软土路基施工。

3. 工艺原理

在F1赛车场，桩顶设置了钢筋混凝土桩帽板，扩大了支承面积，使路基荷载绝大部分得以作用在桩体上，并按照容许沉降量确定桩数。桩帽板除承担荷载外，还可避免桩穿透其上结构层，并对桩基的整体稳定提供必要的保证。桩按摩擦桩设计，持力层为粉质粘土。

4. 工艺流程及操作要点

（1）工艺流程。

平整原地面，铺砂砾石层0.3m ⟶铺土工布一层⟶铺石灰土约0.3m ⟶铺砂砾石至桩顶标高⟶打入预制0.25m×0.25m方桩，桩距3m×3m正方形布设⟶清理桩顶，整体灌筑钢筋混凝土倒杯形桩帽板⟶继续填砂砾石至桩帽板顶面标高⟶铺二灰至路基面标高（当路基填高2~4m时）或铺1.2m厚（当路基填高>4m时）⟶铺设EPS块（当路基填高>4m时）⟶铺路基基层素土或二灰2m（当路基填高>4m时）。

（2）操作要点。

①桩的预制桩在预制场集中预制，桩的预制严格按《建筑桩基技术规范》（JGJ 94—94）和《混凝土结构工程施工及验收标准》（GB 50204—92）控制桩的制作质量。预制后的桩要加强养生至28d。

②粘土层、砾石层的施工。为了打设沉降控制复合桩，需要在原地面上建造一个稳固的地基表面层，此稳固的地基表面层由盲沟、砾石层、30cm的粘土层和30cm的级配碎石层组成。

a. 整个打桩区清表完成后，按照设计图纸，施工盲沟、砾石层，盲沟、砾石层的主要作用是排水固结。施工时严格按照规范进行施工。

b. 粘土层的施工采用18t 自卸汽车运输，推土机摊铺，平地机整平，宝马压路机压实。施工前，先检查填料的含水量，含水量在最佳含水量 ±2% 内的粘土及时碾压至规定要求。施工中先在砾石层上用石灰画出 5m ×5m 的方格网，均匀卸料，以便控制填土层的厚度；粘土层表面形成 1% ~2% 的两侧排水人字坡，以保证施工期间场地水能顺利排到场外水沟中。

c. 砾石层的施工，沉降复合控制桩为平衡打桩区与非打桩区对地基的荷载，两桩之间填筑砾石。将采购的砾石料直接运输至施工现场进行填筑，砾石料选用符合级配要求的砾石，先在粘土层上用石灰画出 5m ×5m 的方格网，均匀卸料，以便控制碎石层的厚度。施工过程中采用推土机摊铺，人工配合整平，压路机碾压。为了达到承重的效果，碾压必须达到 2. 15t/m^3（相当于重型击实 96%）以上。检测采用灌砂法检测。填筑的砾石荷载直接作用于地基，而桩帽板以上荷载通过桩身传递至地基深层，这种设计将打桩区与非打桩区对地基面层的荷载进行了平衡，有效地避免了不均匀沉降。

③沉桩施工。

a. 试桩。沉桩施工前，首先在施工场地附近进行试桩试验，以检验机械性能、各施工工序的衔接以及地质情况是否与设计相符等，确定沉桩锤击数、锤击时间、落距及最后贯入度等施工参数。

b. 沉桩顺序。沉桩应自中间向两个方向或向四周对称施打；根据基础的设计标高，宜先深后浅；根据桩的规格，先长后短。

沉桩施工流程：测量放样──→试桩──→桩机就位──→预制桩到位──→桩的起吊就位──→桩的校正──→打入第一截桩──→桩的节点处理──→打入第二截桩──→成桩检验。

c. 桩的节点处理。上下两截桩之间采用焊接法接桩，焊缝在自然条件下冷却 10 分钟以上继续沉桩。因为 F1 赛车场的沉降控制复合桩系摩擦桩，所以接桩的时间不宜太长，否则阻力大增，难以继续沉桩。在实际施工中，在焊缝自然冷却后，立即开始继续施打。

d. 沉桩记录。沉桩过程中设专人记录，准确记录桩号、施工日期、每米锤击数、锤击时间、落距、桩顶标高、偏差及最后贯入度等资料。沉桩施工的质量标准见表 3。

表 3　沉桩施工质量标准

序号	实测项目	技术标准	检测方法
1	平面位置	≤$d/2$（桩边长）	全站仪
2	贯入度	满足设计值	查施工记录
3	根数	不少于设计值	
4	垂直度	1%	全站仪
5	桩顶标高	±50mm	水准仪

④桩帽板施工。清理桩顶，整体灌筑钢筋混凝土倒杯形桩帽板。每个桩帽板上用红笔标注施工日期和编号，施工好的桩帽板标注在总平面图上，以有效地控制了施工进度和施工顺序，并保证满足 28d 养护期后才可以填筑上层填料。在填筑上层填料第一、二层（每层为 25cm 厚二灰）时采用轻型压实设备进行压实，在桩帽板之间的 1. 25m 区域采用小型压路机进行压实并且人工夯实边角地带。在桩帽板上第一层厚 25cm 的二灰石灰掺量选择 8%，以

提高二灰的强度，起到保护桩帽板的作用。

⑤沉降观测。为了有效控制施工后沉降量，适时指导施工。在全场设置了地表沉降观测点，观测桩分为水平位移观测和垂直沉降观测，水平位移观测点设置在填筑区坡脚处，采用自制混凝土短桩（ϕ20×50cm，埋深0.5m），中间垂直插入ϕ10×150mm的不锈钢钉，钢钉顶部刻十字线。垂直沉降观测点采用沉降板方式，设置在砂垫层底面。

观测点设置完成后，立即进行零位测量，施工期间视填筑高度和沉降速率采用相应的观测频率，在沉降量或沉降速率急剧增大的情况下，应加强观测。平均每个月测两次，前期频率较大，每星期测一次。

5. 材料

本工法使用的主要材料如钢筋、水泥、碎石都是常规材料，没有特殊要求。

6. 主要机具设备（见表4）

表4　主要机械设备配备表

序号	机械名称	单位	数量	规格	备　注
1	桩机	台	20	柴油锤重2t	
2	吊车	台	20	QY16、QY25	
3	发电机	台	10	50kW或75kW	
4	推土机	台	2	PD140S	
5	平地机	台	1	GD750A	
6	压路机	台	1	18t YZ18	
7	灰土拌和机	台	1	WBZ21	
8	混凝土搅拌机	套	4	JZS350	
9	自卸汽车	台	6	18t	

7. 劳动力组织及安全措施

（1）劳动力安排见表5。

表5　劳动力配备表

序号	工种名称	人数	备　注
1	司机	40	吊装桩使之就位；打桩
2	测量工	10	测量放样及监测工作
3	领工员	4	落实各项施工安排，指挥机械施工
4	电焊工	4	钢筋的焊接
5	钢筋工	4	钢筋的下料、绑扎
6	电工	2	保证施工过程中的用电正常
7	普工	30	受过一定培训
合计		94	

（2）安全措施。

①严格执行上海建设工程《安全技术管理手册》，施工用电按有关规定实施，杜绝任意拉接电线；电线不准随便拖地；夜间施工应有足够的照明，进入施工现场必须配戴安全帽，严禁穿拖鞋进入施工现场。

②沉桩施工，沉桩机进行沉桩时严禁进行任何维修检查工作。六级及六级以上风力天气时应停止沉桩，并采取加固桩架和制动走行轮措施。雷雨天气时，严禁工作人员在桩架上或其附近站立。预制桩起吊作业前必须检查制动器、吊钩、钢丝绳和安全防护装置是否完好，严禁机械带病作业；起吊时需有专人指挥，吊机下严禁站人，地面配合人员要集中注意力。

8. 质量控制

按《上海市政工程施工及验收技术规程》、《上海国际赛车场赛道工程施工及质量验收技术规程》和《上海市国际赛车场赛道土方工程施工质量验收标准》执行。

（1）预制桩质量控制。

预制桩的外观质量要求：表面平整、密实、掉角深度不超过10mm，局部蜂窝和掉角的缺损面积不超过全部桩表面积的0.5%，并不得过分集中。桩顶桩尖处不得有蜂窝、麻面、裂缝或掉角。混凝土的收缩裂缝，深度不得大于20mm，宽度不得大于0.15mm，横向裂缝长度不得超过边长的1/2。

（2）沉桩质量控制。

为了保证如此大面积的施工过程中的精度，在打桩区建立了一个沉桩平面控制网，在沉降控制复合桩排列的纵横方向每10排设置一条控制轴线，此轴线采用Leica1102A全站仪进行精确定位。

（3）桩帽板质量控制。

桩帽板施工质量标准见表6。

表6　桩帽板施工质量标准

序号	检测项目	允许偏差（mm）	备　注
1	混凝土强度	在合格标准内	JTJ 071—98
2	桩顶标高	±20	20%
3	尺寸	±30	20%
4	轴线偏位	15	20%

9. 效益分析

在F1赛车场中，采用本工法施工沉降控制复合桩综合单价为1102.43元/m^3，而PHC管桩综合单价为2418.97元/m^3，仅就2区来说节约成本近2400万元。同时沉降控制复合桩又不同于一般公路工程中施工的粉喷桩及水泥搅拌桩等地基加固的施工方法，在施工质量和施工效率上优于上述施工方法。粉喷桩及水泥搅拌桩从价格上来说相对于沉降控制复合桩较为便宜，但其工艺相对较为复杂、耗时较长，而沉降控制复合桩可提前在预制厂大批量进行预制，因此节约了大量宝贵时间。目前沉降控制复合桩的检测方法相对于粉喷桩及水泥搅拌桩的检测方法来说较为成熟，施工质量易于控制。

10. 工程实例

我公司承担的F1赛车场路基工程中，2002年10月开工，2004年6月竣工。设计要求路面标高大于6m的赛道地基采用打设沉降控制复合桩方法处理，相对而言，这些区域赛道地基上的附加荷载相对较大，采用沉降控制复合桩方法能将大部分附加荷载越过浅部高压缩性软土层直接传递到深部压缩性较低的中等压缩性土层中，既能减少赛道地基总沉降使沉降较为均匀，又能使其沉降收敛较快减少工后沉降量。在本工程中沉降控制复合桩共17982m^3，打桩面积共19万m^2，50d完成。高应变、低应变的检测结果为桩身结果全部合格，I类桩（无缺陷的完整桩）占80%，II类桩（有轻度缺陷，但基本不影响原设计桩身结构强度）占20%，单桩极限承载力在880～1200kN。经检验，3个月后已基本完成了固结沉降，满足工后沉降设计要求。

二、大规模EPS块构筑路基施工工法

EPS块，由一种封闭组织性膨胀聚苯乙烯（Expanded PolyStyrene）材料所制成，它具有很小的容重（0.2kN/m^3）和适用于土方工程所必须具有的足够强度，通常其抗压强度为110～160kPa，抗弯强度为2.2 kPa。使用EPS块构筑软土路基时既可以取代填土石路基的所有功能，又因其自重极轻，能够有效地减少软土地基的沉降量。迄今为止EPS块在建筑业中的应用从未导致对环境的影响和对健康的危害。

为减少F1赛车场软土地基施工后沉降，在高填区域采用数量达35万m^3的EPS块构筑，这么大规模的EPS块构筑不仅在国内，在世界范围内都很罕见。

在F1赛车场大规模的EPS块施工过程中，通过对该项目施工工艺的研究和质量检验、验收标准的完善，总结形成了本工法。

1. 工法特点

（1）EPS块具有低容重及其很好的物理性能能够满足路基构筑物所需的强度，并大大减少软基沉降量的要求。

（2）运输方便、堆砌速度快、有助于缩短施工工期。

（3）环境污染小。

2. 适用范围

本工法主要适用F1赛车场、试车场软土地基赛道路基施工，同时也适用铁路、公路软土地基上路基填筑或地基换填及修复滑坡、加高现有路堤。

3. 工艺原理

路堤是支承路面的赛道结构重要组成部分，应具有足够的强度和刚度，用EPS块填筑的路堤高度是随路面标高变化而变化。软土地区大量工程实践证实，减少作用在软土地基上附加荷载并使其分布比较均匀，是减少地基的不均匀沉降简单而有效的方法，因此为了减少作用在地基上的附加荷载并使其尽可能均匀，根据国内外工程经验和材料供应可能性，本赛道路堤填筑原则上采用二灰（即粉煤灰加6%石灰）和EPS块二种材料为主，其中二灰与素土相比具有自重较轻（其密度约为素土的2/3）、强度较高和整体性较好的特点，而EPS块则是一种能满足基层结构力学性能要求的较理想的轻质填筑材料（其重度仅为素土的1/100左右），通过这两种材料不同层厚的组配，在满足路堤高度要求的前提下，使作用在地基上总的附加荷载均控制在设计范围以内，达到减少和均匀调平作用在赛道地基上附加荷载的目的。

4. 工艺流程及操作要点

(1) 工艺流程。

开挖砾石盲沟——→测设第一层施工控制线——→铺设5cm砂垫层并找平——→铺设第一层EPS块——→打入ϕ10圆钢销钉——→测设第二层施工控制线——→铺设第二层EPS块——→采用爪形扣件牢固连接——→施工以上各层EPS块——→在EPS块表层铺设一层土工布——→在土工布上填筑30cm砂子——→填筑二灰——→铺设路面层

(2) 操作要点。

①基面砂垫层铺设。在EPS块的下承层上，首先每隔30m设一条30cm×30cm小盲沟，盲沟内采用土工布包裹砾石，利于施工期的排水；然后摊铺5cm中粗砂垫层，起到整平和排水作用。铺设垫层时，从路基横断面两侧向中间摊铺。先用小推车将砂运到工作面，每3m设置一个砂垫层高程控制点，然后用刮板沿高程控制点刮平、压实。做到表面平整，高程允许误差±2mm。垫层宽度大于整个EPS块施工范围0.5~1.0m。

②控制点的测量放样。根据设计图，采用全站仪将EPS块的内外缘线顶点准确放线，内外缘线顶点的连线上每10列作一条控制点，作为控制EPS块的基线。

③EPS块体铺设：

a. EPS块施工前必须对下承层和EPS块进行验收。

b. EPS块严格按照设计要求进行铺筑，块与块之间必须密贴无间隙并错缝铺筑，块与块之间的接缝错开至少0.5m。

c. EPS异型块的切割均在工地现场进行。

d. EPS块之间的连接采用爪形销钉，EPS块与下承层之间的固定按照设计要求施工。

e. EPS块体铺设在下承层上，下承层在施工时保持干燥状态。EPS块体铺设时，严禁施工机械直接在块体上行驶。

f. EPS块体自下而上逐层错缝铺设。整体铺设质量很大程度取决于施工基面和最下层的铺设精度。

g. EPS块体之间的联结：为防止EPS块件之间的错位，EPS块体各层之间采用具有一定强度的双面爪型联结件，在顶面及侧面设置具有一定强度的单面爪型联结件见图1。爪钉经过防锈处理。在最下层EPS块体与下承层和土基之间采用L型或I型金属销钉联结，为了保证固定效果，销钉插入基底深度应大于20cm。

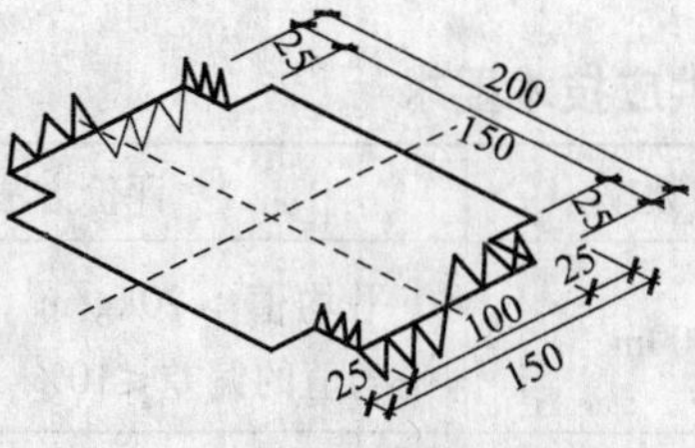

(a) 双面爪

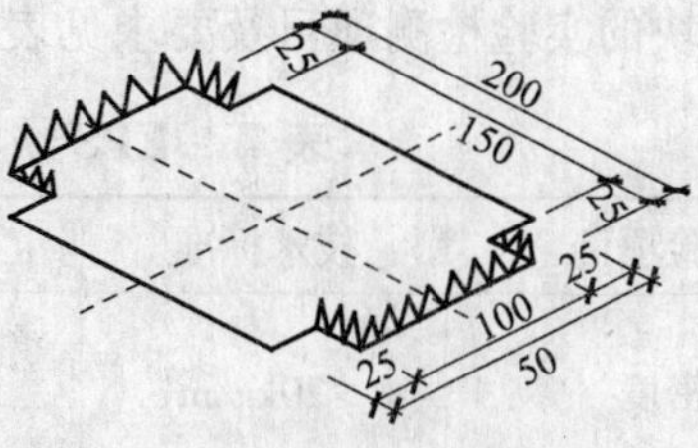

(b) 单面爪

图1　双面爪与单面爪剖面图

④不同EPS块体的搭接。在大规模EPS块构筑过程中，因EPS块用量很大，当出现多家厂商供货规格不一致时，采用以下措施解决不同规格EPS块搭接问题：如图2所示，例

如编号03a的EPS块比编号04高12mm，则在03a与04搭接时每层都有一个累计厚度的空隙，第一层高12mm，第二层高24mm，依此类推，采用由03a向04块延伸的方法，每层之间的空隙用中粗砂作为垫层进行找平。

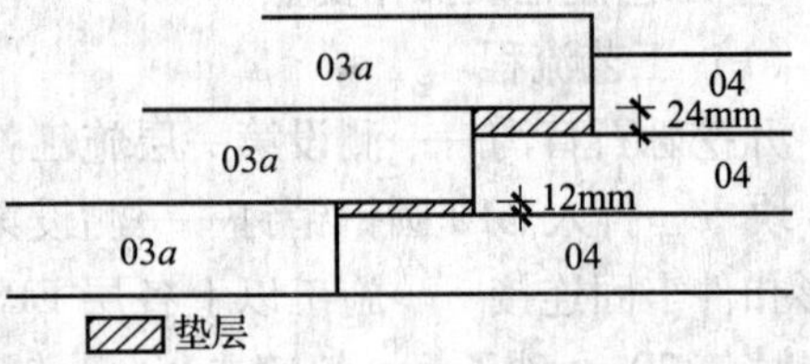

图2　不同EPS块错台处理方式断面图

⑤累计铺设误差的处理。在大规模EPS块构筑过程中，EPS块的实际铺设方向线与设计的EPS块基线有偏差，同时由于施工缝和块体本身的误差，实际EPS块宽度方向铺设与设计可能会产生较大的累计误差，当出现此情况时，采取以下施工措施：

a. 出现的偏位可以累计到最外侧，通过在最外侧倒数第二列设置一列调整块进行调整，通过实测偏位切割出调整块。

b. 在外侧轮廓线的少量超出部分可以不用切割，允许轮廓线的超出部分不大于50cm。内侧轮廓线要吻合。

⑥EPS块顶面上铺土工布和覆盖砂。

在最上面一层EPS块体的顶面，覆盖一层土工布及30cm中粗砂。

在覆盖中粗砂之前在EPS块上铺设一层土工布（重量≥200g/m^2）。搭接宽度大于35cm。土工布采用“U”型钉固定，“U”型间距为50cm，EPS块两边各预留1m宽的土工布。

EPS块体路基与填土接触的地方，中粗砂覆盖层伸出EPS块体外沿1m～2m。摊铺的砂子采用装载机和挖掘机将材料轻放至土工布上，人工将黄砂按照设计要求摊铺均匀。

5. 材料

本工法使用了新型材料EPS块，EPS块体材料的各项性能必须符合设计要求。

（1）EPS块外观为白色，外形平整、不允许有开裂、无膨胀和收缩变形，溶结良好，颗粒与颗粒之间溶结无间隙，不允许有脱粒和油渍、杂质。每块EPS块有明显标签，注明厂名、生产日期、密度，各厂标签用不同颜色区分。

（2）本工程使用的EPS块必须采用阻燃性EPS原料，其判定标准是块体应具有燃烧的自灭性，离开火源后3s内自行熄灭。

（3）储存要求EPS块原则要求存放于库房内，当在室外堆放时必须采用有效的防雨、防风、防火、防紫外线、防油污措施，以防EPS块质量受损。

（4）EPS块的实验检测项目及要求见表7。

表7　EPS块材料供应技术要求

序号	实验项目	技术标准	检测频率	评价方法
1	密度	>20kg/m^3	1/3000m^3	平均值>20kg/m^3，且单点值与平均值的偏差≤10%
2	10%变形时的压应力	110～160kN/m^2	1/3000m^3	平均值=110～160kN/m^2，且单点值与平均值的偏差≤10%
3	抗弯强度	≥220kN/m^2	1/1000m^3	平均值≥220kN/m^2，且单点值与平均值的偏差≤10%

续表 7

序号	实验项目	技术标准	检测频率	评价方法
4	吸水性（7d）	≤4%	1/1000m^3	单点≤4%
5	几何尺寸	±0.5%	随时 至少 1/500m^3	每块的长宽高偏差≤ ±0.5%
6	垂直度	≤3mm/0.5m	随时 至少 1/500m^3	每块垂直度偏差≤3mm/0.5m
7	平整度	≤5mm/3m	随时 至少 1/500m^3	每块平整度≤5mm/3m
8	燃烧自灭性	≤3s 自灭	1/5000m^3	每块

6．机具设备（见表 8）

本工程的实施主要是人工操作。在施工和运输中应用铁耙式专用工具，4 个人抬着运输；在上下层运输，用铝合金板自做滑梯，避免了 EPS 块之间直接摩擦，也使用长臂吊车配合人工吊装就位。

表 8　主要机械设备配备表

序号	机械名称	单位	数量	规格	备注
1	滑梯	台	10		自做
2	吊车	台	10	QY16	

7．劳动力组织及安全措施

（1）劳动力配备见表 9。

表 9　劳动力配备表

序号	人员安排	人数	备　注
1	测量工	3	测量放样及监测工作
2	领工员	4	落实各项施工安排，指挥机械施工
3	技术工人	8	负责现场施工
4	司机	10	持证上岗
5	安全员	1	受过专业培训，持证上岗
6	普工	1～15	受过一定培训

（2）安全措施。

①严格执行有关安全生产制度和安全技术操作规程，认真做好安全技术交底，对安全关键部位进行经常性的安全检查，及时排除安全因素，确保安全施工。

②EPS 块施工及储存严禁明火。

8．质量控制

（1）建立可靠的质量保证体系，编制详细的操作工艺图并贯彻实施于工程的全过程，层层把关，确保质量。执行《上海国际赛车场赛道工程施工及质量验收技术规程》和《上海市国际赛车场赛道土方工程施工质量验收标准》。

（2）质量控制要点。

①长距离铺设的精度。首先采用全站仪精确放样，每隔10m定一个控制点，每个控制点都打入1m的钢筋，施工时像摊铺沥青样挂上钢丝线，由技术人员将标高引至每个点位后用钢丝线控制铺设的方向和高程。

②块体尺寸和施工缝的误差。在施工过程中EPS块存在一定的收缩性，经过测量EPS块在场内堆放3周后会收缩6~10mm。因此对每批的进场尺寸和3周后尺寸都进行抽检方可后使用，从而有效地控制了块体尺寸误差对施工精度的干扰。

在长度方向上的误差可以在一列里累计到最后一块，通过切割出一个短块来完成一列的施工（切割采用电热丝，控制采用角钢制作的靠尺），以减少施工缝误差。

9. 效益分析

在上海国际赛车场建设中，EPS块密度仅为20kg/m^3，填筑后通过观测发现其沉降值相对于其他普通填料而言，沉降值大幅减小，达到有效控制沉降的要求。

在EPS块施工中，施工工序简单，使用较少的施工设备，加快了施工速度，达到降低造价的目的。

10. 工程实例

2002年我公司施工的上海国际赛车场工程2区工程，位于赛车场东北部，占地43.41万平方米，包括赛道区、缓冲区、造型区及绿化区，2002年10月开工，2004年6月竣工。EPS块构筑位于曲线段，曲线半径为150m，长度1941m，宽66m。铺设EPS块，共分7层，外侧采用素土包边，内侧采用二灰包边，铺设EPS块8500m^3，共40d完成，验收时，工程合格率100%。由于采用上述施工工艺进行施工，保证了工程质量，缩短了总工期。

三、大面积二灰/石灰土路拌法施工工艺改进施工工法

上海F1国际赛车场的工期十分紧迫，工程量巨大，质量要求高。其中二灰和石灰土的用量非常大，现有的石灰土、二灰施工工艺无法同时满足现场对产量与质量的要求，需对现有的施工工艺进行改进。通过调研和工艺对比分析，确定引进国外先进路拌法生产设备，改进现有的路拌法施工工艺，并采用小平板载荷仪对压实质量进行检测。在施工过程中通过不断改进和完善现有的施工路拌法施工工艺，形成本工法。

1. 工法特点

（1）石灰撒布车、宝马路拌机（MPH122）及宝马压路机（BW 219DH—3）的联合使用，工效高，速度快，施工质量好。

（2）石灰撒布车的应用，填补了国内路拌法施工石灰撒布量均匀性无法控制的空白，成功克服了人工布灰操作难、均匀性差、可控性低的不足。

（3）用宝马路拌机（MPH122）拌和3遍后，石灰土的最大颗粒径不大于15mm，比国产路拌及场拌破碎设备破碎性能好，达到了高速铁路相关规定对场拌法施工最大颗粒径的要求。

（4）宝马压路机（BW 219DH—3）的应用，实现了在压实过程中，根据压路机自动反馈的压实效果，及时调整行驶速度和振动频率，从而极大地提高了施工质量的合格率和工效。

2. 适用范围

本工法适用于利用二灰/石灰土进行改良土路拌法施工的路堤填筑。

3. 工艺原理

使用先进路拌法生产设备，直接将填料运至需要填筑处，将其均匀摊铺，再均匀地撒布石灰然后用路拌机直接在其上进行拌和，拌和均匀后进行平整、压实并采用小平板载荷仪对压实质量进行检测路基施工方法。

4. 工艺流程及操作要点

（1）施工工艺流程图见图3。

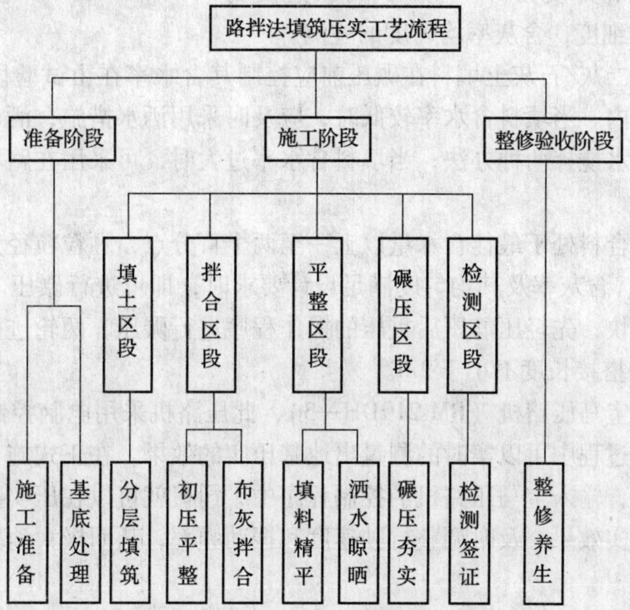

图3　路拌法施工工艺流程图

（2）操作要点。

按照施工互不干扰的原则，划分作业区段，区段长度控制在100～200m之间。

①施工准备。在施工准备中，除了要做一些常规的准备外，还要做好石灰加工储存及粉煤灰储备的准备工作，做好相应环境保护。如果是用熟石灰改良素土，应选择一避风近水的场所进行石灰的消解、过筛，并把消解残余物集中堆放，及时清除，做好相应的环境保护工作。

②基底处理。填筑前应清除基底表层植被，挖除树根，翻挖回填压实质量应符合设计要求，基底应平整、密实。

③分层填筑。按横断面全宽纵向水平分层填筑压实方法，填筑的松铺厚度由试验段确定。采用自卸车运土，应根据车容量和松铺厚度计算堆土间距，以便平整时控制厚度的均匀。为保证边坡的压实质量，一般填筑时路基两侧宜各加宽50cm左右。

④摊铺平整。填料摊铺平整使用推土机进行初平，然后用BW 219DH—3压路机进行静压或弱振一遍，以暴露出潜在的不平整，再用平地机进行平整，确保作业面无局部凹凸。

⑤布灰。当素土平整好后，用石灰撒布车进行布灰作业。撒布车一次装10吨灰，经实测每30分钟可以完成一次装灰至撒布的全过程。在施工时，当工作面初压整平后，可直接进入撒布石灰作业。撒布车利用气泵把装在上部灰罐中的磨细石灰泵入漏斗，通过漏斗落入输送皮带，再由撒布车尾部的橡胶撒布口（宽2.5m）撒布石灰，石灰撒布量由车辆自动控制系统调节车速和皮带轮转速来确定。施工掺灰比需比设计掺灰高出一个百分点，布灰时由一侧布向另一侧，纵向无需搭接。

⑥拌和。当石灰布好后，在直线平面、曲线斜面上用宝马路拌机进行拌和，并根据地形或需要实时调整路拌机各轮的高度，使路拌机的拌和转子轴始终与地面平行，保证拌和深度均匀。路拌机的拌和深度为0~40cm，行驶速度为1.5~12km/h。轮迹搭接宽度不小于30cm。注意对颗粒细度，含灰率均匀度的检测。

⑦洒水晾晒。二灰/石灰土填料在碾压前应控制其含水率在由试验段压实工艺确定的施工允许含水率范围内。当填料含水率较低时，应及时采用洒水措施，洒水可采用取土场内洒水闷湿和路堤内洒水搅拌两种办法；当填料含水率过大时，可采用在路堤上晾晒和增加拌和遍数的办法。

⑧碾压。当混合料处于最佳含水量以上一至两个百分点，颗粒粒径大于5mm小于15mm的含量不超过5%，含灰率及其均匀度满足设计要求时，即可进行碾压。压实顺序应按先两侧后中间，先慢后快，先轻压静压后重压的操作程序进行碾压，两轮迹搭接宽度一般不小于40cm。两区段纵向搭接长度不小于2m。

碾压设备采用宝马压路机（BM 219DH—3），此压路机采用电脑控制，其内部设有测试反馈装置，在行驶过程中可以实时的测量出地基压实的效果。在正式施工时，可通过把试验段确定的施工参数，输入宝马压路机的控制程序中，司机就可以在压实过程中，通过内置的电脑屏幕了解到压实效果，及时调整行驶速度和振动频率，从而极大地提高了施工质量合格率和工效。

⑨检验签证。路基填土压实的质量检验应随分层填筑碾压施工分层检验。含灰率检测采用EDTA，压实度采用环刀法进行检测；强度和变形由小平板荷载仪进行检测，由该小平板荷载仪求算出压力沉降曲线，并借助于该曲线计算出变形模量E_{v1}和E_{v2}以及压实程度E_{v1}/E_{v2}的值。

⑩整修养生。路基成形，达到规范要求的，在下层完成经检验质量合格后，若不能立即铺筑上层的或暴露于表层的二灰/石灰土必须保湿养生，养生可采用洒水或用草袋覆盖养的方法，养生期一般不少于7d。

5. 材料

（1）粉煤灰质量控制标准见表10。

表10　粉煤灰质量控制标准

序号	实验项目	技术指标	检测频率	检测方法
1	颗粒粒径	满足设计要求	2次/2000m³	筛分法
2	液塑限	满足设计要求	2次/2000m³	液塑限仪
3	烧失量	≤12%	2次/2000m³	

（2）石灰质量控制标准见表11。

表11　石灰质量质量控制标准

序号	实验项目	技术指标	检测频率	检测方法
1	CaO，MgO 含量	Ⅲ级石灰以上	1次/每批进料或150t	

（3）素土质量控制标准见表12。

表12　素土质量控制标准

序号	实验项目	技术指标	检测频率	检测方法
1	颗粒粒径	满足设计要求	2次/2000m^3	筛分法
2	液塑限	塑限指数10~20	2次/2000m^3	液塑限仪
3	有机物含量	≤5%	1次/每批进料	

（4）石灰土含灰率控制标准见表13。

表13　颗粒粒径、含灰率质量控制标准

序号	实验项目	技术指标	检测频率	检测方法
1	颗粒粒径	满足设计要求	2次/2000m^3	筛分法
2	含灰率	-0.5%~+1%	2次/2000m^3	钙离子直读仪

6. 机具设备

主要机械设备见表14。

表14　主要机械设备表

序号	机械名称	规格	用途	备　注
1	推土机	120HP	推粉煤灰及二灰	
2	挖掘机	1~1.6m^3	挖粉煤灰及二灰	
3	装载机	3m^3	装二灰	
4	平地机	GD750A	整平	
5	宝马压路机	18t BW 219DH—3	压实	自动调节频率及激振力不从心
6	自卸汽车	18t	运料	
7	石灰撒布车		洒石灰	自动计量系统
8	宝马路拌机	MPH122	拌和二灰	可调拌和深度及弧度
9	洒水车		养护	
10	钙离子直读仪		石灰土中石灰含量检测	
11	水平载荷仪		EV_2 和 EV_2/EV_1	

7. 劳动力组织及安全措施

（1）劳动力安排见表15。

表 15　劳动力安排

序号	人员安排	人数	备　注
1	总指挥	1	负责施工组织，协调指挥
2	技术负责人	1	现场技术指导
3	测量工	3	测量放样及监测工作
4	领工员	1	落实各项施工安排，指挥机械施工
5	技术工人	4	负责现场施工
6	司机	4	持证上岗
7	电工	1	负责电路，发电机等工作
8	安全员	1	受过专业培训，持证上岗
9	普工	1～15	受过一定培训

（2）安全措施。

①严格执行有关安全生产制度和安全技术操作规程，认真做好安全技术交底，对安全关键部位进行经常性的安全检查，及时排除安全因素，确保安全施工。

②加强对运输车辆的管理，交通拥挤、城镇地区、施工场地限速行驶。

8. 质量控制

加强施工过程的控制，做好每道施工工序的验收工作，把质量隐患及时地消除在施工工艺的工序中，确保工程施工质量。执行《上海国际赛车场赛道工程施工及质量验收技术规程》和《上海市国际赛车场赛道土方工程施工质量验收标准》。

施工时需严格控制分层厚度，每层不大于30cm。

9. 效益分析

采用本工法施工，使施工中掺灰量均匀、准确，作业规范，极大地提高了施工质量合格率和工效。经计算每1m^3的机械消耗为3.8元，成本比场拌法施工低得多。

10. 工程实例

中铁四局承建的F1赛车场2区工程，2002年10月开工，2004年6月竣工。河浜填筑二灰13万m^3，于2002年12月至2003年1月底完成；地基固结采用石灰土填料，固结石灰土面积为16.4万m^2，于2002年12月至2003年2月中完成；打桩区填筑二灰17万m^3，于2003年6月上旬至8月底完成；预压区的二灰和石灰土约25.4万m^3，于2003年10月上旬至2004年1月填筑完成。

四、系列工法的环境保护措施

1. 采用有效措施解决生产、生活排水，确保施工现场无积水现象。在多雨季节应配备应急的抽水设备与突击人员。

2. 现场布局合理，材料、物品、机具、土方填料堆放符合要求。

3. 组建文明施工专业组对施工现场、环保疏导交通、护栏的整理及临近通道进行监察，以及排除通道积水及障碍，确保路面平整、畅通、清洁。

4. 施工便道安排专人进行清扫，不得留有渣土和淤泥杂物。

5. 工作人员仅限于工程指定施工区域内活动，未经许可禁止进入与工程无关区域逗留。

6. 工作人员不得在工地内酗酒或酒后进入工地工作，不得携带违禁品进入，以维护财产和人员安全。

7. 车辆进入施工现场装卸完毕后，立即驶离现场，停放指定停车场。

8. 对施工现场的大型设备要加强管理，严格有关制度，设置防护设施和报警设备，防止盗窃或破坏。

9. 施工期间加大环境保护，实现可持续发展，施工中的废水采取二次沉淀自动排放，废弃二灰通过掺加活性剂处理再行利用。赛道以外部分全部绿化达到环境幽雅美观。

10. EPS 采用黑色土工布覆盖，防止紫外线的直接照射。

11. 二灰施工中采用洒水车洒水养护。

五、结束语

F1 赛车场 2002 年 10 月开工，2004 年 6 月竣工，我们通过对不同填高的软基地段采用不同的综合加固方法进行施工，工后沉降量满足设计要求。最后 F1 赛车场在国际汽联的验收中被认为其“整体设施的设计和建造都具有一流水平，令人难以置信，所有的设施的情况都非常好”；在 2004 年 9 月 26 日的世界 F1 方程式赛车上海站的比赛中也被认为其赛道具有世界一流水平。

热熔标线水线放样施工工法

YJGF 42—2004

北京华纬交通工程公司

刘承华　张齐仑　王景春　藏卫国　朱　杰

目前，国内高等级公路标线主要采用热熔型涂料标线。热熔型涂料标线具有快干、反光效果好、外观美观、耐磨性强、使用期相对较长、费用适中的特性，在道路设计中被广泛采用，是我国现阶段道路标线的主要形式。热熔标线水线放样施工方法已在高速公路热熔标线施工中越来越多地被采用。

一、工法特点

以往热熔涂料标线施工放样主要采用甩大绳的方法，进度慢，线形易偏位，主要技术指标难以保证，投入人力较多，效率低而且存在较多的安全隐患，而采用水线放样施工方法，可以保证标线的横向偏位，减少了雨季对标线工期的影响，降低了清扫工作的劳动轻度，减少了施工人员，提高了工作效率，保证了施工质量。

二、适用范围

适用于路线长度大于10km，纵向标线在两条及两条以上的所有沥青及混凝土路面的热熔型涂料标线施工。

三、工艺原理

利用平行线的原理，先在路面标线相应位置上用白色稀料放出宽度细小的标线施划基准线即水线，水线采用水溶性较好、环保的民用内墙涂料布设，水线在雨水冲刷下保持2个月内清晰可辨，并能在通车后车辆的碾压下自行脱落，不留永久性痕迹。对水线线形、尺寸进行检查符合，满足要求以后再以水线为基准实施标线布设，减少了放样次数，保证了车道宽度，降低了出差错的几率，减少了气候对标线施工的影响，增强了标线的预控效果，提高了工作效率。

四、施工工艺

施工工艺框图如图1所示

1. 放样

标线放样是一项关键工序，它对线形起决定性作用，因此标线放样工序的施工班长必须是有丰富经验的技术人员，要对标线设计原则十分熟悉，而且可以熟练操作各种测量设备。

（1）基准点确定。

标线放样按规范要求应先测出道路中心点，然后确定中心线，以此为依据放样，但在实际工作中往往做不到，原因是新建道路一般要求路面完工标线就要完工，硬路肩往往摊铺滞后，路面边缘线不好确定，按设计又和具体施工有偏差，不具备准确确定路面中心线的条件。因此在实际工作中采用以下方法：

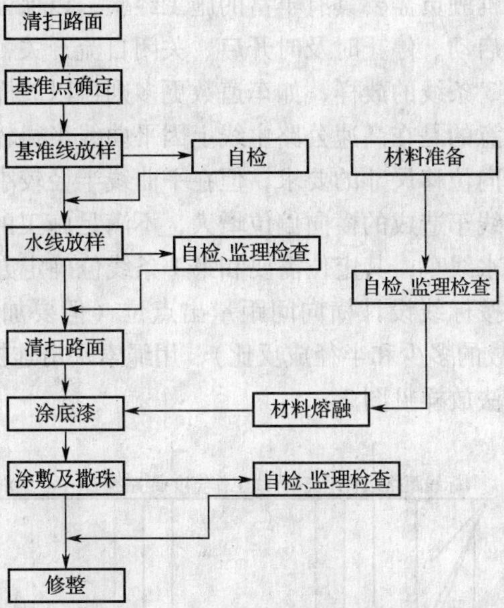

图1　热熔型涂料标线水线施工工艺框图

具有中分带的道路或分离式路基断面的道路，先复核路面宽度，然后从中分带或左侧路肩边缘按设计要求向外推，依次确定各标线在路面上的横向位置；不具有中分带的道路，复核路面宽度，然后取中心值确定路面中心线，依次确定各标线在路面上的横向位置。确定的标线横向位置如符合设计要求尺寸，就按此定位，如不符合，找出原因，调整放线位置，原则是保证横向宽度、保证车道净宽。

靠近中分带边沿标线的定位可以按已完成的路缘石来确定，但要对路面及路缘石位置进行复核，以防路面单位发生错误。因为标线一旦涂布，大面积更改几乎是不可能的，尤其是在沥青混凝土路面上。所以标线位置一定要准确。在施工放样时复核要仔细，如与图纸有出入，马上上报监理、业主，并进行协商解决。不要因为工期紧张、容易造成停工等原因而忽略此项工作。

如不具备以上条件，则严格按照道路中心点确定中心线。

（2）水线的工作线放样。

第一步放线人员沿道路纵向每隔 10～30m 在路面上标出标线边缘距路缘石（或中心线）距离减去放线工作宽度（5～10cm）后的点位，第二步用有韧性的绳索，连接各个点位放出一条平滑的曲线或直线（点位不一定都在线上），作为设置水线的工作线。

（3）水线放样。

以放出的水线工作线为依据用水线车划出水线。水线车是采用 0.75t 的小货车加装水线架、水线指针、水线自流装置改装而成。水线车驾驶员驾驶水线车沿工作线平稳、匀速的行进，其行进中必须保持水线指针始终和水线工作线重合。利用平行线原理，在水线车两侧设置固定距离的自流嘴，其间距为两条标线的施工宽度。自流嘴采用气割嘴，其下缘距离路面 3cm 左右，防止风和小石子对水线的影响。水线车上设置专人掌控自流开关，利用虹吸原理，在水线车行进时划出宽度在 0.3～0.5cm 的相应水线。水线材料采用水溶性较好、环保的民用内墙涂料布设，保证水线在雨水冲刷下保持 2 个月内清晰可辨，并保证水线在通车后车辆的碾压下能迅速自行脱落，不留永久性痕迹。

水线就作为标线施划的基准线。离工作线最近的水线要和工作线保持 3～5cm 距离，以保证水线的清晰。水线车驾驶员需要具有丰富的施工经验，以保证水线车行驶平稳。掌控自流开关的施工人员在车辆启动、停止时及时开启、关闭自流开关，并随时监控水线效果。水线车可以一次完成 2 条或 3 条线的放样，如车道数更多则再以放样出的水线为依据依次放出所需的所有线型。需要注意的是在高速公路主线上因平曲线半径较大，水线车的倾斜可以忽略不计，完全满足标线横向位移尺寸的要求，但在平曲线半径较小的道路或匝道上，因横坡的增大和半径的减小，水线车造成的横向偏位增大，不满足施工的要求，这时第 2、第 3 条标线位置的确定不能使用水线车，其定位需要和第 1 条线位确定方法一样，只是点位的确定是以第 1 条线位为基准，按标线设计横向间距量出点位（但要加密点位，根据半径的大小取用 4～10m 一个点，点数的多少和半径成反比)，用绳索平滑连接起来即可。

热熔标线水线施工工法放样见图 2。

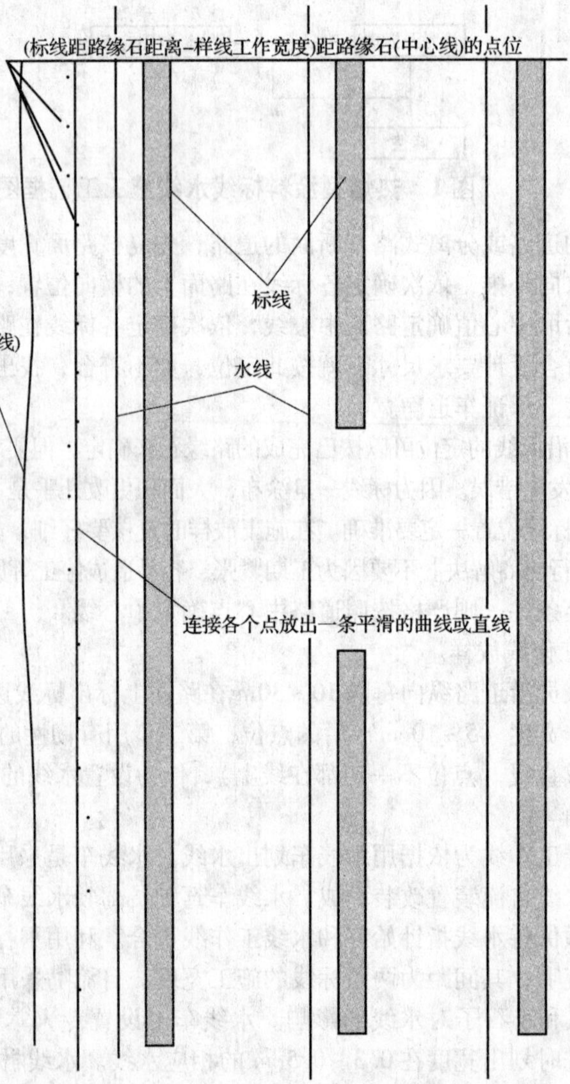

图 2　热熔标线水线施工工法放样示意图

水线车放线时要注意要对水线车的行进路线及水线位置进行清除障碍及污物，防止水线车跳动影响水线质量（见图3）。水线车必须保持平稳匀速前进，水线架及自流装置必须稳固并加以配重，以保持线形的顺滑。在工期等有关条件允许的情况下，应尽量在路面施工完毕后再进行施工放线及标线施工，减少水线的断线和搭接，以保证整体线形。特殊标线的放样因面积较小，可根据图纸要求，用弹线器按尺寸在路面上放样。

图3　水线车放线现场图

水线不仅作为标线施划的基准线，也是清扫及底漆涂布工序的基准线。水线放样是热熔标线水线施工工法中最重要的一环。该工序是对标线整体效果的预控。水线放样工序必须设立专职的质检员，随时符合水线质量：包括水线间横向间距、水线与工作线间距、水线宽度、整体线形效果。

2．清扫

路面清扫是标线和路面紧密连接的保证。在放好水线的地方，依据规范要求清除标线附着面及其边缘外5cm范围内的泥沙、灰尘等污物，以确保标线附着牢固。

新建沥青混凝土路面的道路，因未开放交通，比较干净，主要采取人工清扫，有浮尘的地段可采用风力灭火机或其他风力设备对标线部位进行清理，保证标线路面的清洁度。

新建水泥混凝土路面的道路，因水泥混凝土上浮浆的存在，导致标线和路面不能牢固结合，降低了标线的使用时间。因此水泥混凝土路面上的清扫工作是标线工程的重中之重。清扫干净的路面，标线可保持24个月完好，如果清扫不好，通车后标线就会脱落。水泥混凝土路面的清扫有两种形式，人工清扫、机械清扫。人工清扫指人工用钢丝刷、小铁铲和其他手工工具进行，把水泥混凝土浮浆清理干净。其优点是清扫比较彻底，缺点是进度慢、费用大、管理较复杂。机械清扫指用清扫机在标线施划部位进行清扫，清扫机一般采用柴油机带动钢丝滚子或钢丝板刷在标线部位做滚动或往复运动，去除浮浆的方式。其优点是进度快、费用低、去除浮浆效果好，缺点是不能应付复杂情况，成片的水泥薄块、灰浆皮不能去除，而这种浮块对标线的危害最大，也比较常见。因此水泥混凝土路面的清扫必须机械清扫和人工清扫相结合，一般流程如图4所示。

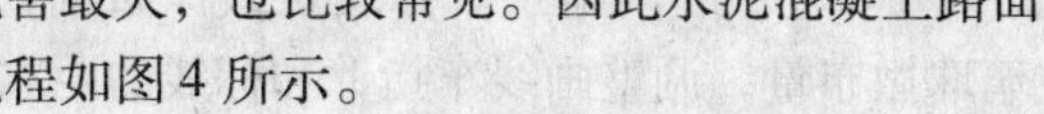

图4　路面清扫流程图

人工预扫主要去除大块的水泥浮块、灰浆皮，机械清扫后人工清扫要认真仔细，确保标线施划部位无水泥浮块、灰浆皮。

已开放交通的道路，根据路面的清洁程度，采用以上对应的方法清扫路面。

水线施工方法中因水线的存在，清扫范围明确，大大地降低了清扫工作的劳动强度。

此外，无论沥青混凝土路面还是水泥混凝土路面一定要保持标线部位路面的完全干燥，如有水分的存在，重则标线脱落，轻则标线起泡。局部有水分时可以用喷灯烤干。烤干时注意对路面不要造成伤害。

3．底漆涂布

底漆的作用是为提高路面和标线的粘接力。下涂剂的敷设范围要求适当超出标线边缘0.5～1cm，下涂剂喷涂要均匀、适量，底漆的使用量为150～200g/m^2。沥青混凝土路面标线施工，因熔化的标线涂料在与路表面接触时温度在120～150℃，沥青和标线在高温下形成熔合层，粘接力较好，可以采用较少的底漆涂布量，水泥混凝土路面因路面和标线涂膜层不能融合在一起，底漆为路面和标线涂膜间提供了粘接力，所以底漆涂布工序在水泥混凝土路面标线施工中是重要的一环。

底漆的涂布采用高压无气喷涂，底漆车前进指针保持和水线一致，调整底漆的喷涂工作位置和喷涂量，要注意喷涂量和喷涂部位的宽度，保证使用效果。底漆车沿水线匀速前进，即保证了底漆喷涂的均匀又避免了普通方法造成的材料浪费。

底漆的涂布应根据施工的气候状况在标线涂布前15～60min前完成。要保证标线涂布时底漆完全干透，但也不能时间太长，以免过多的灰尘和杂物落在已涂布的底漆上。

路面清扫及底漆涂布要加强对水线的保护，要保持水线清晰。

4．标线涂敷

涂料投入热熔釜中，烧至180～210℃，通过机械的不断搅拌，使之充分熔化。烧料工要时刻注意热熔釜上的温度表，同时要使用温度计进行测温，保证熔化涂料温度。

料温稳定在190～200℃ 5min以上并充分搅拌均匀后，涂料方可投入施工。并保证搅拌均匀后的一釜料在30min内使用完毕，以免涂料长时间高温而变色，产生热劣性。

根据使用情况釜中涂料可以不断添加，但要保证每次给画线车加料时，达到以上要求。根据气候状况，采取相应措施，保证涂料从热熔釜到画线车内时，温度在170～180℃左右。(以上数据为纬加恒牌热熔涂料为北方专用的数据，如采用其他品牌，要根据生产厂提供数据进行)。

标线涂敷时气温不应低于10℃，风力应不影响玻璃珠撒布。施工条件不满足，但工期紧张时，可采用特殊保证措施，如提高料斗温度，对玻璃珠撒布器进行防风保护（如增加挡风罩)。路面表面温度低于0℃时，严禁施工。标线正式涂敷前，要用白铁皮进行试划，检查标线厚度、色泽、玻璃珠撒布量，调整画线车指针和标线的距离。确保完全达到设计要求。同时要用钢卷尺对水线尺寸进行最后复核，保证标线的正确位置。等底漆经过完全干燥后，就可以进行标线敷设。热熔标线车操作手眼睛、标线车指针同水线保持一线，沿水线匀速推动标线车前进，料斗开启进行标线施划，同时画线车自行撒布玻璃珠。在实施这一工序时，熔溶的涂料在画线车中应保持在170～180℃左右，画线车前应有一清扫人员，及时清扫落在底漆上的灰尘和杂物，同时质检员跟在画线车后，检查涂膜外观、尺寸、观测玻璃珠的撒布情况，及时对标线敷设作出调整。

标线涂敷完后要及时对标线进行修整，主要是对外观不满足要求的地段进行修整，尤其是标线接头的地方，要保证其平滑。

五、施工设备（见表1）

表1　热熔标线水线放样施工的机具设备（一个独立的施工队）

序号	分　类	设备名称	规格	数量	备注
1	放线设备	经纬仪	J2	2	
		盒尺	7.5m	4	
		钢卷尺	30m	2	
		绳索		400m	
		水线车	含水线架	1	
2	清扫设备	清扫车		2	
		风力清除机		2	
3	底漆喷涂设备	高压底漆喷涂车		2	
4	标线布设设备	热熔釜	1400L	1	
		画线车		2	
		画线车	斑马线车	1	
5	运输设备	运输车	5t	2	
6	检测设备	逆反射系数测定仪		1	
		厚度规		1	
		盒尺	7.5m	2	
		钢卷尺	30m	1	
7	工具	白铁皮		若干	
		天平		1	
		煤气罐		若干	

六、施工组织

为了加强工程的现场施工管理，确保工程安全、优质、高效、及时完成任务，必须有严格的施工组织（见表2），应组建“热熔标线施工队”。队长全面负责资源调配、生产指挥、外部协调工作。本工程施工队有专业技术人员5人，技术工人8人，普工12人，专职安全员2人，下设3个工序组，采用流水作业法，其施工组织网络图如图5所示。

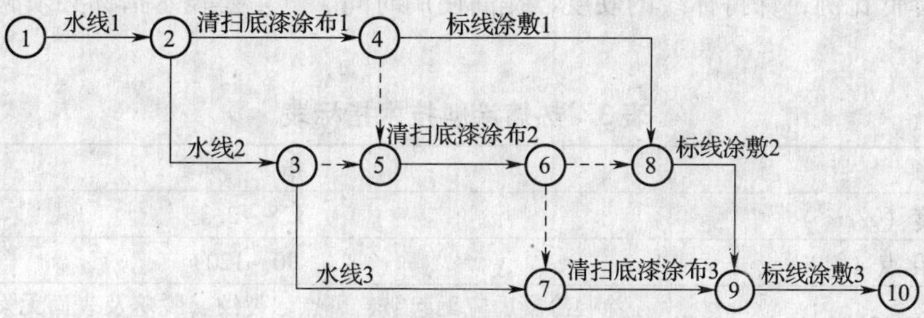

图5　热熔标线水线放样施工法网络图

表 2　热熔标线水线放样施工的人员配备

序号	工序组	工　种	人数	工作内容
1	水线组	测工	2	工作线放样
		水线驾驶员	1	水线布设
		水线工	1	自流监控
		质检员	1	尺寸检验
		安全员	1	安全
		辅助工	5	辅助放样
2	清扫及底漆涂布组	清扫工	6 ~ 10	清扫
		底漆涂布工	2	底漆涂布
3	标线布设组	煮料工	1	煮料
		画线车手	3	画线
		驾驶员	2	运输
		质检员	1	质检
		安全员	1	安全

七、质量控制

牢固树立“百年大计，质量第一”的质量意识，在施工管理中以 ISO9002《质量管理与质量保证体系》为基础，以强化施工技术管理为保障，采用先进的技术保证措施。

1. 材料

（1）热熔涂料。现在一般热熔型涂料标线采用《路面标线涂料》（JT/T 280—1995）中的 2 号热熔标线涂料，其主要成分组成如图 6 所示。

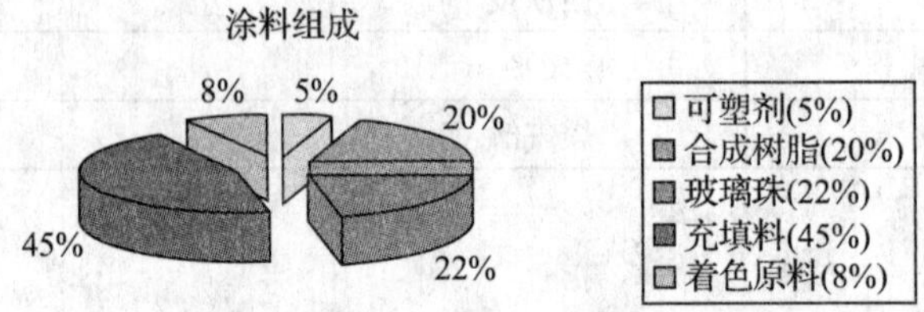

图 6　热熔标线涂料组成示意图

涂料成分的组成，根据施工现场所处的地理位置的不同，其材料的组成也略有不同，以适应不同的气候状况，保证使用效果。在北方严寒地带施工时，标线涂料中增塑剂要适当增加比例，增加标线的整体韧性，以防因气温低造成标线的裂缝，在南方高温地带施工时，增塑剂要适当降低比例，保持标线的硬度，提高使用时间。其主要技术指标必须满足表 3 所列技术指标。

表 3　热熔涂料技术指标表

项　目	指　标
密度（g/cm^3）	1.8 ~ 2.3
软化点（℃）	90 ~ 120
涂膜外观	涂膜冷凝后应无起皱、斑点、裂纹、脱落及表面无发粘现象，涂膜的颜色和外观应与标准板差别不大

续表 3

项　　目		指　　标
不粘胎干燥时间（min）		≤3
色度性能	白色	应符合 JT/T 280—1995 标准的规定
	黄色	
抗压强度		≥12
耐磨性（200r/1000g 后减重）（mg）		≤50
耐水性		在水中浸 24h 应无异常现象
耐碱性		在氢氧化钙饱和溶液中浸 24h 应无异常现象
加热残留份（%）		≥99
玻璃珠含量（%）		15 ~ 23
流动度（mm）		35 ± 8
逆反射系数 $(\mathrm{mcd} \cdot 1\mathrm{x}^{-1} \cdot \mathrm{m}^{-2})$	白色	≥200
	黄色	≥100
耐候性		经 12 个月试验，涂膜的起皱、斑点、裂纹、脱落及变色等都不应大于标准样板

（2）玻璃珠。玻璃珠的参与主要目的是提高标线的夜间识别性，提高标线的亮度和耐久性，在热熔标线中采用的面撒玻璃珠可以根据施工的实际情况选择 1 或 2 号。在北方严寒地带及开放交通后交通量较小的道路上施工时，建议采用 2 号玻璃珠作为面撒玻璃珠，以降低标线的发脆现象，增加刚通车时标线的夜间反光效果，其示意图如图 7。

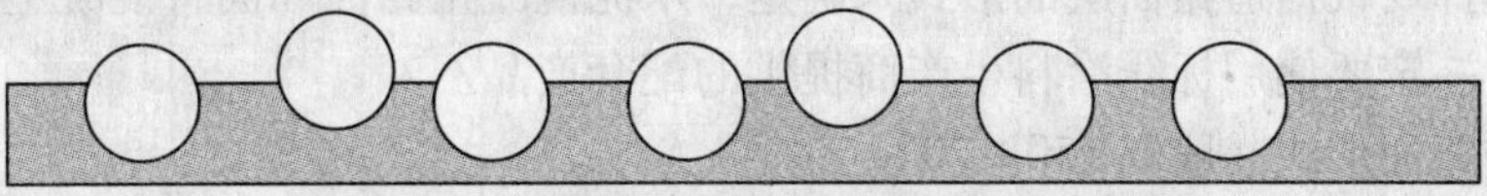

图 7　2 号玻璃珠在标线中的位置示意图

2 号玻璃珠粒径相对较大，下沉到标线底部的数量较少，减少了标线中面撒玻璃珠的含量，标线就能保持较好的可塑性，降低了在冬季因气温下降而造成裂缝的数量。同时外露面积大，间距大，提高了标线的及时反光效果。

在南方高温地带及开放交通后交通量较大的道路上施工时，建议采用 1 号玻璃珠作为面撒玻璃珠，以增加标线的强度，保持标线的夜间反光效果，示意图如图 8。

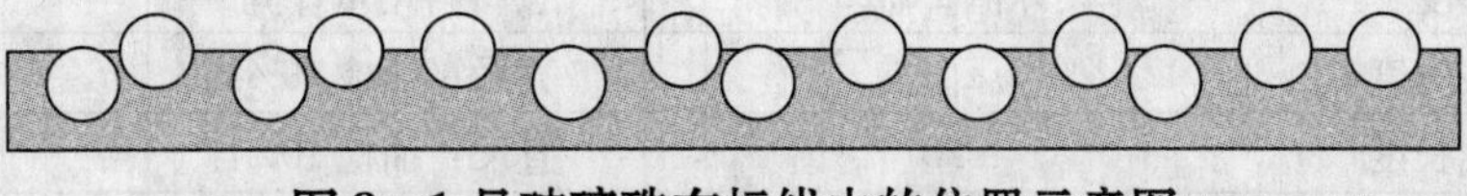

图 8　1 号玻璃珠在标线中的位置示意图

1 号玻璃珠级配范围较大，粒径较小的玻璃珠含量较多，施工中下沉到标线底部的玻璃珠数量增多，增加了标线中玻璃珠的含量，提高了标线的强度，降低了标线在夏季因气温升高而造成的软化现象，提高了耐磨效果。同时玻璃珠含量增多，虽及时反光效果不如采用 2 号玻璃珠，但经过车辆轮胎的磨耗，夜间反光效果可以提高，而且可以保持更长时间（见表 4）。

表4 1号、2号玻璃珠主要技术指标表

项目 种类	1号	2号
比重	2.4～2.6	
粒度	标准网筛 840μm 的残余物为 0	标准网筛 590μm 的残余物为 0
	通过 840μm 而残留于 590μm 的为 5%～30%	通过 590μm 而残留于 297μm 的为 40%～90%
	通过 590μm 而残留于 297μm 的为 30%～80%	通过 149μm 的为 0～5%
	通过 297μm 而残留于 105μm 的为 10%～40%	
	通过 105μm 的为 0～5%	
外观和形状	呈球状，有椭圆、锐角、不透明异物、粘连粒子等缺陷的玻璃珠个数 <20%	
折射率	1.5～1.64	
耐水性	浓度 1% 盐酸的消耗量在 10mL 以下，玻璃珠表面无模糊不清现象	

在实际施工时，情况可能比较复杂，我们在施工中要具体情况具体分析，可以采用1号和2号玻璃珠按比例混合，以取得最佳的使用效果。

(3) 底漆。底漆主要是加强热熔标线和路面的结合，提高使用时间，主要技术指标如表5所列。

表5 底漆主要技术指标要求表

颜 色	固体含量（%）	干燥时间（min）
无色透明或琥珀色液体	30±5	≤5

底漆的选择要根据道路面层的形式来确定，水泥混凝土路面和沥青混凝土路面要选择相匹配的型号，一定要使用标线涂料生产商提供的配套产品。

涂布量按路面形式一般取 150～200g/m²。

上述材料的选用除了要满足规范《路面标线涂料》（JT/T 280—1995）的要求外，还要根据实际情况进行调整。

2. 施工

(1) 施工应满足《公路工程质量检验评定标准》中的要求，实测项目如表6所列。

表6 标线实测项目

项次	检查项目	规定值或允许偏差（mm）	检查方法	规定分
1	厚度	设计值±0.25	按材料用量计算	30
2	标线宽度	±5	直尺：抽检 10%	20
3	标线长度	±50	直尺：抽检 10%	15
4	纵向间距	±50	直尺：抽检 10%	15
5	横向偏位	±30	直尺：抽检 10%	20

(2) 外观鉴定。标线以外的道路被标线材料污染应及时清理。每处污染面积不超过 10cm²，不符合要求时每处减 1～2 分。

涂敷后的标线边缘无明显毛边。毛边长度超过评价单位长度的1%时，每处减2分。

标线应顺直平滑。不符合要求时每处减1~2分。

反光标线玻璃珠不均匀或标线厚度不均匀时，每处减1~2分。

3. 施工中出现的问题及解决方法

热熔标线施工中出现的问题很多，造成的原因也比较多，主要针对施工工艺方面提出解决方案（见表7）。

表7　施工中出现的问题及解决方法

现　　象	原　　因	解决措施
线型不顺畅	水线放样不准确 画线机手技术不过关	加密放线点位、对放线人员加强培训 对画线机手进行培训
横向偏位不满足要求	画线车指针位置偏差 水线放样不准确	每次画线车画线前校对指针 加密放线点位、对放线人员加强培训
标线有纵向拉槽	路面有小石子等杂物 有料渣	加强清扫 及时清理网筛、严格控制温度加强搅拌避免因温度过高产生料渣
标线发黄	涂料加热时间过长或过高	严格控制温度、合理安排工序，避免长时间加热涂料
标线易被灰尘污染	玻璃珠撒布量过多，易积灰尘	适量撒布玻璃珠
反光不良	涂料温度低，玻璃珠没粘住 涂料温度高，玻璃珠下沉 玻璃珠撒布量过多 施工时有风，玻璃珠被吹散 玻璃珠结块、撒布器内有异物造成玻璃珠撒布不均 标线搭接处处理不当	严格控制料温 严格控制料温 适量撒布玻璃珠 加防风罩 玻璃珠保持干燥、及时清理撒布器 合理搭接
标线表面有气泡	路面潮湿 施工时气温过低 涂料受潮	路面充分干燥 路面预热 保持涂料干燥
标线脱落	路面有水 路面不干净 料温过低 底漆撒布不合理	路面充分干燥 充分清理路面 严格控制温度 底漆均匀撒布
标线毛边较大	料温过高 刀口有料渣 刀口密合不严	严格控制温度 及时清理 调整刀口
底漆污染标线	使用量过多 底漆未干	适量撒布 充分干燥
标线龟裂	玻璃珠过多 料温低 热熔釜中溶化的涂料搅拌不均	适量撒布玻璃珠 严格控制温度 增加搅拌时间

八、安全措施

1. 建立项目经理领导下的安全管理系统。

2. 严格执行“安全第一，预防为主”的安全生产方针；坚持以预防为主，防管结合；强化预控预测。

3. 设置专职的安全员。

4. 坚持管生产必须管安全的原则。认真贯彻五同时原则，即：在计划、布置、检查、总结、评比生产任务的同时，计划、布置、检查、总结、评比安全工作。

5. 召开工作例会的同时把总结安全工作、安全措施作为会议的主要内容之一。

6. 开工前必须组织全体参建人员，进行一次全面系统的安全教育。强化全员安全意识，提高自我防范能力。要求全员做到四有三不：即有计划、有布置、有检查、有考核；不例行公事、不流于形式、不留有死角。

7. 严字当头，对事故苗头实行3个“百分之百”的管理，即有百分之百登记、百分之百通报、百分之百加以消除。形成人人遵守规章制度的风气，开创良好的安全施工环境。

8. 注意加强施工中的安全保护。进入施工区应按规范设置施工标志牌，施工人员身着标志服；施工人员安全教育后上岗；设备上设置明显的安全标志；根据实际情况，施工区域设置足够的安全标志；施工区域禁止吸烟；操作者严格在操作区域内施工；配备足够数量的灭火器材；严格按照施工工艺操作；严格按照机械设备操作规程操作机械。

九、技术经济分析

热熔标线水线放样与常规施工方法具有很大的优越性。不但操作简单、方便，而且工作效率高，可以从表8看出。

表8　与常规施工方法对照表

比较项目	常规施工方法	水线放样施工方法
施工组织	集中作业，各工序干扰大	工序明确，流程合理，易于安排
参与施工人数	大量的施工工人	少量施工工人
施工速度	$800m^2/d$左右	$1200 \sim 1600m^2/d$
质量保证	标线横向偏差现象普遍 预控效果差	基本无横向偏差 预控效果好
施工条件	受天气影响，放养需反复进行	放样几乎不受气候影响
材料浪费	底漆浪费严重	降低了底漆的浪费
清扫的劳动强度	清扫区域大，强度高	因区域明确，劳动强度降低
安全	施工区域内人员多，安全隐患多	施工区域安排合理，安全隐患事故少

通过上述的对比研究，可以清晰地看出，采用水线放样技术，使得热熔标线的施工速度及质量上产生了一个革命性的飞跃，这将在道路标线施工中，有着不可估量的前景。

十、工程实例

1. 吉林省长春至吉林高速公路是国家“两纵两横”公路主干线——同江至三亚公路长春至珲春支线的重要路段，全长83.5km，双向四车道，沥青混凝土路面。标线为热熔性2号标线，96000m^2。合同工期为1997年5月15日至1997年8月30日。本工程采用热熔标线水线法施工，共两个施工队，施工人员40名，按期完成，工程质量优良。

2. 同江至三亚国道主干线宁波境全长128.627km，分三段完成，双向四车道，沥青混凝土路面。标线为热熔性2号标线。因第一段工程采用热熔标线水线法施工大大缩短了工期，后续工程根据业主要求推迟了进场时间，按期保质地完成了所有工程，得到业主嘉奖。

第一段：大契至西坞，49.669km分两个合同段，大契至大朱家热熔标线25000m^2，采用热熔标线水线法施工，共一个施工队，施工人员30名，按期完成，工程质量优良。

潘火至西坞30000m^2热熔标线采用热熔标线水线法施工，共一个施工队，施工人员30名，按期完成，工程质量优良。

第二段：冠庄至新屋，34.907km，标线42000m^2，合同工期2000年7月15日至2000年11月15日。采用热熔标线水线法施工，共一个施工队，施工人员30名，按期完成，工程质量优良。

第三段：西坞至冠庄，36.651km，标线38000m^2，合同工期2001年7月15日至2001年11月15日，采用热熔标线水线法施工，共一个施工队，施工人员30名，按期完成，工程质量优良。

3. 甘肃山丹至临泽高速公路标线工程全长97km，热熔型涂料标线108000m^2，按常规施工法需要二个施工队，施工人员50人，工期需要80个工作日，采用热熔标线水线施工法后，我公司只用一个施工队，施工人员30人，70个工作日就完成了本工程，工程质量优良。

提速道岔用混凝土岔枕长线生产施工工法

YJGF 43—2004

中铁八局集团有限公司

王 江 刘振民 吴利清 杨先凤 张志红

提速道岔用混凝土岔枕是我国为提高列车运行速度而设计开发的新型岔枕产品，混凝土岔枕种类较多，适用于50kg/m、60kg/m、75kg/m钢轨9号、12号、18号、30号等各种类型道岔。它具有断面规则，形状结构简单的特点，仅通过改变预埋套管孔位置来实现道岔的定位，使用十分方便。在我国采用长模机组流水工艺生产混凝土岔枕的厂家较多，而我厂采用长线台座生产工艺具有设备投入少，钢模投资少，劳动力用量少，一人可完成多项工作，投产快，见效快、产品质量稳定等特点。

抗温度变形和可自由滑动的长线台座生产在国内尚属首创，而在国外大多采用长线生产工艺。由于提速岔枕的断面规则，孔位要求准确，利用此工艺可有效保证定位精度。模型采用规则的双联壳体，根据不同规格品种分单元进行组合。该长线生产工艺在我厂实施生产以来，充分保证了提速岔枕保护层、钢筋位置、长度、直线度等方面的严格要求。

一、工法特点

长线生产的特点是张拉时两端横梁受力，中间壳体不受张拉力，壳体与基础之间采用可滑动式连接，产品与钢模一起滑动，解决了放松应力时钢筋回缩应力对钢模产生的附加应力。该长线基础采用方钢，钢模可在方钢基础上自由滑动，钢模单元长度从3m至6m，单元钢模之间有10mm间隙，保证钢模随温度变形后可自由伸缩，模型的变形不受约束，增加了模型的使用寿命。整个生产线基础和钢模的滑动组合形式能保证放张时，模型在滑道上自由滑动，由于模型间设有间隙，不发生模型相互挤压现象，导致产品与模型发生相对运动，影响产品质量。基础与壳体均有抗温度变形的能力，减少产品因此产生的裂纹，且壳体不易变形。产品安排在长线上生产，按照产品编号和长度依次分布，容易组织生产，脱模后编号、堆放均按顺序进行，使工人容易操作。同一条长线上可生产不同图号的各种产品。

通过比较，长线台座法具有如下优点：

1. 钢模投资少，长线台座法生产因钢模不受力，模型结构简单，用钢量少。振动采用振动棒进行振动，钢模不参与振动，钢模不会因振动产生累计变形，钢模使用寿命长。长模机组流水生产因模型需承受较大张拉力，模型结构复杂，特别是主梁槽钢需进行加强，模型在振动台上振动，造成累计变形，钢模变形大，使用寿命缩短，且造成产品质量不能满足标准要求。

2. 设备投入少，并可充分利用工厂已有部分设施，投资比机组流水法省40%以上。

3. 劳动力用量少，一人可完成多项工作，各项准备工作可同步进行，对工期要求有保证。

4. 岔枕长短不一，用长线可灵活满足岔枕长度规格多，预埋套管多，位置要求准确等产品质量方面的要求。在长模内生产，不易将钢模排满，造成钢筋的浪费。

5. 长线生产整个场地布置简单，机具少，蒸汽管道布置在模型下方，不影响工人施工，保证施工安全。投产快、见效快、产品质量稳定。

场地布置见图1。

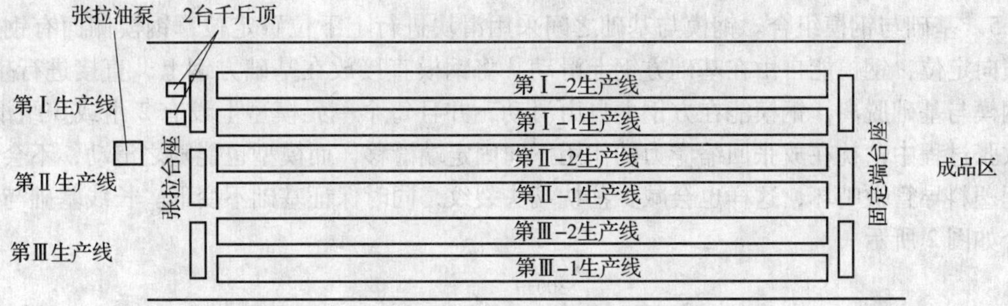

图1　提速岔枕生产线平面布置示意图

二、适用范围

本工法适用于各种类型单开道岔用混凝土岔枕（无挡肩），交叉渡线用混凝土岔枕单开部分岔枕的生产。

三、工艺原理

1. 本工艺设计的目的是为保证产品能达到《混凝土岔枕技术条件》（TB/T 3080—2003）中对产品质量的要求。岔枕产品对塑料套管位置，钢丝保护层，全长直线度等要求较高，钢模的制作和生产线的设计全部有针对性地考虑了这些问题，使生产出的产品能完全满足标准要求。

2. 模型设计。模型是保证产品外形外观质量的基础。根据长线台座法生产工艺的特点，模型不受张拉力作用，因此模型设计以满足产品成形质量、通用性、延长使用寿命为主，要求模型具有足够的强度、刚度、稳定性和精确的结构尺寸。

（1）壳体采用整体钢板压制，模型板面平整，平整度不大于0.5mm/0.5m。

（2）模型截面高度、宽度与产品高度、宽度一致，允许公差不大于±1mm，便于有效控制产品成形尺寸。

（3）钢模壳体下部设置横向和纵向槽钢，组成槽钢框架结构，壳体放置在该框架上，壳体侧面用钢板密封，使钢模结构稳定，不易变形。

（4）在槽钢下部焊接2~3组滑块，滑块可在基础方钢上自由滑动，且采用滑块对钢模在基础上的高度进行调整，保证张拉中心达到设计要求。

3. 基础设计。张拉横梁基础与长线基础分开灌注，横梁分为固定端和张拉端，张拉端和固定端台座基础采用基础下预埋斜撑，通过计算合理设置台座基坑的深度、宽度和长度，内填混凝土，保证台座在受力时不产生变形，位移，并控制张拉中心高度。长线基础标高根据张拉横梁的标高进行确定，滑动基础采用混凝土内预埋钢板，在钢板上安装通长方钢，作为滑动基础。方钢之间每隔6m左右有一定的间隙，使方钢随温度产生的变形不影响基础整体高度，方钢基础标高控制为（0，+0.5mm），基础整长旁弯控制为2mm，能充分保证模型在基础上的定位要求。

4. 端梁设计。张拉端梁和固定端梁主要作用是承受钢丝张拉力，设计时参考机组流水法生产张拉端梁和固定端梁的形式，并适当加强刚度，以满足岔枕较大张拉力（120t）的需要。因端梁预埋在地基上，端梁下方设置预埋连接槽钢，保证端梁定位后承受120t荷载，变形小于0.5mm。

5. 基础与钢模组合。钢模与基础之间采用滑块进行上下位置定位，钢模侧面有钢板进行横向定位，钢模能自由在基础方钢上滑动。将钢模直接放在基础方钢上，直接进行生产。因钢模与基础脱离、钢模能在方钢上自由滑动，并且每个单元模型上设有2组或3组滑块，在放张过程中岔枕在放张回缩应力的作用下向固定端滑移，而模型也能随之滑动，不会导致预埋塑料导管被啃坏，这样也会减少岔枕端头裂纹，同时保证基础不变形。长线基础与钢模组合如图2所示。

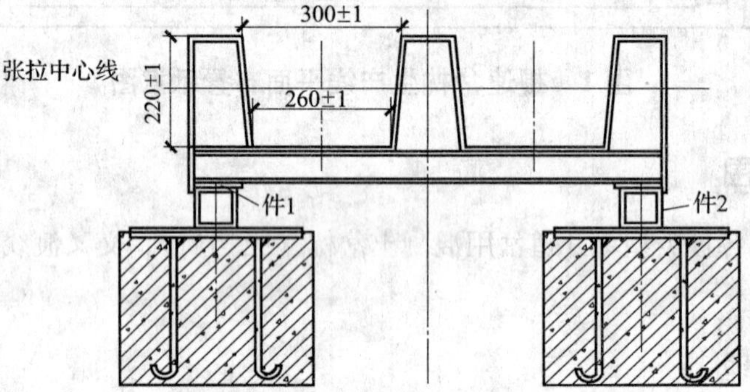

图2 基础及模型组合示意图

注：图中件1为滑块，件2为基础方钢。

6. 钢丝位置的保证。每根岔枕两端使用5mm的定位板，钢丝全部穿过定位板，定位板两孔间设计误差为±0.2mm，孔径较钢丝外圆大1mm，能充分保证钢丝之间距离为±2mm，定位板放于钢模上，整条线张拉中心较钢模张拉中心下降，保证定位板密贴于钢模上，充分保证上保护层位置（+3mm，-2mm），并使生产出的产品端头光滑，美观。

7. 塑料套管的定位。塑料套管位置精度要求较高，使用专用定位底座固定于钢模底板上，用套管定位轴将套管固定于钢模内，充分保证了塑料套管的定位精度和垂直度，且拆卸方便，利于产品脱模。定位底座垂直高度为1.5mm，并有45°的坡度，使塑料套管准确定位，且套管内不灌浆。定位轴上有1个$\phi21$的凸台，必须进入塑料套管孔内，使塑料套管定位准确。定位轴丝杆要求必须进行车制，保证丝杆与凸台的同心度。模型底板孔眼设计考虑施加预应力后混凝土的压缩变形，预先调整各固定底座相关尺寸，以保证岔枕中同一铁垫板两相邻套管中心距偏差小于1.0mm，保持轨距的两相邻套管中心距偏差小于（+1.0mm，-1.5mm）。

8. 长度控制。钢模长度根据产品长度确定，每个单元模型端头各焊接一个端头封板，不仅增加了钢模的整体刚度，而且能固定橡胶隔板的位置，各单元模型两端单独安放橡胶隔板，充分保证了产品长度。

9. 直线度控制。产品全长直线度要求为3mm，由于产品张拉中心和截面形心不一致，对3m以下产品，可采用一套钢模内生产2根枕的形式；对3m以上的产品，采用单根钢模生产单根岔枕形式，钢模预设反拱，以减少因施加应力使岔枕产生的拱度，保证产品脱模后能达到直线度要求。

10. 密实性。由于产品断面较小，根据断面特点，为保证产品的密实性，振动用高频振动棒进行振动，保证边角和预埋套管周围混凝土密实。振动棒选用 $\phi 35$、$\phi 50$ 两种规格的振动棒，振动波传递半径为 0.3 ~ 0.6m，$\phi 50$ 振动棒的振动频率为 50Hz，功率为 1.1kW；$\phi 35$ 振动棒的振动频率为 50Hz，功率为 580W。振动密实后用工具将边角进行清理，表面抹平，保证产品外观质量。

11. 养护。产品采用蒸汽养护。整条线全长 70m，根据热供计算，合理布置蒸汽管道位置，供气口形式，能保证蒸汽对产品的养护；设计可拆装式养护支架，便于生产，且整条长线养护篷布保持一定的高度，保证蒸汽在篷布内畅通，利于混凝土的养护。养护篷布采用新产品三防涂塑篷布，密封效果好。

涂塑篷布具有强度高、柔软性好、色泽鲜艳、耐洗刷、寿命长的特点。具有防水、防霉、阻燃、耐酸碱等性能。涂塑篷布技术指标如表 1 所列。

表 1　涂塑篷布技术指标

项目	厚度（mm）	重量（g/m^2）	经向强度（N）	纬向强度（N）	剥离强度（N/cm）	阻燃性能（S）	防水性能（mm 水柱）	温度范围（℃）
指标	≥0.68	680	≥2100	≥1600	≥15	<10	≥2000	-20 ~ 80

由于蒸汽管道、养护支架、养护篷布采取了改进措施，充分保证了整条线内蒸汽养护的均匀与流通，使全长范围内温差保持在 3℃以内，便于控制升降温速度，养护的混凝土岔枕强度稳定。

12. 特殊模型。针对交叉渡线组合岔枕和带侧面预埋件岔枕的特殊性，分别设计专门的钢模，既保证产品的质量要求，又方便模型的改制和生产安排。

13. 张拉装置。根据计算，钢丝伸长值为 400mm 左右，加上预留连接套、锚固螺母长度，张拉丝杆行程约 600mm，选用 150t 穿心式千斤顶多次张拉方案。张拉力控制采用张拉力读数显示仪，可自动记录施加的预应力。张拉力值以读数显示仪显示为主，预应力筋伸长值作为校核，可提高张拉力控制精度，保证钢丝的预应力效果，充分保证产品质量。张拉过程中两组钢丝同时张拉，张拉力分别计量，传感器直接测力，使张拉力与千斤顶摩阻系数无关。张拉过程控制自动化，减少人为因素的影响。张拉力显示仪与电脑连接，可记录全部张拉过程，并进行打印记录。因两台千斤顶较重，为生产线便于张拉，设计了轮轨式张拉小车，可对千斤顶进行左右和上下移动，方便工人操作。

四、工艺流程及操作要点

1. 提速道岔用混凝土岔枕生产工艺流程（见图 3）

2. 操作要点

（1）模型定位。经改孔后的钢模按长线布置图依次放置在基础方钢上，模型之间间隔 10 ~ 20mm，模型上的专用滑块对钢模进行高度定位，当张拉中心达不到要求时，可对滑块进行调整，使模型标高满足要求；模型侧面的定位面板在制作时要求有一定的偏差，使钢丝张拉后模型张拉中心与台座张拉中心保持一致。

（2）保护层控制。当钢丝张拉后，检查定位板是否落在底板上，以保证保护层厚度，若定位板悬空，则应调整钢模，使定位板底边与底板接触。

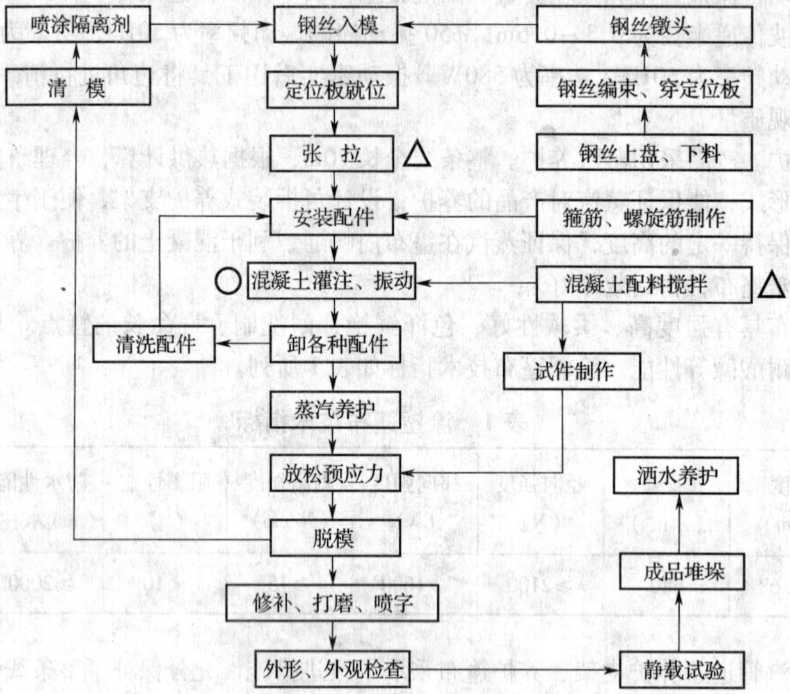

图3　提速道岔用混凝土岔枕长线生产工艺流程

注："○"表示特殊工序；"△"表示特殊工序和关键工序。

(3) 塑料套管定位。使用套管固定座固定在底板上，用套管固定轴将塑料套管固定于固定座位置，固定轴上的凸台必须全部进入套管内，并将螺纹拧紧，使塑料套管定位准确。

(4) 张拉。张拉采用一轮轨式小车控制千斤顶的上下、前后、左右移动，使两台千斤顶能对几条生产线进行张拉。张拉连接采用长线张拉端张拉丝杆与张拉盒连接，千斤顶丝杆与张拉丝杆用连接套连接，千斤顶支架支撑在张拉端上，完成对整条线的张拉。千斤顶与钢模张拉丝杆对位要准确，以防止挂伤张拉丝杆。在张拉过程中，发现张拉挂板和定位板歪斜时，应及时扶正，使其处于垂直状态。

(5) 灌注、振动控制。混凝土灌注时每列钢模不得少于4台振动棒振动，可采取一端向另一端或两端向中间延伸的办法，双列同时灌注，均须连续浇灌，间断灌注时间按气温低于25℃时不得超过80min，气温高于25℃时不得超过40min。混凝土灌注，灰斗距模型高度以1m左右为宜，下灰时护斗人员注意控制灰斗的摆动，以确保下灰均匀，并保证安全。下灰量要适度，以振动后混凝土平齐钢模顶面为准。

混凝土的密实采用高频振动棒，用高频振动棒分两边和中间连续进行振动，边振动边移动，既保证了混凝土的密实效果，又能保证断面高度。布料均匀后，模型两侧用4根插入式振动棒分前后作业，每个振动棒隔0.2m左右插入一次，深度应至模型底部，每次振动20s钟左右。振动棒操作应快插慢拔，倾斜插入混凝土内，不能与钢模垂直接触，以混凝土表面不再冒气泡、表面泛浆且无显著下沉为准。振动时不要撞动各种配件。振动后用抹子抹平混凝土表面，注意填边填角。在夏季抹完面后应及时将混凝土表面进行覆盖，避免强光使混凝土快速失水造成干裂。

（6）卸预埋件。混凝土灌注初凝后，开始卸套管定位轴，橡胶隔板。卸套管定位轴时不能摇动预埋套管，避免塑料套管周围混凝土出现裂纹。

（7）养护控制。整个生产线长70m左右，蒸汽从两端向中间送入，能充分保证全长范围内岔枕产品的养护达到要求。养护篷布采用涂塑篷布，养护密封效果好。养护过程严格按照试验室下发的养护通知执行，静停时间在3h以上，升温速度控制不大于15℃/h，恒温温度控制在60℃以下，降温速度控制不大于15℃/h，脱模时产品温度与环境温度相差不大于15℃。

（8）放张控制。岔枕放张应缓慢进行，张拉力下降不超过50kN/min。总放张应力控制为530kN，当达到放张应力时，固定螺母未松动，应用手锤敲击固定螺母，使螺母松动，再缓慢回油。

（9）产品堆码：长岔枕在下，短岔枕在上，堆码支点尽量靠近产品两端，上下支点位置在同一垂直线上，码垛水平层数不应超过12层。

五、劳动力组织（见表2）

以每天生产3组岔枕组织劳动力，由于长线生产的特点，工人可交叉作业，一人可从事多项工作，减少了劳动力。

表2　生产线劳动力组织

序号	班组	工 作 内 容	人数	备　注
1	钢筋加工	箍筋制作、螺旋筋绕制	5	钢筋工
2	主筋加工	钢丝定长切断、编束、镦头	5	钢筋工
3	张拉班	张拉、放张	3	张拉工
4	编架班	安箍筋，绑扎箍筋、安放配件	6	钢筋工
5	灌注班	混凝土灌注，平灰、振动，卸配件、清边	13	混凝土工
6	脱模班	切割钢丝，脱模，清模	8	混凝土工、焊工
7	保温班	养护	2	混凝土工
8	搅拌班	混凝土上料、搅拌，减水剂比重测定、混凝土工作度、试件制作	3	混凝土工
9	起重维修	10t龙门吊，维修	5	起重工、钳工、电工
10	检验、试验	静载试验，成品检查，试验、计量	8	检查工、试验工
合计			56	

六、机具设备（见表3）

表3　生产线主要专用生产设备

序号	设备名称	单位	数量	规格及型号	用途
1	钢丝盘架	台	1	ϕ2m	钢丝放料
2	钢丝镦头机	台	4	LD－20K	钢丝镦头
3	高频振动棒	根	50		振动成型

续表3

序号	设备名称	单位	数量	规格及型号	用途
4	平板振动器	台	4		振动成型
5	模型	m	420	双联壳体	成型
6	搅拌楼	座	1	JD1250	混凝土搅拌
7	混凝土吊斗	台	2	1. 2m^3	混凝土运输
8	张拉小车	台	1		预应力张拉
9	张拉油泵	台	3	ZB10－500	预应力张拉
10	张拉用千斤顶	台	4	YCW150/200	预应力张拉
11	电焊机	台	4	BX300	焊接
12	龙门吊	台	2	$Q=10$t	运输起吊
13	点焊机	台	2	DH－25	螺旋筋焊接
14	钢筋弯曲机	台	2	WJ40－1	钢筋弯曲
15	钢筋切断机	台	1	GJ－40	钢筋切割
16	冷拉卷扬机	台	1	3t	钢筋冷拉
17	卷簧机	台	2	LH－3	螺旋筋制作
18	养护篷布	m	420	宽3m	蒸汽养护
19	运灰车	台	1		自制

七、质量控制

1. 岔枕生产按照《混凝土岔枕技术条件》（TB/T 3080—2003）执行。
2. 混凝土岔枕外形尺寸和外观质量控制指标如下表4所列。

表4　混凝土岔枕外形尺寸和外观质量控制指标

序号	检查项目		允许偏差值（mm）	每组检验根数		检验类别
				出厂检验	型式检验	
1	长度		±15	10		C
2	高度		+5，－3	10		B
3	顶面宽度		+5，－3	—	10	C
4	预埋套管	中心位置距纵向对称轴	±1	—	全检	B
		保持轨距的两套管中心距离	+1.0，－1.5	—	全检	B
		保持同一铁垫板位置的两相邻套管中心距离	±1.0	—	全检	B
		底部中心歪斜	2	10	全检	B
		下沉	1	10	全检	C
		内螺纹		10	10	B

续表 4

序号	检查项目		允许偏差值（mm）	每组检验根数		检验类别
				出厂检验	型式检验	
5	钢丝	断丝	不允许	全检		
5	钢丝	钢丝之间距离	±2	10		B
6	上排钢丝距岔枕顶面距离		+3，-2	10		B
7	岔枕顶面直线度	同一铁垫板两套管间距小于400mm时（300钢板尺测量）	±1	10	全检	B
7	岔枕顶面直线度	同一铁垫板两套管间距小于400mm时（300钢板尺测量）	±1.5	10	全检	B
7	岔枕顶面直线度	全长	±3	10	全检	B
外观质量						
1	承轨部位表面缺陷（气孔、粘皮、麻面等）		长度≤20 深度≤5	全检		B
2	其他部位表面缺陷（气孔、粘皮、麻面等）		长度≤80 深度≤10	全检		C
3	端部破损和掉角		长度≤50	全检		C
4	肉眼可见的裂纹		不允许	全检		
5	端部钢筋与混凝土之间的缝隙		深度≤30	全检		B
6	预埋套管孔中混凝土淤块		不允许	全检		

3．钢模制造和验收按照长线台座岔枕钢模技术条件执行，钢模具有足够的刚度、钢模底板板面平整，钢模长度误差控制为±2mm。

4．钢模安装按照布置图和钢模安装技术条件严格执行，充分保证钢模安装质量。

5．生产过程中质量控制。采用自检、专检、互检制度，不合格工序不能进入下道工序。从操作工人、工班长、技术人员、检查工程师到车间负责人，层层把关，严格考核，出现问题立即整改，严格保证产品质量。

6．严格执行提速道岔用预应力混凝土岔枕施工细则和内控标准。

7．制定并落实质量保证体系。

八、安全措施

1．严格执行国家有关安全生产的规范和规章。建立健全安全组织保证体系，贯彻国家有关安全生产和劳动保护的法律、法规，强化基本知识，基本素质的培训。

2．张拉作业时有专人统一指挥，无关人员不得进入张拉场地，钢模上设置防弹卡。

3．所有用电设备都安装漏电保护器。

4．坚持岗位安全培训，杜绝“三违”现象发生。

5．设专职安全员负责制定施工安全操作规程，检查安全情况，提出改进措施。

6．施工细则中提出安全注意事项，设计生产线时考虑安全生产措施。

7. 生产线做到布局合理，机械设备安置稳固材料堆放整齐，生产现场做到工完料清场地净，保证现场文明卫生，安全生产。

8. 施工现场设醒目的安全标语、安全警示标志。

九、效益分析

1. 采用长线生产仅钢模投资节省费用50万元，生产线设备投入降低费用300万元。每年为工厂创造产值2800万元以上，利润300万元以上。

2. 长线台座生产模型结构简单，制作容易，品种更换时，模型改造容易，也可针对不同的断面进行生产。

3. 长线生产基建投入少，建设速度快，投产快，见效快。

4. 长线台座生产混凝土岔枕在国内较少，我厂长线由于采用了钢模与基础活动连接方式，用定位板控制钢丝位置，对钢模控制严格，能充分保证岔枕的产品质量，操作简单，安全可靠。

十、工程实例

自1996年铁路第一次大提速以来，我厂采用此法生产的各种类型提速道岔用混凝土岔枕3500组以上，约占全国提速岔枕一半的产量，已成功铺设在京广线、京沪线、京九线、襄渝线、宝成线、兰新线、宝中线、沪杭线、武九线、遂渝线等铁路干线上，产品质量完全符合标准要求，保证了用户工期要求。为我国铁路大提速做出了一定的贡献，同时也为工厂增加了市场竞争力，成为工厂一个重要的经济增长点。

2004年4月，工厂组织专家和铁道部质检中心对我厂生产岔枕产品进行质量检查，产品各项性能均达到《混凝土岔枕技术条件》（TB/T 3080—2003）标准要求。

2004年8月，四川省科技厅组织专家对我厂提速道岔用混凝土岔枕长线台座综合施工技术进行科技成果鉴定，专家组一致认为该项综合施工工艺技术先进、成熟、实用，具有创新性，达到国内领先水平，可应用于各种混凝土岔枕的生产。

2004年11月，由于我厂提速岔枕订货任务的大量增加，工厂新增建2条岔枕生产线，仅用1个月的时间就建成投入使用，产品质量优良，再次体现了用长线台座法生产的各项优点。

长轨排法一次铺设整体道床无缝线路施工工法

YJGF 44—2004

中铁三局集团有限公司

史柏生　赵文君　杨世杰　牛建成　张爱萍

我国采用长轨条铺设无缝线路主要是针对地面铁路而进行的，经验比较成熟。其施工线路曲线半径大（一般在1000m以上），施工方法主要是“散铺法”。在国铁中采用长轨排法铺设无缝线路施工方法（线路通过小半径曲线、S型曲线）也只是做过可行性研究，并没有付诸实施。

国内整体道床无缝线路施工方法是随着国内大中城市的城市轨道交通建设而发展起来的，是借鉴国铁中长轨条铺设无缝线路的经验，以往主要采用的是“散铺法”和“换轨法”。

随着施工经验的不断成熟，目前整体道体无缝线路铺设施工中主要采用“换轨法”和“线上焊轨法”。

借鉴高速铁路中长轨排一次铺设无缝线路的施工方法，结合以往短轨排法的施工经验，开发了本工法，并成功应用于南京地铁一号线轨道工程施工中。

本工法既可不用工具轨，又可确保轨道施工的质量、安全和进度要求，同时也提供作业人员良好的施工环境。

一、工法特点

1. 对施工环境污染小。
2. 长轨排运输及钢轨焊接对道床施工干扰小。
3. 施工工期短。
4. 钢轨焊接质量有保证。
5. 焊接接头不会置于轨枕上。
6. 曲线线路圆顺。

二、工艺原理

在铺轨基地内设接触焊焊轨场，将25m的定尺钢轨焊成125m的长钢轨。然后依据轨节表，将长钢轨、短轨枕、扣件和两端带铰的长钢枕组成长轨排。

用8台龙门吊将长轨排吊装到长轨排运输列车上，在列车中部的平板车上安装具有纵、横向限位的钢轨固定支座，而在其余平板车上安装仅有横向限位但可容许纵向移动的左右股分别设置的钢轨活动支座。

当长轨排运输到作业面附近后，由8台铺轨龙门吊将长轨排同步吊起运送到已成型道床钢轨接头前端的活动滚道上，采用小型气压焊机焊接联合接头，经正火、打磨和探伤检测等合格后，在轨排上安装调轨支撑架，对轨道状态进行方向、水平、高低、轨距及正矢等方面的调整。再灌注混凝土支墩，将调整到位的轨排固定，最后灌注道床混凝土。当一个单元轨区段（道岔与道岔之间或两缓冲区之间）整体道床施工完毕后，若混凝土灌注时的轨温不在设计锁定范围内，应放散应力，将钢轨在设计锁定轨温下重新锁定，完成整体道床和无缝线路施工。

三、适用范围

适应于城市轨道交通短轨枕式整体道床无缝线路。

四、施工工艺

1. 施工工艺流程图（见图1）

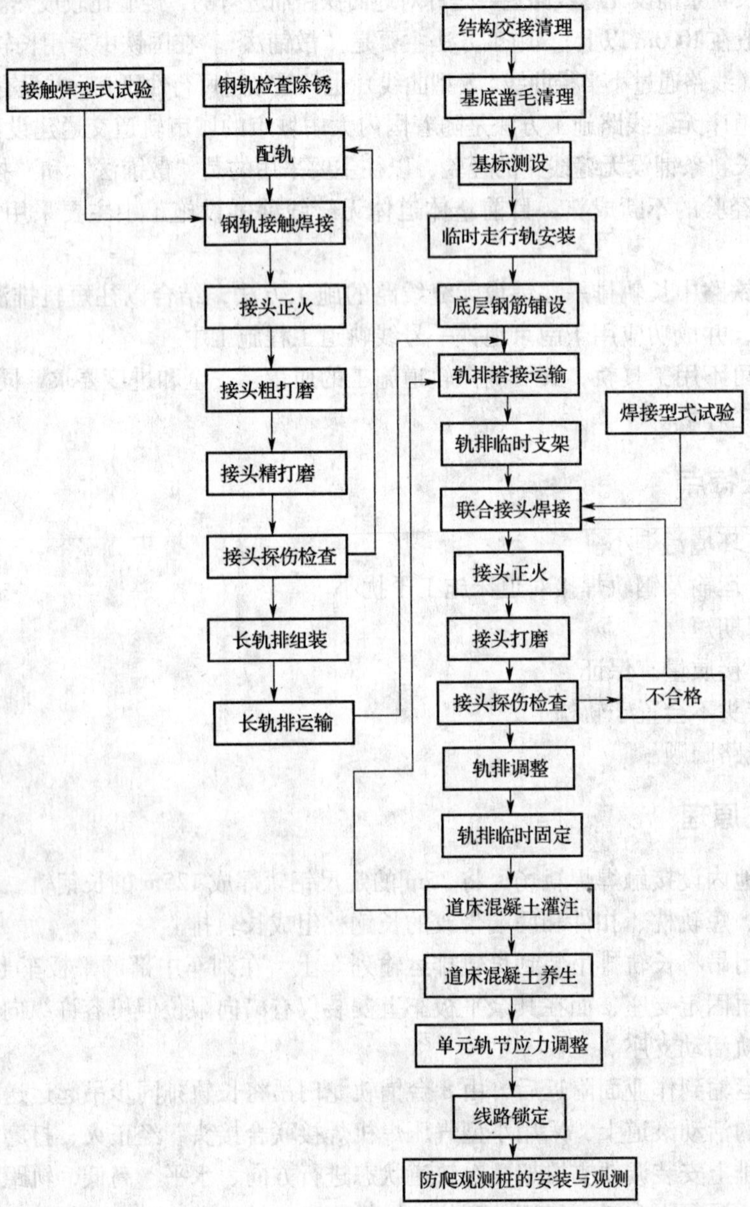

图1　施工工艺流程图

2. 施工流程

（1）施工作业面的清理。

根据施工设计要求，施工作业面的各种建筑垃圾进行清除，清除积水和浮渣，使作业面保持干燥、干净，对结构底板进行凿毛处理。凿毛后的底板要用高压风或高压水进行吹扫或清洗，确保结构底板不留浮渣和污物和水。凿毛清理干净后及时施工混凝土垫层。

（2）基标测设。

在清扫干净的底板上或者施工完的垫层上，依据设计技术要求交底移交的、经复核符合要求的线路施工导线点或控制基桩进行测设线路控制基标。并在曲线的直缓点、缓圆点、曲中点、圆缓点、缓直点加点布置。

对侧放的各种基标，要严格保护，严防撞击。对被扰动过的基标要按规定重新进行复核。满足精度要求后交付施工使用。

（3）临时走行轨的铺设。

铺设临时走行轨，其目的是为了使铺轨小龙门吊运送轨排和混凝土以及各种周转材料，以满足整体道床施工有序地向前推进。临时走行轨铺设在道床的两侧，一般用P38kg/m的小钢轨来做临时轨道，小钢轨用临时支撑架支撑固定在隧道墙壁的底部或侧部，用膨胀螺栓牢固固定。其轨距一般为3.1～3.2m，临时走行轨轨面高度基本和整体道床轨面高度相近。

（4）底层钢筋及防迷流钢筋的铺设。

在已测设完毕铺轨基标的地段，铺设底层钢筋网。钢筋网和结构底板间用混凝土预制块支垫，确保钢筋位置的正确。另外在结构缝和道床伸缩缝的地方把纵向钢筋断开，断开部位按防迷流要求焊接排流引出钢（铜）板。在一个道床伸缩段的中部按要求把纵向钢筋和横向钢筋进行焊接。

（5）钢轨的地面接触焊接。

钢轨地面焊接是在铺轨基地内进行的。铺轨基地内建有小型焊轨场。根据轨排长度125m的要求，焊轨场的长度在170m左右。焊轨场由待焊钢轨堆放区、钢轨配检轨区、接头焊轨区、接头正火区、接头打磨区、接头检查和探伤区、长钢轨条存放区组成。在焊轨场内布置8～10台龙门起重机，负责钢轨的焊接和堆码。钢轨焊接用固定式接触焊机或移动式接触焊机对钢轨进行接头焊接。钢轨焊接按GB 1632—91焊接标准进行。首先按配轨表要求对焊接钢轨进行配轨，对选好的钢轨进行外观检查，对轨头两端有弯曲的部位进行校直，然后对钢轨夹钳导电部位进行打磨、除锈。一切完毕后，可进入焊机下进行焊接。焊接、推瘤结束后，接头进行正火处理。接头正火处理完毕后，可进行粗打磨和精打磨。然后进行接头内部探伤检查和外观检查。合格后的钢轨条进入存轨区待用。

（6）长轨排的组装。

在轨节场建有长轨排组装台座。按照无缝线路设计和铺轨综合图要求编制配轨表。依据配轨表组装长轨排。长轨排长度125m。组装好后的长轨排两钢轨间，用特制的活动钢支撑架按1435轨距连接起来。确保两长轨之间相对位置不便。用8～10台龙门吊把长轨排平稳的吊装到运轨排列车上待运（见图2）。

（7）轨排运输。

轨排运输是由轨道牵引车牵引长轨排运输列车来实现的。轨排吊装到轨排列车上后，在列车的中部平板车上安装一个具有支撑和固定作用的支撑架，其余平板车上安装具有支撑作用并确保钢轨纵向可运动且左右股之间能横向移动的支撑架，整个长轨排形成以轨排中部为固定不动点，左右股钢轨前后自由串动的状态，确保列车顺利通过小半径曲线地段（见图2）。把轨排和托架进行连接，以确保列车的安全运行。轨道车顶推着长轨排列车把轨排缓缓送至施工作业面道床强度已满足要求的地段待卸。

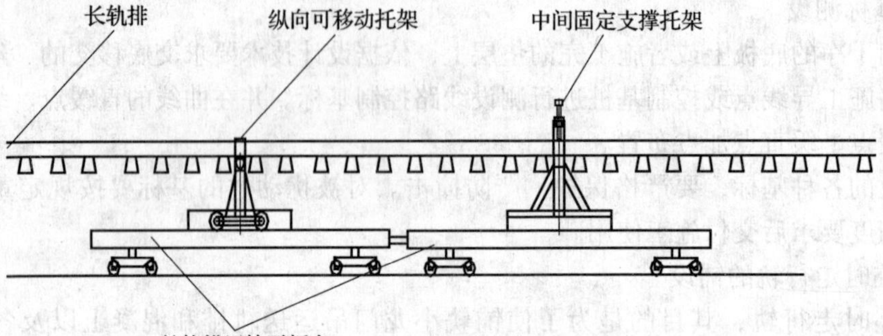

图2　轨排在运输列车上放置

（8）轨排的搭接运输。

轨排的搭接运输是用铺轨龙门吊机组来完成的。龙门吊机组由8~10台铺轨同步小龙门吊组成（见图3）。龙门吊机组走行在临时走行轨道上。当龙门吊机组进入轨排列车范围后，解除轨排和托架的联结。龙门吊机组把轨排列车上的长轨排吊起后缓缓运送到设计安装位置的临时托架上待下一道工序——联合接头的焊接。

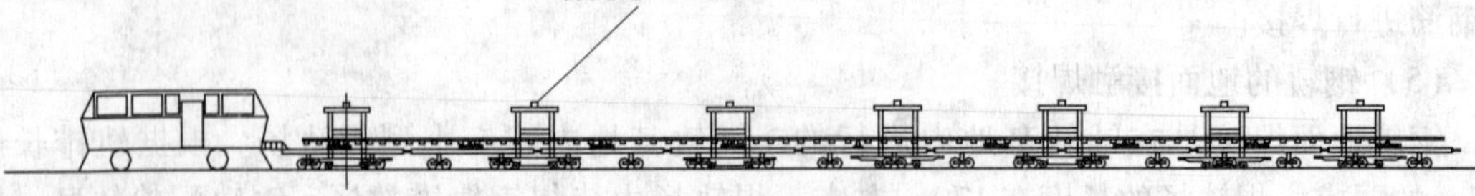

图3　龙门吊机组

（9）联合接头焊接。

钢轨联合接头的焊接有两种方法，一是气压焊接；二是铝热焊接（本工程按业主要求采用气压焊接）。初步到位的轨排，根据接头位置的要求，对接头进行方正处理。处理完毕后的钢轨，把其中一根用临时夹板和前根钢轨进行联结，解除轨排两钢轨间的连接，顺直接头两侧各20m范围内的钢轨，对钢轨两焊接端面进行打磨处理，符合要求后对接头进行焊接。焊接完毕后，以同样的方法焊接另一个接头。然后对接头进行正火处理，打磨和探伤。合格后转下一道工序（钢轨接头现场小型气压焊接示意图见图4、图5）。

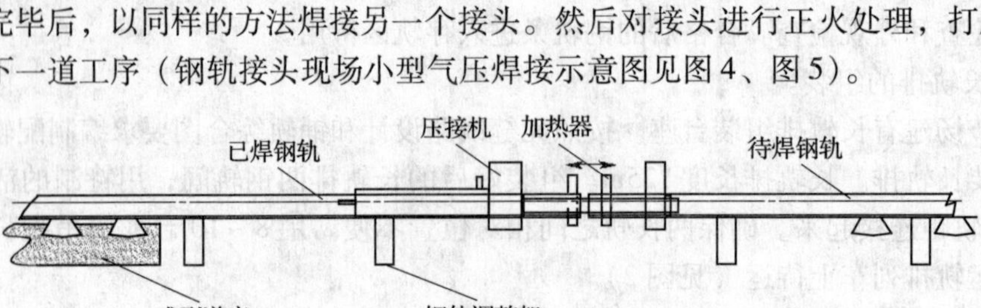

图4　钢轨接头现场小型气压焊接示意图

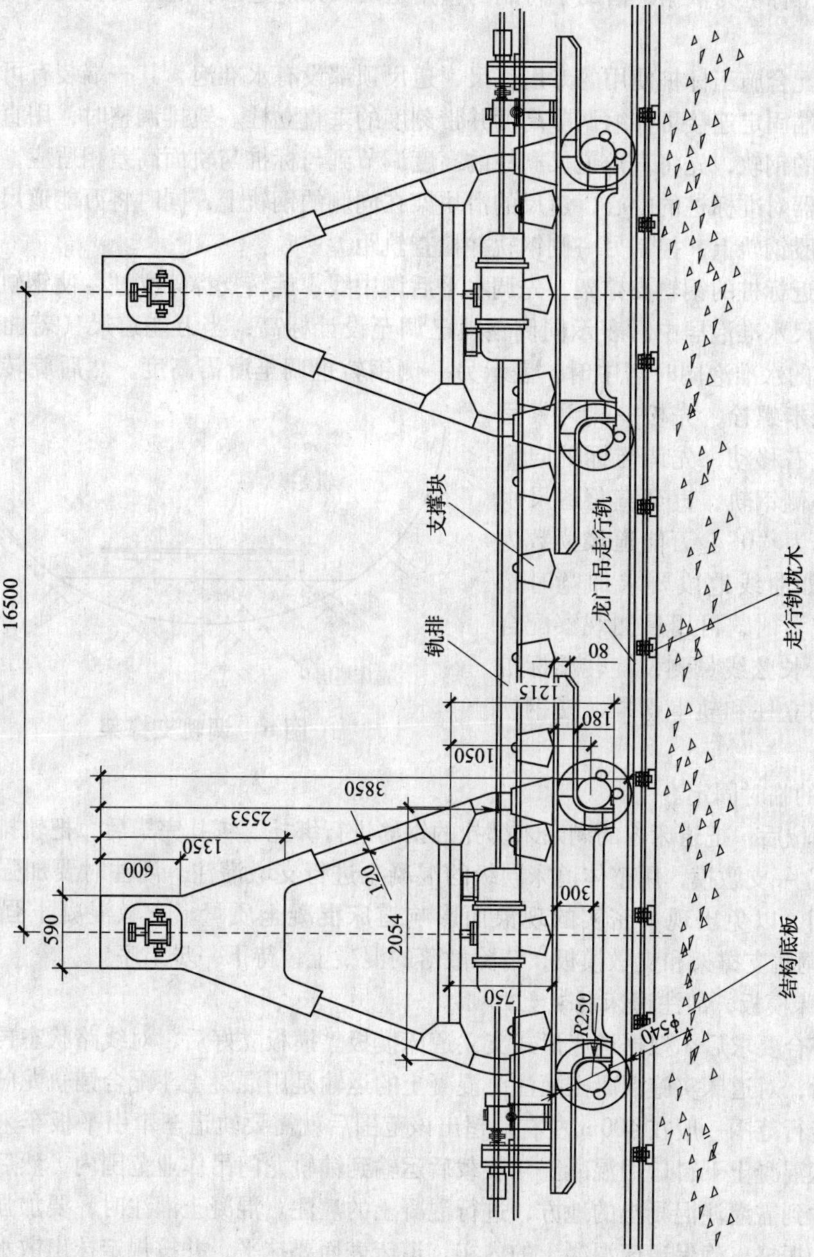

图 5 整体道床长轨排吊装纵断面示意图（单位：mm）

（10）轨排调整。

接头焊接完成后，在轨排上安装调轨支撑架（见图6）。依据铺轨基标和铺轨综合要求对轨道状态进行方向、水平、高低和轨距及正矢等方面的调整。使轨道状态满足施工规范要求。

即可以按施工标桩为依据，借助于特制的直角道尺和万能道尺，通过调轨支撑架的调整使轨道精确就位。

直角道尺是配合施工标桩使用的专用道尺，道尺顶部设有水准泡，其一端装有可水平移动的滑块，另一端固定连接可伸缩调节高度并带刻度的垂直立柱。轨排调整时，用直角道尺控制与标桩同侧的钢轨，先将直角道尺立柱的高度调节到与标桩与轨面高差相适应，并将道尺立柱底的对准器对准标桩的中心，道尺的滑块架在同侧的钢轨上，同时将万能道尺紧挨直角道尺，架在两股钢轨上，控制另一侧钢轨并检查轨距。

首先调整临近标桩的钢轨支撑架，先调水平后调中线，旋转支撑架立柱，使钢轨升高或降低，当直角道尺水准泡居中时表示同侧钢轨已调至设计标高，当万能道尺（若曲线时内轨顶加超高值）的水准泡同时居中时，表示另一侧钢轨也调至所需高度。然后旋转钢轨支撑调整架上的轨卡螺栓，先松一侧再紧另一侧，使钢轨左右移动，先调与标桩同侧钢轨，再调另一侧钢轨，直至直角道尺水平滑块指针读数为“0”。万能道尺读数为“1435mm”（如曲线地段要求加宽时按1435＋加宽值记）时，再用目测观察配合万能道尺和10m长弦线量测，旋转离标桩较远的支撑架的立柱和轨卡螺栓，使钢轨平直圆顺。

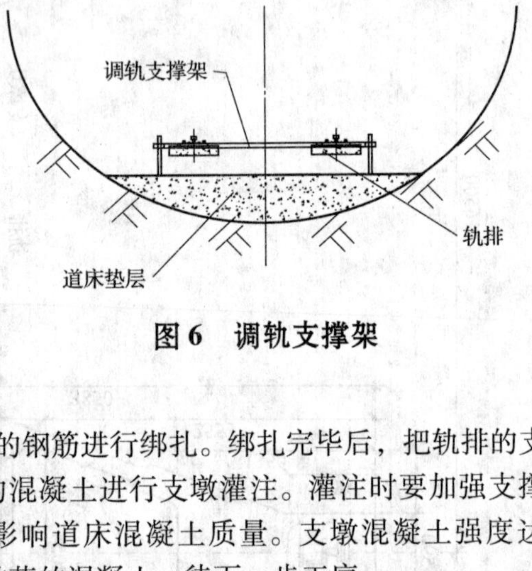

图6　调轨支撑架

（11）轨排的临时固定。

轨排调整到位后，把道床内的剩余未绑扎的钢筋进行绑扎。绑扎完毕后，把轨排的支撑块每隔3～4块立一支墩摸，用整体道床同级的混凝土进行支墩灌注。灌注时要加强支撑块下混凝土的捣固，以免出现不密实的现象而影响道床混凝土质量。支墩混凝土强度达到5MPa后，拆除调轨支撑架和支墩摸板，清除散落的混凝土，待下一步工序。

（12）立道床模板，灌注道床混凝土。

轨排状态符合要求后，根据道床形式支立道床摸板。摸板立好后，对线路状态再一次进行检查，无误后，对道床实施混凝土灌注。混凝土的运输是用混凝土斗配合铺轨龙门吊来进行的。龙门吊走行范围一般在400m左右，超出该范围后就需要轨道车牵引平板车来进行运输。当平板车从混凝土下料口用混凝土斗装载后运输到铺轨龙门吊作业范围内，然后由铺轨龙门吊搭接运输到需灌注混凝土的地方，进行混凝土的灌注。混凝土灌注时，要加强支撑块下前后、左右的振捣，确保道床混凝土的内实。道床表面要抹平，并按规定抹出散水坡，确保隧道墙体渗水汇集到水沟内。在道床混凝土灌注时要做好当时的轨温记录，以待后期无缝线路锁定时使用。

（13）工序转移。

道床混凝土灌注完毕后，其强度达到设计强度的70%以上时，全部工序转下一个循环。

拆除临时走行轨道。把调轨支撑架、临时走行轨、摸板等周转材料运往下一个施工作业面。清理扣件、钢轨、支撑块上的污物，清扫道床，垃圾装外运。对道床混凝土进行养护。下一个作业循环同上一个工作内容一样。以流水形式进行。通过循环作业完成整体道床施工。

（14）长钢轨无缝线路锁定。

当一个无缝线路区段整体道床施工完毕后，根据施工现场实际情况和气温以及轨温的要求，可对该段长钢轨进行锁定。首先依据道床灌注时的轨温记录，比照设计锁定轨温和当时的实际轨温，对该区段进行调查。根据调查资料设计该区段的应力调整和放散方案。按方案要求拆除不符合锁定轨温要求区段的扣件（把该区段向两侧延长400~500m，作为应力调整区段），利用震动或车辆碾压的方式，使钢轨应力调整均匀满足设计锁定时，立即对该区段进行锁定，并记录好锁定时的轨温。锁定后整理扣配件，安装防爬观察标志，做好记号。按要求进行防爬观察。

五、质量控制

整体道床施工标准按现行地下铁道施工规范和铁路施工规范要求执行，混凝土施工按混凝土施工规范要求执行。钢轨焊接按GB 1632—91标准执行，无缝线路施工按国铁无缝线路施工及养护标准执行。

1．施工中的非标结构以及模板等设计，须经检算确定，具有足够的强度、刚度及安全系数、试验数据。并保证结构尺寸和预留孔位的准确。

2．整体道床施工前，先检查底板有否渗漏水，尺寸和质量符合设计标准后，进行凿毛、清理，按有关规范要求做好隐蔽工程检查，填写检查记录；道床基标埋设以前，对建筑限界、净空尺寸进行检测，中线水平贯通测量并调整误差，满足要求以后方能布设，基标埋设的误差应在规范规定的范围内；对轨排的精调要严格检查、验收。在浇筑混凝土过程中，要采取有效的防护措施，保证不碰撞钢轨支撑架，并指定专人经常检查中线、标高、轨距、水平，保证结构尺寸的准确无误。

3．焊长轨前，严格按TB/T 1632—91标准，做好钢轨焊接接头的型式检验和周期性试验，获得合理的工艺参数。

4．在检查结构底板质量和尺寸符合设计后，进行凿毛处理，用高压水清理道床基础，并排干基底积水，保证道床混凝土与基底紧密结合。

5．道床混凝土应分层浇筑，分层振捣，每层厚度不超过300~400mm，相邻两层浇筑时间间隔不超过2h，确保上下层混凝土在初凝前结合好，不形成施工缝，浇筑混凝土的自由落差不超过2.0m，否则使用串筒、溜槽等工具进行浇筑。

混凝土结构内的预埋件、管道、密集群管、钢筋稠密处以及结构的后浇缝部位，均为可能导致渗漏水的薄弱之处，为混凝土浇筑的关键部位，要仔细施工，确保混凝土的浇筑质量。

六、安全控制

1．焊机操作人员、龙门吊司机、轨道车司机需要经培训，持证上岗。

2．车辆运行速度，应控制在15km/h之内，以确保龙门吊同步。

3．吊轨排小龙门吊走行，要有专门指挥人员，应充分注意附近工作人员的安全。启动、停止时都要响铃警示。联动龙门吊步调要到致，轨排走行前方，人员必须撤离。长轨列车上的钢轨，必须严格检查并紧固锁定，避免其通过曲线、道岔、长大坡道等地段时轨条串动或弹出车外，运行中尽量避免紧急刹车。

七、机具设备（见表1）

表1 设备配备按一个施工作业面配备表

序号	名　称	规格型号	数量	序号	名　称	规格型号	数量
1	钢轨接触焊机	GASS80/580或K900	1台	11	钢轨调直机	GHX300	1台
2	钢轨小型气压焊机	YH300	1套	12	接头正火设备	特制	2台
3	龙门吊	HJD10	8~10台	13	钢筋切断机	GQ-40	1台
4	铺轨小龙门吊	DTZP-10	8~10台	14	钢筋弯曲机	GW-40	1台
5	轨排运输列车	研制	1列	15	接头打磨机	SM-125	10台
6	轨道动力牵引车	JY290	1台	16	端头打磨机	GDM-150	2台
7	其他配套机具	研制	若干	17	液压弯轨机	YW-60	1台
8	活动钢轨枕	研制	30个	18	全站仪		1台
9	轨排调整支承架	研制	100个	19	精密水准仪		1台
10	临时走行轨	P38	1000m	20	万能道尺		5把

八、劳动力组织（见表2）

表2 劳动力配备按一个作业面配备表

序号	名　称	数量	序号	名　称	数量
1	钢轨接触焊接工	6名	10	线路工	20名
2	正火工	6名	11	电工	5名
3	钢轨接头打磨工	10名	12	机修工	3名
4	龙门吊操作工	16名	13	机械钳工	2名
5	轨道车司机	2名	14	电焊工	6名
6	钢轨气压焊接工	6名	15	起重工	10名
7	钢筋工	8名	16	起重指挥员	4名
8	木工	15名	17	领车信号员	2名
9	混凝土工	20名	18	探伤工	2名

九、经济及社会效益

本工法解决了城市轨道交通施工中，场地小、环境复杂等难题；施工技术中解决了长轨排在小曲线半径、长大坡道上运输、现场焊接多、质量又难保证等难题。减少了投入、缩短了工期、提高了质量，取得了良好的经济和社会效益。

长轨排法施工短支撑块式整体道床和无缝线路轨道工程，是对地铁和城市轨道交通施工的一次变革，以其独特的优点将会得到城市建设者和设计者的青睐。

十、工程实例

本工法于2003年7月~2004年5月南京地铁一号线南北左线、右线、西延伸线。

在施工过程中，设计单位、业主和轨道监理对各工序以及接头焊接质量进行了施工监测，完全符合设计要求。

由于采用了本施工工艺，南京地铁一号线在区间结构交接滞后的情况下均按期完成。

新建200km/h以上有碴轨道机械作业组整道施工工法

YJGF 45—2004

中铁二十二局集团有限公司

雷　丁　赵东田　赵巨宏　杜以军　郝银根

秦沈客运专线首次采用跨区间无缝线路铺设，要求建成之后开通达到旅客列车运行速度160km/h，养护目标300km/h。这对线路新建工作提出了新的要求。我公司以捣固车与配碴整形车、动力稳定车组成大型综合作业车组，简称MDZ机组，首次参加秦沈客运专线施工。铁道部在秦沈客运专线新建过程中，在我公司MDZ机组施工的山海关～绥中段进行综合行车实验，获得了时速321.5km的中国行车第一速度。通过对施工过程的总结形成本工法。

一、机械化整道机组（MDZ）构造性能

机械化整道机组（MDZ）由以下机械组成：起拨道抄平捣固车，如08－32型或09－32型；配碴整形车，如USP、SSP或SPZ系列；轨道动力稳定车，如DGS62N型或WD320型。

1. 08－32型捣固车构造性能

08－32捣固车主机是由两轴转向架、专用车体和前后司机室、捣固装置、枕端夯实装置、起拨道装置、检测装置、液压系统、电器系统、气动系统、动力及动力传动系统、制动系统、操纵装置等组成。

附属设备有材料车、激光准直设备、线路测量设备等，详见图1。

08－32捣固车作业受各种条件的限制，其作业条件见表1，主要技术参数见表2。

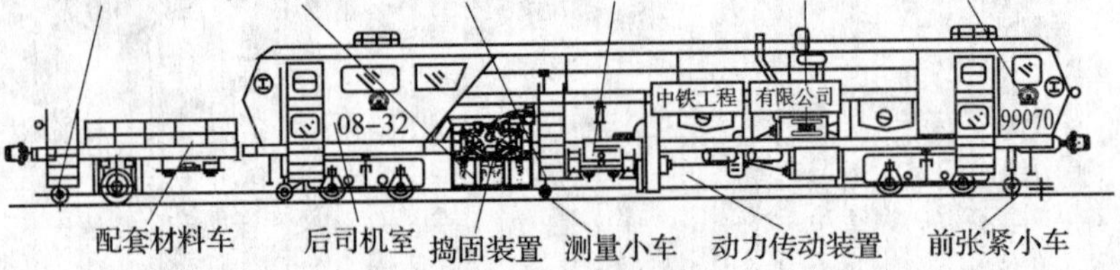

图1　08－32型捣固车示意图

表1　08－32捣固车作业条件

项　目	作业条件	项　目	作业条件
钢　轨	50kg/m，60kg/m，75kg/m	特殊环境	可在雨天和夜间及风沙、灰尘严重的情况下作业
轨　枕	木枕或混凝土轨枕	轨　距	1435mm
道　床	碎石道床	线路最大超高	150mm
作业线路	单线或线间距4m及以上的复线或多线	线路最大坡度	33‰

续表 1

项　目	作业条件	项　目	作业条件
作业最小曲线半径	120m	环境温度	-10 ~ +40℃
运行最小曲线半径	100m	环境湿度	平均 70%
最大海拔高度	1000m		

表 2　08-32 捣固车的主要技术性能

项　目	性能及参数	项　目	性能及参数
自行最高速度	80km/h（双面）	横向水平作业精度	±2mm
允许联挂速度	100km/h	纵向高低作业精度	4mm（直线 10m 距离两侧点间高差）
空气制动形式	排风制动，一次缓解，缓解时间 <10s	拨道作业精度	±2mm（16m 弦 4m 距离两点正矢最大差值）
单机紧急制动距离	≤400m（80km/h）	起道顺坡率	≤0.1
作业效率	1000 ~ 1300m/h	测量系统精度	1mm
作业时最大起道量	150mm	柴油机型号	KHDF12L513F
作业时最大拨道量	±150mm	柴油机功率	245kW
捣固深度	570mm（由轨顶向下）		

2. WD320 型动力稳定车的构造性能

稳定车的主要结构由动力与走行传动系统、稳定装置、主动与从动转向架、车架与顶棚、前后司机室、空调与采暖装置、单弦与双弦测量系统、液压系统、电气系统、制动系统、气动系统和车钩缓冲装置等 12 部分组成，如图 2 所示。WD320 型动力稳定车主要技术性能见表 3，稳定装置的主要技术性参数为：1）振动频率　0 ~ 45Hz；2）总激振力 0 ~ 320kN；3）垂直静压力 0 ~ 2 × 120kN；4）质量 3500kg。

稳定车由 1 台液压马达同时驱动 2 套稳定装置的 2 个激振器，使激振器和轨排产生剧烈的同步水平振动。轨道在水平震动力的作用下，道碴重新排列密实。与此同时，稳定装置的垂直油缸分别给予两侧钢轨施加向下的压力，使轨排均匀下沉，并达到预期的下沉量。

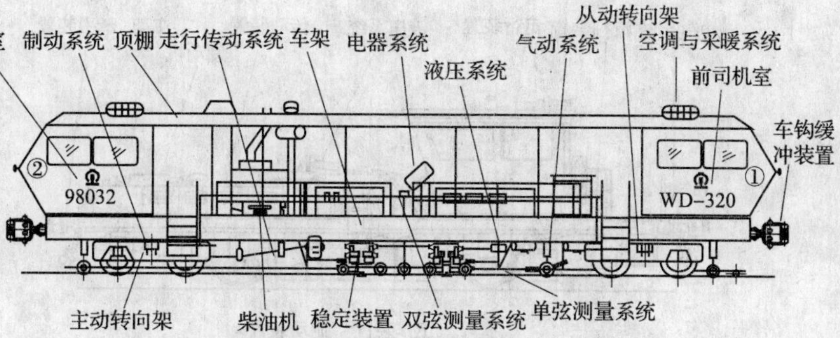

图 2　WD320 型动力稳定车示意图

表 3　WD320 型动力稳定车主要技术性能

参数名称		单位	参数	参数名称	单位	参数
作业条件	线路最大超高	mm	150	运行时通过最小曲线半径	m	100
	线路最大坡度	‰	33	轨距	mm	1435
	最小曲线半径	m	180	心盘距	mm	12000
	最大轴重	t	23	轴距	mm	1500
	最大海拔高度	m	1000	轮径	mm	840
	环境温度	℃	-10～+40	轴重	t	15
传动类型	区间运行		液力传动	车钩形式		上作用 13 号
	作业走行		液压传动	缓冲器		MX-1 型
速度	区间运行	km/h	80	车钩水平中心线距轨面高度	mm	880±10
	作业走行	km/h	0～2.5	长×宽×高	mm	18942×2700×3970
	联挂运行	km/h	100	总质（重）量	t	60

3. SPZ-200 型配碴车的构造性能

SPZ-200 型双向道床配碴整形车是新建、大修、“开天窗”维修机械化作业中不可缺少的配套机械之一。主要功能是：

（1）根据捣固作业的要求将卸在道路两侧的道碴，通过侧犁分配到钢轨的外侧。

（2）侧犁可将道床边坡上的多余道碴按需要作近距离搬移。

（3）通过侧犁和中犁的配合使用，可将道碴按需要搬移。如：道碴从线路的左侧运移到线路的右侧，从线路的右侧运移到线路的左侧。

（4）中犁将线路中心的道碴移到线路的两侧或向前推移。

（5）中犁将轨枕端部的道碴送到钢轨内侧。

（6）后部的滚刷和横向运输皮带装置，可以将残留在轨枕面和扣件上的道碴收集并提升送到皮带上，再通过改变皮带的运输方向，将道碴送到线路的左右边坡上。

（7）调整侧犁的转角，可以按工务维修规则的要求，使道床断面成型。SPZ-200 双向配碴整形车结构见图 3，技术参数见表 4。

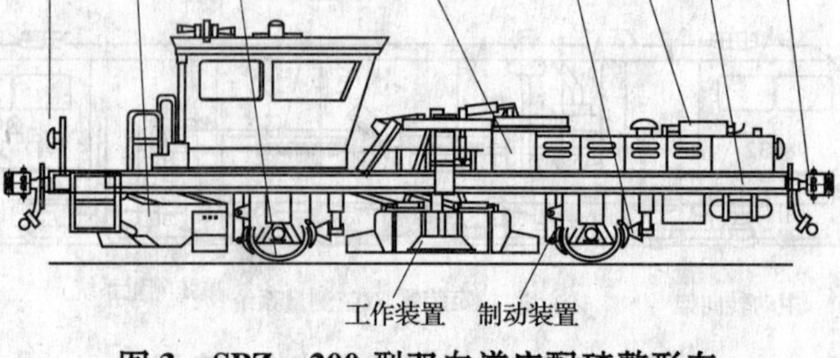

图 3　SPZ-200 型双向道床配碴整形车

表4　配碴车技术参数

参数名称	单位	参数	参数名称	单位	参数
柴油箱容量	L	900	环境温度	℃	-5～+35
相对湿度	%	70	车轮直径	mm	840
轨距	mm	1435	最大超高	mm	1500
通过最小曲线半径	mm	100	轴列式		0-2-0
通过最小曲线半径	mm	150	整备重量	kg	30000
最大构造速度（联挂速度）	km/h	100	车辆限界		符合“铁标”机车车辆限界
作业运行速度	km/h	0～12	轴荷重	kN	140
区间运行速度	km/h	0～80	最大坡度	‰	33
最大作业宽度	m	6.6	海拔高度	m	<1000
最大作业深度（枕底以下）	m	1.2	缓冲器		MX-1型橡胶缓冲器
车钩高度（距轨面）	mm	880±10	车钩形式		上作用13号车钩
液压油箱容量	L	860	轴距	mm	5500
分动箱润滑油容量	L	13	制动方式		空气制动及手制动
车轴齿轮箱润滑油容量	L	2×13.5	传动形式		全液压传动
主风缸容积	L	2×100	外形尺寸	mm	13500×3050×3860
作业风缸容积	L	60			

二、配套设备

机械化整道机组（MDZ）施工时，必须配备相应的配套设备。施工现场配备的附属车辆和检修设备见表5。

表5　附属车辆和检修设备一览表

序号	机械名称	规格型号	单　位	数量	备注
1	宿营车	YW22	辆	5	
2	餐车	CA	辆	1	
3	材料车	YZ	辆	1	
4	修理发电车	P60	辆	1	
5	工程指挥车		辆	1	
6	中型面包车		辆	1	
7	客货车	BJ141	辆	1	
8	油罐车		辆	1	
9	水车		辆	1	
10	铣床		台	1	

续表5

序号	机械名称	规格型号	单位	数量	备注
11	发电机		台	1	
			台	1	
12	电焊机		台	1	
13	复轨器		台	4	
14	车载电台		台	9	
15	对讲机		部	6	
16	其他工具				

三、工法特点

1. 施用“紧密流水作业法”组织轨道综合施工，能使轨道状态迅速达到初期稳定状态，避免了前期施工中由于道床纵横向阻力小，长钢轨热胀冷缩引起的线路前期病害的产生。

2. 机械化整道机组（MDZ）联合的使用。

根据对轨道动力稳定车作业效果的测试结果表明，轨道动力稳定车一次满荷载稳定作业所引起的碎石道床初期沉降量，相当于8万~10万t行车荷载通过线路的作用效果。

使用轨道动力稳定车的具体优点是：

（1）可预先完成部分新铺道床乃至路基的初期沉降量，缓解了在行车荷载作用下初沉降数值大且不均匀的情况。

（2）可加大轨排的横向和纵向移动阻力。

（3）荷载分布均匀，有利于压力荷载在路基上的分布。

用机械化配碴技术使配碴时间减少70%，人员减少80%，大大降低了施工费用。

3. 初步达标阶段采用分层铺设、分层捣固并加以动力稳定的综合作业法，其优点是：

（1）由于捣固机械的捣实效果是随道床深度的增加而降低，所以采用分层铺设捣固道碴可以有效地保证捣实效果，而且分层厚度应根据捣固头插入道床的深度以每层50mm~80mm为宜。

（2）通过每次的动力稳定作用，可使碎石道床的非均质性由不同的沉降表现出来，而所出现的非均质性则可通过下一层道碴的铺设、捣固和动力稳定得到消除。

总之，采用机械化作业机组（MDZ）铺设道碴，可以迅速而有效地取得碎石道床的整体稳定性，提高线路质量。

4. 动力稳定作业。

通过实验实现了在桥上进行动力稳定作业，保证了桥上和路基地段轨道状态的均匀一致。

5. 轨道静态连续检测小车与起拨道机相结合，实现了轨道精细整理，使线路几何状态迅速满足300km/h的验收标准。

四、劳动力组织（见表6）

1. 所有操纵人员必须经培训持证上岗。

2. 所有参加精整作业的人员在精整施工前一年时间内，本号位操作不少于200km。

表6　劳动力组织

序号	工　　种	人数	工　作　内　容	备　注
1	正副项目经理	2	负责全面工作	两班工作制
2	正副总工程师	2	负责全面技术工作	
3	正副车队长	2	负责现场生产组织、按上级命令实施整道	
4	生产调度	2	负责全面生产组织	
5	驻站联络员	2	与车站联络	
6	质检工程师	2	质量检查	
7	线路技术员	2	线路调查	
8	材料员	2	材料、配件的采购及保管	
9	捣固车操纵及运行司机	14		
10	配碴车操纵及运行司机	6		
11	稳定车操纵及运行司机	4		
11	机车司机	2		
12	汽车司机	4		
13	内燃钳工	1		
14	机械钳工	1		
15	车辆钳工	1		
16	电工	1		
17	电、气焊工	1		
18	炊事员	3		
19	防护员	4		
	合计	58		

五、适应范围

1. 工法适用于轨距为1435mm的新建无缝线路。

2. 道岔区、宽枕线路、整体道床线路和无碴桥面线路不能用本工法进行整道。

3. 只能完成整道作业中的配碴、起道、拨道和对道床的捣固、稳定、断面成形，不能落道。

六、工艺流程

MDZ机组整道基本作业可分为：3次补碴、4次捣固、5次动力稳定。其流程图见图4。

由于初步稳定以后要进行应力放散和锁定焊，应力放散以后线路不能进行大的起拨道作业，每个单元工程施工自然分为两个阶段，即初步稳定整道阶段和精细整作阶段。

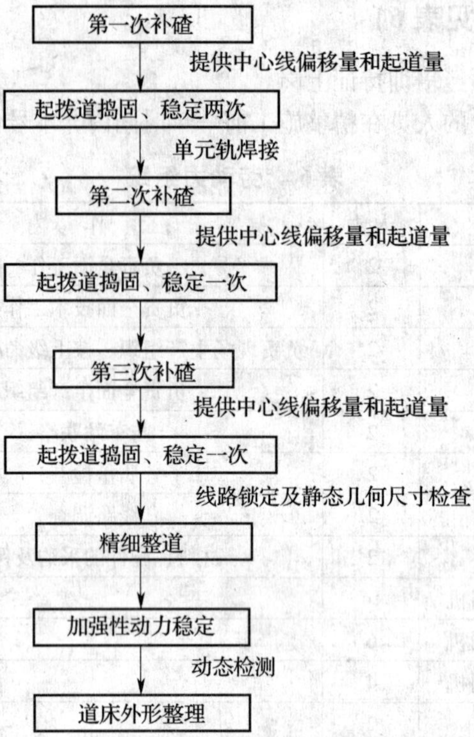

图 4　MDZ 机组整道施工流程图

1. 初步稳定阶段

对新线铺设后的道床初步稳定的整道采取“紧密流水作业法”组织轨道综合施工，紧密流水作业法是国际流行的一种高速铁路建设方法，用于长大区间联合作业，以 1.5km 为一个施工单元工程（单元长度以每天的铺轨进度为准），为了防止施工前期线路病害产生，要迅速使线路达到初步稳定状态。紧密流水作业法施工示意图如图 5 所示。

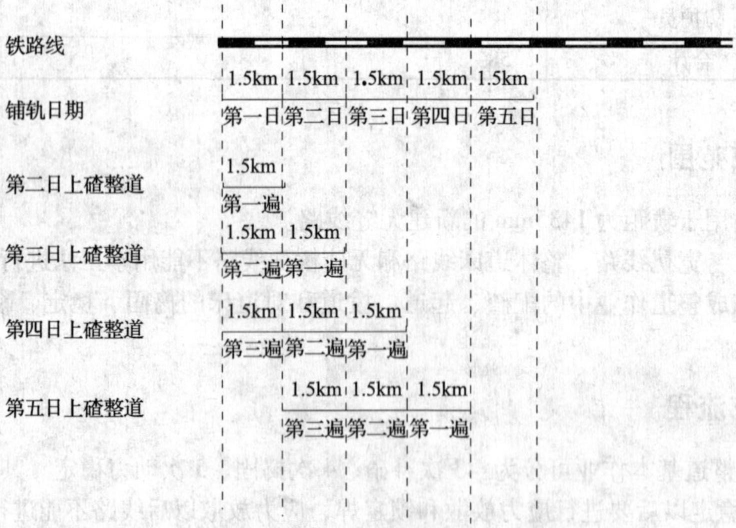

图 5　紧密流水作业法施工示意图

按钢轨运输车每车运12根250m钢轨、相应轨枕及附料，日铺轨进度1.5km计算，当日铺轨地段第二日进行第一遍上碴整道，第三日进行第二遍上碴整道，第四日进行第三遍上碴整道基本达到初步稳定状态。每日可整道长度为4.5km，每日1.5km能达到初步稳定状态。

列车编组：钢轨运输车每车运12根250m钢轨和相应轨枕及辅料为一列，进入区间时机车在后退行进入。MDZ机组以配碴车、捣固车、稳定车的次序进行编组，道碴运输车以30辆道碴自卸车为一列编组。

铺轨施工地点离车站小于1.5km时，不进行上碴整道作业。铺轨施工地点离车站1.5～10km时，钢轨运输车先行进入并到达施工地点，道碴运输列车续行进入施工地点卸碴，卸完返回，然后整道机组进入施工，道碴运输车辆与整道机组在车站避让。铺轨施工地点离车站大于10km时进入如图6紧密流水作业循环。

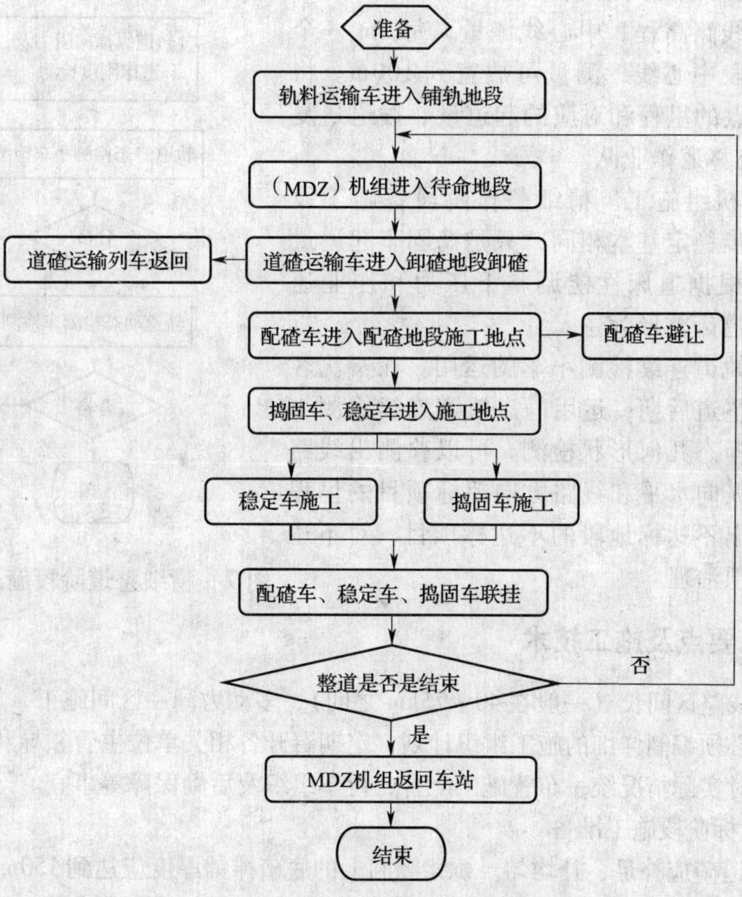

图6　初期稳定状态紧密流水作业法流程图

（1）施工车进入施工地段。钢轨运输车先行进入施工区间，MDZ机组续行紧跟进入，道碴运输列车再续行进入区间。各车组加强联系，注意车距。

（2）道碴运输列车卸碴。钢轨运输车到达施工地点后与铺轨机连接开始铺轨作业，车后500m设防护。MDZ机组在离铺轨机组后500m处待命，道碴运输列车先在需要进行第一、二、三遍卸碴的位置卸碴，第一遍补碴以每公里800m^3为宜，第二遍卸碴以每公里

$300m^3$为宜，第三遍基本补足。卸完道碴后运输列车返回，解除卸碴地段的封锁。

（3）配碴车进行配碴作业。等解除卸碴地段的封锁后，调MDZ机组进入施工地段，配碴车开始配碴作业，作业完毕后配碴车返回避让地点避让。

（4）捣固车、稳定车进行起、拨道、捣固、稳定作业，作业完毕后返回避让地点避让。

（5）上第二列道碴。开行第二列道碴运输车进入区间，进行补碴作业，补完后返回。

（6）进行MDZ机组作业，同3、4，作业后机组联挂，返回车站。

2. 精细整作阶段工艺流程图（见图7）

（1）进行线路缺碴情况调查，根据调查情况，用道碴运输车局部补碴或人工匀碴。

（2）进行线路高程、中心线测量，每5m一个测点，在直线段中心线，测量可放宽到100m。将测得的每个测点的里程和对应的起道量、拨道量复核，提前1d交整道作业队。

（3）MDZ机组施工。精细整作阶段各施工设备的作业与初步稳定基本相同，只是捣固车起道量变小，稳定车根据道床性能调整下压力和作业速度，配碴车以道床整形为主。

（4）静态轨道连续检测小车的运用。在秦沈客运专线的精细整道后期，运用静态轨道连续检测小车对线路进行静态几何形状检测，可以检测出线路的横向水平、纵向水平和线路方向超标项目的里程和内容，检测出不达标地段的不达标项目，对不达标项目进行专项治理。

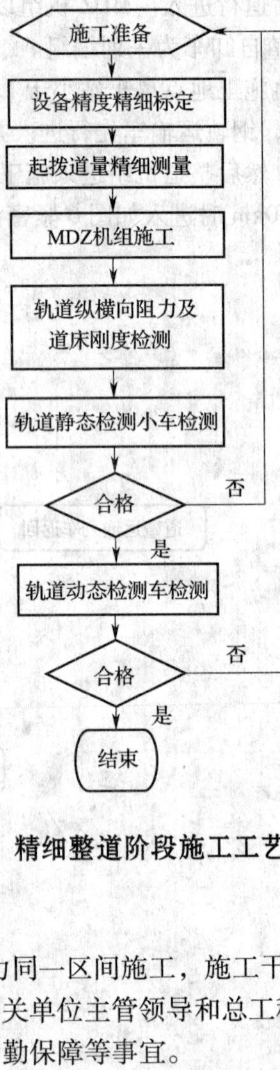

图7　精细整道阶段施工工艺流程图

七、施工要点及施工技术

新建无缝线路区间长（一般在40～75km之间），多动力同一区间施工，施工干扰较大，整道作业前，必须编制详细的施工组织计划，定期召开各相关单位主管领导和总工程师专题会议，根据当时实际情况统一布置施工配合、行车组织及后勤保障等事宜。

1. 初步达标阶段施工准备

（1）道床道碴应补足、补均匀。桥梁涵洞上的底碴摊铺厚度应达到150mm以上。

（2）轨缝不大于60mm，轨距、轨枕间距、轨枕方正符合《铁道轨道工程质量评定验收标准》，同时应补齐扣件、轨头扭结器。

（3）起、拨道量的测量。进行线路中线、水平测量，每10m一个测点，由于第一遍起道量都在80～180mm之间，第一遍可以不测起道量，第二、三遍直线段时拨道测点可放宽到100m。将测得的每个测点的里程和对应的起道量、拨道量复核，检查确认无误后，提前1d交整道作业队，以便整道作业时校对和修改。

（4）起、拨道量和曲线要素的标注。测量队应提前1d，将所测得的拨道量和调整后的起道量数据，第一次用红油漆、第二次用黄油漆、第三次用绿油漆顺捣鼓作业的方向，标注在每个测点的道心左侧轨枕面上。在曲线的起点轨枕面上标出曲线要素（曲线半径 R、缓和曲线长 L、超高值 C）并将曲线（包括竖曲线）变更点用规定的字母标注，即在变更处标注 ZH（直缓点）、HY（缓圆点）、YH（圆缓点）、HZ（缓直点）等。

（5）其他资料的交接。在整道作业开始之前，施工配合单位必须将线路设计平、纵断面图及道床设计断面图、桥梁振动频率、铺轨的轨温统计表等相关的资料提供给 MDZ 整道作业队。

（6）对无碴道床桥两端的处理。由于捣固车的起、拨道力超过 150t，无碴道床破坏后很难恢复，因此，无碴道床两端 10m 范围内 MDZ 机组不能作业，需人工顺接 30m。

2. 精细整作阶段的施工配合工作

（1）石碴车卸碴受条件限制不可能很均匀，配碴车又只能短距离运碴，因此，精细整作阶段前必须进行人工匀碴以保证道碴均匀，道碴不足地段必须补足道碴。

（2）对锁定焊时移动的轨枕，调整轨枕间距、轨枕方正符合《铁道轨道工程质量评定验收标准》，补齐扣件。

（3）配碴车在道床断面成形时，受电气化杆和其他道路标志的影响，有作业死点，必须人工配合整形。

（4）线路锁定温度轨温表交给整道作业队，作为施工温度控制依据，并将静态轨道连续检测小车的检测数据交给整道作业队，作为局部整治的依据。

3. 初步达标阶段的整道作业

（1）整道作业开始以前，整道作业队须对线路进行全面的调查，收集有关的资料，制定详细的施工组织设计书，根据调查的结果向车队、班组下发施工作业指导书。

（2）配碴车进行配碴作业，配碴施工速度应控制在 2.5～5km/h，第一次卸碴地段，应进行 3 遍配碴作业，第二次卸碴地段，应进行两遍配碴作业，第三次卸碴地段根据卸碴情况决定作业次数。

（3）上碴整道基本作业严格按已选的综合整道作业参数进行。为保证长轨条的稳定性，要求一次起道量不大于 60mm，拨道量不大于 80mm，起、拨道量超过最大时，应分多次作业。

（4）捣固作业结束时，应在作业终点划上标记，并以此开始按不大于 2.0‰的坡度递减顺坡，达到安全行车的要求。一般情况下不在圆曲线上顺坡，严禁在缓和曲线上顺坡结束作业。

（5）在碎石道床的桥上，枕下道碴厚度不足 150mm 时不能进行捣固作业。

（6）为保证捣固质量，捣固车捣固频数每分钟不得超过 20 次，夹持时间 0.6s 左右，一次起道量 50～60mm 时宜捣固两次，插镐深度从枕下算起至镐尖一般不少于起道高度，对桥头、焊接接头等薄弱处应加强捣固。

（7）线路方向的整正可采用四点式近似法，在直线地段，应采用激光准直系统进行拨道。

（8）线路综合作业车的使用和管理，应按《大型养路机械使用管理规则》的相关规定执行。

4. 精细整作阶段的整道作业

（1）在精细整作阶段的起、拨道作业轨温尽量在实际锁定轨温 ±5℃范围内进行，困难时不得超过实际锁定轨温的 -20～+15℃，严禁超温作业。

（2）精细起道测量，应在选定的基准股钢轨上进行测量。每隔 5 根枕木立尺 1 次，并记下数据，通过运算，将起道量写在轨枕上，在捣固车作业时按照轨枕上所标明的数据进行起道作业。

（3）曲线超高的设置。精整前、后曲线超高过渡点的变化比较如图 8 所示。精细捣固作业期间，曲线超高过渡点不能从 0 到超高值线性递增（或递减），超高过渡的起始点要用半径为 15000m 的竖曲线过度，然后递增（或递减）。

（4）单元轨节锁定形成无缝线路后的整细作业程序可参照《快速铁路线路维修规则》的相关程序。

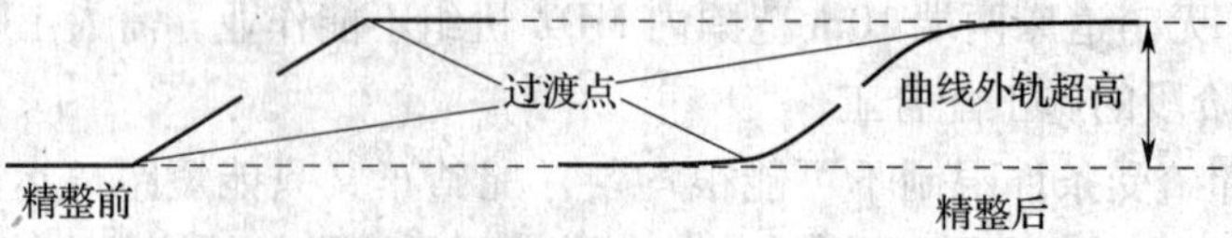

图 8　精整前后的曲线超高变化比较图

5．桥上动力稳定

（1）在碎石道床的桥上进行稳定作业时，预给下沉量不得大于 5mm，压力系数一般给 0.5 为宜。振频一般给 33Hz。要根据桥自身的频率加以调整，可调整为 40Hz，其他地段振频应为 28Hz。

（2）秦沈客运专线新线铺设时，可在桥上进行动力稳定作业，但需在动力稳定车进入桥前 30m 与桥台耳墙 10m 范围内，将稳定作业参数调节至桥上稳定作业参数的稳定值，在动力稳定车离开桥台耳墙 10m 之外，方可调节至原线路稳定作业参数采用值。

（3）禁止在桥上进行动力稳定车的起振作业，不得在桥上进行停振作业。如因机械故障等原因在桥上不得已停振后，要继续进行稳定作业，必须把动力稳定车退出桥梁区段，按(1)规定执行。

八、质量控制

1．质量控制措施

（1）必须保证测量资料正确无误，石碴充足均匀。第一层补碴整道必须在铺轨后的 3d 内完成。

（2）大机整道作业队必须定期对捣固车进行精度标定。

（3）制定各机械的标准化操作规程，整道作业人员必须按照操作规程操作。

（4）严格质量管理体系。

（5）大型养路机械进行线路整修作业应配备施工质量监督员，对当天作业的线路进行检测并做好记录，发现超限地段立即通知施工负责人安排返工。

2．质量控制标准

(1)《秦沈客运专线有碴轨道施工技术细则》。

(2)《秦沈客运专线有碴轨道施工验收标准》。

(3)《秦沈客运专线铁路工程施工监理实施细则》。

（4）轨道达到初期稳定阶段状态时，其静态几何尺寸及检验方法应符合表 7 的要求（作为过程控制）。

表 7　轨道几何尺寸静态允许偏差及检验方法

项　次	项　目	允许偏差（mm）	检验方法
1	高低	4	10m 弦量，曲线轨向用 20m 弦量且为测量正矢与设计正矢之差
2	轨向	4	
3	扭曲	4	
4	轨距	2	轨距尺量
5	水平	4	

（5）轨道达到初期稳定阶段状态时，枕下道床刚度不应小于 70kN/mm，道床的横向阻力不应小于 7.5kN/枕。

（6）秦沈客运专线 250～300km/h 轨道不平顺动态标准如表 8 所示。

表 8　秦沈客运专线 250～300km/h 轨道不平顺动态标准（半峰值）

类别		单位	作业验收	日常保养	舒适度	紧急修补	限速
30m 以下中波	高低	mm	4	6	8	11	14
	轨向	mm	4	5	7	8	10
	轨距	mm	+4，－2	+5，－4	+6，－4	+8，－6	+12，－8
	水平	mm	4	6	8	10	13
	扭曲	mm/2.4m	4	5	6	8	10
30～60m 长波	高低	mm			11		
	轨向	mm			8		
车体横向振动		g		0.10	0.15	0.20	0.225
车体垂向振动		g		0.06	0.10	0.15	0.175

（7）秦沈客运专线 200～250km/h 轨道不平顺静态标准如表 9 所示。

表 9　秦沈客运专线 250～300km/h 轨道不平顺静态标准（半峰值）

类别	作业验收	日常保养	紧急修补	限速 160km/h
高低（mm）	3（4）	5（6）	8（11）	11（14）
轨向（mm）	3（4）	4（5）	7（8）	9（10）
轨距（mm）	+2，－2（+4，－2）	+4，－2（+5，－3）	+6，－4（+8，－6）	+8，－6（+12，－8）
水平（mm）	3（4）	5（6）	8（10）	10（13）
扭曲（mm/2.4m）	3（4）	4（5）	6（8）	8（10）
mm/m	+0.3，－0	0.6		0.8

注：（）内为对应的动态值。

（8）道床状态参数验收指标，枕下道床密度不小于 1.7g/cm^3，枕下道床刚度不应小于 100kN/mm，道床的横向阻力不应小于 10kN/枕，道床的纵向阻力不应小于 12kN/枕。

九、安全措施

1. 本工法区间长，同一区间动力多，必须加装 GPS 全球定位系统进行动力接近报警，同时加强施工过程中的安全防护。

2. 施工人员多，操作人员必须经过严格培训持证上岗，所有人员必须按照安全操作规程施工。

3. 机组应加强联系，接近时确认被接近动力的位置。

4. 驻站联络员办理区段及站线封锁手续，及时将情况通报车站和车队。

5. 作业期间跟车检查人员必须距作业车辆 5m 以上。

6. 对机械按时进行保养维修，严格交接班制度。

十、效益分析

新建 300km/h 无缝铁路在国内还是第一次，故本工法无比较对象，只能和既有线提速作一般比较。我们认为本工法有以下优点：

1. 投资小，见效快。既有线一般新建时人工整道达到 45km/h，MDZ 整道机组作一遍以 60km/h 验交，然后每提速 20km/h 须 MDZ 整道机组作一遍。从 45km/h 提速达到 200km/h须 MDZ 整道机组作 8 遍。采用本工法从荒道达到 250～300km/h 的标准，只需 MDZ 整道机组作 5 遍，又加之运输影响，机械台班减少 43%，人工减少 60%，工期缩短 70%。提高开通速度所带来的运营经济效益明显，也创造了很大的社会效益。

2. 施工设备简单，都为已有设备，无须改造，占用固定资金少。

3. 施工质量稳定。本工法全部采用大型养路机械施工，所有操纵人员严格按标准化操作规程操作。人为影响因素小，质量稳定。用本工法作业后，行车速度可达 300km/h 以上，作业合格率达到 100%，优良率达 93% 以上。

十一、工程实例

2001 年 6 月至 2002 年 8 月 30 日，我公司在秦沈客运专线山海关 DK20 + 840 至葫芦岛 DK174 + 000 整道施工过程中，采用本工法，其中山海关 DK21 + 160 至绥中 DK88 + 300 为综合实验段，2001 年 12 月 9 日北京铁路局构造速度 180km/h 的“神州号”内燃动车组在该段创出了 214km/h 的高速度，2002 年三季度“先锋号”电力动车组创出了 292km/h 的高速度，四季度“中华之星”电力动车组创出了时速 321.5km/h，创出了我国新建铁路的最高速度记录。

跨座式单轨 PC 轨道梁架设工法

YJGF 46—2004

中铁十一局集团有限公司

李 青 孔凡华 韩 阁 苏明辉

重庆市轻轨较新线自重庆市渝中区较场口至大渡口区新山村，总长 17.41km，共有 PC 轨道梁 1591 榀，采用跨座式单轨系统，单榀轨道梁在直线段和平曲线半径 $R>700\text{m}$ 地段梁长采用 22m；平曲线半径 $R\leqslant700\text{m}$ 地段梁长采用 20m；非标准轨道梁梁长 10 ~ 18m；轨道梁最小曲线半径 $R=75\text{m}$；线路最大纵坡 60‰，线路最大横坡 12% 。PC 轨道梁结构见图 1。

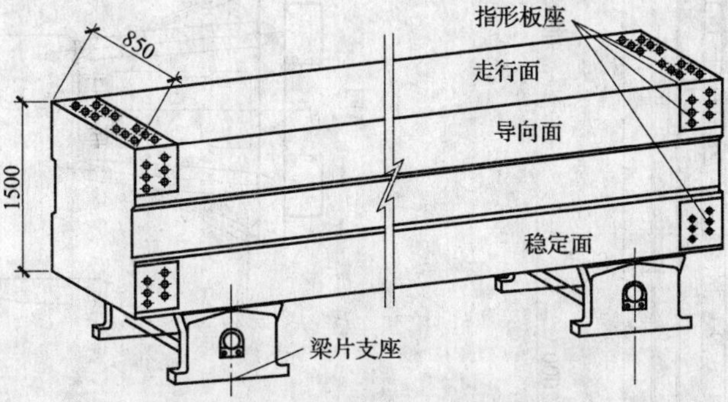

图 1 PC 轨道梁结构示意图

JQ60 型架桥机和 YL60 型运梁车是为了完成重庆市轻轨工程 PC 轨道梁的架设专门研制的，从 2002 年 9 月 28 日正式投入使用到 2004 年 2 月已完成所有 PC 轨道梁的架设任务，创造了日架梁 8 榀的纪录，取得了显著的经济效益和社会效益，经总结形成本工法。

一、工法特点

（1）JQ60 架桥机为简支式架梁，受力明确，采用了计算机实时监控技术，操作控制上采取了互锁措施，防止误操作，作业安全可靠。

（2）JQ60 架桥机、YL60 型运梁采用跨座式走行、液压驱动、三重制动、计算机实时横向调平，实现了启动平稳、无级调速。

（3）机动灵活，不受地形、时间等环境因素影响，不侵占地面交通，施工效率高。

二、适用范围

本工法适用于架设直线（跨度≤22m）、曲线（半径≥75m）、纵坡≤60‰、横坡≤12% 的跨座式单轨 PC 梁。

三、JQ60 型架桥机、YL60 型运梁车结构及技术参数

1. JQ60 型架桥机

（1）结构简介。JQ60 型架桥机主要由车体、转向架、支腿、0 号柱、1 号柱、2 号柱、机臂、吊梁小车、拖梁机构、电气系统和液压系统等组成（见图 2）。

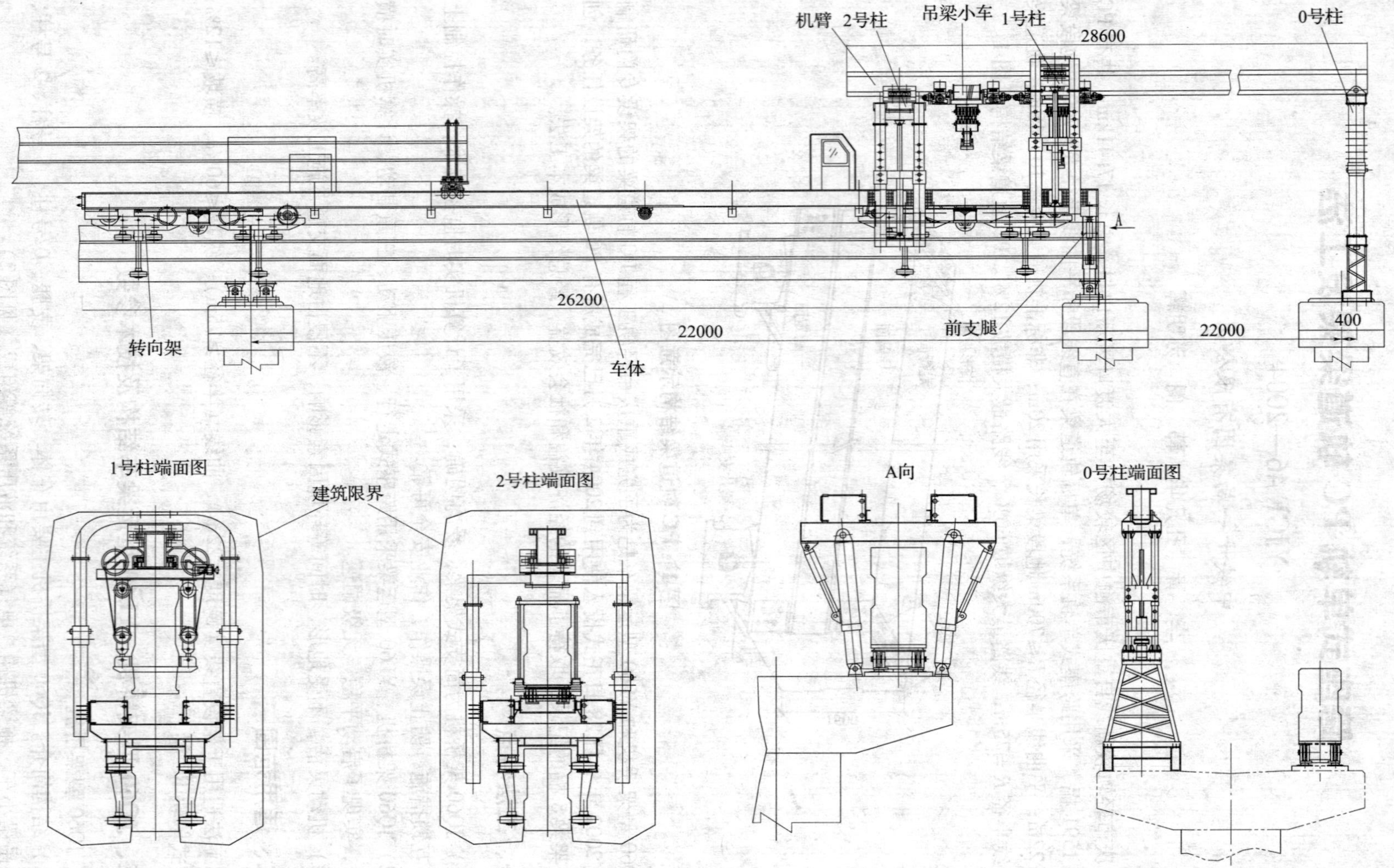

图 2　JQ60 型架桥机总图（单位：mm）

①车体。架桥机车体上安装有1号柱、2号柱、液压系统、柴油发电机组、拖梁机构及操作司机室等。下部与转向架及前支腿连接，能将行走及架梁作业时的施工载荷通过转向架及前支腿，合理地分配至PC梁及墩台上，以避免产生过大的施工载荷。

②转向架。转向架为轮胎走行跨座式。走行承重轮与导向轮、稳定轮组成两台相对独立的走行台车，通过均衡梁组成一个整体。在结构上保证各承载轮胎受力基本一致。转向架与车体间为芯盘旁承结构，在过曲线时，转向架可适应曲线的变化。

③前支腿。前支腿设在架桥机车体的前端，架桥机走行到位后，前支腿支撑在墩台上并锁定，保证架梁作业的安全性。

④0号柱。0号柱安装在机臂的前端。它由伸缩柱和加长节组成，伸缩柱的伸缩由丝杆驱动，满足0号柱支撑在前方桥台上的需要。

⑤1号柱。由可升降的门柱、中心可旋转的托挂轮组等组成。托挂轮组托住机臂上耳梁，机臂可绕转动心盘中心左右摆动，满足曲线段架梁作业需要。门柱的升降可改变架桥机作业高度，以适应不同工况作业要求。

⑥2号柱。2号柱安装在1号柱后方，设有摆头机构，柱体可升降，托轮组支承机臂，安装有转盘、托轮组的摆头机构带动机臂左右摆动。

⑦机臂。机臂设计成整体焊接箱型结构，两侧上下设有耳梁。机臂上耳梁支撑在1号柱的转动托轮组装置上，下耳梁为吊梁小车走行轨道。作业时，机臂可前后伸缩，绕1号柱左右摆动。为保证在坡道上作业安全，机臂尾部装有两套链传动拖拉机构，分别与两台吊梁小车连接，机臂与1号柱固定时，两台拖拉机构分别拖动两台吊梁小车在机臂上行走；两台吊梁小车与2号柱固定、机臂纵向约束解除时，拖拉机构可拖动机臂前后伸缩。机臂左右摆头由2号柱横移机构实现。

⑧吊梁小车。架桥机有两台吊梁小车，单台最大起吊能力40t。吊梁小车由车架、横移小车、起升卷扬机等组成，可沿机臂下耳梁前后运动，满足取梁、架梁作业要求；横移小车可以横向移动，两台起升卷扬机可相对独立升降，满足架梁作业时准确落梁就位的要求。

⑨液压系统。架桥机的液压系统由两个独立的子系统组成。其中一个子系统用于架桥机的走行机构，此子系统是由一个变量泵和四个定量马达组成的闭式系统，系统额定压力25MPa，通过改变油泵的排量，可调整架桥机的运行速度，以适应不同的线路状况。另一个子系统用于架桥机的工作机构，完成架桥机车体调平、立柱升降、支腿伸缩、机臂摆头等动作。该系统采用开式回路，额定压力为21MPa。操作人员通过操作电磁换向阀，分别完成上述动作。

（2）技术参数（见表1）。

表1　JQ60型架桥机主要技术参数表

序号	项目名称	单位	技术参数	备注
1	额定起重量	kg	65000	
2	架设PC梁跨度	m	≤22	
3	架设PC梁最小曲线半径	m	100	
4	主机通过的最小曲线半径	m	100	

续表 1

序号	项目名称	单位	技术参数	备注
5	架梁作业最大纵坡	‰	60	
6	架梁作业最大横坡	%	12	
7	架桥机自行速度	km/h	0～2	
8	机臂前端最大摆头量	mm	±4200	
9	空中移梁最大横移量	mm	±200	
10	吊梁小车吊梁起升速度	m/min	0.33	
11	吊梁小车吊梁走行速度	m/min	3	可调
12	吊梁小车吊梁横移速度	m/min	0.2	
13	拖梁速度	m/min	3	可调
14	液压系统工作压力	MPa	21/25	
15	整机功率	kW	106	
16	作业时最大轮廓尺寸（长×宽×高）	mm	46852×3200×6876	
17	架桥机主机自重	kg	76000	

2. YL60 型运梁车

（1）结构简介。

运梁车为跨座式轮胎走行，它由车体、转向架、柴油机发动机组、液压和电气控制系统等部分组成。见图 3。转向架中部为芯盘，两侧装有可调的液压旁承。柴油发动机组为运梁车提供动力，液压驱动走行。

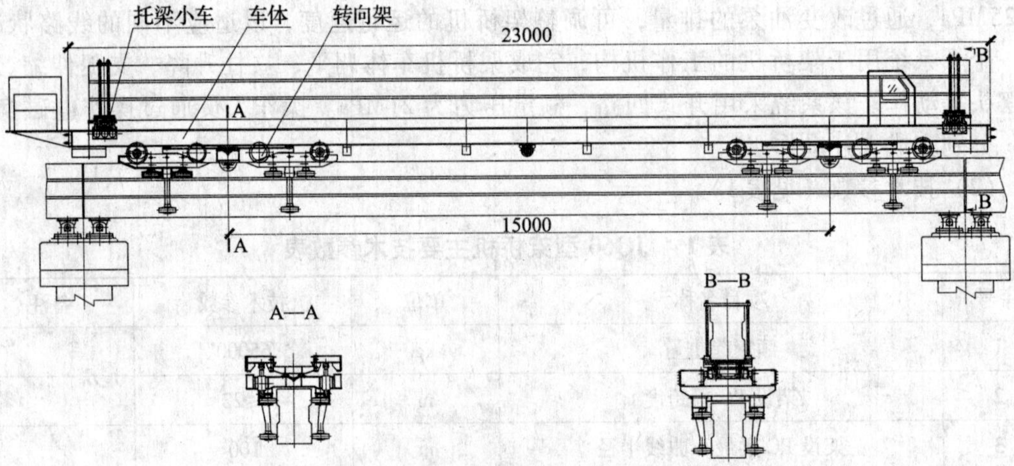

图 3　YL60 型运梁车总图（单位：mm）

（2）技术参数（见表2）。

表2　YL60 型运梁车的主要技术性能参数表

序号	参 数 名 称	单 位	技 术 参 数
1	额定载重量	kg	65000
2	最大运梁长度	m	≤22
3	通过最小曲线半径	m	75
4	适应最大线路纵坡	‰	60
5	空载行走速度	km/h	0.3~7.5
6	负载行走速度	km/h	0.3~2.0
7	柴油机常用功率	kW	114
8	转向架最大轴重	t	11.7
9	车体左右调平量	°	±7
10	液压系统额定压力	MPa	21/25
11	运梁车外形尺寸（轨面以上部分）	mm	24665×2800×3400
12	运梁车自重	kg	31000

四、施工工艺

1. 工艺流程

（1）JQ60 型架桥机工艺流程（见图4）。

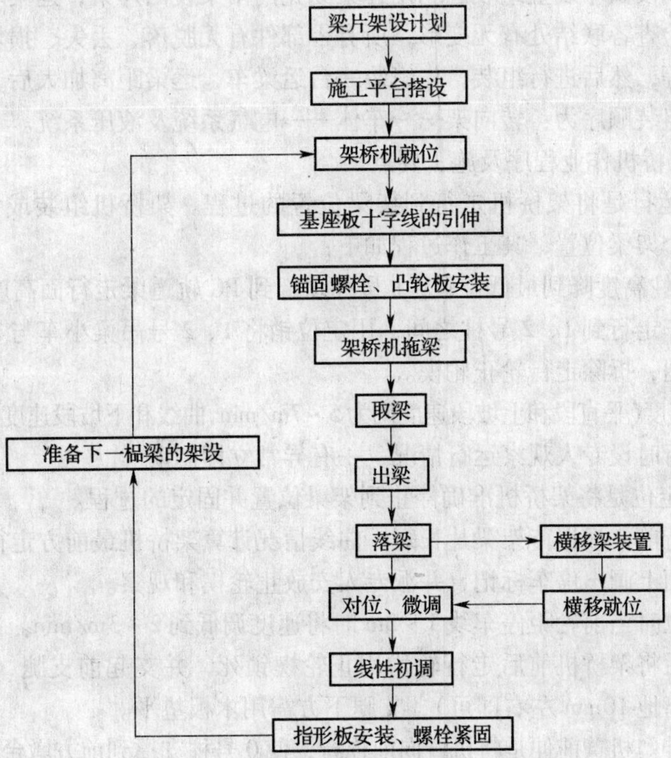

图4　JQ60 型架桥机架梁工艺流程图

（2）YL60 型运梁车工艺流程（见图 5）。

2．架桥机和运梁车的拼装、调试

（1）架桥机的组装、调试。

架桥机在车辆段试车线上组装。先利用存梁场龙门吊架设四片梁，架桥机在已架好的梁片上组装。组装前检查各联结处有无变形，所有零部件有无脱落、丢失、损坏，是否已在需要处加足润滑油脂等，然后进行组装。组装顺序为：

转向架⟶车体⟶1、2 号柱油缸⟶机臂⟶电气系统及液压系统⟶0 号柱⟶架桥机调试

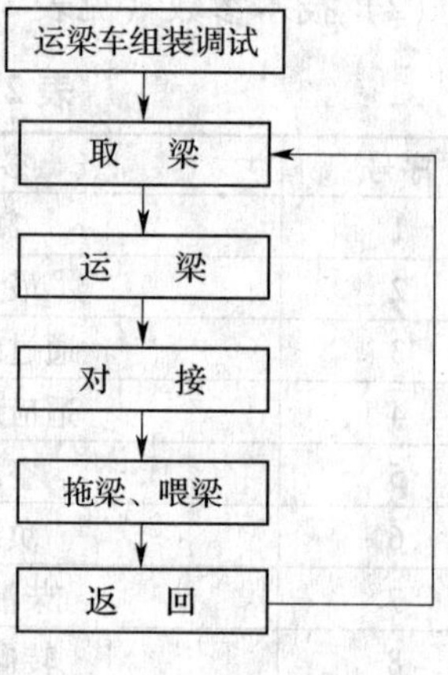

图 5　YL60 运梁车作业流程图

架桥机组装完毕后必须进行调试。主要项目有：

①0、1、2 号柱伸缩。

②大臂伸缩、摆头和点头。

③吊梁小车的起吊、走行、制动。

④托梁小车的运行。

⑤架桥机行走、制动、车体横向水平调整。

⑥机械、电气、液压设备、安全保护监控系统和仪表等工作情况检查。

组装试运行完毕后进行重载试验，重载试验在试车线上进行，利用预制的 PC 梁作重载试验。试验的各项技术参数符合设计要求后才能正式架梁。

（2）运梁车组装、调试。

运梁车在车辆段试车线上组装。利用存梁场龙门吊架设四片梁，运梁车在已架好的梁片上组装。组装前检查各联结处有无变形，所有零部件有无脱落、丢失、损坏，是否已在需要处加足润滑油脂等，然后进行组装，先组装一台运梁车，运梁距离加大后，根据需要再组装第二台运梁车。组装顺序为：转向架⟶车体⟶电气系统及液压系统。

3．JQ60 型架桥机作业程序及施工要点

（1）运行。运行是将架桥机走行到架梁位置的过程。架桥机组装或每架完一片梁后，均要运行到下一个架梁位置，其工作过程如下：

①将 1、2 号柱高度降到最低位置，1 号柱顶部到 PC 轨道梁走行面高度为 3500mm。

②将吊梁小车走行到 1、2 号柱之间，用定位销将 1、2 号吊梁小车与 2 号柱固定。

③收起前支腿，拆除走行轮止轮楔。

④调整运行速度（平直段和上坡段速度调为 5～7m/min，曲线和下坡段速度调为 3～4m/min）。

⑤走行。走行时设专人观察运行情况，一有异常立即制动。

（2）定位。定位是将架桥机准确停止到架梁位置并固定的过程。

①架桥机运行前，根据待架梁片长短、曲线情况计算架桥机最前方走行轮与已架梁片前端的距离，在梁面上画出停车标记，并派专人安放止轮楔和观察。

②架桥机对位时当前轮距停车线 1～2m 时将速度调低到 2～3m/min。

③运行到位后将架桥机前后走行轮均用止轮楔锁死，并支起前支腿（支腿起升到架桥机第一组走行轮离地 10mm 左右即可），支腿下方需用木板垫平。

（3）机臂前伸。机臂前伸是将机臂向前拖行，使 0 号柱支撑到前方墩台相应位置的过程。

①拆除临时支撑和 1、2 号柱上与机臂固定的楔块。

②调整机臂。利用1、2号柱油缸将机臂顶起调到架梁的合适高度。

③机臂前伸。机臂一般在水平状态下前伸，在架设上坡段梁片时，先伸大臂，待0号柱接近墩台时再翘头。伸臂时，机臂与机身应成一条线。在架设曲线段梁片时，伸臂完了，插上固定销后方可摆头。

④支撑0号柱。机臂前伸到位后，通过0号柱丝杠将0号柱支撑到前方盖梁上，调平机臂。0号柱快到位时，前方墩台设专人指挥，限定机臂前伸位置。因架梁采用单机单线架设和单机双线架设两种形式，故0号柱的支撑位置有两种，一种是撑在盖梁上，一种是撑在已架梁片上（架桥机过孔见图6）。

（4）喂梁。喂梁是将运梁车上的梁片拖拉到架桥机上，并用吊梁小车吊起梁片的过程。架桥机定位后，可进行喂梁作业。

①拖梁到位。利用架桥机、运梁车上的拖梁机构，将梁片前端拖拉到架桥机1号吊梁小车的取梁位置。

a. 托梁小车运行前，必须清除影响托梁小车和梁片前进的一切障碍物，并设专人观察。

b. 拖梁过程中，若发现托梁小车转向不灵、车轮与轨道发卡时应及时停车，用千斤顶顶起梁片，调整小车方向，无异常后再前行。

c. 在拖拉梁片时，两台托梁小车的速度保持一致。

②吊梁。

a. 将1号吊梁小车的吊具正对PC梁前端吊点，落下吊具捆梁，并拆除梁片与拖拉小车之间的固定装置。

b. 吊起PC梁前端，在吊起高度为2~3cm时停止，观察钢丝绳有无乱绳、下滑及其他异常情况，无异常后提升至适当高度缓缓前行，1号吊梁小车前行时的速度应与托梁小车的速度一致。直到2号吊梁小车吊具正对PC梁后端吊点时停止，落下2号吊梁小车吊具捆梁。

c. 采用同样方法，2号吊梁小车吊起PC梁后端。

d. 调平梁体并稳定，不使梁体有晃动。即完成喂梁作业。

（5）出梁。出梁指吊梁小车吊梁前行到达架设位置的过程。

喂梁结束后，调平梁体，1、2号吊梁小车缓慢（$v=4\sim5$m/min）同步前行，前行时动作要平缓，以免梁体晃动，距架设位置0.5m左右时将前行速度调慢（$v=0.4\sim0.6$m/min），且前方墩台设专人监控梁片前端与0号柱的距离，以免梁片与0号柱发生碰撞。观察梁片到达架设位置后停止。

（6）落梁。落梁指吊梁小车将梁片下落到盖梁垫石上的过程。

①梁片前行到位后吊梁小车同时停止运行，并稳定梁体。

②1、2号吊梁小车同步下降（$v=0.3\sim0.4$m/min），距离梁片固定螺栓顶面或横移装置2cm左右时停止，调整梁片纵、横向位置。在纵坡上落梁时，要调整梁片斜度，调整到与纵坡斜度一致后，才同步下落。

（7）微调、对位。

微调、对位指将梁片上的支座准确落在支承垫石上并紧固的过程。

①吊梁小车将梁片落到适当高度后，通过架桥机对位再落梁。

②支座对位紧固后，取出吊梁扁担。

③梁片对位前，用薄铜皮将支座螺栓丝口包住，避免螺栓上部丝扣受到破坏；支座螺栓的紧固采用扭矩扳手紧固（架桥机架梁过程见图7）。

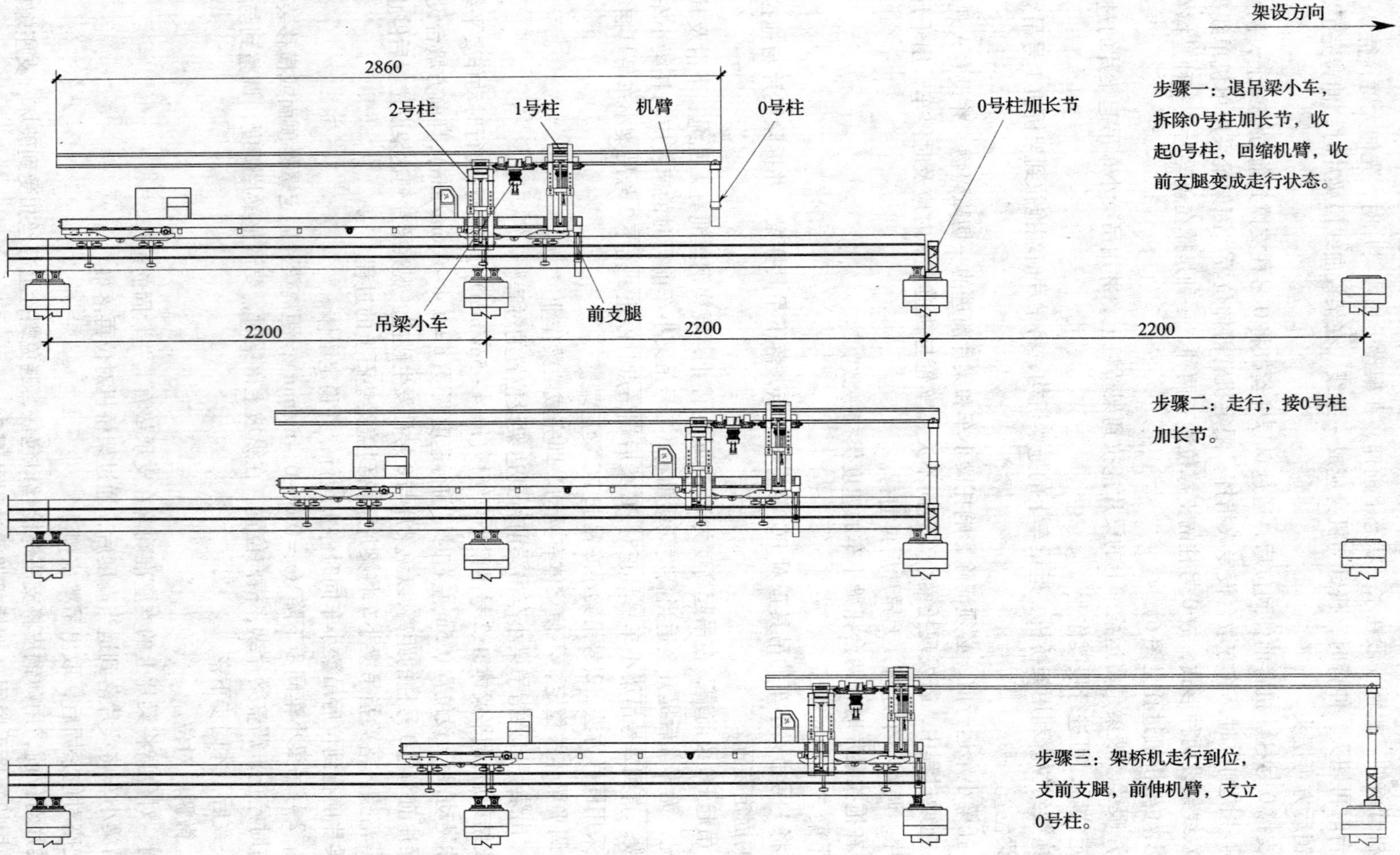

图 6　架桥机过孔图（单位：cm）

步骤一：运梁车走行到位，安装过渡轨，连接拖拉链条。

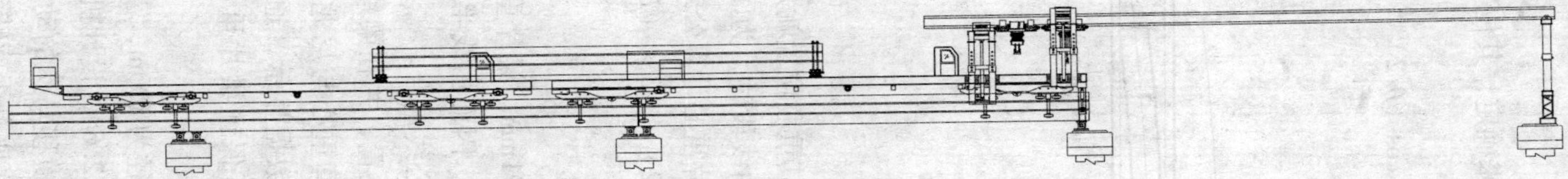

步骤二：拖拉梁片，1号吊梁小车取梁。

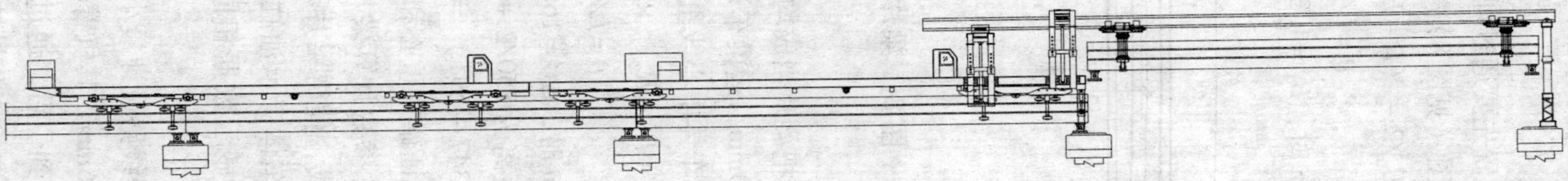

步骤三：机臂和车体内的拖拉机构同时拖拉梁片，2号吊梁小车取梁，两台吊梁小车同时前行到落梁位置。

步骤四：两台吊梁小车同时落梁到安装位置，调整梁片紧锢锚栓，安装执行板。

图7　架桥机架梁过程

（8）小半径曲线、大横坡段 PC 轨道梁运架技术。

重庆轻轨线路设计的 PC 轨道梁最小曲线半径为 $R=100\text{m}$，梁片跨度为 20m。采用 JQ60 型架桥机和 YL60 型运梁车架运施工时，有以下几个需攻克的难题：

①梁片在运梁车上的安放位置。

运梁车取梁时，梁片的安放位置先要通过理论计算来确定，其位置计算如下。

a. 梁片的弦宽 B_1 见梁片计算图（见图 8）。

$$B_1=R+B_0/2-(R-B_0/2)\times\cos(\theta/2)$$

$$\theta=L/R$$

当曲线半径 $R=100\text{m}$，$L=20\text{m}$ 时，$B_1=1.347\text{m}$。

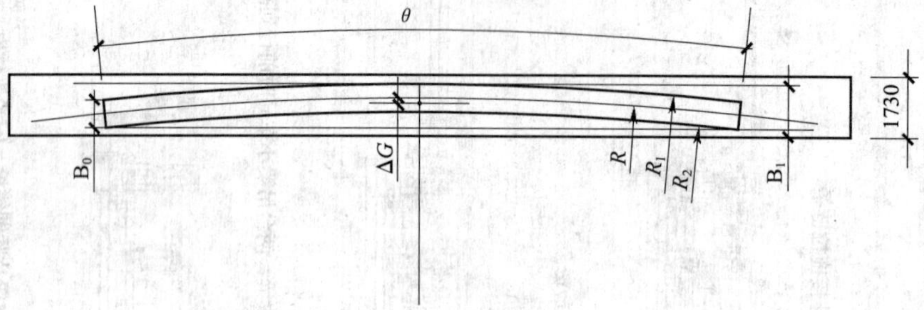

图 8　梁片计算图

b. 梁片的重心理论计算。

在计算梁片的重心时，理论上把梁片当成均质梁。其重心位置就是梁片顶面截面的形心位置，此时，车体净空宽度为 1730mm，运梁车运梁过曲线段时，为了减小对线路梁片产生的扭矩，被运送梁片重心必须要与车体中心线重合，梁片重心计算公式如下：

$$\Delta G=(R_1+R_2)/2-4\times(R_1^3-R_2^3)\times\sin(\theta/2)/[3\times(R_1^2-R_2^2)\times\theta]$$

$$\theta=L/R$$

当曲线半径 $R=100\text{m}$，$L=20\text{m}$ 时，$\Delta G=166\text{mm}$

梁片重心距该横截面一侧的距离为 850/2+166=591mm。梁片重心与车体中心线重合时梁端距离车体边为 1730/2-（1347-591）=109mm。因而曲线半径 $R=100\text{m}$，$L=20\text{m}$ 曲线梁能安放在运梁车上并且能保证梁片重心和车体中心线重合。

在安放曲线梁前，先根据梁片参数计算梁片重心位置，并在梁片上标注。安放时，派两人用尼龙线拉出运梁车的中心线，使得梁片理论计算重心与尼龙线重合，重合误差要求控制在 10mm 以内。同时通过车体旁承油缸的压力数据显示，通过托梁小车的横移丝杆来调整梁片，使得油缸的压力显示数据相同，即可保证梁片重心与运梁车车体中线重合。

②架桥机 0#柱的支撑。本工程线路设计最小曲线半径为 100m，需要机臂摆头量为（梁长为 20m）前端 4364mm、后端 976mm，其机臂转角为 12.6°，设计机臂转角为 ±13°，摆头后架桥机在建筑限界内。机臂前伸到位后，通过 2 号柱横移马达的动作，使得机臂摆头，0 号柱能到位支撑，支撑 0 号柱时，要检查 0 号柱下方的底座是否旋转到位，没旋转到位的需松开联接螺栓，把底座旋转到位后拧紧螺栓，保证 0 号柱能支撑到位。

③PC 轨道梁从运梁车拖送到 JQ60 型架桥机上、JQ60 型架桥机出梁。根据线路特征，

缓和曲线长度一般为 $L_C=30\sim100\text{m}$，不存在左弯和右弯直接相连而中间没有缓和曲线或直线区段，为了安全起见，在出梁和拖梁过程中也要派专人观察梁片和车体有无干涉现象，发现有干涉现象立即停止，采用两台拖梁小车上的横移装置调整梁片位置。

④落梁。曲线梁存在着重心偏移，因而梁片被1#、2#吊梁小车带起时，为防止梁片的倾翻，需对梁片进行固定，即用手拉葫芦将梁片与吊梁扁担固定起来，手拉葫芦规格为3t，钢丝绳和梁片接触地方用护铁护住，梁片固定防护见图9。安装曲线梁时，一般存在着横向超高，PC轨道梁的横向超高是通过盖梁上的支撑垫石来调整。曲线梁在落梁对位时，采用方法是水平落梁，用锚固螺栓的倾斜来满足梁片支座。根据基座板锚箱尺寸及锚固螺杆的尺寸计算，锚固螺栓在12%的横向超高上能竖直安放，12%横向超高锚杆安装见图10。在安装锚固螺栓时，要将锚杆螺栓竖直放置，便于锚杆对位。在一侧对位后，拧上螺母但不要拧紧。吊梁小车另一侧的吊钩缓缓下降，同时活动该侧锚固螺栓，防止对位时卡死，在梁片落到位后，单台吊梁小车两侧吊钩同时点动起升，以调整该端的梁片的横向位置。

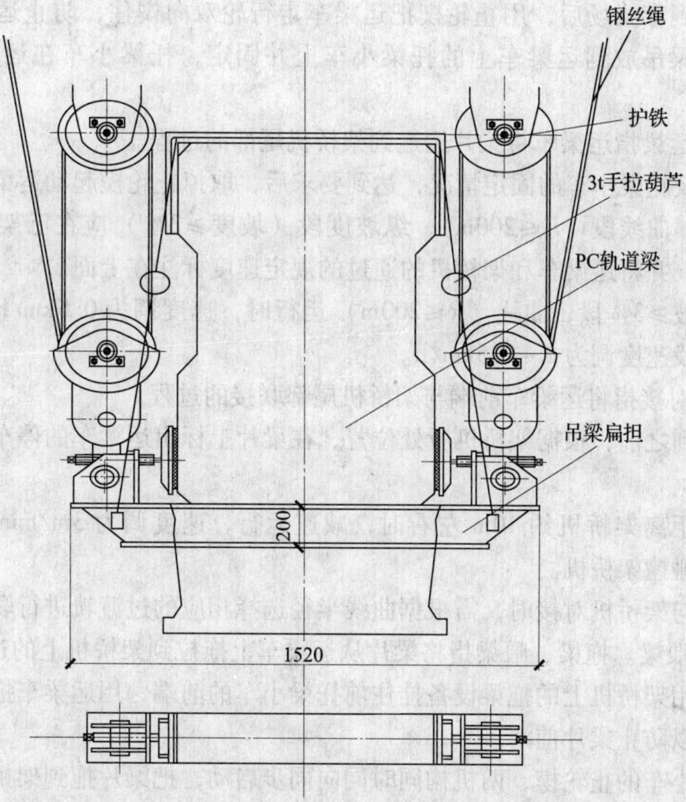

图9　梁片固定防护图

⑤大横坡段梁片的运架。

虽然JQ60型架桥机、YL60型运梁车通过了小曲线和横坡试验，为了更安全的架设和通过12%的横坡，通过计算分析，采取逐渐式调整梁片的横坡值，从12%横坡值的附近8榀梁开始调整，每榀梁只调整0.5%，最大累计调整4%，则可把12%变为8%。

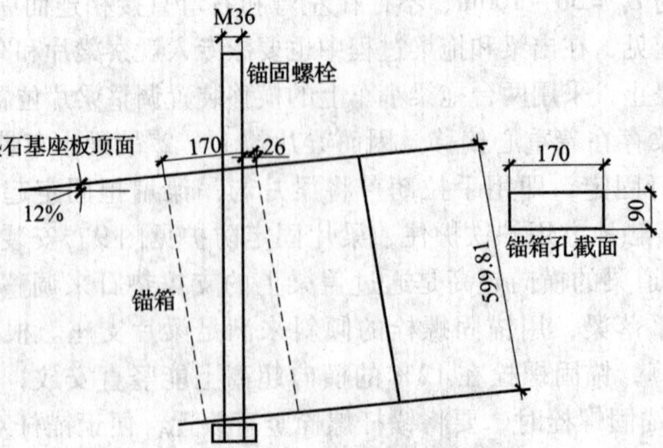

图10　12%横向超高锚杆安装图

4. YL60 型运梁车作业程序及施工要点

（1）取梁。取梁指将梁片吊放到运梁车上并固定的过程。

运梁车返回到存梁场后，用止轮楔把运梁车走行轮双向楔住，防止运梁车滑动。利用存梁场龙门吊把梁吊放到运梁车上的托梁小车上并固定，托梁小车在运梁车上也要可靠固定。

（2）运梁。运梁指运梁车将梁片运送到架桥机尾部的过程。

检查梁片以及托梁小车的固定情况，达到要求后，取掉止轮楔起动运梁车，开始运梁。

①对直线段、曲线段（$R\leqslant200$m）、纵坡度段（坡度≥3%）应在已架梁片附近的墩台上进行醒目标识，并将运梁车和架桥机的通过的规定速度标注在上面。

②重车在纵坡≥3%段、曲线（$R\leqslant200$m）运行时，速度调为0.5km/h，在直线段和其他纵坡段、曲线段速度调为2～2.5km/h。

（3）对接。对接指将运梁车前端与架桥机尾部联接的过程。

①运梁车未到之前，根据架桥机所处位置，在梁片上标出运梁车的停车位置，并放上止轮楔。

②当运梁车距离架桥机约10m左右时，减速运行，速度调为3m/min，缓慢靠近架桥机，严禁运梁车碰撞架桥机。

③当运梁车与架桥机对接时，需根据曲线半径选择相应的过渡轨进行联接。

（4）拖梁、喂梁。拖梁、喂梁指将梁片从运梁车上拖拉到架桥机上的过程。

①对位后，用架桥机上的拖梁设备挂住前托梁小车的前端，用运梁车拖拉设备挂住后托梁小车的后端，以防止梁片前滑。

②取掉托梁小车的止轮楔，两机构同时同向同步启动，把梁片拖到架桥机车体上，即完成拖梁、喂梁过程。

③拖梁时注意托梁小车的运行情况，发现有卡死或其他异常现象，需立即停车，用千斤顶顶起梁片，调整正常后方能继续操作。

（5）返回。当架桥机吊梁小车将梁片吊起后，把两台托梁小车拖回到运梁车上，用止轮楔楔住车轮，拆除过渡导轨，把运梁车车体调整到运行状态，运梁车返回。返回时在纵坡段（坡度≥3%）、曲线段（$R\leqslant200$m）速度调整为2km/h，在其他段时调为3～5km/h。

五、机具设备（见表3）

表3　机具设备

序号	机具名称	规格	单位	数量	用　途
1	JQ60 架桥机	650kN	台	1	架梁
2	YL60 运梁车	650kN	台	1	运梁
3	QMD35 龙门吊	350kN	台	4	拼装架桥机、运梁车和取梁
4	经纬仪	ZH－ET－1	台	1	线形调整
5	水准仪	AL32X	台	1	线形调整
6	电焊机	BX1－500	台	4	楔块焊接
7	水平尺	1m	个	4	梁片顶面超平
8	千斤顶	35t	个	8	梁片微调
9	汽车	1.2t	辆	1	倒运材料、设备

六、劳动力组织（见表4）

表4　劳动力组织

序号	项　目	工　种	人数	备　注
1	架桥	架运队队长	1	
		架桥工班长	1	
		架桥机司机	1	
		电工	1	
		起重工	4	
2	运梁	运梁车司机	1	
		配合人员	2	
3	维修	维修工	2	
4	取梁	工班长	2	
		龙门吊司机	4	
5	其他	汽车司机	2	
		协调调度	1	
		架子工	6	
		技术人员	2	
	合计		30	

七、质量要求

施工中严格执行《重庆轻轨 PC 轨道梁架设工程质量检验评定办法》的规定，主要项目见表5。

表5　允许精度标准表

序号	检查项目	允许精度	备注
1	固定块方向	±2mm	
2	楔形块高出抗剪榫	+5～+30mm	
3	横向调整	<30mm	
4	纵向调整	<15mm	
5	抗剪榫高出下摆面	>15mm	
6	抗剪榫与支座下摆间隙	>15mm	
7	轨道梁缝间隙	30mm±10mm	
8	走形面指形板间高低差	1mm	
9	导向面指形板间高低差	2mm	
10	稳定面指形板间高低差	2mm	
11	左右线轨道梁线间距	0～+25mm	
12	轨道梁连接处轨面高程	-15～+30mm	
13	轨面超高横坡	6/1000rad	
14	曲线水平线形（弦长20m）	±20mm	
15	直线水平线形（弦长4m）	±5mm	
16	轨道梁接处直曲线竖向线形（弦长4m）	<+5mm	
17	轨道梁接处变坡点竖向线形（弦长4m）	<+5mm±H	H值为增减量

八、安全措施

1. 建立强有力的安全保证体系，项目部设安全部，各级生产机构配齐专（兼）职安全员，实行岗位责任制，逐级签订包保责任状。

2. 实行全日值班制度，保证不间断指挥，确保安全；每日交班时，对架设过程的不安全因素及时指出，并限期清除。

3. 所有架梁作业人员必须经过专门培训、考核，经体检合格后才能上岗。

4. 所有架梁作业人员均须戴安全帽，0、1号柱作业人员必须系安全带。架梁时桥下禁止行人、车辆通过。

5. 每班架设前对架桥机和运梁车的起吊、液压系统、电气系统、转向架等重要部位进行检查、保养，使设备处于良好的工作状态。

6. 架梁作业应统一指挥，指挥信号统一明确。

7. 大雨天或六级以上大风禁止架梁作业。

8. 建立工作日志制度，规定纪录内容，由工班长填写。

九、效益分析

1. 本工法的应用填补了国内外利用架桥机、运梁车运架 PC 轨道梁施工技术的空白，社会效益良好。

2. 缩短了工期。由于采用机械架运，提高了作业机械化水平，创日架最高 8 榀的成绩，比合同工期提前 63d 完成任务。

3. 降低作业人员劳动强度，提高梁的架设安全度。

十、工程实例

重庆市轻轨较新线自重庆市渝中区较场口至大渡口区新山村，总长 17.41km，其中一期工程（较场口～大堰村）设计长度 14.288km，共有 PC 轨道梁 1591 榀，中铁十一局在施工中采用 JQ60 型架桥机和 YL60 型运梁车安全、优质、快速地完成了架设任务，日架梁最高 8 榀，比合同工期提前 63d。PC 轨道梁架设安装工程质量一次创优，合格率 100%，优良率 95%，受到了业主的好评，社会效益、经济效益显著。

跨座式倒T型PC轨道梁现场制造工法

YJGF 47—2004

中铁三局集团有限公司

史柏生　张宇宁　李新民　童　鹏　秦德进

城市轻轨跨座式轨道交通系统的轨道梁既是行车轨道又是承重结构。为了保证车辆运行的安全、平稳与舒适，对轨道梁的制造精度要求很高。目前，国外都采用工厂或现场集中预制、架桥机架设的方法施工，在跨越城市复杂地段时用钢梁过渡。由于钢梁造价昂贵，运营后维修费用较高，噪音大，重庆轻轨较新线在跨越长江二桥北引桥地段采用了大跨度现浇PC轨道梁施工方案。目前国内外尚无类似结构的施工经验。经过科技人员攻关，不断改进施工工艺，形成了一套切实可行、安全快速的施工方法，该项工程的质量管理成果获得铁道部一等奖，该技术于2004年7月通过山西省科技厅主持的成果鉴定，经总结形成本工法。

一、工法特点

1. 设计、加工制造的模板及其支撑系统结构简单、占用空间小，操作方便，经济实用，保证了梁体线形和混凝土表面质量、预埋件精度，满足现浇及高空作业条件。

2. 采用合理的灌筑工艺，使混凝土一次灌筑成型，保证了梁体的整体性和混凝土的密实度。

3. 精密测量及监控施工过程，能确保各工序施工精度在有效控制中。

4. 多批次、分阶段张拉，即时监控线形的预施应力工艺，有效地保证了梁体施加预应力前后的线形。

5. 闹市区交通枢纽地段现浇施工支架不影响城市道路交通和既有桥梁的正常行车。

二、适用范围

本工法适用于跨度大、精度高、线形复杂，预施应力工艺对梁体线形影响明显的现浇预应力混凝土梁的施工。

三、工艺原理

根据梁体精度要求和线形特点，在施工支架、模板系统、混凝土施工工艺、预施应力工艺、高精度控制测量等方面采用相应的技术，用系统工程的方法综合处理，达到设计要求标准。

四、工艺流程及操作要点

1. 工艺流程（见图1）

2. 施工要点

（1）基础处理。

①位于公路上的支架，利用既有公路面做基础，铺设[10型钢作为立杆支垫。

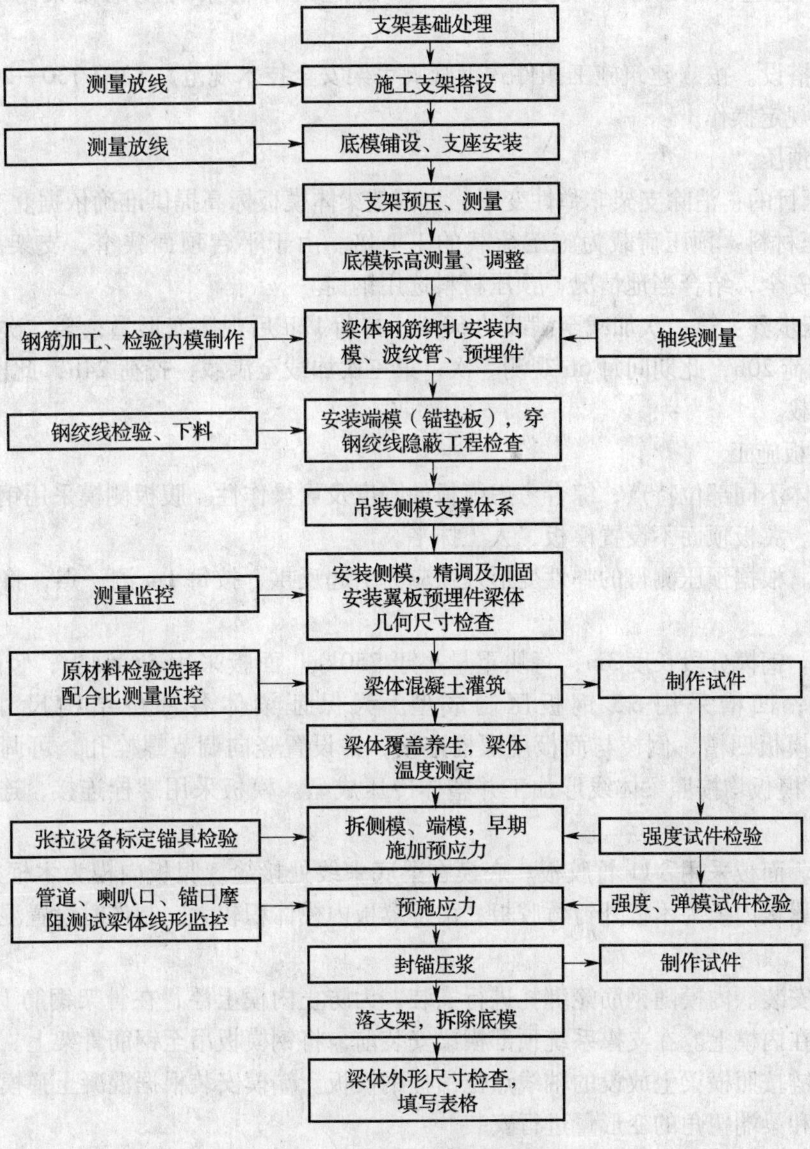

图1　施工工艺流程图

②位于公路外的软基采用原土夯实或杂土换填的方式保证地基承载力，再灌筑 C15 素混凝土垫层，并铺设[10 型钢作为施工支架立杆支垫。

③跨越既有桥梁使用万能杆件和混凝土临时支墩基础采用 C20 钢筋混凝土扩大基础。

（2）支架施工。

①设计要点：

a. 支架按轨道梁曲线线形及线路纵坡搭设，材料选用标准 ϕ48 脚手架管。

b. 现场测定公路曲线半径、车流量、大型车辆转弯半径。根据测定结果，确定预留车道宽度、净空、车道长度。

c. 跨越行车通道顶部横梁及跨越既有桥型钢便梁分别与行车道、既有桥正交。

d. 进行立杆稳定性、行车道横梁、跨越既有桥型钢便梁挠度检算。

e. 行车通道横梁跨中挠度变形≤5mm，跨越既有桥梁的型钢便梁跨中挠度变形≤20mm。

②支架搭设。按《建筑施工扣件式钢管脚手架安全技术规范》（JGJ 130—2001，J 84—2001）中的规定操作。

③支架预压。

a. 预压目的：消除支架非弹性变形，为调整梁体模板标高提供准确依据。

b. 预压材料：预压荷载为施工荷载的 1.1 倍。由于平台顶面狭窄，支架高度 10m 以上，为保证安全，结合当地情况，预压材料选用钢锭。

c. 预压步骤：第一次加载至满载的 60%，持荷 12h 后观测变形量；第二次加载至满载的 90%，持荷 20h，此期间每 6h 观测一次；第三次加载至满载，持荷 24h，此期间每 4h 观测一次；卸载。

（3）模板施工。

根据梁体不同部位特点，综合考虑模板的刚度及可操作性。腹板侧模采用钢模，其余模板采用木模。翼板顶面不设置模板，人工抹平。

①底模。根据预压测得的弹性变形及预应力引起反拱，按每 1m 测一点，将梁体轴线标高测定。

②钢模。钢模分段长度 3m，每块重量小于 750kg。面板采用 δ6 钢板；竖肋、横带采用[12 型钢；凹槽采用 δ3 钢板压制成型。为保证梁体各部位结构尺寸相对误差 ±1.5mm，模板凹槽、倒棱与面板用螺栓连接，并设置竖向调节螺栓孔，可调范围分别为 30、20mm。模板均按照梁体线形加工并整体冷压成型。模板采用螺栓连接，连接处设置 3 个定位销钉。

③木模。面板采用 δ11 竹胶板。底模在梁底中线处接缝。腹板内模为木框外包 0.5mm 镀锌铁皮。翼板内模为木框外钉竹胶板，由于翼板内模体积较大，制作时设置混凝土流动观察孔。

④模板安装。内模随钢筋笼绑扎进行安装，为防止内模上浮，在骨架钢筋上间距 1m 点焊钢筋顶撑在内模上。在支撑系统顶部横梁安装前，将钢模板吊至钢筋骨架上。顶部横梁安装后，用倒链按照横梁上放设的轴线点位吊挂钢模板。端模安装根据混凝土弹模及在预应力作用下梁长和梁端扭角的变形量进行安装。

（4）模板支撑系统。

支撑系统如图 2。侧模支撑采用[10 型钢焊接成的三脚架，纵向用 2[10 型钢连接。三脚架顶部接 2[10 型钢制成的扁担梁，扁担梁设置滑动调整丝杠，丝杠与腹板侧模连接，用于调整侧模标高。三脚架固定于 2[10 型钢制成的横梁上。根据腹板侧模受力计算，三脚架沿梁纵向间隔 1m 布置。

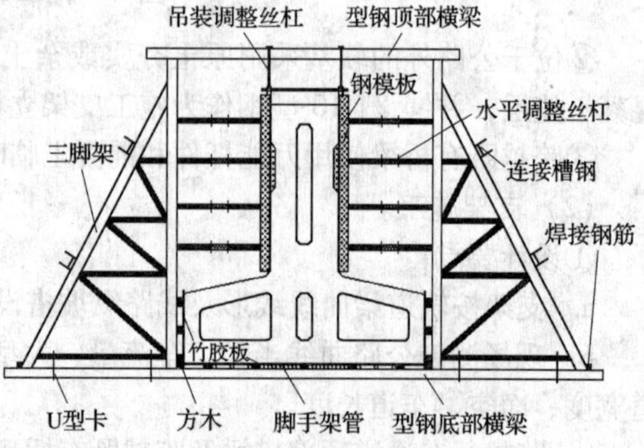

图 2　模板支撑图

由于不允许设对拉筋，腹板侧模上口用对拉钢筋锁定；三脚架与腹板侧模之间

用 $\phi48$ 钢管顶撑，顶撑中部设置调整丝杠，用于调整模板水平位置。梁体底模竹胶板刚度差，在底部方木上铺设 $\phi48$ 钢管，以保证梁底平整度。

（5）非预应力筋施工。

①制作。梁体钢筋设计为Ⅱ级，主筋为 $\phi28$，箍筋为 $\phi20$。钢筋接头全部采用闪光对焊。钢筋下料长度误差：纵向主筋 ±10mm，箍筋 ±5mm。成型后的钢筋误差 ±5mm，并编号分类堆码。

②安装。由于梁体截面狭窄，钢筋密度大，规格样式多，位置精度要求高，并要兼顾预埋件的精度控制，预应力钢筋与普通钢筋互相干扰，钢筋安装尽可能合理利用空间，每一组多根箍筋采用上下重叠安装，保证混凝土下落通道。钢筋绑扎顺序为先绑扎箍筋，后穿纵向钢筋。内模、波纹管依次从梁的一端向梁另一端安装。部分小型箍筋制作时只加工底口，上口在钢筋骨架全部成型后弯制成型。钢筋骨架钢筋交叉点 30% 采用点焊，70% 采用“十”字绑扎。

（6）混凝土施工。

①设计混凝土强度等级 C60，采用泵送混凝土。需从混凝土和易性、耐久性、工作度三方面进行控制。a. 和易性，不得出现离析、板结等现象。b. 坍落度，翼板控制在 220 ± 20mm，腹板控制在 200 ±20mm，坍落度损失≤10% /h。c. 工作度，扩散直径≥500mm，初凝时间≥10h，保水性良好，入模温度≤30℃，含气量 3% 。

②原材料选择。水泥采用 52.5 级普通硅酸盐水泥；砂采用中粗砂，细度模数≥2.4，含泥量≤3% ；碎石粒径为 5 ~ 20mm，其中 5 ~ 15mm 占 65% 以上，立方体强度不低于 120MPa，碎石形状以方圆为主，并全部水洗；活性掺和料为磨细矿渣粉，细度模数≥5000，高效减水剂减水率 >20% 。

③混凝土配合比。每立方米用料：水泥 450kg；细骨料 760kg；粗骨料 1050kg；外加剂 6.3kg；磨细矿渣粉 75kg。

④混凝土灌注。采用汽车泵泵送，灌筑按照水平分层，斜向分段的方式进行，分层厚度不大于 30cm。混凝土灌筑选在白天进行，便于观察混凝土灌筑情况和对模板的测量监控。灌筑顺序：梁体中部未安装内模部位先灌筑翼板，后灌筑腹板；安装内模的部位从腹板顶面灌筑混凝土，通过内模上的观察窗观察混凝土流动情况，待混凝土返至翼板顶面时进行混凝土振捣；梁端实体段直接在腹板顶面灌筑。

混凝土振捣采用 $\phi50$、$\phi30$ 插入式振捣器和捣固铲。由于梁体结构尺寸控制误差为 2mm，模板不安装附着式振捣器。底板混凝土灌筑过程中，人工用铁锤敲击底模，以保证混凝土密实。

⑤混凝土灌筑后根据当时气温（一般 2 ~4h）进行梁顶面抹面、拉毛。灌筑后待混凝土表面略微泛白时进行塑料薄膜覆盖洒水养护。混凝土终凝后，揭开薄膜浇水养护，养护 21d。

（7）预应力筋施工。

①钢筋绑扎成型后，在安装侧模前，将预应力筋穿入波纹管内。混凝土灌筑过程中及完成后用倒链窜动钢绞线，防止管道漏浆。混凝土灌筑后强度达 15MPa 后松开侧模，进行腹板最上面两束和翼板最外侧两束钢绞线早期预应力张拉，张拉应力为设计值的 30% 。施加早期预应力可以有效避免梁体出现表面裂纹。

②混凝土强度及弹模达到100%时进行孔道摩阻试验，根据试验结果调整张拉控制应力。

③张拉按照腹板从上往下，翼板从中间向两边的顺序进行。受梁体截面形式影响，左右两束不能同时张拉，为避免因张拉力不均匀造成梁体扭转变形，采用左右对称分级倒顶的方式进行。每排先张拉曲线外侧束至张拉控制应力的50%，倒顶到内侧束张拉至控制应力的70%，然后再张拉外侧束至控制应力的100%，最后张拉完成内侧束。张拉应力分级值可根据在张拉过程中梁体的变形测量监控结果进行调整。

④张拉后48h内进行孔道压浆。

⑤张拉过程中要进行梁体线形监控。

（8）施工测量控制。

①采用1′级全站仪和0.2mm级电子精密水准仪加密导线点，并布设测量控制网。由于现浇梁与预制梁对接，因此该控制网与全线控制网贯通，并有多个点位重合，保证梁体线形顺畅。

②梁体直线段测点分布间距3m，曲线段测点分布间距1m。

③混凝土灌筑过程中，采用全站仪和水准仪同步控制模板的轴线和顶面标高。

④在支架1/2、1/4、1/8处及支架通道跨中部位吊挂垂球，随时观测混凝土灌筑对支架的影响。

⑤监控预应力施工前后和预应力施工过程中的梁体变形，并随时提报准确数据。

五、质量控制标准

1. 质量标准

梁体既是车辆的承重梁，又是车辆行驶的导向轨，根据《重庆轻轨较新线一期工程跨座式单轨轨道梁桥工程质量检验评定办法》，其精度要求见表1。

表1　轨道梁外形尺寸允许偏差

序号	检验项目	允许偏差	检验方法
1	梁全长	±12mm	拉力器、尺量检查
2	梁跨度	±12mm	拉力器、尺量检查支座中心至中心
3	宽度	端部±2mm，中部±4mm	大量程游标卡尺检查
4	梁高度	±10mm	尺量检查
5	指形板与梁表面差	±2mm	尺量检查
6	工作面整体线形	$L/2000$	水准仪、经纬仪、钢尺
7	工作面局部线形	3mm/4m	钢尺
8	走行面垂直度	≤9mm	直角定规、钢尺
9	绝缘子预埋管	±1.5mm	尺量检查
10	梁体混凝土面平整度	2mm/m	钢尺

2. 质量控制

钢模板的制作、安装误差根据表1确定，分别见表2、表3。木模制作、安装误差控制在《铁路桥涵施工规范》（TB 10203—2002）允许值内。质量控制措施：

表2　钢模板制作允许误差

项　　目	长　度	平整度	弧形矢高	凹槽尺寸	预埋件孔位	螺栓孔径
允许误差（mm）	-2	≤2	≤0.5	±2	±1	±0.5

表3　钢模板安装允许误差

项　　目	平整度	弧形矢高	凹槽位置	接缝错台	宽度	端模倾角	垂直度
允许误差（mm）	≤2	≤0.5	±2	±1	0，-2	2/1000rad	≤2

（1）每道工序制定详细的作业指导书，并进行现场交底。严格检查每道工序完成的质量情况。

（2）模板制作的各项误差指标均满足技术条件方可使用。模板的贮存和搬运设专人看护，严禁板面划伤和防止模板变形。

（3）模板拼缝严密，所夹设的双面胶条高出板面部分必须清除。模板上的浮锈必须清除干净。混凝土灌筑时，派专人巡模，并随时检查模板的变形情况。拆模时，严禁硬撬。

（4）混凝土做到每车进行坍落度、工作度及温度检查。灌筑时，注意预埋件的保护。

3．质量检查

根据《跨座式单轨轨道梁桥工程质量检验评定办法》，检查模板及支架、钢筋、预应力混凝土及预应力工艺等方面，检查结果应符合相应的规定。

六、主要机具设备（见表4）

表4　主要机械设备表

序号	名　　称	规　　格	单　　位	数　　量
1	吊车	16t/40t	台	1/1
2	发电机	100GF	台	1
3	弯曲机	CW40	台	1
4	切断机	CQ40	台	1
5	对焊机	UN-100	台	1
6	电焊机	BX450	台	3
7	木工刨床	MB206A	台	1
8	木工圆锯机	MJ106	台	1
9	空压机	W-9	台	1
10	插入式振捣器	ϕ50/ϕ30	台	6/4
11	千斤顶	YCL-250/YCL-420	台	2/2
12	油泵	ZB4-320	台	2
13	灰浆泵	UB3	台	1
14	倒链	1t/5t	台	2/2

七、劳动力组织（见表5）

表5 劳动力组织表

序号	作业班组	人数	工作内容
1	技术组	10	施工方案编制、现场施工、测量控制
2	钢筋班	20	钢筋制作、安装
3	木工班	16	模板制作、安拆，预应力及管道安装，预埋件安装
4	混凝土班	10	混凝土灌筑、养护
5	张拉班	8	张拉、压浆

八、安全措施

1. 严格遵守国家、地方政府制定的各种安全操作规程。

2. 建立完善的安全保证体系，建立安全岗位责任制。加强施工过程安全检查，做到每道工序标准化、规范化。

3. 对员工进行各项安全教育，牢固树立安全第一的思想。

4. 施工场地周围设立安全警示标志，施工支架挂设安全警示灯、安全网及交通标志。行车通道顶部铺设竹胶板，避免高空坠物，尤其是防止电焊焊渣伤人，伤物。

5. 吊装作业时，设置义务交通员，配合交通部门进行车辆、行人疏导。

6. 严格遵守高空作业操作规程。

九、效益分析

跨越城市复杂地段时采用大跨度现浇 PC 轨道梁过渡，避免了钢梁造价昂贵，运营后维修费用较高，噪音大的问题，对促进跨座式轨道交通系统在城市中的应用具有重大的意义。同时对今后高精度预应力混凝土梁的现场制造提供了技术依据。

以重庆轻轨较新线一期工程为例，共计采用大跨度现浇 PC 轨道梁5跨，计183m，和钢梁比较可直接节约工程投资200余万（按每米节约投资1.1万元计算，不含运营后钢梁的维修费用）。轻轨后期规划跨越复杂地段约3500m，此项技术的应用将节约大量投资及运营后的维修费用。原计划60d完成一跨梁，仅用了35d完成，提高了工效，降低了工程成本，实现了新增产值4500万，新增税金160万，新增利润80万，节约资金50万。

十、工程实例

重庆轻轨较新线一期工程全长17.4km。全线只在跨越长江二桥北引桥处采用了现浇预应力混凝土轨道梁，其余跨度较大地段采用钢梁过渡。

中铁三局承建标段内的大跨度现浇 PC 轨道梁跨度组合为：入段线33.608m + 29.8m，出段线3×40m；平曲线半径100m，竖曲线半径1000m，纵坡33.43‰；无缓和曲线，无横向超高。入段线梁高2.6m，出段线梁高2.8m。上部腹板1.85m范围为适应单轨车辆走行需要，采用与标准 PC 轨道梁相同的空心工字形截面，梁宽0.85m。下部翼板入段线跨中梁宽

1.8m，梁端宽3.0m；出段线跨中梁宽3.0m，梁端4.2m；为减轻梁自重，出段线梁体翼板部分挖空。入段线预应力筋采用每束9根与12根ϕ15.24mm两种规格的钢绞线；出段线预应力筋采用每束12根与15根ϕ15.24mm两种规格的钢绞线。梁段内纵向预应力管道12根，横向16根。钢筋密度大，单位体积含筋量0.43t/m^3，截面最小配筋率1.2%。并且梁内要安装ATP/TD环线预埋管、绝缘子预埋管、电缆桥架预埋件等。经过施工人员的努力和科技攻关，中铁三局优质高效地完成了施工任务。受到了中国铁路工程总公司领导、重庆市轨道交通总公司、重庆市建委及日本专家咨询公司的好评。

先张法折线配筋预应力混凝土简支梁预制工法

YJGF 48—2004

中铁一局集团有限公司

和民锁　马新安　白双明　曹新刚

24m 折线配筋先张法预应力混凝土简支梁是国内首次采用的新型结构，并首次批量生产用于青藏铁路多年冻土区的新建桥梁。该结构为分片式 T 型截面普通高度梁，全长 24.6m，跨度为 24.0m，梁高为 2.20m，每片梁顶宽 2.07m，每片梁重 83.4t。设计混凝土强度等级为 C50，施工方量为 65.28m^3/孔。两片梁腹板中心距为 2.0m，横向在隔板处施加预应力进行联接。

本工法是在 2002 ~ 2003 年中铁一局集团桥梁建筑工程有限公司承担青藏铁路 QZ1.2 包件 105 孔 24m 折线配筋先张梁现场预制生产中形成的。该新型结构由铁道专业设计院设计，中铁一局集团桥梁建筑工程有限公司在青藏高原格尔木现场批量预制生产。由于该新型结构梁采用折线配筋，改善了结构受力性能，使得既有先张梁跨度局限在 20m 以下的局面得到突破。本工法开发研究了更加适合于施工现场用的偏心压柱式台座、折线预应力筋施工工艺、高性能耐久混凝土施工控制等技术，具有很好的推广应用价值。

该工法生产的 24m 折线配筋普通高度先张法预应力混凝土简支梁于 2002 年 9 月 30 日，通过局级投产鉴定。同年 11 月 27 日顺利通过铁道部产品质量监督检验中心生产许可证审核，产品质量优良。

一、工法特点

1. 折线配筋转折器的采用，有效地改善了梁体受力性能，比同样跨度的后张梁减少了施工工序，节约了材料，具有更好的耐久性，特别适用于高原、严寒地区使用。

2. 通过高性能耐久混凝土的施工控制，可延长桥梁结构投入运营后的使用寿命，减少桥梁结构的维修、养护费用。

3. 整体放张楔块的使用，节约了设备资金投入。

二、适用范围

适用于 24m（专桥青藏 04）T 型截面先张法折线配筋预应力混凝土简支梁预制。对其他地区铁路桥同跨度的先张法折线配筋梁的预制，本工法仍可参照使用。

三、工艺原理

1. 采用折线配筋的形式，使一部分预应力钢绞线弯起，并分散锚固于梁端，从而提供预剪力，有效地降低了梁端主拉应力，改善结构性能，扩大了先张梁的使用跨度。与后张梁相比，节省了锚具，减少了施工工序，并可避免后张法由于管道压浆不实而造成的病害。因此比后张梁具有更好的耐久性，特别适合于高原严寒地区。

2. 折线配筋是通过预埋导向装置来实现的。根据先张梁张拉及放张过程中导向装置的工作状态，转折器具有以下特点。

（1）摩阻尽可能小。

（2）能适应纵向移动和梁体纵向移动。

（3）操作简便，价格合理。

按照铁科院试验研究，导向辊半径选用 $R=19.5$mm 能满足上述要求，同时满足高寒区钢绞线疲劳应力幅需降低的设计要求。

3. 根据电算模拟放张工况分析，采用不同的放张顺序对导向拉板和梁体应力有不同的影响。当直线筋外露长度不小于2m 时，先整体放张折线筋，然后切断转折器侧板，最后整体放松直线筋的放张步骤是安全可行的。（根据 24m 折线筋先张梁设计计算和实梁测试结果，此时梁体外露直线预应力筋的应力不大于 $0.8f_{pk}$，其中 f_{pk} 为预应力钢绞线抗拉标准值；小于设计控制应力，不会拉断）。

4. 采用 C50 以上高强混凝土并在混凝土中掺加适宜的外加剂和粉煤灰等成分，优选原材料、配合比，制备高性能混凝土，可大幅度提高其抗渗性能，改善其抗冻融能力，以达到高寒地区结构物具有施工简便、少维护和高耐久性的目的。

四、施工工艺

1. 24m 折线配筋先张梁预制工艺流程图（图 1）

2. 施工要点

（1）台座设计及施工（见图 2）。

先张梁台座是先张法预应力混凝土梁生产的主要工艺装备，根据折线配筋的结构形式，采用了钢筋混凝土压力式传力柱和斜向钢支撑架相结合的台座形式。水平直线筋预施应力，通过现场浇灌的钢筋混凝土传力柱和活动横梁来传递。由于折线筋锚固点较高，采用钢板制作的斜向钢撑架和活动的钢横梁来传递预施应力，其斜向钢撑架通过预埋铁件和底部钢筋混凝土传力柱的牛腿进行联结。在距跨中两侧各 4.5m 处设置预应力筋导向转折器，使折线筋能够按设计要求顺利弯起，台座基础设计时决定预埋铁件并在预埋铁件上焊接六根 M42 × 420 螺栓来控制转折器导向装置，预应力筋放张时松开螺栓可使梁体作微小的纵向移动。

（2）模板施工。

外侧模板每侧分为六块，其中两端外侧模板长 4.31m 每侧各两块，中部外侧模板长 4.0m 每侧各四块，采用8mmQ235 钢板，加劲肋及支架采用 I20 组成。侧模板制作时设置同底模板相适应的预留反拱值跨中为 30mm，而底模与侧模的长度均应增加弹性压缩值 20mm。根据实测结果此预留值是较合适的。工厂加工好后，在工地台座上组拼，按跨中 30mm 反拱沿梁长按抛物线布置调好侧模线后，又按端部 8.31m、中部 8.0m 为一节焊接拼装成整体。相邻模扇之间采用 M24 螺栓联结。焊好后用砂轮机磨平并抛光焊缝。相应的纵向支架连成一个整体框架，以增加模板刚度。外模板与底模之间嵌有半径 $r=30$mm 燕尾型橡胶带，在底模板扁担处，每隔 800mm 设置底脚顶楔，用以加固模板，以防底脚漏浆。每 4000mm 模板支架设 2 根 ϕ60mm 的可调丝杠作为支撑以加固模板。

立模时先安装端模，再安装侧模，接着安装 U 型螺栓、泄水管模，最后安装桥面挡碴墙模板、内边墙、端边墙等小块模板。安装侧模板时，从一端开始先吊装端部内侧模扇后再吊装端部外侧模扇。吊立侧模扇时必须对准侧模扇支架与底模板扁担相对位置，打好底脚楔子同时上好顶拉杆，用竖向可调丝杠调整好垂直度，并与相邻模板联结好。

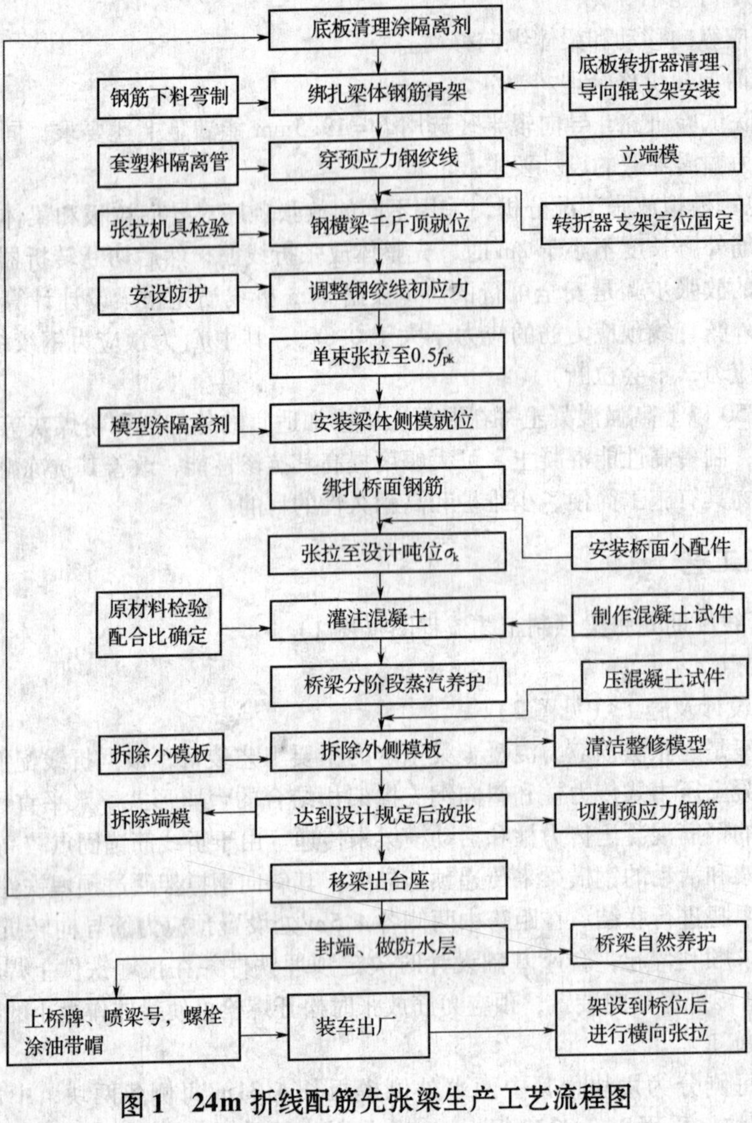

图1　24m 折线配筋先张梁生产工艺流程图

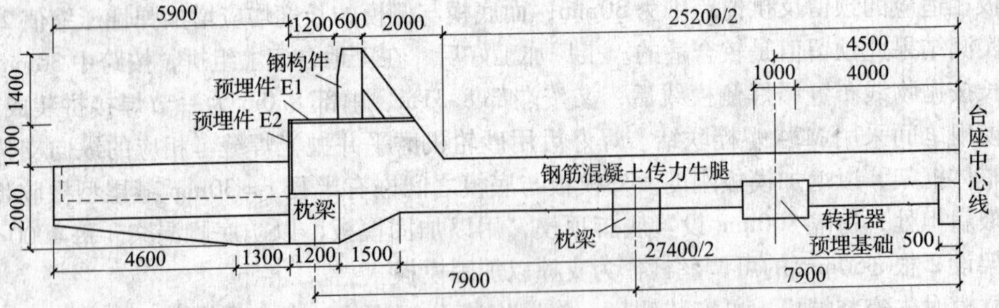

图2　折线配筋先张梁台座构造图（单位：mm）

拆模时首先卸掉所有紧固件和联结螺栓，再拆底脚楔子、上拉杆，以及挡碴墙、内边墙、端边墙等小构件模板。其次拆除侧模板下翻板顶杆，然后拆除侧模板与端模板的连接螺栓。将侧模板吊运到其他位置，待梁体混凝土强度达到设计值的85%、弹性模量达到相应值时，即可进行预应力钢绞线放张，放张后拆除端模板。

（3）高性能耐久混凝土施工。

①配合比选定。选择符合耐久混凝土有关规定的原材料，根据高性能耐久混凝土施工配合比选定周期长的特点和铁科院研制的DZ－4外加剂具有使混凝土在低温、负温条件下强度增长，并且使混凝土硬化后具有良好的耐腐蚀性、钢筋阻锈性、高抗渗性和高抗冻性的特点，经过施工中多次比较调整，选定了符合实际生产情况的配合比，并经青藏铁路耐久混凝土试验中心最终检测，八项耐久性指标（抗冻融循环性能、抗渗性能、护筋性、抗氯离子渗透性、抗裂性、耐腐蚀性、抗碱－骨料反应性能、耐风蚀性）符合规范要求，混凝土C50施工配合比见表1。

表1　C50高性能耐久混凝土施工配合比

强度等级	水泥P. O（42.5R）	砂（中砂）	碎石（5～25mm）	外加剂（DZ－4）	水	粉煤灰（Ⅰ级）	坍落度	含气量
C50	420kg	613kg	1168kg	46.4kg	160kg	63kg	100mm	2.2%

②混凝土灌注。耐久混凝土施工采用自动计量上料系统强制式搅拌机进行集中拌和。每盘混凝土拌制时间控制在210s左右。采用吊罐灌注混凝土工艺。坍落度控制在90～120mm之间，施工性能、耐久性指标满足要求。

耐久混凝土搅拌完毕含气量控制在3%～5%左右，经运输损耗后，浇筑前含气量控制在2%左右，可以有效地保证耐久性指标。在灌注过程中要对坍落度、含气量、泌水率三项指标进行监测，严格施工过程控制以保证耐久性指标得到实现。

梁体混凝土灌注顺序为先底板，后腹板，然后桥面板，采用水平分层、斜向推进，逐步从梁一端向另一端推进的连续灌注方案。工艺斜度以不大于1∶3为宜，每一分层厚度不得超过20～30cm。混凝土必须连续灌注，一次成型，并应保证有足够的密实度。先后两层混凝土灌注间隔时间，以不使下层混凝土初凝为宜。混凝土运输中不应发生离析、漏浆、严重泌水及坍落度损失过多等现象。

用附着式振动器和插入式振动棒相结合的方式进行振捣，振捣时间为30～45s，确保混凝土振捣密实。每扇拼装后的模板在腹板中部及下翼缘处，交错布置两排1.1kW附着式振动器9台，内、外扇侧模每侧各布置17台。当混凝土表面不泛浆、不再下沉、不再出现气泡、表面平坦时，表明混凝土已捣固密实。一般振捣时间不少于1min钟，也不宜过振。

梁体混凝土应尽量安排在白天施工，以便观察混凝土的施工灌注质量，灌注混凝土过程中应设专人对模板进行看护，发现问题及时处理。特别要加强模板底部可调丝杠的调整，并涂以黄油加以保护。

夏季施工时，采用在模板钢筋上喷洒雾水的方式进行降温。当工地昼夜平均气温连续3d低于+5℃或最低温度低于－3℃时，应按冬季施工措施进行处理。进入冬季施工，应对原材料进行加热。并在灌注混凝土前对模板覆盖篷布通蒸汽进行预热的方法升温，确保混凝土入模温度在5℃以上。灌注混凝土时，采用边掀篷布，边灌注施工方案，灌注完毕立即覆盖篷布通低温蒸汽，但通气温度与张拉预应力钢绞线（$0.5f_{pk}-\sigma_k$）时的温差不得超过20℃。对桥梁进行蒸汽养护时，升降温速度严格按照不超过10℃/h的速度执行，保持50℃左右恒温养护28~30h，蒸养后自然养护时要及时喷养护剂进行保湿，以避免混凝土温差裂纹，并有利于混凝土强度增长，从而提高梁体混凝土耐久性。

（4）预应力施工工艺。

①钢绞线的穿入及张拉。穿钢绞线时采用的顺序为：先穿直线筋再穿折线筋；先穿下层再穿上层，分别从一端向另一端穿入。为保证穿筋时钢绞线不混乱，折线筋穿筋时每隔4m绑一横筋，穿完后将其拆除。穿折线筋时必须注意将其穿过导向装置的正确位置。

张拉采用工具钢绞线张拉体系。预应力钢绞线分为直线筋和折线筋两部分，其张拉顺序为：首先将直线筋初调，然后张拉折线筋，最后将直线筋张拉到设计吨位。

直线预应力筋采用单端张拉；为整体初调、单束张拉，千斤顶配合放张楔块整体放张工艺。即一端为千斤顶、另一端为楔形放张块，两端进行整体放张。

直线筋张拉工艺：0 ⟶整推四个大顶至$0.2f_{pk}$（整体初调、测伸长值初读数）⟶单束张拉$0.5f_{pk}$（持荷3min）⟶锚固⟶立模、绑扎桥面筋⟶单束张拉到控制应力σ_k（持荷3min，测量伸长值）⟶锚固。

折线筋采用两端张拉；为单束初调、单束张拉，两端均为放张楔块整体放张工艺。

折线筋张拉工艺：0 ⟶$0.2f_{pk}$（单束初调、测伸长值初读数）⟶单束张拉$0.5f_{pk}$（持荷3min）⟶锚固⟶立模、绑扎桥面筋⟶单束张拉到控制应力σ_k（持荷3min，测量伸长值）⟶锚固。

张拉控制采用双控即以油表读数为主、以张拉伸长值做校核。伸长值偏差超过6%时，应查明原因并及时处理。张拉时应保证环境温度在0℃以上。

转折器附近的底部中间两根钢筋，制作时分段下料绑扎，并在折线筋张拉完成后，对转折器附近的钢筋进行补筋绑扎。

②钢绞线放张。按设计规定当梁体混凝土强度达到设计值的85%，弹性模量达到相应值，且混凝土龄期不少于3d，并拆除模型（端模除外）后，即可放松预应力钢绞线。设计钢绞线放张应力为1200MPa。当梁端直线筋外露2m以上，按试验梁实测结果，放张后直线筋应力为$1305\text{MPa}<0.8f_{pk}=1448\text{MPa}$钢绞线不会拉断。在放张前，必须将转折器定位螺栓松出，以便放张时梁体纵向滑动。

③钢绞线放张顺序。放张顺序按以下三个步骤进行：首先两端同时整体放松折线筋，然后切断导向设备支承侧板，最后整体放松直线筋。放张折线筋时采用放张楔块进行放张。放张过程中梁体两端应交替逐渐整体徐徐放松，首先应拆除放张器卡板，然后利用手动千斤顶顶松楔形块，应尽量使同一端的两个放张器同步。放完折线筋后，用氧气切割预埋在梁体外侧的转折器侧板。直线筋采用千斤顶配合放张楔块进行放张。首先在一端按照折线筋的放张方法，用放张楔块进行放张；另一端松开千斤顶保险箍，油泵徐徐回油，直至钢绞线全部放松，边放松边检查梁底爬行情况。放张后及时测量梁体上拱度。

（5）桥梁滑移、装运。

在梁体混凝土达到设计要求的强度和弹性模量，并放张以后，方可将桥梁移出台座。移梁时采用P43钢轨作为滑道，每个滑道由两根钢轨并列，其上采用厚20mm钢板制成的移梁钢板，钢板与滑道间满涂黄油做润滑。牵引动力为2台5t慢速卷扬机配合15t滑车组。

梁体横移时，先用2台100t千斤顶在支座中心位置处将梁顶起，然后穿入钢轨及移梁钢板，用鱼尾夹板接通滑道，将梁体落在滑梁钢板上。钢丝绳穿过滑车组并挂设在梁体横隔板上，挂好牵引滑车组，开动2台卷扬机移梁。为保证移梁过程中的安全并减少梁体和滑梁钢板之间的相对错动，在梁体与滑梁钢板间垫设了20mm厚的杂木板，并在滑梁板和梁体桥面板之间前后方向都加设了ϕ200mm的斜向支撑杆。

将梁通过滑梁股道横移到2台70t龙门吊下，穿绑吊梁钢索，检查后提升梁体，平板车推入梁下。当平板车就位后，使梁体重心线和平板车重心线符合，龙门吊将梁体放落在转向架上。在梁体内、外侧桥面板下缘处加斜向钢支撑，对桥梁进行加固，确保桥梁运送过程中的安全。

（6）横向联结施工。

横向联结施工为桥梁架设后现场施工。横向张拉采用单端张拉工艺。横向预应力筋采用ϕ32mm强度级别为735/935MPa、弹性模量为200GPa高强度精扎螺纹粗钢筋，采用YGM高强度精轧螺纹粗钢筋锚具，张拉设备采用YG－70型穿心式单作用千斤顶。桥梁架设就位后，在两片梁间横隔板预留孔道处放置内径为ϕ55mm波纹管，将预埋在隔板内钢筋在灌注混凝土前恢复水平搭接并绑扎在一起，确认联结钢板焊接牢固后，灌注C50微膨胀细石混凝土，当混凝土强度达到设计要求后，张拉ϕ32mm高强精扎螺纹粗钢筋并进行压浆、封锚，最后使用－50℃耐低温聚氨酯防水涂料将联结板处缝隙封好。

五、机具设备（见表2）

表2　制梁主要机具设备

序号	机械设备	规　格	数量	备　注
1	钢筋弯曲机	GW40A型	5台	
2	钢筋切断机	GQ40－1型	2台	
3	钢筋调直机	GT－4－14	1台	
4	钢筋对焊机	UN－100型	1台	
5	电　焊　机	BX1－500型	5台	
6	强制式混凝土搅拌机	JW1000型	1台	
7	装　载　机	ZL50型	1台	
8	龙　门　吊	MH10－10型	2台	
9	水泥输送管	螺旋上料管	1套	
10	车　　床	CA6240型	1台	制作铁配件用
11	钻　　床	Z3032×10	1台	制作铁配件用
12	剪　板　机	Q11－16X2500型	1台	制作铁配件用
13	张拉千斤顶	YDC－200Q型	2台	单束张拉用
14	张拉千斤顶	机械锁定型	8台	整体初调用
15	张拉千斤顶	YG－70型	1台	横向张拉用

续表 2

序号	机械设备	规　格	数量	备　注
16	电动油泵	ZB4－500 型	2 台	单束张拉用
17	电动油泵	YBZ10－49 型	2 台	初调整推用
18	螺旋式千斤顶	QLD50 型	12 个	放张用
19	自制楔型放张器	放张量 50mm	16 个	放张用
20	卷扬机	JM5 型	2 台	滑移梁用
21	滑车组	15t	2 组	滑移梁用
22	振动器	1.1kW	160 个	混凝土浇筑
23	蒸汽锅炉	DZL4－1.25 型	1 台	桥梁蒸汽养护用

六、劳动力组织（见表 3）

表 3　制梁劳动力组织

序号	工程项目	人数	备　注
1	钢筋制作	20	钢筋工 13 人、电焊工 4 人、普工 3 人
2	钢筋绑扎	30	钢筋工 24 人、普工 6 人
3	安装模板	17	模型工 10 人、装吊工 2 人、普工 5 人
4	拆除模板	12	模型工 8 人、装吊工 1 人、普工 3 人
5	模板维修	5	钳工 1 人、电焊工 1 人、普工 2 人、装吊工 1 人
6	铁件加工制作	19	车工 1 人、钳工 2 人、电焊工 8 人、钻床 2 人、普工 6 人
7	预应力张拉	12	张拉工 8 人、普工 4 人
8	灌注混凝土	22	混凝土工 16 人、普工 4 人、运浆车司机 2 人
9	拌和站	6	
10	预应力张拉	10	张拉工 6 人、普工 4 人
11	转折器维修	2	修理工 2 人
12	电工	6	
13	锅炉工	9	
14	水质化验工	3	
15	合　计	173	

七、安全质量措施

1. 安全措施

在编制项目施工组织设计时，建立梁场安全保证体系，制定了系列的安全保证措施。在施工前对所有员工进行安全技术交底，施工中定期进行安全大检查。张拉钢绞线时，千斤顶后面不准站人，也不得踩踏高压油管，并防止闲杂人员进入施工现场。起顶梁时必须搭好保险垛，一端完成之后，再顶另一端，严禁两端同时操作。滑移梁时必须保持两边行程一致，防止梁体受到侧向弯矩。滑梁钢板与梁体混凝土接触点必须垫设木板，以防损坏混凝土。高空作业人员必须严格执行相应的安全操作规程。

2. 质量措施

（1）我公司按照 ISO 9002 标准的要求完善了质量体系，并于 1999 年元月份通过了中建协质量体系认证中心的认证审核，批准认证予以注册。

（2）组建一个强有力的质量管理机构和质量监督系统。

（3）明确规定每个部门、岗位在质量保证活动中所负的职责和具体内容，把质量工作贯穿到施工的全过程中，形成道道工序齐抓共管，使工程质量始终处于受控状态。

（4）采购质量的优劣直接影响产品质量，要按公司质量体系中《采购控制程序》，严格控制主要材料的采购。每批进场的水泥、钢材等主要材料，必须按《进货检验与试验控制程序》及国家有关的标准，由物资设备室进行检验、检查技术凭证（如生产厂家、型号、出厂合格证、规格、数量等），外观质量，合格后取样由计量试验站进行试验，合格后方能投入使用。

（5）钢筋的下料、弯制、安装应严格按图纸施工，绑扎完毕后先自检合格后，再由专职检查人员检查并报请监理工程师检验签认后，方可进行下道工序。

（6）模板要求板面平整，接缝密贴，确保模板不漏浆。安装模板时注意检查燕尾型橡胶带与外模板是否密贴，以免下翼缘漏浆，并检查底部底脚顶楔是否牢固，以免灌注混凝土时跑模或漏浆。必须将模板板面清理干净，涂脱模剂以确保混凝土表面光滑平整。

（7）选定配合比前，必须对原材料进行检测试验，符合规范要求后，方可使用。严格控制混凝土水胶比，通过坍落度、含气量、泌水率三项指标控制混凝土拌和物的质量，确保耐久性指标得以保证。严格按配合比进行施工，当混凝土流动性大于施工要求时，只减少用水量，保证胶凝材料总量不变；流动性小于施工要求时，保持水胶比不变，增加水泥浆用量，同时按比例增加外加剂用量。

（8）桥梁的养护工作是高性能混凝土的重要工艺，在拆除保温设施时，梁体表面温度与环境温度之差应控制在 15℃左右。

（9）张拉器具、设备必须鉴定合格后才能投入使用。千斤顶每月校正一次，校正系数不大于 1.05，油压表每周鉴定一次。转折器各导向辊必须转动灵活，减少折点摩阻损失。张拉实际伸长值与理论伸长值进行校核，相差在 6% 以内认为合格。灌注前，对预应力筋进行抽查，应力损失超过 3% 时必须补拉。张拉后应及时（一般在 2h 以内）灌注混凝土，否则要进行补拉。

（10）混凝土拌和采用有微机监控自动称量系统的混凝土集中拌和站，其计量设备定期检查校正，保证混凝土施工配合比的准确。

（11）静载试验是检验产品质量的最根本方法，按铁道部标准每 30 孔梁抽一片做静载弯曲抗裂试验。梁体在 $K=1.20$ 级荷载作用下，梁体下翼缘底部边角及梁底面未发现受力裂缝，且在静活载作用下的挠度合格，则判定为静载试验合格。

八、效益分析

24m 折线配筋先张梁由于其施工工艺新、施工难度大，是国内首次采用的新型结构，采用此工法预制桥梁产品，在 2003 年 9 月 6 日至 8 日于格尔木召开的“全国铁路先张梁技术协作组四届二次会议”上得到了铁道部标准技术处、设计院、十七家专业桥梁生产企业数十位领导和专家的一致好评，对预制桥梁产品质量和梁场管理工作给予充分的肯定和高度赞扬。

采用自行设计的放张楔块，操作简单方便，满足施工工艺要求，节约设备费256万元。采用了大块模板，明显降低了工人的劳动强度。

由于先张梁施工工期短、工序简洁、节省材料、维修养护工作量少、耐久性好等特点，特别适用于严寒、高原、工期要求紧、维修困难的工程中使用。

通过折线先张耐久梁的预制生产实践，为以后在严寒、高原地区梁体预制施工及以后高速铁路上同类桥梁预制的质量控制积累了一定的经验。

九、工程实例

中铁一局集团桥梁建筑工程有限公司承担了青藏铁路二期工程 QZ1.2 包件 105 孔 24m 先张法折线配筋耐久梁的施工任务。2002 年 8 月在青藏高原格尔木正式投产，形成本工法，于 2003 年完成 24m 折线配筋先张梁的全部生产任务。

由于导向装置的采用，使预应力钢绞线通过转折器圆形辊轴进行转折弯起，有效地降低了梁端主拉应力，改善了结构的性能，使先张梁跨度局限在 20m 以下得到了突破，对先张梁施工技术是一次巨大的推进，提供了一种提高混凝土结构耐久性的有效方法，推动了我国桥梁技术的发展。尤其是钢筋混凝土传力柱和斜向钢支撑架相结合的台座形式、放张工艺的合理顺序安排与楔形放张块的使用、高性能耐久混凝土的施工控制技术，对以后大跨度先张梁生产具有重要的借鉴意义。

空间预应力索桥结构制索及调索工法

YJGF 49—2004

中铁十一局集团有限公司

刘学庆　郭维田

空间预应力索桥结构是桥梁结构的一种新形式，它是应用现代索结构技术，从结构形式和使用材料两方面对索桥进行创新，有效地解决了困扰索桥发展的一些主要问题，使这种桥梁既能保证使用功能要求，具有足够的刚度、稳定性和耐久性，又能保持索结构造型优美、用料省、自重轻、跨度大等特点，充分体现了现代结构技术，巧妙和新奇，从而使索桥得以更广泛的应用。该桥型特别适用于跨越海峡、深谷、急流以及对景观要求较高的场所，建造大跨度、轻荷载桥梁的需要。

针对浙江平湖通天桥工程开发的空间预应力索桥结构制索及调索工法属国内首次应用，该技术已于2002年12月28日通过专家鉴定“空间预应力索桥结构制索及调索施工技术居国内领先水平”。浙江平湖通天桥工程空间预应力索桥建造技术，获中铁十一局集团公司2002年度科技进步成果特等奖；获中国铁道建筑总公司2003年度科技进步一等奖；获中国公路学会2003年度科技进步三等奖。该技术论文获2003年度中国铁道建筑总公司优秀论文一等奖。此工法获2003年度中国铁道建筑总公司优秀工法一等奖；获2003～2004年度铁道工程建设工法。

一、工法特点

1．本工法采用的制索和调索施工技术，采用索长和索力的双控制，过程控制以索力控制为主，通过制索、安装及调索使各索索力和全桥各结点空间位置准确，成桥后桥梁具有较大强度、刚度以及良好的耐久性和抗风稳定性。

2．本工法所需要的机具设备较少，且多为常规机具，操作简便，施工工艺容易掌握，便于推广应用。

3．采用本工法，施工速度较快，劳动强度较低。

4．与悬索桥预制平行束股法成缆或空中编丝法成缆工艺相比，本工法采用的猫道及塔架等临时工程量较小，且无需其他辅助设施，省工、省料，提高了经济效益。

5．本工法受天气影响较小，施工安全可靠。

二、适用范围

本工法适用于各种缆索桥结构的施工，也可用于悬索桥以及具有“悬带”和“悬索”相结合特征的悬吊斜拉桥的施工，对以环氧涂装钢绞线束作为承重索结构的施工亦可参照本工法实施。

三、工艺原理

空间索桥结构的形状与受力密切相关，除要保证索力准确外还应保证结点坐标准确，为此，在空间预应力索桥结构制索、安装及调索时要采用索长和索力的双控制。考虑空间结构各索相互影响及施工误差等因素，施工过程以索力控制为主，索长控制为辅，索长控制通过结点空间坐标来反映。制索时参照悬索桥中施工中的“预制平行束股法”：在桥址两岸间架设一组猫道，作为缆索制作的场地和交通的便道，缆索在猫道上编制成型后整体吊装与撑杆顶结点连接或者锚固于锚碇锚架上。调索施工分初步调整和最终调整两个阶段，初步调整目的是在制索和安装阶段，使各索均参与受力，结点基本到位，索桥基本成型；最终调整目的是使各索股钢绞线达到设计要求索力和成桥线形。根据索力影响系数以及监测索力结果，确定调索顺序，及时跟踪监测调索结果，并据此调整调索顺序及索力大小，多次循环直至达到设计要求索力和线形。每一索股各钢绞线调索时，利用压力传感器和张拉千斤顶进行读数控制。索股调索工艺原理见图1（其中G1、G2、G3…Gn为索股各钢绞线）。

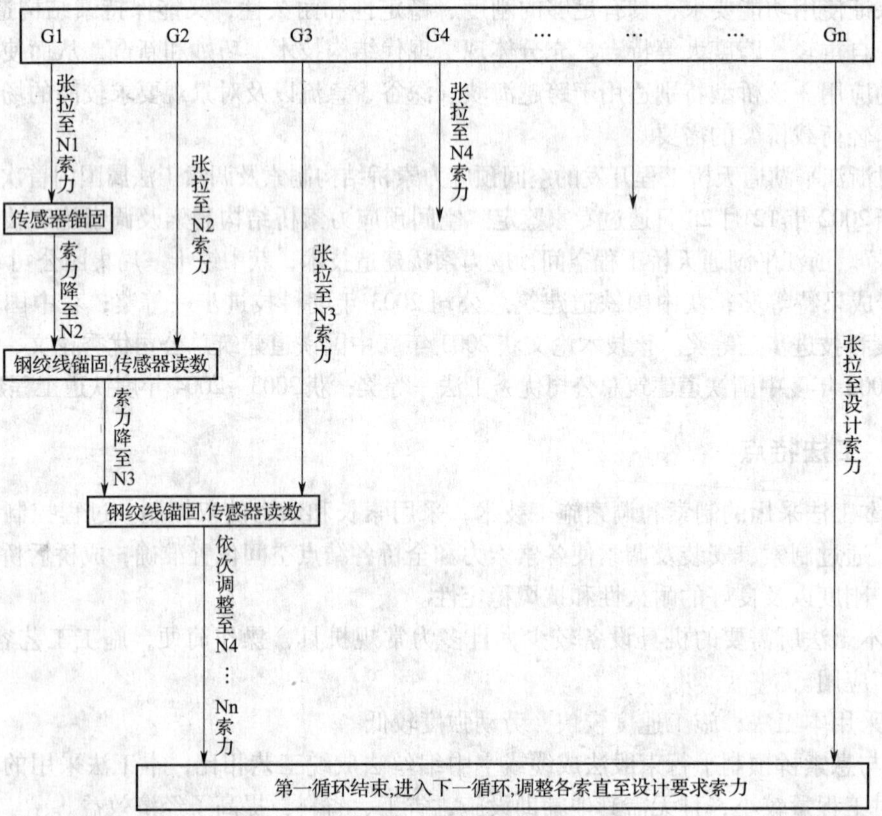

图1　调索施工工艺原理

四、工艺流程及操作要点

1. 空间预应力索桥结构制索及调索施工工艺流程（见图2）

2. 操作要点

（1）钢绞线下料。

空间预应力索桥结构的形状与受力密切相关，除要保证索力准确外还应确保结点坐标准确，为此，应特别注意索长和张拉力的施工控制。预制时准确控制各索段的无应力长度，架设时进行索长和索力的双控制，钢绞线无应力长度的控制尤为关键。下料时，按照“下料长度=修正后的无应力长度+施工长度”来进行控制。根据安装工艺，需设置1根基准索股来控制索股索夹及连接头安装位置和索股索长。

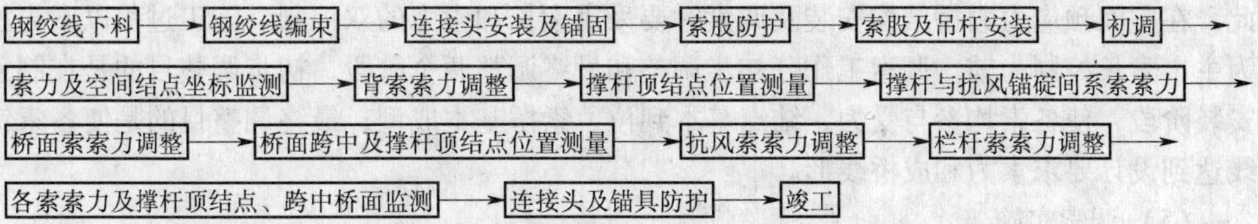

图2　制索及调索施工工艺流程图

（2）索股制作。

索股预制宜根据成桥坐标，平卧安装索夹及连接头，再架设。安装时必须采取措施保证索夹及连接头与索股各钢绞线之间的相对位置和角度，以确保全桥安装调索后结构线形及构件受力情况符合设计要求。索股编束前，应先放基准索股来确定各钢绞线的无应力长度；在编束过程中，每根钢绞线均需调整成与基准索股相同的跨度和垂度，则其所受拉力、线型及总长应与基准索股一样。为保证钢绞线在安装过程中不缠扭，可根据钢绞线设计的排列顺序制作一限位架，使同一根钢绞线在每个索夹中的位置一致，各钢绞线受力情况一致，以确保各节段间索长一致。索夹安装时，利用木制楔形块来实现相邻索夹间的相对转角。安装时，索夹夹板夹槽内用环氧树脂坐浆，钢绞线呈矩阵排列，钢绞线与夹板分层安装并用螺栓夹紧，安装完成后，两端采用环氧砂浆封头。各钢绞线从1号索夹按照“就近排列”的原则穿过连接头底板，1号索夹与连接头间钢绞线要顺直，不得扭绞、交叉；同时要准确控制挤压锚具安装位置，使主缆内该段钢绞线长度一致，从而使各钢绞线受力均匀。挤压施工时挤压力不得小于26t，并确保挤压套与钢绞线之间的握裹力。

（3）索股安装。

主索在猫道上编制成束，两端利用卷扬机牵引连接头至顶结点并与顶结点销结。由于主索长、重、柔且各索夹间存在相对倾角，吊装过程中主索将发生扭转。吊装过程中撑杆尚处于不稳定状态，必须确保主索吊装方案的安全性。抗风索制作工艺与主索基本同，但抗风索是呈上拱，原猫道为下垂，不能满足抗风索安装的线形要求。因此桥面索安装完成后，利用桥面框架及桥面索铺装木板作为抗风索制作转型猫道，其拱度基本符合抗风索在无应力状态下的线形，可保证抗风索最终线形。在转型猫道上、桥面框架立柱外侧制作抗风索，索夹防护后，由安置在南北两岸的卷扬机分别牵引抗风缆两端至各抗风锚碇上并用夹片锚锚固在抗风锚碇锚架上，在牵引抗风索就位的过程中，同时安装抗风索与钢框架、抗风索与主索间的系索。

该桥不设加劲梁，桥面系由桥面框架、桥面索、桥面拉板网等组成。桥面索分南北两段。桥面框架位于桥面索下方，由U型螺栓与桥面索连接固定，拉板网直接铺在桥面索上。根据监控长度，设置3根定位索，在各定位索上做好标记。将各钢绞线搬运至安装位置，顺序排放在桥面框架上并用U型螺栓将各索与桥面框架紧固定位，3根定位索分别安放在框架中部及两端，U型螺栓拧紧；其余各索U型螺栓稍松以便桥面索张拉调索。在跨中桥面框架两端将各桥面索挤压锚固，南北塔处各索穿过塔墩体混凝土预留孔后用夹片锚锚固于墩体背面。

（4）初调施工。

空间索桥结构的形状与受力密切相关，除要保证索力准确外还应保证结点坐标准确，为此，在空间预应力索桥结构安装及调索时要采用索长和索力的双控制。施工过程以索力控制为主，索长控制为辅。调索工作分初步调整和最终调整两个阶段，初步调整目的是在制索和安装阶段，使各索均参与受力，结点基本到位，索桥基本成型；最终调整目的是使各索钢绞线达到设计要求索力和成桥线形。

（5）调索实施。

根据各索索力的影响系数关系，确定调索的流程为：背索索力⟶撑杆位置⟶撑杆与抗风锚碇间系索⟶桥面索⟶抗风索⟶栏杆索。各索股调索施工要点：

①背索调索。背索由钢绞线排列成六角形断面，背索上端通过连接头与塔顶结点形成销接式结点，国内属首次采用；背索下端用夹片锚锚固于锚架，锚架通过后张预应力索锚于主锚碇中。调索时利用压力传感器和张拉千斤顶进行读数控制。调索方法：从一束缆索中受力最大的1根钢绞线开始调整，调整到适当的索力时，利用单孔锚具将传感器锚固，再利用张拉千斤顶进行第2根钢绞线的调整，使第2根钢绞线的索力（通过标定过的张拉千斤顶读数反映）调整到与锚固在第1根钢绞线的传感器上显示的索力相同为止；按此方法进行其余各钢绞线索力调整，每根索力均与锚固在第1根钢绞线的传感器上读数相同，直至整根缆索全部调整完毕。最后一次显示的索力即为单索的平均索力。

②桥面索调索。桥面索张拉时，先张拉三根定位索并带动桥面框架就位，再对称张拉其余各索，之后将U型螺栓与桥面框架拧紧。由于桥面各索索力相互影响较小，张拉调索施工时，考虑索力折减系数后，可从一侧顺序进行调整至另一侧，直至达到设计要求。

③抗风索调索施工。抗风索于抗风锚碇前端以连接器进行连接，安装抗风索后，先用锚碇后端夹片锚调索，再浇注后浇混凝土，待后浇混凝土到达设计强度后，将锚固段索张拉至0.8倍标准强度。这样，连接器前段抗风索索力较小，连接器后段锚固索力较大，满足了结构受力和构造要求。调索方法与背索调索方法相同。

五、材料（见表1）

表1　主要材料表

材料名称	规　格	技术指标	外观要求
钢绞线	包PE的环氧涂装钢绞线	公称直径 ϕ15.24mm，标准强度 $R_y^b = 1860$MPa. 符合 ASTMA416 - 90A，钢绞线上的环氧涂层厚度在0.12~0.18mm之间	钢绞线无锈蚀、无损伤。涂层没有肉眼可见的小孔、针眼、空隙、裂纹和损伤，没有明显的下垂、突起、异物附着等
钢板及钢筋	16Mnq、A_3、ϕ20钢筋		材料坚韧，表面无损伤，外露面除锈，涂防锈漆及面漆

六、机具设备（见表2）

表2　制索及调索施工主要机具设备

序号	名　称	规　格	单位	数量	说　明
1	塔架	贝雷片搭设	座	2	根据工程具体情况进行猫道、转型猫道和塔架设计，确定猫道和塔架尺寸及结构构造
2	猫道	208m×3m	组	1	
3	转型猫道	208m×4m	组	1	
4	卷扬机	3t	台	2	
5	卷扬机	5t	台	2	
6	砂轮切割机	125mm	台	1	钢绞线下料
7	标准钢卷尺	50m	把	1	钢绞线下料无应力长度控制
8	莱卡全站仪	TC1610	套	1	放样、空间结点坐标测量
9	经纬仪	DJ2	台	1	放样、空间结点坐标测量
10	水准仪	DS3	台	1	放样及水准测量
11	配电盘	自制	套	2	两岸各一处
12	倒链	3t	个	10	制索及索股安装
13	卷扬机	JR－1.5t	台	2	索股牵引安装
14	张拉千斤顶	200kN	台	2	张拉调索
15	油泵	ZB－630	台	2	张拉调索
16	千斤顶	YC－70	台	2	张拉调索
17	挤压机	26t	台	2	挤压锚挤压施工
18	镦头机	ϕ5mm	台	1	镦头施工
19	应力监测设备	JMZX－300	台	1	配合传感器使用
20	压力表	60MPa	支	2	张拉读数
21	电脑		台	1	监控及监测计算
22	对讲机		台	6	施工调度

七、劳动力组织及安全措施（见表3）

表3　制索及调索施工劳动力组织

序号	工　种	工作内容	人数	说　明
1	缆索制作及吊装	钢绞线下料制作、场内运输、拼装及吊装	30	指挥1人
2	预应力施工	预应力张拉及锚固、锚具防护	16	指挥1人
3	模板及架子工	搭设支架、立模及浇注混凝土	20	安全员检查
4	试验员	进行试验控制、索力量测	2	技术人员配合
5	测量员	进行测量控制、长度及坐标测量	3	技术人员配合
6	安全员	检查施工过程各种安全隐患，并及时处理	1	专职
7	技术人员	负责制索、调索各项技术质量工作	3	

安全注意事项。施工时，除遵守有关工程施工安全规则外，重点要做好以下安全防范工作。

1．严格遵守施工现场临时用电安全技术规范，电缆严禁直接从桥面通过，经常检查电路，防止发生事故。因故停工时，注意切断电源，保护设备。

2．进出场地人员均需戴安全帽，猫道上施工时须穿防滑鞋，高空作业人员须系安全带。严禁从高空向下抛掷杂物。

3．高空作业所用吊篮、吊笼等设备均需经过计算检验合格后方可使用。

4．塔架拼装及搭设猫道时，及时拉缆风绳，以防塔架失稳或猫道倾覆。

5．缆索吊装时，桥下禁止行人、船只通过；重要受力部位必须有专人负责观察，一旦发现问题立即停止吊装，待妥善处理后方可继续操作。要设专人负责指挥和安全检查，加强通讯联络。

6．起重吊装设备的绳索及滑轮等零件应经常检查并涂油保养。

7．张拉时，严禁非作业人员进场。操作人员不得站在千斤顶后，以防飞锚伤人。高压油管要接头严密，且要随时检查，防止高压油喷出伤人。

8．索股安装及调索施工时，随时检查撑杆的稳定性，防止撑杆失稳。

9．大雨天及六级以上大风天停止作业，夜间禁止高空作业。

10．加强岗位责任制，建立健全各项规章制度。

八、质量要求

1．适用规范：《预应力混凝土用钢绞线》（GB/T 5224—1995）、《公路钢筋混凝土及预应力混凝土桥设计规范》（JTJ 023—85）、《公路桥涵钢结构及木结构设计规范》（JTJ 025—86）、《公路工程施工安全技术规程》（JTJ 076—95）、ASTMA 416—90A 等。

2．索力要求

按设计要求调整 4 个方向的力索中的预应力，以保证结构的竖向和侧向刚度，索力太小则影响结构刚度；同时各索均由高强度钢绞线组成，索力太大则安全系数不够。必须确保设计要求索力，索力误差应控制在 ±5%。

3．线形要求

索网所形成的 6 张网形索面线形既是结构造型要求，又是结构受力的保证。通过制索、按合理顺序调索，控制索力及撑杆顶结点来实现索桥线形。

4．防护

预应力钢绞线采用环氧树脂与高密度聚乙烯工程塑料双层防护。施工时要采取措施，防止破坏保护层。对索夹及锚具处采用环氧砂浆浇注防护。

九、效益分析

1．经济效益

该桥在建造中采用此工法，所需要的机具设备少，操作简单，工艺容易掌握，劳动强度低。既保证了施工质量和安全，同时节约了大量的人力、物力，缩短了工期，直接降低成本 51.8 万元。

2. 社会效益

通天桥建成之后，成为连接九龙山旅游度假区内陆和外蒲山的一条重要通道。走上通天桥山海风光尽收眼底，成为乍浦旅游、观光的又一新景点。通过大桥的施工，锻炼了队伍，提高了职工的技术素质，大桥建成后，多家新闻单位和媒体进行了广泛的宣传报道，提高了企业知名度，具有良好的社会效益。

十、应用实例

通天桥工程位于浙江省平湖市乍浦镇九龙山旅游度假区内，跨越小龟山与外蒲山之间海峡。全桥包括主桥和引桥两部分，其中主桥采用空间索桁架结构，主跨长 208m，桥面宽 3m，为人行天桥。引桥采用现浇钢筋混凝土梁板结构。由于桥址位于海峡风口，风力大，潮水急，海底深达 30 余 m，故设计打破传统桥梁型式而选用空间预应力索桥结构。该结构型式为国内首创，设计所采用的钢板式索夹及销接式结点在国内均属首次应用。工程开工时间为 2000 年 12 月，竣工时间为 2002 年 8 月。建成后的通天桥美观、轻盈、品位高；坚固、稳定、安全，跨越能力大；具有较大的强度和刚度以及良好的耐久性和抗风稳定性，充分体现了现代结构技术的巧妙和新奇，为旅游区增添了又一亮丽景点。根据工程特点采用的制索和调索施工新技术，产生了较好的社会和经济效益。经查新和专家鉴定认为，在通天桥工程中开发的空间预应力索桥结构调索施工技术为国内首次应用，居国内领先水平。现已在浙江平湖海盐塘桥及浙江平湖、上海塘斜拉桥中推广使用。

磁悬浮轨道梁精密调位施工工法

YJGF 50—2004

中铁十六局集团有限公司

赵旭清　江拔其

磁悬浮列车系统是二十世纪发明的一种新型有轨交通系统。目前，磁悬浮技术有常导磁悬浮与超导磁悬浮两种基本类型，上海磁悬浮列车示范线系引进德国常导型磁悬浮技术，它对土建结构的精度要求特别高。其中：轨道梁在横向、纵向、竖向相对设计空间位置的安装误差不得超过1mm；相邻轨道梁在纵向、横向的安装误差不得超过1mm，竖向安装误差不得超过0.6mm。在德国的磁悬浮试验线中主要采用连续跨钢梁结构形式，它是通过机加工的精确定位螺栓孔来实现轨道梁的精密定位。而在上海磁悬浮列车示范线工程中首次采用大体积混凝土箱梁结构形式，上述的精度要求对土建工程来讲无疑是一大难点，混凝土轨道梁吊装就位无法直接实现安装精度，必须在轨道梁吊装后根据大地坐标与线路上各点坐标的设计关系，计算出轨道梁空间位置控制点与其线路局部坐标之间的理论关系，通过对轨道梁大地坐标的理论与实测值比较，确定轨道梁在线路上 X、Y、Z 三个坐标上的合理调整值，采用高精度三向组合调位千斤顶对轨道梁架设位置进行精密调整来实施专门的精密调位，以此达到轨道梁在磁悬浮线路上的精确位置。上海磁悬浮列车示范线运用此工法成功地实现了轨道梁的精密定位。

一、工法特点

1. 根据磁悬浮轨道梁的设计情况，利用特制的定位销孔引出件将可用于精密定位的点位引出到轨道梁外可直接测量到的位置。

2. 通过计算轨道梁空间位置控制点与其线路局部坐标的理论关系，对轨道梁空间位置控制点线路局部坐标的实测值与理论值进行比较分析，来确定轨道梁空间位置的合理调整量。数据可靠，可满足轨道梁空间位置精密定位的精度要求。

3. 采用三向组合液压千斤顶作为精密定位的调试设备，千斤顶油缸伸缩精度达到0.2mm，设备上完全保证三向坐标调整精度。

4. 通过精制三向组合千斤顶底座与桥墩顶面的摩擦力提供横纵向调位千斤顶的后靠背反力，桥墩上无需再设后靠背。

5. 利用TC2003型全站仪、DiNi12型电子水平仪、精密水平尺、游标卡尺、机械百分表来测量轨道梁的空间位置，在仪器上可以有效保证量测精度。

6. 本工法可操作性强，随着现场操作者熟练程度的提高可使轨道梁精密调位的速度不断提高，能有效地保证施工进度与施工安全。

二、适用范围

本工法适用于磁悬浮轨道梁精密调位施工。通过对调试设备的改进，可以适用于有高精度（mm 级）要求的大吨位构件的安装施工项目，如市政工程中预制件的安装定位和大型水电发电转子的安装等。

三、基本原理

本工法的基本原理是通过精确量测手段确定轨道梁实际空间位置、应用空间几何理论将轨道梁上精确定位的点转换到实际测量点上，根据其与理论设计值的相差量来合理确定轨道梁三向的精密调整量；利用轨道梁荷载对 Z 轴向千斤顶的压力和调位底座板与盖梁的摩擦力（底座板之间滑移板滑移系数 < 底座板与盖梁的滑移系数）关系，采用水平千斤顶来精密调整轨道梁在 X 方向与 Y 方向的位置，利用 Z 轴向千斤顶的油缸升降来精密调整 Z 方向位置，以此使轨道梁空间位置满足设计精度要求。正线标准的磁悬浮轨道梁顶宽 2. 8m，端底板宽 3m，中底板宽 2. 8m，梁高 2. 8m，梁长 24. 768m，重 176t，其断面见图1、图 2。

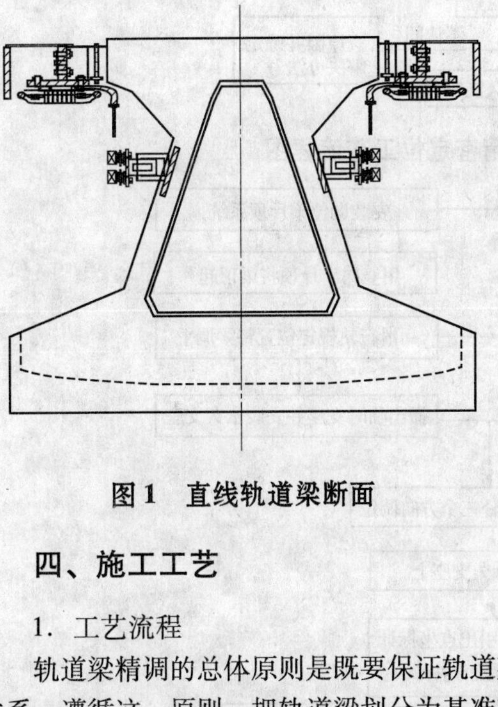

图 1　直线轨道梁断面

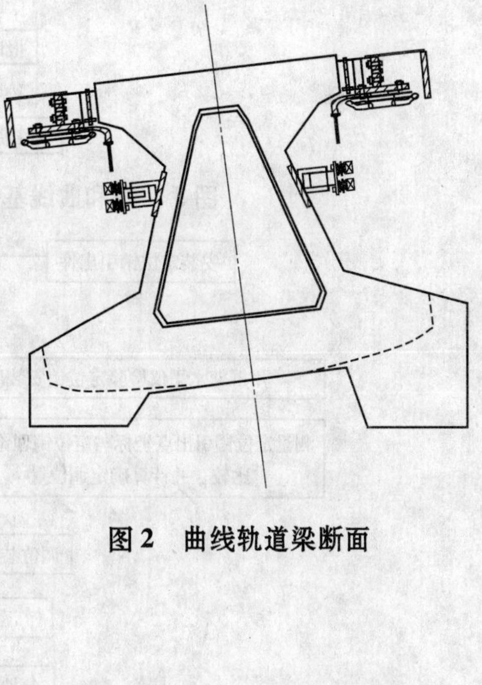

图 2　曲线轨道梁断面

四、施工工艺

1. 工艺流程

轨道梁精调的总体原则是既要保证轨道梁的设计空间位置也要保证相邻梁端的相对位置关系。遵循这一原则，把轨道梁划分为基准梁和中间梁两种类型，采用不同的方法精调。即在现场进行轨道梁精密定位施工中，采用“间隔一根”的总顺序进行施工。其中：用 TC2003 型全站仪与 DiNi12 型电子水准尺精确测量轨道梁实际绝对空间位置并与轨道梁空间位置设计理论值进行比较精密定位的称为基准梁，它由轨道梁绝对位置误差进行控制；而在两根基准梁中间的称为中间梁，它由轨道梁相对位置误差精度进行控制。在基准梁中，又有平坡直线梁与缓和曲线梁之分。平坡直线梁的数据转换过程相对简单，只是空间坐标的多次变换；而缓和曲线梁的数据转换过程要复杂得多，二者所采用的定位销孔引出件形式也不尽相同。下面分别介绍缓和曲线与平坡直线轨道梁的基准梁精密定位施工工艺流程，详见图 3、图 4。

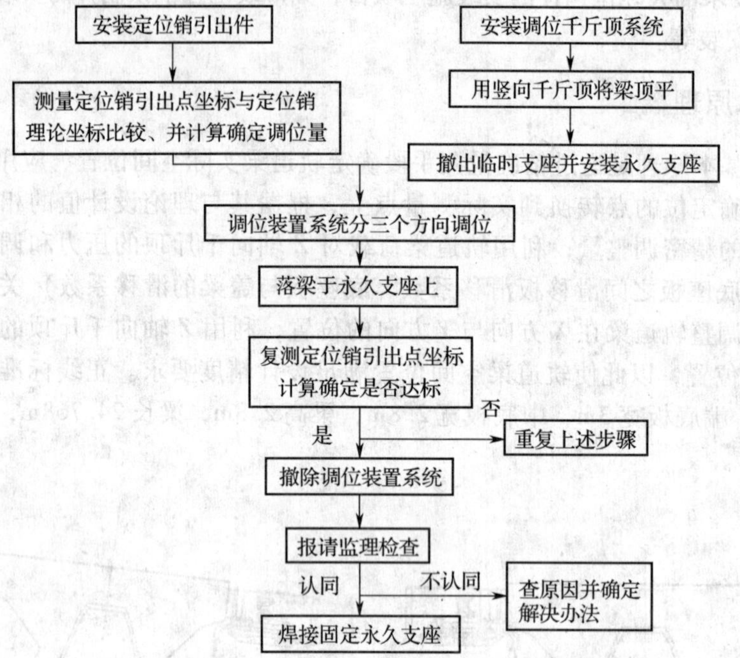

图3　缓和曲线基准梁精密定位工艺流程图

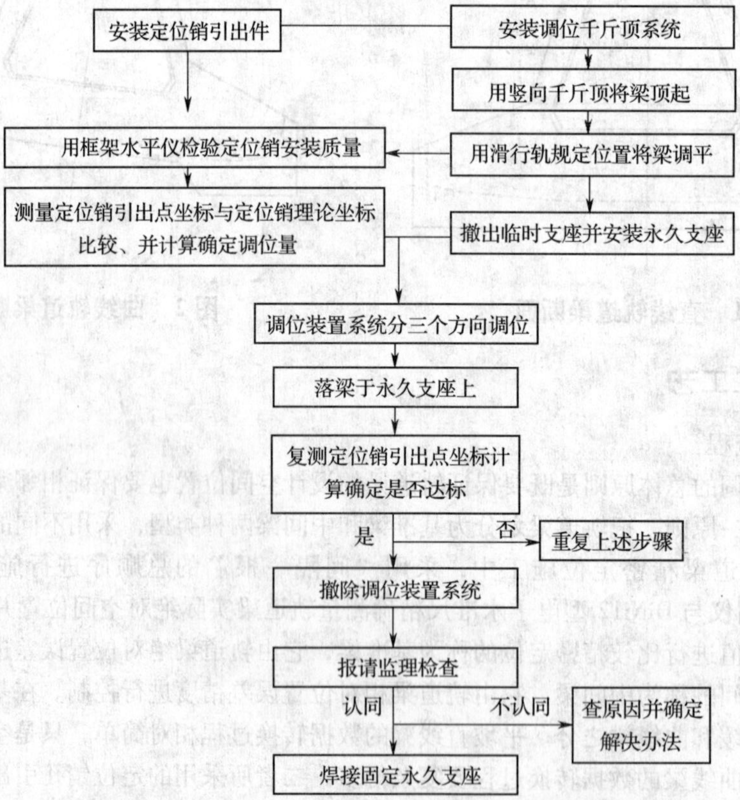

图4　平坡直线梁基准精密定位工艺流程图

2. 施工要点

（1）测量控制点。

上海磁悬浮工程主线采用高架线路形式，其结构由基础、墩身、盖梁、支座、轨道梁组成。磁悬浮线路下部结构施工时，沿线已经布设了若干坐标控制点。下部结构完成后，需对这些坐标控制点进行复测，复测精度应达到固定误差 ±1mm、比例误差 1ppm。架设轨道梁前测划墩顶支座十字线，轨道梁架设时按支座十字线进行初定位架设。

精密调位时，由于高架线路轨道梁顶面远高于地面坐标控制点，故需将地面坐标控制点引测到轨道梁上。为确保引测精度，同时考虑到在梁面上架设测量仪器时避免刮风等天气因素的影响，在上海磁悬浮工程中利用轨道梁吊装孔设置了定位控制桩（见图 5），定位控制桩顶面可直接安装全站仪或棱镜头，在缓和曲线梁上可通过架腿螺栓调平桩顶。磁悬浮控制网点由上海市测绘院施测，并由上海岩土工程勘察设计研究院复核后才可投入使用。全线共有三个基岩点，在沿线稳定建筑物上，每间隔 2 ~ 3km 加密控制点，这些控制点与基岩点形成磁悬浮的首级控制网。平面采用一等三角网、高程采用一等水准要求施测并平差计算。二级控制点每隔 400m 加密，按同等要求加施测平差。引测坐标控制点的精度也需达到与复测同样精度，控制桩约每 150m 设置 1 个，为便于精调操作，统一设置在奇数或偶数序号的梁上。强制归心点与地面上控制点组成三角网进行观测并平差。高程采用 TC2003 全站仪以三角高程的方法引测至梁面上，梁上点间构成水准路线，要求其闭合差 $\leqslant \pm 3\sqrt{L}$ ［L——指线路长度（km）］，其他限差要求按二等水准测量要求执行。

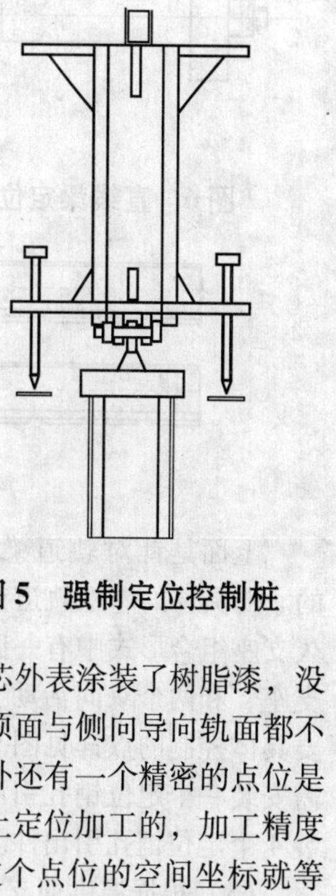

图 5　强制定位控制桩

（2）精密定位控制点。

轨道梁精密调位的目的是控制定子铁芯的空间位置，但定子铁芯外表涂装了树脂漆，没有精确的控制点位，也不便于直接观测。轨道梁上功能件的滑行轨顶面与侧向导向轨面都不是精加工件，也没有可精密控制的点位。轨道梁上除了定子铁芯之外还有一个精密的点位是轨道梁连接件定位销孔的外侧中心点，它是通过数控机床在轨道梁上定位加工的，加工精度 ±0.02mm，而定子铁芯是精密配合安装在功能件上的，控制好了这个点位的空间坐标就等于控制了定子铁芯的空间位置。由于这个点位无法直接观测，需加工一个特制的定位销孔引出工件，见图 6、图 7。通过定位销孔外侧中心点的设计坐标与定位销孔引出件的空间几何关系可计算出引出件观测点的理论坐标。直线梁与曲线梁定位销孔引出件的区别是：直线梁的定位销孔引出件结构形式简单，只有在现场安装时保证引出件的横杆与轨道梁的预埋件外表面相互垂直与紧密接触才可进行轨道梁空间位置的精密测量与调位工作；而缓和曲线梁的定位销孔引出件结构形式较复杂（这是由于轨道梁细部结构形式的要求），只要将引出件安装到轨道梁的预埋件外表面就满足了相互间的垂直关系。

根据设计文件，不同长度的轨道梁，两侧分别安装不同数目的功能件，每根功能件的 A 孔，B、C 孔（图 8）均有设计给定的连接件端面孔位坐标值，精调时即利用梁左右两侧的起端 1A、末端 iB/C 连接件端面孔位作为控制测点。它也就是定位销孔引出件的具体安装位置。

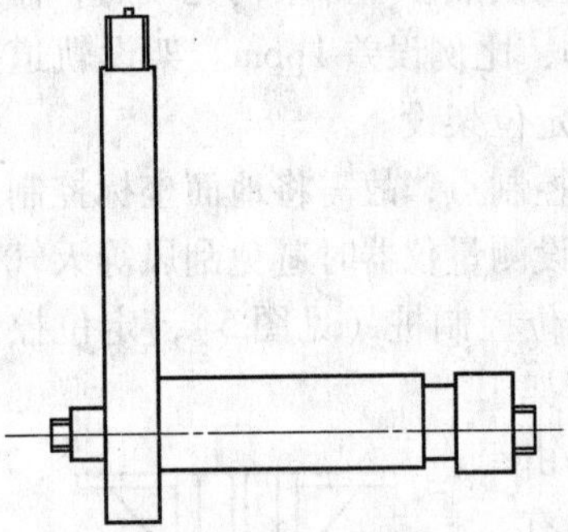

图 6　直线梁定位销孔引出件图

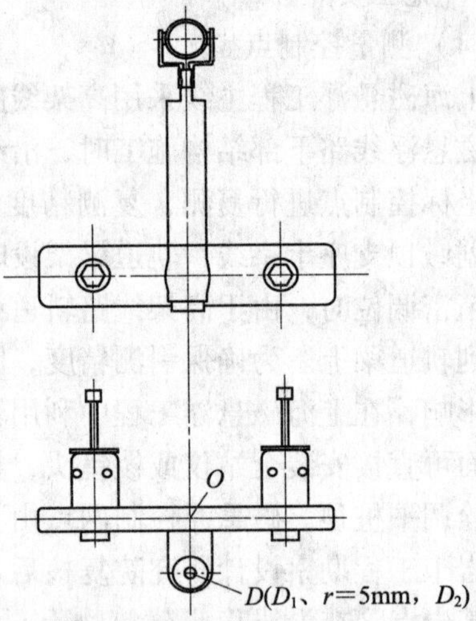

图 7　缓和曲线梁定位销孔引出件图

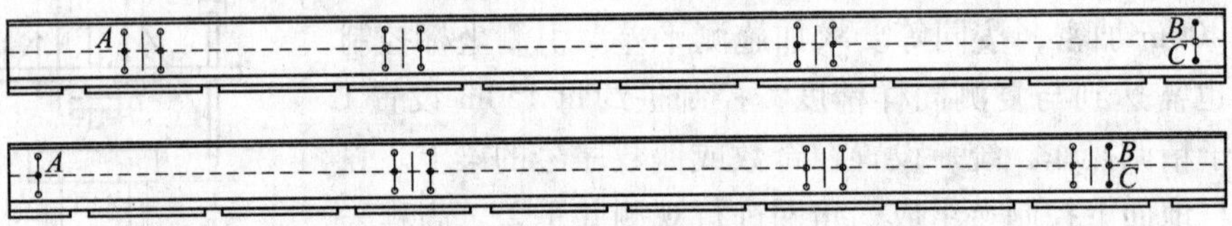

图 8　梁末端功能件连接面孔位示意图

上面是针对轨道梁端部一个定位销孔讲述的。对具体的一根轨道梁来讲，其端部下面的永久支座组合形式中有一固定支座、一个单向活动支座、和两个双向活动支座。在精调施工中，需要具体控制的点详见图 9 所示。每个控制点位都需安装一个定位销孔引出件，即一根轨道梁需安装 4 个定位销孔引出件。

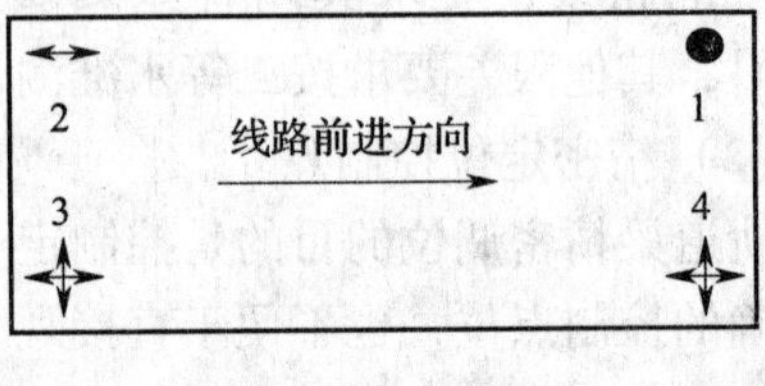

图 9　轨道梁精调需控制的点的示意图

1—固定永久支座，必须以设计理论位置为准在 X、Y、Z 三个方向进行控制；
2—单向活动支座，控制 Y、Z 方向；
3、4—双向活动支座，控制 Z 方向

（3）根据温度筒支变连续工序等的综合影响确定调整量。

上述的是针对环境温度恒定，轨道梁在运营前的最终空间情形讲的。由于施工现场情况复杂，对于如此高精度要求的轨道梁精密定位必须综合各方面的因素。

在上海进行轨道梁精密定位施工的整个过程中要经历春天季节的长时间阴雨和夏天的高温，对于天气与温度的不利影响，首先假定在支座与盖梁、与轨道梁焊接后，轨道梁固定支座点是不动的，而温度的变化等因素导致的梁的伸缩会反应在其他 3 个支座点上。根据 4 个点位的变化特点，对于基准梁，现场确定如下原则：与固定支座对应的测点 Δx、Δy、$\Delta z \leqslant \pm 1$mm，与单向滑动支座对应的测点只保证 Δy、$\Delta z \leqslant \pm 1$mm，其他 2 个双向滑动支座对应的测点只保证 $\Delta z \leqslant \pm 1$mm。现场采取的主要控制措施有：夏天的高温季节在早上和傍晚气温不高的时间段进行轨道梁的精调与测量复核工作，并根据气温修正梁长与各控制点位的设计坐标。当风速达到6级时不进行轨道梁的精调与测量工作。

在轨道梁精密定位施工完成后要进行简支变连续工序，焊接施工对轨道梁空间位置的影响也很大。为防止单边焊接施工对轨道梁空间位置的不利影响：现场焊接过程中先点焊盖梁中心处焊缝，再点焊两侧焊缝，最后焊接改良边缘焊缝。分层对称进行焊接施工。

（4）调试设备的设计及现场统一指挥调试设备进行精密定位。

调试设备全部采用液压千斤顶，每跨梁为一组三向调位千斤顶，每组千斤顶根据轨道梁支座数量分为4部三向千斤顶，每部三向千斤顶各由 x、y、z 三台轴向千斤顶组成，共由一台油泵和控制台进行油量和油缸行程控制。千斤顶每级加载调位量精度为0.2mm。

①千斤顶选型设计。z 轴向千斤顶为竖向布置，千斤顶选型参数主要依据轨道梁支座顶升吨位 Q 和竖向千斤顶的本体高度 h_1、油缸高度 h_2 是否满足轨道梁开始顶升高度和落梁后退顶需要来确定；x、y 轴向调位千斤顶的选型设计要满足千斤顶调整梁位的顶力 $Q_{平}$ 和位移值（Δx、Δy），千斤顶顶力 $Q_{平} = Q_{竖} \times$ 竖向千斤顶底座上滑动板的摩擦系数 f，千斤顶的油缸位移量 > 轨道梁水平最大调位量。

②三向调位千斤顶结构特点。三向调位千斤顶分为3层钢板底座，每层钢板底座板之间采用四氟乙烯板作为滑动面，最上层底板上安装 z 轴向调位千斤顶，以下两层底座板分别在 x、y 轴向上安装水平调位千斤顶，水平调位千斤顶固定于各层底座板的侧面，然后每台千斤顶接通油路和控制台。

③千斤顶底座板设计。调位千斤顶底座板采用钢焊接件或铸钢件设计。结构尺寸根据千斤顶的外型尺寸和盖梁与轨道梁之间的空间尺寸设计，底座板的摩擦面刨平磨光，减小摩擦系数。

由于千斤顶数量多，在现场统一指挥、协调行动，切实保证施工中人员及轨道梁的安全。

（5）基准梁的精密定位步序。

①安装调位液压系统，手动泵置于梁上；同时安装测点引出装置。

②永久支座就位。

a. 核对支座型号，支座上、下座板分中，取下防尘圈，拆去背带，安装支座夹具，松开内六角螺母。移支座至预埋钢板旁侧。

b. 顶起竖向大顶，使梁底脱离临时支座2～5mm，撤去临时支座，检查预埋钢板上十字中心线距离，按支座上的方向标记安放永久支座，使下座板与预埋板中心线重合，上座板偏差较小。

c. 降低支座至较低位置，平稳地降低大顶，使梁落在支座上。

d. 调整过程中注意检查支座平面偏差和高度。

③在中间梁顶面（侧面）固定百分表。

④测量测点的 Δx、Δy，移梁至大致位置。

⑤测量测点的实际高程，计算与设计高程之差值 Δz；通过大顶及大泵控制测点（轨道梁）的升降。达到设计高程时，升起永久支座，使其顶紧梁底面。然后降低大顶至与梁底

面脱离，复测测点标高，使 $\Delta z \leq \pm 1$mm。

⑥测量测点的 Δx、Δy，通过小泵和小顶实现梁的左右前后移动，并通过百分表监控，后落于永久支座上，检查支座偏差是否合格；复测测点，若 Δx、Δy、$\Delta z \leq \pm 1$mm，即可报监理检查，否则需顶起重新调整。

（6）中间梁的精密定位步序。

①安装调位液压系统，手动泵置于梁上。

②永久支座就位（同上）。

③根据前后基准梁的位置，量测 Y 方向错位，移梁至 ±1.5mm 左右。量测 Z 方向错位，操作大顶大泵，使 Z 方向错位≤ ±0.6mm（首先保证定子面错位≤ ±0.4mm），根据现场温度，计算定子间隙，按需要在 X 方向移动；量测 Y 方向错位，使其≤ ±1mm。反复之，直至合格后报监理检查。

（7）施工安全。

由于轨道梁的精密调位全过程是在高空作业，这里需强调一定要在各种安全保护措施具备后再进行相关的测量与调位工作，做到安全文明施工。

五、劳动力组织

现场负责人	1 人
测量工程师	2 人（按 4 ~6 组配置）
测量工	4 人（按 4 ~6 组配置）
支座检查工程师	2 人（按 6 组配置）
调梁小组组长	6 人（按 6 组配置）
操作工人	30 人（按 6 组配置）

六、主要设备、机具（见表 1 ~ 表 3）

表 1　用于基准梁定位

序号	名　　称	型号	制造商	精度	备　　注
1	全站仪	TC2003	瑞士徕卡（Leica）	测距 1mm ±1ppm；测角 0.5″	配套棱镜
2	电子水准仪	DINI12	德国蔡司（Zeiss）	0.3mm/km	配套条码铟钢尺
3	数字温度计	JM402	天津	0.1℃	测量环境温度

表 2　用于中间梁定位

序号	名　　称	规格型号	精度	每套千斤顶配备数量	备　　注
1	游标卡尺	150 ~200mm	0.02mm	1	X 向间隙测量
2	塞尺	150mm	—	2	Y、Z 向错位测量
3	刀口平尺	300mm	0.3/10000	2	
4	数字温度计	JM402	0.1℃	3	测量环境温度

表3　每套千斤顶配备的其他工具

序号	名　称	规格型号（mm）	数量	备　注
1	梅花扳手	32×30	2	安装 D、S 型支座夹具
2	梅花扳手	13×15	2	拆除支座背带
3	开口扳手	32×30	2	安装 D、S 型支座夹具
4	开口扳手	22×24	2	安装 DG 型支座夹具
5	内六角扳手	8	2	松动、紧固支座内六角螺栓
6	内六角扳手	14	1	拆除功能件定位销螺栓
7	铲刀		2	清除预埋钢板上杂物
8	十字螺丝刀	250×3	2	拆装支座防尘圈
9	划针	150	2	描画预埋钢板及支座中心线
10	勾心扳手		2	升降支座
11	百分表（带磁性表座）	30	4	监控轨道梁（板）的平面、高程位移
12	角尺	150	2	测量 D、S 型支座上座板是否摆正
13	角尺	300	2	描画预埋钢板中心线
14	卷尺	3000	2	测量检查支座中心线距离
15	工具包		2	放置、携带配套工具

七、安全质量措施及注意事项

除严格遵守国家、上海市制定的各种安全技术规范外，还应注意下列事项：

1. 建立完善的施工安全保证体系，加强施工过程中的安全检查，实现作业标准化、规范化。

2. 制定高空作业安全防范措施和注意事项，在施工过程中认真执行。

3. 对参加施工的全体员工进行安全教育，贯彻“安全第一”的思想，在确保安全的条件下进行施工。

4. 对作业吊架、防护栏杆、安全网，派专职安全员检查监督，每班上班前、下班后及时检查。作业人员要戴安全帽，穿防滑工作鞋。

5. 上班之前在千斤顶的油路、油表、开关及时检查，确保在无故障的条件下使用，千斤顶操作过程中，要对称渐进顶升，防止梁体倾斜。同时在顶升过程中采取临时防倾斜保护措施。

6. 特殊情况下，基准梁可连续分布，这种情况下，一端与相邻调好梁保证相对关系，另一端保证 Δy、$\Delta z \leqslant \pm 1$mm。

7. 中间梁相互关系若超出设计范围，需报设计确认。

8. 液压系统的操作应按规范进行，操作人员要服从统一指挥。

9. 滑移座与盖梁间一定要用钢板等垫平、垫实，以使 X、Y 方向的移动量不反弹。

八、环境保护

环境保护是新世纪重要的话题，现代社会呼吁文明施工，保护脆弱的生态环境不仅是施工企业适应现代化建设市场的客观需要，也是自身整体施工管理水平的重要体现。为此，在施工过程中应做到以下几点：

1. 认真学习环境保护法，并执行当地环保部门的有关规定，接受环保部门的监督指导，教育督促员工自觉做好环境保护工作。

2. 保护周围的自然环境。对施工过程中产生的垃圾及各种废弃物及时清理，不随意丢弃，污染线路上部结构及周围环境。

3. 工程竣工后，及时全面清理施工现场，并在指定地点集中进行弃碴和垃圾的无害化处理。

九、技术经济分析

通过对轨道梁精密调位工艺的不断研究与反复优化，精密调位进度不断加快，由开始1d调1根梁提高到1d调4根梁，比预计作业时间节约了50%，提高了工效，降低了工程成本，比原计划提前7d完成精密调位工期目标，实现了磁悬浮建设指挥部修改后的施工计划目标，为企业赢得了荣誉，同时取得了良好的经济效益。

十、工程实例

我单位承建的磁悬浮列车示范线一标线路总长10.3km，分两个施工段，其中：第一施工段自上海地铁二号线龙阳路车南侧起至华夏中路，全长5.31km；第四施工段自三星河起至川南奉公路西侧，全长4.99km。总计839根轨道梁需精调定位。有12m，18m，21m，24m等长度的梁型，直线、曲线梁的统计见表4。

表4　磁悬浮列车示范线一标直线、曲线梁统计表

序号	项　目	第一施工段	第四施工段	合计
1	直线梁（m）	95	392	387
2	曲线梁（m）	344	8	352
	小 计	439	400	839

通过采用TC2003型全站仪、DiNi12型电子水平仪、和三向组合液压千斤顶，对上海磁悬浮列车示范线一标工程的839根轨道梁的精密调位项目顺利实施，使我单位在全线率先攻克了磁悬浮线路土建工程中这一最大的技术难题。在工程项目实施过程中，对设备性能、量测工具、量测和调位工艺不断改进，人员配备不断调整。经过优化，工程质量全部达到上海磁悬浮建设指挥部和德国专家规定的精度标准，无任何安全事故和技术质量事故。经总结形成了轨道梁精密调位施工工法。

自锚式钢桁梁悬索桥施工工法

YJGF 51—2004

中铁十二局集团有限公司

张喜胜　杜振兵　张瑞森　晋显富　陈春华

自锚式悬索桥是近年来在我国新出现的一种桥型结构。它的结构主要由悬索部分、主梁部分和支承部分组成；悬索部分包括：主缆、索夹、索鞍、吊杆、冷铸墩头锚组成；主梁部分包括：锚锭横梁、不等跨时必需的配重横梁、主梁、系梁、桥面板、锚垫板等；支承部分包括：索塔、桥台、基础、各种型号的支座等，见图1。桂林市丽泽桥采用了这种结构形式，我们通过该桥的施工经验，总结形成本工法。

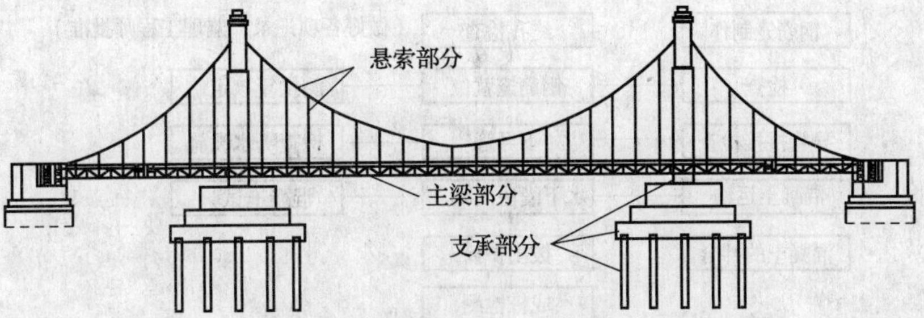

图1　自锚式悬索桥结构形态

一、工法特点

1. 本桥主梁和主缆安装施工可同时进行，缩短了工期。
2. 施工占地少，不需投入特殊设备，降低了工程成本。
3. 施工操作简单，质量易控。本桥的主缆和系杆均采用工厂加工的成品，较好的控制了索长和索股线形。

二、适用范围

1. 本工法适用于城市市政建设中小桥型结构中自锚式悬索桥施工。
2. 由自锚式悬索桥衍生出来的如悬吊带式缆桥、下承式悬索桥等也可参照此工法。

三、工艺原理

自锚式钢桁梁悬索桥在设计和施工过程中均遵循平衡、对称原理。它是自身受力平衡系统，其结构受力传力方式是：恒载和活载通过主梁部分作用于悬索部分，并通过悬索部分作用于索塔，并通过索塔下传至基础，最终完成桥梁结构的受力分布。即桥梁荷载通过钢桁主梁和悬索及两侧索塔达到平衡对称的状态，钢桁主梁的纵向力互相抵消。

四、施工工艺

1. 基础和下部结构施工工艺

(1) 基础施工程序要点。

由于本桥受力主要集中在索塔基础，故作为全桥的主要承力结构，基础形式采用钻孔灌注桩基础，嵌岩2m。钻孔灌注桩施工工艺流程见图2。

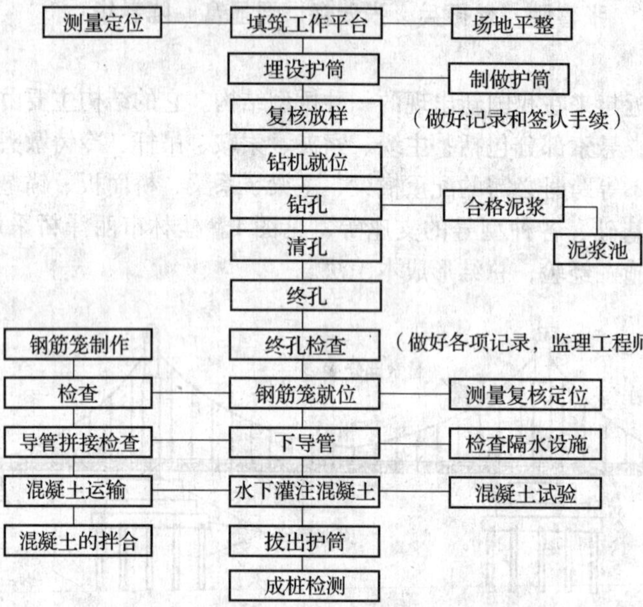

图2　钻孔灌注桩施工工艺流程图

由于是嵌岩桩，故对孔底沉渣要求较高，要求孔底沉渣不得大于10cm，并保证桩孔直径。

(2) 下部结构施工程序要点。

下部结构主要包括：索塔承台、索塔、系梁、桥台。

本桥为柔性墩，刚性承台。刚性承台体积较大，一个承台体积为2141m^3，分四层浇筑，为保证混凝土水化热的散发，在每层承台混凝土内设置ϕ50无缝钢管作为冷却水管，每层间隔50cm，每层的冷却水管按S形布置，间距为100cm；索塔为柔性墩柱，塔身较高(18.184m)，根据塔身截面形式分次进行浇筑，本桥索塔分四次进行浇筑。详见下部结构施工工艺流程图3。

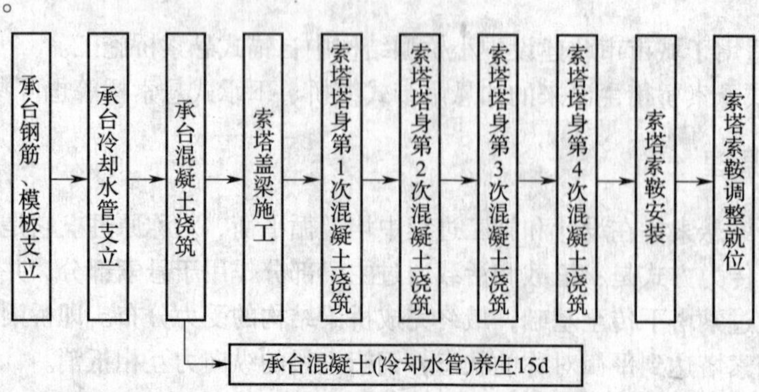

图3　下部结构施工工艺流程图

由于承台体积较大，施工时应采用两台输送泵一齐进行混凝土浇筑，务必在最短时间内完成承台混凝土施工任务，防止出现施工缝，影响承台整体性，承台混凝土养生时，应在外表覆盖土工膜等类覆盖物，然后洒水养生，混凝土内部冷却水管应在混凝土浇筑完成七小时后通水，通水时间应以出水口水温为准，水温高于20℃时通水降温，低于20℃停水养生。保持混凝土内外温度基本一致，保证混凝土质量。通水时间一般为15d。

由于索鞍安装在塔墩顶部，故对索塔精度要求较高，塔墩施工过程中应对索塔的中心（1cm）、纵横向（1cm）、垂直度（1%）进行检校，保证索墩尺寸在设计要求范围内。另外由于塔墩较高，搭设的脚手架应将承重架和支撑架分离，并与已完工塔墩墩身相连，保证脚手架安全。

2. 上部结构施工工艺

(1) 施工程序要点。

由于自锚式悬索桥自身的结构特征，这就决定了施工流程必然是先进行主梁的施工，然后进行悬索部分的施工，最后进行桥面板和桥面系附属施工，施工流程图见图4。

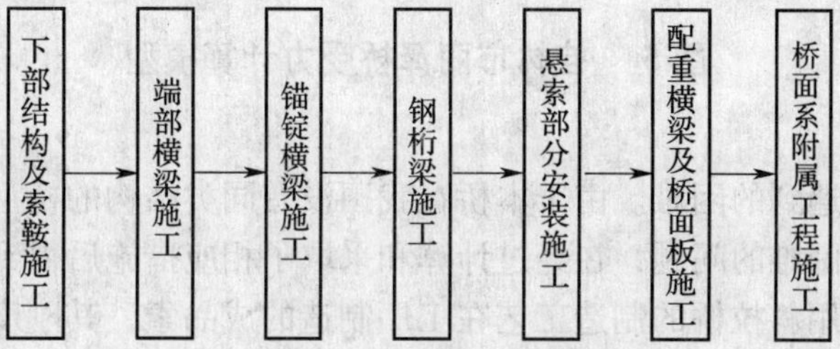

图4　上部结构施工工艺流程图

①为减轻桥梁主体结构重量对地基产生的荷载，本桥主梁采用钢桁梁，钢桁梁在施工安装时应注意如下施工工序：

a. 钢桁梁主梁线型应符合设计要求。

b. 钢桁梁拼装时所产生的累积误差对钢桁梁线形和结构的影响。

c. 高强螺栓的安装对钢桁梁质量的影响。

d. 钢桁梁与锚锭横梁连接安装及锚锭横梁混凝土浇筑。

e. 钢桁梁不同的安装方案对梁体线形所产生的影响。

②本桥采用了先确定锚锭横梁位置再向主跨跨中合拢的施工方案，最后累积误差从合拢段予以消除，从而保证了主梁线形。

③钢桁梁安装完成后，进行主缆安装，主缆由于采用成品索，工厂制作完成后，在施工现场进行放缆定位，主缆安装应注意如下施工工序：

a. 主缆在索鞍处的位置测量。

b. 主缆在锚锭板处张拉应力。

c. 主缆吊装完成后，索鞍位置调整。

d. 主缆安装完成后，吊杆位置确定及吊杆索力张拉应力确定。

e. 主缆、吊杆安装完成后，主梁、主缆线形调整、索塔偏位调整及吊杆索力调整。

f. 配重横梁及桥面桥施工时，对全桥线形、索塔偏位及吊杆索力调整。

④悬索安装完成后，在进行配重横梁、桥面板及桥面系附属工程施工时，每加载一次，

悬索部分的线形变化一次，为保证全桥结构的稳定，就必须在每次加载后根据索力和主缆线形，对悬索部分进行调整。这就决定了本桥施工的要点在两个方面：

a. 自锚式悬索桥施工桥面系时，荷载的加载应遵循平衡、对称的原则。

b. 每次加载后必须对全桥悬索部分线形进行调整（见图5 自锚式悬索桥受力计算模型）。

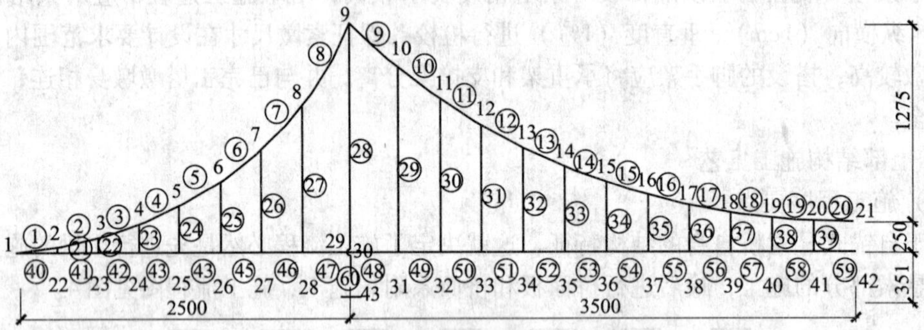

图5　桂林市丽泽桥受力计算模型

（2）施工方法。

①施工过程中所遇到的困难。由于本桥在我国没有同类结构的桥型，故在施工过程中遇到了3个相对而言较困难的问题，在经过计算和采取了相应措施后得到了较好的解决。

②由于主缆是利用斜拉桥的制造工艺在工厂制造的成品索，其刚度较大，生产和运输过程中主缆有弯曲和扭曲现象，使主缆安装完成后空缆线型极其不理想（实测值和计算值相差30cm），这给吊索的定位带来很大的麻烦，通过计算，采用了无应力长度来控制吊索位置，在通过吊索的初张拉和主梁脱架前的第1次、第2次张拉后，主缆线形也越来越接近计算值，线形得到了控制。

③由于空缆线形较差，吊索安装完成后部分吊索锚端螺母无法套上，以至无法张拉，根据现场实际情况，初张拉方案决定先张拉1/4跨处的吊索（A5）；然后以1/4跨处为对称点，分别张拉1/8和3/8处的吊索；边跨以B4为对称点向两侧张拉。此方案实施后，索塔偏位控制在5mm以内。

④由于丽泽桥在我国没有同类结构的桥梁的施工经验可以借鉴，故根据重力式悬索桥的施工误差并结合自锚式悬索桥本身的特点，制定了施工技术要求。

a. 主览线型调整应在夜间温度相对稳定时进行，两根主缆调整时温度应一致，温差不能大于1℃，并按标准设计温度做好线形修正。

b. 上下游主缆高度差不大于20mm，锚固力允许误差为3%。

c. 主索鞍安装精度横向允许误差10mm，高程为+20~0mm，四角高差为2mm。

d. 索夹纵向位置允许误差应不大于10mm。

e. 索夹安装前该主缆部位应保持与试验时状况一致，不能涂腻子，保持表面清洁，无油污和粉尘，并用吹风机吹除潮温和水汽。

f. 成桥后塔顶最大允许偏差量为12mm，索鞍最大偏移量为20mm。

为了保证以上施工误差，在A5和B4吊索处安装了千斤顶作补拉使用，并在脱架前最后一次调索施工中，主塔鞍座限位装置松开±20mm。在对全桥各部进行了方案实施后，索塔控制得到了良好的受力状态，索塔偏移最大值控制在了6mm以内，索鞍最大偏移7mm。

（3）施工方案。

由于自锚式悬索桥关键施工部位在悬索部分安装调整和桥面板施工，其余部位施工相对而言较普通，故在此只对悬索部分和桥面板作介绍。

悬索部分包括主缆、吊杆、索夹、锚具和索鞍，一般工艺流程图见图6。

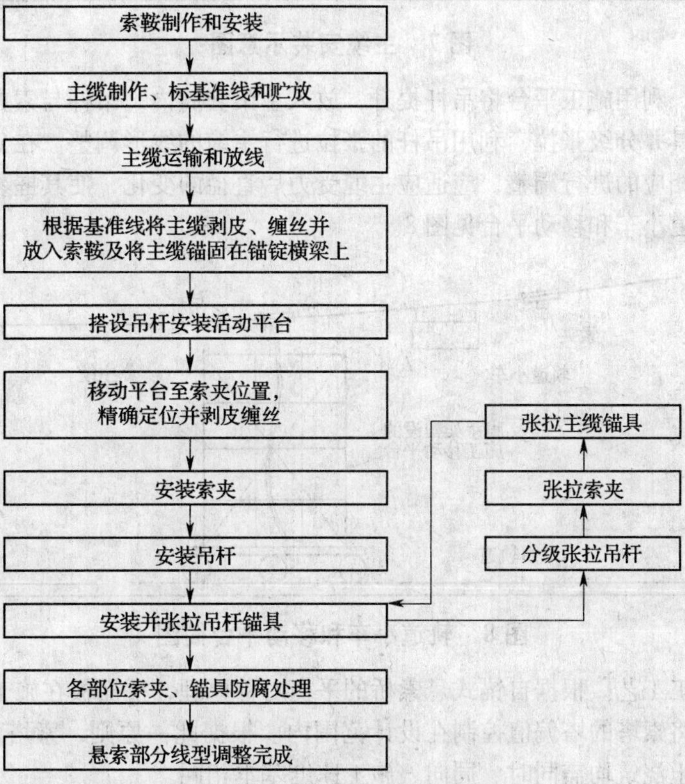

图6　悬索部分安装工艺流程

①主缆制作和安装。自锚式悬索桥由于跨径较小，主缆直径相对而言也较小，制丝、张拉、缠丝、缠裹PE皮、标志基准线等可以在工厂进行制作，这样制作减少了施工现场制作工序，提高了主缆质量。

主缆安装时，根据工厂标记的标志线进行放线，测量索鞍位置，剥除PE皮，缠裹钢丝，采用吊装系统将主缆安装入索鞍，调整主缆位置即主缆定位，调整索鞍滚轴，安装锚具并张拉至设计值，安装索鞍压片，安装索鞍紧固螺栓，对剥除PE的索鞍外露部分进行防锈防腐处理，完成主缆安装。主缆安装见图7。

②索夹安装。主缆安装完成后，进行索夹安装，搭设索夹安装施工平台，将施工平台移动至索夹位置，通过钢尺和主缆上的基准线对索夹位置定位，在经过反复复核后，进行索夹位置PE皮的剥除，安装索夹夹片，缠裹钢丝，张拉索夹螺栓至设计值，索夹安装完成。

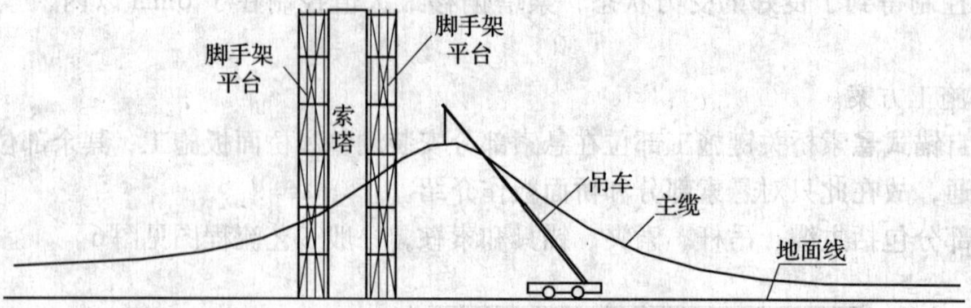

图7　主缆安装示意图

③吊杆安装。利用施工平台将吊杆提升，放入主梁套筒内，吊杆与索夹利用特制销钉连接，安装吊杆锚具并分级张拉，利用吊杆的张拉进行主缆的线形调整。在分级张拉过程中索夹螺栓紧固力应相应的进行调整，应适应主缆受力后直径的变化，使其握裹产生的摩擦力达到设计要求。轨道小车和移动平台见图8。

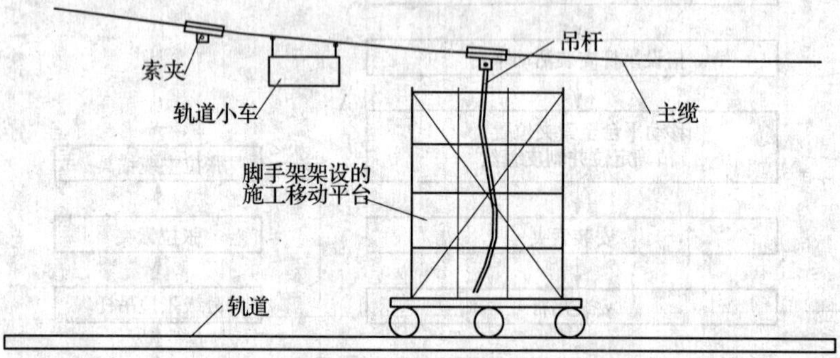

图8　轨道小车和移动平台简图

④桥面板施工工艺。根据自锚式悬索桥的平衡对称原理，桥面板在施工时根据索塔位置平衡对称进行，将索塔的塔偏值控制在设计范围内。根据此一原则，索塔两侧的钢筋绑扎、模板安装、混凝土浇筑均需同时、同向、施工速度基本相同。

桥面板施工时，两种自锚式悬索桥施工方法相同，只是不等跨自锚工悬索桥为平衡中跨荷载，需在边跨设计配重横梁以平衡中跨静荷载，如图9。

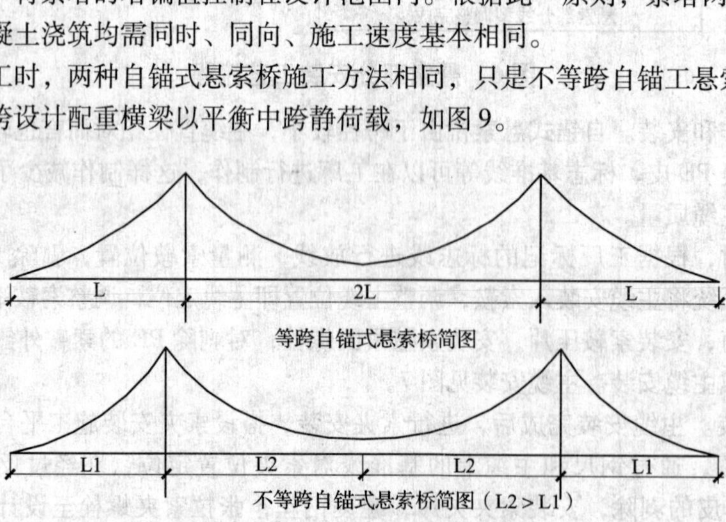

图9　两种自锚式悬索桥简图

（4）施工管理和措施。

自锚式悬索桥施工过程是一个监测监控的过程，监测监控是一项集测试、计算、分析、决策于一体的智能行为，必须要有完美的组织上的保证。一般在施工过程中均应成立监测监控专家顾问组、现场监测监控项目组、由各施工有关单位领导组成的现场领导协调组和集管理、设计、施工、测试等工程人员共同参加的技术工作组。四者的关系见图10。

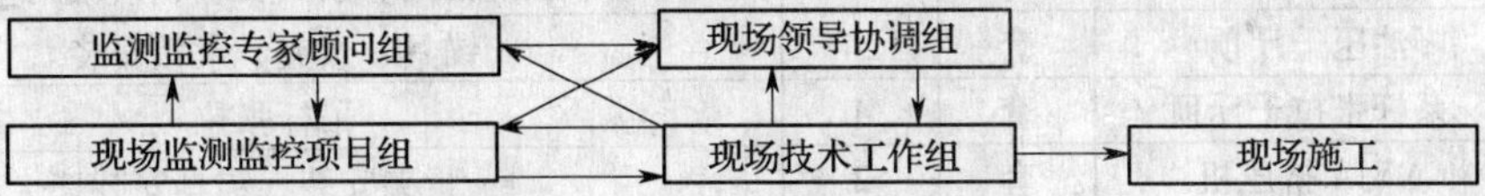

图10　施工各组织关系图

五、劳动力组织

悬索部分劳动力组织见表1。

表1　悬索部分劳动力组织

序号	工　种	人数	工 作 内 容
1	工序负责人	1	负责施工的组织指挥、劳力安排和物资、机械调配
2	工程师	1	施工方案制订，现场技术指导，资料整理、分析，实施监控指令
3	测量工	4	施工放样，技术观测，测量资料整理
4	试验员	3	材料检验，施工监督，试验资料整理
5	电工	3	操作电线、机械设备检修等
6	材料员	1	负责材料的号料、运输、清点、标记、堆放、发料
7	安全员	1	安全检查、警戒
8	质量员	1	质量检查、工序检查、质保措施检查
9	检查员	4	检查钢梁安装、高强度螺栓安装、油漆涂装
10	吊车司机	4	操纵吊车
11	卷扬机司机	4	操纵卷扬机
12	油泵司机	6	操纵千斤顶油泵
13	普工	20	搬运安装主缆、吊杆、索夹、锚具、千斤顶

六、机具设备（见表2）

表2　机 具 设 备

序号	机具名称	单位	数量	用　途
1	对焊机	台	1	钢筋焊接
2	混凝土拌和站	套	2	混凝土浇筑
3	钢筋切断机	台	1	钢筋切割
4	GPS－25 旋转钻桩机	台	6	混凝土钻孔灌注桩基础施工
5	卷扬机	台	6	钢梁的调整，主缆、吊杆、索夹、锚锭板、索鞍安装
6	汽车吊	台	4	钢梁、主缆、索鞍、锚锭板安装
7	混凝土输送泵	台	2	混凝土输送

续表 2

序号	机具名称	单位	数量	用　途
8	混凝土输送泵车	台	1	混凝土输送
9	检查扭矩扳手	套	1	检查高强度螺栓终拧值
10	油漆喷枪	套	3	油漆涂装
11	高压油泵	套	4	主缆锚固、索夹安装、索鞍调整
12	油压千斤顶	套	24	锚具、索夹、索鞍安装
13	系杆张拉千斤顶	套	4	吊杆张拉
14	GYJA 挤压机	套	2	索夹安装、锚具安装
15	LSC550 缠丝机	套	2	索夹安装
16	全站仪	套	2	施工放样、钢梁线形、塔偏位移、悬索部分安装
17	激振索力计	个	2	主缆、吊杆受力
18	激光测距	台	1	主梁、主缆、索塔距离测量
19	安平水准仪	套	1	各工序高程测量
20	频谱仪	套	1	索力测量
21	热敏电阻	套	适量	温度测试
22	手持式应变计	套	1	应力测试
23	钢弦应变计	套	1	应力测试
24	普通液压千斤顶	套	4	钢梁调整
25	校孔器	套	5	高强度螺栓孔校正
26	电动扳手	套	6	高强度螺栓安装
27	轨道小车	套	2	索夹、吊杆安装调整
28	电动抛丸机	套	1	钢梁磨砂面处理
29	施工平台	套	2	悬索部分安装施工

七、质量控制

施工中各工序均应符合《公路桥涵施工手册》、《公路桥涵质量检验评定标准》、《市政工程质量检验评定标准》、《钢结构制造及验收规范》、《公路桥涵设计通用规范》、《公路桥涵施工技术规范》。

八、安全措施

施工中，除遵守有关施工安全规则外，重点全防范工作：

1. 严格遵守施工现场临时用电安全技术规范。
2. 所有架梁、安装悬索部分作业人员均应戴安全帽，高空作业人员须系安全带。
3. 轨道小车须经过计算检验合格后方可在悬挂于主缆上。
4. 施工平台在定位后应设浪风绳，用以固定平台。
5. 吊车操作时严禁在悬臂下站人。

九、技术经济分析

1. 自锚式悬索桥由于全桥自成受力体系，减少了大型锚锭混凝土结构，占地面积也相应地减少，降低悬索桥的单位面积造价。本桥单位面积造价为 900 元/m^2。

2. 减少土方基础的开挖，缩短工期，本桥从开工至完工通车施工工期为1.3年。

3. 自锚式悬索桥的施工监测监控技术与普通悬索桥、斜拉桥相近，但由于自锚式悬索桥桥长相对而言较小，在技术控制上相对而言较为安全、容易，是值得推广的一种桥型。

4. 自锚式悬索桥在城市建设中有着极其广廓的应用天地，其造型优美，与城市环境能完美的结合，具有交通、旅游、文化等功能，是一种市政建设的优选桥型之一。中铁十二局集团在广西桂林市施工的丽泽桥是我国第一座自锚式悬索桥，桥梁建成后受到各界人士的普遍关注，《桂林日报》《桂林晚报》《广西日报》《山西工人报》《中国铁道建筑报》等多家报纸在该桥施工过程和竣工时给予了大量的报道，全国许多城市的设计院、城建局都来桂林进行考查，桂林市人民对该桥的建成也给予了很高评价，如今该桥在桂林市已成为一个旅游热点。

十、工程实例

桂林市丽泽桥是桂林市两江四湖桥梁工程中的重点工程之一。全桥为25m+70m+25m三跨自锚式柔性悬索钢桁梁桥，桥面宽25.5m，机动车道按四车道设计为14m，分隔带2×1.25m，非机动车道2×2.5m，人行道2×2m，桥长120m，桥中心线为直线。上部结构为25+70+25自锚式柔性悬索桥，主缆采用451根7mm镀锌高强钢丝，吊杆为61根7mm镀锌高强钢丝组成，桥面为纵横向桁架梁，桥面板为200mm厚现浇钢筋混凝土板，与纵横向桁架梁共同作用形成结合梁。该桥于2001年1月开始施工，2002年2月建成通车。该桥的建成为自锚式悬索桥积累了丰富的设计和施工经验，取得了良好的经济效益和社会效益。

悬索桥主缆索股架设工法

YJGF 52—2004

路桥华南工程有限公司

王崇旭　王嗣江　黄小鹏　李　勇

随着世界经济的快速发展，桥梁将不断向着更长、更大方向发展，在结构体系和施工方法上都具有大跨越能力的悬索桥将成为桥梁发展的引导潮流。

主缆是悬索桥的主要组成部分，它承担着桥梁上部结构的全部恒载和活载，被称为悬索桥的“生命线”。主缆索股架设质量的好坏直接影响悬索桥的成桥精度及使用寿命，是悬索桥施工的关键工序。

“提高悬索桥主缆架设质量”获得2004年交通行业优秀质量管理小组。

一、工法特点

形成一套完整的、科学合理的主缆索股架设施工方法，有效指导主缆索股架设施工，保证悬索桥主缆索股架设的质量、安全和进度。

二、适用范围

本工法适用于单跨和多跨悬索桥的主缆索股架设施工。

三、工艺原理

单根主缆由几十或上百根索股组成，单根索股又由几十或上百根高强钢丝组成；主缆的线形由每根索股的线形来确保，索股的线形由每根钢丝的线形来保证。

索股架设既要保证单根索股中的钢丝排列正确、相互平行；又要保证单根索股在主缆排列中的位置正确，索股之间相互平行。

四、施工工艺

1. 施工准备

（1）索鞍安装就位，猫道架设完毕、牵引系统形成后，便可以正式开始进行主缆索股架设。

（2）测量塔柱偏位，主、散索鞍理论顶点的里程、高程，并结合主缆索股的弹性模量、温度等进行空缆状态下主缆线形的计算，并据此指导主缆索股架设施工。

2. 主缆索股架设顺序及流程

主缆索股架设分为基准索股架设和一般索股架设两种。每根主缆各有一根基准索股，先进行基准索股的架设，基准索股调整完成后再进行一般索股的架设，两根主缆对称进行索股架设施工。索股架设流程如下：

吊装索股索盘到放索机构上→牵出索股前锚头→把索股前锚头连接到拽拉器上→索股牵

引→索股前锚头到达对岸锚碇→检查校正索股的断带、扭转→从拽拉器上卸下索股前锚头→索股前、后锚头分别安装到锚跨牵引系统上并牵入锚室内→索股两端锚头临时锚固→索股横移至索鞍上方对应位置→索股整形入鞍→索股边跨、中跨垂度调整→索股锚跨张力调整。

3．基准索股的架设

（1）基准索股的牵引。

利用存索区龙门吊机将基准索股索盘安装在放索机构上，牵出索股前锚头吊挂在小跑马上，到达散索鞍门架处将前锚头改吊在拽拉器上，这时检查拽拉器的倾斜状况，如有必要可用平衡重进行调整；启动两岸主、副牵引卷扬机进行索股牵拉作业，通常主牵引索采用直径约为36mm的钢绳，副牵引索采用直径约为28mm的钢绳，索股牵引速度一般约为24m/min，过猫道门架导轮组时的速度减至约16m/min，过塔顶大导轮组时的速度减至约8m/min；索股牵引过程中沿线派人负责看护主缆索股是否在滚轮中移动，若发现索股有扭转（通过索股的着色基准丝观察）、磨损、缠包带断裂、鼓丝等现象，及时进行纠正或处理。

当索股前锚头到达对岸散索鞍门架处时与拽拉器解除连接，利用锚洞内的简易牵引系统将前锚头牵拉入洞至前锚面处；后锚头采用和前锚头同样的方法牵引至存索区岸锚洞口，利用转向轮提升后缓慢放入锚洞内，利用锚洞内牵引系统牵拉入洞至前锚面处。至此完成了基准索股的牵拉作业。

当索股两端均放入锚洞内前锚面处，利用手拉葫芦配合，将索股两端的锚头通过拉杆与索股对应位置的锚固系统临时进行锚固，临时锚固时索股锚头引入的长度不要过量，不然会使散索鞍部位的索股拉力加大，增加索股整形难度。

（2）基准索股横移、整形入鞍。

当索股牵引到位后，利用散索鞍门架上的卷扬机和塔顶门架上的卷扬机进行基准索股的提升横移、整形入鞍作业。

①基准索股的提升横移。在距离主索鞍前后各约20m和散索鞍前约20m的位置处，将握索器安装在主缆索股上，并分别拧紧握索器上的紧固螺栓，确保主缆索股与握索器不产生相对滑移；塔顶门架、散索鞍门架上的卷扬机的钢丝绳将动、定滑车绕成滑车组后与握索器相连，组成提升系统；待全部提升系统安装完毕后，启动各提升卷扬机，将整条索股提离猫道面滚筒。通常牵引系统位于主缆内侧1m处，门架上的卷扬机位于主缆上方，在提升系统将索股缓慢提离猫道面滚筒的过程中，索股亦自动横移至主缆上方。索股的提升横移如图1。

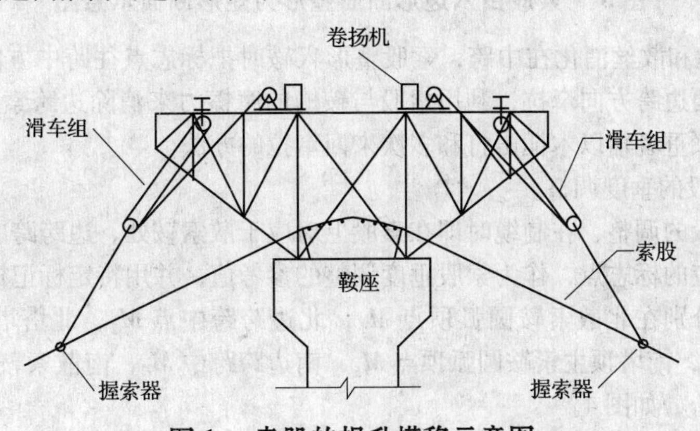

图1　索股的提升横移示意图

②基准索股的整形入鞍。基准索股被提升横移后，索鞍处两握索器之间的索股成为无应力状态，在距离索鞍前后约3m处的索股上分别安装六边形夹具，解除两夹具间索股的缠包带，然后在距离六边形夹具1m的地方开始整形；由于索鞍的鞍槽为矩形，主缆索股是六边形，故索股在放进鞍槽之前必须整方，即将六边形断面整形为矩形断面，如图2。

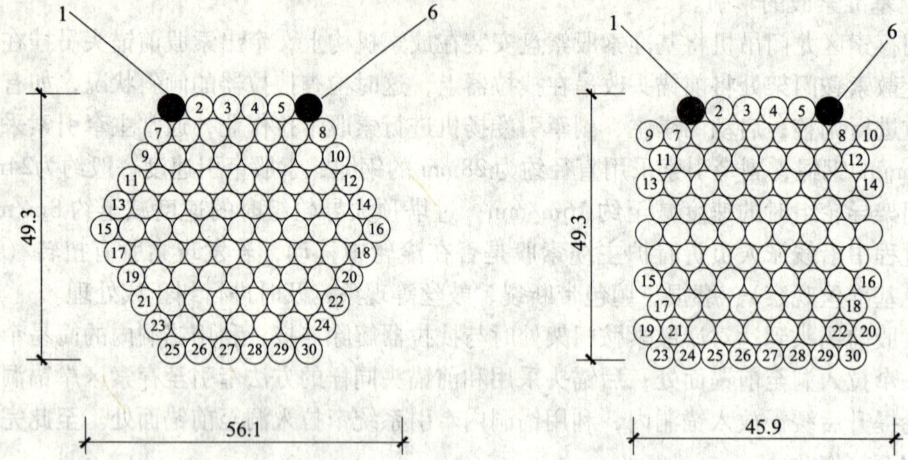

图2　索股六边形断面与矩形断面示意图

索股整形在主索鞍处从边跨向中跨方向进行，在散索鞍处由锚跨向边跨方向进行。整形利用钢片梳进行梳理，用专用矩形工具整理成规则矩形断面后，用专用四边形夹具夹紧，如图3；整形过程中用木槌敲打索股，并边整形边入槽，入槽段立即用木楔打紧。

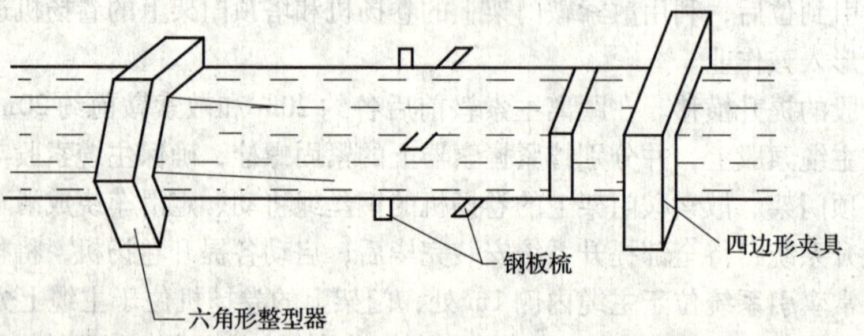

图3　索股由六边形断面整形为矩形断面示意图

为将边跨鼓丝和散丝消化在中跨，索股整形入鞍时把标志点往跨中方向偏移40~50cm，索股入鞍后再往两边跨方向牵拉，利用索股与鞍槽的摩擦力来消除边跨索股的鼓丝和散丝，个别鼓丝和散丝严重者辅以木槌击打和多次来回牵拉的办法。

（3）基准索股的垂度调整。

为了便于索股的调整，在制缆时即在索股上对应于散索鞍处、边跨跨中、主索鞍处、中跨跨中设置了相应的标志点，作为索股垂度调整的参考值，并用特定标记标好。通常主缆设置9个标志点，分别在北散索鞍圆弧顶点M_1，北边跨跨中点M_2，北塔塔顶主索鞍圆弧点M_3，中跨跨中M_4，南塔顶主索鞍圆弧顶点M_5，南边跨跨中M_6，南散索鞍顶M_7，以及两锚头附近的M_0和M_8，如图4。

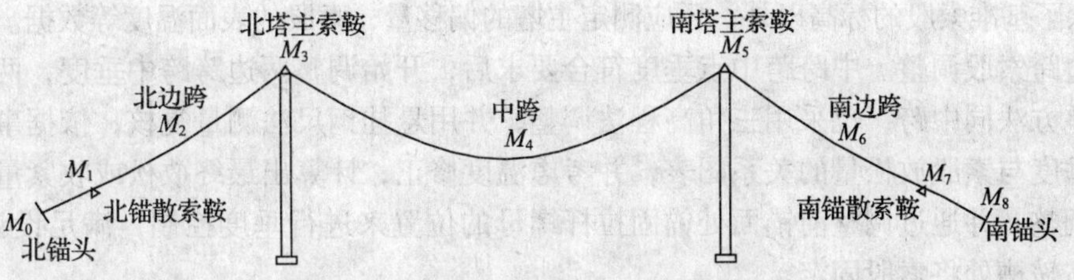

图 4　主缆标志点位置示意图

基准索股的垂度测定与调整应在夜间气温稳定且风速较 h 进行，温度稳定的基本条件是：长度方向索股的温差 $\Delta T \leqslant 2℃$，横截面索股的温差 $\Delta T \leqslant 1℃$。主缆基准索股垂度调整的基本方法是：先将索股的 M_5 标志点与南塔主索鞍圆弧顶点精确对位并用木楔打紧固定，接着调整索股在北塔主索鞍中的位置直至中跨垂度符合要求后固定，再调整两边跨索股的垂度，达到要求后在散索鞍中固定，最后调整两边锚跨，锚跨索股采用穿心式千斤顶调整其张力至符合监控单位的要求。索股调整的顺序如图 5。

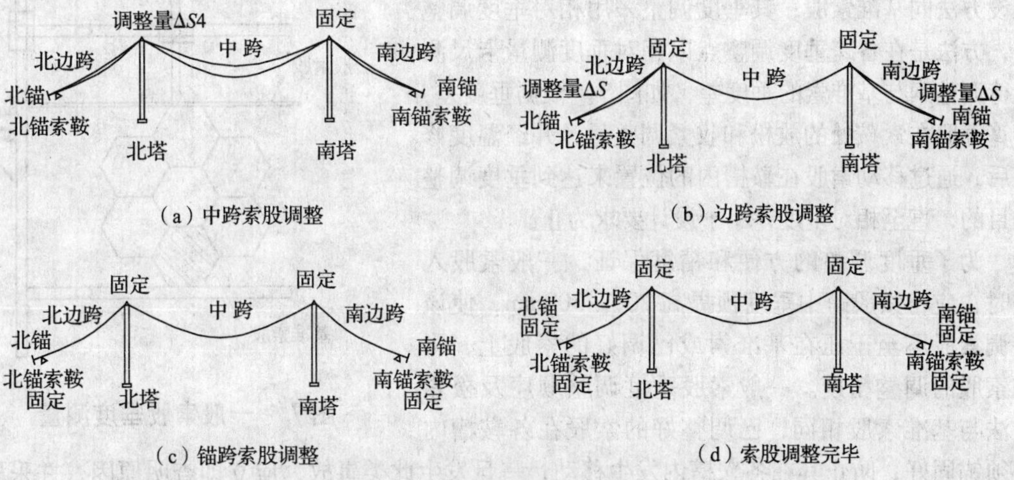

图 5　索股调整顺序示意图

①中跨索股调整。利用全站仪采用三角高程法进行测量：在主缆中跨跨中悬挂全站仪反光棱镜，置全站仪于观测站控制点上，利用已知水准控制点测出仪器高，根据竖直角测量出跨中点水平距离和垂直距离，反算出主缆跨中点高程，如图 6。

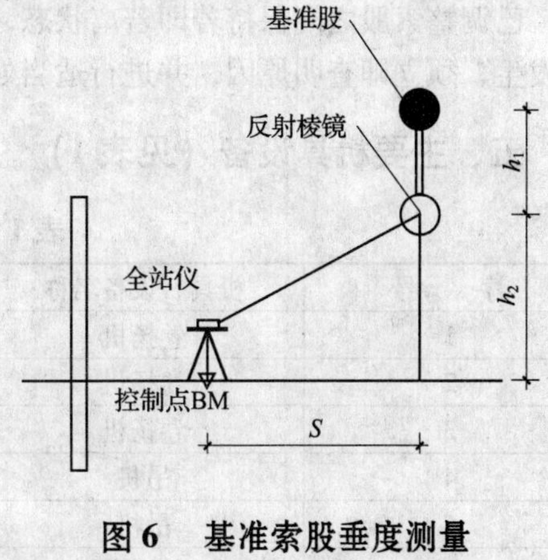

图 6　基准索股垂度测量

若水平距离有偏差，则在主缆前后移动棱镜，直至符合设计要求后，计算出索股跨中点的垂度，并与设计垂度进行比较，依据监控单位提供的垂度调整图表，计算出索股需移动调整的长度，并进行温度修正后得出待调索股在各索鞍处收紧或放松的长度，通过控制索股在鞍槽内的移动量来达到垂度调整的目的。索股在主索鞍鞍槽内的移动利用手拉葫芦牵拉，同时用木榔头敲打索鞍附近的索股，直至中跨的跨中点垂度符合设计要求后，在北塔主索鞍处将索股锚固在鞍槽内。在垂度测定时，除了基准索股的标高以外，还应测定主塔的偏移量，索股的表面温度等数据。

②边跨索股调整。中跨跨中点垂度符合要求后，开始调整两边跨跨中垂度，两边跨跨中垂度调整方法同中跨，也采用三角高程法调整，并用悬挂钢尺法测量复核，依据事先计算好的索股垂度与索股放松量的关系图表，并考虑温度修正，计算出最终放松或收紧量，然后进行垂度调整，并通过调整前锚面处锚固拉杆螺母的位置来进行垂度控制，满足设计要求后，在散索鞍鞍槽处将索股固定。

③锚跨索股调整。经过中、边跨垂度调整后，最后调整锚跨张力。锚跨张力通过松紧索股锚固拉杆的螺母来进行调整，为了确保股索锚跨张力的精确，利用监控单位的测力装置进行测控，使得锚跨索股张力值符合设计要求。

基准索股的垂度调整好后，应连续观测 3 个晚上，确认线型符合设计要求后，才能进行一般索股的架设。

4. 一般索股架设

基准索股以外的索股均为一般索股。一般索股的架设方法同基准索股，其垂度调整采用相对垂度调整法，方法是在各跨垂度调整点以相对垂度测量卡尺测出待调整索与基准索的垂度差，如图 7。根据垂度差，计算索股在索鞍处的放松和收紧调整量，并经温度修正后，通过移动索股在鞍槽内的位置来达到垂度调整的目的，直至相对垂度差小于设计要求为止。

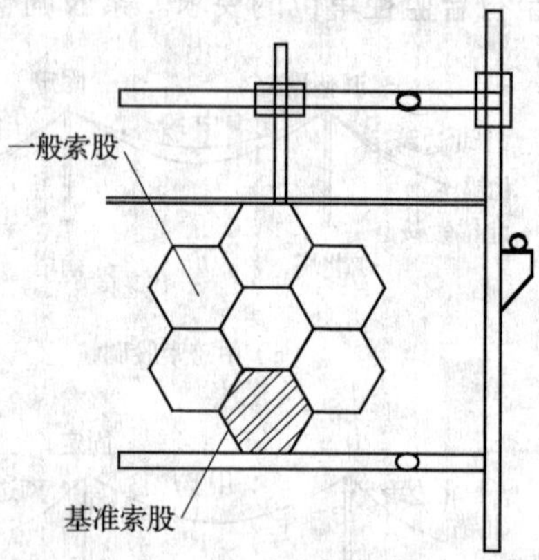

图 7　一般索股垂度测量

为了垂度调整的方便和精度保证，一般索股入鞍时，应将索股跨中垂度预提高 200 ~ 300mm，使该待调索股不至于压在基准索或已调好的索股上，影响索股的调整精度。一般索股垂度调整顺序及松紧方法与基准索股相同，已调整好的索股在各鞍槽内必须锚固好，防止其在各鞍槽内发生移动，一旦发生此类事故，应立即查明原因，并采取相应的措施处理好后，才能进行后续索股的架设。

已调整索股之间保持若即若离状态，必须避免索股相互叠压的情况发生，一旦有此类事情发生，须立即查明原因，并进行适当处理。

五、主要机具设备（见表 1）

表 1　主要机具设备

序　号	机具、设备名称	型号	数量	用　途
1	卷扬机	18t	4 台	牵引索股
2	卷扬机	10t	4 台	牵引索股
3	卷扬机	5t	24 台	牵引索股、提升、起重
4	吊机	25t	1 台	材料设备转运
5	吊机	16t	1 台	材料设备转运
6	平板车	8t	1 台	材料设备转运
7	塔吊	60t	2 台	材料设备转运

续表 1

序　号	机具、设备名称	型号	数量	用　途
8	电梯		2 台	人员上下索塔
9	工程驳船		1 艘	水中材料运输
10	专用穿心千斤顶	60t	8 台	索股张力调整、锚固
11	张拉千斤顶	350t	8 台	主索鞍顶推
12	猫道门架		32 套	索股牵引
	猫道导轮组		32 套	索股牵引
13	猫道滚筒		300 个	索股牵引
14	猫道滚筒架		300 个	索股牵引
15	侧向限位轮		300 套	索股牵引
16	手拉葫芦	10t	20 只	索股垂度调整
17	手拉葫芦	5t	30 只	索股垂度调整
18	手拉葫芦	3t	50 只	索股垂度调整
19	手拉葫芦	2t	20 只	索股整形、入鞍
20	手拉葫芦	1t	10 只	索股整形、入鞍
21	双门滑车组	20t	12 只	索股提升横移
22	6 门滑车组	50t	24 只	材料设备吊装
23	单门滑车	5t	20 只	索股张力调整、锚固
24	单门滑车	3t	10 只	索股张力调整、锚固
25	放索机构		2 套	索股牵引
26	龙门吊机	40t	1 架	索股索盘吊装
27	握索器	20t	12 个	索股提升横移
28	整形夹钳		32 个	索股整形、入鞍
29	六边形整形器		32 只	索股整形、入鞍
30	四边形整形器		48 只	索股整形、入鞍
31	专用尼龙带		30 只	索股整形、入鞍
32	梳形器		40 只	索股整形
33	钢丝绳	$\phi 36$	14T	主牵引绳
34	钢丝绳	$\phi 26$	10T	起重绳、承重绳
35	钢丝绳	$\phi 21.5$	30T	起重绳
36	钢丝绳	$\phi 17.5$	10T	起重绳
37	型钢	I 56a	8T	顶推反力架
38	型钢	I 36a	15T	顶推反力架、支撑卷扬机
39	型钢	[36a	10T	顶推反力架、支撑卷扬机
40	型钢	[14a	6T	门架平台
41	全站仪	尼康	2	基准索测量
42	专用卡尺	定做	6	一般索股测量
43	点温计		10	测索股内外温度
44	记号笔		20	在索股上做记号

六、劳动力组织（见表2、表3）

表2　索股牵引劳动力组织

位置	技术人员	操作人员	工 作 内 容
放索区	1	3	索盘吊运、放索
北锚		8	握索器安装，索股横移、整形入鞍
北岸边跨		2	观察
北塔	1	8	握索器安装，索股横移、整形入鞍
中跨		4	观察
南塔	1	8	握索器安装，索股横移、整形入鞍
南边跨	1	2	观察
南锚		8	握索器安装，索股横移、整形入鞍
指挥人员	1	2	指挥拽拉器行走
主、副卷扬机		4	操作卷扬机

表3　索股调整劳动力组织

位置	技术人员	操作人员	工 作 内 容
北锚洞	1	5	操作千斤顶
北锚		2	敲打索股
北岸边跨	2（测量）	2	垂度调整
北塔	1	5	安装、拆卸葫芦，敲打索股
中跨	2（测量）	2	垂度调整
南塔	1	5	安装、拆卸葫芦，敲打索股
南边跨	2（测量）	2	垂度调整
南锚	1	2	敲打索股
南锚洞		5	操作千斤顶

七、质量控制

1．主缆索股架设质量标准及质量控制依据《公路桥涵施工技术规范》（JTJ 041—2000）。

2．主缆索股架设质量检验依据《公路工程质量检验评定标准》（JTJ 071—98）。

3．主缆索股牵引过程中沿线布置观察人员，在索鞍及跨中点配备对讲机，一旦出现索股断带、散丝、挂伤等问题，立即停止牵拉，待处理完善后方可继续进行索股牵拉。

4．出现鼓丝，则尽量将锚跨的鼓丝处理到边跨，将边跨的鼓丝处理到中跨。

5．要特别注意索股在索鞍鞍槽内按正确位置排列，将索股在中、边跨跨中位置用油笔标明编号，以便随时和索鞍鞍槽内的正确位置进行对应检查。

6．每根索股调整完毕后，及时将缠包带间隔割除，以利主缆紧缆的施工。

7．索股丝束必须顺畅，杜绝跳丝现象发生。

八、安全措施

1. 主缆索股架设属高空作业，有关安全保证措施严格执行经理部下发的《高空作业安全操作技术规范》，完善安全管理制度，正确配戴安全防护用品，完善安全操作设施。

2. 重视天气变化情况，及时与气象部门取得联系，遇有五级以上大风则停止主缆架设一切操作。

3. 牵引系统作为主缆索股架设的牵拉装置，定期进行各部位检查，包括主、副牵引绳的磨损程度，拽拉器、门架导轮组等，确保各部件都处于安全工作状态。

4. 主缆索股架设期间，经常对猫道承重索的锚固、猫道面网、扶手绳等进行检查，发现问题及时处理。

5. 主缆索股架设期间，在猫道上布置杂物筐，将杂物置入筐内，以防坠落。

6. 索股提升时，握索器紧固螺栓要逐个拧紧，确保索股和握索器不发生相对滑移。

九、效益分析

采用本工法，万州长江二桥共架设主缆索股 182 根，使用 28 个有效工作日，除去基准索的 3d 时间，平均每天架设 7.2 根，比计划提前 17d 完工，节省人工和机械设备租赁费近 80 万元。

十、工程实例（见表 4）

表 4　工 程 实 例

工程名称	地点	开竣工日期	工法应用时间	实物工程量	应用效果
厦门海沧大桥	福建厦门	1997.5～1999.11	1998.11～1999.1	架设主缆 220 根	良好
鹅公岩大桥	重庆	1997.10～2001.7	1999.5～1999.7	架设主缆 220 根	良好
忠县长江大桥	重庆忠县	1998.12～2001.9	2000.8～2000.10	架设主缆 148 根	良好
万州长江二桥	重庆万州	2001.12～2004.9	2003.7～2003.9	架设主缆 182 根	良好

斜拉桥主梁活动支架施工工法

YJGF 53—2004

中铁大桥局集团有限公司

许佳平　汪志榜　农代培

预应力混凝土斜拉桥由于其跨越能力大，造型美观、经济性好、行车舒适等诸多优势，得到了飞速发展。各具特色的施工方法应运而生，其中尤以各式各样的挂篮或牵索挂篮为主，施工工艺较成熟。

沈阳富民斜拉桥为折线型塔柱双塔单索面预应力混凝土斜拉桥（见图1），设计新颖，结构独特，工期紧，施工难度高。主梁截面为近似三角形，横向刚度小，牵索挂篮很难解决主梁施工的横向平衡问题。我们认真研究分析，合理组织设计，组织专家评审，最终确定除主梁根部块段及边跨牛腿段采用满铺式支架法施工外，其余主梁块段均首次采用活动支架法施工。在安全优质保证工期完成富民桥建设的同时取得了较好的经济效益，其主要施工方法形成本工法。

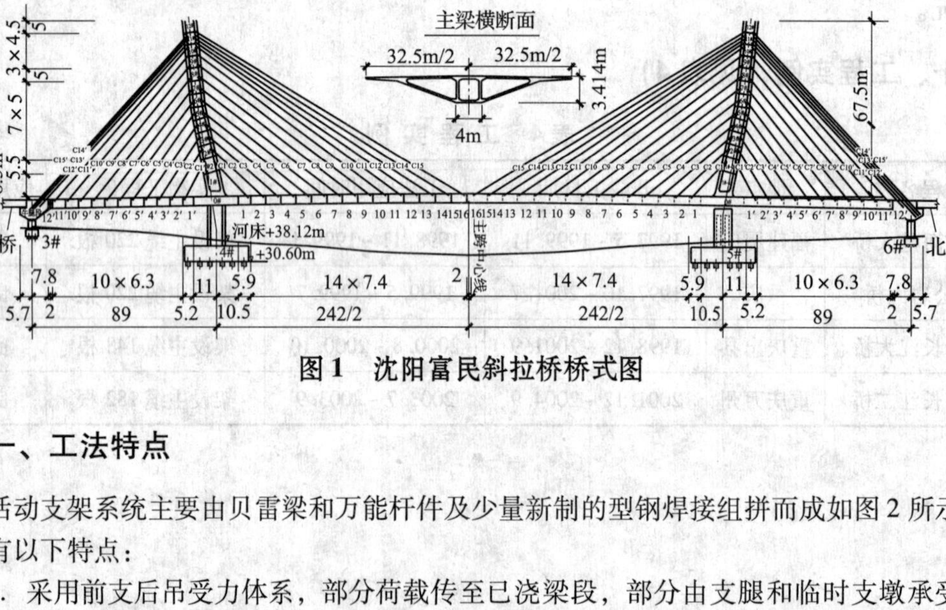

图1　沈阳富民斜拉桥桥式图

一、工法特点

活动支架系统主要由贝雷梁和万能杆件及少量新制的型钢焊接组拼而成如图2所示，本工法有以下特点：

1. 采用前支后吊受力体系，部分荷载传至已浇梁段，部分由支腿和临时支墩承受，受力明确，计算简便，工况统一，便于主梁线型调整控制。

2. 本工法吸取了挂篮与满堂支架两者的优点，适用范围广泛，不仅适用于混凝土连续梁及T构，亦可适用于各种截面形式的混凝土斜拉桥。对单索面、横向刚度小、宽翼板断面主梁、进行全断面整体浇筑，采用本工法更为方便。

3. 活动支架作为主梁分段现浇的移动式平台支架，每走行一次可连续浇筑三个块段，大大节省了人力、物力、财力，且缩短了工期，一般每个块段只需7d。

4. 活动支架主要由贝雷梁和万能杆件及少量型钢组拼而成，新制构件少，一次性损耗料少，支架安装、拆卸方便，可重复使用，并可形成标准化施工。

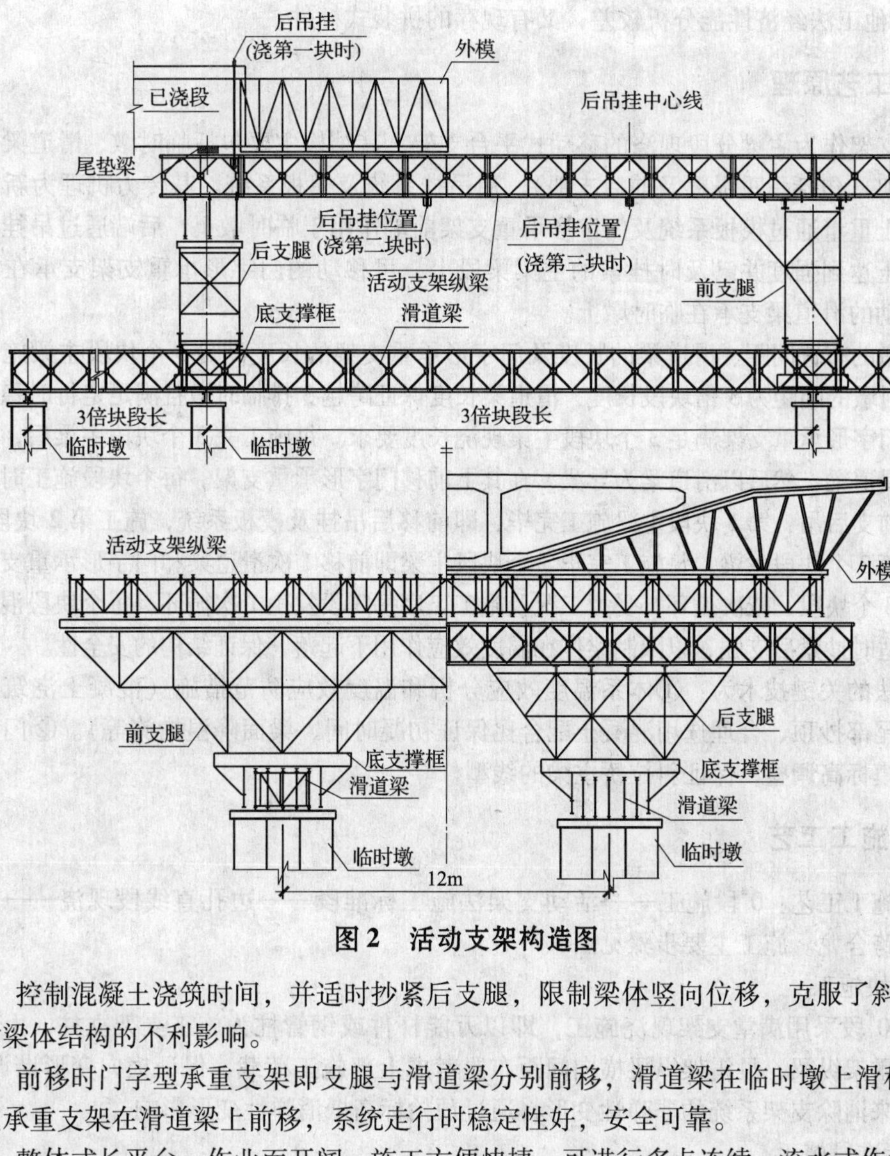

图2　活动支架构造图

5. 控制混凝土浇筑时间，并适时抄紧后支腿，限制梁体竖向位移，克服了斜拉桥温度效应对梁体结构的不利影响。

6. 前移时门字型承重支架即支腿与滑道梁分别前移，滑道梁在临时墩上滑移到位后，门字型承重支架在滑道梁上前移，系统走行时稳定性好，安全可靠。

7. 整体式长平台，作业面开阔，施工方便快捷，可进行多点连续、流水式作业。

二、适用范围

本工法凭借其特有的优势将会在桥梁施工中占有一席之地，可广泛适用于连续梁及T构，亦可适用各种型式的混凝土斜拉桥，在下述特殊条件下选用优势更为明显。

1. 桥下净空受到限制（如跨线桥），不适宜或无法采用挂篮施工时，活动支架法可最大限度地压缩施工空间（桥下净空不足时，可降低前后支腿的高度，甚至取消前后支腿直接在桩顶设桩间横联使承重纵梁在横联上滑移）。

2. 对于主梁梁体横向刚度小，单索面或主梁翼缘宽的斜拉桥，本工法与挂篮（或牵索挂篮）相比具有一定的优越性。

3. 桥下为旱地、浅滩或水流不深、冲刷不大，适宜插打钢管桩或浇筑扩大基础等临时支墩。

4. 工期有特别要求，其他工法无法保证工期时。

5. 其他工法经济性能分析较差，又有现存的拼装式杆件。

三、工艺原理

活动支架作为主梁分段现浇的移动式平台支架，其结构主要包括临时墩、滑道梁、门字形承重支架（包括承重纵梁及前后支腿）、后吊挂系统及模板系统。其传力机理为新浇筑的主梁混凝土重量通过模板系统及门字形承重支架前端作用于临时墩上，后端通过吊挂系统吊挂在混凝土达到强度并已及时挂索的主梁梁段上，可移动的门字形承重支架支承在滑道梁上，可移动的滑道梁支承在临时墩上。

临时墩的布置间距、滑道梁的长度及门字形承重支架的长度满足3个块段主梁施工的要求，即临时墩的间距为3倍块段长度，滑道梁长度保证跨越3排临时墩且满足走行时稳定性控制要求，门字形承重支架满足3个块段主梁现浇长度要求。每施工完3个块段主梁后，在临时墩上前移滑道梁，然后以滑道梁为导梁，在其上前移门字形承重支架。每个块段施工时，受力模式均为前支后吊，第1块段主梁施工完毕，即前移后吊挂及模板系统，施工第2块段主梁，同理施工第3个块段主梁，每施工完毕3个块段主梁即前移1次滑道梁和门字形承重支架，以便浇筑后3个块段，依次循环，受力工况及施工工序每3段发生1次循环。每个块段混凝土浇筑完毕应适时抄紧后支腿，以限制梁体在温度效应作用下起落，保证结构的安全性。

本工法的关键技术为：①体系温度效应分析和温度效应防范措施（混凝土浇筑时间选择、适时尾部抄顶、合理选用混凝土配合比保证初凝时间、梁面降温措施等）。②门架变形控制和底模标高调整，保证斜拉桥主梁的线型。

四、施工工艺

主梁施工工艺：0#段施工——→活动支架法施工标准段——→边孔直线段现浇——→边跨合龙——→中跨合龙。施工主要步骤见图3。

1. 0#块施工

主梁0#段采用满堂支架现浇施工，即以万能杆件或钢管柱为施工支架立柱，上部顺桥向铺设贝雷架纵梁，贝雷架纵梁横向间距布置考虑上部施工荷载，保证横向变形谐调一致。通过预压来消除支架系统的非弹性变形，通过预抬标高抵消弹性变形影响。

2. 标准段施工

0#块施工完毕后，在前排临时墩上拼装滑道梁（共两组），在滑道梁上拼装前后支腿，接长原0#块施工贝雷架纵梁，将前后支腿与贝雷架纵梁刚性连接形成门字形承重支架，即完成标准段活动支架拼装。

（1）活动支架。

①临时支墩及滑道。每排临时支墩由横桥向两组管桩组成，分别布置在桥轴线两侧，桩顶安装分配梁。桩入土深度须满足承载力和抗拔力要求。滑道梁由5组贝雷梁用支撑架拼接成整体，全长48m，跨越3个支墩，结构轻便，仅作为门字形承重支架前移的轨道。

②前后支腿。前后支腿主体结构包括万能杆件横梁及底支撑框，底支撑框为π字形结构，以方便滑道梁在其中间空档内滑移前行，主梁施工时支撑框直接支撑于桩顶分配梁上，将施工时前端荷载直接传至临时墩。后支腿与前支腿结构相似，但受力较小，仅起走行及承受温度效应引起反力，所以结构更为简便。

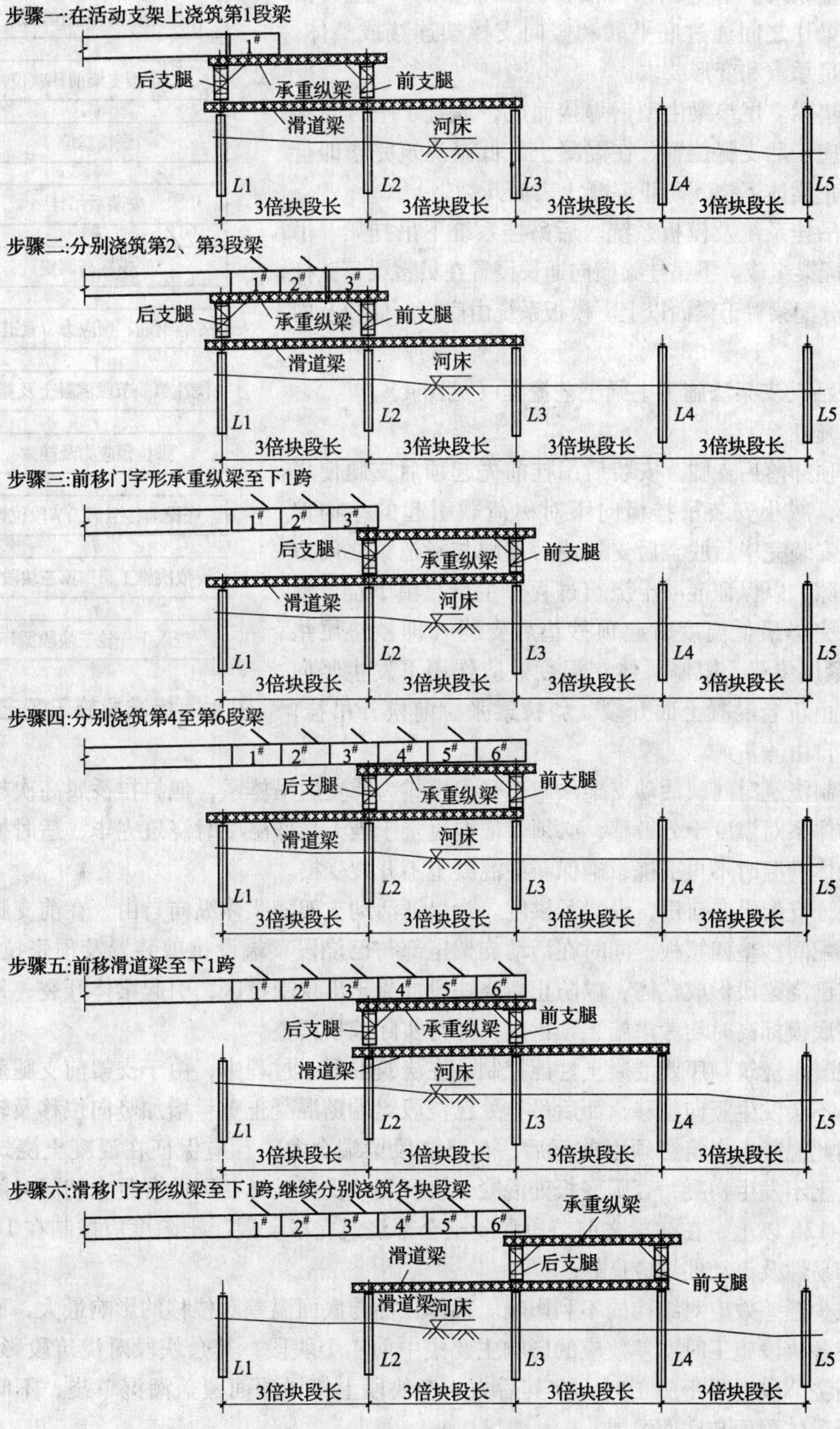
步骤一:在活动支架上浇筑第1段梁
1#
后支腿
承重纵梁
前支腿
滑道梁
河床
L1
L2
L3
L4
L5
3倍块段长
3倍块段长
3倍块段长
3倍块段长
步骤二:分别浇筑第2、第3段梁
1#
2#
3#
后支腿
承重纵梁
前支腿
滑道梁
河床
L1
L2
L3
L4
L5
3倍块段长
3倍块段长
3倍块段长
3倍块段长
步骤三:前移门字形承重纵梁至下1跨
1#
2#
3#
后支腿
承重纵梁
前支腿
滑道梁
河床
L1
L2
L3
L4
L5
3倍块段长
3倍块段长
3倍块段长
3倍块段长
步骤四:分别浇筑第4至第6段梁
1#
2#
3#
4#
5#
6#
后支腿
承重纵梁
前支腿
滑道梁
河床
L1
L2
L3
L4
L5
3倍块段长
3倍块段长
3倍块段长
3倍块段长
步骤五:前移滑道梁至下1跨
1#
2#
3#
4#
5#
6#
后支腿
承重纵梁
前支腿
滑道梁
河床
L1
L2
L3
L4
L5
3倍块段长
3倍块段长
3倍块段长
3倍块段长
步骤六:滑移门字形纵梁至下1跨,继续分别浇筑各块段梁
1#
2#
3#
4#
5#
6#
承重纵梁
滑道梁
后支腿
前支腿
滑道梁
河床
L1
L2
L3
L4
L5
3倍块段长
3倍块段长
3倍块段长
3倍块段长

图3　施工主要步骤图

③承重纵梁。承重纵梁由横桥向所布置的34组贝雷梁组成，梁片之间通过底平联和竖向支撑架连接成整体，其布置满足承重和变形要求。

④尾垫梁。尾垫梁由型钢焊接而成，放置于平台与梁底之间对应于后支腿位置。在混凝土最低温浇筑完毕即行抄紧，阻止梁体下挠，防止混凝土表面开裂。

⑤后吊挂系统及模板系统。后吊挂系统下吊挂梁、吊杆、上分配梁组成。下吊挂梁横向通长设置在贝雷梁下弦杆底部，上分配梁置于梁面以上。模板系统由底模、侧模及内模组成。

（2）活动支架法施工主梁工艺流程（见图4）。

（3）施工要点。

①起顶卸落后支腿。安装后吊挂前先起顶后支腿使之贴紧梁底，减小安装吊挂横向不对称荷载引起的结构偏载，吊挂安装完毕后脱空后支腿使后支腿与滑道梁之间留有足够间隙，以保证混凝土浇筑过程中主梁自由下挠。混凝土浇筑完毕最低温度时起顶抄垫后支腿（即抄垫尾垫梁），抄紧尾垫梁，限制梁体在温度效应作用下发生竖向位移，防止新老混凝土面开裂。斜拉索张拉前松开吊挂，保证梁体自由。

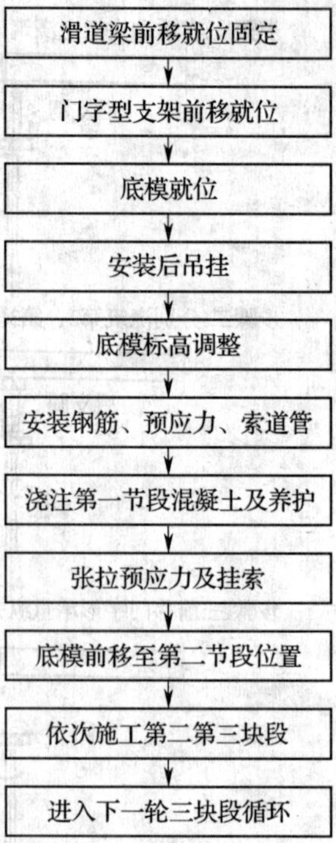

图4　标准段施工工艺流程

②控制浇筑时间。活动支架法施工受力模式为前支后吊体系，但斜拉桥属高次超静定结构，结构体系对温度十分敏感，必须保证混凝土于当天最低温度时浇筑完毕，适时抄紧尾垫梁保证梁体升温时不再下挠，确保新浇混凝土不开裂受损。

③保证支架纵向自由，设置预拱度。为保证活动支架随梁体纵向自由，在前支腿支撑框与桩顶分配间抄垫四氟板，同时在活动支架尾部与已浇段梁端设抗剪装置及预张拉后吊杆，使模架与已浇梁段形成整体，以防止新浇块段混凝土出现受拉区，引起梁体开裂；每一节段施工调整底模标高时均考虑施工预拱度，并与实际校核调整。

④混凝土浇筑顺序及混凝土性能控制。在浇筑混凝土过程中，由于支架前支腿落于临时支墩上，不会发生竖向位移，而后吊挂处已浇段梁端随混凝土重量增加竖向位移及转角不断增大，因此混凝土浇筑必须由前至后，在已浇段梁端合龙，且应保证在混凝土浇筑完毕之前，混凝土不发生初凝，否则底板处混凝土会开裂或受剪破坏。因此混凝土初凝时间必须控制在10～12h以上，在初凝之前节段混凝土全部浇筑完毕。混凝土陷度应控制在16～18cm以内，和易性及流动性均应良好。

⑤减少温差效应对结构的不利影响。梁体顶面与底面温差对位移的影响最大，而且根据分析，在各块段施工时温差效应的影响主要集中前4个块段，其余块段对浇筑段影响较小，因此在新浇节段混凝土施工时，在其后方4个块段上箱梁顶面覆盖潮湿草袋，不间断浇冷水，降低梁体顶面与底面温差。

⑥施工对称性控制。为避免施工过程中产生不利偏载，必须采取施工措施，保证各施工作业对称进行，如安装后吊挂应对称进行，节段混凝土浇筑时应保持横向对称及主墩两侧中

边跨对称，梁面荷载对称分布等。

3. 边跨牛腿段施工

牛腿段在满堂支架上施工，并设置临时支点。

4. 边中跨合龙段施工

边中跨合龙均采用支撑方案，而非吊挂方案，主要考虑改装原活动支架作为合龙段支架，不另新制结构。

现浇主梁施工完毕将活动支架拖拉至合龙段位置，改制模板和支架。适时起顶支架及模板，并反拉钢绞线，限制两侧梁体发生竖向位移，完成对梁体限位后安装合龙劲性支撑，张拉临时预应力束，绑扎钢筋、完成合龙段混凝土浇筑。

五、劳动力组织

一个主墩作为一个独立分部，主塔、主梁、斜拉索施工齐头并进，合理的劳动组织如表1。

表1　劳动力组织

工种	人数	工 作 内 容
管理、技术	6	负责本墩生产、管理、组织、技术指导、经济核算
装吊工	20	负责支架拼装、滑移、挂索、张拉、压浆、混凝土浇筑
木工	30	主塔、主梁模板制、安、拆
钢筋工	30	主塔、主梁钢筋制、安
普工	20	配合装吊工
机电	4	负责墩上小型机器具维修保养、供电等

表1中人员组织不包括钢结构制造及大型设备维修，在高峰期施工时，装吊、钢筋、木工3班人员配置由主墩施工负责人根据现场需要进行调整。

六、机具设备

每个主墩中跨、边跨两个作业面同时展开，所需的主要机具设备见表2。

表2　主要机具设备表

序号	名　称	规　格	单位	数量	备　注
1	塔吊	FO/23BPA664	台	1	
2	汽车吊	12t	台	1	桥面
3	活动支架		套	2	边、中跨各1套
4	闪光对焊机	U－100	台	1	
5	钢筋切断机		台	1	
6	钢筋弯曲机		台	1	

续表2

序号	名　　称	规　　格	单位	数量	备　　注
7	千斤顶	YCJ250	台	5	
8	千斤顶	YC－60B	台	4	配套张拉杆及撑脚
9	千斤顶	YCW3500	台	2	
10	千斤顶	YCW2500	台	2	
11	千斤顶	YCW1500	台	2	配套张拉杆及撑脚
12	墩头锚	LD10	台	1	
13	挤压器	GYJA	台	1	
14	压浆机	0.6～0.7MPa	台	1	
15	油泵	2B10/49	台	4	
16	油泵	2B4－500	台	4	
17	油泵	2B10/320－4/800E	台	4	
18	木工机械		套	1	
19	钢管	ϕ48	t	30	
20	螺旋千斤顶	32t	台	8	
21	卷扬机	5t	台	2	
22	电焊机	BX500	台	8	

表2中未包含试验测量和加工制造及主塔施工、斜拉索挂设张拉所需的其他机具设备。

七、质量标准

1．主梁施工执行《公路桥涵施工技术规范》（JTJ 041—2000）和《公路工程质量检验评定标准》（JTJ 071—98），活动支架制造按《钢结构工程施工质量验收规范》（GB 50205—2001）进行。

2．临时墩钢管桩制造时外周长偏差小于±10mm，插打垂直度偏差小于1%，桩顶标高误差小于±15mm。

3．滑道梁前移到位后，必须固定牢靠，两侧滑道对应位置高差不超过20mm，以保证上部门字形承重支架滑移时平顺。

4．门字形承重支架在滑道上滑移时，桥轴线两侧滑移速度应相同，需经常测量及调整使其保持一致。

八、安全措施

1．贯彻“安全第一，预防为主”的方针，成立安全领导小组，建立健全各级安全岗位责任制，加强安全监督，进行安全技术交底和安全培训，提高施工人员安全意识和防范能力。

2. 承重纵梁底部应满布安全网，四周设置护栏进行防护。

3. 在横梁的顶面设置可滑移式脚手平台，作为振捣及预应力张拉作业平台，所有脚手板均应固定牢靠，防止出现翘头板。

4. 滑道梁及门字形梁前移时，应派人对各控制点进行检查、测量控制。

5. 混凝土浇筑完毕，应派专人对尾垫梁处各抄垫点进行反复检查，避免遗漏。

6. 活动支架施工时作业层面较多，施工机具及物件应摆放稳妥，避免多层作业时造成人员伤亡，施工时应前后、上下相互照应。

九、技术经济分析

与常规施工方法相比，本工法有几大优越性：

1. 工周期短，对称浇筑一个梁段平均周期为7d，最快时达到6d。

2. 耗材率低，新制件少，一次性损耗较小。

3. 可重复周转使用万能杆件及贝雷梁，特别是用量大的贝雷梁，拆装方便，损耗极少。

4. 技术易推广，支架可根据各种梁形布置贝雷梁或其他拼装式杆件，不拘泥于一种格式，较挂篮灵活多变，且操作简便易行。

本工法在富民斜拉桥和老道口斜拉桥建设中均创造了良好的社会效益和经济效益，节省投资80万元。

十、工程实例

1. 沈阳富民斜拉桥

沈阳富民斜拉桥为89m＋242m＋89m折线型双塔独柱式单索面预应力混凝土斜拉桥。桥面宽32.5m，主梁为单箱三室近似三角形结构，梁高3.414m，底宽4m，大悬臂板宽5m，板厚16cm～50cm。主塔为折线型混凝土斜塔，桥面上高67.5m，上、下部倾角分别为7.1208°和14.6209°，采用空腔矩形截面。

该桥横跨浑河，南接浑河大道，北连富民街，是沈阳标志性工程。2002年2月21日开工，2003年8月25日合龙，2003年11月2日通车。

2. 沈阳老道口斜拉桥

老道口斜拉桥为114m＋120m独塔单索面预应力（后期施加）混凝土斜拉桥，主梁为单箱五室结构，桥面上、下层宽度均为32.0m，下层5.0m大悬臂自行车道。“1”型主塔为“H”型实心截面，桥面上塔高77.037m，上下悬臂采用二次浇筑。

该桥2000年11月开工，2002年6月合龙。横跨密集的西货场铁路线和哈大电气化铁路高压线，是沈阳快速干道最重要的控制工程。

3. 抚顺万新大桥

抚顺万新大桥全长476.15m。主桥为双索面自锚式混凝土悬索桥，主跨160m，两侧边跨为70m，两侧锚固跨为15m，全长330m；主梁为单箱五室钢筋混凝土箱梁，梁宽41m，梁中心高度为2.5m，该桥于2003年5月开工，将于2004年7月竣工。

斜拉桥索道管安装施工工法

YJGF 54—2004

天津城建集团有限公司

胡 跃 任师魁 刘润楠 郑 力 韩振勇

斜拉桥索道管安装是斜拉桥施工中的一项关键技术，安装精度要求高。三维空间定位及高空操作是索道管安装施工的难点，斜拉桥索道管安装根据工程部位及安装工艺不同分为主塔索道管安装、悬臂段主梁索道管安装、现浇段主梁索道管安装。在丹拉高速公路滨海大桥施工中，我们探索了地面安装与高空安装相结合的施工方法，安装精度高，操作简便，在施工中，我们不断优化，形成了比较成熟的施工方法，为了更好推广该施工技术，编制本工法。

一、工法特点

1. 采用地面安装与高空安装相结合的施工工艺。
2. 制作中心点位器，将索道管上下口中心点作为定位控制点。
3. 施工数据采用 AutoCAD 图形软件进行采集。
4. 采用强制对中三维测量技术。
5. 减少高空作业工作量，降低安全风险。
6. 操作简便，投入较少，地面安装能提前进行，加快施工进度。

二、适用范围

适用于混凝土斜拉桥的主塔、主梁索道管施工。

三、工艺原理

采用地面安装与高空安装相结合的工艺，先将索道管安装在地面平台上的骨架（或支架）上，然后将索道管及骨架（或支架）整体吊起进行高空安装。在地面安装中，采用索道管与安装骨架的相对几何关系及简易测量技术，定位索道管；在高空安装中，通过确定定位骨架（或支架）位置，从而保证索道管的空间位置。将索道管上下口的空间中心点作为控制点，利用三维测量技术复测安装精度。

四、工艺流程及操作要点

1. 主塔索道管安装

（1）地面安装。

①安装分节。由于索道管地面安装利用主塔的劲性骨架作为安装骨架，所以，在地面安装前，对劲性骨架劲性进行分节，分节利用 AutoCAD 图形软件进行理论上分析，应综合考虑到索道管及劲性骨架的重量、塔吊起重能力、劲性骨架的整体刚度等影响因素。

②施工数据采集。索道管空间数据非常多，计算十分复杂，可利用 AutoCAD 图形软件，画出三维图形，获取各点的空间坐标及相对坐标。

③施工平台制作。在现场制作一个地面安装平台，平台尺寸根据劲性骨架的最大宽度和长度确定，平台制作见下图1。

④制做并安装中心点位器。中心点位器是测量定位的关键设备，通过中心点位器，找出索道管上下口空间的中心点。中心点位器见图1。

⑤施工平台上放出劲性骨架的外边线、中心线、索道管上下口的中心点的投影位置等。

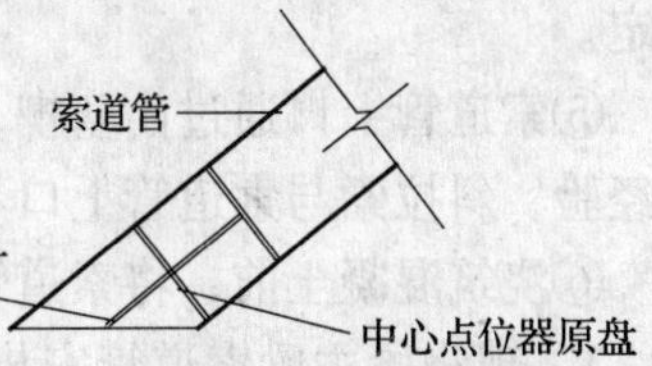

图1　中心点结构位器示意图

⑥安装劲性骨架。根据平台的轮廓线及中心线在平台上安装劲性骨架。安装机械采用汽车吊，通过简易扒杆及人工进行调整。

⑦安装索道管。根据平台上的投影中心点及索道管上下口中心点与投影面的高度，确定索道管位置，安装采用汽车吊，通过简易扒杆及人工进行调整，调整完成后，将索道管固定在进行骨架上，即通过型钢（角钢或槽钢，根据刚度确定）焊接在进行骨架上。

⑧将安装完成的索道管连同进行骨架移出安装平台，采用汽车吊进。

⑨进行下一节的索道管安装。

（2）高空安装。

①定位准备。在高空已经安装完成的每肢劲性骨架顶面，焊接定位钢板，钢板尺寸大于每肢骨架的断面尺寸3厘米。然后复核顶面高程。如高程偏差较大，采用切割或垫板方法进行必要的调整。在定位钢板上，放出即将安装的骨架每肢骨架的外边线。

②安装就位。通过塔吊，将地面安装完成的索道管及劲性骨架起吊安装在上一节劲性骨架顶面的定位板上。根据定位板上的定位线，对劲性骨架劲性定位。并初步焊接。

③测量复核。复核索道管的上下口中心点坐标。测量采用强制对中三维测量技术，即利用全站仪测量中心点位器的尖点坐标，全站仪观测平台设置为永久性支架平台，保证每次观测全站仪均同心同高，减少观测误差。永久性支架平台采用混凝土墩预埋支架板的做法。每次测量应固定观测时间，一般固定在每天早晨6:00～8:00，减少温度的影响，保证测量数据的可对比性。

④调整索道管。根据三维测量复核数据，如果偏差大于允许值，应及时调整，调整措施为，切割部分焊接点，用手拉葫芦进行纠正索道管的位置，然后测量复核，复核要求后，焊接切割点，并加固焊接。保证索道管牢固安装在劲性骨架上。

⑤取出中心点位器。

⑥施工主塔混凝土，然后进行下一节的索道管安装。

2. 悬臂段主梁索道管安装

（1）地面作业。

地面作业是制作底托。根据索道管下口中心点与主梁底面的相对几何关系，结合锚槽形状，对于每一个索道管制作不同的底托。在底托顶面，刻画出中心线。底托采用木板加工制作，底托兼作锚槽锚板，见图2。

（2）高空索道管安装。

①将底托初步安装在挂篮的底模板上。

②在斜拉索安装之前，将索道管套穿在斜拉索的下端。

③在斜拉索穿过底托，牵引在挂篮上，斜拉索初张拉之后，调整底托至正确位置。并与底模板固定。

④将索道管下端安装在底托上，根据底托顶面中线调整索道管下端位置，并与底托固定。

⑤索道管上口通过内塞楔，与斜拉索固定一起，在混凝土浇筑前，可随斜拉索移动。根据经验，斜拉索与索道管上口不应同心，应偏于下方。

⑥浇筑混凝土前，将索道管上口与周围钢筋固定在一起。

3. 现浇段主梁索道管安装

(1) 地面安装。

①地面制作安装平台如图3。

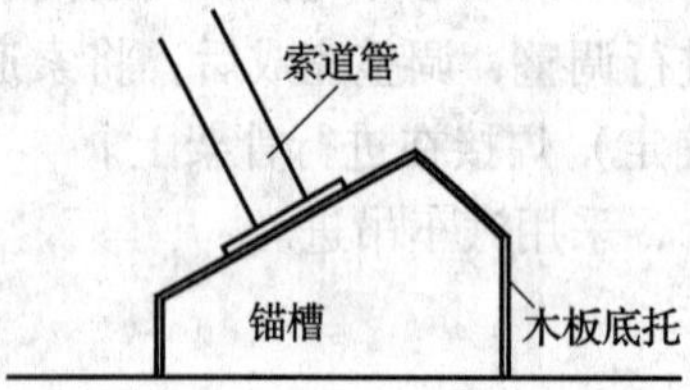

图2　索道管底托示意图

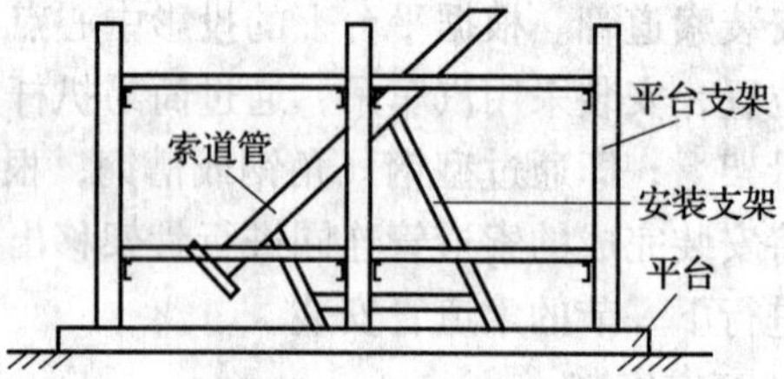

图3　地面安装平台支架示意图

②施工数据的采集。

③制作及安装中心点位器。

④在平台上安装索道管。在平台上放出索道管上下口的中心点的投影坐标，根据相对投影面高度，确定索道管位置。

⑤在索道管上焊接四根角钢，连接成支架。

(2) 高空安装。

①在现浇段主梁底模板上，放出每个索道管下口的中心点投影点及支架控制点。

②根据支架位置控制点，将支架连同索道管，安放在底模板上。

③上口中心点采用三维坐标测量进行复核，下口中心点采用简易吊线测量复核。如偏差较大，微调整支的位置及支架腿的高低，即可调整上下口中心点位置。

④将支架固定在底模板上。

⑤抽出中心点位器。

⑥将底托安放在索道管的下端。

五、机具设备

索道管安装使用的机具设备主要包括：20t 吊车 1 台、塔吊 1 台、电焊设备 4 台、气焊设备两套，扒杆 2 台、全站仪 1 台、其他测量器。

六、劳动力组织及安全措施

1. 劳动力组织情况见表1。

表1　劳动力组织

工　种	人　数	备　注
分项工程负责人	1	
技术质量员	1	
测量员	3	
起重工	5	
电焊工	5	
配合工	5	

2. 安全管理执行国家及地方强制性标准，施工中注意如下事项：

(1) 高空作业时，设置专职安全监护人员。

(2) 电气焊作业时，加强用电管理。

七、质量要求

索道管安装执行《公路桥涵施工技术规范》，上下口中心点坐标允许误差为10mm。在施工中，注意如下事项：

1. 索道管吊装施工中，选择有利吊点，减少变形。

2. 关键焊接点的质量要保证。

3. 三维测量复测时间应统一在每天早6:00～8:00。

4. 索道管编号标识。

八、经济分析

索道管采用了地面安装与高空安装相结合的工艺，扩大了工作面，减少了桥上作业时间，降低了高空作业的施工成本，在保证安装精度前提下，节约了工期，降低了工期成本。

九、工程实例

我公司于2001～2003年，承建了丹拉支线高速公路（天津南段）滨海大桥工程，该工程为主塔高度140m、主跨径364m的混凝土预应力斜拉桥，主塔、主梁上索道管204根，我们应用了本工法，采用了地面安装与高空安装相结合的工艺，建立三等级测量控制网，使用了Leica—TCR1101（1.5″2＋2ppm）和TOPCON—602AF（2″2＋2ppm）全站仪，自制中心点位器，成功完成了索道管的安装，安装误差均控制在10mm之内，此工法直接节省了工期约27d，获得了较大的经济效益。从竣工后的实际效果上看，斜拉索基本居于索道管中心，进一步表明了应用该工法能够保证索道管的安装质量。该工程获得了天津市海河杯工程奖。

大跨度滑动模板支架系统施工工法

YJGF 55—2004

天津第一市政公路工程有限公司

王顺来　刘炳华　刘伯军　赵春凤　吴子秋

滑动模板支架系统即MSS造桥机是以滑动式导梁为主要支撑结构的整体模板支架系统，可一次完成中小跨径一跨梁体混凝土的浇筑，浇完一孔后，将此设备前移到下一孔位置，如此重复推进和连续施工。

MSS造桥机起源于挪威，是在1970年由挪威承包商们首次合作设计的新型桥梁施工机械。该系统不断发展并成功的运用于斯堪的纳维亚乃至世界范围内的重要桥梁工程。在超过100多个桥梁工程的实践中，经过多年反复优化，MSS造桥机已发展成为重量轻、安装简易、操作高效、并具有国际著名的液压和起重系统而享誉世界的桥梁施工设备。

MSS造桥机按结构形式可分为上导梁式和下导梁式，本工法是针对我公司通过引进技术，自主开发研制的上导梁式造桥机制订的；为了更好地操作造桥机、掌握施工工艺、控制工程质量、搞好安全建设，编写此工法以指导上导梁式造桥机施工。

一、工法特点

1. 施工成本低

上导梁式造桥机为可移动式，因此一次安装成功后可以连续浇筑，节省了大量的人工安装费。桥梁施工中模板的制作标准高、成本高，但在造桥机中只需加工一套模板，可以重复使用降低了施工成本。

采用上导梁式造桥机施工，所有操作全部在上部操作，可以减少地面占用量，从而节省了大量的拆迁费和占地费，减低了施工成本。

2. 适用性强

该MSS造桥机能适用于大跨径、高墩柱，跨越山谷、河流等地基条件恶劣的施工环境，可以适用于各种断面（单箱梁、双箱梁、型梁等）的桥梁。

3. 操作简便

全部结构安装采用高强螺栓连接，加工精度满足现场快速安装要求。结构设计更加人性化，充分考虑人工操作所需的安全空间。并且该造桥机可以设防雨罩棚、保温棚，可全天候施工，可以最大的缩短施工周期。

二、适用范围

1. 上导梁式造桥机适用于桥梁各种断面（单箱梁、双箱梁、双T型梁等）结构形式的施工，并可根据桥跨距进行调整反复使用。由于施工主要集中在桥面上，对地面交通干扰大为减少，在交通和航道无法阻断的情况下，采用上导梁式造桥机施工显得尤为方便，特别是用在城市大型立交桥、高架桥施工中，可以为文明施工创造良好的条件。

2. 由于上导梁式造桥机重量轻、安装简易、施工占用空间较小，因此广泛适用于施工场地狭窄、工作条件复杂的桥梁的上部结构的建设中，特别是跨海、跨河的桥梁建设中。

三、工艺原理

1. 结构形式（见图1）

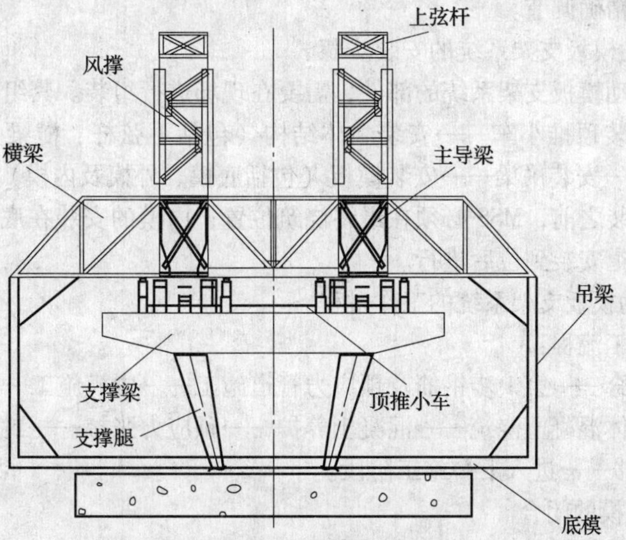

图1　横断面图

MSS造桥机，主要由主导梁和鼻梁、联系横梁和吊梁、支撑、运载小车（主导梁运载小车和内模移动小车）、模板（内模和外模）、平台及液压系统等组成，各单结构件及结构之间均通过高强螺栓连接。

（1）主导梁。包括上弦桁架和下弦箱梁，并通过中间风撑连接。它是MSS造桥机的主要受力构件，主导梁在混凝土浇筑过程中承重，并最终将载荷传到支腿上。

（2）横梁。拴接于主导梁的内、外侧，包括12组外悬臂横梁（主导梁外侧）和12组内悬臂横梁（主导梁内侧）。横梁的作用是把吊梁和精轧螺纹上的载荷传递到主导梁上。

（3）鼻梁。与前、后主导梁连接，鼻梁的端头为弯曲形状，内侧下弦安装轨道，在顶推过程中起导向作用。顶推时将载荷传递到顶推小车上。

（4）顶推小车。位于支撑横梁上，每个横梁上两组，共6组。在MSS造桥机纵向及横向移动时起导向支撑作用，在混凝土浇筑过程中，通过位于小车两侧的主液压千斤顶承重。

（5）吊梁。为模板提供支撑，位于边横梁外侧，每个吊梁对应一个外横梁，共24组。

（6）模板系统。包括外模板、内模板及内模小车。

模板为钢骨架结构，即被加固的板结构。通过可调支撑调节并用精轧螺纹连接在外横梁上。

（7）内模小车。用于运载并安装内模板用。

（8）平台、步道。贯穿于MSS造桥机的各个结构件，方便于结构件的安装、调整、操作并保证操作人员的人身安全。

2. 工作原理

组装完成后的上导梁式造桥机使用时，将 4 个支腿架在已浇筑完的墩柱上，闭合模板，主千斤顶上升调节模板至合适位置，用吊杆拉紧模板后浇筑混凝土梁，浇筑好的混凝土梁强度达到要求时，造桥机的主千斤顶下降完成脱模，抽出吊杆解除联系，拉开侧模，打开底模做好前移准备，利用千斤顶和顶推小车推动造桥机前移至下一梁段继续施工。造桥机的纵、横向移动、顶升、下降均采用液压缸顶推完成，内模板调节通过精轧螺纹调节，侧模板则采用可调节丝杠完成精确调节。

3. 大跨度滑动模板支架系统的安装步骤

运至现场的滑动模板支架系统的部件，需要在现场进行组装。其组装顺序如下：安装支腿及其横梁──→安装顶推小车──→安装主体结构（包括下弦杆、横梁、风撑、上弦杆、鼻梁及液压设备）──→安装吊梁──→安装模板（包括底模、外模及内模），系统安装完成。

外模与底模安装之前，MSS 必须在最终浇筑位置；内模的安装在底模板和外模板、第 1 步钢筋及预应力管道安装到位后进行。

4. 大跨度滑动模板支架系统的工作过程

主梁单阶段施工流程：

外模与底模闭合──→第 1 步钢筋及预应力管道施工──→内模施工──→第 2 步钢筋及预应力管道施工──→整体混凝土浇筑──→混凝土养护──→预应力张拉──→封锚、灌浆──→落吊架（拆外模）──→前移──→进入下一施工阶段。

（1）外模与底模的闭合。

大跨度滑动模板支架系统主千斤顶上升，闭合底模及外模，并用精轧螺纹钢筋吊装牢固。在已安装到位的模板上进行第 1 步钢筋及预应力管道的施工。

（2）内模施工。

在第 1 步钢筋及预应力管道安装到正确位置后进行内模的安装。内模小车带着内模由已浇筑段到新的位置，用内模小车将内模骨架排列整齐，同时用精轧螺纹从外模到内模进行定位。内模安装到位后，进行第 2 步钢筋及预应力管道的施工。

（3）混凝土施工及预应力张拉。

混凝土浇筑是在已浇筑块上从系统的前端向后端开始工作，在打灰时，不能将底模和侧模连接到已浇筑块上；在浇筑前必须将底模垂直调整到预拱度所确定的数值。预拱度调整工作需要的液压千斤顶和张拉凳应随着系统一起移动。

混凝土养护之后进行预应力的张拉和封锚、灌浆施工。

（4）落吊架拆模。

预应力张拉完毕后，滑动模板支架系统的主千斤顶下降完成脱模，抽出吊杆解除与模板的联系，拉出侧模，打开底模做好前移准备。

主千斤顶下降操作中，前、后主千斤顶之间的行程差控制在 30mm 之内。

（5）滑动模板支架系统的前移。

MSS 用 2 个顶推液压缸向前顶推，1 个在顶推小车的前端，2 个液压缸是通过液压泵提供动力使 MSS 平稳移动顶推。

四、注意事项

1. 在大跨度滑动模板支架系统使用过程中，应对支架系统所有钢结构件做随时检查，尤其是支腿、主导梁和横梁等关键部件的检查。检查内容主要是构件本身的焊缝有无开裂，构件在承受载荷过程中挠度值是否在允许范围内，以及构件之间的高强螺栓是否牢靠，螺栓有无松动现象。

2. 在顶推时，主要问题是在顶推通过半径和接近已完工桥体时，顶推滑道有可能与顶推小车或吊梁与已完工桥体发生碰撞。此外，在造桥机带着折叠的内部底模向前顶推时应避免 MSS 下方的所有结构不要影响顶推操作。

3. 混凝土浇筑过程中，MSS 会产生比较大的变形。为了掌握 MSS 挠度特性，同时也为了校核预拱度设置的合理性及为下一阶段提供更为准确的预拱值，在进行每一阶段混凝土浇筑时必须对 MSS 的主导梁挠度变化进行观测。

五、机具设备配备（见表 1）

表 1 机具设备配备

序号	名 称	规 格	数 量	单 位	备 注
1	吊车	160t		台	由现场确定
2	吊车	60t		台	由现场确定
3	吊车	16t		台	由现场确定
4	液压缸		若干	个	
5	精轧螺纹钢筋		若干	米	
6	高强螺栓施拧机具		若干	套	
7	顶推小车		3	套	
8	液压泵		若干	个	与液压缸配套使用
9	电焊机		4	台	
10	气割机		2	台	
11	千斤顶		若干	台	

六、劳动力组织（见表 2）

表 2 劳动力组织

序号	岗 位	定 员	岗 责
1	总指挥	1	负责施工全面工作
2	技术员	1	指导造桥机的现场安装
3	起重	1	负责设备、部件的吊运
4	安全员	1	负责现场施工中的安全工作
5	电工	1	负责现场全面电气
6	材料员	1	负责现场材料供给与管理
7	操作工	10	造桥机的安装、拆卸与施工

七、安全措施

1．造桥机是一套复杂的设备，它要求操作人员要进行一系列正确的操作。在每一部分中都包含相关操作时应注意的事项内容，应对所有的操作人员都进行正确操作的教育培训。

2．施工前要检查所有液压系统，保证其都处于适应工作的状态。

3．大跨度滑动模板支架系统应在风速不超过9m/s的环境下使用。

八、质量标准

1．造桥机制造完成后，对其结构、形式进行检验，均符合《钢结构工程施工质量验收规范》（GB 50205—2001）；

2．利用该上导梁式造桥机浇筑完成的混凝土梁，其线性、高程均符合设计要求，工程质量符合《公路桥涵施工技术规范》（JTJ 041—2000）所规定的标准。

3．现场高强螺栓的施拧及检测应严格按照《钢结构高强螺栓连接的设计、施工及验收规程》（JGJ 82—91）进行。

九、效益分析

1．将上导梁式造桥机应用于桥梁施工中，整体提高桥梁施工技术水平，降低施工成本，推动新技术的应用。

2．利用上导梁式造桥机施工与传统的施工方式相比，可以提高桥梁的建设速度。

3．利用上导梁式造桥机施工，占用地面空间小，对周边环境影响小，不影响既有道路的交通，施工时不中断交通，对周围环境和百姓生活干扰也小，做到文明施工，所以采用造桥机施工将收到很好的社会效益。

十、工程实例

我公司通过引进技术，自行研制的大跨度滑动模板支架系统无论在经济效益、施工质量和进度，还是在环境效益上都具有很大的优势，因此在天津东南半环海河大桥的建设中被采用。

东南半环海河大桥主桥横跨海河曲线半径500m，分A、B两幅，河中部分单幅3孔，共6孔，每孔跨度55m。此外A线墩柱与B线相对应墩柱横轴线相错，不在同一半径线上，主梁施工决定采用MSS造桥机。通过采用我公司研制的55m跨滑动模板支架系统施工，不仅很好地保证了桥梁的线型，而且节约了成本、提高了海河大桥的建设速度，质量达到验收标准。

多跨连续钢管系杆拱桥施工工法

YJGF 56—2004

中铁十三局集团有限公司

战丽娜　闫丹丹　姚广臣

大连30万t级原油码头是目前国内最大的原油码头，可接卸30万t级超大型油轮，并可兼顾停靠10万t级油轮以满足原油中转需求。由中铁十三局集团有限公司第一工程公司承建的钢栈桥及人行桥工程更是造型美观、气势恢宏。采用五跨钢栈桥连续布置，8跨人行桥蝶形布置。钢栈桥是目前国内海上最大的钢管拱桥，设计新颖、工期短、质量要求高、施工难度大，被大连市列为重点工程。国内对钢管拱桥施工已有成熟工艺，但5跨大跨度钢管系杆拱桥连续陆上组装，海上吊装架设还属首例。海上施工采用浮吊吊运栈桥行走近3海里后进行架设的方案，是整个栈桥工程的重中之重。在施工中采取了各种措施解决了诸多因素造成的施工困难，并不断总结形成本工法。

一、工法特点

1. 采用钢拱肋平面拼装、分3段进行横撑及K撑安装、3段整体直接合拢，减少了高空作业，提高了安全系数。

2. 各跨之间采用平行作业，5跨桥连续制作、集中吊装，确保工期。

3. 采用可拆卸支架法进行栈桥整体滑移。

4. 采用浮吊吊钩与栈桥之间加1个吊装横梁进行吊装。

5. 采用浮吊吊栈桥行走2.6海里进行吊装就位。

6. 多级泵送钢管混凝土。

二、适用范围

本工法适用于多跨钢管系杆拱桥陆地上整体组装，水上短距离直接架设。

三、施工工艺

采用拱肋平面放样、分3段组装、与桥面系整体合拢、整体吊装架设的原理。

1. 工艺流程（见图1）

2. 施工要点

(1) 陆上整体组装。

①施工准备。

a. 设置围挡，规划场地，在场地狭小的情况下，合理安排并制作安装拱肋拼装施工平台及分段组立支架（图2）、整体合拢胎架（图3）的位置，便于施工。

b. 铺设钢拱肋拼装平台，以电脑放样为参考，在平台上进行整体放大样。

c. 钢拱肋主体分3段组立，分段拼装胎架制作（如图2）。

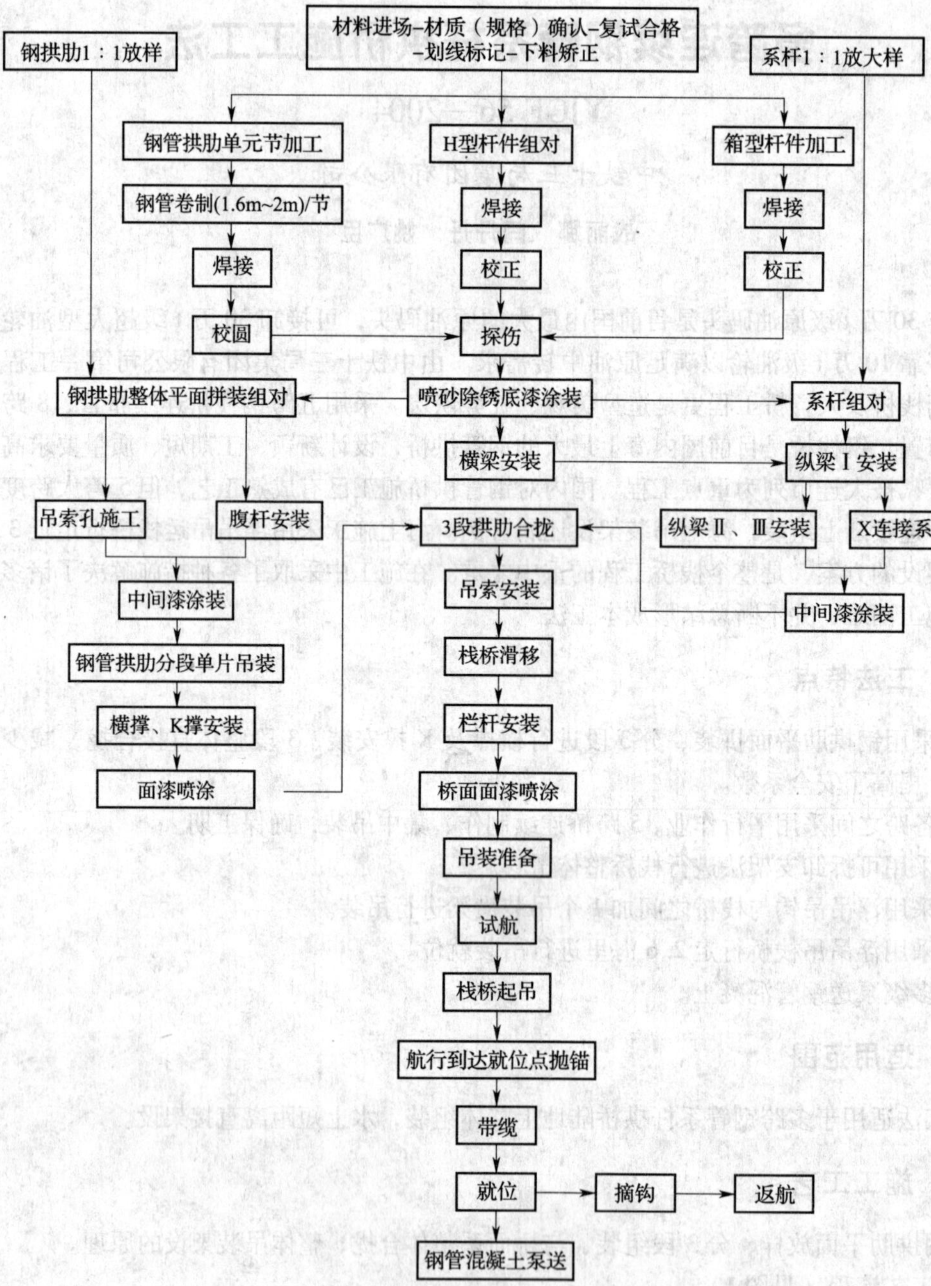

图1　工艺流程图

d. 3 段钢拱肋在桥面系上进行整体合拢，桥面系系杆各节点处设置临时支墩，支墩按图纸要求起拱，桥两端支点处设大支墩。整体合拢胎架位于 6 ~ 7 号吊索处，为便于栈桥整体滑移，胎架做成可拆装型。栈桥滑移轨道梁以栈桥两端支点为中心，一直延伸至码头前沿（如图 3）。

②杆件制作。

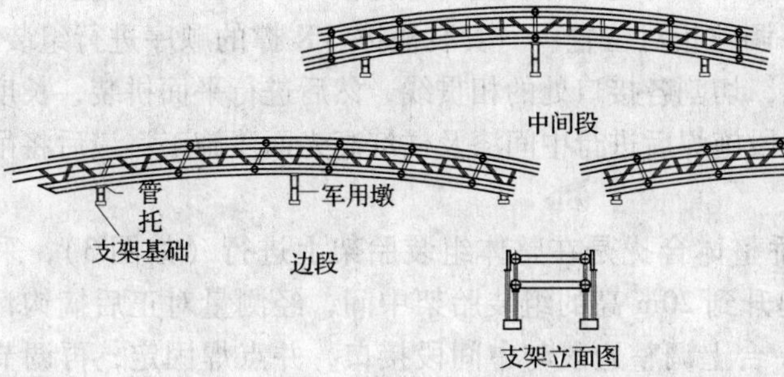

图 2　分段拼装胎架示意图

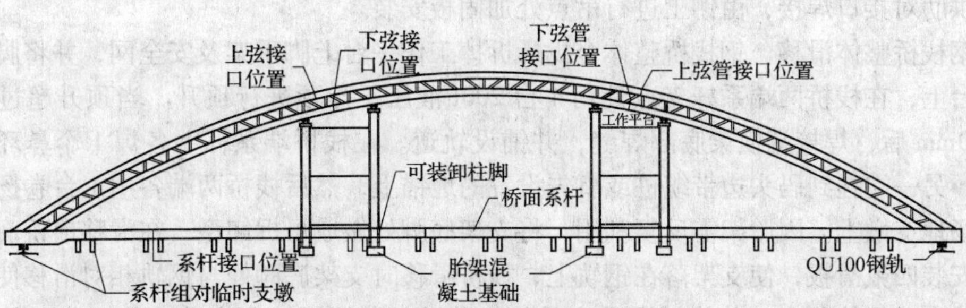

图 3　整体合拢胎架示意图

a. 对钢栈桥各杆件进行合理分段，与钢材生产厂家订购双定尺板材，号料、下料要严格按技术交底书进行，采用半自动切割机下料，分类堆放。

b. $\phi800$、$\phi500$ 钢管采用卷板机卷制，椭圆度偏差控制在 1mm 以内，钢管的焊接方法选用双面自动焊接，单节制作完成后，再按照平面大样将每 4 ~ 5 节单节组拼成单元节，环缝的对接在转胎上进行，这样可尽量采用平焊，避免难度较大的立焊和仰焊，可有效保证焊接质量。对接缝焊缝质量要求为一级并 100% 做超声波探伤和 10% X 射线探伤，角焊缝要求二级并 100% 超声波探伤，符合要求后再将各单元在平台大样组拼成整体。钢管组对时要注意控制错边量，要求小于 1mm。

c. 箱形梁是由上、下盖板、隔板，两侧腹板组成的焊接结构。以上盖板作为基准，分别放出腹板、隔板组装线，先定位隔板，后定位腹板，将隔板施焊后再组装盖板。为防止结构变形，组装焊接时注意施焊先后顺序，若达不到要求进行矫形，采用机械矫形和火焰矫形。

③钢管拱肋平面拼装。每跨栈桥钢管拱肋分左右两单片在拼装平台上按大样进行拼装，每个单片是按抛物线形状取折点形成的，拼装前要将各个接口放样，做相贯线样板，经防腐处理后的钢管按样板进行下料，然后在大样平台上由中间同时向两端组对，并按图 3 所示的接口位置合理分为 3 段预留接口，每段重量均在 20t 以下，主拱肋拼装焊接完成后开吊索孔，安装吊索护管和腹杆。

④桥面系整体组对。桥面系杆件整体组对与钢管拱肋整体拼装是同时进行的，在系杆组对临时支墩上（如图 3）由中心向两侧组拼，组装系杆的同时安装横梁、端横梁，同时检查系杆及吊索孔处相对尺寸。

⑤主拱肋的分段组对。用两台 25t 汽车吊将分段的单片拱肋吊至组装胎架上（如图 3），并靠在胎模上，用导链拉住，用经纬仪、水平仪等按照预先设置的基准点进行调整，使两片

拱肋的相对位置及标高符合要求，再用导链固定，进行横撑、K 撑的安装。每段按第 1 片拱肋吊装⟶第 2 片拱肋吊装⟶调整相对位置⟶安装横撑、K 撑的顺序进行组装。横撑、K 撑首先在小平台上按 1∶1 放样，切割各接口处的相贯线，然后进行平面拼装，长度方向预留 30mm 左右进行安装研口。每段施焊后进行中间漆及橘红高光面漆施工。最后将吊索穿到吊索孔中，以待整体合拢。

⑥钢拱桥整体合拢。钢拱桥整体合拢是在整体组装胎架上进行（如图 3），采用 2 台 135t 汽车吊先将主拱肋中间段起升到 20m 高的组装胎架中间，经测量对正后摘钩，再吊装其中一边段，先在 18m 高工作平台上调整边段与中间段接口，并点焊固定，再调节拱脚尺寸并施焊。同样方法吊装另一边段。然后在四个工作平台四周分别搭设安全网围护，由焊工进行钢拱肋对接口焊接，由铆工进行吊点处加固板安装。

⑦钢栈桥整体滑移。钢栈桥整体合拢后拆掉工作平台上脚手架及安全网，并将脚手架固定在平台上，在栈桥两端系杆支点处用 4 台 200t 液压千斤顶进行顶升。当顶升超过轨道梁基础 200mm 后，焊接端横梁底部焊缝，并铺设轨道。在栈桥端系杆上各焊 1 个鼻环，带上钢丝绳，另一端挂到码头边带缆桩或事先设置的地锚上，然后栈桥两端各用 1 台卷扬机拖拉至存放场地支墩上。因胎架需反复利用，将支架底脚处做成可拆卸型，在滑移前桥面上铺设钢轨，安装四氟滑板，使支架落在钢轨上，栈桥滑移时支架底脚处与钢轨相对滑移使支架在无支撑状态时保持稳定，待栈桥滑移出整体组装胎架范围后，再安装支架底脚，并调整支架，进行下一跨栈桥整体合拢。

（2）海上吊装架设。

①吊装准备。

a. 吊装横梁。吊装横梁由大连理工设计院设计，总长 37. 1m，主梁宽 10. 12m，采用钢箱梁及钢管框架结构。由于栈桥轴向两侧重量不完全对称，因此横梁上对应吊点设小平衡梁，吊点处做吊装托梁，托梁内安装胶垫。主吊索选用 ϕ95mm 无接头绳索，小吊索选用 ϕ56 浇注索具，安全系数均为 6 以上。横梁通过主吊索挂在浮吊主钩上，栈桥通过吊装托梁及 ϕ56 浇注索具挂到小平衡梁上，吊装横梁包括索具总重接近 110t（如图 4）。

b. 浮吊选用。栈桥自重 440t，吊装横梁重 110t，吊装时需在栈桥上加一些辅助装置，如操作平台等，总重达到 560t，吊点 1、3 竖向力为 105. 2t，吊点 2、4 竖向力为 108. 2t。栈桥矢高 18m，吊装横梁高 7m，总高度为 25m。经过多方考证最终选用海洋石油工程股份有限公司的 900t BH108 号浮吊，总长 102. 35m，宽 35m，主钩高 78m 总重 8364t，可自航，旋转塔可通过变幅使物体就位，完全能够满足海上吊运栈桥行走的需要。

c. 为防止吊装时吊点处拱肋受挤压变形，在拱肋吊点处焊一块补强板且进行塞焊。

d. 栈桥吊点下方系杆上，靠浮吊侧焊两个带缆环，用于浮吊行走时固定栈桥，确保栈桥稳定。

e. 在拱肋吊点处搭设摘、挂钩操作平台。由系杆以上搭设 4m × 4m × 13m，距吊点下方 1m 处铺设跳板并固定，四周用脚手架搭设围栏。

f. 栈桥就位位置设带缆鼓，位于栈桥墩前 20m 处，便于浮吊定位。

g. 清理工作船码头港池及航道，保证港池及 300m 航道无障碍物，且设施工标志鼓。五跨钢管系杆拱桥由岸边向海中连续排列，因此第一跨桥就位时，要在靠引堤侧设置 2 ~ 3 个界标，防止 BH108 搁浅。

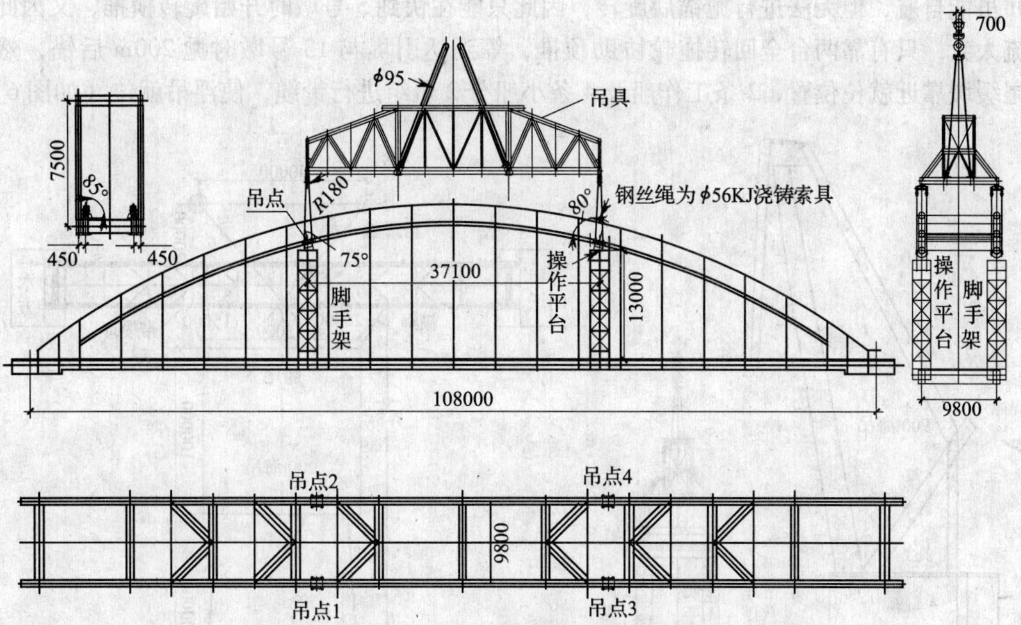

图4　吊具示意图

h. 准备吊装用各种材料及工具：对讲机、滑子、撬棍、防撞木方及木板（2m 左右）及大绳等。

i. 吊装前应向气象预报部门咨询天气情况 BH108 船作业条件应限制在风速 8m/min 以下，无雾视线良好，涌浪在 0.5m 以下。

j. 办理浮吊入港手续，引航手续。由于航道为弧形，总在转弯，因此与轮驳公司协调 2600 马力以上全回转港作拖轮，以备在航行及就位时随时顶推、拖拉。

k. 用 16t 汽车吊将 ϕ95 主索具安装到吊装横梁上，并安装 ϕ56 浇注索具及托梁等。

l. 栈桥在新港工作船码头施工并存放，由于浮吊吊距有限，因此将第一跨栈桥滑移至码头边以待吊装，栈桥中心距岸边不大于 9m。

②整体吊装。

a. 900t 浮吊及与其配合吊装的引航船、工作船、拖轮等沿吊运栈桥航道试航，工作内容包括：适应航道、拖轮顶推拖拉、浮吊就位带缆演习等，并详细记录各工作时间，作为正式吊装参考。

b. 选择适合 900t 浮吊工作的天气，结合潮汐情况，当工作船码头港池绝对水深大于 5m 时，900t 浮吊船尾对准栈桥就位，先用 8t 汽车吊将 ϕ95 无接头主索具吊起，再用浮吊上拖拉绞车拉到主吊钩上，主钩起钩。浮吊通过变幅等手段调整吊装横梁位置，使小托梁由外侧缓慢靠近吊点，然后主钩停止，施工人员攀上操作平台开始挂钩（如图 4）。当确认 4 个吊点挂钩全部完成时，开始起吊（如图 5）。

c. 浮吊航行前方有 1 条引航船，引航船负责驱赶其他船只，全回转港作拖轮受船长直接领导，在弧形航道上随时顶推或拖拉。航道范围内进行封航，否则 900t 浮吊吊着一个 120m 长的栈桥航行遇到来自大船的涌浪或受其他船只影响，发生后果将不堪设想。

d. 900t 船到达现场后，由于征海范围只有 400m，达不到浮吊需要的 500m 作业范围。

900t 虽能自航，但无法进行抛锚后旋转，因此只能在快到 5 号墩时开始旋转横推，又因此处水流太大，只有靠两台全回转拖轮协助顶推，等到达引堤与 13 号墩时抛 200m 后锚，然后船尾缓缓靠近就位位置，2 条工作船及 4 条小船分 2 班组进行带缆，使浮吊就位（如图 6）。

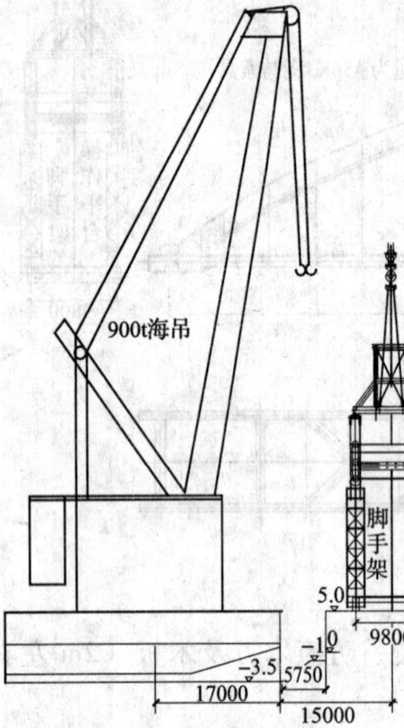

图 5　起吊示意图

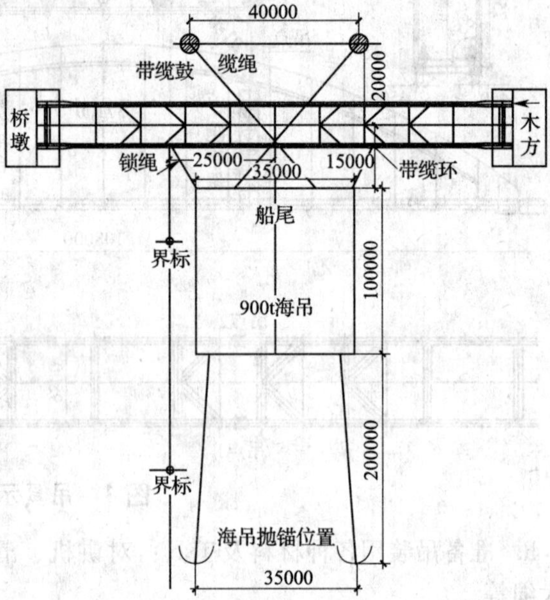

图 6　栈桥就位平面图

e. 浮吊一边落主钩，一边通过旋转塔和变幅调整栈桥位置，使栈桥一端先靠紧引堤墩上事先准备好的 200mm 木方及木板，然后慢慢落钩，当距地面只有 40 ~ 50mm 时，两端同时用滑子反复调整栈桥，使其准确就位，偏差控制在 10mm 以内，落主钩，放下栈桥。

f. 栈桥就位后主钩慢慢落下，当小托梁脱离吊点时进行摘钩，摘钩时先拆除倒链处的销轴并将销轴固定于倒链上，以防滑落丢失。然后慢慢放松倒链，使托梁与拱肋安全分开，当确认吊装横梁确实脱开栈桥时，浮吊开始起主钩，把拖拉绞车的拖拉绳挂到吊装横梁上并拉紧，防止返航时吊装横梁左右摇摆，与此同时，第 2 跨栈桥已滑移至码头前沿吊装范围内。

g. 吊装时间作详细安排，特别是第 1 跨栈桥，靠近引堤，水浅，因此要赶高潮时安装。根据天气及潮汐表，第 1 跨栈桥何时起吊、何时起航、何时就位等都经过深思熟虑。后几跨栈桥就位处水深均达到 10m 以上足以满足浮吊作业条件，只需要考虑工作船码头水深即可。

③钢管混凝土泵送。钢管混凝土采用商品混凝土，为防止泵送过程中出现问题，造成泵送不及时，要求混凝土缓凝时间为 10h 以上。泵送前先在每跨栈桥两端拱肋处 2m 左右选择适合泵送混凝土的角度切割混凝土输送孔，并安装截至阀，灌注顺序为先同时浇筑两侧下弦管，然后同时浇筑两侧上弦管。前 3 跨栈桥混凝土泵送时泵送水平距离相对较短，按照常规方法可以施工。后两跨栈桥钢管混凝土泵送时由于施工现场仅有引堤 1 条通道，宽度为 3.5m，且栈桥也不允许过车。于是采用了多级泵送方法进行第 4、5 跨桥的混凝土泵送。（如图 7）第 4 跨栈桥钢管混凝土泵送时，地泵位置如图地泵 1、接力泵 2、地泵 3、4 所示，

第五跨栈桥混凝土泵送时将地泵3、4改到如图所示5、6位置。待钢管混凝土强度达到100%时进行了超声波密实度及强度检验，符合规范要求。

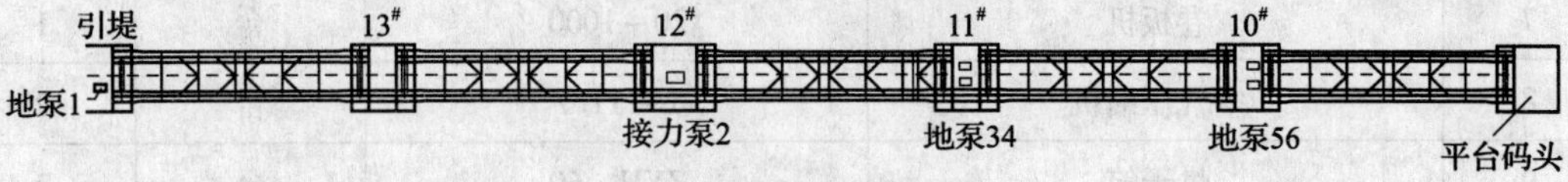

图7　多级泵送示意图

四、主要材料（见表1）

表1　主要材料表

序号	名　称	规　格	单位	数量	用　途
1	Q345D钢板	δ20	t	332.6	系杆盖板
2	Q345D钢板	δ18	t	494.9	系杆腹板、横梁、盖板
3	Q345D钢板	δ16	t	284.5	横梁腹板
4	Q345D钢板	δ12	t	651.6	φ800钢管、纵梁盖板
5	Q345D钢板	δ10	t	200.4	φ500钢管
6	Q345D钢板	δ8	t	51.8	纵梁腹板
7	Q235B钢板	δ30	t	8	端系杆底版、锚垫板
8	Q235B钢板	δ10	t	56.52	X连接系接点板
9	无缝钢管	φ168×6	t	14.382	吊索护管
10	无缝钢管	φ245×10	t	130.9	腹杆
11	吊索	37×φ7	根	190	吊索
12	高强螺栓	M20×65	个	4800	连接纵梁2、3
13	商品混凝土	C40	m^3	1080	钢管混凝土泵送

五、机具设备（见表2）

表2　机具设备

序号	机械名称	规格型号	单位	数量
1	埋弧自动焊	MZ-100	台	3
2	二氧气体保护焊	WS-500	台	6
3	直流焊机	ZXG-400L	台	21
4	气刨两用机	YM-500P	台	3
5	半自动切割机	CG1-30	台	6
6	四柱压力机	YA32-315	台	1

续表2

序号	机械名称	规格型号	单位	数量
7	卷板机	20 – 1000	台	1
8	空气压缩机	L – 11/7	台	2
9	烘干箱	ZYH – 60	台	2
10	卷扬机	5t	台	2
11	扭矩扳手	150 ~ 600	个	2
12	叉车	5 ~ 6t	辆	3
13	吊车	8t	辆	1
14	吊车	16t	辆	1
15	吊车	25t	辆	2
16	吊车	135t	辆	2
17	超声探伤仪	CTS – 26	台	2
18	X射线发生器	XXH – 2505	台	1
19	经纬仪	J2	台	1
20	水平仪	S3	台	1
21	倒链	5t	个	8
22	千斤顶	200t	台	4
23	浮吊	900t	台	1
24	引航船	800马力	艘	1
25	工作船		条	4
26	对讲机	BF – 308	个	6
27	混凝土地泵	HBT – 60	台	3
28	混凝土地泵	HBT – 50	台	1
29	泵管	$\phi150\times3m$	根	240
30	泵管卡	$\phi150$	个	260
31	混凝土输送车	$6m^3$	台	10
32	吊装横梁	$37.1m\times10.12m\times7.5m$	个	1

六、劳动力组织

施工过程控制由生产调度全面负责，技术、质检、测量人员跟班作业，见表3。

表3　劳动力组织

序号	工 作 范 围	人数	备　　注
1	杆件制作	42	调度1名，技术负责人1名，7个工班，设工班长
2	钢拱肋拼装	16	4个工班，设工班长
3	钢拱肋分段组立	10	2个工班，设工班长
4	系杆及横梁拼装	10	3个工班，设工班长
5	纵梁及X连接系	12	3个工班，设工班长
6	整体合拢	20	4个工班，设工班长
7	栈桥顶升	6	1个工班，设工班长
8	栈桥滑移	12	2个工班，设工班长
9	焊接	26	1个工班，跟班作业，设一个工班长
10	吊装总指挥	1	吊装过程总协调
11	吊装副指挥	4	4个分项工作指挥
12	吊装安全员	4	分别负责4个部分安全工作
13	吊装协调工作人员	4	过程中后勤服务、声像制作、应急状态处理等
14	吊装时栈桥滑移	10	2个班组
15	浮吊带缆、解缆	10	2个班组
16	负责海吊摘、挂钩	12	4个班组
17	钢管混凝土泵送	20	4个工班，设工班长

七、质量控制

1．执行标准

严格执行：《公路桥涵施工技术规范》（JTJ 041—2000）、《对接焊缝超声波探伤》（TB 1558—84）、《钢结构工程施工质量验收规范》（GB 50205—2001）、《建筑钢结构焊接技术规程》（JGJ 81—2002）等标准及其他有关规定。拱肋安装质量检验按表4执行；桥面系安装按表5执行；焊接质量检验按表6执行；安装后允许偏差按表7执行。

表4　钢拱肋制作与安装质量检验

检 查 项 目	规定值或允许偏差
焊缝质量	符合设计要求
内弧偏离设计弧线	8mm
每段拱肋内弧长	0，－10mm
钢管直径	*D*/500及5mm
轴线横向偏位	*L*/6000
拱肋接缝错台	0.2mm壁厚
拱圈高程	符合设计要求

注：*D*为钢管内径。

表5　桥面系安装质量检验

项目		检查方法	允许偏差（mm）
名　称		检查方法	
梁高 h	$h \leqslant 2m$	测量两端腹板处高度	±2
	$h > 2m$		±4
跨度		测量两支座中心距离	±8
全长		测量全桥长度	±15
纵梁长度		测量两端角钢背与背之间的距离	+0.5，-1.5
横梁长度			±1.5
纵梁高度		测量两端处腹板处高度	±1.0
横梁高度			±1.5
纵、横梁旁弯		梁立置时在腹板一侧距主焊缝100mm处拉线测量	3
主梁拱度 f		梁卧置时在下盖板外侧拉线测量	+3，0（不设拱度）
			+10，-3（设拱度）
两片主梁拱度差		分别测量两片主梁拱度，求差值	4
主梁腹板平面度		用平尺测量（h 为梁高或纵向加劲肋至下盖板间的距离）	$< h/350$ 且 $\leqslant 8$
纵、横梁腹板平面度			$< h/500$ 且 $\leqslant 5$
主梁、纵横梁盖板对腹板底垂直度	有孔部位	用直角尺测量	0.5
	其余部位		1.5

表6　焊接质量检验

焊缝类型	检验项目	检查数量（%）	检查方法
对接焊缝	外观检查	100	检查焊缝表面质量及宽度和余高
	超声波检查	100	有超标缺陷返修后再进行探伤
	X射线检查	10	着重检查丁字口部位，有超标缺陷时加透
角焊缝	外观检查	100	检查焊缝表面质量和余高
	超声波检查	100	有超标缺陷返修后再进行探伤

表7　钢栈桥安装后允许偏差

检查项目	允许偏差（mm）
顺桥向偏差	20
轴线偏差	10

2. 质量控制及保证措施

(1) 外形尺寸、外观质量控制

(2) 焊接质量控制

①对焊接人员进行培训，持证上岗。

②有针对性选择焊材，严格控制焊材质量。

③保证焊接设备完好。

④确保对接焊缝 100% 超声波探伤，10% 射线探伤检测。

(3) 拼装大样及组装胎架保证

①电脑放样与人工放样双重保证。

②钢拱肋分段组立胎架精度保证。

③桥面系预拱度支墩精度保证。

④栈桥整体合拢胎架精度保证。

⑤掌握气象信息，选好天气吊装，以防栈桥在吊装过程中发生变形。

⑥吊装过程中由专人用望远镜对吊装横梁、栈桥焊缝进行观测。

⑦安装一跨栈桥后对吊装横梁进行全面检查，及时补焊。

⑧就位前放出栈桥中心线及边线，并复核基础标高。

⑨就位时先让栈桥一端靠紧木方，防止栈桥上下颠簸撞坏支座。

⑩检验人员自身素质高、责任心强。

八、安全措施与环境保护措施

1. 执行国家颁发的《建筑施工安全技术规范》及《大连市环境保护条例》。

2. 成立安全、环保领导小组，项目经理任组长，专职安全员任副组长，兼职安全员和工班长任组员。

3. 确定项目安全、环保指标，并制定相应制度及应急措施。

4. 建立各项责任制。安全领导小组对吊装过程的安全管理、安全教育负直接责任，针对本工程的特点，建立强有力的应急措施，负责吊装前安全交底，并以会议形式明确安全责任；负责收听早、中、晚气象预报，注意防雾、防风、防火、防台风。兼职安全员负责施工现场安全管理，负责各自管辖范围内巡视检查工作，清楚隐患，负责检查工作平台脚手架的搭设，负责监督作业过程中安全带等安全设施的使用。海上施工人员注意听从指挥，穿好救生衣，加强海上巡视工作。高空作业人员穿好防滑鞋，系好安全带，协调作业。

5. 加强“三级”安全教育，对安全、环保进行技术交底；专、兼职安全员持证上岗；严格执行各项操作规程。

6. 施工船舶做到有序施工，在规定的区域内作业，引航船驾驶员要加强瞭望，谨慎操作，驱赶外来船只。必要时采用显示信号、旗号、声号等形式确保航行安全。

7. 900t 海吊应严格执行其公司规定的各项海上安全操作规程及安全措施。

8. 确保安全防护：1）安全帽；2）安全带；3）整体合拢搭设工作平台及安全网围护。

九、效益分析

1. 根据放样尺寸进行排料，采用双定尺钢板，减少损耗，降低成本。

2. 全面铺开施工，平行作业，在第1跨栈桥整体合拢的同时进行第2跨栈桥钢拱肋分段组立，第3跨栈桥钢拱肋平面拼装，第1跨栈桥合拢后滑移至存放场地，再进行第2跨栈桥整体合拢，以此类推，仅仅9个月的时间完成了5跨钢栈桥的整体合拢。（钢材用量2260多吨）

3. 分3段组立后进行整体直接合拢的方案，施工简洁方便，大大减少了高空作业，提高安全系数，避免了脚手架的使用。

4. 五跨钢栈桥集中海上架设，大大缩短了工期。

5. 采用大型全回转，可自航海吊，是栈桥海上架设的安全保证。

6. 积、累海上施工作业经验。

7. 进度快，质量优良，得到监理、业主等各方面认可，树立了企业形象，创造了良好社会效益。

8. 首次采用钢管混凝土多级泵送技术，大大节省了工程投入，为类似工程提供了可借鉴的经验。

十、工程实例

大连30万吨级原油码头钢栈桥工程位于大连新港，采用分段组对、整体合拢，900t海吊整体架设的施工方法，解决了施工难度大等一系列问题，也是国内首次大件吊装行走就位的工程实例。采用分段法施工，横撑的安装可以在距地面1~3m高度以内进行，便于工人操作，安全可靠，且拱肋拼装、分段组装与桥面系施工可以平行作业。可拆卸型整体组装胎架的运用，免除了胎架的反复安拆，也大大节省了工期。钢拱肋的合理分段及过程中的质量控制，保证了整体合拢的接口精度，吊装横梁的使用，避免栈桥在吊装过程中发生变形现象，900t海吊可自航，缩短了吊装作业时间，多级泵送钢管混凝土技术，节省了工程投入。实践证明，该工法的实施加快了施工进度，取得较好的经济效益和社会效益。

钢管拱桥单铰万吨转体施工工法

YJGF 57—2004

中铁大桥局集团有限公司

陶建山　陈国祥　张春新　周永峰　苏　辉

以转体法施工钢管拱桥的技术取代原先的悬臂拼装架设的施工方法是现代化桥梁施工技术中的一个“亮点”。1996年三峡交通运输工程，位于陡峭的黄柏河和下牢溪峡谷上的两座单跨160m公路钢管拱桥，采用了转体法施工，合拢成功。2001年贵州水柏铁路北盘江大桥（图1）主跨236m的钢管拱采用单铰万t转体施工法，成功地跨越深达280m的北盘江峡谷。

贵州水柏铁路北盘江大桥位于云贵高原中部乌蒙山区的北盘江大峡谷上，山高路险，交通不便，地质地形复杂，施工环境极为恶劣。该桥位于水柏铁路线中段，系全线最低点。

钢管拱采用单铰万t转体施工是贵州水柏铁路北盘江大桥关键控制技术，也是铁道部2000年科技攻关项目，该技术2003年1月，在北京由国家科委、铁道部科技司组织专家评审通过。目前正在申报科技进步奖、国家科技进步奖，该桥已获2003年度中国建筑工程鲁班奖和铁道部优秀设计奖。

一、工法特点

贵州水柏铁路北盘江大桥钢管拱采用单铰万t水平转体合拢的施工方法，大桥两岸半跨成型钢管拱体分别水平转动135°、180°。

大桥两岸半跨钢管拱肋拼装支架是依据钢管拱肋的设计线型、两岸山体的地形和因运输条件的限制、而对钢管拱肋在工厂制作的分段提出要求，于设计位置利用万能杆件和型钢支架组拼半跨钢管拱钢胎支架。

转体施工法与扣锚悬拼法架设相比具有以下特点：

1. 桥跨设计线型容易控制，且精度高。
2. 减少因桥跨跨越深谷、河流时的高空悬拼作业的危险。
3. 拱肋分段较易满足特殊或艰险运输条件的要求。
4. 它避免了大量原比拼装钢管拱需要的拱下脚手架。
5. 施工结构合理、安全可靠、施工设备少，各工序平行作业，合拢速度快。
6. 不或短时间占用桥下净空，对航道交通干扰少。

二、适用范围

本工法适合在险峻陡峭的峡谷间或繁忙的铁道干线或站区修建钢管拱，也可推广应用于转体T型刚构和斜拉桥等铁路或公路桥梁。

三、工艺原理

1. 转体结构组成

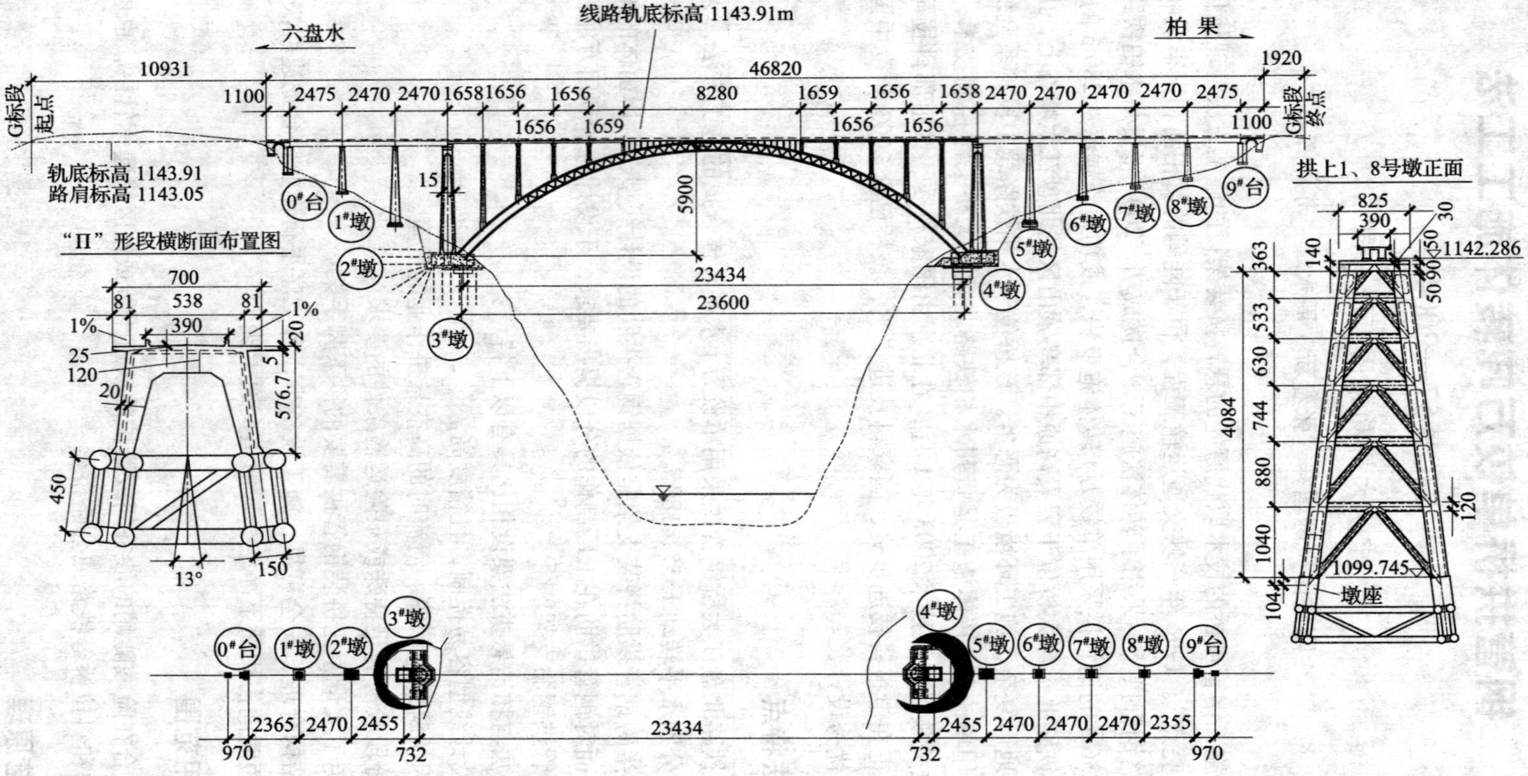

图 1　北盘江大桥总布置图

附注：本图尺寸单位除标高以 m 计外，其他均以 cm 计。

转体结构组成由半跨钢管拱；交界墩索塔、扣索和背索系统；转体上盘及平衡重；转台和支脚；钢球铰和下盘基础；牵引拽拉系统等组成，如图 2 所示。图 3 表示正在转体的情况。

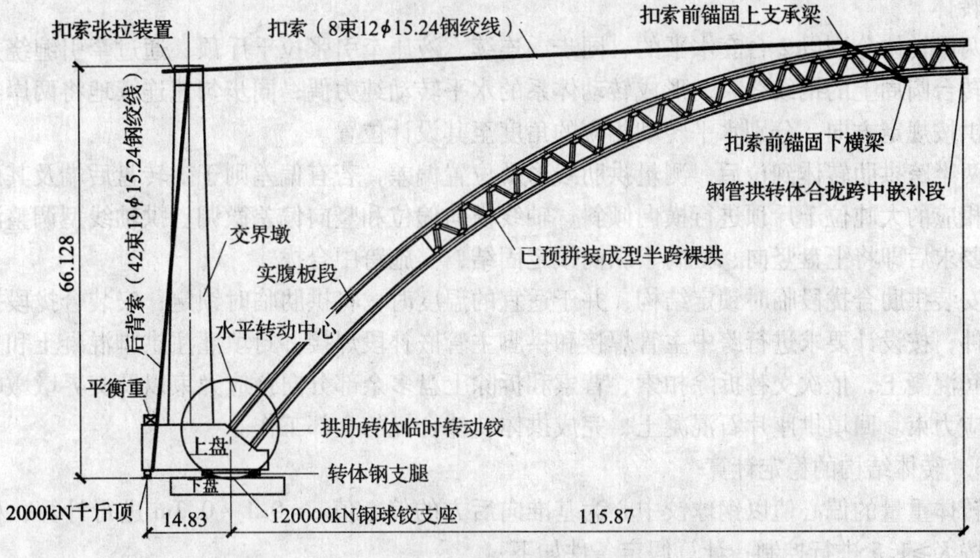

图 2　转体结构图（单位：m）

图 3　北盘江大桥钢管拱单铰万吨转体

2. 工艺原理

转体施工原理是将钢管拱肋分成两个半跨，分别在两岸拼装支架上拼装焊接成半跨拱体。然后使用张拉千斤顶，按设计张拉程序通过分级、交替、对称张拉上盘纵向预应力钢绞线束、背索、扣索。并在交界墩后侧的上盘顶面布置平衡重（片石混凝土和中-60浮箱），直至转体重心移至钢管拱的另一侧。偏离球铰中心一个微量距离e，使半跨成型钢管拱脱架，拆除上转盘盘尾硬支撑。此时转动体系自身重量基本平衡，它以钢球铰和其后两个保险钢支腿支承于下盘基础滑道上，其余各点均脱空成转体状态。两岸各自成一个转体。

两岸转体分别以2台套水平的、同步、连续、液压牵引张拉千斤顶，通过牵引缠绕并预埋于转台圆周上的钢绞线束，形成转动体系的水平转动纯力偶，同步匀速连续地将两岸半跨钢管拱按规定方向，分别水平转动相应的角度至其设计位置。

两半跨拱肋转体到位后，测量拱肋线形及位置偏差，若有偏差则于上转盘后端及其两侧布置相应的大吨位千斤顶进行横向倾斜、轴线横向偏位和竖向偏差微调。拱轴线型调整满足设计要求后即将上盘竖向、横向、纵向锁定固结，实施跨中合拢。

安装拱肋合拢段临时锁定结构，并于适宜的温度时，将拱肋临时锁定；安装合拢段拱肋单元件，按设计要求进行跨中主管焊接和拱脚主管嵌补段焊接。封填灌注拱脚混凝土和上下盘之间混凝土，依次交替拆除扣索、背索和拆除上盘多余部分向预应力束以及交界墩墩帽横向预应力束。回填拱座片石混凝土，完成拱体转体合拢的全部工作。

3. 转体结构的稳定计算

转体重量的偏心值以钢球铰中心为基准向后方的偏心值 $e=0.1\sim0.2$m 进行计算，稳定系数按 $K\geqslant1.5$ 进行控制；计算假定条件如下：

（1）风力按 $F_W=800$Pa 计算。

（2）钢筋混凝土容重按25kN/m^{3}计，素混凝土按23kN/m^{3}计。

（3）钢管拱焊缝重量按1.5%计。

倾覆力矩　$M_q=\sum Q_i\times L_i$

稳定力矩　$M_p=\sum P_i\times L_i$

稳定系数　$K_p=M_p/M_q\geqslant1.5$

（4）牵引力计算（见图4）。

①钢球铰摩阻力的牵引计算：

$$T_1=(R\times N\times\mu)/(3\times D)$$

式中　T_1——牵引力；

N——转体重量；

R——球平面半径；

D——转台直径；

μ——摩阻系数，$\mu_{静}=0.1$，$\mu_{动}=0.06$。

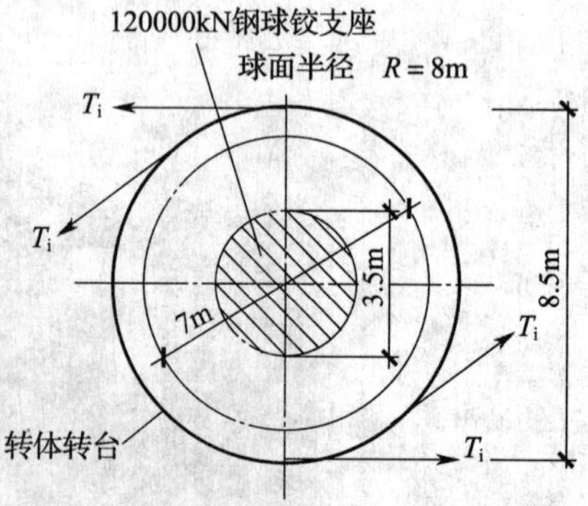

图4　水平转动拉力计算图

②支腿与滑道引起的牵引力：

支腿反力　$N_1=N\times e/R$

牵引力　$T_2=N_1\times\mu_{静}\times R/D$

式中　e——偏心值。

③牵引力合计　$T=2T_1+T_2$，每台千斤顶牵引力　$T_i=T/2$；

动力系数：$\eta=T_i/F_i\leqslant0.8$；

式中　F_i——千斤顶额定牵引力。

四、工艺流程及操作要点

1. 工艺流程（见图5）

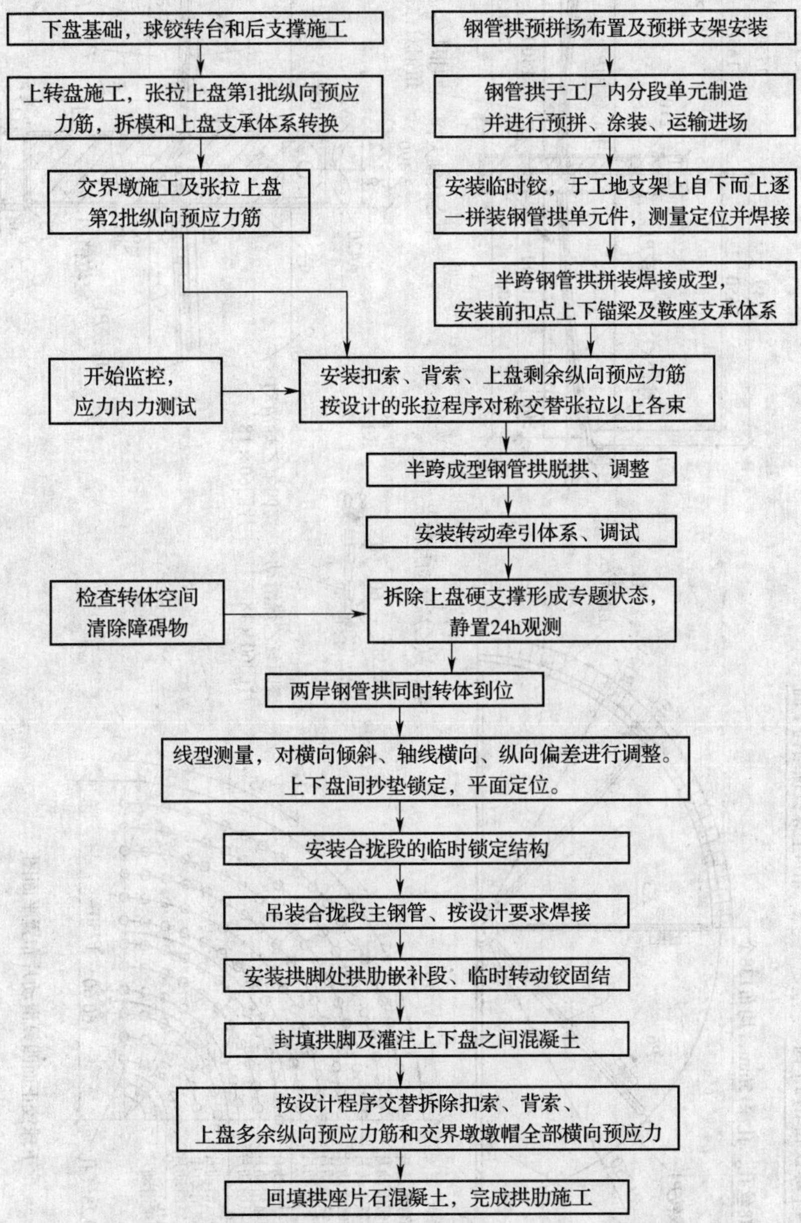

图5　工艺流程

2. 操作要点

转动体系的核心结构是钢球铰支座，它承担着转体的全部重量，是施工的关键部位，必须精心制造和安装，精心测量放线。它的位置和精度将影响全桥合拢精度和转体的实施，因此要特别注意。钢球铰的研究制造也是关键，其承载能力是转体重量的1.2倍，转动滑动面是钢球铰上球面和高强度聚四氟乙烯板。钢球铰的结构示意见图6。

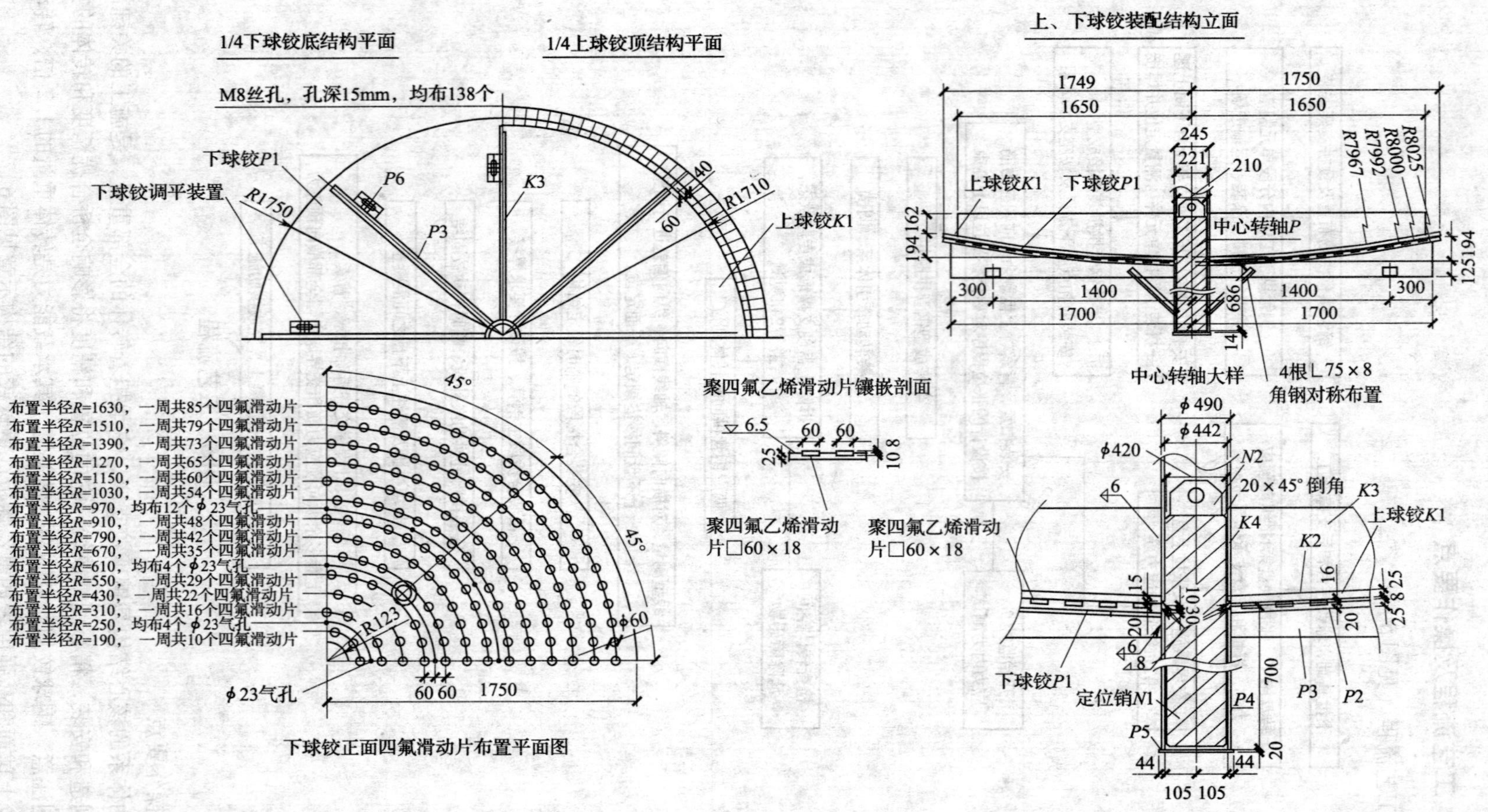

图6 1.2万t钢球铰结构图

防倾保险体系是转体施工方法的安全保证措施，在转体过程中，转体的全部重量由钢球铰承担，但转体结构受外界条件或施工精度的影响容易出现倾斜，因此必须设置保险钢支腿承担不平衡荷载。保险钢支腿设于转台底的圆周上，均匀布置六个钢支腿，每个钢支腿由两根填充微膨胀混凝土焊接钢管组成。钢支腿走板底与滑道之间预留一定间隙 $\delta=8\sim12\text{mm}$，施工转体时应铺以不锈钢板和四氟板，将其空隙塞实。下盘混凝土面的环行滑道面应以地坪打磨机打磨平整、光滑，不平整度不大于3mm，表面应清理干净并涂以黄油。滑道面不得有任何碴粒、障碍物和空洞。以确保转体的安全和平稳。

为确保转体结构的稳定，通过转体上盘尾部预压平衡重调节重心，使重心向后偏移（一般控制在15cm左右）。转体结构由钢球铰和其后的两个钢支腿，形成三点支承。

水平转动，以2台套反对称布置的同步牵引千斤顶提供水平转动力的纯力偶，同步匀速连续地将两岸半跨钢管拱转体分别水平转动相应的角度至其设计位置，进行微调合拢。

五、劳动力组织

电焊工：16人　　装吊工：36人

铆工：20人　　电工：8人

钳工：6人　　木工：8人

混凝土工：16人　　司机：4人

测量人员：6人　　检测人员：6人

技术人员：8

总计：134人

六、机具设备和材料（见表1、表2）

表1　转体所需主要机具设备

序号	名称及型号	单　位	数　量	备　注
1	变压器	台	2	
2	配电柜	个	8	
3	连续牵引千斤顶　DSL—200	台	8	
4	连续牵引油泵	台	8	
5	连续牵引主控台	台	2	
6	张拉千斤顶　YCW—4000	台	16	
7	500t起顶千斤顶	台	12	
8	电动油泵　BS—500	台	16	
9	20t吊机	台	2	
10	全站仪	台	2	
11	经纬仪	台	2	
12	水准仪	台	2	

表 2　转体所需主要材料

序号	名　称	规　　格	数　　量	技术指标
1	上转盘纵向预应力索	52 ~ 19ϕ15.24 钢绞线	19.8t	
2	背索	42 ~ 19ϕ15.24 钢绞线	55.8t	
3	扣索	8 ~ 12ϕ15.24 钢绞线	10.6t	
4	拽拉索	4 ~ 12ϕ15.24 钢绞线	0.96t	
5	钢球铰	ϕ3.5m，R = 8m	2 个	
6	钢支腿	2ϕ1000mm 钢管	6 个	
7	四氟板不锈钢滑道		24m^2	

七、质量控制

1. 本项目执行标准

《新建铁路工程测量规范》（TB 10101—99）；

《铁路桥涵施工规范》（TB 10203—98）；

《铁路桥涵施工验收规范》（TB 10415—98）；

《铁路钢桥制造规范》（TB 10212—98）；

《钢管混凝土结构设计与施工规程》（CECS 28:90）；

《低松弛预应力钢绞线》（ASTMA 416—90A）；

《预应力用锚具、夹具和连接器应用技术规程》（JGJ 85—92）；

《预应力用液压千斤顶》（JG/T 5028—93）；

《预应力用电动油泵》（JG/T 5029—93）；

《桥梁用结构钢》（GB/T 714—2000）；

《钢及钢产品力学性能试验取样位置及试样制备》（GB/T 2795—98）；

《低合金钢焊条》（GB/T 5118—95）；

《铁路桥梁盆式橡胶支座》（TB/T 2331—92）。

2. 超声波检验（UT）

《钢焊缝和超声波探伤方法和探伤结果分级》（GB 11345—89）；

《钢焊化焊 T 型接头角焊缝超声波检验方法和质量分级》（DL/T 542—94）。

射线检验（RT）：

《钢熔化焊对接接头照相和质量分级》（GB 3323—87）；

《钢管环缝熔化焊对接接头射线透照工艺和质量分级》（GB 3323—87）；

《钢熔化焊角焊缝射线照相方法和质量分级》（DL/T 541—94）。

3. 钢管拱安装焊接检验

节点高程偏差：± L/4000；轴线横向偏位：± L/5000。

超声波检验（UT）：100%；射线检验（RT）：20%。

钢球铰安装精度：

两岸球铰中心间距：≤ ±2mm。

球铰顶口任两点高差：≤1mm。

顺桥向顶口高差：≤ ±1mm。

横桥向顶口高差：≤ ±1.5mm。

针对转体容易出现的偏差，拱肋转体到位后，通过转体限位和微调，包括上下转盘之间的限位预埋件，以及各向大吨位微调千斤顶。对拱肋的横向扭转、水平偏移，竖向位移的偏差进行微调，调整合格后的拱肋加以限位和锁定。

八、安全措施

1. 转体前必须进行转体空间测量，转体范围内若发现障碍物务必清除。

2. 转体前应与气象等部门联系，并预测，若出现大风、暴雨等恶劣天气，严禁转体施工。

3. 转体前应与供电联系，必须保证电力供给正常。转体合拢时所用各种电器，必须装有漏电保护装置；电器操作人员严格按有关安全操作规定进行作业。

4. 转体转动作业，安全尤为重要，成立转体指挥专家组织系统，必须统一指挥，统一信号，分工明确，统一行动。各部位操作人员在未得到指信令或指令不明的情况下，严禁操作。

5. 转体过程中应对扣索、背索、交界墩、上转盘的应力及交界墩墩顶位移进行跟踪监测监控，并将有关数据及时反馈给监控专家组，以指导转体安全顺利进行。

6. 转体作业前及过程中，保险腿及滑道必须有专人负责检查，保证内保险腿与滑道面之间接触良好。

7. 在有限位装置的部位，有专人做好限位准备，转动过程中若出现倾斜，随时准备打顶保险或调整，转体到位后应及时抄垫塞紧，防止超转。

8. 所有高空作业范围务必挂设安全网；高空作业人员必须挂好安全带，双层立体空间作业处，严禁上层作业人员向下层作业面抛投东西，以防伤人。

9. 转动过程中应有高素质职工和公安人员做好转体安全检查和保卫工作。

10. 所有参加转体作业人员必须挂牌上岗。转体动力系统应有专业人员上岗操作，其他人员一律不得乱动。

九、技术经济分析

采用转体法施工钢管拱桥，具有工艺简便、施工设备少、节约施工用料、安全可靠、合拢速度快等特点。另外该方法的运用解决了大山峡谷间钢管拱桥架设的困难，带来了巨大的经济效益和社会效益。

十、工程实例

1. 三峡黄柏河公路桥，位于湖北省宜昌市三峡坝区，1996 年建成，160m 上承钢管拱，设计荷载：汽 -36，挂 -200。单铰转体 30000kN。

2. 三峡下牢溪公路桥，位于湖北省宜昌市三峡坝区，1996 年建成，160m 上承钢管拱，设计荷载：汽 -36，挂 -200。单铰转体 30000kN。

3. 贵州水柏铁路北盘江大桥，位于贵州省六盘水市水城县新街乡，1999 年 3 月开工，

2001 年 11 月竣工。该桥主跨为 236m 上承式钢管混凝土单线铁路拱桥。桥址处山高路险，交通不便；地形险恶峡谷陡峭，轨底至谷底 280m，是国内最高的铁路桥。为铁路建桥史上首次采用转体法施工的铁路桥。

该桥钢管拱桁架采用工厂单元制造，火车和汽车运输到工地，在工地钢支架拼装焊接成半拱，经过检测焊缝，线型测量，满足设计要求后，实施转体合拢作业。转体结构高度 68. 128m，前臂长度 115. 87m，平衡端长度 14. 83m，上转盘宽度 26m，合拢段长度 2. 6m。南北两岸转体合拢，单铰转动总重量达 104000kN，采用 120000kN 钢球铰支承。为世界上当时最大的单铰转体。北岸 3 号转体逆时针水平转动 135°，历时 3h；南岸 4 号转体逆时针水平转动 180°，历时 4h20min。

大跨径钢管混凝土拱桥无支架吊装斜拉扣挂工法

YJGF 58—2004

四川路桥建设股份有限公司

张佐安　王明琪　沈国清　于志兵　卢　伟

钢管混凝土拱桥是一种经济适用的桥型，在四川旺苍修建了国内第一座钢管混凝土拱桥后，钢管混凝土拱桥在国内得到了迅猛的发展。该桥型的跨径也越来越大，原较小跨径钢管混凝土拱桥施工工艺已不能适应建造大跨径钢管混凝土拱桥的需要。

四川路桥建设股份有限公司在重庆市巫山县巫峡长江大桥——净跨为460m的钢管混凝土拱桥施工中，针对该桥跨径大、构件重、起吊高度大、桥位处于长江巫峡口地形狭窄等困难，采用了特大跨径无支架缆索吊装系统逐一吊装钢管拱肋节段到位、斜拉扣挂法扣定钢管拱肋节段的空间位置的施工工艺，完成了钢管拱肋的吊装任务。现将该项技术予以整理，形成工法，供推广应用。

一、工法特点

1. 缆索吊装斜拉扣挂系统具有索跨大、起重能力大、适应性强、施工速度快等优点。
2. 基本不受地形限制，能够发挥其他起重机械所不能发挥的作用。
3. 节约施工支架材料，提高安装质量和工作效率。
4. 对于拱肋节段安装施工高空作业安全性更有保障，安装质量更可靠。
5. 满足不同跨径特别是大跨径（$L \geqslant 200$m）钢管混凝土拱桥拱肋多节段安装的需要。

二、适用范围

本工法适用于各种拱桥施工，尤其适用于跨越深谷、通航河道或施工时不能中断桥下交通的拱桥的施工。

三、工艺原理

无支架缆索吊装是以支承于两索塔支点间的主索作为承重结构，用支承在主索上的天车的来回移动进行起重作业，用斜拉扣挂系统的扣索来扣定起吊到位的拱肋节段，当全部的拱肋节段到位后实施拱肋合拢，完成安装任务。具体施工方法为：钢管拱肋节段运输到索跨下方定位，采用无支架缆索吊装系统起吊钢管拱肋节段，当提升到预定高度并在后端与先安段连接后，缆索吊的吊点荷载逐步移交到斜拉扣挂系统，通过调整扣索锚碇后方的扣索张拉端的千斤顶和横向抗风绳，调节钢管拱肋节段前端的高程和轴线到达预定空间位置，直至缆索吊装系统吊点的荷载全部移交到扣索系统，实现拱肋节段安装到位，然后卸除吊点吊装下一段钢管节段。钢管拱肋节段的安装要求两岸对称进行，如此循环直至安装完拱肋合龙节段。钢管拱肋合龙后，对拱肋空间位置实施精确测量，通过扣索和拱顶合龙装置进行精确调整，待钢管拱肋安装施工质量符合设计和规范要求后焊接各节段接头，完成拱肋安装任务。钢管拱肋接头施焊完成即可逐级放松扣索，进行后续工程的施工。

四、施工工艺

1. 施工工艺流程（见图1）

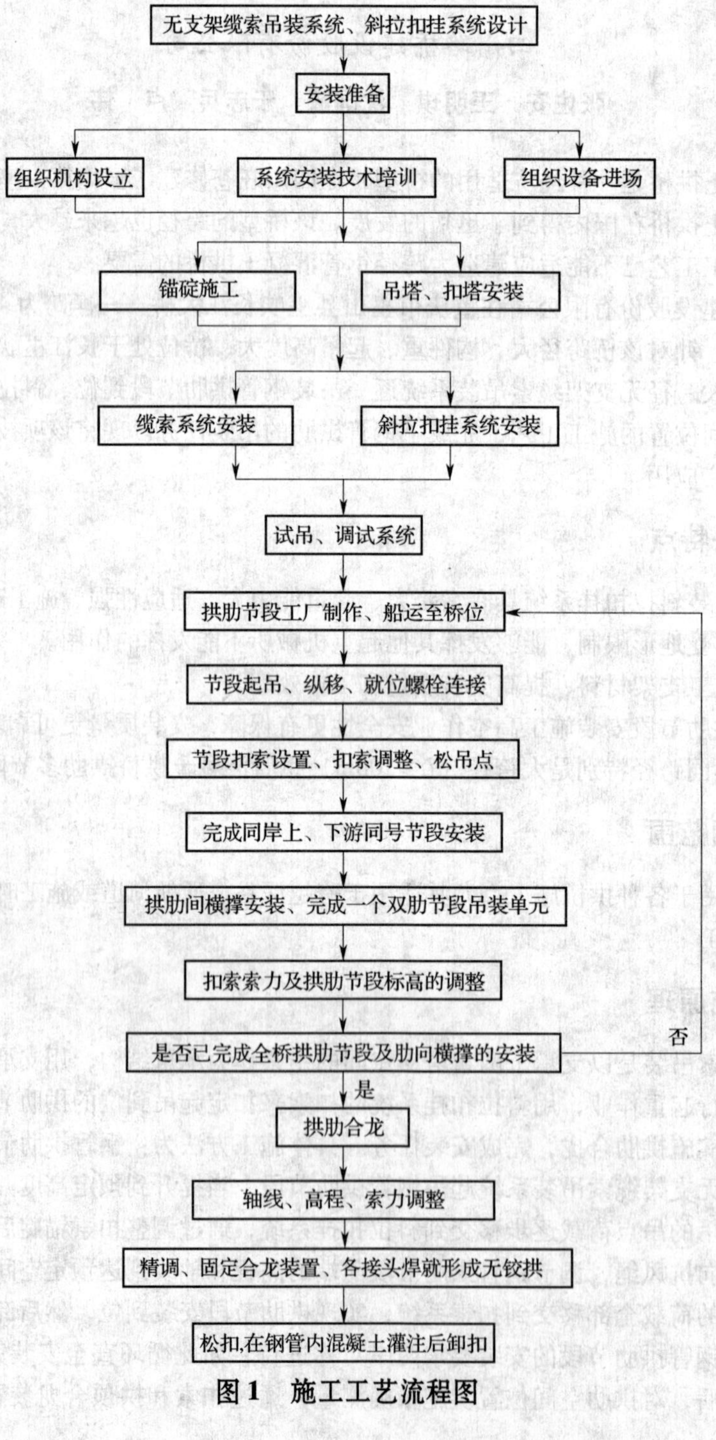

图1　施工工艺流程图

2. 工艺要点

（1）施工准备。

①缆索吊装系统及斜拉扣挂系统设计。这是整个吊装的关键工序，直接关系到拱肋施工的安全、质量、工期及吊装的成败，必须高度重视。特大跨径、大吨位的缆索吊装系统及斜拉扣挂系统在国内目前还没有专门的设计和生产厂家，需要自行设计，其结构和布置见图2，主要包括缆索吊装系统中的索塔、承重主索、起吊系统、牵引系统及吊装系统锚碇，斜拉扣挂系统中的扣索、扣塔、扣索锚碇以及张拉设备。

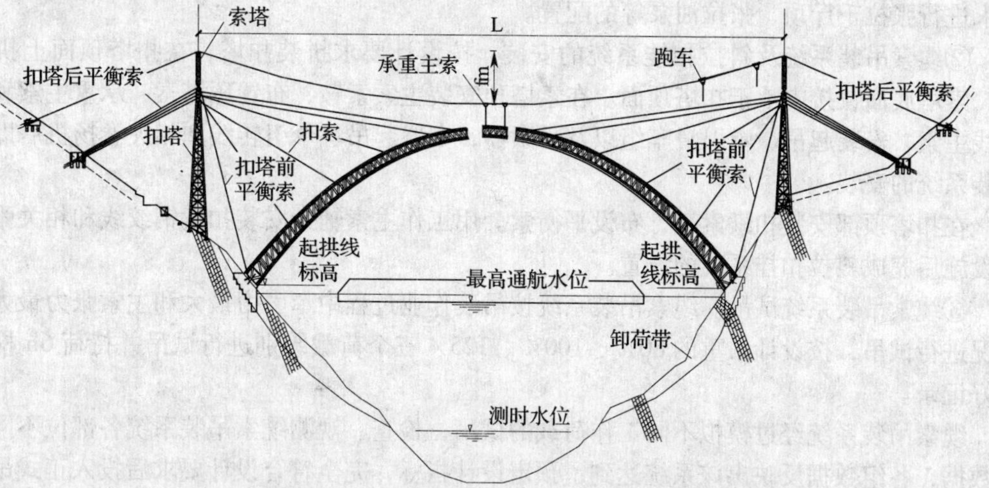

图2　缆索吊装系统及斜拉扣挂系统总体布置图

a. 索塔。索塔是支承承重主索的塔架，是缆索吊装系统的重要组成部分。索塔的结构形式、高度根据缆索吊装系统的索跨、吊装重量、工作垂度、拱肋顶面标高、地面标高等因素通过计算确定。索塔采用钢塔架，用万能杆件、军用梁、贝雷架等制式器材拼装而成。索塔通常采用铰支门式塔架。

b. 承重主索。承重主索的设计根据吊装缆索系统的索跨、重载垂度及所吊装的构件重量，通过计算确定钢丝绳的类别、直径、长度和绳数以及安装垂度。

c. 起吊系统。起吊滑车组根据起吊重量、起吊高度、起吊速度要求等因素计算确定滑车组线数、钢丝绳类别、直径、长度。根据承重主索、起吊钢丝绳的选型和线数配置滑车形成起吊滑车组。根据起吊钢丝绳出绳端的拉力、起吊速度要求选择起吊卷扬机。

d. 牵引系统。根据计算的牵引力选择牵引钢丝绳和牵引卷扬机，牵引卷扬机一般选择慢速或中速卷扬机。

e. 吊装锚碇。吊装锚碇是固定承重主索、压塔索、工作天线主索、卷扬机及转向滑车的设施，通常采用重力式、桩式锚碇及重力式与岩锚结合的锚碇型式，具体根据地形地势情况，受力大小等条件确定。

f. 扣索。无支架吊装施工的拱肋节段在未合龙之前需用扣索悬挂稳定，扣索通常采用钢绞线、高强钢丝。扣索的选型根据计算确定，扣索的固定端为拱肋节段上设的锚点，扣索从锚点经扣塔上的索鞍至扣索锚碇处的扣索张拉端，在张拉端通过张拉设备进行调整。

g. 扣塔。扣塔是支承扣索的塔架，是斜拉扣挂系统的重要组成部分。扣塔的结构形式、高度根据扣索所施加的力的大小、扣索布置的要求、地面标高等因素通过计算确定。扣塔通常采用万能杆件、军用梁、贝雷架等制式器材拼装的铰支塔架结构型式和自行设计加工的钢管（或钢管混凝土）桁架式铰支或固结塔架结构型式。本工法采用“塔、扣一体”的方式，即索塔铰接支承于扣塔之上，减少索塔的拼装高度。扣塔设计时计入索塔对扣塔的影响。

h. 扣索锚碇。扣索锚碇是固定扣索的设施。通常采用重力式、桩式锚碇及重力式与岩锚结合的锚碇型式，具体根据地形地势情况，受力大小等条件确定。扣索锚碇设计时需综合考虑扣索张拉端的布置。

i. 张拉设备。张拉设备根据扣索的选型、扣索力的大小、扣索同步、对称张拉调整的要求进行张拉千斤顶、张拉油泵等的配置。

②缆索吊装系统及斜拉扣挂系统的安装。按设计要求拼装扣塔，在扣塔顶面上拼装索塔，索塔底面铰接支承于扣塔顶面。在索塔顶安装主索索鞍，布置压塔索、承重主索和工作天线主索，安装起吊、牵引滑车组以及承索器，布置起吊、牵引转线和相关卷扬机后即完成吊装系统的安装。

在扣塔顶部安装扣索索鞍，布设平衡索。用工作主索辅助安装扣索钢绞线和相关张拉锚固设施后完成斜拉扣挂系统的设置。

③缆索吊装系统试吊。缆索吊装系统按吊装作业过程中牵引力最大和主索张力最大两种工况进行试吊，按设计吊重的 80%、100%、125% 三个荷载级别进行试吊并持荷 6h 检验并做好记录。

缆索吊装系统经过模拟不同工作荷载的试吊，检查、观测缆索吊装系统各部位不同工况的数据，各组数据反映出该系统达到了预定设计指标，完全符合设计要求后投入正式吊装。

（2）钢管拱肋吊装。

钢管拱肋节段由工厂加工运输至工地现场起吊位置完成定位，用无支架缆索吊装系统中处于每条拱肋上方的承重主索通过分配梁抬吊拱肋节段，并采用垂直起吊、正落位。

①拱脚扣段的安装。在拱脚扣段安装前用三维坐标定位方法精确定位安装拱脚铰座、预埋主管。

拱脚扣段由 3 个吊段组成，先用上游的两组主索上的 4 个吊点吊运上游第 1 吊段至拱座旁，上好临时扣索，一边降吊点，一边张拉扣索，缓慢地将拱肋节段拱脚端置于拱座上，采用链子滑车逐步调整第 1 吊段拱脚端铰轴钢管位置，使其与预埋的拱脚铰座接触密贴。向跨中的一端，用横向抗风绳调整好轴线位置，根据设计标高用临时扣索调整标高，待吊点荷载全部交于扣索，拱肋标高、轴线调整满足规范允许的误差要求后，取下吊点。然后按同样方法吊安同岸下游第 1 吊段，对称吊另一岸上、下游第 1 吊段。

按相同的方法，对称吊完第 2 吊段、第 3 吊段，第 2 吊段用临时扣索固定，第 3 吊段采用设计的正式扣索扣挂到位。钢绞线扣索安装通过无支架缆索吊装系统的工作天线来进行，先安装位于拱肋节段上的固定端，然后安装位于扣索锚碇处的张拉端。在张拉端布置卷扬机滑车组牵引扣索，穿过预埋在锚固端锚梁上的锚孔将钢绞线扣索用锚具锚固在锚梁上，在锚具后面安装张拉端张拉设备，张拉控制采用“可调索低应力夹片锚固系统”，以有效控制钢绞线扣索的张拉、锚固或放松。每组扣索采用上、下游对称同步张拉和调整索力的张拉方案，分别在张拉端、固定端、扣塔上设置操作平台。正式扣索扣挂好后，按设计标高对高程进行调整，正式扣索的张拉和临时扣索的放松均按分级、对称的原则进行，调整扣索实行扣段高程和扣索索力双控。索力用频谱分析仪测试，在调索过程中实施监控，确保施工安全。

正式扣索的张拉、放松用多台千斤顶同时工作来实现，正式扣索张拉时逐步地松去临时扣索的力，直至拆除临时扣索交予正式扣索受力。

第2吊段同岸上、下游双肋节段安装就位后（安装方法同第1吊段），用缆索吊装系统中的两组天线抬吊该吊段肋间横撑进行安装。肋间横撑在工厂内完成与拱肋节段试拼，确保其加工精度，防止由于误差过大导致工地现场的拼装困难，确保结构安全施工。按同样方法完成第3吊段间横撑的安装。

各吊段间拼装接头，先用高强螺栓拼接，然后焊接法兰盘周边。一个扣段完成后，进行节段间对接钢管的焊缝焊接。

②一般扣段的安装。一般扣段参照吊装程序与拱脚扣段的施工方法进行施工。按吊装程序，每一正式扣索扣挂好后，均须对该扣索之前的扣索进行调索作业。调索作业根据设计方和施工监控方现场共同发布的调索索力、拱肋标高和调索顺序，采用千斤顶、油泵张拉设备，同步作业，对称、分级张拉。同时用频谱分析仪对索力进行测试，以确保调索顺利开展，确保各吊段间横撑连接焊缝，节段间连接螺栓，节段间连接焊缝结构安全。对每一扣段，均进行一次拱肋轴线、拱肋高程的调整，避免拱肋的线形、标高误差累计到最后而造成调整困难，确保对其安装精度的有效控制。

③拱肋安装过程中的横向稳定。拱肋节段为单肋安装，待同一岸上、下游同一节段安装就绪后，紧接着安装节段间连接横撑，即完成一个双肋节段单元。对于尚未形成双肋节段单元前的一个单肋节段，布置抗风索辅助横向稳定。

④合龙段施工。合龙前通过扣索、抗风绳，对拱肋进行线形、标高的调整，并根据需要进行温度修正，选择设计要求的合龙温度采用临时合龙构造实施瞬时合龙。施工时统一协调指挥，确保合龙时临时合龙构造同步完成作业。合龙后对拱肋线形及位置实施精确测量，通过扣索和拱顶合龙装置进行精调，调整合格后固定合龙装置，进行各扣段间连接的焊接工作，完成后拆除临时合龙装置。

⑤松扣和卸扣。空钢管拱肋合龙、各节段接头焊接完成，封固拱脚，由两铰拱转换成无铰拱后，逐级松扣，将扣索拉力转换为拱的推力。松扣程序为：从跨中扣索开始，两岸对称分级（扣索拉力分5级，每级放1/5），依次从跨中向拱脚放松扣索，各扣索松1级，暂停15至20min后，测试拱肋钢管应力、标高、轴线及平面位置，经设计、监理、施工监控方确认后，再进行第2级放松，如此循环之至扣索的扣力全部放松。松扣后对拱肋进行全面测试，根据测量结果来决定：

a. 纠偏方式（适当调整缆风索、部分扣索索力等）。

b. 修正管内混凝土灌注方案和灌注顺序。

拱肋钢管内混凝土灌注完成后，彻底放松扣索，并将扣索拆除。

（3）吊装过程中的测量监测项目。

拱肋吊装中，对拱肋主要杆件内力、拱轴线高程、桥轴线偏位、扣索索力、扣塔偏移以及缆索吊装系统的主要结构等进行全过程的施工跟踪监测和控制。

①拱肋杆件应力测试：采用钢弦式传感器测定。

②拱轴线高程，桥轴线偏位监测：结合两岸地形用两台全站仪和两台经纬仪进行监测，在每一吊装节段设置反射棱镜和轴线测量标尺。每一扣段安装完成后，调整扣索和缆风索，使各扣点高程和桥轴线偏位控制在容许范围内。

③扣索索力监控：用频谱分析仪测试扣索索力，结合千斤顶油表读数监控索力。

④扣塔偏移：用经纬仪对扣塔偏位进行观测，通过调整平衡索，使扣塔偏位始终控制在容许范围内。

⑤缆索吊装系统的主要结构：吊塔杆件应力用贴电阻应变片进行测试和控制；锚碇、索塔上设置标志，吊装期间密切观察标志移动情况；主索、起吊钢丝绳、牵引钢丝绳的受力情况用频谱分析仪测试并进行监控；钢丝绳的磨损程度，卷扬机、索鞍、滑车等机械设备，选经验丰富的起重工、机械工随时和定期检查，并及时更换易损件部分，保证吊装系统的正常使用。

⑥吊装期间收集中长期天气预报和短期天气预报，收集气象水文资料，防止恶劣天气影响吊装安全。

五、主要机械设备

拱肋吊装主要机械设备见表1。

表1　拱肋吊装主要机械设备表

序号	机械设备	规格型号	单位	数量	备注
1	满充式钢丝绳	CFRC8×36SW-56mm	m	16800	承重主索，共16根，单根长1050m，破断拉力≥2450kN
2	钢丝绳	6×37+1（ϕ24mm）	m	24800	起吊索
3	钢丝绳	6×37+1（ϕ28mm）	m	12400	牵引索
4	卷扬机	摩擦式卷扬机（80kN，快速）	台	9	起吊卷扬机，配套容绳量2200m钢绳卷盘
5	卷扬机	摩擦式卷扬机（10kN，中速）	台	8	牵引卷扬机，配套容绳量1200m钢绳卷盘
6	卷扬机	80kN，中速	台	8	辅助牵引卷扬机
7	钢丝绳	6×37+1（ϕ47.5mm）	m	4000	压塔绳
8	钢丝绳	6×37+1（ϕ47.5mm）	m	4000	工作天线主索
9	钢丝绳	6×37+1（ϕ19.5mm）	m	3400	工作天线牵引索
10	钢丝绳	6×37+1（ϕ19.5mm）	m	4400	工作天线起吊索
11	卷扬机	50kN，中速	台	4	工作天线牵引卷扬机
12	卷扬机	5kN，中速	台	4	工作天线起吊卷扬机
13	万能杆件	M型	t	300	索塔
14	千斤顶	YCW250（2500kN）	台	40	扣索、平衡索张拉千斤顶。含1250型顶压器20台。备用4台
15	油　泵	ZB4-500	台	24	
16	钢绞线	ϕ^j15.24	t	313.27	正式扣索
17	钢绞线	ϕ^j15.25	t	141.38	平衡索等
18	工字钢	I 56b	t	113	塔顶、塔脚分配梁
19	施工电梯	高度120m以上	套	2	上下交通工具

六、安全组织措施

1. 组织措施

(1) 成立吊装领导小组，由业主、监理、设计、施工监控及施工单位有关人员组成。

(2) 施工单位的项目经理部成立吊装指挥组。

(3) 吊装指挥组下设吊装作业组、测量观测组、安全治安组。

吊装作业组下设4个作业小组：起吊落位组、扣索作业组、卷扬机组、抗风作业组。

(4) 制定作业组“工作范围”及“操作注意事项”，使全体施工操作人员明确职责。

(5) 建立安全规章、措施，严格执行。

(6) 吊装作业小组设专职巡视检查员1人，负责施工过程中吊装系统各部的检查，发现问题及时报告或处理。

(7) 在吊装现场设置专职警卫人员，禁止非工作人员进入现场，保护吊装设施安全。

(8) 吊装作业前，技术负责人向参加吊装的所有施工人员进行全面细致的技术交底，做到人人心中有数。

2. 安全措施

(1) 按时进入工作岗位，未经同意不得擅自离开工作岗位。

(2) 施工操作人员上班前不得饮酒。

(3) 一切行动听指挥，严格遵守操作规程。

(4) 指挥人员站位要适当，发出的信号要明确、及时、无误。

(5) 施工人员上班必须戴安全帽，不准穿硬底鞋，高空作业必须系安全带、挂安全绳。

(6) 施工工具（如撬棍等）、螺栓及螺帽应妥善放置，作业区下方布置钢丝网，防止坠落伤人。严禁向下抛掷物件，严防坠物伤人及对桥下安全构成威胁。

(7) 停止作业时，所有吊装机具、设备应加防护，起重绳、牵引绳、扣索等都应卡死固定，并去掉电源保险。次日上班应进行全面检查。

(8) 由于自然条件（如大雨、大风、大雾）影响及夜间停止作业。

(9) 指挥联络设施失灵或缺乏可靠的安全防护措施，发现吊装设备工作不正常等原因影响吊装作业时，现场指挥应及时采取措施或暂停吊装作业，不得冒险施工。

(10) 两岸索塔、扣塔设避雷装置。

3. 防护措施

(1) 各拱肋节段接头和横撑接头处悬挂工作平台，平台底部满铺钢板网，四周设围栏并挂铁丝网防护。

(2) 布置爬梯便于人员上下拱肋，爬梯两侧安装扶手，底部满铺铁丝防护网。

(3) 人员上下扣塔及吊塔。通过附着于扣塔上的电梯至扣塔顶，通过吊塔上附着的封闭安全防护步梯至吊塔顶。

(4) 扣索锚固点下方设置牢固可靠的操作平台。

(5) 整个拱肋吊装系统、拱肋各个作业点均设置漏电保护设施。

(6) 吊塔塔顶、扣塔上索鞍位置周边设防护栏，各操作位置设置操作平台。

七、劳动力组织

吊装施工期间成立：起吊落位组 26 人、卷扬机组 16 人、扣索组 40 人、横向抗风组 40 人、测量组 10 人、安全检查组 6 人、现场协调组 20 人，各个组设组长 2 人，两岸各 1 人；成立吊装领导小组，由组长 1 人，成员 6 人组成；设总指挥 1 人；成立现场指挥组，设现场总指挥 2 人（两岸各 1 人）；成立现场协调组，设组长 1 人。

八、质量控制

钢管拱肋安装质量严格按照《公路工程质量检验评定标准》（JTGF 80/1—2004）表 8.8.6－2执行。

九、经济技术效益分析

1. 经济效益

（1）“吊、扣塔一体”设计，减少了吊装索塔的工程量，缩短了工期和节约了成本。

（2）开发的“可调索低应力夹片锚固系统”来实现扣索钢绞线安装、张拉及锚固，节约了成本。

2. 技术效益

解决了大跨径钢管混凝土拱桥拱肋安装的难题，使大跨径钢管混凝土拱桥易于建造，将大力推进大跨径拱桥施工技术进步。

十、工程实例

由四川路桥建设股份有限公司承建的重庆市巫山县巫峡长江大桥，主跨净跨为 460m，其跨径为同类型桥梁的世界第 1 大跨径。该桥拱肋为钢管混凝土组成的桁架结构，主跨拱肋拱顶截面高 7.0m，拱脚截面高为 14.0m，肋宽为 4.14m，拱轴系数 1.55，净矢跨比为 1/3.8。主拱圈截面由两肋构成，每肋由四根钢管构成组合矩形截面柱：上下各两根 $\phi1220 \times 22$（25）mm钢管，内灌 C60 混凝土形成弦杆，弦杆通过横联钢管 $\phi711 \times 16$mm 和竖向钢管 $\phi610 \times 12$mm 连接而构成钢管混凝土桁架，吊杆处竖向两根腹杆间设交叉撑，加强拱肋横向连接。拱肋中距为 19.70m。该桥钢管桁架每肋半跨分为 11 个节段进行安装，全桥拱肋钢管桁架共有 44 个节段安装单元和 20 道肋间横撑安装单元。该桥采用此工法施工，成功地在 2003 年 4 月完成主跨钢管拱肋的安装施工，节约工期 61d，节约资金 1040.02 万元。

2004 年该工法又成功地应用于广西南宁永河大桥和四川宜宾戎州大桥施工中，进一步证实了大跨径钢管混凝土拱桥无支架吊装斜拉扣挂工法的先进性、成熟可靠性、经济性，有着良好的社会和经济效益。

箱型拱桥无平衡重双箱对称同步转体施工工法

YJGF 59—2004

四川公路桥梁建设集团有限公司

孙　云　曹平辉　吴跃英　李禄锌　刘兴全

在我国交通建设飞速发展的今天，桥梁建造技术日新月异，具有成本低、工效高、设备投入少、安全度高、不影响通航通车等工艺特点的转体施工法，已经广泛应用于拱桥、刚构桥、斜拉桥、连续梁桥等多种桥型的修建中。

属于转体施工技术之一的拱桥无平衡重双箱对称同步转体施工工艺，作为一种技术含量高、成熟的施工技术，首先在“涪陵乌江大桥”的建造中得到了成功运用，进而推广到了全国各地。

为此“涪陵乌江大桥”获得1990年度交通部优质工程二等奖。该桥至今保持着同类施工法最大跨径（200m）钢筋混凝土拱桥的亚洲记录。

一、工法特点

拱桥无平衡重双箱对称同步转体施工工艺（图1），具备锚固、转动、位控三大体系，其特点在于拱箱在转体的全过程中，在任何角度，横桥向上下游的扣索力均可以相互平衡，顺桥向力也可以由尾索及平撑平衡，因而不需要专门设置平衡重，达到了节省造价降低成本的目的；另外，该施工法充分利用了拱圈结构本身及结构钢材作为施工设施，大大减少了吊装设备及拱架的使用量；并且不需要断航。

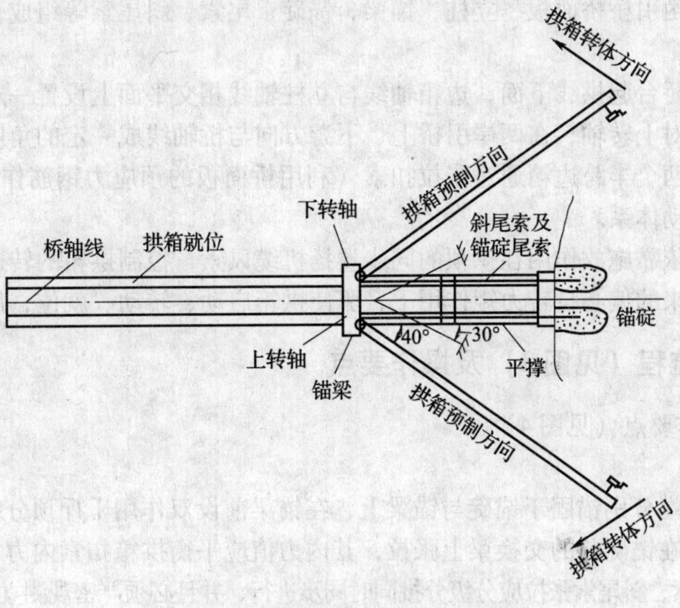

图1　同步转体施工工艺图

二、适用范围

无平衡重双箱对称同步转体施工工艺，应用对象为大跨度建筑物的主要承载结构，多为拱式结构。适合应用在：

1. 山区大跨径桥梁的修建，运用该施工法使得施工场地狭窄、无法搭建支架等一系列难题迎刃而解。

2. 平原大跨径桥梁的修建，该施工法与竖转法相结合，可以省去庞杂的拱架设施。

3. 跨越交通繁忙的江河航道、铁路公路等交通枢纽的桥梁修建，不需要阻断交通。

4. 大跨度拱型结构的馆堂建筑施工，应用该法可以大幅度节约施工用材、提高工效与安全度。

5. 随着轻质高强新型材料的研究与发展，熟练掌握、应用、发展该施工法，实现用简单的设备建造500～600m的世界级特大型拱桥将成为可能。

三、工艺原理（图2）

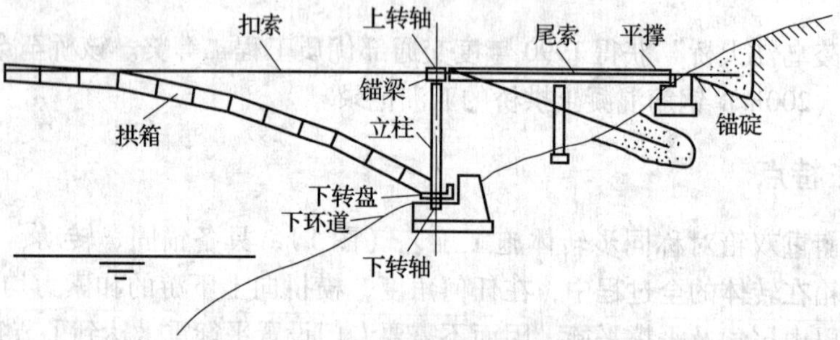

图2 工艺原理图

该工法依靠锚固、转动、位控三大系统来完成。

锚固体系：由引桥桥面板、立柱、锚梁、锚碇、尾索、斜尾索等组成，预张尾索及斜尾索构成整体。

转动体系：桥台起拱线下面，边箱轴线与立柱轴线相交平面上设置一对下转盘，立柱顶的锚梁中设有一对上转轴，在两岸引桥上、下游方向与桥轴线成一定的角度，预制四个半跨边箱，预制好的两个半跨边箱通过张拉扣索（利用桥面板的预应力钢筋作扣索），使拱箱脱架，从而形成转动体系。

位控体系：依靠施放作用在拱顶的同步卷扬机缆风索，控制拱箱的转速和位置，在预先设置的双偏心带来的偏心自转力矩作用下，驱使拱箱启动、转动、就位，最终两岸合拢。

四、工艺流程（见图3）及操作要点

1. 施工操作要点（见图4）

2. 锚固体系

（1）尾索两端分别锚固于锚碇与锚梁上，在锚梁前设双作用千斤顶分级分批张拉尾索。

（2）斜尾索在锚碇前的交换梁上张拉，其内力值应平衡拱箱扣索内力。

(3) 同岸尾索、斜尾索张拉应分级分批同时同步进行，并且必须严密观测立柱、桥面的变形。

（4）在转体全过程中，尾索、桥面、扣索自动交换保持受力体系平衡；拱箱就位后，扣索与尾索内力相平衡。

两岸锚碇均设置在引道与边坡岩层中，采用人工开挖，最大负荷 2×4600kN，设计中主要考虑混凝土与岩壁的摩阻力、尾索钢筋与混凝土的粘结力及岩体的抗剪力、抗滑力。为保证安全可靠，事前进行了槽锚与锚洞试验。洞锚深度 100m，另外一岸采用槽锚，其长度为 700m。

两岸平撑均用 2×4 片 15.8m 的预应力空心板作成，在引桥桥墩上作适当固定，其中最大荷载 2×8000kN，每片桥面负荷 2000kN。

锚碇体系横向受力问题是必须考虑的，上、下游拱箱转体过程中，可能产生转角差值，从而产生顺河向的单向力，因此锚固体系必须有一定的横向刚度。其刚度由高立柱、斜向尾索（2×4 根 ϕ32 精轧螺纹钢筋预加应力 100kN）、及 π 形平撑组成。锚固体系横向受力分配为高立柱 50%、斜向尾索及 π 形平撑占 50%。施工控制指标为：横向力差值 200kN，高立柱顶横向位移 10mm，转角差小于 2 度，拱箱顶端弧长差 3.6m。

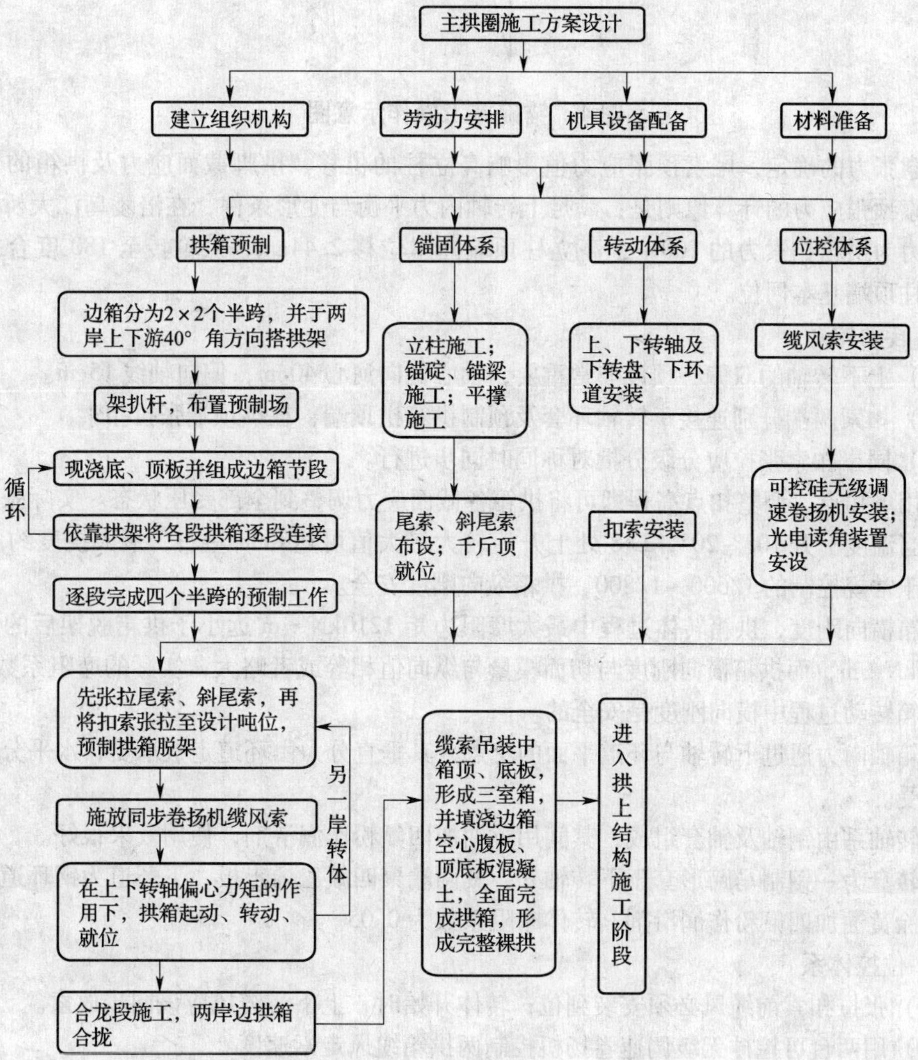

图 3　工艺流程图

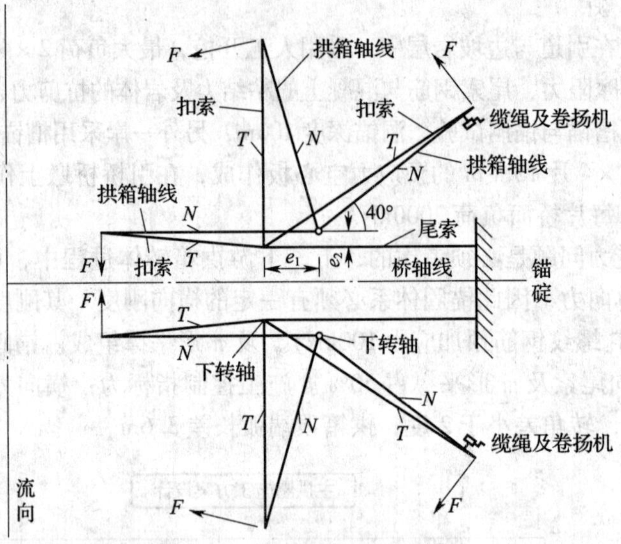

图4　锚碇施工操作示意图

尾索张力的确定，尾索预张应力值影响高立柱的位移、拱脚截面应力及拱箱的合拢高度。尾索预张应力的计算原则是：满足上转轴内力平衡与变形条件，在涪陵乌江大桥中尾索预张应力为拱箱扣索力的100%，高立柱顶端向岸位移2.44cm，拱箱转至180度合拢位置时，立柱顶端基本回位。

3．转动体系

（1）上下转轴的双偏心预设非常重要，轴心偏向河心40cm，偏向轴线15cm。

（2）扣索两端分别连接于转轴环套及预制拱箱拱顶端，在拱顶端张拉扣索。

（3）同岸扣索张拉应分级分批对称同时同步进行。

采用单扣点，调整扣点高程即可将拱箱各截面应力调整到全部受压状态。实际张扣过程中，每当温度上升10°~20°，L/8处上升值较大最大值可达8cm左右，最大挠度约1/460，远远小于常规控制的1/600~1/800，拱箱纵向刚度安全。

拱箱横向刚度，拱箱转体过程中最大摩阻力矩1210kN·m远小于拱箱脱架后的纵向弯矩2200kN·m，而拱箱横向刚度与切面模量与纵向值相等或者略大，实际的摩阻系数0.05，因此拱箱转动过程中横向刚度是安全的。

拱箱轴向力通过下转轴与环道平面的交点，其垂直分力由环道走板承受，水平分力由下转轴承受。

上转轴系由钢轴及轴套组成，其间用黄油加四氟粉作润滑剂，使用效果很好。

下转盘为一钢制马蹄形套于下转轴外，其两端聚四氟乙烯走板，下环道为钢环道转轴与环道间涂黄油加四氟粉作润滑剂，转体摩阻系数为0.05。

4．位控体系

（1）张拉扣索前缆风必须安装到位；转体开始时，上下游缆风应该同步放索。

（2）用两台可控硅无级调速卷扬机控制两拱箱缆风走索速度。

（3）在两拱箱下转盘各设一个光电读角装置，读取各箱转角后，送入计算电路比较两转角值，比较结果反馈给执行机构，自动调整两拱箱转体速度，使其达到对称同步转体的目的（表1）。

表1　涪陵乌江大桥不同转角时拱箱的自转力矩

α（°）	40°	50°	60°	70°	80°	90°	100°	110°	120°	130°	140°	150°	160°	170°	180°
M(kN · m)	66.9	88.7	126.1	150.8	170.0	184.4	194.3	197.1	192.4	184.9	171.9	152.7	129.9	102.8	70.1

容许两拱箱转角差值为2°，自控装置设计差值为0.5°，该桥自动控制实际转角差值为0.07°，整个自控转体过程中，锚固体系高立柱顶端位移仅2～3mm，锚固体系横向安全系数提高20倍，效果很好。

五、转体施工设施主要材料（见表2）

表2　转体施工设施主要材料

项目	名称	下转盘组合结构	上转盘组合结构	环套、垫板	垫梁	尾锚构造	斜尾锚构造	锚定及基础	合计
钢筋（t）	ϕ32	7.61							7.61
	ϕ25					0.54			0.54
	ϕ20					0.51			0.51
	ϕ14	5.25			0.04	0.19			5.48
	ϕ12	0.59				0.03			0.62
	ϕ20	2.25							2.25
	ϕ10	0.42	0.26		0.73	1.01	0.16		2.58
	ϕ8	1.08				0.52			1.60
	Ⅱ级		11.87			50.10			61.97
钢板（t）	δ45	1.44							1.44
	δ35	1.61							1.61
	δ30	3.73	11.80	3.30					18.83
	δ25	2.30							2.30
	δ20	5.81	0.12	0.62			0.50		7.05
	δ10	0.89							0.89
角钢槽钢（t）	100×100	0.27							0.27
	75×75	0.25							0.25
	50×50						0.02		0.02
	槽200×75					0.60			0.60
其他钢材（t）	铸钢35	2.14	0.89						3.03
	45号b455		2.98						2.98
	YGM锚具		0.31			0.14	0.09		0.54
	YGL连接器					1.97	0.55		2.52
	螺栓		0.002						0.002
ϕ40铁皮管（m）					320	619			939
混凝土（m^3）	C40	218.10	5.92		41.04				265.05
	C25					293			293
	C20						95.62		95.62
四氟　（kg）		66.3							66.3

六、转体施工主要机具设备表（见表3）

表3　转体施工主要机具设备表

机械设备名称	数　量（台、套）
400kg 拌和机	5
1t 卷扬机	10
3t 卷扬机	6
5t 卷扬机	6
预应力千斤顶	20
电焊机	10
160kVA 电力变压器	2
315kVA 电力变压器	2
光电读角装置	2
钢筋弯曲/切断机	2/2
灰浆机	4
空气压缩机	2
钢绳	40（t）
万能杆件	200（t）

七、劳动力组织（每岸，见表4）

表4　每岸劳动力组织

序号	工种类别	人数	工 作 内 容
1	现场指挥	1	全面负责预制、转体、合拢施工
2	施工员	4	负责施工现场管理工作
3	测量员	6	负责施工测量工作
4	材料员	2	负责材料供应保障工作
5	质检员	4	负责全过程质量监督
6	试验员	2	负责拱箱混凝土试验工作
7	工长	3	负责劳动力协调
8	电工	2	负责电力供应
9	机械操作工	8	负责混凝土拌和站、卷扬机、预应力千斤顶等操作
10	机修工	6	负责机械维修、保养
11	架子工	12	负责施工临设的安装、维护

八、安全保证措施及质量保证要点

1. 安保措施

（1）成立安全领导小组，落实安全生产责任制。

（2）在预制、转体、合拢前进行技术交底，明确岗位职责。

（3）充分做好各项准备工作，特别是电力供应。认真检查供电线路及各个用电设备的配电设施，落实责任人，确保生产过程用电安全。

（4）组织混凝土施工各种设备的操作人员进行操作规程学习，严格照章操作，严禁违章，及时做好机械的维修、保养并备齐各种易损配件。

（5）同岸尾索、斜尾索张拉应分级分批同时同步进行。

（6）同岸扣索张拉应分级分批对称同时同步进行。

（7）张拉扣索前缆风必须安装到位；转体开始时，上下游缆风应该同步放索。

（8）转体全过程并且必须严密观测立柱、桥面的变形，并将观测结果及时反馈给设计、监理及施工监控，保证结构安全。

（9）两岸作业人员服从统一协调指挥，确保施工安全。

2. 质保要点

本工法质量指标的控制均严格遵照国家规范、交通部部颁规范（标准）、设计图纸（文件）相关条款要求进行。

（1）成立质量领导小组，落实质量责任制。

（2）各阶段施工前进行技术交底，明确质量标准。

（3）各种原材料进行严格的进场检验，合格后方可进场，进场材料须设置明确的标识牌，防止误用。

（4）计量、检测设备必须经过法定机构检校认可，保证精确可靠。

（5）对于水泥、外加剂等材料现场堆码必须防水、防潮；堆放砂、碎石的场地地面应清洁，不得混堆。

（6）转体前要进行锚碇纵横向受力试验、拱箱加载试验、调高和拢试验及试转，通过对三大体系的实型试验与观测分析，确认无误才可以正式转体；在转体过程中必须全面监测三大体系。

（7）在锚固阶段尾索预加内力约为扣索内力的85%。

（8）拱箱转体启动时，上下转轴、转盘实际摩阻系数为0.05。

（9）光电读角器设计精度为1°。

3. 质量检验

按照中华人民共和国交通部发布的《公路工程质量检验评定标准》进行质量检验。

九、效益分析

在“涪陵乌江大桥”施工中，由于采用了技术先进的“无平稀重双箱对称同步转体施工工法”节约资金417439元，经济效益显著。

十、应用实例

1. 涪陵乌江大桥在重庆市涪陵区乌江与长江汇合点上游3km处横跨乌江，东连涪陵—

石柱公路，西接涪陵市区；为主孔200m，矢跨比1/4的箱型拱桥，拱上及引桥为16m预应力空心板，全桥长351.83m，桥高84m，桥宽12m，拱上立柱及桥墩为双柱式排架，混凝土桥面。主拱圈采用“无平衡重双箱对称同步转体施工法”施工。设计单位：四川省交通厅公路规划勘察设计研究院，施工单位：四川公路桥梁建设集团有限公司，1985年12月29日开工，1989年6月20日竣工。

2. 巫山县龙门桥在重庆市巫山区大宁河龙门峡峡口，为主孔122m，矢跨比1/4的箱型拱桥，拱上及引桥为8m肋拱，全桥长182m，桥高40m，桥宽11m，拱上立柱及桥墩为双柱式，主拱圈采用本工法施工。设计单位：四川省交通厅公路规划勘察设计研究院，施工单位：四川公路桥梁建设集团有限公司。1986年5月开工，1987年6月竣工。

3. 丫髻沙大桥是广州环城高速公路跨珠江的76m+360m+76m自锚中承式钢管混凝土系杆拱桥，全桥长1084m，矢跨比1/4.5，桥高90m，桥宽32.4m，主拱圈采用本工法加“竖转法”施工。设计单位：四川省交通厅公路规划勘察设计研究院，施工单位：贵州省桥梁工程总公司。1998年7月正式动工，2000年6月建成。

用贝雷架做移动模架分段浇筑箱型连续梁工法

YJGF 60—2004

中铁二十二局集团有限公司

辛双六　王参军　周光忠

预应力混凝土梁桥是当前桥梁建设中的一种主要桥型。从上世纪60年代所创建的悬臂浇筑、悬臂拼装施工技术推广，上世纪70年代又发展了逐跨施工、顶推施工、纵梁拼装施工和转体施工等技术。对于50m以内的中等跨径，采用滑移式模架逐孔现浇施工，具有结构合理（施工和运营阶段一致）、用料省；不需预制场地；工序重复简单、质量可靠和整体性好等突出优点。

交通部公路一局上世纪90年代初，在厦门大桥引进移动式滑模设备，进行逐孔施工，首次完成了46×45m=2070m长的连续箱梁，标志着我国已进入中小跨径桥梁施工现代化的新阶段。

但由于厦门大桥进口的滑模设备总重800t，成套费用高达1000多万元，因成本较高很难得到发展。利用常规的制式器材做移动模架施工连续箱梁，即可降低成本又可达到方便快捷的目的。

2001年，中铁二十二局集团有限公司在韶关五里亭大桥引桥混凝土箱型连续梁施工中，会同中国铁道建筑总公司、铁道建筑研究设计院在总结和吸收国内外各式移动模架优点的基础上，研制出了一种结构简单、操作安全、移动灵活、可多次重复使用的移动模架—YDMJ-20，其自重小（每套150t）、刚度大，弹性及非弹性变形小，模板随模架前移，一次到位，作业时间短，并且基本上采用通用制式器材—贝雷架配合少量的加工件，节省一次性投入，具有明显的经济效益。

一、工法特点

1. 自墩顶向两侧分段悬臂施工这是大跨径桥梁挂篮施工常用的办法，现将它运用到移动模架上来。其原理是利用连续梁自重弯矩有两个反弯截面的特点，第1次先施工墩顶约0.5L负弯矩段（A块），要求其自重产生的弯矩小于移动模架容许弯矩，当A段箱梁浇筑完成达到设计强度并张拉预应力束后，A块从移动模架上脱开，其自重所产生的弯矩可由梁段自身所承担，其重量通过支座转移到墩柱上。第2次模架不移动而仅仅滑动模板浇筑跨中（0.5L）正弯矩段（B块），此时移动模架仅需承担正弯矩段（B块）的重量。很明显分2次浇筑与1次浇筑相比较，梁体对支架弯矩减少4倍，大大减少移动模架材料用量。

2. 本工法采用的移动模架结构简单，技术易于掌握，可实施流水作业；贝雷架全国有大量库存，并且通用性很强，属施工单位常备器材。当不同的箱梁混凝土重量、箱梁顶板和底板宽度及跨度变化时，通过调整贝雷架的配置片数等即可用于施工。

二、适用范围

本工法适用于中等跨度（15~40m）、墩高为中等以上箱型连续梁现浇施工；在地基软弱及有通车、通航等要求时，箱梁施工亦可采用本工法。该工法在采用抱箍做支架时，施工不受地形、施工场地及桥下通车、通航等限制，尤其是墩柱较高、地面条件较差的情况下应用，优势最为明显。

三、施工工艺

YDMJ－20 型移动模架

1. 移动模架构造

YDMJ－20 型移动模架由纵梁、横梁、支撑牛腿（抱箍）、模板体系、移动体系等五部分组成，总体布置见图 1。

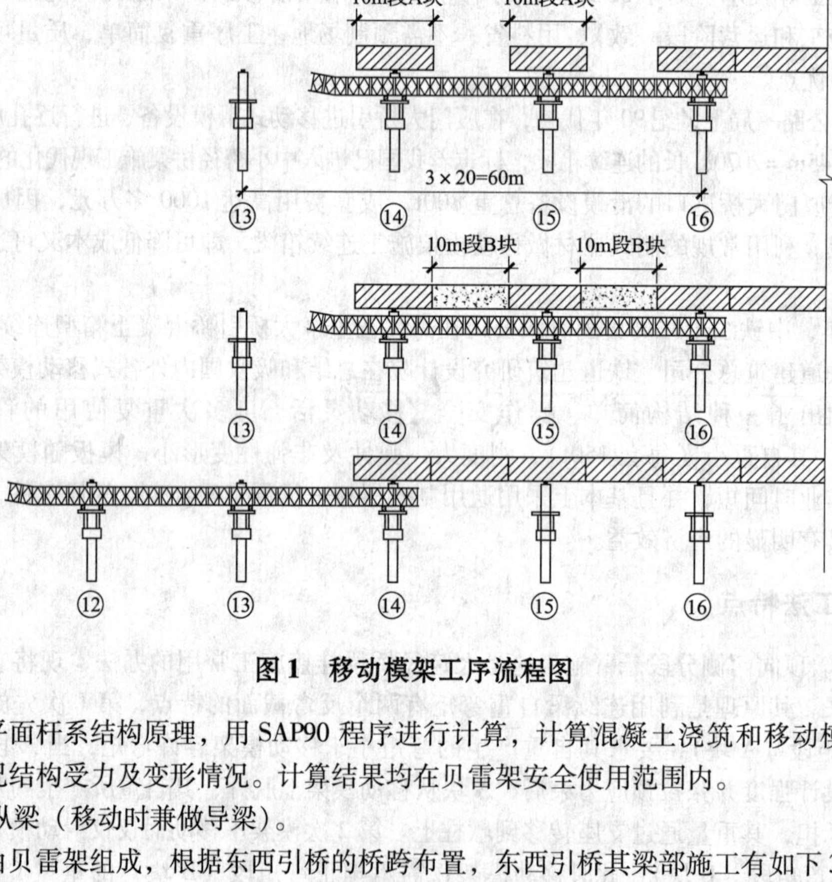

图 1　移动模架工序流程图

采用平面杆系结构原理，用 SAP90 程序进行计算，计算混凝土浇筑和移动模架拖拉过程中各工况结构受力及变形情况。计算结果均在贝雷架安全使用范围内。

（1）纵梁（移动时兼做导梁）。

纵梁由贝雷架组成，根据东西引桥的桥跨布置，东西引桥其梁部施工有如下 3 种组合形式：15＋15m；15＋20m；20＋20m。根据梁部灌注混凝土的要求以及移动模架的自身特点，并且要求东西引桥移动模架倒换使用，故移动模架及模板体系均按西引桥移动模架设计并且兼顾东引桥结构特点。另外由于贝雷架为平面结构，为了保证横向稳定性需要，片与片之间布置了花架及风撑。

根据上述原则，本桥纵梁布置如下：西引桥纵梁全长 54m，横向 20 片，总共 360 个贝雷架。东引桥导梁全长 42m，横向 20 片，总共 280 个贝雷架。

为了满足纵向拖拉经过桥墩问题，导梁在横向分为 4 组（沿桥梁中心线对称布置），分别为墩柱间两组和外悬臂端两组，同时因为墩柱间混凝土重量与悬臂端混凝土重量不同，因此导梁采用不同的贝雷架组合模式，悬臂端每组采用4片贝雷架，墩柱间布置6片贝雷架，每组之间采用贝雷架自配花架及另行加工风撑交替联结（间隔一个断面布置）来保证稳定性（保证能独立向前拖拉移动）。

混凝土浇筑时纵梁用组合楔块支撑在横梁上，拖拉时打掉楔块纵梁卸落到安装在横梁的滚轮上。

（2）横梁。

横梁亦采用贝雷架组拼，每墩前后各一组，横梁长度30m，由10个贝雷架组成，每组由两片桁架组成，间距200mm，利用花架将两片桁架相连紧靠墩身，两组之间间距1426mm，用剪刀风撑联结。

（3）支撑牛腿（抱箍）。

抱箍为上部现浇构件的全部承重件，由2个月牙形半圆组成（内垫14mm的橡胶板压缩后为8mm厚），横向施加强大的预应力，通过钢抱箍与桥墩之间的摩阻力承载。考虑到这种体系承载力受材料和预应力的影响较大，故施工中应考虑防水和分级施加预应力并多次调整（按照预应力张拉工艺操作），以减少后加预应力对已加预应力的影响，抱箍共用ϕ32精轧螺纹钢6根，精轧螺纹钢张拉力为50t，考虑预应力损失后为40t，报箍与桥墩之间摩擦系数为0.5，则每个抱箍的承载能力为240t。

移动模架施工前，对钢抱箍进行了试验（试验在墩柱上进行，上下安装两个抱箍，用预应力对拉，以测定其摩擦系数），做了6个循环，承载力完全满足要求。

当主梁浇筑完成，移动模架前移后，用60t张拉千斤顶将ϕ32精轧螺纹钢螺帽解除，拆下抱箍安装在前方桥墩上。

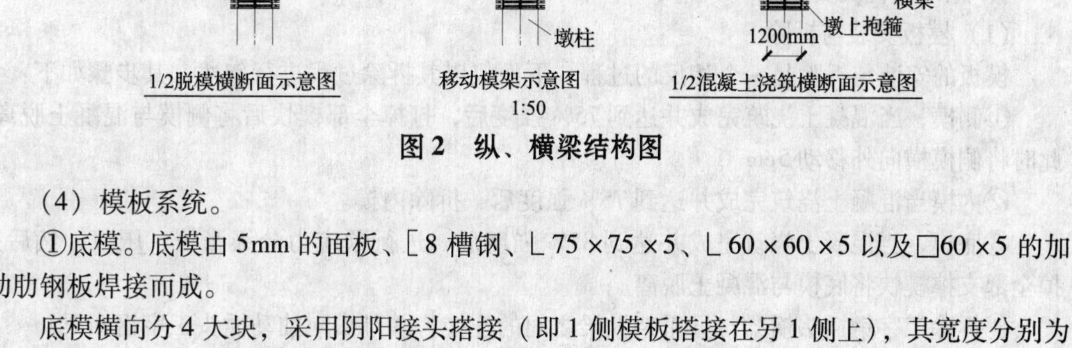

图2　纵、横梁结构图

（4）模板系统。

①底模。底模由5mm的面板、［8槽钢、∟75×75×5、∟60×60×5以及□60×5的加劲肋钢板焊接而成。

底模横向分4大块，采用阴阳接头搭接（即1侧模板搭接在另1侧上），其宽度分别为4.65、9.02、9.02、4.65m，之间搭接0.02m。

底模为了满足5、10、15m梁段施工及运输需要，纵向均为1.85m段，亦采用阴阳接头搭接。

在浇筑10m混凝土梁段时，纵向安装上述6段模块，形成长11.1m宽27.3m底模；浇筑5m混凝土梁段时，安装上述3段模块，形成长5.55m宽27.3m底模；浇注15m混凝土梁段时，安装上述9段模块，形成长16.65m宽27.3m底模。模块之间均采用扣件联结。

另外底模在支座位置设置活动板，浇筑墩顶负弯矩段（即A块）时取掉活动板，反之浇筑跨中正弯矩段（即B块）时安装活动板。

底模下按照1.4m间距布置Ⅰ22a的横梁。底模与工字钢横梁之间用扣件连接，各工字钢横梁之间布置连接角钢，使得整个底模体系形成整体，可纵向拖拉。

在浇筑混凝土阶段，工钢横梁与纵梁之间加对头木楔（起到支撑作用以及微调底模标高）；脱模时按照由外向内侧顺序，依次打掉对头木楔，使工字钢横梁下的滚轮整体落在纵梁上，实现模板的前后移动。为使底模板过墩，在墩柱范围内沿纵向设活动开启板，并用铰轴连接，过墩时活动模板向下打开90°。

②侧模。为了运输方便，侧模沿纵向分块，分块长度与底模对应，侧模用螺栓与底模边侧槽钢连接，之间加橡胶密封条，再通过楔块支撑在工字钢横梁外悬臂挡块上，将侧模与底模夹紧。脱模时解除螺栓，打掉楔块，侧模下落到工字钢横梁外悬臂上，并向外平移3~5cm，可随底模体系共同前后拖拉移动。

③内模及端模。内模及端模均采用木模，工地现场制作。

④工字钢横梁。工字钢横梁采用Ⅰ22a型钢。纵向按1.4m间距布置，在各墩柱间均断开并设可横向移动的插头梁，移动过墩时将插头梁横移留出过墩空间，活动底模亦在此空间向下开启。

（5）移动体系。

纵梁前移采用2台JM5卷扬机配合滑轮组实施分组移动（最大拖拉力3.5t控制）。为实施模板及支架的顺利过墩，纵梁分组对称拖拉，卷扬机固定在已浇筑混凝土梁上，在纵梁后端大花架处贝雷架竖杆上捆绑扁担梁（Ⅰ25），钢丝绳卡在扁担梁上，在前方桥墩上上设转向滑轮（HD10*1），钢丝绳通过转向滑轮转进到卷扬机。

贝雷架纵移常用的平滚和摇滚支座，其尺寸高、重量大、不便于施工。在施工过程用ϕ40mm钢棒做轴，用ϕ45mm钢管做套，形成高度仅60mm的滚动支座，不仅降低了拖拉时摩擦阻力而且使用十分方便。

2. 施工过程及要点

（1）模板安装与拆除。

模板的安装与拆除是一个相反的过程，下面仅以其拆除过程进行叙述，其步骤如下：

①侧模，当混凝土浇筑完成并达到75%强度后，打掉全部楔快后将侧模与混凝土脱离，此时将侧模横向外移动5cm。

②内模当混凝土浇筑完成并达到75%强度后，拆除内模。

③底模，当混凝土浇筑完成并达到85%强度后，进行预应力分级张拉、压浆，然后打掉全部支撑楔快将底模与混凝土脱离。

④拆除工字钢插头横梁与贝雷架纵梁之间的连接，并且横向抽动插头工字钢横梁。

⑤拆除模块之间连接螺栓，此时底模块形成边跨段11.4m×4.642m+中跨段11.4m×9.008m+中跨段11.4m×9.008m+边跨段11.4m×4.642m共4大块，首先利用倒链旋转中跨段开启模板（宽2×70cm），然后旋转另一中跨段，最后旋转两边跨段11.4×1.4m，各开

启模块向下旋转90°，尽量靠近贝雷架导梁。

⑥在纵梁前端设置转向定滑轮，模板前端安装5t卸扣，利用3t卷扬机往前拖拉中间跨模板体系到B段位置。

⑦将侧模与工字钢横梁临时固定，在纵梁前端设置转向定滑轮，模板前端安装5t卸扣，利用卷扬机往前拖拉边跨模板体系。

（2）施工技术要点。

①移动模架设备运到现场。

②安装龙门吊机（或其他起重设备）。

③完成准备施工的桥墩浇筑并安装支座。

④安装抱箍及横梁。

⑤安装移动模架纵梁。

⑥安装底模、侧模及端模（顶、底板一次浇筑时同时安装内模）。

3．墩顶梁段（A块）混凝土浇筑。

（1）将底模及侧模移动到A块处，用千斤顶辅助调整组合支撑楔块的高度来调整底模板标高。

（2）安装底板及腹板钢筋、预设预应力管道（波纹管）。

（3）安装内模架，绑扎顶板钢筋、预埋预应力管道。

（4）浇筑A块梁段混凝土。

（5）养生待混凝土强度达到75%后拆除侧模及内模。

（6）穿预应力钢丝并分级张拉预应力。

（7）向下旋转打开一边底模并将底模拖拉到下一个B块。

（8）对预应力孔道进行压浆。

4．跨中梁段（B块）混凝土浇筑。

（1）将拖拉到B块的底模及侧模整修后，用千斤顶（或起重机）辅助改变组合木楔的高度来调整模板标高。

（2）安装底板及腹板钢筋、预埋预应力管道。

（3）安装内模架和内模，绑扎顶板钢筋、预埋预应力管道。

（4）浇筑B块梁段混凝土。

（5）养生待混凝土强度达到75%后拆除侧模及内模。

（6）穿预应力钢丝并分级张拉预应力。

（7）对预应力孔道进行压浆。

（8）移动模架包括模板整体拖拉到下一个40m施工段。

四、机具设备（见表1）

表1　一个循环施工主要机具设备

序号	名　称	规　格	单位	数量	说　明
1	移动模架	YDMJ－20	套	1	
2	微机	IBM	台	1	配带打印机及SAP90软件

续表1

序号	名　　称	规　　格	单位	数量	说　　明
3	混凝土弹性模量测定仪				各梁段施工通用
4	水平仪	WLIDNA2	台	1	各梁段挠度测量
5	千分表		块	20	附带万能千分表架
6	电阻应变仪	YJ5	台	1	测试移动模架受力与变形
7	干湿温度计	203	支	2	测试气温与湿度
8	切断机	GD40	台	2	用于钢筋加工
9	弯曲机	GW40	台	2	用于钢筋加工
10	调直机	TQ4－14	台	2	用于钢筋加工
11	电焊机	BX3－500－2	台	4	用于钢筋加工
12	插入式震动器	ZN－5	台	10	
13	附着式震动器	BL－11	台		数量根据施工组织设计定
14	卷扬机	JK5	台		
15	起重机	YQ35、YQ20	台		数量根据施工组织设计定
16	导链	2t，3t，5t，10t	个		
17	混凝土搅拌站		座	1	
18	龙门吊	5t，33m 跨	套	1	
19	混凝土泵车		辆	2	
20	千斤顶	YC－40	台	8	张拉作业
21	油泵	ZB5－400	台	8	张拉作业
22	灰浆泵	UB3	台	2	压浆作业
23	灰浆搅拌机	JW180	台	2	压浆作业

五、劳动力组织（见表2）

表2　劳动力组织

序号	作业组	主要工作内容	总人数　115人		
			技术人员	技工	普工
1	技术组	施工组织设计 梁体施工标高计算、测量和调整	4	2	
2	试验组	选定混凝土配合比，测试弹性模量 测试移动模架弹性与非弹性变形 支座沉陷观测 梁体混凝土强度试验 孔道摩阻系数试验，预应力筋及锚具试验	3	5	2

续表2

序号	作业组	主要工作内容	总人数　115人		
			技术人员	技工	普工
3	移动模架组	移动模架试拼、安装、移位、拆除及维修	1	6	10
4	钢筋组	钢筋加工与绑扎 制作与安装预应力管道	1	4	20
5	模板组	A、B梁段及边跨模板制作、安装与拆除	2	10	10
6	混凝土组	梁体混凝土拌制、运输、灌注、捣固与养护	1	6	15
7	张拉组	张拉与压浆	1	8	4

六、质量标准及控制

1. 选定梁体混凝土的配合比时，除混凝土的强度必须达到设计强度外，其弹性模量 E_h 及 γ_h 还应满足《桥梁设计规范》第5.2.2条和设计图纸的要求。

2. 钢筋、模板、水泥、粗细骨料、预应力筋、张拉千斤顶、油泵、压力表、锚具等原材料和机具设备的验收、试验与检验均按现行规范及有关规定进行。

3. 为了确保移动模架位置的准确性，横向与纵向偏差不得大于2mm；移动模架拼装、就位后，其中线应与桥梁中心线重合，偏差不得大于2mm。

4. 移动模架的弹性与非弹性变形以现场试验测量值为准，在悬灌过程中，根据混凝土的作业量，将弹性变形值分次进行调整，每次调整值4~6mm。

5. 在各梁段施工阶段期间，梁段各工序施工进度以及梁顶面所放材料、机具设备的数量和摆放位置应符合“计算模式”的要求，如果梁体挠度与计算不符，应立即查明原因，修正下一梁段的立模标高，减少累积误差，确保梁体线型。

6. 为了提高水平测量的准确度，减少实测数据的离散性，设于各梁段端部腹板正下方的用于线形控制测量的观测点应做明显标志，并在施工中加以妥善保护，同时各个阶段的水平观测应尽可能安排在早晨或傍晚无风雨的时间进行。

7. 水平测量的水准点应尽量靠近作业工作面以减少倒镜次数，且应经常检测。

8. 梁体尺寸、混凝土质量检测按现行规范及设计有关要求执行。

七、安全措施

移动模架系高空作业，除遵守“桥梁施工安全技术规则”外，还应注意以下几点：

1. 龙门吊机使用过程中应经常进行检修和保养，吊重时吊机下严禁站人，现场设专职安全员。

2. 移动模架前移时各部必须同步对称进行，位移差不得大于1m；移动时模架后端应设置限位扣索，且移动速度不超过5m/min。

3. 移动模架中的动力用电、照明电线必须统一合理布置，避免干扰，并经常清理检查，以消除漏电、短路等隐患。

4. 移动模架应配备消防器材，以防止电焊作业等原因引燃防雨遮晒篷布、安全网等易燃物而出现火灾。

5. 移动模架施工过程中，必须安排专人经常检查抱箍、楔块等关键受力部位的使用情况，加强千斤顶、倒链、钢丝绳等机具设备的维修养护，发现问题，及时处理。

6. 施工人员上移动模架作业前，必须经过上岗培训，严格按操作程序作业。

八、效益分析

1. 在城市桥梁建设过程中，由于工期紧、交通量大（不能中断交通）、施工场地限制，使得中小跨度一直以简支梁为主，而简支梁与日益发展的城市建设不尽协调并且行车舒适度大大降低；为了满足净空高度、整体稳定、外形美观等要求，新施工的大部分连续梁桥多采用满堂支架现浇，钢支架和模板使用数量相当大，增加了设备投入。韶关五里亭大桥采用贝雷架作移动模架分段浇筑箱型连续梁是对我国城市建设中中小跨度梁的施工方法的一个突破，必将对我国城市桥梁建设有深远的影响。

2. 采用贝雷移动模架一次循环可浇注混凝土连续箱梁 40m，平均周期 20d，采用平行流水作业可控制在 18d。贝雷架仅需 150t，模板 21m，具有一次性投入设备少、费用低、占用场地小等诸多优点，比采用满堂支架现浇连续梁时节省钢支架及模板，施工进度加快，取得直接综合经济效益 62 万元。

3. 装配式贝雷桁架（简称贝雷架）是中国公路桥梁的常备通用设备，我国有大量库存，在和平时期充分利用它们，作为工程临时周转使用对节省材料减少施工成本具有积极的意义；并且贝雷架具有单件重量轻、拼装方便、拖拉稳定性好等优点。采用贝雷架作移动模架可以节省一次性投入，具有明显的经济效益。

4. 梁体标高采用现场精测和微机软件相结合，逐段控制，成桥线形准确，工程质量可靠。

客运专线后张法预应力混凝土箱梁预制施工工法

YJGF 61—2004

中铁十二局集团有限公司

赵晋华　刘占伟

秦沈客运专线是我国自行研究、设计、建设的第一条时速200km的新建铁路，与既有铁路相比，具有速度高、对线路平顺性要求高的特点，为了保证列车快速、安全运营及旅客舒适度，设计上首次大量采用并置式单线简支箱梁。此种梁型较传统T梁具有整体性好、横竖向刚度大、抗扭性能高、结构耐久性好、施工架设速度快的特点，是客运专线及高速铁路的首选梁型。

由中铁十二局集团公司施工的秦沈线六股河特大桥上部结构设计为51孔102榀32m跨度的并置式单线箱梁，主要工程量为：C50混凝土147.4m^3，钢绞线5.38t，钢筋19.82t，混凝土保护层7.54m^3，防水层面积188.5m^2。箱梁纵横断面图见图1，在该梁的预制中，我们设计了整体钢外模、折叠抽取式内模，同时采用泵送混凝土配合液压布料杆入仓及棚罩法养护的施工工艺，成功解决了整孔箱梁预制工艺复杂、体积大、要求标准高的施工难题，并取得了显著的经济效益，经总结形成本工法。

一、工法特点

1. 自行研制设计了整体滑移式钢外模、折叠抽取式内模，既方便了施工，又降低了劳动强度，提高工作效率。

2. 采用混凝土输送泵配合液压布料杆入仓及棚罩法养护等施工工艺，大大加快了台座、模板的周转频率，缩短了工期。

3. 梁的预制、存放、架设形成一整套体系，既能保证施工质量，又便于施工管理和合理安排机具人力，从而降低工程造价。

4. 本工法将箱梁预制分层次、有秩序地进行，形成流水线施工，是规范化、高效、经济的施工方法。

二、适用范围

本工法适用于32m、24m等各种跨度的大吨位铁路后张法预应力混凝土箱梁的现场预制生产。

三、施工工艺

1. 总体施工方案

梁体预制采用整体底模，全长整体滑移钢外模，折叠抽取式内模，台座上整体绑扎底、腹板和顶板钢筋网架，抽拔橡胶棒成孔，强制式混凝土拌和搅拌，混凝土输送泵配合液压式布料杆入仓，附着式振动器配合插入式振动棒振捣，梁体采用一次性整体灌注技术，棚罩法蒸汽养护，钢绞线采用人工配合慢速卷扬机穿束。预应力采用二期张拉，一期在制梁台座上张拉后，千斤顶顶升梁体，安装滑道，顶推至存梁场，待梁体混凝土强度及弹性模量均达到100%设计值后再进行二期张拉（即终张拉），建立最终预应力值。孔道采用一次性压浆工艺，梁端采用微膨胀混凝土封锚，桥面防水层、保护层及挡碴墙等附属工程在梁架完后施工。

2. 工艺流程（见图2）

3. 施工方法

(1) 制、存梁台座。

制梁台座采用钢筋混凝土制作，浇注混凝土时需预埋铁件和开相应蒸养通道，并于两端450cm范围内进行加固处理，以避免预应力张拉过程中下沉。

存梁台座要用2道50kg/m钢轨组拼而成，其下设条形混凝土地基梁，在靠近制梁台座方向40m范围内由于其上存放梁需进行二期张拉，因此下部需加宽、加深。地基梁施工时预留锚栓孔，采用轨道扣件与钢轨联牢，并每隔20m左右设一道沉降缝。

存梁台座与制梁台座及龙门吊轨道两侧设置活动滑道，活动滑道由专用钢制垫垛及在其上所铺的钢轨组成，梁体横移时吊装就位。

(2) 立模。

顺序为：铺设底模⟶绑底、腹板钢筋⟶吊装一侧端模⟶分节吊装内模⟶滑移侧模就位⟶安装另侧端模⟶穿上、下拉杆⟶绑扎顶板钢筋。

施工要点：

①内模共分6节，中间部分每节8.0m，端部每节7.5m，两端0.25m为小块钢模。小块钢模重量不大于30kg/块，以便人工拆装。每节面板采用6mm厚热轧钢板，框架采用2∟100×80×6对焊形成矩形方钢，分顶模、侧模、转角模五大块，各块之间增设活动铰，斜撑采用ϕ83钢管制作，并设可调丝杆装置，斜撑两端与框架采用ϕ30的圆柱销销接，并与每节内部纵向设置［100槽钢加劲。各节之间采用M16螺栓连接，即在框架处采用ϕ30的圆柱销，模板拼缝采用间距不大于250mm的M16螺栓连接。施工前在台座外将内模分节调整到位，用龙门吊吊装进入已绑扎成型的钢筋笼内组拼，定位时利用端模从一端向另一端拼接，底部通过设ϕ50拉杆防止上浮（内模纵断面图见图3）。

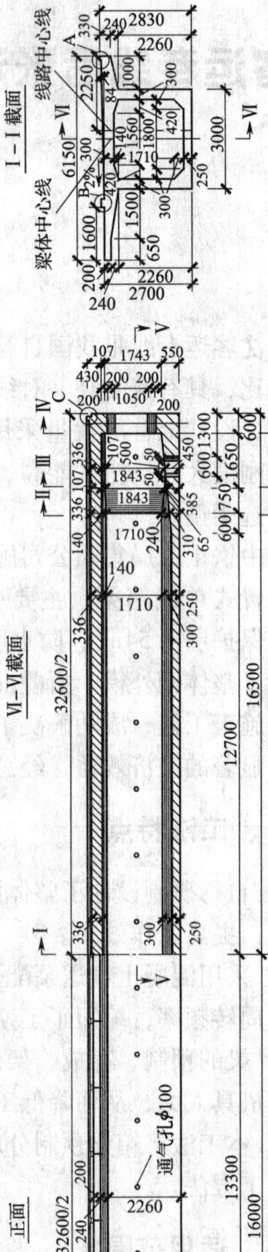

图1　箱梁纵横断面图

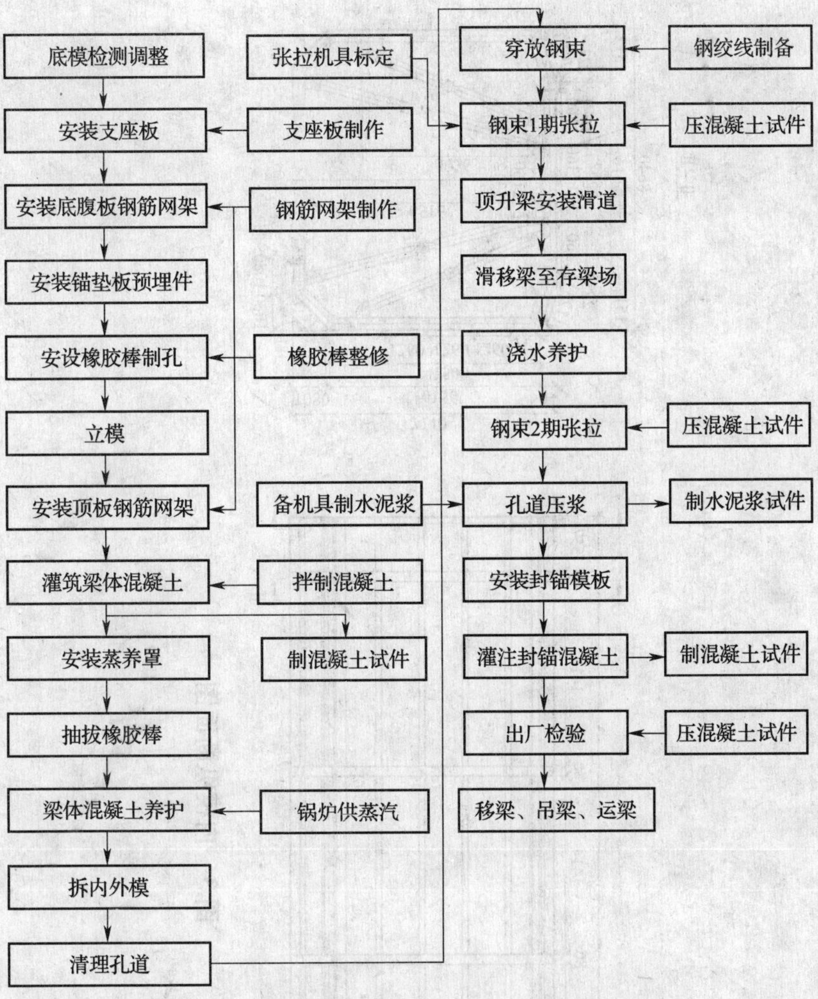

图2　预应力混凝土箱梁施工工艺流程图

②立侧模时将一侧侧模通过横移滚轴靠近台座底模，利用已就位的一侧端模通过螺旋千斤顶将侧模顶升就位。为保证侧模就位后支撑牢固，于支承框架处间隔4m设两根可调丝杆作就位后的竖向支撑（模板横断面图见图4）。

③32m箱梁底模铺设时按25mm反拱调整，梁跨部分预留15mm压缩量，预留支座螺栓和端模螺栓孔洞，以便支座板和端模的精确定位。为保证底板厚度，每分节内模底部的4个角放置75mm×75mm×250mm（250mm为底板厚度）的混凝土垫块；为保证腹板厚度，采用75mm×75mm×300mm（300mm为腹板厚度）的混凝土垫块；梁体宽度可通过精确调整上下拉杆宽度来控制。

（3）钢筋制作与绑扎。

进场钢筋复检合格后，采用钢筋调直机进行调直、号料和放线，采用钢筋切断机下料。梁体水平构造钢筋采用闪光对焊焊成整根，钢筋弯曲均采用钢筋弯曲机弯制成型。全部成型钢筋经检验合格后将钢筋成品入库存放。由于梁体钢筋规格型号较多，存放时必须分类堆码，挂好标识牌。

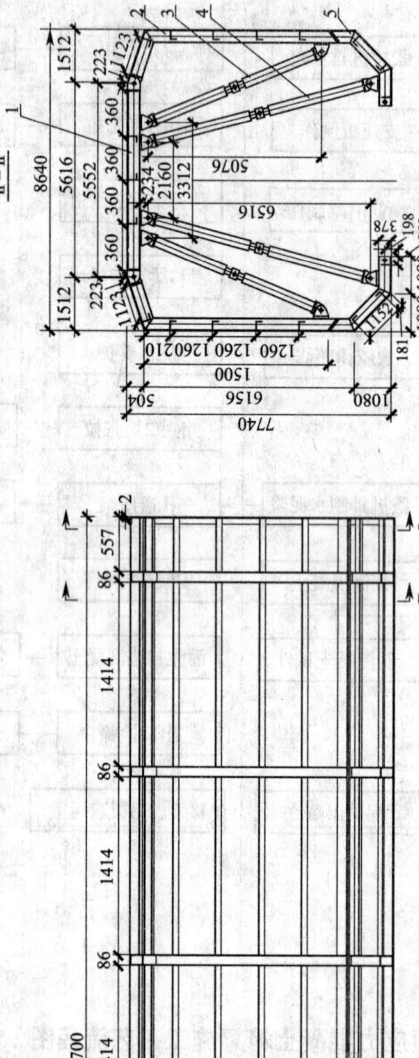
Ⅱ-Ⅱ
8640
5616
5552
1512
223
1123
360
360
360
360
360
234
2160
3312
5076
6516
1512
223
1123
1260 1260 1260210
1500
504
6156
1080
7740
1152
181
1080
1080
378
198
252
1
2
3
4
5
8700
557
86
1414
86
1414
86
1414
86
1414
86
1414
86
557
2
2
Ⅰ
Ⅱ

图 3　内模纵断面图

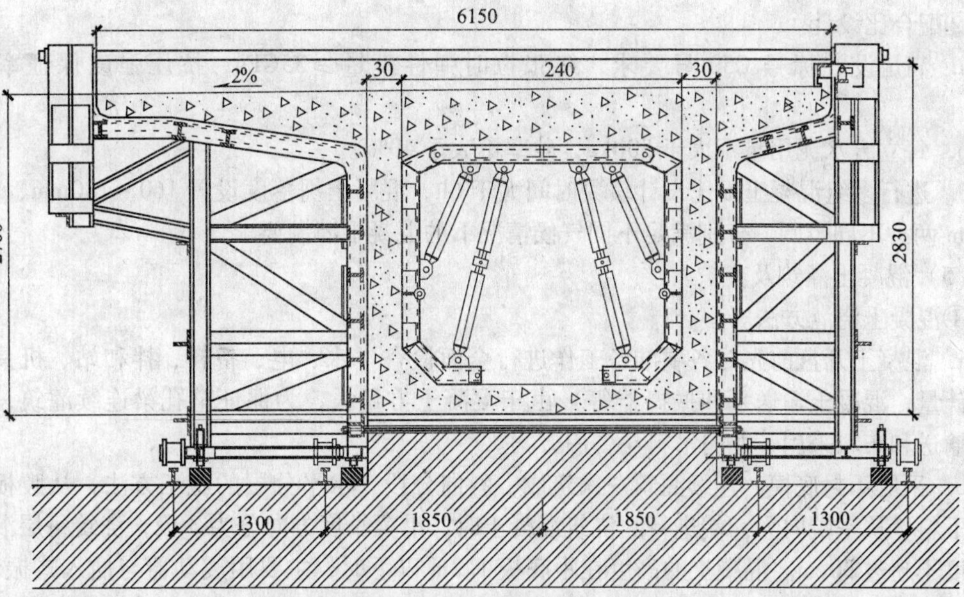

图4　箱梁模板横断面图

注：①本图单位均以 mm 计。②采用整体底模，全长整体滑移外模，抽屉式内模。

钢筋绑扎在制梁台位上进行，绑扎前首先安放梁身绑扎卡具。钢筋绑扎中应注意预应力孔道的定位网片绑扎。定位网片在加工厂的胎具上制作以保证其精度。梁身钢筋绑扎完毕并安装完内模后，开始绑扎梁顶钢筋网，其绑扎方法与精度控制与梁身相同。

为保证钢筋保护层厚度和梁体外观颜色一致，施工中采用了德国引进技术制造的 NORMOFIX 承重型和 MINIFIX 圆形硬塑钢筋保护层垫块，取得了较好的效果。

(4) 混凝土原材料及配合比选定。

①原材料选定。

a. 水泥。为防止梁体产生微裂，选用了唐山冀东水泥厂生产的 42.5R（低碱型）普通硅酸盐水泥。

b. 细骨料。选用了碱含量很低的辽宁省兴城市花营河砂，其表观密度 2630 ~ 2660 kg/m^3，细度模量 2.9 ~ 3.0，含泥量 0.5% ~1%。

c. 粗骨料。选用河北抚宁驻操营石场的低碱石灰岩碎石，其表观密度为 2650 ~ 2670kg/m^3，颗粒为 5 ~ 25mm 连续级配，母岩饱和抗压强度 154MPa，碎石压碎值 5.5% ~ 8.6%，含泥量为 0.3% ~0.7%。

d. 高效减水剂。选用上海花王化学有限公司生产的“迈地 100”高效减水剂，其减水率 14.6%，抗压强度 $R_{s3d}=141\%$，$R_{s7d}=129\%$，$R_{s28d}=123\%$，较之传统的减水剂效率高、稳定性好。

e. 粉煤灰。选用内蒙古元宝山发电厂生产的 I 级粉煤灰，其需水量为 91%，烧失量为 1.62%，三氧化硫含量 0.43%。

f. 缓凝剂。选用山海关华原柠檬酸厂。

g. 原材料计量。水泥采用 OKNF—S 电子秤准确到 ±1%，碎石、砂采用 PCS—2000 智能累计配料称，准确到 ±2%。

②配合比设计。

a. 满足设计标号 C50 号要求，终张拉时弹性模量 ≥35GPa，抗压强度保证率达到100%。

b. 每立方水泥用量不大于 500kg，砂率不大于 40%。

c. 进行多组混凝土配比设计缓凝时间大于 6h，混凝土坍落度设置 160 ~ 180mm、180 ~ 200mm 两种不同范围，分别满足不同气候情况下的混凝土灌制要求。

（5）混凝土灌筑及养护。

①混凝土浇灌方法。

a. 混凝土开盘前先对各项准备工作进行全面检查（水、电、备料、拌和站、机具状态及其计量，混凝土输送泵和振捣器等）由于混凝土方量大，为保证整孔梁连续灌筑，对混凝土输送和布料采用了龙门吊料斗备用方案。

b. 采取不封底模，连续灌筑一次筑成，斜向分段，水平分层的施工方法，从腹板两侧对称下料，从一端向另一端进行。浇筑混凝土时，沿梁长度方向分为 3 段，浇筑每层混凝土的高度不超过 30cm。混凝土的高度在距底板 1.2m 以下时，主要用震动器与插入式振动棒，当混凝土的高度超过 1.2m 时，停止使用振动器，只用振动棒振捣混凝土。

c. 混凝土振捣采取插入式振捣为主，附着式振动器为辅的振捣方式。由于钢筋较密，配备了 ϕ50、ϕ30、ϕ20 3 种型号不同直径的振动棒。

d. 振捣时观察下料情况，专人负责锤击内、外模检查密实情况，端部和底板倒角处不易密实处安排专人负责。附着式振动器开启时以不破坏已浇好的混凝土为原则，混凝土灌筑采取薄分层、勤振捣、并辅以专人进行混凝土“抽芯”工作，切实保证混凝土密实度。

②混凝土的养护。

a. 采用棚罩法蒸汽养护，分静停、升温、恒温、降温四个阶段，浇灌完后静停 4 ~ 6h，抽拔橡胶棒后加盖棚布升温，升温速度按每小时不大于 10℃进行，恒温蒸养 22 ~ 26h，温度保持在 48℃左右，降温速度按每小时不大于 10℃，拆除保温措施时，梁体表面温度与环境温度差控制在 15℃左右（见图 5）。

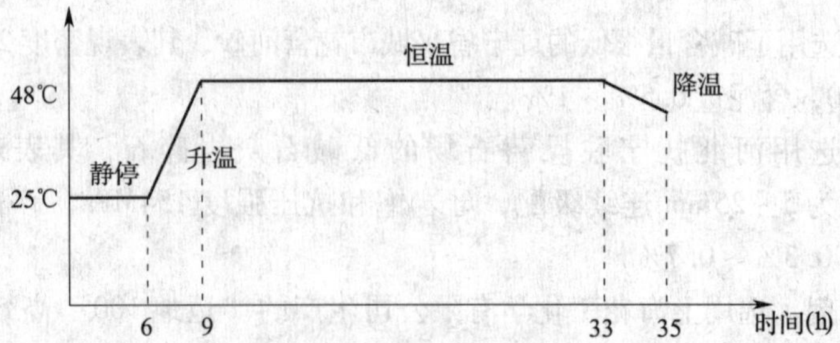

图 5　棚罩法蒸汽混凝土养护

b. 自然养护时箱梁表面采用麻袋或海绵覆盖，洒水次数以能使混凝土表面保持充分潮湿，养护时间为 14d。

（6）拆模。

顺序为拆除上、下拉杆⟶吊移两侧端模⟶千斤顶回油落侧模⟶分节拖出内模温度（℃）。

①内模拆除时先拆除连接螺栓，然后拆除各节撑杆及拉杆，采用手动葫芦将每节沿转铰轴收缩到位，置落于滑床板上，由卷扬机整节拖拉出箱梁内腔（内模脱模顺序图见图6）。

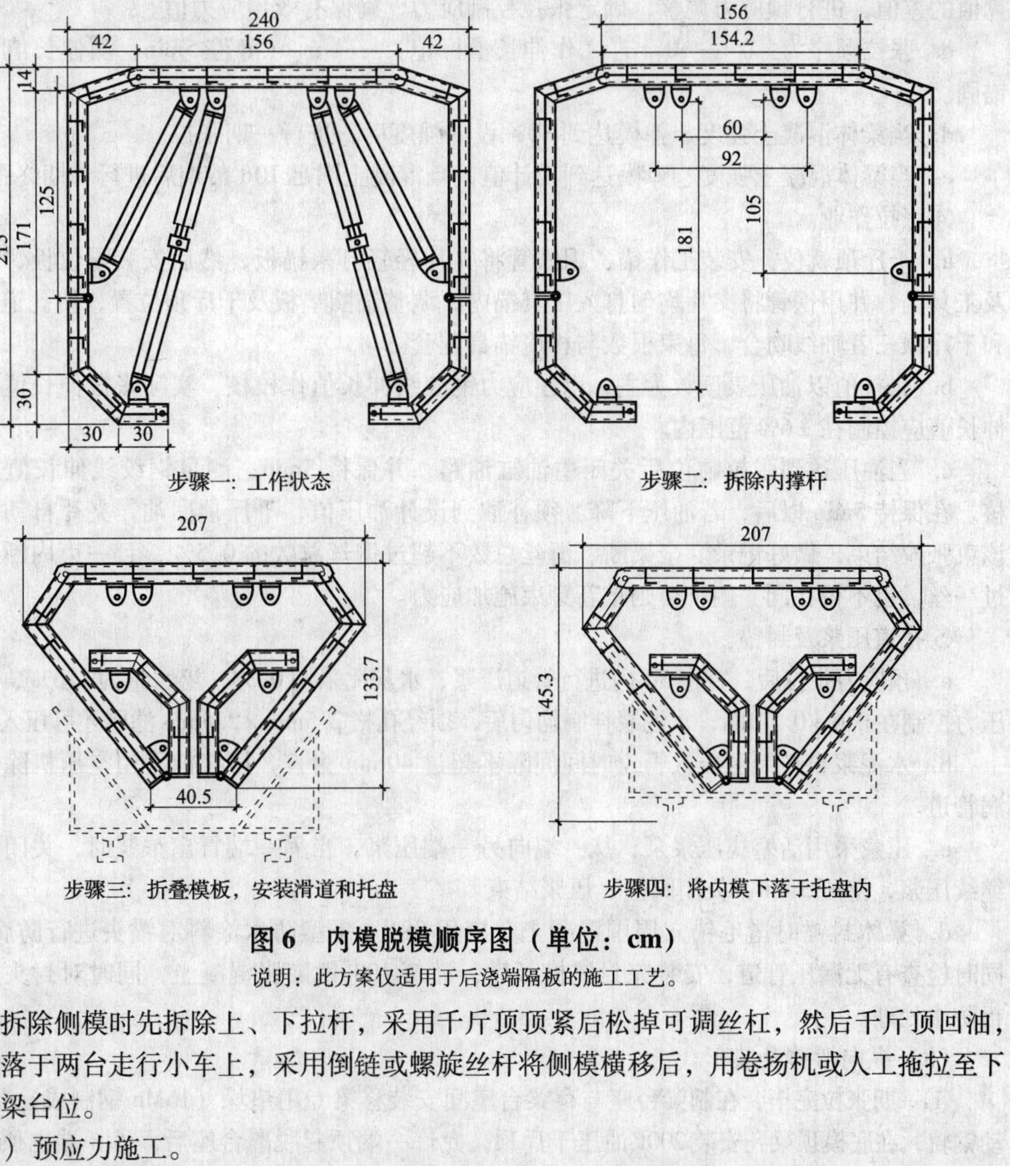

图6　内模脱模顺序图（单位：cm）

说明：此方案仅适用于后浇端隔板的施工工艺。

②拆除侧模时先拆除上、下拉杆，采用千斤顶顶紧后松掉可调丝杠，然后千斤顶回油，将侧模落于两台走行小车上，采用倒链或螺旋丝杆将侧模横移后，用卷扬机或人工拖拉至下一个制梁台位。

（7）预应力施工。

①预应力孔道成孔。采用 $\phi80$、$\phi90$ 橡胶棒成孔，两根橡胶棒于跨中处用 1mm 厚铁皮管套接，长度 30～40cm，橡胶棒与铁皮管间隙按 1mm 控制，并在铁皮管两端采用胶带缠绕密封，防止振捣混凝土流动，导致水泥浆堵塞孔道。

②钢绞线下料、编束和穿束。采用特制的放线架，计算好下料长度用砂轮切割机切割，将下好的料用 $22^{\#}$ 铁线按 9 股和 12 股扎成一组，编束时，钢绞线要顺绕，根与根之间防止扭缠，并用 $22^{\#}$ 铁线间距 1.0m 绑牢。

穿束时采用卷扬机引拉，即先穿入一根单钢绞线，将钢丝绳引进孔道，从另一端拉出后，采用连接套筒与钢绞线束联牵，然后开动卷扬机穿束。

③张拉。

a. 张拉采用YCW250型张拉千斤顶和OVM15—9、OVM15—12型预应力体系。

b. 在进行第一孔箱梁张拉时应进行管道摩阻测试，以检查实际预应力损失值与理论计算值的差值，进行预应力调整，确定张拉控制应力，确保有效预应力值。

c. 张拉顺序为：0 ⟶ $0.1\sigma_k$（作伸长量标记）⟶ σ_k（静停5min，测伸长值）⟶ 锚固。

d. 当梁体混凝土强度、弹模达到80%设计强度后，进行一期张拉。

e. 当梁体混凝土强度、弹模达到设计值，且混凝土满足10d龄期后进行二期终张拉。

④张拉作业。

a. 千斤顶就位，安装工作锚，用铁管将夹片轻轻打入锚板，然后安装限位板、千斤顶及工具锚，并用铁管将夹片均匀打入工具锚内，调整锚圈垫板及千斤顶位置，使孔道、锚具和千斤顶三者轴线吻合，每束根数与相应锚具配套。

b. 张拉值以油压表读数为主，以预应力钢绞线伸长值作校核，实际张拉伸长值与理论伸长值应控制在±6%范围内。

c. 当油压达到张拉吨位后关闭主油缸油路，并保持5min，测量钢绞线伸长值加以校核。在保持5min以后，若油压下降，须补油到设计油压值，千斤顶回油，夹片自动锁定则该束张拉结束，做好记录。全梁断、滑丝总数不超过钢丝总数的0.5%，且一束内断丝不超过一丝，也不得在同一侧，否则重新穿束施加应力。

⑤孔道压浆及封锚。

a. 预应力张拉后，宜在3d内进行管道压浆，水灰比采用0.38，泌水量为1.6%，压浆时压力控制在0.6~0.7MPa，水泥浆拌制均匀后，须经孔格2.5mm×2.5mm滤网才可压入管道。

b. 水泥浆自拌制至压入管道时间间隔不超过40min为宜，压浆前采用空压机除尘并湿润管道。

c. 压浆采用活塞式压浆泵，从一端向另一端压浆，当另一端冒出浓浆时，关闭出口阀继续压浆，持压3min，关闭阀门，压浆结束。

d. 梁体封锚时凿毛锚穴周围混凝土并应用881－Ⅰ型防水涂料对锚头进行防腐处理，同时检查有无漏压管道，安装完封锚模板后，灌筑400#微膨胀混凝土，同时对封头上部进行防水处理。

（8）纵向滑移及装车。

①一期张拉完毕，在制梁台座与存梁台座间安装移梁专用垫垛（16Mn钢制成），铺设活动钢轨，在底模顶梁孔安装200t油压千斤顶，允许一端顶起脱离台座后，另一端也顶升脱离台座，待四台顶调好梁体水平后同步顶升到设计高度，安装滚轮小车及滑板。具体形式见图7。

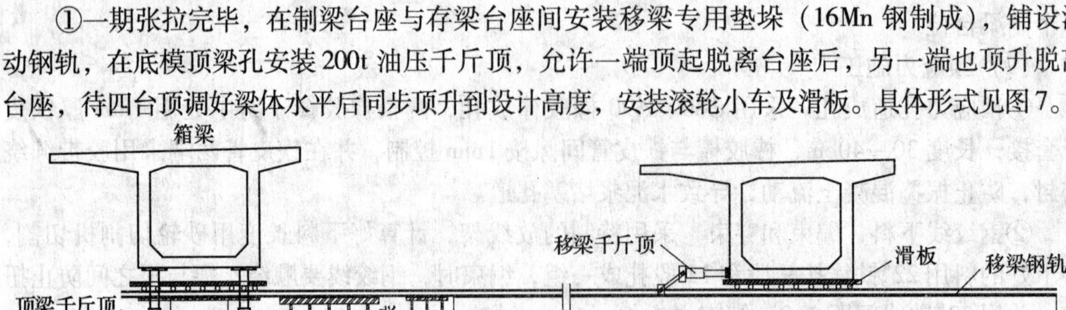

图7　顶移梁形式图

②将梁体稳步落于滑板上，安装顶推千斤顶和卡轨器，高压油泵供油后顶推移梁。

③顶移梁时，须有专人负责，注意梁体的稳定性，防止顶偏，使梁体受力不均匀导致开裂。

④装车时，将梁移进吊梁区，中线对中后，穿放吊具，安装吊梁垫块，两台300t龙门吊先行试吊无误后再稳步提升，提升时注意观察梁体有无歪斜开裂现象，将梁提升到高度后，运梁车开进箱梁底部，对中后将梁稳步落于运梁车上运走。

（9）附属工程施工。

①挡碴墙待箱梁架设完毕，采用C40混凝土整体灌筑每孔梁挡碴墙。

②箱梁伸缩缝采用耐久性钢板及橡胶止水带待箱梁架设完后及时安装。

③防水层采用由阻燃防水卷材JS—18和881—I型聚氨酯防水涂料共同构成的TQF—I型防水层，施工时保持梁体顶板平整，涂刷均匀，伸缩缝处进行连续的防水铺装。

④保护层待梁体防水层铺设完后，采用C40玻纤维混凝土，每隔2.0m设一道伸缩缝。

⑤遮板、盖板及人行道栏杆采用预制后人工安装。

四、主要机具设备（见表1）

表1　主要生产机具设备

序号	名称	规格	单位	数量	用途	备注
1	混凝土拌和站	$35m^3/h$	座	1	混凝土拌制、配料	
2	拖式混凝土泵	HBT60A	台	2	混凝土输送	
3	混凝土布料机	HGY13	台	2	混凝土布料	全液压
4	龙门吊	SMJ门式20t	台	2	模板吊装	
5	龙门吊	桁架式300t	台	2	箱梁装车	
6	附着式振动器	ZW-7	台	100	混凝土振捣	
7	插入式振捣棒	ZN-50	台	40	混凝土振捣	
8	穿心式千斤顶	YCW250	台	8	张拉	
9	高压油泵	ZB4/500	台	8	张拉	
10	灰浆泵	UB3	台	2	压浆	
11	灰浆拌和机	JW180	台	2	制浆	
12	油压千斤顶	QMF200-20B	台	8	顶梁	
13	钢筋调直机	GJ4-414	台	2	钢筋调直	
14	钢筋切割机	GJ40	台	8	钢筋切割	
15	钢筋弯曲机	GJ740	台	4	钢筋弯曲	
16	钢筋对焊机	UN-75型	台	2	钢筋对焊	
17	电焊机		台	8	焊接	
18	卷扬机	JJM-3	台	4	模板拖拉	
19	动力变压器	650kVA	台	1	动力电源	
20	发电机	250kW	台	1	备用电源	
21	装载机	ZL40	台	1	拌和站上料	

五、劳动力组织

预制梁场共 336 人，其组织情况见图 8。

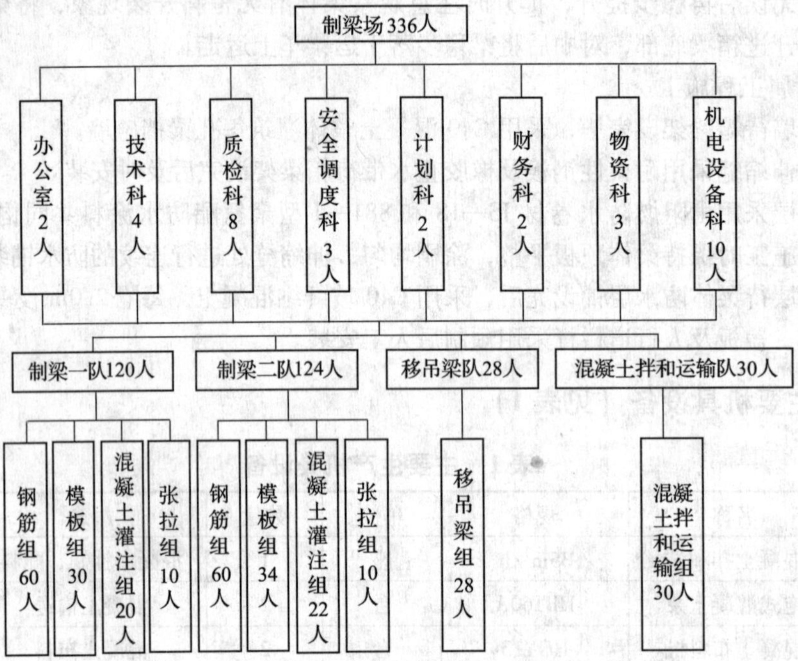

图 8　施工组织图

六、质量要求

1．产品应符合的标准

（1）铁道部科教司科教基［2000］88 号批准的《秦沈客运专线预制后张法预应力混凝土简支梁技术条件》。

（2）铁道部科教司科教技［2000］89 批准的《秦沈客运专线预制后张法预应力混凝土简支梁静载试验方法及评定标准》。

（3）铁道部建设司建技［2000］86 号批准的《秦沈客运专线桥梁工程质量检验评定标准》。

（4）铁道部铁建管［1998］27 号文《时速 200km 新建铁路线桥隧站设计暂行规定》。

2．静载试验

静载弯曲抗裂试验是混凝土结构性能试验的主要内容，是检验桥梁使用性能这一关键项点、综合指标的重要技术手段。

静载试验加载程序应分阶段进行预加载（第 1 循环）和正式加载（第 2 循环）。若梁体在最大控制荷载作用下，持荷 20min，梁体下翼缘底部边角及梁底面未发现受力裂缝，且在静活载作用下的挠跨比小于或等于检验规定值，则判定为静载试验合格（静载试验加载图示见图 9）。

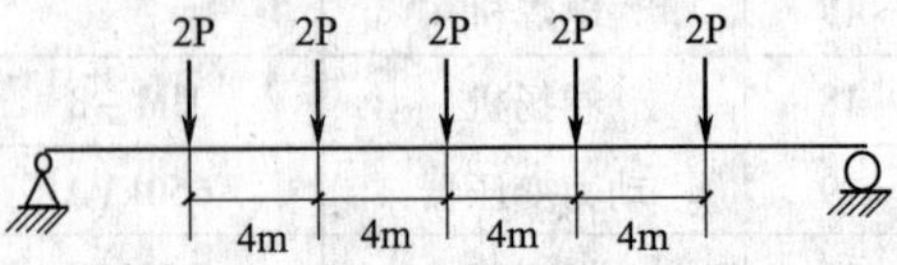

图 9　静载试验加载图示

七、安全措施

1. 积极推行“事故易发点”控制，设立“青年安全监督岗”，全面落实安全生产岗位责任制。

2. 深化安全教育，强化安全意识。工作人员上岗前必须进行工种技术培训和安全教育，牢记“安全第一”的宗旨。

3. 加强施工现场标准化管理，增强全员标准化管理的意识，形成一个上下都讲标准的氛围。

4. 预应力筋张拉时，千斤顶后不能站人。张拉后的锚塞不能任意撬击，以防发生事故。

5. 起落梁时严格按操作规程进行，加强统一指挥。

八、效益分析

1. 形成了一整套现场预制高速铁路后张法预应力混凝土箱梁的施工技术，对一般桥梁现场施工具有启迪和指导作用。

2. 采用折叠抽取式内模，较液压内模节约了投资，较拼装式组合钢模更能保证施工质量。

3. 采用本工法预制的梁颜色均匀，尺寸准确，棱角分明。

4. 2000 年 9 月 24 日我部梁场顺利通过铁道部质检中心认证并以总分 87.5 的成绩在整个秦沈线制梁单位中名列前茅，并于 2001 年 4 月 1 日首家一次性通过静载试验。

九、工程实例

秦沈客运专线六股河特大桥位于辽宁省兴城市境内，全长 1679m，上部结构采用 32m 箱梁，该梁全长 32.6m，上部宽 6.15m，下部宽 3m，梁高 2.7m，单片梁体吊重达 410t，共 102 榀，全部现场预制。此工程中梁体预制由中铁十二局集团一处在现场制作，采用本工法，不仅梁体内实外美，一次性合格率 100%，优良率达 98%，并且平均每月生产 25 榀梁，最高月产 38 榀，工期缩短 142d，多次受到业主表扬及嘉奖。

大跨度预弯组合梁施工工法

YJGF 62—2004

中铁三局集团有限公司

汪功伟　杨世杰　牛建成　张爱萍　徐建中

随着市政桥梁向低高大跨的方向发展，不断出现了多种梁型，钢与钢筋混凝土预弯组合梁就是其中之一。采用预弯组合梁可降低梁高，同等坡度可减少桥长降低投资，同等桥长可降低桥高减小桥坡降低汽车爬坡油耗，此梁型不需要定期维修养护，无后期维护费用。预弯组合梁预应力可控、质量稳定、外观优美等优点，已逐渐被桥梁界人士所认识，并受到广大设计人员的青睐，随着预弯组合梁的设计理论及施工工艺的不断完善和成熟，必将在全国范围内推广使用。

本工法是在我公司在上海莘奉金高速公路的 3 座立交桥施工中形成的，其预弯梁跨度为 40m，梁高 1. 35m，采用了双榀预压技术，这种施工方法使整个预弯装置及两片钢梁自成一系统，双片施工时的预压力属于系统内力，受力明确，计算简便，安全可靠，并且不需要进行高要求的地基处理来抵消预压力，节约成本。

莘奉金高速公路预弯组合梁桥断面图如图 1 所示。

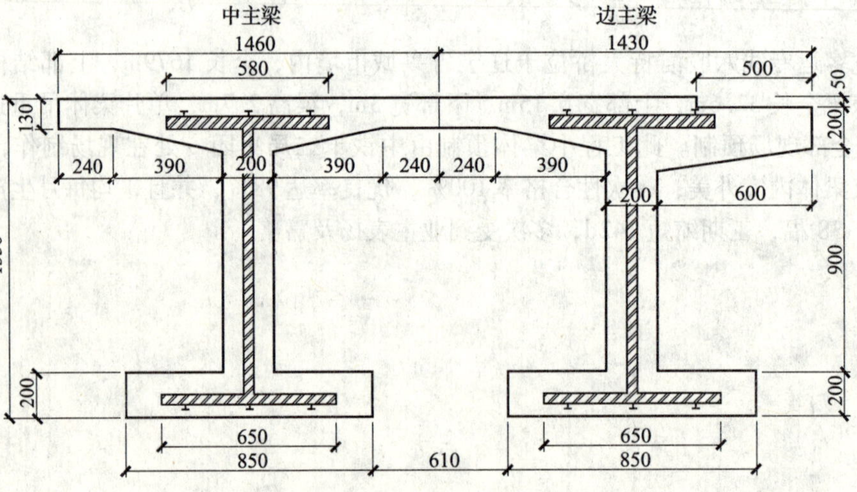

图 1　预弯组合梁桥横截面示意（单位：mm）

一、工法特点

目前，预弯组合梁的施工方法有两种。一种是单片预压，此方法施工时的预弯力全部由加力架直接承担，虽然施工高度低，操作较简单，但对加力架基础的抗拔力要求很高，投资较大。哈尔滨先锋路立交桥 38m 预弯组合梁即采用此方法施工。一种是双片对压，即将一根钢梁吊挂在荷载台横梁下，另一根钢梁倒置固定在荷载台横梁上，再在钢梁两端安装加力架，加载预压。此方法较单片预压施工投入小，生产速度快。两种现有的施工方法如下图 2 所示。

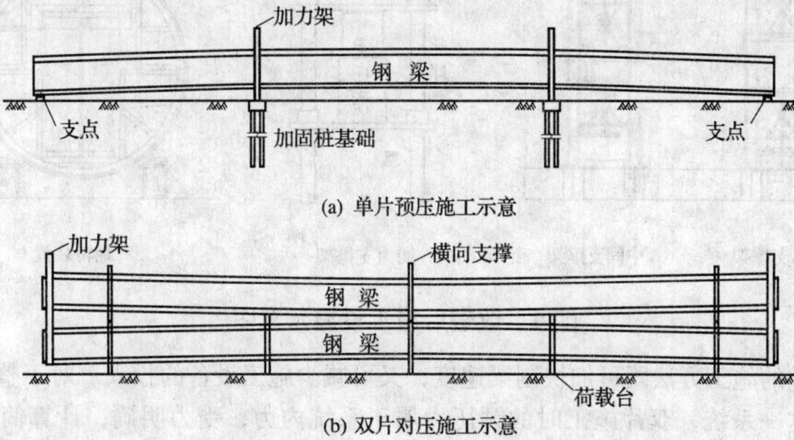

图 2 预弯组合梁施工示意图

传统双片对压的施工方法宜用于倒置钢梁翻转后对应力影响不超出允许范围的小跨度（约 20m 左右）预弯组合梁。对于大跨度预弯组合梁，钢梁正反放置施工对其卸载后的应力及挠度值影响较大，需要对先达到挠度值的钢梁进行变形限制，如采用传统双片对压的方法施工，难度很大，需要增加投入。并且，由于加力架的影响，进行挠度限制时限位点和加力点不能处于钢梁同一截面上，这将使先达到挠度值的钢梁承受额外的弯矩。另外，传统双片对压施工时，为降低系统整体高度，将千斤顶置于加力架上端进行加力。这时，操作高度在 4m 以上，即存在一定的难度，又不利于施工安全。

因此，本工法将双片钢梁对压的施工方法进行了改进，即将正反放置的两片钢梁的两端固定，预弯力由传统施工方法中的两端加压改为在中间设计预弯力作用点处安装加力支撑架通过千斤顶直接加力，使两片梁下挠（向下翼缘方向挠曲）。由于重力的作用，下面一片梁先达到设计挠度值，这时，在其设计加力点平面处下翼缘板底安装支撑块，进行挠度限制。由于挠度限位点和加力点完全处于钢梁同一垂直截面上，为使上面一片梁的挠度符合要求而继续增加的力将通过下面一片钢梁直接传给支撑块，梁体只是局部受压，对整个钢梁的挠度曲线没有影响，可以保证预弯组合梁施工质量。

改进后的预弯组合梁预弯示意图见图 3、图 4。

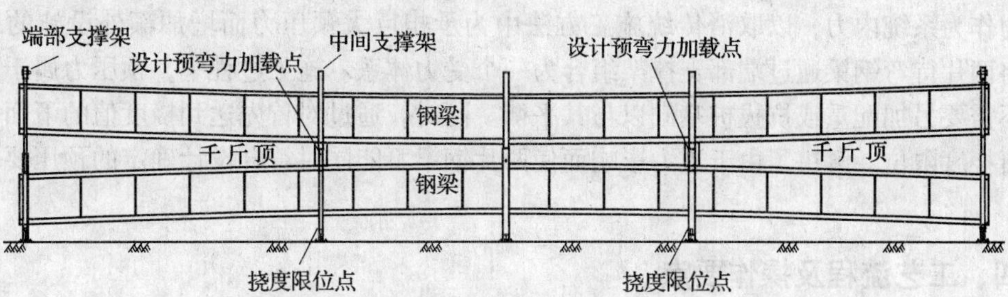

图 3 改进后钢梁预弯施工示意图

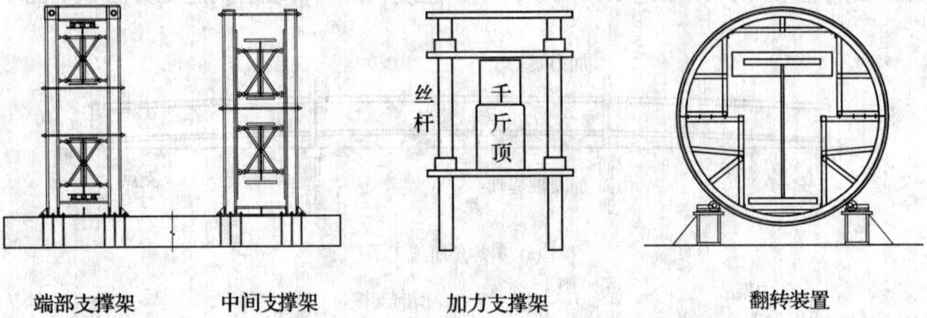

图 4　改进后施工设施示意图

经过改进的施工方法既可加快制梁速度，又可减少施工设备的投入。对于整个预弯装置及两片钢梁这一系统，双片施工时的预压力属于系统内力，受力明确，计算简便，安全可靠，并且不需要进行高要求的地基处理来抵消预压力，节约成本。

（1）采用双片对压技术，将高吨位的预压力转换为内力，不需要锚桩基础，加工设备简单，操作方便。

（2）每套设备一次性能产出两片梁，且所需施工场地小，生产速度快，劳动力使用合理，缩短施工工期。

二、适用范围

本工法适用于所有预弯组合梁的施工。对于经过精确计算，倒置预压的钢梁在翻转后重力对其自身挠度和内力影响不大的小跨度预弯组合梁，可不进行挠度限位。

三、工艺原理

钢骨预弯预应力混凝土组合梁，简称预弯组合梁，是将按照设计拱度加工的工字型钢梁的两端固定在特制的支架上，然后在距梁端约 1/4 梁跨处对称作用一对大小相等的集中预弯力，使钢梁预弯变形至挠度和内力均符合设计要求，接着浇筑下翼缘混凝土。待混凝土达到一定强度后卸去预弯力，钢梁回弹。由于下翼缘混凝土的约束，钢梁无法恢复至初始位置，其下翼缘板内产生预拉应力，下翼缘混凝土内产生预压应力。

预弯组合梁施工中最大的难点在于如何平衡上百吨的预弯力。本工法从两片钢梁双压使预压力作为系统内力，以取消传统施工方法中为承担巨大预压力而增加额外设施的思路出发，将两片待弯钢梁通过端部支撑架组合为一个受力体系。施工过程中，预压力属于系统内力，不需要另加配重或抗拔桩基础以与其平衡。同时，通过对首先达到挠度值的下面一片钢梁进行挠度限位，解决了由于重力影响而使两片钢梁不能同时符合设计确定的预压要求的问题。

四、工艺流程及操作要点

1. 工艺流程图。大跨度预弯组合梁施工工艺流程如图 5 所示。

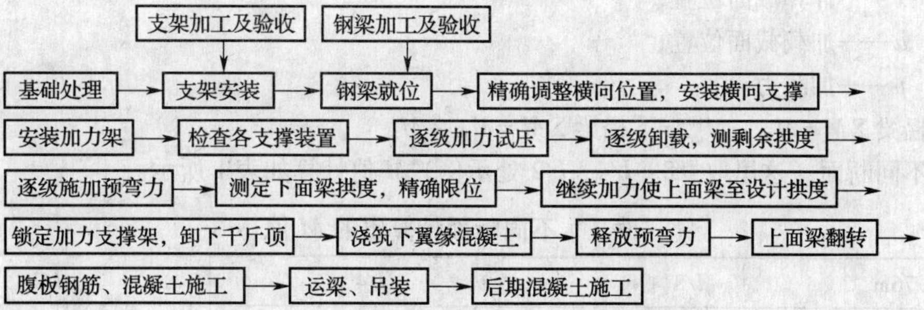

图5　大跨度预弯组合梁施工工艺流程

2. 施工准备。预弯力加力装置必须经过计算，并严格按照设计图加工、安装。加力台座要满足地基承载力及确保横向稳定的要求。液压油泵、千斤顶和压力表均应配套编号，并在使用前按有关规定送检、标定，合格后方可使用。

3. 钢梁加工。预弯组合梁工字型钢梁采用16Mn钢板，在工厂一次加工焊接成型，整体运至施工现场。

预弯前要对钢梁进行复测，主要测钢梁梁长的1/4、1/2、3/4处截面的预拱度和侧弯弧度，允许偏差为跨中拱度+8mm，跨中侧弯<3mm，并详细记录，作为预弯时的计算基数。现场复测结果均符合要求。

4. 钢梁就位固定。钢梁预弯成对进行，即一根钢梁通过两端的支点支撑于已安装好的支撑架上，另一根倒置在安装于下一根钢梁上的加力支撑架上。

梁端的加力支点采用与下翼缘相同强度等级的混凝土预制块，用环氧树脂贴在钢梁底板上。

钢梁吊入支架后要精确调整其位置，纵、横方向分别通过吊装龙门及横向限位支撑的可调螺栓来完成。位置准确后，统一检查各支撑、连接是否符合要求。确保安全。

5. 试压。为消除钢梁内部残余变形，在正式预弯前对钢梁进行试压，逐级施加预弯力。如春申路立交预弯组合梁设计要求每级加载50kN，并以跨中截面设计最终下挠幅度338mm进行控制。符合要求后锁定，让钢梁受弯一定时间后逐级卸载，同样为每级50kN，最后用水准仪测剩余挠度。试压过程消除的残余变形平均约为30mm。

6. 挠度限位。加力过程中由于两片梁重力的影响，下面一片梁的挠度较上面一片梁先达到设计值，为保证两片梁挠度同时满足设计要求，事先在下面一片梁的底板两加力点处（即距跨中7.66m的两点）用环氧树脂贴两块C60混凝土预制块，进行挠度限位。

7. 正式预弯。试弯完成即可进行正式预弯，其步骤及方法与试压相同，同样为50kN逐级加载。设计集中预压力为660kN。

上面一片梁为倒置安装，因重力影响，在集中力作用下，虽然可保持两端和跨中的应力一致，其他断面不会相等。

断面弯矩主要由钢梁自重弯矩和加载力产生的弯矩组成。

$$M_{qx} = (qlx - qx^2)/2$$

$$M_{Px} = Px(\text{当 } x\in[0,a] \cup [l-a,l] \text{ 时}) \text{ 或 } Pa(\text{当 } x\in[a,l-a] \text{ 时})$$

式中　M_{qx}——重力下断面弯矩；

M_{px}——加载力下断面弯矩；

x——计算截面位置；

a——加载截面位置；

p——加载力。

上楣梁 $\Sigma M = M_{Px} - M_{qx}$，下楣梁 $\Sigma M = M_{Px} + M_{qx}$

取不同断面（这里取 $l/8$，$l/4$，$l/2$ 处示例）M 值计算如表 1 所示。

表 1 不同断面计算出的 M 值

$L=38.76$m	$l/8$	$l/4$	$l/2$
上楣梁	$lP_1/8-7ql^2/128$	$lP_1/4-3ql^2/32$	$3lP_1/10-ql^2/8$
下楣梁	$lP_2/8+7ql^2/128$	$lP_2/4+3ql^2/32$	$3lP_2/10+ql^2/8$
ΔM	$l(P_1-P_2)/8-7ql^2/64$	$l(P_1-P_2)/4-3ql^2/16$	$3l(P_1-P_2)/10-ql^2/4$

在春申路立交预弯组合梁施工中，代入相关截面特性参数后，经过计算可得到以下结论：

（1）当以两片梁翻转后的最终拱度相等进行控制时，上面一片梁的预压力应为 817.94kN，此时上面一片梁钢梁上、下翼缘板的预应力较下面一片梁小约 1.2MPa，下翼缘板混凝土预压应力较下面一片梁小 0.38MPa。

（2）当以两片梁翻转后钢梁上、下翼缘板的应力相等进行控制时，上面一片梁的预压力应为 827.98kN，此时上面一片的挠度较下面一片梁大 1.0mm。

实际施工中，由于横向限位装置与支撑架之间摩擦阻力的影响，很难准确通过压力表的读数来确定实际施加的预弯力值，因此现场通过测量梁体跨中挠度值来控制预弯施工，即上、下面梁跨中最终挠度分别按 94mm、93mm 控制。

逐级加载过程中，用经纬仪随时观测钢梁加力点处及跨中侧向位移，如超过 5mm，立即停止加力，查找原因。同时，在每级加力完成后，用水准仪检测钢梁挠度变化值，作详细记录，如有过大或过小等异常情况，即时停止，查找原因，解决后继续加力。

当加载符合要求后，锁定加力支撑架，卸出千斤顶。

8. 浇筑下翼缘混凝土。预弯完成后先绑扎两片梁的下翼缘钢筋，然后安装模板并浇筑混凝土，覆盖、养生。

9. 释放预弯力。下翼缘混凝土强度及弹性模量达到设计值的 95% 时，重新安装千斤顶，逐级卸去预弯力，每级 50kN。

10. 翻转。卸载后将上面一片梁吊出支架，固定在圆形转盘中，翻转，移出存放。

（1）在翻转台座上设置 3 个翻转装置，分别放在 0.13L 和 1/2L 处（翻转圆盘半径为 1.0m），每个翻转装置由上、下两个半模组成。使用时先用吊车将预弯梁吊入下模，然后盖上上模，将预弯梁固定在翻转装置的内框上，以防止预弯梁在翻转过程中产生错动变形。考虑到组合梁的跨度大，横向刚度小，为增加翻转时的稳定性，在预弯梁内增设支撑杆以作加固用。

（2）翻转过程中，随着重力在结构变化中的不同作用，预弯梁翻转时的变形在不同阶段将发生不同的变形，因此，翻转时还要采取措施保持梁的可伸缩性。

（3）为保持在翻转过程中 3 个翻转盘基本同步，在圆盘面表每隔 5mm 划出标志线和读数，以作转动时控制3个圆盘的同步操作。

（4）梁体翻转完成后将转盘限位固定，然后卸下上半转盘（即翻转前的下半转盘），然后用机械设备吊出梁体，移出存梁。

11. 腹板混凝土施工。钢梁支护稳定后，按普通钢筋混凝土施工要求安装腹板钢筋，浇筑腹板混凝土，覆盖养生。

待腹板混凝土强度达到设计强度的80%时，即可移梁，安装就位，然后绑扎桥面钢筋，浇筑组合梁上翼缘及桥面混凝土。

五、机械设备（见表2）

（按两组台座，同时施工4片预弯组合梁配置）

表2 机 械 设 备

序号	名　称	规格	数量	序号	名　称	规格	数量
1	龙门吊机	25t	2	9	液压千斤顶	100t	4
2	翻斗车	0.5m^3	4	10	钢筋弯曲机	GWJ－40	1
3	装载机	ZLM－30	1	11	钢筋调直切割机	GT4－14	1
4	混凝土搅拌机	JS500L	1	12	电焊机	ZX5－400	4
5	端部支撑架	研制	4	13	振捣器	平板式	60
6	中间支撑架	研制	6	14	振捣器	插入式	12
7	加力支撑架	研制	4	15	水准仪	100I	2
8	翻转装置	研制	1	16	经纬仪	J2	2

六、劳动力组织（见表3）

表3 劳动力组织

序号	工作项目	人数	主要人员配备
1	指挥组	1	总指挥1人
2	技术组	3	土木工程师1人、试验员2人
3	质量安全组	2	质检工程师1人、安全员1人
4	施加预弯力	4	张拉工2人、测工2人
5	钢筋组	6	电工1人、焊工5人
6	模板组	6	焊工3人、木工3人
7	混凝土施工	10	电工1人、机械司机4人、混凝土工5人
8	其他	15	普工

七、质量控制

由于国内尚没有专门的预弯组合梁施工规范，实际施工中严格按照设计要求执行，对于设计未作要求的部分，按照现行《公路桥涵施工技术规范》进行。

1. 建立质量保证体系，开展全面质量管理活动，各工序指派专人负责，技术人员跟班作业。

2. 搞好工人培训，做到认真负责、操作熟练，避免违章作业。

3. 严格进行过程控制，做好各项施工记录。

4. 各施工及测量设备必须按相关要求鉴定，合格后方可使用。

5. 各工序开始施工前必须对上一工序的实施结果进行检查验收，包括钢梁焊缝及其外形尺寸、下翼缘混凝土浇筑前梁体挠度及旁弯、腹板混凝土浇筑前梁体挠度及旁弯等各项偏差是否符合设计及规范要求。

八、安全措施

1. 坚决贯彻“安全第一，预防为主”的方针，并制订具体、可行、科学的制度及相关措施。

2. 建立、健全安全管理制度和保证体系，定期检查。

3. 支架的加工与安装必须符合要求。

4. 施加预弯力前必须对支架的各连接部位及拉杆进行全面检查，并校对拉杆及横向限位支撑的内力。

5. 支点混凝土块及限位混凝土块的结构尺寸、外形、强度必须符合要求，安装位置必须准确。

6. 加、卸预弯力必须按设计要求逐级进行，并保证两千斤顶运行同步、均衡。

7. 加力千斤顶的重心必须位于钢梁中心线上。

8. 加力过程应缓慢均匀，并随时检查支架及支撑情况，如有异常，及时处理。

九、效益分析

与传统施工方法相比，本工法具有以下优点：

1. 采用本工法施工时，预压力作为系统内力，受力明确，计算简单，可确保施工安全。

2. 不需另外的设施来平衡施工中所加的预压力，减少了施工设备的投入。

3. 两片预弯钢梁同时进行预压，加快了制梁速度，缩短了工期。

十、工程实例

位于上海南部的莘奉金高速公路（北段）工程，北起（上海）莘庄立交，南至沪光路，全长4400m，双向八车道。其中春申路立交桥、金都路立交桥和剑川路立交桥是本工程范围内的三座主线跨线立交，各有一跨40m预弯组合梁，共计66片。其预弯钢梁采用16Mn钢。裸钢梁梁长38.76m，腹板高1110mm，腹板厚20mm，上翼缘板宽580mm，下翼缘板宽650mm，上、下翼缘板为变厚（18mm、28mm、45mm），每片梁总用钢量为21.96t。跨中初始上拱度为245mm，两预弯力加载点距梁中7660mm，对称布置。预加力660kN，以50kN逐级加载，设计下挠幅度为338mm，即最终下挠度为93mm。支撑点距裸钢梁梁端220mm。预弯过程中设计横向支撑力为每62kN/3m。下翼缘为C60混凝土，当其强度及弹性模量值达到95%以上时，释放预弯力，然后浇筑腹板混凝土。全部66片预弯组合梁已于2002年9月架设完成，质量良好，达到设计要求。

旧桥改造之桥梁同步顶升施工工法

YJGF 63—2004

天津城建集团有限公司工程总承包公司

杨　勇　田乃婷　汪济堂　徐政华　宋成国

随着海河两岸改造工程的启动，位于市内跨海河的桥梁的改造开始提上议事日程，这些桥梁具有结构完整，功能完好等特点，部分桥梁更是见证了天津市的历史，但是这些桥梁由于建造时间比较长，已经显得不能满足城市进一步发展的需要，特别是通航高度的不足更是如此。而采用同步顶升桥梁上部结构是解决通航净空不足的一个很好的方法。一方面能够不损坏现有桥梁结构，另一方面对交通的影响范围和影响时间也比较小，可以大大舒缓对交通带来的压力。

一、工法特点

1．运用位移闭环控制理论结合液压控制系统，以位移量作为控制对象，实现力位控制。

2．顶升位移控制准确，控制精度高，避免桥梁在顶升过程中产生形变，从而影响桥梁结构的应力变化，不影响使用寿命。

3．液压同步系统可以 24h 连续工作，因此桥梁同步顶升可以连续作业，施工工期短，有利于减轻由于断交而带来的交通压力。

4．工程综合造价低。

二、适用范围

1．桥梁同步顶升技术适用范围广，如旧桥改造顶升，桥梁调坡改造，桥梁支座更换等。

2．运用液压技术，顶升荷载较大，适用于跨河桥梁，现浇箱梁，预制板梁、预制箱梁，钢箱梁等。

三、工艺原理（见图 1）

液压同步提升是一项成熟的建筑构件提升安装施工技术，但是在同步性要求更高、顶推力要求更大的桥梁顶升移位施工中，应用还是非常少见的。基于液压同步顶升技术应用于大吨位物体的提升和下放的现状，结合桥梁顶升施工技术特点，引入闭环控制理论，将桥梁的顶升位移作为受控参数，形成位移闭环控制，再通过压力闭环控制，调节液压系统的出缸或收缸，从而达到对桥梁的同步顶升、下放的目的。其顶升过程可保持桥梁结构的完整性、顶升过程的同步性。

四、工艺流程及操作要点

1．工艺流程（图 2）

2．现场勘查，明确设计要求

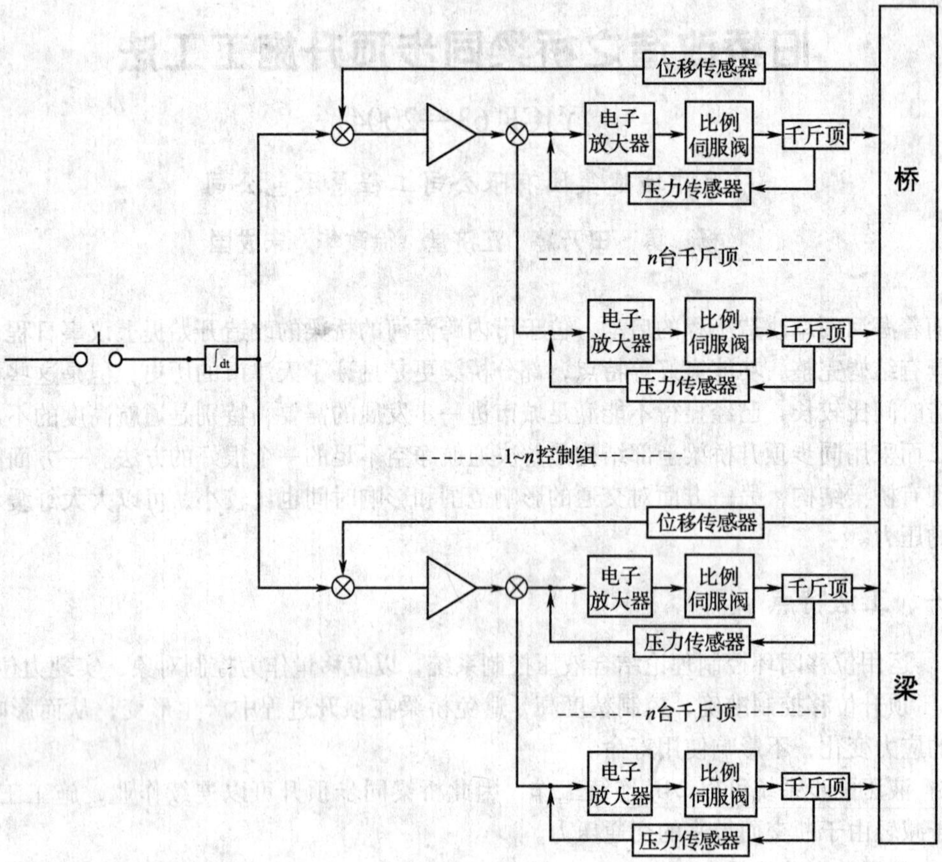

图 1　工艺图

（1）明确桥梁顶升的目的、顶升高度及顶升要求。

（2）根据桥梁原图纸计算桥梁荷载分布。

（3）分析桥梁结构，计算桥梁破坏极限，确定顶升控制精度。

（4）根据桥梁结构形式，确定千斤顶分布。

（5）合理划分控制区域。

3．编制施工方案

（1）顶升基础处理。

（2）顶升支撑的形式、布置方式。

（3）千斤顶安装方法

（4）临时支撑的形式及安装方法

（5）限位的形式、布置方式。

（6）在桥梁顶升时，制定安全应急措施。

（7）保证工程质量措施。

4．施工准备

（1）支撑基础处理，满足顶升荷载要求。

（2）千斤顶及临时支撑位置处理。

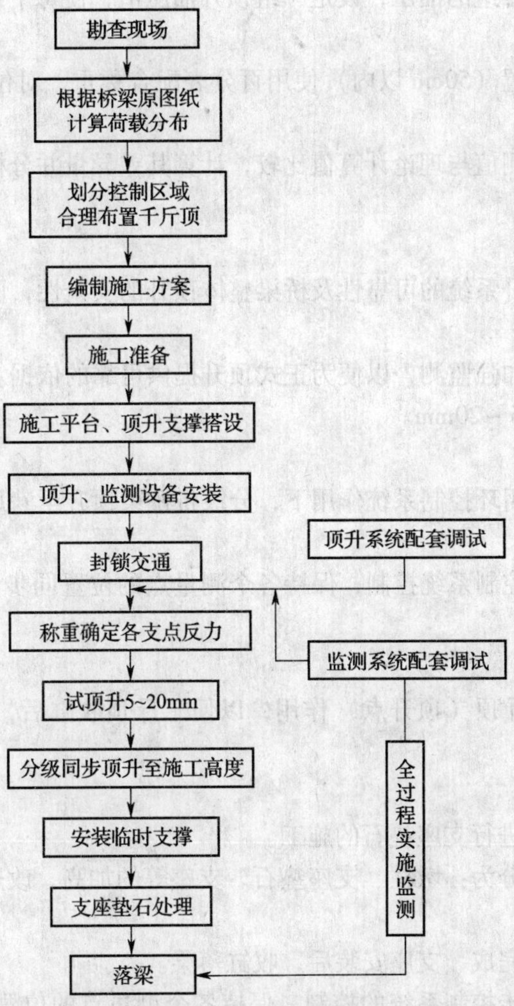

图2　工艺流程

（3）横纵向限位的制作、安装。

5. 设备安装

（1）根据支点反力大小，千斤顶的上下应设置钢垫板以分散集中力。

（2）根据顶升高度及操作的难易程度，千斤顶可倒置安装。

（3）千斤顶安装时应保证千斤顶的轴线垂直，以免因千斤顶安装倾斜，在顶升过程中产生水平分力。

（4）在每个支撑点位置，千斤顶或垫块与梁体及顶升支撑的接触面面积必须经过计算确定，不得超出原结构物混凝土强度范围，保证结构完整。

6. 桥梁顶升

（1）称重。

①称重是为了保证顶升过程的同步进行，在顶升前应测定每个顶升点处的实际荷载。

②称重时依据计算顶升荷载，采用逐级加载的方式进行，在一定的顶升高度内（5 ~

10mm），通过反复调整各组的油压，设定一组顶升油压值，使每个顶点的顶升压力与其上部荷载基本平衡。

③在顶升点附近位置（50cm 以内）使用百分表配合称重，对位移传感器测得的位移量进行校验。

④将各点的称重实测值与理论计算值比较，计算其差异量并分析其原因，确定顶升的基准值。

（2）试顶升。

①主要用于检验顶升系统的可靠性及桥梁整体顶升的安全性，同时检验称重结果的真实性、可靠性。

②试顶升过程中要加强监测，以便为正式顶升提供可靠的依据。

③试顶升的高度为 5 ~ 20mm。

（3）顶升。

①各千斤顶在力位闭环控制系统作用下，分级将桥梁顶升至满足支座垫石施工所需的空间高度。

②顶升过程由同步控制系统控制，保持各个测量点的位置同步误差小于桥梁破坏极限，且同步精度 <1cm。

（4）倒撑。

用临时支撑代替千斤顶（顶升点）作用，以便千斤顶收缸后，增加千斤顶下部的支撑垫块。

7．支座垫石处理

（1）根据设计要求进行支座垫石的施工。

（2）支座垫石处理分为：墩柱、支座垫石、支座等的加高、改造、更换。

8．落梁

（1）支座垫石处理完成、支座安装后，收缸落梁。

（2）落梁过程由同步控制系统的控制，保持各个测量点的位置同步误差小于桥梁破坏极限，且同步精度 <1cm。

（3）梁体荷载全部转移到支座上，千斤顶不再承托梁体荷载时，落梁结束。

五、材料（见表 1）

表 1　材　　料

序号	材料名称	单位	数量	备　　注
1	千斤顶垫块	套	n	高度与千斤顶行程一致
2	临时支撑	套	n	根据荷载大小设置相适应的支撑
3	钢垫板	块	若干	
4	木楔块	套	n	与临时支撑相对应
5	螺栓	套	若干	用于垫块间的连接
6	高强灌浆料		若干	梁底找平（可用砂浆代替）

六、机具设备（见表2）

表2 机具设备

序号	设备名称	单位	数量	备　注
1	同步操作顶升系统	套	1	
2	泵站	台	n	根据荷载要求设定
3	千斤顶	台	$m \times n$	每台泵站设定 m 台千斤顶
4	位移传感器	个	x	x = 控制区域数量
5	百分表	套	若干	配合称重
6	水平仪	台	1	顶升位移监测
7	经纬仪	台	2	横纵向水平位移姿态监测

七、劳动力组织及安全

1. 劳动力组织

（1）现场总指挥1名，全面负责现场指挥作业。

（2）结构工程师1名，协助总指挥工作，总指挥不在时，代行总指挥职责。

（3）监测人员3名，负责监测桥梁的姿态位移、顶升位移、结构的变形等，实时将监测结果汇总，报现场总指挥。

（4）同步系统控制人员1人，根据总指挥的命令对液压系统发出启动、顶升或停止等操作指令。

（5）液压工程师2人，负责整个液压系统的安装与调试，维护与保养，检查与维修等。并根据总指挥的指令调整液压元件的设置。

（6）壮工若干名，负责顶升过程中的劳务作业。其工作内容包括施工准备时的场地清理、顶升时的垫铁安装等。

2. 安全措施

（1）建立健全的管理组织系统，从项目经理部下至生产班组设立专职或兼职安全员，负责安全生产工作。从组织上保证施工安全顺利进行。

（2）进入现场的施工人员必须遵守国家颁布的《建筑安装工程安全技术规程》，正确使用好各种劳动保护用品，机电设备一定要有专人负责，定期检查，以确保电器、机具设备的正常运转。

（3）各工序在施工前，技术人员必须向各班组施工人员进行安全技术交底，使全体施工人员对施工的全过程及每一细节的安全注意事项了如指掌，否则不得上岗。

（4）各工种施工人员，必须严格按照本工种的施工技术规范和操作规程执行，在施工中如发现有违章作业、违章指挥、安全员有权停止作业。

（5）各技术工种上岗作业必须持证上岗。

（6）对进场的液压设备进行检查验收。要求压力管无老化、无裂纹，保证接头的连接牢固，并满足液压设备的压力要求。

（7）液压泵站相关的压力检测设备应有专业检测部门的检验并有出厂合格证。

（8）千斤顶应具有压力自锁功能，防止在出现故障的情况下，千斤顶不受力。

（9）液压泵的电动机应有绝缘电阻遥测，确保完好有效。

（10）设备的电气部分，安装应符合临时用电安全管理标准。

（11）现场配备备用电源，防止突然断电。

（12）配合桥梁顶升所搭设的施工平台，应符合安全管理标准及脚手架（碗扣支架）搭设规范。施工平台及所有临边按临边防护规定搭设防护设施。

（13）顶升平台和限位平台施工应符合模板施工安全技术要求和规范。

（14）桥梁抬升工程中设置相应的横、纵向限位装置，以防止桥梁抬升过程中发生水平位移。

（15）千斤顶安装就位，应保证顶升方向与千斤顶出缸方向一致，避免在顶升过程中产生水平分力。

（16）顶升设备安装后应进行调试，确保各顶升点的千斤顶出缸自由、可控。

（17）桥梁顶升前应对施工区域进行封闭，并设警卫人员看守，以防止非工作人员和车辆进入。

（18）应联系河道（道路）管理、监管部门，批准停航和饶航（断交或导行），并设置夜间警示标志。

（19）制定应急措施预案，组织配备救援人员和器材、设备等。应急预案应符合施工现场应急预案技术管理标准。

八、质量要求

1．桥梁顶升过程：同步顶升精度控制在桥梁破坏允许范围内，且同步精度 $<1cm$。

2．顶升后高程：设计标高 $\pm 3cm$。

3．顶升姿态：顶升姿态水平方向 $<1cm$。

九、效益分析

结合城市跨越式发展的步伐，顶升后的旧有桥梁既经济又合理，为今后的桥梁改造维修开辟新的途径；同步顶升技术在旧有桥梁顶升工程中应用，填补我国桥梁顶升施工领域的空白。

从经济效益来看，桥梁顶升费用通常是桥梁本身造价的10%～30%，这其中未包含节省时间所产生的效益。

从施工工期来看，拆除旧有桥梁、新建桥梁的建设工期需约一年的时间，而桥梁的顶升施工，包括前期准备仅需3～6个月。按投入产出计算的话，投资小，见效快。

从社会效益来看，我国古建筑及具有历史价值及人文价值的桥梁众多，这在市政建设中难免与现实规划产生冲突，通过桥梁的顶升移位可以弥补城市规划的缺憾，无疑会最大程度地减少对它的破坏，因此产生的不仅是经济价值，其中还包含了很高的社会价值。

从环保角度来看，既保护了环境，又节约了资源，同时还减小了对周边居民的影响。同时在城市改造中，一些有历史纪念价值或者还有使用价值的桥梁影响了城市规划的总体需要，通过桥梁整体同步顶升技术的研究推广，可以采用桥梁整体同步顶升来满足城市规划的要求。

十、应用实例

2003年7月~2003年10月狮子林桥抬升工程——国内首例整体同步顶升桥梁。桥梁结构为简支单悬臂形式，桥梁同步顶升1.271m。

2004年3月~2004年5月北安桥抬升工程，桥梁同步顶升1.555m。

以上均采用桥梁同步顶升施工工艺，桥梁顶升后经有关检测单位检验，桥梁整体结构保持完好，仍具有较高的使用价值。

空间扭曲变截面箱型钢梁制作工法

YJGF 64—2004

天津六建建筑工程有限公司

肖广福　周晓鹏　么敬裕　王立明　付美银

本文介绍了应用于天津博物馆钢结构工程中三维空间变截面箱型梁的制作工艺。重点解决了制作中遇到的空间扭曲变截面箱型梁的深化、组装问题，厚板焊接质量保证问题。

本工法关键施工技术通过了市建委、市科委的技术鉴定成果，获 03 年国家级优秀 QC 成果奖，获建设部钢结构协会颁发的“钢结构金奖”和 2004 年度“鲁班奖”工程。

一、特点

本工法中的箱形梁为三维空间造型，箱形梁体积大，线条大体上分为上下弯曲兼有左右扭曲。所有制作中的关键数据都为三维空间控制点。箱形梁截面的渐变收缩和腹板、盖板的扭曲弯曲使钢材在放样、切割、下料、组装方面都存在着很大的难度。由于板材较厚，在焊接方面既要保证焊缝内部质量又要保证焊缝的外观质量。

本工法针对工程中的技术难点、关键点加以分析，通过应用计算机软件将三维空间的箱型梁进行深化施工图设计，采用专业放样技术解决了曲线钢梁的下料难题，通过设置立体胎架进行空间异型结构的定位组装，焊接过程中对构件的变形进行了有效的控制。

本工法通过对空间异型结构箱型梁制作工艺的具体实施，有效地解决了制作中的难题，保证了箱型梁的制作精度，满足了设计要求及外观要求。

二、适用范围

随着钢结构工程的迅猛发展，钢结构工程越来越向着大型、异型、三维空间方向发展。本工法适用于大型、特殊形状的钢结构工程中，三维空间变截面箱型构件的加工制作。

三、工艺原理

深化设计、充分利用计算机的优越性能是空间异型钢结构的工作核心和技术难点，借鉴国外钢结构同行先进的施工方法，把在平面内的工程图纸应用 AutoCAD 软件复合到空间，建立 1:1 的空间三维建筑模型，在模型上面进行各种数据的测量。

在制作中，曲线的放样和切割是一个比较困难的过程。应用专业的放样软件 X－STEEL。在电脑里输入有关数据，通过软件强大的自我分析，绘制出需要的曲线，并可以打印到 1:1 的排版图上，在钢板上以排版图为样板，用半自动气割机进行切割。

应用计算机软件模拟施工现场条件进行建筑物空间三维建模，给之后的制作和现场吊装带来了很大的方便，给以后继续开发这种方法提供了宝贵的经验。

四、工艺流程及操作要点

本工法针对工程中的技术难点、关键点加以分析，通过应用计算机软件将三维空间的箱型梁进行深化施工图设计，采用专业放样技术解决了曲线钢梁的下料难题，通过设置立体胎架进行空间异型结构的定位组装，焊接过程中对构件的变形进行了有效的控制。

1．深化设计

本工法中充分利用计算机的优越性能，借鉴国外钢结构同行先进的施工方法，把在平面内的工程图纸应用 AutoCAD2002 软件复合到空间，建立 1∶1 的空间三维建筑模型，在模型上面进行各种数据的测量。

2．确定工艺流程（见图1）

通过对设计图纸的深化、优化而得到的深化详图，具体而详细，这一步骤工作质量直接影响到整个工程。深化工作的圆满完成使以下的制作工序大大降低了技术难度。制作工序依次为：1）放样和号料；2）切割；3）成形加工；4）制孔工艺；5）矫正；6）组装；7）焊接；8）防腐工程。

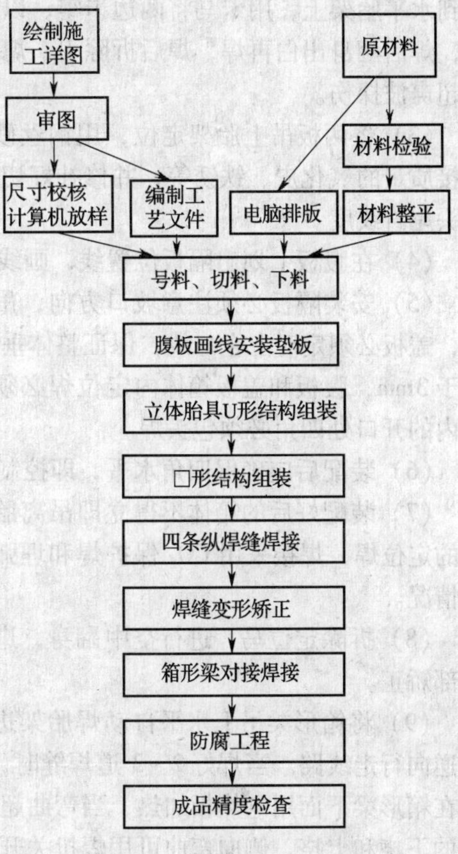

图1　三维空间扭曲箱形梁制作流程图

3．曲线放样

在制作中，曲线的放样和切割是一个比较困难的过程。为此，应用了专业的放样软件X－STEEL。在电脑里输入有关数据，通过软件强大的自我分析，绘制出需要的曲线，并可以打印到1∶1的排版图上，在钢板上以排版图为样板，用半自动气割机进行切割，并把断面打磨光洁。

4．组装

箱形梁在组装过程中，由于腹板的弯曲而需要做胎架（见图2）。

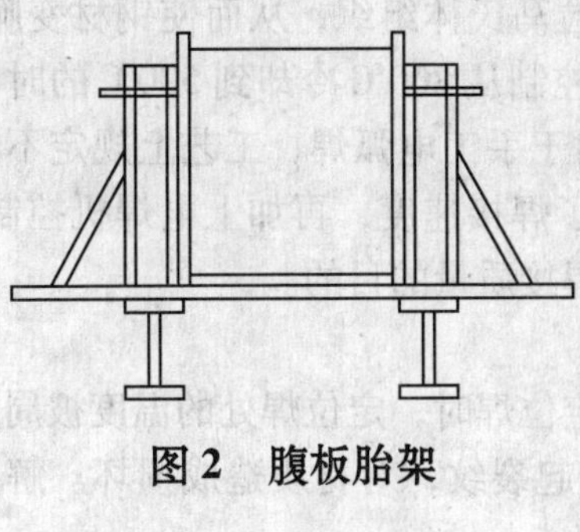

图2　腹板胎架

先把切成曲面形的箱形梁腹板固定在胎架上，然后在腹板上固定隔板，用盖板去靠腹板的边和隔板，这样盖板随着腹板的边缘曲线而弯曲，点焊固定后再以此做另外一块盖板，最后焊接另外一块腹板。焊接过程中，焊接应力可能会使箱形梁的曲率发生改变。因此，为了保证箱形梁的尺寸，要进行矫正。矫正的方法是做一标准的曲率模型，以它为样板进行火工矫正。火工矫正时应注意不能损伤母材，加热温度不能超过规定温度。箱形梁制作要领：

（1）箱形梁内隔板根据焊接收缩余量进行放样制作。

（2）箱形梁盖板、腹板拼接时应在未焊接前在胎架上画线找准位置。将要拼接的腹板吊到水平胎架上，用卡马将两边卡牢，以防焊接时产生侧向弯曲。焊接均采用双面埋弧自动焊，焊后翻身出白再焊，焊后拆除引、熄弧板后进行尺寸检验及火工矫正。矫正后焊缝需符合超声波探伤。

（3）将两板吊上胎架定位，用钢丝砂轮清除焊接坡口及焊缝周边宽30mm范围内影响焊接质量的氧化皮、铁锈等，并修补好切割缺陷，同时安装焊透区域处的垫板，垫板焊接注意头尾直线度。

（4）在腹板上划出隔板位置线，画线须加放焊接收缩余量。

（5）安装隔板必须注意坡口方向，吊装盖板，盖板长度过长不宜吊装时，须用吊排吊装，盖板必须定对上企口线，保证整体垂直度，用L100×10撑对垂直度，保证对角线差不大于3mm，腹板和盖板箱体内定位焊必须由电焊工焊接，箱体内搭焊焊角为6mm，且在箱体内的开口处四角必须包头焊。

（6）装配后应确保四角水平，即控制箱体扭曲度、外形尺寸及直线度。

（7）装配好后的箱体不得立即吊离胎架，须先将腹板与隔板的焊逢焊好以及腹板和盖板的定位焊，焊接采用CO_2保护焊和埋弧焊，在焊接过程中采用对称焊接，并随时测量变形情况。

（8）拆除定位马，进行空中翻身，进行另一面的腹板和盖板的定位焊，结束后要进行局部矫正。

（9）将箱形梁吊上水平自动焊胎架进行自动焊接。焊接时应两台焊机同时施焊，且采用逆向行走线路。当焊好2~3道焊缝时，为防止较大的应力使箱形梁产生过大的单向弯曲，可在箱形梁下面用电热板加热，当弯曲超过10mm时，可通过调节预热板的温度来控制箱形梁的下挠和上挠，侧向弯曲可用焊机关开来控制。

5. 焊接

（1）在焊接过程中，对构件变形的控制采用了如下的措施：

下料、装配时，根据制造工艺要求预留焊接收缩余量，预置焊接反变形。装配前，矫正每一构件的变形，保证装配符合装配公差表的要求。使用必要的装配和焊接胎架、工装夹具、工艺隔板及撑杆。在用一构件上焊接时，应尽可能采用热量分散，对称分布方式施焊。

（2）针对钢板要求较厚，经研究并结合实际施工特总结厚板5.7焊接工艺要点如下：

厚板焊接t（8/5）值及焊接规范控制，厚板焊接一个重要的问题是焊接过程中焊缝热影响区由于冷却速度较快，在结晶过程中最容易形成粗晶粒马氏体组织，从而使钢材变脆，产生裂纹几率增大。因此在厚板焊接过程中，一定要严格控制从800℃冷却到500℃的时间即t（8/5），及控制焊缝热影响区尤其是焊缝融合线处。对于手工电弧焊，工艺上规定不同直径的焊条有其所焊接的长度，焊工按此执行，从而确保了焊接速度，再加上电焊机控制，就可以达到控制焊接线能量的输入，进而达到了控制厚板焊接质量的目的。

定位焊的控制

定位焊是厚板焊接最容易出问题的部位。由于厚板在定位焊时，定位焊处的温度被周围的“冷却介质”很快冷却，造成局部过大的应力集中，引起裂纹，对材质造成损坏。解决的措施是厚板在定位焊时，提高预热温度，加大定位焊缝长度和焊接尺寸。

五、材料

本工程主要材料为 Q235b 碳素结构钢，所有进厂材料均附有生产厂家的材质证明书。检查原料尺寸控制在允许范围内，并妥善保管材料。材料的使用严格按排版图和放样配料卡进行领料和落料，实行专料专用，严禁私自代用。

六、机具设备（见表 1）

表 1　钢结构工程制作主要施工机械设备

序号	机具名称	数量	备　注
1	数控直条多头切割机	2	
2	型钢自动组立机	2	
3	门式埋弧自动焊	2	
4	半自动焊	2	
5	H 型钢矫正机	2	
6	端面铣	1	
7	抛丸除锈机	1	
8	摇臂钻	2	
9	剪板机	2	
10	二氧化碳气体保护焊	3	
11	碳弧气刨	1	
12	带锯	1	
13	万能铣床	1	
14	电渣焊	1	
15	气焊	15	

七、劳动力组织（见表 2）

表 2　劳动力计划表

级别 / 工种	按工程施工阶段投入劳动力人数
	制作阶段
下料工	6
组立工	10
焊工	10
矫正工	6
钻孔工	6

续表 2

级别 / 工种	按工程施工阶段投入劳动力人数
	制作阶段
喷漆工	8
拼接工	8
测工	4

八、技术要求

1. 此结构所选用的钢材必须有出厂合格证及原始资料，同时要求进厂的钢材必须经复试合格后方可使用。

2. 选择性能良好，使用功能齐全的加工设备，要求厂内制作部分 H 型钢翼缘板采用单面45°坡口对接，腹板采用单面45°坡口斜接。

3. 焊条应具有出厂合格证或材质报告，要求电焊条使用前应用烘干箱进行烘干，使用埋弧焊接选用的焊丝及焊剂必须与所用的母材相配套。

4. 此钢构件制作完成后需进行抛丸除锈，要求除锈后 24h 之内涂上底漆，底漆采用喷刷，要求保证油漆的漆膜厚度满足设计要求。

5. 所有操作人员必须严格按技术、质量、安全交底内容执行，要求焊接人员必须持证上岗。

6. 此钢结构型钢要求焊接的对接焊缝须作超声波探伤试验，检测等级为二级。

7. 钢结构为提高制孔精度采用钻模制孔。钻套用中碳钢制成，须进行淬火处理，钻模内孔直径应比设计孔径大 0.3mm，钻模厚度不宜过大，一般用 15mm 左右。

8. 为保证制作精度，钢构件下料时要预放收缩量，预放量视工件大小而定，一般工件在 40～60mm，重要的又大又长的工件要预放 80～100mm。

9. 制定合理的焊接顺序是不可少的，当几种焊缝要施焊时，应先焊收缩变形较大的横缝，而后焊纵向焊缝，或者是先焊对接焊缝而后再焊焊角焊缝。

10. 焊接钢梁的主焊缝应在组装加劲肋板零件之前焊接。主焊缝的焊接顺序应按焊后变形需要考虑其焊接顺序应交错进行。

九、安全措施

1. 参加施工的特工作业人员必须是经过培训，持证上岗。施工前对所有施工人员进行安全技术交底。进入施工现场的人员必须戴安全帽、穿防滑鞋，电工、电气焊工应穿绝缘鞋，高空作业必须系好安全带。

2. 作业前应对使用的工具、机具、设备进行检查，安全装置齐全有效。

3. 操作面应有可靠的架台，护身，经检查无误，进行操作。构件绑扎方法正确，吊点处应有防滑措施，高处作业使用的工具，材料应放在安全地方，禁止随便放置。

4. 起吊构件时，提升或下降要平稳，避免紧急制动或冲击。专人指挥，信号清楚、响亮、明确，严禁违章操作。构件安装后必须检查其质量，确实安全可靠后方可卸扣。每天工作必须达到安全部位，方可收工。

十、质量要求

本工法严格执行现行国家标准《钢结构工程施工质量验收规范》（GB 50205—2001）。

钢结构制作工程主桁架检查测量表（表3）。

表3　钢结构制作主桁架架检测测量表

主桁架		构件编号	ZHJ1～10									
序号	检查项目	允许偏差（mm）	实测偏差（mm）									
			1	2	3	4	5	6	7	8	9	10
1	总弦长 L	$L/200 \ngtr 15$										
2	ZHJ1 主梁间距 a_1	±5										
3	ZHJ1 主梁间距 a_2	±5										
4	拱高	±5										
5	扭曲	$h/250 \ngtr 10$										
6	旁弯 e	$L/2000 \ngtr 10$										

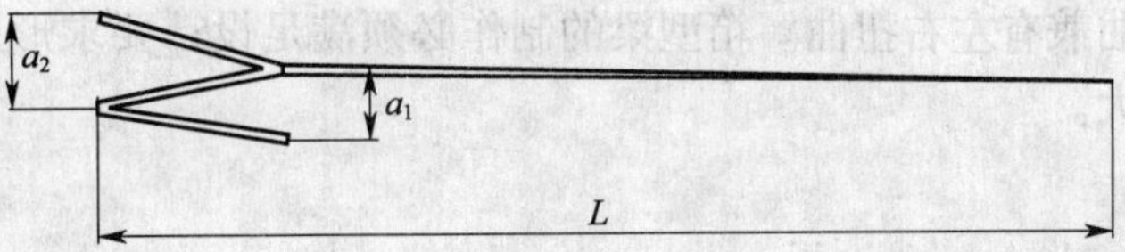

十一、效益分析

本工法的实施，取得了良好的经济效益和深远的社会效益。

1．质量方面

十根箱型梁制作质量优良，制作精度符合设计要求和规范规定，全部验收一次成优，使制作工期比计划提前15d，受到了甲方和监理的一致好评。

2．社会效益

空间扭曲箱型梁制作质量优良，达到了设计意图，受到甲方和监理的一致好评。市委、市建委有关领导多次到工地视察参观，给予了高度评价，并且吸引了日本及国内众多钢结构设计及施工企业的注意，先后到我施工现场进行参观交流。进一步加大了我公司向钢结构高科技发展的步伐，取得了良好的社会效益。

十二、应用实例

应用工程名称：天津博物馆。

地点：天津博物馆坐落在天津市河西区友谊路与平江道交口，紧邻天津青少年活动中心和天津宾馆大礼堂。

开竣工日期：2002年8月～2003年10月

建筑面积：34000m^2。

应用效果实景照片（图3）。

图3 天津博物馆实景

本工法应用于天津博物馆工程。该工程建筑外形为飞行中的天鹅，线条简洁生动美观，为典型的仿生学建筑。其天鹅造型全部采用钢结构制作，身体中央部分为长约80m的10根空间扭曲变截面箱型梁构成的中央幕墙骨架结构，箱型梁为天鹅造型中天鹅背部与长颈连接过渡的部分，它是由箱型梁轴线绕基准轴旋转而成，控制点全部为空间三维坐标，整个箱型梁线条分为上下弯曲兼有左右扭曲。箱型梁的制作必须满足设计要求形成平滑的空间曲线，制作安装难度相当大。

大面积钢屋盖多吊点、非对称整体提升工法

YJGF 65—2004

深圳建升和钢结构建筑安装工程有限公司

鲍广鉴　王　宏　徐重良　刘家华　韩敬海

随着经济的发展，建筑师设计的结构越来越复杂，跨度越来越大，造型越来越新颖、别致。同时现代人生活节奏增快，市场条件瞬息万变，导致业主对工期的要求也越来越高。传统工艺已无法满足需求，需要施工单位采取各种手段进行对施工工艺进行变革，将最新的科研成果应用于施工生产。以提高效率，保证质量，节约劳动力和时间。

广州新机场飞机维修设施工程位于新机场北区，总建筑面积103413m^2。该工程建成后，可同时容纳4架宽体客机在内维修，是我国目前已建、在建飞机维修库中跨度及覆盖面积最大的一个。屋盖结构采用型钢桁架，跨度为100m＋150m＋100m，进深跨度100m。屋盖桁架高度最高10.5m，安装在29.3m钢－混凝土柱上，屋盖总重量近8000t，施工难度大。因需与新机场同步使用，施工工期短，为此，承建单位进行多种施工方案比较，先后淘汰了高空分段拼装、滑移等方案，最后确定采用地面拼装、液压整体提升工艺。使用该工艺可将高空安装转移至地面。操作安全性得到了保障，安装质量也易于保证；降低了拼装高度，减少了施工措施的安装时间，节约了工期。

一、工艺特点

1. 通过提升设备扩展组合，提升重量、跨度、面积不受限制。

2. 采用柔性索具承重，只要有合理的承重吊点，提升高度与幅度不受限制。

3. 提升油缸锚具具有逆向运动自锁性，使提升过程十分安全，并且构件可在提升过程中的任意位置长期可靠锁定。

4. 提升系统具有毫米级的微调功能，能实现空中垂直精确定位。

5. 设备体积小，自重轻，承载能力大，适宜于在狭小空间进行大吨位构件提升。

6. 现场采用实时网络控制系统，设备自动化程度高，操作方便灵活，安全性好，可靠性高，适应面广，通用性强。

二、适用范围

本工法从整体提升结构设计与分析、整体提升同步性控制、到提升系统开发，适用于大面积、大跨度、大吨位空间桁架或网架结构。

三、工艺原理

1. 计算机控制液压同步提升施工，即采用“钢绞线悬挂承重、液压千斤顶集群、计算机控制同步”法，结合现代化施工工艺，将成千上万吨的构件在地面拼装后，整体提升到预定位置安装就位，实现大吨位、大跨度、大面积的大型构件高空整体同步安装施工。

2. 本工程整体提升工艺有大面积、大吨位、大跨度、多吊点、荷载差大、非对称、屋盖在平面内刚度差、提升高度相对较低等特点，故选取上拔式的提升方法。将液压千斤顶设置在提升平台上，悬挂钢绞线的上端与千斤顶穿心固定，下端与桁架上弦用吊具连接牢固，千斤顶夹着钢绞线往上提，从而将钢屋盖提升到安装位置。

四、工艺流程（见图1）

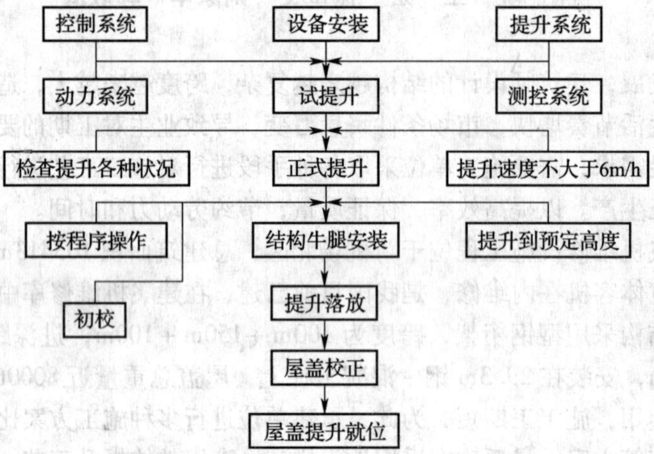

图1　工艺流程

五、施工要点

1. 构件从制作厂散件运输至现场进行分段构件的拼装。
2. 分段构件拼装完成后倒运至相应提升位置进行地面整体拼装。
3. 根据分析确定屋盖结构的支撑钢柱（下部为混凝土柱）全部作为提升吊点。
4. 计算各提升点所需提升反力，并以此为根据布置千斤顶，千斤顶布置考虑以下原则：
（1）在自重作用下的柱顶支座反力。
（2）选择，350t，200t 千斤顶。
（3）根据桁架与柱的连接对称布置（两端部可选择单边布置）。
（4）考虑1.5倍提升储备系数。
5. 本工程共设12个提升吊点，30个油缸。
6. 按照各提升点提升油缸数量及规格，设计千斤顶支撑平台。提升平台设计按如下原则。
（1）提升平台高于柱顶3.5m。
（2）3.5m高提升塔架立柱与原钢柱相同。
（3）平台面积满足千斤顶布置。
（4）平台采用悬挑箱形钢梁结构。
（5）提升锚固端设在桁架上弦。
（6）钢梁上开槽满足钢绞线安装。
7. 地面拼装完成后，释放所有约束进行屋盖结构的整体提升：计算机控制液压同步提升系统由钢绞线、提升油缸集群（承重部件）、液压泵站（驱动部件）、传感检测及计算机控制（控制部件）和远程监视系统等几个部分组成。提升油缸数量确定之后，设置 LP12 作为主令提升吊点，其他提升吊点均以主令吊点的位置作为参考来进行调节，每台提升油缸上安装 1 套位置传感器，通过现场实时网络，主控计算机决定提升油缸的动作，保持 12 个点提升同步，以平均 6m/h 速度进行屋盖结构的整体提升。

8. 提升到位后，进行屋盖就位安装，拆除油缸钢绞线。割除临时支撑及塔架，提升工艺完成（整体提升见图 2）。

图 2　整体提升图

六、主要机具、设备

行走式塔吊或履带吊：各 1 台；

350t 提升油缸：20 台（其中 1 台备用）；

200t 提升油缸：12 台（其中 1 台备用）；

液压泵站：10 台；

小液压泵站：4 台；

控制柜：2 台（其中 1 台备用）；

激光测距仪：13 台（其中 1 台备用）；

激光测距仪通信盒：16 只（其中 3 只备用）；

压力传感器：18 只（其中 2 只备用）；

A/D 通信盒：12 只（其中 2 只备用）；

通信中继器：40 台（其中 5 只备用）；

油缸信号盒：40 只（其中 8 只备用）；

油缸位置传感器：40 只（其中 8 只备用）；

油缸锚具传感器：70 只（其中 6 只备用）；

电线：若干；

油管：若干。

七、劳动力组织

劳动力要根据工程的用钢量、面积、结构规模和允许展开的作业面积进行组织，表 1 为工程量为 4200t 左右的劳动力需求建议。

表1　劳动力需求建议

工种	人数	工作内容
项目经理	1	现场总指挥、组织协调
项目总工	1	全面负责整体提升安装技术
测量工程师	1	全面负责测量放线、轴线及标高检测
质量安全员	2	负责工程质量监督和安全生产
工长	6	负责钢构件地面拼装的技术、质量、安全等
电焊工	25	端头板和现场钢构件地面拼装焊接
安装钳工	20	安装调校、钻孔
起重工	20	钢构件移动、地面拼装吊装
油漆工	8	钢构件防腐油漆
电工	2	负责安装过程用电
测量工	12	基础复测、测量放线、轴线及标高检

八、质量控制

1. 保持提升速度在4m/h左右，尽量减小动态对结构的影响。

2. 同步控制提升过程是由千斤顶在各提升点同步工作下完成的。提升系统中设置一个标准提升点。并保证差值在±15mm以内。

3. 钢柱进行应力-应变测试。

九、安全注意事项

1. 在钢绞线承重系统中增设了多道锚具，如上锚、下锚、天锚等。

2. 每台提升油缸上装有液压锁，防止失速下降；即使油管破裂，重物也不会下坠。

3. 液压泵站上安装有安全阀，通过调节安全阀的设定压力，限制每点的最高提升能力，确保不会因为提升力过大而破坏结构。

4. 液压和电控系统采用连锁设计，通过硬件和软件闭锁，以保证提升系统不会出现由于误操作带来的不良后果。

5. 控制系统具有异常自动停机、断电保护停机、高差超差停机等功能。

6. 控制系统采用容错设计，具有较强抗干扰能力。

7. 在提升的过程中，应指定专人观察地锚、钢绞线等的工作情况。若有异常，直接通知指挥控制中心。

8. 应备有灾害天气的应急措施。

十、工程实例及效益分析

1. 2003年6月22日，广州飞机维修设施工程钢屋盖正式提升。经过两个白天的运行，行程26.8m，于6月23日下午5时许稳稳地提升到位。24日和25日进行结构钢牛腿的安装，庞大的钢屋盖于26日下午顺利地落放至设计标高位置，大面积钢屋盖整体提升安装宣告圆满成功。由于采用了整体提升方案使本工程无论在经济效益、提高技术水平，还是在缩短工期等诸方面都取得了明显的效果。

2. 设备与措施的投入：钢屋盖采取地面组拼、整体提升技术，仅用1台塔吊和1台履带吊作为主要拼装设备，并采1套提升设备就能够完成2万多m、重达4300t的钢屋盖安装到位。若按常规施工方法（高空分段拼装、整体吊装或高空滑移等）相比，可明显节约大量的拼装脚手架、胎架等措施和大吨位吊车的成本。

3. 工期效益：整体提升有低位安装的便利优势；有大吨位、大跨度、大面积的大型构件高空整体同步提升规模趋向大型化的优点，施工周期短，为广州新机场的投入使用运营创造了条件。

4. 施工安全。大型钢结构在地面组装，降低高空作业的人员与设备风险，为安全生产、文明施工创造了条件。

5. 大吨位、大跨度、大面积钢屋盖采用计算机控制液压同步提升技术，无论从设计到施工都是一次尝试，将为以后类似工程提供宝贵的经验。

6. 总结大面积大跨度超重型钢屋盖整体提升技术，形成施工工艺，确保我公司在这方面技术优势，为公司与三局承接工程创造条件。同时从结构设计、整体提升同步性控制、到提升系统开发、全方位总结，并形成工法，向全国建筑行业类似工程积极推广。

7. 在整体提升施工过程中，建设部、中建总公司、市政府主要领导、省市建设系统领导以及建筑业、海内外同行多次来现场视察参观，进一步扩大了影响，大大地提高了我企业知名度和信誉。

8. 机库特大重型钢屋盖整体提升技术的成功，将为中国建筑新技术的交流、推广与发展发挥重要作用。

大跨度箱形变截面钢筋混凝土拱施工工法

YJGF 66—2004

中国建筑二局第三建筑公司

施锦飞　张公义　倪金华　罗琼英　闵学军

采用大跨度箱形变截面钢筋混凝土拱作为屋面结构主要受力构件，并且为变截面和箱形，以体现结构合理性和减轻自重，应用于桥梁方面比较普遍，而应用于体育建筑及会展中心等大型公共建筑，无先例。体育建筑的屋顶结构，普遍为钢结构。钢结构设计、施工经验成熟。就施工技术而言，钢筋混凝土拱结构施工工艺复杂，关键控制点多，涉及面广，施工难度大。

通过本工法的应用，解决了体育建筑及会展中心等大型公共建筑中拱结构采用钢筋混凝土材料施工、跨度在110m以上、又是箱形和变截面拱的施工技术难题，在成功施工实例的基础上，总结编制了本工法。

一、特点

1. 拱跨度大，拱的跨度在110m以上。

2. 拱的建筑材料为钢筋混凝土而不是钢材，用钢筋混凝土材料建造大跨度拱结构的施工方法比钢结构拱的施工方法复杂得多。

3. 拱的造型为变截面，拱顶、拱中心线、拱底三弧不同心，与通常的等截面拱，就施工技术而言，要困难得多，并且由于采用变截面拱，两拱之间钢筋混凝土连系桁架的高度、角度、位置、方向都不相同，并且只能高空现场施工作业。

4. 由于结构构造需要，变截面拱设计为封闭式的箱形拱，在每榀桁架与拱的相交处设拱的加强肋，为了确保混凝土结构的耐久性，施工完后箱形拱内不允许留置模板，必须全部拆出。

5. 由于工程的重要性和结构设计上的考虑，拱脚与承台之间不能留置施工缝，混凝土拱结构的施工质量、要求达到内坚外美的清水混凝土效果。

二、适用范围

本工法适用于体育建筑、会展中心等大型公共建筑。

三、工艺流程

工程桩验收──→土方开挖──→破桩头──→混凝土垫层施工──→拱脚承台、拉梁施工──→拱下部承台、基础梁施工──→回填土──→拱支撑架基础（垫层）──→搭设拱支撑架──→拱底模板支设──→拱体分段（每段按模板──→钢筋──→混凝土工序进行流水）施工──→封拱──→养护──→拆除拱底模板。

四、施工要点

1. 拱施工流水段的划分

(1）分段原则。

①分段位置要使拱的支架受力对称、均匀和变形最小为原则。

②拱体分段施工缝留设应考虑桁架施工和避开拱肋范围，便于模板安装和拱内模板拆除。

③混凝土的浇筑顺序，两拱应沿拱轴线方向分段对称、由下向上、同步浇筑。

④各段的接缝面要与拱轴线垂直。

(2）拱的分段。

沿拱轴线方向分段，第 1 个施工缝位置设置在拱脚处，其余施工缝设置在拱的加劲肋上下端各 1600mm 处，最高处设为封拱段，长度约 2m 左右（以拱顶垂直中心线为对称轴，两边均匀留设）。

通过特殊的施工流水段的划分技术，解决箱形拱内模板拆除困难和变高度、变角度、变方向、变标高的钢筋混凝土桁架施工难题。

2. 模板设计与施工技术

模板分拱脚模板、拱体模板、桁架模板。而拱顶、拱中心线、拱底的三弧不同心与高度、角度、方向、位置、标高均不相同的桁架给模板设计方案、加工尺寸与安装质量提出了很高的要求。

(1）拱体模板。

拱体模板由拱底模板、拱外侧模板、拱内侧模板、拱顶模板和支撑件、连接件等组成，为保证拱体达到清水混凝土效果，外侧模板采用酚醛树脂镜面模板；内模板考虑拆模方便采用企口木板，施工段的划分考虑箱型拱内狭小空间的拆模，拱体外底模整条拱一次对称安装就位。拱内外侧模板用穿墙螺杆固定，如图 1 所示。

①外底模板。外底模板在拱顶处最大预留拱度为 100mm，在拱脚处预留拱度为零，其余各处按圆弧曲线起拱。脱模剂选用无色水质型脱模剂。外模板嵌缝材料采用透明玻璃胶。

②外侧模板。外侧模板采用 18mm 厚酚醛树脂复面木胶合板，木肋 50mm×100mm 松木方（竖向布置），水平钢管 $2\phi48\times3.5$。外侧模板呈扇形分块布置。外侧模板之间的竖向拼缝是沿拱轴线的法线方向。

③外顶模板。外顶模板采用 18mm 厚酚醛树脂复面木胶合板，木肋采用 5 根 50mm×100mm 松木方，木肋沿拱顶纵向布置，模板按段分块布置，标准模板长度为 1200mm，每段末尾剩余尺寸不足 1200mm 时，按实际尺寸加工一块非标准模板补缺。拱顶附近坡度渐趋平缓，当混凝土浇灌时能保持自稳不向下流淌时，可以不使用外顶模板。

④内底模板。内底模板采用 20mm 厚松木企口板，木肋采用 3 根 50mm×100mm 松木方沿拱内底纵向布置，内底模板分块配制。标准模板长度为 2000mm，每段末尾剩余尺寸不足 2000mm 时，按实际尺寸加工一块非标准模板补缺。然后向其余各段周转使用。对拉螺栓孔位置应与外底模板的螺栓孔位置相对应。

⑤内侧模板。内侧模板分块及编号与外侧模板相对应，如外侧模板 Y1 对应的内侧模板为 N1。在外侧模板放样的基础上放出内侧模板。

内侧模板采用 20mm 厚松木企口板，木肋采用 50mm×100mm 松木方沿拱径向布置。内、外侧模板的对拉螺栓孔位置应一致。

⑥内顶模板。内顶模板采用 20mm 厚松木企口板，木肋 3 根 50mm×100mm 松木方沿拱纵向布置，内顶模板分块配置，第一段配足，然后逐段周转使用。

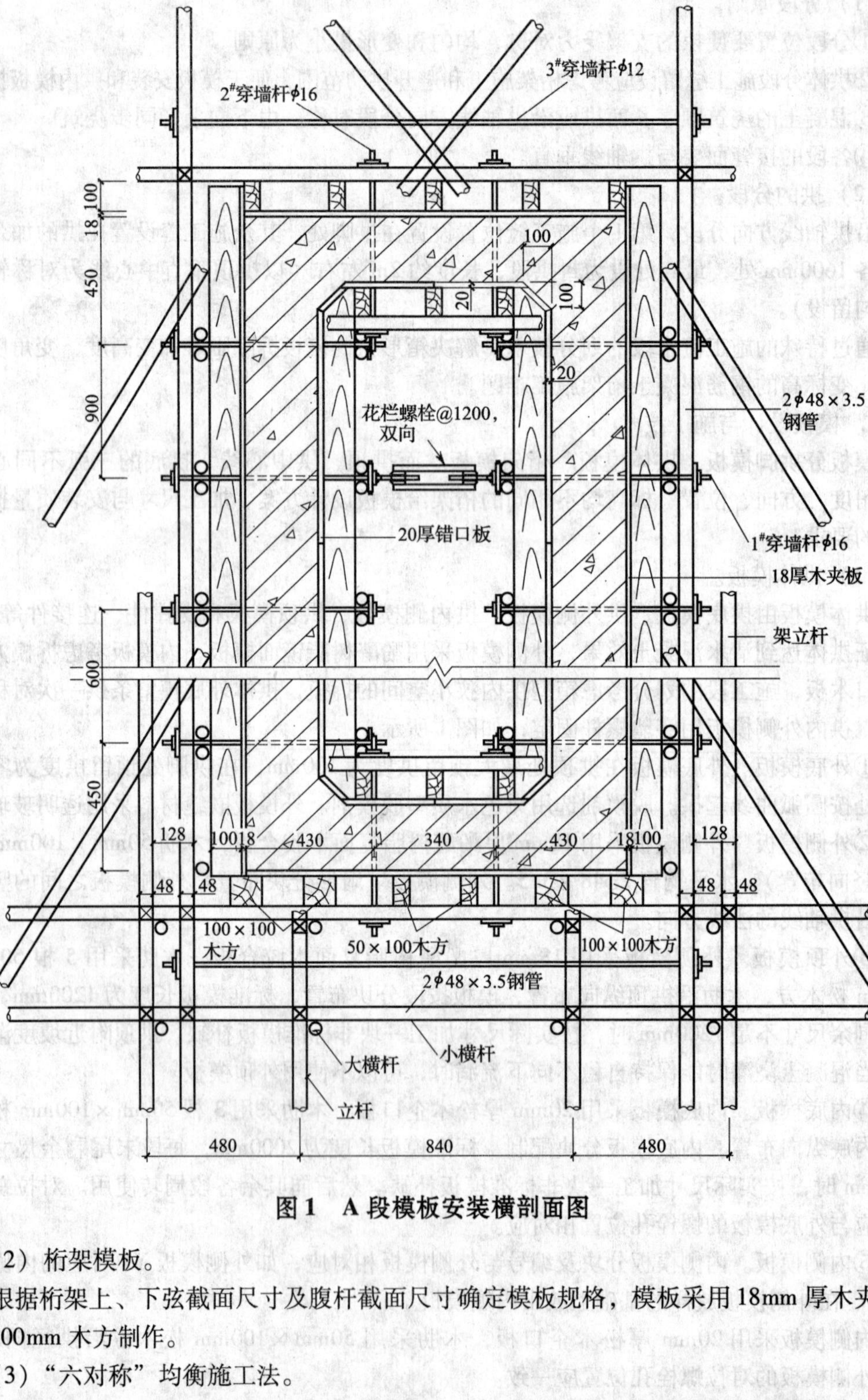

图1　A段模板安装横剖面图

(2) 桁架模板。

根据桁架上、下弦截面尺寸及腹杆截面尺寸确定模板规格，模板采用18mm厚木夹板和50×100mm木方制作。

(3)“六对称”均衡施工法。

“六对称”均衡施工法，是指双拱对称施工；每拱施工时支撑架对称搭设和拆除；模板对称安装和拆除；混凝土浇筑时从两拱脚开始向顶部逐段对称施工；桁架对称施工；桁架混凝土浇筑从两端向中心推进对称施工。

“六对称”均衡施工法，其关键在施工过程中用工序对称来保证结构施工中的受力对称；保证模板和支撑体系受力均匀不变形。在施工实践中，如在支撑架的搭设中，稍有不慎，就出现过支撑架偏位的情况，造成局部返工。因此，在以后的施工过程中，十分注意对称施工，如果混凝土浇筑过程中，由于不对称施工造成拱轴线偏位，将造成永久性缺陷，甚至造成施工技术的失败。

（4）承台与拱脚整体浇筑法。

按常规做法，桩基承台混凝土可以单独浇筑，这种施工工艺比较合理并为拱脚架子、模板安装提供了坚实的基础和正确的尺寸，并且采取拱脚处承台面下凹 200mm 作为拱承台与拱脚底部的施工缝，拱脚与承台分两次浇筑。但设计要求承台与两拱脚混凝土一次性整体浇筑，不能有施工缝。在工程施工中，做好模板设计、混凝土配合比设计。浇筑过程中，承台采用斜面分层，循序渐进的方法。采取从拱脚模板预留入口进入模板内振捣混凝土，并采用电子测温技术，确保大体积混凝土施工质量。

（5）清水混凝土施工技术。

大跨度箱形变截面钢筋混凝土拱为外露构件，拱结构混凝土质量必须达到内坚外美的效果。故在普通混凝土的验收标准上，制定如下质量标准：

①轴线通直，弧度、半径尺寸准确。

②棱角方正、线条顺直、弧形美观。

③表面平整光滑、色泽一致。

④表面无明显气泡，无砂带和黑斑。

⑤表面无蜂窝、麻面、裂纹和露筋现象。

⑥模板拼缝、对拉螺杆和施工缝留设要有规律性并且美观。

⑦模板的拼缝接缝和施工缝处无挂浆、漏浆。因此对所采用的施工方法、选用材料的品质、操作人员的技能和施工管理水平等均有很高的要求。

根据拱施工的特点，从测量放线、钢筋、模板、混凝土配合比设计、混凝土搅拌、混凝土运输、混凝土浇筑、混凝土振捣、混凝土养护及成品保护等方面，采取相应的施工技术措施，在整个拱的施工过程中，保证各道工序施工的连贯一致性，精心组织施工，达到预期的效果。

（6）封拱技术。

封拱施工为本工程的重点和关键，封拱对技术、环境温度以及施工方法都有严格的要求。由于建筑工程施工规范中没有钢筋混凝土拱封拱技术要求，我们参照桥梁混凝土拱的施工要求执行。

封拱时间选择在日平均气温接近当地年平均气温的时间来浇筑。在浇筑混凝土之前，将整个拱身用自来水淋湿，待拱体混凝土温度降到最低点后方可浇筑。

封拱混凝土强度等级执行设计要求。拱混凝土配合比由中心实验室配制。坍落度、初凝时间及终凝时间由试验确定，搅拌站专人负责配合比计算。浇筑混凝土时应从一侧下料待拱体对面混凝土与底层基本相平时再从另一面下料，以防空气堵在底板中间。

（7）拱施工测量控制技术。

该工程拱结构的轴线控制及高程控制是测量工作的关键和难点，根据该结构的施工特点，对该结构各阶段轴线控制，将采用平行侧面借线方法；高程采用吊挂钢尺进行抄测。

在施工各阶段过程中，为掌握重要的拱结构轴线位移与沉降情况，及时发现沉降与变形的程度，提供可靠的变形数据，在各施工过程中对拱结构进行沉降和变形观测。每次观测后的成果均与首次成果比较，计算沉降量，每次观测结束后，都要检查计算结果是否正确。将观测数据列入沉降观测的成果表中。

为了随时掌握拱架支撑、拱结构和拱脚的变形情况，按照施工程序在支设模板、钢筋绑扎、浇筑混凝土以及拱底模板拆除前后的各个阶段对拱结构及拱脚进行变形观测。

五、质量控制措施

为控制好拱的施工质量，主要采取了以下措施：

1. 钢筋工程

（1）用于拱的钢筋都应有出厂质量证明书或检验报告单。

（2）拱结构主筋实测强屈比不应小于1.25，实测屈服强度与强度标准值的比值λ应为：$1 \leqslant \lambda \leqslant 1.25$。

（3）进行钢筋机械连接和焊接的操作工人必须经过技术培训、考试合格，持证上岗。

（4）套筒挤压钢筋连接必须做好挤压线和控制线以保证连接质量，冷挤压接头的施工现场检验与验收详见《钢筋机械连接通用技术规程》（JGJ 107）和《带肋钢筋套筒挤压连接技术规程》（JGJ 108）。

（5）拱体施工缝外250mm处要安放钢筋定位框，以保证拱体主筋位置和混凝土保护层。

（6）钢筋工程在支模前必须进行隐蔽工程验收。钢筋绑扎分项工程允许偏差见表1。

表1　钢筋绑扎分项工程允许偏差表

序　号	项　目		允许偏差（mm） 国家标准	允许偏差（mm） 内控标准
1	承台板钢筋网间距		±20	±15
2	拱体、桁架箍筋外包尺寸		±5	±4
3	拱体、桁架主筋间距		±10	±8
4	拱体、桁架箍筋间距		±20	±15
5	承台板马凳铁高度			±5
6	受力钢筋保护层	承台板	±10	±8
		桁架	±5	±4
		拱体	±3	±3

2. 模板工程

（1）模板安装严格按“模板方案”进行，如需要修改时必须取得编制者的同意。

（2）模板安装时必须先放线、验线之后进行。放线时要弹出中心线、边线、支模控制线。

(3) 模板及其支架必须有足够的承载能力、刚度和稳定性，能可靠地承受新浇混凝土的自重和侧压力，以及在施工过程中所产生的荷载。

(4) 桁架下弦模板应起拱，起拱高度为20mm。

(5) 模板安装的允许偏差见表2。

表2 模板安装的允许偏差表

序号	项目		允许偏差（mm）	
			国家标准	内控标准
1	轴线位置	承台	5	3
		拱体、桁架	5	2
2	底模上表面标高		±5	+2　−5
3	截面尺寸	承台	±10	±5
		拱体、桁架	+4　−5	+3　−4
4	拱模垂直度		6	5
5	相邻两板表面高低差		2	1
6	表面平整度（2m长度内）		5	4
7	预埋件中心线位移		3	3

3. 混凝土工程

(1) 选择资质、信誉可靠的商品混凝土搅拌站，供应质量可靠的混凝土。自设混凝土搅拌站应进行详细可靠性、可行性设计。建立可靠的搅拌站运行和质量管理制度，经严格评审后才能允许生产混凝土。

(2) 泵送混凝土配合比要根据施工现场泵的种类、泵送距离、输送管径、浇筑方法、气候条件确定。

(3) 商品混凝土进场，第1车必须有“开盘鉴定”，要有混凝土等级、坍落度、初终凝时间及搅拌时间等，不合格者，立即退场。

(4) 在混凝土浇筑地点，每2h检查1次混凝土的坍落度，如发现混凝土有异常情况，随时抽查。

(5) 在浇筑混凝土前，对模板内的杂物和钢筋上的油污等应清理干净，对模板的缝隙和孔洞应予堵严。

(6) 每段的混凝土浇筑要连续进行，当必须间歇时，其间歇时间宜缩短，并须在前层混凝土初凝之前，将上层混凝土浇筑完毕，若因故前层混凝土已初凝时，须按施工缝处理。

(7) 拱底板混凝土浇筑，为了保证混凝土充满底板，在内底模板上必须留$\phi 12$排气孔，并派专人观察，浇筑到位要立即封严。

(8) 在混凝土浇筑过程中，对模板及支撑体系进行沉降及变形观察。

(9) 按规定及时做好混凝土标养试块以及同条件养护试块，并按时送检。

(10) 混凝土允许偏差见表3。

表3　混凝土允许偏差表

序号	项　目		允许偏差（mm）	
			国家标准	内控标准
1	轴线位移	承台板	15	12
		拱体、桁架	8	6
2	标高	拱体每段标高	±10	±8
		拱体全高	±30	±20
3	截面尺寸	承台板	+8　-5	±5
		拱体、桁架	+8　-5	+6　-4
4	拱体垂直度	每段	8	5
		全高	25	15
5	表面平整度（2m长度内）		8	6
6	预埋件中心位置		5	5

六、安全控制措施

1. 每道工序要做好安全交底，操作地点必须达到安全要求方能进行操作。

2. 脚手架按要求搭设，充分利用“三宝”。

3. 手持电动工具要戴绝缘手套，并设有漏电保护装置。

4. 高空作业人员操作时必须精神集中，手用工具放入工具袋，避免物品掉下。凡患有高血压、心脏病、贫血等不适合高空作业人员不得进行高空作业。

5. 六级以上大风天停止作业。

6. 季节性操作工人要配备必要的劳保用品。

七、主要机械设备（见表4）

表4　主要施工机械设备表

序号	名　称	数　量	型　号
1	塔吊	2台	H3/36B（$R=60$m）
2	混凝土搅拌机	2台	JSY-350
3	混凝土输送泵	2台	HBJ30
4	插入式振动器	16台	
5	平板式振动器	2台	
6	电焊机	2台	$BX_3-500-2$
7	钢筋冷挤压机	4套	
8	木工手电锯	4台	
9	木工电刨	1台	MIB103A
10	木工手电钻	8台	

续表4

序号	名　　称	数　量	型　　号
11	小翻斗车	6套	
12	空压机	1台	
13	压路机	1台	
14	蛙式打夯机	4台	

八、劳动力组织

合理而科学的组织劳动力，是保证工程顺利进行的重要因素之一，必须周密计划，合理调度，实行动态管理，使劳动力始终处于动态控制中。

拱结构施工高峰期人数为200人，平均人数为130人，总工期为131d，总用工为17030工日。

劳动力计划：钢筋工32人，木工48人，混凝土工24人，架子工40人，其他60人。

九、技术经济效益

通过合理的流水段的划分、模板和支撑体系的合理设计和施工、“六对称”均衡的施工方法、清水混凝土施工技术及科学合理的施工测量控制技术，提高了施工速度，保证了工程质量，创经济效益112.54万元。

十、工程实例

清华大学综合体育中心工程是1座集体育比赛、办公、会议、教学、演出及电视转播于一体的多功能5000座体育建筑（见图2）。建筑面积12600m^2，首层建筑面积8584m^2，地上3层，檐高15m，比赛场地平面呈椭圆形，长轴84.5m，短轴65m，沿椭圆形轴线均匀布置26根高15m变截面钢筋混凝土柱；长轴方向设二道间距为18m、跨度为110.016m箱形变截面钢筋混凝土拱，拱顶标高29m，拱顶断面高1.8m，拱脚断面高度4.5m，拱顶曲率半径74.586m，拱底曲率半径65.704m，拱中心线曲率半径70.00m，箱形结构壁厚250mm；外形尺寸宽×高为1200×（1800~4500），空腔尺寸为700×（1300~4000）。两道拱间轴线距离18m，由12榀现浇钢筋混凝土桁架联系并对称布置；现浇钢筋混凝土桁架垂直于拱侧面，且于拱侧面高度同高，每榀桁架的高度、角度、方向、位置、标高均不相同。工程实例照片见图2，110.016m箱形变截面钢筋混凝土拱的几何尺寸见图3所示。

图2　工程实例照片

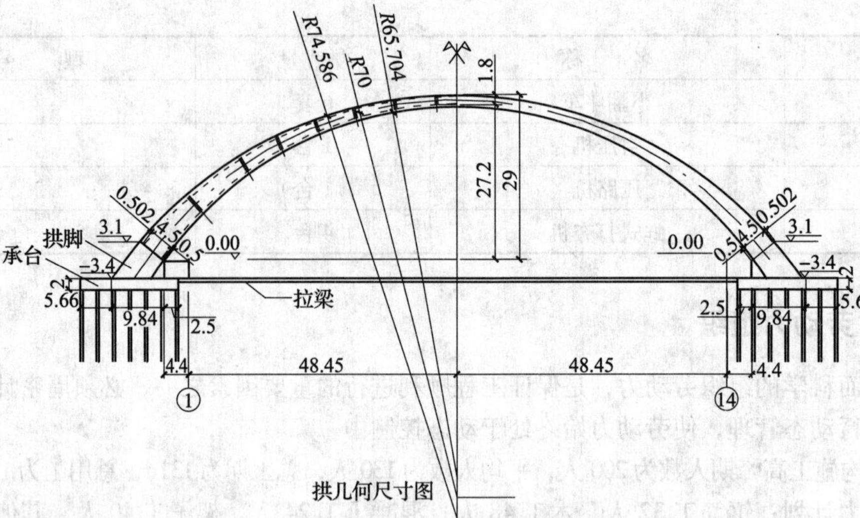

图3　拱的几何尺寸图

本工法通过特殊的施工流水段的划分技术，解决箱形拱内模拆除困难和变高度、变角度、变方向、变标高的钢筋混凝土桁架施工难度大等问题；通过独特的模板设计技术解决了所有模板尺寸都不同的问题；通过“六对称”均衡施工法解决了双拱施工中荷载、温度应力、结构变形、轴线控制等施工均衡性问题；通过承台与拱脚的整体浇筑法，解决了形状复杂、大体积混凝土浇筑高度高的难题；通过制定高于普通混凝土的清水混凝土的质量标准，保证外露结构达到内坚外美的要求；通过引进桥梁施工的封拱技术，解决了拱结构受力变换的问题；通过施工测量控制技术保证了三弧不同心、模板起拱、平面形状复杂的定位问题。经变形观测结果统计：拱脚水平位移动4.6mm（设计要求6mm）预拱度100mm，实测为南拱78mm，北拱74mm，拱顶标高为29.02m和29.016，垂直偏差、水平、位移、垂直度误差及施工中拱的下沉均满足设计及规范要求。

从国内文献和Internet网上检索查新，国内大跨度混凝土拱形结构多用于桥梁施工建设，屋顶用混凝土双拱结构及箱形施工技术均有报道，从其文献看，未见有与本工法特点完全相同的文献和专利报道。与国内外类似技术比较，本工法具有创新性先进性、适用性和可操作性的特点，2002年1月29日，中国建筑总公司科技开发部组织召开了大跨度箱形变截面钢筋混凝土拱综合施工技术成果鉴定会，鉴定结论为：大跨度箱形变截面钢筋混凝土拱综合施工技术达到国内领先水平。该项成果获得北京市科学技术进步三等奖、中建总公司科学技术进步二等奖，取得了很好的社会效益和经济效益。在国内外同类结构工程建设中具有示范性和指导性。

钢管混凝土柱与钢筋混凝土环梁组合框架节点施工工法

YJGF 67—2004

山西省第一建筑工程公司

李德明　张若征　田素卿　王小红　牛武功

钢管混凝土柱与混凝土环梁组合框架节点体系，在山西首次出现，并应用于高层建筑工程中，早在前几年广州就出现了该体系，我们组织观摩后发现各自施工方法不一致，且存在一定的问题，主要体现在方法不简单、质量不理想等等，对此，我们开展 QC 小组攻关活动，并改进了他们的作法，总结出一套既保证质量、又提高工效的施工方法，现编制如下：

一、特点

1. 该体系占地面积小、承载力高。
2. 施工速度快，质量易保证，观感效果好，还能有效降低成本。

二、适用范围

本工法适用于高低层工业与民用房屋建筑工程中的钢管混凝土柱与混凝土环梁组合框架节点施工作法。

三、工艺原理

在直径 700mm 的钢管柱上端节点处，焊 2ϕ25 环筋，其内浇筑高强混凝土，又在其上端外周设有钢筋混凝土环梁，要求环梁骨架的箍筋与钢管柱上的 ϕ25 环筋之间，保证上下均有 20mm 的距离。(即其间距内为素混凝土)，再将框架梁钢筋锚入环梁中，并与混凝土共同作用形成钢管混凝土柱与环梁组合框架体系，由于剪力在环梁根部最大，故其节点处的最大剪力，主要靠焊在钢管柱上的 2ϕ25 环筋来承担，这就是该体系的工艺原理，详见图 1。

四、工艺流程

M_1 埋件、钢管柱、环梁钢筋制作──→安装固定 M_1 ──→定位弹线──→首层钢管柱安装──→支环梁及框架底模──→环梁钢筋骨架安装──→框架梁钢筋安装──→支环梁、框架梁侧模及楼板底模──→绑扎楼板钢筋──→浇筑混凝土──→混凝土养护──→上层钢管柱对接──→再从“支环梁及框架梁底模”起，以后程序均与上类同。

五、操作要点

1. M_1埋件、钢管柱、环梁钢筋制作

(1) M_1埋件制作：M_1是稳固钢管柱的基座埋件：由直径 900mm 的环型钢板下焊 24ϕ25 钢筋制成，并配有 3ϕ30 的螺栓，是用于调整其位置和水平度的，均在工厂内制作。

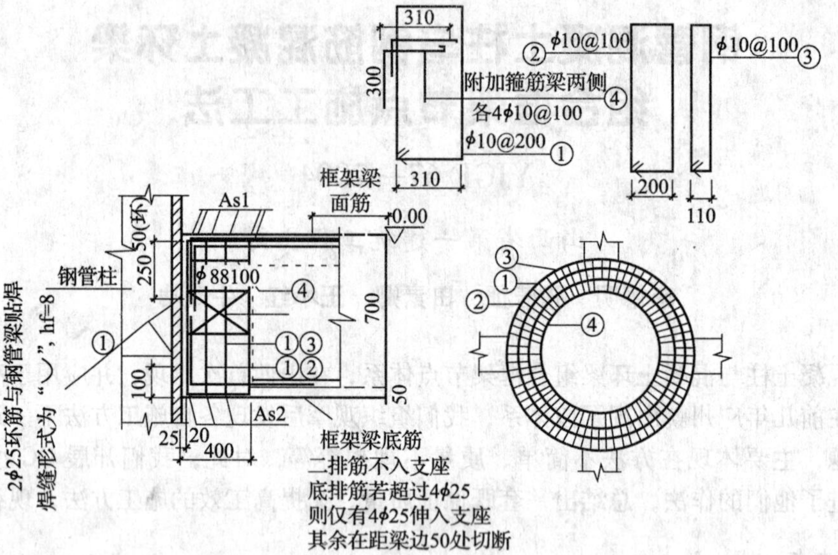

钢管混凝土柱环梁　　环梁箍筋平面位置示意

图1　钢管混凝土柱及环梁节点图

注：要求 2ϕ25 抗剪环筋与环梁箍筋需有 20mm 间距。

（2）钢管柱制作。

钢管柱制作按设计要求，在有一定资质和技术能力的厂家完成。制作时按设计要求，将防腐、焊接 2ϕ25 抗剪环筋及内衬管等均在工厂内完成，其高度一般为楼层的 1 ~ 2 层为宜，即考虑塔吊的起吊能力，及底部柱比上部柱重的因素，底部可按 1 层加工 1 节、上部可按 2 层加工 1 节。

（3）环梁钢筋制作。

环梁骨架钢筋可在施工现场完成，也可在工厂完成，骨架制作前先制作环筋成型模具，其模具见图 2。

图2　环筋成型模具图片

①环筋成型。环筋成型分两次完成，第 1 次先将直筋一端插入模具，然后由 2 人沿模具转动钢筋，使其 250mm 长已形成弧状。（250mm 是按 ϕ25 钢筋的 10 倍考虑的，即为单面搭接焊的长度值）。第 2 次将其从模具上取出来，再将另 1 端插入模具，先由 2 人沿模具转动

此筋，另1人用撬棍往下压，以阻止钢筋上翘，当转动到长度剩余1/3时，将钢筋套入一根ϕ48mm，$L=1800$mm的钢管内，用于增大力臂，然后再推动钢筋和钢管沿模具转动，直到两端相交为止。在不松劲的同时由焊工将接头处点焊3点，然后再均匀地从模具上将环筋撬出来。为控制环筋焊接受热后变形，制作一个特殊的卡具见图3。

卡具的使用方法为：利用预压反弹原理，即先将点焊好的环筋安放在卡具上，并预压一定的值，使其有意变形成椭圆状，焊好后再反弹回来正好满足要求。经试验和实践得出，在用卡具下压钢筋时，对于ϕ20钢筋下压40mm；对于ϕ25钢筋下压30mm，焊完停5~6min松开卡具可反弹回来。

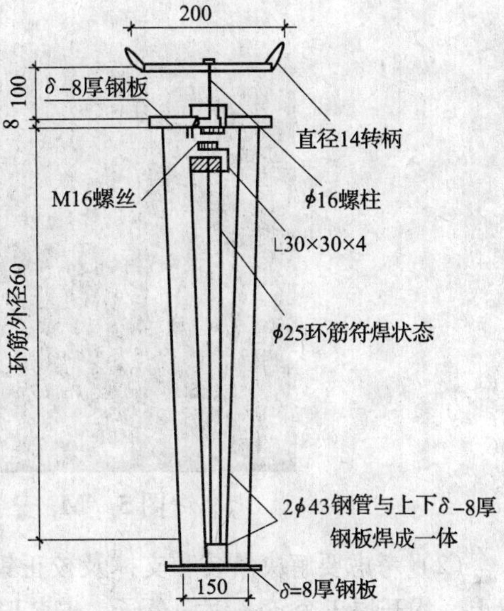

图3　环筋焊接卡具示意图

②环梁骨架钢筋成型。环梁钢筋骨架成型时，将已经制作成型的环筋及箍筋，分别放在2个马凳和4Φ48钢管搭设的架子上成型，见图4，注意：为便于框架梁带弯勾的钢筋锚入环梁骨架中，环梁腰筋暂不绑扎就位，先临时吊绑在上层环筋下。

图4　环梁钢筋骨架绑扎成型图片

2. 安装固定M_1

由3ϕ30螺栓将M_1调整到轴线位置上，并调平到设计标高后，用数根ϕ25钢筋分别与桩头甩出的钢筋焊牢，浇筑在钢筋混凝土基础底板中，其上表面与混凝土底板上表面在一个标高上，见图5。

3. 定位弹线

在M_1上表面弹出纵横轴线及钢管柱外边框线，见图6。

4. 首层钢管柱安装

（1）先将3块定位钢板焊于M_1埋件上。

图5　M_1 安装固定后的实施过程图

（2）考虑要解决吊装和支撑及校正钢管柱的问题，先在钢管柱上端下来1350mm的位置上，均开焊3个ϕ18钢筋鼻子，安装时用钢丝绳将其兜住，起吊就位，即将定位板套入钢管柱内。然后按设计要求，将钢管柱与M_1埋件贴角焊结在一起，见图7。

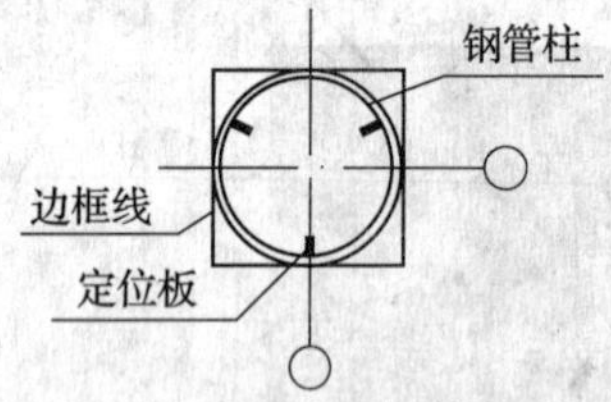

图6　钢管柱定位弹线示意图

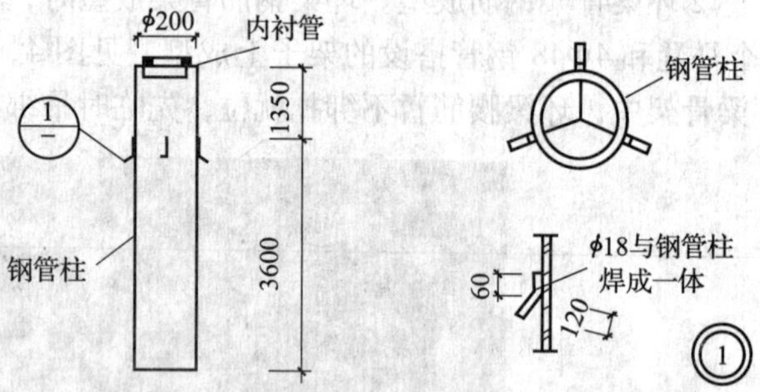

图7　ϕ18钢筋鼻子制作图

3个钢筋鼻子，不但可起到吊环的作用，在吊装就位后，不摘钩的前提下，再分别用3ϕ48的钢架管套在3ϕ18钢筋鼻子上，还可起到抗倾覆作用，同时可起到校正钢管柱的垂直度的作用，垂直度检验可用两个磁力线坠，分别吸取在上部90°方向上，往下垂吊校验。见图8。

图8　支撑及校正示意图

5. 支环梁及框架梁底模

为方便环梁钢筋骨架安装，以利于框架梁钢筋锚入环梁骨架筋中，采用将环梁及框架梁模板分两次支设的办法，即第一次先将环梁底模和框架梁底模支设好，第二次待其钢筋安装后再支侧模。

6. 环梁钢筋骨架安装

用塔吊将环梁骨架分别套入每根钢管柱上，并放在环梁底模上，随即在底模上垫好钢筋保护层垫块。为控制抗剪筋与环梁箍筋之间有20mm间隙，采用4个木楔均开打入钢管柱与环梁之间。

7. 框架梁钢筋安装

由于框架梁主筋带弯勾，并锚入环梁骨架中，两端间距又小于其钢筋长度，按常规方法是难以穿入环梁骨架中的，采取先将带弯勾框架钢筋一端由3个人举起，再由1人将另一端插入环梁骨架内；然后3人移到梁跨中，将其钢筋再次举起，另1人移到另一端，将其压弯后快速插入环梁骨架中，跨中3人再将钢筋慢慢放下来。在框架梁钢筋全部锚入环梁骨架中后，再将环梁腰筋整理到位并绑扎好，见图9。

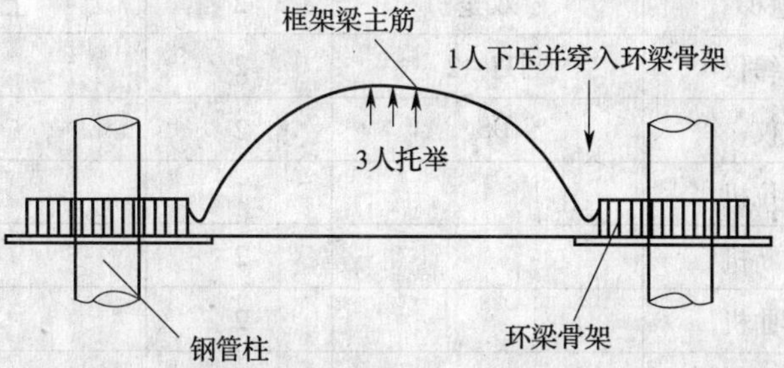

图9　框架梁主筋穿入环梁骨架示意图

8. 支环梁、框架梁侧模及楼板底模

当环梁骨架与框架梁钢筋全部绑扎、调整完毕后，分别支设环梁侧模、框架梁侧模及楼板底模，环梁侧模用竹制胶合板制作的定型圆弧模支设，配制3个施工层段的，以便于周转。

9. 绑扎楼板钢筋

绑扎楼板钢筋之前，先将环梁主筋保护层垫好，特别是环梁箍筋与钢管柱上的2ϕ25抗剪环筋之间用木楔子，在4个方向分别调整完善，确保其有20mm的间隙，然后再调整框架梁主筋、最后再按设计要求绑扎楼板钢筋。

10. 浇筑混凝土

（1）先浇筑钢管柱内混凝土，然后再浇筑梁板混凝土，也可以先浇梁板混凝土，后浇钢管柱内混凝土，但其高度不能超过1个楼层。

（2）浇筑钢管柱内混凝土按《钢管混凝土结构施工规程》（CECS 28:90）要求的高抛法施工。

（3）钢管柱内混凝土浇筑高度，一般低于焊接接头处400～500mm为宜，可避免由于焊接受热时，引起钢管柱内混凝土受损。

11. 混凝土养护

（1）钢管柱内混凝土养护，采取在管内注入100mm深的水，注意注水时，应在终凝后进行。

（2）梁、板混凝土养护按常规方法进行，初凝前覆盖塑料薄膜，覆盖时注意：膜与膜之间要搭接10mm以上，同时将脚印压抹平整。

12. 上层钢管柱对接

当上节钢管柱套入内衬管后，先用去除钉帽的钢钉，沿钢管柱周围，均匀垫起2～

3mm，以利于上下节钢管柱及内衬管在焊接时，融为一体。当垂直度校正无误后，开始对称点焊8个点，然后将钢钉取出来，存放好，以便用在另外钢管柱上，钢管柱上焊接时，应由2人对称施焊，以免受热不均，引起已校正好的垂直度超差过大。

焊接完毕按设计要求进行超声波探伤检测。

六、主要机具设备（见表1）

表1　主要机具设备一览表

序号	名称	规格	数量	用途
1	塔吊	Q5013	2	安装钢管、环筋、模板
2	上人电梯	双笼	2	上下人及辅助材料
3	激光经纬仪	JTJ－2	2	控制轴线
4	水准仪	DS_3	2	控制标高
5	钢筋冷拉机		1	加工钢筋
6	钢筋切断机		2	加工钢筋
7	钢筋弯曲机		2	加工钢筋
8	半自动电焊机		2	用于焊钢管柱
9	电焊机	BX1－500	6	用于焊钢筋
10	混凝土输送泵		1	用于浇筑梁、板、柱
11	混凝土布料机		1	用于浇筑梁、板、柱
12	水泵		4	用于高层混凝土养护
13	振捣器	ZL－50	10	用于浇筑混凝土
14	钢卷尺	30/50	2/2	用于测量放线
15	小线	kg	5	用于测量放线
16	磁力线锥	60mm	4	用于钢管柱校正
17	手锤	2kg	4	用于钢管柱校正
18	撬棍	1000mm	4	用于钢管柱校正
19	塑料薄膜			用于楼面混凝土养护
20	电锯	MJ－600MB	2	用于支模

七、劳动力组织

本工法组织实施时，所需作业班组及人数为：

模板工120人、钢筋工80人、混凝土工15人、辅助工8人。

八、安全措施

1. 垂直运输构件时，要设专人指挥，所吊物件必须绑扎牢靠，以防止高空滑落伤人损物。

2．外防护架搭设应有方案和交底，经验收合格后，方可上人操作。

3．非机械操作人员不准上机操作。

4．各种电动工具应有漏电保护器，上架人员应穿绝缘防滑鞋。

5．立体交叉作业量大，加强个人安全防护意识，戴好安全帽。

6．六级风以上时，禁止高空作业。

7．“四口、五临边”处应遵守《建筑施工高处作业安全技术规范》（JGJ 80—91）有关规定进行防护。

8．暑期施工注意防暑降温，冬期施工注意防冻防滑。

九、质量标准

1．钢管柱制作安装执行《钢管混凝土结构设计与施工规程》（CECS 28:90）标准。

2．钢管柱内混凝土浇筑执行《钢管混凝土结构设计与施工规程》（CECS 28:90）标准。

3．环梁骨架钢筋制作安装执行标准。

（1）环筋制作执行企业自定标准见表2。

表2　环筋制作标准

序号	检测项目	允许偏差（mm）	备　注
1	环筋椭圆度	$f\leqslant3$	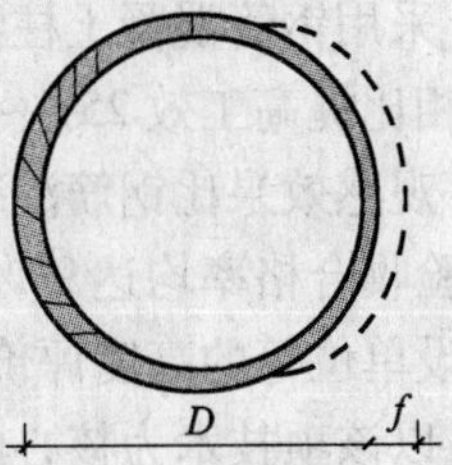
2	环筋两端合拢对不齐	$a\leqslant5$	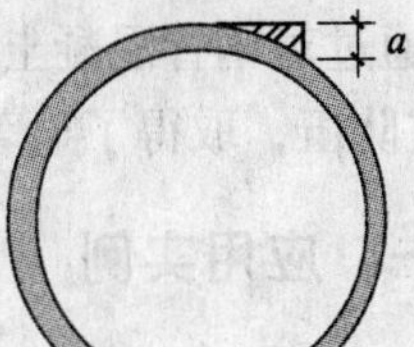
3	环筋两端合拢时，上下开口	$b\leqslant2$	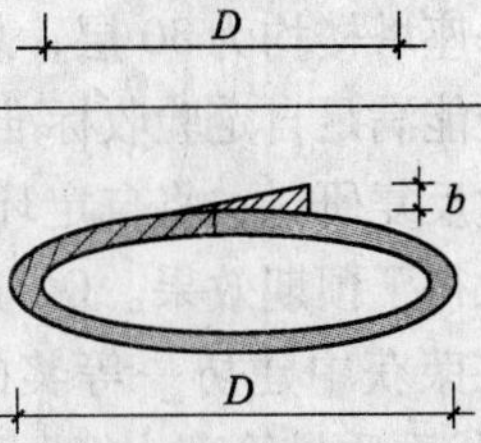
4	环筋下料长度误差	±5	按 $L=2\pi R$ 计算
5	环筋整体翘曲	≤5	
6	环筋局部凹凸	≤3	

（2）环筋骨架制作成型及安装执行《混凝土结构工程施工质量验收规范》（GB 50204—2002）中的钢筋分项工程 5.1、5.2、5.3、5.4、5.5 标准。

4．模板及混凝土工程执行标准。

（1）模板分项执行 GB 50204—2002 中 4.1 ~ 4.3 标准。

（2）混凝土分项工程执行 GB 50204—2002 中 7.1 ~ 7.4 及 8.1 ~ 8.3 标准。

5．钢筋混凝土框架梁板执行 GB 50204—2002 标准。

6．成品保护。

（1）拆模时，注意保护环梁及框架梁棱角。环梁底模拆除时，应有拆模通知单，以免出现强度不足而引起的裂缝。

（2）不得用硬物砸撞钢管柱。

（3）搭拆架子时，要相互传递，不得在楼板上乱扔。

（4）楼面混凝土浇筑完，覆盖塑料膜养护时，随即将脚印抹压平整。

（5）浇筑混凝土基础底板时，注意保护 M_1 埋件，输送的混凝土不得直接冲砸 M_1 埋件。

（6）钢管柱安装后，应立即将铁皮制成的钢帽戴上，其钢帽应带坡，下设 3 个钢筋爪，卡于内衬管内，钢帽比钢管柱直径大 10mm 左右，以防落入雨水及杂物难清除。

十、效益分析

1．采用钢管混凝土柱与环梁组合框架节点体系，加快施工进度，与一般钢筋混凝土框架结构相比提高工效 25% ~ 30%，提前工期 4 个月，取得经济效益 140 万元。

2．观感效果比钢筋混凝土框架效果好，通过施工工艺的改进与创新，提高了工程质量。检验批验收合格率均达 90% 以上，在主体结构的验收时，受到了质监站、设计院、监理单位、建设单位等的高度评价。

3．以该项技术为核心内容编制的 QC 成果，先后获得省级成果一等奖，中建协一等奖，中质协、团中央、总工会、中科协联合颁发的全国优秀质量管理小组荣誉。

4．通过对钢管混凝土柱与混凝土环梁节点的施工，积累了经验，培养了一批人才，锻炼了一支队伍，取得了显著的经济效益和社会效益。

十一、应用实例

我公司在山西省太原市华夏数码中心工程中应用了该结构体系。该工程由两座塔楼并起，每座塔楼均为 30 层，总建筑面积 69373m^2。经过地下 2 层的实践，1 ~ 6 层的施工巩固，已完全能满足自定验收标准。为加强质量控制，提高工程质量，在主楼施工时，工程技术人员经过反复研讨，将自定环梁钢筋制作验收标准更加严格、更加规范，使工程质量稳步提高，取得了预期效果。QC 成果《攻克钢管混凝土柱与混凝土环梁组合框架接节点施工难点》在荣获中建协一等奖的同时，又被团中央、总工会、中建协、中质协四家联合授予“全国优秀质量管理小组”称号。该工程在主体结构验收时，受到了质检站、设计院、监理单位、建设单位等的高度评价，并顺利通过了主体验收，取得了一定的经济效益和良好的社会效益。

骨架式膜结构施工工法

YJGF 68—2004

浙江省建工集团有限责任公司

金 睿 卓建明 洪其建 林学文

膜结构是一种建筑与结构完美结合的结构体系。它是用高强度柔性薄膜材料与支撑体系相结合形成具有一定刚度的稳定曲面，能承受一定外荷载的空间结构形式。其造型自由轻巧、阻燃、制作简易、安装快捷、节能、易于清洗、使用安全等优点，因而使它在世界各地受到广泛应用，被誉为21世纪的建筑结构。这种结构形式特别适用于大型体育场馆、入口廊道、小品、公众休闲娱乐广场、展览会场、购物中心等领域。

一、特点

膜结构是一种全新的建筑结构形式，它集建筑学、结构力学、精细化工与材料科学、计算机技术等为一体，具有很高的技术含量。其造型可以随着建筑师的设计需要任意变化，结合整体环境，建造出不同风格的标志性建筑。膜结构主要具有以下特点：

1. 艺术性：充分发挥建筑师的想象力，又体现结构构件清晰受力之美。

2. 经济性：由于膜材具有一定的透光率，白天可减少照明强度和时间，能很好地节约能源。同时夜间彩灯透射形成的绚烂景观也能达到很好的广告宣传效果。

3. 大跨度：膜结构可以从根本上克服传统结构在大跨度（无支撑）建筑上实现所遇到的困难，可创造巨大的无遮挡可视空间，有效增加空间使用面积。

4. 自洁性：膜建筑中采用具有防护涂层的膜材，可使建筑具有良好的自洁效果，同时保证建筑的使用寿命。

5. 工期短：膜建筑工程中所有加工和制作均在工厂内完成，可减少现场施工时间，避免出现施工交叉，相对传统建筑工程工期较短。

二、适用范围

膜结构的主要应用场合包括：1）体育健身设施：运动场、体育馆等。2）文化娱乐设施：博物馆、音乐广场、公园绿地小品、游乐园等。3）商业公共设施：购物中心、商场、展览馆等。4）交通运输设施：候机大厅、飞机库、火车站、公共汽车站、加油站、停车棚、收费站等。

本工法适用于目前较为常见的骨架式膜结构施工。

三、工艺原理

骨架式膜结构通过自身稳定的骨架体系支撑膜体来覆盖建筑空间，骨架体系决定建筑形体，膜体为覆盖物（图1）。

图1 骨架式膜结构

四、工艺流程及操作要点

1. 工艺流程

骨架式膜结构一般由支撑骨架与覆盖的膜材组成，这些构件均可以在工厂内预先加工。其中，膜材更是在工厂内按照设计尺寸裁剪，然后运输到现场组合拼装。工厂化加工保证了其精确度。构件运到工地现场则应按科学的程序分别安装。主要工艺流程如下：

膜结构裁剪制作——↓

支撑骨架结构安装——→搭设脚手架平台——→安装绳网——→膜面就位——→膜面展开——→周边固定——→安装谷索——→谷索预张拉——→周边调整、细部处理——→收尾清理

2. 膜结构的裁剪制作

膜结构的裁剪拼接过程不可能完全消除误差，这是因为首先用平面膜片拼成空间曲面就会有误差，其次膜布是各向异性非线性材料，在把它张拉成曲率丰富的空间形状时，不可避免地会与初始设计形状有出入。因此，布置膜结构表面裁剪缝时要考虑以下几个因素：

(1) 表面曲率。如果相邻单元曲率相差很大，说明在这个位置，曲面扭曲的很严重，如果裁剪缝在此处不切断重新开始，那么裁剪膜块的边界在此处就会有很大的弧形。

(2) 膜材料的幅宽。找形分析过程中的平面网格划分时，就要考虑到膜材料的幅宽。尽量使一块膜布中包含的膜单元是完整的，否则还要通过插值计算确定膜块边界点的位置。

(3) 边界的走向。如果边界比较平直，可以考虑用一个膜块的长边作为这条边界。否则只能用多个膜块的短边拼接成这条边界。

(4) 美观。因为膜材料具有透光性，实际结构中可以清楚地看见焊缝，所以裁剪缝的布置一定要规则、合理，最好能形成一些漂亮的图案以增加结构的美感。如果膜表面设置有压索或脊索，那么最好使裁剪缝与压索或脊索重合，使索不至于打乱焊缝的图案布置。

3. 支撑骨架结构安装

支撑骨架结构是实现膜结构造型的骨架，通常为钢结构，如钢管组合桁架等，支撑骨架结构在膜结构施工前安装完成，可采用高空散拼或分块、整体吊装等施工方法，与常规钢结构安装方法相同。

4. 施工脚手架搭设

（1）膜面搁置平台。

①每跨膜面施工前应搭设搁置平台，搭设平台的主要材料是脚手管件和九夹板。搁置平台可搭设在各单元根部。

②搁置平台平面尺寸：长度应满足一块膜横向展开时的尺寸（每跨的跨度）。平台顶面用九夹板满铺。搭设完毕后，外露的脚手管、扣件及尖角部位应用棉布包裹。

③搭设搁置平台用的九夹板板面应保证清洁、无污物，并保证无尖锐毛刺，以免造成膜面的损坏或污染。

（2）施工操作平台。

①每跨膜面安装时需设置操作平台。平台面低于骨架上表面60cm，搭设宽度应根据施工具体工况决定，原则为便于膜面的安装。施工操作平台外侧应设置安装防护栏杆。搭设完成后，平台表面用竹笆满铺。

②搭设脚手平台时，凡与主体钢结构接触的物件，必须用棉布衬垫，防止损坏结构表面油漆。

③所有平台搭设完成后，外围应设置安全防护栏杆。

④脚手平台搭设完成后，应由专职安全员进行安全检查，验收合格挂牌后，方可使用。

⑤所有脚手平台的搭设及验收应依照《建筑施工扣件式钢管脚手架安全技术规范》等有关脚手架规范规定执行。

5. 绳网安装

（1）膜面铺设前，需安装绳网，作为膜展开的依托。

（2）绳网材料可采用 ϕ14 腈纶绳。

（3）绳网安装时，纵向每隔 1.5m 弦拉一道绳索，绳索一端与膜面搁置平台相连，另一端通过绳索紧绳机与马道紧密相连。横向每隔 5m 弦拉一道，两端固定在骨架上。

（4）绳网安装结束后，通过绳索紧绳机对绳索施加足够的力，以避免膜面在牵引过程中与钢结构接触，造成膜面的损坏或污染。

（5）绳索及紧绳机与钢结构相连接部位，用棉布衬垫。

6. 膜面铺设

（1）膜面安装必备条件

①钢结构必须安装完毕，膜结构支架必须安装完成，并应满足设计要求。

②结构整体是安全、稳定的。

③相关区域内构件的涂装必须施工完毕。

④相关区域内施工准备工作结束。

⑤膜面、安装工具及五金件到达施工现场。

⑥膜面安装技术指导抵达现场，对现场情况全面检查后同意开工。

⑦接收到现场监理工程师下发的开工单。

（2）根据膜面安装要求约每隔 3 ~ 4m 放置一定数量的膜面固定材料以及临时张拉工具。膜面安装固定材料包括铝合金压板、止水橡胶带、不锈钢螺栓、灰色夹具、白色夹具和 ϕ14 腈纶绳。

（3）将安装膜面的手工工具分发到各个班组。手工工具包括人力钳、套筒扳手及带安全挂钩的工具袋。

（4）膜面就位。

①首先在工地堆场内平地上拆除膜面包装箱的顶板及侧面板。

②根据膜面安装部位确认膜面编号。

③膜布的外层包裹着很厚的塑料纸，每一层之间摆放有硬纸筒，将膜布从包装箱内取出时，吊装用索具为4根1.5t绳圈。起吊时，为防止绳圈直接接触膜面造成膜布上产生折痕，应将绳圈从硬纸筒内穿过，确认膜面铺设方向后用80t汽车吊将膜布就位至搁置平台的中心。

（5）展开膜布。

膜面展开必备条件：当天风力不大于5级（风速小8.2m/s），且非大雨天；绳网的拉设符合方案要求；所有安全设施及操作平台符合方案要求。

膜布展开前，应再一次对搁置平台表面上的九夹板板面进行检查，应保证清洁、无污物，并保证无尖锐毛刺，以免造成膜面的损坏或污染。

所有参加膜面展开工作的人员，必须穿软底胶鞋。

当膜面被搁置在平台上后，横向展开膜面并在膜布前缘每隔2m安装一个灰色夹具，并用绳索连接夹具。

最后，操作工人通过紧绳机将膜面向马道方向牵引，两侧操作平台上的工人用绳索拉紧灰色夹具，抖动膜面，辅助膜面的牵引。

当膜布纵向基本牵引到位时，将膜布向两侧骨架方向牵引。

膜面牵引过程中应注意：①应由专人负责统一指挥；②保证操作工人的牵引速度同步；③有专门技术人员跟踪监督。

膜布展开时，随时观测膜布外观质量，发现因制作引起的破损、钩丝及不可清除的污迹，及时进行退换或修补等处理。

（6）安装反绳网。当膜布牵引工作结束后，为防止风的作用造成膜面的损坏，应立即安装反绳网，反绳网拉设时纵向每隔3m弦拉一道，并对周边作临时固定。

（7）周边固定。

①当膜面被牵引到距最终位置20cm远时，卸除部分紧绳机（并用钢丝绳机代替紧绳机绳索）。

②调整膜布周边，使膜布中心位置与设计中心位置相一致，然后进行膜布周边固定工作。

③将膜面的前、后缘（内、外环方向）与边索相连接，膜面与边索的连接时通过L型卡环完成的。连接时应完全按照施工图纸的要求进行，连接完成后将索临时固定在钢结构骨架上。

④膜布与膜结构支架的连接有两种方法：

a. 先将角钢固定在膜结构支架上，并将调整螺栓尺寸放至最大位置；再将膜面安装到角钢上，拧紧所有膜面紧固螺栓后转动角钢上的调整螺栓，将膜面调整至最终安装位置。

b. 先将膜面与角钢相连接，连接完成后将角钢向安装位置牵引，并安装调整螺栓，转动螺栓后将膜面调整至最终安装位置。

按上述步骤将膜面周边安装到位。

⑤安装谷索的前端锚具。

⑥将边索后端到位。

⑦安装谷索后端具。

⑧预张拉谷索。目的是防止天气突然改变（起风或下雨）造成膜面的损坏。提升膜面时应做到：①膜面周边受力基本均匀；②膜面上无集水点。

膜布安装时，操作工人的手套必须是干净的、无油污的；鞋子必须是软底胶鞋；安装工具放置时一定要平稳摆放，使用时必须做到是安全的、可控制的；小工具必须放置在工具包内。膜面安装完成后保证膜布不破损，表面不被污浊。

膜面安装时，应按现场安装技术人员的指导进行；所有节点应根据施工图纸进行安装；谷索的张拉应满足设计要求并在安装技术人员的指导下进行。

膜面安装完成后应保证膜布的各项指标符合验收标准。

（8）膜材拼接：典型的膜片粘接缝宽为：PVC 膜材 25～50mm，PTEE 膜材 50～75mm，对精度要求较高的膜结构甚至要考虑接缝处双层膜材的刚度提升对整体张拉成形后的“补偿”影响，否则对单块膜片的精确“补偿”效果在整体拼装后会有损失致使张拉不能有效到位。

五、材料

1．膜材

用于膜结构中的膜材是一种具有高强度、柔韧性好的薄膜材料；是由织物基材（玻璃纤维、聚酯长丝）和涂层（PTEE、硅酮、PVC）复合而成的涂层织物。具有轻质、柔韧、厚度小、重量轻、透光性好；对自然光有反射、吸收和透射能力；它不燃、难燃或阻燃；具有耐久、防火、气密良好等特性；表面景氟素处理（涂覆 PVF 或 PVDF）的膜材、自身不发粘、有很好的自洁性能。

常用建筑膜材包括：

PTFE 膜材。由聚四氟乙烯（PTFE）涂层和玻璃纤维基层复合而成。PTFE 膜材品质卓越，价格也较高。

PVC 膜材。由聚氯乙烯（PVC）涂层和聚酯纤维基层复合而成，应用广泛，价格适中。加面层的 PVC 膜材：在 PVC 膜材表面涂覆聚偏氟乙烯或聚氟乙烯，性能优于纯 PVC 膜材，价格相应略高于纯 PVC 膜材。

（1）力学性能。

①中等强度的 PVC 膜：其厚度仅 0.61mm，但它的拉伸强度相当于钢材的一半。

②中等强度的 PTFE 膜：其厚度仅 0.8mm，但它的拉伸强度已达到钢材的水平。

③膜材的弹性模量较低，这有利于膜材形成复杂的曲面造型。

（2）光学性能。

膜材料可滤除大部分紫外线，防止内部物品褪色。其对自然光的透射率可达 25%，透射光在结构内部产生均匀的漫射光，无阴影，无眩光，具有良好的显色性，夜晚在周围环境光和内部照明的共同作用下，膜结构表面可发出自然柔和的光辉。

（3）声学性能。

一般膜结构对于低于 60Hz 的低频几乎是透明的，对于有特殊吸音要求的结构可以采用具有 FABRASORB 装置的膜结构，这种组合比玻璃具有更强的吸音效果。

（4）防火性能。

如今广泛使用的膜材料能很好地满足对于防火的需求，具有卓越的阻燃和耐高温性能，达到法国、德国、美国、日本等多国标准。

（5）保温性能。

单层膜材料的保温性能与砖墙相同，优于玻璃。同其他材料的建筑一样，膜建筑内部也可以采用其他方式调节其内部温度。例如：内部加挂保温层，运用空调采暖设备等。

（6）自洁性能。

PTFE 膜材和经过特殊表面处理的 PVC 膜材具有很好的自洁性能，雨水会在其表面聚成水珠流下，使膜材表面得到自然清洗。

2. 支撑骨架材料

支撑体系材料，根据膜结构设计的不同而采用不同的形式，一般为钢结构桁架，具体材料要求详见有关产品标准和钢结构验收规范。

六、机具设备（见表1）

表1　机具设备配备

序号	设备名称	用途	规格、数量
1	起重机	安装膜面索、就位膜面	80t/1 台
2	神仙葫芦	安装谷索	1t/4 只　3t/2 只
3	绳圈	大绳圈作为膜块起吊时的索具； 小绳圈可将紧绳机与钢结构相连	大：4 只 小：120 只
4	4 磅榔头		6 把
5	羊角榔头		20 把
6	套筒扳手	安装压板螺丝	20 把
7	腈纶绳	拉设绳网；牵引膜面	1600m
8	大力钳	固定压板螺栓	5 把
9	方口钳	安装膜面与钢索连接节点专用工具	5 把
10	工具包	放置螺栓、螺帽以及小工具	20 只
11	安全带	保证高空操作人员的人身安全	40 副
12	钢锯		4 把
13	对讲机	工程联系	4 只
14	美工刀		8 把
15	线手套		100 副

注：机具配备应根据实际工程量适当调整。

七、劳动力组织及安全

1. 施工人员安排

（1）施工负责人 1 名，负责现场指挥，人员调配，进度安排，生产组织。

（2）现场工程师 1 名，负责现场技术指导和质量检查工作。

（3）安全员 1 名，负责现场安全生产。

（4）操作工人 30 人，含起重工等。

2. 安全保证措施

工程大部分为高空作业。为确保工程的顺利进行，保证施工人员及设备的安全，特拟定以下安全措施。

（1）总体措施。

①所有参加工程的施工人员，都必须严格执行国家和有关部门颁发的安全生产规章制度，切实做好安全自身保护工作。

②所有参加工程的施工人员，进场施工前都必须经过专业安全培训或专业安全教育。

③公司应指派专职安全员驻场监督，班组设兼职安全员贯彻专管相结合，形成一个强有力的安全网。

④施工现场设置质安组对施工全过程进行监督，发现事故苗子或隐患及时查找原因，并落实整改措施。

（2）具体措施。

①施工现场建立安全管理网络，严格执行安全二级交底制度，加强对施工人员的安全教育，增强安全意识和自身保护意识，遵守各项安全规章制度，施工现场设专职安全员和医护站，处理安全和劳动保护问题及可能发生的事故。

②现场各种机电设备、未经专职人员验收合格不得使用，特种工作人员必须持证上岗，进入现场必须戴好安全帽。

③吊车作业时，禁止将起吊的物件凌空于人行道上空。

④实行每周的安全检查，发现问题及时整改。

⑤材料应严格按设计施工计划进场，进场后要按场布图整齐堆放，保持现场整洁。

⑥施工过程中，教育工人认真做好落手轻，做到工料终场地清。

⑦车辆进出场地，应由专人负责指挥。

⑧电动机械及工具应严格按一机一闸制接线。

⑨机械应由专人操作、持证上岗。

⑩每天上班前进行交底，做到分工，分岗明确。

⑪施工前对机械、仪器、料索具、工具进行检查，确认完好方可运行、使用。

⑫严格执行施工现场临时用电安全技术规范的要求。

⑬安装、维修或拆除临时用电工程，必须由电工完成。

⑭配电器开关箱内的电器必须可靠完好，不准使用破损、不合格的电器。

⑮现场照明器具和器材的质量均符合有关标准、规范的规定。不得使用绝缘老化或破损的器具和器材。

⑯照明灯具的金属外壳必须作保护接零。

⑰现场安全设施，必须由专职人员搭设，其他任何人员不得随意拆除和松动。每天施工前应对安全设施进行检查和维修。

⑱高空作业，严禁向下抛掷物体，使用的工具应用绳索和安全带或工具袋牵牢防止失落。

⑲拧固膜面上螺栓，不得使用活络扳手。

⑳小工具必须放在工具袋内，所有散件必须收集在容器内并不超过平口，严禁散落，不准双手拿物体上下和使用有毛病的工具。

㉑高空操作人员应符合超高空施工体质要求，严禁酒后施工。

㉒施工时，严格遵守现场的各种防火制度，预防为主杜绝火情。

㉓在施工过程中绝对禁止拆满堂脚手架及操作平台四周围护当中拉结点的杆件作其他用，确因工作需时要得到专业施工员、安全员同意加固措施后方可拆除，并派人监管，待工作完毕及时恢复原样。

八、质量要求

1．验收标准

（1）保证项目：

①膜材料的材质、外观及厚度，必须符合设计要求和膜材料的有关规定。

②膜材屋面密封防水处理部位，其外露连接零部件必须用铝合金件或镀锌件固定。

③膜材屋面严禁有渗漏现象。

④屋面膜体表面的脊、谷索与膜边索，应用无油镀锌或不锈钢索，索套口处应做好防水处理。

（2）基本项目：屋面膜材安装外观质量；膜体表面平整度；膜材污损程度；膜面排水坡度、水落口与封檐；屋面膜体边沿与结构连接牢固度；天沟、檐口、泛水制作质量。

2．质量保证措施

（1）膜安装前要严格检查钢结构的施工质量，重点检查与膜交接的节点板的位置，尺寸，以及是否光滑等。

（2）对钢结构主桁架之间的平面轴线位置进行重点检查，对偏差较大的部位必须在调整到误差范围之内后才能进行膜结构的安装。

（3）施工前对班组进行详细的技术交底和讲解安装注意事项，重点强调膜的保护。

（4）在安装过程中严格按照图纸施工。

（5）配备专职质量检查员，对施工进行全面过程控制，对不符合图纸和规范要求的坚决进行返工。

（6）在膜安装时设专人对膜进行看护和保管，以防止安装过程中对膜造成损伤和污染。

（7）工程开工前由专门技术人员对项目全体施工员以上人员进行技术交底，明确每道工序质量要求和质量标准，以及可能发生的质量事故预防措施，然后由项目经理、施工员对操作工人进行第二次施工技术及安全交底。施工操作人员应了解膜片单元节点的连接形式，并在进场施工前都必须经过专业操作培训和专业安全教育。

（8）每天上班前进行分组交底，做到分工，分岗明确。

（9）膜面安装前需检查所有与膜面相关连接点是否有飞溅、毛刺等现象，并应确保无锋利刺口。

（10）膜面安装前，用棉布将周边可伤及膜面的构件包盖。

（11）膜面安装前必须将所有螺栓孔试钻。

（12）搭设膜面搁置平台用材料板面应保证清洁、无污物，并保证无尖锐毛刺，以免造成膜面的损坏或污染。

（13）膜面安装时应严格按照膜面提供单位现场安装技术人员指导进行。

（14）周边螺栓固定结束后，应逐一进行检查，保证做到螺栓无缺少、无漏拧。

（15）安装膜面时，安装工具不可随意抛掷，以防止膜面损坏。

（16）拧固膜面上螺栓，不得使用活络扳手。

（17）高空操作人员应符合超高空施工体质要求，严禁酒后施工。

（18）膜面铺展后，严禁穿皮鞋上膜面。

（19）膜面张拉时，应随时进行膜面应力的测试，以防止应力过大造成膜面的损坏。

（20）在本工程竣工后，所有施工资料及文件档案按照档案馆的规定编制完成并及时将竣工资料送交业主监理。

九、效益分析

膜结构建筑具有较多优点，实际应用产生的经济、社会效益主要有以下几点：

1. 更自由的建筑形体塑造。多变的支撑结构和柔性膜材使建筑物造型更加多样化，新颖美观，同时体现结构之美，且色彩丰富，可创造更自由的建筑形体和更丰富的建筑语言。

2. 更好的经济效益。膜建筑屋面重量仅为常规钢屋面的1/30，这就降低了墙体和基础的造价。同时膜建筑奇特的造型和夜景效果有明显的“建筑可识性”和商业效应，其价格效益比更高。

3. 更短的施工周期。膜工程中所有加工和制作依设计均可在工厂内完成，在现场只进行安装作业。相比传统建筑的施工周期，它几乎要快一倍。

4. 更低的能源损耗。膜材有较高的反射性及较低的光吸收低，并且热传导性较低，这极大程度上阻止太阳能进入室内。另外，膜材的半透明性保证了适当的自然漫散射光照明室内。

5. 更大跨度的建筑空间。由于自重轻，膜建筑可以不需要内部支撑面大跨度覆盖空间，这使人们可以列灵活、更有创意地设计和使用建筑空间。

十、应用实例

1. 浙江省体训中心看台及室内馆

本工程位于杭州市萧山区，张拉膜面积约为9250m^2。工程采用索膜张拉体系。此工程膜材采用法国法拉利公司FERRARI1202T2，外表面涂覆100% PVDF清洁涂层。于2003年6月完工。

2. 义乌体育中心网球场、训练附属用房、检录用房、公厕、湖心亭及茶亭

网球场附属用房水平投影面积1760m^2；训练场附属用房水平投影面积1440m^2；检录用房水平投影面积251m^2；南区公厕水平投影面积615m^2；北区公厕水平投影面积154m^2；湖心亭水平投影面积615m^2。

体育场馆环向超长钢筋混凝土结构无缝施工工法

YJGF 69—2004

中国建筑第八工程局

毛仲喜　戈祥林　陈　新　郭显亮　周　莉

现浇钢筋混凝土结构常由于干缩和降温冷缩引起收缩开裂，而超长大体积混凝土尤为突出。因此我国《混凝土结构设计规范》（GBJ 10—89）中对钢筋混凝土结构进行规定：现浇框架结构当处于露天时，每35m宜设伸缩缝；当处于室内或土中时，每55m宜设置伸缩缝；……等等规定。随着施工技术的不断发展，出台了新规范GB 50010—2002，修订后的规范对伸缩缝的设置要求有所放宽，指出，当混凝土浇筑采用后浇带分段施工或采用专门的预应力措施时，伸缩缝最大间距可适当增大，同时指出后浇带不能代替伸缩缝，当增大伸缩缝间距时，应通过有效的分析或计算，慎重考虑各种不利因素对结构内力和裂缝的影响，确定合理的伸缩缝。

体育场基础一般为环向型基础，与一般结构比，环向展开长度较长，没有可供自由伸缩的两端部，另外，如底部有桩基，则更是缺少可供底部滑移的条件，对无缝施工尤为不利。体育场看台一般也是环向结构，且看台结构较薄，另外看台下面为使用房间，对看台结构防水要求较高，对无缝施工的要求很高。

本工法的关键就是采用综合措施解决上述问题，最长环向长度可达830m，经我们在查新机构进行查新，830m长环向有约束结构采用无缝施工技术，在国内未见有报道，施工技术已经获得了国家专利授权，专利号：ZL03118419.7。

一、特点

1. 混凝土试配时掺加新一代的CSA混凝土微膨胀剂，使混凝土产生适量的微膨胀，以补偿混凝土的收缩。CSA膨胀剂具有低碱、高效、后期膨胀较小、强度增进较大的特点，在配置微膨胀混凝土中可抑制碱骨料反应，对混凝土的长期耐久性有利，抗渗防水效果良好。
2. 设计钢筋混凝土采用有限元温度应力计算，配置温度筋。
3. 基础环梁通过综合计算留设后浇带。
4. 看台采取预应力台L型肋梁，为无粘结预应力混凝土结构。
5. 看台面层采用钢纤维混凝土技术。
6. 混凝土施工时采取一系列控制措施。

二、适用范围

本工法适用于大、中型体育场超长混凝土结构的施工。

三、工艺原理

为了抵抗混凝土在收缩时产生的应力，达到防止和减少收缩裂缝的出现，在混凝土中掺加 CSA 膨胀剂，使混凝土产生适量的膨胀，在钢筋和临位限制下，在钢筋混凝土中建立一定的预压应力，可大致抵消混凝土收缩时产生的拉应力，防止混凝土开裂。当全部混凝土均提高膨胀剂掺量，达 12% ~13% 时，在采取措施的情况下，后浇带间距可延长至 100m。

后浇带是为在现浇钢筋混凝土结构施工过程中，克服由于温度、收缩而可能产生有害裂缝而设置的临时施工缝。在超长混凝土结构中，作为一种扩大伸缩缝间距和取消伸缩缝的措施，这种缝仅在施工期间存在，该缝根据设计要求保留一段时间后再浇筑，将整个结构连成整体。

看台设计充分考虑了超长混凝土结构的混凝土收缩，及当地温差的特点，在梁中配置一定数量的预应力筋以抵抗温度应力造成混凝土的收缩变形裂缝，从而保证整个结构无缝施工的要求。

在体育场看台面层大量使用钢纤维混凝土，因为钢纤维混凝土掺有微膨胀剂，除了钢纤维本身抗拒作用外，在微膨胀剂发挥作用时，对钢纤维有预压作用，增强了这种抗拉能力混凝土结构，因此抗拉性质显著提高，有效阻止了结构中微裂缝的开展和传播，并具有抗渗作用。

基础环梁采用掺加 CSA 膨胀剂、配制温度筋、留设后浇带等综合措施解决无缝施工结构裂缝问题；看台结构采用掺加 CSA 膨胀剂、配制温度筋、采用无粘结预应力钢筋、表面采用钢纤维混凝土等措施解决无缝施工裂缝问题。

四、微膨胀混凝土施工

1. 材料要求

（1）混凝土原材料技术要求：

①水泥：采用葛洲坝水泥厂生产的 525#普通硅酸盐水泥。

②砂：采用清洁中砂，含泥量不大于 3%。冬期不得含有冰块及雪团。

③石子：采用清洁碎石，含泥量不大于 1%。冬期不得含有冰块及雪团。

④膨胀剂：采用 CSA 膨胀剂，水中 7 天限制膨胀率不小于 2.5/10000，初凝时间不早于 45min，终凝时间不迟于 10h。

⑤水：自来水。

⑥粉煤灰：达到二级品以上。

（2）混凝土技术要求：

所有原材料均经过计量后投入搅拌机，计量偏差满足下列要求（按重量计），水泥、CSA 膨胀剂、粉煤灰、减水剂、水 ±1%、石 ±2%；CSA 膨胀剂和减水剂的计量由专人负责，并严格按配合比投料。

冬期拌制混凝土采用外加剂，降低水的结冰温度，外加剂确保 -10℃时水不结冰。

2. 施工流程及施工工艺

（1）施工流程：

微膨胀混凝土的试配——→混凝土搅拌——→混凝土输送——→混凝土浇筑——→混凝土养护

（2）施工工艺：

①微膨胀混凝土的试配。微膨胀级配合比设计时，除进行常规的设计、试验外，还增加对混凝土的限制膨胀率的设计、测试内容。

a. 限制膨胀率检测。通过检测的数据确定其掺量。经检测，其水中 7d 限制膨胀率达 4/10000（检测标准应不小于 2.5/10000），具有良好的微膨胀性。

b. 膨胀剂的掺量。试验表明提高膨胀剂的掺量，能显著提高混凝土的膨胀率，掺量越低，混凝土的限制膨胀率越小。

根据工程实际情况，环向超长基础，其基础梁断面尺寸较大，梁内配制钢筋直径较大，梁底具有较大的约束力，易产生收缩裂缝，因此确定限制膨胀率在2/10000左右，经试配，膨胀剂的掺量为水泥重量的12%～13%。

环向看台结构，与基础比较，板厚度较薄，板内配筋为小直径、小间距的配筋形式，设计有无粘结预应力等措施，裂缝相对较易控制，但看台处于露天状态，受环境影响较大，为此确定限制膨胀率在1.5/10000左右，混凝土中CSA膨胀剂的掺量定为8%～10%。

c. 混凝土坍落度。经试验得出：混凝土的坍落度越大，在同一膨胀剂掺量下，混凝土的限制膨胀率越小。故采用泵送混凝土时，要配制抗裂性好的微膨胀混凝土，在CSA膨胀剂掺量确定的条件下，控制好混凝土坍落度。根据泵送要求，经试验，确定坍落度控制在140～160mm之间。

d. 混凝土凝结时间。混凝土的凝结时间太短，水泥的水化反应较快，混凝土的早期收缩现象较大；混凝土的凝结时间太长，膨胀剂的膨胀能大部分消耗在塑性阶段。因此，根据本工程结构情况，确定掺膨胀剂的混凝土的凝结时间控制在10～15h范围内。

②混凝土搅拌。混凝土搅拌，采用强制式搅拌机搅拌，搅拌时间控制在2～3min，严格控制搅拌时间，确保混凝土拌和物均匀。及时测定砂、石的含水量、以便及时调整混凝土级配，严禁随便增减用水量。

③混凝土的输送。混凝土搅拌完成后，采用固定泵泵送工艺直接输送到作业面，以确保将混凝土最短时间运至浇筑上。

④混凝土的浇筑。

a. 混凝土浇灌前准备：钢筋模板按设计图纸安装、绑扎、安装要牢靠，模板表面涂刷脱模剂。模板缝用海绵垫补严密，模板内的所有杂物必须清理干净并浇水湿润。

b. 混凝土浇筑采用循序推进的连续浇筑方法，为避免混凝土出现冷缝，每个浇筑带的宽度均控制在2m以内为宜。同时严格控制混凝土的浇筑速度，分层浇捣，逐步推进。

c. CSA混凝土振捣必须密实，不漏振、欠振、不过振。振点布置均匀，振动器要快插慢拔。在施工缝、预埋件处，加强振捣。振捣时不触及模板、钢筋，以防止其移位、变形。梁的振捣点可采用“行列式”，每次移动的距离为400～600mm；板的振捣采用平板式振捣器振捣。严格控制振捣时间及插入深度，并重点控制混凝土流淌的最近点和最远点，尽可能采用两次振捣工艺，提高混凝土的密实度。

d. 先后浇筑的混凝土接槎时间不宜超过150min（严格控制在初凝时间内）。

e. 混凝土成型后，等表面收干后采用木抹子搓压混凝土表面，以防止混凝土表面出现裂缝（主要是沉降裂缝、塑性收缩裂缝和表面干缩裂缝），抹压2～3遍，最后一遍要掌握好时间。混凝土表面搓压完毕后，应立即进行养护。

f. 冬天施工，采取防冻措施，除掺加防冻剂外，尚需保证混凝土入模温度不得低于5℃。雨季施工，采取有效防雨措施，严格按事先编制好的冬雨季施工措施执行。

⑤混凝土养护。CSA混凝土的养护是保证质量的最重要的措施之一，安排专人负责养护工作。混凝土浇筑后，在其表面马上覆盖一层塑料薄膜，然后长时间地浇水养护，一方面避免温度过快降低，另一方面避免混凝土表面水分的过快散发。潮湿养护的时间应尽量地长，养护时间不应少于1个月。

五、钢纤维混凝土施工

1. 材料要求

(1) 水泥：胶凝材料是影响混凝土强度的主要因素。所以我们选用细度筛余物少、抗折抗强度高、性能稳定的三峡32.5级普通硅酸盐水泥。

(2) 细骨料：该工程采用巴河洁净的天然中砂，含泥量小于1%，空隙率小，细度模数2.7~3.1之间。

(3) 粗骨料：采用江夏区乌龙泉产坚硬高强、密实的优质碎石、粒径分布范围10~15mm。

(4) 外加剂：UEA-HZ（缓凝型）河南驻马店生产复合型高效膨胀剂。

(5) 钢纤维：武汉市汉森钢纤维有限责任公司生产弓形（剪切型）钢纤维（SF25），材料规格为0.5mm×0.5mm×25mm~32mm，抗拉强度为390~510MPa（设计要求≥380MPa），$R=1$，90°弯折次数为2~4次。（弯折试验要求≥1次）。

2. 施工流程及施工工艺

(1) 施工流程。

①看台面层施工工艺流程：

钢纤维混凝土配合比配置⟶结构基层清理⟶放径向轴线分区栏杆线、上人踏步线和看台台阶弧度控制线⟶立面凿毛⟶甩浆⟶第二遍刮糙—钉钢板网⟶第二遍刮糙引测台阶水平标高控制线⟶做立面、平面灰饼⟶嵌阳角条和分区分格条⟶看台平面清理⟶绑扎钢筋网片⟶钢纤维混凝土拌制⟶浇筑钢纤维混凝土⟶混凝土保护⟶立面第三遍抹灰、阴角找正。

②钢纤维混凝土拌制工艺流程（图1）：

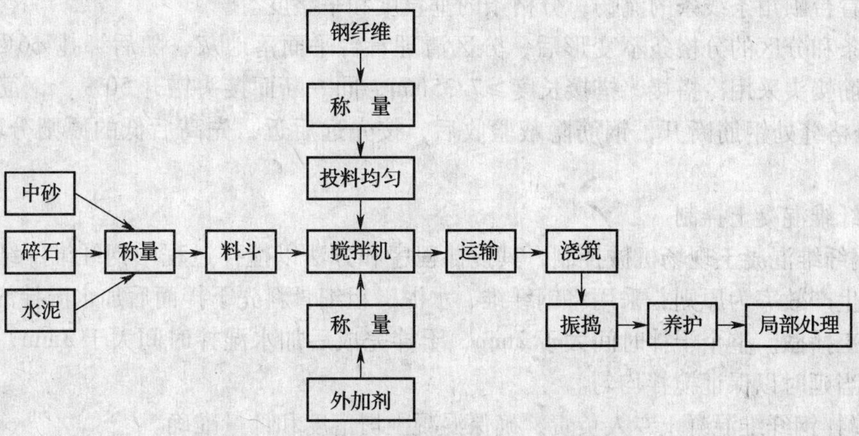

图1 钢纤维混凝土拌制工艺流程图

(2) 施工工艺。

①钢纤维混凝土配合比配置。

由试验室在开工前进行试配准备，如发现钢纤维易成束结团附在粗骨料表面、且分布不均，显然这不利于钢纤维发挥其作用。可按粗骨料粒径为钢纤维长度一半对粗骨料进行严格的进料控制和筛选（控制在15~20mm左右）。另外如发现纤维拌和中易互相架立现象，这在混凝土中会形成微小空洞，影响混凝土质量、微孔还使钢纤维与水泥砂浆无法形成有效握囊，发挥不了钢纤维的增强作用，可较同标号普通混凝土提高砂率和水泥用量，可有效地解决上述问题。试配配合比确定后，进行拌和物性能试验，检查其稠度、粘聚性、保水性是否满足施工要求。若不满足，则在保持水灰比和钢纤维体积率不变的条件下，调整单位体积用水量或砂率直到满足为止，并据此确定混凝土强度试验的基准配合比。

②看台面层施工。

a. 看台上人踏步施工：

按图纸设计踏步阶数，踏步留20mm装修面层支模浇C30素混凝土，待看台面层施工完毕后带通线嵌阳角条抹上人踏步面。

b. 看台施工：

(a) 看台面层施工前先根据控制线处理好结构层规矩，再立面凿毛，同时刷107胶的水泥浆一遍，107胶的掺量为水泥用量的10% ~15%。

(b) 紧跟刷素水泥浆，看台立面第一遍刮糙厚约15mm，如局部立面抹灰总厚度>40mm时，先用C20混凝土找至立面抹灰厚度小于30mm。

(c) 待底层砂浆7~8成干后，订1.2mm厚的钢板网，要求钢板网压入平面200mm，搭接长度>100mm，用水泥钢钉15×15cm间距固定。

(d) 钢板网分段施工完毕隐蔽验收后，抹第二遍灰厚度约10mm，抹灰压入平面约50mm宽。

(e) 第二遍抹灰稍干后，根据图纸设计看台踏步高度，引测看台每阶高度水平控制线，检查合格后，根据高度控制线和弧度控制线做看台面层灰饼，灰饼大小30mm见方，立面上下1个；平面径向2个，环向间距2m，并按8mm调坡。

(f) 灰饼有一定强度后，用1:2水泥砂浆根据灰饼嵌阳角条和分区的分格条，并派专人负责检查看台阳角条线条的流畅，分格条的垂直度和平整度。

阳角条和分区的分格条不变形后，分区清理看台平面落地灰，随后绑扎ϕ6@150钢筋网片，钢筋接头采用冷搭接，搭接长度≥7.35mm，同一断面接头错开50%，钢筋保护层厚15mm，分格缝处钢筋断开，钢筋隐蔽验收后，按先远后近，先高后低的原则分段浇CF30混凝土。

③钢纤维混凝土拌制。

a. 钢纤维混凝土现场机械拌制，其搅拌程序和方法以搅拌过程中钢纤维不结团并可保证一定的生产效率为原则；采用将钢纤维、水泥、粗细骨料先干拌而后加水湿拌的方法，钢纤维用人工播撒。整个干拌时间大于2min，干拌完成后加水湿拌时间大于3min，视搅拌情况，可适当延时以保证搅拌均匀。

b. 搅拌钢纤维混凝土专人负责，确保混凝土坍落度和计量准确。

c. 混凝土搅拌过程中，注意控制出料时实测混凝土坍落度，做好相应记录，并根据现场混凝土浇筑情况作出相应调整。严禁雨天施工。

④钢纤维混凝土运输。搅拌好的钢纤维混凝土放入架子车内，先由龙门吊运至6m平台，再由6m平台处的龙门吊运至看台上集中倾倒，通过人工转运至看台各部位进行浇筑。

⑤钢纤维混凝土浇筑。

a. 混凝土的浇筑方法以保证钢纤维分布均匀、结构连续为原则。

b. 浇筑施工连续不得随意中断，不得随意留施工缝。

c. 混凝土用手提式平板式振动振捣。每一位置上连续振动一定时间，正常情况下为25～40s，但以混凝土面均出现浆为准，移动时间依次振捣前进，前后位置和排与排间相互搭接3～5cm，防止漏振。

d. 混凝土初凝前分四次抹平、原浆压光，并及时清理阳角条和分格条上混凝土浆。混凝土分区完成后再抹立面第三遍灰，原浆压光，抹灰流向同混凝土浇筑流向。

钢纤维混凝土养护

面层采用旧麻袋覆盖养护，避免草袋覆盖养护污染及水分蒸发过快等影响装饰效果和质量。

六、后张拉无粘结预应力混凝土施工

1. 材料要求

(1) 预应力钢绞线。

钢绞线性能执行的是美国《PC Strand ASTM standard》ASTM A416 规定，采用270级、ϕ15.24 的钢绞线。带有专用防腐油脂和外包层的无粘结预应力筋质量要求应符合《钢绞线、钢丝束无粘结预应力筋》（JG 3006—93）和《无粘结预应力筋专用防腐润油脂》（JG 3007—93）标准的规定。

(2) 锚具系统。

无粘结预应力筋采用国家I类锚具。其预应力筋——锚具组装件的锚固性能应符合下列要求：$\eta_a \geqslant 0.95$、$\varepsilon \geqslant 3.0\%$。

2. 机具准备

(1) 根据预应力筋的种类、根叔、张拉吨位选定4套YCN－23千卡内置式千斤顶，配套油缸选用STDB.63＊63超高压小型电动油泵。

(2) 预应力筋张拉设备校验标定：张拉设备的校验标定应按《混凝土结构施工质量验收规范》GB 50204—2002规定执行，有国家指定的计量监测部门鉴定，并由张拉设备的标定报告。

3. 施工流程及施工工艺

(1) 施工流程。

支梁底模、梁筋绑扎——→放线确定预应力筋位置——→铺放无粘结预应力筋——→预应力钢筋托架固定、封侧模——→张拉端承压板、螺旋筋、穴模安放及固定——→隐检——→浇混凝土及养护——→预应力筋张拉、切割、封堵。

(2) 施工工艺。

①预应力筋张拉准备：当预应力钢筋绑扎完毕后，根据线型曲线图，根据水平坐标及垂直坐标用点焊固定托架，穿设预应力筋，预应力筋的搭接应在梁支座处进行，搭接长度由不同梁中预应力筋反弯点的位置而定，同一根梁的预应力筋穴模错开1000mm。为防止张拉过程中在同一截面产生裂缝，将相邻两根梁的预应力筋的张拉端错开500mm。承压板，螺旋筋等放置完毕后即进行自检、专检及隐蔽验收合格后浇混凝土。在梁混凝土浇筑过程中应留设混凝土试块并进行同等条件下养护，当混凝土强度达到1.2N/mm^{2}时应及时将张拉端的穴

模清理干净。当混凝土的强度达到设计要求的张拉强度时，方可进行预应力筋的张拉（用同条件下养护的试块来判别），梁侧模拆除。检查梁混凝土的质量，特别是观察有无梁板结构的温度、收缩裂缝，记录并分析这些裂缝发生的原因和对预应力施工的影响，逐个检查张拉端承压板后的混凝土施工质量。清理检查张拉穴口的施工尺寸偏差，特别是压板与孔道的垂直度，如有问题应采取措施，并做好记录进行处理。张拉端无粘结钢绞线的外包皮应割掉，割皮时用电热法使其外包皮的切口同承压板的表面平齐。安装张拉端的锚具。穿上锚环，将夹片均匀穿入锚环中打紧并外露一致。根据张拉控制应力、千斤顶的校核报告确定张拉初始应力。预应力筋的张拉方案应与设计单位事先商定。

②钢绞线的张拉施工顺序：

清理承压板⟶割皮⟶穿锚环夹片⟶安放变角模块⟶穿千斤顶⟶张拉至初应力⟶测量千斤顶缸伸出值 L1 ⟶张拉至 100% 0con ⟶测量千斤顶缸伸出值 L2 ⟶校核伸出值⟶顶压锚固⟶千斤顶回程⟶卸千斤顶

③无粘接预应力张拉：

a. 预应力筋的张拉根据设计要求采取变角张拉施工工艺，预应力筋下料长度应包括变角块厚度，变角度数控制在30°内，单根预应力筋张拉端承压板采用90×90×12mm 的钢板，螺旋筋采用 ϕ6.5 的钢筋，螺距为 25mm，4 圈，直径为 75mm，对于群锚体系承压板采用150×150×20mm，螺旋筋采用 ϕ8 的钢筋，螺距为 25m，9 圈，直径为 150mm。依据设计张拉控制应力、预应力的张拉程序为 0→20Y6con→100Y6con 根据千斤顶工作行程，对于超长钢绞线的张拉均需采用倒换行程的方法张拉，预应力筋的张拉力以控制应力为主，校核预应力钢绞线的伸长值。

b. 张拉伸长值的管理。

理论伸长值的计算公式：

$$\Delta L = Np \times L / (Ap \times Ep)$$

式中 L——预应力筋的曲线长度；

Ap——预应力钢筋线的截面积；

Ep——预应力钢绞线的弹性模量；

$Np = Ap \times 0\mathrm{con} \times [1 + e - (kx + \mu\theta)]/2$。

c. 实际伸长值的测量。伸长值的量测以量测张拉千斤顶张拉缸伸出的长度来测定。当张拉至初应力时量测千斤顶缸伸出的长度 $L1$，张拉至控制应力时量测千斤顶缸伸出的长度 $L2$，根据 $L2 - L1$ 的差值算出初应力前的伸长值 $L3$，实际上伸长值为 $\Delta L = L2 - L1 + L3$；当千斤顶缸的长度不足时，千斤顶需要多次倒行程，量测伸长值时，每一次倒行程应量测其缸的伸出长度，然后进行累加，最后确定实际伸长值。预应力筋张拉时应认真将每根钢绞线的实测张拉伸长值做好记录。

d. 预应力筋的张拉应以控制应力为主，校核伸长值。如实际伸长值与理论伸长值的误差超出 -5% ~ +10% 范围，应停止张拉，待分析查明原因予以调整后，才能继续张拉。

④张拉穴口的封堵。预应力筋张拉完毕经检查无误后，即可采用手提砂轮锯或氧乙炔切割多余的钢绞线，切割后的钢绞线外露长度距锚环夹片的长度为 30mm，按规范要求用防水涂料或防锈漆涂刷锚具，然后清理穴口，用比梁混凝土高一等级的内掺 10% UEA 的细石混凝土进行封堵。

4. 劳动力组织

预应力筋的铺放、承压板的固定、螺旋筋的安装由专业施工队伍完成。预应力筋的铺放设三个组，每组5人；承压板及螺旋筋的安装固定两个组，每组3人；预应力筋张拉班两个组，每组3人；技术指导组2人，1人全面负责，1人现场指挥。

七、后浇带施工

1. 后浇带设计构造

后浇带构造见图2，宽度800mm，加强筋为ϕ14@100伸入混凝土内两边各1000。

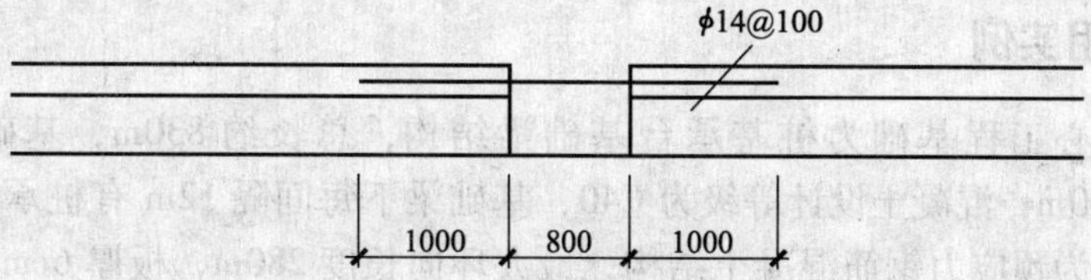

图2　后浇带构造图

2. 施工流程和施工工艺

（1）施工流程：

清理后浇带内的杂物，整理后浇带处的结构钢筋⟶后浇带处侧模封固⟶微膨胀混凝土配置和搅拌⟶微膨胀混凝土浇筑⟶后浇带混凝土养护⟶后浇带模板拆除。

（2）施工工艺：

①后浇带的封堵时间根据设计要求，在结构混凝土浇筑60d后进行。

②清除后浇带内杂物和松散混凝土，充分浇水但不留明水。

③后浇带侧模用密孔钢丝网封堵。

④后浇带处微膨胀混凝土配置，其强度等级较结构混凝土提高一个等级，并在混凝土中掺加CSA膨胀剂，可使其产生微膨胀压力抵消混凝土的干缩，温差等产生的拉应力，使混凝土结构不出现裂缝，提高抗渗能力。

⑤后浇带混凝土浇筑前，先浇一薄层与膨胀混凝土相同配合比的砂浆，接着浇筑比原浇注混凝土高一级的膨胀混凝土，应仔细振捣密实，浇筑12h后，及时进行养护，时间不少于14d。

⑥看台结构后浇带混凝土达到设计强度后（用后浇带混凝土施工时，与后浇带同条件养护的试块测定）便可进行预应力张拉。

八、质量要求

本工法除满足设计图纸外，还必须遵守《混凝土结构工程施工质量验收规范》（GB 50204—2002）、《无粘结预应力混凝土结构技术规程》（JGJ/T 92—93）、《钢纤维混凝土结构设计与施工规程》（CECS 38:92）的有关规定。

九、安全要求

1. 张拉过程中，严禁锚具、机具高空坠落。

油管接头处、张拉油缸端头严禁站人，操作人员必须站在油缸两侧。测量伸长值时，严禁用手抚摸缸体，以免油缸崩裂伤人。张拉用工具及夹片应经常检查，避免张拉中滑脱飞出伤人。

2. 油泵操作时应精力集中，给油、回油平稳，以防超张拉过大拉断钢筋造成事故。

3. 配电箱内必须配置防漏电装置，避免造成触电事故。

十、效果分析

看台采用钢纤维混凝土面层，既解决了看台面层耐磨、裂缝问题，同时也解决了面层防水问题。超长有约束混凝土结构采用无缝施工技术，技术水平达到国际领先，填补了国内空白，为今后类似的施工提供了经验。

十一、应用实例

武汉体育中心工程基础为桩基承台基础梁结构，总长约830m，基础梁断面尺寸为800m×800～1200m，混凝土设计等级为C40，基础梁下每间隔12m有桩承台，形成有约束结构；露天看台为预应力钢筋混凝土结构，最大环向长度280m，板厚6cm，通过横向框架支撑其结构，混凝土设计等级为C40。

自2001年6月施工完成至今，已有近五年时间，冬去春来，日晒雨淋（因其他原因中途曾停工，复工后于2002年7月竣工），经实地检测，未发现有任何裂缝，施工取得令人满意的效果，无论是外表还是内在质量，均得到业主、设计院的充分肯定和高度评价。说明本工法综合技术解决环向超长混凝土结构裂缝问题是行之有效的。而上述各项措施，缺少任何一项或其中某一项技术没有解决好，本无缝施工技术均不会获得成功。

多层面超大面积钢筋混凝土地面无缝施工工法

YJGF 70—2004

中国建筑第五工程局第三建筑安装公司

湛裕勤　喻国斌　甘鲁湘　李廷勇　郑杰平

多层面超大面积钢筋混凝土地面无缝施工这一新型施工技术，突破规范要求，可大大缩短地面施工工期，显著增强地面结构的整体性，并且可大大地提高地面的使用性能，该技术有着广阔的发展空间和应用前景。推广和应用该项技术有利于提高国内钢筋混凝土楼地面的施工水平。

多层面超大面积钢筋混凝土地面无缝施工于2004年在白沙集团长沙卷烟厂联合工房工程施工中得到了成功应用并取得明显的技术经济效果，“多层面超大面积钢筋混凝土地面无缝施工技术”于2004年8月通过中国建筑工程总公司组织的科学技术成果鉴定，专家评定该项技术达到了国际先进水平。

一、工艺原理

多层面超大面积钢筋混凝土地面无缝施工是在传统的留置后浇带和伸缩缝的基础上发展而来的新型施工技术，以在地面混凝土施工中不设置伸缩缝和后浇带，用施工缝将地面按一定尺寸分为若干块，相邻块间隔浇筑，待先浇筑混凝土经过较大的收缩变形后，再将地面连接浇筑成一个整体。这种跳仓浇筑采用了短距离释放应力的办法应对较大的收缩，待混凝土经过早期较大的温差和收缩后（7~10d），各仓浇筑连接成整体，应对以后较小的收缩。即“先放后抗，抗放兼施，以抗为主”的辩证控制原则。

二、工法特点

1. 施工缝间距、分块尺寸远远大于目前有关规范在钢筋混凝土地面施工中分仓设缝要求。

2. 地面施工中取消了永久性伸缩缝、沉降缝和后浇带，采用分块跳仓浇筑方式，可以大大缩短地面施工工期。

3. 混凝土配制中采用“双掺技术”，不仅能提高混凝土的抗裂能力，而且可以改善混凝土的工作性能。

4. 混凝土浇筑完毕后加强保湿养护。

5. 施工工艺简单，无需特殊的技术措施，选用常规建筑材料及机具设备，可降低施工成本。

6. 综合考虑设计、材料、施工、环境等多方面影响因素，有效控制混凝土质量、混凝土表面平整度。

三、适用范围

本工法适用于工业与民用建筑大面积楼地面的垫层、钢筋混凝土结构层、找平层的施工，特别适用于对楼面、地面使用性能要求高的工业厂房、大型公共建筑工程。

四、材料性能

1．混凝土

（1）混凝土原材料符合混凝土结构施工质量验收规范的要求。

（2）对钢筋混凝土结构层的混凝土原材料有以下具体要求。

①水泥。水泥的选用应满足质量稳定、水化热低、含碱量低、活性好、标准稠度用水量小，均匀性、安定性好，富余强度高，水泥与外加剂之间适应性良好。

②骨料。粗骨料选用卵石，选用的原则：强度高、连续级配好、产地、规格必须一致，而且含泥量严格控制在1%以内，大于5mm的泥块的含量小于0.5%，骨针片状颗粒含量不大于10%，骨料不得带有杂物。细骨料选用中粗砂，细度模数在2.5以上，含泥量控制在3%以内，大于5mm的泥块含量小于1%，有害物质按重量计≤1.0%。

③掺和料。根据"双掺技术"的特点，混凝土拌和物中适量掺入Ⅱ级粉煤灰及减水剂，满足混凝土的抗裂要求及对混凝土的各种施工性能要求。掺粉煤灰不仅可以改善混凝土性能，而且还节约水泥，降低温度裂缝的形成。

（3）对于细石混凝土找平层，宜考虑在混凝土中添加聚丙烯纤维增强该层的抗裂能力。

2．模板

（1）模板要求强度高、韧性好，加工性能好、具有足够的刚度。

（2）模板表面平整、无污染、无破损、清洁干净。

3．钢筋

（1）钢筋配置宜采用小直径小间距的方式，有利于防止裂缝和控制裂缝发展。

（2）成品钢筋的加工尺寸（弯心、角度、长度等）偏差符合规范要求。

五、施工准备

1．无缝施工设计

（1）施工前应进行无缝施工设计。无缝施工设计的关键是对跳仓间距的设计，即对采用无缝施工的混凝土地面各层（如垫层、钢筋混凝土结构层、找平层等）分别进行跳仓间距的计算。具体方法是：运用地基上混凝土板的平均伸缩缝间距计算公式，计算出不留伸缩缝的间距，也就是跳仓施工的跳仓间距。

$$[L] = 1.5\sqrt{\frac{EH}{C_x}}arcch\frac{|\alpha T|}{|\alpha T| - \varepsilon_p}$$

式中 E——混凝土早期弹性模量；

H——混凝土板的厚度；

C_x——下层结构的水平阻力系数；

α——混凝土线膨胀系数；

T——混凝土综合温差（水化热温差，收缩当量温差，环境温差代数和）；

ε_p——混凝土的极限拉伸。

（2）在计算出每层混凝土跳仓间距后，结合实际柱网情况确定多层面超大面积钢筋混凝土地面无缝施工的最终跳仓间距。

（3）编制混凝土施工方案时应保证相邻两块混凝土浇筑间隔时间不得少于7d。

2．混凝土配合比设计

（1）混凝土的配合比设计应使混凝土在满足强度要求、减小水化热温差、减小混凝土收缩的前提下具有良好的施工性能。

（2）进行混凝土配合比优化，主要从坍落度、和易性、水胶比、砂率、含气量、坍落度损失和强度等方面反复试验调整，经现场检验后确定混凝土的最终配合比，同时确定混凝土的生产工艺参数及性能指标。

（3）混凝土坍落度严格控制在14±2cm范围内。

3．施工技术准备

（1）根据设计要求、合同约定和施工规范要求，明确混凝土的质量验收标准。

（2）编制混凝土施工方案，制定钢筋、模板、混凝土专项施工措施、季节性施工措施以及成品保护措施等。

（3）综合结构、建筑、设备、电气图纸，全面考虑装修预埋件以及设备管线的预留预埋，避免事后剔凿。

六、工艺流程及操作方法

1．施工工艺流程（见图1）

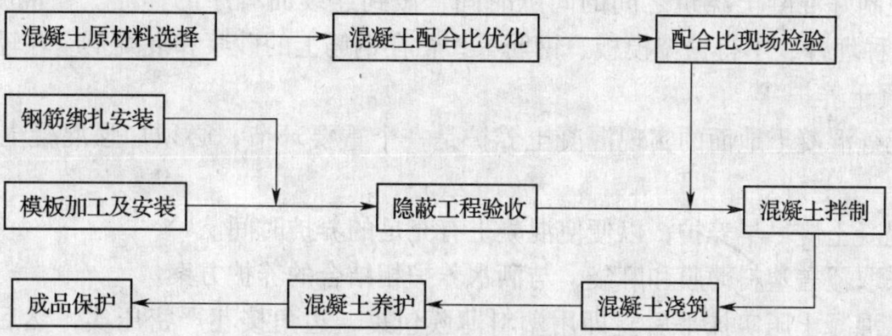

图1　施工工艺流程图

2．混凝土配合比

配合比设计应满足混凝土强度等级的前提下，保证裂缝等指标满足质量标准要求；工作性能方面满足泵送混凝土的泵送及耐振要求，在混凝土运输、浇筑以及成型过程中不离析、且易于操作。混凝土配合比确定后，不应改变。

3．钢筋绑扎安装

钢筋为不截断连续绑扎方式。对预留搭接钢筋校正；控制钢筋保护层厚度，确保截面有效高度。

4．混凝土拌制

（1）严格执行同一配合比，保证原材料不变（同产地、同规格、主要性能指标接近）、水胶比不变。

（2）控制好混凝土搅拌时间，混凝土的搅拌时间应比普通混凝土延长15～20s。

（3）混凝土搅拌站根据气温条件、运输时间（白天或夜间）、运输道路的距离、砂石含水率变化、混凝土坍落度损失等情况，及时适当地对原配合比（水胶比）进行微调，确保混凝土供应质量。

5．混凝土浇筑

（1）混凝土浇筑前，清理模板内的杂物，并检查保护层垫块是否放好，完成对钢筋、管线预留预埋等隐蔽工程验收。

（2）合理安排调度，保证混凝土连续浇筑，避免出现施工冷缝。混凝土运输时间控制在规定时间内（根据天气及路程计算），以免坍落度损失过大，而影响混凝土的均一性。加强混凝土进场检验，目测混凝土外观质量，有无泌水离析，保证混凝土拌和物质量。

6．混凝土振捣

（1）混凝土振捣应从中间向边缘振动，振点按“梅花形”布点，并使振捣棒在振捣过程中上下略有抽动，振捣棒移动间距为200mm左右，对施工缝和预留空洞等薄弱环节应充分振动，以确保混凝土密实，对设备基础等钢筋密集的部位不得出现漏振、欠振或过振。

（2）掌握好混凝土振捣时间，一般以混凝土表面呈水平并出现均匀的水泥浆、不再有显著下沉和大量气泡上冒时即可停止，混凝土振捣时间一般控制在每个点15~20s。

（3）为提高混凝土的密实性，减少内部微裂缝，对施工缝处等薄弱环节采用二次振捣工艺，即当混凝土浇筑后即将凝固时，在适当的时间内再振捣，掌握好二次振捣的时间间隔(2h为宜)。

（4）控制好混凝土浇筑之间的间歇时间，做到连续而有序的作业。在混凝土振捣中，不得碰撞各种埋件，不得振捣模板、钢筋等；粘在钢筋上的砂浆和混凝土应轻轻碰落。

7．混凝土养护

（1）无缝混凝土地面的实现混凝土养护是一个重要环节，必须加强混凝土地面的保湿养护。

（2）混凝土应尽早养护，以便使混凝土有充足的养护时间。

（3）采取覆盖塑料薄膜和麻袋，与洒水养护相结合的养护方案。

（4）在混凝土压实抹平后立即用塑料薄膜包裹，边角接茬严密压实，然后在外覆盖2层麻袋，养护之前和养护过程中都要洒水保持湿润，养护时间不得少于14d。

（5）对混凝土地面宜采用动态养护，即现场监测已浇混凝土块体内温度及应力在各龄期的变化，通过测试的实际数据及时调整养护方案，达到对混凝土地面温控防裂的目的。

七、机具设备

1．钢筋工程。切割机、调直机、弯曲机、砂轮切割机、钢丝钩子、钢丝刷子、撬棍、扳手、钢卷尺、钢筋连接机具设备。

2．模板工程。电锯、电刨、压刨、手锯、锤子、钢卷尺、电钻、直角尺。

3．混凝土工程。混凝土输送泵、混凝土运输车、布料杆、振捣电机、铁锹、标尺杆、振捣棒、抹子（混凝土工程的使用机具设备准备1~2套备用）。

4．其他设备。塔吊、激光经纬仪、水准仪、钢卷尺、电子测温仪、试验检测设备。

八、劳动力组织

1．多层面超大面积钢筋混凝土无缝地面施工管理，应设置以下人员：施工总负责人、技术负责人、混凝土浇筑协调员、混凝土施工管理员、钢筋施工管理员、模板施工管理员、机电管理员、混凝土计量员、试验管理员、质量监督员、资料员、材料员、后勤管理员、安全管理员、测量管理员、塔吊指挥。

2．劳务队应按钢筋工、木工、混凝土工、力工、电工、水管工、机修工等分班组，实行工种承包，挂牌施工、工种人数根据实物工程量确定。

九、安全措施

1．混凝土施工应遵守国家的《建筑安装工程安全技术规程》和地方有关施工现场安全生产管理规定。

2．根据施工特点编制安全操作的注意事项及具体施工安全措施。

十、质量标准

1．材料质量、混凝土强度等级满足设计要求。

2．混凝土表面观感质量

（1）表面无裂缝；混凝土密实整洁，面层平整；无油迹、锈斑；无漏浆、跑模和胀模，无冷缝、夹杂物，无蜂窝、麻面和孔洞。

（2）混凝土保护层准确，无露筋；预留孔洞洞口整齐。

3．控制偏差

多层面超大面积钢筋混凝土地面控制偏差满足设计及规范要求。

十一、效益分析

1．社会效益

多层面超大面积钢筋混凝土无缝地面工程的实施有着巨大的社会意义，不仅能降低工程造价、缩短施工工期，而且对改善地面结构性能，提高地面的使用性能有着重要意义。通过多层面超大面积钢筋混凝土地面无缝施工技术的实施，能够提升国内大面积钢筋混凝土楼地面的施工水平。

2．经济效益

（1）可显著缩短地面施工工期，减少管理费用，降低工程造价。

（2）由于跳仓分块的尺寸远远大于现行有关规范的分仓设缝要求，可降低模板用量，节约周转材料费用及机械费。

（3）施工简便，无常规后浇带困难的打毛清理工作，节约人工。

（4）适量添加粉煤灰，可减少水泥用量，降低混凝土成本。

十二、工程应用实例

长沙卷烟厂联合工房工程地面施工中采用了多层面超大面积钢筋混凝土地面无缝施工技术，在该工业厂房地坪内300厚素混凝土垫层、300～500厚钢筋混凝土层以及60厚细石混凝土找平层均实施了超大面积钢筋混凝土地面无缝施工，地面总面积为28242m^2，其中最大一块整体地面面积达20520m^2，是国内采用无缝施工技术面积最大的工业厂房地坪。

多层面超大面积钢筋混凝土地面无缝施工突破了规范对地面施工设置伸缩缝及后浇带的

有关要求，通过采用“抗放兼施、先放后抗”的原则，进行温度收缩应力的分析计算，制定超大面积混凝土跳仓浇筑方案，优化混凝土配合比，应用温控信息化施工技术，严密进行动态保湿养护，取得了20520m^{2}多层面超大面积钢筋混凝土地面无缝施工控制裂缝的成功，经现场观测，20520m^{2}的钢筋混凝土地面无可见裂缝。同时采用该项技术大大缩短了混凝土地面施工工期，共缩短地面施工工期60d，总经济效益达350.37万元。地面的施工质量超过了预期要求，得到了国内众多专家的高度评价，也获得了业主、设计、监理以及众多参观者的一致好评。

超长超厚一次连续浇筑大体积无微膨胀剂混凝土裂缝控制技术施工工法

YJGF 71—2004

北京建工集团有限责任公司总承包二部

齐　明　谢　婧　刘爱玲　李雁鸣　张显来

超长超厚一次连续浇筑大体积无微膨胀剂混凝土裂缝控制技术从结构设计、混凝土原材料的选择、混凝土的配合比优化、混凝土施工方法和理论计算、混凝土养护、混凝土温度监测等方面进行分析、研究和应用，不留设任何形式的施工缝、变形缝、沉降缝、伸缩缝、后浇带、加强带等；和不掺加任何微膨胀剂的超长超厚一次连续浇筑大体积混凝土裂缝控制技术。成功地将北京电视中心工程综合业务楼平面尺寸 88.2m×77.45m、2m 厚（局部厚达 6.5m）高难度超长、超宽、超厚大体积混凝土基础底板一次性连续浇捣成型，确保了整个基础底板结构的整体性。基础底板浇筑至今，整个基础底板没有出现贯通的有害裂缝，该技术还应用该工程基础结构长 67m，宽 61m，高 4.3m，厚 1.0m、1.2m 的大体积混凝土墙体施工，墙体已全部浇筑完成至今数月，也没有出现贯通的有害的裂缝，达到了预期的质量目标。

该项技术已于 2004 年 12 月 15 日通过了北京市建设委员会组织的科技成果鉴定，综合技术的研究与应用达到了国际先进水平。工程应用的实践证明，该技术能有效预防和控制大体积混凝土裂缝的发生，所形成的工法科学合理，指导性、可操作性强，具有良好的技术经济效益和社会效益，可为今后大体积混凝土施工提供有益的借鉴，具有较高的推广价值。

该项技术已经被收录在 2004 年 4 月出版的《钢筋混凝土裂缝控制指南》一书中，该项技术 QC 小组和成果荣获了 2004 年度全国优秀质量管理小组和第十六届（2004）建筑管理现代化优秀成果。

一、工法特点

1. 工程质量好，确保大体积混凝土不出现贯通的和有害的裂缝，浇筑完成至今，没有出现贯通的、有害的裂缝，混凝土结构质量达到了预期的质量目标。

2. 在平面尺寸长 88.2m×宽 77.45m 范围内，不留设任何形式的施工缝、变形缝、沉降缝、伸缩缝、后浇带、加强带等，基础底板是一个完整的混凝土块体，保证结构的整体性，施工的连续性，避免因留置后浇带、施工缝给结构带来不利影响。

3. 施工速度快，将综合业务楼基础底板 15000m^3 的混凝土在 72h 内整体一次性连续浇筑完成。

4. 在混凝土配合比设计中不掺任何形式的微膨胀剂，只掺高效减水剂。

5. 基础底板大体积混凝土块体温度监测，采用网络化温度监测系统，定时在线监测各测温点温度，并自动记录，为施工过程中及时准确采取温控对策提供科学依据。

6. 采取合理的构造配筋，在基础底板混凝土表面增加了基础底板上钢筋保护层内铺设钢筋网的工序，有效地控制了表面裂缝的产生；在结构外墙外侧钢筋保护层内增设 ϕ6@150

单排双向钢筋网片来约束混凝土的塑性变形，提高混凝土极限拉伸强度。

7. 经济效益显著，基础底板采用不留置任何缝和带一次性浇捣成型，避免了留置各种缝和带的缺点，减少了材料和人工投入，缩短了工期。

二、适用范围

适用于长度、宽度在80m，厚度在2m，局部厚度6.5m左右，拟采用不留设任何形式的施工缝、变形缝、沉降缝、伸缩缝、后浇带、加强带等，一次性连续浇捣成型的大体积混凝土结构工程施工。

三、材料性能

1. 水泥选用北京拉法基32.5级普通硅酸盐水泥。该水泥为中低水化热低碱水泥。并控制水泥中发热量和发热速度最快的C_3A的含量在7%以下，水泥7d的水化热不大于250kJ/kg。

2. 砂选用质地坚硬、级配良好的B类低碱活性天然中、粗砂。含泥量不大于1%、细度模数为2.5~3.2。能够有效地减少用水量，水泥用量也可相应减少，降低了混凝土的温升和减少了混凝土的收缩。

3. 石子选用5~25mm的低碱自然连续级配的机碎石或卵石。含泥量不大于1%，针状和片状颗粒含量不大于15%。由于其具有较好的和易性、较少的用水量以及较高的抗压强度，能减少混凝土的收缩。

4. 混凝土掺和料和外加剂均选用绿色环保型的、无污染、无毒害、无氨类等并经权威检测机构检测的、由北京市建委备案的生产厂家生产的优质产品。

5. 粉煤灰选用颗粒活性高的Ⅰ级粉煤灰。粉煤灰中的高活性SiO_2、Al_2O_3能与水泥浆中的$Ca(OH)_2$进行二次水化反应，可以消耗吸收混凝土中的碱，从而降低混凝土中的碱含量，消除大体积混凝土由于碱集料反应产生的裂缝；发挥物理填充作用，加强粉末效应，增加混凝土的密实性，提高混凝土强度，降低混凝土弹性模量，在很大程度上改善混凝土的和易性，从而进一步保证混凝土的泵送浇筑；同时，每立方米的混凝土中掺加一定量的粉煤灰，减少水泥用量，降低了水泥的水化热，达到降低混凝土内外温差，抑制混凝土产生温度裂缝的目的。由于粉煤灰的加入，使混凝土的强度前期增长相对较慢。

6. S75磨细矿粉：显著减少单方混凝土的用水量、水泥量，降低水灰比，延缓凝结时间，提高早强，获得高强，抑制水泥初期水化热，推迟热峰出现时间，提高混凝土的抗裂能力，防止或减少混凝土早期裂缝，避免冷缝。提高密实性、抗透水性、抗渗性。抑制碱骨料反应的产生。发挥其填充作用、火山灰效应及微珠效应。提高混凝土的施工工作性能，改善和易性、聚粘性、保水性，提高坍落度，并控制坍落度损失，提高混凝土车送、泵送性。

7. 外加剂采用WDN-7高效减水剂，对水泥有较好的分散作用，可改善混凝土拌和物的和易性和流动性，减少泵的输出压力，减少混凝土对管壁的摩擦阻力，提高混凝土抗离析性，减少混凝土泌水和因引入空气、减少水泥用量和水灰比较大而对强度的降低。并能增加坍落度，将混凝土的坍落度损失减少到最低限度，减少用水量。且后期强度增长明显提高，可大大改善和提高混凝土各项物理力学性能。

四、工艺原理

通过对影响大体积混凝土结构产生裂缝的多种因素入手，从设计、材料、施工、理论研究与设计依据等多方面多角度分析影响大体积混凝土结构产生裂缝的原因，从结构设计、混凝土原材料的选择、混凝土的配合比优化、混凝土施工方法和理论计算、混凝土养护、混凝土温度监测等方面进行研究，制定有针对性的解决方法和技术措施，首先在结构设计上选用中低强度等级的混凝土，采用混凝土后期强度 R60 来评定混凝土的强度。选用合理的配筋，提高了结构的抗裂性，增加了混凝土自身的约束应力，同时钢筋也约束了混凝土的塑性变形。

在混凝土原材料的选择上，水泥选用中低水化热低碱水泥，并严格控制水泥中发热量和发热速度最快的 C3A（铝酸三钙 $3CaO \cdot SiO_2$）的含量在 7% 以下，水泥 7d 的水化热不大于 250kJ/kg；砂选用质地坚硬、级配良好的 B 类低碱活性天然中、粗砂，含泥量不大于 1%、细度模数为 2.5～3.2。石子选用 5～25mm 的低碱自然连续级配的机碎石或卵石，含泥量不大于 1%，针状和片状颗粒含量不大于 15%；粉煤灰选用颗粒活性高的 I 级粉煤灰；矿粉为 S75 磨细矿粉；外加剂选用 WDN－7 高效减水剂；不掺加任何种类的微膨胀剂。这样从原材料上降低了水化热，从而降低了混凝土的温升，减少了混凝土的收缩。

混凝土配合比设计进行合理优化，胶凝材料的总量在 $420kg/m^3$ 以下，采用“双掺法”，大量加入 I 级粉煤灰，掺加 WDN－7 高效减水剂，适量掺入 S75 磨细矿粉，降低了混凝土的碱含量，使混凝土的碱含量不大于 $3kg/m^3$，避免碱集料反应产生的裂缝，同时减少水泥用量，降低水化热，降低混凝土内外温差，抑制混凝土产生温度裂缝，改善了混凝土拌和物的和易性。在施工方法上进行科学合理的施工部署和施工组织，采用混凝土泵送技术和斜面分层浇筑方法，使混凝土以同一坡度（1∶6～1∶10），薄层浇筑，循序推进，一次到顶。在基础底板上钢筋保护层内铺放钢筋网，并加强二次抹面，采用一层塑料薄膜和两层保温被进行保湿和保温双重养护，养护时间 30d，采用网络化温度监测系统，定时在线监测各测温点温度，并自动记录，为施工过程中及时准确采取温控对策提供科学依据等等。最终形成科学、合理、可行、适用的裂缝控制技术，实现了基础底板不留设任何形式的施工缝、变形缝、沉降缝、伸缩缝、后浇带、加强带等，不掺加任何种类的微膨胀剂，混凝土整体一次性连续浇筑完成。

五、构造设计

1. 混凝土采用中低强度等级的 C35 商品混凝土，并用 60d 强度评定混凝土强度的等级。

2. 基础底板钢筋设计为上铁、下铁分别采用 $\phi32$ 钢筋，局部配有 $\phi25$ 的上层下铁钢筋，中层铁采用 $\phi12$ 钢筋，双向间距均为 150mm。

3. 在上铁钢筋保护层内增设一层可以部分承受因水泥水化热引起的温度应力及控制温度裂缝开展的钢筋网，来作为构造钢筋，控制温度收缩裂缝，防止出现表面裂缝。

4. 墙体沿墙厚布置多排钢筋网，并在外墙外侧钢筋保护层内增设 $\phi6$@150 分布钢筋网片来约束混凝土的塑性变形，提高混凝土极限拉伸。

5. 混凝土配合比设计：水灰比控制在 0.40～0.50；砂率在 40%～45% 范围内；胶凝材料的总量在 $420kg/m^3$ 以下；混凝土初凝时间在 12h 以上；采用“双掺法”，加入 I 级粉煤灰和掺加 WDN－7 高效减水剂；适量掺入 S75 磨细矿粉；混凝土的碱含量不大于 $3kg/m^3$。

六、施工工艺

1. 工艺流程

（1）混凝土基础底板工艺流程：

泵机试运转⟶搅拌站供货⟶核实混凝土配合比、开盘鉴定，混凝土运输单⟶检查混凝土质量、坍落度⟶输送与混凝土同配合比水泥砂浆润滑输送管内壁⟶输送混凝土⟶分层浇筑⟶振捣⟶抹面⟶扫出浮浆、排除泌水⟶养护⟶测温⟶成品保护。

（2）混凝土基础墙体工艺流程：

浇筑层段施工缝的清理⟶有关部门验收（土建、水电）⟶签署浇灌申请⟶施工缝提前浇水湿润⟶混凝土泵试运行⟶铺设同配合比砂浆⟶分层浇筑混凝土⟶标尺分层量取高度⟶分层振捣⟶墙上口找平⟶墙体上口混凝土标高检查⟶清除混凝土表面浮浆⟶拆模⟶养护⟶成品保护。

2. 操作要点

（1）混凝土基础底板操作要点。

①混凝土的浇筑。

a. 基础底板大面的浇筑。

（a）采用斜面分层浇筑混凝土。2m 厚基础底板按 500mm 厚分四步浇筑到顶，斜面每层浇筑厚度不超过 500mm。并要保证上层混凝土覆盖已浇混凝土的时间不得超过混凝土初凝时间（见图 1）。

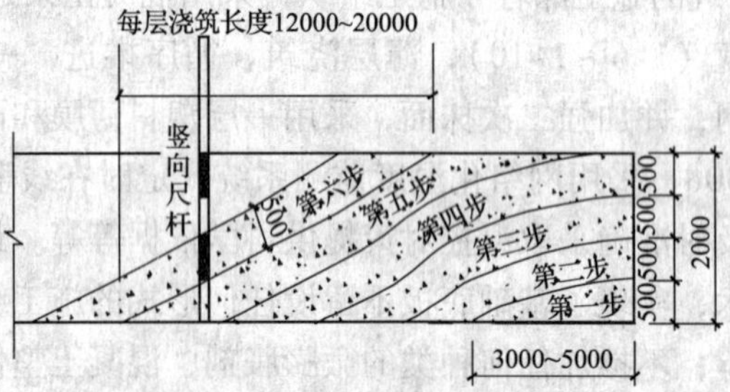

图 1　分层浇筑详图（mm）

（b）将所有泵管支设到位，浇筑时各排输送管定点，各负其责，以同一坡度（1∶6 ~ 1∶10），薄层浇筑，循序推进，一次到顶。

（c）利用泵管或泵管前连接的软管在底板上皮钢筋的表面上直接布料，在保证混凝土不出现冷缝的前提下，利用软管左右移动，作扇形状散布混凝土，尽量使入模混凝土散布面积大以增加散热与热量交换。

（d）覆盖已浇混凝土的时间不得超过混凝土初凝时间。

b. 集水坑内混凝土的浇筑。

（a）根据大面积基础底板混凝土流淌速度的范围，需提前进行临近集水坑内泵送混凝土的施工，并振捣密实。将集水坑混凝土浇筑至与大底板平齐，与 2m 厚基础底板混凝土部分交接严密。

（b）集水坑混凝土浇筑时，根据其面积大小、深浅以及坑壁的厚度不同，采取一次浇筑或间歇浇筑的施工方法。

（c）对较浅的地坑采用混凝土一次浇筑，当基坑底板混凝土浇筑成后，紧接着浇筑坑壁。

（d）较深的集水坑浇筑时，采用间歇浇筑的方法，其模板做成整体式并预先架立好，先将地坑底板浇至与模板平，待坑底混凝土流动性不大，可以承受坑壁混凝土压力时，再浇筑地坑坑壁混凝土，要保证底与壁接触处的质量。间歇时间在2h左右。

（e）派专人检查集水坑底板混凝土状态，严防混凝土初凝。

（f）坑底浇筑顺序由长度方向从一端向另一端浇筑推进，或由两端向中间浇筑。坑壁应形成环行回路分层浇筑，并根据坑壁的长度采用单向循环或双向循环浇筑。

（g）集水坑侧壁混凝土浇筑时，采用对称浇筑的方法，确保侧壁受力均匀。

c. 地下室外墙导墙混凝土。

（a）地下室外墙随底板一起浇筑300mm高的导墙，导墙上口设置钢板止水带。

（b）将导墙的吊模安装好后，先浇筑底板混凝土，在靠近外墙底板混凝土浇筑一定面积后，且在底板混凝土初凝前浇筑外墙导墙混凝土。

②混凝土的振捣

a. 混凝土拌和料在搅拌、浇筑入模后，必须振动捣固，密实成型，结构密实，使拌和料的颗粒之间以不同的震动加速度发生液化，破坏初始颗粒之间不稳定平衡状态，骨料颗粒依靠自重达到稳定位置，游离水分挤压上升，气泡逸出表面，混凝土最终逐渐达到密实状态。从而大大提高混凝土结构耐久性。

b. 浇筑时，每条泵管配备足够的振捣棒。使混凝土自然缓慢流动，然后全面振捣。根据混凝土泵送时自然形成的坡度，在每个浇筑带的前后布置两道振动器。第一道布置在混凝土卸料点，解决上部混凝土的振实，由于底皮钢筋间距较密，第二道布置在混凝土坡角处，解决下部混凝土的密实，随着混凝土浇筑工作的向前推进，振动器相应跟上，保证整个高度混凝土的质量（见图2）。

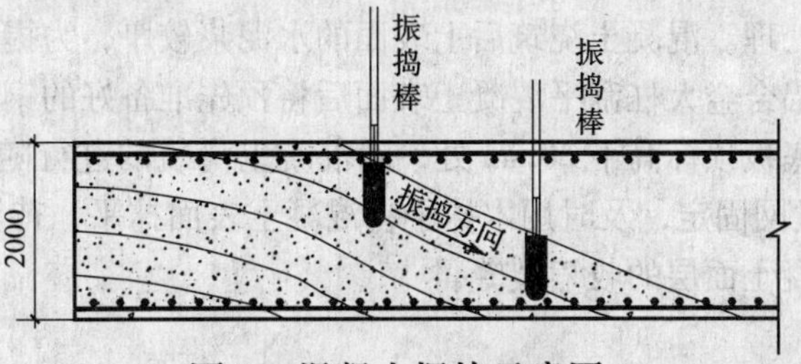

图2 混凝土振捣示意图

c. 振捣棒插入混凝土的深度以进入下一层混凝土50～100mm为宜，消除两层之间接缝，在振捣上层混凝土时，要在下层混凝土初凝之前进行。可在振捣棒距端部550mm处绑红皮筋作为深度标记。

d. 振捣过程中应将振捣棒上、下略有抽动，以使上、下震动均匀。每点振捣时间一般为20s左右，使混凝土表面不再显著沉降，不再出现气泡，表面泛出灰浆为止。

e. 每个浇筑带应设专人指挥振捣工作，严防漏振、过振造成混凝土不密实、离析的现象产生。防止先将表面混凝土振实而与下面混凝土发生分层、离析现象，填满振捣棒抽出时造成的空洞。

f. 振捣器插点要均匀排列，采用“行列式”或“交错式”的次序移动。不应混用。避免漏振。振动器移动间距为500mm。振捣时注意保持振捣棒与模板间的距离（见图3）。

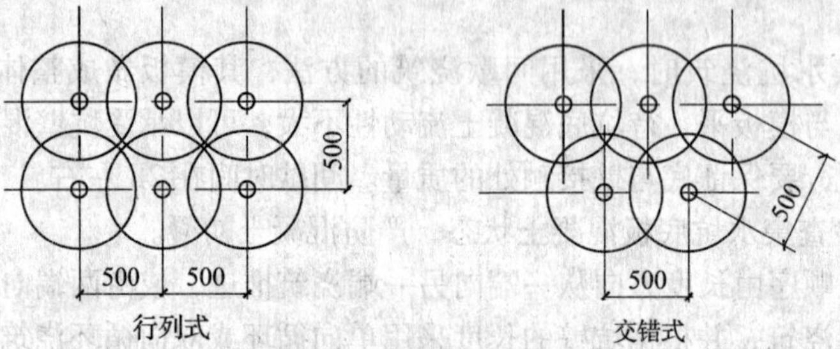

图3　振捣器排列形式

③泌水处理。大体积混凝土在浇灌振动过程中，必定会产生大量的泌水，由于混凝土为一个大坡面，泌水延坡面流至坑底，随着混凝土浇筑向前渗移，最终集中在基坑顶端排除，当混凝土大坡面的坡角接近顶端模板时，改变浇灌方向，从顶端往回浇灌，与原斜坡相交成一个集水坑，并有意识地加强两侧模板处的混凝土浇筑强度，使集水坑逐步在中间缩小成水潭，使最后一部分泌水汇集在上表面，派专人用软轴泵随时将积水抽出，并用扫帚将混凝土表面浮浆清除。不断排除大量泌水，有利于提高混凝土质量和抗裂性能（见图4）。

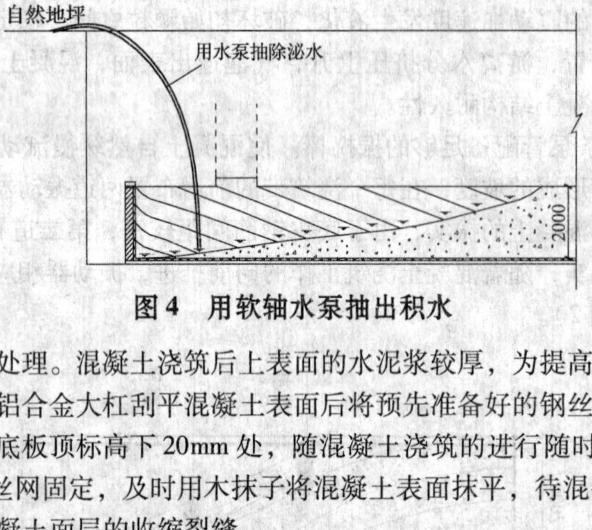

图4　用软轴水泵抽出积水

④混凝土表面的处理。混凝土浇筑后上表面的水泥浆较厚，为提高混凝土表面的抗裂性能，在初步按标高用铝合金大杠刮平混凝土表面后将预先准备好的钢丝网压入混凝土内，钢丝网标高控制在基础底板顶标高下20mm处，随混凝土浇筑的进行随时铺放，并用$\phi 8$的弯勾钢筋间距2m将钢丝网固定，及时用木抹子将混凝土表面抹平，待混凝土收水后，用木抹子搓平两次，闭合混凝土面层的收缩裂缝。

⑤混凝土的养护。

a. 大体积混凝土养护采用不透水、气的塑料薄膜将混凝土表面敞露的部分全部严密地覆盖起来，保证混凝土在不失水的情况下得到充分养护。应该保持塑料布内有凝结水。塑料布上面覆盖两层保温被进行保温。

b. 塑料布、保温被应叠缝、骑马铺放，以减少水分的散发。并将边缘、棱角部位的保温厚度增加到面层部位的2倍，加强保温养护。

c. 为保证混凝土内部与混凝土表面温差小于25℃，混凝土降温速率小于1.5℃/d及表面温度与大气温度之差小于25℃，采用塑料薄膜和保温被覆盖养护的同时，还要根据实际施工时的气候、测温情况、混凝土内表温差和降温速率，通过热工计算来随时调整养护措施。

d. 在养护过程中，如发现遮盖不好，表面泛白或出现干缩细小裂缝时，要立即仔细加以覆盖，加强养护工作采取措施，加以补救。

e. 确保新浇筑的混凝土有适宜的硬化条件，防止在早期由于干缩而产生裂缝，大体积混凝土浇筑完毕后，应在12h内加以覆盖。普通硅酸盐水泥拌制的混凝土养护时间不得少于14d。

f. 在混凝土达到强度标准值的30%后、内外温差及表面与大气最低温差均小于25℃时，方可拆除。保温的拆除应分层逐步进行。

⑥冬期施工措施。

大体积混凝土在冬期施工，有利于降低混凝土拌和温度和浇筑温度，从而降低混凝土内部实际最高温升的速度，现场控制混凝土入模温度在50℃。混凝土输送管用保温材料包裹。

（2）混凝土基础墙体操作要点。

①混凝土的浇筑。

a. 为防止浇筑混凝土时污染钢筋，浇筑混凝土前，用塑料套套在钢筋上。

b. 正式浇筑前先沿墙体均匀浇筑50mm厚的与墙体混凝土同配合比的减石子砂浆，用铁锹入模，随铺随浇筑混凝土。以避免烂根现象（见图5）。

c. 墙体混凝土浇筑时，严格分层。要求浇筑墙体混凝土的一次浇筑高度控制在500mm以内，并提前做好测量混凝土厚度的竖向控制杆。已浇筑混凝土温度在未被上混凝土覆盖前不应低于2℃。温度低于－15℃时，暂时停止施工（见图6）。

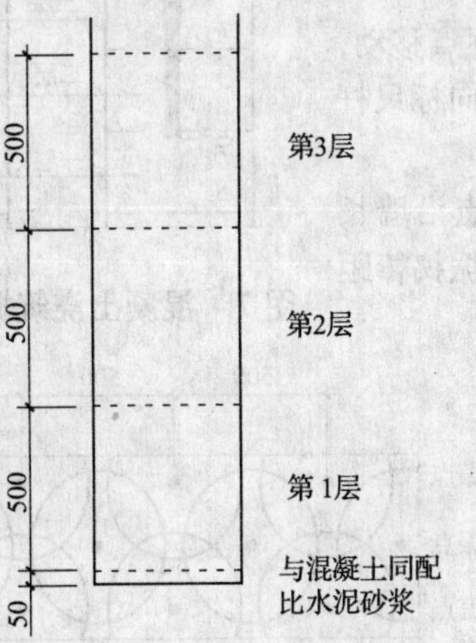

图5　基础墙混凝土浇筑程序

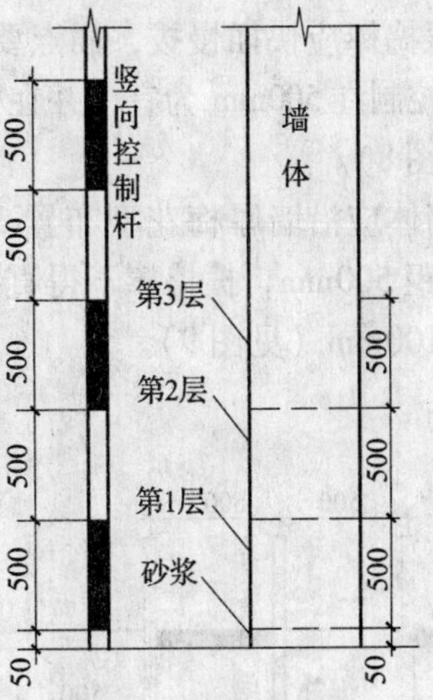

图6　混凝土浇筑厚度示意图

d. 墙为抗渗混凝土，内墙混凝土为非抗渗混凝土时，在外墙内皮向内墙方向300mm处沿墙高用钢板网卡好茬子，浇筑时先浇筑抗渗混凝土，确保接槎处混凝土严密，不得漏振、欠振。

e. 墙体的洞口部位两侧要同时下料，混凝土的高度保持大体一致。

f. 混凝土浇筑时，要随时检查浇筑高度，最终浇筑标高控制在高出顶板底标高30mm左右。

g. 布料杆软管出口离模板内侧面不应小于50mm，且不得向模板内侧面直冲布料，也不得直冲钢筋骨架。

h. 使用两台布料杆浇筑时，布料杆浇筑范围不得以钢柱为分界点，应离开钢柱2m左右为宜，以防止钢柱由于两侧下料不均匀而导致浇筑不到位，振捣不密实。

i. 混凝土下料点宜分散布置，间距控制在2m左右。

j. 灌注高度大于2m时，采用溜管或串筒下料，出料管口至浇筑层自由高度不宜大于1.5m，严防混凝土离析。

k. 区域之间、上下层之间的混凝土浇筑间歇时间，不得超过混凝土初凝时间。

l. 混凝土的标高控制以投测到墙体钢筋上的标高线为依据。

m. 待浇筑完毕后，对墙上口甩出钢筋加以整理。

n. 由于墙体及过梁的钢筋较密，给浇筑混凝土带来一定困难，局部钢筋用钢管撑开，但钢筋撑开处要及时恢复，确保混凝土浇筑后的整体质量不受影响。

o. 冬期施工时，混凝土在浇筑前，应清除模板和钢筋上的冰雪、污垢。尽量争取在上午施工，采用快浇、快振捣、快覆盖的“三快”施工方法。

p. 雪停后，要及时派人清理钢筋及模板外侧上的积雪。

②混凝土振捣。

a. 墙体混凝土分层浇筑后，立即对混凝土进行振捣，振捣上一层混凝土时，振捣棒应插入下一层混凝土50mm，以消除两层之间的接缝，同时在振捣上层混凝土时，要在下层混凝土初凝之前进行（见图7）。

b. 振捣棒应快插慢拔，插点要均匀排列，逐点移动，点的间距控制在500mm为宜，并在模板上口用横向标尺杆控制（见图8）。

c. 墙体应沿墙厚梅花型布置3个振点，振点沿墙长度方向间距500mm，振捣棒不得直接振捣模板，振捣棒距离模板≥100mm（见图9）。

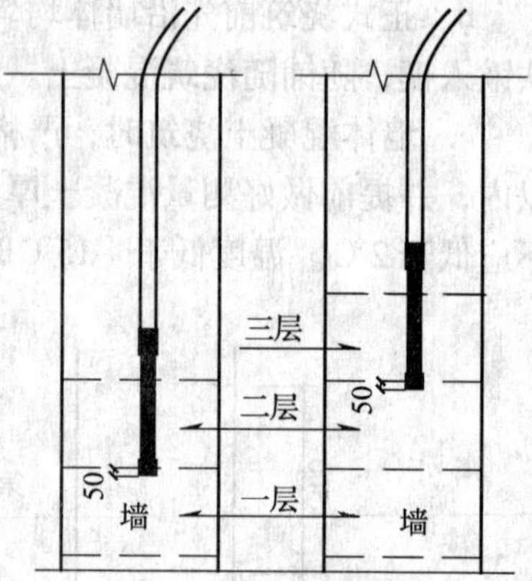

图7　混凝土浇筑振捣示意图

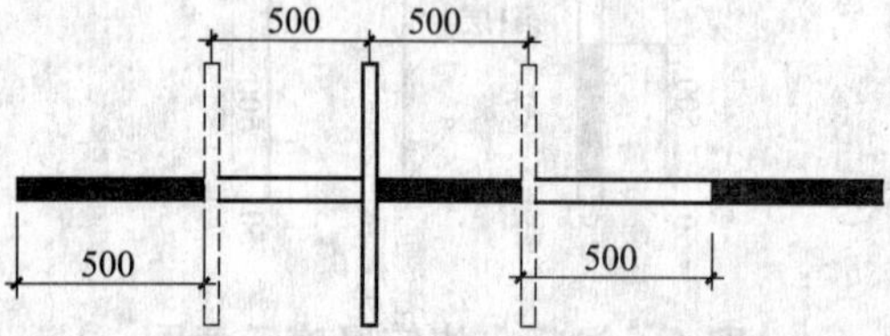

图8　振捣棒移动示意图

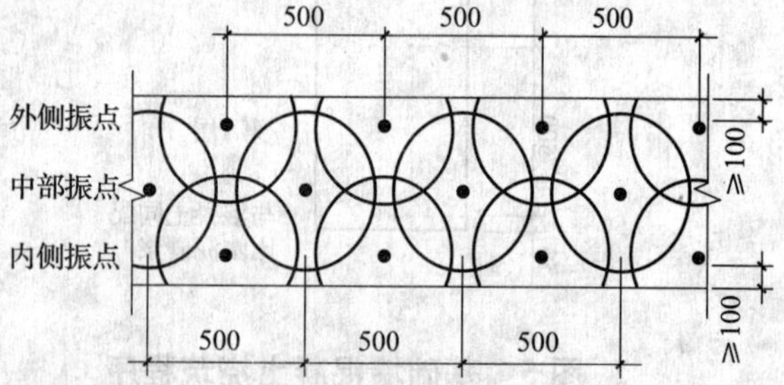

图9　振捣棒插入点示意图

d. 混凝土振捣时，振捣棒宜放在操作者的正前方，不宜侧身操作，否则将不能保证振捣位置的准确性，不能顺利下棒。

e. 所有混凝土浇筑部位振捣时间不宜超过45s，否则容易产生过振现象，使混凝土产生离析，影响混凝土的成品质量。

f. 振捣时间以混凝土表面出现浮浆，不再下沉为止，时间宜为20s左右。

g. 振捣棒距洞边的距离控制在300mm以上，并从两边同时振捣，以防洞口变形或底部不密实。

h. 振捣棒不得触及模板钢筋预埋管件；浇筑时，应设专人看护模板、钢筋有无位移、变形，发现问题及时处理。

③施工缝的留置。

a. 墙体竖向施工缝按流水段划分图留置在门洞口过梁跨中1/3范围内，墙体竖向施工缝设置止水钢板。

b. 墙顶水平施工缝留置高出顶板底标高30mm（预留25mm的浮浆层剔凿量），待模板拆除后，清除松散的混凝土及石子，并用空压机冲刷干净（见图10）。

④施工缝的清理。混凝土施工缝浮浆处理作为一道工序进行，弹出剔凿控制线（墙根顶板处弹相距5mm的双线，墙头距顶板底上5mm弹单线），用无齿锯按线切出剔凿范围及深度，再将浮浆剔净，露出石子，并检查验收（见图11）。

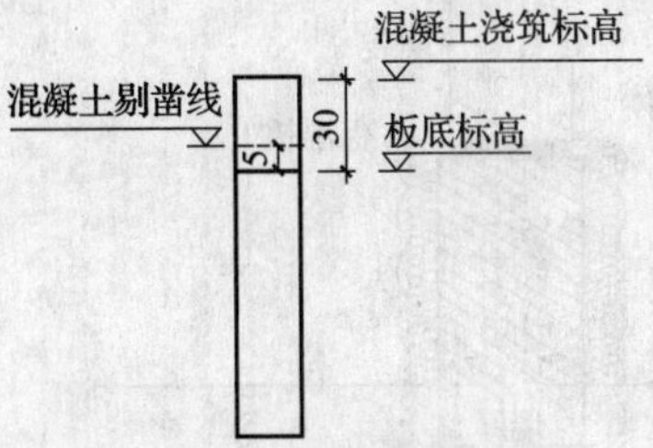

图10 剔凿多余混凝土

图11 施工缝的清理

⑤混凝土的养护。

a. 常温施工。

（a）墙体混凝土初凝后，立即在墙体上口及钢模板背面浇水养护和降温。

（b）墙体模板拆除后，立即洒水并铺设塑料布，始终保持塑料布内有凝结水，养护时间大于14d。

b. 冬期施工。

（a）墙体模板外围用苯板做保温围挡，将苯板置于竖肋及背楞之间，保温苯板注意不得损坏，且绑扎牢固，见下图。注意做好大模板边缘部位和穿墙螺栓处的保温，在螺栓四周苯板处可用丝绵塞严，以免形成冷桥（见图12）。

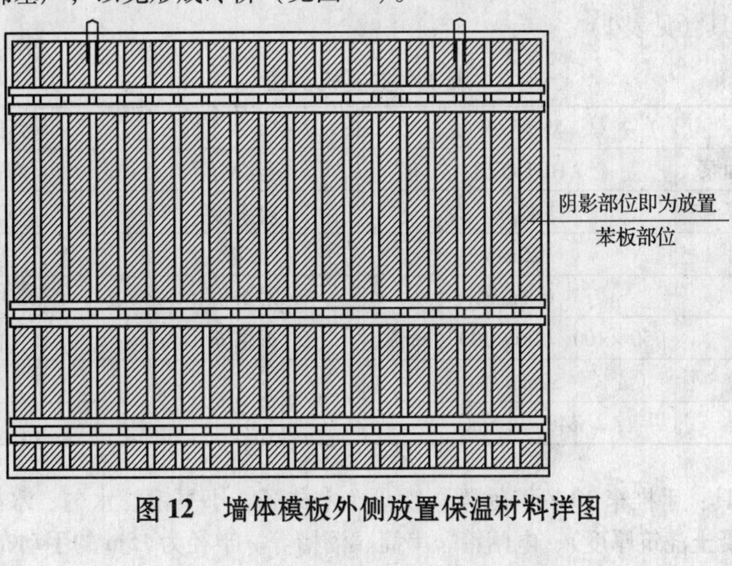

图12 墙体模板外侧放置保温材料详图

（b）墙体混凝土浇筑完成后，按墙体竖向钢筋空隙尺寸，将麻袋卷成不同小卷，覆盖在墙体上口，填充钢筋空隙（见图13）。

（c）墙体模板拆除后，在墙体混凝土表面围挡一层保温被。该保温被可采用旧保温被在现场进行加工，先按照墙体高度进行组拼，然后用针线进行缝制，最后在保温被外侧缝制一层旧密闭网，且在密闭网铁环上穿上铁丝，以便挂在墙体钢筋上（见图14）。

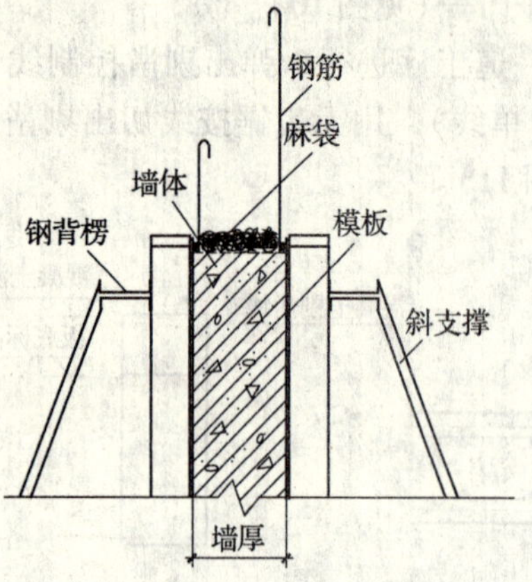

图13　用麻袋小卷填充钢筋空隙作保温层

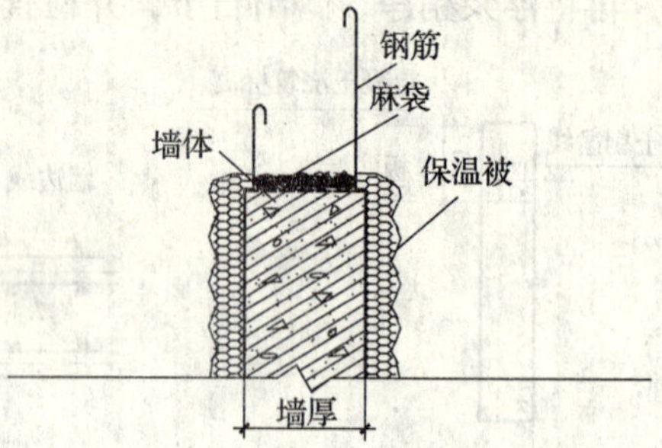

图14　拆模后用保温被保温

（d）在养护过程中，如发现遮盖不好，表面泛白或出现干缩细小裂缝时，要立即仔细加以覆盖，加强养护工作，采取措施，加以补救。

（e）混凝土浇筑完毕后，应在12h内加以覆盖并保湿养护。普通硅酸盐水泥拌制的混凝土养护时间不得少于14d。

（f）保温层在混凝土达到4MPa并冷却到5℃后方可拆除。拆模时混凝土温度与环境温度差大于20℃时，拆模后的混凝土表面应及时覆盖，使其缓慢冷却。

（g）保温的拆除应分层逐步进行。

七、机具设备

1. 主要机具（见表1）

表1　主要机具表

名　　称	型　　号	名　　称	型　　号
混凝土拖式柴油泵	HBT80型	钢丝网片	网径>3cm
混凝土汽车泵	42m	脚手板	50mm厚
混凝土泵管	125mm	水泵	软轴泵
塑料布	0.1mm	对讲机	MOTOROLA
木方子	50×100、100×100（mm）	振捣器	插入式
保温被	50mm厚	铝合金大杠	4m
架子管	ϕ48×3.5mm		6m

2. 其他机具：手推车30辆、铁锹、铁盘、木抹子、小平锹、水勺、水桶、胶皮水管、标尺（控制混凝土浇筑厚度）、电闸箱、串筒、溜槽等。半径为15m的手动布料杆。

八、劳动力组织

1．施工管理人员：对大体积混凝土的浇筑、养护等各项工作做出总部署，配备两套人员，管理、监督控制混凝土的施工过程、施工顺序和施工质量（见表2）。

表2　施工管理人员表

序号	管理职责	值班人数（白班）	值班人数（夜班）
1	施工总指挥	1人	
2	现场协调	3	3
3	混凝土工长	2	2
4	质检员	2	2
5	试验员	3	3
6	测温记录	3	3
7	标高、轴线测量	4	4
8	现场临电	3	3
9	维修技工	1	1

2．施工操作人员：选择具有一级施工资质的施工队伍，配足人员，确保施工顺利进行（见表3）。

表3　施工操作人员表

序号	工种	班组数	每班人数	合计
1	混凝土工	16	10	160
2	架子工	2	15	30
3	抹灰工	16	4	64
4	木工	2	20	40
5	钢筋工	2	16	32
6	养护工	2	16	32
7	指挥	2	4	10
8	振捣手	3	40	120
9	混凝土泵后台	3	16	48
10	电工	2	4	8
11	哨工	2	4	8
12	交通指挥	3	4	12

九、质量要求

1．原材料及配合比设计

（1）混凝土浇筑前，商品混凝土随车要有搅拌站的开盘鉴定、配合比、原材及外加剂的试验单、检测报告。其所用原材料必须符合国家规范、标准的要求，配合比符合国家现行有关标准的专门规定。

（2）现场验收商品混凝土按委托单中的项目仔细校对，认真填写混凝土运输单，混凝土运输单按批装订成册，做好分析。

2．混凝土施工

（1）结构混凝土的强度等级必须符合设计要求。

（2）混凝土运输、浇筑及间歇的全部时间不应超过混凝土的初凝时间。

（3）混凝土浇筑完毕后，应按施工技术方案及时采取有效的养护措施。

3．外观质量

现浇结构的外观质量不得有严重缺陷，不宜有一般缺陷。

4．尺寸偏差

（1）现浇结构不应有影响结构性能和使用功能的尺寸偏差。

（2）现浇结构的尺寸偏差应符合表4规定。

表4　混凝土结构允许偏差（mm）和检查方法表

项次	项　目		允许偏差值（mm）	检查方法
1	轴线位置	基础	10	尺量
		独立基础	10	
		柱、墙、梁	4	
2	垂直度	层高	4	经纬仪、吊线尺量
		全高	H/1000且≯15	
3	标高	层高	±5	水准仪、尺量
		全高	±15	
4	截面尺寸	基础宽、高	±5	尺量
		柱、墙、梁宽、高	+3，－2	
5	表面平整度		3	2m靠尺、塞尺
6	角、线顺直度		3	拉线、尺量
7	保护层厚度	基础	±5	尺量
		柱、梁、墙、板	+5，－3	
8	楼梯踏步板宽、高		±3	尺量
9	电梯井筒	长、宽对定位中心线	+10，－0	经纬仪、尺量
		筒全高（H）垂直度	H/1000且≯15	
10	预埋件、管、预应力筋支撑中心线位置		3	拉线、尺量
11	预留孔、洞中心线位置		8	尺量
12	预埋螺栓	中心线位置	3	尺量
		外露长度	+5，－0	

5．质量保证措施

（1）浇筑混凝土前，由混凝土工长进行班前口头交底，说明浇筑方法，路线布置，技术要点及质量标准。

（2）浇筑前组织好施工人员，安排好班组交接时间。

（3）设专门的振捣手，划分负责区域。

（4）墙体混凝土浇筑时，为防止烂根现象，浇筑混凝土前先人工用铁锹浇筑 50mm 厚的同配合比减石子砂浆，并振捣铺实；浇筑底板混凝土时，润泵的砂浆不能集中，要分摊均匀。可先卸到铁皮上，再用铁锹分铺。

（5）浇筑混凝土时，挂线控制标高。浇筑完毕后，及时清理浮浆。

（6）浇筑门窗洞口处时，应从两侧对称浇筑，防止发生偏移。

（7）浇筑混凝土时，要求设专人在底部看模，并设专人看筋，移位钢筋应及时复位。

（8）技术、质检、生产、实验、材料部门人员坚守岗位，各司其职。确保拆模后混凝土无空洞蜂窝，无漏筋现象，无缝隙夹渣层现象。

（9）相邻部位不同强度等级的混凝土同时浇筑时，应先浇筑高强度等级的混凝土，后浇筑强度等级低的混凝土，以防低强度等级的混凝土流入另一侧影响结构强度。有抗渗要求的混凝土，先浇筑抗渗混凝土。

十、成品保护和安全措施

1. 成品保护

（1）已浇筑的基础底板、基础反梁必须在混凝土强度达到上人无脚印以后方准上人，或安装结构支架和模板避免集中荷载过早造成底板出现裂缝。

（2）混凝土浇筑完毕，应及时清理漏、溅在墙及楼板上的混凝土浆，确保混凝土面的清洁。

（3）墙体混凝土浇筑完毕，应及时将大模板操作台上及边角处散落的混凝土清理干净，避免下次支模时掉入墙内，出现夹渣。

（4）打混凝土时配备看筋人员，及时将钢筋复位，同时配备看模板人员，避免出现跑模、跑浆等。

（5）混凝土浇灌前搭设施工马道，防止踩踏钢筋。

（6）混凝土浇筑后，应及时采取有效养护措施，严防脱水和收缩裂缝。设专人负责。

（7）混凝土后浇带两侧混凝土浇筑后，应用盖板封闭严密，避免杂物和雨雪进入，污染钢筋。

2. 安全措施

（1）所有人员高处作业时必须戴好安全帽，系好下额带。进入现场严禁吸烟及携带易燃易爆物品。严禁酒后上岗作业。

（2）浇筑混凝土时，必须搭设专用马道，并搭设护身栏。

（3）清输送管时，管端设挡板或安全罩，管端严禁站人，以防喷射伤人。

（4）混凝土输送使用的泵管、卡具，使用前应仔细检查，对于磨损严重、存在裂缝的泵管及变形破损卡具禁止使用。

（5）使用振捣棒前检查部件和软管，接线是否正确，试行运转后，方可使用。振捣器在检修或作业间断时，应切断电源。

（6）振捣棒应单设电源线和电源箱，箱内要有漏电保护器，电机外壳做好接零保护，工作时两人操作，一人持棒，一人看电机，随时挪动，不得拖拉，振捣手穿胶鞋，戴绝缘手套。

（7）布料杆架子要独立，不得与模板连续。

（8）混凝土吊斗不得乘人，吊斗口应严密以防其自动开启而导致伤人。

（9）泵车四周设立安全标识，设专人调度车辆。

（10）泵车施工时观察灰斗混凝土量，以防无混凝土时灰斗压力过大，石子伤人。

（11）严格加固弯头及泵车锥形管以防爆管伤人。

（12）布料杆清洗输送管时，杆端附近不许站人，防止出料口喷射伤人。

（13）风力超过6级时，禁止使用布料杆布料。

十一、效益分析

1. 经济效益分析

由于不留置任何后浇带或施工缝，一次性连续浇捣成型，极大的节省了人工、机械、材料的投入，缩短了工期，降低了成本，避免了留置后浇带或施工缝带来的缺点，保证了大体积混凝土结构的质量，取得了较高的经济效益。

2. 社会效益分析

基础底板大体积混凝土和基础结构大体积混凝土墙体裂缝控制技术的应用成功能引起社会各界广泛关注，质量监督站、业主单位、监理单位、上级单位及知名专家均给予充分的肯定，提升了企业知名度，创造了良好的社会效益。

十二、工程实例

北京电视中心工程被列为2008年奥运会的重要配套项目，是北京市60项重点工程之一，是中央商务核心区域CBD的一座现代化媒体中心。建成后将成为长安街边的景观工程，北京市的标志性文化建筑，也是北京建工集团的窗口工程。

北京电视中心工程由综合业务大楼、多功能演播中心、生活服务中心和地下车库组成，建筑用地面积3.61万m^2，总建筑面积18.3万m^2。由北京广播影视集团开发建设，（株式会社）日建设计、北京市建筑设计研究院和中广电广播电影电视设计研究院联合设计，北京市远达建设监理有限公司监理，北京建工集团有限责任公司施工。

其中，综合业务楼地上部分为钢结构框架－支撑结构体系，共41层；地下部分为钢骨架钢筋混凝土结构和钢筋混凝土框架剪力墙结构，共3层。采用钢筋混凝土钻孔灌注桩基础，共有桩249根。其筏片基础底板厚2m，局部厚达到6.5m，东西向长88.2m、南北向长77.45m，属高难度的超长、超宽、超厚大体积混凝土结构，混凝土设计强度等级C35，抗渗等级P10，总浇筑量为15000m^3。浇筑时间为北京的冬季12月份；综合业务楼基础结构的墙体南北向总长61m，东西向总长67m，墙体厚达1.2m，且约80%以上的墙体厚度在1.0m以上，层高达到5.2m，混凝土设计强度等级C40，有抗渗要求的混凝土抗渗等级为P10，总浇筑量为6700m^3，浇筑时间为北京的1～5月份。

目前，综合业务楼基础底板已经浇筑完成九个多月，整个基础底板没有出现贯通的、有害裂缝，大体积混凝土墙体已全部浇筑完成至今，也未出现贯通的、有害裂缝，达到了预期的质量目标。该项裂缝控制技术经过工程的实践检验，验证了其科学性、合理性和可操作性。该项技术已经被收录在2004年4月出版的《钢筋混凝土裂缝控制指南》一书中，可为同行借鉴和参考；《北京电视中心工程综合业务楼基础底板大体积混凝土裂缝的控制》QC小组和成果荣获了2004年度全国优秀质量管理小组和第十六届（2004）建筑管理现代化优秀成果。

无粘结预应力智能控制张拉施工工法

YJGF 72—2004

中铁十二局集团建筑安装工程有限公司

赵红鹰　王有才　黄亚飞　王兆强　徐海英

国内外常规的预应力混凝土张拉设备主要由千斤顶、连接油管和油泵组成，其张拉工艺是直接采用张拉机具并由压力表的读数控制张拉力，无论建筑结构的张拉，还是各种桥梁以及特种结构的张拉，大都是采用这种张拉工艺，均存在一些缺陷，如：设备品种不全、配套不完善；张拉力——压力表的标定误差和压力表的读数误差较大，读数不稳定，张拉伸长值测量不准确；加压操纵控制误差大，分辨率低，难于精确控制张拉力；预应力张拉精度失控，轻则会引起结构张拉端的纵向裂缝，重则反拱过大，出现横向裂缝，甚至预应力筋拉断事故，造成预应力结构失效、破坏以及生命财产巨大损失的事故时有发生。

针对这一现状，我们提出了“无粘结预应力与电脑自动控制”设想，经国家一级检索，国内外无同类技术和产品，并经过理论与实践的调研，形成了“无粘结预应力智能控制张拉系统的研制”的可行性研究报告，于1999年报山西省科技厅科研立项。经过3年的时间，在太原市电信调度中心大楼预应力梁科研攻关，反复张拉，人机电脑编程，积累了大量的资料，最终在山西省万家寨引黄工程控制调度中心预应力梁上形成了无粘结预应力电脑控制张拉仪，并得到系统的应用。2003年4月无粘结预应力智能控制张拉系统的研制科研项目成果通过了山西省科技厅的鉴定，鉴定为国际先进水平。通过工程应用，并形成本工法，智能控制张拉系统如图1所示。

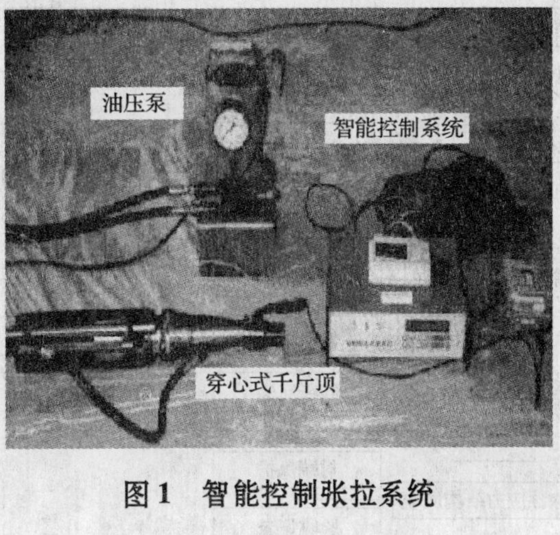

图1　智能控制张拉系统

一、工法特点

1. 张拉全过程实现张拉力和张拉伸长值的双控。张拉力和张拉伸长值同步显示在数显仪表上，自动记录和打印张拉力和相应张拉伸长值，当张拉力和张拉伸长值达到设定值时，能够自动报警，保证施工记录的可靠性，可减少伸长值测量人员和数据记录人员。

2．张拉精度高。预应力智能张拉施工可保证张拉精度在1%的范围内，大大减少人为因素造成的误差，有效避免因张拉力和预应力筋张拉伸长值失控而造成的预应力结构的工程事故。

3．张拉效率高。张拉过程的数字化，可以克服人工操作的低效因素，使得施工快捷简便、安全并保证设计意图的实现，将施工人员由原来的5人减少到2人，并实现了预应力智能张拉半自动化。

二、适用范围

本工法适用于建筑结构的大跨、高层及特殊部位大梁及环梁无粘结预应力梁的张拉，尤其是特种结构、桥梁结构的无粘结预应力张拉的施工，能够确保张拉施工精度，提高效率。

三、工法原理

1．本工法是实现智能控制张拉系统与普通的张拉机具的无缝结合。

2．在预应力筋锚具与千斤顶端头之间增加一个压阻式压力传感器，千斤顶端头与千斤顶杆身上固定一个磁电式位移传感器，通过压力－位移变送器将两个传感器采集到的预应力筋的张拉力和张拉伸长值信号传输到MCS－51单片机系统中，经过二选一电路进行切换分时处理，最后进行运算、控制等处理后，进行实时显示、打印、存储及报警等功能。

3．该系统可以通过键盘设置时间、日期、位移－压力上下限报警等，从而实现预应力张拉的数字化控制，操作简便，比较经济且易于推广。

四、施工工艺

1．施工工艺

施工工艺主要介绍张拉施工工艺，流程如图2所示。

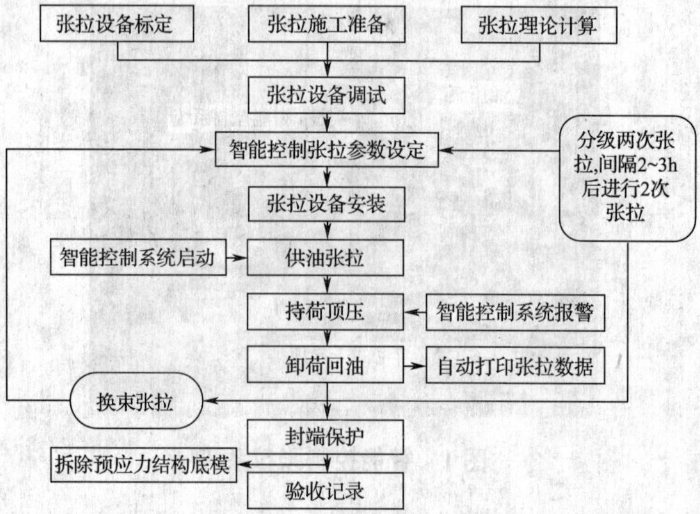

图2　工艺流程图

2．张拉施工准备

预应力筋张拉施工是预应力混凝土结构施工的关键工序，张拉施工质量直接关系到结构安全和人身安全。张拉施工前应精心组织、策划，做好各项施工准备工作，以保证张拉施工顺利进行。

（1）设备的标定。

千斤顶的标定工作，应在具有检测条件和资格的部门进行，而且千斤顶要和工程使用的油压表、油管等一起进行配套标定，下列情况之一时应进行标定。

①新千斤顶初次使用前。

②油压表指针不能归零，更换新表后。

③千斤顶、油压表和油管进行过更换或维修后。

④停放 3 个月不用后，重新使用之前。

⑤油压表受到摔碰等大的冲击时。

（2）锚具的检测。

锚具应有出厂合格证，进场时应严格按照试验规定对外观进行检查，对硬度和静载锚固性能进行试验，验收批试验合格后方可应用于施工张拉。

（3）张拉计算。

智能控制张拉系统的软件系统设计采用 MCS－51 汇编语言等编程，该程序可用于计算预应力筋摩擦损失和锚固损失以及张拉伸长值，程序内容这里不做介绍。根据预应力筋的曲线形状函数的初始分段数、张拉控制应力、预应力筋弹性模量、预应力筋截面面积及一端或两端张拉等信息，不需要进行额外的换算，直接进行键盘输入形成输入数据文件，经过程序运算，输出结果自动形成输出数据文件，计算结果精确。张拉伸长值可根据理论计算公式计算出的结果进行校核。

（4）张拉顺序编号。

预应力筋的张拉顺序，应使结构及构件受力均匀、同步，不产生扭转、侧弯，不应使混凝土产生超应力。因此无论是结构整体，还是单个构件，都应遵循同步、对称张拉的原则，此外安排张拉顺序还应考虑到尽量减少张拉设备的移动次数。根据此原则对锚板上的预应力筋进行编号，严格按照编号顺序进行张拉。

（5）张拉操作平台或吊篮的安装。

根据张拉现场和张拉结构数量确定采用搭设简易操作平台或采用吊篮进行施工张拉。如果预应力结构数量较少，可以搭设简易操作平台，必须保证安全牢固；预应力结构数量较多，且是高空施工，搭设简易操作平台困难时，应采用吊篮施工，安装吊篮前应检查吊篮的各种部件，保证吊篮的完好性与配套性。安装好吊篮后应检查吊篮系统的功能、各项技术指标和安全性。

（6）张拉端头的清理。

张拉前要对张拉结构预埋承压锚板端部进行彻底清理，并检查承压板后面的混凝土质量，剥掉承压板外的无粘结筋外露包层，割皮时采用刀片，将承压板表面切齐，割彻底，不得留有残皮夹在锚环内，钢绞线上的油污要用棉纱清理干净。

3．张拉设备组装调试

（1）张拉系统按液压设备要求，连接好高压油泵和千斤顶，注意供、回油管不能接反，油管接口必须牢固密封。

（2）智能控制系统按照接口顺序把压力传感器、位移传感器的数据采集导线与智能控制张拉系统主机连接，由于压力传感器输出的信号是毫伏级，因此把微弱信号送到主机这段导线尽量短且采用屏蔽线，打印机数据连接线连接时注意接口方向，同时要保证各线路连接顺畅，系统连接好后，接通电源试运行。启动油泵电机，当油泵回油管无气泡、排油正常后，操作控制阀使千斤顶空载往复运动，检查油路系统，不得有渗漏。

（3）千斤顶空载启动油压应小于额定油压的4%；各操作阀灵活自如，千斤顶在空载运行中没有爬行、跳动等不正常现象后方可进行张拉施工。

4. 智能参数设置

通过键盘对智能控制张拉仪进行调零，根据两端张拉或一端张拉、不同的跨数、不同的跨长及不同的布筋情况，输入相关参数，设置张拉控制力和最大张拉伸长值。

5. 智能张拉

（1）设备安装。

①张拉端头设备安装顺序如图3所示，安装锚具时应注意工作锚环和承压板及压力传感器对中，夹片均匀打紧并外露一致；千斤顶上的工具锚孔位与压力传感器的孔位排列要一致，位移传感器的两个限位固定环应保持一致，避免扭曲，增加位移传感器的摩擦，导致测量的伸长值不准确。油管及两个传感器的线路要整理顺畅，以免影响张拉。

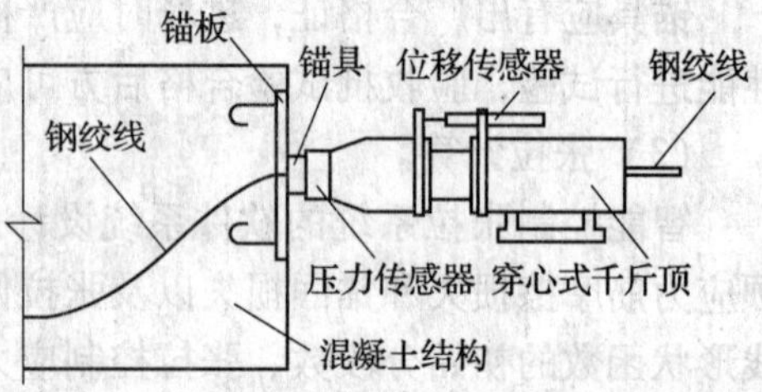

图3　张拉端头设备安装示意图

②安装张拉设备的同时，对直线预应力筋，应使张拉力作用线与预应力筋中心线重合；对于曲线预应力筋，应使张拉力作用线与预应力筋末端的切线重合。

（2）供油张拉。

①设备安装就绪后，启动智能控制张拉系统，发出张拉指令，开始供油张拉，在供油过程要缓缓加压，供油平稳。为了减小张拉过程的锚固应力损失和摩擦应力损失，宜采用分级张拉，从0张拉至0.75倍的张拉控制应力，在间隔2~3h后再次从0张拉至设计张拉控制应力，实际伸长值以两次张拉伸长值之和为准。

②采用超张拉法减少无粘结预应力筋的松弛损失，对于镦头锚等可卸载锚具：张拉0→1.05张拉控制应力（持荷2min）→卸载至预应力筋的张拉控制应力；对于夹片锚等不可卸载锚具：张拉0→1.03张拉控制应力（持荷2min）锚固。

③张拉可一端张拉或两端张拉，较长预应力筋或超长预应力筋，如果设计无要求，宜采用两端张拉。原则上讲，两端张拉是将张拉设备同时布置在预应力筋两端同时同步张拉，但当张拉设备数量不足或张拉顺序安排关系，可先在一端张拉完成后，再移置另一端补足张拉力后锚固，预应力效果基本相同。

6. 持荷顶压

（1）无粘结预应力筋的张拉以控制应力为主，校核预应力筋伸长值，当张拉达到预设参数时，智能控制系统发出光讯和声讯报警时，持荷2~3min后回油顶压锚固。由于该千斤顶是双作用千斤顶，张拉到吨位持荷后，就立即进行顶压。

（2）顶压结束后，卸下千斤顶和压力传感器，换束重新安装千斤顶和压力传感器进行张拉。张拉完毕，智能控制系统对张拉力和张拉伸长值进行实时打印，同时智能控制系统可测出锚固后张拉端预应力的有效预拉应力值。持荷顶压过程中可实测张拉伸长值校核主机显示的张拉伸长值。

7. 封锚保护

(1) 张拉后的无粘结筋即可进行封端保护，用手提砂轮切割机切除张拉后的多余预应力筋，禁止用电弧焊切割预应力筋，锚固后的外露长度不宜小于30mm。

(2) 对留有后浇带的锚固区采用二次浇筑高标号混凝土的方法封端，对留有靴模的锚固区，用后浇微膨胀细石混凝土或低收缩防水砂浆密封。封锚前要做好混凝土、水泥及外加剂的一切试验验收工作。

(3) 预应力筋在张拉前，预应力结构的底模和支撑系统不得拆除，张拉完毕后即可拆除预应力结构下的底模和支撑系统。

五、劳动力组织（见表1）。

表1 劳动力组织

序号	岗位	数量	职 责
1	技术负责	1	现场张拉总负责
2	技术员	1	操作智能控制张拉设备
3	质检员	1	过程质量控制
4	技术工人	2	分别操作油泵、千斤顶
5	电工	1	设备连接、维修，电路检测
6	试 验 员	1	负责材料报验
	合计	7	

六、机具设备（见表2）。

表2 施工机械及配套设备

序号	设备名称	型号规格	数量	产地	功能
1	穿心式千斤顶	YCN25－200	1台	柳州	张拉无粘结预应力筋及顶压锚具
2	油压泵	ZBO.6－63	1台	大连	提供张拉的油压源
3	智能控制张拉仪	MCS－51	1台	（研制）	采集数据，控制张拉，自动打印
4	压阻式压力传感器	FX61/Z100	1个	柳州	测试张拉力
5	磁电式位移传感器	CD－10V	1个	江苏	测试张拉伸长值
6	手提式砂轮切割机	GWS18－180	2个	江苏	钢绞线的切割

注：①穿心式千斤顶和油压泵可根据设计要求和工程特点选择合适型号，千斤顶宜选用双作用千斤顶，张拉到吨位持荷后，马上顶压，不需外加顶压器即可完成张拉程序操作简便，效率较高。

②无粘结预应力筋张拉端锚具如设计无要求，建议采用夹片锚Z15－1，固定端采用挤压锚ZJ15，施工简便。

③压阻式压力传感器侧面及引出导线要进行防护，防止施工中的磕碰破坏，如图4所示。

图 4　压阻式压力传感器

七、质量控制

应严格按照《无粘结预应力混凝土结构技术规程》（JGJ/T 1999—2000）和《建筑工程质量验收统一标准》（GB 50300—2001）中有关规定执行，特别应注意以下几点：

1. 张拉施工前，预应力结构混凝土强度要满足设计要求，如设计无要求时，不应低于混凝土强度的 75%。

2. 张拉实际伸长值大于 10% 或小于 5% 的计算伸长值时，应暂停张拉，查明原因采取措施调整后，继续进行张拉。

3. 张拉时应认真做到预应力筋、锚具、压力传感器与千斤顶四对中，以便张拉工作顺利进行，避免增加摩擦损失。

4. 检查发现张拉端承压板附近有局部缺陷，混凝土强度不足，应凿掉端部低强度混凝土，如果已张拉持力，应松开加力的无粘结筋，取下锚具后进行凿除，根据现场情况凿除混凝土，其尺寸不小于 350mm×350mm×160mm（长×宽×深），清洗界面，将锚具复位，并用螺旋筋或钢筋网片加强，浇筑 C50 微膨胀混凝土补强，达到设计强度后进行补拉。

5. 锚固区后浇筑的混凝土或砂浆中不得含有氯化物，以防氯化物对无粘结预应力筋的侵蚀。

6. 在浇筑锚固区混凝土或缺陷补强混凝土时，一定要保证清洗彻底，混凝土浇筑密实，严禁出现混凝土质量通病现象，浇筑完混凝土后要及时进行养护，保证后浇混凝土质量。

7. 高压油泵应根据气温及使用条件选用不同牌号的具有防锈能力的工业用油，通常采用 20 号机械油，冬季采用 10 号机械油；油泵在使用过程及存放中，特别注意清洁，在油管拆除时，严禁将泥沙、污垢带入油管内及油箱中。液压油要定期更换，通常在半年或工作 500 工时后更换一次，如果工作环境差，根据情况提早更换，以免造成泵及油路系统损坏，不能正常工作。油内不得渗入水分，避免造成锈蚀，经常注意油箱中油液液面，及时添油。

八、安全措施

张拉施工过程严格按照《建筑安装工程安全技术规程》有关规定施工，尤其在高空操作中更应该加强安全施工意识，特别应注意以下几点：

1. 在高空操作的施工人员必须戴安全帽，安全带固定牢固，操作平台或吊篮稳固安全。

2. 吊篮或操作平台安装后，必须通过加载试验后才能正式投入使用，吊篮施工过程中，应做定期检查。

3. 张拉过程，千斤顶、油泵要放置稳当，以防高空坠落伤人，油管接头处、油泵进回油口及千斤顶进出油口严禁站人，严禁用手触摸缸体，避免油缸迸裂伤人。在任何情况下作业人员不得站在预应力筋两端，施工人员应站在千斤顶两侧，同时在张拉千斤顶后面应设立防护装置，避免预应力筋拉断或千斤顶失效后巨大能量的释放。

4. 张拉设备油路有压力后，不得拆卸接头及油压表，以免接头强力甩脱伤人和油液喷出。

5. 在张拉过程中，严禁对智能张拉系统主机进行磕碰干扰，对数据采集导线进行必要的防护。

6. 切割张拉端多余预应力筋时，应1根1根切，禁止2根以上同时切，以防砂轮片迸裂伤人。

7. 供电系统电源必须用三相四线380V交流电源，应有可靠接地系统，电路绝缘好，避免漏电伤人。

九、环保措施

在油泵、千斤顶等机械设备地下放上一大块隔油布，避免滴落的油渗入土地。在更换液压油时和检查油路渗漏时，在隔油布上操作，避免大量漏油引起污染；同时在清洗油污时，把清洗后的污水排入城市污水管道，由城市污水处理厂处理后排放，避免二次污染。

十、技术经济效益分析

1. 预应力张拉精度是预应力结构安全与正常运营的首要条件，现在预应力张拉工艺存在精度低、稳定性差、油压表控制误差大、预应力筋伸长值控制采用人工测量误差大等不足，是造成其张拉精度无法保证在规范要求的5%的范围，预应力结构失效、破坏以及生命财产巨大损失的事故时有发生。

2. 预应力智能控制张拉施工工法的研究可以实现预应力张拉过程数字化，并自动记录自动打印，使得预应力结构张拉过程中出现人为错误的因素减少，大大提高了预应力结构的张拉精度，保证张拉精度在1%的范围内。

3. 保证设计意图，预应力张拉施工人员由原来的5人减少到2~3人，使预应力结构张拉施工快速、安全、准确，节约了人工，节约了工期，大大提高了施工效率，使得预应力结构底模和支撑系统及早拆除，节约了大量的器材租赁费用，直接经济效益十分可观。

4. 保证了预应力张拉精度，确保了预应力结构的质量，创造的间接经济效益是无法用数字计算。该工法可广泛地应用于预应力张拉施工中，彻底改变了预应力施工落后的现状，对我国预应力张拉施工工艺达到并超过世界先进水平等，有着深远的实际意义。

十一、工程应用

1. 太原市电信生产调度中心工程总建筑面积为31076.3m^2，主楼地上17层，地下车库2层，建筑总高度为68.1m，裙楼6层，建筑高度为26.8m，框剪结构。地下车库2层横向中间2跨梁均采用后张法无粘结预应力结构体系，预应力混凝土梁长为15.6m。预应力筋均为ϕ15高强钢绞线，其抗拉强度标准值为1470MPa，采用一端张拉。4道无粘结预应力梁的张拉用电脑控制，采用了数字化智能张拉，是对该工法的初次应用。

2. 山西日报社多功能厅工程也采用了此工艺，是椭圆环型梁，梁底截面为450mm^2，梁高850mm，梁的跨度为16.2m，其抗拉强度标准值为1547MPa，张拉控制力为148kN，张拉端采用Z15－1夹片锚，固定端采用ZJ15挤压锚。

3. 山西省万家寨引黄工程控制调度中心工程（如图 5、图 6 所示）总建筑面积为 19896.4m^2，地下 2 层，地上 17 层，局部 18 层，建筑总高度为 78.7m，建筑物东西长为 60.054m，南北宽为 19m。横向 2 跨，跨度分别为 7.8m、10.3m，每层横向中间 2 跨梁均采用后张法无粘结预应力结构体系，预应力混凝土梁长为 18.1m。预应力筋均为 ϕ15 高强钢绞线，其抗拉强度标准值为 1570MPa，张拉控制力为 153kN，张拉端采用 Z15－1 夹片锚，固定端采用 ZJ15 挤压锚。预应力混凝土强度等级为 C40，混凝土强度达到 100% 时进行预应力筋张拉，采用一端张拉。运用该工法成功地完成了山西省万家寨引黄工程控制调度中心工程中的 36 根无粘结预应力梁的张拉，张拉精确，确保了张拉施工质量，而且大大缩短了工期。

图 5　万家寨引黄工程控制调度中心

图 6　智能控制张拉现场

核电站安全壳预应力施工工法

YJGF 73—2004

中国核工业华兴建设公司

张卫兵　赵月洲　王德桂　郝发领　宋建义

核反应堆安全壳作为核电站的最后一道屏障，其安全性是首要的。素有安全壳“筋脉”之称的预应力是其安全运行的重要保障。反应堆厂房安全壳为半径17.5～25m的筒体结构，上部为双曲面形状的顶盖，即穹顶，穹顶顶标高达66m。沿筒体墙的水平环向\竖向以及穹顶内均布置有后张拉预应力系统，一座安全壳共有预应力力孔道400～700束、钢束采用19束或37束或55束直径15.7mm的钢绞线，每束张拉吨位都在550t以上，最大达到1280t，每一安全壳用钢绞线1200t以上，安全壳筒体和穹顶之间（标高约60m）是筒体竖向预应力和穹顶预应力起锚固作用的环梁。筒体水平环向预应力孔道包角最大达到370°；竖向垂直段和穹顶段钢束最长超过175m，预应力钢束布置如附图一、二所示。由于安全壳筒体上众多贯穿件的设计，安全壳筒体竖向、水平环向预应力孔道布置形状、包角几乎无一相同，且变幅较大，这对预应力孔道的布置、钢绞线穿束、张拉力的控制及孔道的灌浆密实度控制均带来的很大的难度，而作为核电站土建工程关键技术的预应力工程，其施工质量要求严格，工期长，施工工序连续性强且高空作业多。一套严密、安全、质量可靠、适用的施工工艺技术是此类预应力工程成功的必要条件。

一、工法特点

1. 根据水平环向360°包角钢束的大曲线形特点，用专用等张拉千斤顶先对钢绞线束的各钢绞线进行等应力张拉，保证了钢束内各钢绞线受力的基本均匀性。

2. 采用预应力张拉值正确建立的控制技术。

3. 预应力钢束的穿束、张拉和灌浆采用运转灵活的专用操作平台，减少工序交接时间，合理安排不同孔道的交叉施工，提高施工安全性和功效。

4. 专用穿束机穿束技术，水平环向、竖向穹顶等钢束张拉技术。

5. 对延迟灌浆钢束用特殊的设备喷涂水可溶性油临时保护的施工技术。

6. 按照严密的选择程序，经过不同环节的充分试验，选择最合适的浆体配合比，采用成套灌浆设备和针对不同走向的孔道选择不同的灌浆工艺如：不同浆体、二次灌浆法、灌浆持压与释放泌水等，保证灌浆密实度。

7. 根据成形难易程度，同时选用薄壁钢管和波纹管成形孔道技术。

8. 选用结构更为合理、先进的“C”型锚具。

9. 监测钢束灌注石蜡技术。

二、适用范围

本工法适用于压水堆和重水堆核电站安全壳土建预应力工程和类似筒体结构（如：液

化天然气罐等）预应力工程的施工。

三、工艺原理

本工法的工艺原理是使用双速滚轮穿束机将钢绞线逐根推入孔道或使用卷扬机将预制的钢绞线束整体入孔道；使用群锚穿芯千斤顶在可以移动的张拉平台上对钢绞线束进行整体分级张拉，达到对混凝土的预压，从而使混凝土获得预压应力；并对张拉后的钢束孔道灌注水泥浆体对钢绞线进行保护束，确保钢绞线在核电站运行期间不被腐蚀，以保证核电站安全壳的密封性，满足核电站安全运行的需要。

四、工艺流程及操作要点

本工法的关键施工技术的工艺流程如图1所示。

1．管道的加工和预埋施工

预应力钢绞线预留孔道根据其成形难易程度，采用薄壁钢管和波纹管成形孔道技术：竖直束及穹顶束采用钢管，水平环向束采用波纹管。

（1）管道的类型有两种：钢管和镀锌波纹管，都在车间内准备。钢管的加工包括切割、弯曲、扩口和打磨等。波纹管的加工包括卷制、切割、弯曲、扩口。卷制过程又分为：带材导入、波纹冷压成型、折卷、咬口连接、滚花压紧等。所有运往工地的管道及其组合件须按要求在其内部表面适当刷涂上乳化油水溶液。

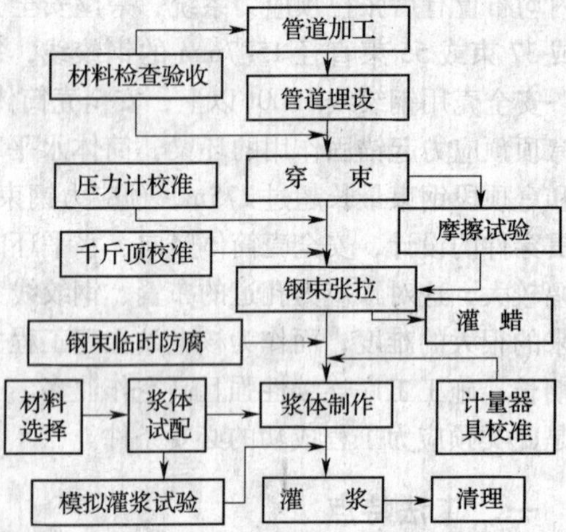

图1　施工工艺流程图

（2）根据图纸上的位置要求，用测量仪定位放线，按照图纸上的位置先固定承压板的支撑梯架，经校准后，确定锚固件的位置方向后，将承压板固定牢固。

（3）在管道安装前，先定位放线，安装管支架，逐节安装管道，用热收缩胶套密封。调整管道位置使之与轴线重合，用绑扎铁丝将钢管绑扎固定，最后通孔检查。

2．穿束施工

（1）在钢绞线穿入孔道前，先检查清理孔道是否畅通，清理承压板、喇叭管表面的混凝土砂浆和锈蚀，并将孔道内的杂物清理出来；管道清理后用拖布在管道中涂上可溶性油；穿束前需将钢绞线置于钢绞线托架内，并将钢绞线的内端头拉出固定在钢绞线托架上。装有钢绞线盘的解线架应放置在管道口附近的建筑物上，钢绞线末端夹置于穿束机滚轴之间，并在束端装上一个导向头，以利穿束。

（2）采用穿束机内部的滚轮将钢绞线逐根推入孔道内，钢绞线的预留长度根据具体使用的千斤顶而定，进行穿束前应确认。

（3）水平、穹顶管道的穿束：在穿入端将穿束机在工作平台上就位，并且在管道入口处需备有足够数量的导向头（球形），同时将钢束托架放置于附近适当的位置；拉出钢束将其引入穿束机和导向管（如果需要的话），并套上穿束导向头；操作者按压遥控器上的启动按钮来启动穿束机慢速运行，待运行平稳后，再将其转入高速状态；当钢绞线从另一端穿出时，出口端伸出至少0.80m时，助手用步话机通知停机，伸出过长的钢束可用穿束机拉回至合适的长度，然后除下导头；操作者用聚酯砂轮切割机把已穿入的钢绞线在离承压板至少0.8m（或根据将要使用的千斤顶型号而定）处切断，然后，在穿束机中伸出的钢绞线端头上放置一个导向头，并开始穿入第2根钢绞线，直至全部穿入。

（4）竖直管道的穿束：竖直孔道的钢绞线，从顶部到底部自上而下穿入，已穿入的钢绞线用锚夹片锚于顶部，以便后继钢绞线的穿入。操作如下：

准备阶段同水平钢束，将锚固块置于上部承压板上，从锚固块任意一孔穿入钢绞线；当第1根钢绞线从管道底部穿出至少30cm时，助手通过步话机通知停机（如钢束需在下部进行再次张拉，钢绞线从管道中要伸出1.1m或根据将要使用的千斤顶型号而定）；然后用锚具夹住已穿入的钢绞线，并放置于上部锚固块的孔中，操作者从距承压板至少1.1m处切割断钢绞线；穿入第2根直至该束全部钢绞线穿束完成。

3. 张拉施工

（1）通过摩擦试验验证或调整控制张拉力和伸长值。张拉采用两端同时张拉工艺，采用三夹片式锚具进行锚固。钢束整体分级张拉，采用应力和应变双向控制，用实际拉伸量进行校核。

水平环向钢束先用等张拉千斤顶对钢束施加均等初应力后再进行正常张拉。

（2）张拉的分级：由于必须对张拉伸长值进行时时监控，兼有千斤顶的行程有限等情况，因此在张拉施工时根据张拉力及计算张拉伸长值和千斤顶行程大小等情况进行分级张拉。

（3）张拉的分阶段：由于每个安全壳的预应力钢束的数量和形状都不同，在张拉时应按对结构进行均匀施压的原则将每一部分的钢束分成3~5个张拉施工施工阶段，并按照一定的顺序进行张拉施工。

（4）由于安全壳贯穿件的影响，安全壳每一束钢束的形状、包角都不完全一样，钢束进行张拉前，进行摩擦试验，验证钢束受力计算中使用的摩擦系数（假定值），如有超出-5%~+8%偏差，则对安全壳预应力模型进行复核计算并调整控制张拉力和伸长值。摩擦试验钢束包括竖向钢束和水平环向钢束，各选至少两根钢束。

（5）竖向和水平钢束均采用两端同时进行张拉。张拉力通过调节千斤顶油泵压力来进行控制并用实际的拉伸量进行调节。张拉时控制应力和应变，分级进行，在95%的张拉控制力时引入一个警戒压力，此时将实测伸长值与理论伸长值进行校核。在张拉完最后一级压力顶锚后，卸压到50bars时，记录拉伸长度，确定工作锚具的内缩量；压力降到零后移去千斤顶，检查钢绞线表面。

（6）水平环向钢束的张拉。水平环向钢线束张拉的顺序一般按照从下往上的顺序，以肋柱对称受力分布为原则进行。由于水平束采用360°包角，因此，可以在一根肋柱上连续进行张拉，一般一次连续张拉4~6束，再移至对称肋柱上进行。其张拉顺序为由低到高；同一标高处仍按对称形式从中心向两边交替进行。经过闸门洞口的钢束张拉顺序按设计规定作调整。张拉方式为两端张拉。水平环向束的千斤顶在有轨吊笼内的吊杆（带倒链）上进行安装、定位移动。

水平环形钢束（370°包角，半径近23m），管口处外侧钢绞线的长度要明显长于内侧钢绞线。对于160mm直径的预应力管道中整根环形钢束最长和最短钢绞线的长度理论上有500mm的差异。在钢绞线束张拉中，因为这些钢绞线的弹性延伸率为约800mm，导致不同钢绞线上的受力有很大的差异，当最长的钢绞线达到设计值时，最短的钢绞线受力已超过极限值。等张力千斤顶在主张拉千斤顶对多股钢绞线张拉之前，在所有钢绞线上单独施加相同的较低拉力50bar，从而解决上述问题。此方法可以消除每根钢绞线中的松弛现象。这样可以保证每根钢绞线的延伸率和多钢绞线千斤顶作用在每根钢绞线上张拉力的均匀性。

（7）竖向钢束的张拉。竖向钢束根据钢束的曲直可分为竖向直线型钢束（简称竖向常规束）和竖向绕行孔洞的曲线钢束（简称竖向曲线束）2种。竖向钢束分4个作业组对称地进行张拉，竖向常规束采用上端一端张拉；竖向曲线束除在上端张拉外，还应在钢束下端进行补张拉。张拉方式采用两端张拉。竖向束上端的千斤顶用可移动式门型张拉架和倒链进行安装定位，下端千斤顶在预应力廊道内用液压升降推车和倒链配合安装。

（8）穹顶钢束的张拉。由于穹顶的特殊形状，穹顶的钢束在设计时大都按标高分设计为互成120°角度的3层，参见图2~8，张拉时从低到高进行，同一标高处仍按对称形式从中心向两边交替进行，张拉方式是采用两端同时张拉。穹顶束的千斤顶的安装在可移动式悬挂张拉操作平台上用倒链或吊车进行安装。

（9）张拉工艺。

①张拉前的准备。混凝土强度应达到张拉设计强度，包括筒身及其上的临时孔洞均已浇筑混凝土并达到允许张拉的设计强度，筒身混凝土缺陷处理完毕并达到允许张拉的设计强度；将准备就绪且处于正常工作状态的张拉机具设备、测量仪表和器具、切割磨削工具、通讯设备和其他有关材料机具置于张拉现场。

②锚固块及锚夹片的安装。安装工作锚具前，应先清除承压板、钢绞线表面以及锚固块锥孔内的杂物。将钢绞线引导管套在钢绞线上依次穿入锚固块的锚固孔中，该项操作一般是从中心锚固孔向四周进行。然后将锚固块推向承压板，并加上锚夹片。

③安装千斤顶。千斤顶安装前必须将钢绞线的端部切齐并打磨各根钢绞线的端部，同时千斤顶应处于完全闭合的状态；将千斤顶的承压圈穿在钢绞线上并推紧，使其在锚固块周围与承压板贴合；用与穿锚固块同样的方法将锚固板穿在钢绞线上，推入并使其与锚夹片贴合；穿入定位板，并使其位于钢绞线的端部且与锚固板处于同样的标记孔位；将千斤顶套在钢绞线上，对齐相关的标记并使钢绞线对应穿入千斤顶内置的工具锚具中，平稳的将千斤顶推入，使其头部接触至承压圈。

④钢束的张拉程序：

——排出高压管内空气。

——将高压油管子连接到在千斤顶上的相应接口上。

——启动油泵向千斤顶泵油。

——千斤顶压力达到50bars时，保证下部锚固件（针对竖向钢束）的夹片牢固。

——在2根相向的钢绞线上装上刻度计，用于测量施力端拉伸长度和受力端夹片的缩进长度。

——加压至100bar，记录测量装置初始读数。

——压力增大至180bars。

——如下所述，再次张拉。

- 逐渐降低千斤顶压力，将荷载传至锚固件上；
- 关闭千斤顶；
- 推进后锚板，并将上面的夹片打紧；
- 第二阶段加压（200bars）。

——增压至300bars，测量相应拉伸值。

——增压至400bars，测量相应拉伸值。

——再一次张拉（如上所述）。

——继续进行各步骤，直到达到规定的压力和拉伸值。

——缓缓将压力降至50bars，将荷载传递到锚固件上。

——测量由于夹片缩进和钢绞线受力端弹性回缩造成的拉伸值缩减，计算整体拉伸值。

——将压力降至零。

——关闭千斤顶，取掉夹片。

——检查夹片上的标记，防止夹片滑落。

⑤水平钢束从两端进行张拉。要控制两千斤顶同步进行操作。只有两端拉伸值记录完后，才能进行下一步操作。张拉的每根钢束均需按要求填写张拉记录表及出现的任何非正常现象。张拉时，作用于钢束上的最终力不得超过80%的极限抗拉强度保证值。伸长值应为各次张拉伸长值之和。锚固阶段预应力钢束的内缩量取最后一次锚固中心锚具的数据。

⑥根据已测数据和初应力以下的推算伸长值，计算出该钢束张拉时的实际伸长值和预应力钢绞线在锚固阶段的内缩量，将计算结果与设计规定相比较是否相符，宏观检查锚具有否裂缝、破碎现象；若有不符合时，按施工规定办法处理纠正。当各项均符合设计规定则认为该束张拉合格。

⑦钢束张拉经签字验收后，采用聚酯砂轮切割机切除多余钢绞线，外露长度不得小于30mm，一般为40~50mm。并立即安装灌浆保护罩，至此钢束张拉结束。

⑧在张拉和灌浆之间，钢束在张拉后必须尽快进行防水处理，使锈蚀的危险最小。钢束灌浆不得超过张拉后15d。

4．灌浆施工

缓凝浆由浆体搅拌站搅拌，运至现场后向孔道内灌注；膨胀浆在灌浆现场搅拌，随搅随灌。水泥浆通过管道由泵直接压入各孔道的灌入口，竖向孔道采用重力灌浆法，竖管灌浆的输浆管是通过施工环廊入口，在施工廊道内，供各个竖管灌浆。环向和穹顶孔道灌浆的输浆管路沿着扶壁向上布置。穹顶孔道采用两次灌注的方法，即：首次灌注缓凝浆，2次灌注膨胀浆，特殊孔道采用真空灌浆法或3次灌浆法，保证灌浆密实。缓凝浆体的灌注使用双缸活塞液压pH125灌浆泵，膨胀浆体的灌注使用P2001型灌浆泵。

（1）浆体的制作。通过浆体的实验室试配、浆体实验室鉴定试验、浆体现场验收试验和1∶1模拟灌浆试验等批次试验选定浆体配合比。浆体的种类有：2次搅拌缓凝浆、1次搅拌缓凝浆和膨胀浆。浆体采用高速涡轮式浆体搅拌机搅拌制作。

①2次搅拌缓凝浆的制作。水泥使用罐装，通过螺旋输送机送入水泥计量器内称量。将计量好的水、外加剂和水泥依次加入制浆机内进行搅拌，搅拌均匀后，用量杯取出浆体，测

定其流动度、温度，满足要求后排入到储浆罐内等待2次搅拌，2次搅拌后即可以灌浆。特殊情况下，部分浆体可以使用1次搅拌缓凝浆。

②膨胀浆的制作。与2次搅拌缓凝浆制作基本类似，只是不进行2次搅拌，但是膨胀浆体搅拌后30min内必须灌入孔道内。

（2）灌浆操作。

①竖直类孔道的灌浆。采用重力灌浆，灌浆是从钢束底部的灌浆孔向上灌注。当浆体达到孔道顶端时，测定顶端浆体的流动度，并且待浆体灌满顶部重力罐后，停止。浆体终凝后，将重力灌浆罐移去。

②水平类孔道的灌浆。从孔道的一端向孔道的另一端灌浆，如两锚固端标高不同，则从较低的一端向较高的一端灌浆。在浆体灌入孔道前，先测定孔道入口处浆体的流动度和温度。

③穹顶类孔道灌浆。此种类型的孔道比较特殊，为保证施工质量，必须采用2次灌浆，首次灌浆使用缓凝型2次搅拌浆体，2个排气管之间部分2次灌注膨胀浆。

5. 特殊工艺

本工法包括以下几项完善的特殊预应力施工工艺：

（1）预应力张拉值正确建立的控制技术。由于孔道的形状、包角、长度均不同，为确保实际施加的预应力与设计相符，必须进行摩擦试验并根据实测的摩擦系数对钢束的整体张拉力和每一束的理论伸长值进行复核、调整。通过系列摩擦试验测定摩擦系数值以及多股钢绞线群锚整体张拉前的调整预紧技术，确保了预应力张拉值的正确建立。

（2）采用专用千斤顶对水平环向钢束进行等应力张拉工艺。对于水平环形钢束（370°包角，半径近23m），管口处外侧钢绞线的长度要明显长于内侧钢绞线。对于160mm直径的预应力管道中整根环形钢束最长和最短钢绞线的长度理论上有500mm的差异。在钢绞线束张拉中，因为这些钢绞线的弹性延伸率为约800mm，导致不同钢绞线上的受力有很大的差异，当最长的钢绞线达到设计值时，最短的钢绞线受力已超过极限值。

等张力千斤顶可在主张拉千斤顶对多股钢绞线张拉之前，在所有钢绞线上单独施加相同的较低拉力，从而解决上述问题。此方法可以消除每根钢绞线中的松弛现象。这样可以保证每根钢绞线的延伸率和多钢绞线千斤顶作用在每根钢绞线上张拉力的均匀性。

（3）选用结构更为合理、先进的“C”型锚具。国内已建核电站大都选用“K”型锚具，在对供货商提供的两种都能满足设计要求的方案进行反复比较研究后，决定采用“C”型锚具，节约了材料，减少了资金和人工的投入。此类型的喇叭口上都带有2－3到承载环，便于承受和传递荷载，不需要配置螺旋钢筋和大量的网片筋，避免了混凝土浇筑困难，方便了施工，保证质量。是国内首次采用。

（4）对延迟灌浆的钢束用特殊的设备喷涂水可溶性油临时保护的施工技术。由于现场施工条件的变化，某些钢束在张拉后不能及时灌浆，钢绞线在高应力状态下极易发生腐蚀，经过试验，采用了用对钢绞线无害的水溶性油临时保护钢绞线的方案，得到了加拿大方的认可。这样改变了遇到天气恶化、灌浆材料短缺情况下延误工期的影响，保证了工期和质量，是首创的一项新技术。

（5）严谨的浆体配合比选择工艺，浆体配合比经过实验室试配试验、试验室鉴定试验、现场工业验收试验和模拟灌浆切割检验密实度试验等过程后确定。

（6）抽真空灌浆技术。为处理工程中有时发生的个别孔道灌浆堵塞事故，经反复论证和多次模拟试验，采用抽真空负压灌浆的方法，经切剖鉴定均得到了理想的结果。此方法作为处理类似事件的方案是很成功的，具有较高的借鉴作用，目前处于国内领先水平。关于此技术曾有论文发表在2000年第7期《建筑技术》上。

（7）监测钢束灌注石蜡技术。设计要求在安全壳筒体墙上的试验用无粘结钢束灌注石蜡永久保护钢束，针对石蜡熔点高灌注难的特点，采取了负压加温灌蜡的技术措施，成功地灌注了石蜡。此工艺属国内首创，极具推广应用价值。

实践证明，本工法在今后的核电站和类似的壳体项目施工中具有使用和推广应用价值。

6．操作要点

（1）施工原材料的控制。

（2）人员培训和安全技术交底工作。

（3）设备的定期校验与校准。

（4）施工前的质量策划。

（5）施工中偏差控制。

（6）摩擦试验，验证设计摩擦系数。

（7）张拉施工控制。

（8）水平环向孔道灌浆前进行典型孔道1:1模拟试验。

（9）严格控制浆体的指标，灌浆速度、压力等。

（10）坚持监测气象条件，调整施工方法等。

五、材料

本工法使用的主要材料有：

1．锚具（喇叭口、锚固块、锚夹片），规格、型号和数量将根据不同项目的设计而不相同。

2．钢绞线为低松弛七丝裸线型，直径15.7（15.24）mm，截面积150mm^2，质量1.17kg/m，极限抗拉强1860（1770）MPa，延伸率>3.5%，1000h松弛<2.5%，斜偏拉系数<28%。

3．管道（钢管，直径139mm×2.5mm、波纹管，直径104mm×0.6mm，将根据不同的项目而变化）。

4．42.5级普通硅酸盐水泥、缓凝型和膨胀型外加剂、水等。

六、机具设备

本工法使用的主要设备有：

1．管道加工设备：扩口千斤顶、液压油泵、切管机、弯管机、卷管机等。

2．穿束设备：穿束机、钢绞线解线盘、20t卷扬机等。

3．张拉设备：液压泵、张拉千斤顶、等应力张拉千斤顶等。

4．灌浆设备：制浆机、贮浆罐、浆体二次搅拌器、灌浆泵等。

5．灌蜡设备：灌蜡泵、真空泵、加热带、搅拌器等。

七、劳动力组织及安全措施

1. 劳动力组织（见表1）

表1　劳动力组织

序号	工　种	人数	资格要求
1	主管	1	熟悉现场操作及相关的标准、规范，具有一定领导协调和预见能力
2	工程师	4	熟悉现场操作及相关的标准、规范
3	质检员	4	熟悉现场操作及相关的标准、规范
4	工长	4	熟悉现场操作及相关的标准、规范
5	材料设备员	1	熟悉材料存放要求和设备的原理维修技术
6	管道组	8	必须经过培训，考核合格后方能上岗
7	穿束组	8	必须经过培训，考核合格后方能上岗
8	张拉组	10	必须经过培训，考核合格后方能上岗
9	灌浆组	12	必须经过培训，考核合格后方能上岗

人员数量可以根据具体工程的规模、工程量大小进行调整。

2. 安全措施

（1）认真做好安全交底工作。

（2）所有现场施工人员必须戴好安全帽、安全带、安全鞋和相应的劳保用品。

（3）高空严禁向下抛物，施工后的废料要放入垃圾箱，做到文明施工。

（4）设备、机具由专人操作，定期维护。

（5）施工操作平台必须经检查验收合格才能安装使用，平台外侧设置安全网。

（6）使用完用电机具后，应切断电源。

八、质量要求

1. 原材料的质量进行控制。不同的核电站可能选用不同技术指标的材料，原材料质量控制指标详见相关技术规格书。

2. 管道的定位偏差。

（1）竖直参考管道的误差范围：

径向：按照图纸规定的理论位置，自衬里测量≤±15mm。

切向：根据衬里四周相隔90°精确定位的基准线，按照图纸规定的理论位置相对于基准线≤±5mm。

（2）其他管道的位置以这些参考为起点，它们的允许误差：

径向：按照图纸规定的理论位置≤±15mm。

切向：相邻两管理论位置≤±25mm。

(3) 水平管道的允许误差范围：

径向：按照图纸规定的理论位置自衬里测量≤±15mm。

竖向：按照图纸规定的理论位置≤±25mm。任何一层的相邻2根水平管的轴心位置误差将局限在50 mm范围内，各水平波纹管的2个端头连接点到相关锚固板的距离要大于4.00m。

(4) 穹顶管道（球面部分）的允许误差范围：

球面上3组导管至衬里的距离应保持在340mm和680mm之间。

间距：按照图纸规定的理论位置±30mm。

层差：按照图纸规定的理论位置±15mm。

3. 钢束张拉控制偏差。实际张拉伸长值应该控制在理论伸长值的-5%~+8%之间。张拉时，作用于钢束上的最终力不得超过80%的极限抗拉强度保证值。

4. 灌浆质量控制。

(1) 水泥。使用PⅡ型42.5级硅酸盐水泥；氯化物最大含氯量0.02%；无硫或硫酸盐；无假凝现象。

(2) 水。拌合用的冰与水须饮用水，氯离子含量满足浆体总氯离子含量控制指标。

(3) 外加剂。水泥浆使用外加剂应在验证试验中已被证实适于可能的各类温度环境；要求不含氯化物的氯离子与硫化物的硫离子。

九、效益分析

以秦山三期（重水堆）核电站为例。预应力施工是核电站厂房土建施工的关键工序，造价为其1/6左右，施工组织和资源调配非常重要。本工法工序多，工艺连贯性强、系统、难度大，采用成套设备和材料，技术含量高。在秦山三期（重水堆）核电站工程的实施过程中，我们采用了本工法，与相同类型的韩国月城核电站相比较，秦山三期核反应堆安全壳预应力后张拉节省了100多万美元的投资，预应力单项工程工期提前了1.3个月，施工质量优良，核电站提前112d投入商业运行，取得了良好的经济和社会效益。得到了业主TQNPC（秦山第3核电有限公司）、总包商AECL（加拿大原子能有限公司）和监理公司（核工业四达建设监理公司）的一致好评。

目前，国内正在进行能源多元化改革，在2020年，我国核电装机容量将达到3000万千瓦，液化天然气（LNG）项目发电也刚刚起步，因此，在加强对此技术的引进、消化和吸收的基础上，并以此为契机，带动国内预应力技术和相关产业的发展，进行资产的优化并进行适当的投入，加大材料、设备、设计、施工等方面的横向合作开发力度，本工法将会拥有比较广阔的应用前景。

十、工程实例

本工法应用在浙江秦山三期（重水堆）核电站，位于浙江海盐秦山，1998年6月8日开工，2002年11月竣工发电，钢束1106束，钢绞线2200t，两座核岛。

广东大亚湾核电站，位于广东深圳大鹏，1986年5月开工，1994年10月竣工，钢束1082束，钢绞线2350t，两座核岛（见图2~图8）。

广东岭澳核电站，位于广东深圳大鹏，1998 年 9 月开工，2002 年 4 月竣工，钢束 1082 束，钢绞线 2350t，两座核岛。

巴基斯坦恰希玛核电站，位于巴基斯坦，是我国最大的成套出口项目，1992 年 8 月开工，1998 年 5 月竣工，钢束 336 束，钢绞线 890t，一座核岛。

本工法成套施工技术工艺工序多，工序连贯性强、系统、难度大，采用进口成套设备和材料，技术含量高，经过巴基斯坦恰希玛、广东大亚湾、岭澳、秦山三期和江苏田湾等核电工程的应用实践，技术先进工艺成熟，质量能得到可靠保证，是我公司核电站土建工程成套施工技术中的一项重要的核心施工技术，其经济社会效益显著，我公司已掌握该成熟工艺。

目前在建的项目有：巴基斯坦恰希玛核电站二期、广东岭澳核电站二期、广东液化天然气（LNG）接收站及福建液化天然气（LNG）接收站等项目。

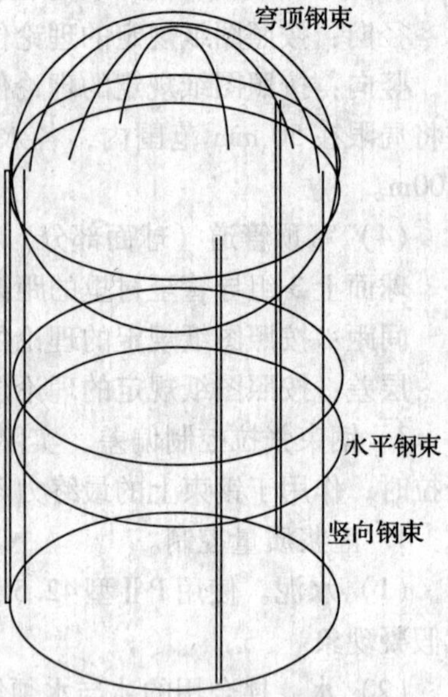

图 2　预应力钢束布置示意图

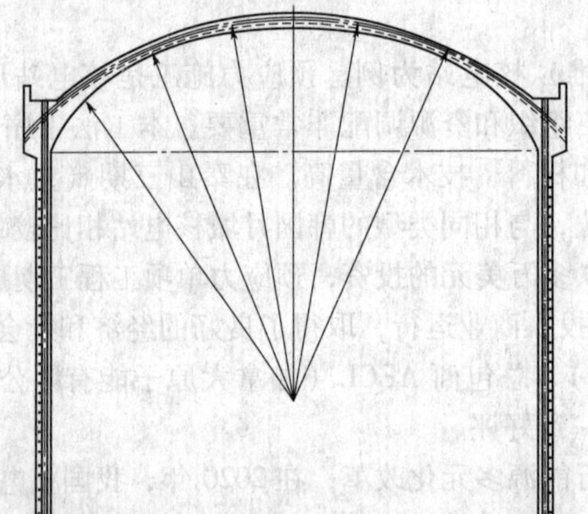

图 3　安全壳钢束布置剖面示意图

图 4　预应力张拉平台设备

图 5　环向水平束张拉

图 6　廊道内的永久灌浆帽及应力监测仪

图 7　重力灌浆及浆体性能检测

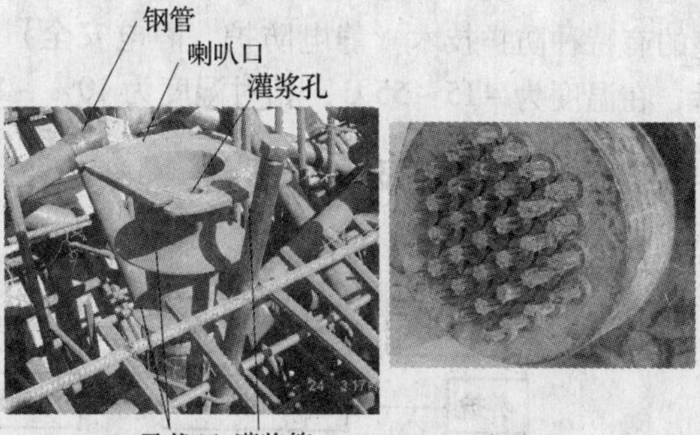

(a)锚具细部　(b)模拟灌浆凿去浆体后的锚头

图 8　张拉油泵、张拉千斤顶和灌浆泵

防静电水磨石地面施工工法

YJGF 74—2004

中国建筑第七工程局

刘文明　祁忠华　杨长伟　黄延铮

通信设备机房、计算机机房等有特种防护技术的设备用房，对静电防护、静电安全有特殊要求，在相同的环境条件下，在不改变并降低机房地面电阻率和系统电阻的基础上，在现制普通水磨石地面材料配合比中加入一定比例的经防静电处理的石碴，用传统的普通水磨石施工工艺替代了水泥地面上铺防静电活动地板，既满足了设备机房对特种防护技术要求，又大大降低了工程成本，提高了机房的高度空间，取得了可观的经济效益。

一、工法特点

采用本工艺施工防静电水磨石地面工艺简单、易操作，地面可一次成活，施工后的地面平整、无修饰、耐磨、坚硬、使用寿命长、不易破坏，造价低。

二、使用范围

本工法适用于通信设备机房、计算机机房等有特种防护技术的设备用房，用于防静电水磨石地面。

三、工艺原理

在现制普通水磨石地面材料配合比中加入一定比例的经防静电处理的石碴（普通水磨石石碴: 经防静电处理的石碴 = 1∶2）而成的地面，在防静电水磨石地面找平层（低于找平层 10mm）中埋入镀锌扁铁防静电接地系统，并在防静电水磨石地面面层每 30m^2 敷设 1 个防静电铜端子，使防静电石碴、防静电接地系统、防静电端子与防静电水磨石地面形成 1 个完整的有特种防护技术（静电防护、静电安全）的整体，待现制防静电水磨石地面固化干燥后，在温度为 $-15 \sim 55$℃，相对湿度为 10% ~85% 时，系统电阻为 $5\times10^4 \sim 1\times10^9\Omega$。

四、工艺流程及操作要点

1. 工艺流程（见图 1）

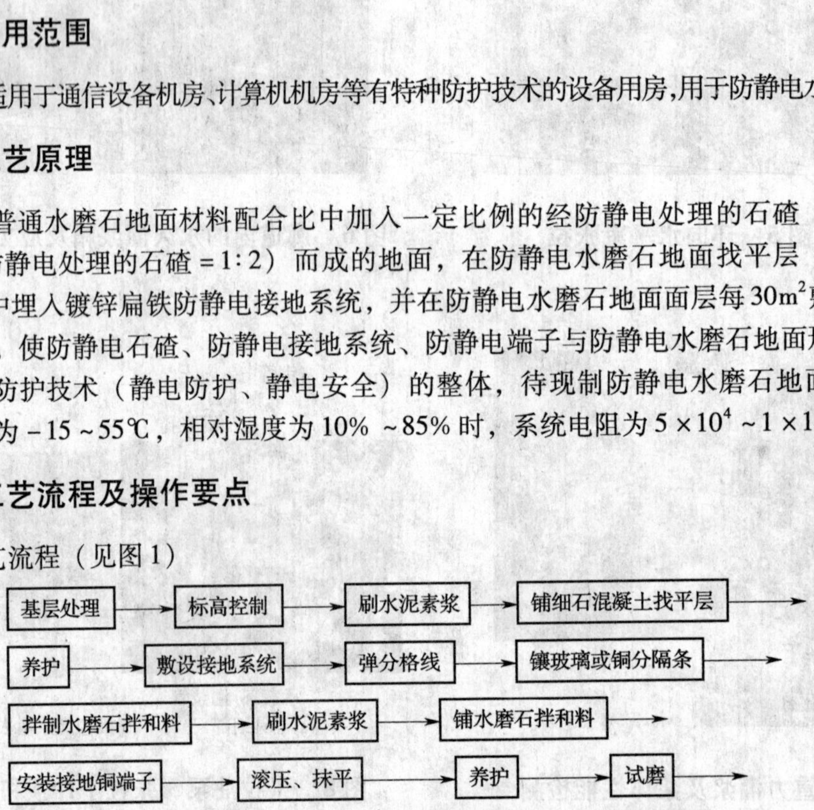

图 1　工艺流程

2. 操作要点

（1）施工准备。

①顶棚、墙面抹灰已完成并验收，屋面已做完防水层。

②基层结构验收完毕、室内墙面弹好 +50cm 水平标准线、门框安装完毕，并加防护、安装好，水暖立管堵严管洞、与地面有关的电气、电讯设备及埋件安装完毕。

③面层施工前，应做好垫层和防水层，按标高留出水磨石厚度（至少 30mm），并做好隐蔽验收。

④水磨石浆采取有组织排除，楼层设置排浆管，水磨石浆排至室外排浆坑。

⑤基层清理、润湿：检查找平层的基层混凝土或水泥炉渣的平整度和标高，有松散处剔除刷净，进行补强处理。

（2）找平层施工及接地系统敷设。

①抹找平层。在找平层表面涂刷一道水灰比为 0.4 ~ 0.5 的素水泥浆随刷随抹找平层。根据墙上 +500mm 标准线，在地面四周拉线做灰饼，灰饼间距 2m 左右，60mm 见方，待灰饼砂浆硬结后，在纵横方向以灰饼高度为标准进行冲筋。

②找平层养护。找平层抹好后，与次日开始洒水养护，在常温养护 2 ~ 3d，在低温或冬期施工不宜浇水，养护约 3 ~ 5d。待抗压强度达到 1.2MPa，方可进行下道工序施工。

③接地系统敷设（见图 2、图 3）。接地线材料选用 4 ×40mm 镀锌扁铁或 Φ10 圆钢，如无镀锌件，可用导电涂料涂覆在扁铁或圆钢上。敷设方法为将接地线在预定接地的一侧沿地面长轴方向、距墙角线约 30cm 处埋入找平层中，长度略短于长轴，接地线的上表面高度与找平层的上表面平。压在接地线上面的分格铜条应以绝缘薄膜或绝缘薄板与接地线隔开，该分格铜条与相邻铜条接口处应留 10mm 间隙。如以玻璃条做分格条，则不必做绝缘处理。接地线留在地面以上部分的长度根据与接地系统的距离确定。接地线铺好后，应将附着在接地线上的砂浆擦拭干净。面积超过 500m² 的工作间，接地线应有两条，位置在第一条对面。

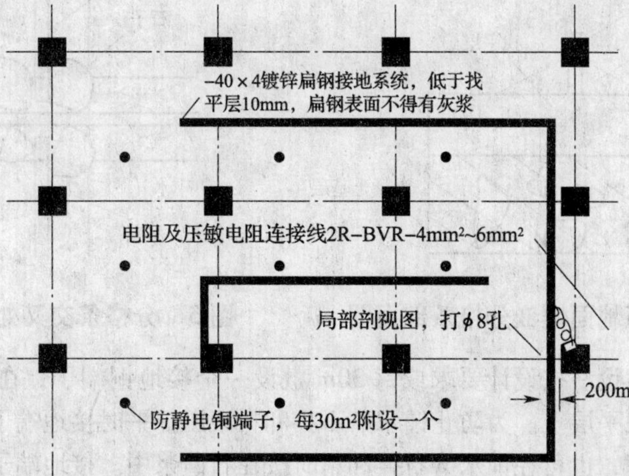

图 2　防静电接地系统平面布置图

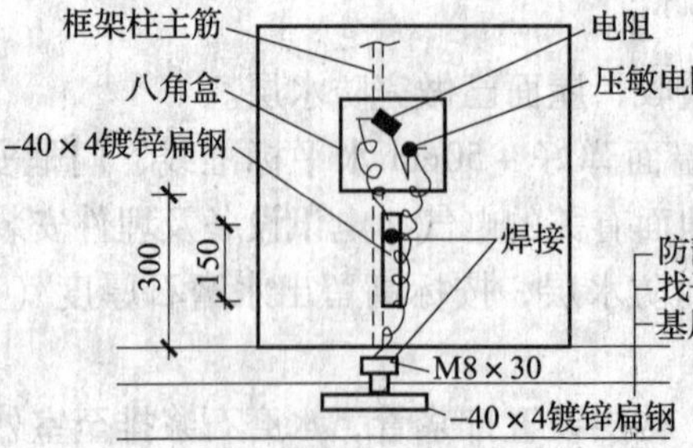

图3　防静电接地系统局部剖视图

如以铜条为分格条，在地面面积超过150m²时，则应将地面分割成若干板块。方法是将铜条粘接牢固后，在铜条十字交叉接头处，用手持切割机切出2mm左右间隙，各板块的铜条互不相连。每个板块宜在200m²以下。

(3) 分格条的镶嵌及接地端子的敷设。

①弹分格线。待找平层水泥砂浆强度达到1.2MPa后，根据设计要求的分格尺寸，一般采用1m×1m，在房间中部弹十字线，计算好周边的镶边宽度后，以十字线为准弹分格线。若设计有图案要求时，应按设计要求弹出清晰的线条。

②镶嵌分格条（见图4、图5）。用小铁抹子抹稠水泥浆将分格条固定住（分格条安在分格线上），抹成30°八字形，高度应低于分格条条顶4～6mm，分格条应平直（上下必须一致），牢固、接头严密，不得有缝隙，作为铺设面层的标志。另外在粘贴分格条时，在分格条十字交叉接头处，为了使拌和料填塞饱满，在距交点40～50mm内不抹水泥浆。镶条后12h开始浇水养护，最少2d，在此期间房间应封闭，禁止各工序进行。

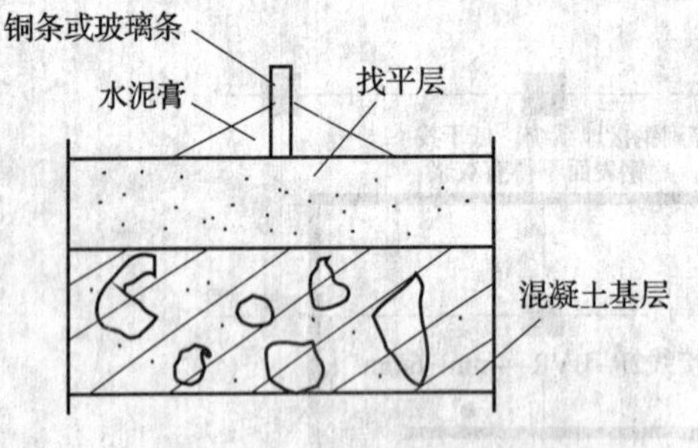

图4　现制水磨石地面镶嵌分格条剖面图

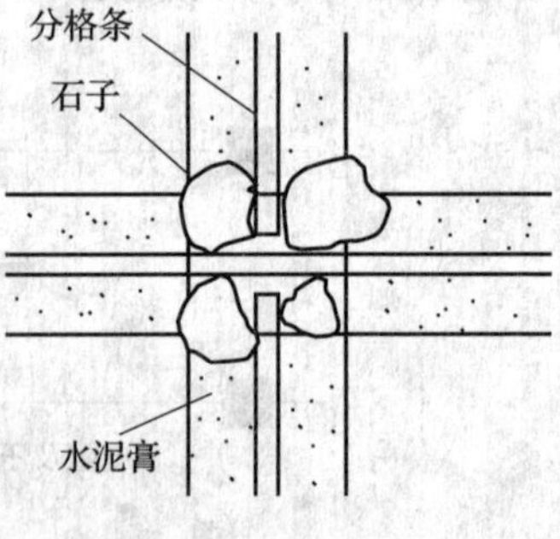

图5　分格条交叉处正确的粘贴方法

③接地端子的敷设。按设计要求或每30m敷设一个接地铜端子，在镶嵌分格条时用素水泥浆加胶粘贴在找平层上。为防止铺水磨石拌和料滚压抹平时接地端子松动或移位，接地端子一定要固定牢固，也可在铺水磨石拌和料时按在石碴浆中。接地端子高度应与石碴浆厚度相同，以便同时打磨。

(4) 水磨石拌和料的拌制、铺设及养护。

①水磨石拌和料的拌制。水磨石拌和料的体积比宜采用1∶1.5～1∶2.5（水泥∶石粒），普通水磨石石碴与经防静电处理的石碴的体积比采用1∶2，同一彩色水磨石面层应使用同

厂、同批颜料。施工配料前必须经试验室试验后确定，配料时最好用搅拌机拌制，要求配合比计量准确。

②刷水泥浆结合层。先用清水将找平层洒水湿润，涂刷与面层颜色相同的水泥浆结合层，水灰比控制在0.4～0.5，涂刷均匀，最好在水泥浆中掺加胶粘剂，边刷边铺石碴浆，不得涂刷面积过大，防止水泥浆结合层风干导致面层空鼓。接地线上应保持干净，不刷水泥浆。

③水磨石拌和料的铺设。水磨石拌和料的面层厚度宜为12～18mm，并应按石料粒径确定。铺石碴浆顺序：铺石碴浆时应先铺有色处，后铺无色处；先铺深色处，后铺浅色处；先铺分格条边，后铺分格条方框中间；先做大面积后做镶边，且应在前一种色浆凝固后有一间隔时间，再铺另一种色浆。在分格条两边及交角处特别注意压实抹平。铺浆厚度：石碴浆的虚铺厚度一般以高出分格条5mm，待用滚筒碾压后高出分格条2mm为宜。遇地面有金属物时，应对金属物进行绝缘处理，可对管道涂覆绝缘胶。

④滚压、抹平。石碴浆铺好后开始滚压，滚压前将分格条顶面的石碴浆清理干净，用铁抹子或木抹子将分格条两边宽约10cm范围内轻轻拍实（避免将分格条挤移位）。滚压时用力要均匀（要随时清掉粘在滚筒上的石碴），应从横竖两个方向轮换进行，达到表面平整密实、出浆石粒均匀为至。待石粒浆稍收水后，再用铁抹子拍平、压实。

⑤养护。面层石碴浆滚压完24h后，开始洒水养护，常温养护5～7d，低温或冬期养护时间应延长至10d以上。

（5）水磨石面层的磨光。

水磨石面层的磨光不得少于3遍、补浆2次即“2浆3磨”。

①试磨。机磨前应进行手工试磨，以石碴不松动为准，经检查合格，方可正式开磨。开磨时间参考见表1。

表1　开磨时间参考表

序号	平均温度（℃）	开磨时间（d）	
		机器磨	人工磨
1	20～30	2～3	1～2
2	10～20	3～4	1.5～2.5
3	5～10	5～6	2～3

②粗磨。经试磨合格后开始，宜选用磨石54、60、70号，边磨边用水冲洗，并用2m靠尺板检查平整度，要求达到石碴磨透、磨平，石碴显露，分格条全部外露。磨完第1遍后，将表面冲洗干净。待表面晾干后，再用与面层石碴浆同色的水泥浆补浆。补完浆后次日开始养护，养护2～3d后（低温及冬期养护5d以上）才能磨第2遍。

③细磨。第2遍使用细磨石，采用90、100、120号油石磨光，要求达到磨平磨光，达到要求后将表面冲洗干净，进行第2次补浆并养护2～3d。

④磨光。使用180、220、240号油光磨石，边磨边清洗，平整度、光滑度达到要求，磨完后冲洗干净，继续养护。

（6）水磨石表面层的处理。

①草酸擦洗。水磨石表面擦草酸，应在不影响面层质量的其他施工项目全部完成后进行。用热水将草酸溶化，重量比为热水：草酸 = 1∶0.35，待溶液冷却后洒于地面上，用240号以上的油石打磨一遍，磨光后用清水冲洗干净并擦干，待地面干糙发白后，即可进行打蜡。

②打蜡上光。在不影响面层质量的其他工序完成后将地面擦干净，用布沾稀糊状的蜡涂在地面上，涂蜡要薄而匀，用磨石机垫麻袋或麻绳打磨第1遍，用同样方法涂第2遍，磨光打亮，达到光亮、整洁、颜色一致。

③接地。将各接地线与接地体连接，中间分别串接一个1MΩ电阻和耐压500V的压敏电阻。

3. 成品保护

(1) 运输材料时注意保护门框、墙面。

(2) 找平层施工时不得碰撞管线、埋件及设备。

(3) 打磨时水泥废浆应及时清除，不得流入下水口及地漏。

(4) 打磨时不得溅污墙面及设施。

五、主要材料

1. 水泥

宜采用白水泥，强度等级不低于32.5级，也可采用普通硅酸盐水泥，水泥的强度不低于32.5级。水泥过期、受潮结块和安定性不合格的水泥均不得使用。同颜色的面层应使用同一批水泥。

2. 砂

应使用洁净的中砂或粗砂，含泥量不大于3%，并过8mm孔径的筛子筛除去杂物。

3. 石碴

应采用坚硬可磨的白云石、大理石等岩石加工的石料，石粒各项要求应符合《建筑用卵石、碎石》(GB/T 14685—93) 规定的各项要求。石子应洁净无杂物。石粒预先应经过防静电处理。

4. 分格条

玻璃条：普通3mm厚平板玻璃裁制成10～15mm宽（根据面层厚度确定），长度以分割块尺寸而定。在玻璃条的中部涂复400mm宽的导电层，使上下侧面贯通。

铜条：采用水磨石专用铜条，厚度为2～5mm，长度以分割块尺寸而定，用前必须调直调平。

5. 颜料

采用耐光、耐碱和着色力好的矿物颜料，不得使用酸性颜料，其掺量为水泥重量的3%～6%，或有试验确定。同一彩色面层应使用同厂、同批的颜料。

6. 草酸

为乳白色的块状或粉状，在保管或使用过程中注意防毒，严禁接触食物。使用前用热水溶化。浓度控制在10%～25%，冷却后使用。

7. 其他材料

地板蜡、22号铅丝。

六、施工机具

主要机具：混凝土搅拌机、混凝土平板震动器、水磨石机、抛光机、混凝土切割机、运输小车、水准仪。

其他辅助机具：小线、盒尺、2m 水平尺、水桶、扫帚、木杠、铁制滚筒、铁簸箕、木抹子、铁抹子、毛刷、钢丝刷、平锹、手锤、錾子、筛子、胶皮水管、磨石、导电胶、绝缘胶、低压照明灯等。

七、劳动组织及安全

1. 劳动力组织

防静电水磨石地面施工分成两组，找平层和水磨石拌和料拌制为一组，水磨石拌和料浇筑、磨光为一组。可根据待施工的防静电水磨石地面面积大小确定。其中水磨石拌和料浇筑、磨光施工小组由 8 人组成：铺设水磨石拌和料 2 人，滚压抹平地面 2 人，操作磨石机 2 人，磨光防静电水磨石地面 2 人。平均每人每天可施工 40 ~ 60m^2。

2. 安全措施

（1）工人进场必须进行安全教育，佩戴好劳动保护用品。

（2）混凝土平板震动器、水磨石机、抛光机、混凝土切割机等用电设备应设漏电保护器，并经安全检验合格，定期检查。水磨石机电缆采用防水电缆。

（3）照明电压不超过 36V，灯体与手柄应坚固且绝缘良好。

（4）洞口四周必须设两道护身栏杆，加挂安全立网；洞口中间支挂水平安全网。电梯井口必须设高度不低于 1.20m 的金属防护门。

八、质量要求

1. 质量标准：防静电水磨石地面质量应符合《计算机机房用活动地板技术条件》（GB 6650—86）或《电子产品制造防静电系统测试方法》（SJ/T 10694—1996）、《通信机房静电防护通则》（YD/T 754—95）、《建筑地面工程施工质量验收规范》（GB 50209—2002）。

2. 水磨石面层的材质、强度和密实度必须达到设计要求和施工规范规定。面层与基层的结合必须牢固无空鼓。

3. 水磨石面层表面光滑、无裂纹、砂眼和磨纹、石粒密实、颜色一致，分格条牢固、顺直清晰。与其他面层邻接处的镶边用料及尺寸符合设计要求及施工规范规定；边角整齐光滑，不同颜色的连接处不混色。

4. 允许偏差及检验方法（见表 2）。

表 2　允许偏差及检验方法

项次	项　目	允许偏差（mm）	检　验　方　法
1	表面平整度	3	用 2m 靠尺和楔形塞尺检查
2	线格平直	3	拉 5m 线，不足 5m 拉通线和尺量检查

5．防静电性能在温度为 $-15\sim55$℃，相对湿度为10% ~85% 时，系统电阻为 $5\times10^4\sim1\times10^9\Omega$，用于电火工品生产的防静电水磨石表面对地电阻为 $1\times10^4\sim1\times10^7\Omega$。

九、效益分析

防静电水磨石地面成本价格低，仅为防静电活动地板价格的1/3 ~1/4，大幅度降低了工程成本。同时与防静电活动地板相比，防静电水磨石地面未降低楼层净空，提高了机房的可利用高度空间，且地面使用寿命长，不易破坏，可大大节省维修费用。

十、工程实例

长春第二长途通信枢纽工程的防静电水磨石地面面积约为 15000m^2，符合设计和规范要求，质量达到长春市“君子兰”杯，取得了显著的经济效益和社会效益。

软土地基大面积承重耐磨地面施工工法

YJGF 75—2004

天津三建建筑工程有限公司

林克文　吴庆祥　宋红智　芦庆祥　陈有生

在沿海地区软土地基上开发建设的大型工业厂房、物流仓库等地面面积大，往往有承重要求，容易产生沉降和裂缝，施工中平整度控制难。本工法就是针对这些难题研究编制的，最早应用在天津市邮件处理中心、邮政汽车运输中心生产楼 $18000m^2$ 的地面工程中，后又相继在天津国际空港物流区仓库等多项工程中应用。其核心技术“大面积承重耐磨地面施工工艺”于2001 年通过了天津建工集团总公司组织的科技成果认定，获2003 年“天津建工集团科技进步三等奖”，并被天津市科委确认为“天津市科学技术成果”进行了登记；该工艺QC 小组获“2002 年全国工程建设优秀质量管理小组称号”；采用该工法施工的天津市邮件处理中心、邮政汽车运输中心生产楼工程被评为“天津市工业建筑质量样板工程”、“天津市优质工程”、2002 年“中国建筑工程鲁班奖”。

一、工法特点

1. 采用水泥搅拌桩加固地基，可减少承重地面在荷载作用下的沉降变形，控制沉降裂缝。

2. 采用可调标高控制点，按分仓间距布置；采用电动振动梁振捣，地面平整度和水平标高便于控制。

3. 支设分仓模板，采用跳仓浇筑方法，让先浇筑的仓格内的混凝土先行收缩，再浇筑临近仓内的混凝土，减少混凝土收缩裂缝。同时又便于作业。

4. 在地面与墙、地面与柱、地面与地面之间分别设置了沉降缝、伸缩缝、缩缝等，可控制各种变形引起的地面裂缝。

5. 采用钢纤维和耐磨材料达到增强地面混凝土的强度和面层耐磨度的要求。

二、适用范围

本工法适用于在软土地基上建设的大型工业厂房、物流仓库、超市、停车场等各种荷载较大、有耐磨和洁净要求的混凝土地面。

三、工艺原理

通过采用地基加固技术措施，控制地面的沉降裂缝；设置 300mm 厚石屑滑动垫层，减小地面混凝土层所受的约束，并通过在地面构造缝和浇筑方法上采取的措施控制地面混凝土的各种变形裂缝；通过设置可调标高控制点及采用振动梁振捣的技术措施，控制大面积地面的标高和平整度；通过采用新型材料提高地面混凝土的强度和耐磨度，最后实现大面积地面承重、耐磨的功能要求。

四、工艺流程及操作要点

1. 工艺流程

（1）总工艺流程：水泥搅拌桩加固地基⟶桩间土夯实⟶铺石屑垫层⟶石屑垫层素夯实⟶混凝土垫层浇筑⟶钢纤维混凝土垫层施工⟶耐磨面层施工⟶养护。

（2）主要工序工艺流程（钢纤维混凝土垫层及耐磨面层）绑扎钢筋⟶支设分仓模板⟶沉降缝、缩缝设置⟶标高控制点设置⟶混凝土跳仓浇筑⟶振动梁振捣找平⟶提浆压平除泌水⟶布撒耐磨材料⟶抹压并找平⟶覆盖养护⟶切割假缝⟶抛光打磨⟶养护。

2. 操作要点

（1）严格按构造要求分步施工，构造要求如下。

①ϕ500mm 水泥搅拌桩加固地基（本实例桩距 1200mm，桩长 8～14m）。

②桩间 300mm 厚石屑垫层。

③100mm 厚 C10 混凝土垫层。

④100mm 厚 C25 钢纤维混凝土，上下配 ϕ6mm @200 双向钢筋。

⑤ 2mm 厚非金属硬化剂面层。

（2）水泥搅拌桩按梅花状布置，控制水泥掺量不低于 15%，成桩 28d 后钻芯取样，强度要达到设计的要求。按设计标高剔除桩头浮浆层，对桩间土进行夯实。

（3）回填石屑垫层，每层厚度 200～300mm，用 6t 以上平碾压实，每层压实 6～8 遍，平碾压行速度不大于 2km/h。

（4）沉降缝的设置及施工：沉降缝设置在地面与墙面、地面与柱子、地面与暖沟和电缆井盖板接缝之间，目的是消除结构沉降对地面的影响，沉降缝宽 1～2cm，上下贯通混凝土垫层，缝下部 80mm 用聚苯板填充，缝上部用沥青砂浆填灌，面层用油膏封口，见图 1。

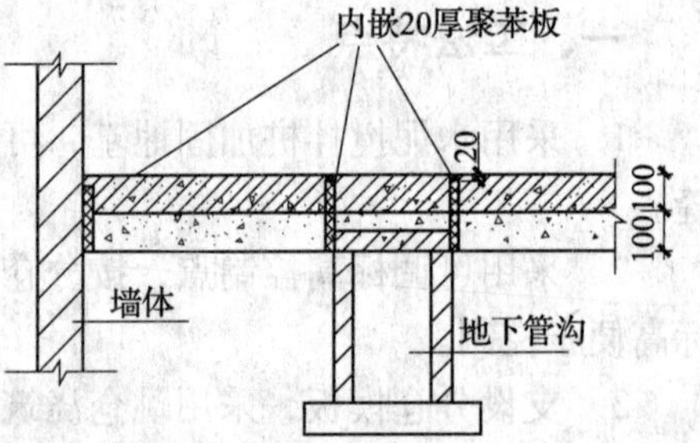

图 1　沉降缝示意图

（5）纵向伸缩缝的设置与施工：考虑到地面超长，沿纵向设置伸缩缝，间距不大于 50m。该伸缩缝要贯通构造层，钢筋亦断开，缝宽 50mm，内填沥青麻丝，表面用不锈钢板和密封胶封闭。

（6）缩缝的设置与施工：纵向缩缝的间距不宜大于 6m，可与分仓的间距一致。纵向缩缝应采用平接缝，见图 2。横向缩缝的间距不宜大于 12m，采用假缝的形式，在耐磨层施工 3d 后切割而成，缝宽 5～20mm，深度为垫层厚度的 1/3，缝内打胶封严，打胶前在缝两侧贴纸防止污染，见图 3。

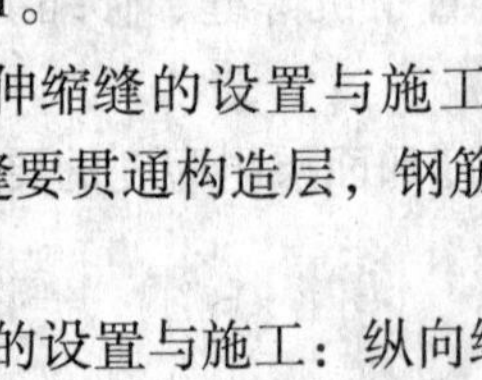

图 2　平接缝

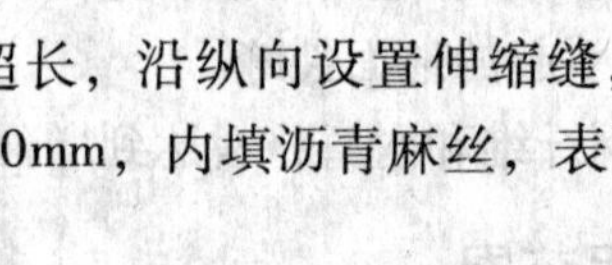

图 3　假缝

（7）采用可调的标高控制点，结合用分仓模板进行地面标高控制。施工前沿分仓模板设置钢制的可调标高控制点，用水准仪根据基准控制点测设钢制可调标高控制点的上皮标高，使各点标高一致。最后通过在钢制标高控制点之间拉钢丝，确定模板上口的位置。

（8）采用跳仓的方法浇筑地面混凝土，每仓 6×12m，施工时前后左右跳仓浇筑，即便于操作，又可提前释放一部分混凝土的收缩量，有利于减少混凝土的收缩裂缝，见图 4。

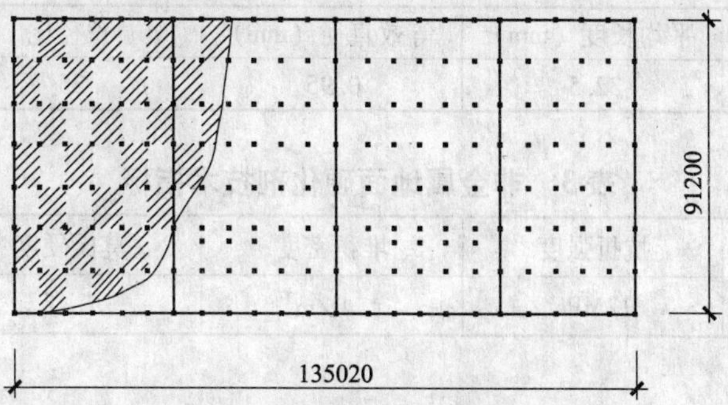

图 4　分仓示意图

分仓模板的上檐要平直，作为控制地面标高的依据，混凝土浇入分仓模板后，先用插入式振捣棒初步振捣，然后再用振动梁沿分仓模板进行 2 次振捣摊平，振动梁的长度要大于分仓的宽度，其两端沿分仓模板移动振捣摊铺找平，最后用铝合金刮杠沿分仓模板上檐对混凝土再找平一次。

（9）100mm 厚 C25 钢纤维混凝土内，加双层双向 $\phi 6@200$ 钢筋网。浇筑时，应保证钢纤维分布的均匀性和结构的连续性，在一个规定连续浇筑的区域内，浇筑过程不得中断，在浇筑过程中不得因拌和料干涩而加水，若因故间断时，其间断时间应小于前浇混凝土的初凝时间。钢纤维混凝土采用机械振捣，除保证混凝土密实外，还可以保证钢纤维的分布均匀。钢纤维混凝土采用与普通混凝土相同的养护方法。配合比见表 1。

表 1　钢纤维混凝土配合比

普硅水泥 42.5	砂	石	水	外加剂	粉煤灰	钢纤维
315kg	795kg	1010kg	207kg	3.6kg	73kg	30kg

（10）为增强地面面层的耐磨度，面层选用非金属地面硬化剂，施工厚度 2～3mm，用量一般在 $4kg/m^2$ 左右，在混凝土初凝后、终凝前施工，感官判断可用脚轻踩，留下 3～5mm 的脚印时开始施工耐磨层。

（11）第 1 次先使用硬化剂的 60%，均匀的撒在已抹平的混凝土表面，当硬化剂均匀湿润后，用木抹子刮平，然后用直径 1.2m 电动抹平机低速抹平。机械抹光机作业，应纵横向交错进行抹平。

视混凝土的硬化情况抹完后立即将剩余的 40% 硬化剂撒在第 1 层上，再次用电动抹平机抹压。机械的转速和角度的变化应视混凝土地面的硬化情况做调整，注意已抹平的硬化剂表面不要再重复抹压，硬化剂表面未干前不能洒水，否则会破坏面层。

（12）硬化地面混凝土采用专门特种养护剂养护，用量约在 $0.2L/m^2$，地面修平后立即沿地面均匀喷洒，形成1层致密的阻水保护膜，防止混凝土自身水分的蒸发，达到养护的目的。

五、材料

本工法中使用的新型材料有铣削钢纤维和地面硬化剂，技术指标分别见表2和表3。

表2　铣削钢纤维技术指标

规　格（mm）	平均长度（mm）	等效直径（mm）	长径比	抗拉强度（MPa）
0.6×0.6×25~40	32.5	0.95	35	800

表3　非金属地面硬化剂技术指标

抗压强度	抗折强度	堆积密度	莫氏硬度	用　量
80MPa	12MPa	$1.4t/m^3$	7~8	$4\sim6kg/m^2$

六、机具设备

机具设备根据地面面积及工期要求而定，本工法以$18000m^2$的地面为例，见表4。

表4　机具设备表

序号	名　称	型号规格	数　量
1	搅拌桩机	单轴 SJB-3	4
2	灰浆拌制机	HL-1 型 200L	4
3	灰浆泵	HB6-3	4
4	振动器	ZN50	8
5	振动横梁	自制	2
6	切缝机	ZIHQ250	4
7	地面抹面机	DM60	3

七、劳动力组织及安全措施

1. 劳动组织

劳动力根据地面面积及工期要求而定，本工法以$18000m^2$的地面为例，见表5。

表5　劳动力组织表

序号	工作类别	人数
1	施工组织与管理	3
2	技术、质量管理	3
3	测量放样	2
4	水泥搅拌桩加固地基	20
5	垫层混凝土施工	30
6	硬化面层施工	20
7	养护	2

2. 安全措施

（1）操作前应检查操作环境是否符合安全操作规程的要求，道路是否畅通，安全设施是否可靠，经检查合格后再行施工。

（2）使用振捣器，操作人员应穿绝缘鞋，戴绝缘手套。

（3）各种机械设备应在试运转后再运行，不准超载运行。跟班电工应经常检测维修线路。设备移动时应先由电工切断电源，再行挪动。

（4）搅拌、振捣、找平压实、切割机械等所有电器设备必须装设漏电保护开关。

（5）夜间施工应有足够的照明。

八、质量要求

1. 本工法依据的标准、规范：

《建筑地基处理技术规范》（JGJ 79—2002）；

《建筑地面工程施工质量验收规范》（GB 50209—2002）。

2. 基加固施工中实际使用的固化剂、外掺剂，要经过加固土室内试验的确认方能使用。泵送浆液必须连续，如因故停浆，要立即通知前台操作工，以防止断桩。

3. 地基加固施工时应使用定位卡以确保桩位的准确度和桩机的水平、垂直精度。

4. 混凝土建筑前应将模板内的杂物清理干净，并洒水湿润。应严格按工艺要求振捣，防止出现漏振和过振现象。

5. 浇水养护时混凝土表面应铺棉毡，避免将水直接浇到硬化层表面。

6. 质量标准见表6。

表6 质量标准

序号	检查项目	允许偏差	检查方法
1	表面平整度	5mm	用6m靠尺检查
2	标高	5mm	水准仪检查
3	缝格平直	3mm	经纬仪检查
4	硬度	≥7	试验室试块检验

九、效益分析

本工法的效益主要是质量效益，在天津市东南部软土地区，采用传统工艺施工的大面积地面，往往1年以后就出现明显的不均匀沉降，地面裂缝现象比较严重，保修、维修的资金投入较大，采用本工法施工的“天津邮件处理中心、邮政汽车运输中心生产楼工程”首层地面，自2001年交付使用3年以来，首层承重耐磨地面质量稳定，未发生明显的沉降和裂缝，表面光洁、无磨损，完全达到了规范和设计的要求，质量状况良好。未发生保修的投入，工程交竣时扣留的保修金（地面部分60万元）已全部返还。质量效益显著。

十、应用实例

1. 天津邮件处理中心、邮政汽车运输中心工程生产楼，2层，首层地面面积为

$18000m^2$。工程于 2000 年 3 月 6 日开工～2001 年 9 月 30 日竣工。

地基处理采用 $\phi500$ 水泥搅拌桩。采用 100mm 厚垫层，地面基层混凝土厚 100mm，C25 钢纤维混凝土，面层采用非金属硬化剂。施工采用本工法施工，效果极佳，钢纤维混凝土比普通混凝土抗拉强度提高 1.5 倍，冲击韧性提高了 6 倍，耐磨性提高 1 倍。

楼地面整体水平误差小于 3mm，平整度误差小于 2mm，颜色均匀一致，表面光滑耐磨。断缝平整、清晰、宽窄一致。满足了生产设备安装要求，创出了地面工程精品质量，缩短了施工工期 36d。得到丹麦的设备安装专家和鲁班奖复查小组的好评，获得 2002 年度中国建筑工程鲁班奖（国家优质工程）。

2. 天津国际空港物流区仓库工程，轻钢结构，地面面积 $13600m^2$，长 126m，宽 108m。软土地基，250mm 厚混凝土地面，内配双层双向钢筋网片，混凝土分 9 块浇筑，每块混凝土 40×40m。混凝土强度等级 C25。地面工程 2003 年 8 月份开始施工，9 月份完工，采用本工法变形缝设置、跳仓建筑等核心技术施工，质量优良。

3. 天津西站粮库家乐超市工程：工程于 2002 年 12 月 3 日开工，2003 年 3 月 20 日竣工。平面面积为 $11290m^2$，房心土第一部土碾压后，用 30cm 厚灰土填垫碾压，采用 200mm 厚 C20 商品混凝土：面层采用非金属地面硬化剂，采用本工法变形缝设置、跳仓建筑等核心技术施工，地面强度提高 50%，耐磨性提高 1 倍，平整度误差不小于 3mm。缩短工期 45d，表面光滑耐磨、颜色均匀，满足了使用要求。

大面积混凝土地面机械化一次性施工工法

YJGF 76—2004

中国第十三冶金建设公司　秦皇岛市三信建筑安装工程有限公司

辛志龙　郝三乐　崔建生　何　威　张雪玲　刘宏峰

伴随着改革开放的不断深入，我国的经济发展日新月异，工业跃进，农业丰收。高科技产业可谓是起步晚发展快，已成为国民经济中不可或缺的力量，其中，以电子产品、精密仪器等行业更是发展迅速，这些行业多数对生产条件要求苛刻，尤其对生产车间的地面，提出了必须具有高耐磨性，降低起尘，抗冲击性，抗油脂性等方面的要求，美国、德国和瑞士等国家，在此项施工技术方面已经处于世界领先水平，因此在这样的条件下，我国的建筑企业就不得不研究出一套行之有效的施工方法来满足上述要求，保证该行业的生产环境，确保该行业的产品质量，大面积耐磨硬化地面施工工法的研究在这样的历史条件下被提上了议事日程。我公司作为一个具有国家二级资质的建筑企业，也在多个工程的施工之后，对该工法进行了总结，制定出了一套行之有效的大面积耐磨硬化地面施工工法。

一、工法特点

现阶段许多生产车间和厂房，例如：精密仪表、测量仪器、强电产品和弱电产品等，由于特殊的生产工艺，要求该厂房地面具有耐磨、坚硬、平整、无静电等特性，由于厂房面积大，地面平整度难控制，防止地面裂缝难度相应增加，根据上述的工程特点，为确保施工质量，对大面积厂房耐磨硬化地面施工工艺必须进行周密安排，并在施工中加强培训、检查、指导、监督等一系列的管理。

二、适用范围

本工法适用于对地面有较高要求的大面积厂房或车间地面面层施工，该工法可以保证地面具有耐磨、坚硬、平整、无静电等特性，另外，对于其他有上述要求的办公室、病房、实验室等地面面层的施工也同样适用。

三、工艺原理

本工法核心部分在于地面硬化剂施工，其中硬化剂的播撒次数、播撒时机、播撒方向、播撒量，以及圆盘机械镘操作方式、手工压光过程等均为该工艺的核心技术。

四、工艺流程

1. 混凝土地台施工前准备

（1）抄平放线。按纵横 6m 钉好桩撅和水平控制点。

（2）压实地基。使用碾压机分层压实地基，每层厚度≤250mm，在柱子附近用机械夯夯实，夯压密实度≥93%。

（3）水稳垫层。配比计量准确，按规范要求进行碾压并达到密实，满足设计要求的200mm厚度。

（4）模板设置。为控制地台的平整度，一定要按地台设计标高设置模板，选用槽钢，模板设置平整坚固，并涂抹模板油。用水平仪检测模板高度，对偏差处使用楔型块调整，用经纬仪控制模板直线度，确保分仓尺寸准确。

（5）铺设钢筋。对个别有钢筋要求的地台，应按设计规范设置钢筋，其下面设置垫块。

2．混凝土地台施工

（1）混凝土要求。

①表面密实、不要有积水，用3m直尺检查平整度≤3mm。

②强度达到C30。

③水灰比不高于0.5。

④混凝土骨料最大直径30mm。

⑤现场搅拌混凝土坍落度应控制在75～100mm。

⑥泵送混凝土可控制在100～120mm。

（2）混凝土浇筑。

①浇筑。混凝土浇筑应分仓按序进行，否则会因混凝土凝结时间不均衡而导致无法进行大规模机械镘抹施工，而且跳仓浇筑既便于操作，又可提前释放一部分混凝土的收缩量，有利于减少混凝土的收缩裂缝。准备采用地面硬化剂的混凝土地台，要求混凝土一次性浇筑至设计标高，如不铺设防水薄膜，应洒水使地基处于湿润状态。填仓浇混凝土时，应严防新浇混凝土对已浇混凝土的污染，同时更应控制新旧混凝土衔接处要振捣密实，接缝平顺；为防止钢辊或振捣器损坏已浇混凝土仓边的棱角，可用δ=0.5mm马口铁制成90°护角，骑在护角上，当混凝土振捣及辊压完毕后，取出护角进行镘抹整平。

②振捣。使用插入式振捣器进行振捣作业，应特别注意边处部位一定要捣实，混凝土振捣后使用水准仪检测模板水平情况，对偏差部位进行调整。

③地台水平。使用较重的钢制长辊（钢辊长度应大于模板间距0.5m以上），多次反复辊压混凝土使其浆液溢出，并用木抹子均匀抹平，地台的标高应用水平标高仪检测确认；对混凝土地台水平必须严格控制，由于地面硬化剂的硬化厚度仅约3～4mm，无法以此再调整面层水平度。

④去除泌水。地台混凝土浇完后，表层回泌出游离水，应及时用橡胶管去除多余泌水。

由于施工面积大，水分易蒸发，应备有塑料布加以苫盖，若遇炎热天气或下雨，同样应苫盖；在夜间施工时，应给予照明保障。

3．地面硬化剂施工

地面硬化剂施工是在地台混凝土搓平且除去泌水之后进行，地面硬化剂用量为：轻载区域4kg/m^2；重载区域6kg/m^3，施工工艺具体操作如下：

（1）去除浮浆。使用圆盘机械镘均匀地将混凝土表面浮浆膜破坏掉（模板边缘使用木模）。

（2）洒播硬化剂。将规定用量2/3的地面硬化剂按预先计量洒播面积划出区段用手均匀的洒布在初凝的混凝土表面，开始洒播的时机很重要，它于水灰比、天气阴晴、风力大小及晨午关系很大，要“心领神会”，积累经验，经一段操作施工后，认为混凝土接近初凝时，双脚踩在平整的混凝土地台上，脚印陷深3mm为宜，前面用手洒播硬化剂，后面用刮杠及木抹子边刮平边揉搓施抹，然后用3m直尺检测找平，平整度应≤3mm；待地面硬化剂吸收水分变暗且均匀湿润后，采用圆盘机械镘依次进行磨压作业，随后将余下的1/3材料均匀洒播，用机械镘将最上1层硬化剂旋压进地台面层上进行第2次洒播作业。

（3）圆盘机械镘作业。待地面硬化剂吸收水分均匀湿润后，随后视混凝土硬化情况，进行至少3次圆盘机械镘抹压作业，机械的运转速度应视混凝土地台的硬化情况作出调整，机械运行应纵横交错进行；操作机械镘时，操作人员要穿宽大硬底特制拖鞋，以免在作业面上留下脚印，新旧混凝土衔接处应平整、密实、无污染。

（4）表面磨光作业。当机械镘3遍磨压后，地面硬化剂临近终凝前，最终修饰加工使用铁抹子手工镘抹，手工镘抹分纵横3遍进行。边抹边用3m直尺控制平整度，误差应≤3mm，当用手指按硬化剂面层不下陷仅有指纹时，可用铁抹子压光，第1遍和第2遍之间可停30min左右，抹完第2遍之后即可抹第3遍，表面不许有抹痕，衔接处无明显印记，表面应光洁平整无砂眼。

（5）地台养护。混凝土地台完成后，为防止其表面水分蒸发过快，确保地面硬化剂强度稳定增长，应在其表面均匀喷洒养护剂，进行早期养护。

4. 后期作业

（1）卸模作业。卸模作业可以在地台完成后第2天进行，卸模作业应注意不要损伤地台边缘。

（2）切缝（打胶）。切缝工作应在耐磨地面施工完毕24～72h内实施。分格缝间距一般应≤6m，本工程分格缝间距为6m，切缝时的缝深在混凝土层厚度的1/3左右，保证地面收缩变化时形成规律性变化。

（3）注意事项：

①为防止裂缝，地面施工完毕后要保证3d上人，7d上车，28d可上重型设备。

②施工温度不低于5℃。

③若求地面外观更加漂亮美观，颜色更加均匀，可选用SF2430环氧封闭剂。

五、材料

地面硬化剂是一种水泥地面耐磨材料，由两种成分组成：一种是经过特殊加工，有一定级配的耐磨骨料；另一种为加有外加剂的特殊水泥，产品性能如表1、表2所列。

1. 抗压、抗弯强度（非金属）（见表1）。

表1　抗压、抗弯强度

类别	1d	3d	7d	28d
抗压强度（MPa）	46	64	73	80
抗弯强度（MPa）	7	9	9.5	11

2. 莫氏硬度（非金属）：7～8。

3. 耐磨性能（见表2）。

表2　耐磨性能表

耐磨转数	损失重量（mg）	
	混凝土	非金属硬化剂
250	4930	290
500	6880	630
750	8800	780
1000	9880	950

六、机具设备（表3）

表3　机械设备

序号	机械设备名称	规格型号	数量	额定功率
1	圆盘机械镘	$\phi 1.2$	2	2kW
2	木抹子		3	
3	铁抹子		3	
4	刮杠	3m	2	
5	路面摊铺机		1	11kW
6	振捣棒		2	1.1kW
7	混凝土运输车		4	
8	铁锹		4	
9	经纬仪	J2	1	
10	水准仪	S3	1	

七、劳动力组织（见表4）

表4　劳动力组织

序号	工种	等级	数量	备注
1	放线工	高级	2	
2	混凝土工	中级	2	
3	壮工		4	
4	机械工	中级	3	
5	瓦工	中级	3	

八、质量要求

1. 严格遵守《建筑地面工程施工质量验收规范》(GB 50209—2002)。
2. 严格遵守《混凝土结构工程施工质量验收规范》(GB 50204—2002)。
3. 表面磨光作业平整度应控制在 3mm 以内。
4. 分格缝间距一般应≤6m。
5. 切缝深度在混凝土层厚度的 1/3 左右。
6. 莫氏硬度(非金属):7~8。

九、效益分析

大面积耐磨硬化地面施工工法,是一种全新工艺,耐磨硬化地面所具有的耐磨、坚硬、平整、无静电等特性,是以前那些陈旧的施工方法难以达到的,他为工厂车间解决了许多环境问题,其经济效益是不可估量的。

十、应用实例

1. 实例一:秦皇岛开发区龙鼎电器有限公司办公楼及厂房工程

(1) 工程概况:

本工程总建筑面积 36488m^2,其中厂房面积 20017m^2,一期厂房长 115m,宽 120m,二期厂房长 84m,宽 72m,两部分厂房连成一个整体,呈 L 型。地面做法:基层为素土夯实,2 层为 200mm 厚水稳垫层,3 层为 150mm 厚 C30 混凝土层,面层为 3mm 厚非金属硬化剂面层。

(2) 应用效果:

秦皇岛开发区龙鼎电器有限公司办公楼及厂房工程,由于特殊的生产工艺,要求该厂房地面具有耐磨、坚硬、平整、无静电等特性。针对该工程厂房面积大,地面平整度难控制,防止地面裂缝难度大的特点,为确保施工质量,对大面积厂房耐磨硬化地面施工工艺进行了周密安排,并在施工中加强管理,从而得到了令人满意的效果,同时也得到了业主的好评。

2. 实例二:秦皇岛开发区领先科技根瘤菌车间改造工程

(1) 工程概况:

本工程为地上 1 层轻钢结构厂房,总建筑面积 634m^2,地面做法:基层为素土夯实,2 层为 120mm 厚 C15 混凝土,3 层为 60mm 厚 C20 混凝土层,面层为 3mm 厚非金属硬化剂面层。

(2) 应用效果:

秦皇岛开发区领先科技根瘤菌车间改造工程,由于其独特的使用功能,要求该厂房地面具有密实、耐磨、坚硬、平整、无静电等特性。我公司根据以往的施工经验,经过精心施工,严密把关,使施工质量达到了一个新的水平。

(执笔人:秦皇岛市三信建筑安装工程有限公司 何 威 张雪玲 刘宏峰)

低温辐射电热膜施工工法

YJGF 77—2004

山西建筑工程（集团）总公司总承包部

焦悟理　朱慧捷　吕　薇　李庆新　王晋城

近年来，随着我国建筑节能和环保法规的确立，人们的节能环保意识逐渐增强。电力工业飞速发展，生活用电逐步缓解，由此低温辐射电热膜供暖系统应运而生，它是以电力为能源的新型供暖方式，属于电采暖技术方式中的高端产品，应用范围较宽。

一、工法特点

1. 技术含量高，适用范围广。
2. 投资少、不占地、增加建筑的使用面积。
3. 无污染、无需用水、清洁能源。
4. 使用年限长，免维护，运行成本低。
5. 可分户计量，系统设置灵活，智能控制温度，实现行为节能。
6. 施工简便，工效极高，相对节约人工费。

二、适用范围

低温辐射电热膜供暖技术应用范围极其广泛，如：工业、农业、交通、军事、民用建筑等诸多领域，可用于居民住宅、写字楼、宾馆、学校、工业厂房、体育场馆等节能型建筑供暖；工业库及其各种设施的保温防冻。农业上可以用于土壤的加热、恒温育雏箱、育苗场地等。适用于建筑物层高不大于4m 的节能建筑中的顶棚上、地板下供暖。

三、工艺原理

低温辐射电热供暖系统以电力为能源，以电热膜、电热板或电热缆为主要发热器具，辅之以配套的隔热材料和固定材料，配上相应的温控装置，形成系统集成。

电热膜是一种通电后能够发热的半透明聚酯薄膜，以远红外低温导电油墨作为发热源，通电后产生对人体无害的远红外热射线，以辐射的方式向周围传递热量；银灰色的金属载流条，作为承载电流的金属载体，起到导线的作用，并将发热主体油墨连接成完整的一体，将其安装在建筑物上，形成供暖系统。其工作原理是：当该系统安装于建筑物的顶棚上和地板下时，温度设定后，通电则形成辐射热，大部分热量以辐射方式传递。房间的密实物体吸收辐射的热量后，对辐射源发出的辐射热进行吸收转化，逐步释放，使室内的温度均匀升高，达到供热的目的。

四、工艺流程

1. 低温辐射电热膜顶棚安装的施工工艺流程：

清理基层──→放线──→安装龙骨──→铺装绝热层（玻璃丝棉）──→安装电热膜──→电热膜接线──→安装石膏板及表面涂层──→试验──→试运转──→验收。

2．低温辐射电热膜地板下安装的施工工艺流程：

安装绝热层（聚苯乙烯板）──→安装隔离层（铝箔）──→安装电热膜──→电热膜接线──→等电位连接──→检测──→覆盖细石混凝土（内衬金属加强网）。

五、施工要点

1．施工前的准备

（1）施工单位要有相应的资质。

（2）施工人员必须严格执行国家、地方、行业相关的标准、规范。

（3）施工人员必须经过严格培训，尤其是电热膜的安装工人，必须经过系统的电工培训，持证上岗。

（4）施工方案已确认，并进行技术交底。

（5）材料、机具准备就绪，能保证正常施工。

（6）建筑物内墙抹灰，地面工程、顶棚内暗敷的其他管线工程施工完毕；电热膜配电箱就位，电源及各分支回路管线工程施工完毕；现场清理干净。

2．电热膜顶棚安装施工要点（见图1、图2）

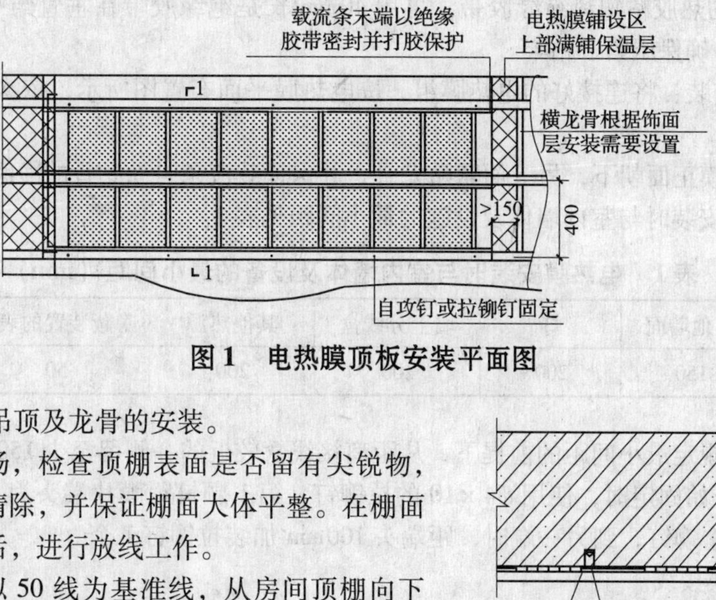

图1　电热膜顶板安装平面图

（1）顶棚吊顶及龙骨的安装。

①清理现场，检查顶棚表面是否留有尖锐物，如存在，立即清除，并保证棚面大体平整。在棚面具备施工条件后，进行放线工作。

②放线：以50线为基准线，从房间顶棚向下返30mm，放出龙骨底边线、龙骨中心线、纵龙骨线和横龙骨线、膨胀螺栓安装线。

③打孔、安装吊件：在确定好的膨胀螺栓安装点上用$\phi 8$的钻头打孔，安装并固定膨胀螺栓，将吊件旋至已固定好的膨胀螺栓上，并调平，并保证下道工序安装龙骨时的平整垂直度要求。

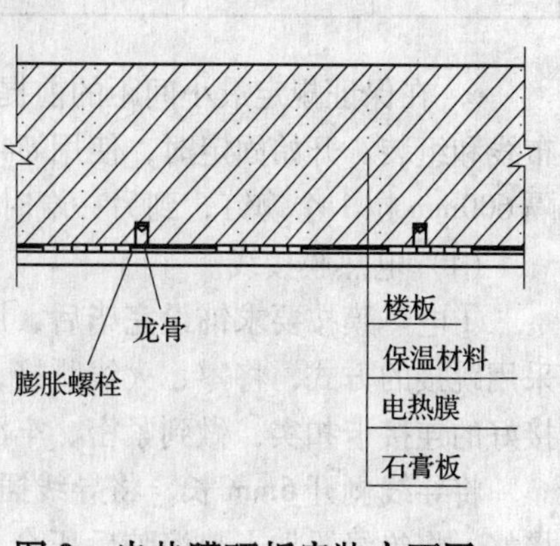

图2　电热膜顶板安装立面图

④安装龙骨：先安装边龙骨，然后安装纵龙骨，龙骨间应保持平直。龙骨中间部分应起

拱，起拱不小于房间短向跨度的1/200。在每个灯位的两侧必须加装横龙骨，间距≤400mm，所有相接的龙骨必须做到紧密、牢固搭接，垂直方向应采用燕翅型接法，并用拉铆钉固定，同向龙骨连接采用龙骨连接件连接，并用拉铆钉固定。最后保证所有龙骨结构为一整体，以便于做接地保护。

（2）绝热材料的敷设。

按龙骨间距裁减玻璃丝棉卷毡，一般宽度为405mm，满铺于龙骨之间，并保证龙骨与棉毡间没有空隙，且棉毡最低处应低于龙骨底边5～10mm以消除空气层。绝缘材料与无贴面离心玻璃丝棉卷毡，严禁使用含金属防潮层的绝缘材料，严禁使用易燃、有毒的绝缘材料。

（3）电热膜的布置与安装。

①根据电热膜布置平面图进行裁剪电热膜。按图纸标注确定裁剪类型、裁剪数量，然后根据房间编号，对已裁好的电热膜组进行分类编号。裁剪电热膜时必须沿剪切线进行，不得裁入油墨发热区，如有裁斜或刺破的现象，必须立即更换。场地选择应保持清洁平整。

②连接卡、绝缘罩的固定：连接卡的固定应在电热膜裁完毕后，在原地完成与电热膜的固定连接。

③非接线端的绝缘处理：电热膜组一端固定好连接卡后，另一端应同时做好绝缘处理。先用耐温90℃的热胶粘塑料绝缘胶带，再用40mm长是绝缘胶带在垂直与平载流条的方向上相交压接，并确保压紧、粘牢。

④电热膜安装：将连接好的电热膜组，按电热膜平面布置图所示，依次固定在龙骨上。具体做法如下：

a. 将电热膜正面朝下，另一面紧贴龙骨，并保证载流条与纵龙骨的净间距≥10mm。

b. 电热膜安装时与室内墙体及设施的最小间距见表1。

表1　电热膜安装时与室内墙体及设备的最小间距（mm）

有窗墙面	其他墙面	灯	墙上分线盒	其他热源	隐蔽装置的表面	天棚内导线
300	150	200	200	200	50	50

c. 在保证规定最小间距的前提下，从距离接线盒较近的一侧留至少150mm的距离用于布线和组装。开始固定时，使用$\phi4\times10$的拉铆钉，第1颗钉距膜片端头为100mm，以后每隔600mm拉1个铆钉，到另一端时，距端头100mm加装拉铆钉1个。

（4）电热膜接线。

①电热膜按要求铺设完毕后，用专用接线钳将导线与连接卡牢固连接，电热膜组的连接采用跳接的方式，将零、火线跳接，用专用工具钳固定，最后用充实绝缘胶的绝缘罩将已经接好的连接卡扣实，做到紧密、牢固、做好连接卡的防潮、绝缘（见图3）。具体做法如下：

将导线剥开6mm长，将导线插入连接卡的筒形管中，用专用钳的筒形压接口将导线压接好，将绝缘罩加入热熔胶后压合在接线卡上，将导线穿入石棉套管或金属软管保护（保护管与绝缘罩应紧密连接，不得有脱落或有导线外露）双色线（地线）用线鼻子与龙骨结构整体牢固连接，做好系统的接地。

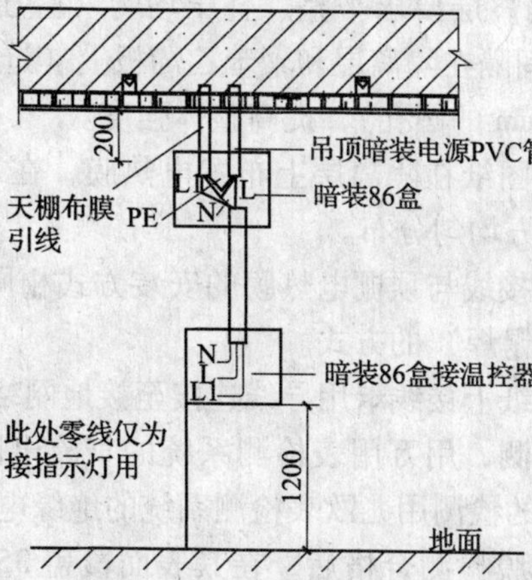

图3　电热膜引线与电源线、温控器安装示意图

②电热膜安装完毕后，进行检测。采用数字式万用表、500V 兆欧表，对整个系统进行细致的支流电阻及绝缘电阻的测试，查看是否有短路和开路现象，并对照相应的直流电阻速算表，如有问题及时查明原因，及时处理。同时，做好检测记录，完成工程档案的填写。

③电阻值过高过低（－10% ～ ＋5%）、开路，原因可能为连接卡压接不当；短路应检查所有的接线、连接件。

④接线完毕，进行一室一户的送电测试，送电测试时，每片电热膜应同时发热，表明系统已正常运行，否则，检查连接卡与载流条等连接处，检查之前切记先关闭电源。

（5）温控器的安装。

①在土建及其他工程完工后，按设计图纸所确定的位置和高度安装温度控制器。

②按温控器使用说明书的要求接线。

③温控器安装在暗盒上，四周不应有空隙。

（6）石膏板安装。

①安装石膏板要贴紧电热膜以免形成空气热阻。并应满足平整度的要求。

②石膏板的短边接缝不能在同一条直线上，即不能有通缝存在，长边接缝应≤5mm，3mm 为宜，不能接死，也不能缝隙过大，缝隙宽窄保持一致，并成一条直线。

③在石膏板短边对接时，应将石膏板端头作成45°斜面，保证两块板对接后成“八”字形，倒角工作应在地面完成，切勿安装后在天棚上用刀切割，以防破坏电热膜系统，造成损失或事故。

④石膏板安装时，应按电热膜敷设位置在石膏板上弹线。沿线用自攻钉（镀锌）固定在龙骨上。钉头应做防锈处理（一般刷防锈漆），并用腻子刮平。

⑤石膏板安装完毕后，再进行 1 次检测，检查在石膏板安装过程中，电热膜及其系统线路有无破坏或故障，方法同前。

3. 电热膜地面的安装。

（1）安装绝热层（聚苯乙烯板）。在室内工程结束后进行，如有防水要求的建筑应在防水施工验收后进行，地面严禁有杂物，铺设时苯板应确保切割整齐，厚度均匀，拼装间隙小于 10mm，并用胶带粘接紧密、平整，无脱胶现象，周边竖直板的高度应满足打混凝土的要求（不得高于地面），要平顺垂直。

(2) 安装隔离层。安装隔离层要求平整、叠压均匀（叠压≥20mm）不得有间隙和破损。在安装完隔离层后按1m间隔在隔离层和聚苯乙烯板上（选择无电热膜的地方）打边长有20 mm的三角孔（或直径2cm的圆孔），提高整体强度。

(3) 安装电热膜。按施工图纸在隔离层上布置电热膜，在靠近门口和窗户的地方适当的提高安装功率密度，其余地方均匀分布。

(4) 电热膜接线。电热膜接线与顶棚电热膜的安装方式相同，每组之间采用并联连接，线与线之间的连接采用焊接（锡焊）的方式。

(5) 等电位连接。在铝箔纸上接线卡用导线连接至接地网络。

(6) 检测。直流电阻的检测，用万用表检测系统的直流电阻是否符合设计要求，杜绝有开路、短路现象。绝缘电阻的检测用兆欧表检测系统的绝缘电阻大于1MΩ。

(7) 混凝土覆盖层。电热膜检测合格后，在其表面覆盖35mm细石混凝土，混凝土内铺设金属加强网，方向与聚苯乙烯板相平行，并做等电位连接。

六、材料、机具设备

1. 所用导线、温控器、漏电保护器、开关等电气材料应符合现行有关标准规定，并应有产品合格证。

2. 电热膜应符合相关标准的规定，具有合格证，并无损坏。

3. 绝热材料符合《绝热用玻璃棉及其制品》GB/T 13350 的规定，热阻不小于 $1.25m^2℃/W$。

4. 地板绝热材料聚苯板厚度20～50mm，密度≥$20kg/m^3$，导热系数≤0.05W/m·K，压缩应力≥100kPa，吸水率4%。

5. 地板隔离层复合铝箔厚度0.1mm。金属加强网孔径≥50。

6. 顶棚石膏板符合《普通纸面石膏板》GB 9775 的规定，石膏板的规格为3×1.2m，厚度9.5mm，纵向断裂荷载不应小于460N，横向断裂荷载不应小于160N。

7. 轻钢龙骨及其配件应符合《建筑用轻钢龙骨》（GB 11981）的规定，龙骨规格为C50型，壁厚不应小于0.4mm。

8. 施工工具：压线钳、热熔胶枪、冲击钻、切割机、手枪钻、壁纸刀、卷尺、电工钳、万用表、兆欧表、铆钉枪等。

七、劳动力组织及安全

1. 劳动力组织

安装工：负责吊件、龙骨等安装，协助电工铺装电热膜。

木工：负责石膏板的封装。

电工：负责电热膜裁剪、连接及接线、测试。

测量工：户室测量度周线。

2. 安全注意事项

(1) 建立健全安全组织机构及安全保证措施，做好各工种的安全教育，进行详细的安全技术交底。

(2) 施工用电采用三相五线制，设备要有两级漏电保护，闸箱要有防雨措施，动力、照明分开，专职电工持证上岗。

八、质量要求

1. 龙骨安装应一次调平，严禁使用变形、锈蚀龙骨。

2. 电热膜的铺设应保证平整、密实，紧贴龙骨，不允许有起鼓、褶皱现象存在，否则应重新铺设。

3. 500V 兆欧表检测绝缘电阻（电热膜的回路与龙骨之间的绝缘电阻），其绝缘阻值不应小于 1MΩ。

4. 整体棚面的平整度误差应≤3mm，石膏板接缝处的平整度应≤1mm。

九、效益分析

1. 用户经济效益

采用该系统采暖，其投资少，使用年限长，免维护，不占地、运行成本低，可分户计量，智能控制温度，实现行为节能，可节约能源 10% ~15% 。

此项技术与普通水暖供热系统相比较，可减少锅炉房占地面积 450m^2，节约锅炉设备等投资约 100 余万元，并避免了中间维修，降低了运行成本。

该系统无污染、无需用水，起到清洁能源，控制环境污染的作用。与燃煤锅炉供暖系统相比，可减少 7.5t SO_2，42.4t CO_2，1.5t 粉尘，210t 炉渣等污染物，且每年至少可节约用水 1800t。

2. 施工单位经济效益

由于该系统体积小、重量轻、操作方便、便于施工，工效极高，相对节约人工费。

十、应用实例

低温辐射电热膜供暖技术应用于山西大运高速公路各服务区综合楼、加油站、超市及公厕等工程，建筑面积 32664.635m^2。供暖系统采用低温辐射电热膜技术、充分体现了新型节能采暖技术的优势，取得了较好的经济效益，受到工程建设单位、现场施工人员及用户的肯定和好评。

超高层钢结构建筑大型液压爬架施工工法

YJGF 78—2004

北京建工集团有限责任公司总承包二部

齐　明　任海波　杨玉萍　李雁鸣　赵继刚

随着城市现代化建设的不断加快，高层建筑越来越多，尤其是超高层钢结构建筑发展更加迅速。为了能确保超高层钢结构工程施工安全的需要，达到高效、快速、文明施工的目的，编制了本施工工法由北京建工集团总承包二部承建施工的北京电视中心工程中，北京市建筑工程研究院结合工程特点和难点，在北京市建筑工程研究院用于钢筋混凝土结构施工的“电控附着时液压升降爬架爬模成套技术”基础上，经过多项技术创新，将液压爬架技术成功的开发和应用到236m高度的超高层钢结构工程施工中。并总结出超高层钢结构建筑施工的大型液压爬架施工工法，为今后推广该项施工技术提供了可靠的技术保证。该项工法中的关键技术经科技查新，在国内外尚属首次应用。该项工法的推广和应用，必将取得良好的经济效益和社会效益。

一、工法特点

1. 液压爬架是将架体和操作平台合二为一，可提供9层操作平台，在结构施工期间扩大了作业面，加快了施工进度，根据工程进度随结构的升高而爬升。

2. 液压爬架是通过固定在钢结构梁上的特制的附着装置，承受传递全套设备的自重和施工荷载及风荷载。附着装置是导轨、架体分别爬升时的导向装置和防止架体倾覆装置。

3. 架体上部的悬臂较高时，通过悬臂架上端部、中间部位和相应的水平方向，每隔3m间距将架体与结构钢梁或钢柱之间进行刚性拉接固定，确保了架体在工作时的稳定可靠性。

4. 在架体爬升解除钢性拉接固定的情况下，临时采取了架体与结构钢梁或钢柱之间拴挂钢丝绳进行安全防护。

5. 安全防护立网，均采用5mm孔径的镀锌钢丝网，其风阻系数远小于常规的密目安全网，高空作业时能有效降低风荷载对架体的影响，提高了架体的稳定性。同时也起到了避免钢结构焊接时因火花溅落而导致安全网损坏和燃烧的安全隐患。

6. 在架体爬升时用安全钢丝绳将架体主梁与结构钢梁进行连接，防护以确保在架体爬升时的多道安全防护措施。

7. 该爬架不占用塔吊吊次，自动化控制，节省人工、材料、机械的投入，架体施工灵活方便，能够满足钢结构工程快速、安全施工的需要。

二、适用范围

本工法适用于高层、超高层钢结构工程施工。

三、构造组成

液压爬架主要由附着装置、H型导轨、主承力架及架体系统、液压爬升系统、防倾、防坠装置以及安全防护系统等部分组成（见图1）。

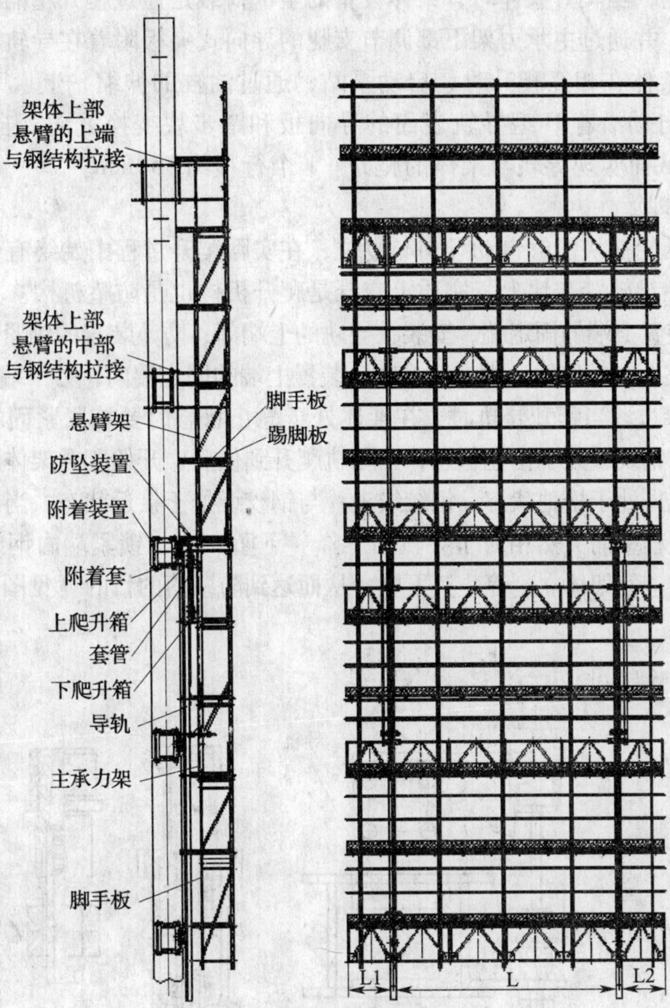

图1　液压爬架构造

液压爬架的液压爬升系统主要由附着在H型导轨上的上下爬升箱和液压油缸组成。上下爬升箱内设有能够自动导向、复位、锁定的承力块和联动式导向轮。H型导轨与爬升箱相接触的表面上设有供爬升用的踏步块和导向板，上爬升箱上端的连接轴与竖向主承力架连成一体。

附着装置主要由固定座、附着套、双头螺栓等组成。附着装置安装在各层的横向钢梁上，通过专门设计的附着装置（见图2），将固定座焊接在附着装置的固定板上，再通过连接螺栓将附着装置与钢梁连接固定。

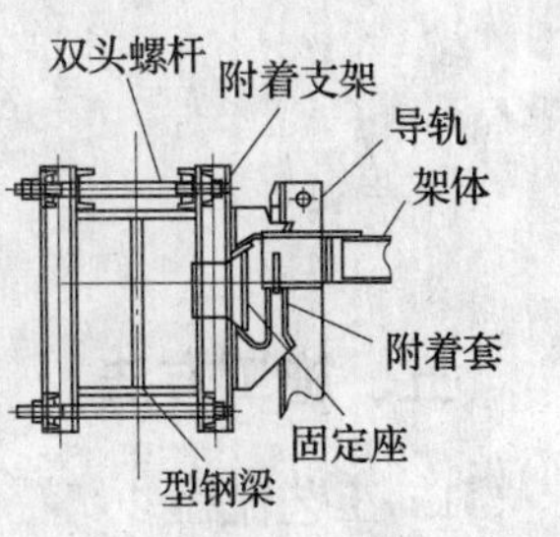

图2　附着装置

四、技术原理

1. 爬升原理

爬架爬升时，先爬升导轨，当导轨爬升至上一层附着装置时，导轨上端的钩座就钩挂在附着装置的挂座上；当爬升架体时，架体设备的全部荷载是通过爬升箱的承力块附着支撑在导轨的踏步块上，并通过主承力架下部调节支腿的导向式夹板附着在导轨上。

H 型导轨与架体在相互爬升时，启动泵站，通过油缸的伸缩，上、下爬升箱内的凸轮摆块和导向轮就自动沿着 H 型导轨表面的导向板和踏步块变换方向、自动导向、自动复位与自动锁定，从而实现导轨与架体的爬升。1 个行程约 550mm。

2. 防坠落原理

爬升箱中的凸轮摆块能够自动导向与复位，在实际爬升过程中始终有 1 个爬升箱内的承力块交替地支撑在导轨踏步块上，实质上它既是爬升机构也是防坠机构。

独立式防坠装置上端的固定端，安装在导轨的上端部；防坠装置的锁紧端，安装在主承力架的主梁 U 型挂座上；钢绞线一端锚固在防坠装置上端的固定端内，另一端从防坠装置的锁紧端（紧固端）内穿过。当爬升导轨时，在架体处于静止状态时要旋紧紧固端的螺母使紧固端内的钢绞线夹片与钢绞线处于松弛状态；当导轨爬升到位后，开始爬升架体时，架体在爬升过程中，紧固端的螺母处于松弛状态，钢绞线夹片与钢绞线处于接近状态，当出现架体下坠即架体原本是在上升过程中而突然相对于导轨而下降（下坠）时，锁紧端内钢绞线夹片会带动下移并将钢绞线楔紧，使架体立刻停止其下坠，从而达到防坠落的目的（见图 3）。

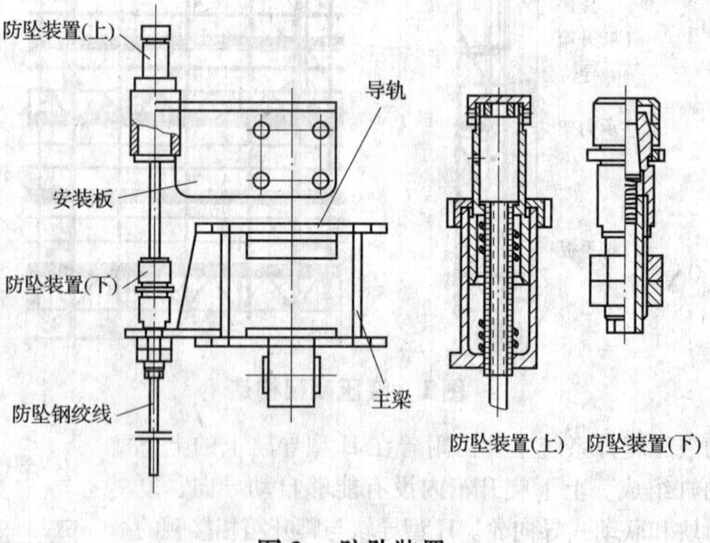

图 3　防坠装置

五、施工方法

1. 工艺流程

附着装置的安装⟶在地面将同一个面上的爬架各机位组装成整体后吊装⟶铺脚手板、挂护网、安装液压爬升动力装置⟶根据现场要求进行架体爬升。

2. 爬架的安装（图 4）

（1）钢结构安装完钢柱间的横向钢梁后，在横向钢梁处安装附着装置。

（2）在出厂前将主承力架、导轨和上下爬升箱组装一起，现场将在同一个面上的爬架各机位在地面组装成一个整体。

（3）组装完毕后，将其整体进行吊装，组装时将各主框架之间的水平梁架连接，用 M12 的螺栓连接各附着点间的水平梁架，并安装上悬臂架之间的水平梁架，安装立杆和横杆，用塔吊吊至附着装置内，并插上防倾插板。架体吊装到位后，铺主平台脚手板，铺爬架下两层平台的脚手板，挂安全网，安装电控液压爬升系统。

（4）当上 1 节钢柱的横向钢梁安装完毕后，可在横向钢梁处安装附着装置，操作电控液压爬升装置，将导轨爬升到上 1 个楼层位置。

（5）当导轨爬升到位后，再操作电控液压爬升装置将架体爬升到上 1 个楼层位置，利用爬架的上 3 层操作平台安装钢柱、钢梁，并在下部平台进行焊接施工和探伤。

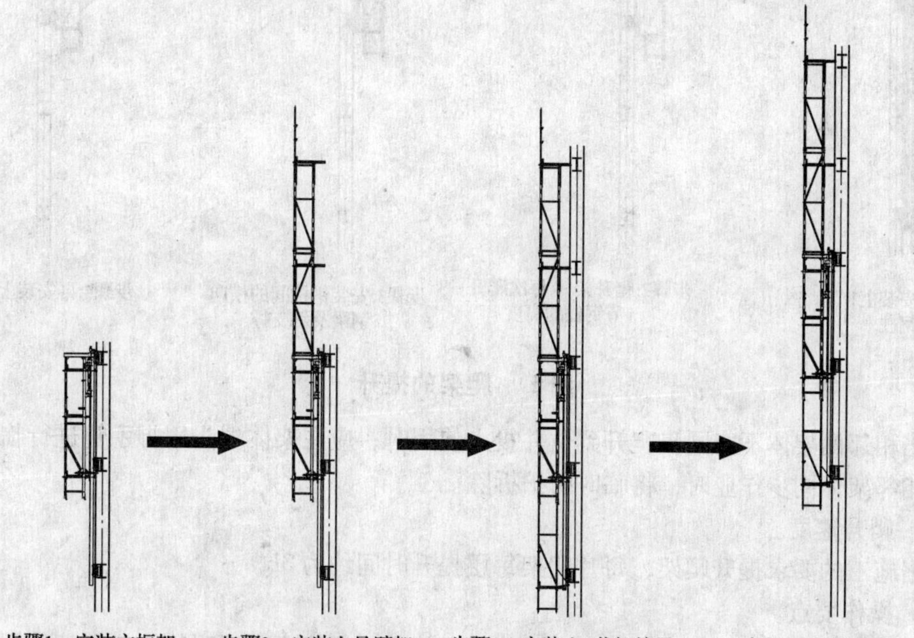

图 4　爬架的安装

3. 爬架的提升（图 5）

（1）导轨的爬升。

当上 1 节钢柱的横向钢梁安装完毕后，可在横向钢梁处安装附墙装置，操作液压升降装置，将导轨爬升到上 1 个楼层位置。

（2）架体的爬升。

当导轨爬升到位后，再操作液压升降装置将架体爬升到上 1 个楼层位置，此时可利用爬架的操作平台对钢柱进行维护，并利用平台安装斜支撑。

（3）架体的防护。

①架体爬升到位后，对相邻两架体端头的空隙进行维护。

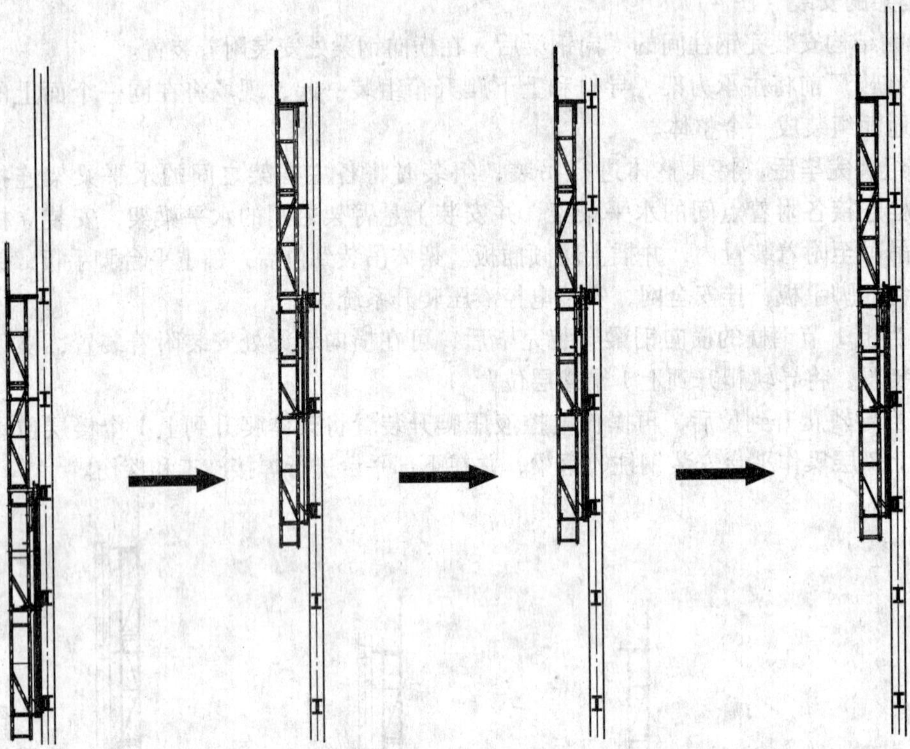

图5　爬架的提升

②当相邻两架体不能同步爬升到位并投入使用时，应在架体端头用脚手管进行临时性防护，当相邻架体同步作业时，将临时防护拆除。

(4) 爬升速度。

根据施工的要求提升爬架，每片爬架每层提升时间约为3h。

(5) 操作要点。

①爬架在爬升开始前，应对爬架系统作全面检查，拆除所有障碍物，经爬架使用单位和爬架技术提供单位共同确认符合要求会签确认后方可进行爬升。

②爬架应设专职操作人员并严格执行爬架爬升作业的操作程序规定和技术要求。

③施工期间应确保爬架的防坠、防倾装置必须灵敏、可靠、有效，电控液压爬升系统应操作平稳、安全可靠，超载保护和爬升同步的功能。

④爬架爬升时，架体上不允许堆放与爬升无关的杂物。

⑤爬架爬升时严禁操作人员停留在架体上，特殊情况确实需要上人的，必须采取有效安全防护措施。

⑥爬升导轨时，必须将主承力架插挂在附着装置上，通过操作液压爬升装置将导轨爬升到上1层的附着装置上。

⑦爬升架体时，应拔出主承力架与附着装置的锁定板，用液压爬升装置将架体爬升到上1层的附着装置上，再将主承力架插挂在附着装置上。

⑧爬升过程中应实行统一指挥、规范指令，爬升指令只能由1人下达，但当有异常情况出现时，任何人均可立即发出停止指令。

⑨爬架爬升到位后，必须及时按使用状态要求进行附着固定。架体上端悬臂部位应根据安装要求及时与结构钢梁及钢柱进行拉接固定。在没有完成架体固定工作之前，施工人员不得擅自离岗或下班，未办交付使用手续的，不得投入使用。

⑩遇五级（含五级）以上大风和大雨、大雪、浓雾和雷雨等恶劣天气时，禁止进行爬升和拆卸作业，夜间禁止进行爬升作业。

4. 爬架搭设的检查、验收、使用和维护

（1）爬架搭设的技术要求、允许偏差与检验方法，应符合《附着式升降脚手架暂时管理规定》及《建筑安全施工检查标准》的规定要求。

（2）安装后的扣件螺栓必须切实拧紧，不得有松动、滑移，螺栓必须露出螺帽10mm，螺栓端头必须带垫圈。

（3）严格把好验收关，搭设过程中的架子，每次轮流向上搭设1个施工流程必须由项目总工组织技术、安全、搭设班组、工长进行检查，符合要求后方可上人使用，架子未经检查、验收，除架子工外，严禁其他人员攀登。验收合格的架体任何人不得擅自拆改，需局部拆改时，要经设计负责人同意，由架子工操作。

（4）爬架工程的施工负责人，必须按爬架施工方案的要求，拟定书面操作要领，向班组进行技术交底和安全技术交底，班组必须严格按操作要求和安全技术交底施工。

（5）爬架搭设完成后，应分层由项目总工、安全、技术、施工等有关人员，按项目进行验收，并填写验收单，合格后方可使用。

（6）爬架搭好后，要派专人管理，未经安全部门同意，不得改动。

（7）本工程爬架主要为维护架和通道。因此爬架上不准堆放成批材料，零星材料可适当堆放，不得集中，临时堆载不得超过$1kN/m^2$。

（8）爬架实行外立网全封闭。外挂孔径5mm的镀锌钢丝网片的安全网要与架子拉平，网边系牢，两网接头严密，不准随风飘。

（9）架体上不准有任何活动材料，如扣件、废脚手板、活动钢管、钢筋、小钢模等。

（10）在爬架上进行电、气焊作业时，必须有防火措施，且应有专人看守。

（11）应设专人负责对爬架进行经常检查和维修。检修项目如下：

①各主节点处杆件的安装，卸荷斜拉杆等的构造符合施工规范要求。

②扣件螺栓是否松动。

③爬架立杆的垂直度允许偏差不大于高度的1/200，且不大于70mm。

5. 爬架的使用

（1）爬架附着作业时，上1节钢柱的横向钢梁必须安装固定完毕。

（2）结构施工时，施工荷载小于$2kN/m^2$，与爬架无关的其他东西均不宜在爬架上堆放，严格控制施工荷载，不允许超载。

（3）五级以上大风应停止作业，冬天下雪后应清除积雪并经检查后方可使用。

（4）非爬架专职操作人员不得随便搬动、拆卸、操作爬架上的各种零配件和电气、液压等装备。

（5）爬架专职操作人员在爬架使用阶段应经常巡视、检查和维护爬架的各个连接部位。

(6) 在爬架上进行施工作业的其他人员如发现爬架有异常情况时，应随时通报爬架专职操作人员进行及时处理。

(7) 现场施工人员，都要自觉遵守国家和施工现场制订的各种安全技术规程和制度。

(8) 施工作业时，必须严格按照设计图纸要求和施工操作规程进行。

(9) 进入施工现场，必须戴好安全帽，高处作业必须系好安全带。

(10) 严格按照规定，保证安全用电。

(11) 认真做好班前班后的安全检查和交接工作。有权拒绝违章指挥违章作业的指令。

(12) 在施工过程中，有关各方都要注意对爬架各部件的保护工作。

6. 爬架安全防护措施

(1) 安全钢丝绳。

为确保爬架安全施工，在爬架正常使用和爬升过程中拉接防护钢丝绳。

①架体在正常使用过程中的安全钢丝绳

为确保爬架在使用过程中最大限度的安全，在爬架爬升到位正常使用过程中，应设立一道安全钢丝绳。钢丝绳一端兜过架体主梁前端，另一端兜过主承力点的钢梁，并将钢丝绳两端连接好，以保证架体在正常使用过程中的安全。

②架体在爬升过程中的安全钢丝绳

爬架本身有两道安全防坠装置，为增加架体在爬升过程中的安全性，在爬升过程中将爬升安全绳一端挂在上1层钢梁上，另一端兜过架体主梁的前端。爬升完毕后，将使用过程中的安全钢丝绳安装好，并拆除爬升过程中的安全钢丝绳。

(2) 架体上悬臂端与钢结构的拉接固定。

悬臂高度超过6m，应在悬臂端设立两个刚性拉接点，即在悬臂端的中间位置加一道刚性拉接点，在悬臂端的上端再增加一道刚性连接点。当架体爬升时拆除拉接点，待架体爬升完毕后立即恢复刚性拉接点。

7. 爬架设备的拆除

(1) 爬架拆除条件。当结构施工完毕，即可对爬架进行拆除。

(2) 爬架拆除前的准备工作。

①爬架的拆除必须经项目生产经理、总工程师会签后方可执行。爬架拆除前，工长要向拆架施工人员进行书面安全交底工作。交底有接受人签字。

②拆除时，写书面通知，拆架前先清理架上杂物。爬架拆除后，及时将结构周圈搭设防护栏杆。

③拆架前，爬架施工单位和爬架技术提供单位先对爬架进行检查验收，待检查合格后方可拆除。

④拆架前，先将进入工程的通道封闭，并做醒目标识，画出拆除警戒线，严禁人员进入警戒线内。

(3) 拆除工作的施工部署。

①人员组织。分包单位配备现场工程、技术负责人各1名、安全员1名、专门负责爬架拆除过程中的技术指导和安全培训工作，成立爬架拆除工作小组，负责爬架的拆除工作。

拆除工作应配10名专业架子工分成2个作业班组，并事先培训，合格后颁发上岗证，持证上岗。

②机械设备。由现场已有塔吊配合爬架的拆除作业。

（4）拆除方法。

①拆除顺序：按机位编号，顺时针方向依次拆除。

②拆除步骤：

a. 每拆除1个机位的架体前，先将该机位架体与相临机位的架体连接解除，使该架体成为1个独立单元。

b. 用液压油缸将导轨提升出来，然后用塔吊吊离作业面。

c. 拆除上、下爬升箱、液压电控系统和爬架下两层附着装置并吊离作业面。

d. 拆除连接两相临竖向支撑架的钢管及上层平台的脚手板。

e. 拆除上平台及主平台的脚手板和踢脚板，将上支撑架吊至地面。

f. 将连接两附着点的各侧片拆除。

g. 拆除下层平台的脚手板和踢脚板，然后拆除连接两相临挂架的侧片。

h. 用塔吊吊住爬架挂架，将挂架与主承力架连接的销轴拔出后将挂架吊走，最后吊走主承力架。

i. 以上拆除的爬架各零部件要统一堆放，统一管理。

（5）拆除过程中的安全要求注意事项。

①拆卸工作必须严格按专项施工方案及安全操作规定有关要求进行。

②拆除工作前对施工人员进行安全技术交底。

③拆架前划定作业区域范围，并设警戒标识，禁止与拆架无关的人员进入。拆架时应有可靠的防止人员与物料坠落的措施，严禁抛扔物料。

④架体拆除时应：拆杆和放杆时必须由2～3人协同操作，拆大横杆时，应由站在中间的人将杆顺下传递，下方人员接到杆拿稳拿牢后，上方人员才准松手，严禁往下乱扔脚手料具。

⑤遇五级（含五级）以上大风和雨雪天气、浓雾和雷雨天气时，禁止进行架体的拆除工作，并预先对架体采取加固措施。

⑥夜间拆除作业时，现场应配备足够的照明设施。

⑦拆除工作因故不连续时，应对未拆除部分采取可靠的固定措施。

⑧爬架拆除属于高空特种作业，操作人员必须经专业安全技术培训，持证上岗，同时熟知本工种的安全操作规定和施工现场的安全生产制度，不违章作业。对违章作业的指令有权拒绝，并有责任制止他人违章作业。

⑨拆架时有管线阻碍不得任意割移，同时要注意扣件崩扣，避免踩在滑动的杆件上操作。

⑩拆架时扣件必须从钢管上拆除，不准扣件在被拆下的钢管上。

⑪拆架人员应配备工具袋，手上拿钢管时，不准同时拿扳手，工具用后必须放在工具套内。拆下来的脚手管要随拆、随清、随运、分类、分堆、分规格码放整齐，要有防水措施，以防雨后生锈。扣件要分型号装箱保管。

⑫从事高空作业的人员必须经过体检、凡患有高血压、心脏病、癫痫病、晕高或视力不够以及不适合高空作业的，不得从事登高拆除作业。

⑬正确使用个人安全防护用品，必须着装灵便（紧身紧袖），必须正确佩带安全帽和安全带，穿防滑鞋。作业时精力要集中，团结协作，统一指挥。不得“走过挡”和跳跃架子，严禁打闹玩笑，酒后上班。

⑭搭拆架人员必须系安全带，拆除过程中，应指派1个责任心强，技术水平高的工人担任指挥，负责拆除工作的全部安全作业。

⑮拆除中途不得换人，如更换人员必须重新进行安全技术交底。

⑯严禁架子工在夜间进行爬架搭拆工作。

六、劳动力组织

对于1000m²/层左右的钢结构工程，组装时大约需10名架子工；初次安装时，大约需10～15名架子工；爬升时，大约需要6～8人，其中需配备工长1人，操作工2～3人，电工1人，架子工2～3人；架体爬升到位后需架子工5～8人负责将架体与钢结构连接成整体。

七、质量要求及注意事项

1. 爬架在安装和拆除前应根据专项施工方案要求，配备合格人员，明确岗位职责，并对有关施工人员进行安全技术交底。

2. 安装前必须根据施工方案和设计要求，检查所有运往现场的零部件质量和数量，符合要求后方可安装使用。

3. 准确安装好爬架附着装置，是确保顺利爬升的重要环节，应严格控制附着装置在横梁上的安装位置，左右位置偏差小于±5mm。

4. 正常情况下，当钢柱间横向钢梁焊接完毕后，即可在横向钢梁指定位置处安装附着装置，用力拧紧螺母达到60～80N·m的扭矩。

5. 水平梁架及竖向主承力架在两相邻附着支承装置处的高差应不大于20mm。

6. 竖向框架和防倾导向装置的垂直偏差应不大于5‰或30mm。

7. 搭设物料平台必须将其荷载独立传递给工程结构。在使用工况下，应有可靠措施保证物料平台荷载不传递给架体。

8. 爬架安装到位后，为保证施工安全，应及时按有关脚手架安全技术规范要求，铺设脚手板及安全网。铺设脚手板时应考虑架体单元体之间爬升时留有100mm左右的间隙，以防止爬升时相互碰撞。架体的底层和外围侧面，以及爬升时的架体开口端，应采用密目安全网进行全封闭防护。

9. 爬架配套使用的附加竖向钢管的水平距离不应大于1.5m；小横杆的水平距离不应大于1.2m；且附加竖向钢管应与架体各操作平台的水平梁架进行拉接固定，以保持架体的整体稳定性。

10. 在架体上部悬臂较高的情况下，应对架体及时与钢结构梁或柱进行刚性拉接固定，在悬臂最上端操作平台及中间部位，水平方向每隔3m将架体与结构钢梁之间进行刚性拉接固定，确保架体有足够的稳定性。在爬升架体解除拉接固定的情况下，应临时采取架体与结构钢梁之间拴挂安全钢丝绳的方法进行防护。

八、安全措施

1．架体设备

各部件的材质和加工必须符合设计要求和产品质量要求。产品进场后，必须对其材质单和部件外观的质量进行检查验收，合格后才允许使用。

2．安装

（1）必须按设计图纸进行组装，检查验收合格后才允许吊装到位。

（2）架体安装完毕，应达到结构连接牢固可靠，经检查验收合格后才能使用。

（3）附着装置安装位置必须准确和牢靠，上下与左右偏差不大于 ±5mm。

（4）对于悬挑梁架较多的情况，应用小横杆将悬挑梁架的上、下端通过竖向钢管进行连接；为保持架体的稳定，应把悬挑部分使用钢管与主框架之间进行斜向拉接，确保架体的稳定性。

（5）爬架安装完毕后，应由设备所有单位与安装使用单位的有关人员（包括负责安全的人员），共同对安装完的爬架进行安装检查验收，双方验收合格签字后方可投入使用。

3．操作

操作人员必须经专业技术安全培训与考核合格的专职人员，并持证上岗，同时熟知本工种的安全操作规定和施工现场的安全生产制度，不违章作业。

4．使用

按照爬架使用说明书进行安全使用，严禁超载使用。

5．拆除

（1）爬架拆除属于高空作业，对违章作业的指令有权拒绝，并有责任制止他人违章作业。并按使用说明书进行拆除。

（2）拆除工作因故不连续时，应对未拆除部分采取可靠的固定措施。

6．管理

为确保爬架在工程上的正常使用，进行了行之有效的安全组织，有相应的安全检查和奖惩管理制度。

九、效益分析

1．节约用料

采用液压爬架，只需搭设大约 3～4 个层高的架体，与钢管外挂架相比，节约用钢量达 20%。

2．节省用工

由于架体是靠液压系统进行爬升，因此就不需要人工进行多次拆装，只需进行 1 次拆装。在架体爬升过程中也只需 6～8 人，不仅减少操作用工，而且降低了劳动强度，大大减轻了塔吊的工作负荷，提高了工作效率。

3．加快进度

由于液压爬架是在地面进行组装后再吊装到位，因此可加快拼装速度，确保施工安全；液压爬架是由电控操作，不仅爬升速度快，而且爬升平稳、安全可靠，从而缩短了工程施工的安装周期，加快施工进度。

十、工程实例

北京电视中心工程位于长安街延长线上，建筑总面积19.8万m^2，地下3层，地上41层，建筑物高度236.4m，其中地上建筑面积7.2万m^2，为钢结构框架支撑结构体系。在建筑物四角布置4个巨型“L”型复合柱角筒全部采用液压爬架（四个巨型柱平面图详见图6，爬架平面布置详见图7）。

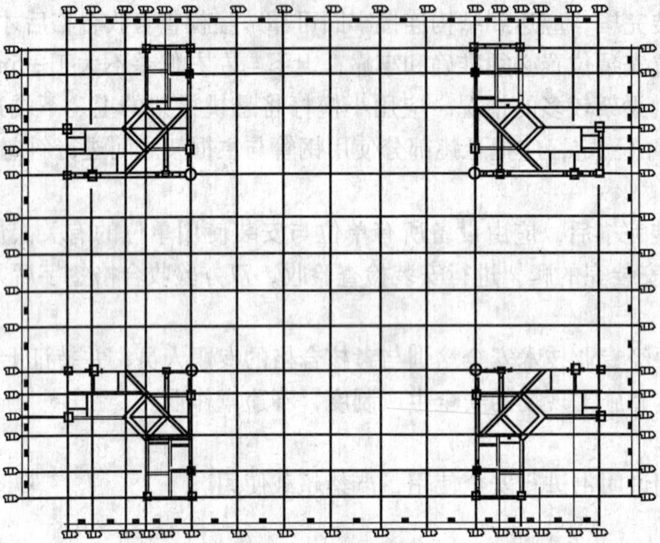

图6　4个巨型柱平面图

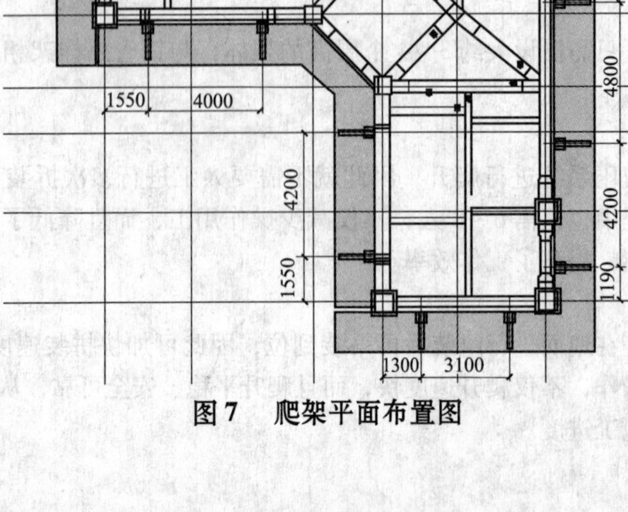

图7　爬架平面布置图

由于该工程结构的特殊性，在爬架设计上考虑结构特点，共布置爬架64个附着机位，共24组架体，两附着点间水平跨距最大为4.8m，最小为3.1m。爬架覆盖五个层高，架体共有9层操作平台，从上至下分别为：上5层为焊接操作平台，下2层为爬升操作平台，最底两层为拆卸清理维护平台（见图1），各操作平台靠竖梯连接。爬架架体与钢结构柱间的净距为450mm，与横向钢梁间的净距为650mm。架体上下平台的通道靠在架体前后连接水平梁架的中间位置开洞，用钢管向下或向上搭设竖梯使各平台间形成连接通道。根据本工程的需要，工程配置了24套电控液压顶升系统，架体爬升时为分段整体同步爬升。

为确保工程顺利实施，通过多次反复实践，总结出本工法，并通过工程中应用表明，该技术加快了工程进度，确保了施工安全，提高了工程质量，与采用钢管外挂架相比，节省资金投入29.6%，缩短工期50d，取得了明显的技术经济和社会效益。

平板玻璃钢圆柱模板施工工法

YJGF 79—2004

北京城建二建设工程有限公司　中国华西企业有限公司

李鸿飞　徐亚柯　汪玮瑛　唐在权　邱云胜　甘宇生

传统的混凝土圆柱模板，是用窄木条拼成的圆弧或用钢板分块煨焊加工制成。钢圆柱模板是分节用法兰拼接安装，使混凝土柱表面有许多接缝痕迹。钢（木）圆柱模板较笨重，加工及拼装难度大、费工、费时、费料，模板重复利用率低。

玻璃钢圆筒模板的制作方法是：首先制作一个圆柱形的胎芯模具，然后在胎芯模具上用聚酯树脂和玻璃纤维布，逐层粘裹成圆筒形的玻璃钢模板。这种玻璃钢圆筒，必须根据圆柱直径或高度的变化，制作不同的胎芯模具，对于数量少、规格多的混凝土圆柱就会产生较大的模具成本，支模和拆模时都要由人力将模板从接缝处展开，模板的自然形态呈卷筒状。

本工法阐述的平板玻璃钢圆柱模板，是依据圆柱的周长及高度制作成整块的矩形玻璃钢平板，在模板的两个竖立侧边上设有用于模板组拼的拼接翼缘（翻边）。这种模板具有展开和闭合两种形态，自然存放时为展开的平板；使用时围裹成近似的圆筒，支模时不需另加柱箍，当混凝土浇筑时，具有流动性的混凝土将具有一定柔性的玻璃钢模板逐渐胀圆，成为高精度的圆柱体（见图1）。

图1

该项技术2002年7月获得国家实用新型专利（专利号：ZL01260722.3），2005年1月获得国家发明专利（专利号：ZL03121984.5，国际专利主分类号：E04G13/02）。

一、工法特点

1．平板玻璃钢圆柱模板改变模板靠刚性来控制混凝土成型的传统观念，利用玻璃钢的柔性，制作成平板模板，围裹成近似圆筒，在混凝土浇筑时逐渐胀圆成为高精度的圆柱体。

2．这种玻璃钢模板具有展开和闭合两种状态，即自然存放时的平板状态和使用时围裹成近似的圆筒状态。

3．柱模没有柱箍，拆装简便，工效高。

二、适用范围

本工法适用于工业与民用建筑、市政桥梁工程的钢筋混凝土独立圆柱。

根据已完成的工程实例，圆柱规格范围：直径 $D=400\sim2400$mm，高度：$h=2000\sim7500$mm。

三、工艺原理

根据流体力学的原理，对于具有一定韧性的封闭均质体，其在受到来自内部的液体胀力的作用下，模板径向截面内部会受到大小相等的拉应力，在流体撑胀的作用力下，封闭均质体本身必定会胀成1个标准的圆形柱体。这一理论的实现在实际应用中要满足以下2个条件：

1．玻璃钢模板本身是具有合适韧性的薄壁均质体，在受到内部流体侧压力的撑胀下，能自然胀圆（见图2）。

2．混凝土在浇筑时呈现一定稠度的液态（流塑态），其对于模板的侧压力各向相等，呈各向同性的特征。

图2

依据这一理论加工的平板玻璃钢模板，围成近似圆筒，浇筑混凝土时自然胀圆。就像生活中常见的火腿肠，肉质浆体充入肠衣自然呈圆柱状，这就从根本上解决了刚性圆柱模板加工时圆曲精度的误差（见图3）。

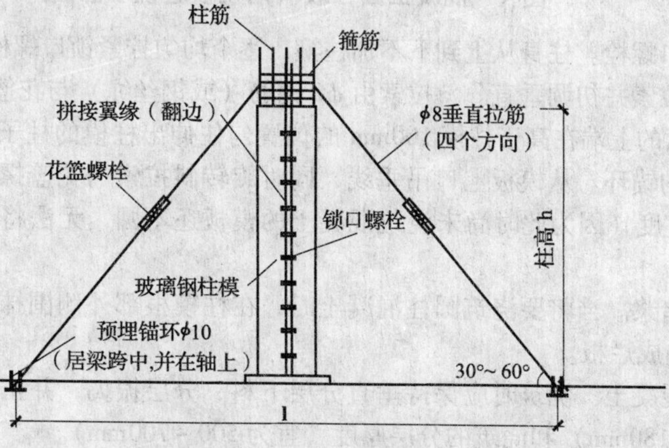

图3　支模示意图

四、工艺流程及操作要点

1．工艺流程

埋设锚环⟶放置垫块⟶粘海绵条⟶柱模就位⟶拧锁口螺栓⟶勾斜拉索并初调

垂直──→根部堵浆──→浇筑混凝土──→复调复振──→清理柱根──→拆模刷油。

2. 操作要点

(1) 埋设锚环。浇筑混凝土楼板（底板）时，沿梁的轴线并居中预埋钢筋（$\phi10$）锚环。施工时，用斜拉索的1端勾住楼（底）板锚环，另1端勾住圆柱上端钢筋（斜拉索与楼板交角一般为30°~60°），用花篮螺栓初步调整模板的垂直度，锚环的埋设要基本成“十”字形，以免斜拉索调紧时，柱体出现扭转。

(2) 放置垫块。每根圆柱分2层各放4个钢筋保护层垫块（砂浆垫块和塑料垫块均可，以塑料垫块为宜），上下层各4个，按“十”字形布设。下层距地面50~100mm；上层在柱顶标高下返50~100mm。要注意不要多放，避免约束模板自然变形。

(3) 粘海绵条。将3~5mm厚海绵条粘在圆柱模锁口缝处，防止漏浆。粘贴的海绵条不得超越模板侵入柱体内，防止拆模后海绵条嵌在柱体混凝土内。

(4) 模板就位（见图4）。用2~4人把模板抬至柱筋旁侧，将模板竖立，围裹闭合模板。搬运过程中要注意稳拿轻放，避免损伤模板接口，发生撕裂。

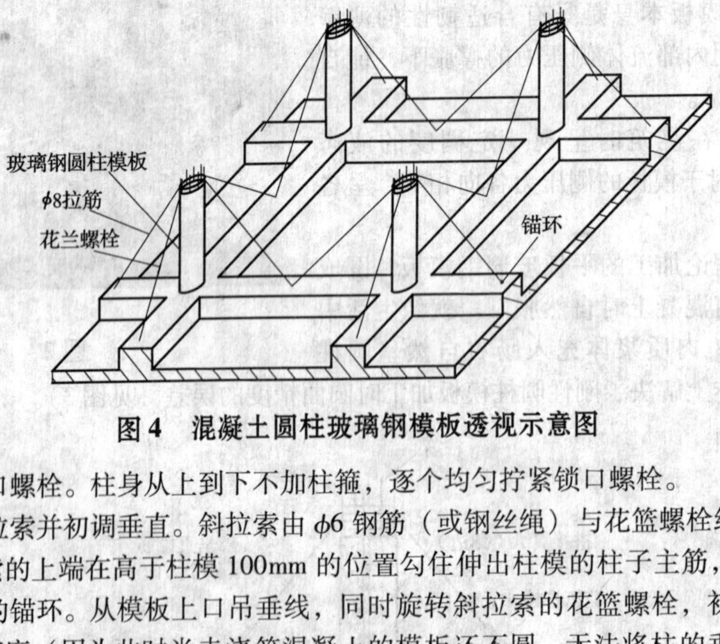

图4 混凝土圆柱玻璃钢模板透视示意图

(5) 拧锁口螺栓。柱身从上到下不加柱箍，逐个均匀拧紧锁口螺栓。

(6) 勾斜拉索并初调垂直。斜拉索由$\phi6$钢筋（或钢丝绳）与花篮螺栓组成，圆柱模板就位后，斜拉索的上端在高于柱模100mm的位置勾住伸出柱模的柱子主筋，下端勾住设在楼（底）板上的锚环。从模板上口吊垂线，同时旋转斜拉索的花篮螺栓，初步调整玻璃钢圆柱模板的垂直度（因为此时尚未浇筑混凝土的模板还不圆，无法将柱的垂直度准确调整到位）。

(7) 根部堵浆。当将要浇筑圆柱混凝土时，在柱模根部外侧围抹干硬性砂浆，防止柱模底部漏浆，造成烂根。

(8) 浇筑混凝土。浇筑时应保持垂直分层下料、分层振捣，并正确控制混凝土的坍落度（宜为120~180mm）和浇筑的分层厚度（宜为500~700mm）。

(9) 复调复振。混凝土浇筑至柱顶时，玻璃钢柱模会完全自然的胀圆。在混凝土初凝之前，吊垂线检查柱子垂直偏差，微调斜拉索的花篮螺栓进行校正。对柱上端部混凝土应进行复振密实，以恢复混凝土对钢筋的握裹状态。

(10) 清理柱根。单根柱混凝土的浇筑时间一般为0.5~1h，浇筑完毕就立即将柱模根部外侧的围抹砂浆铲除。

（11）拆模刷油。圆柱拆模时，混凝土强度应达到1MPa，常温下一般8～12h即可拆模。单根柱模每天可周转1～2次。拆模时卸下斜拉索，松开锁口螺栓，模板就会从接口处自动弹开，再人工将模板移开放平，清理并涂刷脱模剂。

五、材料及施工机具

1. 材料加工

（1）平板玻璃钢圆柱模板，是用不饱和聚酯树脂和玻璃纤维布逐层铺贴而成。具有材质均匀、重量轻、抗拉强度高、韧性适中、耐磨、耐腐蚀、表面光滑等特性。

（2）平板玻璃钢圆柱模板的加工，是在一个平面平台上制作各种尺寸的玻璃钢平板，也就是说在同一加工平台范围内，可以制作多种直径和高度的平板玻璃钢圆柱模板，玻璃钢平板的长度就是圆柱的周长，其宽度也就是圆柱的高。不必因圆柱直径和高度的变化，而制作不同规格的圆形胎芯模具。

（3）平板玻璃钢圆柱模板在折边处固定有角钢，沿折边通长按150～200mm的间距钻$\phi10$～$\phi14$的孔，用平机螺钉或螺栓相连接。

2. 材料准备

平板玻璃钢模板、花篮螺栓、垫块、$\phi6$钢筋或细钢丝绳、脱模剂。

3. 施工机具

活口扳手、线坠、榔头、钳子、钢卷尺、撬杠等。

六、质量要求

1. 主控项目

（1）柱模拼接翼缘的连接应严密，不漏浆，拼接翼缘的角钢与玻璃钢模板连接应牢固，接口处圆曲顺滑。

（2）应根据混凝土圆柱直径、高度、浇筑速度等，计算混凝土的侧压力，从而确定平板模板的厚度，柱模玻璃钢抗拉强度应大于等于178MPa。

（3）安装玻璃钢圆柱模时，楼板应具有承受上层荷载的承载能力。

2. 一般项目

平板玻璃钢模板内面应平滑，无微孔、无布纹，类似玻璃表面，其外面应无明显凸包，闭口角钢连接牢固。平板玻璃钢模板加工质量应符合表1的规定。

表1　平板玻璃模板加工质量标准

检查部位	检查项目	允许误差（mm）	检查方法
厚度	大面	−0.2，+0.5	游标卡尺
	拐角处	0，+2	游标卡尺
尺寸	高度	−2，+5	钢卷尺拉量
	宽度	±2	钢卷尺拉量
闭口	平行	≤2	钢卷尺拉量
	内面高差	≤1	模板闭合时，用钢板尺比量
对角方正	对角线差值	≤3	钢卷尺拉量

3. 其他特殊要求

（1）要注意保护玻璃钢模板上、下口，防止轻微损伤，以免发生由局部破损引发的大范围撕裂。

（2）储放玻璃钢模板时，应加以覆盖，以减少紫外线照射，延缓玻璃钢的老化。

（3）在即将浇筑混凝土时，应将柱根外框内填满砂浆，这样既能堵住根部漏浆，又不影响柱模自然胀圆（见图5）。

（4）浇筑完混凝土后，应立即铲去柱模根部外围的封堵砂浆，以便于拆模。

（5）分层振捣要适宜，充分排出气泡。

（6）混凝土浇筑完并在初凝前，应立即进行圆柱垂直度的最终校正，并对最后一步混凝土复振，恢复混凝土对钢筋的握裹状态。

（7）对锁口螺栓可加弹簧垫圈拧紧，以防止锁口螺栓振松漏浆。

图5　柱根外框内填满砂浆

（8）模板高度应高于柱 30～50mm，以使剔除柱上端混凝土软弱层后，柱身进入梁（板）内 5～8mm。

七、劳动力组织及安全措施

1. 劳动力组织

本工法对人员要求较少，只需 2 至 4 人操作即可。

2. 安全操作措施

（1）操作台在组装和拆除时应注意安全，并搭设护身栏，以防人员坠落。

（2）拆模时首先松开锁口螺栓，两人站在楼板上分别握紧翻边角钢，将模板下部微微托起，使柱模稳妥倾斜放下。如果柱模高度大于等于 4m，操作台上要有 2 人手持 ϕ6 钢筋钩，勾住模板上端的锁口螺栓孔，逐渐向下放送，将模板平稳放下。

（3）操作台必须有可靠的稳定性，必要时可利用锚环对操作台做斜拉稳固。

（4）宜用串筒或软管将混凝土垂直灌入柱模内，减小对操作台和圆柱模板的水平推移。

（5）破损的玻璃钢模板要及时清运出场，集中消纳，防止玻璃纤维的飞絮影响人体健康并污染环境。

（6）应选用环保型脱模剂均匀抹擦，防止流淌，污染环境。

八、效益分析

1. 平板玻璃钢模板安装时，不用机械吊装。2～4 人即可抬运、轻松围裹闭合；可提高工效 2～3 倍；周转次数约为 20～30 次；也可用于劲性圆柱。

2. 平板玻璃钢模板价格 280～300 元/m^2，约是钢模板价格的三分之一。制作工艺简单，不用圆形胎具，对于圆柱数量少、规格多的工程，采用平板玻璃钢圆柱模板，不增加模具的制作成本。

3. 柱模无柱箍及拉筋不拉板的方法，保证了模板不受约束的自然胀圆；浇筑后的调整，能够获得较高的垂直精度；拆装简便，易于施工人员接受。

4. 用平板玻璃钢圆柱模板施工的圆柱达到了：造价低、观感好、精度高、施工简便的综合效果（见图6、图7）。结构长城杯检查组专家称赞说：用技术创新方法，解决了靠精工细做难以解决的圆柱施工难题。

图6 预制玻璃钢圆柱模板

图7 玻璃钢圆柱模板安装到位

九、工程实例

1. 应用情况

平板玻璃钢圆柱模板自2001年，首次应用于北京市重点工程，中关村西区地下空间工程，几年来在国家大剧院、南京国际商城、公安部710工程、曙光花园地下车库、鼎好电子大厦等30余个工程使用，单根柱模高度从3m到7.5m；柱直径从0.5m到2.4m；平均周转20余次，应用面积约30000m^2。累计产生经济效益近200万元。特别是中关村西区工程应用的直径1m、高7.5m和国家大剧院工程应用的高4m、直径2.4m，2种超大高度、超大直径的单根整张平板玻璃钢圆柱模板的应用，收到了其他圆柱模板无法比拟的良好观感效果，具有较好的技术、经济、质量优势。

2. 混凝土成型效果

柱子混凝土的成型效果良好，垂直度和圆度均控制在2mm之内，整个柱身自上而下只有1条竖向接缝，无横向接缝痕迹，柱混凝土外观，圆曲光滑程度完全达到了“清水”混凝土的精度要求。

通过施工实践的检验，平板玻璃钢圆柱模板达到了造价低廉、圆柱混凝土观感好、成型精度高、施工简便的综合效果。具有新颖性、独创性，是圆柱模板技术的重要进步。

（执笔人：北京城建二建设工程有限公司 李鸿飞 徐亚柯 汪玮瑛）

建筑橡胶隔震支座施工工法

YJGF 80—2004

中国建筑第七工程局第三建筑公司

张世奇　王彬贵　李统瑞

在高层建筑的基础与上部结构之间设置叠层橡胶隔震支座。通过隔震装置将建筑的上部结构和基础隔开，从而减少上部结构地震反应的技术。通过设置水平柔性的隔震层，延长结构水平基本周期。当地震发生时，隔震结构体系的“柔化”使上部结构隔离了地面的强烈震动，上部结构从剧烈的摆动变为缓慢的“平动”，从而大大减少结构的水平地震作用。

一、工法特点

采用建筑橡胶隔震支座施工工艺简单、易操作。叠层橡胶隔震技术成功应用于高层建筑， 为隔震垫的推广应用起到示范作用。

二、适用范围

本工法适用于隔震建筑橡胶支座的安装。桥梁工程等橡胶隔震支座安装可参照本法执行。

三、安装工艺流程（见图1）

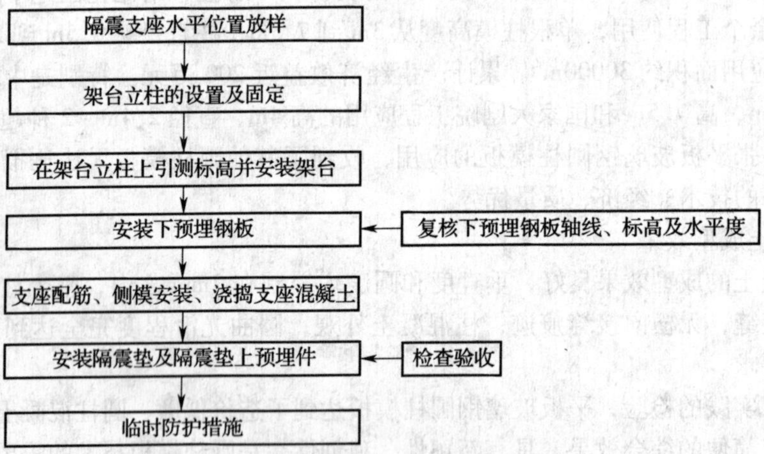

图1　安装工艺流程图

四、术语及操作要点

1. 术语

(1) 隔震结构。在结构物中设置隔震装置而形成的结构体系。包括上部结构、隔震层、下部结构和基础（见图2）。

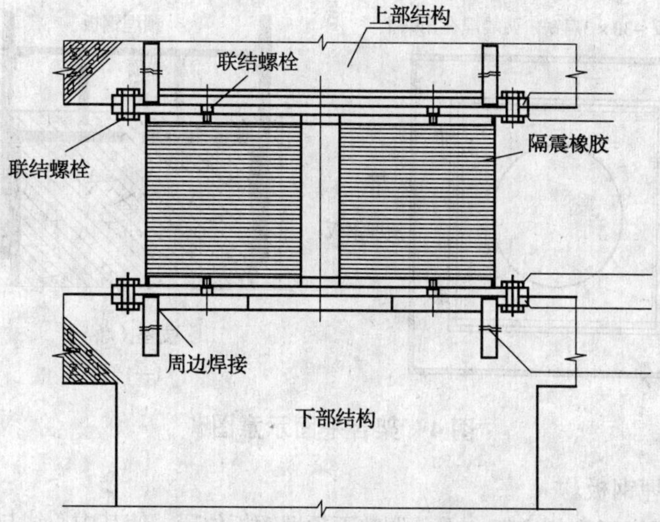

图2　在结构中设置隔震装置

（2）隔震层。设置在被隔震的上部结构和下部结构之间的全部隔震装置的总称。包括全部隔震支座、阻尼装置、抗风装置、限位装置以及其他附属装置。

（3）上部结构。隔震结构中位于隔震层以上的部分。

（4）下部结构。隔震结构中位于隔震层以下的部分，包括基础。

（5）隔震支座。结构为达到隔震要求而设置的支撑装置。例如隔震橡胶支座包括连接板、封板、外包胶层、橡胶层、夹层钢板、连接螺栓等（见图3）。

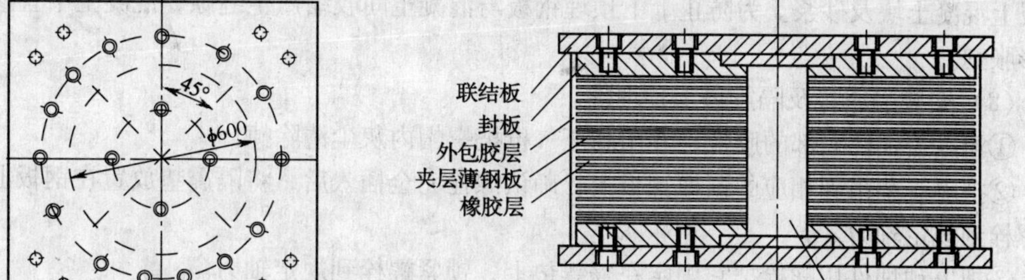

图3　隔震橡胶支座

2．操作要点

（1）熟悉图纸，明确设计及规范标准要求，做好施工安装技术交底。

（2）在安装隔震装置的梁、柱等基础结构位置标出下预埋钢板“十字”中心线，并根据预埋钢板标高设置与中心线对应“十字”码线。

（3）根据中心线设置安装下预埋钢板的架台立柱，并将其固定在其根部的钢筋或混凝土上。（架台做法详见图4）

（4）精密水准仪把预埋钢板底部的标高引测到立柱上，并根据该标高安装下预埋钢板的架台。

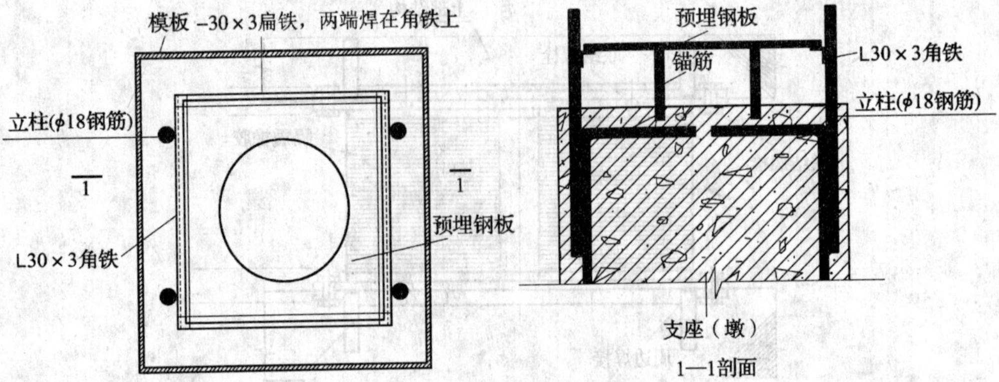

图4　架台平面示意图

(5) 安装下预埋钢板。

①把下预埋钢板搬运到相应架台上，调整下预埋钢板位置，使其中心线与“十”字线重合。

②用水平尺及楔形塞尺检查其水平度，用电焊接头把下预埋钢板临时固定在架台上。

③用精密水准仪、经纬仪及水准尺复核下预埋钢板轴线、标高、水平度，满足规范标准要求后用电焊连接把下预埋钢板固定在架台上。

(6) 根据图纸要求安装支座配筋，注意避免钢筋把下预埋钢板移动，检查钢筋并做好隐蔽验收记录。

(7) 安装支座侧模。浇捣支座混凝土，浇捣混凝土前应用胶带盖住螺帽部；支座混凝土应振捣密实，振捣棒不得碰撞下预埋钢板，混凝土面不得高出下预埋钢板面，清除附着在钢板上混凝土块及砂浆。为防止上下预埋钢板与混凝土间收缩产生缝隙，混凝土中宜掺入适量膨胀剂。

(8) 安装隔震垫及隔震垫上预埋件。

①清除盖住螺帽部的胶带，并用高压气枪把螺帽内灰尘清除掉。

②把隔震垫吊到相应的预埋钢板上，确认螺栓完全插入后，将隔震垫放置在钢板上，锁紧螺栓到规定轴力。

③把上预埋件用螺栓把它固定在隔震垫上，锁紧螺栓到规定轴力。

(9) 检查验收：确认标高、水平度、平面位置及相临隔震垫高差。

(10) 支座连接板和外露螺栓采取刷油等防锈保护措施，上部结构施工时，为了防止损伤及污染隔震垫，其四周用厚胶纸保护。

五、材料要求

1. 隔震支座使用的橡胶、钢材及其他材料必须符合国标要求，并有厂家提供的材料检查证明书或抽样检查质量证明书。

2. 隔震橡胶支座的外观无使用上有害的裂缝、鼓胀、外伤。

3. 隔震橡胶支承高度偏差 ±4mm；平面尺寸偏差 ±4mm；平行度 1/300 以内。

4. 联结板外形尺寸、板厚尺寸、孔中心距离及孔径符合规定要求。

5. 防锈涂层厚度达到规定要求；检查螺栓有效高度达到规定要求。

6. 隔震橡胶支座的力学性能应符合《建筑隔震橡胶支座》JG 188—2000 所规定的出厂检验项目要求。

7. 隔震支座的上下预埋钢板与预埋钢筋在场外预先焊接并有有关加工质量证明资料。

六、施工机具（见表1）

表1 施工机具

序号	名称	数量	用途
1	经纬仪	1台	轴线放样及复核
2	水准仪	1台	标高放样及复核
3	塔尺	1把	标高放样及复核
4	50m 钢卷尺	1把	轴线放样及复核
5	5m 卷尺	每1班组配置1台	水平位置定位及复核
6	吊装设备	1台	吊运隔震垫及预埋钢板
7	50cm 钢角尺	每1班组配置1台	校准隔震垫及预埋钢板水平位置
8	水平尺	每1班组配置1台	校准下预埋钢板水平度
9	楔形塞尺	每1班组配置1台	校准下预埋钢板水平度
10	力矩扳手	每1班组配置1把	锁紧隔震垫与预埋钢板螺栓
11	电焊机	每1班组配置1台	安装下预埋钢板架台及固定下预埋钢板

七、劳动力组织（见表2）

表2 劳动力组织

序号	工种及设备	数量
1	测量工	3~5名
2	电焊工	2~3名
3	起重设备	1~2台
4	隔震垫安装工	8名
5	泥水工	8名
6	木工	5名

八、质量要求

1. 质量管理

（1）隔震垫在运输、存储时应堆叠整齐、牢固、防止因震动而歪倒磕碰。应存储在干燥、通风、无腐蚀性气体，无阳光照射并远离热源的场所。严禁与酸碱、油类、有机溶剂等接触，避免雨淋。

（2）开箱应细心，避免使用尖锐工具撬伤隔震垫。

（3）隔震支座的联结板或封钢板均有预留吊装螺孔，应使用双吊环同时起吊，严禁单环起吊或倾斜吊装，严禁使用联结螺孔起吊，防止对联结板或封钢板螺孔的损伤；严禁使用铁勾直接勾住隔震支座搬动或起吊。

（4）在工程施工阶段应对隔震支座竖向变形作观测并记录。

2. 质量要求

叠层橡胶隔震支座安装工程检验批质量验收记录表（见表3）。

表3　叠层橡胶隔震支座安装工程检验批质量验收记录表

单位工程名称					
分部（子分部）工程名称			验收部位		
施工单位			项目经理		
分包单位			分包项目经理		
施工执行标准名称及编号			《叠层橡胶支座隔震技术规程》CECS 126: 2001		
施工质量验收规范规定			施工单位检查评定记录		监理（建设）单位验收记录
主控项目	1	各类隔震支座的产品性能必须经检验合格，并提供相关性能	第6.1.2条		
	2	每项工程采用的隔震支座的产品性能必须经出厂检验合格，符合设计要求并提供相关性能指标	第6.1.3条		
	3	对有芯型或其他含有阻尼装置的隔震支座，应提供在轴压应力设计值作用下的水平剪切屈服剪力、屈服前后水平刚度	第6.1.4条		
	4	对单独设置的阻尼装置或抗风装置，应提供在轴压应力设计值作用下的水平剪切屈服剪力、屈服前后水平刚度	第6.1.5条		
	5	隔震支座与上部结构、下部结构之间应设置可靠的连接部件，连接螺栓和锚固钢筋满足设计要求	第6.2.1条 第6.2.2条		
	6	隔震支座进场外观检查应满足相关规定要求			
一般项目	1	支承隔支座的支墩（或柱），其顶面水平度误差	≯5‰		
	2	在隔震支座安装后，隔震支座顶面的水平度误差	≯8‰		
	3	隔震支座中心的平面位置的偏差	≯5.0mm		
	4	隔震支座中心的标高偏差	±5.0mm		
	5	同一支墩上多个隔震支座之间的顶面高低偏差	≯5.0mm		
施工单位检查评定结果		专业工长（施工员）		施工班组长	
		项目专业质量检查员：		年　月　日	
监理（建设）单位验收结论		专业监理工程师：		年　月　日	

九、安全措施

1. 使用电焊机等电器设备时应遵守临电操作规程，在高处作业时应遵守高空操作规程，同时必须遵守施工现场其他安全管理制度。

2. 吊装隔震支座及预埋板时应使用预留的吊装螺孔，并使用双吊环同时起吊，严禁单环起吊或倾斜吊装，防止起吊时受力不均摆动碰撞安装人员或其他物体造成事故。严禁使用铁勾直接勾住隔震支座搬动或起吊，防止吊勾脱离时伤人（见图5）。

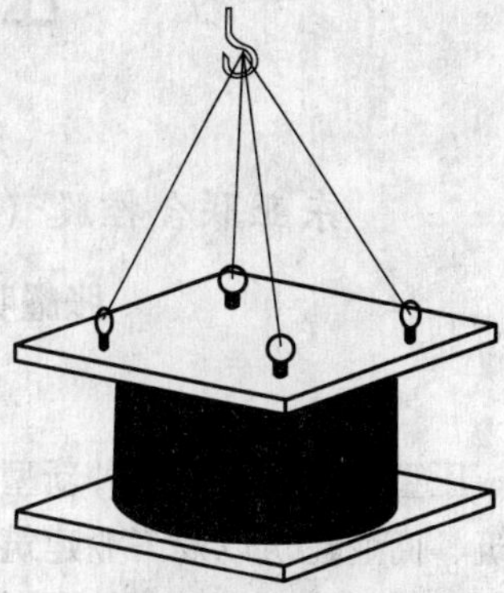

图5 吊装隔震支座及预埋板

3. 使用力矩扳手时应防止用力过猛脱手，造成受伤甚至更严重安全事故。

十、效益分析

叠层橡胶隔震技术是在国内第1次用于高层建筑，它可大大减少结构的水平地震作用，保证建筑在地震发生时的正常使用，该技术的成功引进与应用，对增强高层建筑抗震能力，以及因其独特抗震构造而进行有益的探索，具有深远的意义。

十一、工程实例

福建省防震减灾中心大楼采用隔震垫技术是成功的，达到了预期的效果。通过隔震垫的应用，为我国在隔震技术方面又增加了一个范例，为隔震垫的推广应用起到示范作用，前景广阔。该工程获得“全国用户满意工程”、福建省“闽江杯”。

压型铝板屋面施工工法

YJGF 81—2004

东亚联合控股（集团）有限公司　上海市第二建筑有限公司

张耀明　桂　昕　黄　巍　马金海　尤莉波

压型铝板屋面是一种新型、美观而可靠的屋面。该屋面适用于各类建筑，其中包括公共建筑、商业建筑以及工业建筑等。2002 年 8 月东亚联合控股（集团）有限公司与上海市第二建筑有限公司在承建的上海南新雅大酒店屋顶改建工程中 113.9m 高度的屋面采用了压型铝板屋面施工工艺（以下简称“压型铝板屋面”），它与传统的屋面材料相比，具有耐腐蚀，结构轻、强度高，跨度大，耐候性好，使用寿命长（超过 40 年），无需维修，加工安装方便，系统性强等优点，并取得了满意的使用功能和防水效果以及良好的综合社会经济效益。为解决屋面工程防水，增添了一种较好的屋面工程新技术。该技术于 2003 年 1 月 22 日通过了上海市建委科技委专家技术鉴定，专家评审确认为达到国内领先水平。

一、工法特点

1．“压型铝板屋面”工法施工即通过大跨度桁架或网架作为支撑结构，压型铝板屋面的纵向长度可根据建筑物的结构跨度而定，并可根据建筑要求制成各种不规则的曲面。纵向两个边为特殊压制的咬合边，通过咬合机进行自动咬合，保证压型屋面板接缝处在有效使用期内 100% 的水密性，从而达到整个建筑的屋面防水功效。

2．对屋面结构可减少施工风险和环境保护的难度。

3．施工设备投入少，施工工艺简单、经济、技术先进。

4．施工安全、速度快、工期短，通过严加管理和控制质量有保证。

二、适用范围

凡各类建筑，其中包括公共建筑、商业建筑以及工业建筑等屋面工程系统的支撑结构由大跨度桁架或网架作为支撑结构（或其他类似支撑结构）都可采用本屋面系统工艺方法。

三、工艺原理

1．“压型铝板屋面”原理：压型铝板屋面系统的支撑结构可以通过大跨度桁架或网架作为支撑结构。

2．压型屋面板的剖面为 300～600mm 凹型剖面，纵向长度可根据建筑物的结构跨度而定（无接口），并可根据建筑要求制成各种不规则的曲面。

3．横向两个边为特殊压制的咬合边，通过咬合机进行自动咬合，保证压型屋面板接缝处的紧密咬合，从而达到整个建筑的防水效果。与压型屋面板相配套的屋面组合系统，更能满足不同需求的建筑要求。

4. 压型屋面板可以与绝缘保温层（矿棉或其他等同材料）、冷凝水吸附层和吸音层等组成一套完整的屋面组合系统。该组合系统可以根据建筑物的不同要求进行部分组合或完全组合。

四、施工工艺

1. 工艺流程

本工程双层屋面板结构施工工艺流程见图1。

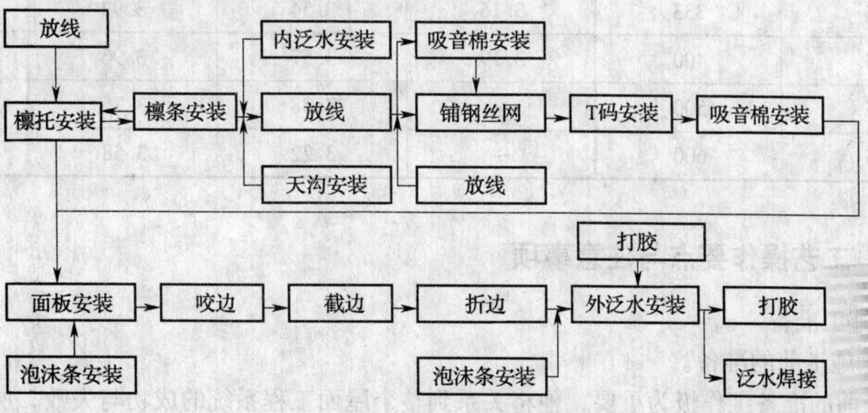

图1 铝板屋面结构施工工艺流程图

2. 施工工艺内容

(1)“压型铝板屋面”施工内容主要包括以下2个步骤：

①檩托和檩条安装。

②屋面安装等。

(2)“压型铝板屋面”组成：

①由压型底板、冷凝水吸附层、固定座、安装螺栓、绝缘层和铝合金板等组成，其剖面构造见图2。

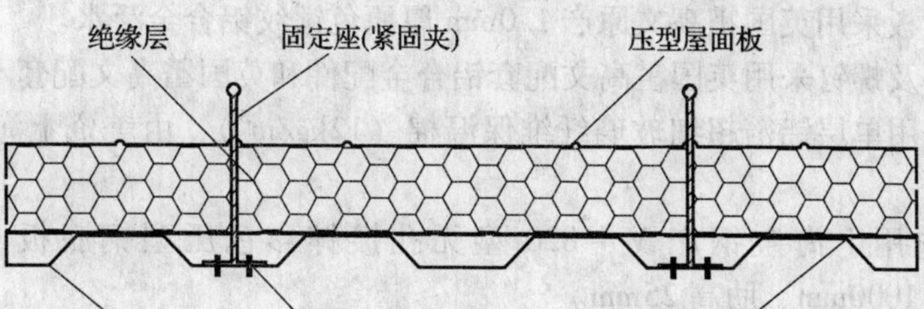

图2 “压型铝板屋面”组成图

②压型铝板有关技术参数见表1和表2。

表1 压型铝板屋面的物理性能

屈服强度	抗拉强度	伸长率
210~250MPa	230~265MPa	5.6%~6.8%

表 2　压型铝板几何特性和单位面积重量（kg/m^2）

槽深（mm）	槽宽（mm）	板厚（mm）			
		0.8	0.9	1.0	1.2
65	300	3.47	3.88	4.31	5.17
65	305	3.45	3.86	4.28	5.14
65	333	3.34	3.74	4.15	4.98
65	333	3.16	3.54	3.92	—
65	400	3.19	3.57	3.96	4.76
65	500	—	3.38	3.75	4.50
65	600	—	3.22	3.58	4.30

五、工艺操作要点与注意事项

1. 施工准备

（1）施工前的准备。

施工前的准备工作极为重要，他将关系到整个屋面工程系统的成功与失败，所以必须认真做好每项工作。

（2）备料。

根据工程范围：图纸标明屋面部分施工面积计算出施工需要用的材料及辅助用料。

（3）材料。

①铝合金屋面板采用英国霍高文建筑系统有限公司的 KAL－ZIP® 65/300～600 型原色锤纹压型铝板，其规格为厚 0.8～1.2mm、板宽 300～600mm、肋高 65mm。

②压型铝板采用的是牌号为 3004 的铝镁锰合金，并添加适量的钛元素，其中镁：0.8%～1.3%，锰：1.0%～1.5%。

③泛水收边板采用英国霍高文原产 1.0mm 厚原色锤纹铝合金泛水。

④相关配件及螺钉采用英国霍高文配套铝合金配件和英国霍高文配套不锈钢螺钉。

⑤保温棉选用单层铝箔超细玻璃纤维保温棉（$12kg/m^3$），由美资上海欧文斯科宁公司提供。

⑥彩钢板选用上海宝钢产 V－820 型无孔镀锌彩色压型钢底板 0.4mm 厚、板长 10000mm、板宽 1000mm、肋高 25mm。

⑦檩条采用国产优质 C 型 200×70×20×3 冷弯檩条。

⑧檩托采用 ϕ76 圆钢管和 200×200×10 钢板。

（4）施工环境。

屋面系统的支撑结构如大跨度桁架或网架已施工完毕，操作脚手架和安全防护措施到位，既要保证屋面系统的可靠性又要确保高空施工的安全。

2. 檩托和檩条安装

（1）总体安装顺序。

檩条和檩托的安装顺序由屋面板的安装顺序决定，以能尽早为屋面板安装创造工作面为原则。而檩托的安装又要尽早为檩条安装创造工作面。安装顺序以尽早为围护结构施工创造条件，首先是为天沟安装创造条件为原则。

（2）施工方法。

①檩托焊接在原钢结构构件的上面。檩托定位方法如下：根据檩距和轴线确定出檩托的位置互相垂直两个方向的定位线。

②檩托定位后，其与原主檩表面的夹角要保证为90°±1°，位置偏差在5mm内。在焊接过程中要采取减小变形的措施，先对称点焊，检查檩托的角度，合格后再焊接，不合格的要校正角度。点焊要牢固。焊条直径为4mm，焊条型号为E4303。焊接时电流要适当，焊缝成形后不能出现气孔和裂纹，也不能出现咬边和焊瘤，焊缝尺寸应达到设计要求，焊波应均匀，焊缝成型应美观。

③轻钢檩条单重小，且为线性杆件，绑扎容易，吊装时主要耗时的是起钩和落钩，为提高安装速度，采用一钩多吊的方法来提高工作效率。

④檩条固定。所有檩条采用螺栓与檩托连接，当檩条吊装就位后，穿入螺栓，在螺栓紧固之前应检查正在安装的檩条顶面是否与已安装的相邻檩条顶面平齐，如不平齐应作调整。相邻檩条顶面高差在2mm以内时方可紧固螺栓。因檩条上的螺栓孔为椭圆孔，有一定的调节余地，所以在安装时应尽量将两相邻檩条顶面调成一致。

⑤因檩托为镀锌构件，焊接时破坏了镀锌层，所以焊接后应对焊缝及其四周进行防腐处理。防腐材料选用防锈漆或富锌漆，要求涂刷两道。防腐前清除干净焊缝表面的药皮和污物。

⑥铝板垂直运输可采用两种方法：第1种为吊车配合铁扁担；第2种为采用坡道。对于高度20m以上、面积较大的附属屋面和板长较长的主屋面采用第1种方法；对于高度20m以下、面积较小和板长较短的主屋面采用第2种方法。

⑦为保证板在垂直运输的过程中不产生变形，采用长度与板长相适合的铁扁担来完成板材的垂直运输。为降低措施费用，采用比较经济的钢管三角桁架作为铁扁担。根据铁扁担长度，在吊装时应适当增加吊点，见图3。

⑧坡道采用脚手架搭成，坡道应有安全护栏和跳板，并设有防滑条。

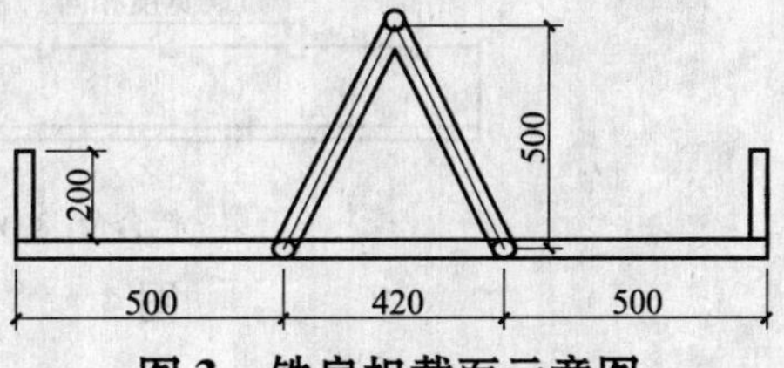

图3　铁扁担截面示意图

3. 屋面系统安装施工

（1）施工方法。

①天沟安装。

a. 采用不锈钢天沟排水，天沟材料为2mm厚不锈钢板，两段天沟之间的连接方式为焊接。

b. 天沟连接及滴水片安装。安装前检查天沟连接及滴水片有无变形，按设计的间距固定天沟连接片，并检查连接及滴水片的各个边是否平齐。

c. 天沟对接、焊接天沟对接前将切割口打磨干净，对接时注意对缝间隙不能超过1mm，先每隔10cm点焊，确认满足要求后方可焊接。焊条型号根据母材确定，但直径采用ϕ2.5mm。焊缝1遍成形，待冷却后将药皮除去。如工程为直线平天沟，为加快天沟安装速度，可在地面将几节天沟拼成一体，然后用吊车吊到安装位置，这样不但可以提高天沟的对接质量，而且可大大提高工作效率。

d. 开落水孔。安装好一段天沟后，先要在设计的落水孔位置中部钻几个孔，避免天沟存水，对施工造成影响。天沟对应部位的板安装好后，必须及时开落水孔。正式落水孔用空心钻开孔。

②底板安装。

a. 定位线。底板安装前，以纵横轴线为基准确定第1块底板的定位线，保证底板起始位置准确，每安装完1跨底板，都要复核其是否在安装过程中出现较大偏差，如有则采用反误差方法来逐渐消除。

b. 底板就位和固定。底板由人工抬到安装位置，就位后对准基准线，先用大力钳临时固定，复核位置后用手电钻钻孔，然后按设计要求用自攻螺丝固定。

c. 底板搭接。底板的搭接长度为100mm，在安装时必须保证达到100mm，并应兼顾相邻板的搭接长度，搭接顺序为标高较高的板压在标高较低的板上，即逆水流方向铺板。为了使顶棚更加美观，底板的搭接顺序要一致，搭接位置要对齐。

d. 底板位置复核。每安装几块底板都要复核底板的位置是否有较大偏差，同一行板的板端要齐，这就需要在安装底板前对同一规格的底板长度进行复核，其长度不能有较大偏差。

e. 底板剪裁和开孔。在底板被檩托或其他构件隔断时，就需要根据实际情况将底板剪裁和开孔，剪裁和开孔质量的好坏不但关系到底板安装后的效果，而且关系到底板损耗的大小。剪裁和开孔的关键是要测量准确尺寸，搞清楚板的方向，测量尺寸时要多方复核，确认无误后方可下料。

③“T”码安装（关键工序）。“T”码屋面系统的铝合金梅花头固定座。“T”码的安装质量直接影响到屋面板的安装质量，安装“T”码主要有以下几个施工步骤。

a. 放线。用经纬仪将轴线引测到檩条上，作为“T”码安装的纵向控制线。第1列“T”码位置要多次复核，以后的“T”码位置用特殊标尺确定，见图4所示。

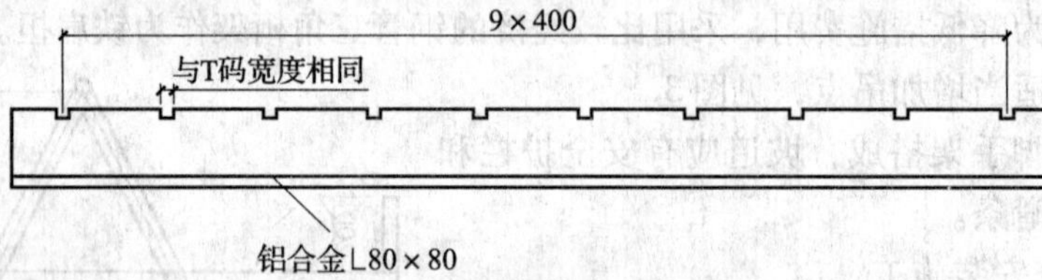

图4 “T”码位置用特殊标尺

“T”码沿板长方向的位置只要保证在檩条顶面中心，“T”码的数量多少决定着屋面板的抗风力，所以“T”码沿板长方向的排数严格按图纸设计。

b. 钻孔。将“T”码对准其安装位置，然后用手电钻钻孔，钻孔直径应根据直攻螺丝的规格确定，一般应比螺丝直径略小，这样才能保证直攻螺丝的抗拔能力。

c. 安装“T”码。安装T码时，其下面的隔热垫必须同时安装，每钻完1个螺丝孔，立即打1颗螺丝。每个T码需要对称打2颗直攻螺丝。

d. 复查“T”码位置。用目测的方法检查每一列“T”码是否在1条直线上，如发现有较大偏差的“T”码，在屋面板安装前一定要纠正，直至满足板材安装的要求。

④吸音棉、保温棉安装。采用带单层铝箔的吸音棉和保温棉，铺设时注意铝箔应在下面。为达到良好吸音和保温效果，吸音棉应完全覆盖底板，保温棉应完全覆盖钢丝网，2块

棉间不能有间隙，本工程要求将相邻2块棉的接口处用专用胶带粘牢。铺吸音棉和保温棉时，应注意收听天气预报，做好充分防雨准备，当天铺的吸音棉和保温棉，必须当天安装完面板。吸音棉和保温棉采用吊车配合吊篮垂直运输。

⑤泛水安装。泛水分为2种，1种是压在屋面板下面的，称为底泛水；1种是压在屋面板上面的，称为面泛水。天沟两侧的泛水为底泛水，必须在屋面板安装前安装，见图5、图6。

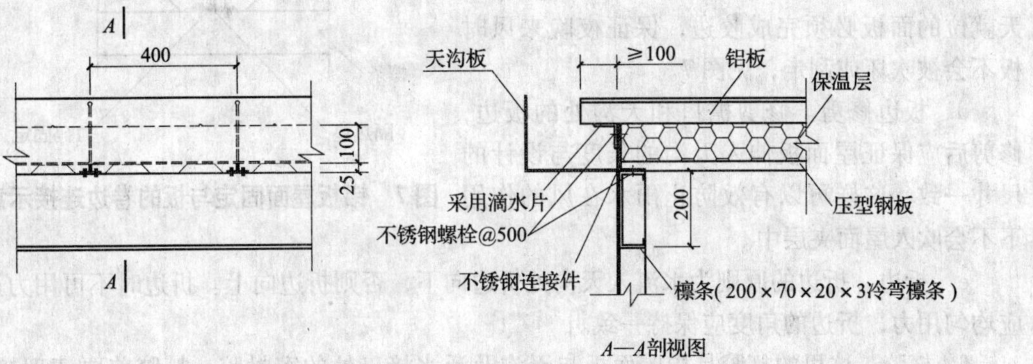

图5 天沟节点示意图

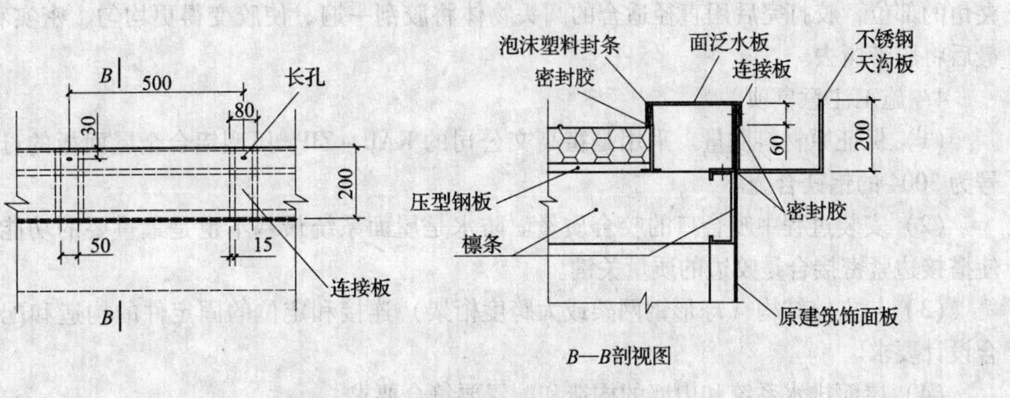

图6 山墙檐口部位示意图

a. 底泛水安装。底泛水的搭接长度、铆钉数量和位置严格按设计施工。泛水搭接前先用干布擦拭泛水搭接处，目的是除去水和灰尘，保证硅胶的可靠粘接。要求打出的硅胶均匀、连续，厚度合适。

b. 面泛水安装。屋面四周的收边泛水均为面泛水，其施工方法与底泛水相同，但要在面泛水安装的同时安装泡沫塑料封条。要求封条不能歪斜，与屋面板和泛水接合紧密，这样才能防止风将雨水吹进板内。

⑥面板安装。

a. 放线。在“T”码安装质量得到严格控制的条件下，只需放设面板端定位线，一般以面板出天沟的距离为控制线，板伸入天沟的长度以略大于设计为宜，以便于剪裁。

b. 就位。用吊车或通过坡道将铝板运到屋面后，用人工将压型板抬到需安装位置，就位时先对板端控制线，然后将搭接边用力压入前1块板的搭接边。检查搭接边是否能够紧密接合，如及时找出问题，及早处理。

c. 咬边。面板位置调整好后，安装端部面板下的泡沫塑料封条，然后进行咬边。要求咬过的边连续、平整，不能出现扭曲和裂口。在咬边机前进的过程中，其前方1m范围内必须用力使搭接边接合紧密。咬边的质量关键在于在咬边过程中是否用强力使搭接边紧密接合。当天就位的面板必须完成咬边，保证夜晚来风时板不会被吹坏或刮走，见图7。

d. 板边修剪。修剪檐口和天沟处的板边，修剪后应保证屋面板伸入天沟的长度与设计的尺寸一致，这样可以有效防止雨水在风的作用下不会吹入屋面夹层中。

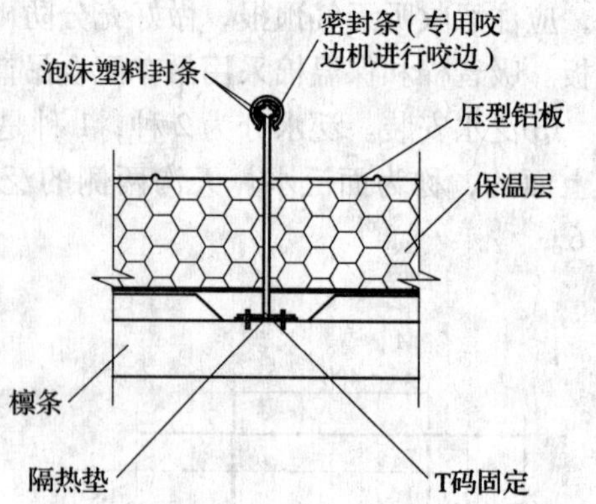

图7　铝板屋面固定与板的卷边连接示意图

e. 折边。折边的原则为水流入天沟处折边向下，否则折边向上。折边时不可用力过猛，应均匀用力，折边的角度应保持一致。

f. 打胶。这里的打胶是指屋面板与天沟及泛水接口处的密封胶。打胶前要清理接口处天沟及泛水上的灰尘和其他污物及水分，并在要打胶的区域两侧适当位置贴上胶带，对于有夹角的部位，胶打完后用直径适合的圆头物体将胶刮一遍，使胶变得更均匀、密实和美观。最后将胶带撕去。

4. 施工注意事项

（1）保证原材料质量。采用是霍高文公司的KAL－ZIP®压型铝合金屋面板的母材，牌号为3004的铝镁合金。

（2）安装过程中咬合口的咬合质量。防水是屋面系统最基本也是最重要的功能，确保使搭接边紧密接合是咬边的质量关键。

（3）与支撑结构（球形钢网架或大跨度桁架）连接和定位的固定件的构造和配置要符合设计要求。

（4）屋面排水系统和山墙的构造和配置要符合要求。

（5）按要求精心操作，对每一节点均应一丝不苟细致施工，并加强检查监督管理。

六、质量标准

1. 铝板加工长度质量标准应符合表3。

表3　铝板加工长度质量验收标准

序号	项　目	允许误差（mm）
1	$L \leqslant 30$m	－5～＋10
2	$L > 30$m	－5～＋20

2. 底板的搭接长度为100mm，在安装时要保证达到100mm，并应兼顾相邻板的搭接长度，搭接顺序为标高较高的板压在标高较低的板上，即逆水流方向铺板。

3．"T"码的安装允许偏差如图8所示。

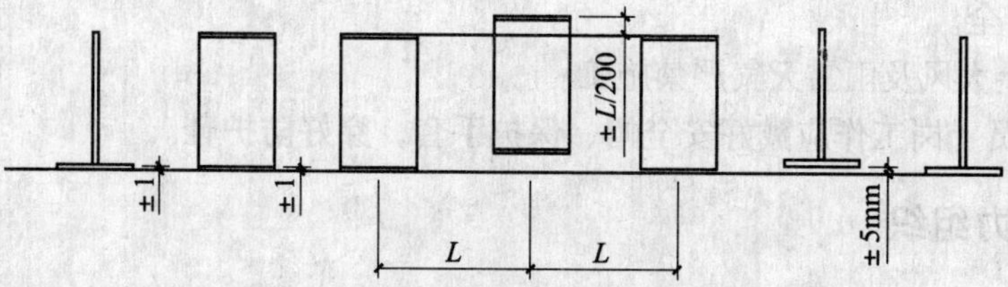

图8 "T"码的安装允许偏差示意图

4．咬边过程中确保使搭接边紧密接合是咬边的质量关键。

5．压型铝板屋面的建筑物宜利用其屋面作为闪接器，但应符合下列要求：

（1）金属板之间采用搭接时，其搭接长度不应小于100mm。

（2）金属板下面无易燃物品时，其厚度不应小于0.5mm。

6．铝板屋面的安装质量标准应符合表4。

表4 铝板屋面的安装质量验收标准

序号	项目		允许偏差（mm）	检查方法
1	铝板屋面平整度	屋面长度≤50m	≤6	用2m靠尺、塞尺检查
		50＜屋面长度，≤100m	≤10	
		屋面长度＞100m	≤15	
2	相邻两块板材高度差		±5	钢板尺、塞尺
3	屋面对角线差	对角线长≤50m	≤15	50m钢卷尺
		对角线＞50m	≤30	50m钢卷尺、经纬仪测量
4	接缝直线度	屋面长度≤50m	≤2	钢卷尺、塞尺
		屋面长度＞50m	≤4	钢卷尺、塞尺、经纬仪测量

七、机具设备

1．清理机具。铁锤、铲刀、钢丝刷、扫帚、干布等。

2．设备机具。专用咬合机、焊机、铆钉枪、电钻等。

3．常用工具。硅胶枪、手套及一般五金类用具等。

八、施工安全

应遵照国家和上海市建委、上海市劳动局等有关安全规定，应做到以下安全措施和要求：

1．对屋面工程施工现场应进行障碍物清理，创造文明施工条件。对施工场地内的原有设施或设备，应做好防护。

2．施工现场必须有足够的照明设施。

3. 在高处作业时，应采用专用脚手架，并要符合有关规定，戴好安全带，确保安全生产，保障人身安全。

4. 5 级以上大风及雨雪天气严禁施工。

5. 施工人员上岗工作应戴好安全帽、保护手套，穿好防护鞋。

九、劳动力组织

以每 1000m^2 以内“压型屋面铝板”施工为例。需配备材料员 1 名，咬边机操作工 2 名，辅助工人 2 名，运料工人 4 名，操作工人 6 名，电工 1 名，质量员 1 名，施工管理 1 名，计 18 名。如面积大，施工期短则可适当增加操作人员每 500m^2 增加 4 ~5 人。

十、效益分析

1. 若采用传统的混凝土屋面楼板，再加上防水层和保温层，其整体重量约为目前屋面系统重量的 5 ~6 倍。尽管传统的混凝土屋面楼板造价比较低廉，但所节约的费用作为基础或结构加固是远远不够的。即节省了土建工程投资，产生的综合经济效益较显著。

2. 缩短了工期，由于本系统有很强的系统性和可靠性，再加上强大的技术支持，因此施工非常方便。按正常施工周期计算 1000m^2的屋面，仅需 3 周 ~1 个月。如若采用传统的混凝土屋面楼板的形式，从支模、钢筋绑扎、混凝土浇捣到防水层保温层施工，至少需要 1 个半月以上，而且这种传统的施工方法要受到天气的制约。

3. 由于本系统的屋面板采用是牌号为 3004 的铝镁锰合金，并添加适量的钛元素，其材料本身具有很强的耐腐蚀和抗酸雨性能。另外，它的特殊咬合系统使防水的可靠性大大增加。因此整个屋面系统的使用寿命超过 40 年，而且在使用寿命期限内无需维修，大大降低了完工以后的维修成本。若采用传统的高分子卷材作为防水施工，每 6 ~8 年就要进行维修，这无疑给业主在今后的使用过程中增加了维修负担。

4. 本工法施工工艺简易经济，有利于保证施工质量，具有较好的经济效益和社会效益。

十一、工程实例

1. 上海南新雅大酒店屋顶改建工程位于繁华的“中华第一街”南京东路，是在原结构基础上进行改建，故增加部分的结构重量应控制在最可能小的范围内。屋面系统是在 108.30 ~113.90m 标高处建造施工，整个支撑系统为钢网架系统。铝板屋面系统是由球形钢网架作为支承结构，22 根结构钢柱作为球形钢网架的支撑点。我公司进行了科研攻关，采用本压型铝板屋面系统施工技术，有效地解决了压型铝板屋面系统施工及防水难题。在工期进度、质量安全、环境保护等方面均取得很好效果。尤其在施工工艺上成功地运用了特殊咬合系统原理，不仅对南新雅大酒店的屋顶改建提供了一种新型美观、造型更加秀丽的屋面，与人民广场和南京路步行街的周边建筑物更加协调与凸现，且对推进新型屋面材料在建筑过程中的应用提供了经验，具有在同类工程中应用和推广价值。

2. 在上海杏花楼厂房工程（九亭及浦江镇）的部分屋面分别采用了本压型铝板屋面施工技术，由于本屋面系统有很强的系统性，施工方便可靠性强，故可广泛地应用于各类公共建筑和商业建筑以及工业建筑等。

超大面积大型蜂窝铝板吊顶、挑檐施工工法

YJGF 82—2004

北京市建筑工程装饰公司

张春雷　姚　斌　张　庚　上官越然　宫晓鸣

随着建筑业的发展和施工技术的不断提高，大空间、大跨度的高层建筑越来越多。超大面积大型蜂窝铝板吊顶施工工法，介绍了龙骨安装在基层为钢桁架结构上的超大面积吊顶施工技术。该项技术通过有效的施工方法解决了在挠度变形量大的基层上安装大型板材时，平整度和牢固度的控制问题，被评为2005年度北京市建工集团有限责任公司科技进步一等奖，认为该项技术成果已达到国内领先水平，具有良好的社会推广价值。

一、特点

1. 吊顶龙骨连接在大型钢桁架上，挠度变形量大。

2. 引入抱箍节点板与螺栓配合的连接方式，免去了吊顶龙骨、龙骨吊挂件以及主体钢梁间的焊接，避免了焊接应力引起的附加变形，保证了主体钢梁的刚度和强度。

3. 施工速度快、精度高。抱箍、螺栓提前加工，现场装配作业。

4. 施工工艺先进、可操作性强、工序衔接紧密，工效高。

5. 技术含量高、质量容易保证，并能产生明显的经济效益。

二、适用范围

本施工工法，适用于大空间、大跨度、大型板材的吊顶施工及以弹性变形较大结构为施工基础的吊顶施工。

三、工艺原理

该工法以严格的工程测量为依据，通过对基层桁架的动态观测数据、所受荷载数据进行研究、分析、计算得出起拱数据，进而采取相应的起拱措施，保证面板安装的整体平整度。

四、工艺流程（见图1）

五、施工要点

1. 测量放线

测量放线是吊顶工程中要求最为精密的一道工序，在控制吊顶平整度上起着重要作用。测量放线遵守先整体后局部的测控程序，根据原结构轴线，利用经纬仪施放出吊顶龙骨水平控制线；依据标准要求的数据，以吊顶椭圆曲线起拱为依据，施放出吊顶龙骨的起拱控制线。测量放线要求方法科学、计算有序、步步校核、结果可靠。

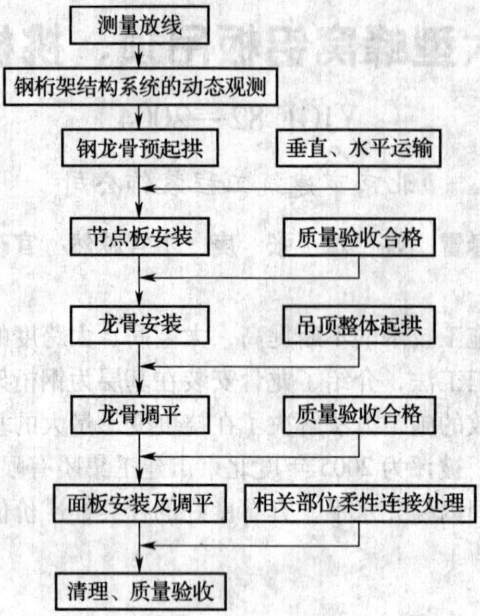

图1　工艺流程图

2. 钢桁架屋盖系统下弦杆件的动态观测

由于吊顶钢龙骨安装在钢桁架系统上，整体吊顶的起拱，受到钢桁架系统自身变形的影响。利用电子经纬仪、激光扫平仪、自动安平水准仪等精密仪器对桁架进行每两周一次的动态观测，观测次数不少于4次，以保证最终分析数据的准确性。对每次得出的观测数据进行对比，了解最新的钢桁架体系变形情况。并根据观测数值绘出动态变形网络图，分析出钢桁架的变形趋势。对于局部不规则变形，可通过增加岩棉配重的方式来控制。从而能得到最精确的起拱控制数值。

3. 吊顶起拱措施

（1）龙骨局部预起拱。

由于钢龙骨挠度的客观存在，为尽量减小下沉挠度对吊顶装饰面层平整度的影响，龙骨采取现场局部预起拱的方法：将钢龙骨两端固定，用千斤顶在龙骨跨中的部位顶起，停顿20min，使钢龙骨形成起拱值1.5～1.8cm。

（2）吊顶整体起拱。

吊顶起拱采取整体起拱的方法，吊顶四周分别向中心起拱。根据核算得出屋面钢结构桁架下弦中点的下沉变形量，而吊顶起拱在此处正好达到最大值。吊顶的标高是通过抱箍节点板控制的，所以在钢梁中心点的节点板的长度要比在钢梁两端（最低点）的长一些，这样才能满足吊顶起拱需要。

4. 节点板的连接方式

为了保证整体钢桁架结构的稳定性，钢龙骨与桁架的连接方式采用抱箍节点板和螺栓连接（见图2、图3），避免了过多的焊接方式。抱箍上的椭圆孔设计使其可以在沿主体钢结构方向进行调节，吊顶主龙骨能够在节点板长椭圆孔内进行高度与左右方向调整。抱箍形式详见图2。抱箍节点板连接方式详见图3。

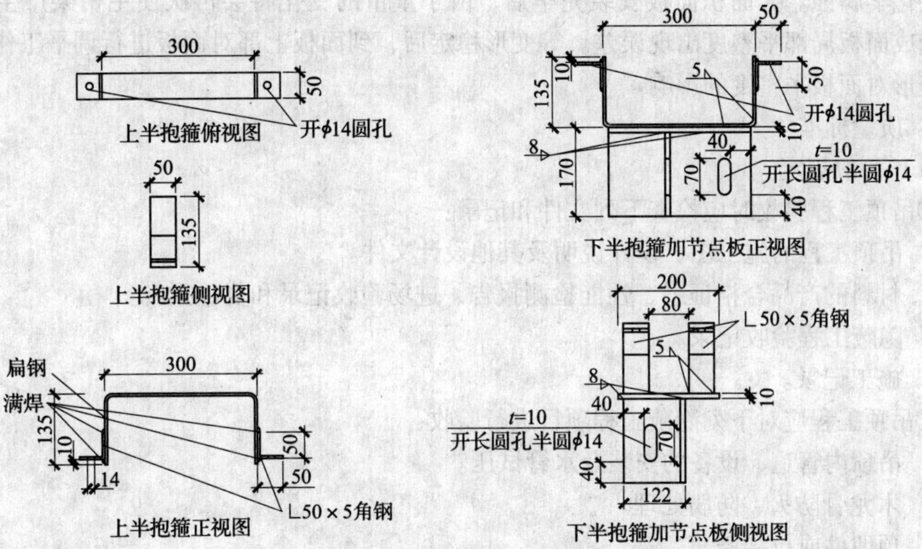

图2　抱箍形式

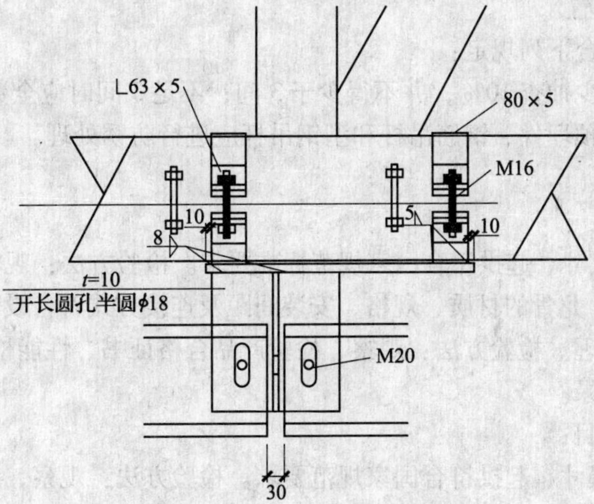

图3　抱箍节点板连接图

5. 钢龙骨的安装、调平

主龙骨与钢桁架通过节点板连接的方式固定后，副龙骨的两端通过螺栓与焊接了节点板（上开椭圆孔）的主龙骨相连。吊顶的主、副龙骨安装完毕后，必须进行龙骨下弦标高核查。将钢龙骨下弦拉通线进行检查验收，局部标高误差过大的钢龙骨，采取现场钢龙骨中部加设支撑柱、利用气焊加热的方法，使钢龙骨略微变形，调平至误差3mm范围内，以满足蜂窝铝板面层对基层平整度的要求。

6. 面板的安装及调平

吊顶面板安装时，依照面板控制线从中间向一个方向依次逐条安装，采用配合吊顶的扣件用螺栓固定到龙骨骨架上。铝板面板与钢龙骨间的接触面采用绝缘片做隔离处理，以防止产生电化学腐蚀。大面积面板安装完毕后，由于重量的变化将会再次使主桁架产生挠度变化，造成面板局部平整度出现误差。等变形稳定后，到面板上部对面板进行调平工作，消化桁架变形对面板平整度的影响。

7．质量标准

（1）一般规定。

①吊顶工程验收时应检查下列文件和记录：

a．吊顶工程的施工图、设计说明及其他设计文件。

b．材料的产品合格证书、性能检测报告、进场验收记录和复验报告。

c．隐蔽工程验收记录。

d．施工记录。

②吊顶工程应对下列隐蔽工程项目进行验收：

a．吊顶内管道、设备的安装及水管试压。

b．木龙骨防火、防腐处理。

c．预埋件或拉结筋。

d．吊杆安装。

e．龙骨安装。

f．填充材料的设置。

③检查数量应符合下列规定：

每个检验批应至少抽查10%，并不得少于3间；不足3间时应全数检查。

④吊顶工程中的预埋件、钢筋吊杆和型钢吊杆应进行防锈处理。

（2）主控项目。

①龙骨主控项目：

a．吊顶标高、尺寸、起拱符合国家规范标准要求。检验方法：观察、靠尺量检查。

b．抱箍节点板、龙骨的材质、规格、安装间距及连接方式符合设计要求。抱箍节点板、龙骨经过表面防腐处理。检验方法：观察、检验产品合格证书、性能检测报告、进场验收记录和隐蔽工程验收记录。

②吊顶板主控项目：

a．吊顶标高、尺寸、起拱符合国家规范要求。检验方法：观察、尺量检查。

b．饰面材料的材质、品种、规格、图案和颜色符合设计要求。检验方法：观察、检验产品合格证、性能检测报告、进场验收记录和复验报告。

c．吊顶工程的抱箍节点板、龙骨和饰面材料的安装牢固。检验方法：观察、手扳检查；检查隐蔽工程验收记录和施工记录。

d．板面接缝按其施工工艺标准进行处理。检验方法：观察。

（3）一般项目。

①龙骨一般项目。饰面材料表面洁净、色泽一致，没有翘曲、裂缝及缺损。压条平直、宽窄一致。检验方法：观察、尺量检查（表1）。

通过质量验收，蜂窝铝板吊顶龙骨工程一般项目、主控项目符合企业施工质量验收标准的要求，并符合企业评定标准优良的规定。

表 1 龙骨饰面检测项目和允许偏差

项次	项目	允许偏差（mm）	实测值（mm）									
		QB										
1	表面平整度	6	4	4	5	5	⑦	5	4	4	2	5
2	接缝直线度	1.5	1.4	1.4	1.2	1.4	1.1	0.7	0.8	0.7	1.4	1.2
3	接缝高低差	1	0.8	0.6	0.9	0.7	0.6	0.9	0.5	0.8	0.6	0.9

②吊顶板一般项目：

a. 饰面材料表面洁净、色泽一致，没有翘曲、碰伤及缺损。压条平直、宽窄一致。检验方法：观察、尺量检查。

b. 饰面板上的灯具、烟感器、喷淋头、风口箅子等设备的位置合理、美观，与饰面板的交接吻合、严密。检验方法：观察。

c. 吊顶内填充保温材料的品种和铺设厚度符合设计要求，并有防散落措施。检验方法：检验隐蔽工程验收记录和施工记录。

d. 允许偏差（见表 2）

表 2 吊顶板允许偏差

项次	项目	允许偏差（mm）		实测值（mm）										
		GB	QB											
1	表面平整度	2		1.5	1.3	1.2	1.3	1.4	1.3	1.6	1.4	2.1	1.2	1.3
2	接缝直线度	1.5		1.5	1.2	1.3	1.6	1.4	1.4	1.3	1.3	1.4	1.3	1.3
3	接缝高低差	1		0.5	0.3	0.4	0.7	0.3	0.4	1.1	0.3	0.2	0.4	0.4

通过质量验收，蜂窝铝板吊顶工程一般项目、主控项目符合企业施工质量验收标准的要求，并符合企业评定标准优良的规定。

（4）本工艺标准具有的质量记录。

①轻钢骨架的龙骨、抱箍节点板，有产品合格证。

②蜂窝铝板有出厂合格证。

③工程验收有质量验评资料。

六、机具设备（见表 3）。

表 3 机具设备表

序号	设备名称	规格型号	单位	数量	备　注
1	空气压缩机	4.3kVA	台	1	气动工具
2	激光扫平仪	JP300	台	1	
3	砂 轮 锯	3.2kVA	台	1	切割金属型材
4	手 电 钻	400VA	台	5	钻孔打眼

续表3

序号	设备名称	规格型号	单位	数量	备　注
5	手 电 锯	350VA	台	5	切割装饰材料
6	电 焊 机	21kVA	台	2	焊接
7	电子经纬仪	DJD2－G	台	1	测量检测
8	自动安平水准仪	D2S3－1	台	1	测量检测
9	钢尺	50m	把	1	测量检测
10	铝合金塔尺	6m	把	1	测量检测
11	盒尺	10m	把	2	测量检测

七、施工安全

1. 严格遵守有关劳动安全、卫生法规要求，加强施工安全管理和安全教育，严格执行各项安全生产规章制度。

2. 施工人员应配备安全帽、安全带、工具袋，防止人员及物件的坠落。施工层设置安全网或其他安全措施，确保施工安全。

3. 安装吊顶用的施工机具在使用前必须进行严格检验。

4. 凡从事电焊、剔凿作业的人员应使用面罩或护目镜。

5. 特种作业人员必须持证上岗，并佩戴相应的劳保用品。

6. 运输吊顶材料时，下方应有专人看护，无关人员不得进入材料运输区。

八、劳动力组织（见表4）

表4　人员配备一览表

人员组成	人数	职　责
项目经理	1	负责施工组织、协调现场
技术负责人	1	负责各项施工技术工作及技术攻关
技术员	2	负责施工技术的交底及验收、施工资料的收集与整理
质量员	1	负责施工质量
安全员	1	负责施工安全
材料员	1	负责组织材料进场及管理
班组长	1	负责指挥具体施工人员工作
测量放线工	2	负责放线及测量工作
木工	10	负责吊顶具体安装工作
打胶工	1	负责接缝部位的打胶工作
暂设电工	2	负责施工现场的暂电工作
焊工	2	负责焊接工作
壮工	1	负责材料的运输工作及现场清理

九、效益分析

1. 施工安排更有序，前期准备充分，使得工期有了确切保障。

2. 科学的施工工艺有效减少了施工人员的投入，节省了人力。

3. 严格的测量计算控制了材料的规格和用量，避免了无谓的浪费，为建设单位减少物资投入。

4. 超大面积大型蜂窝铝板吊顶工程在国内施工尚属首次，其龙骨、面板的起拱和安装无现成的规范可遵循，本工法为类似工程提供了参考依据，具有良好的推广价值。

十、工程实例

北京市首都博物馆新馆吊顶工程，吊顶总面积 14952m^2，所用蜂窝铝板单板规格 4000mm × 1360mm，吊顶的龙骨安装基层为原有的钢桁架结构。经过严格、精心的部署，利用先进的新型施工工艺，达到了最优的施工质量。与传统的施工工艺相比精度有了较大提高。施工更简便，也更有利于整体效果的控制。工程质量和观感效果得到了甲方及设计人员的一致好评。

隐胶缝蜂窝铝板幕墙施工工法

YJGF 83—2004

中铁建工集团有限公司

曹少伟　王凤义　郭新贺

蜂窝铝板由外侧铝薄板和中间蜂巢网格结构经加压粘结而成。由于其抗风压、抗变形能力强，质轻，强度高，环保、节能，安装、拆卸方便，首先应用于航空领域，近年应用于建筑行业，尤其在建筑幕墙行业得到推广，其中以隐胶缝幕墙对蜂窝铝板的特点表现得更为突出，从而备受设计师和用户的青睐。

一、工法特点

1. 蜂窝铝板由外侧铝薄板与中间蜂巢结构经加压粘结而成（见图1、图2），使其整体刚度较大，能抵御较大的风荷载和冲击力。

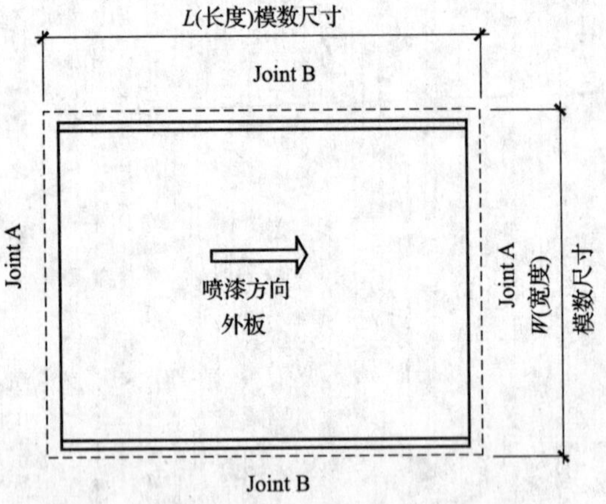

图1　板的喷漆方向与长度方向平行

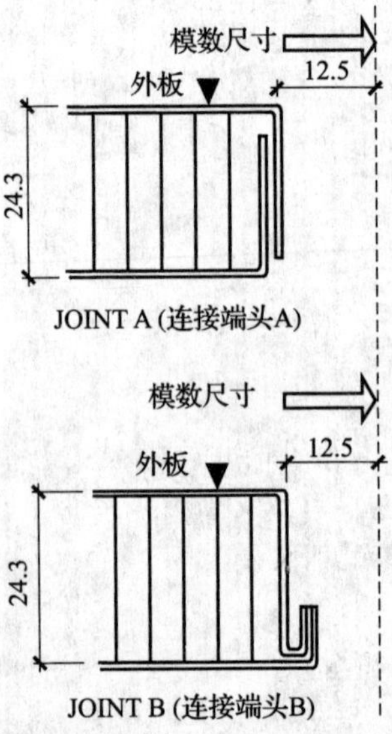

图2　连接端头B为安装端

2. 由于其结构由内外两层1.0mm厚铝板和中间的铝蜂窝粘结而成，使其相比同等刚度的铝单板的重量更轻，可大大减轻建筑物的负荷。

3. 由于两板面之间空气层被蜂窝分成众多封闭空隙，使声音和热量的传播受到很大限制，使其具有更好的隔音、隔热性能。

4. 蜂窝铝板本身不会散发任何气体，且其防污垢易清洁可回收再利用。

5. 使用安装方便，可任意切割，折边，制成各类异型板。

6. 面板采用氟碳喷涂工艺，可以保证30年不变色，色彩可供选择的很多。

7. 采用独特的隐胶缝封盖条系统，缝内涂满耐候胶，外扣装饰条，既美观又防水。

二、适用范围

该工法适用于工业与民用建筑隐胶缝条扣式蜂窝铝板幕墙装饰工程。

三、工艺原理

1. 立柱采用悬挂式结构，上下立柱之间（楼层处）用铝插芯连接，上端固定，下端自由；横梁一端固定，另一端角接件通长孔活动连接；这样就保证了立柱、横梁之间有足够的活动量。

2. 在预埋件上焊接夹接件，立柱通过夹接件（∟125×80×8）与墙体固定，立柱与夹接件间垫 PVC 垫片，防止电化学腐蚀（见图 3）。

3. 铝板采用止滑扣固定，这样就保证了铝板和龙骨之间有微量的伸缩（见图 4）。

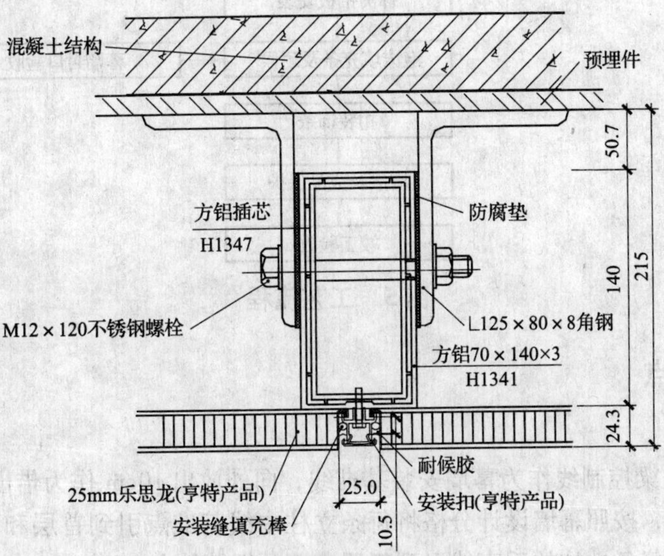

图 3　水平节点

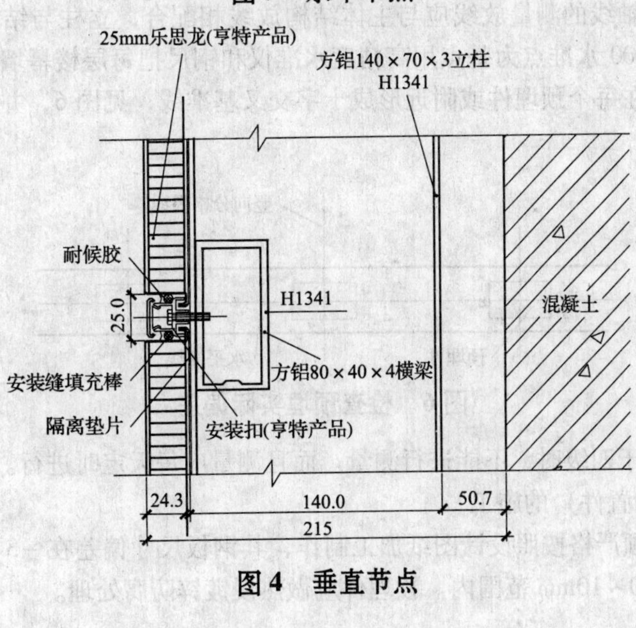

图 4　垂直节点

四、工艺流程（图5）

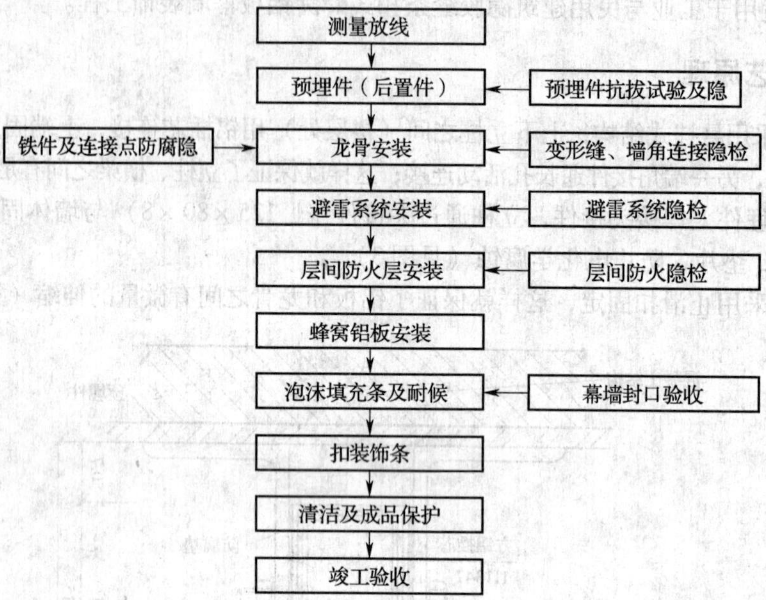

图5　工艺流程

五、操作要点

1. 测量放线

（1）以结构边梁控制线作为幕墙安装基准线，向外放出10cm作为借出线，将各转角作为竖向控制基准点，按照幕墙设计分格将每条立柱中线基准点引到首层和顶层的借出线上。再用激光经纬仪将每条立柱的垂直线引到每层幕墙预埋铁件上。

（2）幕墙分格轴线的测量放线应与主体结构放线相配合，立柱与结构连接点水平中轴线的放测应以±0.000水准点为基点用高精度水准仪和钢尺把每层楼幕墙水平中轴线引测到预埋铁件上，从而在每个预埋件或附近形成十字交叉基准线，见图6，并以此检查预埋件实际偏差值。

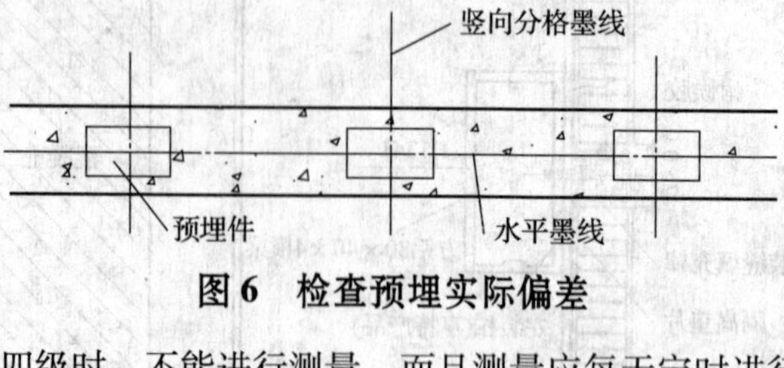

图6　检查预埋实际偏差

（3）在风力大于四级时，不能进行测量。而且测量应每天定时进行。

2. 预埋件（后置件）的施工

预埋件加工必须严格按照设计图纸加工制作，其钢板尺寸偏差在－3～0mm范围内，锚筋长度尺寸偏差在0～10mm范围内。预埋件应做热浸镀锌防腐处理。

主体结构施工时，按照图纸要求准确放置预埋件，并将锚筋与结构主筋焊牢。主体结构验收完毕后，根据所放基准线对预埋件进行全数检查，预埋件标高偏差不应大于10mm，预埋件的位置偏差不大于20mm，垂直度偏差不应大于1mm。对不符合安装要求的预埋件，采用后置件补充。后置件采用化学螺栓或膨胀螺栓固定，要求定位、钻孔、养护，严格按操作工艺要求进行。

预埋件施工完毕应做现场抽样检验，抗拉和抗剪强度均应满足设计要求。测量放线后对于不符合安装要求的预埋件，补充后置件。后置件采用化学螺栓或膨胀螺栓固定，要求定位、钻孔、养护，严格按操作工艺要求进行，施工完毕按规定做拉拔试验。

3．龙骨安装

（1）立柱安装。

幕墙竖料应严格按照设计尺寸下料，对同一楼层在设计时常采用同规格的竖龙骨，预埋件也在统一标高位置上，故接口套芯和铁码可在竖料加工过程中安装在竖龙骨上，为防止电化学腐蚀，需采用橡胶绝缘垫分格两种金属。在建筑物转角处应安装钢丝锤准线，用以控制和调整因预埋件埋设角度偏差造成的竖龙骨安装转角偏差，分区竖料安装完毕后应用激光经纬仪进行垂直度检测，调整完毕后将铁码与预埋件及连接螺栓禁锢电焊固定并做防腐处理。幕墙纵向变形缝应在上下两根竖料接口出统一留设。

立柱安装应符合下列规定：立柱安装标高偏差不应大于3mm，轴线前后偏差不应大于2mm，左右偏差不应大于3mm。相邻两根立柱安装标高偏差不应大于3mm，同层立柱的最大标高偏差不应大于5mm，相邻两根立柱的距离偏差不应大于2mm。

（2）横梁安装。

鉴于同一楼层的竖料规格相同，横料应在同一水平面上，横梁与立柱连接螺栓孔可在下料时统一成孔，这样，横梁与立柱连接形成框架时可不必重新量距。横梁安装时应由下而上进行，当安装完一层时，应用水准仪检查，按质量要求校正后方可固定。

（3）在已安装好的龙骨上划出中心线，并在龙骨的中心线上按照安装间距钻螺钉孔。

（4）在横梁的中心线两端上方安装止滑扣（必须确保两止滑扣工作面在同一水平面），在垂直龙骨端上安装两止滑扣（必须确保两止滑扣工作面在同一铅垂面上），见图7。

4．避雷系统安装

（1）根据图纸设计在楼层安装均压环，并与主体引出线连接，最小面积48mm^2圆钢或扁钢，扁钢厚度不低于4mm，焊缝长度大于75mm。

（2）导线材料、型材表面应除掉保护膜进行连接。立柱插芯位置要有跨接安装件。

（3）幕墙防雷体系与主体防雷体系之间连接情况电阻检测，电阻值小于10Ω。

5．层间防火层安装

（1）防火层必须外包1.2mm以上厚度镀锌铁皮，内填50～100mm防火材料。

（2）根据设计要求：楼层竖向应形成连续防火分区，特殊要求平面也应设置防火隔断。楼板处要形成800cm高的防火实体。

6．蜂窝铝板安装

撕下背板保护膜将隔离垫片贴在龙骨上，将蜂窝铝板贴向龙骨，其自重由水平止滑扣承担；在对应的螺钉孔上装上安装扣和螺钉（此时安装扣是非紧固状态），调整板的位置紧固上边的安装扣；继续按以上方法安装下面另一块板，确保所有的板在同一平面上。

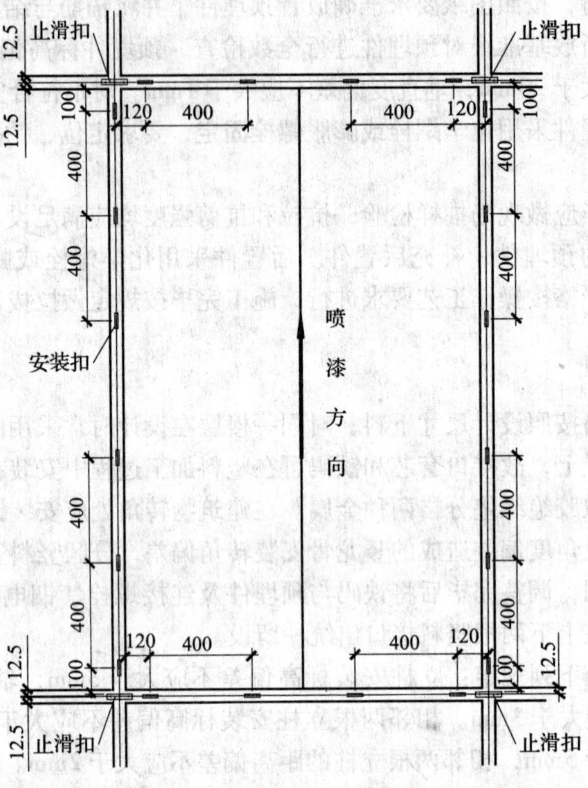

图 7　安装扣、止滑扣、蜂窝铝板安装

7. 泡沫填充条及耐候密封胶施工

（1）充分清洁板材间间隙，不应有水、油渍、灰尘等杂物，应充分清洁粘结面，加以干燥。

（2）泡沫条填充时应连续，抹胶处应连接密实；贴胶带纸牢固密实，转角及接头处连接顺畅且紧贴板边。胶带纸粘贴时不允许有张口、脱落，不顺直等现象。

（3）打胶的厚度不能太薄或太厚，既保证了胶逢的防水性能又能够使胶缝达到光亮、美观。

（4）打胶后，应在胶快干时及时将胶带纸清理干净，并立即处理因撕胶带时碰伤的胶表面。

8. 加盖封条

在加盖封条时，必须考虑其热胀冷缩，在接缝处必须留有足够的间隙。长度方向在接缝处留有间隙 1mm/m。在宽度方向应用板的实际宽度一致，如图 8 所示。

9. 清洁和成品维护

幕墙施工过程中，对幕墙龙骨、面板等应采取保护措施，不得发生变形、变色、污染等现象，对表面的粘附物应及时清除。

幕墙施工完成后，应制定清洁方案，清洁剂应符合要求，不得产生腐蚀和污染，清洁时避免损伤表面。

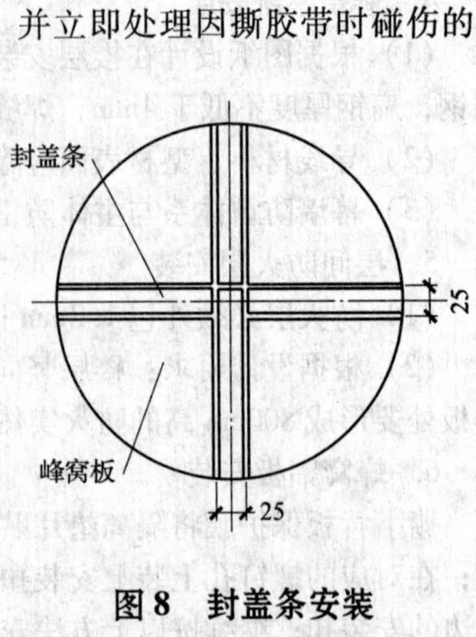

图 8　封盖条安装

六、材料

订货周期主要以铝型材、镀锌钢型材、蜂窝铝板、密封材料为主。技术方案确定后，首先定购型材，按照立柱、横梁顺序进场，按照施工进度陆续组织钢件、蜂窝铝板、胶进场。

七、主要机具设备（表1）

表1　主要机具设备

设备名称	规格	单位	数量
激光经纬仪	J2－JD	台	1
水准仪	DS3	台	1
切割机		台	3
钻床		台	2
角磨机		台	2
电钻		把	8
水平尺		把	6
电锤		把	3
风压机		台	2
胶枪		把	5
电焊机	交流	台	4
配电箱		个	6
灭火器		个	10

注：以上机具设备按为一个班组配备。

八、劳动力组织（表2）

表2　劳动力安排

工　种	人数	工作地点	工 作 职 责
车间负责	1	车间	负责各类铝型材配料、组装的生产组织
安装负责	2	施工现场	负责跟班指挥施工，并协调各工种交叉作业
测量放线	3	施工现场	负责整个施工过程的测量放线及框架偏差检测
质检员	1	施工现场	负责检查施工质量、组织各工种交接检及质量保证措施的执行情况、工程报验，对工程质量负责
安全员	1	施工现场	负责检查安全设施，安全措施的执行情况，负责安全教育工作，对安全生产负责，检查防火措施执行情况，对防火工作负责
材料员	2	材料仓库	负责现场材料供应、检查验收及施工机具的保管
电工	2	施工现场	负责现场动力、照明、电器

续表 2

工　种	人数	工作地点	工 作 职 责
下料	3	车间	负责各类铝合金型材的下料
钻孔	2	车间	负责依据图纸尺寸对各类铝合金型材开孔、打磨
组装工	3	车间	负责铁码、套芯、活动窗樘等分项成品的组装
龙骨及饰面板安装	15	施工现场	负责整个幕墙龙骨、蜂窝铝板及防火棉的安装
打胶工	5	施工现场	负责结构胶、密封胶的打胶工作
杂工	3	施工现场	负责材料倒运和现场清理

注：总计 40 人，工人数按每个班组计，班组数可视工程实际情况配备。

九、安全措施

1. 加强安全教育，认真学习并严格执行各项安全操作规程。

2. 高处作业人员需通过体检，各种特殊工种人员持证上岗。

3. 外脚手架上垃圾必须清除干净，不得在窗台、栏杆上放置任何施工工具，以防坠物伤人或损坏已安装好的铝板。

4. 安装用的施工工具使用前应进行严格检验。

5. 上下交叉作业时，结构施工层下方应采取可靠的安全防护措施。

6. 施工过程中应经常与气象部门联系，了解气候变化情况，以便采取相应措施。

十、质量要求

1. 蜂窝铝板幕墙立柱、横梁的安装质量应符合表 3 的规定。

表 3　蜂窝铝板幕墙立柱、横梁安装允许偏差

项　目		允许偏差（mm）	检查方法
蜂窝铝板幕墙立柱、横梁安装偏差	宽度高度不大于 30m	≤10	激光经纬仪或经纬仪
	宽度高度大于 30m，不大于 60m	≤15	
	宽度高度大于 60m，不大于 90m	≤20	
	宽度高度大于 90m	≤25	

2. 蜂窝铝板幕墙竖向和横向板材的组装允许偏差（见表 4）。

表 4　蜂窝铝板幕墙竖向和横向板材的组装允许偏差

项　目	尺寸范围	允许偏差（mm）	检查方法
相邻两竖向板材间距尺寸（固定端头）	—	±2.0	钢卷尺
两块相邻的蜂窝铝板板面高差	—	±1.5	靠尺

续表4

项　　目	尺寸范围	允许偏差（mm）	检查方法
两块相邻的蜂窝铝板的间距尺寸	间距小于或等于2000时	±1.5	钢卷尺
	间距大于2000时	±2.0	
分格对角线差	对角线长小于或等于2000时	≤3.0	钢卷尺或伸缩尺
	对角线长大于2000时	≤3.5	
相邻两横向板材的水平标高差	—	≤2	钢板尺或水平仪
横向板材水平度	构件长小于或等于2000时	≤2	水平仪或水平尺
	构件长大于2000时	≤3	
竖向板材直线度			2.0m 靠尺、钢板尺

3. 蜂窝铝板幕墙安装允许偏差（表5）。

表5　蜂窝铝板幕墙安装允许偏差

项　　目		允许偏差（mm）	检查方法
竖缝及墙面垂直度	幕墙高度 H（m） $H \leqslant 30$	≤10	激光经纬仪或经纬仪
	$30 < H \leqslant 60$	≤15	
	$60 < H \leqslant 90$	≤20	
	$H > 90$	≤25	
幕墙平整度		≤2.5	2m 靠尺、钢板尺
竖缝直线度		≤2.5	2m 靠尺、钢板尺
横缝直线度		≤2.5	2m 靠尺、钢板尺
缝宽度（与设计值比较）		±2	卡尺
两相邻面板之间接缝高低差		≤1.0	深度尺

4. 每平方米蜂窝铝板表面质量要求（表6）。

表6　每平方米蜂窝铝板表面质量

项　　目	质量要求	检验方法
>0.3mm 的明显划伤和 0.1～0.3mm 宽且长度 >100mm 的轻微划伤	不允许	观察
0.1～0.3mm 宽且长度≤100mm 的轻微划伤	≤8条	用钢尺检查
划伤总面积	$\leqslant 500mm^2$	用钢尺检查

5. 质量控制

(1) 设计控制。采用先进的技术标准，通过设计方案的反复推敲，设计图纸的严格审核，达到控制设计的目的。

(2) 工艺控制。严格执行工艺标准，通过对现场施工工序的能力分析，使施工工艺满足设计及规范要求。

(3) 生产制作。加强现场的成品管理，对现场加工的产品落实质量指标，防止人为因素增加成本，最大限度地减少产品损耗率。

(4) 现场安装。在安装过程中严格按图施工并且推行三检制度、质量奖惩制度，做到高质量地完成施工。

(5) 材料采购。加强材料管理，对材料订货、进场检验、现场安装实行全过程控制，并通过计算机收集材质质量反馈信息。

(6) 技术培训。对现场施工工人上岗前进行质量安全知识教育和业务知识技术培训，提高工人素质、能力。

十一、技术经济效益

蜂窝铝板是一种新型材料，工艺特点与铝单板相比，具有较高的技术先进性。施工中从铝板分隔，材料订货下料到工程安装，采用计算机技术全过程管理，提高劳动效率，减少人员配置，优化下料，提高成品率，整体经济效益提高；通过技术攻关，采用新的施工工艺，节省了大量的人力物力，减少了材料浪费，创造直接、间接的经济效益15万余元。

十二、工程实例

贵州电视大楼位于贵阳市神奇路，正对人民广场，是省级重点工程之一，外墙以蜂窝铝板幕墙为主，面积14600m^2，全部采用隐胶缝施工工艺。贵州省装饰协会于2003年6月14日组织36家当地施工企业在电视大楼工程召开了装饰质量现场观摩会。由于外墙装饰质量高、工艺先进，受到了当地同行业和贵州省装饰协会的好评，并一举获得2003年首届“全国建筑装饰工程科技奖”。

清水饰面混凝土施工工法

YJGF 84—2004

中国建筑第三工程局

张金序　周鹏华　郑玉华

清水饰面混凝土以其独特的装饰效果，近年来在市政桥梁、公共建筑、住宅，以及室内装饰等领域均有应用。清水饰面混凝土从环保、人文以及节能等角度都非常适合我国目前的国情。

在联想集团北京研发基地工程中推广应用的“大面积清水饰面混凝土施工综合技术开发与应用”经建设部鉴定，该项技术达到了国际先进水平，具有显著的经济效益和社会效益。并获得了全国绿色建筑创新奖，中建总公司科学技术二等奖、北京市科学技术三等奖、中国质量技术三等奖。

一、工法特点

本工法综合考虑设计、材料、施工、环境等多方面影响因素，选用常规建筑材料及机具设备，简便易行。混凝土平整度、垂直度达到高级抹灰验收标准。

二、适用范围

本工法适用于建筑物、构筑物结构表面有清水饰面混凝土装饰效果要求的现浇钢筋混凝土结构工程。预制混凝土结构工程也可参考本工法。

在寒冷地区，清水饰面混凝土不宜冬期施工。

三、材料性能

1. 混凝土拌和物

（1）混凝土原材料。

混凝土原材料符合国家标准《混凝土结构施工质量验收规范》（GB 50204）中的要求，且在同一工程中使用的原材料应为同一厂家或产地，另外还应满足以下要求：

①水泥。宜选用普通硅酸盐水泥和矿渣硅酸盐水泥，且强度不低于42.5级的水泥。

同一工程的水泥应为同一品种、等级、批号，且采用同一批熟料磨制，颜色均匀的水泥。

②骨料。所用粗骨料应连续级配良好，颜色均匀、洁净，含泥量小于1%，泥块含量小于0.5%，针片状颗粒不大于15%。

细骨料应选择质地坚硬，级配良好的河砂或人工砂，其细度模数应大于2.6（中砂），含泥量不应大于1.5%，泥块含量不大于1%。

经常受潮部位的清水饰面混凝土，选择骨料时应考虑防止碱骨料反应的措施。

③掺和料。可选用的掺和料为硅粉、粉煤灰（Ⅱ级以上）、磨细矿渣粉、天然沸石粉

等。所选用的掺和料勃氏比表面积≥4500cm²/g。

④外加剂。外加剂要求与水泥品种相适应，并具有明显的减水效果，能够改善混凝土的各项工作性能。

⑤混凝土的原材料应有足够的存储量，至少要保证两层或同一视觉空间的混凝土原材料的颜色和各种技术参数保持一致。

（2）混凝土拌和物性能要求。

清水饰面混凝土的配合比应使混凝土具有均匀一致的外观质感，良好的流变性能、内在均质性能、体积稳定性、耐久性和经济性。

2. 模板

（1）模板体系满足设计对螺栓孔和明缝、蝉缝的排布要求，模板龙骨顺直，规格一致，和面板紧贴，连接牢固，具有足够的刚度。模板尽量做到定型化拼装，构造应简单、支拆方便、经济合理原则。

（2）模板选用钢木组合体系，由专业厂家定型加工。面板选用强度高、加工性能好的表面覆膜木胶合板。模板龙骨具有足够的刚度，宜选用槽钢、方钢管和工字钢。连接件选用专用连接卡具。明缝条宜采用梯形、圆角方形；材质可为硬木、塑料等材料。

3. 钢筋

钢筋原材及钢筋连接材料必须满足有关规范及设计要求。钢筋接头应采用合理的连接方式，避免接头处影响保护层厚度。

4. 保护涂料

清水饰面混凝土表面的保护涂料宜选用水性氟碳树脂透明涂料，涂料宜选用具有超长耐久性涂料，一般为20年左右；涂料应具有防污染性能，具有突出的憎水性，有效防止污痕；涂料应具有对混凝土颜色调整作用，使表面质感及颜色均一，提高混凝土观感效果。

四、工艺原理

清水饰面混凝土是通过混凝土原材料选择、拌和物的制备和模板设计、加工、安装、混凝土浇筑、养护，保护涂料涂刷以及现场管理等多道工序精心控制的产物。

五、工艺流程及操作方法

1. 施工工艺流程（见图1）

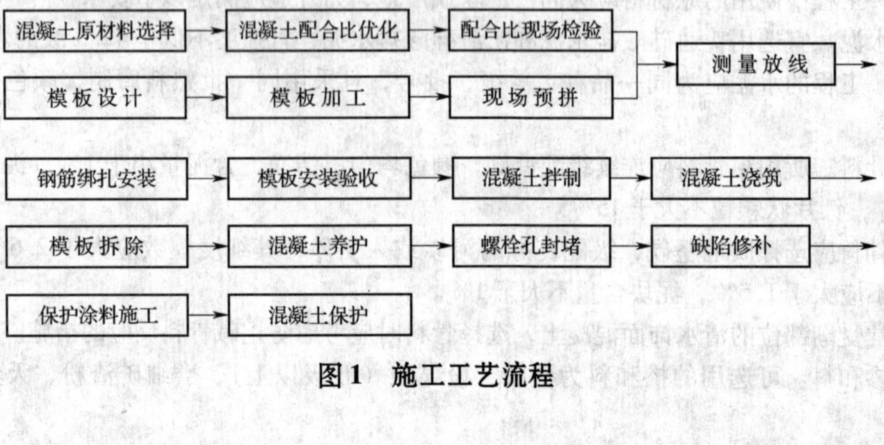

图1 施工工艺流程

2．模板设计加工

（1）模板及饰面效果设计

①饰面设计要求按照设缝合理、均匀对称、长宽比例协调的原则，建筑物的明缝和蝉缝必须水平交圈，竖缝垂直，有一定的规律性、装饰性（见图2）。模板的排版与饰面设计相对应，满足清水饰面混凝土外观质量要求。

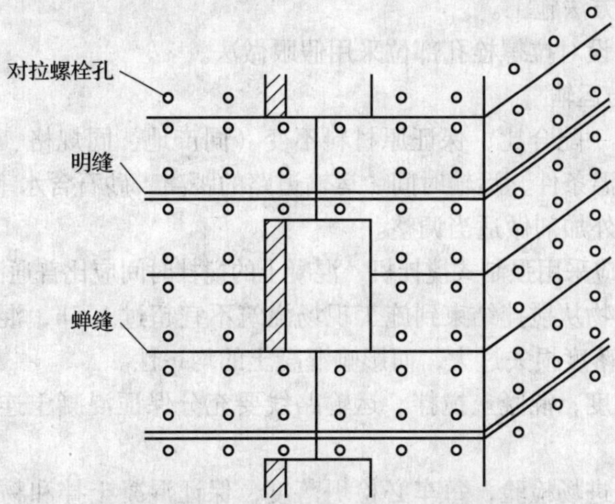

图2　明缝、蝉缝水平交圈示意图

②模板设计应根据设计及工程特点，充分考虑流水段的划分和模板周转使用次数。

③对拉螺栓孔眼的排布应纵横对称、间距均匀，距门洞口边不小于150mm，在满足设计的排布时，对拉螺栓应满足受力要求。

④模板分块充分考虑吊装设备起重量，模板的分块力求定型化、整体化、模数化、通用化，按大模板工艺进行配模设计。

（2）模板制作

①模板加工制作，关键控制模板的支撑系统及拼缝、平整度、平直度等指标。

②为保证模板组合效果，使用前要对模板进行现场预拼，对模板表面平整度、截面尺寸、阴阳角、相邻板面高低差以及对拉螺栓组合安装情况进行校核。

③模板上除设计预留的穿墙螺栓孔眼外，不得随意打孔、开洞、刻画、敲钉。模板表面不得弹放墨线、油漆写字编号，避免污染混凝土表面。

3．测量放线

测量放线时要精心测设，建立精确的平面控制网和标高控制点，保证测设精度，从基础开始逐层进行校核调整，确保轴线通顺垂直、尺寸准确。轴线、标高要在隐蔽部位或在能被下道工序覆盖部位设置标识；设置的标识要清洁，不污染其他部位。

4．钢筋绑扎安装

钢筋加工制作时必须考虑钢筋的叠放位置和穿插顺序，重点考虑钢筋接头形式、接头位置、搭接长度、锚固长度、端头弯头等。遇到对拉螺栓与钢筋打架时，将相邻的几排钢筋进行适当调整，但调整幅度必须在规范允许范围内，以确保对拉螺栓安装位置。

5．模板安装

（1）模板安装前复核基层上的模板控制线，并做好控制标高。根据预拼编号进行模板安装，保证明缝、蝉缝的垂直度交圈，吊装时注意对钢筋及塑料卡环的保护。

（2）模板紧固前，应保证面板对齐，严禁在面板校正前上夹具加固。拧紧对拉螺栓和夹具时用力要均匀，保证相邻的对拉螺栓和夹具受力大小一致，避免模板产生不均匀变形。

（3）模板水平之间的连接采用专用卡具连接。

（4）混凝土浇筑施工缝的留设宜同建筑装饰的明缝相结合，利用施工缝作为明缝，明缝条采用二次安装的方法施工。

（5）对于无法留设对拉螺栓孔部位采用假眼做法。

6. 混凝土拌制与运输

（1）严格执行同一配合比，保证原材料不变（同产地、同规格、主要性能指标接近）、水胶比不变。根据气温条件、运输时间、运输道路的距离、砂石含水率变化、混凝土坍落度损失等可掺用相应的外加剂做适当调整。

（2）混凝土搅拌应采用强制式搅拌机，混凝土的搅拌时间应比普通混凝土延长20~30s。

（3）混凝土拌和物从搅拌结束到施工现场浇筑不宜超过1.5h，混凝土运输时间控制在规定时间内，以免坍落度损失过大，而影响混凝土的均一性。

（4）合理安排调度，混凝土搅拌、运输路线要充分保证混凝土连续均匀供应，避免造成施工冷缝。

（5）加强混凝土进场检验，每车必检坍落度，保证混凝土拌和物质量制备成的混凝土拌和物工作性能优良。

7. 混凝土浇筑

（1）混凝土浇筑前，清理模板内的杂物，完成对钢筋、管线预留预埋、施工缝做法的隐蔽工程验收。

（2）墙柱浇筑前在底部先铺垫与混凝土同配比50mm水泥砂浆。墙柱混凝土浇筑至设计标高以上30mm处，1h将表面的浮浆去掉，进行第二次浇筑。

（3）根据振动棒作用深度确定分层厚度，浇筑时采用标尺杆控制分层厚度，分层下料、分层振捣，每层混凝土浇筑厚度严格控制在400mm，自由下料高度不得超过2m。

（4）混凝土振捣应从中间向边缘振动，振动棒采用“快插慢拔”，振点按“梅花形”布点，且布棒均匀，层层搭扣，并使振捣棒在振捣过程中上下略有抽动，上下混凝土振动均匀。振捣棒移动间距为400mm，在薄墙体和钢筋较密（采用30振捣棒）墙体情况下移动间距可控制在300mm左右，并控制与模板的距离。

（5）混凝土振捣时间以混凝土表面呈水平并出现均匀的水泥浆，不再有显著下沉和大量气泡上冒时即可停止，墙体下层不易观察处混凝土振捣时间一般控制在20~30s左右，避免过振发生离析。

（6）为减少混凝土表面气泡，采用2次浇捣工艺，第1次在混凝土浇筑完成后振捣，第2次振捣在第2层混凝土浇筑前再进行，顶层一般在0.5h后进行振捣。

（7）浇筑门窗洞口时，沿洞口两侧均匀对称下料，振动棒距洞边不小于300mm，从两侧同时振捣，为防止洞口变形，大洞口（大于1.5m）下部模板应开洞，并补充混凝土及振捣，以确保混凝土密实，减少气泡。

（8）控制好每层混凝土浇筑之间的间歇时间，保证不出现施工缝，做到连续而有序的作业。为使上下层混凝土结合成整体，上层混凝土振捣要在下层混凝土初凝之前进行，并要求振捣棒插入下层混凝土 50~100mm。

(9) 在混凝土振捣中，不得碰撞各种埋件，不得振捣模板、钢筋等，以防止出现对钢筋、模板等造成破坏。

8. 模板拆除

(1) 模板拆模时间在混凝土浇筑结束后不少于 24h，冬期施工拆模时间不少于 48h。清水饰面混凝土拆模时间应在同条件试块强度达到 3MPa（冬期不小于 4MPa）时方可拆模。

(2) 模板拆除要严格按照施工方案的拆除顺序进行，并加强对清水饰面混凝土成品和对拉螺栓孔眼的保护。

9. 混凝土养护

(1) 混凝土应尽早养护，避免和减少混凝土表面的色差。清水饰面混凝土墙柱拆模后立即用塑料薄膜包裹，外挂阻燃草帘，并洒水养护保持湿润，养护时间不少于 7d。

(2) 梁板混凝土浇筑完毕后，分段抹平，然后及时用塑料薄膜覆盖，若发现塑料布内无水气时，应及时浇水保持表面湿润，待混凝土完全硬化后，可采取蓄水养护，养护时间不少于 7d。

10. 冬期施工

清水饰面混凝土工程如需安排冬期施工，除满足国家有关规程外还应满足以下要求。

(1) 混凝土中掺入的防冻剂要通过试验，确保对混凝土表面色差不产生明显影响。在工程跨季节施工时，应适当考虑掺用防冻剂及掺量对混凝土表面色差的影响。

(2) 混凝土采用加热水、骨料加热等方法，其温度根据施工条件和当地气候进行热工计算确定，保证混凝土拌和物出机温度不低于 15℃。

(3) 加强混凝土罐车和输送泵的保温，保证入模温度不低于 10℃。

(4) 在外脚手架的内侧挂双层彩条布做挡风墙，使施工现场形成相对封闭的环境。

(5) 混凝土浇筑之前，在模板背面贴聚苯板，并挂阻燃草帘，避免新浇混凝土温度散失过快，拆除模板后，立即涂刷养护剂覆盖塑料薄膜，再加盖阻燃草帘，减轻混凝土“盐析”对清水饰面混凝土色差的影响，混凝土养护时间不少于 14d。

(6) 做好混凝土强度增长情况监控，做好同条件试块的留置工作和混凝土的测温工作。

11. 螺栓孔封堵及缺陷修补

(1) 螺栓孔封堵，首先清理螺栓孔，洒水润湿螺栓孔，用特制堵头（如图 3、图 4 所示）堵住墙外侧，用颜色稍深的补偿收缩砂浆向孔里灌浆至孔中部，用 $\phi25\sim\phi30$ 平头钢筋捣实；在孔中放入遇水膨胀防水胶条，补偿收缩砂浆填至内墙面平，轻轻旋转出特制堵头并取出；砂浆终凝后喷水养护 7d。

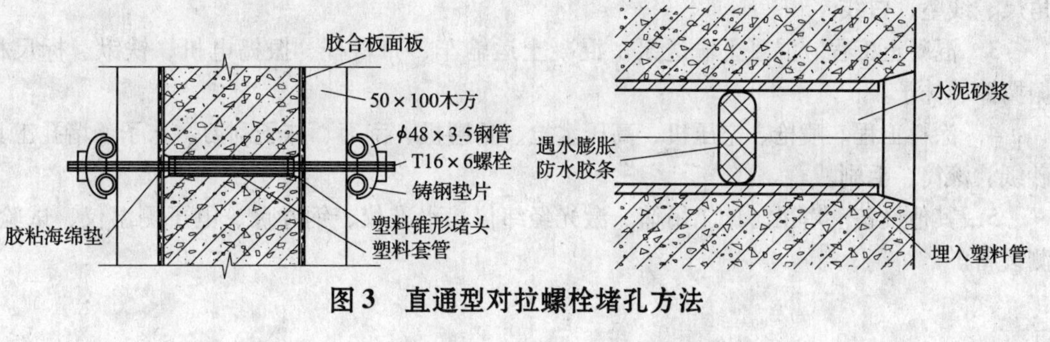

图 3 直通型对拉螺栓堵孔方法

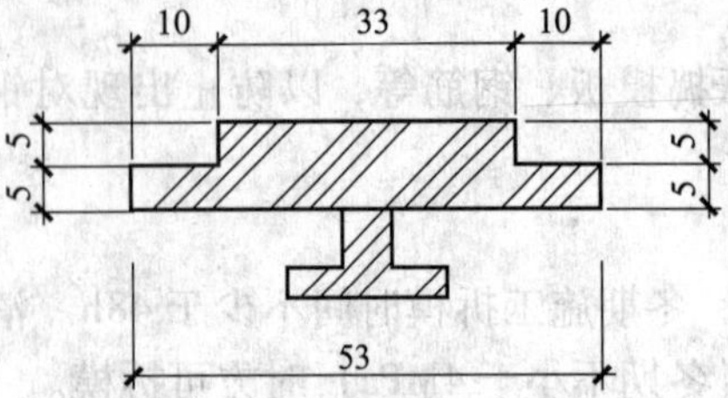

图4　特制堵头示意图

（2）对于漏浆、胀模、错台部位首先进行清理，轻轻刮去表面松动砂子，用界面剂的稀释液（约50%）调配成颜色与混凝土基本相同的水泥腻子，用刮刀取水泥净浆抹于需修复部位。待腻子终凝后打砂纸磨平，再刮至表面平整，阳角顺直，洒水覆盖养护2d。

（3）对于需要修复的气泡部位，保证修补水泥浆体硬化后颜色与清水饰面混凝土颜色一致。修复缺陷部位待水泥浆体硬化后，用细砂纸将整个构件表面均匀地打磨光洁，并用水冲洗洁净，确保表面无色差。

12. 保护涂料施工

清水饰面混凝土保护涂料宜选用水性氟碳树脂透明保护涂料。

（1）墙面清理。涂料施工前用清水清洗整个墙面，保持干燥，容易污染的部位用塑料薄膜保护。

（2）颜色调整。用调整材料将混凝土色差明显的部位进行调整，使整体墙面混凝土颜色大致均匀。

（3）底涂。均匀喷涂或滚涂2遍底漆，间隔时间为30min，涂后墙体颜色稍稍加深，要求必须完全覆盖墙面，无遗漏。

（4）中间涂层。底涂施工完成3h后，均匀喷涂水性中涂层，无遗漏。

（5）罩面涂层。中间涂层施工完成3h后，均匀喷涂罩面涂层2遍，间隔时间为3h以上；喷涂采用无气喷涂，喷涂时必须压力稳定，保持喷枪与墙体距离一致，保证喷涂均匀。对于颜色较深的混凝土墙面可以增加喷涂遍数，使墙面质感更加趋于一致。

13. 成品保护

成品保护工作是清水饰面混凝土施工的最后环节。对外墙用塑料薄膜进行保护，以防混凝土面污染，另外对于人员可以接触的部位以及楼梯、预留洞口、柱、门边、阳角拆模后钉薄木条或粘贴硬塑料条保护，避免人为污染或损坏。

六、机具设备

1. 钢筋工程。切割机、调直机、弯曲机、砂轮切割机、钢筋钩子、钢筋刷子、撬棍、扳手、钢卷尺、钢筋连接机具设备。

2. 模板工程。电锯、电钻、电刨、压刨、手锯、专用扳手、盒尺、锤子、钢卷尺、直角尺、线坠、白线。

3. 混凝土工程。混凝土输送泵、混凝土运输车、布料杆、振捣电机、铁锹、标尺杆、振捣棒、抹子。

4. 涂料工程。喷枪、空压机、高压水枪、角磨机、刮刀、抹子刮刀、抹子、堵孔工具、砂纸、滚筒、毛刷。

5. 其他设备。塔吊、施工吊篮、激光经纬仪、水准仪、钢卷尺、电子测温仪、试验检测设备。

七、劳动力组织

劳动力应按钢筋工、木工、混凝土工、力工、电工、水管工、机修工等分班组，实行工种承包，挂牌施工，工种人数根据实物工程量确定。

八、质量标准及检验办法

1. 外观质量要求

(1) 主控项目：

清水饰面混凝土的外观不应有《混凝土结构工程施工质量验收规范》中规定的严重缺陷和一般缺陷。对于已经出现的严重缺陷和一般缺陷，应由施工单位提出技术处理方案，监理（建设）单位、设计单位认可后进行处理。对经处理的部位，应重新进行检查验收。

检验方法：观察，检查技术处理方案。

(2) 一般项目：

清水饰面混凝土的外观质量，应由监理（建设）单位、设计单位、施工单位对外观观感进行检查，作出记录。应根据清水饰面混凝土的类别，从颜色、修补、气泡、裂缝、光洁度、对拉螺栓孔眼、明缝、蝉缝等表面观感指标进行确定，具体标准见表1。

表1　清水饰面混凝土外观质量验收表

项次	检查项目	饰面清水饰面混凝土观感效果	检查方法
1	颜色	颜色基本均匀，没有明显色差	距离墙面5m观察
2	修补	基本无修补	距离墙面5m观察
3	气泡	气泡分散，最大直径不得大于8mm，深度不得大于2mm，每m^2不大于$20cm^2$	距离墙面5m观察，尺量
4	裂缝	宽度不大于0.2mm且长度不大于1000mm	尺量、刻度放大器
5	光洁度	无漏浆、流淌及冲刷痕迹，无油迹、墨迹及锈斑，无粉化物	观察
6	对拉螺栓孔眼	排列整齐，孔洞封堵密实，颜色同墙面基本一致，凹孔棱角清晰圆滑	观察、尺量
7	明缝	位置规律、整齐，深度一致，水平交圈	观察、尺量
8	蝉缝	横平竖直，均匀一致，水平交圈，竖向垂直成线	观察、尺量

检查方法：全数检查。

检验方法：观察，检查技术处理方案。

(3) 对于只有外观观感指标要求的工程，达不到预定要求的，经设计对外观效果确认，能满足设计效果的，可以不进行处理。

2. 尺寸偏差

(1) 清水饰面混凝土结构不应有影响结构性能和使用的尺寸偏差，对超过尺寸偏差且影响结构性能和设备安装、使用功能的部位，应由施工单位提出处理方案，监理（建设）

单位、设计单位认可后进行处理。对经处理的部位，应重新进行检查验收。

检查方法：全数检查。

检验方法：测量，检查技术处理方案。

（2）清水饰面混凝土结构拆模后的尺寸偏差应符合表 2 的规定。

检查数量：按楼层、结构缝或施工段划分检验批。在同一检验批内，对梁、柱，应抽查构件数量的 20%，且不小于 5 件；对墙、板，应按有代表性的自然构件的数量抽 20%，且不小于 5 间；对大空间结构，墙可按相临轴线间高度 5m 左右划分检查面，板可按纵、横轴线划分检查面，抽查 20%，且均不少于 5 面。

表 2　结构允许偏差

项次	检查项目		允许偏差（mm）	检查方法
1	轴线位移	墙、柱、梁	5	尺量
2	截面尺寸	墙、柱、梁	±3	尺量
3	垂直度	层高	5	线坠
		全高	H/1000 且≤30	
4	表面平整度		3	2m 靠尺、塞尺
5	角、线顺直度		3	拉线、尺量
6	预留孔、洞口中心线位移		10	尺量
7	标高	层高	±5	水准仪、尺量
		全高	±30	
8	阴阳角	方正	2	尺量
		顺直	3	
9	阳台、雨罩位置		±3	吊线、尺量
10	分格条（缝）直线度		3	拉 5m 线，不足 5 米拉通线，钢尺检查
11	蝉缝错台		2	靠尺、塞尺
12	蝉缝交圈		5	拉 5m 线，不足 5 米拉通线，钢尺检查
13	楼梯踏步宽度、高度		±3	尺量
14	保护层厚度		±3	尺量

注：检查轴线、中心轴线位置时，应沿纵横两个方向测量，并取其中的较大值。

九、安全措施

清水饰面混凝土施工应遵守《建筑安装工程安全技术规程》等国家和地方有关施工现场安全生产管理规定；根据施工特点编制安全操作的注意事项及具体施工安全措施，并做好对操作人员的交底工作。

十、效益分析

1．社会效益

清水饰面混凝土工程不仅能减少能源消耗，绿色环保、降低工程造价、节约工期，而且对改善结构性能，提高结构的安全性有着重要意义。

2．经济效益

（1）清水饰面混凝土直接作为饰面，减少了结构表面的装修费用，节约工程造价，节约了工期，也有利现场的文明施工。

（2）虽然模板面板价格偏高，但组合模板体系能够使用18次以上，综合比较还是降低了模板投入费用。

十一、工程应用实例

联想集团北京研发基地工程设计外墙为清水饰面混凝土，面积达到23000m^2，是国内首例大面积清水饰面混凝土的工程。本工程清水饰面混凝土的效果非常好，获得北京市“结构长城杯”金奖。混凝土的颜色、平整度、光洁度、明缝和蝉缝等指标达到了预期效果，清水饰面混凝土的施工质量得到了美国、日本及清华大学的有关专家的高度评价，也获得了业主、设计、监理以及众多参观者的一致好评，并获得2004年《全国绿色建筑创新综合奖》以及2005年国家优质工程。

GRC 外墙装饰构件施工工法

YJGF 85—2004

山西省第三建筑工程公司

吉阳胜　常文慧　冯根明　赵　军　王宏伟

GRC 是英文 GIASS、FIBRE、REINFORCED、CEMENT（或 CONCRETE）的缩写，即中文“玻璃纤维增强的水泥（或混凝土）”由 GRC 制作成形的各种各样的外墙装饰构件是一种新型的多变的新型装饰材料。随着社会经济的发展，城市改造和人们对美的认识的提高，GRC 建筑装饰构件以其新颖别致、式样多变的特点逐渐被人认可，而被使用到各种民用、商用、办公等建筑物上。山泰石、木纹板、各种柱（柱头、柱基）各种装饰构件（涡卷、梁托、托花）以及花瓶柱、扶手线穹等，已成为人们点缀建筑、美化环境的一种优雅的装饰构件。近年来通过企业工程外墙装饰的安装施工，对大面积、多层次、多形状的使用积累了经验，达到国内领先水平，GRC 装饰构件在以后的建筑装饰市场将有广阔的前景，特编写本工法。

一、工法特点

外形花式的多种多样，可根据设计要求进行定做，结构轻巧，使用寿命长，隔音效果强，防火抗冻、抗渗，便于组合安装，充分美化建筑物。

二、适用范围

GRC 建筑装饰构件适用于各种类型的工业及民用、商用综合楼、住宅楼及商用房的室内外装饰。

三、工艺原理

充分利用 GRC 的性能，通过电脑绘制整体效果，提交 GRC 构件生产厂家，制作所需各式花样的构件，安装装饰于建筑物上，达到美化建筑物的效果。

四、工艺流程（见图 1）

五、操作要点

1. GRC 建筑装饰构件在使用过程中主要承受荷载

自重荷载、风荷荷载和地震荷载，在确定了构件形状和计算设计荷载组合的数值后，对构件再进行力学计算，即构件在荷载作用下共同抗弯、抗剪强度是否满足要求，通过计算最终确认构件的厚度，埋件的数量，肋的间距和肋与边肋的构造，以及连接件的材质、尺寸等，并将有关要求提交生产厂家。

2. 根据不同的墙体安排适宜的固定方法或固定件

（1）如为混凝土墙体，用膨胀螺丝或预埋件直接安装固定。

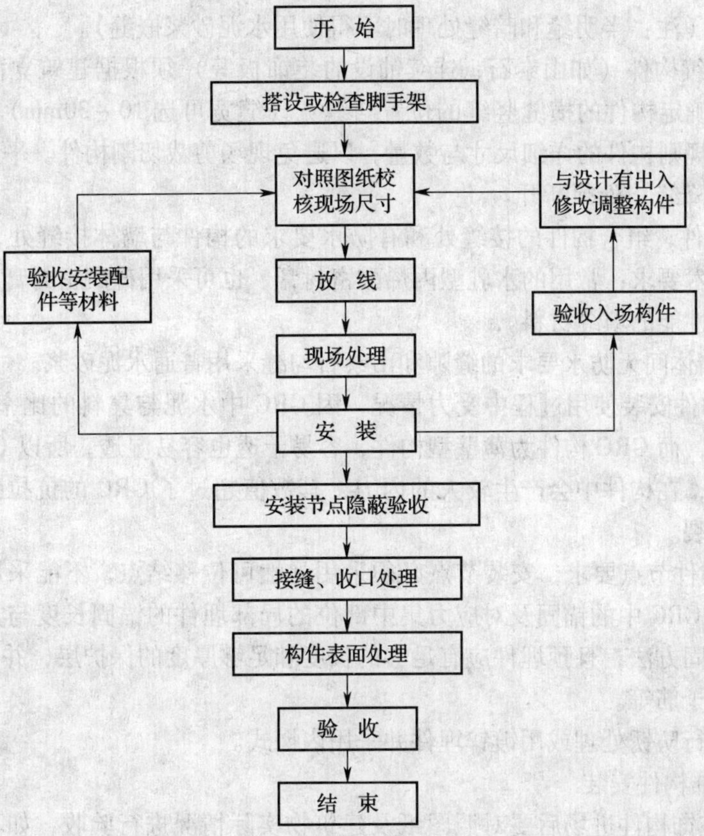

图1 工艺流程图

（2）如为加气混凝土砌块或空心砖墙，用预制混凝土块夹预埋件提高预埋在墙体中或下稍长点的膨胀螺丝固定安装。

（3）年久失修或酥松的墙体，应将表面及酥松部位清理干净后进行重新修补或抹灰后再进行安装固定。

（4）通过连接板与墙体连接，即用螺栓将构件与连接板连接，再将连接板用膨胀螺栓或焊接的方式与墙体或墙体上预埋件连接。

（5）构件安装到钢龙骨上，钢龙骨与建筑主体结构连接。

（6）小型构件粘接与墙体上，粘接材料采用水泥基粘结材料。

3. GRC装饰连续性构件安装

连续性构件安装必须在接头处留缝，不能靠紧，更不能将缝堵实，因为不留变形缝会使构件产生较大内力，造成构件与构件接缝处开裂。

（1）考虑到干湿变形因素，水平连续构件之间必须留有伸缩缝，单根长度不大于2m的构件其伸缩缝宽不小于5mm，单根长度2m以上的构件，伸缩缝宽应为5～10mm。

（2）构件间缝隙处理方式

①明缝。类似真石材构件，保持自然接缝效果。

②半明缝。用橡胶条（或塑料条）塞缝，建筑密封胶嵌缝。

③暗缝。用橡胶条（或塑料条）塞缝，建筑密封胶嵌缝后刮腻子，刷涂料，使接缝处与构件表面一致（注：半明缝和暗缝处理时不得使用水泥砂浆嵌缝）。

（3）平面连续构件（如山泰石，连续铺设的装饰板等）须根据建筑立面的详细尺寸绘制构件排列图，确定构件的横缝竖缝的位置与缝宽（缝宽可选 10 ~ 30mm）。计算因错缝和收口所需要的非规则构件的详细尺寸与数量，以避免现场剪裁切割构件。平面连续构件在建筑物伸缩缝（沉降缝）处须断开。

（4）连续构件，组合构件的接缝处和有防水要求的构件与墙体接缝处，使用建筑密封胶，其品种与技术要求：常用的水乳型丙烯酸密封膏，也可采用硅酮密封膏或其他具有粘接性能和弹性伸缩性能的填缝材料。

4. 构件与墙体间无防水要求的缝隙和山泰石勾缝采用普通水泥砂浆。

（1）GRC 构件安装使用过程中受力情况，因 GRC 中水泥与集料的比率较混凝土更大，其收缩变形也大，而 GRC 构件为薄壁型构件，容易干透也容易湿透，所以 GRC 在使用过程中受到完全约束，在构件中会产生较大的内力，其数值超过了 GRC 的抗拉强度，从而导致构件的裂缝、断裂。

（2）GRC 构件节点要求，安装节点必须采用弹性可位移结点，不能采用完全焊接的方式安装，埋件在 GRC 中的锚固及对应力集中部位的局部埋件的锚固长度与方式应参照混凝土中预埋件的锚固方法，且预埋件应有足够的长度和足够厚度的保护层，并在埋件处应局部加强，或增加胡子筋等。

埋件必须进行防锈处理或用镀锌埋件并采用内探式。

5. GRC 装饰构件安装

（1）GRC 装饰构件进场后要对照图纸及建筑物实际情况进行验收，如不适合应及时调换，对安装配件进行验收。

（2）GRC 装饰构件存放时，须摆放整齐，不得放在通道处，长期存放需要遮盖，防止雨雪尘埃等污染装饰面。

（3）产品搬运和吊运要防止碰撞或摩擦边角，重构件必须用产品预留的吊装点吊运，禁止用钢丝绳直接捆绑产品吊装。

（4）连续构件上墙前应进行试组对，如有误差须打磨或更换。

（5）复核施工现场条件和尺寸与设计图纸是否相符，如有差异需与设计人员共同确定解决办法。

（6）以墙面的水平和垂直线为基准通过放线按照设计排布构件，灰缝保持横平、竖直、等宽。通过放线准确测出非规则尺寸，据此制作该构件。

（7）复杂墙面（拱形窗、回廊、拱顶、穹顶、楼梯、圆球、弧形、多边形墙面等）应该放大样实测核实后再制作构件。

（8）建筑物上、下、侧边、施工缝、伸缩缝的处理，构件与构件，构件与其他材料之间的连接，在放线时都要考虑能满足接缝与收口设计的要求。

（9）构件安装前必须检查预埋件的数量、位置、长度及牢固程度。

（10）建筑墙体表面如无抹灰层，应先将墙表面抹一层底灰后再安装构件，以防渗水造成建筑物墙内表面受损。

（11）安装工作按设计要求施工，安装中要保证整体装饰效果。

（12）构件安装时必须将实物在基墙上定位后放线打眼，以准确确定安装节点和连接件的具体位置。对于不平整的墙面，独立构件或小范围组合构件可以随墙走连续构件则要以构件取直，必须防止打眼有误导致安装构件时，强扭就位形成安装应力，甚至局部破坏。当墙面不平整，误差较大时应用连接板连接构件和墙体，严禁硬扳埋件就位。

（13）构件安装后尚须抹灰的墙面，可直接打眼，已完成抹灰的墙面，安装节点处应凿凹槽。

（14）构件与构件接头连接应依据设计意图采用明缝或暗缝，缝的处理见 GRC 装饰构件安装第 2 步。

（15）各种装饰构件之间，构件与墙体之间的防水处理见 GRC 装饰构件安装（4）。

（16）横向构件安装时，如有阴阳角，应首先安装阴阳角，然后再安装直线段。安装直线段从中间向两边排列，按构件长度对称布置，通过调整构件上下两侧的连接点，嵌入墙体的深度来实现设计要求的排水坡度。

（17）用螺栓固定构件时，应使用平头膨胀螺栓，以保证螺栓端头不突出墙面。严禁采用将普通膨胀螺栓拧紧后，再将突出墙的端头切割去的作法。

（18）构件预埋件或连接件的钻孔直径必须大于选用螺栓直径的 4～6mm。

（19）在混凝土梁、板和剪力墙上安装构件，如钻孔位置打到钢筋时：

①有连接板的安装节点，更换长连接板，变换打眼位置。

②无连接板的安装节点，增加连接板更换打孔位置，连接板与预埋件之间用短连接螺栓连接。

（20）当打眼部位墙体有蜂窝，狗洞或酥松情况时，必须先对混凝土进行修补，待达到一定强度后再打孔安装。

（21）为防止构件变形受限而引起内力，构件安装结点原则上不得全部焊牢，4 点安装的构件可焊牢一点，细长构件酌情焊牢一端。

（22）如果安装构件的墙体有外保温材料，其安装节点须专门设计，严禁仅仅将螺栓加长就从事安装。

（23）边口部位的构件如檐口、门口、转角等处构件安装时，边缘转角处的安装节点如窗顶套的下侧，窗线的上侧，窗边套的靠窗侧等安装埋件应按照专门的设计点图安装，避免安装节点离边缘太近，不能可靠锚固。一般情况下：

小型构件采用长于 10cm 的软片埋件，使钻孔离开边缘。

大型构件须调整安装节点位置与方式。

（24）安装构件的螺栓与连接螺栓必须拧紧，有弹性要求的节点须增加 5mm 厚的胶垫或弹簧垫。

（25）安全索墙上节点应选择墙体结实部位，如有可能均应固定于混凝土结构上。

（26）竖向构件（特别是安装时）应避免将上部构件一层层地压在底部构件上，而应将每截构件单独悬挂安装在墙体上。

6. 构件安装完毕后应从上到下将构件清扫干净。

六、主要施工机具及仪器（表1）

表1　主要施工机具仪器

序号	名　称	规格	数量	用途
1	计算机	可进行 CAB 设计	1台	进行整体设计
2	经纬仪		1台	进行垂线观测
3	电动外挂吊篮	3t	设规模而定	垂直运输施工
4	电锤		3~5台	钻孔打眼
5	锤子	5磅	5~10把	钉螺栓
6	扳手		5~10把	拧螺栓
7	改锥		5~10把	拧螺栓
8	盒尺	50m	1把	放线
9	盒尺	5m	5~10把	量尺寸
10	小线及粉包			控制横平
11	线锤			控制垂直
12	安全带		5~10条	高空作业
13	胶带线			暂时连接
14	扁铲		5~10把	密封口
15	毛刷		5~10把	清扫
16	料桶		5~10个	装涂料

七、劳动力组织

设计人员1人，技术人员2人，木工3~5人，壮工5~8人，架工3人，油工5人。

八、安全措施

1. 施工人员进入现场必须佩带安全帽，穿防滑绝缘鞋，操作手持电器需带绝缘套。

2. 高空作业人员（2m以上）必须系好安全带，扎好袖口、裤口，携带工具包，严禁高空抛掷物品。

3. 施工作业面下方设置围栏与标识，禁止人员通行和施工，施工作业面上下方不得同时有人作业。

4. 禁止从外脚手架上攀爬，必须由通道上下。

5. 现场电焊时，在焊接下方应设接火斗，防止电火花溅落引起火灾或烧损其他建筑成品。

6. 电源箱必须安装漏电保护装置，手持电动工具必须戴绝缘手套，电动工具须作绝缘电压试验。

7. 在6级以上大风和大雾、下雨、下雪的天气严禁高空作业。

8. 吊装构件的机具、索具和悬挂吊具的结构及脚手架必须进行检查；确保安全可靠，吊运构件下方不得有人员。

9. 现场切割构件时必须戴防尘口罩和防护眼镜。

10. 工人搬运构件时防止砸脚，水平运输构件须使用推车。

九、质量要求说明

1. 安装的每1个构件的型号、规格、部位正确，无缺损掉角。

2. 安装项目允许偏差（表2）。

表2　安装项目允许偏差

产品类别	序号	项　目	允许偏差（mm）	检查方式
山泰石	1	表面平整度	5	有2m直尺和楔型尺
	2	横缝平直	3	拉2m线和尺量
	3	缝宽偏差	3	尺量
竖向构件（柱、竖向线套）等	4	中心线偏移	5	拉线、尺量、吊线坠
	5	上下构件对口错位	3	尺量
	6	垂直度≤5m	5	吊线板
	7	垂直度>5m<10m	10	吊线板
	8	垂直度≥10m	1/1000且≤20	吊线板
横向构件、檐线、腰线等	9	边线偏移	5	拉线、尺量
	10	相邻构件错位	5	尺量
	11	平直度	3	2m尺量
组合构件独立构件	12	位置偏移	5	尺量
	13	相对错位	5	尺量
	14	位置偏移	5	尺量

（1）检查数量。

以4m左右作为1检查层，每20m长检查1处（每处3m长），但不少于3处。

（2）允许偏差。

（3）接缝与收口检查。

①明缝、缝宽均误差±3mm，如果用密封胶嵌缝填缝饱满密实，整洁深浅一致。

②暗缝，无明显接缝痕迹。

③构件与墙体之间无缝隙无裂纹。

④横向构件的排水坡度达到大于3%的要求（水平仪测），与墙体接缝处密封胶饱满密实。

十、效益分析

1. 采用此本工法完成的工程装饰成品，长治市太西大厦商住楼、长治市城区联社综合办公楼、长治市城东路省建家属商住楼 1#、2#、3#、4#等多个工程，经建设、监理及当地质量监督部门验收，质量均能满足设计及施工规范要求。

2. 工程交付使用以来，我单位多次进行回访服务，未发现任何质量问题，建设单位非常满意。

3. 采用此项技术与单调呆板的清水墙面相比较，总体观感效果尤佳，其多变的花式花样，简单的结构操作，更能够适应环境变化和城市改造，为美化城市生活环境大增异彩。

十一、应用实例

1. 山西省长治市城区联社综合办公楼，位于长治市客运中心斜对面，是长治市西入口的标志建筑。该楼整个外墙装饰 1 万多 m^2 全部采用大连山泰公司的 GRC 构件。整个装饰效果与长治市规划相符并且符合该楼的使用特点，体现出办公楼的严肃和规范化。

2. 山西省长治市工商经贸联合公司的太西大厦是一座集住宅与商铺的综合性建筑，该建筑外墙采用 GRC 装饰构件进行装饰后期整体效果既体现出住宅的轻松活泼，又体现出商铺的热情。

大面积木质幕墙施工工法

YJGF 86—2004

北京市建筑工程装饰公司

张春雷　张宝奇　单艳杰　王　冉　邵　奇

建筑装饰材料的快速发展、设计理念的不断变化，已成为建筑装饰行业的一个新的发展趋势。采用新型木质幕墙材料作为装饰，已成为建筑物装饰多样性的一种体现。本工法为大面积的木质幕墙工程，总结出一套施工质量高、整体效果好的施工技术。该项技术荣获北京建工集团有限责任公司科技进步一等奖，并通过了北京市建委主持的专家鉴定会，认定其为国内首创，已达到国际先进水平，具有明显的经济效益。

一、工法特点

1. 施工便捷、可操作性强，单元板的制作简单易行且安装灵活同时降低劳动强度。
2. 施工速度快、工效高，总工期短、费用低经济性高。
3. 施工质量容易得到保证，能够满足设计及甲方要求。
4. 施工噪声低、各种材料均无污染，有利于环保。

二、适用范围

此工法适用于室内、外幕墙工程，用木质饰面材料装饰大面积墙面的施工。

三、工艺原理

本工法用严密的工序控制木质板材的色差，通过严谨的综合测量为面层平整度提供控制线，同时将整体木质幕墙划分成单元式结构、用新型安装方法进行安装，减少了安装的难度，更易对整体平整度进行控制。

四、工艺流程（见图1）

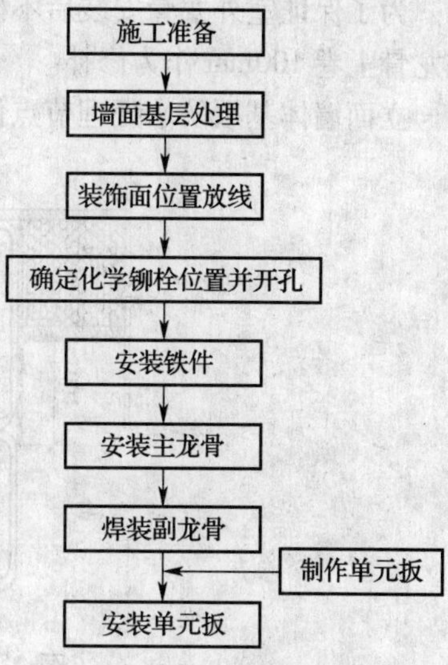

图1　工艺流程图

五、施工要点

1. 色差控制

（1）给厂家做进货前的交底：保证每批板材所使用的原木料必须选择同一地区、同一产地、同一生长时间的原材料。

（2）在厂家加工生产前，先为厂家提供木质幕墙每个立面详细的板材位置分布图。在这张图纸上对板材先按照从左至右再从下至上的顺序进行了详细的排列编号，并在每块板的位置标清其具体的行、列编号。并且带领厂家根据图纸对现场进行了实际确认交底。厂家在出厂前进行预排，并按预排顺序的情况对应板材位置分布图上的编排方法将每块板的编号写在板材背面。

（3）板材运至现场后，按照厂家写在板材背面的编号并与板材位置分布图（即厂家对饰面板进行预排版的顺序）一一对应，对板材进行单元板的拼装，每块单元板拼装完成再按先后挂装顺序摆放在施工现场进行安装。最后根据实际情况对个别板材进行局部位置的调整。

2. 墙面基层处理

墙面基层应根据设计单位的要求，进行隔断墙封闭，且应进行防火、保温、防水处理。

（1）防火处理。

木质幕墙与各层楼板、隔墙外沿间的缝隙，当采用岩棉或矿棉封堵时，其厚度不应小于100mm，并应填充密实；楼层间水平防烟带的岩棉或矿棉宜采用厚度不小于1.5mm的镀锌钢板承托；承托板与主体结构、幕墙结构及承托板之间的缝隙宜填充防火密封材料。

具体防火处理方法应符合设计的耐火极限要求。

（2）保温处理。

外墙应突出强调采用外保温构造。如必须采用内保温构造时，应充分考虑结构性能热桥的影响。并应按照《民用建筑热工设计规范》的规定，进行内部冷凝受潮验算和采取可靠的防潮措施。

目前，外墙保温材料主要有聚苯板玻纤网格布聚合物砂浆外墙外保温、胶粉聚苯颗粒保温浆料外墙外保温、EPS板现浇混凝土外墙外保温、硬泡聚氨酯现场喷涂外墙外保温等几种做法。

（3）防水处理。

外墙防水处理方法一般采用涂刷防水涂料做法。所有墙面外表做相同处理（即用801胶和素水泥调成浆状在墙面进行满刮）以刮平所有墙面小孔，以便于刷JS金泥防水涂料，JS金泥防水涂料自上而下刷三遍，厚度为1.5mm。待防水涂料干燥后方可安装龙骨固定件。

为了保证室外龙骨安装后不破坏原防水结构，特在固定件安装完成后再补刷防水涂料并在龙骨上卷100mm作为修补。

立面墙体基层防水处理节点详见图2。

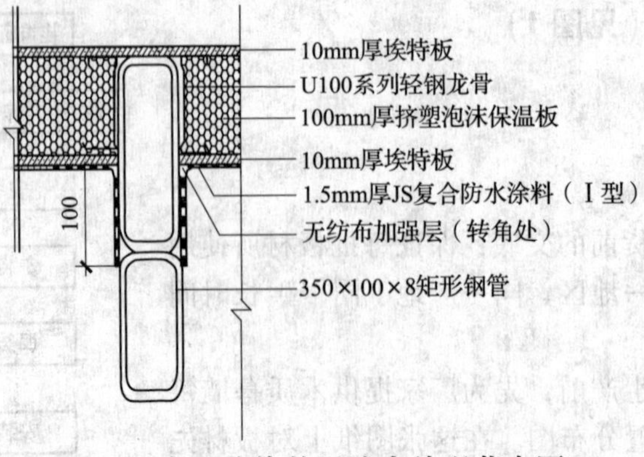

图2　立面墙体基层防水处理节点图

3．综合放线

由于木质幕墙整体面积大、门窗洞口较多、现场情况复杂且需要通过放线来严格控制幕墙安装的平整度。在施工放线中遵守先整体，后局部的工程程序。定位放线工作执行自检、互检合格后，由有关主管部门复验线的工作制度。测量计算根据正确的科学方法，计算有序、步步校核。施工放线流程：

审核原始数据→消障→放垂直线→垂直弹线→放水平线→水平弹线→门窗洞口的定位放线→复线

4．连接设计

主体结构或结构构件，应能够承受幕墙传递的荷载。连接件与主体结构的锚固承载力设计值应大于连接件本身的承载力设计值。

（1）预埋件。

木质幕墙立柱与主体混凝土结构应通过预埋件连接，预埋件应在主体结构混凝土施工时埋入，预埋件的位置应准确；当没有条件采用预埋件连接时，应采用其他可靠的连接措施，并通过现场试验确定其承载力。

（2）锚栓连接。

木质幕墙架构与主体结构采用后加锚栓连接时，应符合下列规定：

①锚栓应有出厂合格证。

②碳素钢锚栓应经过防腐处理。

③应进行承载力现场拉拔试验，必要时应进行极限拉拔试验。

④每个连接点不应少于 2 个锚栓。

⑤锚栓直径应通过承载力计算确定，不应小于 10mm。

⑥不宜在化学锚栓接触的连接件上进行焊接操作。

⑦锚栓承载力设计值不应大于其极限承载力的 50% 。

⑧幕墙与砌体结构连接时，宜在连接部位的主体结构上增设钢筋混凝土或钢结构梁、柱。轻质填充墙不应作为幕墙的支撑结构。

5．立柱与横梁龙骨的安装的材料要求

（1）立柱与横梁龙骨可采用铝合金型材。铝合金型材采用阳极氧化、电泳涂漆、粉末喷涂、氟碳喷涂进行表面处理时，应符合现行国家标准《铝合金建筑型材》规定的质量要求。

（2）钢型材宜采用高耐候钢，碳素钢型材应热浸锌或采取其他有效防腐措施，焊缝应涂防锈涂料；处于严重腐蚀条件下的钢型材，应预留腐蚀厚度。

（3）为更好的解决温度应变的问题，在立柱的设计时，将上下立柱之间留有 15mm 的缝隙，并用芯柱联结。芯柱总长度 400mm，芯柱与下柱之间采用不锈钢螺栓固定。

（4）多层或高层建筑中跨层通长布置立柱时，立柱与主体结构的连接支承点每层不宜少于 1 个；在混凝土实体墙面上，连接支承点宜加密。

6．单元板拼装

（1）木质饰面板与单元骨架之间的连接。

木质板材背后采用 M8 不锈钢螺栓带硅硐结构胶与单元龙骨之间的栓接的形式。单元龙骨周圈螺栓孔间距均不得大于 500mm，锚入木质板材的深度为 25mm 以防止板材的材质特殊性和伸缩变形性影响木质幕墙的长期使用。单元板安装大样图详见图 3。

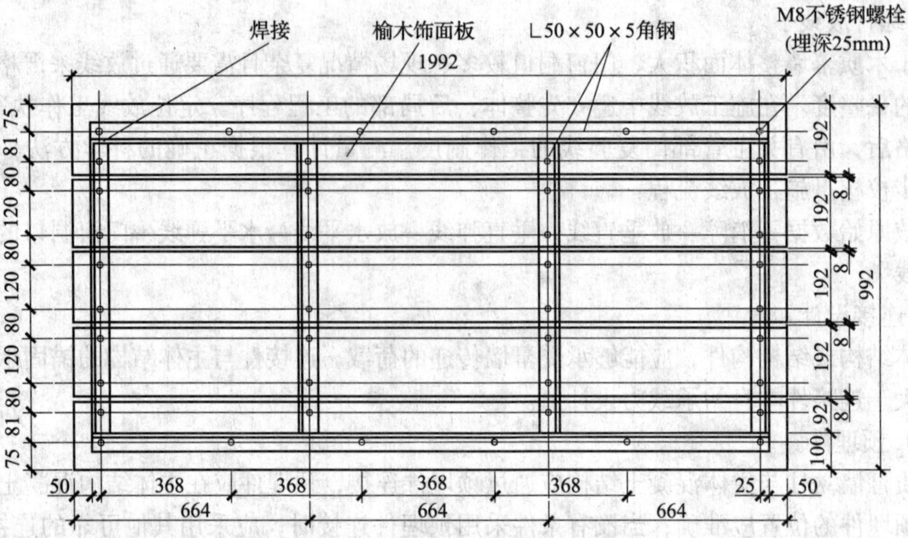

图3　单元板安装大样图

（2）当面板宽度为1m时直接为单元板，板宽度为192mm的板材，用5块连成1m的单元板，为保证小板块之中的板缝均匀平整以及单元板的几何尺寸，应提前做好模具。

（3）用8×8×40的木条钉在木工板上，以便控制8mm缝的宽度，四周用木条按几何尺寸封边，以保证单元板的几何尺寸，模具完成后先把小块板放入模具中再把钢架放好，并调整至设计尺寸位置，用铅笔画好孔洞的位置，再移开钢架用手电钻打孔，用汽泵管吹净灰尘，打结构胶于孔内，用手电钻把8×30自攻钉紧固于孔内。

（4）板与角钢骨架之间采用M8不锈钢螺栓固定到50×50×5角钢骨架上，并在螺栓孔内打结构胶。

六、单元板挂装后整体平整度控制

1．先用3cm板按标准板材实际的规格尺寸制作榆木饰面板的模型，再按图纸设计和挂装方法，制作与单元板拼装成型后尺寸相符的模框样板，以后每组板材就在这个模框样板中进行的拼装。以保证每块榆木饰面板与单元骨架之间连接孔处定位的准确性。

2．在拼装单元板的同时，用现场制作的90°靠尺板检查每块拼装板的边角垂直度及用钢直尺检查拼装板的对角线长度以便准确地调整单元板的尺寸。

3．每个单元板挂装完成后，用2m靠尺检查，平整度达不到检验要求的，在单元板与挂接螺栓之间加不锈钢垫片进行调节，经检验合格后点焊固定。

七、质量标准

1．一般规定

幕墙工程验收时应检查下列文件和记录：

（1）幕墙工程的施工图、结构计算书、设计说明及其他设计文件。

（2）建筑设计单位对幕墙工程设计的确认文件。

（3）幕墙工程所用各种材料、五金配件、构件及组件的产品合格证书、性能检测报告、进场验收记录和复验报告。

（4）幕墙工程所用硅酮结构胶的认定证书和抽查合格证明；进口硅酮结构胶的商检证；国家指定检测机构出具的硅酮结构胶相容性和剥离粘结性试验报告；密封胶的耐污染性试验报告。

（5）室内人造木板的甲醛含量应进行复验。

（6）后置埋件的现场拉拔强度检测报告。

（7）防雷装置测试记录。

（8）隐蔽工程验收记录。

2. 木质幕墙工程主控项目

（1）木质幕墙工程所用材料的品种、规格、性能和等级，符合设计要求及国家现行产品标准和工程技术规范的规定。成品板材具备阻燃，防虫蛀，不腐朽变形，不易污染，易清洁，并具备一定的耐候性。

成品板材防腐达到《木结构工程施工质量验收规范》中对省级以上博物馆内部装修材料燃烧性能等级的 B1 级标准。

（2）木质幕墙的造型、立面分格和图案符合设计要求。

（3）木质饰面板的数量、尺寸位置及板缝之间的宽度和深度都符合设计要求。

（4）木质幕墙主体结构上埋件的位置、数量及拉拔力符合设计要求。

（5）木质幕墙金属框架与主体结构上埋件的连接、立柱与横梁的连接、角钢架子与金属框架的连接、角钢架子与榆木饰面板的连接符合设计要求，安装牢固。

（6）金属框架、连接件与埋件的镀锌防腐符合设计要求。

（7）木质幕墙的防雷装置与主体结构防雷装置可靠连接。

（8）木质幕墙的防火、保温、防潮材料的设置符合设计要求，填充应密实、均匀、厚度一致。

（9）木质幕墙的板缝打胶处理符合设计要求。

3. 木质幕墙工程一般项目

（1）木质幕墙表面平整、洁净、无缺损和划痕。

（2）木质饰面板板缝横平竖直、宽度和深度统一为 8mm，饰面板上的洞口、槽边应边缘整齐，所有阳角采用 45°对拼。

（3）木质幕墙安装的允许偏差（表 1）。

表 1　木质幕墙安装允许偏差

项次	项　目		允许偏差（mm）	检验方法
1	幕墙垂直度	$30m < h \leq 60m$	15	用激光仪或经纬仪
2	幕墙横向构件水平度	宽度 > 35m	5	
3	幕墙表面平整度		3	2m 靠尺、钢板尺、水平仪
4	板材立面垂直度		3	2m 靠尺、钢板尺、水平仪
5	相邻板材板角错位		1	用钢直尺检查
6	阴、阳角方正		2	用直角检测尺检查
7	接缝直线度		3	拉 5m 线用直尺检查
8	接缝高低差		1	用钢直尺和塞尺检查
9	接缝宽度		1	用钢直尺检查

八、机械设备及测量仪器（表2）

表2 机械设备及测量设备配备

序号	机具名称	规格型号	单位	数量
1	切割机	350×1200	台	2
2	台钻	3.2kVA	台	1
3	手电钻	400VA	台	5
4	电锤	350VA	台	5
5	电焊机	21kVA	台	1
6	电子经纬仪	DJD2－G	台	1
7	自动安平水准仪	AL332	台	1
8	铝合金塔尺	5m	把	1
9	靠尺	2m	把	2
10	直角尺	200×200	把	1
11	卷尺		支	2
12	胶枪		支	1
13	线坠		个	1

九、劳动力组织（表3）

表3 劳动力组织

工 种	人 数
放线工	2
木 工	5
打胶工	1
暂设电工	2
焊 工	2

十、效益分析

木质幕墙的施工方便简捷，节省劳动力，大大降低了劳动强度，施工效率明显提高，通过对板材的预排版有效地控制了成本，减少了材料的浪费。且施工过程中无污染，有较好的环境效益。

十一、工程实例

首都博物馆新馆工程木质幕墙工程。

大、厚、重艺术浮雕石材干挂工法

YJGF 87—2004

福建六建建工集团公司

张善庆　陈永耀　陈伯朝　郑少佳

我公司在福建省博物馆新馆等工程，在厚度为150～350mm的大、厚、重艺术浮雕石材干挂技术的应用中取得较好成果，总结形成了本工法。

一、工法特点

1. 满足较高的安装尺寸要求。
2. 工艺简单、劳动效率高。
3. 满足安装后细雕时锤击的震动要求。
4. 质量可靠，石材加工误差及安装误差调整较容易。
5. 满足大、厚、重石材饰面的稳定性、安全性的要求。
6. 改变了以往大、厚、重艺术浮雕石材须从基础上砌筑的传统工艺。

二、适用范围

适用于钢筋混凝土框架结构外墙面采用单片面积为500～800mm×500～800mm、厚度在150～350mm，重量在100～250kg及安装高度在15m以下的以艺术浮雕石材为饰面的装修。

三、工艺原理

整个饰面的内骨架为由经计算选定了型号的立柱、横梁组成的网格式钢框架；面板由若干片粗加工的大、厚、重的单片艺术浮雕板块拼装而成，单片浮雕板块四侧开通槽与槽钢附框组合，其上框伸出的槽钢挂钩倒挂在钢骨架的横梁上，拼装成一整幅浮雕板画，交付精雕刻。

四、工艺流程及操作要点

1. 施工工艺流程（图1）

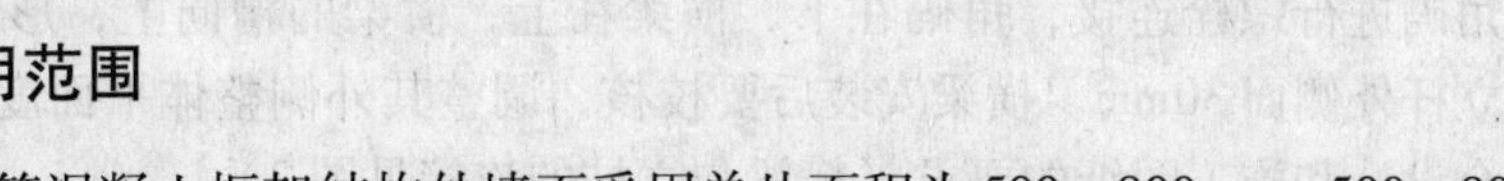

图1　施工工艺流程

2. 施工要点

（1）施工前的准备工作。

①熟悉图纸，研究节点构造及与其他外墙饰面的连接，编制方案。

②预埋件制作、安装的方案选择。该工序方案有2种：a. 整体预埋法：在通长的热轧

钢板上围焊锚筋，锚筋数量、排数、排距、锚筋长度经计算后确定，锚筋埋于混凝土框架梁中，钢板“贴”于梁外侧面。b. 植化学螺栓法：即在框架梁验收后，按设计要求在梁外侧钻孔，植化学螺栓，再与开孔后的钢板采用螺栓连接。

③主体结构验收后，搭设脚手架，清理预埋件等。

（2）现场测量放线。

根据整幅浮雕板画的大小和设计要求，在安装的外墙面进行全面测量，制定出整幅板画及每单片浮雕板块的安装尺寸控制线和立柱、横梁分格线。以网格控制其尺寸，并对尺寸线进行技术复核。

（3）立柱、横梁的制作。

根据设计和现场测量的尺寸，将用来制作立柱和横梁的槽钢进行下料，立柱的长度为通长，横梁的长度为立柱间距减去设计伸缩缝的宽度；将符合尺寸要求的槽钢热镀锌处理，备用。

（4）立柱的安装。

在预埋在横梁外侧的钢板上围焊连接角码，角码应按立柱分格线定位，每处焊两片，与侧立的[18 槽钢形成“背靠背”，用 M16 不锈钢螺栓连接，除最高框架梁处的角码孔钻成 M16 螺栓孔外，其余均钻成椭圆孔，以消除立杆的热胀冷缩。立杆安装后要校核和调整其外侧整体平面度，直到符合设计要求。

（5）横梁的安装。

横梁一端与侧立的立杆内槽围焊，端头应锯缝，方可与立杆焊接；另一端与焊在相邻立柱槽钢腰间的角码进行螺栓连接，角码在下，横梁在上，横梁的槽向上，形成“背靠背”，并使槽外伸出立杆外侧面 30mm。横梁安装后要校核、调整其外侧整体平面度和横梁的安装高度，直到符合设计和施工图纸的要求（横梁与立柱的连接见图 2）。

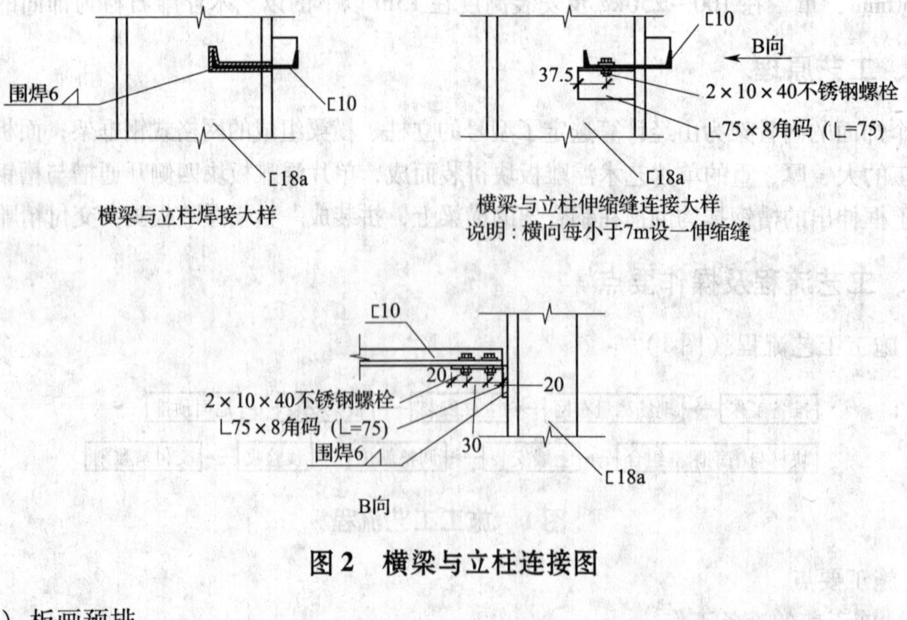

图 2　横梁与立柱连接图

（6）板画预排。

在平整的地面上将全部的单片板画按各自位置排列、修边、修缝。实行片片石板 100% 检验，不符合拼装要求的单片石板块返修纠正，以保证尺寸的准确，并对每块单片板块进行编号。再校核整幅板画的长、宽总尺寸及开槽尺寸，完成后再弹出整幅浮雕版面的中线。

（7）单片浮雕石材与槽钢附框组合。

将单片板块四侧面加工成阶梯形，四侧面开通槽、上框用[10 槽钢，边框及底框用[8 槽钢以电弧焊联结，为保证联结牢固，在其四个角部加焊角铁；另在上框内侧焊上定位销，在下框相应位置开销孔，附框焊接采用模板控制尺寸，再对已附框组合的浮雕板块进行技术复核，确保每片浮雕板块加工及附框尺寸符合要求，最后在附框槽内填充石材锚固剂（板块与槽钢附框组合见图3）。

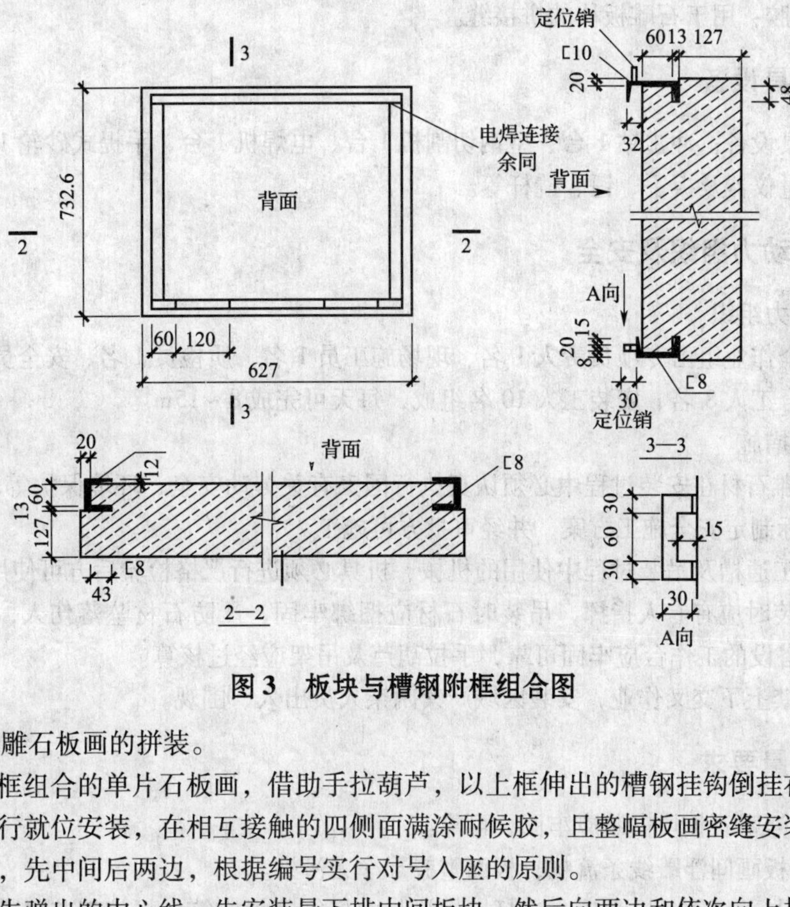

图3 板块与槽钢附框组合图

（8）浮雕石板画的拼装。

将已附框组合的单片石板画，借助手拉葫芦，以上框伸出的槽钢挂钩倒挂在横梁外伸出的槽上，进行就位安装，在相互接触的四侧面满涂耐候胶，且整幅板画密缝安装，安装顺序为从下到上，先中间后两边，根据编号实行对号入座的原则。

根据事先弹出的中心线，先安装最下排中间板块，然后向两边和依次向上拼装，每安装1片要以控制线核对安装尺寸，上、下排相邻的石板画须使定位销插入销孔，每安装3片相邻浮雕板块须重核尺寸，控制分尺寸以消化累积偏差，保证整体板画安装尺寸的准确及浮雕线条的对应关系。

五、材料

1. 浮雕石材。选用 G606 花岗石，强度、色泽、材质等指标满足浮雕画的要求。
2. 钢骨架。

立柱：采用热镀锌[18 槽钢，钢骨架用。

横梁：采用热镀锌[10 槽钢，钢骨架用。

3．预埋钢板。宽300mm、厚12mm的通长钢板制成。

4．角码。

采用∟200×120×20角钢制成，用于预埋件与立杆的螺栓连接，螺栓孔制成圆孔。

采用∟75×8角钢制成，用于横梁一端与立杆的螺栓连，其螺栓孔制成圆头长方孔。

5．定位销：12mm×50mm长方形钢销，$L=60$mm，用于石雕板下端的定位。见图3剖面。

6．不锈钢螺栓：规格M16×110，用于角码与预埋件，角码与立杆等螺栓连接。

7．石材锚固剂：用于附框槽钢与石材的填塞缝。

8．耐候胶：用于石雕板块的拼接缝。

六、机具设备

主要机具设备：冲击钻1台、型钢切割机1台、电焊机1台、手提式砂轮1台、手拉葫芦1部、测量仪器及扳手、锤、撬杆等。

七、劳动力组织及安全

1．劳动力组织

一般每个作业组由专项负责人1名、现场施工员1名、质检员1名、安全员1名、现场石材附框组合工人8名、安装工人10名组成，每天可完成8～15m^2。

2．安全措施

（1）浮雕石材在安装过程中必须认真执行国家有关劳动安全、环境保护等法律、法规，结合工程实际制定安全施工方案，并经审批方可施工。

（2）加工通槽及吊装过程中使用的机械、机具必须进行严格检验后方可使用。

（3）安装时应有专人指挥，吊装时石材应捆绑牢固，严防石材坠落伤人，安装人员应相互配合，搭设的工作台应牢固可靠，手拉葫芦及吊架应经过核算。

（4）严禁上下交叉作业，安装区域严禁闲杂人员出入、围观。

八、质量要求

1．艺术浮雕石板块安装应牢固、可靠。

2．单片板画间浮雕线条流畅，板面整齐干净无污染。

3．角码与预埋钢板，角码与立杆，横梁与立杆等围焊应符合焊接工艺要求和设计强度要求，螺栓连接应牢固可靠，并宜有强度试验报告。

4．槽钢附框与石材采用石材锚固剂填缝应饱满、不松动。

5．艺术浮雕板画墙面允许偏差（表1）

表1　艺术浮雕板画墙面允许偏差

项　目		允许偏差（mm）
浮雕平面度		5
总尺寸	宽度偏差	±5
	高度偏差	±3

续表1

项　　目		允许偏差（mm）
单片板画尺寸	宽度偏差	+0 -0.5
	长度偏差	+0 -0.5
	对角长度偏差	±1
立柱	垂直度	5
	直线度	2.5
	外表面平面度	3
	长度差	±1
横梁	水平度	2
	同高度横梁高度差	±1
	长度差	0 -1
整体板面	垂直度	4
	平面度	2

九、应用实例及效益

在福建省博物馆新馆工程的主馆、综合馆等馆外墙安装了3幅浮雕艺术石板画，画幅共计280m²，分别为“海上丝绸之路”、“郑成功收复台湾”、“古老的闽越族”。其中“古老的闽越族”版面最大，面积为25m×6.6m，由360片624.5mm×733mm、厚度200mm的单片浮雕板块组成，每片重约200kg。通过采用该工法，保证了安装质量，得到建设单位、监理单位、设计单位、雕刻艺术家及参观者的一致好评，取得了良好的经济效益和社会效益。

聚苯保温板与混凝土现浇复合外墙施工工法

YJGF 88—2004

浙江舜杰建筑集团股份有限公司
江苏省华建建设股份有限公司北京分公司
蒲梦江　王自力　陈光明　程　杰　朱　靖　姚荣海

建筑节能是现代建筑技术发展的一个基本方向，它不仅是现代社会经济发展的需要，而且也是减轻空气污染和改善建筑功能的需要。根据建设部《建筑节能发展纲要》，《夏热冬冷地区居住建筑节能设计标准》，根据夏热冬冷地区特性，室内居住环境不尽人意的特点，从环保节能和以人为本角度考虑，以改善室内居住环境为基本出发点，采用带三维钢丝网架的聚苯乙烯泡沫塑料板（以下简称EPS板）与混凝土复合外墙整体浇捣技术，通过对建筑外围护结构的保温隔热，达到用少量的能源提供较高居住舒适度的目的，通过施工实践，总结编写了本工法。

一、适用范围

1. 适用于建筑住宅的外墙剪力墙结构保温工程。

2. 不适用于外墙剪力墙以外的墙体工程。

二、工艺原理和特点

1. 将EPS板良好的保温性能运用到建筑外墙，使建筑在使用中具有较好保温特性，隔离了热量的传导、对流，而且节约能源，尤其是在环保方面意义重大。

2. EPS板材料相对于混凝土的密度较轻，其表观密度不小于18kg/m^3，整体厚度50mm。

3. 由于EPS板带三维钢丝网架，使之与混凝土外墙整体浇捣性较好。安装时，板与板间加平网和转角处加转角网，以及L筋和U型筋，板周边均有企口（即雌雄榫）整体性较好。

4. 斜插丝贯穿EPS板外伸出一定长度，在浇筑混凝土墙时钢丝头部分即埋入混凝土内，使EPS板与墙体牢固地结为一体。EPS聚苯板的安装与混凝土的浇筑一次完成。

5. EPS板可锯、自重轻、施工安装方便。

三、材料、工具

1. 以EPS聚苯板为保温基材，其外侧表面加工有水平条状20～30×10mm的梯形挂灰槽，双向交叉斜插ϕ2.0冷拔钢丝，钢丝透过保温基层50mm，并在梯形挂灰槽一侧覆以网目为50mm×50mm的ϕ2mm冷拔钢丝网片，组装焊接而成。

2. 钢丝网采用ϕ2mm镀锌钢丝，其斜插丝外露长度不小于50mm。

3. 为保证外墙饰面的牢固性与耐久性，进场EPS聚苯板面的冷拔钢丝为ϕ2mm±0.05mm，斜插冷拔钢丝为ϕ2mm±0.05mm。其抗拉强度≥550N/m^2，冷弯试验反复弯曲

180°≥6 次，其他性能应符合 GB 343—1994 的规定。

4. 材料进场后进行 30% 抽检，斜插丝与钢丝网的焊接必须牢固，以用手大力拍振 10 次无焊接脱落及松动判断。

5. 保温板的企口正确完整，表面平整度允许误差 3mm，无翘曲变形现象。

6. 工具：钢卷尺、钢锯子、小型钢筋剪刀、油漆用铲刀等。

四、工艺流程

本工法施工工艺流程如图 1 所示。

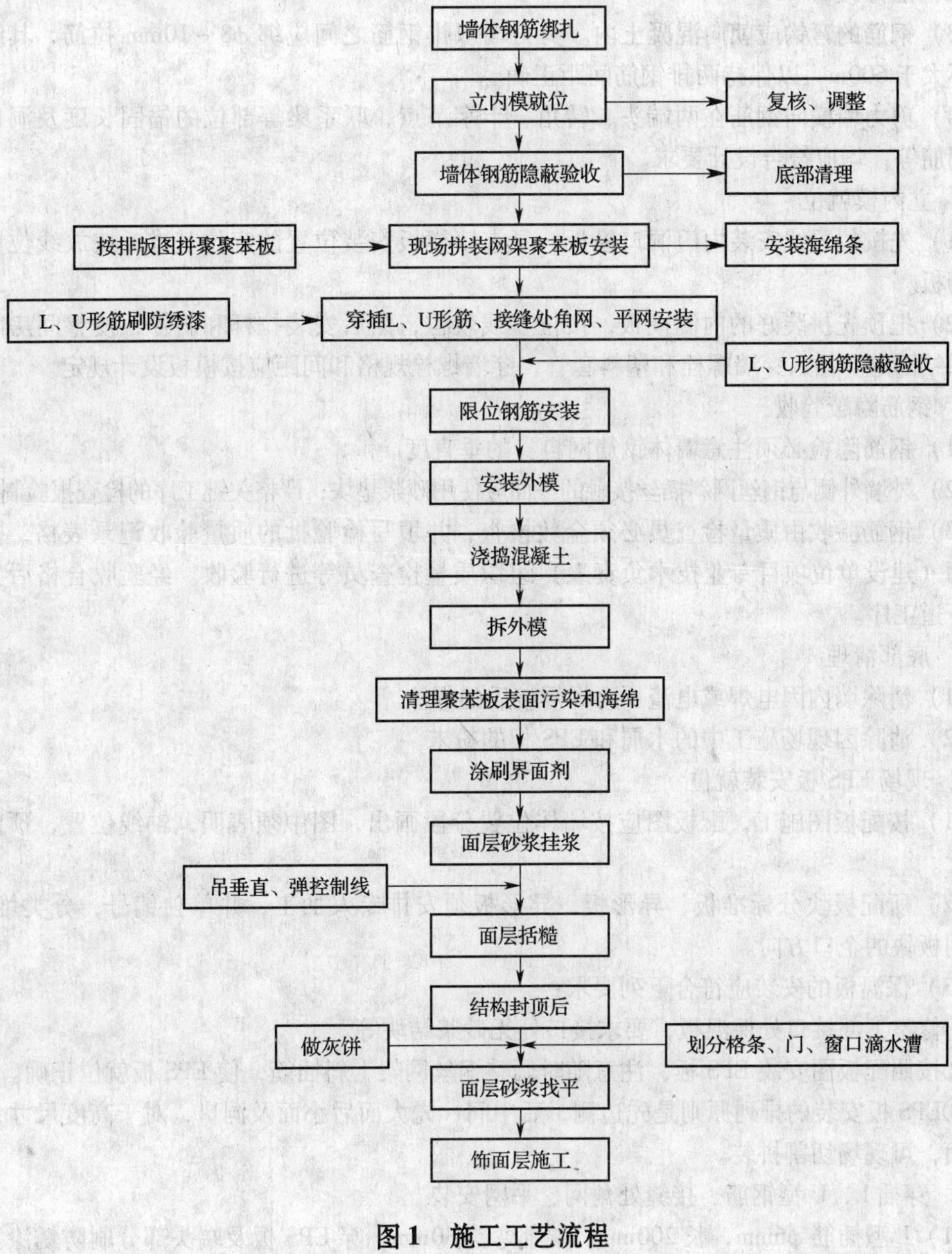

图 1　施工工艺流程

五、工艺操作要点

1. 剪力墙钢筋制作安装

（1）先立2~4根竖筋，与下层伸出的搭接筋进行电渣压力焊焊接，划好水平筋间距，然后在下部及中部绑两根定位横筋，并在横筋上划上竖筋间距，接着绑扎其余竖筋，最后绑扎其余横筋。

（2）剪力墙钢筋应逐点绑扎，于四面对称进行，避免墙钢筋向一个方向歪斜，水平筋的绑扎接头应错开。在钢筋外侧及时绑扎保护层垫块和内模面用塑料卡垫块，以控制保护层厚度。

（3）钢筋的弯钩应朝向混凝土内。剪力墙双排钢筋之间应绑 $\phi 8 \sim 10$mm 拉筋，其纵横间距不大于600m，以保持两排钢筋间距正确。

（4）剪力墙横向钢筋在两端头、转角、十字节点、联系梁等部位的锚固长度及洞口周围加固筋等，均应符合设计要求。

2. 立内模就位

（1）先按位置线安装内门洞口模板，复查墙模板安装位置的定位基准；按放线位置钉好压脚板。

（2）把预先拼装好的内侧模板，按位置线就位，然后安装拉杆和斜撑，使整间房间的支撑联结固定。插入穿墙螺栓和塑料套管，穿墙螺栓规格和间距应按模板设计规定。

3. 钢筋隐蔽验收

（1）钢筋隐检必须注意墙体钢筋网自身的垂直度。

（2）外墙外侧与钢丝网斜插丝接触的一面应使用砂浆垫块；严格关键工序的检查报验制度。

（3）钢筋验收由质量检查员必须全数检查，并填写检验批的质量验收记录表格，监理工程师（建设单位项目专业技术负责人）组织质量检查员等进行验收。经验收合格后方可进入下道工序。

4. 底部清理

（1）清除墙内因电焊或电渣压力焊焊接后的焊渣。

（2）清除因现场施工中的木屑和EPS板的粉末。

5. 现场EPS板安装就位

（1）按配板图施工，配板图应按墙体位置分段画出，图中须表明，轴线位置，预留洞口尺寸。

（2）所配板块分标准板、异形板，异形板须安排专人加工，并单独编号，分类堆放。须标明板块的企口方向。

（3）保温板的安装应符合下列要求：

①修整下部接口处保温板，要求接口处无砂浆结块等。

②按照配板图安装EPS板，注意随时调整钢丝网架上斜插筋，使EPS板就位正确。

③EPS板安装的排列原则是先边侧，后中间；先大面后小面及洞口，对于高度尺寸多变的墙面，可现场切割拼装。

6. 穿插L、U型钢筋、接缝处角网、平网安装

（1）L型插筋 $\phi 6$mm，长200mm，端部弯钩30mm，穿EPS板及端头部分刷防锈漆。如

L 型筋、U 型筋的数量及绑扎情况，角网、平网及缝口的处理。

（2）按图穿 L 型插筋应符合下列要求：穿 EPS 板时，不可动火烧洞，亦不可蛮力穿透，以免作业面被二次污染。可采用电烙铁烙眼穿筋。L 型钢筋应为梅花形布置，双向间距为 600mm。为防止混凝土由于受振捣所产生的侧压力造成芯板梯形槽面与钢丝网挤靠在一起，可在钢丝交叉部位与芯板间加垫一厚度为 10mm 的垫块，间距 500mm，与 L 型钢筋弯钩钢丝网一起绑扎牢固。

（3）限位钢筋的穿插应符合下列规定：要求间距 600mm，与钢筋网绑扎牢固。板墙上口 10cm 须加一道防止 EPS 板在混凝土侧压力下上浮或内倾的限位钢筋。

（4）EPS 板接缝位置两侧在钢丝网与聚苯板之间应穿 50mm × 50mm 的泡沫条，防止混凝土浆沿 EPS 板表面凹槽流失。

（5）EPS 板垂直拼缝处采用平网，转角处采用角网加 U 型 $\phi 6$ 钢筋穿过 EPS 板 150mm 固定。

（6）检查阴阳角及板缝加强网，用铁丝与 EPS 板钢丝网绑扎牢固，角度平直。

（7）EPS 聚苯保温板墙体构造如图 2 所示。

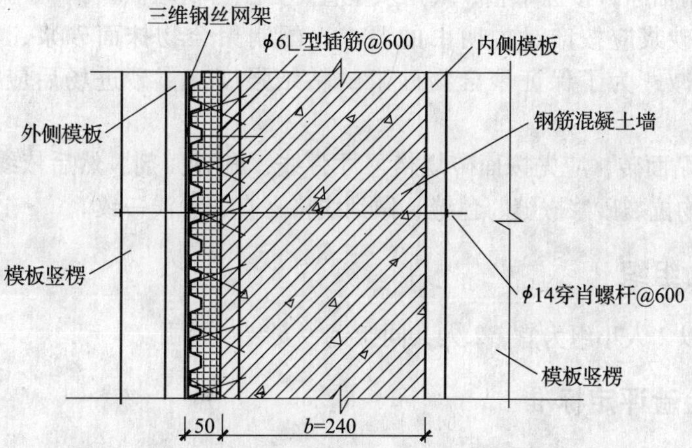

图 2　EPS 聚苯保温板墙体构造图

（8）再次进行自检，隐检。

7. 外立模安装就位

（1）墙模板合模后，应对伸出的钢筋进行一次修整，宜在搭接处绑一道临时定位横筋，浇筑混凝土过程中应有人随时检查和修整，以保证竖筋位置正确。

（2）安装外墙侧模板，调整斜撑（拉杆），使模板垂直度符合要求后，拧紧穿墙螺栓。

（3）模板安装校正完毕，应检查一遍扣件、螺栓是否紧固，模板拼缝及底边是否严密，门洞边的模板支撑是否牢靠等，并办完预检手续和混凝土浇灌作业审批令。

8. 浇捣混凝土

（1）进行混凝土浇捣时，应使用导流板，外侧用彩条布进行覆盖，以免混凝土进入 EPS 板与外模之间，影响 EPS 板的外形和垂直度，污染 EPS 板表面。

（2）墙体混凝土须振捣密实均匀，墙面及接搓处应光滑、平整，墙面不得有孔洞、露筋及灰渣等缺陷。

9. 拆模并清理EPS板表面

(1) 模板拆除应填写模板工程拆模作业审批令。

(2) 模板拆除后，应仔细检查剪力墙内外侧混凝土表面浇捣质量情况，如有孔洞、露筋、蜂窝现象，应在相应位置外侧钻孔复检，并采取补救措施。

(3) 每个层面拆模外墙面保温板表面清除干净，无灰尘、油渍和污垢，打磨。

10. 饰面层

(1) 外墙饰面抗裂砂浆抹灰应分挂浆底层和面层，先抹一层底灰，填满梯形凹槽，然后用砂浆括糙找平，并覆盖钢丝网1~2mm。

(2) 放弹线格，嵌分格条。分格条必须横平竖直，棱角整齐，宽度、深度均匀。滴水线槽流向正确、顺直，槽宽与深度不小于10mm。

(3) 分层抹灰待基层抹灰凝结后刷界面剂，然后进行面层抗裂砂浆抹灰，每层抹完后均需洒水养护，或喷养护剂。

(4) 抹灰层的找平层与面层之间、抹灰层与EPS板之间必须粘结牢固，无脱层、空鼓现象。表面应光滑洁净，接搓平整，线角须垂直、方正、清晰。

(5) 聚合物砂浆应按产品说明书的要求，配制聚合物抹面砂浆，根据黄砂的含水率，水可适量增减；为了保证聚合物砂浆的粘结强度，黄砂进场后应用水冲洗，含泥量应小于2%。

(6) 如是铺贴面砖，应先按面砖规格尺寸弹线，刷界面剂，然后依线用抗裂砂浆铺贴面砖，并用聚合物抗裂砂浆嵌缝、色缝，做到线格平直，深浅一致。

六、劳动力组织

EPS板安装以2人小组为宜，2人共同搬运、安装、粉刷。

七、质量检验评定标准

1. 主控项目

(1) EPS板的质量必须符合设计要求和地方标准或企业标准的规定，并备有质量合格证书或试验检测报告。

(2) 粉刷用的水泥、黄砂、聚合物、胶水、面砖等原材料必须有出厂合格证或检测复试报告符合要求，且配合比正确。

(3) EPS板与EPS板之间相邻连接的并网和转角网应符合设计要求，连接牢固可靠。

(4) 剪力墙混凝土必须内实外光，不允许有蜂窝、孔洞等缺陷。

2. 一般项目

(1) 对下列项目应进行隐蔽验收：

①EPS板板缝拼接及泡沫条安装符合设计要求。

②L型插筋直径数量符合规定要求并安装牢固。

③钢丝网片与EPS间隙距离符合规定要求。

(2) 下列各项内容进行检查，做好工程施工备案资料：

①监测单位的测试报告和验收意见。

②隐蔽工程的验收记录。

③三维钢丝网架和 EPS 板的产品质量保证书和检验报告书。

④混凝土及砂浆等试块报告。

⑤重大技术问题的处理或修改设计等技术文件。

⑥结构尺寸和位置对设计偏差的检查记录，其他必须检查的项目。

⑦对其他有特殊要求的工程项目，应单独验收。

（3）尺寸偏差按照配板图安装 EPS 板，注意随时调整钢丝网架上斜插筋，使 EPS 板就位正确，EPS 板与剪力墙一次浇捣成型后检验的尺寸偏差应符合表 1 要求。

表 1　EPS 板与剪力墙混凝土一次浇捣成型检验的允许偏差

项　目	允许偏差（mm）	检验方法
垂直度	4	2m 托线板或水准仪测量
表面平整度	4	2m 靠尺和楔形塞尺测量
U 型钢筋间距	±20	尺测量
芯板板缝	<2	尺测量

（4）抹灰面或面砖面的检验按国家标准《建筑装饰装修工程质量验收规范》（GB 50210—2001）中的有关条款进行检测。

八、安全技术

除遵守一般的现场安全操作规程外，还应遵守下列要求：

1. 严格动火制度，对施焊人员要求持证上岗，教育上岗，携灭火器上岗。
2. 严禁施工人员在施工现场吸烟、引火取暖。
3. 每层设有安全网或安全罩，严禁向下倾卸和抛掷材料。

九、技术经济分析

1. 经济效益

以宏观节约电力、保护环境为主。示范工程与外墙粘贴转换工艺的建筑节能可节约 25% 左右造价。

2. 社会效益

将大大促进建筑节能工作，起到节电、节能效果，最终达到保护环境，减少二氧化碳等温室气体的排放。

十、工程应用实例

1. 中新公寓坐落于上海市浦东新区南洋泾路 288 号（近张扬路口），北邻张扬路，东邻南洋泾路，南邻泾南六街坊住宅区，西近苏创公寓。工程总建筑面积约 28951m^2，其中 1# 楼 14950m^2，2# 楼 11802m^2，主楼地上 18 层，地下 1 层。主体建筑屋面标高为 64.90m，标准层高为 1# 房 2.9m、2# 房 1 ~2 层为 2.9m，3 层以上为 2.8m，外墙采用带三维钢丝网架的 EPS 板（简称 EPS 板）与剪力墙混凝土复合外墙整体浇捣新技术，属上海市节能墙体改革贯标的首批示范工程项目，2003 年荣获浙江省建筑业新技术应用示范工程。

2. 山龙新村 2 期第 3 批商品住宅工程位于上海市金山区卫清西路 628 号，工程总建筑面积 33606m^2，地上 12 层，主体建筑标高为 34.80m，标准层高为 2.8m，外墙采用带三维钢丝网架聚苯保温板与剪力墙混凝土复合外墙整体浇捣新技术，上海市金山区节能住宅示范工程项目。

3. 山龙新村二期第四批商品住宅工程位于上海市金山区蒙山路 188 号，工程总建筑面积 17008m^2，地上 12 层，主体建筑标高为 34.80m，标准层高为 2.8m，外墙采用带三维钢丝网架聚苯保温板与剪力墙混凝土复合外墙整体浇捣新技术。

（执笔人：浙江舜杰建筑集团股份有限公司　蒲梦江　王自力　陈光明）

混凝土外墙钢丝聚苯板外保温施工工法

YJGF 89—2004

中国建筑第一工程局第二建筑公司
中铁建设集团有限公司
中铁十七局集团建筑工程有限公司

费秀春　张友芹　徐梦南　王　伟　赵　伟　曾禄刚　卫立志　李永胜　郭志豹

复合聚苯（EPS）钢丝网架板（以下简称保温板）是由阻燃型聚苯乙烯泡沫塑料板为保温芯层，其一侧加工有50mm×10mm的梯形挂灰槽，双向斜插钢丝45°透过保温芯板50mm与附在梯形槽一面的钢丝网片自动焊接而成，钢丝网片为$\phi 2$镀锌钢丝，网格为50×50mm。保温材料与混凝土基层1次浇筑成型，钢丝网架表面抹抗裂水泥砂浆，然后可做涂料或粘贴面砖材料。

一、工法特点

本工法是在混凝土墙体施工中，将保温板放置于将要浇筑墙体的外模内侧，即“先挂后浇”。当墙体混凝土浇筑完毕后，外保温板和墙体混凝土1次成活，结合为1体。具有保温板与墙体结合紧密无缝隙、不滑坠、不开裂、不脱落；施工安全、方便、快捷，附加材料少，拆模容易，节省工期和造价低等特点。保温板放在外模内侧，形同保温模板。在冬施中还兼起对混凝土保温作用，在夏季对外墙混凝土起到良好的养护作用。

二、适用范围

本工法适用于多层、高层建筑外墙保温体系，结构为现浇剪力墙钢筋混凝土的外保温施工。

三、工艺原理

在混凝土墙体支模前，将保温板附在墙体钢筋外侧，并与之固定。保温板的斜插钢丝伸出芯层部分在浇筑混凝土墙体时，钢丝出头就插入混凝土内，使板与墙体间能够牢固地结合为1体。并在保温板板缝处加设8#镀锌钢丝，解决了保温板接缝错台变形等问题，抹灰前在保温板接缝处加设200mm宽钢丝平网和洞口角网解决了抹灰裂缝问题。

四、工艺流程及操作要点

1. 工艺流程

裁板⟶检查剪力墙钢筋⟶安装保温板⟶验收保温板⟶支模并验收⟶浇筑混凝土⟶拆模⟶混凝土质量验收⟶外装饰施工。

2. 操作要点

（1）裁板。

保温板进场后按外墙几何尺寸及洞口情况放样，用手握钢锯裁板，并裁留门窗洞口。裁板由专人负责，裁板后搬到施工层。

（2）检查剪力墙钢筋绑扎情况。

在挂保温板之前必须先检查剪力墙钢筋绑扎情况，经过监理验收，办完隐蔽验收手续。核查水泥砂浆垫块在墙体钢筋上的安置数量，间距必须为600mm，梅花型布置。（不宜采用塑料垫块，因塑料垫块遇保温板接触面小，塑料垫块易挤入保温板内）

（3）安装保温板。

将保温板安装在已绑好的钢筋骨架外侧，板上斜插丝出头一面朝里，以便和外墙混凝土粘牢。钢丝网格在外面与模板相接触。保温板按楼层层高断开，互不连接，梯形挂灰槽横向布置，保温板竖向接缝。

（4）保温板固定。

①首先由测量员测量放出距轴线为50cm的控制线，控制外墙厚度尺寸，然后按照拼板图拼装保温板，并与墙体钢筋固定（图1）。

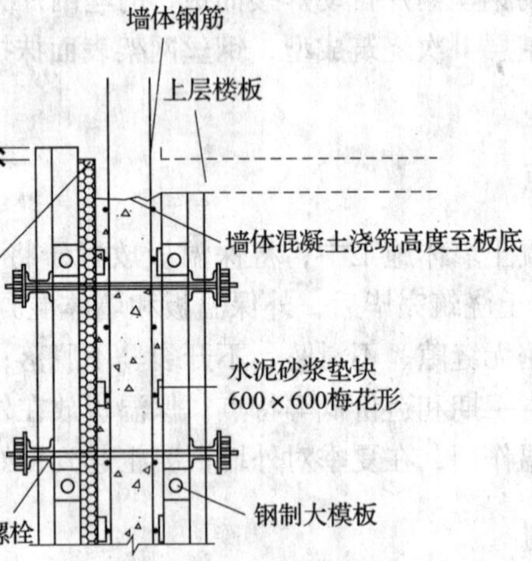

图1 外墙保温支模方式

②保温板拼装就位后，用8#钢丝做成“U”型固定筋，尺寸为150×150mm。将“U”型筋按照间距600mm×600mm垫块位置穿过保温板，用铅丝将其与钢丝网和墙体钢筋分别绑扎牢固（见图2）。

③保温板竖缝为企口缝，搭接缝处增加竖向平网，竖缝平网为200mm宽。搭接处用“U”型筋与墙体钢筋进行拉接，间距1000mm。保温板企口搭接必须严密，不得松动。层与层之间水平缝不设平网固定（断开），如图2所示。

（5）阴、阳角、阳台及门窗洞口保温板安装方法。

①外墙阳角两侧保温板各后退100mm，角部增加$\phi 6$钢筋，外侧附加角网，每侧不小于300mm（见图3）。

②门窗口边保温板后退50mm，此部位浇筑混凝土，需用角网加固，同时在中间部位加一道$\phi 6$钢筋，钢筋两端锚入墙体之中，以保证此部位混凝土的强度。洞口四周保温板梯形挂灰槽容易漏浆，应满粘海绵条，防止灰浆进入保温板灰槽内，并且在洞口侧模上满粘海绵条，以防止漏浆（见图4）。

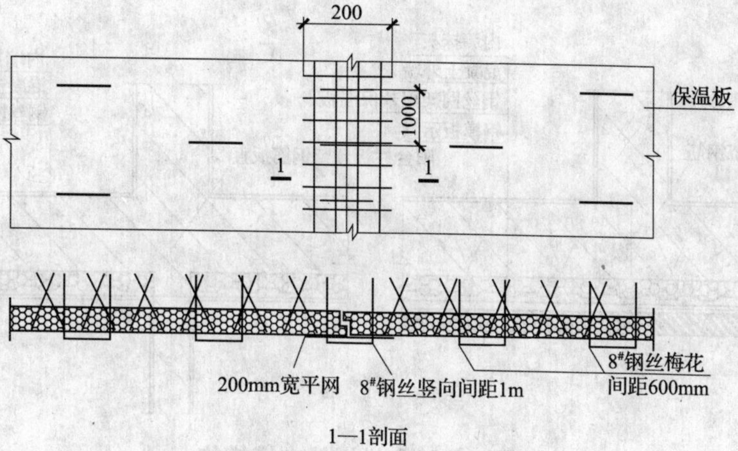

图2　竖向拼缝及整板固定措施

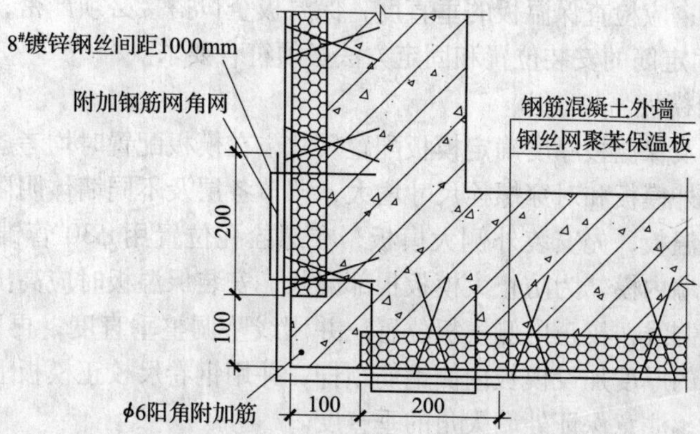

图3　转角处保温板安装示意图

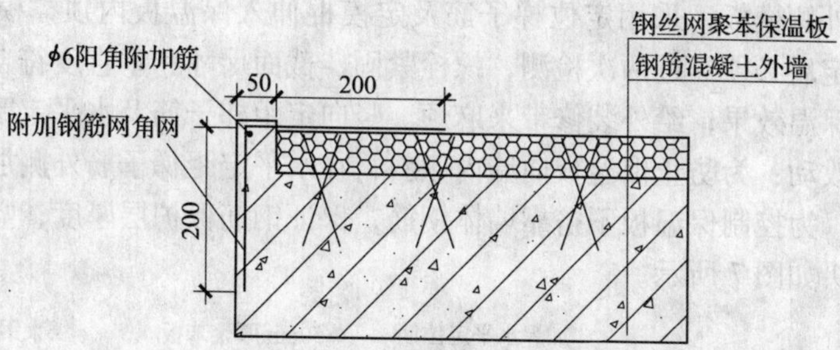

图4　洞口周边保温板处理

③对于阳台栏板后浇筑混凝土问题，预留栏板钢筋，其做法为：支外墙模板时，应先支立保温板，将阳台栏板筋穿过保温板，一端伸入墙内与钢筋绑扎，在保温板外侧将钢筋弯起，然后立内外钢模板。墙体浇完混凝土后拆模时，将阳台栏板部位的保温板剔除，并将阳台预埋筋扳直，然后绑扎阳台栏板钢筋，支阳台栏板模板，浇筑混凝土如图5所示。

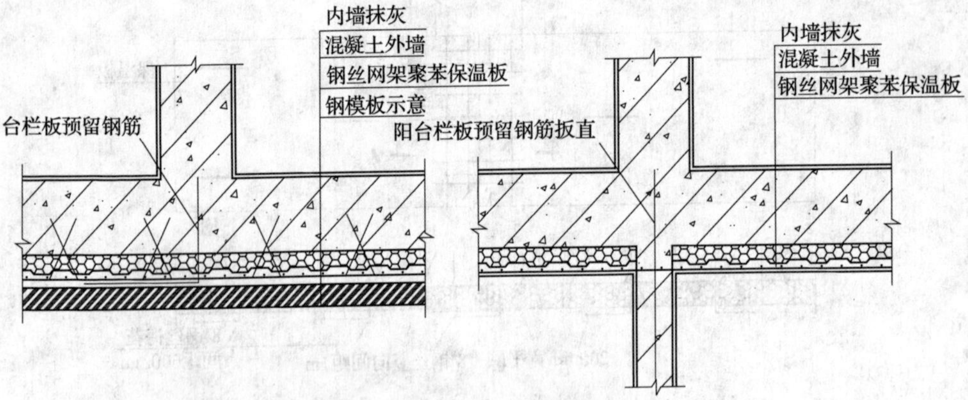

图 5　阳台栏板处支模措施

（6）保温板验收。

保温板安装后，应检查保温板的垂直度，保温板企口搭接必须严密，搭接处必须设置竖向平网，“U”型固定筋的安装位置和固定方法必须符合要求。

（7）安装外墙模板。

①根据墙体以及保温板厚度确定模板配置尺寸，在模板配置时均考虑外墙外保温导致墙体厚度增大，致使外模板和对穿螺栓尺寸增大，调节各层及不同墙体阴阳角模板的配置。

②临时固定保温板，先安装外侧大模板，在螺栓孔位置用 ϕ30 管锥由外向内穿透保温板，然后再安装外墙内模。为防止大模板根部漏浆，安装保温板时应高出顶板标高 3cm。先按外墙内侧定位控制线，校正内侧模板位置，并用线坠调整垂直度，再以内侧模板为标准，按照墙厚与保温板的厚度加设模板内侧钢筋顶杆，并用钢卷尺校正模板上口尺寸，用线坠再调整侧模板的垂直。注意保证外墙大角的垂直度。

③保温板安装时及时清理落地的聚苯板碎末，防止混凝土出现烂根现象，合模时，须在每道墙体留置一块模板待清理完毕后进行合模。

④安装外墙外侧模板，采用定位梯子筋及定模棍伸入保温板内顶撑模板，控制截面尺寸。模板支设固定后必须经过两次检测，螺栓紧固、截面尺寸和垂直度符合规范要求，一旦胀模，就会降低保温效果，给外装修带来麻烦。竖向定距梯子筋及水平定距梯子筋，用于外保温墙时做如下改动：为防止保温板向墙内倾斜，在水平定距梯子筋外侧加焊 1 根通长水平钢筋如图 6 所示；为控制保温板不挤靠墙体钢筋，保证钢筋保护层厚度，竖向定距梯子筋在外侧加焊短钢筋头如图 7 所示。

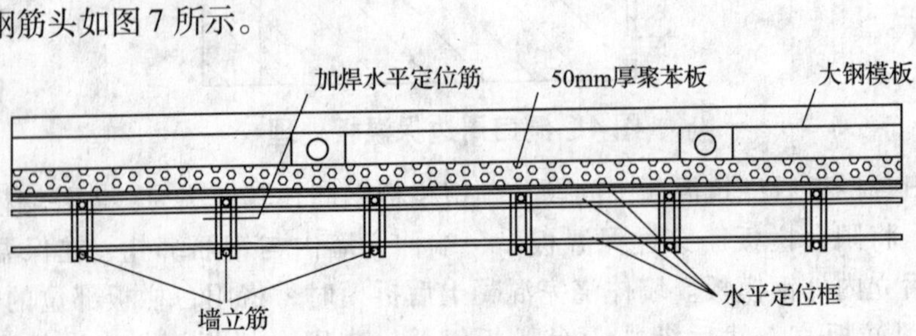

图 6　水平定距梯子筋示意图

（8）混凝土施工。

①严格按混凝土施工工艺施工，混凝土浇筑同剪力墙常规做法，注意分层浇筑，并分层振捣密实，振捣时，不能碰到保温板。

②监控措施：墙体混凝土浇筑前保温板顶面必须利用多层板或竹胶板遮挡，为防止保温板变形以及混凝土沿模板与外墙保温板间隙渗入，采用通常木条顶住保温板上口，木条与外侧墙筋绑扎牢固，防止木条滑落入下部墙体和混凝土内。

（9）拆模工序应注意问题。

当混凝土强度达到拆模要求时，一定要提前拔出对穿螺栓，不得用撬棍撬保温板与模板面之间的缝隙，将会损坏保温板，应在混凝土墙上端放一块木方，利用杠杆原理，撬大模板的槽钢固定支撑，起吊大模板时，一定要注意不要碰撞保温板。

（10）外墙装饰施工要求。

①待主体结构验收后,即可进行外墙抹灰,抹灰前应清理表面灰浆及门窗洞口四周的海绵条。

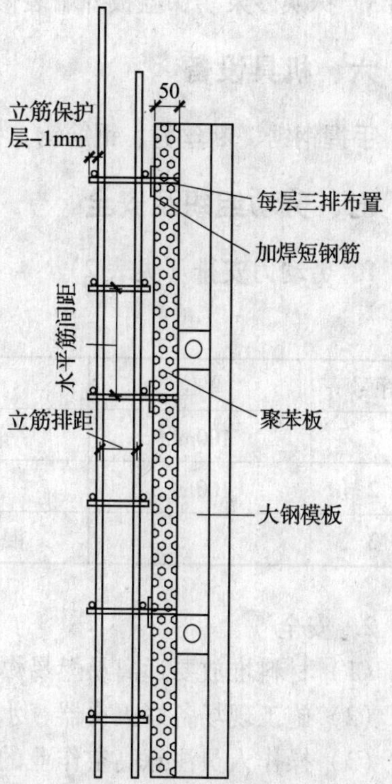

图7　竖平定距梯子筋示意图

②根据建筑物全高垂直度及平整度来确定灰饼厚度，抹底灰前先进行毛化处理，用建筑胶与水泥按配比1∶0.4拉毛，抹灰应用中砂，含泥量小于3%；砂浆比例按水泥∶砂子为1∶3配置，并按水泥重量的1%掺入杜拉纤维，配置抗裂砂浆，以防止抹灰层空鼓、开裂，最后刷涂料或贴面砖按照其工艺要求进行。

五、材料

1．保温板材料

（1）保温板按规格尺寸分类，见表1。

表1　保温板规格

序　号	项目类别	长（mm）	宽（mm）	厚度（mm）
1	标准型	层高	1200	40～60
2	非标准型	按需加工	1200	40～60

（2）保温板。厚度按设计要求，保温板在厂家加工成层高乘以1200mm的标准板块，表观密度须大于18kg/m^3，斜插丝为ϕ2穿出保温板外≥5cm的镀锌钢丝，保温板外表面涂刷EC－1界面处理剂。

（3）保温板必须具有出厂证明、检测报告、备案证明，钢丝网架点焊不应有开焊的现象。

2．“U”型筋。8$^{\#}$镀锌钢丝，尺寸150mm×150mm。钢丝平网和角网：ϕ2镀锌钢丝，网格为50mm×50mm。

3. 抹灰砂浆。保温板外墙装修底灰采用1∶3抗裂水泥砂浆，面层按设计要求。

六、机具设备

手握钢锯、断丝剪、钢筋钩、钢卷尺、ϕ30管锥等。

七、劳动组织及安全

1. 劳动力安排（见表2）

表2 主要劳动力安排

序号	单位	工种	人数	主要工作
1	100m^2	钢筋工	2	锚固件的加工制作
2	100m^2	木工	4	保温板的安装和校正模板支设
3		混凝土工	若干	浇筑混凝土

2. 安全

(1) 材料堆放要远离易燃易爆物品，材料堆放现场要有专人负责看管。

(2) 施工现场备好灭火器、水桶等防火用具。

(3) 操作人员注意高空作业的自身防护。

八、质量标准

1. 混凝土的检查验收

检查验收依据《混凝土结构工程质量验收规范》(GB 50204—2002) 进行，要求表面要平整、密实。

2. 质量标准

(1) 主控项目。保温板材料必须符合设计要求。"U"型筋固定位置、数量要准确，绑扎固定要牢固。拼缝之间网片、附加角网、搭接长度、连接固定要准确。

(2) 一般项目。保温板板缝之间缝隙≤3mm。垂直度允许偏差5mm，表面平整用2m靠尺允许偏差3mm，"U"型筋间距允许偏差±50mm。

3. 应注意的质量问题

外墙外侧混凝土成为隐蔽工程，注意加强混凝土施工过程控制，保证混凝土的质量，阴阳角接缝处需加钢板网，保证抹灰不开裂。

九、效益分析

先挂后浇施工方法与传统的主体完工后挂保温板施工方法比较，工序简单，与墙体结合更紧密，无滑坠变形，保温与结构同时施工，故节省工时25%，相应地降低造价10%。保温板梯形挂灰槽的设置有利于抹灰层与保温板的结合，减少抹灰量。保温板的接缝与墙体混凝土接槎错开设置，避免了混凝土浇筑时跑浆漏浆现象。无需支托钢架及防脱钢筋网片。尤其对于商品房增大使用面积取得较好的经济和社会效益。

十、应用实例

该施工工法在外交部街33[#]院住宅楼及商业配套工程中得到应用。外保温分项工程2002年11月1日开始至2003年7月9日完工，外保温面积达3580m^2，验收时各项质量指标均符合要求，实测实量合格率达95%，分项工程质量合格。施工情况见图8、图9。

图8　外保温分项工程施工实例图（一）

图9　外保温分项工程施工实例图（二）

（执笔人：中国建筑第一工程局第二建筑公司　费秀春　张友芹　徐梦南）

500kV 大跨越工程特殊立塔及架线施工工法

YJGF 90—2004

安徽送变电工程公司

宫阿龙　薛慧君　殷传仪　黄成云　罗义华

我国水能和煤炭资源多集中于西部和北部人口稀少、经济发展较缓慢地区，而东部、南部沿海地区，人口密集、经济发展迅速，电力需求量大，能源资源缺乏，因此大容量、远距离的西电东送和北电南送势在必行。但大跨越工程的设计、加工、施工水平制约了电网建设的进一步发展。上世纪 90 年代初期，国家科委与原能源部根据《三峡工程输变电工程设计工作纲要》，提出三峡输变电工程重大科技课题，并组织各有关科研单位参加和做好课题的攻关工作，大跨越研究（编号：BXD85 - 02）的主要内容有：1）跨越塔型结构的研究。2）相应塔型基础的研究。3）跨越导线的研究（输电能力的优化匹配，不形成卡脖子段）。4）配套的金具研究。5）防雷防振措施的研究。6）导线上航空障碍标志的研究。

其中并不包含大跨越工程施工方面的内容。随着三峡工程输变电工程的开工建设，国内有关大跨越研究的最新科技成果开始应用于工程实践，大跨越工程施工工艺及施工装备严重滞后，难以满足新型跨越工程施工的需要，工艺及装备主要存在以下问题：1）钢管法兰结构跨越塔塔身断面变化大、结构稀疏、分解组立困难、部件重，缺少安全、高效的抱杆及与之相应的安装工艺。2）跨越工程地处长江黄金水道，航运繁忙，导线、地线、光缆需在通航状态下牵引，但张力放线设备及牵引绳索不能满足不封航张力放线要求。3）作业人员在上（下）铁塔过程中、在塔上水平移动、安装作业时，缺乏简捷、有效的安全保护措施。4）高空作业发生人身伤害事故时，缺乏紧急救护伤员及快速撤离伤员的方法。5）高空作业过程中，缺乏实时、直观传递作业面施工信息的手段。

2000 年底，我公司中标承建 ±500kV 龙泉至政平直流输电工程（“三常”直流输电工程）皖五标段（芜湖长江大跨越）。“三常”直流输电工程（±500kV 龙政线）是三峡二期工程输变电工程的标志性工程，为三峡电力送华东的主通道。设计输送容量 3000MW，是目前世界上输送容量最大的输电工程。采用“海拉瓦”技术选径，在芜湖天门山附近跨越长江，跨距 3050m，跨越塔高 229m，重 1147t，为钢管法兰结构跨越塔；导线采用特高强度镀锌钢芯高强度铝合金绞线，双极均为四分裂布置，单极导线重达 47t。芜湖长江大跨越以“电压最高、容量最大、跨度最长”被喻为“输电第 1 跨”，是国内大跨越研究成果第 1 次用于工程实践，代表着当前国际先进水平，将为我国输电线路的制造和建设奠定基础。

我公司围绕大跨越工程施工安全和质量，以安全、优质、高效、通用性强为原则，采用新技术、新材料、新方法进行工艺及设备研究。

2001 年 7 月跨越塔立塔工艺基本形成，跨越塔组立设备——双摇臂攀爬自升式抱杆（以下简称抱杆）设计制造完成，2001 年 8 月上旬完成抱杆的型式试验、验证性荷载试验、全工况的模拟实验及固有振动频率的检测。2001 年 8 月 10 ~ 12 日立塔设备及工艺通过国家电网公司专家组审查，同时通过合肥市劳动安全卫生检测站起重机械安全监测审查，取得使用许可证。2001年9月完成立塔施工电视监控系统的设计、设备选型及相关减振措施的实验。2001年10月投入工程使用，2002年6月顺利完成铁塔组立施工。

2002年6月张力放线用高强度牵引绳研制完成，2002年7月在芜湖长江大跨越工程北岸施工现场完成以下各项试验：牵、张机性能试验；张力机串联试验；牵引船与张力机同步试验；高强度牵引绳过滚筒试验；导、地线压接试验；高强度牵引绳性能试验；导线、地线、光缆牵引管试验；高强度牵引绳过江试验。张力架线工艺基本形成，2002年6月28日通过国家电网公司专家组审查。2002年8月8日至25日顺利完成架线施工。

2003年1月18日，《架空输电线路大跨越工程特殊施工工艺研究及应用》项目在合肥市通过安徽省科技厅组织的成果鉴定。项目荣获安徽省电力公司科技进步一等奖，安徽省科技进步二等奖。《具有超载保护装置的卷扬机》获国家使用新型专利（专利号02263089.9）。

一、工法特点

抱杆利用铁塔结构件作为基座，双侧平衡吊装塔材，然后利用已组立的铁塔提升抱杆，在抱杆悬浮状态下，利用抱杆底部的起吊装置吊装作为基座的铁塔结构件；抱杆的提升与铁塔吊装交替进行，直至完成全部塔材的安装。

以高强度牵引绳、防雷接地型放线滑车及四分裂导线的三挂点六联耐长串挂线施工工具、张力机串联使用为施工装备的大跨度高张力放线工艺：用拖船带张力展放牵引绳，在临时趸船上对接升空后直接牵引地线、光缆及导线。

随塔体安装同步升高的全方位电视监控系统、张力放线电视监控系统，实时传递施工信息，实施施工管理及安全监护。

具有超载保护装置的卷扬机、摇臂自动控位装置，确保抱杆安全。

采用攀登自锁防坠落装置及水平拉索、20m冲击的安全网，为作业人员提供全过程的安全保护。设置高空快速安全逃逸装置，为人员提供快速撤离的安全通道。高空作业手用工器具系留尾绳防止失手坠落。施工现场设置气象接收警报机、配备风力风向仪，及时掌握天气形势，合理安排施工。

以铁塔结构件作为基座降低设备投资，减少施工工作量。双吊点吊装作业，提高施工效率，降低施工成本。高强度牵引绳质量轻能浮于水面、强度高、耐老化、绝缘，直接作为末级牵引绳，张力机串联使用，使得张力架线施工效率大幅度提高。

电视监控系统由现场指挥调整，能全面监视施工作业面，施工信息传递实时、准确。多项安全防护措施的综合运用，为施工人员提供全方位、全过程的安全防护。

二、适用范围

架空输电线路跨越江、河的立塔、架线工程施工。

三、工艺原理

抱杆以铁塔构件为基座，附着与铁塔本体，以较小的高度完成高度比自身大得多的铁塔的吊装，其工艺原理与内附着塔吊一致；通过采用化学高分子材料提高牵引绳破断拉力与自身重量的比值，提高牵引能力，减少展放难度，简化张力放线工艺过程。

四、工艺流程及操作要点

1. 抱杆使用方式图（见图1）

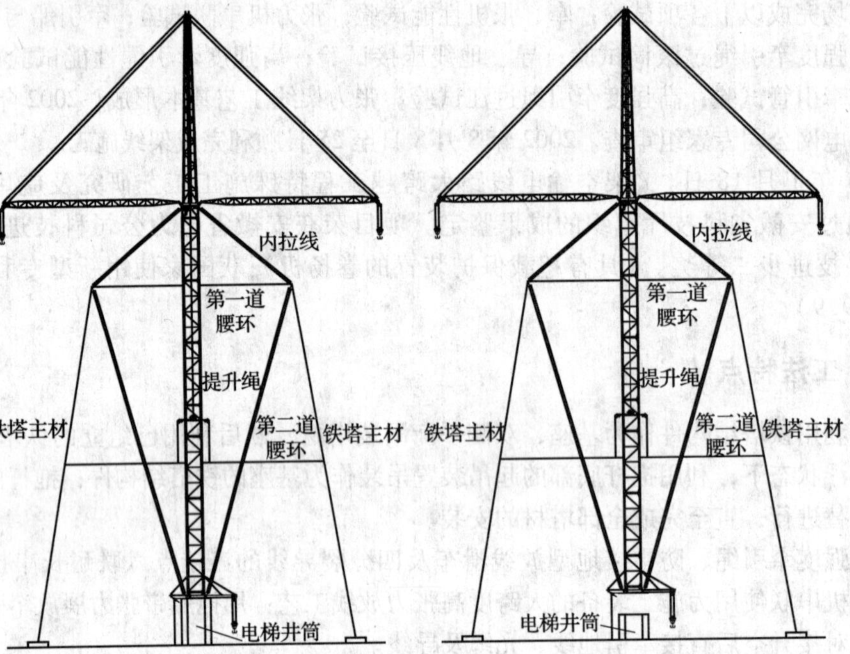

图1

2. 立塔工艺流程（见图2）

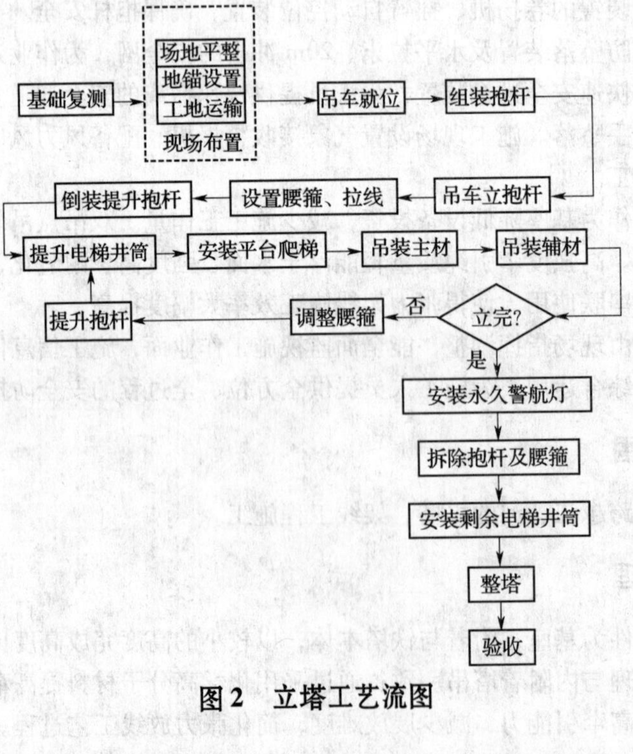

图2 立塔工艺流图

3. 抱杆使用工艺流程（见图3）

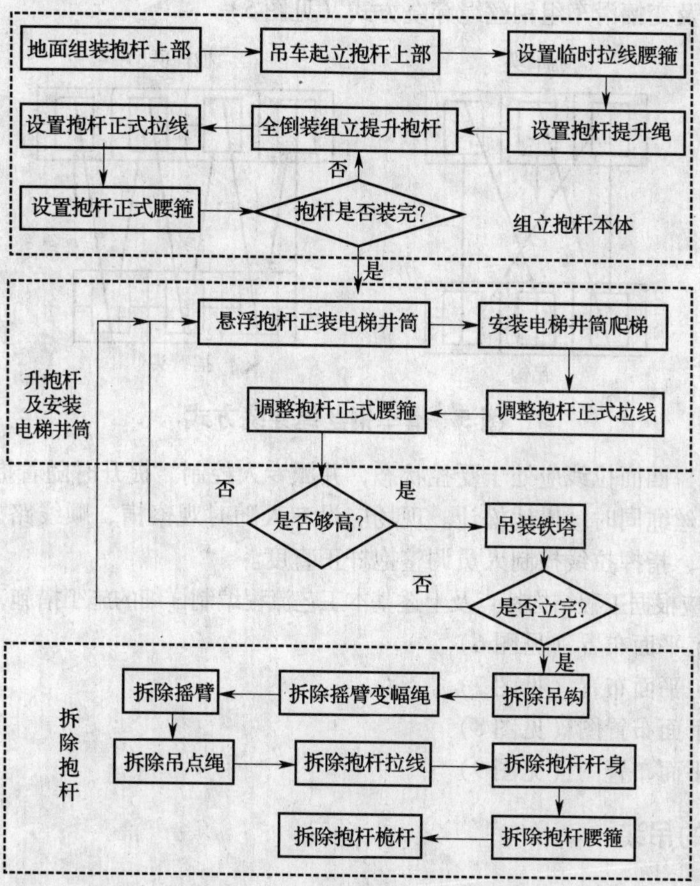

图3　抱杆使用工艺流程图

4. 架线施工工艺流程（见图4）

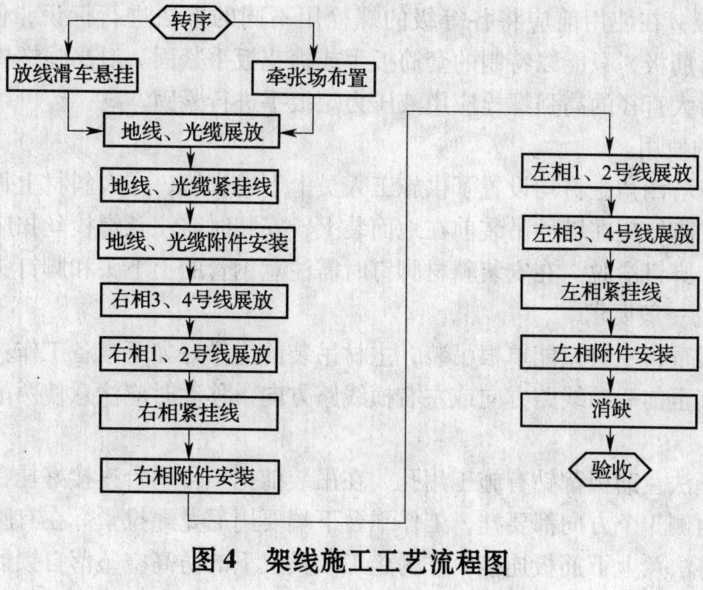

图4　架线施工工艺流程图

5. 操作要点

起吊滑车组及变幅滑车组钢丝绳穿绕方式（见图5）。

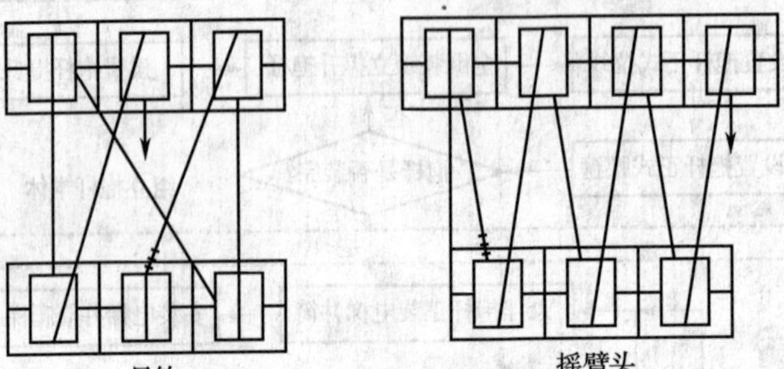

图5 滑车钢丝绳穿绕方式

抱杆提升前，四面拉线应处于受控状态，并派专人控制。提升时随着抱杆上升，四面拉线及控制桅杆钢丝绳同时缓慢地松让。现场应设专人随时观察横、顺线路方向抱杆的倾斜，并用经纬仪观测，指挥拉线控制人员调整抱杆正直度。

工艺应用时应根据工程结构特点及上述基本工艺流程编制详细的施工措施，指导施工生产。

6. 立塔施工平面布置（见图6）

7. 架线施工平面布置（见图7）

8. 牵引场平面布置图（见图8）

9. 张力场平面布置图（见图9）

五、塔件的吊装

1. 吊装的一般要求

（1）螺栓的使用。

钢管塔件全以法兰连接，法兰螺栓规格从M16到M45，数量最多达24只，强度等级从4.8级到10.9级，在使用前应将各等级的螺栓用不同的方法进行标识，使用时不能搞错。法兰螺栓间均有筋板，只能以特制的套筒扳手或梅花扳手紧固。对高强螺栓应用力矩放大扳手进行紧固，对大直径的高强螺栓应用液压力矩扳手进行紧固。

（2）脚钉的使用。

本工程跨越塔四角主材均设置了供施工人员上下的脚钉，在大斜材上每个面也设置了到交叉点的脚钉。脚钉应在塔件吊装前在地面装上，安装时需注意螺栓丝扣应拧到位，以防施工人员上下时，脚钉滑脱。在安装斜材脚钉时需注意钢管的上下头和脚钉头的方向。

（3）组装的一般要求。

由于塔件很重，主材只能单根吊装，主材吊装前应做好如下准备工作：

①将吊件移至前后顺线路方向或左右横线路方向，移动时应注意使两吊件的摆放与抱杆尽量成一直线。

②主材上下法兰筋板都钻有施工用孔，在吊装前把工作平台连接好挂在施工孔上，横线路，顺线路及内侧3个方向都要挂，工作平台下端要用尼龙绳拉紧。在有脚钉的一边用钢绞线和楔型线夹将法兰上下筋板连接，作为施工人员上下的防高空坠落自锁器的吊绳。

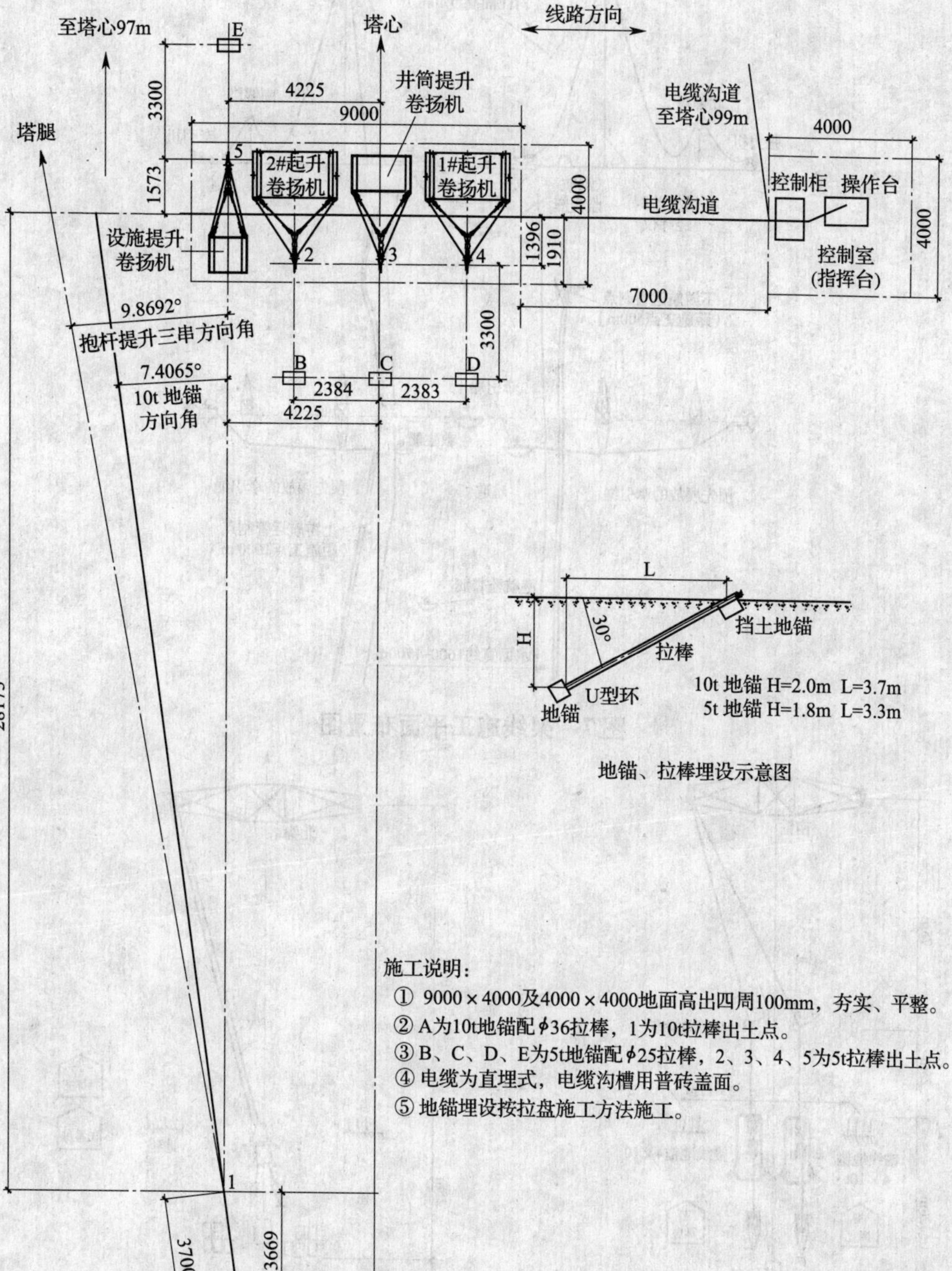

施工说明：

① 9000×4000及4000×4000地面高出四周100mm，夯实、平整。
② A为10t地锚配ϕ36拉棒，1为10t拉棒出土点。
③ B、C、D、E为5t地锚配ϕ25拉棒，2、3、4、5为5t拉棒出土点。
④ 电缆为直埋式，电缆沟槽用普砖盖面。
⑤ 地锚埋设按拉盘施工方法施工。

图6　立塔施工现场平面布置图

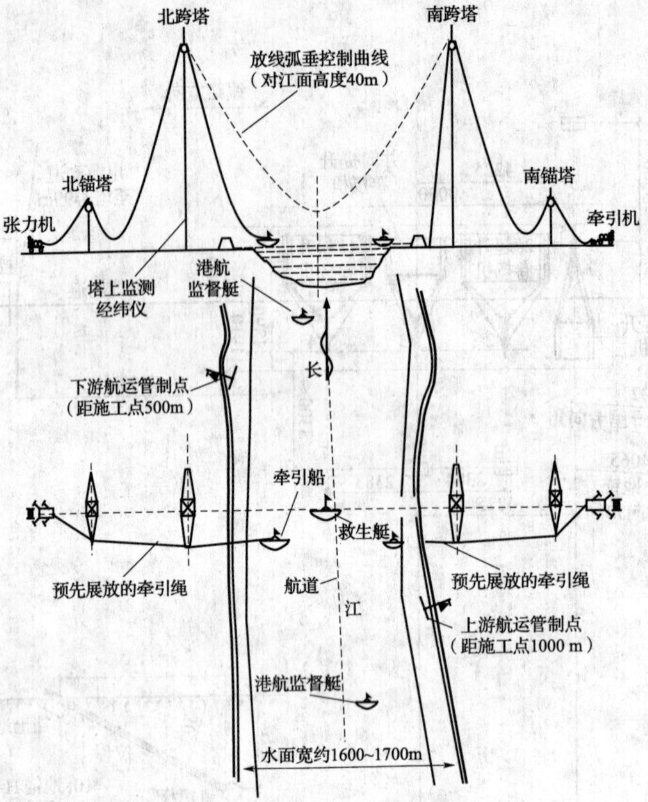

图7　架线施工平面布置图

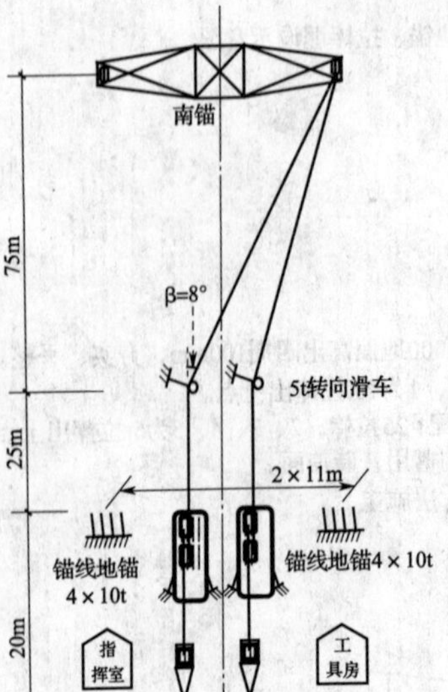

图8　牵引场平面布置图

说明：两台牵引机布置在线路中心线上，其间距在保证操作方便，视野开阔的前提下尽量靠近。

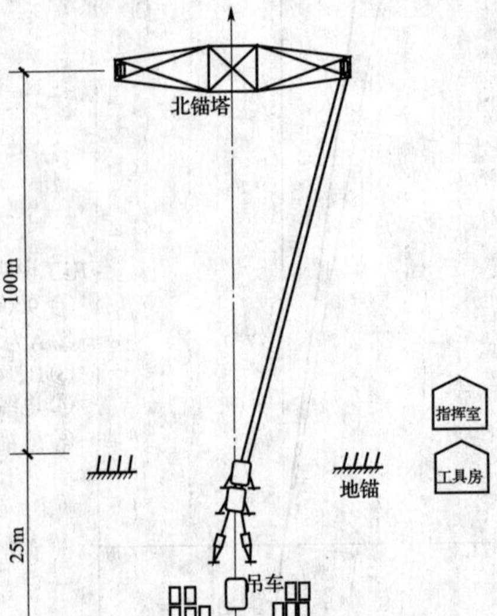

图9　张力场平面布置图

说明：两台张力机前后布置在线路中心线上，其间距5m，利用锚固链条葫芦调整张力机头对准放线滑车。锚线地锚布置在导线挂点延长线方向，每组地锚按40t受力计算，外接8只地锚鼻子，间距0.6m。

③用特制的主材吊点件装在主材法兰孔上作为主材的吊点。吊件摆放时应将吊件移至前后顺线路方向靠近塔腿处，移动时应注意使前后吊件绑扎点与抱杆尽量成一直线。

④所有钢管的法兰上均应画出定位标记。对主材要画出塔心位置标记，对水平材应画出铅垂面标记，对斜交叉材不但要画出铅垂面标记，还应标记出上下方向。

⑤塔身部全为法兰连接，M24 及以下法兰螺栓以梅花扳手紧固，M27 以上法兰螺栓用力矩放大扳手紧固。

2. 用抱杆吊装

（1）主材的吊装。

①先横（或顺）线路方向将抱杆摇臂放平，挂好吊件，缓缓启动两台起重卷扬机，使两边塔件同时受力，同时离地。当塔件提升到所需高度后停止，启动转向装置，将塔件转到就位位置，调整摇臂幅角及起吊高度，使塔件就位。就位操作人员从主材脚钉登上，站在工作平台上操作工的安全带系在工作平台上，同时应系 2 道防护绳。

②下节主材就位后，拆除其吊点。调整摇臂松下各吊点绳，再将本段的上节用同样的方法吊装到位。注意在就位前也应像用吊车吊装主材时一样，在主材上法兰结点处塔心内侧的塞上楔型块。此时塔心外侧的就位螺栓应紧固，塔心内侧的就位螺栓应适当紧固。

③同理将另 2 根主材吊装到位。

（2）副材的吊装

横梁以摇臂抱杆吊装时，视其长度分 2 点或 3 点起吊，长构件的起吊绳应放长。横梁就位时，就位点主材根开偏大，则可用加长的法兰螺栓将其带上后将主材上法兰结点处塔心内侧的楔型块抽出，并拧紧螺栓使主材收拢。若就位点主材根开偏小，则要用小顶推器使其就位，步骤如下：

①先让横梁一端就位，至少装 2 个法兰螺栓，另一端靠内侧，并在内侧主材法兰旁垫好道木，如图 10。

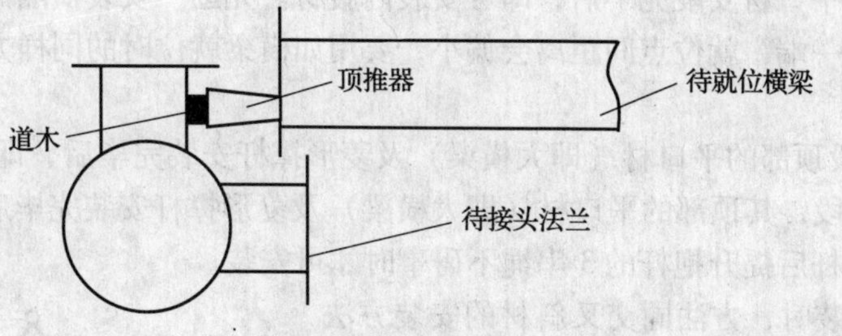

图 10　垫好道木

② 顶推器横摆，底座靠道木，头部顶住横梁法兰将主材顶开后收紧横梁留绳或采用其他方法使横梁法兰挤进主材法兰，能挤进一点即可。

③取 1 根长度适宜的合成纤维吊带围住主材法兰，在内侧套住顶推器底座，令其头部顶住横梁法兰边，操作顶推器慢慢地将横梁顶进，如图 11。

④横梁法兰挤进主材法兰后，用插钎或手撬进行找正，必要时可用枣核钎进行涨孔，将螺栓安装紧固完毕。

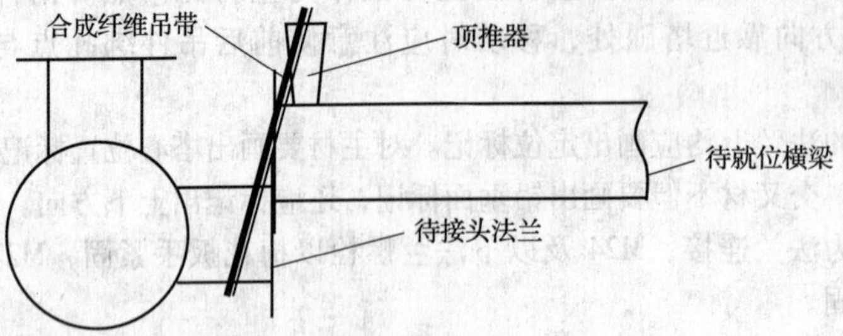

图 11　横梁顶推

(3) 交叉斜材的安装。

①交叉斜材应先在地面组装好，吊点栓连方式如图12，各连接点间应用钢丝绳和双钩在地面固定，并调节好长度，使测量出的交叉斜材端头的开口尺寸与图纸尺寸一致，且该交叉斜材在吊离地面时能正直。

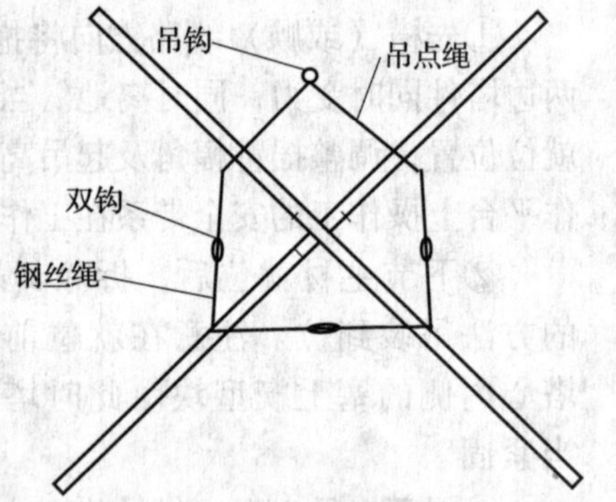

图 12　吊点栓连方式

②两交叉斜材片平衡起吊于所要吊装之高度，利用调幅系统将交叉斜材移动到合适的位置就位，拆除各自吊点。

③当本段主材与交叉斜材片吊装完毕后，便可吊装本段剩余的可安装的斜材和部分井口封材等。在本段塔材基本安装完成，抱杆高度不够吊装上一段时，方可提升抱杆。

④塔身吊装好，立即在横梁上方 1.2m 处拉上 GJ－50 钢绞线作为行走时的扶手，行走时要将安全带扣在钢绞线上。与电梯井筒连接的交叉横梁上方也要装 GJ－50 钢绞线以便行走。该交叉横梁未装之前，操作人员要从扶手爬梯到塔身可架个长梯子或从下一层平台的交叉横梁上过去，再从主材的脚钉爬上。

(4) 内腹材的吊装。

①在本段的平口材安装完毕后，即可安装内腹材。先逐一安装横隔面的菱形撑杆，当杆件到位后先就位一端，就位点间距离会偏小，要用如横梁就位时的同样方法用小顶推器使其就位。

②对第 20 段顶部的平口材（即大横梁）及菱形撑杆安装完毕后，即可安装 V 形面。对第 19 段及第 18 段，其顶部的平口材（即大横梁）及菱形撑杆安装完毕后，不能马上安装 V 形面，应待升抱杆后提升抱杆的 3 串绳不碍事时才可安装。

③V 形面吊装时，方法同交叉斜材的安装方法一样，先在地面组装好，注意吊点的位置。因大头在上，吊点间应用圆木补强。杆件到位后，先使下端与就位点接触，用绳带上。再慢慢放松吊点，使杆件向下旋转，让上端靠向就位点。上下找正后安装螺栓（见图 13）。

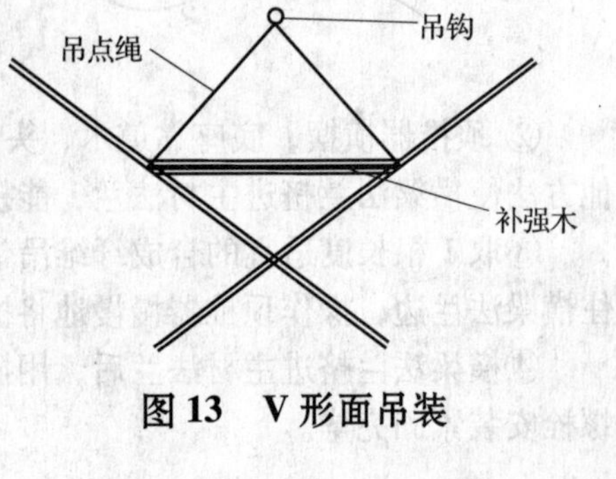

图 13　V 形面吊装

④当电梯井筒安装后高度超过横隔面的高度时，即可安装电梯井筒撑杆及其他横隔面材。

⑤主材及斜材片安装好后，便可调整吊臂幅度，松下各吊点绳，等待下一步塔材的吊装或提升抱杆。吊装时，严禁不平衡起吊，严禁调幅、起吊同时进行，严禁超载起吊。

（5）导、地线横担的吊装

①吊装导线横担与地线横担时抱杆位于同一高度，因此抱杆要1次升到位。

②起吊前抱杆摇臂放平，待导线横担组装好、吊点绳拴好后先进行试吊，以调整吊点绳，使横担在起吊过程中平直。起吊前横担位置应是自身旋转90°与线路方向一致在横线路方向的位置上。如图12所示。

③开始起吊时用留绳控制，以使横担不碰塔身。当横担起到一定高度时用留绳控制将横担自身旋转90°与就位方向一致，再慢慢起吊横担，当横担不碰塔身时可将留绳取消。吊至要求高度后，进行就位安装。

④地线横担也应在地面组装好（在顺线路方向的位置上），横担内爬梯亦要在地面组装时装好和地线横担一起整体起吊（见图14）。横担长近16m，总重接近7t。和导线横担一样，6根主材（101、127、152）悬臂6~9m多，其正，侧面均要以圆木绑扎补强。吊点绳绑扎在上平面上，靠近塔心侧的吊点绳应挂上链条葫芦，以调整吊点绳。再在上下平面间用双钩和钢丝绳连上，调整双钩使上下吊点绳受力均匀。

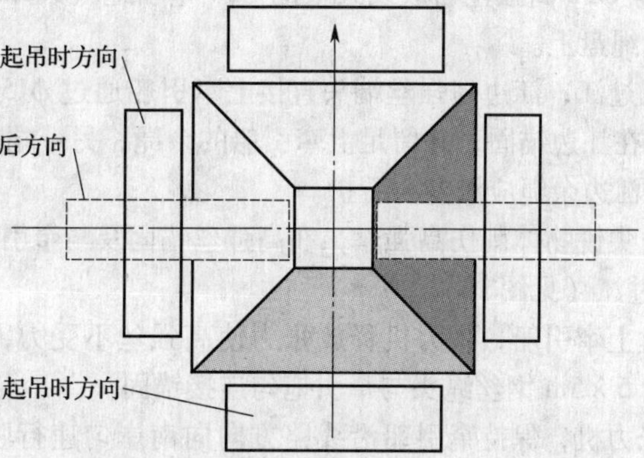

图14 安装地线横担

⑤起吊前抱杆摇臂放平，待地线横担组装好、吊点绳拴好后先进行试吊，以调整吊点绳，使横担离地面后的塔段应倾斜35°左右。

⑥开始起吊时用留绳控制，以使横担不碰塔身。当横担起吊高度超过导线横担时，旋转90°摇臂并用留绳控制将横担自身与就位方向一致，进行就位安装。

六、导线展放

1. 南岸牵引绳展放（见图15）

（1）展放范围从牵引机到南岸江边。

（2）首先人力展放$\phi 11$导引绳，并拾上南跨塔和南锚塔。

（3）$\phi 22$编织牵引绳通过牵引机与$\phi 11$钢丝绳相连，启动牵引机倒放，在南岸江边用拖拉机牵引，直至$\phi 22$牵引绳到达南岸江边并在地面留有足量的余绳（余绳用来上趸船）。然后把牵引绳两端锚固。

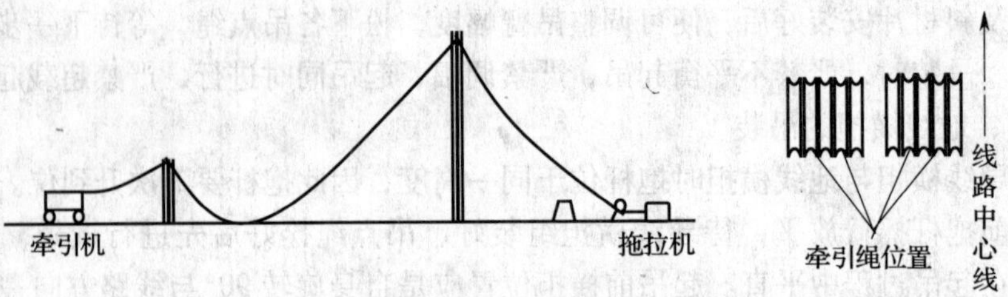

图 15　牵引绳展放

（4）ϕ22 牵引绳在锚塔五轮放线滑车中的位置（南北塔相同）如上图。

（5）封航拖放高强丝时，事先把 ϕ22 牵引绳放至江边趸船上锚固，并留足与高强丝连接余绳。

2. 北岸牵引绳展放

（1）北岸牵引绳展放范围从张力机到北岸江边。

（2）人力展放 ϕ22 高强丝，并抬上北跨塔和北锚塔的放线滑车。

（3）张力场侧 ϕ22 高强丝直接上后机张力机 2[#]、4[#]轮。

（4）放导线时，两根导线分别上前机张力机 1[#]、2[#]轮和 3[#]、4[#]轮，端头出张力机口与 ϕ24 牵引绳待接。ϕ22 高强丝与放线架上的 ϕ24 牵引绳（600m + 100m + 200m）连接，余绳也卷在 ϕ24 牵引绳盘上。

（5）若当天过江，江边高强丝端头直接上牵引船通过 ϕ15.5 × 5m 钢丝绳头与牵引拖勾连接锚固。否则在江边锚固，并留足上牵引船的余绳，另一端用张力机回卷，使高强丝离开地面一定高度。江边余绳应派专人看护。

（6）为防止尖锐物体刺伤高强丝，在高强丝锚固及与牵引绳同盘时必须垫软物。

3. 牵引绳过江（见图 16）

（1）高强丝上牵引船，张力机释放张力使高强丝不受力，拆除线端临锚。高强丝在牵引船上通过 ϕ15.5 × 5m 钢丝绳头与牵引拖勾连接锚固。

（2）启动张力机，保持牵引船沿线路方向向南岸匀速行驶。在牵引过程中，张力机随时调整张力值，保持高强丝不落入江中。牵引船在牵引过程中不得中途停驶、下锚，牵引绳不得中途更换线轴以防牵引船后退造成高强丝落水。

（3）当牵引船到达南岸时，张力机刹车，牵引船锚固。然后把趸船上的 ϕ22 牵引绳带上牵引船与高强丝端头连接。

（4）解除 ϕ22 牵引绳在趸船上的锚固。做好压线滑车及压线用 ϕ18 × 200m 尼龙绳，如图 16。

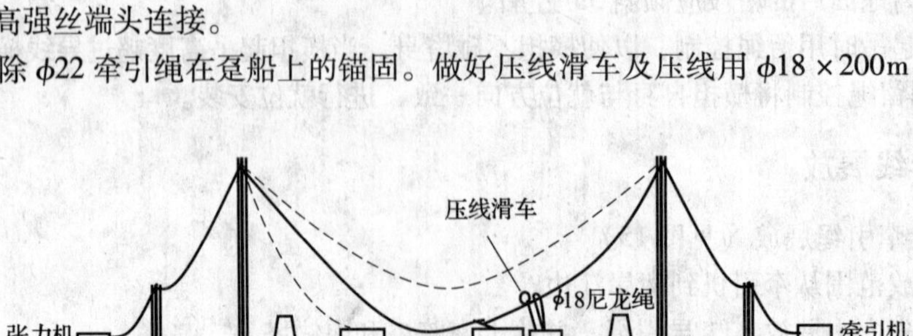

图 16　牵引绳过江

（5）启动牵引机牵引，待牵引船上高强丝锚绳不受力时停止牵引，拆除高强丝与牵引船锚固连接。继续牵引，同时压线滑车同步松放，以保持高强丝不落水为准。待压线滑车上升至20m高度时，停止牵引，收紧压线用ϕ18尼龙绳，拆除压线滑车。牵引机继续牵引，缓慢松放ϕ18尼龙绳，至尼龙绳基本不受力时解除，牵引绳升空。保持牵引绳离水面高度超过40m高度。

（6）牵引过程中要控制牵引船偏离线路方向的距离，高强丝与线路方向水平夹角控制在5°以内，放线滑车横线路受力不大于200kg。船在北岸起始点横线路偏移不应超过50m，在江中央横线路偏移不应超过80m。

4. 导线展放

（1）绳系的连接：导线⟶牵引管⟶13t旋转连接器⟶ϕ24牵引绳（600m + 100m）⟶10t抗弯连接器⟶高强丝2000m⟶10t抗弯连接器⟶ϕ22牵引绳。

（2）为防止高强丝、牵引绳在锚塔处上扬，在锚塔靠跨越塔侧设置压线滑车。

（3）两根导线保持同步牵引，避免牵引绳碰导线。两根导线的弧垂要错开一定距离，以防相互驮线。

5. 放线过程的监护

（1）所有运往现场的工具必须经过检查或实验并做标识，牵引绳在升空前派专人检查连接是否可靠，特别要注意绳索的端头是否有断丝或磨损。

（2）牵放过程中，应用摄像头监控江面上牵引绳、导线、地线、光缆的牵动情况及江上过往船只情况。在南、北跨越塔电梯井筒爬梯上架经纬仪测控跨越档导线、地线、光缆、牵引绳的弧垂点高度，其离水面高度必须大于40m。

（3）在牵引场、张力场安排专职安全员，对牵张场的锚固系统和设备等进行安全检查，对施工人员进行安全监护。

（4）所有在长江南北两岸大堤之间作业人员及船工必须穿好救生衣，江边设专职安全员。另外在施工船上配备救生衣、锦纶绳等必要的救生用品。

（5）现场通讯系统必须保持畅通。在放线过程中，任何地方出现故障时，总指挥和现场技术员都可以把监控电视画面切换到故障点，指挥故障点工作人员排除故障。

6. 紧挂线施工

两锚塔的一般线路侧导、地线已经挂上，且已经安装临时拉线。在施工时应避免导地线与临时拉线磨碰。

（1）地线、光缆锚线及紧挂线。

①北岸地线锚线、挂线方式。

a. 当地线端头离南锚塔还有约90m时，停止牵引；在张力机前对地线临锚，锚线后在张力机前5m处将地线开断。

b. 地线开断后，在已放出的端头压接耐张管，在张力机侧端头压接牵引管，并用旋转器将二者相连。张力机反卷至卡线器不受力，拆除卡线器，牵引机继续牵引（90m左右）至地线耐张管接近北锚塔放线滑车时，停止牵引。

c. 为预防雷电、感应电的伤害，用25mm^{2}的接地线将地线与锚塔相连接。

d. 在锚塔放线滑车牵引侧用6t链条葫芦将地线塔上临锚，放松张力机，调整链条葫芦使地线耐张管不受力通过放线滑车，拆除耐张管后端旋转连接器和地线，连接地线金具后挂线。最后拆除地线塔上临锚。

②南岸地线锚线、挂线方式。

a. 北岸地线挂好后，南岸直接用牵引机牵引紧线，当紧线弧垂满足要求后，进行高空划印。

b. 为预防雷电、感应电的伤害，用 $25mm^2$ 的接地线将地线与锚塔相连接。

c. 划印结束，用卡线器和6t 链条葫芦将地线锚在横担上。放松牵引机解除牵引绳与地线牵引管的连接，高空进行割线压接，然后连接耐张金具进行挂线。

（2）导线的锚线、紧线及挂线。

①导线牵引到南锚塔且跨越档导线离水面高度满足要求后，先在张力场将导线尾线用卡线器和 10t 链条葫芦（链条呈最长状态）锚在锚线地锚上，放松张力机。

② 牵引场用两组 10t3 串滑车组将 $\phi24\times100m$ 牵引绳临时锚住，放松牵引机，使牵引绳端头呈松弛状态，解开 $\phi24\times100m$ 和 $\phi24\times600m$ 牵引绳接头，将 $\phi24\times100m$ 牵引绳端头固定连接在牵引机边对应的锚线地锚上。

③两边锚好后，通知弧垂观测人员观测跨越档导线距离水面高度是否满足要求，确保江面通航。若不满足，通过张力场的链条葫芦调节，差别大时用牵引场 3 串滑车组调节。

七、机具设备

1. 抱杆基本性能

（1）单臂最大起重量满足导、地线横担的吊装要求。

（2）吊钩距抱杆中心保证吊件在离地及就位安装时不需留绳辅助。

（3）为克服因调幅钢丝绳自重而引起的摇臂自动合拢现象，将卷扬机安装在抱杆上，同时在杆身上安装防止摇臂合拢的自动控位装置。

（4）抱杆采用内拉线方式。

（5）因电梯井筒为封闭结构，起重钢丝绳不能从其内部走绳，需从抱杆内部转出，从电梯井筒外走绳，在抱杆中部设计钢丝绳转向架。

（6）为满足铁塔四面构件的安装需要，抱杆杆身与桅杆及摇臂间设计转动装置（回转支承），为降低启动、停止时的冲击，电机与减速器间安装液力耦合器。

（7）抱杆与电梯井筒间设计过渡连接段，过渡段上设置抱杆提升点。

（8）电梯井筒及附件重，且局部强度很小，难以整体提升，采用正装电梯井筒作为抱杆基座，在抱杆底部的过渡段上设计提升电梯井筒的拉索梁及自动跑车，在抱杆悬浮状态吊装电梯井筒。

（9）杆身中部设有两道滚轮式腰环，保证在提升及吊装工件时抱杆的整体稳定性。

（10）为保证施工人员的安全，抱杆全高均设有直爬梯及攀登自锁装置的导索。

（11）驱动动力为电力，电气控制采用集中控制，1 人操作，1 人监护。

（12）设置数显可调式超载保护装置，力显示器指导施工安装。

（13）抱杆上设置电视监控系统，作为指挥依据及辅助的安全监护措施。

（14）抱杆系统基本技术参数准确无误。

（15）在抱杆顶部安装光控航空警示装置，保证航空安全。

（16）抱杆上的所有滑轮均采用滚动轴承。

2．立塔施工电视监控系统

为现场指挥提供清晰、可控的高空安装作业面画面，提高安装质量、施工效率及安全监护力度。监控系统采用编码器/解码器结构及摄像头防振措施，使用的电视监控系统包括：全方位摄像头6台（分别监控两个安装作业面、2台变幅卷扬机、井筒安装作业面及施工现场全景）、监视器3台、解码器6组、电脑录像机一台、控制系统一套。系统框图（见图17）。

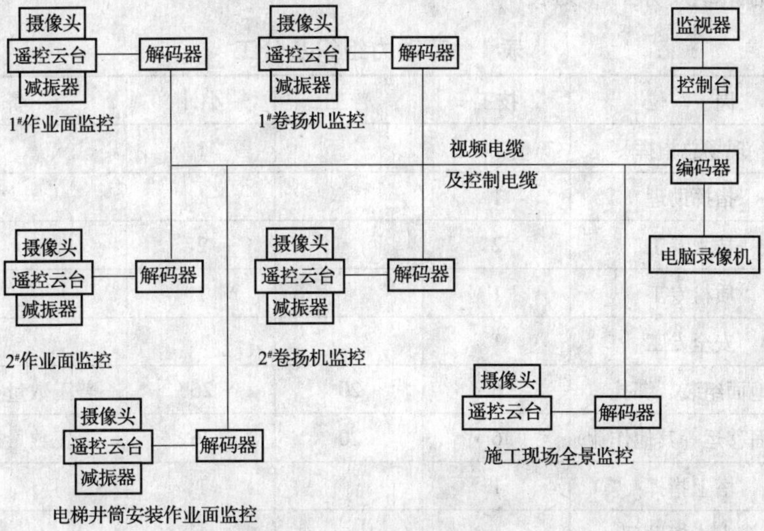

图17　系统框图

3．张力架线电视监控系统

视频信号及控制信号采用定向微波传输与有线传输相结合的方式，使用全方位摄像头6台（分别监控两个跨越塔作业面、两岸牵张场地机械运转情况、展放的导地线和光缆的弧垂情况及施工人员工作情况），监视器6台、编码器2组、解码器6组，电脑录像机1台，控制系统2套，微波通讯系统1套，系统原理图如图18所示。

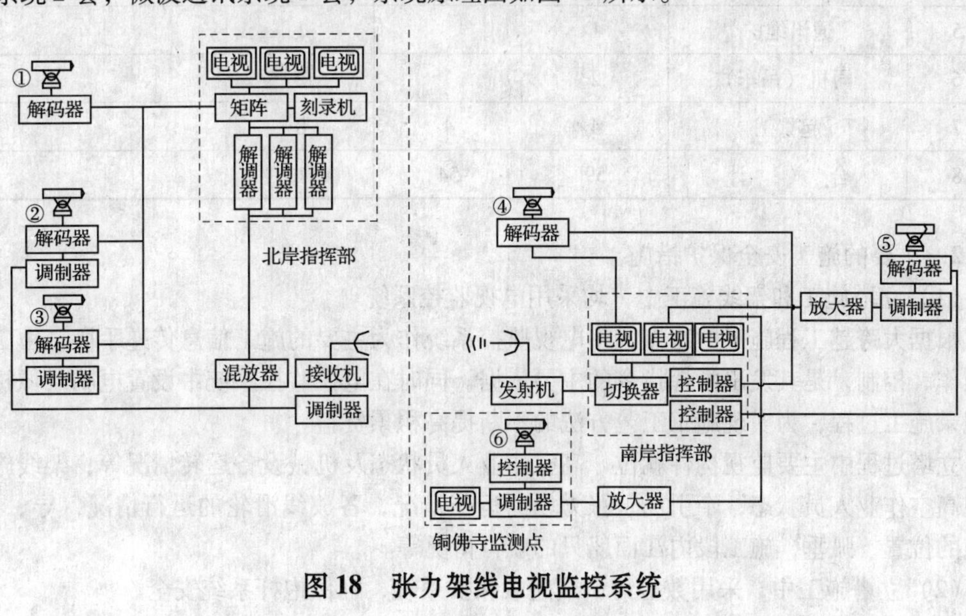

图18　张力架线电视监控系统

4. 高强度牵引绳材料

高强度牵引绳采用荷兰DSM公司的“迪尼码（Dyneema _ Strenth）”原丝，编织加外护套方式制造，具有质量轻、能浮于水面、强度高、耐老化、绝缘的特点。

八、劳动力组织及安全

1. 劳动力组织及分工（见表1）

表1　劳动力组织及分工

序号	岗　位	技工	普工	小计	备　注
1	现场总指挥	1		1	
2	指挥助理	1		1	
3	技术专工	2		2	
4	质检专工	1		1	
5	安全专工	1		1	
6	地面组装、绑扎	6	20	26	普工数量视情况作调整
7	地面移运等其他作业	6	20	26	普工数量视情况作调整
8	塔上指挥	1		1	
9	塔上指挥助理	1		1	
10	塔上操作	24		24	
11	塔上安全监护	2		2	
12	卷扬机操作	2	8	10	
13	测工	2		2	
14	电气、机械维护	2	2	4	
15	通讯维护	1		1	
16	司机（吊车）	2		2	
17	起重工	4	4	8	
18	合　计	59	54	113	

2. 主要的施工安全保护措施

（1）立塔施工和架线施工中，均采用电视监控系统。

根据大跨越工程施工的特点，将电视监控系统作为主要的施工信息传递手段，由工地指挥操作、控制，是其发出指挥指令的主要依据。同时在电视监控系统中设置电脑录像机，全面记录施工过程，为实现施工工艺方法的不断提高积累资料。

立塔过程中主要监视构件就位、高空作业人员状态及机械设备运转情况等；架线施工中监视高空作业人员状态，牵引场、张力场的运作情况，各放线滑轮的运行情况，导、地线、光缆的位置、弧垂，施工段内江面船只的航行情况等。

（2）立塔施工中，采用数显可调式超载保护系统，确保抱杆系统安全。

（3）抱杆动力系统采用多速电机驱动，集中控制，保证操作安全。

（4）将攀登自锁防坠落装置应用于铁塔组立施工。

（5）装设水平拉索，为高空作业人员的水平移动提供保护。

（6）采用速差自锁器与攀登自锁防坠落装置及水平拉索配合，为高空作业人员提供全方位的跌落防护。

（7）施工现场采用风力风向仪和气象警报机，专人监视天气变化。

（8）所有高空作业手用工器具均系留尾绳，螺栓等小型材料装入专用工具袋，防止高空落物。

（9）铁塔构件的法兰筋板上预留施工用孔。

（10）铁塔主材及电梯护筒上设置施工平台挂件。

（11）在抱杆顶部设置警航灯和警航红旗，在跨越塔上设置临时警航灯，保证航空安全。

（12）架线施工阶段，采用大功率差转台，传递施工信息。指派专人与港监联系，保证施工安全。

（13）两台张力机串联使用，降低设备出力，提高能力储备，确保施工安全。

（14）在塔上施工作业点下方设置20m冲击高度的安全网。

（15）施工期间，施工现场派驻医务人员，配备救护车辆。

九、质量要求

1.《110～500kV架空电力线路施工及验收规范》（GBJ 233—90）

2.《三峡输变电工程“创一流”考核评定办法》（修订稿）

3.《输变电工程达标投产考核评定标准》（2000版）

4.《工程建设标准强制性条文（电力工程部分）》

5.《±500kV直流龙政线送电线路工程质量管理办法》

十、应用实例（见表2）

表2 应用实例

工程项目名称	地点	开竣工日期	实物工程量	应用效果
芜湖长江大跨越	安徽芜湖市	2001.10～2002.9	3050/229	良好
荆州长江大跨越	湖北枝江县	2002.10～2003.9	2490/187	良好
李埠长江大跨越	湖北荆州市	2002.11～2003.9	2360/181	良好
马鞍山长江大跨越	安徽芜湖市	2004.11～2006.6	3220/257	施工中
石矶头长江大跨越	湖北嘉鱼县	2005.1～2005.12	2699/203.7	施工中

超大型龙门起重机整体提升安装施工工法

YJGF 91—2004

江苏天目建设集团有限公司

史洪卫　史胜海

经过对以往大型龙门起重机安装方法进行分析，尤其是对国内其他企业发生的大型龙门起重机安装重大事故原因的剖析总结经验本工法采用一种新颖的安装工艺和方法，目的是使安装过程中，整体受力系统更趋科学、合理、简单，保证安全施工、提高生产效率、提升现代化管理水平。经过细致的计算及2台大型龙门起重机的安装实践，其安全性已经得到有效验证。

本工法主要有4个方面的优点：1）施工场地占用小，不需要大面积堆放构件场地，减少2次搬运成本。2）结构断开合理，受力计算明确，施工方便。3）施工工期缩短40%。4）改变传统的施工工艺，用油缸和钢绞线拉风缆绳使它能及时准确的了解风缆绳在施工中受力变化，大大地提高了安全性能。

一、工艺特点

1. 本法使用双龙门桅杆有以下特征：

（1）采用2副龙门桅杆抬吊，力系简单，受力均衡设计载重量大（5200t），用优质结构钢（Mn锰）载量更大，更可靠。

（2）采用先进液压提升系统。

（3）在所有的缆风绳上使用液压胀紧系统（液压缸式）。

（4）采用计算机网络控制。

（5）门式桅杆采用组合式，自升结构。

①解决了部件运输问题。

②根据安装要求，可调正有效载量、高度。

③减少悬空操作和工人的劳动强度。

综上所述，利用本方案的桅杆吊装巨型龙门起重机是目前国内载量最大、技术最先进的，国内、外也未见报道。

2. 计算机控制液压同步提升技术具有以下特点：

①通过提升设备扩展组合，提升重量、跨度、面积不受限制。

②采用柔性索具承重，只要有合理的承重吊点，提升高度与提升幅度不受限制。

③提升油缸锚具具有逆向运动自锁性，使提升过程十分安全，并且构件可在提升过程中的任意位置长期可靠锁定。

④提升系统具有mm级的微调功能，能实现空中垂直精确定位。

⑤设备体积小，自重轻，承载能力大，特别适宜于在狭小空间或室内进行大吨位构件提升。

⑥设备自动化程度高，操作方便灵活，安全性好，可靠性高，适应面广，通用性强。

⑦计算机控制液压同步提升技术的特点和工程实践表明，它是一项极具应用前景的新技术。

二、适用范围

1. 大型龙门起重机的整体安装。

2. 大型炼钢高炉的整体安装。

3. 大型化工塔的整体提升安装。

4. 桥梁的整体安装。

三、工艺原理

1. 计算机控制同步提升系统原理

（1）主控计算机除了控制所有提升油缸的统一动作之外，还必须保证各个提升吊点的位置同步。在提升体系中，设定主令提升吊点，其他提升吊点均以主令吊点的位置作为参考来进行调节，因而，都是跟随提升吊点。主令提升吊点决定整个提升系统的提升速度，操作人员可以根据泵站的流量分配和其他因素来设定提升速度。根据现有的提升系统设计，最大提升速度不小于8m/h。主令提升速度的设定是通过比例液压系统中的比例阀来实现的。

（2）在提升系统中，每个提升吊点下面均布置一台激光测距仪，这样在提升过程中这些激光测距仪可以随时测量当前的构件高度，并通过现场实时网络传送给主控计算机。每个跟随提升吊点与主令提升吊点的跟随情况可以用激光测距仪测量的高度差反映出来。主控计算机可以根据跟随提升吊点当前的高度差，依照一定的控制算法，来决定相应比例阀的控制量大小，从而，实现每一跟随提升吊点与主令提升吊点位置同步。

（3）为了提高构件的安全性，在每个提升吊点都布置了油压传感器，主控计算机可以通过现场实时网络监测每个提升吊点的载荷变化情况。如果提升吊点的载荷有异常的突变，则计算机会自动停机，并报警示意。

2. 提升动作原理

提升油缸数量确定之后，每台提升油缸上安装1套位置传感器，传感器可以反映主油缸的位置情况、上下锚具的松紧情况。通过现场实时网络，主控计算机可以获取所有提升油缸的当前状态。根据提升油缸的当前状态，主控计算机综合用户的控制要求（例如手动、顺控、自动）可以决定提升油缸的下一步动作。提升系统上升时，提升油缸的工作流程见附图1、2，提升系统下降时，提升油缸的工作流程见图3。

（1）揽风绳的读数受力。

本工法中风缆绳改为用油缸，钢绞线拉塔架，塔架是整体提升的主要设备，高达120m，如用传统的钢丝绳滑车组卷扬机施工不能反映风缆绳受风荷载等因素反应力的变化，改为用油缸，钢绞线就解决风缆绳受力明确而保证了计算和实际施工的安全性。

（2）使用了钢绞线拉风绳受力大，重量轻，弹性收缩量小，操作方便，不要使用笨重的滑车组和卷扬机的配套机构。

3. 柔性工艺绞

(1) 本工程在整机提升过程中为什么整机总重4800多t重，吊装时去掉大车行走机构和下横梁，余下都在地面拼好，整机一吊完成一台大跨度，大吨位，超重的起重设备。着都归功于工艺绞的设计，是吊装工艺中的一大特点。

(2) 由于龙门吊的断开部位都是大断面的结构件。如刚腿侧其断面在9m×7m的箱型结构平面上，要在空中通过提升操作提高到90m的运动中缝合，使它对接时非常轻松的校正对位，这是由于柔工艺绞的特殊设计相关。而且现在多台大型龙门吊的实施中不光是对口焊接的断口，而且有法兰连接的断口，这对工艺绞就有更高的要求。我公司实施的2台从原有的基础上，通过改进效果非常好。

4. 带腿实施的原理

总则本机吊装利用原有的轨道和大车行走机构，连接龙门起重机各部件自身的传动机构，配合柔性工艺绞，跟携大梁的提升一次到位。并选用新工艺，新材料，新技术来实施和应用。

(1) 刚柔腿铰接施工中，开始考虑它的重心，它的稳定性，它受风荷载后它的变形和不利情况的出现等一系列问题进行分析计算等到实施过程中比原先考虑的问题要理想得多，通过2台施工减少了比施工前考虑的繁琐工装件，支撑，减少投钢量，从而降低成本。

(2) 考虑到2腿带上后，受不同方向风的荷载，越高风越大的情况，除原有考虑的大梁侧面迎风面积最大，设4根抗风绳，端头方向设2根抗风绳。在实施中，由于2根柔性管腿与轨道方向下横梁绞接在下横梁内侧设1套滑车组拉紧系统成为1个三角受力系统。在8级大风下基本不晃动。通过实施已发现对风载的情况带腿吊装，优于单吊大梁后吊腿的吊装经验。

5. 滑移工艺原理

(1) 在大型的起重作业中，特别在超吨位大跨度的龙门吊吊装过程中，会出现对位时的移位，过去常用办法有用滚杠，铺设道路等。用滚杠只能1个方向行走，改变方向非常困难。本方案用四氟板施工使大分段的对位前，后，左，右都能自如，实用中已得到认可。

(2) 大连重工1台600t×182m自重4500t龙门吊。钢性腿侧1分段自重180t，由于卸船原因，不能放到要求位置，1分段的体积为15m×7.5m×9m。不能装车运输，就用4块60cm×60cm的四氟板，用1台5t电动卷扬机很轻松地把它运输到位。四氟板的受压能力60cm×60cm×4cm的1块可压1000t它与钢板的摩擦系数加一点黄油为0.1，所以在平常的吊装工程中本公司都备用这种新型的滑移设备。

6. 滑移翻身小车

(1) 大型龙门吊安装，很多大型分段，需要翻身，选用大型的吊车场地不是十分理想，增加成本。选用300t翻身移动小车是安装龙门吊的必备工具，省钱省工，很实用。

(2) 在龙门起重机车型的变化结构件的型式不同时，使用的翻身小车的方法就不一样，有双梁有单梁，腿有八字腿，独立一字腿，所以用翻身小车在不同的车型时，用不同的方法用小车来配合翻身是最安全的。

四、主要材料及机具设备（见表1）

表1　主要材料及机具设备

序号	名称	型号	单位	数量	备注
1	提升塔架	4.5m×4.5m×114m	支	4	起重量5200t
2	160t吊车		辆	1	临时
3	钢绞线		t	40	
4	液压泵站		辆	1	整体提升用
5	滑移四氟板		块	8	对接滑移构件分段
6	提升器	350t	只	16	
7	提升器	200t	只	6	拉风缆绳
8	提升器	100t	只	8	拉风缆绳
9	红外线测距传感器		台	4	测大梁提升高低
10	140t滑轮	H140×9D	只	8	
11	50t滑轮	H50×6D	只	8	
12	支承座		只	16	
13	安全锚具　锚片		只	32	
14	10t卷扬机	JJM	台	4	
15	5t卷扬机	JJM	台	8	
16	柔性铰接装置	自制	副	12	
17	翻身滑移小车	自制	台	2	起重量300t

五、工艺流程及操作要点（见图1）

1. 工艺流程网络

2. 塔架介绍

（1）本塔架集国内安装单位现有塔架的情况和现场实施进行考察，取优补缺，考虑到运输，国外施工集装箱运输和组装、拆卸方面进行了认真的分析和研究。另外一点为降低成本，不用大型吊机施工，这样实用广泛。没有大型吊机的城市都能施工。而且大型吊机的施工成本要高占一台600t龙门吊安装造价的五分之一的造价。

（2）本塔架为大型设备，集机电、液压顶升为一体的大型设备。它的自重1400t，它能拆卸成零单件运输，可装集装箱，塔架标准节为6m，其他构件最长不超过12m。有100t×4.5m顶升塔架的油顶8支，配液压泵站4台，塔顶有4台能360°旋转的50t固定式吊机，配套电器设备，使本塔架能自顶自卸，大大地降低安装成本。

（3）本塔架有同济大学教授——高嵩塔桅结构理事长设计，由江南造船厂制造，由江苏省技术监督局测试，鉴定，完成本塌架试用合格证书。

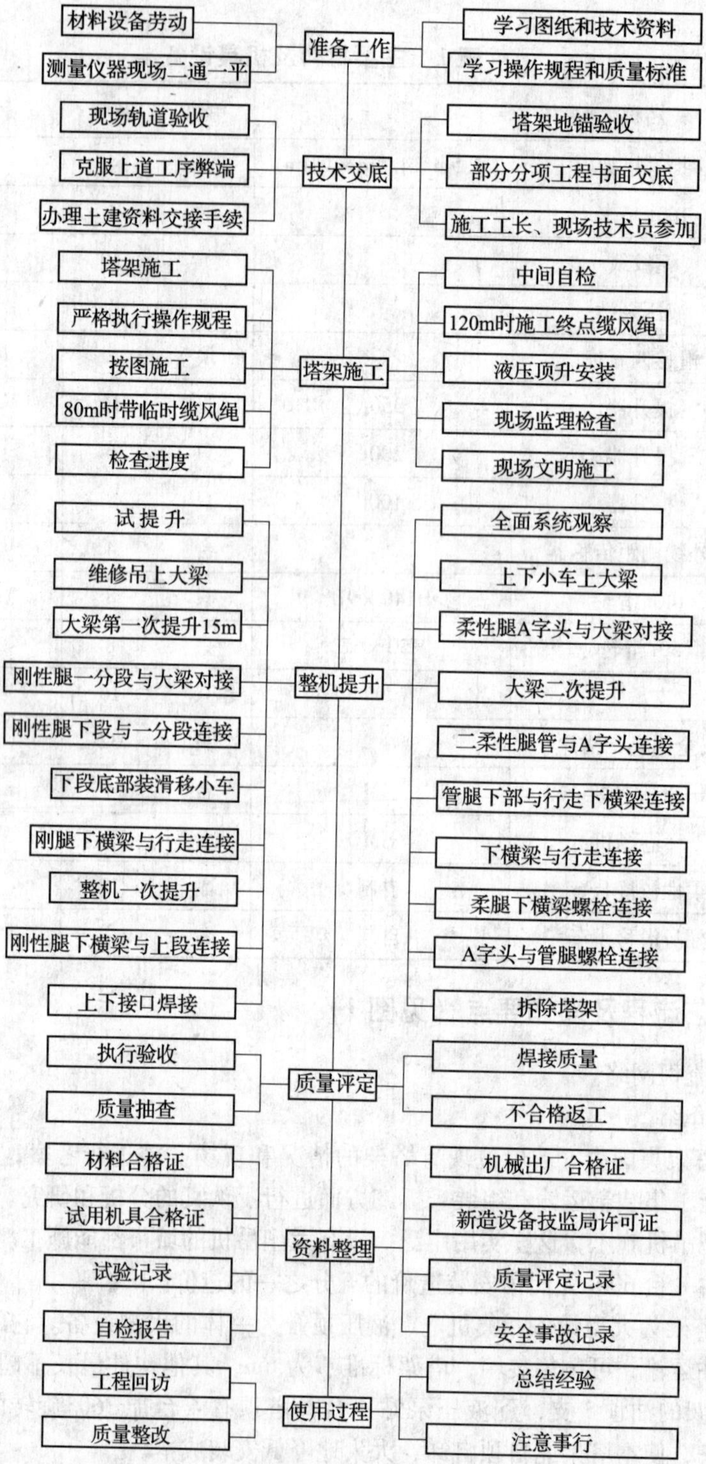

图1　工艺流程及操作要点

（4）塔架配套设备，本塔架为大型设备，与其配套的工具有涨拉油缸 16 只，油缸壳 16 只，锚具，锚片 20 付，钢绞线 60t，电动液压泵 4 套以及其他配件。塔架和塔架的配套总造价 1500 万元。

3. 塔架设计（设计性能指标）

（1）吊装龙门塔架有两组，可吊装 200m × 13m × 14m 的大型龙门起重机。被吊装构件总计标准重量可达到 5200t，高度可达 120m。本次提升被吊构件总计重量为 4615t。

（2）脚手架平台活荷载标准值为 2.0kg/m²，载荷分项系数为 1.4。

（3）支架及缆风绳构成的结构体系在吊装时可承受 6 级风（13.8m/s）作用。在对所吊大梁侧向用钢索按照设计加固后，该体系可承受大连地区 10 年一遇的强风（风速 25.3m/s）。

（4）龙门架第 1 次满载使用之前或第 1 次满载使用过程中，应对其荷载 - 应力 - 变形进行综合测试，并测定即时平均风速。

4. 操作要点

（1）基础布置。

①基础平面布置图（见图 2）。

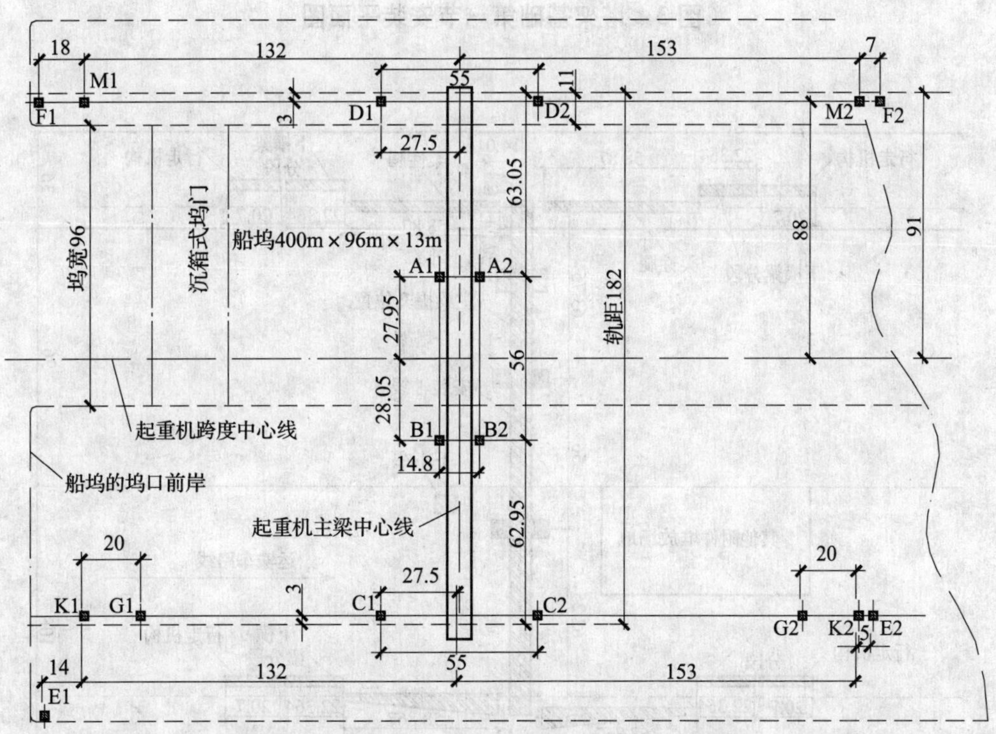

图 2　大连造船重工 600t × 182m 龙门吊安装塔架锚点基础布置图

②塔架基础第一节安装平面图（见图 3）。

③构件平面布置图（见图 4）。

④缆风绳及地锚（见图 5）。

⑤包括风绳锚点受力油缸配备表（见表 2、表 3）。

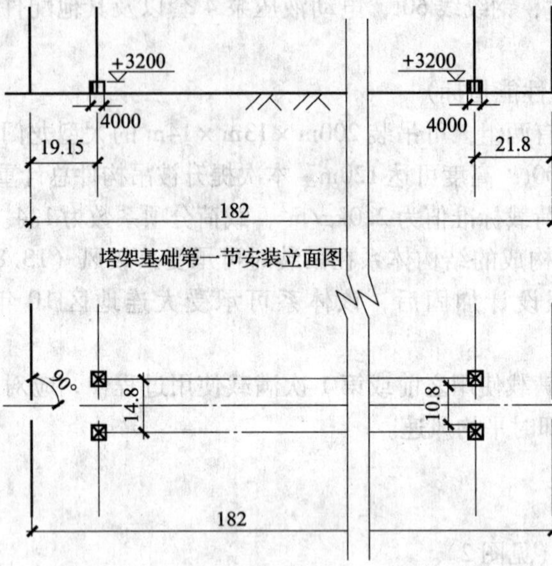

图 3　塔架基础第一节安装平面图

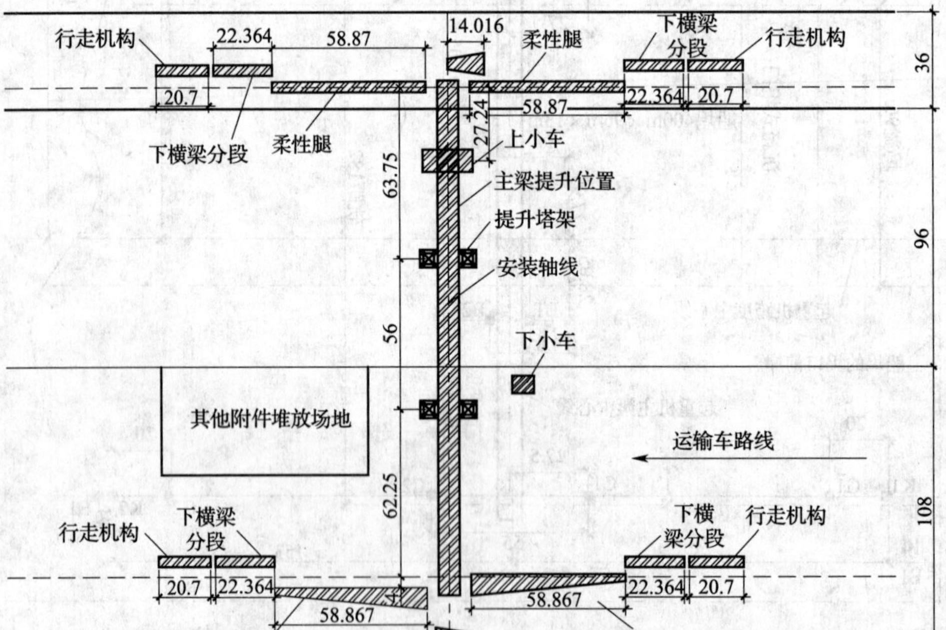

图 4　现场平面布置图

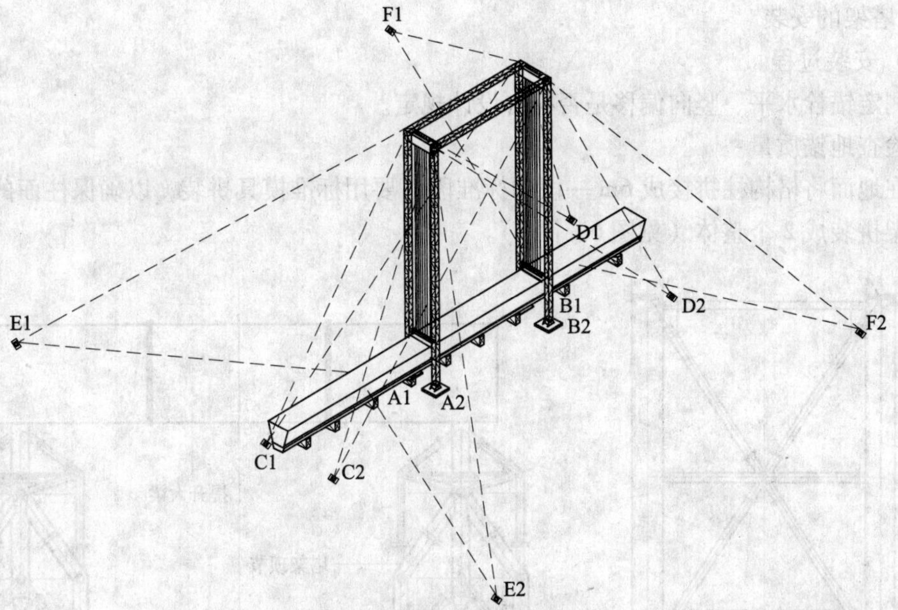

图5 缆风绳及地锚系统

表2 大梁抗风地锚配备表

序号	地锚号	计算受力（t）	缆风绳（mm）	滑轮组（t）	卷扬机（t）	走三绳（mm）	卡环（t）
1	M1	358	77	270	10	30	270
2	M2	358	77	270	10	30	270
3	K1	358	77	270	10	30	270
4	K2	358	77	270	10	30	270

表3 塔架缆风地锚受力及油缸、钢绞线配备表

序号	地锚号	计算受力（t）	配备油缸（t）	钢绞线计算长度（m）	钢绞线实际长度（m）	钢绞线自重（t）	钢绞线根数
1	C1	90	100	204.96	224	1.971	8
2	C2	90	100	204.96	224	1.971	8
3	D1	97	100	194.48	216	1.900	8
4	D2	97	100	196.48	216	1.900	8
5	F1	94	100	200.74	220	1.936	8
6	F2	95	100	194.08	212	1.865	8
7	E1	99	100	201.05	221	1.945	8
8	E2	100	100	195.48	215	1.900	8
9	G1	137	200	175.19	195	2.574	12
10	G2	136	200	175.16	195	2.574	12
11	J1	148	200	183.29	203	2.678	12
12	J2	148	200	183.73	202	2.668	12

注：①以上两表计算时，主缆风绳安全系数为3.5；设计系数1.4；滑车效力系数1.04。

②钢绞线选用ϕ15.2mm。

5. 塔架的安装

(1) 安装过程。

①测定锚栓水平、竖向偏移是否符合设计规定。

②检查地锚质量。

③在地面将格构柱拼接成6m一段的标准段（要用标准模具拼装，以确保柱面的平整），将脚手架拼装成2个整体（见图6、图7）。

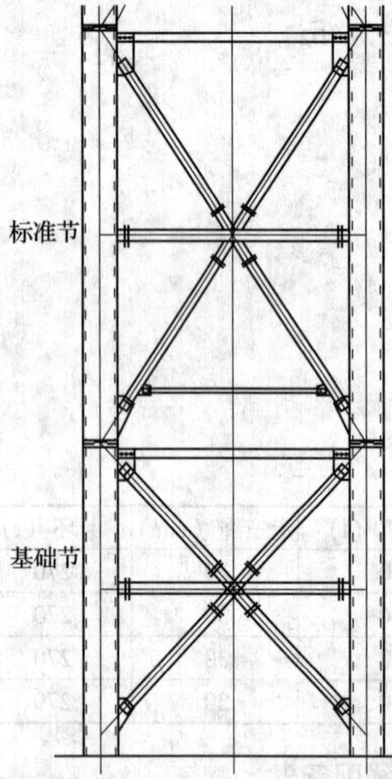

图6　塔架下部结构

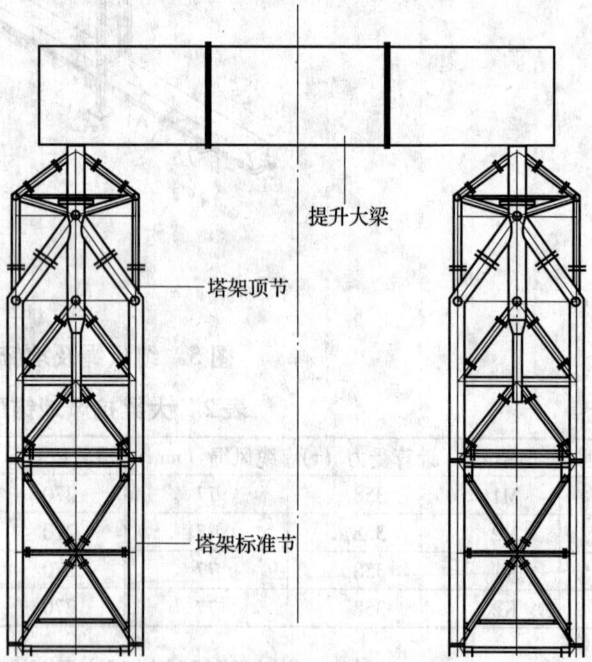

图7　塔架上部结构

④在2个基础上分别安装底节、2个标准节、顶节，外套架（顶升用）及短梁，以形成2个四边形龙门塔架（塔中心间距14.8m）。

⑤在两个塔顶的短梁之间先安装两榀脚手桁架，并将其间支撑连梁[28固定。

⑥分6段吊装提升大梁，大梁中间搁置在[28连梁上（见图7），并逐段测定位置后用法兰连接螺栓紧固，箱型梁内侧法兰螺栓则由梁端平台进入箱梁内侧紧固。紧固短梁与大梁底面之连接螺栓中间有橡胶垫板。

⑦固定两大梁两端上表面的连接板，固定大梁外侧与脚手架之横向连接板，固定大梁与上脚手板之间的压缝板。

⑧连接大梁两端下表面中心之“T”型纤绳连接板。

⑨提升外套架，每次3m，2次安装1个塔架标准节，2个塔架同时提升。标准节装入后及时用高强度螺栓固定。每次对标高做测定、调整。

⑩当提升大梁顶超过80m时，应在外套底架（约50m高）的塔架节点上四面用临时缆风绳固定，临时缆风绳最大受外力20t。

⑪继续提升外套架，插入标准节，要求2个塔架同时升高。

⑫提升大梁达到设计标高后，按照工作状态连接，张拉缆风绳（方向、锚固点、缆风绳截面、初拉力均按照系统设计图）。同时调整两座塔架的垂直度，使两座塔的垂直度偏差在 X、Y 方向均小于 30mm。缆风绳采用钢绞线，使用穿心式液压千斤顶施加预拉力，其预应力值应分 2 到 3 次逐步对称调节到设计值，最终误差控制在设计值的 ±10% 之内，此时塔架的垂直度标准应同时满足。

⑬按高强螺栓《规程》检查所有螺栓连接质量及安全措施。

⑭逐步放松 50m 高度处的 8 根钢索，并监控变形值的变化。根据实际情况做出适当调整（若 8 根钢索均不影响吊装作业，可不予以拆除，以减少拆卸支架时的工作量）。

⑮固定千斤顶梁和提升千斤顶。

⑯按照（1）~（15）步骤安装另一组塔架和大梁，并形成完整的吊装结构体系。

⑰试吊龙门起重机大梁 100mm 高，并作综合检查。

⑱确认情况正常可正式提升。

（2）龙门吊大梁刚柔性腿整体吊装。

①大梁就位，所有施工机具进场，做好施工准备。

②50t 汽车吊安装提升塔架，使其形成可顶升状态；160t 汽车吊安装维修吊。

③顶升塔架、安装液压提升系统及钢绞线等。

④大梁提升约 15.5m，滑移安装刚性腿第 1 分段及柔性腿 A 字头。

⑤160t 汽车吊配合，利用上小车做固定点使用滑轮组安装下小车。

⑥提升大梁至合适高度，同时将刚性腿及柔性腿全部拼装就位，与上部结构及下横梁铰链连接好。

⑦提升大梁至合适高度，刚、柔性腿随大梁提升沿轨道自动移动。

⑧提升结构至设计标高，调整刚、柔性腿各部件位置，校正后焊接。

⑨安装夹轨器支架等，提升系统卸载、拆除塔架扒杆等施工机具，完成龙门吊全部安装工作。

6. 顶升塔架、安装液压提升系统

（1）液压提升系统安装。

计算机控制液压同步提升系统由钢绞线及提升油缸集群（承重部件）、液压泵站（驱动部件）、传感检测及计算机控制（控制部件）和远程监视系统等几个部分组成。

①油缸的布置。在龙门起重机提升工程中，采用 16 台 350t 提升油缸，分别布置在 2 付门架上，每付门架上对称布置 8 台提升油缸。

②泵站的布置。在本次提升工程中共使用 4 台泵站。每台泵站驱动 4 台提升油缸。每台泵站的额定流量为：160L/min，这样提升系统的最高提升速度可达 10m/h。

③传感器的布置。

a. 激光测距仪。在每个提升吊点处，选择适当的位置，安装 1 台激光测距仪。激光测距仪放置在地面上，激光打在被提升结构上，随着被提升结构的提升，激光测距仪的测量距离越来越长。激光传感器量程为 300m，测量精度可达 1.5mm。

b. 压力传感器。在提升过程中，为了监视每台油缸的载荷变化，在每台油缸上安装 1 个压力传感器，这样计算机控制系统可以实时地感知油缸载荷大小。根据采集的载荷数据，计算机控制系统可准确地协调整个提升系统工作，并对提升系统载荷的异常变化做出及时处理。

c. 锚具及油缸位置传感器。在每台提升油缸的上下锚具油缸上各安装1只锚具传感器，在主缸上安装1只油缸位置传感器。通过这些传感器，计算机控制系统可以实时地知道当前提升油缸的工作状态，根据当前状态来决定下一步动作。这是提升系统动作同步的基础。

④现场实时网络控制系统的连接。地面布置1台计算机控制柜，从计算机控制柜引出泵站通讯线、油压通讯线、油缸信号通讯线、激光信号通讯线、工作电源线：通过泵站通讯线将所有泵站联网；通过油缸信号通讯线将所有油缸信号盒通讯模块联网；通过激光信号通讯线将所有激光信号通讯模块联网；通过油压通讯线将所有油压传感器联网；通过电源线给所有网络供电。当完成传感器的安装和现场实时网络控制系统的连接后，计算机控制系统的布置就完成。

（2）钢绞线安装。

①根据各点的提升高度，考虑提升结构的状况，切割相应长度的钢绞线。

②钢绞线左、右旋各一半，要求钢绞线两头倒角、不松股，将其间隔平放地面，理顺。

③将钢绞线穿在油缸中，上下锚一致，不能交错或缠绕，每个油缸中的钢绞线左右旋相间。

④钢绞线露出油缸上端30cm。

⑤压紧油缸的上下锚。

⑥将钢绞线的下端根据油缸的锚孔位置捆扎做好标记。

⑦用起重机将穿好钢绞线的油缸安装在提升平台上。

⑧按照钢绞线下端的标记，安装钢绞线地锚，确保从油缸下端到地锚之间的钢绞线不交叉、不扭转、不缠绕。

⑨安装地锚时各锚孔中的3片锚片应能均匀夹紧钢绞线，其高差不得大于0.5mm，周向间隙误差小于0.3mm。

⑩地锚压板与锚片之间应有软材料垫片，以补偿锚片压紧力的不均匀变形。

（3）梳导板和安全锚就位。

①为了保证钢绞线在油缸中的位置正确，在安装钢绞线之前，每台油缸应使用1块梳导板。

②安装安全锚的目的是油缸出现故障需要更换时使用，另外它也可以起安全保护作用。

③梳导板和安全锚在安装时，应保证与油缸轴线一致、孔对齐。

（4）油缸安装以及钢绞线的梳导。

①所有油缸正式使用前，应经过负载试验，并检查锚具动作及锚片的工作情况。

②油缸就位后的安装位置应达到设计要求，否则要进行必要的调整。

③油缸自由端的钢绞线应进行正确的导向。

④钢绞线预紧，在地锚和油缸钢绞线穿好之后，应对钢绞线进行预紧。每根钢绞线的预紧力为15kN。

（5）拆卸提升系统。

①拆除主梁紧急抗风缆风绳。

②拆除提升泵站。

③拆除提升系统。

④张拉50m处临时缆风绳。

⑤拆除塔架顶部缆风绳。

⑥安装提升梁脚手架悬吊平台。

⑦分 6 段拆除大梁。

⑧分 2 片拆除脚手架。

⑨连接泵站与塔架顶升油缸油管，连接控制系统。

⑩检查套架各部支承部件完好性。

⑪松开顶层标准节上部（与顶节相连）的螺栓。

⑫顶升上部结构。

⑬将待拆除标准节用钢丝绳与悬挑梁上部倒链绑扎好。

⑭拆除待拆除标准节下部螺栓。

⑮用悬挑梁上部小车将标准节移至套架外侧。

⑯用塔架顶部吊机将标准节送至地面。

⑰油缸缩缸，将塔架上部结构降至下 1 层标准节。

⑱重复⑫～⑰项，直至剩余 2 节标准节。

⑲拆除顶升油缸、泵站及顶升套架。

⑳从上至下，顺序拆除塔顶吊机、吊机过渡节、短梁、顶节、两个标准节及底节。

六、质量要求

《钢结构工程施工质量验收规范》（GB 50205—2001）

《起重机械安全规范》（GB 6067）

《起重机械试验验收规范和程序》（GB 5905）

《港口门座起重机技术条件》（IT 5017）

《起重机设计规范》（GB 3811）

《桥式和门座式起重机制造及轨道安装公差》（GB 10183）

《通用门式起重机》（GB/T 14406）

《通用桥式起重机》（GB/T 14405）

《钢结构高强度螺栓连接的设计、施工及验收规程》（JGJ 82—91）

《钢结构制作安装施工规程》（YB 9254—95）

《钢焊缝手工超声波探伤方法和探伤结果质量分级》（GB 11345—89）

本钢结构安装工程质量保证优良。

钢结构分项工程质量 1 次验收合格率 100%

钢绞线使用图标暂无标准，使用按它破断拉力 50% 标准施用。

七、施工人员计划

1．项目经理	1 人	7．施工工艺工程师	2 人
2．项目副经理	2 人	8．测量检验工程师	1 人
3．项目主任工程师	1 人	9．专职安全员	1 人
4．起重吊装工程师	1 人	10．起重工	15 人
5．液压提升工程师	2 人	11．铆工	6 人
6．焊接工程师	1 人	12．电工	6 人

13. 钳工	4 人	17. 仓库保管员	2 人
14. 焊工	10 人	18. 后勤	4 人
15. 操作工	4 人	19. 辅助工	20 人
16. 采购员	2 人	20. 财务	2 人

八、安全注意事项

1. 在职工中牢牢树立安全生产第一的思想，认识到安全生产，文明施工的重要性，做到每天班前教育、班前检查、班后总结，所有施工人员，必须严格遵守现场条令及集团公司有关场外作业安全规章制度。

2. 所有施工人员要严格培训，合格后方可上岗（焊工、起重工、操作工等），进入施工现场要遵守“现场六大纪律”。

3. 所用起重吊索具要有 6 倍以上的安全系数，捆绑钢丝要有 10 倍以上安全系数。

4. 在施工区域拉好红白带。专人看管，严禁非施工人员进入。吊装时，施工人员不得在构件，起重臂下或受力索具附近停留。

5. 严禁在风速 5 级以上进行安装工作。

6. 起重人员要遵守“十不吊”原则，指挥人员要口令清晰，指挥正确，操作人员要集中精力认真操作，听从指挥。

7. 任何人不得随构件升降，构件起升要平稳，速度要慢，避免振动和摆动。

8. 施工前所有施工人员要对施工方案及工艺进行了解，熟悉操作过程和具体步骤。在施工过程中，任何人不得随意改变施工方案的作业要求，如有特殊情况进行调整，必须通过一定的程序以保证整个施工过程安全。

9. 钢绞线在安装时，地面应划好安全区，以避免重物坠落，造成人员伤亡；在正式提升时，也应划出安全区，未经许可不得擅自进入施工现场；主梁提升空间内不得有障碍物；在提升过程中，应指定挂牌制，1 人 1 锚观察地锚、安全锚、油缸、钢绞线、缆风的工作情况，若有异常，直接能通知控制中心。

10. 施工前对所有的链条葫芦、钢丝绳、滑车、卸卡、卷扬机等工器具要仔细检查记录，合格后方可使用。

11. 卷扬机的第 1 个滑轮中心应与卷扬筒中心线垂直，并与卷筒间距大于卷筒宽度的 20 倍。卷扬机操作派专人，并定期检查。卷机固定采用和埋件焊接方法，如采用坑锚等方式，要经过计算。

12. 非电气人员不得私自动电，现场要配备标准配电箱，盘。现场用电要设专职电工，电缆的敷设要符合有关标准规定。

13. 指挥吊机使用时，信号要做到统一清楚。吊机工作时，除操作人员外，其他无关人员不得进入操作室。吊机行走区域道路，工采取加固措施，吊机停止工作后，应将吊钩固定在牢固的物体上。

14. 现场指挥系统必须统一，高空、地面、操作等一切施工单位必须配置统一频率的对讲机通信工具。

15. 计算机控制读数，认真负责操作，有专业知识的人方能胜任。

16. 本工法提倡用油缸钢绞线拉风缆绳，能反映提升过程中缆风的受力变化提高了整体的安全性。

九、效益分析

1．超大型起重机整体提升新工法的成功实施，大大地缩短了超大型设备的施工周期，国内单塔架施工法以南通中远、葫芦岛渤海造船厂和外高桥造船厂共5台吊车的安装周期和塔架，不能自顶，用大型吊机吊装和拆卸塔架。这2项约节省总工程款40%，另外工艺的改变，使用的索具，如钢丝绳：现使用刚绞线，钢丝绳的价格高于钢绞线20%。降低成本，直接经济节约45%。

2．安全性高。双塔架本身能承受龙门起重机的自重，塔架底部与基础采用螺栓连接，风绳采用钢绞线通过油缸收紧，使用液压垂直提升的油缸施工是成熟的技术，就不会出现安全事故，从而节省了一半的施工时间和经济的周转，提高了更多的社会效益。

3．双塔架、大吨位、超高龙门吊的实施后，对超高、大吨位的设备安装开创了先例。现在我公司正在开发冶金行业的炼高炉的快速安装方法。炼高炉是超重超高设备。高炉的炉壁厚约70cm，从下向上一块块吊装焊接，费时费工，本公司把高炉分成三段，总重约5000t，先吊第1段，炉顶吊空后把第2段移到第1段下面，下放第1段，对口焊接成一体，再吊空1、2段，然后把第3段同样移到位，对口焊接，这样就完成了炼高炉的整体安装作业。

十、应用实例

1．大连2台600t×182m起重机，起身高度大梁上平面102m，不同的2台车型。安装的场地变化非常大，在这样的情况下，公司以总工为首的一批技术人员编制了2台不同车型的施工组织设计。在施工前第1次与总包方即大连起重机械厂的技术人员召开了首次专家评审会，有第九设计院、大连理工大学、上海同济大学和武汉水运学院的专家级教授评审1次通过。第2次是开工前，由业主即大连市技监局召开的，到会专家有大起设计所、九院、二船厂的起重专家、大连理工大学、上海同济大学、上海沪东造船厂、上海外高桥造船厂等专家们，评审1次通过。

2．大连新厂第1台的实施，由于塔架制造后是第1次施工，共用了85d时间成功地完成了第1台超大型龙门吊的吊装任务，并在国内第1次用双塔架整机整体一吊完成的新方法施工。由于第2台在大连老厂，运输距离比较近，再加上老厂有国防军工任务，要求安装时间更紧，在这样的情况下，在拆除塔架时以标准节为单位的拆除法，直接运到现场。第2台车从顶升塔架到拆除塔架仅用了60d时间，开创了国内超大型龙门吊吊装时间最短的奇迹，在我国大型设备安装历史上留下了辉煌的1页。

3．除在大连新、老船厂安装2台大跨度龙门吊外，去年江苏靖江造船厂1台300t×112m，总重2240t、山海关厂1台200t×72m，总重1800t、和现在青岛北海造船厂1台200t×140m总重2200t，今年8月份给韩国三星重工吊装1台140m×800t，11月份厦门造船厂1台300t×96m，总重19000t。明年的任务以无法安排，外高桥二期1台600t×185m，总重4500t；长兴岛上海世博会召开江南造船厂搬迁4台800t×205m×7000t；葫芦岛渤海造船厂2台600t×185m×430t；江苏南通阳光集团公司2台900t×160m×4600t。还有其他的小吨位如300t不计其数。

DBQ3000 型门座塔式起重机安装（拆除）工法

YJGF 92—2004

中国第一冶金建设公司

郭新发　黄树琦　李前国　余宗奎　所玉敏

DBQ3000 型门座塔式起重机是一种安装在门座上的下旋结构重型塔式起重机。在我公司，主要用于大型冶金建筑工程的吊装。该机总重量达 600 余吨，安装后的最大高度接近 130m，安装（拆除）时按原厂设计要占用大于 $150 \times 40m^2$ 的坚实平整场地。施工中高空作业的人员和项目较多，特别是在塔式工况整体扳起时很容易出现安全事故。在冶建施工中经常遇到安装（拆除）工期紧、场地狭窄、地形复杂等情况，按原厂设计的安装工艺往往难以实施。因此，制定一个规范性的技术文件，对保证施工工期和设备、人员的安全至关重要。

我公司从 1988 年开始，对 DBQ3000 型和 DBQ4000 型塔式起重机已经进行过 30 多次安装（拆除）工作，已经掌握一套较成熟的安装（拆除）工艺方法，特别是副臂立式接（拆）杆的工艺，安全适用，能有效地提高工效，降低成本，并很好地解决了狭窄场地的安装（拆除）问题。该工艺在国内同行业中技术领先，工期最短。现将其总结为 DBQ3000 门座塔式起重机安装（拆除）工法。作为 DBQ3000 门座塔式起重机安装（拆除）工程的纲领性的技术文件和编制工艺方案的依据。

一、工法特点

1. 安装程序的编制充分考虑了塔式起重机的整体平衡，保证了安装（拆除）的稳定性和安全性。

2. 塔机副臂安装采用空中接杆法，减少设备占地长度 25 ~ 55m，在安装（拆除）场地受限制的情况下，优势尤为突出；且有效地解决了高塔身、长副臂整体搬起时整机稳定性较差的安全隐患。

3. 塔机副臂安装采用立式接杆法，减少供副臂头部在扳起过程中滑移时应该铺垫钢板的程序。节省了购买钢板和运输钢板的费用。

4. 主臂双机抬吊具有安全性好，施工方便的特点。主臂双机抬吊是将全部主臂在地面拼装完毕，利用一台 150t 履带式起重机与 1 台 50t 履带式起重机抬吊，2 台起重机到结构件的跨距准确，结构件上吊点位置确定合理，大大减少了施工人员的高空作业范围，吊装时也容易就位。

5. 龙门、机台采用无脚手架安装，缩短了工期，节约脚手架的成本，解决了以往搭设脚手架时与其他施工单位相互干扰的问题。同时机台的前中后段在地面拼装后，整体吊装既安全又可靠。

6. 在安装（拆除）配合施工起重机的选型上，充分考虑了施工的方便性、起重机调遣的灵活性及费用，从而达到安装速度快，效率高，成本减少。

7. 与传统的安装方法相比，安装（拆除）工期提前10d。

二、工法主要内容及适用范围

1. DBQ型塔机安装（拆除）主要内容

（1）组织主吊机、辅助吊机及工具室进场。

（2）对塔机构件进行组装前的检查和保养，对电器进行认真的校验、调试、修复或更换。

（3）铺设安装轨道（60m长）。

（4）拼装各部构件，组立塔式起重机。

（5）电器部分调试。

（6）按技术标准进行各部检验。

（7）按规定进行空载、静载、动载试运转。

（8）撤除施工机械及工具室等。

（9）铺设塔机行走轨道。

2. 适用范围

本工法按DBQ3000型制定，适用于DBQ3000型及DBQ4000型门座塔式起重机的安装（拆除）工作。

三、关键工序的工艺原理

DBQ3000型门座塔式起重机的安装（拆除）工作的关键工序是主臂、副臂的组装和搬起。以往的工艺方法是将主臂和副臂一字摆开组装好后再搬起；如图1。由塔身搬起带动副臂的一端，副臂的另一端压在滚轮上着地，搬起时前部滚轮的拖行路线A—B段必须垫上钢板以利于行走。当滚轮走到A点处时，控制副臂变幅角度，副臂头部离开滚轮与主臂同时搬起。

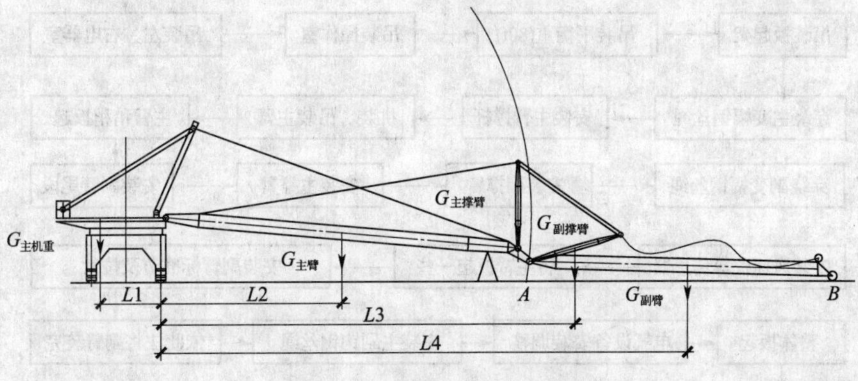

图1　以往吊装工艺示意图

本工法搬起的工艺原理是将机台、主臂和主副撑臂组装好后，先将主臂搬到一定的角度再在空中对接副臂。主臂一步步地搬起，副臂一节节地接上，直到副臂全部接好后如图2，再整体搬起。

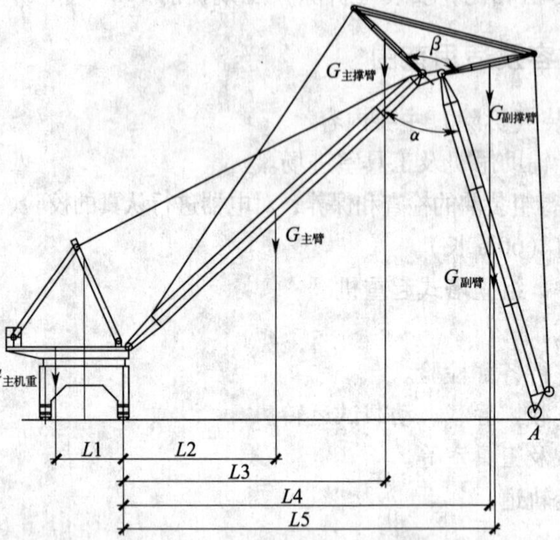

图 2　本工法吊装工艺示意图

四、安装工艺程序

1. 安装工艺流程（图 3）

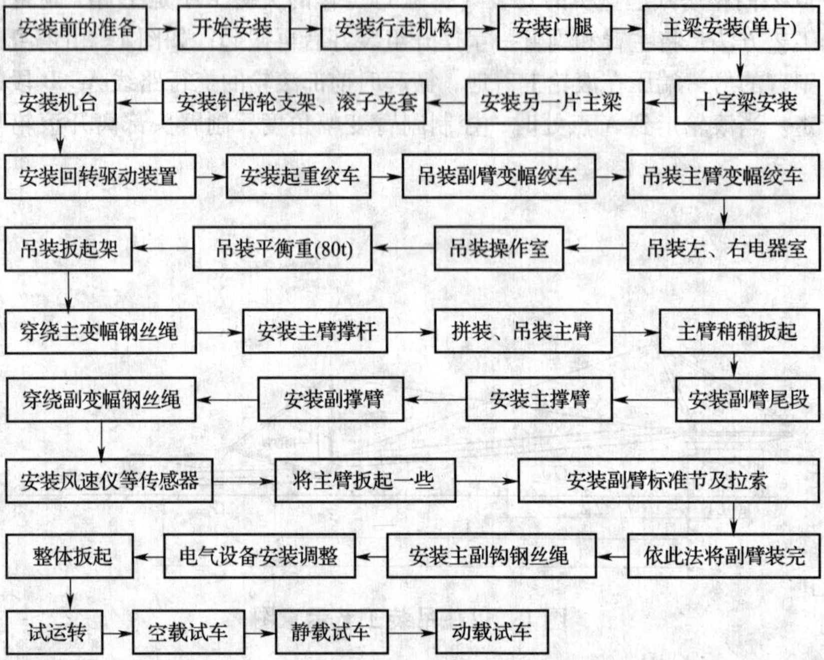

图 3　塔架下部结构

2. 安装前的准备

（1）编制安装方案、确定人员组织、学习有关资料。

（2）塔机的零、部件要进行必要的维修处理，派专人负责清点并指挥拼装。

（3）清理安装场地，塔机组装及工作场地要求坚实平整，地基耐压0.2MPa，主机站位45×36m，沿轨道铺设方向长度要求80～100m，宽为18m。所有地面及空中障碍物清除干净。

（4）准备好塔机构件拼装平台或垫块等物。

（5）门架安装时，四处无法站人，采用每个接头处焊梯子及使用辅助吊车的吊臂为工作架。

（6）所有工具、材料、螺栓要确定专人发放、回收。

（7）所有绳扣、吊具参照重量表，按保证安全系数8倍以上准备。

（8）塔机安装（拆除）时应与有关部门联系好，来往车辆注意行驶速度，大件安装时，要在时间上协调。

（9）轨道敷设（DBQ3000tm）应按表1、表2的技术要求进行，铺设过程中必须使用水平仪进行测量，基石应按要求进行捣实，塔机投入施工后仍需有专人负责对轨道进行检查和维护。轨道中心线应严格按照规定进行施工。

表1　轨道铺设允许误差

序号	项　目	误差要求
1	轨距偏差	1505：≤2mm　12000：≤5mm
2	轨道同一截面轨顶偏差	≤25mm
3	钢轨直线度（任意2m内）	≤1mm
4	轨道每10m长的标高差	≤30mm
5	轨道接头间隙（轨长12.5m时）	20℃　2mm
6	钢轨接头处高度差	≤1mm
7	道钉及连接螺栓	全装，不得省漏

表2　轨道铺设材料指标

使用钢轨：60kg/m	使用枕木：2500mm×220mm×160mm
道路标准：抗压强度120MPa	粒度：3～4mm
地基要求：土质耐压0.2 MPa	密实度：95%

3. 安装程序及要求

构件安装（高度均以轨面标高为0）：

（1）行走机构安装。行走机构的安装：用150t履带式起重机将行走小车吊放在轨道上，要求轨距中心距12000mm±3mm，基距方向尺寸11000mm，竖铰支座顶面距轨面高度2235mm±2mm。重量17.5t吊装高度2235mm。

（2）门架的拼装与吊装。

①拼装。在地面分别将侧面的门腿、侧梁、斜撑杆、水平拉杆、直撑杆组成两片侧架。为了吊装方便，在拼装时，1片侧架在轨道中间拼装，另1片侧架在轨道的一侧拼装。在拼装前，先用方形配重搭设四个拼装平台，每个平台四块配重，尺寸如图4。

②在安装过程中，各连接处所需螺栓规格及数量如表3所列。

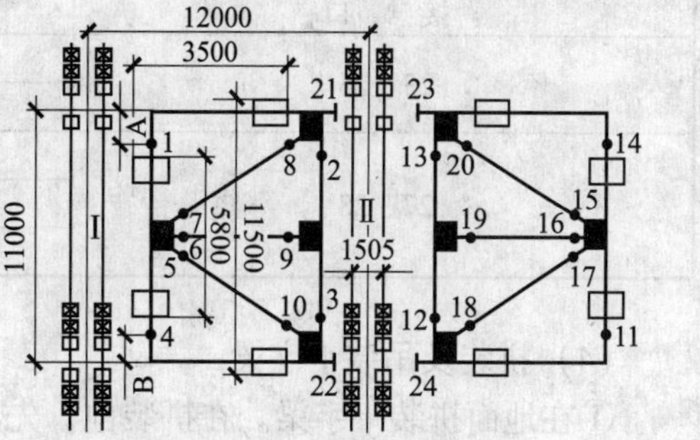

图4　门架拼装示意图

表3　螺栓规格和数量

接　　口	螺栓规格	数量（套）
1、4、11、14	M30×110	36×2×4
	M22×70	48×4
2、3、12、13、15、16、17	M24×80	24×2×7
	M22×70	20×7
5、6、7	M24×80	24×2×3
	M22×70	20×3
8、9、10、18、19、20	M24×80	24×2×6
	M22×70	24×6
21、22、23、24	M24×130	16×4

③吊装：单片33t。外形尺寸：129000mm×2400mm×6150mm。吊装高度8500mm。图5中A点和B点为吊点，150t履带式起重机站位在轨道中间，侧架Ⅰ与轨道Ⅰ上的小车联固后，使用3根钢丝绳配合手拉葫芦两边拉固，轨道中间拉两根地锚，选另一条轨道Ⅱ，轨道外侧地锚选已知建筑物做地锚，吊装侧梁Ⅱ时，150t履带式起重机移位至轨道Ⅱ的外侧。吊装落位并与轨道Ⅱ上的小车连接后，150t履带式起重机不松钩。

④技术要求：注意各连接板及相同件的编号和方向，全部精制螺栓均应按设计要求长度进行组装，保证螺栓光杆部分受剪，各型号拧紧螺栓的拧紧力矩达到规定值。门腿与台车竖铰支座间的装配间隙在螺栓中心附近应≤1mm。

（3）安装主梁Ⅰ。

①50t履带式起重机站在轨道中间吊装1片主梁重量11t，吊装高度8500mm，外形尺寸92720mm×4120mm×1600mm、吊点如图5中的A、B、C所示。

②各接口螺栓规格及数量见（见图6、表4）。

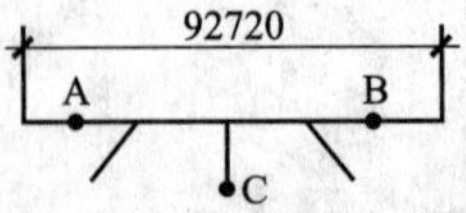

图5　安装主梁Ⅰ的吊点示意图

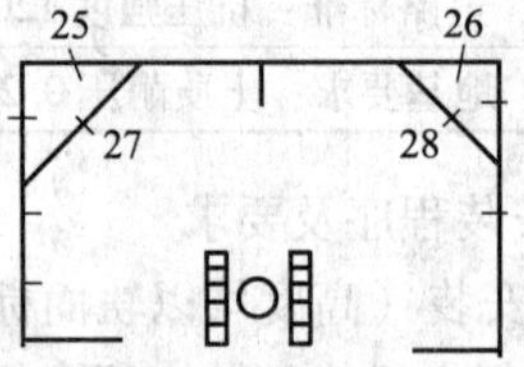

图6　接口螺栓示意图

表4　接口螺栓规格及数量（主梁Ⅰ）

接　　口	螺栓规格	数量（套）
25、26	M30×110	36×2×2
	M22×70	80×2
27、28	M24×95	68×2
	M24×110沉头	28×2
	M22×70	40×2

（4）拼装及吊装十字梁

①在地面拼装十字梁。在拼装前，先用方形配重搭设拼装平台，尺寸如图7。

②接口螺栓规格及数量（见表5）。

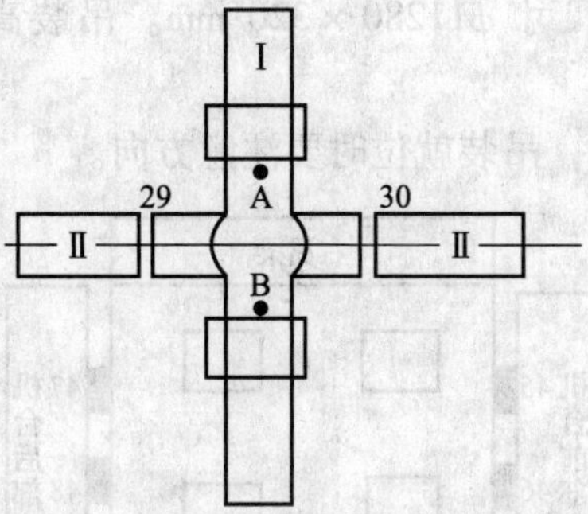

图 7　地面拼装十字梁示意图

表 5　接口螺栓规格及数量（拼装十字梁）

接口	螺栓规格	数量（套）
29、30	M30 × 110	24 × 2 × 2
	M22 × 70	40 × 2

③吊装十字梁。

吊点如图中 A 点和 B 点。十字梁外形尺寸 9000mm × 5500mm × 1970mm，重量 9.5t。吊起离地后将中心滑环装好。

④接口螺栓规格及数量（见图 8、表 6）。

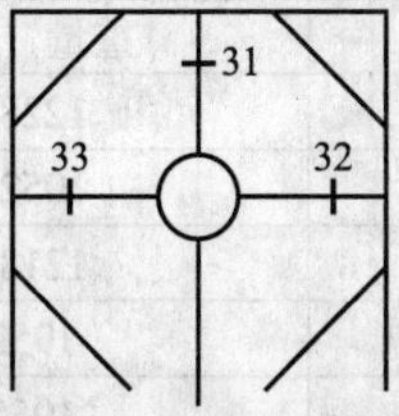

图 8　吊装十字梁示意图

表 6　接口螺栓规格及数量（吊装十字梁）

接口	螺栓规格	数量（套）
31、32、33	M30 × 110	24 × 2 × 3
	M22 × 70	40 × 3

（5）吊装主梁Ⅱ。重量 11t，尺寸 97208mm × 4120mm × 1600mm，安装高度 8500mm，吊点同主梁Ⅰ。

接口螺栓规格数量（见图 9、表 7）。

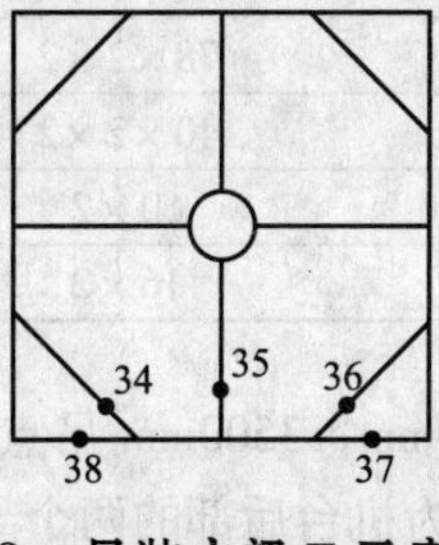

图 9　吊装主梁Ⅱ示意图

表 7　接口螺栓规格及数量（吊装主梁Ⅱ）

接口	螺栓规格	数量（套）
34、36	M24 × 95	67 × 2
	M24 × 110 沉头	29 × 2
	M22 × 70	40
35	M30 × 110	24 × 2
	M22 × 70	40
37、38	M30 × 110	36 × 2 × 2
	M22 × 70	80 × 2

（6）安装门架及十字梁部位的走台、扶梯及水平拉杆，注意按各部分编号进行安装。

（7）组装及吊装回转针齿轮。

①在地面将六段回转针齿轮拼装，边拼装边用配重搭设拼装平台，每个平台两块配重。共六个接口，每个接口螺栓规格 M24 × 95 数量 12 套。

②回转针齿轮的吊装（图 10）。

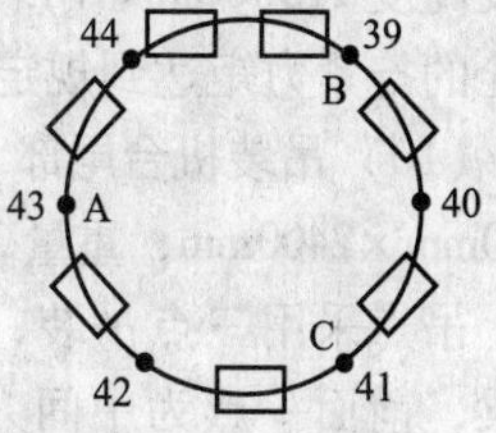

图 10　回转齿轮吊装示意图

吊点如图中 A、B、C 3 点（3 个接头位置），外形尺寸 $\phi 11280 \times 320$ mm。吊装高度 8500 mm，重量 13.2t。

③注意事项。拼装时要按照编号顺序拼装，不得换位，吊装就位时要注意方向。

（8）吊装回转滚轮。回转滚轮共有六段，分段吊装，每段重量 1.720t，吊装高度 8820mm，按编号顺序拼装，不得换位。

接口螺栓规格和数量：共六个接口，每个接口螺栓规格 M20×50（M16×25），数量 24 套（12 套）。

（9）安装机台前、中、后段。

①拼装。在地面拼装机台前中后段，拼装前先用方形配重按规定尺寸搭设拼装平台（图 11）。

②各部位尺寸及重量（见表 8）。

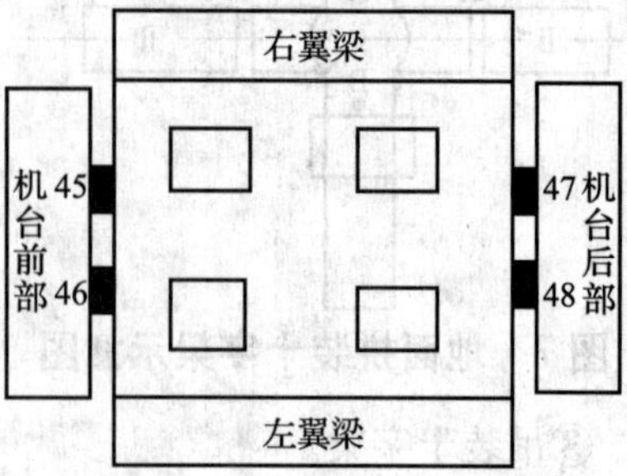

图 11　安装机台示意图

表 8　尺寸及重量表

机台部位	外形尺寸（mm）	重量（kg）
中部	3400×7070×1600	12282
前部	7100×2421×3000	10525
后部	7100×3400×1200	12186
左翼梁	7070×3700×1200	1952
右翼梁	7070×3700×1200	1955

③接口螺栓和数量（表 9）。

表 9　接口螺栓和数量表（安装机台）

接口	螺栓规格	数量（套）
45、46	M24×95	60×2×2
	M24×70	40×2×2
47、48	M24×95	78×2×2
	M24×70	40×2×2
左右翼梁与机台连接处	M24×75	60×2
	M22×70	16×2

④吊装。重量 44t（带中心枢轴）外形尺寸 14600mm×7100mm×3500mm 吊点机台采用 4 点吊装，前面两个吊点为扳起架底座（穿销轴），后两个吊点为机台后部的两个导向滑轮。吊装高度 11500mm。吊装就位后，用 24 套 M36×140 螺栓将中心枢轴与十字梁连接，拧紧螺栓的拧紧力矩达到规定值。

（10）吊装机台尾部（见图 12）。外形尺寸 3400mm×4200mm×2400mm，重量 22t。

吊点采用三点吊装，后面两点为扳起定滑轮组的下横梁，前面一点为中间人孔，前一点用合适的手拉葫芦配合钢丝绳调平。各接口螺栓规格及数量（见表 10）。

图 12　吊装机台尾部示意图

表 10　接口螺栓规格及数量（吊装机台尾部）

接　口	螺栓规格	数量（套）
49、50	M24 ×95	78 ×2 ×2
	M24 ×70	40 ×2 ×2

（11）安装回转驱动装置。两组回转驱动装置分别吊上，在轴壳偏心向内时插入，插入后再转动使之与机座相吻合。每组重 4.2t，为了便于安装，在吊装时采用四点吊装（有吊点），并配合手拉葫芦调平。

调整与检验：摆线齿轮上下端面与针轮板之间的间隙应分布均匀，上下相互差≤5mm，高度方向可通过调整垫板来达到。

（12）安装起重绞车。重量 27t（带钢丝绳），尺寸 5215mm ×2955mm ×1805mm。4 点吊装（有吊点），吊装就位后，用 20 套 M24 ×130 螺栓拧紧，拧紧力矩达到规定值。

（13）安装副变副绞车。重量 11t（带钢丝绳），尺寸 2430mm ×2260mm ×1390mm。吊装就位后，用 20 套 M24 ×130 螺栓拧紧，拧紧力矩达到规定值。

（14）安装主变副绞车。重量 15.4t，尺寸 3390mm ×3140mm ×1576mm。吊装就位后，用 20 套 M24 ×130 螺栓拧紧，拧紧力矩达到规定值。

（15）吊装扳起架撑杆。连接螺栓 M22 ×70，数量 12 套。

（16）吊装操作室。重量每件 5t，尺寸 3300mm ×2320mm ×2800mm。

（17）吊装电器室（左右）。重量每件 5t，尺寸 4700mm ×1800mm ×3300mm。螺栓M16 ×55，数量 20 套。

（18）吊装平衡重。在主臂安装之前先按顺序装上 80t，左右平衡重应分布均匀，后面有连接杆连接的三块配重应拧紧螺栓，防止松动。

（19）在吊装平衡重的同时，电缆的敷设和接线工作要同时进行，先接通回转机构电源，左右回转正常后停止。在板起方向插上机台后部与门架连接的拉板销轴，再切断电源，以免误动作。

（20）吊装扳起架。1）在地面拼装扳起架，包括扳起拉索部分部件。扳起架上段和下段连接口的螺栓规格为 M24 ×75，数量 168 套。盖板螺栓规格为 M16 ×40，数量 24 套。2）吊装。吊点在头部，吊起后穿好根部销轴，向后倾倒于机台上的扳起架撑竿上。重量 18.5t（带一组拉索），尺寸 16200mm ×3360mm ×1000mm。

（21）穿绕主变幅钢丝绳。用合适的钢丝绳作引绳，在穿绕时要注意防止钢丝绳“拧劲”，缠绕时注意左右卷筒卷绳要均匀。在 150t 履带式起重机协助下，放松主变幅绳，使扳起架向前倾倒，直至左右卷筒上剩规定圈数时停止。

（22）安装主臂撑杆。当扳起架摆动时，主臂撑杆应靠于支承滚轮上。重量 0.918t，尺寸 ϕ300mm ×3900mm

（23）安装主臂（66.32m）。1）在地面拼装主臂，在轨道中间沿轨道方向拼装。拼装过程中，用垫木至少垫 3 个支承点，支承位置应在每节臂的头部，以防止损坏主弦杆。拼装时应按顺序拼装（每节杆都有编号）。同时装好扳起拉索支架，主臂销轴应从外向里装，然后装上弹簧卡销。2）吊装。吊装时采用双机抬吊。吊车站位及吊点如图 13 所示，重量，49t。

在吊装过程中，始终保持主臂头部稍微离开地面。装根部销轴时，可以通过点动控制3000t·m的行走和回转来控制销轴孔位。

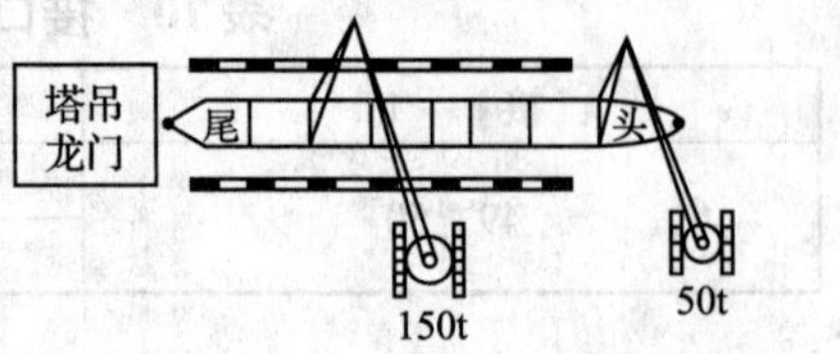

图13　吊车站位及吊点示意图

（24）安装扳起拉索。先将同搬起拉索支架连接的拉索与搬起拉索支架一起装好，再将前段与头部连接，然后搬起拉索支架向前倾倒，用手拉葫芦配合与预先装在板起架上的拉索连接。可以用吊车将主臂头部适量提高。注意拉索销轴从内向外装，然后装好弹簧卡销。

不同的主臂组合时板起拉索的组合不同，具体组合方式按说明书要求。

扳起拉索连接好后，抬起板起架，张紧扳起拉索，安装所有剩余平衡重。

（25）对于主臂工作状态，平衡重安装好后，将主臂头部抬起1m左右，穿绕主钩钢丝绳。检查电缆及电器线路，合格后即可扳起。

（26）塔式工况安装（使用塔式工况主臂头）。

①将副臂根段与主臂头部连接，然后将主臂适当扳起，直至副臂根段垂直支撑与地面的路基板上。如图14。

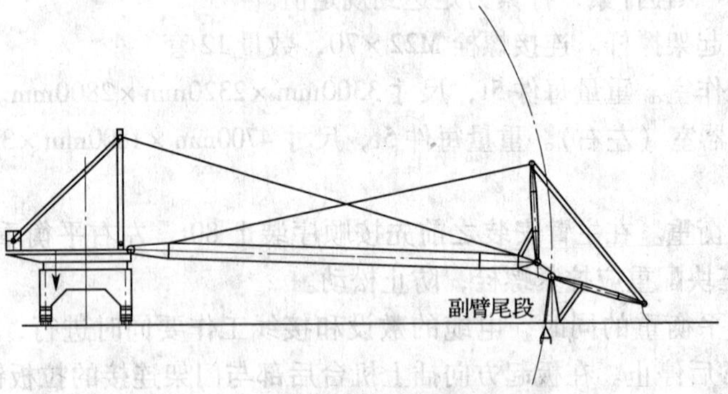

图14　塔式工况安装示意图

②安装副撑臂。重量4.813t，尺寸：14100mm×7430mm×802mm。

安装各配合轴孔均应清洗干净，按润滑要求加足润滑油。装好的副撑臂倒向副臂方向。

③安装主撑臂。重量4.98t（带一组主臂拉索），尺寸12640mm×2460mm×902mm。

吊点在主撑臂头部，装好底座销轴后，在吊车的配合下，主撑臂向前倾，同时150t履带式起重机不松钩。

④穿绕副变幅钢丝绳。开动副变幅卷杨，用麻绳将副变幅绳引至主撑臂位置，50t履带式起重机将副撑臂吊起与主撑臂保持一定的夹角（便于穿绕钢丝绳）。用麻绳作引绳穿副变幅钢丝绳，并打好绳卡（6个）。

⑤安装主撑臂撑杆。150t履带式起重机拉起主撑臂，注意同时放出副变幅绳直至与主撑臂撑杆连接，对于蝶簧式主撑臂撑杆，可以先通过调节螺杆的长短来安装，对于卡弧式主撑臂撑杆，要配合手拉葫芦来安装。

⑥安装副臂撑杆组（2件）。单重0.414t。安装前铰轴孔应清洗干净，按润滑要求加足润滑脂，装上轴端挡板。

⑦安装主臂拉索。在地面依次沿主撑臂方向连接好主臂拉索，最后一段在辅助吊机的配

合下与主臂上的销轴连接。

注意：销轴上应涂抹润滑脂，且应从里向外装，并上好弹簧卡销。

⑧安装风速仪，连接各限位开关及力矩限制器的电气线路，并全面检查。

⑨安装副臂及副臂拉索。塔吊稍稍扳起，使副臂头部离地2m左右，50t履带式起重机水平吊起一节副臂，将其上面的两个销轴与副臂底座连接好，如图15所示。

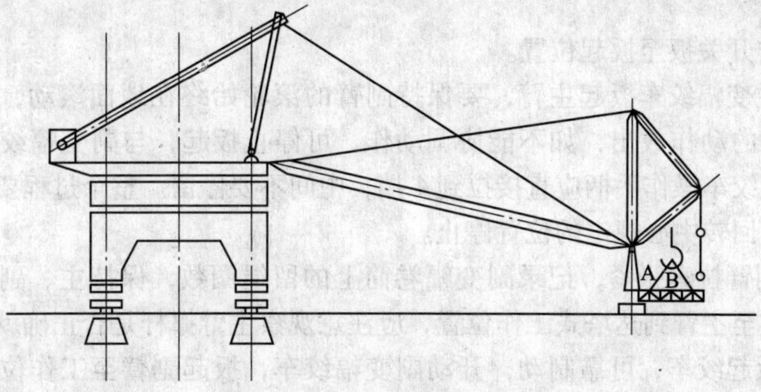

图15　安装副臂及副臂拉索示意图（一）

将A，B两点的销轴穿好后，主臂边扳起，50t履带式起重机边落钩，将接好的副臂垂直于路基板，然后50t履带式起重机在另一边将刚接好的副臂向后拉至接好C，D点，若C，D点的销轴难以就位，则50t履带式起重机可以松钩，使副臂垂直支于路基板，再通过主臂稍稍扳起或者趴杆来调整，直至穿好C，D点的销轴。如图16所示，同时接好副臂拉索。

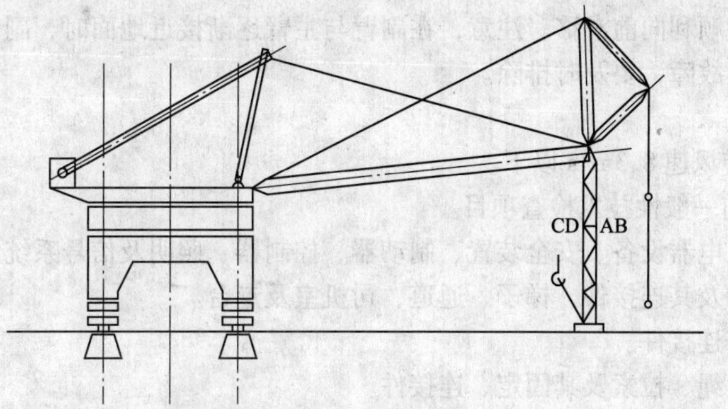

图16　安装副臂及副臂拉索示意图（二）

依此方法，主臂边扳起边装副臂，将副臂及拉索全部接完，如图2。

12m副臂重3.5t，6m副臂重1.9t。

⑩穿绕主钩钢丝绳。用ϕ20mm麻绳将主钩钢丝绳引至副臂头部第一个滑轮处，再用麻绳按工况滑轮组倍率穿好滑轮。然后起重绞车放绳，将起重钢丝绳穿好。安装好拉力传感器，打好绳卡（6个）。

⑪穿绕副钩钢丝绳，同⑩。

4. 进行扳起前的全面检查

（1）主臂、副臂是否按规定的方式组合好；

（2）有拉索支架的组合，支架所装位置和支架长度是否正确；

（3）所有销轴、弹簧卡销是否连接正确可靠；

（4）所有钢丝绳的穿绕是否正确，绳头固定是否正确可靠；

（5）检查各限位开关、幅度检测装置、拉力传感器等电器元件及其线路是否连接正确、可靠。

5. 扳起

（1）将操作开关扳至扳起位置。

（2）开动主变幅绞车扳起主臂，要保持副臂的滚轮始终在地面滚动，同时，副变幅绳要随主变幅绞车的动作放出，如不能协调动作，可停止扳起，与副变幅绞车交替动作。注意，每次主变幅绞车操作手柄应直接拉到4挡，中间不要停留。整个过程要专人指挥，直至副臂头部到达离回转中心规定的位置停止。

（3）先将副臂拉索张紧，记录副变幅卷筒上的留绳圈数，保持主、副臂相对位置，开动扳起绞车，直至主臂到达塔式工作位置，应注意观察主臂撑杆是否正确就位。

（4）停止扳起绞车，可靠制动，开动副变幅绞车，扳起副臂至工作位置。注意观察副臂工作限位的动作和他们的正确性，注意副臂撑杆是否正确就位和工作。

（5）检查各部件就位情况，拆除机台和门架的连接拉扳，把电器操作开关转至塔式工况位置。即可进入试运转阶段。

6. 放倒及拆除，按上述（5）③~⑤相反程序进行

注意5. ③关于主、副臂夹角在放倒过程中的控制，可按扳起时（不同组合留绳圈数不同）所记录的副变幅卷筒上的钢丝绳留绳圈数，放下副臂。但应注意，当副臂头部接触地面时，要使副臂顺利向前滑移。注意，在副臂与主臂逐渐接近地面时，副臂撑杆应能顺利脱出支承座，如遇故障，要及时排除。

7. 试车

（1）试运转风速8.3m/s以下。

（2）试车前一般性技术检查项目。

①各机构、电器设备、安全装置、制动器、控制器、照明及信号系统。

②金属结构及其连接件、梯子、通道、司机室及走台。

③吊钩及其连接件。

④卷筒钢丝绳、拉索及其固定、连接件。

⑤滑轮组、滑轮组的轴及紧固件，挡绳装置。

⑥平衡重的固定及连接。

⑦各润滑点的润滑情况。

⑧运行轨道和供电电缆。

⑨所有的防护装置。

（3）空负荷试验。

①空负荷试验的目的是检验电器设备控制动作的正确性，各机构动作的准确性，并调整各安全限位指示装置。

②空负荷试验的内容是在不悬挂重物的状态下，试验各机构的操作系统。

a. 起重机构在不同幅度位置以额定速度全程提升、下降空钩各3次。

b. 副变幅机构在全幅度范围内起落臂架各1次；当副臂进入小幅度工况时，要严格遵守各有关规定。

c. 回转机构：使臂架处于最大幅度状态，左右回转360°各1次。

d. 行走机构：在行走范围以内，前后行走各1次。

e. 在不同时启动、制动的条件下，作起升和回转或行走机构的任两种机构的联合动作十分钟，不允许回转与行走同时动作。

（4）静负荷试验。

①在空负荷试验及调整完成后进行静负荷试验，以检验各部钢结构的强度、刚度及制动的可靠性、起重机静态的稳定性。

②试验时，起重力矩限制器不投入工作。

③先起吊较小载荷，然后以相应于各幅度时（一般取最大、最小和中间3个幅度位置）的额定负荷和125%的负荷进行静负荷试验。试验必须保证在“静止”状态下进行，即先由吊钩把额定负荷提升离地面100~200mm，然后缓慢无冲击的加上超载部分载荷。此时各机构均不得作任何动作。

④试验载荷在空中停留10min后卸载。检查各部结构不得有永久变形，回转部分与支承滚子间不应有脱开现象。

（5）动负荷试验。

①在静负荷试验合格后进行动负荷试验，以检验各部运转情况及起重机动态稳定性。

②以相应于各幅度（一般取最大、最小和中间三个幅度位置）额定负荷的110%的试验负荷进行动负荷试验，使机构轮流单独运转，并按工作级别规定的循环时间重复启动、制动。延续时间不少于1h。

③完成上述各单项试验后，按110%的额定起重量做起重和回转或起重和行走的联合动作10min。此时不允许同时启动或制动。带载行走时，副臂要处于行走方向位置。

④试验中可调大力矩限制器的动作值，试验结束后应调回到规定值。

⑤试验中各机构应灵活可靠，工作平稳，安全指示装置动作准确，回转部分和整机有足够稳定性。

上述各项试验合格并经有关部门验收后方可正式投入运行。

五、施工机械、机具及材料（见表11）

表11　DBQ3000型塔机安装（拆除）机具设备、材料表

序号	名　称	主要用途	规格要求	数　量	备注
1	150t履带式起重机	主吊机		1台	
2	50t履带式起重机	辅吊机		1台	
4	25t汽车式起重机	辅吊机		1台	
5	钢丝绳扣		ϕ40mm　长16m	4根	
6	钢丝绳扣		ϕ30mm　长10m	4根	
7	钢丝绳扣		ϕ26mm　长10m	8根	

续表 11

序号	名　称	主要用途	规格要求	数　量	备注
8	钢丝绳扣		ϕ20mm，长 8 ~ 10m	4 根	
9	钢丝绳扣		ϕ16mm，长 6 ~ 7m	8 根	
10	钢丝绳扣		ϕ14mm，长 6 ~ 7m	4 根	
11	短绳扣			若干	
12	枕木	垫木		60 根	
13	路基板	主吊机站位	6000mm × 3000mm × 200mm	10 块	
14	手拉葫芦		5t	6 个	
15	手拉葫芦		3t	4 个	
16	手拉葫芦		1 ~ 2t	4 个	
17	千斤顶		10t 以上	6 个	
18	电动扳手			4 个	
19	活动扳手		各类尺寸	若干	
20	眼镜扳手		各类尺寸	若干	
21	过眼冲子		各类尺寸	若干	
22	卡环、手锤		各类尺寸	若干	
23	气焊设备		带 50m 气带	1 套	
24	铁丝		$8^{\#}$、$4^{\#}$	、各 400kg	
25	麻绳		直径 16mm，长 40m	3 根	
26	细麻绳			2kg	
27	螺栓			备足	根据计划
28	水平仪			1 台	
29	经纬仪			1 台	

注：履带式起重机可根据现场的实际情况灵活安排。

六、劳动力组织

1. 组织机构（图 17）：

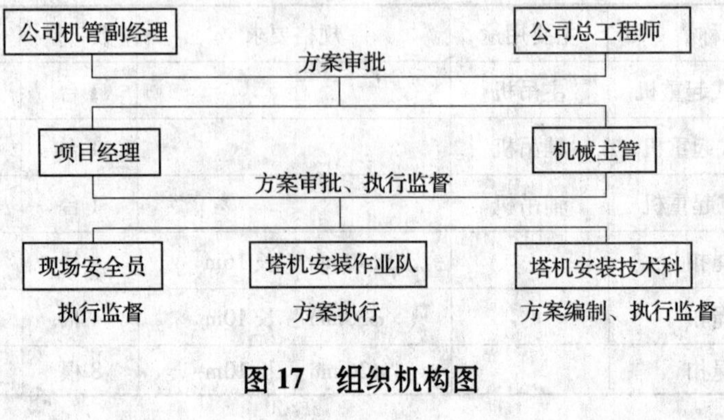

图 17　组织机构图

2. 施工人员：

铆工：	20人	起重：	8人	电气焊：	1人	电工：	2人
螺栓管理：	2人	构件管理：	2人	安全：	3人	技术：	2人
后勤：	4人	构件运输：	6人	生活车：	1人		

3. 工期：

安装（拆除）工期各为30d（每天工作8h）。安装工期不包含准备工作时间。

七、安全措施

1. 成立以主管领导为首的领导小组，要有专职安全员进行现场安全工作的宣传、监督和检查。

2. 工作前必须召开全体施工人员大会，进行安全、技术交底。

3. 坚决贯彻执行各级有关安全施工的文件、通知和规定，严禁违章作业。

4. 严格遵守有关高空作业的各项规章制度。

5. 坚持工前交底，交代清楚当天的任务、工作特点，强调注意事项。

6. 严格按照方案与试车方案进行工作，根据现场实际情况，有变动的事项需与有关技术、安全人员协商，经同意后方可进行。

7. 所有进场人员必须穿好工作服、工作鞋（电工要穿绝缘鞋），戴好安全帽，高空作业人员（2m以上）必须系好安全带，工作前还要进行检查，经认可后方可工作。

8. 全体人员必须听从指挥，统一行动，起重吊机要有专人指挥，按规定使用正规信号及信号器具。

9. 对所有使用的绳扣（安全系数不得小于8～10倍）、吊钩、卡环、倒链，必须进行检查确认。

10. 组装现场要有专人看守，不许闲杂人员进入工作范围，现场要设立明显的安全标志和防护栏。

八、经济效益分析

本工法采用立式接杆法安装塔机副臂，同传统安装方法（水平地面接杆法）相比：要减少占地长度25～55m（与副臂接装长度相同），节省供副臂头部在扳起过程中滑移时应该铺垫的钢板（厚度20mm，宽度2.4m，长度20～50m）；减少了扳起力矩，使扳起工作更加顺利安全；缩短了安装工期（至少10d），降低了施工成本；为中国第一冶金建设有限责任公司取得了良好的经济效益。

九、工程应用实例

1. 2002年2月8日～2月20日，在济南钢厂120t转炉建造工地，采用此工法安装一台DBQ3000型门座塔式起重机，吊臂工况为：主臂高度66.32m，副臂长度42m。使用1台150t履带式起重机（接45m吊臂）做主吊机，1台80t履带式起重机为辅助吊机。为抢工期施工人员加班加点每天实际工作12～16h，用13d时间就完成了全部安装工作。

该机于当年10月完成施工任务，从10月26日开始按此工法拆除至11月3日，仅用9d

（每天工作 12～16h）时间就完成了全部拆除工作。

2. 2002 年 9 月 15 日至 10 月 9 日，在湖南涟钢高炉改建工地，安装了一台 DBQ4000tm 塔式起重机，吊臂工况为：主臂高度 69.2m，副壁长度 36m。使用 1 台 150t 履带式起重机（接 45m 吊臂）做主吊机，1 台 50t 履带式起重机为辅助吊机。每天工作 12～16h，用 25d 时间完成全部安装工作。

3. 2002 年 11 月 11 日至 11 月 23 日，在济南钢厂 1750m^3 高炉建造工地安装 1 台 DBQ3000 型门座塔式起重机，吊臂工况为：主臂高度 66.32m，副臂长度 36m。使用 1 台 200t 履带式起重机做主吊机，1 台 50t 履带起重机和一台 16t 胶轮吊为辅助吊机。每天工作 12～16h，用 13d 时间就顺利完成了全部安装工作。

特大型轧机机架吊装工法

YJGF 93—2004

上海宝冶建设有限公司

丁明富　庞鸣梁　姜志前　周　勤

宽厚板轧机工程的关键设备是四辊可逆精轧机，其机架的体积大，重量重，安装精度要求高，吊装难度大，整个轧机安装的难点就在于机架吊装。如宝钢宽厚板轧机的机架单片重达390t，最大外形尺寸为高度15280mm，宽度4700mm，厚度max2200mm，厚度min1000mm是我国到目前为止最大的轧机。由于机架外形尺寸大，行车无法从±0的地坪上将机架垂直吊起，常规做法是机架的吊装都需要借助安装底座的地坑，利用地坑的负标高，将机架竖起，而宝钢宽厚板工程机架安装是在吸收、消化国内外先进技术和工艺的基础上，采用“特大型轧机机架（牌坊）侧立就位吊装工艺”。

单体轧机机架吊装与连轧机机架的吊装有所不同，连轧机由于有多台轧机地坑，纵向尺寸大，轧机的机架在换辊处可以水平放置，并由单台或双台吊机将机架缓慢吊起直立，然后再放到指定的底座上，完成机架吊装任务。单体轧机的机架由于是1台轧机，换辊侧纵向尺寸小于机架宽度，无法水平放下，因此需要改变传统机架安装工艺，采用侧立就位吊装工艺。即机架进场后，先平放在指定的位置，采用专用吊具进行侧翻，再将侧翻后的机架吊至换辊地坑处，进行直立作业，将机架吊装到指定位置。

一、工法特点

1. 机架外形尺寸大，质量重。机架卸车后，需要采用自行设计和制造的专用的机架侧翻工具，进行机架的侧翻工序。

2. 合理的利用机架侧的换辊装置基础进行侧立就位吊装。

3. 无需在换辊基础侧准备专门的吊装用基础坑。

4. 机架侧立就位吊装工艺，能确保宽厚板轧机牌坊安装工作安全、质量、进度，并能取得较好的经济效益和社会效益。

二、适用范围

本工法适用于单体特大轧机机架的安装。

三、工艺原理

本工法利用自行设计和制造的专用吊具把轧机机架由原平卧改为侧卧，地面侧翻后吊至换辊坑内再换吊具起吊就位。

四、工艺流程（见图1）

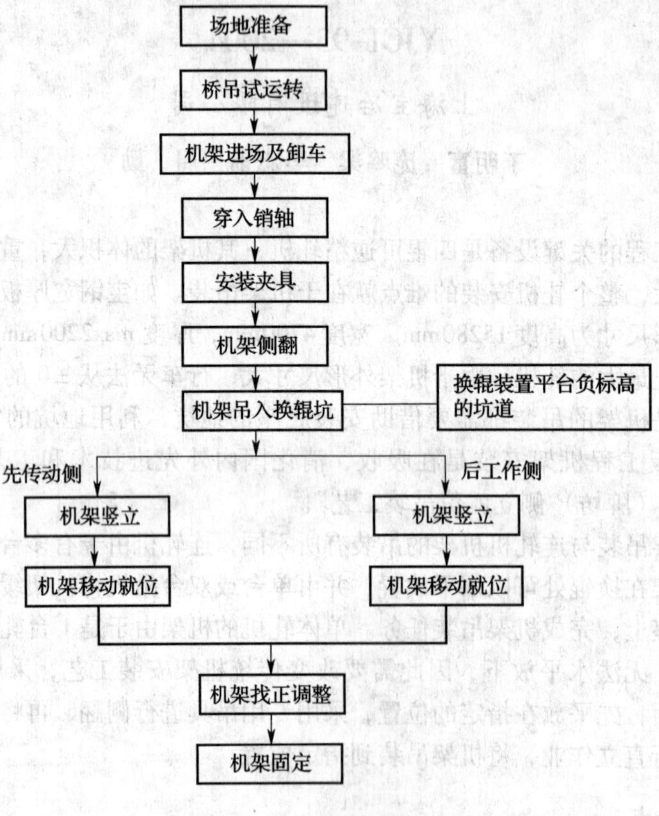

图1　工艺流程图

五、操作要点

1. 吊具的设计和制作

每片机架由平板拖车进入现场后，由桥吊放在预先准备的位置，准备进行侧翻直立，因此对专用吊具的设计和制作有以下要求。

（1）在侧立过程中要确保机架不变形、不缺损。机架要随着吊具进行旋转、侧翻、吊装等过程，但在每个过程中，必须要保证机架的原有状态。

（2）吊具在某种程度上替代了钢丝绳的作用，当然比钢丝绳更具有可操作性、灵活性，因此吊具的本身要有足够的强度和刚度，包括连接件、焊缝，应能承受机架的全部重量。

（3）吊具不仅要配合行车往上提，而且机架从水平到直立要旋转90°，因此吊具的设计要求有灵活旋转的环节。

（4）为了确保在吊装过程中机架不变形，因此吊点的设计不能只有1个，吊具的着力点应设计2点，并且要有一定的距离。

（5）由于机架是不规则的机加工件，因此在设计制作吊具之前，首先要计算出机架本身的重心点，根据重心点再设计吊具的具体尺寸。

（6）专用吊具的制作时，要求保证销轴孔要切割光滑并打磨毛刺，同时保证对应孔的同心度±2mm，便于穿销轴。对于包箍件要求构件跨度不因焊接而变形。

（7）对吊具扁担梁的强度、吊耳销子的强度、焊缝强度都要进行验算，对接焊缝要求做超声波探伤，以确保吊装的安全可靠性。

2．机架吊装

（1）特大机架进场存放场地的选择。

考虑到机架为超大超重件，我们必须充分了解厂房内机架存放点地坪的承载能力以及位置要较宽敞，方便“C”型钩装入，而且要留有机架侧翻的足够的空间。通过现场的考查，翻阅图纸，最后确定位置。宝钢宽厚板轧机机架存放场地为主轧线DE跨靠E列16至18线间，该位置靠近18线大门，辊道和E列线间无设备基础，地坪平坦且宽敞，基桩布置较密，离轧机安装位置近，每m^2有10t的承载能力，经计算能承受2片机架一字排开同时存放的要求。不同的工程有着不同的状况，要根据不同的条件，选择合适的场地，但必须要满足以上的基本条件。宝钢宽厚板工程的机架存放位置及基础桩位图如图2所示。

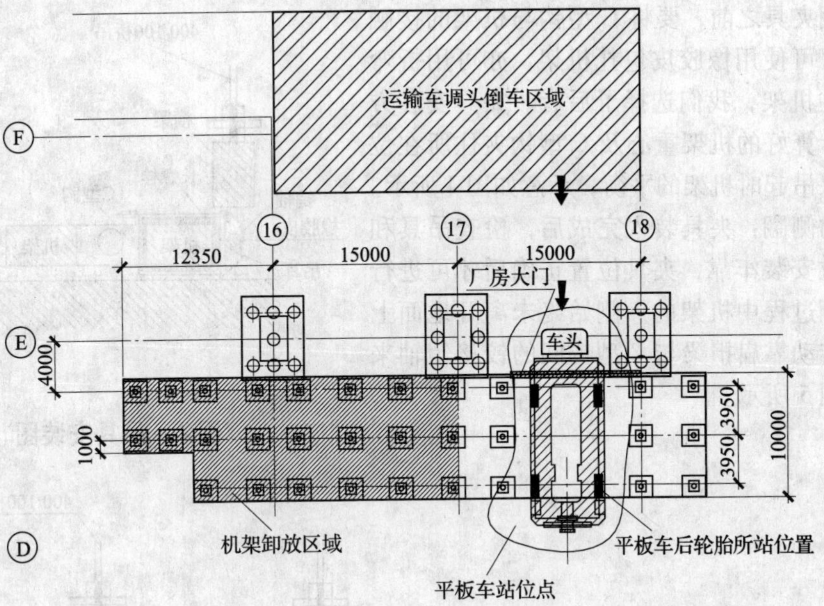

图2　宝钢宽厚板工程的机架存放位置及基础桩位图

（2）机架的卸车。

机架的卸车可以用4根ϕ85钢丝绳完成的，4根钢丝绳分别兜住机架的两侧，用橡胶皮护住机架表面，使机架的重量分散到8股钢丝绳上。也可以采用两根ϕ130mm×44m环形钢丝绳进行卸车。利用400/100t行车将机架卸放在厂房合适的位置，地面铺好250mm×250mm枕木，枕木设置高度约700mm，利于夹具装入机架。机架卸放前，要摆放好C型钩，便于卸车时直接将机架卸放到夹具内。

（3）机架的侧翻。

机架侧翻前可将机架竖立时的吊具——销轴装入压下孔内，该步骤施工既可在侧翻夹具装入之前，亦可在其后。销轴的装入专门设计有专用的工具，装入方法如图3所示。

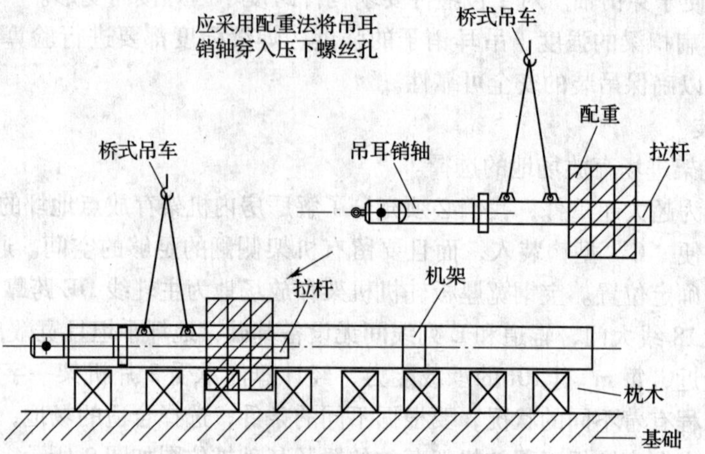

图 3　销轴的装入

在侧翻夹具之前，要将 C 型钩与机架的接触面保护好，可使用橡胶皮包扎机架，亦可用折弯的钢板护住机架，我们选择了后者。夹具安装方法必须按计算好的机架重心及 C 型钩夹住所在位置，以确保吊起时机架的平衡，示意如图 4 所示。

机架的侧翻：夹具装入完成后，检查吊具和夹具各部位安装牢靠，夹具位置正确后才可进行起吊。侧翻过程中机架的一侧始终未离开地面上的枕木，转动靠扁担梁与 C 型钩间的铰接销轴来完成，如图 5 所示。

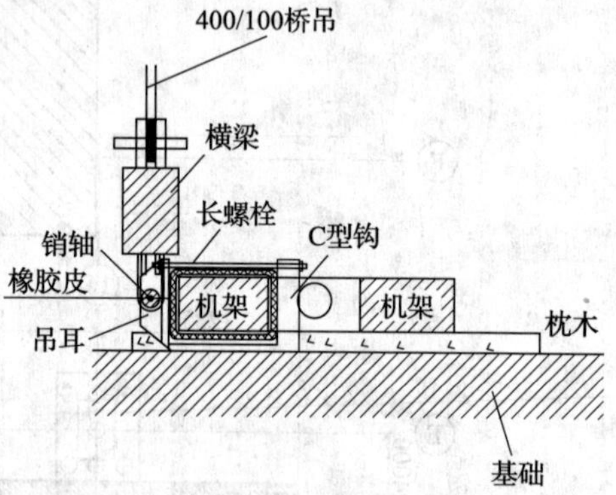

图 4　吊具安装图

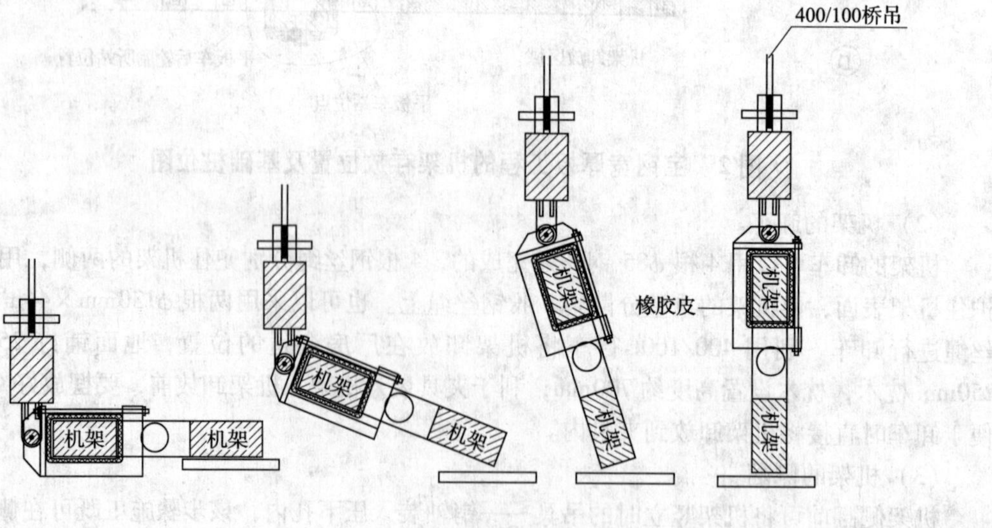

图 5　机架侧翻示意图

（4）机架的竖立就位。

为完成机架的竖立就位工作，除制定了详细的施工作业方案外，还需要更仔细地在现场实测实量换辊坑基础面至行车吊钩上极限位置的高度尺寸以及机架摆放至换辊坑中时机架头部能够悬出轧机坑的最大尺寸。

首先将两块尺寸分别为 30mm × 5m × 2. 5m 的钢板放在 30mm × 3m × 2. 5m 的钢板的下面，平整地叠放在换辊坑中机架的尾部下，两块钢板之中间抹上润滑油，再在轧机坑旁换辊坑基础两侧布置好枕木，并在轧机坑内机架头部悬出换辊坑处分的下方，搭设好脚手架及平台。

其次按设计并测量好尺寸位置摆放好机架，并在机架下部两侧利用地脚螺栓孔向头部方向挂设两个 10t 的手拉葫芦。

再者拆除侧翻夹具，将 400t 行车吊钩挂在销轴吊耳上，由于机架头部超出换辊坑 5. 5m，挂吊钩过程中需要特别注意安全。

在机架竖立过程中，400t 行车吊钩须缓慢上升。同时小车须缓慢向机架侧方向移动，当吊钩与机架要处于同一垂线位置时，是机架竖立过程中最危险的位置，必须特别小心谨慎，在吊钩起升中，为使上钢板随机架滑动，须收紧手拉葫芦，同时在机架底部中心处下方放置约 200mm 的木板，作为缓冲机架吊起时向前摆动的冲击力。吊钩再向上时的瞬间，两钢板间摩擦力减小至不足以克服手拉葫芦的向前拉力时，上面的钢板随机架向前滑动，直至机架完全竖立。机架起立过程如图 6 所示。

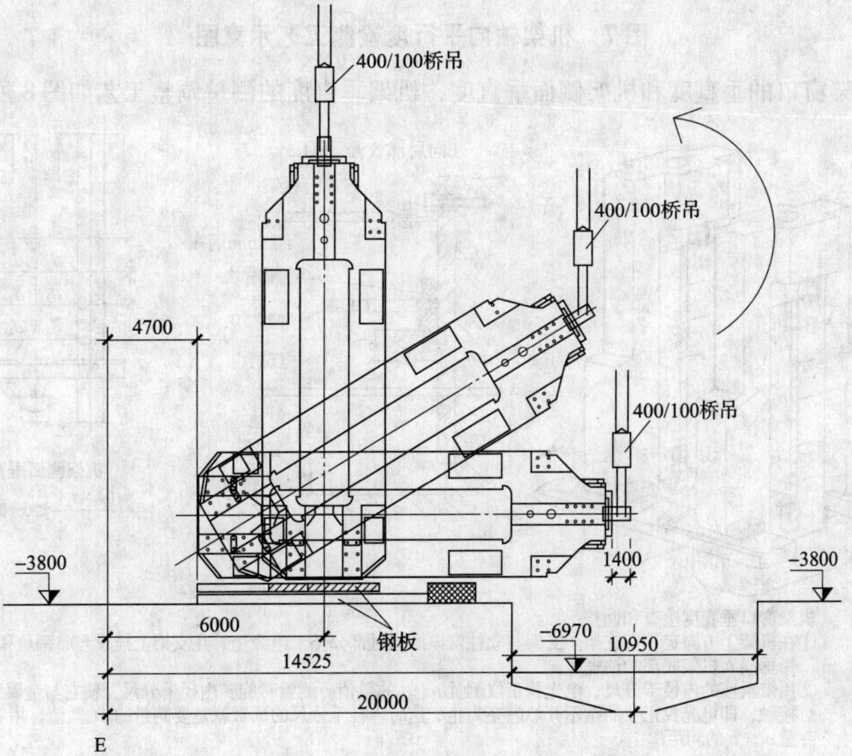

图 6　机架起立过程示意图

（5）轧机机架的安装。

轧机机架吊装就位后，紧接着就是将两片牌坊上下横梁安装上去，以使牌坊连接成一个整体。

机架的找正：机架的找正，采用挂钢系线和线坠的方法，通过光电千分棍测量手段，精确测量机架的位置精度，主要有以下内容：

①机架间的平行度，机架轴向平行度检测工艺如图 7 所示。

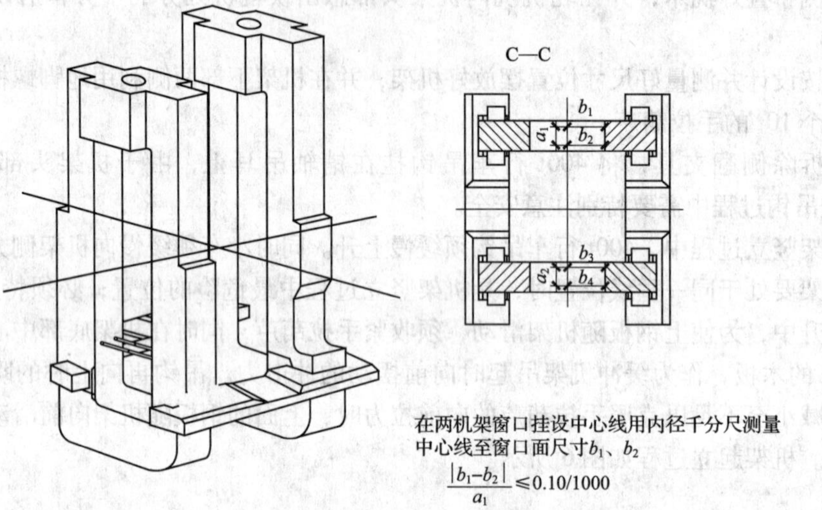

图 7　机架轴向平行度检测工艺示意图

②机架窗口的垂直度和机架侧面垂直度，机架垂直度的测量调整工艺如图 8 所示。

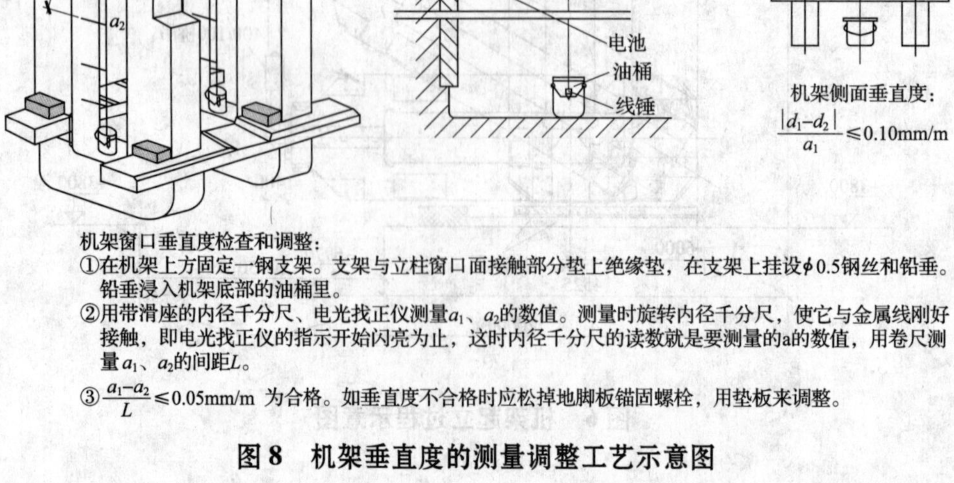

机架窗口垂直度检查和调整：

①在机架上方固定一钢支架。支架与立柱窗口面接触部分垫上绝缘垫，在支架上挂设ϕ0.5钢丝和铅垂。铅垂浸入机架底部的油桶里。

②用带滑座的内径千分尺、电光找正仪测量a_1、a_2的数值。测量时旋转内径千分尺，使它与金属线刚好接触，即电光找正仪的指示开始闪亮为止，这时内径千分尺的读数就是要测量的a的数值，用卷尺测量a_1、a_2的间距L。

③ $\frac{a_1-a_2}{L}\leqslant 0.05$mm/m 为合格。如垂直度不合格时应松掉地脚板锚固螺栓，用垫板来调整。

图 8　机架垂直度的测量调整工艺示意图

③机架窗口底平面的水平度和窗口尺寸的检测工艺如图 9 所示。

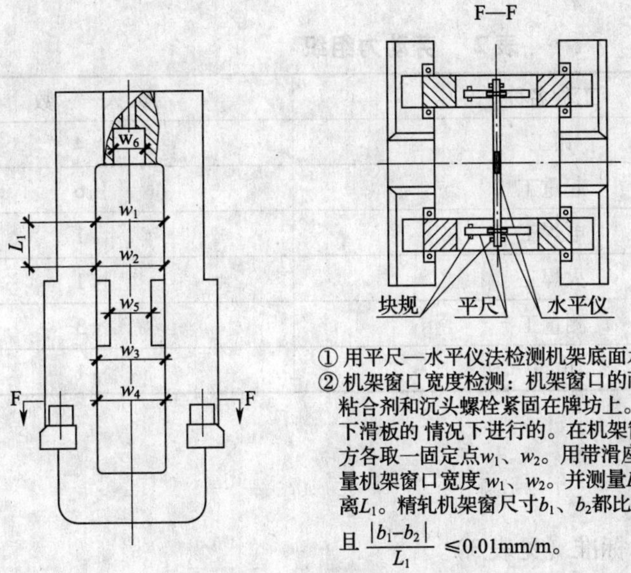

① 用平尺—水平仪法检测机架底面水平度。
② 机架窗口宽度检测：机架窗口的耐磨滑板已用特殊粘合剂和沉头螺栓紧固在牌坊上。测量时是在未取下滑板的 情况下进行的。在机架窗口立柱的上、下方各取一固定点w_1、w_2。用带滑座的内径千分尺测量机架窗口宽度 w_1、w_2。并测量B_1、B_2两点间的距离L_1。精轧机架窗尺寸b_1、b_2都比设计要小0.01~0.05mm，且 $\frac{|b_1-b_2|}{L_1} \leqslant 0.01$mm/m。

图 9　机架底平面水平度和窗口尺寸的检测工艺示意图

④检查机架和底座的贴合情况

机架与底座相接触的立面与水平面的接触情况，用 0. 03mm 的塞尺检查，接触周长应大于 75% 。

六、材料、机具、设备（见表 1）

表 1　轧机机架吊装中使用的主要材料、机具、设备

序号	机具名称	规格及精度	用途
1	桥式起重机	400/100t	起吊
2	卷扬机	5t、10t、20t	配合吊装
3	水准仪	0. 7mm/km	测量
4	框式水平仪	0. 02mm/m	测量
5	千分表		测量
6	钢丝绳	ϕ85　长 16m	配合吊装
7	钢丝绳	ϕ40　长 15m	配合吊装
8	枕木		
9	侧立专用吊装工具		
10	液压千斤顶	10t	水平推移

七、劳动力组织（见表2）

表2　劳动力组织

序号	工种名称	人　　数
1	钳工	4
2	起重工	6
3	电焊工	1
4	火焊工	1
5	测量工	3
6	电工	1

八、质量、安全

1. 质量管理

（1）本工法执行的技术标准（见表3）。

表3　执 行 标 准

序号	标准代号	标 准 名 称
1	YBJ 201	冶金机械设备安装工程施工及验收规范通用规定
2	YBJ 212	冶金建筑安装工程施工测量规范
3	GB 50231	机械设备安装工程施工及验收规范
4	GB 50026	工程测量规范
5	YB 9245	冶金机械设备安装工程质量检验标准（轧钢设备）
8	Q/BGJ 014	设备（钢结构）安装流动灌浆施工规程

注：以上标准均为现行在用版。

（2）质量要求要点。

底座安装完毕，经检验合格后，即可安装轧机机架。

①必须设计和制作专用的吊具，并对吊具的扁担梁、销轴及焊缝进行强度验算。

②安装卡具时要保持吊点在轧机重心位置。

③底座开口处及机架和底座接触处必须清洗干净，不能夹有包括漆皮等任何异物。

④底座上表面和牌坊脚接触处薄薄地涂上1层机油，以利两牌坊脚上下连接横梁就位后，牌坊能在底座上作少量滑动，消除吊装前预留的间隙，保证连接可靠。

⑤牌坊就位后，立即用干净纸条利用机油的粘性将牌坊和底座接合面的边缘封住，以防机架找正前落入异物。

（3）机架安装的主要检测项目。

①机架窗口立面垂直度公差为0.05/1000。当垂直度超过标准时，可适当调整底脚板使窗口垂直度在标准范围内。

②机架侧面垂直度公差为0.1/1000。

③机架窗口立面与窗口设计中心线平行度公差为0.1/1000。

(4) 质量保证措施。

①工程质量检验应以国标、部标或外商提供的标准为依据，严格执行班组自检、互检和专职检查员专检“三检制”的原则，凡不合格的上道工序，不得转入下道工序。

②质量检查先由班组自检和互检合格后，再交专职检查员专检。关键项目重点部位，必须经一级项目部质检人员检查确认。

③坚持技术交底制度。工程开工前技术人员要对施工班组进行认真的技术交底，使参加施工的作业人员都熟悉转炉的安装工序、方法、技术要领及执行的标准。

④施工过程中严格执行业主提供的技术文件标准，技术标准上没有的参照国家标准执行。

⑤要严格按照安装工程的质量过程控制，制定保证质量的合理化程序。做到按图纸、标准和工艺（或《施工方案》）进行安装。

2. 安全管理

(1) 健全安全监督检查制度，安全员跟踪进行监督检查，发现问题及时解决。

(2) 设备安装前由项目总工程师进行安全技术交底。

(3) 项目部安全管理者及班组安全员协调与协助各班组做好安全工作，指导进行安全防护和安全管理各项工作。

(4) 安装所有工具、材料等妥善放置，使用的工具要采取措施，防止坠物伤人。

(5) 严禁重件必须存放在指定位置，严禁乱堆乱放，并且设备堆放要考虑到其重量对地坪的负载能力。

(6) 轧机机架吊装使用式吊车时，应在吊装前进行吊装试验后，才能正式吊装，而且吊装时要统一指挥，协调配合。

(7) 在桥吊主钩与轧机夹具挂钩时，应采用配重法安装轴销。

(8) 机架吊装几个关键的环节，如卸车、侧翻、竖立在实施方案前，要准备好应急的机工具及措施，实施过程中安装人员要按安全规程要求操作，注意安全。

(9) 按照安全规定使用氧气、乙炔，严禁非电工人员操作电器盘箱。

(10) 施工现场要做好安全措施工作。施工用的架子、脚手板必须按规定搭设，铺好安全网，钢跳板铺设不得少于两块，并要两头固定。

(11) 施工人员不得翻越辊道通过轧制线，应使用临时轧线过桥。

九、经济效益分析

1. 直接经济效益

(1) 用传统工艺需要的费用。

①预留换辊平台需要的费用：

土建施工综合费用为200000元。

②轧机机架吊装费用：

a. 机械及工具租借费：

卷扬机（10t）：　　76.88元/台班×4台班=307.52元

卷扬机（5t）：　　20.25元/台班×4台班=81元

卷扬机（20t）：　　　　　120 元/台班 ×4 台班 =480 元

b. 吊装人工：

钳　工：　100 元/工日 ×4 工日 =400 元

起重工：　100 元/工日 ×8 工日 =800 元

火焊工：　100 元/工日 ×2 工日 =200 元

电焊工：　100 元/工日 ×2 工日 =200 元

电　工：　100 元/工日 ×2 工日 =200 元

测量工：　100 元/工日 ×6 工日 =600 元

c. 钢丝绳：

ϕ85，长 16m，4 根：100000 元

ϕ40，长 15m，2 根：30000 元

合计费用：333268.52 元

（2）用轧机机架侧立就位工法施工费用。

①吊具的设计和制作：15 万元

②轧机机架吊装费用：

a. 机械及工具租借费：868.52 元

b. 吊装人工：2400 元

c. 钢丝绳：130000 元

合计费用：283268.52 元

（3）节约费用。

333268.52 - 283268.52 = 50000（元）

采用本工法获得直接经济效益 50000 元。

2. 间接社会经济效益

采用本工法避免了因轧机机架因交货期推迟 6 个月而产生的预留油库基础，从而为宽厚板轧机总的施工工期不拖延赢得了宝贵的时间，宝钢宽厚板年产量为 140 万元，按每年 365 天计算，日产量为 3840t，提前一个月工期产生的社会经济效益为：

$$30d \times 3840t/d \times 5000\ 元/t = 576000000\ （元）$$

十、工程实例

在宝钢“十五”规划宽厚板工程中得以成功应用，避免了因轧机机架因交货期推迟 6 个月而产生的预留油库基础，从而为宽厚板轧机总的施工工期不拖延赢得了宝贵的时间，并取得了良好的经济效益和社会效益，获得业主的好评。

炭素焙烧炉砌筑工程施工工法

YJGF 94—2004

山西省工业设备安装公司

杜振慧　茹向阳　曹海洋　杨丽娟　杨娟香

预焙阳极炭素工程是电解铝生产的配套项目，主要采用煅后石油焦、固体沥青和电解残极三种原料，经破碎、筛分、加热熔化等工艺处理后，再进行配料、混捏、成型、焙烧、清理等工序制成阳极炭块，供电解铝生产使用。其中，炭素焙烧炉砌筑是该工程的重点。

国内大、中型企业采用的焙烧设备主要是敞开环式焙烧炉，其特点是炉室之间的火道相互连通、燃料的热能得以充分利用，热效率较高，而且废气容易集中净化处理。另外，该炉型还具有装炉量大、焙烧周期短，产量高、吨产品能耗低、自动化控制水平高、产品质量高、性能稳定、污染小等优点。

从20世纪90年代初，伴随着电解铝工艺由自焙式转变为预焙式，炭素工程也经历了由自焙式向预焙式的转变，我公司先后承建了多项炭素焙烧工程。近年来，又很好地完成了山西关铝股份有限公司及山西炭素厂等大型预焙阳极焙烧炉工程，在施工过程中积累了丰富的砌筑安装经验。在此基础上，我公司不断采用先进技术，改进施工工艺，严格控制每一个施工环节，总结了一套行之有效的施工工艺，从而形成了本施工工法。

一、工法特点

1. 横墙、火道墙的砌筑，采取搭设满堂脚手架的方法，便于大面积作业，给施工提供了大量的有利条件。

2. 砌筑严格采用“三一”操作法，提高了施工质量。

3. 采用合理的交叉作业，避免了停窝工，加快了施工进度。

4. 严格施工工艺，提高施工质量，增长了炉子的使用寿命。

5. 侧墙垂直度的控制，采用了特殊的控制方法，保证了侧墙的整体垂直度和水平度。

6. 连通火道内衬的砌筑，采取先做胎具，再进行砌筑，保证了连通火道内衬的砌筑质量，加快了施工速度。

7. 本工法根据施工现场的具体条件，调动各种机械进行繁琐的物料1、2次搬运，最大限度地利用空间，加快了施工进度。

二、适用范围

本工法可适用于大中型预焙阳极焙烧炉的砌筑安装。对其他一般性砌体工程也有一定的借鉴作用。

三、工艺原理

敞开式预焙阳极炭素焙烧炉一般由2个对称的炉体组成。两炉体间由两端的连通火道

（内衬钢构件）连成一体，形成1个完整的连通系统（焙烧炉结构示意图见图1），整座焙烧炉的耐火材料多达15000多t，全部采用手工操作，且各部分的砖缝、伸缩缝、膨胀缝及各层砖上下错缝要求都十分严格，因此对筑炉工操作水平的要求也相当严格。

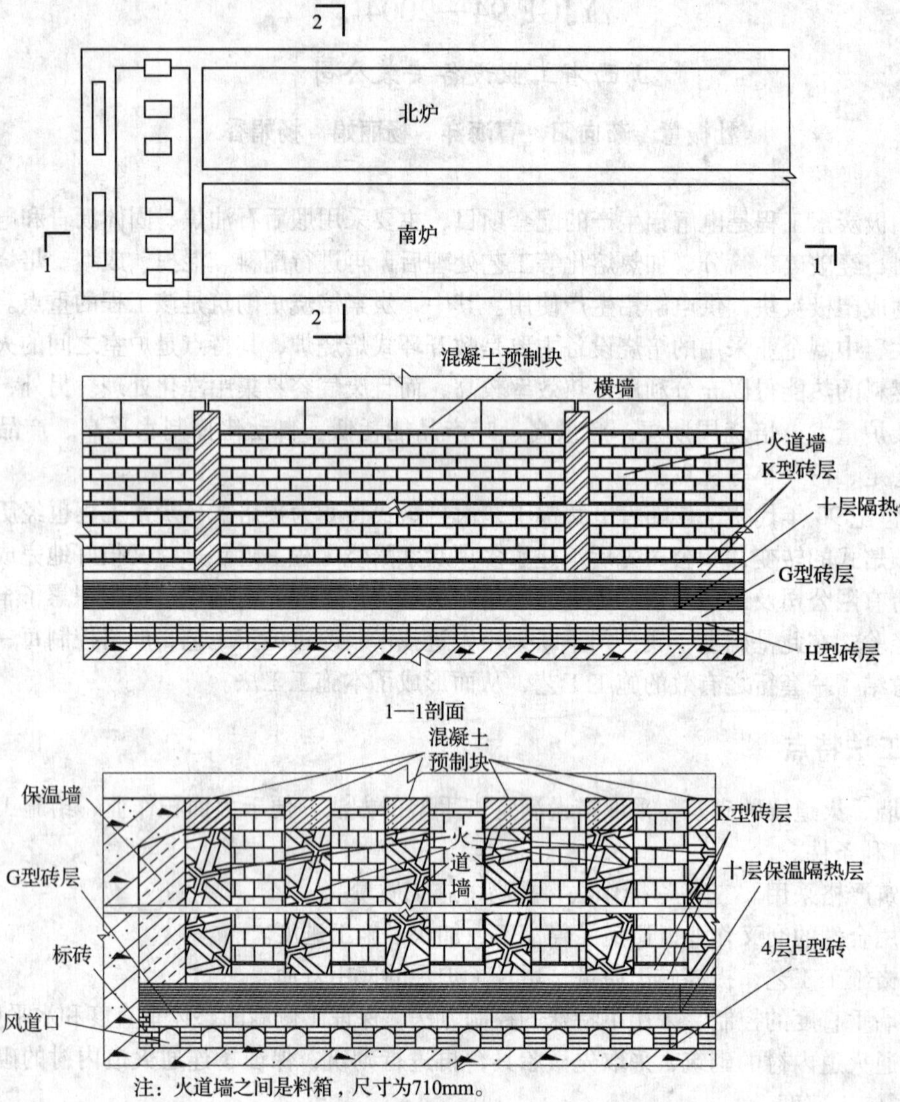

注：火道墙之间是料箱，尺寸为710mm。

2—2剖面

图1　焙烧炉结构示意图

焙烧炉按结构分可以分为炉底、保温墙、料箱底、横墙、火道墙、连通火道、烟道内衬、炉顶八个部分。炉底是整个炉子的基础，下部留设隔热保温层及通风道。保温墙由轻质隔热保温砖及耐火石棉板组成，对炉子起隔热保温作用。横墙等距分布，将炉子分成许多炉室。料箱底是料箱的底层，采用K_5砌筑。火道墙是炉室内部的火道，以710mm的间距将横墙分隔为八个料箱。连通火道、烟道为大型金属钢构件，内衬轻质浇注料、耐火砖或高强喷涂料，主要完成与炉体烟、火系统的连接，焙烧废气最后由烟道输送至净化系统处理后排出。炉顶由大型耐火预制块组成，在其上部分布着许多孔座，与焙烧炉上部的燃烧设备相连，来完成焙烧加热、测温、测压及其他辅助功能。

四、工艺流程

敞开式预焙阳极炭素焙烧炉砌筑的工艺流程见图2。

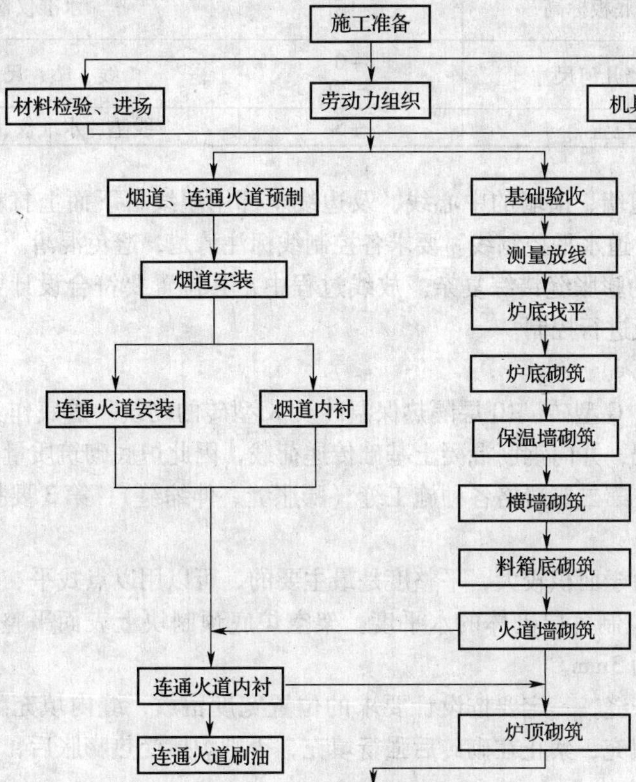

图2　敞开式预焙阳极炭素焙烧炉砌筑工艺流程图

五、操作要点

1. 基础验收

基础验收包括对中心线、标高、几何尺寸、混凝土墙面的垂直度、平整度、预埋件位置及数量等进行检验。基础的允许偏差值见表1。

2. 测量放线

（1）在混凝土墙顶上选一点，打入 $\phi10$ 的膨胀螺栓作为施工用基准点。

（2）测量混凝土底板的标高，确定找平厚度；在混凝土墙四周定出炉底上平面标高控制线。

（3）在混凝土底板上用水准仪配合，以2~2.5m距离为控制点，用水泥砂浆泥饼做出控制点，再沿炉子长度方向，以控制点标高为基准拉线做水泥砂浆条，砂浆条之间的高度用3m靠板进行控制。

表 1　基础的允许偏差

序号	名　称	允许误差（mm）	检查方法
1	炉体与炉室中心线	±5	经纬仪、钢卷尺检查
2	横墙中心线	±5	尺量检查
3	炉底混凝土底板标高	+0 −30	水准仪检查
4	内壁混凝土墙几何尺寸	+0 −20	线、坠、尺量检查
5	预埋件位置	±5	线坠、水准仪、尺量检查

（4）炉室、各火道墙、横墙的中心线，及边线全部用墨线自下而上打在基础墙上。火道墙与横墙每 5 层打 1 道水平控制线。要求各控制线标注清楚，避免混淆。

（5）炉体各部位的膨胀缝错综复杂。放线过程中，其位置要符合设计要求，不准留错或漏留，宽度要做样板进行控制。

3. 炉底砌筑

炉底包括 H 型砖、G 型砖、10 层隔热保温砖及 K 型砖的砌筑。炉底作为炉子的底层部分，要承受上部的荷载，并向钢筋混凝土基础传递荷载，因此炉底砌筑质量至关重要。第一要保证每层的平整度；第二要严格各种施工缝（膨胀缝、伸缩缝）；第 3 要按照技术条件要求，处理各种砌筑缝。

炉底各层砌砖，由于面积较大，平整度是最主要的，可以用以点找平、拉线控制的方法（但线不宜过长），来控制各层砌体的水平度。架空炉底预制块上表面平整度要求为 5mm，底板砖上表面平整度为 3mm。

炉底各层都有膨胀缝，一定要按设计要求的位置宽度留放，缝内填充耐火纤维毡（耐火纤维毡应在砌砖前填充，禁止在砌砖后强行填充，否则炉体受热膨胀后，将导致炉体局部变形，影响使用寿命）。

（1）H 型砖的砌筑。

H 型砖直接砌筑于钢筋混凝土基础之上，风道口 2 侧，共 4 层，是炉底的架空层部分（如图 3）。

砌筑中，严格控制 H 型砖的整体标高，采取整个面控制的方法，在每道 H 型砖上，用仪器测量标准砖墩，间距以伸缩缝间距为间隔，每个砖墩间拉线进行砌筑，严禁通长拉线。

为避免 H 型砖错台（如图 4），在上部荷载作用下，炉底产生不均匀沉降。导致炉底开裂，必须进行预选砖。

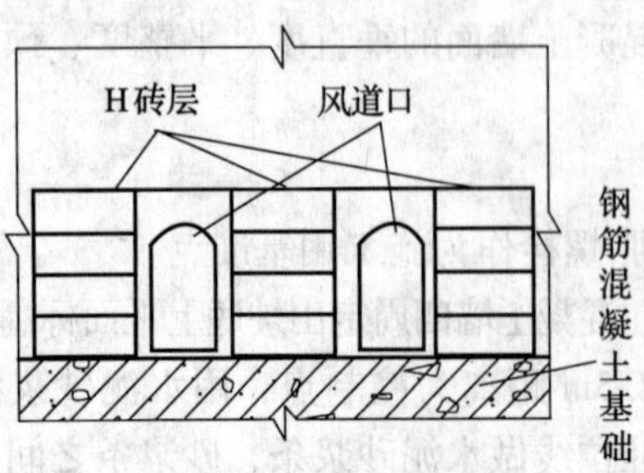

图 3　H 型砖砌筑

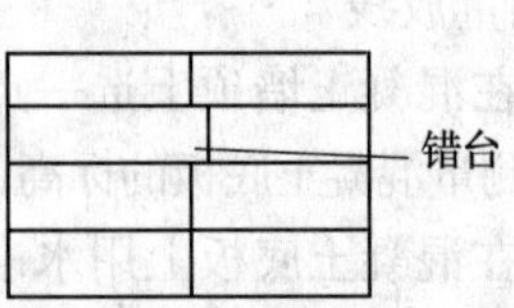

图 4　H 型砖错台

在膨胀缝的处理上，制作标准厚度尺寸的木板进行提前放置，严格保证膨胀缝的尺寸。

（2）G型砖的砌筑。

G型砖砌筑于H型砖之上，砌筑形式（如图5）。

G型砖1块重36kg，砌筑操作复杂，砌完后调整也相当费事，因此要求各方面控制尽量全面，避免返工。

标高采取在四周钢筋混凝土墙上用墨线标注，根据标高线，砌筑标准砖层，进行拉线控制。平整度用3m木靠尺进行控制，膨胀缝用标准木板夹放，在砌筑后，将木板取出，并清理缝内泥浆，再用加工好的耐火纤维毡填塞。

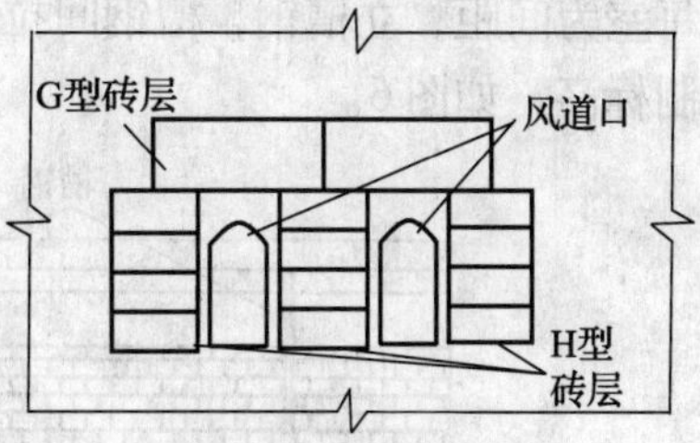

图5　G型砖砌筑形式

（3）隔热保温砖砌筑。

隔热保温砖包括干砌（0.6g/cm³）和湿砌（0.8g/cm³）两部分。其中干砌6层，湿砌4层。要求上下层压缝，同一层错缝，不得用木槌铁锤敲击轻质砖层，如有需要，应用橡皮锤轻轻敲击。膨胀缝要求直接用纤维毡填塞，不得在砌完后再行填塞。膨胀缝要求在砖层上用墨线将其位置和尺寸全部弹出。

干砌0.6g/cm³保温砖6层，第1层用泥将座底，砌于G型砖之上，立缝不打泥，先用特制2mm的钢片预塞，砌完一定量后用干火泥灌缝。以上5层，用干火泥铺底即可，但也须用干火泥灌缝。

湿砌0.8g/cm³保温砖4层，砌于0.6g/cm³保温砖之上，严格控制标高尺寸。

（4）K型砖的砌筑（底板砖）。

底板砖是炉底的顶层部分，砌于隔热保温砖之上，料箱底之下。炉底保温砖全部砌筑完毕，检验合格后，方可砌筑K型砖。此层砌筑需注意膨胀缝的设置及其尺寸的控制，再者是砖缝的大小和平整度的控制。

（5）炉底结构及砌筑要求见表2。

表2　炉底结构及砌筑要求

序号	名　称	砖缝	砌筑方法	材　料
1	混凝土基础找平层	厚≤30mm	水泥砂浆抹面	
2	H型砖（条形墙砌筑）	3±1	湿砌	H型粘土砖、粘土火泥
3	G型砖（预制块砌筑）	3±1	湿砌	G1、G2、粘土火泥
4	0.6kg/m³隔热层砌筑	立1.5±0.5	干砌	0.6高强高铝砖T-3、隔热火泥
5	0.8kg/m³隔热层砌筑	3±1	湿砌	0.8高强高铝砖T-3、隔热火泥
6	底板砖砌筑	立2±1　平3±1	湿砌	K型砖、粘土火泥

4. 保温墙砌筑

保温墙砌筑于隔热耐火砖之上，侧部的保温砖如图1的剖面图2—2。保温墙自里向外分别为1.3轻质高铝砖，保温板、硅藻土砖、保温块及耐火纤维棉。砌筑顺序采用由外向里、水平向上、全面铺开的方法进行。为了保证砌筑质量，严格控制每日的砌筑高度，以每步架1.2m为宜。

（1）由于保温墙砌筑直接关系到焙烧炉的保温性能及炉室的几何尺寸，所以保温墙内侧的垂直度至关重要，又保温墙墙面尺寸面积比较大，砌筑时，要经常用靠尺检测。另外，以每室为间距，立槽钢，槽钢间拉线控制保温墙平整度，在槽钢上标注每层保温墙砌筑线，控制标高，如图6。

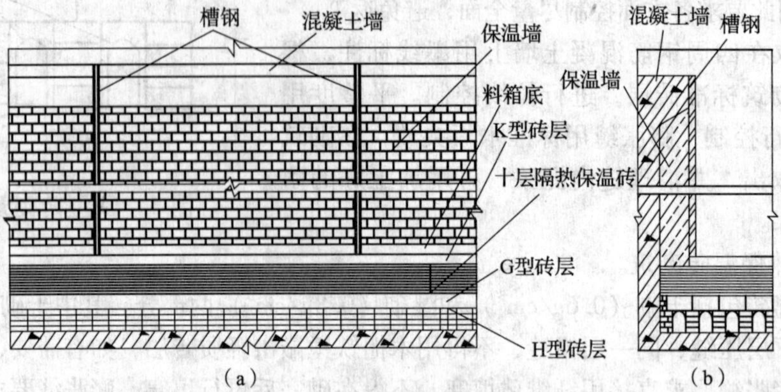

图6　保温墙砌筑示意图

（2）侧墙与横墙结合处凹形槽的尺寸留设应准确，结合线坠和量具，控制其垂直度和几何尺寸（如图7）。

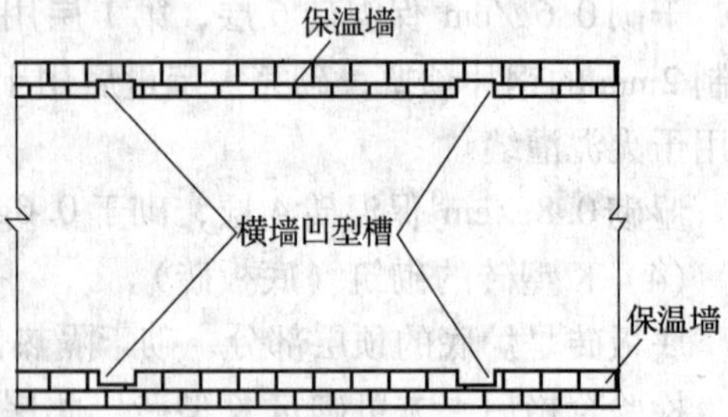

图7　凹形槽位置示意图

（3）保温墙上分布着3000多个挂钩砖预埋件，主要起增加保温墙结构强度的作用。所有挂钩焊接位置要正确、牢靠，挂钩砖禁止用其他砖代替。

（4）挂贴保温块与保温板，接缝处要严密。必要时用耐火泥浆或粘胶进行挂贴。

（5）保温墙砌筑采用隔热耐火泥浆。

5．料箱底砌筑

料箱底尺寸为710mm，料箱底为1层K型砖，施工时应在每室横墙起一步架后，开始砌筑，预留出火道墙的尺寸（如图8）。

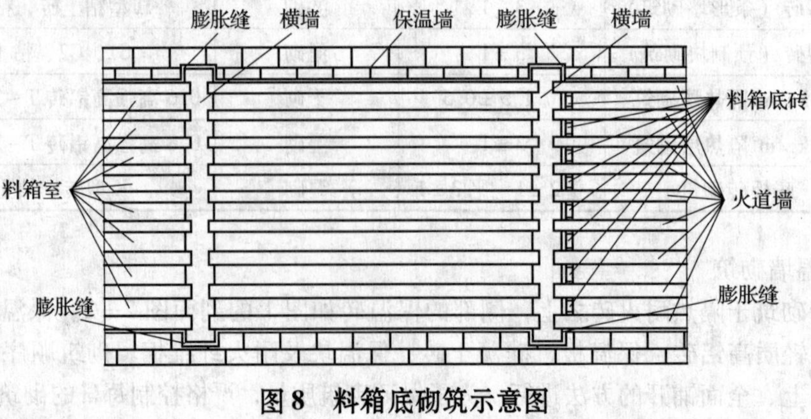

图8　料箱底砌筑示意图

注：每室料箱底砖只示意，不详细画出。

6. 横墙及火道墙砌筑

鉴于横墙及火道墙砌筑面积比较大，作业面小，且比较集中，异型砖种类较多且形状复杂，向基坑中运输料不方便，据此，施工时采取了大面积搭设脚手架和通长跑道的方法，改善了材料运输的问题，大大方便了施工，加快了施工进度。

（1）横墙及火道墙是焙烧炉的核心部位，结构复杂，且多为异形砖砌筑，对每层砖缝要求比较严格，所以在砌筑前要进行必要的选砖及预砌筑工作（结构示意如图8）。

（2）每层砌筑应先砌横墙，后砌火道墙，砌筑时同一作业面上的垂直砌筑高差不应超过0.5m。砌筑过程中要经常检查料箱的长度尺寸及墙体的平整度和垂直度。横墙与火道墙间采用滑动接头，并留设直通式膨胀缝。

（3）第1层横墙砖，与底板砖之间要打泥，砌筑火道墙第1层砖与底板砖则干铺3mm厚的火泥找平。

（4）火道墙立缝要在设计图纸标注的范围内留设空缝，立缝宽度为2mm ±0.5mm，用胶合板或硬纸板控制其留设宽度。

（5）火道墙与横墙砌筑时，要设立固定标杆与活动标杆，固定标杆划在四周的保温墙上，活动标杆立在火道墙与横墙的墙角处。每层砌砖拉线控制总体的直线度与水平度，每砌3层用靠尺检查1次垂直度，每砌1块用水平尺检查是否水平。

（6）砌筑时，为保证砖缝的泥浆饱满度，可采用2面打泥法砌筑，且要及时进行勾缝。经常对泥浆的饱满度进行合理抽查。

（7）砌筑用耐火泥浆要与砖的生产厂家匹配，不得混用。

（8）各部位膨胀缝内填耐火纤维毡，宽度要按要求裁剪，严禁砌完后统一填缝。

（9）要注意对成品砌体的保护、清理，特别是对火道墙的保护，防止工具、砖块等掉入墙内，砸坏火道拉砖或造成其他危害。砌筑中断时在墙上加盖保护板。

（10）火道墙最上层的盖板砖在砌筑前要检查火道墙内是否清理干净，经验收具备隐蔽条件后，方可进行下道工序。

7. 烟道、连通火道制作安装及其内衬浇筑

（1）烟道及连通火道为大型钢结构件，制作安装过程中要严格按设计尺寸进行，且要考虑到与炉体间的相互关系。

（2）连通火道内的砌筑包括旋台的制作和连通火道内衬的砌筑。首先根据尺寸和火道墙上闸板口尺寸位置，测放连通火道口尺寸，然后根据所引尺寸线测放连通火道内的各种线。但其中，要确定连通火道的中心线，则要根据连通火道的实际直径，吊线坠，多点连线进行测放，最后确定中心线（如图9）。

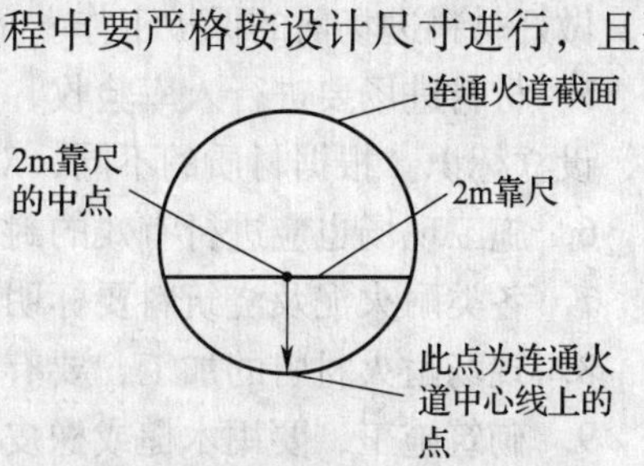

图9　连通火道内砌筑示意图

（3）烟道及连通火道的吊装，利用车间内的行车进行。

（4）烟道、连通火道内的锚钉或吊挂件要按设计要求排列，并焊接牢靠。

（5）浇注料施工时，每20m^3做1组试块以备检验。

（6）烟道耐火纤维喷涂料施工时，喷射方向应垂直于工作面，喷射过程中应不断地进行螺旋式移动，使粗细颗粒均匀分布，可直接喷射到烟道钢壳上。最后在表面喷1层2～3mm厚的高温陶瓷涂料作为工作面。

(7) 挂砖式火道内衬砌筑前要进行选砖、预砌。火道上半圆要做弦胎，内外两层，由里向外进行砌筑。浇注式火道内衬，需支模浇注，模板搭接缝应严密不漏浆，浇注料与绝热板间要设置防潮隔离层。

(8) 连通火道在与端部横墙和火道墙连接部位的砌筑，要根据炉体中心线和各火道墙中心线及各部分标高进行接茬砌筑。

8. 炉顶预制块砌筑

(1) 预制块砌筑前，要对预制块的几何尺寸及其外观进行检查，合格后再砌到墙上。

(2) 由于炉顶预制块各孔洞与炉面燃烧架等各种装置的关系密切，必须控制好其坐标位置、标高，在调整预制块时，不能待泥浆凝结后进行，应及时调整，防止松动上层火道墙砖。

(3) 炉顶预制块大部分在工厂进行预制，需要现场预制的在横墙上进行现浇。施工时浇筑料的搅拌、成型、养护要严格按厂家提供的使用说明书进行施工。

(4) 现场浇筑时要在横墙上铺1层塑料薄膜，把浇筑料与横墙砖隔开。

六、材料

焙烧炉砌筑工程量大，年产6万t阳极炭块的焙烧炉砌筑规模达到15000多t，耐火材料规格种类达到90多种。耐火材料作为1种特殊材料，对其理化指标、防水防潮措施、材料的进场组织等提出了较高的要求，关系到砌筑工程的质量与工期等环节，对于耐火材料的管理是一项基础性的管理工作，在工程施工中需耗费相当的人力物力。

1. 耐火材料生产厂家的选择要严格把关，把材料的质量隐患控制在源头，为工程质量提供有力保障。

2. 材料出厂要求有详细的质检报告，不合格材料杜绝出厂。

3. 进场材料要按设计或规范要求进行分批抽样检验。送检部门应选择有相应资质的耐火材料检验机构。

4. 材料的运输要在工程合同文本中作出明确的规定，供货厂家应按合同履行自已的职责，做好材料进场前的保护工作。

5. 材料进场要进行入库验收，且堆放在封闭的材料库内，按材料的品种规格，整齐堆放，设立标识。根据材质的不同，对耐火材料的堆放高度也有相应的限制。

6. 施工现场也应进行有效的封闭，严禁风、雨、雪等对耐火材料的侵蚀。

7. 各类耐火泥及浇筑料要标明有效期限，不得使用过期的产品。

8. 现场耐火材料的加工，要有计划地进行，以免造成大宗材料的浪费。

9. 砌筑施工，要用木槌或橡皮锤，不准用铁锤对耐火砖进行直接操作。

10. 材料出入库严禁野蛮装卸，不准乱抛、乱放。

11. 制定严格的材料管理制度，做好现场材料的管理工作。

七、劳动力组织

以关铝炭素6万t敞开式预焙阳极焙烧炉砌筑工程为例，劳动力安排见表3。

表3　劳动力安排

工种	人数	工种	人数	工种	人数	工种	人数
筑炉工	130	行车工	4	钳工	10	起重工	10
木工	6	壮工	150	焊工	14	铆工	18
测量工	4	机加工	6	电工	4	架子工	14
油漆工	4						

八、主要施工机具设备及检测设备

主要施工机具设备见表4，主要检测设备见表5。

表4　主要施工机具设备

序号	名称	规格	单位	数量	备注
1	行车	$Q=10t$	台	1	
2	行车	$Q=5t$	台	1	
3	汽车吊	8t	台	3	
4	混凝土搅拌机	$2m^3$	台	2	
5	混凝土搅拌机	250L	台	4	
6	混凝土搅拌机	100L	台	4	
7	切砖机	Q500	台	6	
8	磨砖机		台	2	
9	剪板机	2000×20	台	1	
10	卷板机	2500×16	台	1	
11	电焊机	BX_3-500	台	20	
12	逆变焊机	ZX_3-400S	台	2	
13	空压机	$6m^3$	台	1	
14	叉车	3t	辆	3	
15	叉车	5t	辆	2	
16	砂轮切割机	$\phi400$	台	2	
17	砖车		辆	60	小平车改制
18	灰车		辆	30	小平车改制
19	脚手架		t	40	
20	架板		块	200	
21	马凳		条	150	

表5 主要检测设备

序号	名称	规格	单位	数量	备注
1	经纬仪		台	2	
2	水准仪		台	4	
3	靠尺	2m	个	4	
4	水平尺		把	80	
5	塞尺		把	10	
6	线坠		个	15	
7	钢卷尺	50m	把	4	

九、安全技术措施

1. 施工中必须按施工组织设计对分部分项工程进行安全技术交底，无安全技术交底一律不得施工。

2. 建立完善的安全管理体系，制定相应的安全管理制度。

3. 特殊工种作业人员必须持证上岗。

4. 吊装作业要严格遵守“十不吊”规定，并在吊装现场设立明显的标志。

5. 施工机械进场，须经检查合格，方可投入使用。

6. 严格遵守各项安全用电规范及相应的操作规程。

十、质量要求

1. 本工法应严格执行以下各项技术标准及规范：

(1)《工业炉砌筑工程施工及验收规范》(GB 50211—2004)。

(2)《砌体工程施工质量验收规范》(GB 50203—2002)。

(3)《钢结构工程施工质量验收规范》(GB 50205—2001)。

(4)《现场设备、工业管道焊接工程施工及验收规范》(GB 50236—98)。

(5)《机械设备安装工程施工及验收通用规范》(GB 50231—98)。

(6)《工业安装工程质量检验评定统一标准》(GB 50252—94)。

(7)《工业炉砌筑工程质量检验评定标准》(GB 50309—92)。

(8)《电业安全工作规程》(DL 409—91)。

2. 主要部位的质量要求：

(1) 炉体各部位砌筑允许误差见表6。

(2) 炉体各部位砖缝允许误差见表7。

(3) 炉顶各类孔座安装允许误差见表8。

表 6　炉体各部位砌筑允许误差表

序号	名　　称		设　　计	允许误差	备　　注
1	线尺寸	炉体和炉室中心线尺寸	6545	±5mm	尺量检查抽查 8 室
		相邻炉室横墙中心线	5760	±5mm	尺量检查抽查 8 室
		火道中心线间距	1240	±2mm	尺量检查抽查 8 室
		喷嘴砖中心线间距	1320	±2mm	尺量检查抽查 8 室
		料箱中心线间距	1240	±2mm	尺量检查抽查 8 室
		两侧烟道与炉室中心线	7595	±5mm	尺量检查抽查 8 室
		两端烟道与连通火道中心线	4200	±3mm	尺量检查抽查 8 室
		料箱长度	5300	±3mm	尺量检查抽查 8 室
		料箱宽度	710	±3mm	尺量检查抽查 8 室
2	表面平整度	炉底预制块上表面		5mm	2m 靠尺 $5m^2$ 测一点
		炉底第 10 层隔热砖上表面		3mm	抽查 8 室 $5m^2$ 测一点
		炉底板砖上表面		3mm	抽查 8 室 $5m^2$ 测一点
		火道墙各层砖上表面（全长）		5mm	抽查 8 室 $5m^2$ 测一点
		横墙长度方向各层砖上表面		5mm	抽查 8 室 $5m^2$ 测一点
		炉墙同 1 层砖上表面		20mm	抽查 8 室 $5m^2$ 测一点
3	标高	火道顶面		±5mm	水准仪 2m 测一点
		炉面		±20mm	水准仪 2m 测一点
4	垂直度	火道墙（每 m）		3mm	吊线检查抽查 8 室
		全　高		8mm	吊线检查抽查 8 室
		横墙（每 m）		3mm	吊线检查抽查 8 室
		全　高		8mm	吊线检查抽查 8 室
		炉墙（每 m）		3mm	吊线检查抽查 8 室
		全　高		10mm	吊线检查抽查 8 室
5	侧墙与横墙的凹形尺寸		6×10×6	$^{+2}_{-0}$mm	尺量检查抽查 8 室
6	膨胀缝宽度			$^{+2}_{-1}$mm	抽查 8 室
7	泥浆饱满度			≥95%	抽查 8 室

表 7　炉体各部位砖缝允许误差表

序号	名　称	砖缝厚度允许误差（mm）	备　注
1	火道墙泥缝	2±0.5	立、卧缝相同抽查 8 室
2	火道墙空缝	3±0.5	立缝抽查 8 室
3	横墙与连通火墙	2±0.5	立、卧缝相同抽查 8 室
4	标型粘土耐火砖	3±1	立、卧缝相同抽查 8 室
5	各种轻质隔热砖	3±1	立、卧缝相同抽查 8 室
6	炉底干砌隔热砖	1.5±0.5	立缝相同抽查 8 室

表8　炉顶各类孔座安装允许误差表

序号	名　称		允许误差（mm）	备　注
1	火道排烟口铸铁座	中心线	±3	
		标高	+2 −0	
	烟道口	中心线	±5	
2	铸铁座	标高	+3 −0	
	火道喷嘴孔	中心线	±3	
3	窥视孔	标高	+2 −0	

十一、效益分析

1．经济效益分析

实践证明，在山西关铝炭素6万t敞开式预焙阳极焙烧炉的砌筑工程中，采用本工法指导施工取得了以下经济效益。

（1）开工前在车间内安装1台10t及5t行车来完成大型钢构件的吊装及繁锁的材料搬运，减少了吊装机械的使用台班。按8t汽车吊每个台班800元计算，共节约机械台班费用：800元/台班×86台班=68800元。

（2）采用本法指导施工，特别是合理的材料管理，共节约各类耐火材料73t，按每吨2200元计算，此项共节约费用：2200元/t×73t=160600元。

（3）在施工现场搭设龙门架，减轻物料搬运负担，节约了投入的劳动用工。每个劳工按每天30元计算，此项节约费用：30元/人·d×30人×40d=36000元。

2．社会效益

采用本工法指导施工，关铝炭素6万t敞开式预焙阳极焙烧炉的砌筑取得了很大的成功，从烘炉到投产至今，未出现炉体变形及塌陷现象，产品质量稳定。所生产出的阳极炭块成品率高达98%以上，成品中的极品炭块占成品总数的90%以上，产品除供解州铝厂使用外，还远销山东、东北等地，与俄罗斯一电解铝厂也签订了供销合同。

另外，由于焙烧炉运行状况良好，在产品供不应求的情况下，调整了炉体升温曲线，焙烧炉的生产周期由设计的28d减少到25d，年产炭块规模达到6.5万t，超过了原设计值，平均每年可为建设单位创造300多万元的经济效益。

十二、工程应用实例

本施工工法曾应用于以下工程：

关铝炭素厂6万t/年预焙阳极炭素焙烧炉砌筑工程。

关铝炭素厂6万t/年预焙阳极炭素焙烧炉砌筑续建工程。

山西炭素厂2.5万/年t预焙阳极炭素焙烧炉砌筑工程。

山西解州铝厂12万t/年预焙阳极炭素焙烧炉砌筑工程。

$3000m^3$以上特大型高炉炉体砌筑工法

YJGF 95—2004

上海宝冶建设有限公司

李世耀　何明伟

高炉是炼铁的主要设备，其冶炼过程包含着复杂的物理化学变化。炼铁原料从高炉炉顶加入后，经过预热、铁氧化物的还原和熔化、铁和渣下滴流动及分离、焦炭的燃烧及产生煤气等过程而获得生铁，其冶炼过程是在高温下连续进行的。高炉炉体耐火材料结构分为炉顶、炉喉、炉身、炉腰、炉腹、炉缸及炉底等部位，见图1。

高炉炉体内衬结构形式很多，如炉底有满铺炭块炉底（为便于区分施工方法，通常把大块炭砖称为炭块）、粘土（高铝砖）炉底、混合炉底等结构形式；炉缸有环形炭块、热压炭砖、粘土（高铝砖）以及炭块（模压炭砖）加陶瓷杯等结构形式；风口以上有冷却壁镶砖（不砌内衬砖）、冷却壁加内衬砖、冷却板或板壁结合衬砖等结构形式，使用了赛隆结合碳化硅砖、氮化硅结合碳化硅砖、铝炭砖、刚玉砖、粘土（高铝砖）、石墨砖、浸磷粘土（高铝）砖等多种材质的耐火砖。内衬结构形式不同，使用的材质不同，砌筑方法也有差异。

一、工法特点

1．施工方法多。高炉本体材料包含了砌筑、浇筑、捣打、喷涂、压入等工业炉窑筑炉工程的各种施工方法。

2．专用设施多。工业炉窑砌筑中，高炉炉体尤为大型、特大型高炉炉体砌筑需要的专用设施，如保护棚、吊盘、炉内外进料平台，卷扬塔项目多，准备工作量大。

3．专用机具多。高炉砌筑使用的砌筑专用机具如卷扬机、电葫芦、砖加工机械、喷涂机、压入机、空压机等种类全、数量多。

4．安全隐患多。高炉工程各专业多工种立体交叉作业，炉内炉外安全隐患多，安全工作更显重要。

5．质量要求高。高炉冶炼高温、高压、连续作业，高炉砌体对耐火材料的品质要求高，对砌筑质量要求（如砌体砖缝、泥浆饱满度、表面平整度等）高于一般工业炉窑。

二、适用范围

本工法适用于容积为$3000m^3$以上的特大型高炉炉体（包括炉底、炉缸、炉腹、炉腰、炉身、炉喉、炉顶等部位）砌筑工程，$3000m^3$以下的高炉炉体砌筑工程可参照执行。

三、工艺原理

高炉的各部位砌体分别承受下降炉料的摩擦和撞击等机械作用；上升煤气所含粉尘的冲刷和磨损作用，碱金属氧化物蒸汽的侵蚀作用；燃烧煤气分解时的炭素沉积作用；熔融金属和炉渣的化学侵蚀作用和渗入作用。因此高炉用耐火材料的工作条件是十分苛刻的，其损坏机理因部位不同而异，选用耐火材料的材质亦应有相应的变化。

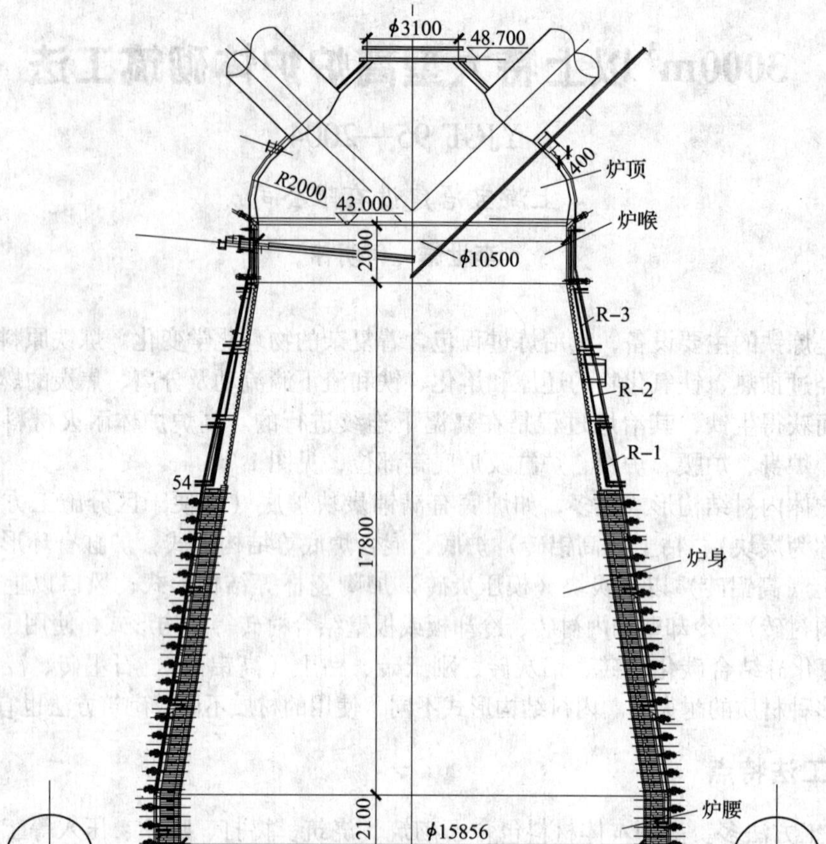

图1 大型高炉炉体耐材结构图

不同的耐火材料采用不同的砌筑工艺。如炭块，采用真空吸盘吊或专用吊具砌筑，陶瓷杯底垫采用打灰条挤浆砌筑，圆形砌体小块耐火砖采用铺灰挤浆砌筑，炭素料采用捣打施工方法，浇注料或耐热混凝土采用浇注施工方法，喷涂料采用半干式喷涂方法，压入料采用压入施工方法……

四、工艺流程

当高炉炉体砌筑使用炉腹保护棚和吊盘进行 2 段作业或 1 段作业时，其施工流程见图 2、图 3；当高炉炉体砌筑不设置吊盘，仅有炉腹保护棚 1 段作业时，其施工流程见图 4；当高炉炉体炉腹以上炉衬采用镶砖冷却壁，不再砌内衬砖时或小型高炉，图 3、图 4 的施工流程可相应简化。

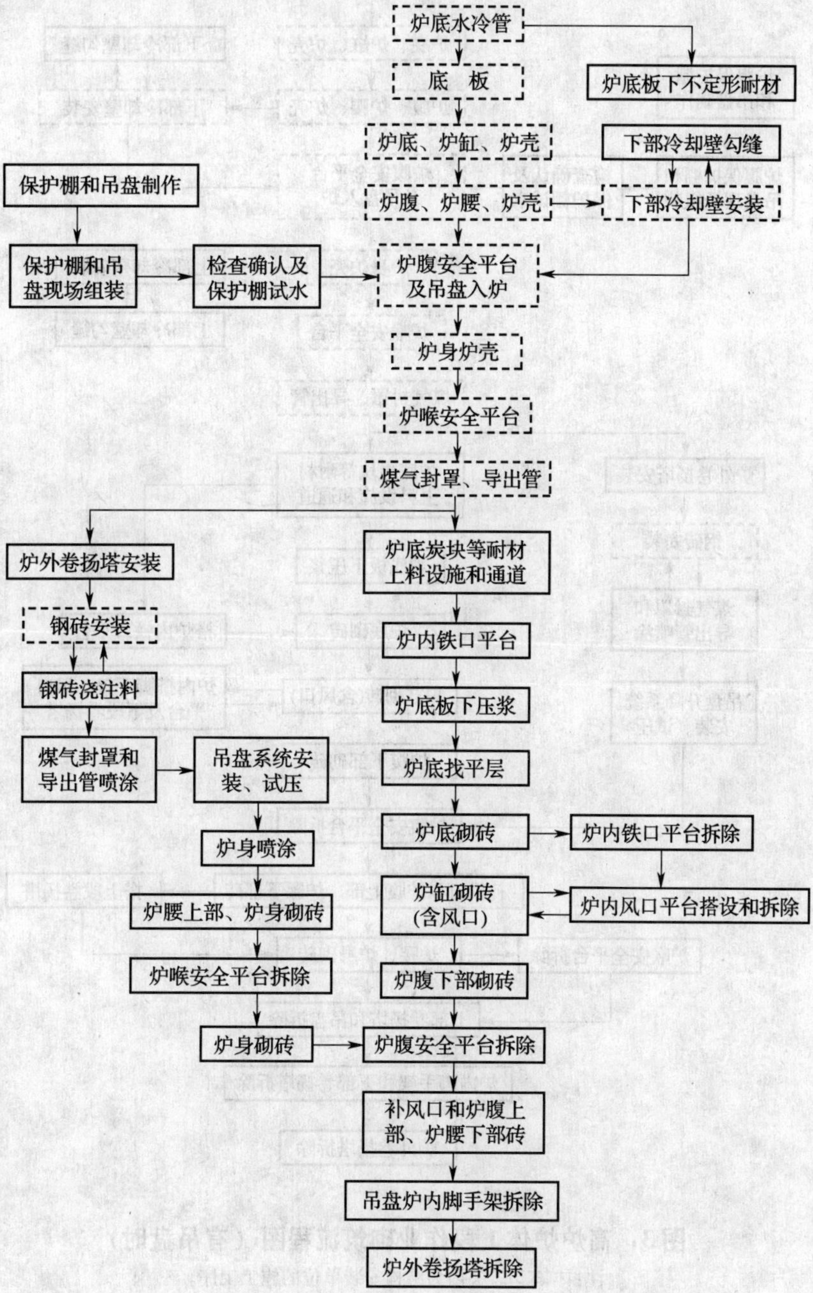

图 2　高炉炉体 2 段作业流程图

注：“[虚线框]”内为结构安装单位的施工工序。

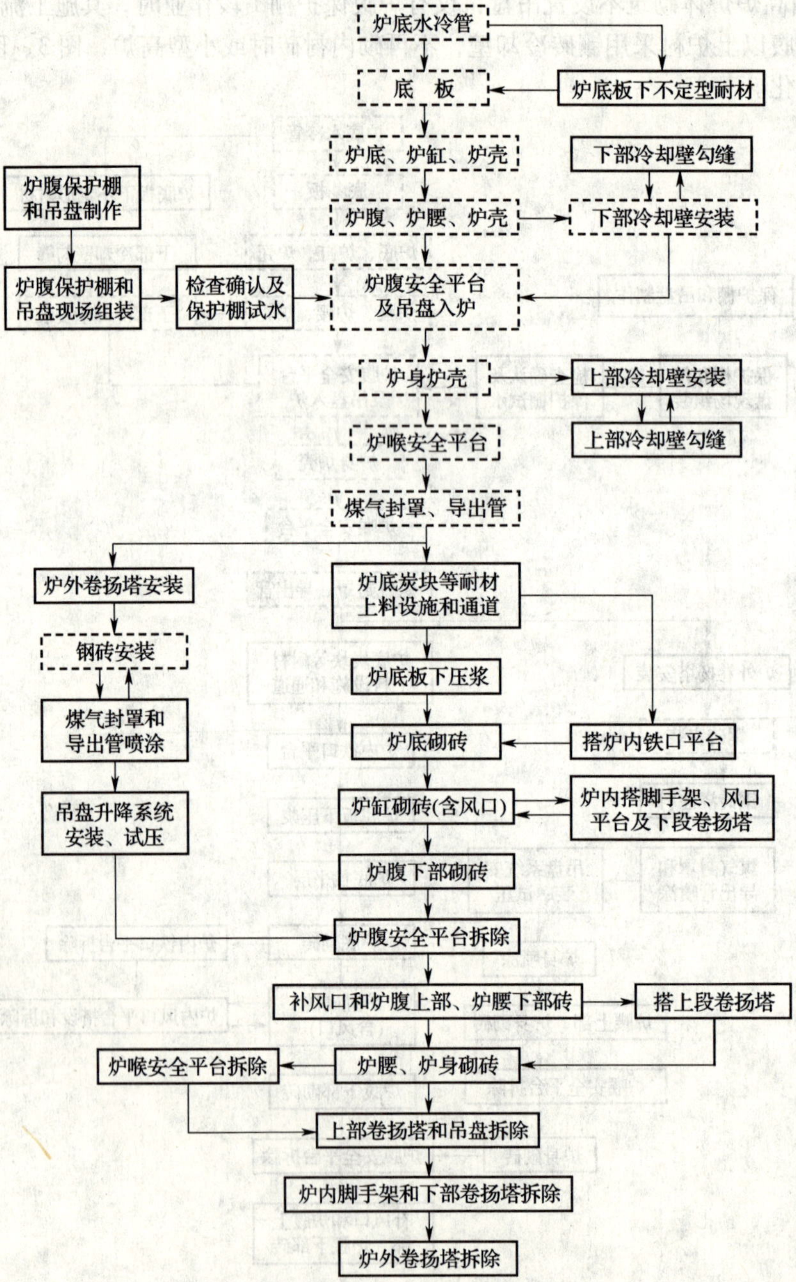

图3　高炉炉体1段作业砌筑流程图（有吊盘时）

注：“┆╌╌╌┆”内为结构安装单位的施工工序。

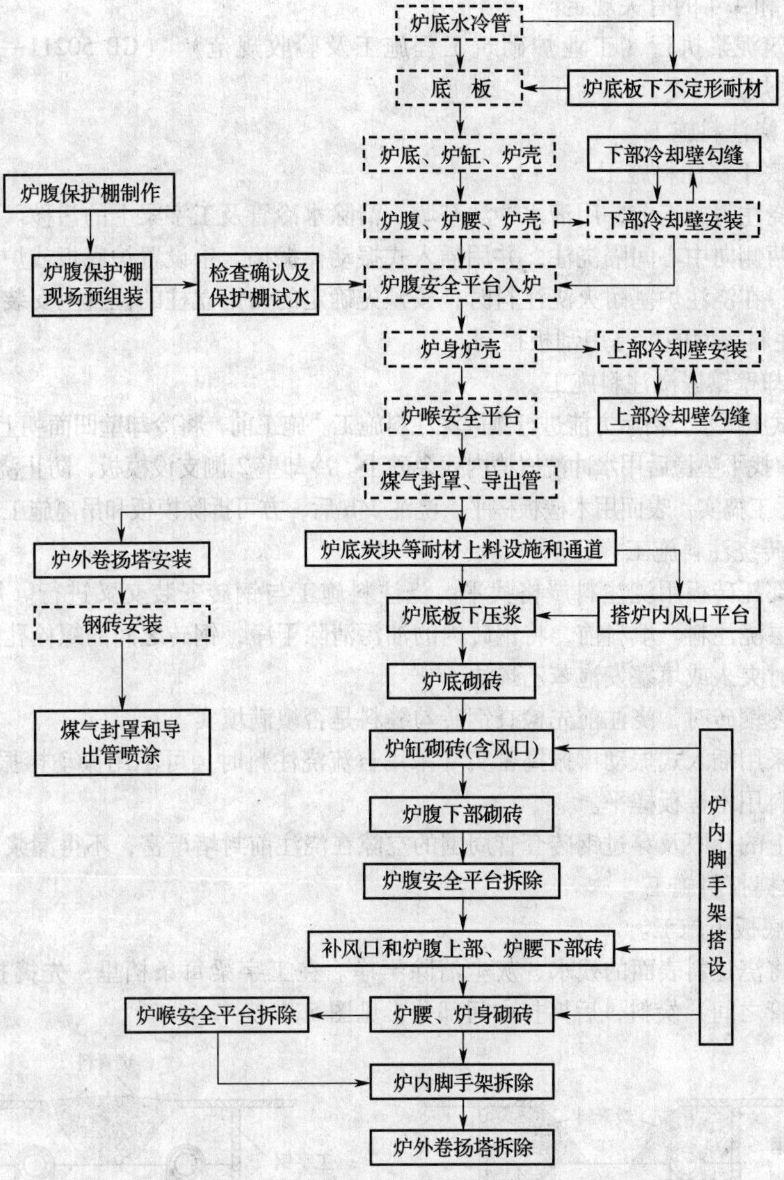

图4　高炉炉体1段作业砌筑流程图（无吊盘时）

注：“┆┈┈┆”内为结构安装单位的施工工序。

五、操作要点

1．基本规定

（1）耐火材料的验收、保管和运输执行《工业炉砌筑工程施工及验收规范》（GB 50211—2004）的3.1的有关规定。

（2）圆墙砌筑应符合《工业炉砌筑工程施工及验收规范》（GB 50211—2004）的3.2的有关规定。

（3）不定形耐火材料施工执行《工业炉砌筑工程施工及验收规范》（GB 50211—2004）

的4.1，4.2和4.4的有关规定。

（4）砌筑泥浆执行《工业炉砌筑工程施工及验收规范》（GB 50211—2004）的3.1（Ⅱ）的有关规定。

2. 耐火浇注料施工

（1）炉底下浇注料施工。

炉底下浇注料施工前，用清水冲洗基墩，清除水冷管及工字梁上的污秽。炉底板下浇注料从工字钢两侧向中心间隔浇注，并用插入式振动棒振捣。未设置炉底板或炉底板在水冷管以下的高炉，在浇注炉基耐火浇注料时，按预先确定的角钢立柱的位置上安装预埋铁件，参见图6。浇注料表面的标高用刮板控制。

（2）冷却壁镶嵌浇注料施工。

冷却壁试压试水合格后方能进行镶嵌浇注料施工。施工前，将冷却壁凹面朝上平放在枕木或支撑台架上，找平垫稳后用水冲洗嵌槽内残余砂土。冷却壁2侧支设模板，防止浇注料流出。浇注料用钢钎手工捣实，表面用木槎板槎平。浇注24h后，方可拆除模板和吊离施工现场。

（3）钢砖浇注料施工。

钢砖下部托砖板用浇注料严格找平。浇注料施工与钢砖安装交叉进行。每安装1层钢砖，填充1层浇注料。填料前，将钢砖内的油污清除干净，钢砖之间的螺栓孔的缝隙可在安装钢砖的同时夹入或填塞发泡苯乙烯块。

采用水冷钢砖时，浇注前先检查钢砖勾缝料是否填满填实。

浇注料采用插入式振动棒振捣密实（采用自流浇注料时，可不用振动棒振捣）。顶层钢砖上部浇注料用木槎板槎平。

托砖板上的孔眼及穿过钢砖套管周围的空隙在浇注前封堵严密，不得漏浆。

3. 耐火捣打料施工

（1）炉底板下施工。

施工前将浇注料表面的残水、灰尘清除干净。在工字梁每条档里，先捣打两角（即工字梁与水冷管之间）炭料，后捣打中间部分，见图5。

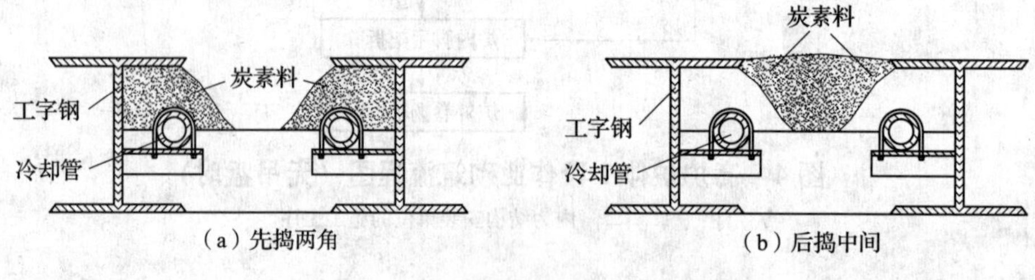

图5　底板下炭素料捣打示意图

捣实的炭料稍高于工字梁上表面，然后用铲平刮刀顺工字梁上表面将多余的炭料刮去，凸凹不平处用角向磨光机磨平或挖补修整。捣打时不得损伤水冷管和工字钢翼面，施工完毕使用水平仪检查料层表面标高，并填写中间交工资料。在捣打料施工全过程和炉底板安装前应对料面采取防雨措施，炉底板安装后压浆之前，短管要采取防雨措施。

（2）炉底找平层施工。

施工前应根据风口或铁口安装的实际标高及炉底、炉缸砖层总高度确定找平层的表面标高。

炉底找平层的表面平整度采用扁钢隔板控制，见图 6。

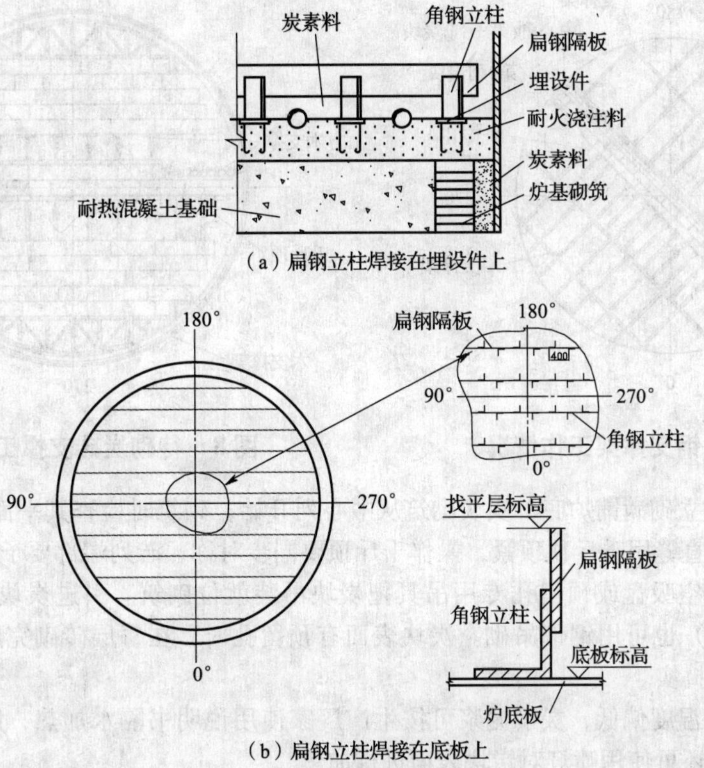

图 6　扁钢立柱焊接示意图

找平层施工前炉底板料面上的杂物及焊渣等应清扫干净。使用炭素料作为找平层时，铺料捣打从中心线向两侧间块分层进行，料层顶面高于扁钢表面 5mm 左右，并用铲平刮刀逐条铲平。

使用热捣料时，施工散落或刮下来的冷料不得回收利用。

使用碳化硅浇注料作为找平层时，浇注料施工从一侧向另一侧间块进行，并以扁钢上表面为基准用靠尺刮平。浇注料表面应涂刷 1 层机油养护。

施工完毕后应用测量仪器检查表面标高和平整度，并做好记录。

(3) 砌体与冷却壁（或炉壳）之间或砖层之间间隙施工。

施工前，检查间隙尺寸是否符合设计规定并将间隙内的杂物清扫干净。

捣打料的接缝不应与砖的水平砌缝在同一高度上，宜低于砖面 50mm 左右。捣打时对砖的棱角要进行保护。

砖层之间间隙中的捣打料捣打和砌砖交替进行，先砌砖后捣打，捣打应在砖层合门后进行。砖层内有膨胀缝时，要先保护好膨胀缝再进行捣打施工。对托砖板下部或孔洞（出铁口、风口等）周围的捣打料施工可选择锤头直径较小、冲程较短的捣锤从不同角度进行捣打。必要时，使用捣打料预制块。

4．炭块砌筑

(1) 炭块采用支撑架砌筑。支撑架主要由固定支撑架和活动支撑杆组成，固定支撑架可用钢结构（螺栓连接），也可用方木支撑加待砌炭块；活动支撑可用钢管加千斤顶，也可用方木加千斤顶，见图 7、图 8。

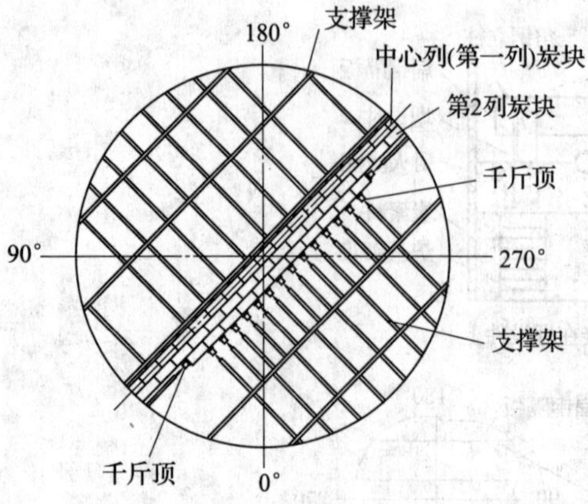

图 7　钢支撑架工作情况

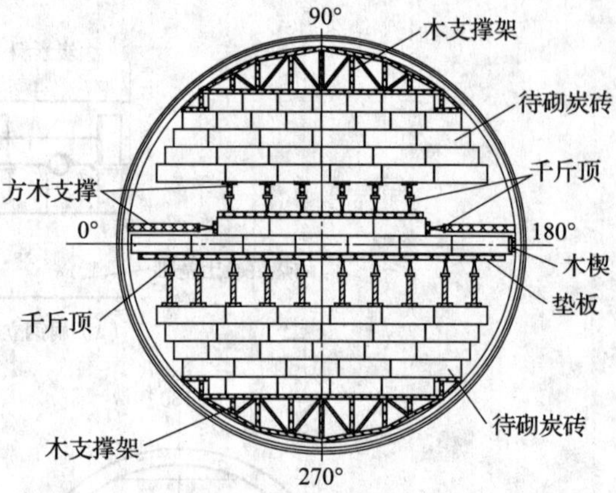

图 8　待砌炭砖支撑工作情况

（2）卧砌或立砌满铺炉底，炭块砌筑从中心列开始，砌筑时检查其平面位置是否偏移。炭块列之间的垂直缝用千斤顶顶紧，操作千斤顶要同步对称；砖列端部要予固定。

（3）采用真空吸盘或预留孔专用吊具把炭块吊装就位砌筑。引进炭块（单重超过 2t，且表面较粗糙的）也可用钢带吊砌。炭块表面有预留孔时，在每层砖砌完后，用炭棒封堵或用炭素料填充捣实。

（4）当环境温度偏低，炭素泥浆可按生产厂家使用说明书隔水加热，以满足施工性能要求。必要时，还可使用喷灯对炭块表面进行加热。

（5）炭块砌体宜采用锯齿状刮板砌筑。

（6）捣打炭素料前，炭块砌体与冷却壁（或炉壳）、其他耐火砖之间的缝隙要用木楔固定。每砌完一层炭块后，取出周围膨胀缝中的木楔并清扫干净，才可分层充填捣打。

（7）炭块砌体的上表面要平整，要求逐层检查，对局部不平处作记号，用研磨机磨平。铺满炭块炉底砌筑过程中，用 3m 长钢平尺沿待砌炭块排列方位进行检查，也可用水平仪进行测量，监控上表面的水平度和标高。

（8）炉缸环形炭块，从出铁口开始砌筑（可先砌筑出铁口组合砖，也可准确地设留出铁口组合砖位置，先砌环形炭块，后砌铁口砖）。砌筑时，要严格控制出铁口中心和组合砖（或孔洞）外形辐射方向的角度。

环形炭块砌筑要支设中心轮杆检查控制半径，其放射缝要保持与半径方向相吻合。

5. 陶瓷底垫砌筑

（1）陶瓷底垫耐火砖应按设计施工图在耐火材料生产厂进行预加工组装。

（2）陶瓷底垫采用中心十字形砌筑时，借助导向方木从中心十字形开始砌筑，并保持十字形的垂直，见图 9。

采用环形同心圆砌筑，应根据炉底中心线的十字中心点，画出每 2 ~ 3 个砖环尺寸的圆环控制线。当图面为底垫紧靠杯壁（或其他炉缸砌体）时，应紧靠杯壁（或其他炉缸砌体）1 环 1 环的从外向中心砌筑，合门口留成外大内小的喇叭口，待中心砖砌完后由中心向外逐环合门，见图 10。当图面要求底垫与杯壁（或其他炉缸砌体）之间留有膨胀缝隙时，先砌中心砖，由中心向外逐环砌筑。

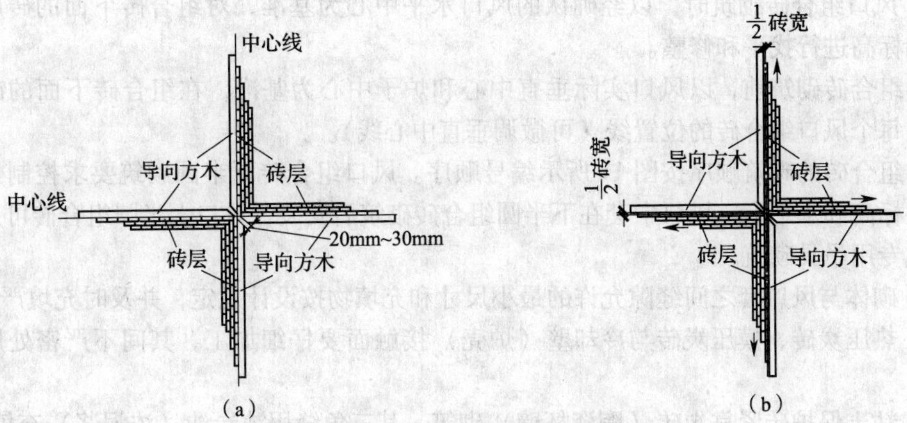

图9　炉底中心十字形砌法示意图

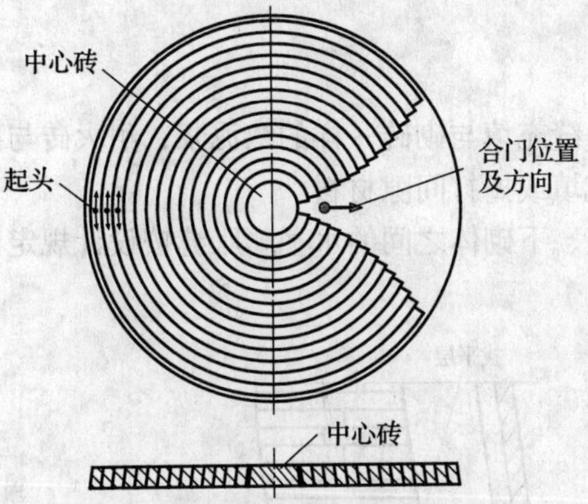

图10　环形垫层砌砖顺序图

(3) 底垫打灰砌筑，要做到快打泥浆、低靠短拉、重力挤揉、木槌敲打。

(4) 两层底垫均采用十字形砌筑时，上下应交错成30°角（或按设计规定）；通过上下层中心点的垂直缝不应重合。

(5) 底垫在施工过程中，要随时检查砖缝厚度、泥浆饱满度和下层砖上表面的平整误差。下层砖砌完且周边膨胀缝捣打料已捣打完，上表面的局部凸起或错牙应磨平。

6. 陶瓷杯砌筑

(1) 炉缸采用陶瓷杯壁和环形炭块（炭砖）混合结构时，对于大型预制块陶瓷杯壁，先砌筑杯壁，环形炭块经现场预砌后再砌筑；对小块砖陶瓷杯壁先砌筑炭块（砖），后砌筑杯壁，小砖块与炭块应“合层”砌筑。杯壁砌筑与环形炭块（砖）交替进行。

(2) 陶瓷杯砖与炭砖接触的砖缝（面）涂抹炭油。

(3) 陶瓷杯壁底层下有陶瓷纤维垫时，陶瓷纤维垫预先裁剪好，并按设计规定涂抹耐火泥浆。

(4) 陶瓷杯壁从铁口开始砌筑，合门处将其左右6~8块砖干摆，调整砖缝和微调砌筑。

(5) 陶瓷杯壁大型砌块砌筑时，放射缝要与半径方向相吻合，并控制好砌块的水平度和垂直度，砌块背面的锁砖在膨胀缝炭素料捣打之前用浓泥浆填塞好。

7. 炉缸耐火砖（除炭块和陶瓷杯砌体外）砌筑

(1) 炉缸耐火砖，施工前要认真选分与配层，必要时进行加工。

(2) 炉缸墙下面环状带的炉底表面应找平。

(3) 炉缸各层砖平砌成互相交错的同心圆环，同层相邻的放射缝、上下相邻砖层的垂直缝与环缝均交错砌筑。

(4) 出铁口组合砖砌筑时，其区域砖先砌筑出铁口组合砖，再从组合砖外侧向两边砌筑。

(5) 砌筑出铁口时，出铁口框内的砌体先砌。

（6）风口组合砖砌筑时，以经确认的风口水平中心为基准，对组合砖下面的砖层表面平整度和标高进行找平和修整。

风口组合砖砌筑前，以风口实际垂直中心和炉子中心为基准，在组合砖下面的砖层表面，放出每个风口组合砖的位置线（可微调垂直中心线）。

风口组合砖的砌筑顺序按图11所示编号顺序。风口组合砖下半圆砌筑要求控制炉内半径、砖层标高和水平度，风口中套在下半圆组合砖砌筑后安装，风口上半圆组合砖可用真空吸盘吊或专用吊具砌筑。

（7）砌体与风口套之间缝隙允许的最小尺寸和充填物按设计规定，并及时充填严实。

（8）热压炭砖、模压炭砖与冷却壁（炉壳）接触面要仔细加工，其间不严密处用浓炭油填实。

（9）粘土保护砖紧靠炭砖（陶瓷杯壁）砌筑，其三角缝用浓炭油（浓泥浆）充填。

（10）耐火砖与炉壳（冷却壁）之间的膨胀缝尺寸和充填物按设计规定。

8．炉缸以上部位砌筑

（1）冷却壁区域砌筑。

冷却壁区域耐火砖顶着冷却壁砌筑时，其三角缝充填与砌砖一样的浓泥浆；耐火砖与冷却壁之间留有膨胀间隙时，随着耐火砖砌筑交替充填或捣打间隙材料。

采用勾头冷却壁时，勾头下和砌体之间以及上、下砌体之间的水平膨胀缝按设计规定留设，并仔细充填缓冲泥浆等间隙材料，见图12。

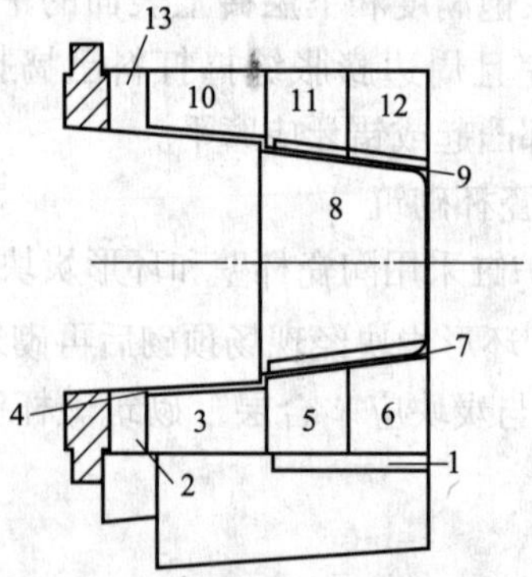

图11　风口组合砖的砌筑顺序

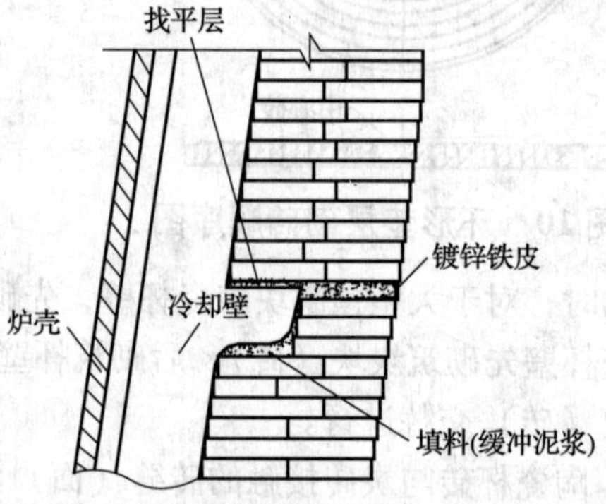

图12　勾头冷却壁周围填料示意图

砌体由2环不同材质的耐火砖砌筑时，砌筑前将2种砖进行选分与配层，并内外咬合交错砌筑。

（2）冷却板区域砌筑。

冷却板区域砌筑前以冷却板安装中心为基准，画出砖层线，逐层控制砖层厚度砌筑。冷却板区域的耐火砖，应在砌筑前进行选分与配层。

砌筑时应以炉壳（喷涂层）为导面，用木样板控制膨胀缝尺寸和炉墙的厚度，同层相邻2个冷却板之间应按配列图砌砖，必要时现场加工。

波纹管式冷却板的安装与砌筑配合进行，冷却板应待其下砌体与炉壳（喷涂层）之间的炭素料捣打完后安装。必要时，可微调冷却板的安装标高，冷却板下的砌体表面的泥浆要涂抹均匀。

焊接式冷却板先安装后砌砖，冷却板下的炭素料要充填捣打密实。

托砖板附近按设计规定留设高向径向膨胀缝，见图13。

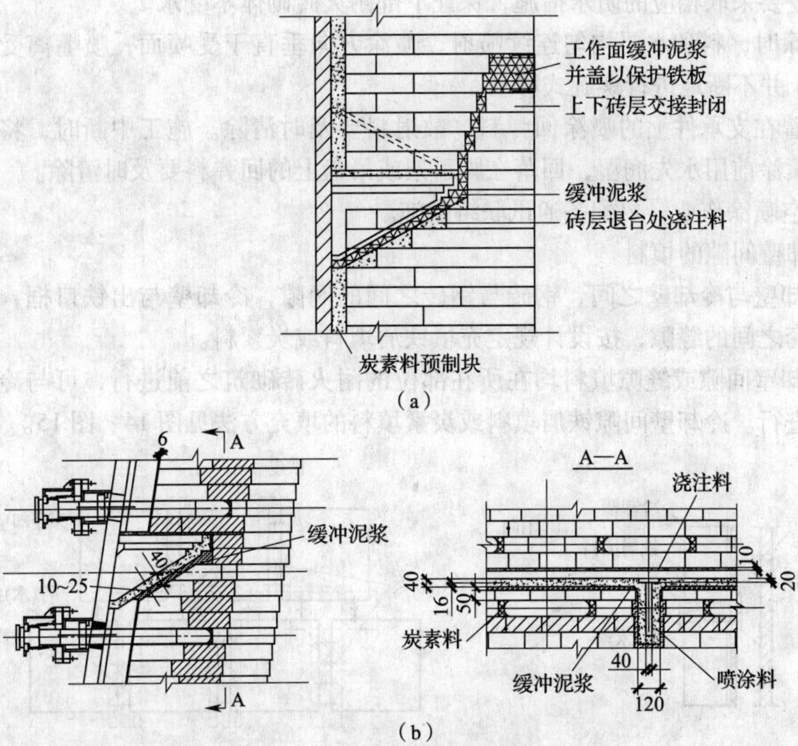

图 13　托砖板膨胀缝的留设

9. 耐火压入料施工

（1）压入作业采用真空挤压式压入机。压入作业前后泥浆搅拌机和压入机要清理干净，真空压入管在压入时要预先润湿，压入后应清洗干净。压入作业前，压入短管要做好防水和防杂物落入的保护。

（2）压入机尽可能靠近压入作业地点布置，压入软管要少曲折、并采用专用卡具软管接头。采用无水压入料时，压入作业要采取防火防水措施。

（3）炉底板下压入作业按“S”形顺序从一端向另一端依序进行；炉壳与冷却壁之间的压入作业由下而上进行。

炉底板下压入作业前和压入作业中用水平仪测量监控压入短管附近底板的凸起高度。

10. 耐火喷涂料施工

（1）炉体上部或煤气封板正式喷涂前，要先试喷，检验其施工性能、回弹率及衬壁裂纹情况，必要时，要与生产厂家协商，适当调整配方。

（2）喷涂前要先检查金属支承件的位置、尺寸及焊接质量，并清理干净（浮锈、残灰等）。支承件上有钢丝网时，网与网之间应搭接 1 个格，但重叠不得超过 3 层，绑扣应朝向非工作面。

（3）喷涂料采用半干式喷涂。喷涂料加入喷涂机之前，应适当加水润湿，均匀搅拌。喷涂时喷涂机操作要遵循先送风后送料、送水，停机时先停水、停料后停风的原则。

（4）喷涂作业以炉壳为导面由上而下分段连续进行，1 次喷到设计厚度。并用测厚针控制喷涂厚度，用刮板控制喷涂面椭圆度，喷涂层表面压平但不抹光。各孔洞支设盲板加以保护，喷涂作业要采取相应的防水措施，保证下部耐火砖砌体不受水。

（5）喷涂时，料和水要均匀连续喷射，喷涂方向垂直于受喷面，喷嘴离受喷面的距离为1~1.5m，并不断地进行螺旋式移动。

（6）附着在支承件上的喷涂回弹料、散射料要及时清除。施工中断时，将接搓处做成直搓，继续喷涂前用水先润湿，回落在脚手架或吊盘上的回弹料要及时清除。

（7）高空喷涂作业，要配备通讯联络设施。

11. 冷却壁间隙的填料

（1）冷却壁与冷却壁之间、钢砖与钢砖之间的间隙，冷却壁与出铁口框，冷却壁与风口、碴口大套之间的缝隙，按设计规定充填铁屑填料或炭素料。

（2）冷却壁间隙或缝隙填料均在所在部位的耐火砖砌筑之前进行，可与冷却壁、钢砖的安装配合进行。冷却壁间隙铁屑填料或炭素填料的填充方法见图14、图15。

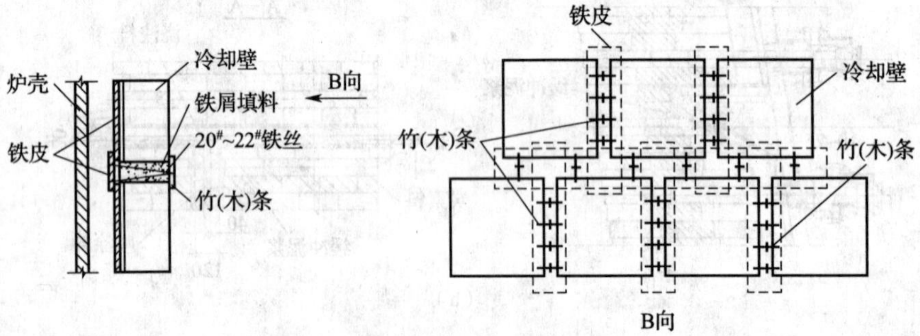

图14　冷却壁间隙铁屑填料的填充方法

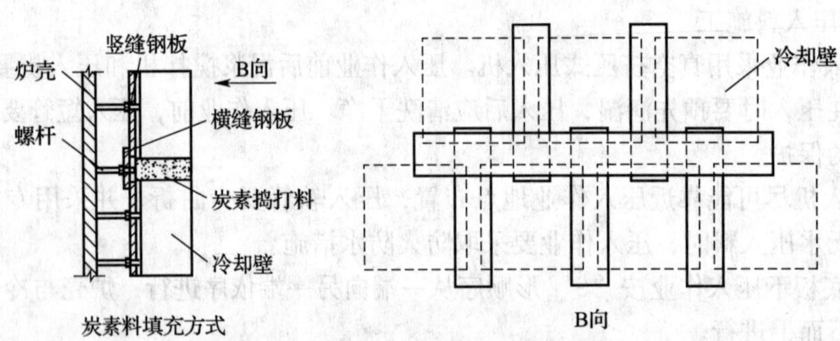

图15　冷却壁间隙炭素填料的填充方法

（3）铁屑填料每次拌料不宜太多，以半小时为限，对已产生初凝、结块的料不得重复使用。

六、材料、机具、设备

1. 材料

高炉炉体使用的材料种类多，品质要求高（近几年特大型高炉炉底、炉缸还较多的使用进口的耐火材料）。

高炉炉底、炉缸采用的耐火砖有炭质、石墨质、莫来石（刚玉）质、粘土（高铝）质等，风口采用的耐火砖有碳化硅质、硅线石质、刚玉（莫来石）质，炉腹以上采用的耐火砖有铝炭砖、氮化硅结合碳化硅砖、赛隆碳化硅砖、石墨砖、粘土（高铝）砖、浸磷粘土（高铝）砖以及与其相匹配的浇注料、捣打料和耐火泥浆。

各种耐火材料的理化指标，有国家标准的按国家标准进行订货和检验，无国家标准或无国家标准要求的以及引进耐火材料理化指标见表1～表3。

耐火制品尺寸、外观及断面的检查方法执行国家标准 GB/T 10326—1988。砖的尺寸允许偏差、外观和裂纹的检查要求按业主或设计图纸的有关规定。当设计图纸或业主无规定时，可参照执行如下标准：

《高炉用磷酸浸渍粘土砖》（YB/T 112—1997）。

《高炉用粘土砖》（YB/T 5050—1993）。

《高炉用高铝砖》（YB/T 5015—1993）。

《烧成微孔铝炭砖》（YB/T 113—1997）。

《铝炭砖》（YB/T 14982—1994）。

《高炉用氮化硅结合碳化硅砖》（YB/T 4035—1991）。

《高铝质耐火泥浆》（GB/T 2994—1994）。

《粘土质耐火泥浆》（GB/T 14982—1994）。

《耐火缓冲泥浆》（YB/T 150—1998）。

《非水系硅酸铝质耐火泥浆》（YB/T 149—1998）。

表1　高炉炉体用耐火砖理化指标（1）

项目＼指标＼材质	引进炭质材料								半石墨质	烧成微孔模压砖	
	D级炭块	AG－C	BC－5	BC－7S	BC－8SR	BC－12SR	NMA	NMD		MGC－1	MGC－2
显气孔率（%）	20	19	17.5	17	18.5	18.5	18	16	≤18	≤14.0	≤15.0
耐压强度（MPa）	18.5	26	36	63	56	56	33	30	≥35	≥40.0	≥45.0
抗折强度（MPa）		12	12	14	16	16			≥9	≥10.0	≥12.0
导热系数［W/(m·℃)］(20℃)	10						17	60	≥8.0	≥8.0	≥10.0
导热系数［W/(m·℃)］(400℃)		80	16	21	35	35					
抗碱性（%）		U	LC	U	U	U			U或LC	U或LC	U或LC
透气度（mDa）		250	150	0.5	0.5	0.5	11	5	≤30	≤15.0	≤20.0
平均孔径（μm）		8	5	0.05	0.05	0.05				≤1.0	≤1.0
线胀系数 10^{-6}/℃（20～900℃）		4.5	3.3	3.4	3.5	3.4	3.4	2.8			
重烧线变化率（%）	±0.1						0.1	0.1			
体积密度（g/cm^3）	1.57	1.65	1.56	1.62	1.71	1.78	1.62	1.82	≥1.55	≥1.65	≥1.80
真密度（g/cm^3）									≥1.90		
C（%）									≥78	≥70.0	≥50.0
灰分（%）	7						12	9	≤20	≥20.0	≤30.0
铁水溶蚀指数（%）									≤30	≤30.0	≤40.0
<1μm孔容积（%）										≥70	≥70

表 2　高炉炉体用耐火砖理化指标（2）

项目 \ 指标 \ 材质	氮化硅结合碳化硅砖	烧成微孔铝碳砖	刚玉莫莱石砖	MS4R（进口）	CORANIT（进口）	MONO-CORAL（进口）	石墨砖	赛隆碳化硅砖
SiC（%）	≥70							
Si_3N_4（%）	≥20							
Al_2O_3（%）	≤0.6	≥65						
Fe_2O_3（%）	≤0.7	≤1.5						
C（%）		≥11						
显气孔率（%）	≤16	≤14	≤18	≤16	≤14		≤25	≤16
体积密度（g/cm^3）	≤2.65	≥2.8	≥2.9	≥2.65	≥3.20	3.35	≥1.55	≥2.65
耐压强度（MPa）	≥170	≥60	≥100	≥70	≥150	60	≥21	≥170
0.2MPa 荷重软化温度（℃）		≥1680	≥1680	≥1625				
抗折强度（室温）（MPa）	≥45		≥20		≥12		≥7	≥45
抗折强度（1350℃）（MPa）					≥15	25		
抗折强度（1400℃）（MPa）	≥48						≥7	≥48
热震稳定性（次）	≥25							≥25
导热系数[W/(m·℃)]20℃							100	
导热系数［W/（m·℃）］300℃	36（激光法）							
导热系数[W/(m·℃)]800℃		≥13				3.8		
导热系数[W/(m·℃)]1000℃				2.25	3.2	4.0		
导热系数[W/(m·℃)]1200℃								16
导热系数［W/（m·℃）］1400℃	15（激光法）							
耐碱性（%）	≤0.5 线变化	≤10 强度下降						
<1μm 孔容积（%）		≤75						
重烧线变率(%)1500℃×3h			±0.1	+0.1	0	1	±0.2	0
线胀系数（%）				6.2	5.4	7.8	0.4	5.1
抗 CO 侵蚀级					A	A/B		
抗铁水渗透性					优			

表3　高炉炉体用耐火砖理化指标（3）

项目 \ 材质 指标	碳化硅耐火泥浆 TWP	缓冲耐火泥浆 FHCN－SiC	无水压入泥浆 SC－8YK	冷却壁间隙碳化硅捣打料		喷涂料
				SC－3P	SN－13P	
SiC（%）	≥70	≥50		≥75	≥20	
F·C（%）				≤5	≥40	
Al_2O_3（%）		≤20	≥55		<5	≥50
Fe_2O_3（%）						≤1.0
SiO_2（%）					<15	
耐火度（℃）			≥1750			
体积密度（g/cm^3）	≥1.9	1.7	≥2.1	≥2.6	≥1.8	
耐压强度 110℃×24h（MPa）		≥1.0	≥10.0			
耐压强度 1000℃×3h（MPa）		≥0.25				
抗折强度 110℃×24h（MPa）	≥2.0		≥4.0	≥5		≥8.5
抗折强度烧后 1200℃×0.5h（MPa）	≥7.0		≥0.5			
抗折强度 1300℃×3h（MPa）						≥8.0
抗折强度烧后 1400℃×3h（MPa）						
线变化率 1400℃烧后（%）	±0.5					
收缩率 1000℃烧后（%）		≤1.0				
热态压缩率 1MPa×1000℃（%）		≥30				
加热线变化率 1200℃×3h（%）			±1.0			
粘结时间（min）	1.5～3.0					
导热系数［W/（m·K）］				≥6	≥4	
耐CO侵蚀能力						优良
抗热震稳定性次						≥5

2. 机具、设备（见表4）

表4 主要施工机具设备表

序号	名　称	型号或规格	能力（t）	功率（kW）
1	单筒卷扬机	JIM（慢速）	8	30
2	单筒卷扬机	JDSS/2t（快慢速）	5	16
3	单筒卷扬机	JKD—3（快速）	3	22
4	单筒卷扬机	JJKB（慢速）	1	5.5
5	单筒卷扬机	TJ1—10A（快速）	1	5.5
6	单筒卷扬机	JJK0.5	0.5	2.21
7	电动葫芦	CD3—18D	5	4.9
8	电动葫芦	CD1—18	1	1.7
9	电动葫芦	CD1.5—12	0.5	1
10	移动式皮带机	1.4/4.5m		3
11	叉式起重机	CPC－3	3	
12	载重汽车		5～8	
13	自卸汽车		3.5	
14	汽车式起重机	YD5	5	
15	强制混凝土搅拌机	FV375	0.375m^3	10
16	泥浆搅拌机	HJ200A	0.2m^3	3
17	门式金刚石切砖机	ϕ600		7.5
18	法式金刚石切砖机	ϕ400		4
19	炭砖研磨机	（日本制）		0.75
20	旋翼式真空泵	ZX－70A 旋片式		5.5
21	压入机	PC—20m（日本产）	1.3m^3/h	7.5
22	手摇千斤顶	YQ—5～10	5～10	
23	柱塞水泵			
24	重质喷涂机	（日本产）SATABLE		3
25	纤维喷涂机	L－800TDK（日本产）		2.65
26	电动空压机	9m^3		55
27	电动空压机	12m^3		75
28	轴流风机	ϕ400～600		4
29	工业电风扇	落地式 ϕ350～400		
30	离心式抽风机			
31	吸尘器	W8－60		0.6
32	真空吸盘	ϕ370		
33	真空吸盘	ϕ450		
34	风动凿岩机	01—30 型 9Kg/cm^2		
35	捣固机	10—8 型 6Kg/cm^3		

续表 4

序号	名　　称	型号或规格	能力（t）	功率（kW）
36	角向磨光机	SIMJ—100、180		
37	手提式电焊机	BX6—120—2		
38	直流电焊机	AX1—165		6
39	直流电焊机	A—300		10
40	移动式捣打机			4
41	插入式振动器	ϕ50		0.5
42	微型振动器	ϕ30mm		
43	手提电刨			
44	无线电话机	SH403KGP		1—3W
45	强制搅拌机	自制 0.2		5
46	气铲气铆机	2 型冲频 45/70		

注：①机具种类和数量根据高炉容积大小和施工方案选择。

②专用设施种类和数量根据施工方案选择。

七．劳动力组织（见表 5）

表 5　高炉炉体的砌筑劳动力组织

序号	工种名称	人　数		作　业　内　容
		3000m³ 级	4000m³ 级	
1	筑炉工	14	16	砌筑、浇注、捣打
2	切砖工			现场切砖机操作
3	电、钳、木、架工	7	8	电源安装、维护、机具维护、焊接、搭架子、木制品加工
4	卷扬机操作	1	1	卷扬机操作
5	汽车、叉车司机	2	2	车辆运输、装卸、运送材料
6	普工	11	11	炉内外配合、泥浆和不定行材料搅拌
7	测量工	1	1	测量
	合计	37	40	

注：①本表按 1 班作业人员安排。

②炉体上部和煤气封罩喷涂阶段一条枪作业人员 14 人（其中喷涂工 4 人）。

③电工、电焊工、架工、卷扬机操作工、叉车司机等特种作业人员上岗应持有《上海市特种作业人员操作证》。

④筑炉工、切砖工应持本企业颁发的上岗证书，普工应持有用人单位颁发的岗位培训上岗证书。

八、质量、安全

1. 质量

（1）本工法工程质量应符合《工业炉砌筑工程施工及验收规范》GB 50211—2004 和《工业炉砌筑质量检验评定标准》GB 50309—92 的相关规定。引进耐火材料的砌筑质量应执行外商的使用说明书规定。

（2）质量标准。高炉炉体砌筑质量标准因其容积大小和炉衬结构的不同以及设计单位、建设单位的要求而有差异，但基本原则是执行设计图纸的规定，设计图纸未规定的检验项目执行GB 50211—2004 和 GB 50309—92 中的相关规定。

（3）高炉炉体砌筑质量标准中的砖缝厚度合格与否的检查方法有两种：一种是按 GB 50211—2004 规范的 3. 2. 26 条规定检查；一种是对砖缝厚度提出“+”“-”要求，在“+”“-”的范围内进行检查。采用何种检查方法由设计图纸或建设单位规定。

炉底炉缸砌体的主要质量标准见表 6。

表 6　炉底炉缸砌体的主要质量标准

<table>
<tr><th>部位名称</th><th colspan="3">检查项目</th><th>单位</th><th>设计值</th><th>允许误差</th><th>检查工具</th></tr>
<tr><td rowspan="2">炉底板上找平层</td><td colspan="3">上表面标高</td><td rowspan="2">mm</td><td rowspan="2"></td><td>0 ~ −2</td><td>水平仪</td></tr>
<tr><td colspan="3">上表面平整度</td><td>≤1. 0</td><td>2m 靠尺</td></tr>
<tr><td rowspan="11">炉底、炉缸砌体</td><td rowspan="8">砖缝</td><td colspan="2">炭块（进口）</td><td rowspan="8">mm</td><td>0. 5</td><td>≤0. 5</td><td rowspan="8">塞尺</td></tr>
<tr><td colspan="2">炭块（国产）</td><td>1. 0</td><td>≤1</td></tr>
<tr><td colspan="2">D 级炭块（进口）</td><td>1. 7</td><td>−0. 7 ~ +0. 3</td></tr>
<tr><td colspan="2">热压炭砖（进口）</td><td>1. 7</td><td>−0. 7 ~ +0. 3</td></tr>
<tr><td colspan="2">模压炭砖</td><td>1. 5</td><td>−0. 5 ~ +0. 5</td></tr>
<tr><td rowspan="2">陶瓷底垫</td><td>预制块</td><td>3</td><td>≤3</td></tr>
<tr><td>小砖</td><td>1. 5</td><td>−0. 5 ~ +0. 5</td></tr>
<tr><td rowspan="2">陶瓷杯壁</td><td>预制块</td><td>2</td><td>−1 ~ +1</td></tr>
<tr><td>小砖</td><td>1. 5</td><td>−0. 5 ~ +0. 5</td><td></td></tr>
<tr><td colspan="3">表面平整误差</td><td>mm</td><td></td><td>≤2</td><td>2m 靠尺</td></tr>
<tr><td colspan="3">炉底砖层上表面各点相对标高差</td><td>mm</td><td></td><td>+1 ~ −2</td><td>水平仪</td></tr>
<tr><td></td><td colspan="3">砖层表面的局部错牙</td><td>mm</td><td></td><td>≤1. 5</td><td>塞尺</td></tr>
</table>

注：①表中“检查项目”炭块包括石墨块、半石墨块、微孔炭块等。

②表中未包括的“检查项目”执行设计或国家标准《工业炉砌筑工程施工及验收规范》（GB 50211—2004）。

2. 保证质量的措施

（1）落实项目经理是质量第1责任人、技术负责人具体负责的各级质量管理体制。完善“自检、互检、专检”的三检制。加强教育，牢树“质量第一”“业主满意”的质量意识。

（2）层层做好施工技术交底。

（3）建立关键砌筑部位（如炉底炉缸、铁口区域、陶瓷杯、风口区域等）的工序质量管理点。

（4）从源头抓起，协助建设单位做好耐火材料进厂前的品质检验。

（5）采取有力措施治理砖缝泥浆不饱满、花脸空缝多的质量通病。

（6）严格把好协作队伍的资质审查关，做好砌筑工人的技术培训并做到持证上岗。

（7）加强冬雨期施工管理和维护。

3. 安全与作业人员防护

（1）高炉炉体砌筑的安全与作业人员防护必须遵守国家、行业、地方和业主的有关安全生产文件和法规，遵守本企业颁发的有关安全生产文件以及《施工、生产安全技术操作规定》（QJ/BYJ－AJC 5—95）《机械设备安全技术操作规程》（Q/BYJ 3—2003）中的有关规定。

（2）安全施工的具体措施是：

①做好“三落实”。落实项目经理是安全生产第一责任人的安全生产责任制，落实各项安全生产管理制度，落实施工现场的各项安全规定。

②做到“三做好、一认真”。做好各级的安全交底，做好班组的班前安全教育，做好交接班工作，认真填写班组的安全活动记录。

③各种专用设施（如卷扬塔、吊盘及安全平台等）在使用前要经过试车或试运转检查合格后方可投入使用，使用时必须严格遵守操作规程；卷扬塔提升用的卷扬机应设单独的电源箱，卷扬机操作工要严格做到：信号不明、钢丝绳偏、超负荷、刹车不灵、乘人不开车。

④高炉炉体各专业各工种立体交叉作业，要有足够的安全防护措施。

⑤严禁将真空吸盘作为垂直运输或倒运工具。

⑥电缆、配电箱等电器设备应符合有关规定，施工现场要有足够的照明，危险区域应有醒目的标志。

九、经济效益分析

1. 经济效益

本工法的应用，使得宝钢、鞍钢的五座特大型高炉炉体砌筑工程取得了圆满成功，并获得了可观的经济效益。

（1）宝钢 2# 4063m^3高炉（3 班作业）。

①砌筑工期缩短 6d，降低人工费 50400 元。

6d × 3 班/d × 40 人/班 × 70 元/人 = 50400 元

②节约汽车、叉车台班费 10019 元

6d × 3 台班/d ×（343.3 + 213.3）元/台班 = 10019 元

③降低材料损耗 0.4%，节约材料费 77574 元。

5541t × 0.4% × 3500 元/t（平均单价）= 77574 元

共计降低成本：13.8 万元

（2）宝钢 3#4350m³高炉（3 班作业）。

①砌筑工期缩短 7d，降低人工费 58800 元。

7d×3 班/d×40 人/班×70 元/人 = 58800 元

②节约汽车、叉车台班费 11689 元。

7d×3 台班/d×（343.3 + 213.3）元/台班 = 11689 元

③降低材料损耗 0.45%，节约材料费 76529 元。

4859t×0.45%×3500 元/t（平均单价） = 76529 元

共计降低成本：14.7 万元

（3）宝钢 1#4063m³高炉（大修重建、3 班作业）。

①砌筑工期缩短了 8d，降低人工费 67200 元。

8d×3 班/d×40 人/班×70 元/人 = 67200 元

②节约汽车、叉车台班费 13358 元

8d×3 台班/d×（343.3 + 213.3）元/台班 = 13358 元

③降低材料损耗 0.47%，节约材料费 82859 元

5037t×0.47%×3500 元/t（平均单价） = 82859 元

共计降低成本：16.34 万元

（4）鞍钢新 1#3200m³高炉（3 班作业）。

①砌筑工期缩短 10d，降低人工费 77700 元。

10d×3 班/d×37 人/班×70 元/人 = 77700 元

②节约汽车、叉车台班费 16698 元。

10d×3 台班/d×（343.3 + 213.3）元/台班 = 16698 元

③降低材料损耗 0.5%，节约材料费 35000 元。

2800t×0.5%×2500 元/吨（平均单价） = 35000 元

共计降低成本：12.94 万元

（5）宝钢 4#4350m³高炉（3 班作业）。

①砌筑工期缩短了 11d，降低人工费 92400 元。

11d×3 班/d×40 人/班×70 元/人 = 92400 元

②节约汽车、叉车台班费 18368 元。

11d×3 台班/d×（343.3 + 213.3）元/台班 = 18368 元

③降低材料损耗 0.55%，节约材料费 89416 元。

4645t×0.55%×3500 元/t（平均单价） = 89416 元

共计降低成本 20.02 万元

以上五座高炉总计降低成本：77.80 万元

2. 社会效益

工法的应用，不仅缩短了耐材砌筑的工期，而且大大地提高了高炉炉体耐材砌筑的质量，在为业主带来提前投产的经济效益的同时，也为公司在冶金建设行业高炉砌筑领域树立了良好的社会形象，赢得了较多的市场。

十、工程实例（表7）

表7　工程实例

序号	工程项目名称	地点	开竣工时间	实物工程量（t）	应用效果	备注
1	宝钢2号4063m^3高炉炉体砌筑工程	上海宝山	1990.1～1991.4	5541	良好	冶金部科技进步特等奖
2	宝钢3号4350m^3高炉炉体砌筑工程	上海宝山	1993.2～1994.3	4859	良好	鲁班奖
3	宝钢1号4063m^3高炉（大修重建）炉体砌筑工程	上海宝山	1996.8～1997.5	5037	良好	
4	鞍钢新1号3200m^3高炉炉体砌筑工程	辽宁鞍山	2002.4～2002.8	2800	良好	
5	宝钢4号4350m^3高炉炉体砌筑工程	上海宝山	2004.5～2004.12	4645	良好	

20万 m^3 多边形稀油密封（曼式）煤气柜施工方法

YJGF 96—2004

马鞍山钢铁股份有限公司修建工程公司

王志强　张宏亮　葛风林　张学英　陈宜东

马钢20万 m^3 煤气柜工程，是新建2500m^3 大高炉的配套工程，用于直接回收高炉煤气。它不仅能稳定高炉煤气压力，而且同时避免能源流失，减少污染，高炉煤气的放散率可由原来的7%降低到2%左右，可使管网压力波动由原来的5～12kPa稳定到8kPa左右，每年可减少约0.84×10^8m^3CO气体及约3.9t冶金粉尘对大气的污染。气柜主要技术参数：压力8000Pa；气柜高106m，外接圆直径53.6m，内径48.37m，气柜边数24，是冶金行业最大的气柜。

此工程工期紧（计划工期11个月），而同行业施工经验均在11个月以上；技术要求高：设计要求严格执行《马钢院燃1211标准》（等同或高于日本同类标准）。如果按照常规方法施工无论质量还是工期都很难保证，我公司采用浮升安装法，并且运用了底版对称、间隔、退焊技术；侧板孔模具冲孔技术；底板侧板全部 CO_2 气体保护焊焊接技术；基柱定位支架安装技术；活塞板、顶板地面组装焊接后整体吊装技术；活塞桁架整体拼装及吊装技术等新技术、新工艺，不仅缩短了安装制作周期（仅用9个月完成了制作安装任务），还保证了制作安装质量。实现了一次性浮升安装成功；一次性落顶成功；一次注油成功；一次性配重块摆设成功；一次性试升降调试成功；一次性气密封试验成功。

该项目2004年8月通过了中国冶金建设协会的技术鉴定，达到了国内领先水平；2004年度被中国工程建设焊接协会评为“全国优秀焊接工程”。

一、工法特点

本工法通过浮升安装法，并运用了底版对称、间隔、退焊技术；侧板孔模具冲孔技术；底板侧板全部 CO_2 气体保护焊焊接技术；基柱定位支架安装技术；活塞板、顶板地面组装焊接后整体吊装技术；活塞桁架整体拼装及吊装技术等新技术、新工艺，取代了传统的底板拼焊、侧板孔模具钻孔、手工电弧焊、基柱找正安装和活塞板、顶板和活塞桁架等单片吊装高空组焊等方法，具有如下特点。

1. 从保证质量方面：控制了焊接变形；提高了安装精度；保证了焊缝质量；确保了侧板孔的精度。

2. 从工期、效益和安全方面：大大缩短了制作安装周期；节约制作安装成本；减少大量高空作业带来的安全风险。

二、适用范围

本工法适用于各种工业、民用多边形稀油密封（曼式）煤气柜的制作安装工程。

三、施工程序（见图1）

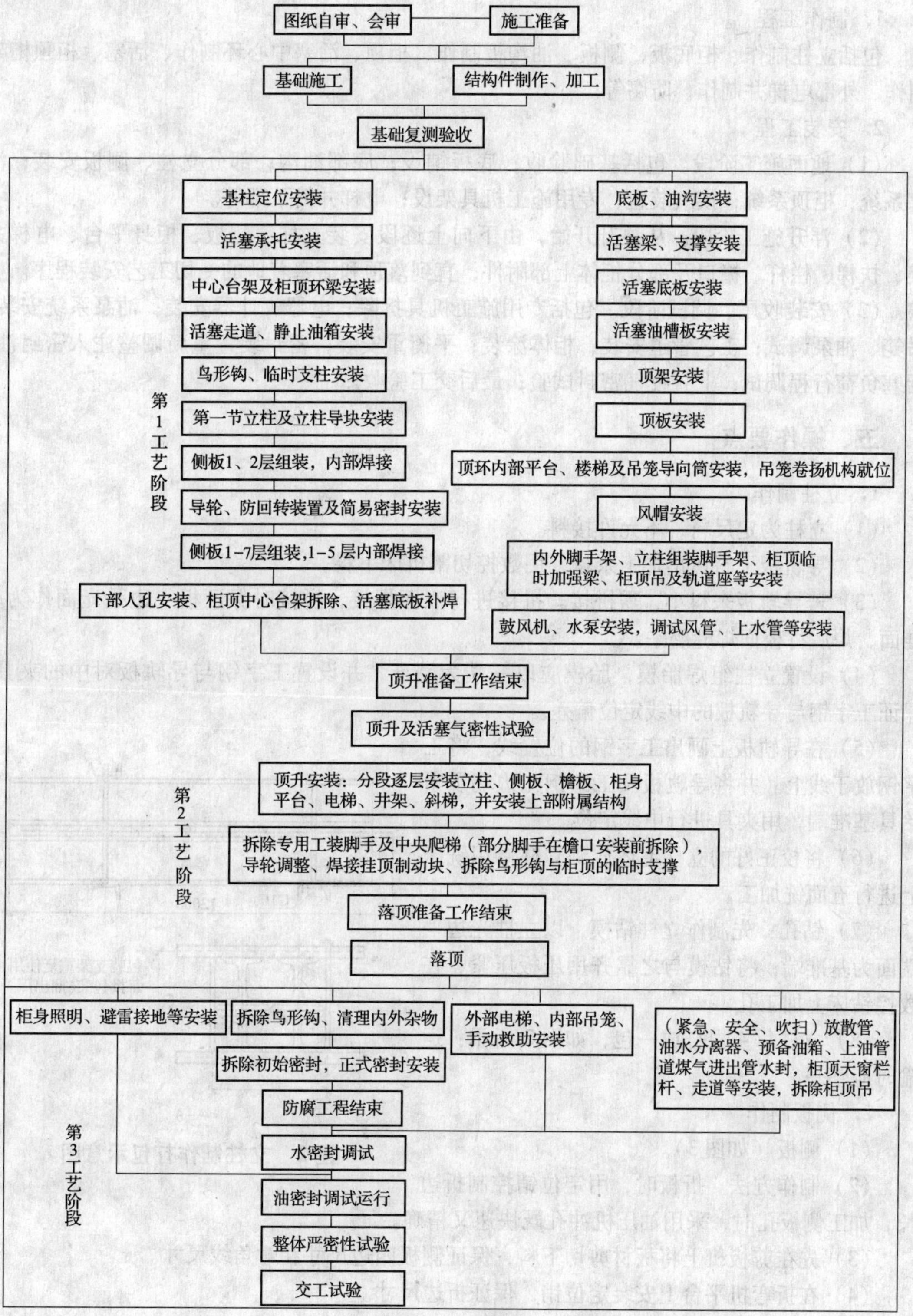

图1　施工程序

四、工艺流程

1．制作工程

包括立柱制作、柜底板、侧板、油沟板制作、柜顶、活塞中心环制作、活塞、柜顶桁架制作、外部电梯井制作、防腐等。

2．安装工程

（1）地面施工阶段。包括基础验收；底板铺设；底部油沟；部分立柱、侧板安装；活塞系统；柜顶系统；换气装置；专用施工机具架设；电梯井筒下部等。

（2）浮升施工阶段。从顶升开始，由下向上逐段安装立柱、侧板、柜身平台、电梯井架、扶梯、栏杆、檐口及部分柜体上部附件，直到落顶和活塞着地的一切工艺安装程序。

（3）安装收尾、调试阶段。包括专用施工机具拆除；电器、计器安装；油泵系统安装；吊笼、油泵调试；工艺管道安装；柜体涂装；平衡重安装；密封装置重新调整注入密封油；活塞负荷行程调试；七昼夜气密封试验；最后交工验收。

五、操作要点

1．立柱制作

（1）立柱为定尺料，不允许接料。

（2）导轨板下料留出加工余量，用数控切割机床下料。

（3）若导轨板来料小，需拼接。拼接进行双面焊接，拼接时保证板一边是光面作为基准面，焊后将板面焊缝磨平。

（4）设置立柱组焊胎模，胎模应以一端为基准，并设置工字钢与导轨板对中的夹具，保证工字钢与导轨板的中线定位偏差。

（5）在导轨板上画出工字钢的位置线，将工字钢放于线上。并将导轨板及工字钢光边端顶紧胎具基准端，用夹具进行中线定位。

（6）将校正好的立柱毛坯放到立柱专用铣床上进行五面铣加工。

（7）钻孔：先制作立柱钻模，以立柱光边一端面为基准端，将钻模与之靠齐用压板压紧，在数控钻床上加工孔。

（8）立柱每4根打成一包，如图2所示：运输时应垫平。

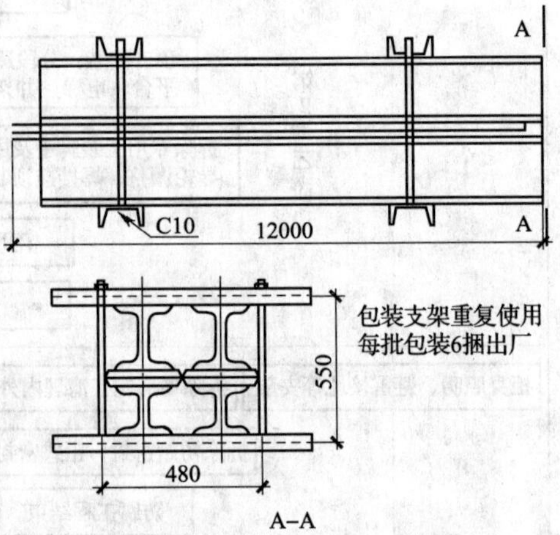

图2　立柱制作打包示意图

2．侧板制作

（1）侧板（如图3）。

（2）制作方法。折板时，用定位销控制折边长，加工侧板孔时，采用油压机冲孔既快速又精确。

（3）先在剪板机上将板材剪切下料，保证侧板四边尺寸和对角线尺寸。

（4）在折弯机平台上安装定位销，保证折边尺寸。

（5）侧板孔利用油压机安装冲模冲制。

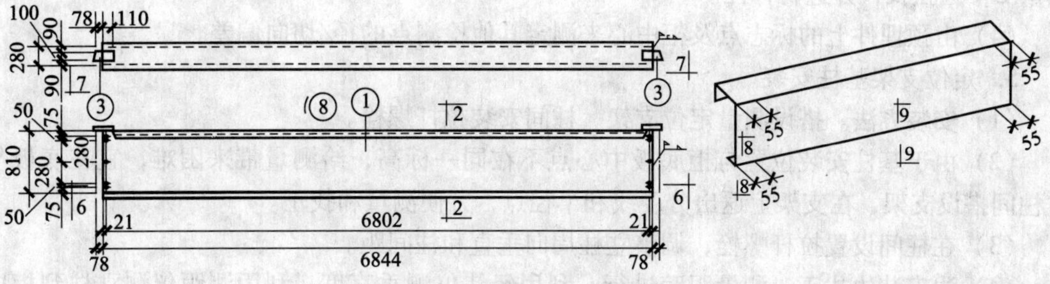

图 3　侧板制作示意图

（6）侧板安装时，用直角尺摁靠在侧板壁上，并在上下带侧板边缝上来回磨，看侧板安装是否错边。

（7）安装侧板时，不能随意扩孔。

3．底板拼焊

（1）底板布置如图 4。

（2）拼焊方法。底板焊接采取对称，间隔，退焊法，减少焊接变形。

（3）先焊短横缝，再间隔焊长纵缝，“T 字”缝最后焊，严格控制焊接工艺参数。

（4）底板为条形搭接，有横缝和纵缝组成。铺设时将搭接缝均粗点焊，但点焊间距为 1m。

（5）焊工对称站位，先将横缝点焊并焊完。

（6）再将相邻两道焊缝密点焊，点焊间距为 100mm，将第 3 道粗点焊的焊点磨开，施焊第 1 道焊缝，焊接时从中间开始往两边扩散，并采用间隔退焊法。

（7）然后密点焊第 3 道，磨开第 4 道，焊第 2 道缝，以此类推。

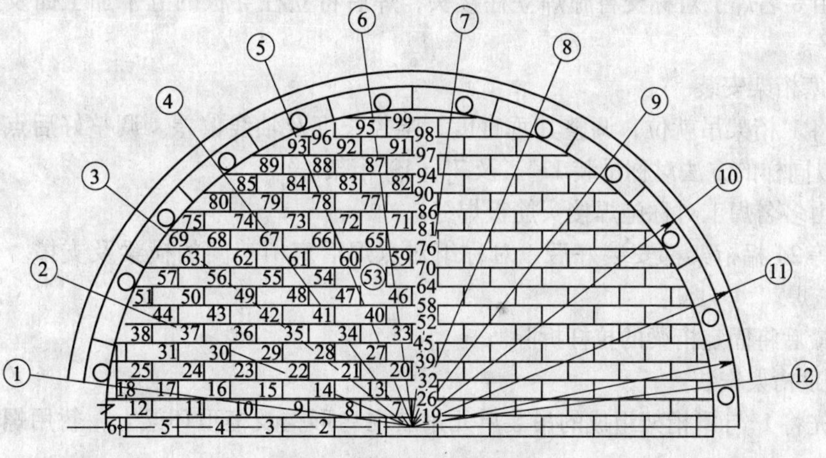

图 4　底板拼焊示意图

4．基础测量

（1）在柜中心架设经纬仪，首先将柱号 1#、7#、13#、19#、（角 0°、90°、180°、270°）的中心轴线标注在标志预埋板上，再在 90°范围内将各柱中心轴线经纬仪确定，并进行标注。

（2）用水准仪测定基础标高。

（3）用钢尺配拉磅（或测距仪）测量从中心到预埋件的距离及各预埋件之间的距离，

测量 1/4 圆弦长，并进行标注。

（4）由预埋件上的标志点及柜中心来测定其他检测点的径/切向偏差。

5. 定位支架基柱安装

（1）安装方法。搭设测量定位支架、柱间安装拉杆螺栓。

（2）由于基柱安装位置与柜底板中心点不在同一标高，给测量带来困难，宜在底板与立柱间搭设支架，在支架上返出分度线和半径点，方便测量和找正。

（3）在柱间设置拉杆螺栓，调整立柱周向垂直和柱间距。

（4）边安装边找正，测量跟踪进行，利用经纬仪测垂直度，利用测距仪测立柱到柜中心距离，同时用弹簧秤拉卷尺复核。

（5）调整柱脚的调整螺栓，使基柱导轨板中心与定位槽钢中心吻合。

6. 第 1 节立柱安装

（1）认真检查 24 付立柱安装夹模的平整度和扭度，检查第 1 节立柱的平整度、直线度和导板厚度。

（2）先将立柱安装夹模与基柱上部连接牢固，再将第 1 节立柱吊起，利用立柱安装夹模与基柱连接牢固。立柱工字钢腹板用连接板及螺栓与基柱连接牢固。在安装过程中可利用活塞上导轮作为定位基准。

（3）将第 1 节立柱均吊装好后，在立柱中部围 1 圈侧板以固定立柱。

（4）在柜顶及活塞上走道的导轮上部安装立柱导向块，以确保顶升过程中活塞的走位及有效地控制焊接变形。

（5）用经纬仪（或线坠）测量第 1 节立柱的垂直度是否符合要求，调整立柱导向块的径向和切向位置。

（6）由 8 名焊工对称交替施焊立柱接头，焊后将立柱导板的五个加工面及工字钢背部的焊缝磨平。

7. 活塞桁架安装

（1）将 1# 桁架吊就位，调整其垂直度、半径长度及轴线偏差。调整好后点固，并用拉杆定位，以同样的方法对称吊装 13#、及 7#、19# 桁架。

（2）由多名焊工对称施焊接头筋板焊缝。

（3）等 24 榀桁架都安装好后，对称组对点焊活塞桁架间的横梁及支撑。全部组对好后，对称施焊。

（4）最后将固定桁梁的拉杆拆除。

8. 柜顶桁架安装

（1）先将 1# 与 2# 桁架组成的吊装单元吊装在鸟形钩及柜顶环梁上，暂用螺栓与环梁及鸟形钩连接。

（2）以同样的方式分别吊装 13# 与 14# 桁架组成的单元，及 7# 与 8#、19# 与 20# 桁架组成的单元。

（3）由 4 名焊工对称施焊 4 组桁架单元与环梁的连接部。

（4）以同样的方法对称吊装其他各吊装单元，并对称施焊与环梁之间的接头。

（5）对称吊装组焊桁架单元间的横梁及支撑。

9. 活塞板、顶板安装

（1）安装方法：先拼焊再整片吊装

（2）在地面将5块活塞板、顶板预拼焊成1大片。

（3）然后整块吊装，使许多高空的仰焊缝变为地面平焊缝，减少焊工劳动强度和高空作业危险，又保证焊缝质量。

10. 导轮及防迴转机构安装

（1）20万m^3气柜导轮共有48组，组装中在南侧上下使用弹簧轮（共22组弹簧导轮），北侧全部使用固定式导轮。当气柜在浮升安装中，为防止焊接收缩，暂将弹簧导轮全部临时改成固定式导轮。

（2）将弹簧导轮全部改成固定式导轮，弹簧圈的压缩距离与正规组装的压缩距离一致。

（3）导轮安装前，仔细检查并调整导轮座的对中精度及导轮座倾斜情况，要求调整后导轮座对中精度为+1mm，左右及上下倾斜为0。

（4）将导轮吊装就位，用垫片调整导轮与立柱之间的距离。

11. 活塞板、顶板、侧板焊接

（1）焊接方法。采用气体保护焊。

（2）活塞板、顶板在地面每5块拼接成1大片，焊接正反面焊缝。

（3）活塞板安装好后，焊接活塞桁架间的平仰焊缝及活塞板间的平仰焊缝。

（4）焊接顶板与桁架及顶板间的搭接焊。

（5）由多人在上层平台同时对称焊接上带侧板的立缝及下层平台隔带侧板平焊缝。

12. 柜顶桁架分片整体吊装

（1）吊装方法。先在地面每2片桁架预拼成整片，并将桁架支撑安装好，然后再吊装。

（2）将制作好并与中心环预装的相邻2片柜顶桁架在现场制作平台上预组装成一个整体。

（3）将每片桁架间的水平和垂直支撑安装并焊接好。

（4）选择平衡的四个吊点，将整片的桁架吊上与顶中心环和鸟形钩连接。

13. 顶升

（1）确认各项准备工作已经完成，向活塞油槽内注水，注水高度达到400mm时准备顶升及气密性检查。

（2）向活塞下部鼓入压缩空气，随时观测柜内压力变化，当顶升使活塞上浮300~400mm时暂停顶升，对活塞底板焊缝进行气密性试验。

（3）气密性试验完成后，继续向活塞下部鼓气，将活塞、柜顶及工装等浮升机构顶起1层侧板高（即所有鸟形钩的钩咀已超出挂板位置），此时同时放下鸟形钩咀，关闭分机，打开放气阀，使浮升机构慢慢下降至鸟形钩钩咀挂在挂板上。至此，顶升结束。

（4）在浮升安装过程中每次上升高度为1层侧板高，安装1层侧板，每上升高度适当时安装1节立柱（1层柜身平台、1节电梯井架、1段斜梯等）。

（5）在浮升安装过程中，要随时测量每次顶升进活塞的倾斜情况，必要时采用临时配重加以调整。每顶升4块侧板，要观测1次立柱垂直度，超差时加以调整。

14. 后续立柱安装

（1）后续立柱安装工作是在柜顶立柱组装平台上进行。

（2）安装前必须严格检查立柱的平面度、直线度等。

（3）先将立柱安装夹模具与已安装的立柱上段连接牢固，再将其就位，利用夹模与下面1节立柱连接牢固。

（4）待装立柱均组装好后，在装好立柱的中部围圈1层侧板以固定立柱。

（5）观测立柱围圈侧板外径和切线垂直度。

（6）立柱组装合格后，由多名焊工施焊立柱接头。

15．侧板安装

（1）侧板组装按2组对称组装的原则进行，且每层侧板与下面1层侧板的组装方向相反。

（2）侧板的焊接在下平台上进行，在所焊侧板的上面必须有两层已组对好的侧板，以减少焊接变形，待焊侧板的焊接环向方向与下面1层侧板相反。

（3）在侧板安装过程中绝对严禁扩孔和强制装配。

（4）防腐施工人员应充分利用顶升间隙时间对检查合格的焊缝进行防腐处理，并在条件允许的情况下对已安装的侧板、立柱进行涂装工作。

16．落顶

（1）将弹簧导轮恢复原形，调整导轮与导轨面的间隙，将所有导轮现时抽掉6mm垫板。

（2）在立柱导轨面上焊接落顶时顶架挂顶制动块，其位置应正好使顶架与立柱的连接孔对准。

（3）割除中央临时爬梯。

（4）拆除鸟形钩与顶梁连接内螺栓及活塞与顶梁间的临时支撑，确信顶梁与活塞间无任何焊连及其他影响它们之间相互脱离的构件。

（5）在活塞油槽内注满水。

（6）在落顶前调整活塞本身及活塞与柜顶的总体平衡。

（7）启动风机，使活塞及柜顶上升200mm左右，停风机、关阀门、拉起鸟形钩，迅速拆除鸟形钩挂板。

（8）以上工作完成后，慢慢打开阀门，使活塞及柜顶慢慢下降。

（9）柜顶挂板与活塞脱离后，迅速着手顶架与立柱的连接工作。

（10）活塞下降过程中应不断测量活塞倾斜度及有规律地测量立柱间的间距，定人观察柜内压力变化及导轮、密封机械的运行情况。

（11）活塞着地后，由柜外人员打开人孔，落顶工作结束。

17．密封机构安装

（1）拆除临时简易密封，检查拆下部件质量完好程度。

（2）根据帆布的缩水特性分别裁制圆木帆布、封底帆布、悬挂帆布、隔舱帆等。

（3）清洗重复使用的零部件，并检查所有零部件的数量应足够、质量应保证。

（4）根据施工图纸及实测数据进行正式密封安装。

（5）正式密封机构安装好后进行试漏。

18．气柜活塞升降调试

（1）气柜活塞升降调试前首先应清除柜内外一切杂物。

（2）活塞升降调试可用水密封或者干式顶升法进行。

（3）先进行无配重调试，等导轮及平衡性配重调试到差不多时，将配重安装就位，进行有配重调试。

（4）要求活塞倾斜晴天最大≤$D/1000$、活塞回转≤2mm，升降时无异常声响和振动，柜内压力稳定。

19. 整体严密性试验

将气柜内充入90%容积的空气，进出气管用水封封死，检查所有阀门、法兰等气体有可能泄漏的部位是否漏气，每天同时刻观测，七昼夜后，整体泄漏率≤2%为合格。

六、质量标准和技术指标（见表1）

表1　质量标准和技术指标

部位	检查项目	检查方法和机具	控制指标	控制和运行情况
底板、活塞板、顶板、油沟板	不平度密封性	水准仪、真空泵、煤油、石灰水	底板+60mm -40mm 焊缝100%检漏	无渗漏
立柱	安装精度	经纬仪、测距仪、弹簧秤	径向偏差A：0～ +2mm 偏转误差B：≤0.5mm 相邻两立柱的间距误差C：±1mm 垂直度（径向、切向）≤h/5000mm	在允许范围内
	加工精度	粉线、游标卡尺、内径千分尺	①直线度：≤h/5000（h为每段立柱的长度） ②沿长度方向扭曲极限偏差≤3mm ③导轨内侧不平度：≤1mm/2mm ④孔数正确。孔位每相邻（810mm）一组偏差：≤±1mm 每相邻（810mm）内偏差：≤±0.5mm	在允许范围内
侧板	加工精度	粉线、钢板尺、角尺、钳工平台	①侧板长度ΔL：≤±2mm ②侧板高度ΔH_1：≤±1mm ③侧板沿高度方向的不平度：Δ≤1.0mm ④侧板沿长度方向的竖向绕曲e_1：≤±1mm ⑤侧板沿长度方向的平面绕曲e_2：≤±2mm ⑥侧板的折边部应无裂纹	在允许范围内
	安装精度	钢板尺、平面尺	①上下层侧板的组装误差：L≤±1mm ②侧板安装后，每带（圈）侧板顶面水平度误差：≤±2mm ③侧板全程不得扩孔和强制装配	在允许范围内

续表1

部位	检查项目	检查方法和机具	控制指标	控制和运行情况
柜顶桁架	中心环	卷尺	椭圆度 L1、L2、L3、L4 ±5mm 中心偏移 LL、LR≤5mm 中心环底面到底板的高度 0 ~ +30mm	在允许范围内
	桁架	卷尺	桁架檐口处标高 ±5mm 桁架跨度 R≤5mm 桁架侧面绕曲 L/1000 桁架端部水平距离 S ±4mm	在允许范围内
活塞	中心环	卷尺	椭圆度 L1、L2、L3、L4 ±5mm 中心偏移 LL、LR≤5mm 中心环底面到底板的高度 0 ~ +20mm	在允许范围内
	桁架	卷尺	活塞桁架中心线和立柱中心线之间偏差的允许误差：A≤5mm 活塞桁架跨度允许误差：L≤5mm	在允许范围内
	活塞油沟	卷尺、水平尺	①活塞油沟中心线与侧板中心线的偏差：≤3mm ②上口 a：≤ ±5.0mm ③下口 b：≤ ±2.0mm ④长度方向水平度 c：≤ ±2.0mm	在允许范围内
	密封装置	卷尺、水平尺、塞尺	①密封装置的滑板与侧板之间的间隙≤0.5mm ②角部密封装置左、右滑块间的间隙：6 ±1mm ③滑板的水平误差：±1mm/每边；±2mm每圈	在允许范围内每个油泵站的油泵在活塞全程内启、停均匀。每个油泵站的油泵每天累计启动时间：夏天≤6h 冬天≤4h
	导轮安装	卷尺、水平尺、塞尺	①上、下导轮座中心线与导轨中心线误差：≤2mm ②上、下导轮座中心线误差：≤2mm	在允许范围内活塞运行平稳
	防回转安装	塞尺、钢尺	防回转装置的中心与导轮中心线误差：≤2mm	在允许范围内无明显左右受力情况

续表1

部位	检查项目	检查方法和机具	控制指标	控制和运行情况
活塞升降	平稳度倾斜度	测平装置 配重调整	①采用机送风的方式，使活塞在工作压力7840Pa（800mmH_2O）下，以0.20.5m/min的速度上下运行2次 ②在活塞作上述运行时，应无阻碍，无跳动和无不正常声响，各上下导轮均能自由转动，受力均匀	正常
气密封试验	计算泄漏率	压力表温度计	储气压力：7848Pa（800mmH_2O） 气柜充气量：190000m^3（空气） 充气天数：7d（168h） 漏气率：≤2%为合格	在允许范围内 在允许范围内 在允许范围内

七、材料（表2）

表2 材料

制作部位	部位编号	材料名称	规格	材质	单位	净重	备料重量
柜底板	A1、A2		δ5	Q235－A	t	91.555	137.3325
			δ6	Q235－A	t	12.272	18.408
			L75×6	Q235－A	t	1.104	1.656
小计						104.931	157.3965
柜顶部分	H、G、E、D、F		δ3	Q235－A	t	7.082	10.623
			δ4	Q235－A	t	101.645	152.4675
			δ5	Q235－B	t	77.928	116.892
			δ5花纹板	Q235－A	t	0.105	0.1575
			δ6	Q235－B	t	6.362	9.543
			δ6花纹板	Q235－A	t	13.99	20.985
			δ8	Q235－B	t	1.833	2.7495
			δ10	Q235－B	t	18.244	27.366
			δ12	Q235－B	t	27.849	41.7735
			δ16	Q235－B	t	0.352	0.528
			φ12	Q235－B	t	0.003	0.0045
			φ20	Q235－B	t	0.007	0.0105
			φ22	Q235－B	t	0.044	0.066
			φ25×4	Q235－A	t	0.003	0.0045
			φ60×2.5	Q235－A	t	0.066	0.099

续表 2

制作部位	部位编号	材料名称	规格	材质	单位	净重	备料重量
柜顶部分	H、G、E、D、F		ϕ51×2.5	Q235-A	t	0.006	0.009
			[10	Q235-B	t	1.713	2.5695
			[12 轻型型钢	Q235-A	t	1.968	2.952
			[12.6	Q235-B	t	0.241	0.3615
			[14a	Q235-B	t	0.423	0.6345
			[16a	Q235-B	t	0.717	1.0755
			[18a	Q235-B	t	0.522	0.783
			L35×25×3	Q235-A	t	0.18	0.27
			L50×4	Q235-B	t	0.464	0.696
			L50×5	Q235-A	t	1.289	1.9335
			L63×6	Q235-A-B	t	8.958	13.437
			L70×6	Q235-A	t	5.208	7.812
			L75×6	Q235-B	t	13.838	20.757
			L80×8	Q235-A	t	0.36	0.54
			L90×8	Q235-B	t	0.752	1.128
			L90×10	Q235-B	t	2.064	3.096
			L100×80×8	Q235-B	t	4.008	6.012
			L160×100×12	Q235-B	t	1.128	1.692
			┷35×35×3.5	Q235-A	t	0.216	0.324
小计						299.568	449.352
放散	W、U、V		δ3	Q235-A	t	0.003	0.0045
			δ4	Q235-A	t	0.001	0.0015
			δ6	Q235-A	t	0.005	0.0075
			δ8	Q235-A	t	0.471	0.7065
			δ10	Q235-A	t	2.344	3.516
			δ12	Q235-A	t	0.078	0.117
			δ16	Q235-A	t	0.75	1.125
			I20a	Q235-A	t	0.441	0.6615
			L50×6	Q235-A	t	0.096	0.144
			L63×6	Q235-A	t	0.03	0.045
			L75×6	Q235-A	t	0.233	0.3495
			L80×12	Q235-A	t	0.072	0.108
			L100×8	Q235-A	t	0.486	0.729
			L160×12	Q235-A	t	0.264	0.396
			L160×100×12	Q235-A	t	0.11	0.165
小计					t	5.384	8.076

续表 2

制作部位	部位编号	材料名称	规格	材质	单位	净重	备料重量
井筒、机房	T、Y		δ16	Q235 - B	t	4.941	7.4115
			δ20	Q235 - B	t	1.393	2.0895
			I12	Q235 - B - A	t	0.467	0.7005
			I16	Q235 - B	t	0.055	0.0825
			[12.6	Q235 - A	t	0.052	0.078
			[10	Q235 - A	t	0.847	1.2705
			[12 轻型型钢	Q235 - B - A	t	1.512	2.268
			[14	Q235 - B	t	0.03	0.045
			[16a	Q235 - A	t	0.036	0.054
			ϕ50×3	Q235 - A	t	2.047	3.0705
			ϕ68×2.5	Q235 - A	t	0.074	0.111
			L30×4	Q235 - A	t	0.019	0.0285
			L50×4	Q235 - A	t	1.533	2.2995
			L63×6	Q235 - A	t	0.014	0.021
			L70×6	Q235 - A - B	t	5.515	8.2725
			L75×6	Q235 - A	t	0.144	0.216
			L90×6	Q235 - A	t	0.074	0.111
			δ3	Q235 - B	t	0.4	0.6
			δ4	Q235 - B	t	3.822	5.733
			δ4.5 花纹板	Q235 - A	t	3.998	5.997
			δ5	Q235 - B	t	8.783	13.1745
			δ5 花纹板	Q235 - A	t	1.992	2.988
			δ6	Q235 - B	t	41.574	62.361
			δ8	Q235 - B - A	t	2.645	3.9675
			δ10	Q235 - B	t	0.133	0.1995
			δ12	Q235 - B	t	0.046	0.069
小计						82.146	123.219
活塞部分	P、Q		δ4	Q235 - A	t	0.901	1.3515
			δ5	Q235 - B	t	44.736	67.104
			δ5 花纹板	Q235 - A	t	0.094	0.141
			δ6	Q235 - B	t	109.849	164.7735
			δ6 花纹板	Q235 - A	t	3.329	4.9935
			δ8	Q235 - A、B	t	33.516	50.274
			δ10	Q235 - B	t	24.709	37.0635
			δ12	Q235 - B	t	2.478	3.717

续表 2

制作部位	部位编号	材料名称	规格	材质	单位	净重	备料重量
活塞部分	P、Q		δ20	Q235 - B	t	0.192	0.288
			［10	Q235 - B	t	0.171	0.2565
			［14a	Q235 - B	t	0.232	0.348
			［18a	Q235 - B	t	1.128	1.692
			［20a	Q235 - A - B	t	21.288	31.932
			［28a	Q235 - A - B	t	15.432	23.148
			ϕ50 × 2.5	Q235 - A	t	0.546	0.819
			L75 × 6	Q235 - A - B	t	20.681	31.0215
			L75 × 8	Q235 - A - B	t	19.4	29.1
			L50 × 5	Q235 - A - B	t	3.448	5.172
			L70 × 6	Q235 - A - B	t	3.42	5.13
			L63 × 6	Q235 - A	t	2.116	3.174
			L125 × 14	Q235 - B	t	0.184	0.276
			L90 × 8	Q235 - A	t	2.712	4.068
			L100 × 10	Q235 - A	t	7.92	11.88
			L100 × 8	Q235 - B	t	6.744	10.116
			L80 × 8	Q235 - B	t	13.022	19.533
			L180 × 110 × 16	Q235 - B	t	1.248	1.872
			L140 × 10	Q235 - B	t	20.064	30.096
			L110 × 70 × 8	Q235 - B	t	0.12	0.18
小计						359.68	539.52
柜顶通道	R、S		δ4	Q235 - A	t	0.633	0.9495
			δ5 花纹板	Q235 - A	t	0.344	0.516
			δ6	Q235 - A	t	0.207	0.3105
			ϕ18	Q235 - A	t	0.028	0.042
			ϕ20 × 2	Q235 - A	t	0.003	0.0045
			［10	Q235 - A	t	0.064	0.096
			L50 × 5	Q235 - B	t	0.413	0.6195
小计					t	1.692	2.538
柜平台	C		δ4	Q235 - A	t	6.175	9.2625
			δ5	Q235 - A	t	12.68	19.02
			δ5 花纹板	Q235 - A	t	42.44	63.66
			δ6	Q235 - A	t	3.808	5.712
			δ6 花纹板	Q235 - A	t	0.048	0.072
			δ8	Q235 - A - B	t	7.942	11.913
			δ16	Q235 - A	t	1.44	2.16

续表 2

制作部位	部位编号	材料名称	规格	材质	单位	净重	备料重量
柜平台	C		[12.6	Q235 - A	t	0.195	0.2925
			[14	Q235 - A	t	0.12	0.18
			ϕ50×2.5	Q235 - A	t	3.569	5.3535
			L50×5	Q235 - A	t	5.447	8.1705
			L70×6	Q235 - A	t	0.874	1.311
			L75×6	Q235 - A	t	0.028	0.042
			L90×10	Q235 - A	t	0.025	0.0375
			L125×80×8	Q235 - A	t	0.72	1.08
小计					t	85.511	128.2665
进出气管			δ20	Q235 - B	t	0.259	0.3885
			ϕ18	Q235 - B	t	0.013	0.0195
			ϕ28	Q235 - B	t	0.08	0.12
			[20a	Q235 - B	t	0.158	0.237
			L125×80×10	Q235 - B	t	0.139	0.2085
小计						0.649	0.9735
侧板	B		δ5	Q235 - B	t	60.672	91.008
			δ6	Q235 - B	t	1044.792	1567.188
			ϕ16	Q235 - B	t	1.659	2.4885
			L63×6	Q235 - A - B	t	11.028	16.542
小计						1118.151	1677.2265
活塞中心垫梁	A3		δ10	Q235 - B	t	0.752	1.128
			δ16	Q235 - B	t	0.282	0.423
小计						1.034	1.551
活塞临时支架	A4		δ6	Q235 - A	t	2.328	3.492
			δ10	Q235 - A	t	0.168	0.252
			δ20	Q235 - A	t	1.944	2.916
			δ55	Q235 - A	t	0.504	0.756
			[16a	Q235 - A	t	0.432	0.648
			ϕ219×8	Q235 - A	t	0.912	1.368
			L50×5	Q235 - A	t	0.288	0.432
			L70×6	Q235 - A	t	0.432	0.648
小计						7.008	10.512

续表2

制作部位	部位编号	材料名称	规格	材质	单位	净重	备料重量
基础锚栓			δ38	Q235－A	t	0.192	0.288
			δ20	Q235－A	t	0.192	0.288
			δ10	Q235－A	t	0.456	0.684
			δ6	Q235－A	t	0.096	0.144
			δ12	Q235－A	t	0.192	0.288
			δ55	Q235－A	t	1.296	1.944
			[16a	Q235－A	t	1.104	1.656
			φ160×5	Q235－A	t	1.392	2.088
小计						4.92	7.38

八、设备及机具（表3）

表3 设备及机具配备

序号	名称	规格	数量	序号	名称	规格	数量
1	汽车吊	16、30t	各1	13	角向磨光机	田牧150	10
2	塔吊	300t·m	1	14	摇臂钻床	Z3080×25	1
3	逆变电焊机	ZX7－400B	20	15	磁座钻	JIC－AD02－23	1
4	CO_2气体保护焊	FKR－500	12	16	千斤顶	10T	10
5	空气压缩机	W－1/10	1	17	动力电柜	XR－21J	6
6	钢材抛丸清理机	BP30B	1	18	经纬仪	拓普康2秒	1
7	手拉葫芦	5t	10	19	水准仪	NA2 S3级	1
8	远红外电焊条烘干箱	YHX－40	1	20	测距仪	拓普康GPS－2R	1
9	电焊条保温筒	TRB－5	1	21	气割工具	G01－100	6
10	油压机	5t	20	22	对称式三辊卷板机	W11－32×4m	1
11	1台联动控制板料折弯机	2－FFEB320/40	1	23	数字声仪	CUD－2080	1
12	剪板机	Q11－20×2m	1	24	真空泵	2X/4	1

九、劳动力组织（表4）

表4 劳动力组织

工种	管理人员	金加工	铆工	焊工	起重	保管员	临工	防腐	门卫
人数	24	12	25	30	6	2	5	12	2

十、施工网络（表5）

表5 施 工 进 度

序号	分项	第1个月			第2个月			第3个月			第4个月			第5个月			第6个月			第7个月			第8个月		
		上	中	下	上	中	下	上	中	下	上	中	下	上	中	下	上	中	下	上	中	下	上	中	下
1	气柜底板制作安装																								
2	气柜短立柱安装																								
3	气柜底板真空试验验收																								
4	活塞中心环梁安装																								
5	活塞梁吊装																								
6	活塞梁垂直平衡支撑安装																								
7	活塞梁上下走道平台支架安装																								
8	活塞底板及活塞油槽板安装																								
9	鸟形钩安装																								
10	简易密封安装																								
11	上、下导轮安装																								
12	顶架中心环安装工装安装																								
13	顶架中心环安装																								
14	顶架梁吊装																								
15	顶架平衡和垂直支撑安装																								
16	顶板安装焊接																								
17	通风帽安装																								
18	电梯中心吊笼安装																								
19	安装平台安装																								

续表 5

序号	分项	第1个月			第2个月			第3个月			第4个月			第5个月			第6个月			第7个月			第8个月		
		上	中	下	上	中	下	上	中	下	上	中	下	上	中	下	上	中	下	上	中	下	上	中	下
20	柜顶吊安装																								
21	活塞梁、走道平台、水泥块安装																								
22	静止油箱安装																								
23	气柜侧板 2 –7 层安装、1 –5 层焊接																								
24	气柜顶升准备工作																								
25	顶升安装及活塞底板气密封试验																								
26	拆除工装平台																								
27	落顶准备																								
28	落顶																								
29	第二次密封安装																								
30	活塞导轮调试																								
31	活塞 梁和活塞底板面漆																								
32	进出气管及水封阀门安装																								
33	放散管和上油箱安装																								
34	气柜外侧面漆																								
35	气柜调试																								
36	气柜气密封试验																								
37	气柜总体验收																								
38	注：其他分项的安装在上述过程中穿插																								

十一、安全措施

1. 施工现场的电气设备在施工前进行仔细检查，多种用电机械必须有良好的接零，有隐患的及时整改，确保安全生产的正常进行。

2. 对于危险部位的设置明显的警示标志，夜间施工应有足够的照明。

3. 施工现场应做到通风良好，构件摆放合理，确保安全通道的畅通。

4. 施工人员必须遵守安全操作规程，进入现场劳保必须穿戴整齐。

5. 施工人员必须按操作规程作业，特殊工种作业人员必须持证上岗。

6. 现场吊装构件必须检查连接质量，在行走过程中天车须设置警示铃，防止构件碰撞施工人员。

7. 起重机的行驶道路必须平整坚实，松软土层和回填土区域要进行处理，必要时铺设道木或路基箱，吊装时指挥人员应使用同一指挥信号，信号要鲜明、准确。

8. 高空作业时，必须正确使用安全带，严禁将物体随意放置和投掷传递，以防坠落伤人，进行高空作业时，必须采取可靠的防滑，防寒和防冻措施。

9. 地面操作人员应尽量避免在高空作业面的正下方停留或通过，也不得在起重机的起重臂或正在吊装的物体下停留或通过。物体安装后，必须检查连接质量，确认连接安全可靠后，才能松钩或拆除临时固定工具。高空焊接时，如下方有易燃物，须采取可靠的安全措施后，方准焊接。

10. 使用移动式梯子时，应对梯子进行质量检查，梯脚应坚实点且有防滑措施。

11. 作业人员应从规定的通道上下，不得在阳台之间等非规定的通道进行攀登。

12. 对人、物构成威胁的地方，必须支撑防护棚，保证人、物安全。

13. 各种气瓶在存放和使用时，应距离明火 10m 以上，避免曝晒和碰撞，最好放专用棚内。

14. 油漆等为易燃易爆材料必须存放专用库房内，不得与其他材料混存。

15. 柜体四周安装安全保障网。

十二、效益分析

比常规施工工期缩短 60d，意味成本的节约。按照现场施工人数量 90 人、吊车 2 台计算，直接节约成本约 200 万元。

目前 20 万 m^3 煤气柜月吞吐量为 600 万 m^3，$1m^3$ 煤气相当于 0. 13Kg 标煤，故提前 60d 节约能源 1560t 标准煤，约 65 万元。

另外 90 人提前 2 个月，又可以投入其他项目施工，可以创造 400 万元（按照平均劳动生产率计算）；回收的煤气用于马钢热电厂发电（1560 t 标准煤约可以发电 3120000 度），又可以创造 137 万元（每度电按照 0. 44 元计算）。

综合经济效益：200 + 65 + 400 + 137 = 802（万元）

十三、应用实例（表5）

表5 应用实例

工程项目名称	地点	开竣工日期	实物工程量	应用效果
马钢能源一厂 20万m^3煤气柜	马钢三钢厂西	2003.3～2003.12	2400t	很好
马钢能源一厂 15万m^3煤气柜	马钢三钢厂西	2002.5～2000.12	2000t	很好
马钢能源二厂 1#－10万m^3煤气柜	马钢慈湖	2005.4～2005.12	1500t	很好
马钢能源二厂 2#－20万m^3煤气柜	马钢慈湖	2005.3～2005.12	2500t	很好
马钢能源二厂 3#－20万m^3煤气柜	马钢慈湖	2005.3～2005.12	2500t	很好

乙烯装置10万吨/年乙烯裂解炉安装施工工法

YJGF 97—2004

中国石化集团第十建设公司

杜宗岚　焦富刚

裂解炉作为乙烯装置的关键设备，在装置施工中历来受到人们的重视。其结构布局紧凑，安装工程量大，施工工序复杂，钢结构、设备、衬里、配管和仪表电气等各专业交叉作业等特点。尤其是对流段的施工，组对精度高、单位体积大，给施工带来一定的难度。本工法就是根据历年来多项乙烯装置裂解炉施工经验，总结出的乙烯裂解炉安装施工工法。

一、特点及适用范围

1. 工法特点

（1）施工中预制工程量增大，有利于提高施工质量和加快施工进度，减少施工投入。

（2）施工过程中充分考虑裂解炉结构、布置特性，采用分片预制、分片安装、整体调整，可以准确的保证施工几何尺寸。

2. 适用范围

（1）乙烯装置裂解炉施工。

（2）对于石油工业装置中大型结构布置的转化炉、加热炉等有参考价值。

二、工艺原理

本工法为10万t/a裂解炉施工工法，是采用中国石化科技开发公司和鲁玛公司联合开发的SL－2型乙烯裂解炉技术，2台对称布置合成1组。

裂解炉结构紧凑，布置严整，炉体下部为辐射段，内装辐射段炉管，悬挂在辐射段上部的吊架上。每台炉底部设有36组燃烧器，侧墙上设有48组燃烧器和窥视孔，端墙上设有窥视孔和人孔。炉体上部为对流段，对流段内部均有7组模块组成，由下往上，依次为模块1到模块7，模块有管束、墙板、弯头箱、锚固件、衬里等组成。对流段端墙由弯头箱封闭，侧墙设有吹灰器，顶部有烟气收集器，烟气经烟道、引风机、烟囱排入大气中。每台炉顶部有1台汽包，辐射段正上方有6台TLE型急冷换热器，每台急冷换热器由1根上升管和1根下降管与汽包相连，用于废热回收，产生超高压饱和蒸汽。

根据经济、合理、工厂化预制的原则，考虑到裂解炉结构、管束、墙板及衬里等施工特点，本着加大裂解炉的预制深度、减少高处作业的原则，施工采用辐射段墙板分片预制、分片安装、对流段模块提前衬里整体模块化安装的施工工艺。

三、施工程序及技术要点

1. 施工工艺程序

裂解炉施工工艺流程见图1，施工工序流程见图2～图5。

图1　裂解炉施工工艺流程

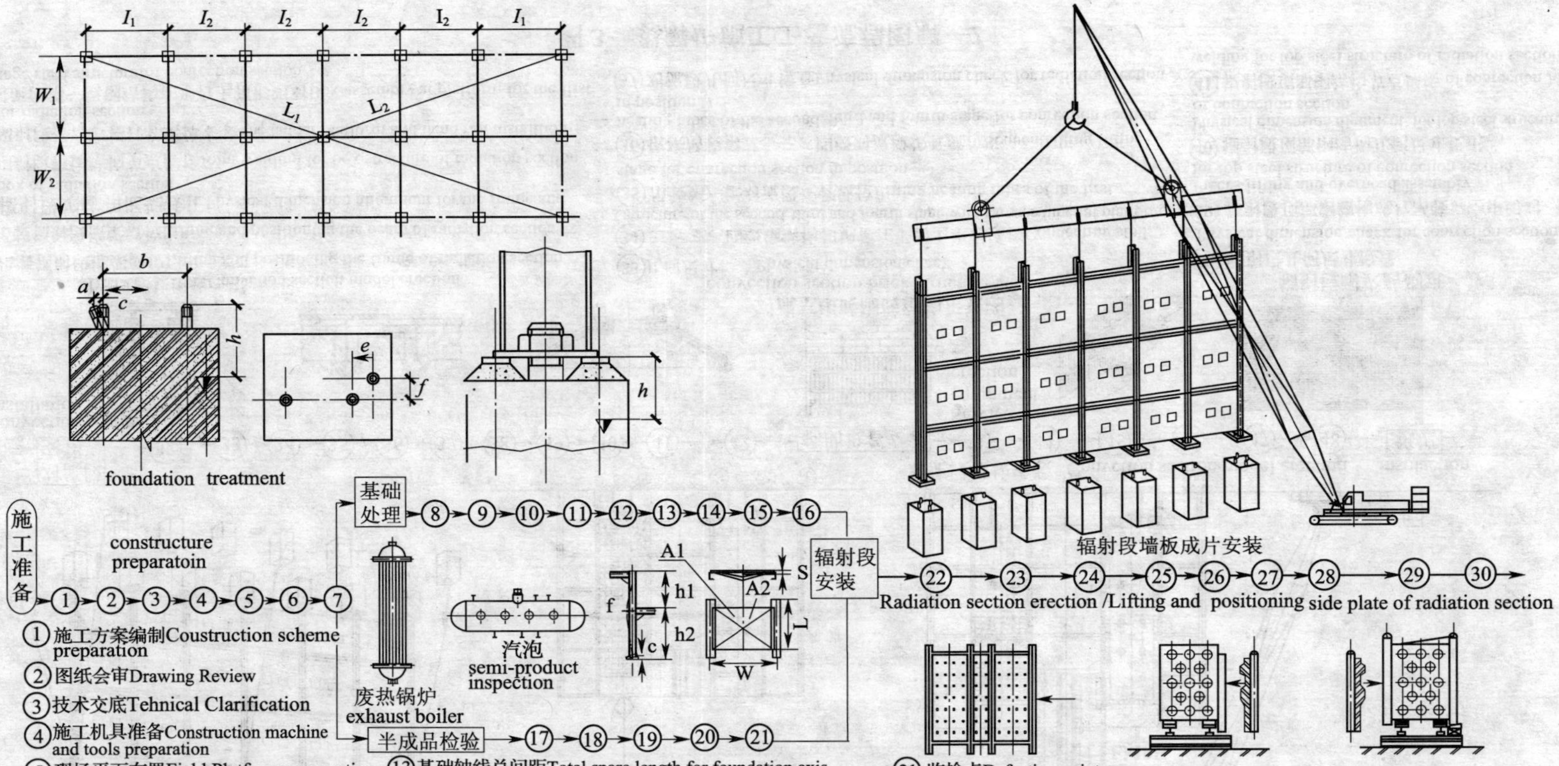

① 施工方案编制Coustruction scheme preparation

② 图纸会审Drawing Review

③ 技术交底Tehnical Clarification

④ 施工机具准备Construction machine and tools preparation

⑤ 现场平面布置Field Platform preparation

⑥ 焊接工艺评定和焊工技能考试 Qualification of welding procedne amd qualification test of welders.

⑦ 监检点Defecting points

⑧ 螺栓有效高度Eppective height of bolts

⑨ 螺栓间距离 Bolts span

⑩ 螺栓中心对基础轴线偏差Devition between bolt center and foundation axis

⑪ 螺栓垂直度 Bolts verfionlity

⑫ 相邻基础轴线间距离Spacdength for adjacent foundation axises

⑬ 基础轴线总间距Total spare length for foundation axis

⑭ 基础对角线偏差Foundation Diagonal deviation

⑮ 基础顶表面标高Elevation for foundation top surface

⑯ 监检点Detectiny point

⑰ 材料、半成品合格证及有关技术资料确认 Confirmation for materials,Semi-finished products certificate and relative technical information

⑱ 炉管外观检查及焊缝无损探伤检验Visual inspection for furnace tabes.

⑲ 钢结构构件外形尺寸检查Outline dimension check for steel structure components

⑳ 弹簧吊架、TLE换热器、汽包等附助设备检验Fitting inspection for spring hangers,TLEheat exchangers and steam drums

㉑ 监检点Defecting points

㉒ 辐射段炉墙板在平台上放样preawangement at plateform for furnace wall of radiation sution

㉓ 炉墙板和框架钢结构成片组对Steel stracture parts assembly for the frane of furnace wall

㉔ 保温钉放线、焊接Setting out and welding for insulating bolts

㉕ 吊装第一片辐射段侧墙板就位Lifting and positioning the first piece side plate of radiation section

㉖ 吊装第二片辐射段侧墙板就位 Lifting the second piece side plate in position of radiation section

图 2　裂解炉施工工艺流程图解—1

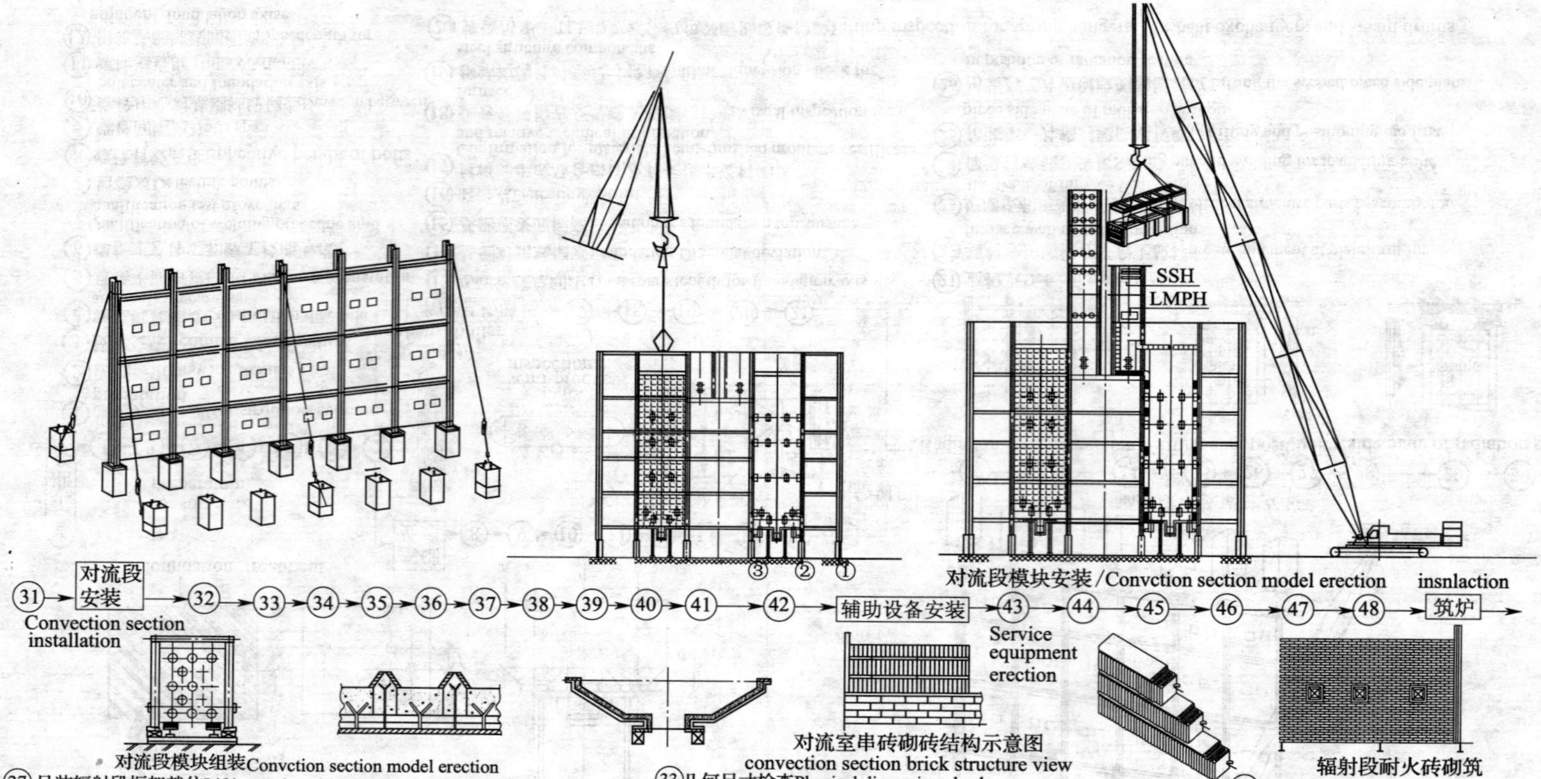

(27) 吊装辐射段框架就位Lifting and positioning the frame of radiation section

(28) 吊装辐射段横梁就位Lifting and positioning the beam of radiation section

(29) 辐射段炉体和框架找正Physical dimension alignment for the frame and box of radiation section

(30) 辐射段箱体结构节点焊接Joint welding for box stracture of radiation section

(31) 辐射段平台、栏杆和塔体安装The ladder platform and hand rail installtion for radiation section

(32) 对流段第一级钢结构在平台上箱形组对Box assembly at platform for the first stage steel structure of conrection section

(33) 几何尺寸检查Physical dimension check

(34) 二、三、四级钢结构和炉管在平台上组对连接Connecting stell structure of the second, third and fourth stage with furnace tubes at platform

(35) 吊装第一级对流段炉管就位Lifting heating tubes of the first stage for conrection section in position

(36) 依次吊装第二、三、四级对流段炉管就位Sequentialling lifting heating tubes of the second, third and fourth stage for conrection section in position

(37) 对流段几何尺寸检查Physical dimension check for radiation section

(38) 辐射段几何尺寸检查 Physical dimension check for conrection section

(39) 辐射段顶部钢结构成片吊装、空中组对 Pieces lifting and overhead assembly for top steel structure of conrection section

(40) 辐射段顶部钢结构几何尺寸找正 Physical dimension dignment for top steel structure of conrection section

(41) 辐射段顶部钢结构节点焊接 of conrection Joint welding for top steel structure of radiation section

图 3　裂解炉施工工艺流程图解—2

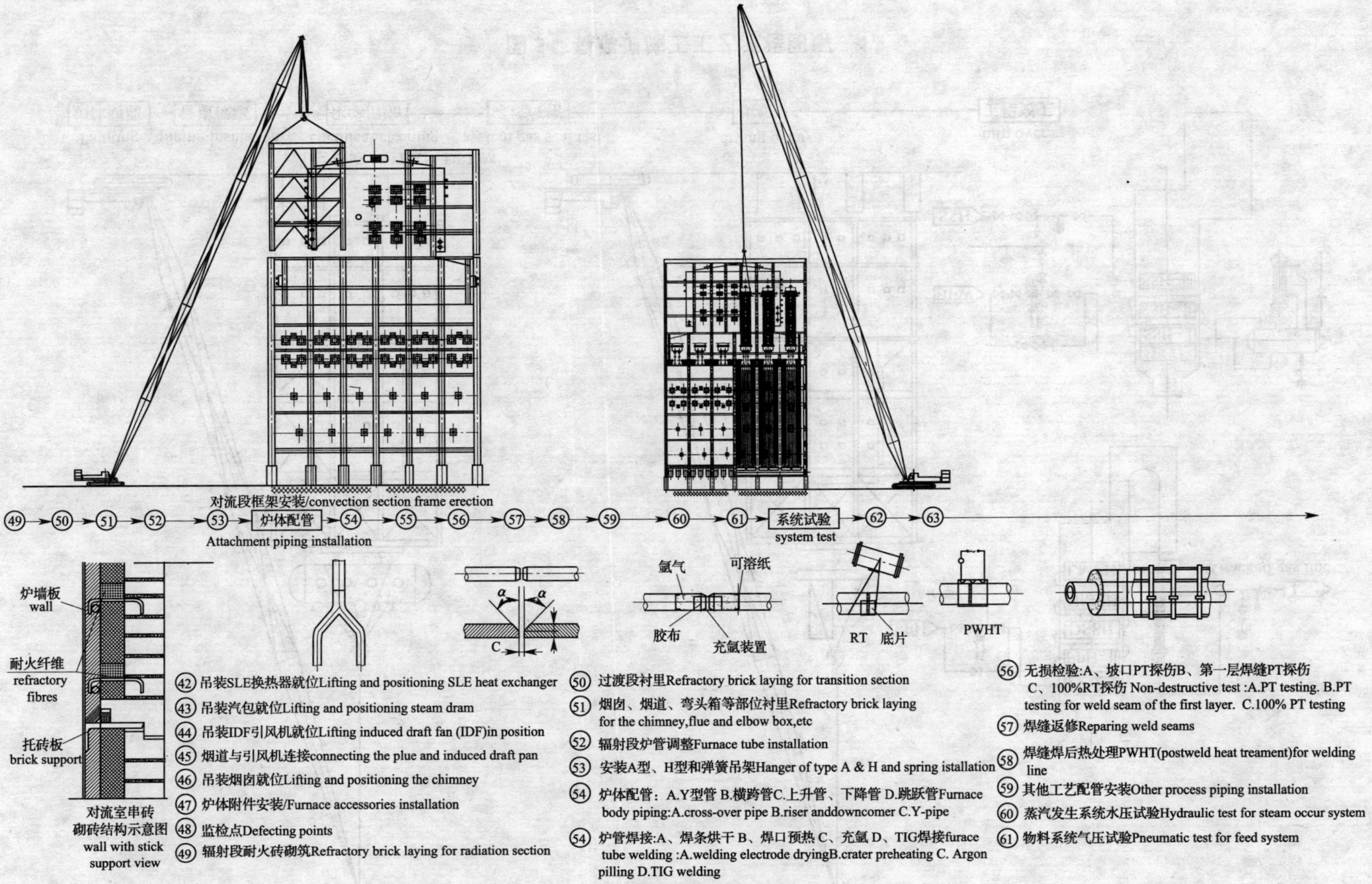

图 4　裂解炉施工工艺流程图解—3

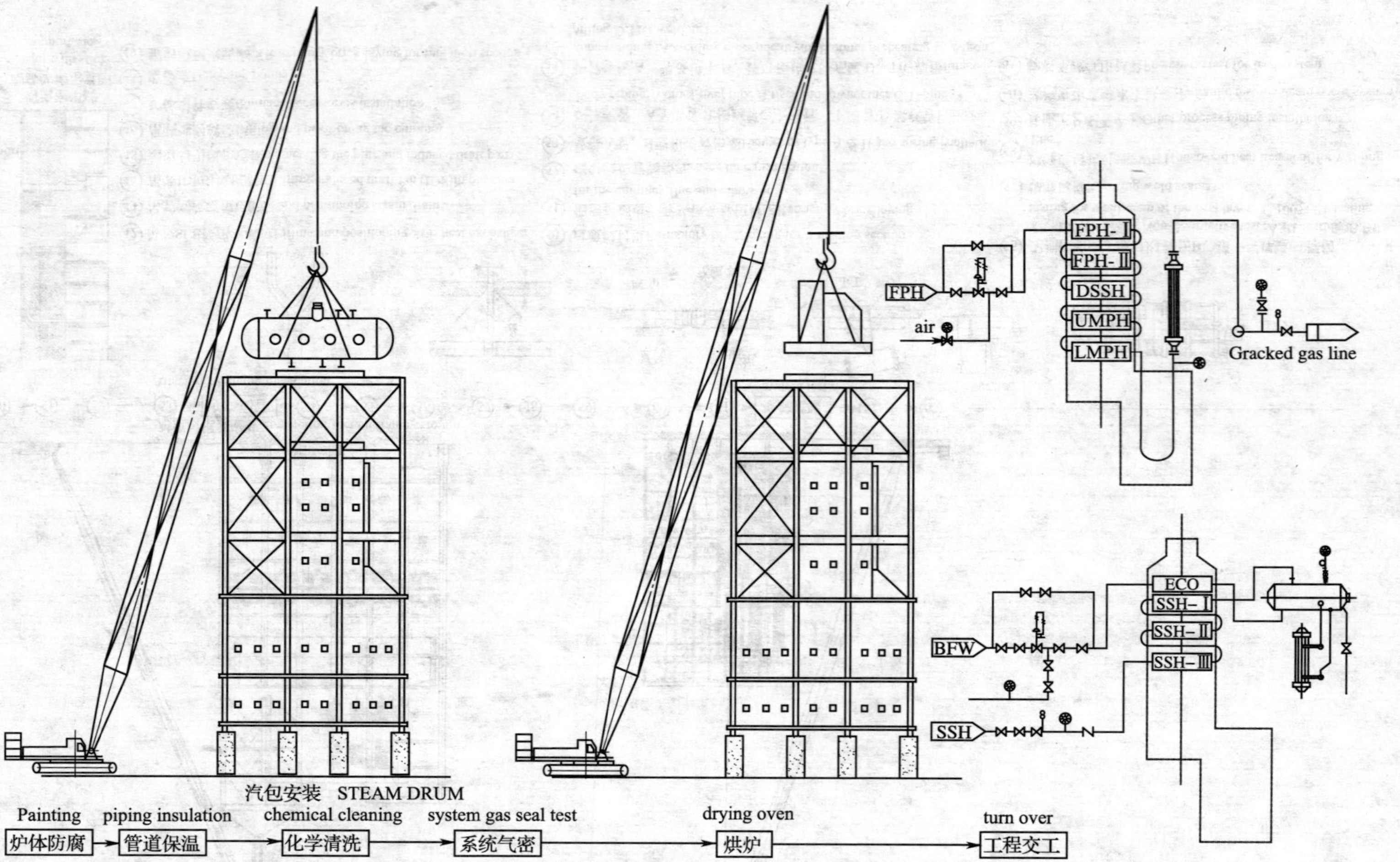

图 5 裂解炉施工工艺流程图解—4

2. 施工技术要点及要求

（1）设备、材料的检验。

裂解炉材料、配件及设备的检验，大部分按常规进行，检验中应重点进行炉管的验收、汽包和急冷锅炉及合金材料的检验。

①炉管的验收。

a. 炉管到货后，按设计图样和装箱单核对设备及零部件的尺寸、数量，检查其质量证明文件是否齐全、是否符合设计图样规定，检查其外观是否碰撞、变形及损坏，炉管内外表面应平整不得有裂纹、折叠、轧折、离层、结疤等缺陷，并不应有严重锈蚀现象。

b. 辐射段炉管、对流段炉管、废锅和横跨管的合金钢管道组成件进行10%的光谱分析抽检，复验其化学成分；焊口进行1%的射线抽检。

c. 上升、下降管进行测厚检查，热弯处的壁厚减薄量不得大于10%。

d. 对流段管束复测管板的位置，相邻管板的间距偏差不大于2mm，总间距偏差不大于3mm。

②汽包和急冷锅炉的检查。

a. 应有强度设计计算书和技术监督部门的监检证书。

b. 对汽包和急冷锅炉进行超声波测厚检测。

c. 检查开孔方位及接管补强板质量。

d. 检查急冷锅炉炉管的直线度。

③高温锚固件、管板支撑件应进行光谱分析，合金成分含量应符合材料规定要求。

（2）炉体结构预制。

炉体结构包括主框架结构、辐射段炉墙、对流段炉墙、过渡段炉墙、顶部集烟室和劳动保护等。主框架结构分为辐射段框架结构、对流段框架结构和楼梯间框架结构。对流段墙板与对流管束形成模块结构整体安装。

图6为齐鲁乙烯10万t/a裂解炉结构平面布置。

（3）炉体结构安装。

①按常规要求进行基础处理及垫铁的安装放置。

②辐射段炉墙和框架结构的组对。

a. 在组对平台上按辐射段图纸尺寸进行放样，焊接定位板，节点处用垫铁找平，组成一个片状组装胎具。

b. 组对辐射段墙板的框架结构，几何尺寸调整合格后进行焊接或螺栓连接，尺寸调整时应考虑焊接收缩量。然后组焊墙板和加强筋，墙板焊接时，应采取对称焊、分段焊、加设防变形板、焊接采用小电流等方法防止焊接变形。保温钉、托砖板等衬里锚固件的焊接待炉壳安装找正后进行也可以在焊完炉墙板后焊接。

c. 炉墙看火孔的开孔在炉墙吊装前开好，以减小墙板吊装和就位受到的风载荷。

d. 墙板几何尺寸偏差应符合表1的要求，框架钢结构组对几何尺寸允许偏差见表2。

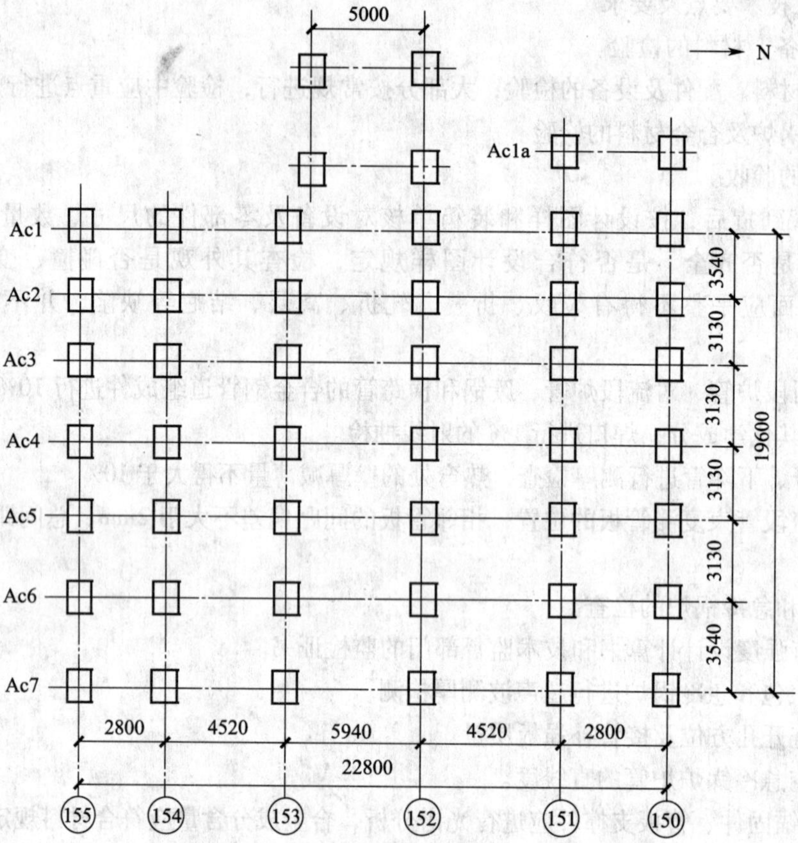

图 6　齐鲁乙烯 10 万 t / a 裂解炉结构平面布置

表 1　辐射段和对流段墙板外形尺寸允许偏差

序号	检查项目	允许偏差（mm）
1	相邻立柱间距	±3
2	任意立柱间距	±5
3	立柱间平行度	H/1000，且≤5（H：柱高度）
4	梁间平行度	L/1000，且≤5（L：梁长度）
5	墙板水平面对角线差	≤5
6	总宽度	±5
7	墙板平直度	5/1000

表 2　框架结构组对几何尺寸允许偏差

序号	检查项目	项目代号	允许偏差（mm）	备注
1	立柱间距	D	3	
2	框架总宽度	W	5	
3	立柱高度	H	3	

续表2

序号	检查项目	项目代号	允许偏差（mm）	备注
4	对角线差	L1 - L2	5	
5	立柱直线度	H/1000	5	
6	横梁平行度		5	
7	承重梁位置		3	

③辐射段炉体框架结构安装。

a. 用吊车将在组装平台上的每片框架结构和辐射段墙板缓慢吊起，依次将每片框架钢结构和辐射段侧墙板吊装就位（见图7），拧紧地脚螺栓。然后，侧墙板的立柱用拖拉绳临时固定。

b. 横梁就位，把紧高强度螺栓，然后进行找正。找正合格后，将横梁节点进行点固焊。

c. 调整好相对侧墙板之间的距离，吊装端墙板就位，进行点固焊。

d. 对辐射段壳体和框架钢结构进行找正，安装几何尺寸允许偏差见表3。找正合格后，进行墙板密封焊接。

e. 安装辐射段炉底梁和炉底板。

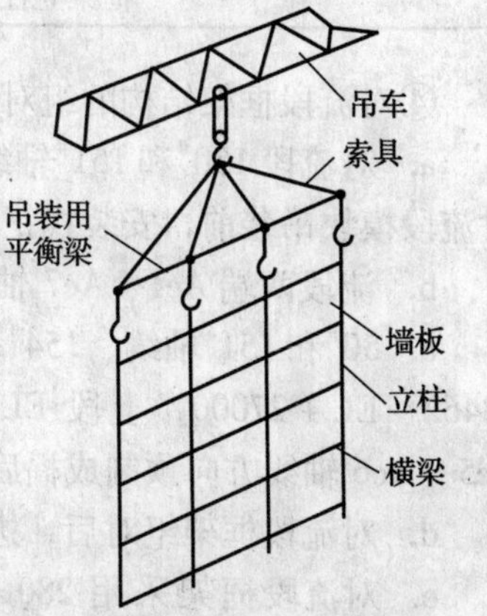

图7 辐射段侧墙板吊装示意

f. 从下往上依次安装框架与炉体之间的横梁。然后，进行高强螺栓的紧固或焊接。

g. 将辐射段炉顶板的保温钉在地面上焊接，然后吊装就位，找正合格后，进行节点间焊接。

辐射段墙板安装焊接完毕后，安装观察孔及检修门。

辐射段框架找正后及时安装楼梯间、平台、栏杆、梯子等结构，并完成焊接工作。

表3 墙板和框架钢结构的安装几何尺寸允许偏差

序号	检查项目	允许偏差（mm）	备注
1	立柱与基础中心偏移	3	
2	立柱底板标高	2	
3	辐射室立柱垂直度	8	
4	侧墙板间距	3	
5	辐射室平面对角线差	10	在顶部和底部两个位置测量
6	辐射室空间对角线差	10	
7	辐射段高度	15	
8	炉底板水平度	3	
9	承重梁位置	3	
10	承重梁水平度	$L/1000$，且≤3	

续表3

序号	检查项目	允许偏差（mm）	备注
11	过渡段上口水平度	2	
12	对流段墙板宽度	3	
13	对流段立柱垂直度	5	
14	对流段平面对角线	10	在顶部和底部两个位置测量
15	对流段高度	10	
16	炉体总高度	25	
17	框架立柱垂直度	$H/1000$，且≤15	

④对流段框架结构的组对及安装。

a. 对流段150#和151#轴线、154#和155#轴线分别在地面组对成框架结构（见图6），在对流段模块吊装前，安装找正完毕。

b. 流段两端Ac1、Ac7轴线组对榀，在对流段模块安装找正后进行安装。

c. 50#和151#轴线、154#和155#轴线组成的框架，分别分两段进行组对（下段EL＋18462～EL＋27000，上段EL＋27000～EL＋39700）。上、下段分别按Ac2、Ac3、Ac4、Ac5、Ac6轴线方向预制成榀后，运至现场立式组对成框架。

d. 对流段框架组对后，进行几何尺寸调整，然后连接螺栓和焊接。

e. 对流段框架采用280t吊车分段吊装就位，框架最大质量约35t，吊车工作半径为22m。

f. 模块就位后从下往上依次安装各层横梁。

g. 对流段框架组对、安装几何尺寸应符合表3的要求。

⑤对流段模块的组装。

乙烯裂解炉对流段均由七组模块组成，由下往上，依次为模块1到模块7，模块有管束、墙板、弯头箱、锚固件、衬里等组成。以齐鲁乙烯装置10万t／a裂解炉为例，模块分组情况见表4。

表4　裂解炉对流段模块分组参数表

模块编号	包含管束	几何尺寸（长×宽×高）（mm）	重量（t）				起点标高（mm）
			总重	管束	弯头箱（含衬里）	墙板（加衬里）	
模块1	LMP	20670×1952×2069	63	30	6	27	18462
模块2	无	20670/11520×1952×1520	11	无	无	11	20531
模块3	LSSH USSH	11770×1952×2660	56	32	7	17	22051
模块4	UMP LFP	11770×1952×3100	95	47	8	40	24711
模块5	BFW	11770×1952×1420	50	26	3	21	27811
模块6	UFP	11770×1952×1980	48	25	2	27	29231
模块7 烟气收集器	无	11770×1952×1120	7	无	无	4	31211

a. 2 根 H250×200 的型钢在对流段墙板外侧进行临时加固。然后，放置在平台上，并找平合格，进行保温钉的焊接和管板托架、滑动支架的安装，再进行衬里施工。

b. 里养护合格后，进行模块的组装，对流段模块在现场组装。按照安装图纸确认分组炉管管口方位，用0.6MPa 的压缩空气对盘管进行吹扫，重新用管帽将管口进行封闭。

c. 将模块组对架沿管束长度方向放置在组对平台上，组对架的高度应大于模块管束底标高减去模块底标高，组对架的宽度应小于两侧墙板的净间距，组对架可使用 H250×200 制作的小型门型架，如图 8 所示。每组模块组对使用 5~7 个组对架，组对架的位置应避开管板且均布，并点焊于组对平台上。组对架的上表面应处于同一平面内，标高偏差不应大于 3mm。

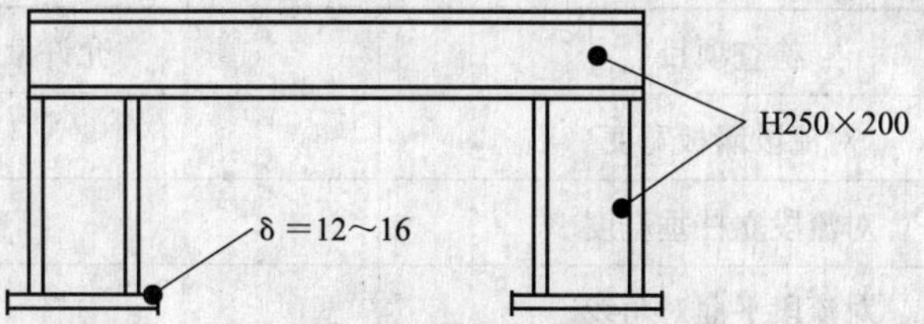

图 8　模块组对架示意图

d. 根据管束的实际位置，在组对平台上焊接定位板，以保证墙板相对盘管的位置符合图样要求。用 50t 轮胎吊配合 150t 吊车，利用平衡梁索具缓慢将已施衬完毕且已达到衬里养护期的墙板吊起，进行盘管和墙板的组对。

e. 组对时，墙板上的管板支座上表面标高要低于管束的管板下表面标高 5mm~10mm（见图 9），以保证墙板顺利组装到位。调整墙板使其角钢滑道与管板正确对中，缓慢平移墙板至图样要求（即限位板）的位置。然后用斜钢楔塞紧墙板与平台间的间隙进行调整墙板的标高，并进行临时加固。

f. 组装另一侧墙板，并调整模块的整体外形尺寸。合格后在模块顶部用临时钢结构框架对模块两侧墙进行定位和固定。临时结构与模块之间采用螺栓连接。

g. 安装两端弯头箱盖板。

h. 对流段模块 2、7 内无管束，墙板组装完后焊接衬里锚固件，在地面进行衬里施工，衬里养护合格后进行吊装就位。

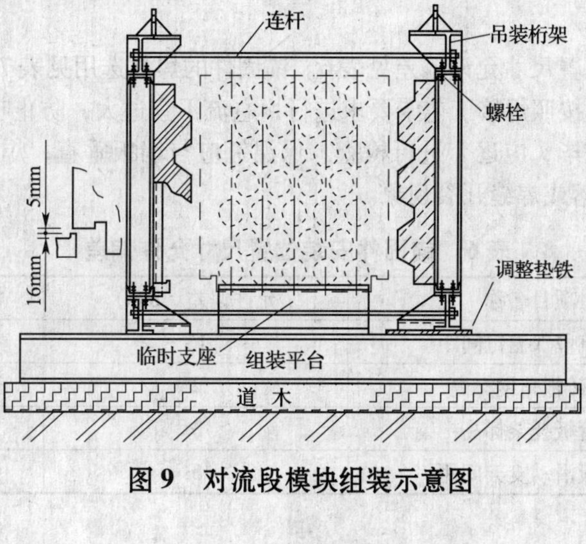

图 9　对流段模块组装示意图

⑥对流段模块的安装。

a. 模块安装前，主框架结构、辐射段和过渡段结构应安装、螺栓连接、焊接、找正完毕，影响吊装作业的部分横梁暂时不安装。

b. 模块采用500t吊车依次进行吊装就位。每组模块就位找正合格后，将横梁与主框架连接，然后再进行下组模块的吊装。

c. 流段模块安装时，模块间应铺设密封陶纤毡。找正后，其几何尺寸应符合表5的要求。

表5 模块组装后几何尺寸允许偏差

序号	检查项目	允许偏差（mm）
1	对流段墙板宽度	3
2	对流段立柱垂直度	5
3	对流段平面对角线	10
4	对流段高度	10
5	炉体总高度	25

⑦烟气收集器、烟道的安装。

a. 在地面上焊接烟器收集器、烟囱，焊接烟道的保温钉，进行衬里浇注和养护，养护合格后，方能安装。

b. 检查烟气收集器底面标高，然后吊装烟气收集器就位，找正合格后，进行烟气收集器与对流段炉壳的密封焊。

c. 烟气收集器安装过程中，应防止碰撞、强力冲击，以免损坏隔热衬里。烟囱吊装就位后，应进行找正，垂直度允许偏差为5mm。

d. 对流段模块和烟道安装后，应及时将上部敞口封闭，以防衬里淋坏。

⑧锚固件的安装。

a. 锚固件数量多、材质多，安装时不得混用。合金钢和不锈钢部分应进行10%光谱分析。

b. 锚固件安装位置尺寸允许偏差见表6。锚固件的焊材选用见表7。

c. 焊接时应严格按照焊接工艺卡要求进行，电流不宜过大，防止咬肉或焊漏墙板。

d. 锚固件焊接完毕，应逐个进行检查。保温钉应与墙板垂直，焊肉饱满，用0.5kg的小锤轻击，不得有脱落或焊缝开裂现象。

表6 锚固件安装位置尺寸允许偏差

序号	项目名称	允许偏差（mm）	备注
1	对流段保温钉间距	15	
2	托砖板角钢标高	2	
3	管板托架标高	3	
4	管板滑动支架间距	3	

表7　锚固件焊接电焊条选用表

序号	项目名称	焊接材料	备注
1	碳钢之间焊接	E4303	CS + CS
2	碳钢与不锈钢焊接	E309	CS + SUS304、310S
3	碳钢与高镍合金焊接	ENiCr－3	CS + Inconel 601

⑨劳动保护的安装。

炉体框架结构找正合格后，应及时安装平台、梯子和栏杆，进行螺栓紧固和焊接。平台、梯子和栏杆安装允许偏差见表8。

表8　平台、钢梯及栏杆安装允许偏差

序号	项　　目	允许偏差（mm）
1	平台标高	±10
2	平台梁水平度	≤L/1000 且≤20
3	平台支柱垂直度	≤H/1000 且≤15
4	承重平台梁侧向弯曲	≤L/1000 且≤10
5	垂直平台架垂直度	≤h/250 且≤15
6	栏杆高度	±10
7	栏杆立柱间距	±10
8	直梯垂直度	≤L/1000 且≤15

⑩辐射段炉管的安装。

a. 炉管安装前，用压缩空气吹扫每组炉管，直至将管内污物吹净为止，每组辐射段炉管吊装前用0.6MPa的压缩空气逐组炉管进行吹扫。然后，重新将管口用管帽进行封闭。

b. 炉管吊装前，先安装炉管入口弹簧吊架，弹簧吊架应处于冷态锁紧状态。

c. 炉管吊装时，应使用抬尾吊车配合，防止炉管在吊装过程中产生塑性变形；钢丝绳不得直接与炉管接触，应用橡胶板隔离或使用呢绒吊带等专用锁具。

d. 炉管从辐射室顶部开孔处进入炉膛，放置在炉底临时梁上，其入口悬挂在弹簧吊架上，出口临时固定在钢结构上。

e. 炉管按顺序吊装，全部就位后进行初找正，其中心距不得大于10mm，每根炉管的垂直度（直线度）不大于25mm。

f. 炉管的组对必须在废锅找正后进行，同组炉管全部组对后方可焊接。

g. 炉管出口焊接完毕后方可进行其入口焊口的组对。组对其入口焊口时不得调整炉管入口的中心标高，如有偏差调整入口集箱的标高来消除。

h. 辐射段炉管焊接时，焊接电流不宜过大，线能量不得超过10kJ/cm，层间温度不得超过150℃，以免产生热裂纹；焊接过程中每层焊道进行着色检查，合格后方可进行后续焊道的施焊。

i. 炉管焊缝应进行100%的射线检测，其缺陷等级评定不得低于二级。

⑪辅助设备和附件安装。

2台裂解炉有12台TLE急冷换热器、2台汽包、2台风机、72台底部燃烧器96台侧壁燃烧器。急冷换热器安装在辐射室顶部EL＋22700标高上，汽包安装在对流段顶部EL＋39700标高上；36台炉底部燃烧器分两排布置，每排18台；侧壁燃烧器分别布置在辐射段两侧墙上，每侧24个，分两排布置，每排12个。

a. 检查设备支承梁的安装质量，其位置允许偏差应符合表9的规定。

表9　支承梁安装几何尺寸允许偏差表

序号	检查项目	允许偏差（mm）	备注
1	支承梁标高	±3	
2	支承梁水平度	≤L/1000，且不大于5	
3	支承梁间距	±3	
4	螺栓孔中心距	±2	

b. LE急冷换热器应在辐射段炉管、对流段模块吊装完毕后进行安装。安装允许偏差见表10。

表10　急冷换热器安装位置允许偏差表

序号	检查项目	允许偏差（mm）	备注
1	设备标高	±3	
2	设备水平度	L/1000，且不大于5	
3	设备垂直度	H/1000，且不大于5	
4	设备中心偏移	±5	
5	滑动端膨胀间隙		满足膨胀要求

c. 安装。首先清理汽包内部异物，安装汽包内件。在支承梁上划了出汽包安装基准线，在汽包上划出安装基准点，确定安装方位和吊点。用500t吊车吊装汽包就位，其安装质量应符合表11的规定。

表11　汽包安装位置允许偏差表

序号	检查项目	允许偏差（mm）	备注
1	标高	±5	
2	设备水平度	轴向L/1000，且不大于5 径向ϕ/1000	L——设备长度 ϕ——设备外径
3	设备中心偏移	±5	
4	滑动端膨胀间隙		满足膨胀要求

d. 引风机的安装。引风机安装前，应检查转子面无变形、锈蚀及碰损等情况，清洗轴承和轴承箱，清洗进风调节挡板，检查转子是否灵活。安装中心线应以炉体中心为基准线，其位置偏差不得超过5mm。

e. 燃烧器的安装。

（a）底部燃烧器安装应在炉底衬里前进行，侧壁燃烧器应在筑炉时配合土建安装。并注意燃烧器安装方位和管口位置。

（b）安装侧壁燃烧器时，应先安装燃烧器的异形砖，然后将燃烧器组合件插入预留孔内，用螺栓将其与炉底板固定。

（c）燃烧器的异形砖外侧与炉底耐火衬里之间的膨胀间隙应符合图样规定。

（d）燃烧器安装后应及时将喷头采取保护措施，以防止污物进入导管及喷头。

⑫炉体配管。

炉体外配管在制造厂按设计要求进行预制，并按配管单线图绘制预制件编号图。预制件到货后，进行开箱检验。

a. Y 形管安装。

（a）出口管 Y 形管与废热锅炉之间采用法兰连接，用厚度相同的临时垫片代替正式垫片，把紧连接法兰。进行 Y 型管坡口组对、焊接。

（b）文丘里管安装时应注意介质流向。

（c）底部导向管调整时，导向管应在固定套管中上下活动灵活，导向管与固定套管之间的缝隙用硅酸铝耐火纤维毡塞填，每根炉管在自由状态下，垂直度不大于 20mm，且两根炉管不得靠拢接触。两侧炉管外壁不得与筑炉衬里接触。

（d）测量每根炉管底部至炉底之间的距离，并进行记录。

b. 跨管安装。

（a）辐射段炉管焊接、调整完毕后，进行横跨管的安装。

（b）横跨管应从对流段和辐射段炉管两端向中间配管，最后封闭焊口应留在横跨管中间。

（c）横跨管与分气缸之间的三通接头在预制厂加工焊接完毕。

（d）安装前应检查内部焊缝成型质量。用 0.6MPa 压缩风将横跨管预制管段吹扫干净。

（e）按单线图将横跨管吊装就位，进行组对、焊接。

（f）横跨管封闭段留有调节量，现场按实际尺寸进行测量后，进行组对焊接。

（g）对流段弯头箱处横跨管的滑动支架安装时，T 字型管托和横跨管之间应加垫板，垫板应与横跨管母材同材质，并应加工 ϕ8mm 的透气孔。

（h）安装 H 型、A 型支架和弹簧吊架，并进行预调整。

c. 升管、下降管安装。

（a）汽包和废热锅炉找正合格后，方可进行上升管、下降管安装。

（b）上升管、下降管的安装顺序为先安装下降管后安装上升管。

（c）上升管、下降管吊装就位后，应随时搭设脚手架。

（d）将汽包和废热锅炉设备管口的临时封闭盲板用气割切除，用手动砂轮将气割热影响区（约 3mm）磨削切除，进行坡口加工。

（e）在地面上，用拖布将上升管、下降管预制件内侧油污、灰尘清理干净。

（f）按单线图将预制件吊装就位，进行组对找正、焊接。

（g）从汽包和废热锅炉两侧开始向中间进行配管，上升管、下降管的预拉段应留在中间直线管段上，最后封闭管段按实际尺寸进行测量，切除调整管段多余部分。

(h) 预拉伸焊口夹具应在其焊缝焊接热处理后拆除。

(i) 上升管、下降管安装完毕，安装支、吊架并进行调整。

d. 跳跃管安装。

(a) 模块间钢结构节点找正焊接后，方可进行对流段跳跃管安装。

(b) 对流段炉管弯头处空间狭小，焊接操作不方便，采用微型柔性氩弧焊把焊接。焊口采用氩弧焊焊接。焊接完毕后，焊缝采用 γ 射线探伤检验。

(c) 在地面上，用 0.6MPa 压缩风将跳跃管预制管段吹扫干净。然后，按单线图将跳跃管吊装就位，进行组对、焊接。

(d) 跳跃管封闭段留有调节量，现场按实际尺寸进行测量后，用等离子切割机将多余的管段切掉，用手动砂轮进行坡口加工。进行组对、焊接。

(e) 跳跃管的预拉段应留在中间直线管段上。

(f) 跳跃管在对流段弯头箱处的支架应先安装，再进行预拉段管安装，预拉伸焊口夹具应在其焊缝焊接完成后拆除。跳跃管安装完毕，安装弹簧吊架并进行预调整。

四、质量要求

1. 采用本工法应执行的主要技术标准、施工验收规范及操作规程：

(1)《乙烯裂解炉施工技术规程》(SH/T 3511—2000)。

(2)《钢结构工程施工及验收规范》(GB 50205—2001)。

(3)《石油化工钢结构工程施工验收规范》(SH 3507—1999)。

2. 质量保证措施及管理方法：

(1) 建立健全质量保证体系，明确质量责任。制定详细的质量控制点计划，实行 ABC 控制法，保证不合格的设备、材料不进入安装现场，不合格的工序过程不进行验收，不得转入下道工序。采用样板工序引路，首道工序施工完毕，必须经过共检，达到优良品后，方可进行下道工序施工。

①A 级控制点是指影响工程质量的重要施工工序或重要检查项目，由监理工程师组织施工单位、承包商、业主、当地劳动部门，联合进行检查确认。

②B 级控制点是指影响工程质量的较重要的施工工序和较重要的检查项目，由监理工程师、施工单位双方检查确认。

③C 级控制点是指一般应进行的检查项目，由施工单位自行检查确认，监理工程师视现场情况巡检。

(2) 各级质量控制点均应在施工班组自检合格后进行。对 A、B 级控制点，应经施工单位质量检查部门检查合格后进行，并按共检管理制度进行。

(3) 每道工序施工前，裂解炉施工各专业工程师应向作业人员进行技术交底，明确施工方法、施工工序、质量要求、缺陷预防措施。

(4) 加强工序之间的成品保护，严禁下道工序对上道工序造成损坏和污染。

五、HSE 管理

1. 作业现场按规定设置足够的安全警示标志。安全标志做到醒目、清楚，并得到妥善保护。施工现场按要求配备灭火器材及安全设施，并保持干净、整洁。

2. 现场危险作业区域，如结构吊装等作业，采取有效的隔离措施，设置明显的警告牌，防止无关人员进入作业区。

3. 电线、电缆凡进开关箱、铁棚子、过道路处及可能有机械伤害的地方，均加套管保护。电焊机的地线禁止用角钢、扁钢、圆钢代替，电焊机1次线长度应小于5m。

4. 对吊装作业的要求：

（1）为满足吊装要求，地基耐压力测试不得低于20t/m^2。吊钩的起吊钢丝绳应处于垂直状态，防止意外侧向受力引起吊车折杆。

（2）正式吊装前应进行共检，将杂物清理干净，同时检查所有索具是否捆绑结实，并进行试吊。试吊以模块离开拖车100mm为宜。

（3）吊装作业应有专人统一指挥，并使用对讲机传递信号，加强劳动保护用品的使用。

（4）所有索具使用前进行检查，自制索具进行试吊，焊缝进行100%着色检查，购置索具应有合格证。

（5）设专人监护汽车吊，并设定警戒区，防止无关闲杂人员进入。

5. 模块施工过程中所潜在的HSE危害和相应的对策措施见表12。

表12　危害分析和相应的对策措施

序号	工作内容	危害性分析	对策措施
1	铺设平台	平台塌陷	做好地基处理，检验地基地耐力符合4t/m^2
2	组装模块	管束倒塌	每组模块地管束层做好加固措施
		吊车倾覆	吊车不超负荷工作，吊车支腿下按规定使用配对走道板
		衬里开裂	使用平衡梁吊装墙板；使用平衡架（见裂解炉大件吊装方案）吊装模块；模块组装运输时一定垫实、垫平，不得强行组对
3	运　输	吊车、拖车陷入软土中	提前熟悉运输路线，对危险路段尤其是拐弯处进行必要加固
		拖车倾覆	装车时，保证模块重心和拖车中心一致，并用2台5t手拉葫芦将模块和拖车紧紧相连
4	吊　装	管束或墙板与吊车臂杆相碰	吊装时在吊件两端设置两根拖拉绳
5	预制、运输、存放	下雨淋坏衬里层	恰逢雨季进行衬里施工和组装，每次完工后都必须对模块或衬里完毕的墙板做好防雨措施，甚至防台风措施
6	组装、运输模块或墙板	挤手、砸脚	加强个人劳动保护品利用

六、劳动力组织及施工进度计划

1. 表13为齐鲁72万t/a乙烯技术改造工程新增2台10万t/a乙烯裂解炉的实际施工进度计划。

表13　齐鲁72万t/a乙烯技术改造工程新增2台10万t/a乙烯裂解炉的实际施工进度计划

No.	任务名称	开始时间	完成时间
1	**土建工程**		
2	土建基础开工	03-3-1	03-3-1
3	土建基础施工	03-3-1	03-4-30
4	地坪施工	03-3-1	03-4-30
5	**安装工程**		
6	钢结构预制	03-3-1	03-5-20
7	辐射段框架结构组对	03-4-25	03-5-20
8	辐射段框架结构安装、找正	03-5-9	03-6-5
9	辐射段平台、梯子安装	03-6-8	03-6-20
10	对流段墙板保温钉焊接	03-5-1	03-5-24
11	对流段墙板衬里	03-5-18	03-6-10
12	对流段框架结构安装、找正	03-6-13	03-7-10
13	对流段模块组对	03-6-15	03-7-1
14	对流段模块安装、找正	03-6-28	03-7-10
15	辐射段炉管及支吊架安装	03-7-5	03-7-12
16	对流段平台、梯子安装	03-7-11	03-7-31
17	废热锅炉安装、找正	03-7-15	03-7-19
18	辐射段炉管找正	03-7-21	03-7-26
19	辐射段炉管组焊、检验	03-7-26	03-8-25
20	上升管、下降管及其支吊架安装	03-8-5	03-8-10
21	汽包安装、找正	03-8-11	03-8-14
22	风机、烟囱安装、找正	03-8-19	03-8-25
23	辐射段炉顶盖板、炉底板等安装	03-8-22	03-8-25
24	辐射段及过滤段衬里	03-8-10	03-10-10
25	炉底燃料器安装	03-8-29	03-9-10
26	横跨管组焊、检验	03-8-25	03-9-30
27	上升管、下降管组焊、检验	03-10-1	03-11-10
28	工艺管道预制	03-6-1	03-8-15
29	工艺管道安装	03-7-25	03-11-10
30	工艺系统试压	03-11-11	03-11-25
31	工艺系统吹扫	03-11-20	03-12-10
32	水、汽系统化学清洗	03-12-1	03-12-10
33	炉管和管道支吊架最终调整	03-12-1	03-12-10
34	**仪表工程**		
35	控制室DCS、ESD系统安装调试	03-7-1	03-9-30
36	仪表穿线管、槽板安装	03-7-15	03-9-15
37	仪表设备单体调试	03-8-15	03-9-13
38	仪表设备安装	03-10-1	03-10-30
39	仪表电缆敷设	03-9-15	03-9-29
40	导压管安装	03-9-1	03-10-15
41	仪表管路试压	03-10-15	03-10-25
42	仪表电缆校接线及回路试验	03-9-29	03-11-15
43	仪表联锁试验	03-11-4	03-11-20
44	**电气工程**		
45	接地工程和暗配管预制预埋	03-3-1	03-5-30
46	现场设备及动力配管	03-7-20	03-9-10
47	电缆桥架安装	03-8-1	03-8-20
48	电缆敷设及校接线	03-8-21	03-9-10
49	电机检查和接线	03-9-1	03-9-10
50	电气试验和回路测试	03-9-1	03-9-20
51	防雷防静电接地	03-8-21	03-10-20
52	照明系统安装	03-7-15	03-10-10
53	试灯	03-10-11	03-10-20
54	电气受送电	03-10-1	03-10-1
55	**防腐绝热工程**		
56	防腐、绝热施工	03-4-1	03-12-10
57	**试运转**		
58	单机试车	03-11-20	03-12-10
59	中间交接	03-12-10	03-12-10
60	**竣工**		
61	裂解炉点火	03-12-30	03-12-30

2. 以 2 台对称布置的 10 万 t/a 裂解炉为例，劳动力组织见表 14。

表 14　主要劳动力使用一览表

工种	人数	工种	人数
铆工	25	电焊工	20
起重工	10	管工	15
气焊工	6	电工	2
钳工	10	防腐工	10
筑炉工	20	管理人员	10

七、主要施工机具及措施用料

1. 模块预制组装及安装过程中拟投入的主要施工机具见表 15。

表 15　主要施工机具一览表

序号	机具名称	规格、型号	单位	数量	备注
1	汽车吊	500t	辆	1	安装
2	汽车吊	280t	辆	1	
3	汽车吊	150t	辆	1	
4	拖车	40t	辆	1	
5	大板	20t	辆	1	
6	光谱仪		台	1	
7	水平仪		台	1	
8	超声波测厚仪		台	1	
9	空气压缩机	0.8MPa $6m^3/min$	台	2	
10	氩弧焊机	NSA4－300	台	4	
11	逆变直流弧焊机	ZX7－400S	台	6	
12	剪板机	QC12Y－16×2500	台	16	
13	等离子切割机		台	1	
14	高温干燥箱	0～500℃	台	2	

2. 裂解炉施工安装过程中拟投入的主要措施用料见表 16。

表 16　主要措施用料一览表

序号	材料名称	规格、型号	单位	数量	备注
1	平衡吊梁		件	2	模块吊装
2	平衡吊梁		件	3	结构及框架吊装
3	卡环	100t 级	个	8	
4	卡环	50～80t 级	个	10	
5	道木	标准道木	块	600	

续表16

序号	材料名称	规格、型号	单位	数量	备注
6	工字钢	120*a*	m	60	
7	槽钢	[30*a*	m	30	
8	角钢	∟75×8	m	80	
9	H型钢	H200×200×8×12	m	120	
10	钢板	$\delta=40$mm	m^2	80	
11	钢板	$\delta=20$mm	m^2	10	
12	钢板	$\delta=10$mm	m^2	20	
13	钢绳扣	ϕ85mm L=20m	根	2	
14	钢绳扣	ϕ30.5mm ~ ϕ65.0mm	根	10	
15	碎石	回填料	m^3	200	道路及场地处理
16	架杆	ϕ48×3.5	t	5	
17	石棉布		kg	200	
18	跳板	L=2000~3000	块	300	
19	防火篷布	6m×8m	块	12	

八、工程实例（应有具体的应用效果）

上海赛科90万t/a乙烯工程的5台10万t/a裂解炉按照本工法于2004年8月顺利完工。

齐鲁72万t/a乙烯技术改造工程新增2台10万t/a裂解炉按照本工法于2003年12月顺利完工。

九、效益分析（应有数据分析比较）

乙烯裂解炉技术已经走向成熟，本工法总结了历年来裂解炉施工的成功经验，利用该工法技术可以节省施工投入、提供施工质量；施工机具可多次重复使用，机具投入费用低；预制工程量增大，组装精度高，可有效保证施工质量。

滩海油田大型平台整体浮装就位施工工法

YJGF 98—2004

胜利油田胜利石油化工建设有限责任公司

桑运水　藏全斋　姜俊荣　郭　刚

随着渤海湾地区滩海油气资源开发力度的进一步加大，国外一些大型石油开发商也开始在渤海湾地区投资产能项目，海上的大型海洋油气平台和构件越来越多。由于浮吊起重能力及当地水深的限制，有些大型平台或构件在某些区域不能进行浮吊就位；此外，由于海上安装的巨额成本和风险，迫使国内外各公司寻找经济的平台安装就位方法。因此，整体浮装就位技术应运而生。

"整体浮装就位技术"起源于美国，它主要是针对于海上体积较大，吨位较重的平台和大型构件的一种海上安装工艺，特别是受到海上浮吊起重能力的限制或当地海水深度的影响而不能进行海上吊装就位时，多用此方法来进行安装。此方法在墨西哥湾的某些海上石油平台就位时曾经运用，但在亚洲尚未有应用记载。

我公司在埕岛西区块 EDC 项目 DPA 中心平台建造工程中成功应用了此项技术。由于受当地施工码头、设备和海域等环境条件的限制，我们在运用该技术时与国外有较大差异，有很多问题需要我们根据自己的实力来自行设计研究，尤其是大型平台如何进行陆地装船和如何海上就位等方面难点技术，需要综合考虑各方面因素，如驳船重心和平台重心的横向、纵向相对变化，受到各种风、潮汐、涌浪等自然因素的影响，以及施工过程中各种误差积累等客观因素的影响等等。我们在运用结构力学、材料力学、力学动态平衡和海洋工程等多方面知识的基础上，还运用计算机建立数学模型和仿真环境模拟等高新技术，顺利地完成了大型平台装船和海上就位施工，探索出独特的浮装就位技术。

一、工法特点

1. 通过滑道、卷扬机以及调载系统的协同工作来完成装船作业，解决了大型平台和构件装船的难题。

2. 用驳船运输陆地整体预制的平台至就位海域，通过驳船调载实现平台就位，打破了就位受海上浮吊起重能力的限制或当地海水深度影响这一施工技术瓶颈。

3. 提高了平台的陆地预制深度，施工速度快，减少了海上施工作业时间，使海上施工的安全风险降到最低。

4. 采用了先进的施工工艺和方法，如计算机辅助施工等，为大型平台实现海上自动化安装作业奠定了基础。

二、适用范围

1. 适用海域：此工法适用于水深在 6～50m，日潮差小于 2.0m，年潮差小于 2.5m，浪高小于 1.5m（1/3）的海区。

2. 适用规模：此工法适用安装1000～10000t级的整体大型结构。

三、工艺原理

平台结构采用陆上整体组装方案，通过专用滑道、卷扬机以及驳船调载系统的协同工作来完成平台装船。根据半潜式驳船具有大幅度的吃水调节功能和较大的载运能力等特点，在海面上通过调载使驳船产生大的升降动力，将被安装的平台整体结构安放到已有的基础桩上。

四、施工流程（图1）

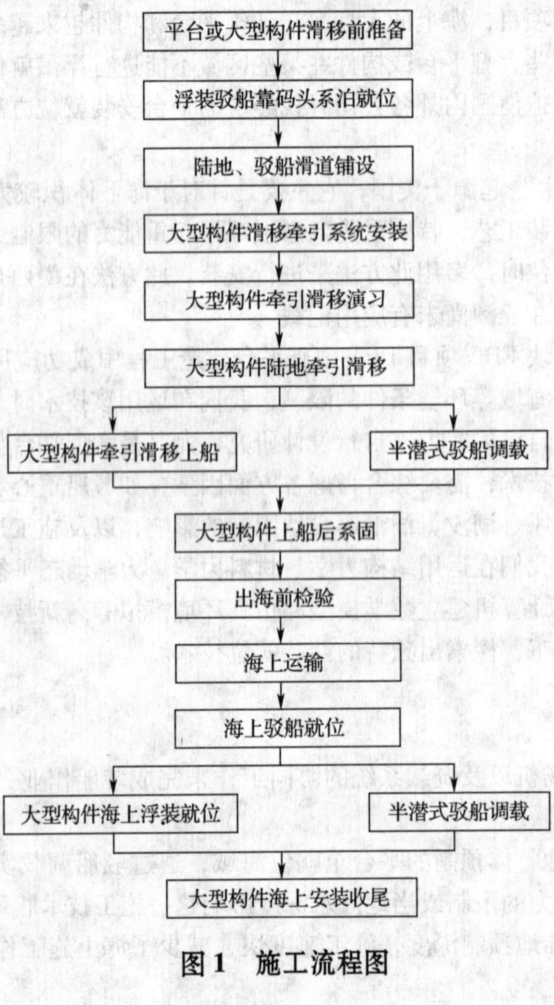

图1　施工流程图

五、工法要点

1. 施工准备

(1) 装船码头建造：根据平台或大型构件的重量对地基承受能力进行计算，对施工码头场地进行改造，使地基满足相应大型构件的承载能力。同时根据驳船承重平台后的吃水深度对码头进行改造，承载驳船停靠码头泊位处一定范围内的水深应符合图2的要求。

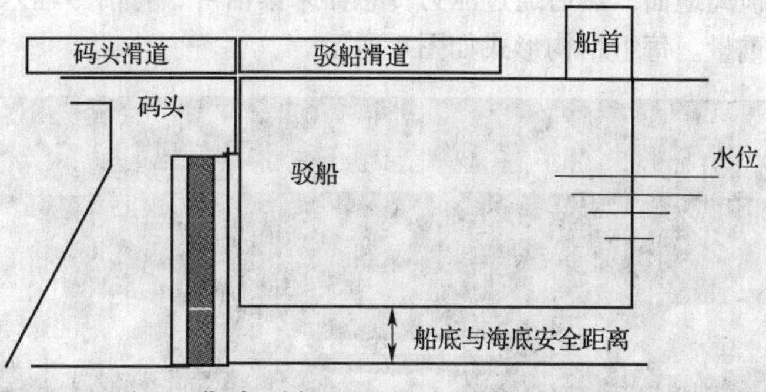

图 2　靠岸驳船与码头水深关系示意图

(2) 平台或大型构件陆地建造、检验验收。

(3) 海洋潮汐观察分析报告，气象分析报告汇总。

(4) 半潜式浮装驳船的选择、甲板强度及结构校核，拖航稳性计算。

(5) 平台或大型构件滑移牵引系统设计、计算校核。

(6) 平台或大型构件滑移上船驳船调载设计、计算校核。

(7) 平台或大型构件的海上基础检验验收。

(8) 航道及码头附近清障。

2. 滑道设计与制造

为满足滑移装船的需要，在场地改造同时，需要进行陆地及驳船的滑道设计及铺设。在埕岛西区块 EDC 项目 3200t 的 DPA 中心平台建造工程中，我们为平台滑移设计了陆上水泥滑道（滑道为角钢矩形构架，用 C30 混凝土浇筑而成，上铺 10mm 的钢板）如图 3 和船上钢质滑道（用双层 500×500 工字钢焊接而成）如图 4 所示。

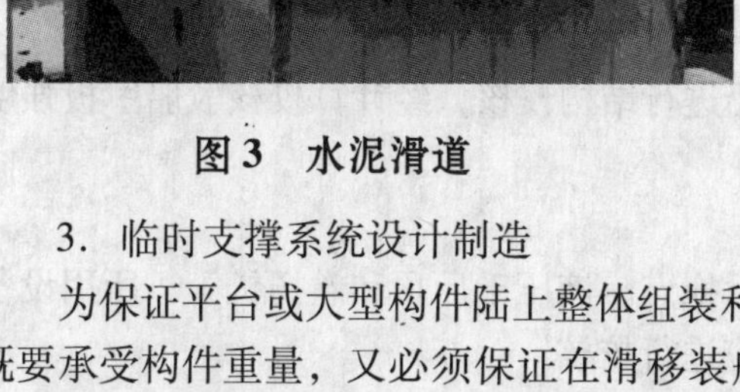
图 3　水泥滑道

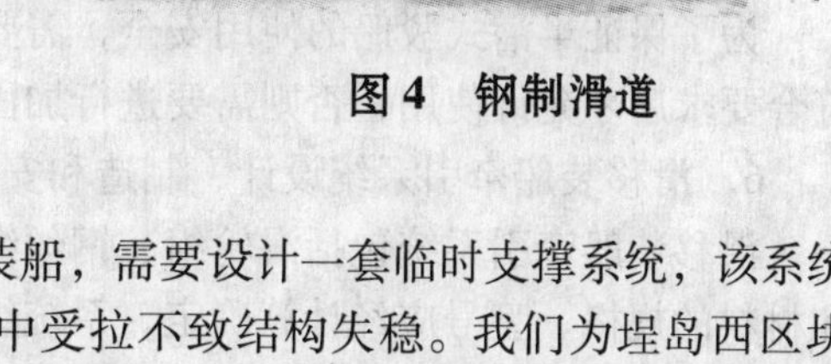
图 4　钢制滑道

3. 临时支撑系统设计制造

为保证平台或大型构件陆上整体组装和滑移装船，需要设计一套临时支撑系统，该系统既要承受构件重量，又必须保证在滑移装船过程中受拉不致结构失稳。我们为埕岛西区块 EDC 项目 3200t 的 DPA 中心平台设计了如下结构形式的临时支撑系统，整体为 6 腿矩形框架结构，关键部位增加斜拉撑及加固如图 5 所示。

4. 平台称重系统设计制造

为了准确测得平台在下水前的实际重量，采集平台滑移装船和浮装就位过程中所需的精确数据，需要设计制造平台称重系统并经有限元分析系统校核满足要求。该系统原理是利用液压千斤顶将平台顶离地面，然后通过压力传感器采集信号，将信号输入计算机中处理，从而得出平台的实际重量。每组结构形式如图 6 所示。

图 5　临时支撑系统结构

5. 浮装驳船靠码头系泊就位及船体结构校核

在平台装船期间，驳船要稳定牢靠，始终保持驳船上滑道和陆上滑道对中，不能有较大的相对位移。驳船采用首部抛八字锚，尾部利用 4 条缆绳系固在码头的系缆桩上，如图 7 所示。

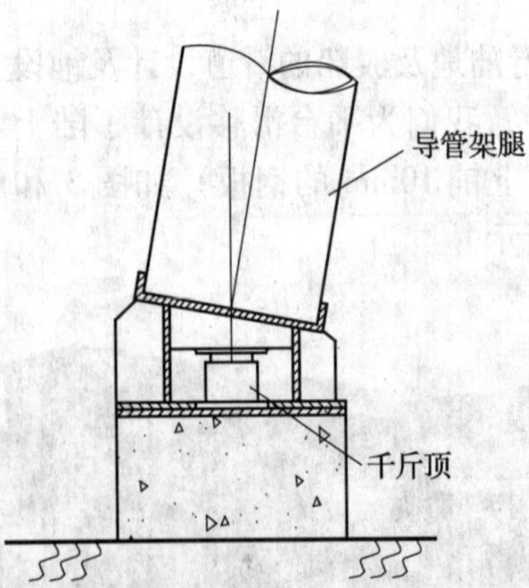

图 6　平台称重系统示意图

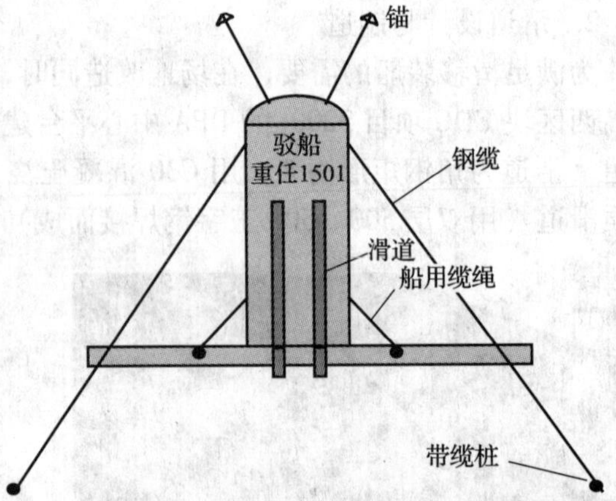

图 7　驳船停靠系泊图

为了保证半潜式驳船的使用安全，需要对驳船进行结构校核，经计算校核驳船甲板强度符合要求后才允许使用，否则需要进行加固改造。

6. 滑移装船牵引系统设计、制造和安装

滑移装船牵引系统包括滑轮组、钢丝绳、前后拖点、液压千斤顶和卷扬机等，所用设备和材料的规格、型号应经计算确定，系统组成后应进行校核。

(1) 相关数据计算。

平台及临时支撑的总重量 G；

系统静摩擦系数 μ_{max}；

系统动摩擦系数 μ'_{max}；

平台与滑道间最大静摩擦力 $G \cdot \mu_{max}$；

平台与滑道间最大滑动摩擦力 $G \cdot \mu'_{max}$。

m 组 n 轮滑轮组中单股钢丝绳受力为

所受静摩擦力 $G \cdot \mu_{max}/m/n$；所受动摩擦力 $G \cdot \mu'_{max}/m/n$。

通过计算选择可以满足平台拖拉要求的卷扬机型号。

平台拖拉刚刚启动时可以利用较大吨位的千斤顶助推。

（2）平台滑移牵引系统示意图见图 8，施工图见图 9。

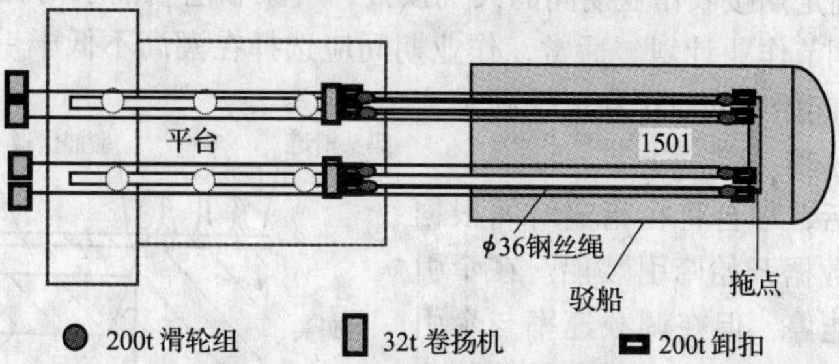

图 8　平台牵引系统示意图

图 9　平台牵引系统施工图

7. 平台滑移装船

（1）平台装船准备。

①码头滑道安装及其表面处理、检查。清除所有可能阻挡平台上船的障碍物，包括建造过程中的临时支撑、脚手架、设备等。

②安装千斤顶及码头部分的索具准备。

③安装及调试水平仪。

④码头供电系统检查。

⑤平台结构及工艺系统完工确认和检查。

⑥驳船上滑道安装、固定焊接及表面处理。

⑦驳船就位固定、系泊系统连接。

⑧牵引系统安装、固定、焊接及调试。

⑨在牵引前，应进行一次调载试验，将驳船吃水及纵倾值调整到预定位置，以检验调载系统的可靠性，同时使作业人员熟悉各自的职责。

⑩驳船上应急电站安装及调试，经检查合格。

⑪驳船内水位测量仪调试，经检查合格。

⑫通讯系统调试，经检查合格。

⑬卷扬机的同步检查及纠偏（卷桶直径、钢丝绳的圈数）。

⑭通报港监。

(2) 平台装船期间环境条件。

在装船作业之前定期接收作业期间的天气预报，气象和港内潮水情况应符合装船条件，根据气象预报及时调节作业计划。通常，作业期间应选择在潮高不低于 -3.6m（码头顶标高为 ±0.00），拖拉起始时间应选在低平潮时。

(3) 平台装船步骤。

准备工作完成后，平台将在指定时间根据事先计算好的压载数据开始牵引装船。在牵引过程中，原则上不能停，但在调载速率与牵引速率不协调时，可以考虑暂停。平台滑移装船及牵引系统示意图、照片见图10、图11。

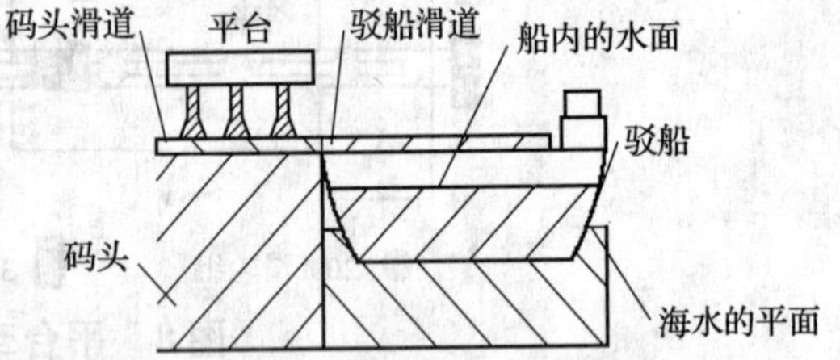

图10　平台滑移装船示意图

装船作业可分为如下步骤：

①通过调载，将驳船滑道上顶面与码头滑道上顶面相平，并将平台拖至码头前沿。

②平台开始牵引上船，当平台行走到其临时支撑前一侧轴线滑靴前半部分上船时，开始调载，直至使驳船达到即将承载轴重量的临界高度。

图11　平台滑移装船及拖拉系统

③继续牵引平台，使临时支撑系统前另一侧轴线滑靴一半上到驳船上，这期间不断调载，使驳船的高度始终处于临界状态。

④继续牵引平台，平台的重心逐渐从陆地过渡到船上，直至平台临时支撑后一侧轴线滑靴前半部分上到驳船上，此期间驳船不断调载。

⑤调载驳船，使驳船尾部逐渐高于陆地，使平台整体重量全部由驳船承重，然后继续牵引平台，直至平台到达预定位置。

（4）装船调载

①根据平台上船步骤所需压载水量和驳船调载能力，经过计算制定详细的驳船调载计划。

②以 EDC 平台为例，半潜式驳船重任 1501 上设置有 6000m^3/h 的压载系统，EDC 平台上船所需压载水量约为 8000t 左右。其压载舱序号分别为 NO2S、NO3S、NO4S、NO5S、NO8S，NO2P、NO3P、NO4P、NO5P、NO8P，其压载舱序号图见图 12。

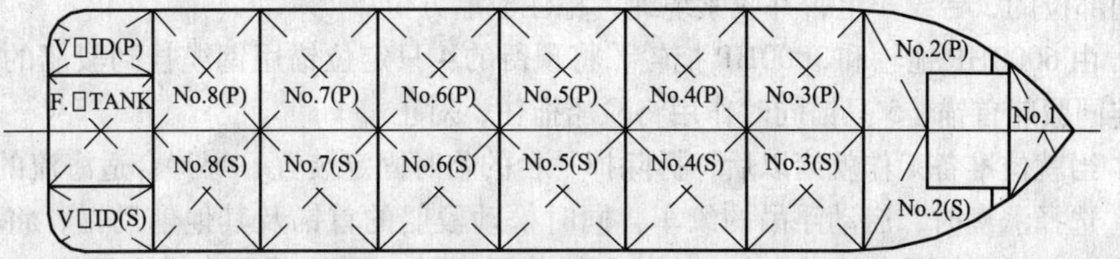

图 12　压载舱序号图

③在装船过程中，应不停地调节压载水以补偿潮汐变化和平台在上船时重心位移变化，同时还应考虑到平台横向重心的影响。通常调载时应遵循以下原则：

a. 保持陆地与船上的滑道面标高相同。

b. 组块即将上船时，应有设在码头的水平仪监控测量平台横向水平度，保证平台上船时船体艏艉吃水一致。

c. 在平台上船的过程中，应随时监控驳船的状态，根据拖拉的速度及时调载。调载速度应略快于平台拖拉上船的速度。

d. 在距平台还剩下最后 3.9m 时，应调高船艉，尽可能使平台滑靴底面离开码头滑块，以防平台上船时引起船体上下振动。

8. 平台上船后加固

（1）为提高驳船在海上拖运过程中的抗击风浪能力，平台上船后需要进行加固。平台加固方案应经计算校核满足要求，并进行报验得到业主的认可。平台加固包括钢性加固和挠性加固。

（2）刚性加固采用钢管将临时支撑的主立管和甲板连接起来。同时将临时支撑的滑靴用厚铁板固定在驳船甲板上。

（3）挠性加固采用钢丝绳和起重机将平台及临时支撑和驳船连接固定。

9. 平台海上运输

（1）平台向海域拖运前必须掌握拖运及就位安装期间天气（风力、潮涌）的情况，必须达到以下条件：需有连续 3～4d 以上的好天气，航行时涌浪小于 1m，平台就位时涌浪小于 0.4m。

（2）首先用 1 艘 3000HP 浅吃水拖轮和 2 艘 300HP 拖轮和 2 艘 500t 驳船联合将重任

1501 驳船从内港池拖至港外深水区，然后由 6000HP 拖轮接拖，300HP 拖轮领航，1 艘 3000HP 拖轮护航，另 1 台 3000HP 拖轮前往就位海域负责抛锚，航行速度约为 6 节/h，直至距离预定海域 1 海里处，由长拖改为绑拖，准备实施抛锚就位。

10. 驳船抛锚、就位

（1）在重任 1501 拖航到达预定海域之前，负责把驳船绞进导管架中间的浮吊“芝罘岛”号提前按照抛锚图的标识，GPS 定位，在方案确定的海域位置抛下 6 个带锚漂的定位锚，抛锚就位，等待平台的到来。

（2）驳船在到达预定海域后，根据海流潮向的不同，做好抛锚准备，通常驳船均采用顶流就位的方法，如果在涨潮期间，驳船从导管架一侧北面绕出来 300m 的地方抛下艏锚，船艉冲向导管架。如果在落潮期间，驳船距离导管架以南 300m 处，将 1 个艏锚抛下，然后在 1 艘 6000HP 拖轮和 1 艘 3000HP 拖轮协助下，使驳船艉顺向导管架。

（3）利用“芝罘岛”浮吊工作艇将驳船的艉部的 2 根漂浮缆，穿过导管架中间连接到浮吊中间部位的 2 台绞车上，并收紧缆绳，稳住驳船方位。

（4）由 6000HP 拖轮和 3000HP 拖轮，将预留的 4 只定位锚用钢缆挂到驳船的 4 台卷扬机上，连同驳船首锚，5 只锚同时作用将驳船拖住，对正。

（5）当就位准备工作就绪以后，拆除掉平台的临时固定装置，等待合适海流的到来。

（6）选择涨潮时，启动浮吊的绞车，同时松动驳船的首锚及其他辅助锚，将驳船缓慢拖入导管架内。此时平台的横向方向由 4 只锚共同控制。图 13 为平台进入导管架时的照片。

图 13　平台进入导管架

（7）待驳船艉部超过井口后，将定位锚挂在驳船尾部相对应的绞车上，此时作用在驳船上的锚共计 7 只，加上浮吊的 2 台绞车，可以控制平台，将驳船就位到预定位置。

11. 平台海上调载就位（以 EDC 平台为例）

（1）海上就位的环境条件允许值为：

风速：需考虑风速在 8.0~10.0m/s（5 级）以下。

潮高：海面标高不低于 +0.30m（相对 54 坐标的标高为 ±0.00）。

涌浪：涌浪大于 0.4m 时不能进行浮装作业，可以航行。

（2）就位步骤：

①位置找正。通过绞车调整，使平台立柱和导管架桩管一一对中。

②初步压载。对正后，驳船启动调载系统，向舱内压水，压水约2000t时，驳船下沉约0.67m，此时平台桩腿与导管架桩管1.13m左右，需要派检查人员检查对接情况，尤其是平台腿和桩管能否实现准确对接。图14为平台立柱与导管架桩管的对接图。

图14　立柱与桩管对接图

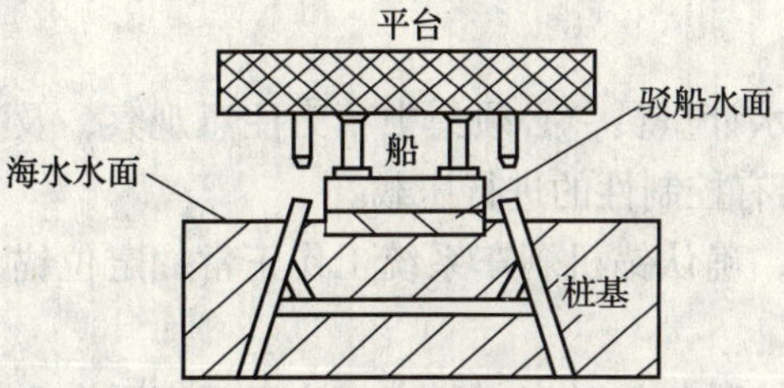

图15　平台浮装就位示意图

③精确压载。继续压水，驳船下沉，当再压水3400t时，驳船再下沉1.13m，桩管开始承受平台的重量。再向舱内加载3200t，平台的重量全部由桩管承受。

④驳船撤出。平台就位后，切除倒桩靴，平台临时支撑系统完全脱离生产平台底梁。驳船继续加载600t，驳船继续下沉0.2m，此时承重支腿顶部离开平台0.2m，驳船再由原路撤出，平台海上浮装就位工作完成。图15为平台浮装就位时的示意图。

六、主要施工机具（见表1）

表1　主要施工机具（以EDC平台为例）

序号	名称	规格	单位	数量
1	半潜式驳船	非自航、承载万吨	艘	1
2	拖轮	6000HP	艘	1
3	拖轮	3000HP	艘	2
4	拖轮	300HP	艘	2
5	驳船	500t	艘	4
6	机船	100HP	艘	2
7	卷扬机	32t	台	4
8	卷扬机	20t	台	6
9	卷扬机	10t	台	8
10	液压千斤顶	200t	台	2
11	卸扣	200t	个	8

续表1

序号	名称	规格	单位	数量
12	五轮滑轮组	200t	套	8
13	锚	7t	口	6
14	钢丝绳	ϕ36.5（6×37）	m	6000
15	钢丝绳	ϕ26（6×37）	m	800
16	发电机	600kW	台	1

七、安全措施

1. 所有吊具、索具要经过计算使用，其安全系数一般不小于2，特殊使用要达到5。

2. 停送电源要按操作规程进行，不得进行带负荷送电，防止事故发生。

3. 随时检查驳船状态和锚系统情况，确认船体稳定。

4. 通讯系统要保持频道的独立性，不能有任何的干扰，保证各岗位的通讯连续性，各岗位与总指挥联系时要有顺序性和指定性汇报。

5. 浮吊拖带系统、微调系统和锚泊系统各岗位，密切注意压载系统的运行状态，保持与总指挥的联系，将平台和驳船控制在要求范围之内。

6. 驳船的吃水检查员、驳船水平检查员和压载水计量员，必须集中精力注意观察，及时与调载指挥员和总指挥保持密切的联系，保证驳船有控制性的进行压载。

7. 在压载之前，首先对锚机系统进行吃力试验，确认锚机刹车系统工作正常，定位锚没有走锚现象，方可进行压载。

8. 当平台重量全部移到桩管后，不要急于将倒桩靴与临时支撑脱离，注意观察平台和桩管的情况，检查平台立柱与桩管的对接情况，方可进行下一步工作。

9. 测量人员要注意驳船与导管架的相对位置，不要以海平面作为基准面。

八、劳动力组织（表2）

表2　劳动力组织（以EDC平台为例）

岗位	人数	岗位	人数
浮装就位总指挥	1	浮装就位副总指挥	2
施工技术人员	4	海上安全监督	2
调载系统指挥	1	卷扬机牵引系统	18
现场调度	1	调载设计工程师	1
调载操作	1	压载量及吃水测量	2
潮汐监控测量	1	驳船水平度测量	2
铆工	12	电焊工	24
火焊工	24	其他配合人员	10
机械手	2	电气工程师及电工	1+2

九、质量措施

1. 相关标准

（1）海上固定平台入级与建造规范（中国船级社）1992。

（2）海上移动平台入级与建造规范（中国船级社）1992。

（3）钢质海船入级与建造规范（中国船级社）1996。

（4）海船法定检验技术规则 1992。

（5）SY6431－1999 滩海石油作业船舶安全基本要求。

（6）EDC 公司规范：6500 海上平台运输安装，8000 焊接，6000 平台结构制造，4600 海上急救设施，8100 检验。

2. 质量保证措施

（1）陆地预制采用先进的激光测距仪测量外形尺寸，严格控制平台的预制偏差，确保平台支腿和导管架桩管实现准确对接，进海施工前对导管架总体尺寸进行复核，与平台尺寸进行对比，为海上就位提供技术数据。

（2）严格落实施工过程质量自检、互检、专检制度的实施，并做好原始的记录。

（3）检验计划确定的停检点和隐蔽工程必须取得业主、船检的认可后再进行下道工序施工。

（4）熟悉掌握设计蓝图、规范及本工程施工所用标准的内容。

（5）严格按照图纸、技术标准和施工规范施工，切实把技术标准、施工规范、设计蓝图的要求贯彻到施工作业层，并做好可追溯性记录。

（6）施工原材料进场前必须根据规范的要求进行验收、检验或复验，并取得业主的认可。

十、效益分析

该项技术在亚洲由我们公司首次应用成功，不仅带来了可观的直接经济效益，也为我们公司带来了巨大的社会效益。

直接经济效益方面：根据以前的施工记录，与常规的浮吊吊装技术安装同类平台相比，平台整体浮装而不需使用浮吊，节省浮吊租用费用 96 万元，提前工期 20d，节约人工费 20d ×80 人 ×80 元/d＝12.8 万元，节约船舶费 20d ×4000 元/d ×2 台＝32 万元。

社会效益方面：掌握了此项国际领先的技术，大大加强了我们公司的国际市场竞争力，使我们在平台建造行业树立了良好的国际形象和声誉，由此我们可以打开更加广阔的国际及国内市场。同时，通过这次技术的推广和应用，造就和培养了一大批工程技术人才，在滩海大型油气平台建造、安装就位方面积累了丰富的施工技术及管理经验。

十一、工程实例

应用此工法，我公司成功完成了 2 项工程浮装就位施工。

EDC 埕岛西 DPA 平台建造工程 2001 年 6 月 26 日正式开工，经过近 15 个月的努力，于 2002 年 9 月顺利完成陆上组装、调试和海上就位安装。

赵东区块开发项目 ODA 和 OPA 平台建造工程于 2001 年 10 月 30 日正式开工，经过 20 个月的努力，ODA 平台和 OPA 平台分别于 2002 年 10 月和 2003 年 5 月顺利完成陆上组装、调试和海上就位安装。

柔性接口离心铸铁排水管安装工法

YJGF 99—2004

山西省第三建筑工程公司　中铁建工集团有限公司
山西四建集团有限公司

崔建明　李　琼　郭俊英　柳海民　刘振钰　许国华　靳联学

近年来，在建筑工程中柔性接口离心铸铁排水管已被广泛应用，建设部、国家经贸委、质量技术监督总局、建材局联合下发的建住房［1999］295号文件特别提出："自2000年6月1日起，在城镇新建住宅中，推广应用符合《排水用柔性接口铸铁管及管件》标准的柔性接口机制铸铁排水管"。且该项目已列为2001年建设部科技成果推广转化指南项目之一。而如何确保其安装工程质量是此项工法主要技术难题。

一、工法特点

1. 寿命长。使用寿命在100年以上。

2. 柔性接口。①具有优良的抗震性能；②采用法兰压盖和橡胶圈或者内衬橡胶圈和不锈钢卡箍柔性连接密封性好，允许在15°范围内摆动而不渗漏。

3. 质地好。采用金属型离心铸造，铸铁管壁厚均匀、组织致密、表面光滑、无砂眼、夹渣等铸造缺陷。

4. 噪音低。它是无可替代的最安静的管道，可创造最舒适的生活环境。

5. 防火性能好为人们普遍公认。

6. 强度高。耐冲击、耐锈蚀、不老化。

7. 维修方便、即装即拆。

二、适用范围

1. 柔性接口离心铸铁排水管适用于建筑排水、排污、土木工程、道路排水、工业废水处理、农业灌溉管道。

2. 能适应于较大的管道轴向伸缩位移和横向挠度变形。

3. 适应于地震烈度在9度以下的地区。

三、工艺原理

在确保管材、管件产品质量的同时，提高施工人员的操作水平，并针对柔性铸铁排水管A型（承插口，法兰压盖连接）及W型（平口，不锈钢卡箍连接）的不同特殊安装工艺，确保各施工工序的正确操作，以充分发挥柔性铸铁排水管的特殊优势。

四、工艺流程与操作要点

1. 工艺流程

熟悉设计图纸→管材管件检验→清理贮藏运输到施工场地→管道敷设（下料、连接）→管卡固定→灌水试验、通球试验→补刷油漆。施工步骤：

（1）预留孔洞。

（2）按照图纸规格尺寸，并结合现场实际情况，准确下料。

（3）由外向内安装排水横干管。

（4）由下而上安装排水主立管，准确预留支管三通口位置，并由管卡将管道固定。

（5）由上而下安装每层分支管，横向支管每处接口均应设吊架。

（6）做灌水通球试验。

（7）补刷油漆。

2. 施工准备

（1）进场必须携带产品合格证及检验报告，检查管材和管件的外观质量，管材及管件口必须平整、无砂眼、无毛刺、无夹渣等缺陷，法兰压盖和橡胶圈连接处（A 型）及不锈钢卡箍与橡胶圈连接处（W 型）必须严密、表面光滑。

（2）操作人员必须经过专业培训持证上岗，具备以下条件。

①操作人员必须熟悉图纸及施工规范、技术交底要清楚。

②操作人员必须掌握各工序施工方法，并检查、落实。

③操作人员具有协调土建与安装偏差的经验和能力。

（3）机具设备（表 1）

表 1　机具设备配备

项　目	无齿砂轮切割机	电锤	改锥	套筒扳手	盒尺	水钻
每个小组所需机具数量	1 台	1 把	3 把	1 套	1 把	1 台

3. 操作要点

（1）A 型铸铁排水管法兰式连接（柔性螺栓连接）由承口、插口、法兰压盖、密封橡胶圈、固定螺栓 5 部分组成。

①外观质量检查完毕后用钢尺精确量出承插口深度，并在插口上划好插入深度标志线，插入端进入承口的长度应小于承口的深度，根据管道的胀缩补偿原则，在承插口处要留出 5 ~ 10mm 的胀缩补偿余量。见图 1①。

②在插口端先套入法兰压盖，再套入胶圈，胶圈的边缘应与插口上的插入深度标志线齐平。见图 1②。

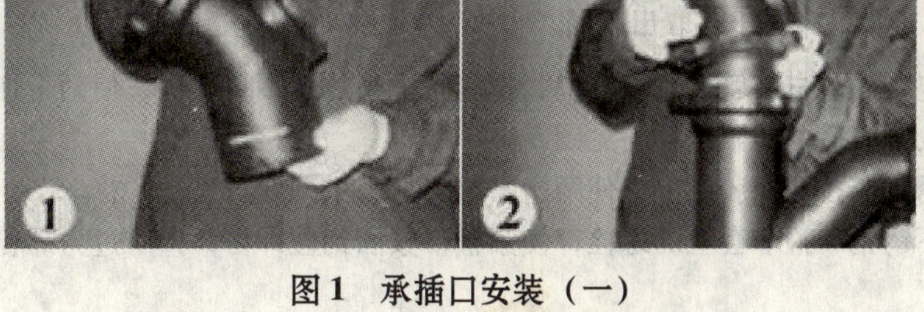

图 1　承插口安装（一）

③将插口端插入法兰承口内，为保持橡胶圈在承口内深度相同，在推进过程中尽量保证插入管的轴线与承口轴线在同一轴线上，见图2③。

④从上至下放入螺栓，紧固螺栓时应交叉进行，逐个逐次均匀紧固，使胶圈均匀受力，螺栓不宜扭固太紧，防止胶圈压死老化，失去弹性，以灌水试验不外渗漏水为标准，见图2④。

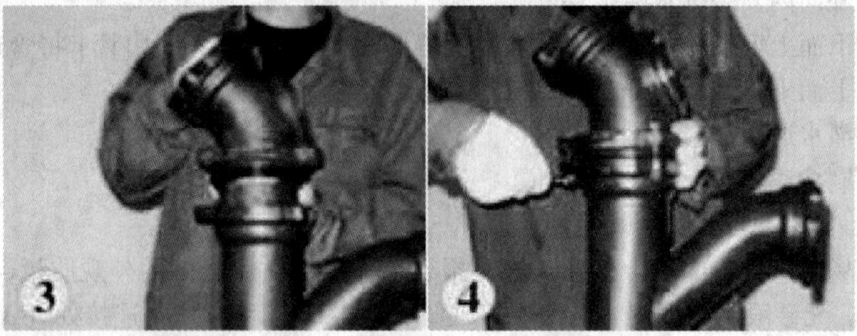

图2　承插口安装（二）

⑤管道安装后，要进行对立干管及立支管的整体垂直度和水平横干管及横支管的排水坡度进行检查，并进行质量评定。

⑥系统安装完毕，应根据图纸要求做灌水、通水试验。检查各管件连接处有无渗漏，如有渗漏应对渗漏处拆开进行重新安装，直到无渗漏为合格，最后进行通球试验，通球率达到100% 为合格方可交付使用。

（2）W 型排水管卡箍式连接（平口连接）。

①用配套工具松开不锈钢卡箍螺栓，取出胶圈，将不锈钢套先套入要连接的管材或管件上，见图3。

②把胶圈套入管材或管件端口上至胶圈内限位环处，将限位环上面部分胶圈作180°向外翻转至下面，见图4。

图3　取出胶圈

图4　套胶圈

③将要连接的管材或管件置于其上，把翻转下来的胶圈再复位，使两个连接管或管件的端口都紧贴胶圈套筒内的限位环，见图5。

④将不锈钢套拉回橡胶圈上，使两边平整对好，见图6。

⑤拧紧不锈钢卡箍节套上的螺栓，使紧箍带紧固到位即可，谨防过力螺栓变形打滑，见图7。

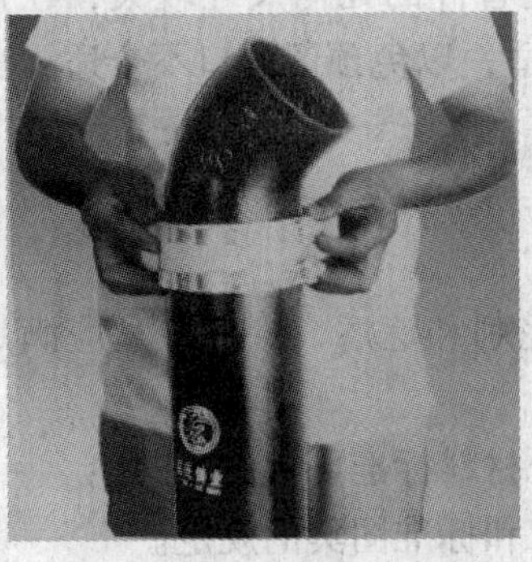

图 5　胶圈翻转复位

图 6　套拉修边

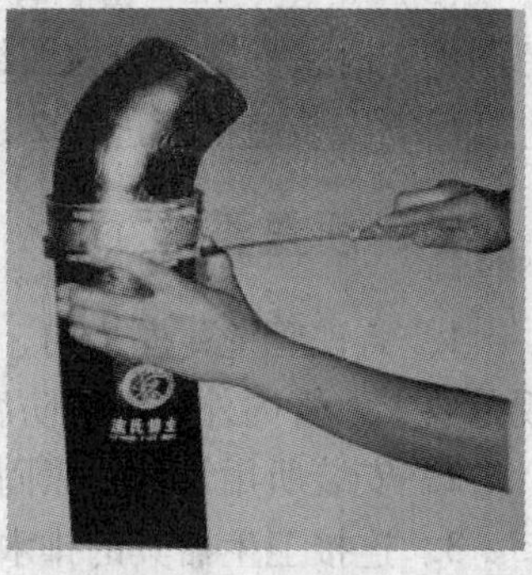

图 7　拧紧卡箍

⑥管道安装后，要对立干管及立支管的整体垂直度和水平横干管及横支管的排水坡度进行检查，并进行质量评定。

⑦系统安装完毕，应根据图纸要求做灌水、通水试验。检查各管件连接处有无渗漏，如有渗漏，需拆开重新安装，直到无渗漏为合格，最后进行通球试验，通球率达到 100% 为合格方可交付使用。

（3）A 型及 W 型铸铁排水管安装支吊架，一般位置参考尺寸如图 8。

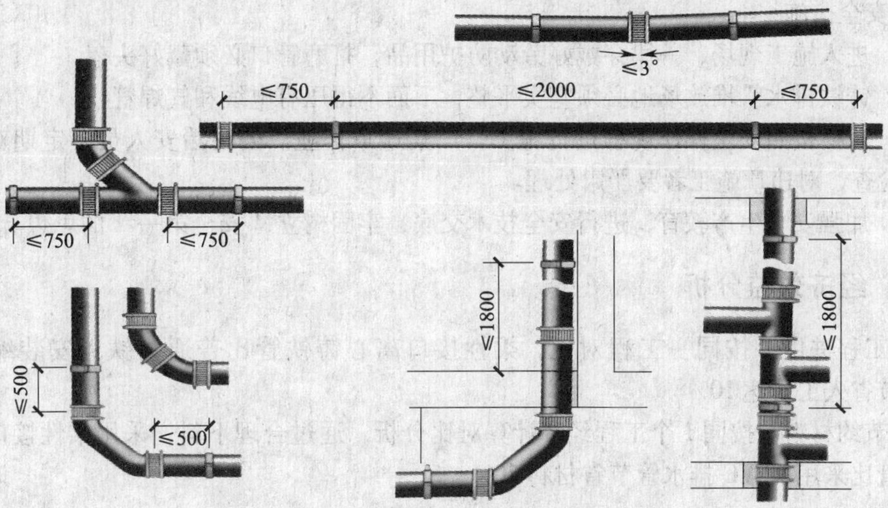

图 8　安排支吊架示意图

4. 注意事项

（1）W 型管采用平口连接对管材质量要求高，对排水铸铁管的外径椭圆度、壁厚及橡胶圈的物理性能都有较高的要求，因为平口的水密性能条件差，因此，除了严格控制管材及管件等的本体质量外，还要特别注意管材和管件的端口保护，保证端口的椭圆度及平整度。

（2）W 型管的安装施工应该严格按照操作工序执行。特别是在直管安装时每根管接口处需用立管卡将立管固定在建筑物的承重墙上。横管在每个接口处均应加设吊架，在连接卫生器具较为集中的厕浴间处，如果横支管上连接卫生洁具的两个接口距离不大于 600mm，可在中间设置一个吊架。

（3）W 型、A 型由于管材及管件不同于塑料制品，特别是管件的几何尺寸较大，在预留洞施工时，一定要校核图纸布置尺寸和实际安装尺寸是否合适，以免预留洞口不合适无法进行后续安装施工而进行 2 次剔凿。

五、质量要求

1. 铸铁管壁薄厚均匀，内外光洁，不得有砂眼、裂纹、毛刺和疙瘩，管件造型应满足规范要求，管内外表面的防腐涂层应整洁无屑，附着牢固。

2. 安装所用管件、紧固件、密封材料等辅助材料均应符合材料标准要求。

3. 连接卫生器具的排水管管径和最小坡度应符合设计要求和标准图集的规定。

4. 管道与楼板的接合部位应采取牢固、可靠的防渗、防漏措施。

5. 严格按照《建筑给水排水及采暖工程施工质量验收规范》的有关规范和设计文件的要求进行施工。

六、劳动力组织及安全措施

1. 劳动力组织

柔性接口离心铸铁排水管安装工程需配备：管工、钳工、搬运工等工种，每个小组就位安装需管工 1 ~2 人，钳工 1 人，搬运工配合，总人数按进度要求及工程规模配置。

2. 安全措施

（1）进入施工现场，一律穿戴好劳动防护用品，打磨管口必须戴好头盔。

（2）铸铁排水管堆放场地必须坚实平整，下面不得压有电线和气焊管线。

（3）严格按照安全操作规程进行施工，严禁违章作业。公司治安人员不定期对工地进行安全检查，对违章施工者要严肃处理。

（4）加强安全生产教育，进行安全技术交底，牢固树立“安全第一”的思想。

七、经济效益分析

1. 工程进度。按同一工程对比，柔性接口离心铸铁管比普通铸铁管安装缩短工期 10%，节省人工费达 10%。

2. 节约材料。按同 1 个工程经济计算对比分析，通过合理下料，采用柔性接口离心铸铁排水管比采用 UPVC 排水管节省材料 20%。

八、工程实例

在实际安装工程中，上述两种管材搭配使用效果较好，既可以满足施工质量、使用功能的需要，又可以节约材料、降低成本。一般排水横干管、首层出户管宜采用 A 型管，排水立管及排水支管宜采用 W 型管。这样搭配使用的好处是：A 型管由于法兰压盖连接的机械性能较好，在做排水横干管时，可以保证使用寿命和使用功能。同时，由于自身良好的机械强度，特别适用于高层排水出户横管，可以承受上层来水的冲击力。W 型管由于安装快捷，接口可曲挠性良好，宜做排水立管的选用材料，特别是作为厕浴间内排水横支管的安装施工时，可以利用其接口的良好可曲挠性和严密性，对排水管道的坡度进行良好控制。同时由于 W 型管连接件的特性，结合现在住宅工程的竣工装修现状（一般都是厕浴间排水立管明露)，在进行立管隐蔽装修时，便于装修布置，可以节约空间，增大实际使用面积。此外，将A型和W型两种管材搭配使用，除上述原因外，还因为A型管安装施工过程中产生的剩余短料可以作为地上排水横支管的安装使用，节省材料，具有良好的经济效益。

近年来，我公司承建的长治医学院科研楼排水管道、长治市检察院办公楼排水管道、长治市检察院家属楼、长治市中心血站等工程中的排水管道都成功地运用了该工法中W、A型相结合的施工方法进行了施工，现在均已投入使用，经回访用户，普遍反映效果很好，无噪音、无锈蚀，安装牢固，接口密封性良好，没有出现渗水及漏水现象，得到建设单位、监理单位和社会各界的赞誉和认可。

（执笔人：山西省第三建筑工程公司　崔建朋　李　琼　郭俊英）

无檩条结构组合压型钢板制作工法

YJGF 100—2004

上海宝冶建设有限公司

龚俊杰　朱卫军

无檩条结构组合压型钢板是压型板发展的1种新的结构形式。其截面宽大，力学性能优良，可替代大跨度桁架式檩条而直接铺设于屋架上，箱形断面内填充玻璃纤维棉，下部板面冲孔，具有良好的吸音效果，并赋予建筑内部的空间美感。由于此板型的截面特殊性，作为内部空间的天花板，使屋面整体统一，空间宽大整洁美观。避免2次吊顶的烦琐，大大缩短了施工周期。特别适用于跨度大、人员进出频繁、对噪音限制严格的场所。例如机场航站楼、大型会议室、休息厅、展览馆等。它是1种高效、便捷、环保的建筑材料。在国外，特别是欧美国家已大范围使用。但在我国尚属首次引进。我公司经过3个多月的研制，获得成功。通过了中国钢结构协会的专家组技术鉴定。并且产品已成功运用于广州新国际白云机场主航站楼、连接楼与指廊屋面，实现了组合压型钢板的国产化目标。我公司在此基础上编制了组合压型钢板的制作工法。

无檩条结构组合屋面压型钢板获得2002年“实用新型”与“外观设计”2项国家专利；荣获2002年“中国钢协冶金科学技术奖”二等奖；荣获2002年“第十六届上海市优秀发明选拔赛”一等奖；荣获2003年“中国企业新纪录”。

一、工法特点

1. 可以准确地控制几何尺寸，组装、焊接质量好。
2. 可以简化工序，进行流水线作业，降低生产成本。
3. 可以保证焊接质量，特别是镀锌板的焊接质量。
4. 可以有效地控制焊接收缩变形。
5. 安全、易操作，劳动强度低。

二、适用范围

本工法适用于屋面无檩条结构组合压型钢板的制作，其他此类薄壁箱型结构，也可参考本工法。对于镀锌冷轧薄钢板的焊接，可按本工法的相关部分执行。

三、工艺原理

本工法采用先进的计算机控制加工成型，设计了冲孔流水线系统、成型机流水线系统、焊接流水线系统，进行加工制造。

四、工艺流程

组合压型钢板的几何外形是设计组合压型板生产线的主要依据。

断面图的主要外形尺寸相同，因板厚不同而形成不同型号的无檩条结构组合压型钢板。因其主要尺寸相同，可以在1台压型钢板成型机上分别压制不同型号的压型板（见图1、图2）。

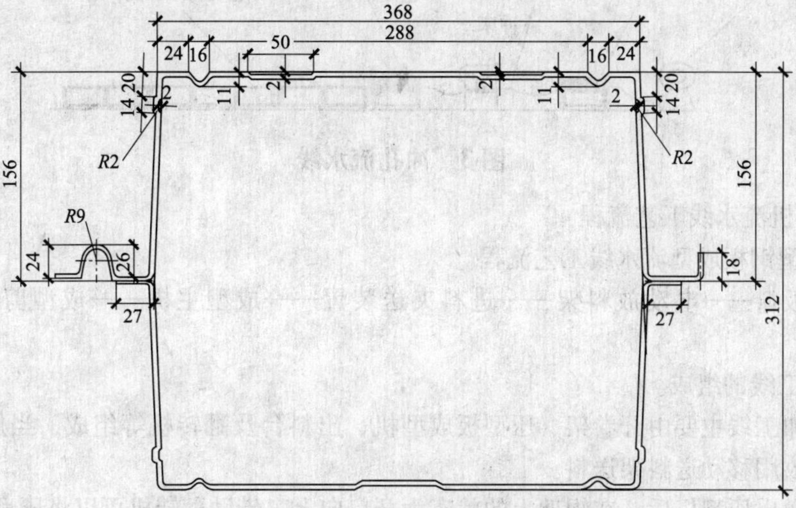

图1　B1，C2，C3 型组合压型钢板截面图

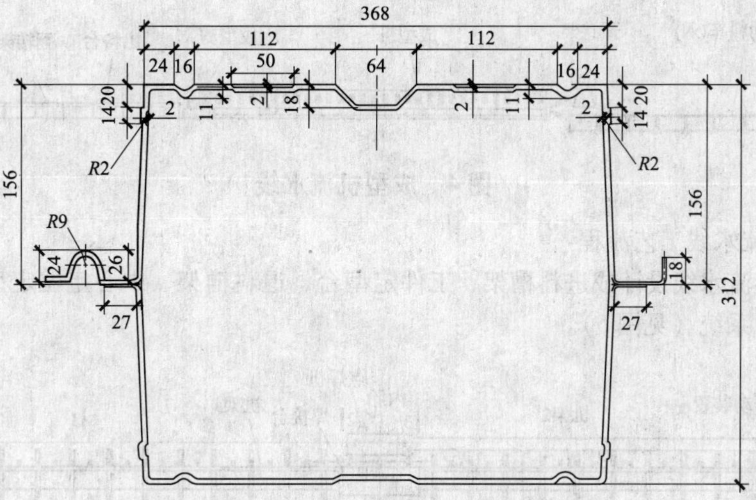

图2　B，C，C1 型组合压型钢板截面图

组合压型板的底板面上密布的吸音孔，因需要连续冲孔，尺寸精度要求较高，必须设计高精密模。

组合压型钢板的翼边采用电阻点焊连接，并设置特殊的限制变形的矫变形装置。

设计了3条加工线共同完成组合压型钢板的制作。分别为冲孔流水线、成型流水线、焊接流水线。

1．冲孔流水线工艺流程

冲孔流水线由开卷架、钢板校平机、送料机、高速冲床、专用模具、钢板纵剪机等六大设备组成，另外辅助设备还有钢板托架、出料托架、成品托盘、专用吊具等辅助设备。这条流水线中，核心设备为送料机、高速冲床与专用模具。

组合压型钢板上因有吸音孔，必须在平板上预先冲孔后才能进入压型机成型（见图3）。

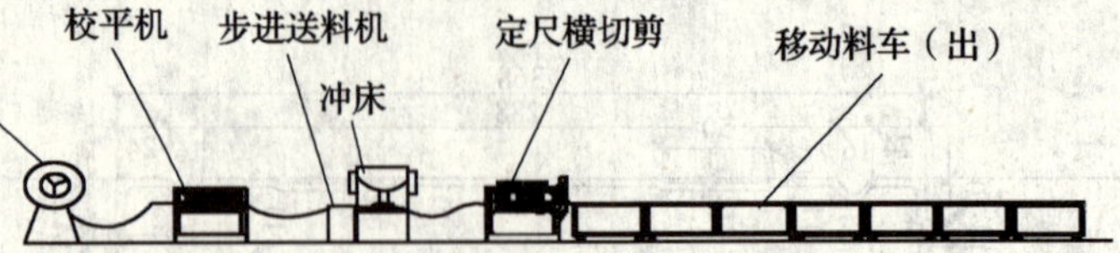

图3　冲孔流水线

2．成型机流水线工艺流程

（1）压型钢板成型流水线工艺流程。

成卷原板料⟶电动放料架⟶进料夹送装置⟶成型主机⟶成型剪及电动放料架⟶卸料

（2）加工线的组成。

压型板加工线主要由开卷架、压型板成型机、出料台及翻转机等组成，当压制单板时，移去开卷架改用移动送料架送料。

压型板送出压型机后，在辊架上的状态为开口向上，借助翻转机可以将压型板翻转至辊架侧，开口向下，等待扣放到组合焊接加工线上去（见图4）。

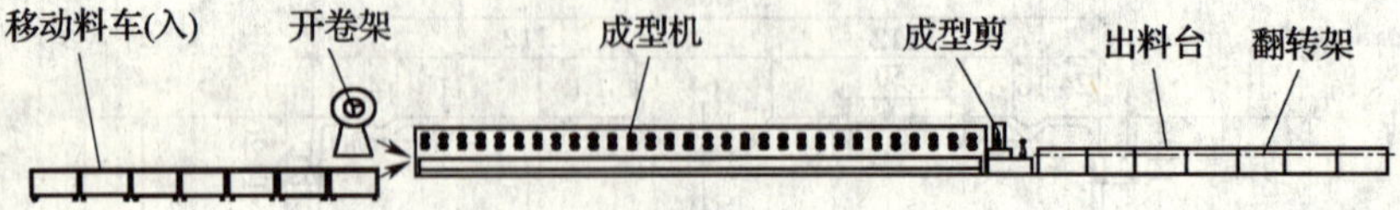

图4　成型机流水线

3．焊接流水线工艺流程

整条焊接流水线设计成进料槽架、工件定型台、退料槽架、中心定位定型轴、点焊机、工件滑移牵引系统（见图5）。

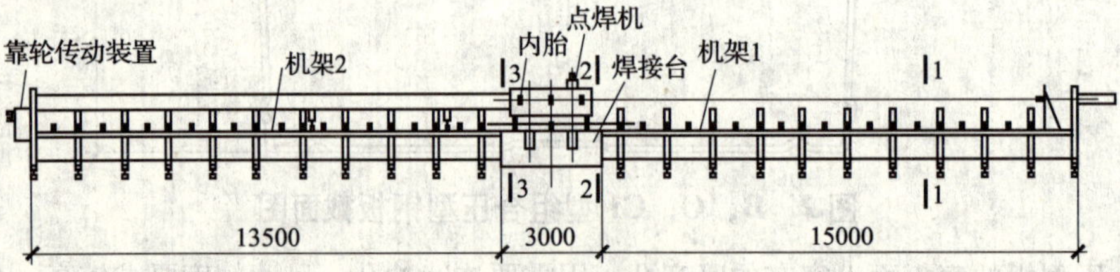

图5　焊接流水线

本机中部为定型焊接台，其上装有3组控形压紧辊。每组控形压紧辊两侧上方各有可作水平位置调整的靠轮（气动），此轮既可承托组合压型板的翼边，又可限定压型板的宽度；两侧上方有可以从上向下压紧翼边的压紧辊（气动），该辊同样可对机器的纵向中心线作定位调整。

3组定型压紧辊间为电焊机的安装位置，即左右前后可设4台焊机，目前只对称设置1对焊机，当组焊速度跟不上进度要求时，可再增加1对焊机。

焊台中央设置1个在焊接过程中位于组合压型板空腔内的控制变形的内胎，内胎底部设有滚轮，内胎上对应外侧压紧辊有3对张力靠紧轮，该轮从组合压型板内侧与外侧的压紧轮共同限定了压型板的尺寸，在焊接过程中起到控制焊接变形的功能。定型内胎做成左右2块，端部用连接板连接后成为一个整体，用于Ⅰ和Ⅲ型板的组合压型板。拆去连接板成为左右2件，用于Ⅱ和Ⅳ型板的组合压型板。定形内胎固定在两支与机架2尾端相连的矩形断面横梁端部，横梁下方设有2对气缸，当超级组合压型板进入焊区时，气缸上抬，内胎底部的滚轮离开下部的支承辊，形成间隙，组合压型板因此可以进入。定型内胎因有滚轮不妨碍组合压型板的运行。

选用的焊机型号为SSD 60－H，其装机容量为63kVA，上下焊头的气缸最大行程80mm。使用时，上焊头行程调整为2mm，下焊头调整为0.5mm，焊头对焊件的抵压压力当空气压力为$6kg/cm^2$时可获得700kg。焊接电流、焊接时间、焊接压力可根据板厚任意调整。焊头固定杆内部通入强制冷却水。

五、操作要点

1. 冲孔流水线操作要点

操作时应密切注意冲孔和步进送料的同步，及时更换损坏的冲针和冲模。更换和调整前必须停机，确保安全。

2. 成型机流水线操作要点

上部压型板Ⅰ、Ⅱ由定宽供应的钢卷开卷校平后进入压型机成型，再由成型剪定尺切断。压制Ⅰ板后，拆除压制Ⅰ型板中部凹槽压型辊后，可以压制Ⅱ板。

下部压型板Ⅲ和Ⅳ，由冲孔后的单板压制成型。

拆除压制Ⅰ型板时的加劲肋压辊，更换中部凹槽压辊后可以压制Ⅲ型板。

拆除压制Ⅲ型板时的中部凹槽压辊后，可以压制Ⅳ型板

压制Ⅲ和Ⅳ型板时，因板宽较小于压制Ⅰ和Ⅱ型板，压制Ⅰ和Ⅱ型板的卷边压轮全部处于空转状态。

3. 焊接流水线操作要点

起重机将压型板Ⅰ或Ⅱ吊放至机架1上，由于托轮与边轮已经按标准型板断面尺寸事先调好，压型板Ⅰ或Ⅱ自动坐落在机架纵向中心线上，再吊装压型板Ⅲ或Ⅳ扣放于压型板Ⅰ或Ⅱ上，使其纵向中心线与下部型板中心线基本重合，二者端部顶平。

带推头的链带将对好的压型板板组向焊接台推送。此时定型内胎支持梁下部的气缸上推，使内胎上浮，压型板组进入焊接台，第1组压紧轮上部的压紧轮从上抬状态压向压型板的翼边。此时压紧轮、靠轮及内胎上的顶轮共同固定组合翼边。因压紧轮、靠轮的位置尺寸已经调好，组合压型板的宽度受制约，尺寸符合设计。

现在可以开始焊接，焊接程序有2种：第1种先定位焊再连续点焊，第2种是直接连续点焊。

按第1种程序，焊机在组合压型板端部点焊1点后，链带推动组合压型板前进500mm后再焊1点，如此每隔500mm焊1点直至尾部，从尾部按规定的焊点距离连续焊完组合压型板全长，焊完后组合压型板已接近原来的进料位置。链带再前进稍许，就可以用起重机吊走。

按第2种程序焊机从组合压型板的进入端头直接按规定的点距连续点焊翼边，焊完后组合压型板处于机架2上，再用链条上的推头推送压型板直至原先装入时的位置。

组合压型钢板在焊接运行中，要及时将第1组和第2组压紧轮从上向下压紧翼边。

焊机点焊时，链带停止运行。点焊完毕，焊机电极头上抬到设定位置后，位置开关命令链条马达运转，但必须2台焊机的位置开关都给出信号后马达才能运转。链带走完设定的步进尺寸后自动停止，焊机又进入点焊程序。

六、材料、机具、设备

1. 材料

组合压型钢板的原材料选用宝钢连续热镀锌钢板。常规产品表面结构无锌花、普通锌花、光整锌花、小锌花。

组合压型板所选用的原材料的牌号为DC51D + Z或DC52D + Z，属机械咬口级，生产标准按宝钢企业生产标准《连续热镀锌及合金化热镀锌钢带》（Q/BQB 422—2000），其力学性能见表1，化学成分见表2。

表1　力学性能表

牌号	屈服点（MPa）	抗拉强度（MPa）	伸长率（%）
DC51D + Z	≥240	270 ~ 500	20 ~ 22
DC52D + Z	≥240	270 ~ 420	24 ~ 26

表2　化学成分表

牌号	C	Si	Mn	P	S
DC51D + Z	≤0.10	—	≤0.50	≤0.035	≤0.035
DC52D + Z	≤0.08	—	≤0.45	≤0.030	≤0.035

2. 机具设备（见表3）

表3　主要机具设备

序　号	名　称	数　量	备　注
1	深喉冲床	1	
2	冲模	3	
3	步进送料机	1	
4	压型钢板成型机	1	
5	压型钢板成型剪	1	
6	进料槽架	1	
7	工作定型台	1	
8	退料槽架	1	
9	电阻点焊机	2	
10	滑台	2	
11	工件滑动牵引系统	1	
12	桥式起重机	2	

七、劳动组织

白云机场项目压型板加工劳动力配备直方图（见图6）。

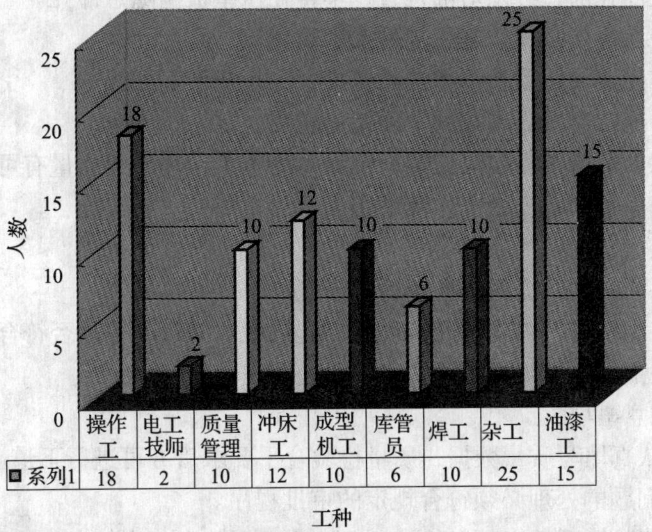

图6 劳动力配备

八、质量、安全

1. 质量

（1）加工、检查、评定和验收遵循下列技术文件和技术规范的规定。

①设计图及与设计图等效的技术文件。

②《钢结构工程施工质量验收规范》（GB 50205—2001）。

③《建筑工程质量检验评定标准》（GB 50301—2001）。

④《结构钢、不锈钢电阻点缝焊技术条件》（QJ 1289）。

⑤《结构钢、不锈钢电阻点缝焊工艺》（QJ 1290）。

⑥《施工、生产安全技术操作规程》。

⑦《钢结构工程施工规程》（Q/BYJ 17—2003）。

（2）截面尺寸允许偏差（表4）。

表4 截面尺寸允许偏差

序号	项目	允许偏差（mm）	备注
1	覆盖宽度	+5 ~ −2	
2	波距	2	
3	波高	2	
4	镰刀弯	25	量测标距10mm

（3）质量保证措施

①加工制作的产品必须在出场前检查其质量。

②加工压型板的原材料必须符合质量要求，压型板安装前检查其外观质量，不合格的板材不允许使用。

③压型板加工制作时，必须严格按照加工顺序进行。

④在压型板上冲孔前，必须对准位置，不得在压型板上随意冲孔。

⑤压型板拼装及焊接必须按施工规程要求设置。

⑥已加工制作完成的压型板不得任意踩踏，防止变形。

⑦压型板需要拖拉时，必须在其下面铺垫胶皮。

⑧对每一个工作环节进行层层监控，确保每一个工作环节的质量有可靠的保障，决不把某个环节的质量隐患带到下一个工作环节中去。

⑨提高工作质量，保证产品质量。

⑩建立奖罚惩治制度，提高作业者的积极性。

⑪拼装前施工小组应检查构件几何尺寸、起拱度、侧弯度等是否符合设计图规定，发现问题后应报请有关部门，原则上必须在出场前处理完毕。

⑫加工质量注意事项：

a. 每道工序认真填写质量数据，质量检验合乎要求后方可进行下道工序施工。

b. 施工质量问题的处理必须符合规定的审批程序。

c. 出场前应清除压型板表面上的油污、冰雪、泥沙和灰尘等杂物。

d. 焊接应按相应的施工规程作业，由专业技术人员编制作业指导书，并进行交底。

e. 机械定期进行检验校正，确保机械在有效期内使用，在施工中所使用的机械必须保证精度的要求。

f. 施工中放样应有必要的检核，保证其准确性。

2. 安全

（1）指导思想。

贯彻落实“安全第一，预防为主”的方针和“安全为了生产，生产必须安全”的指导思想，全面实行安全生产的“预控管理”，控制和减少伤亡事故的发生。

（2）安全技术措施。

①在施工前必须逐级进行安全技术交底，其交底内容针对性要强，并做好记录，并明确安全责任制。

②加强施工中的安全信息反馈，不断消除施工过程中的事故隐患，使安全信息反馈不断，这是预防和控制事故发生的重要方面。

③加强雨季施工的防护措施，及时掌握气象资料，以便提前做好工作安排和采取预防措施，防止雨天对施工造成恶劣影响。

④易燃、易爆有毒物品一定要隔离加强保管，禁止随意摆放。

⑤施工用电、照明用电按规定分线路接线，对于绝缘保护层裸露的线要严禁使用。

⑥各种加工材料要分类有序堆放整齐，对余料注意定期回收，对废料及时清理，定点设垃圾箱，保持施工现场的清洁整齐。

⑦定期按情况可进行安全与文明检查评比，根据评比分数高低给予不同班组相应奖罚，把安全与文明工作做好。

⑧各工种人员要持证上岗，严格遵守本工种安全操作规程。在安装中不要抱侥幸心理，

而忽视安全规定。

⑨成型机要采取专人看护、加工制作人员必须养成良好工作习惯，不动与自己无关的一切电气开关。

⑩生产人员不仅要加工好产品，而且也要加强身边的保卫工作，防止外人破坏和乱拿。

⑪加工用电设施应专人维护，定期保养，严格遵循用电规程，保证安全用电，节约用电。

⑫严格遵守生产车间有关防火的规定，加强防火设施，杜绝火灾事故。

⑬加工临时设施的制作和设置不能随意降低要求，对原有的工具、材料及通用设施应认真检验，有缺陷之处应予修复，该报废的决不能再用。

九、经济效益分析

1. 直接经济效益

广州白云新国际机场屋面组合压型钢板共2500t，单价为9500元/t。

成本为：

（1）主材费4050元/t

（2）辅材费100元/t

（3）设备费1400元/t

（4）备品备件费100元/t

（5）人工费500元/t

（6）厂房租赁、水电费200元/t

（7）成品运输费50元/t

（8）管理费等间接成本200元/t

成本小计6600元/t

则：新增产值为2500×9500=23750000元=2375万元

新增利税为（9500−6600）×2500=7250000元=725万元

2. 社会效益

该产品若从国外进口，单价为3100美元/t，不但耗资大，且周期长。该产品开发成功替代进口，为新白云机场业主大大节省了外汇。产品填补了国内空白，达到了国际同类产品的先进水平，增强了企业的市场竞争能力。

十、应用实例

应用于广州白云新国际机场主航站楼及指廊屋面工程，取得了良好的社会与经济效益。

本工程中采用无檩条箱形组合压型版兼做天花板，并且具有吸音功能，其中部空间可做各种管道、线路布置之用。压型板产品质量优良，得到施工单位及业主的好评。

利用移动组装式电阻炉对非标准设备退火施工工法

YJGF 101—2004

太原钢铁（集团）建设有限公司

张保栋　王守刚　李建军　张树兵　郝仲魁

随着我公司制作能力的不断增强与市场发展的要求，所制作的需退火的非标件趋向大型化与多样化，而传统的退火炉受其固定尺寸及运输条件的制约，很难适应其快速发展的要求。如炼钢厂转炉炉壳、水冷烟罩、拖圈、钢包等设备均需焊后整体退火，而太钢目前最大的退火炉从有效容积、加热最高温度、加热保温稳定性等方面都远远不能满足此类构件退火的要求。为此我公司根据市场要求，决定联合天津海泰科公司低成本、高速度的发展1套建炉快速、适应性强退火炉，以实现我公司的自主退火，并为企业提供新的发展后劲和效益增长点。

一、特点

1. 该退火炉结构简单，建炉周期短。

备件做好后，3d即可投入使用。

2. 适用性强，可在任何地点、对任何尺寸的构件退火。

3. 控温精度高，去应力效果好。

升降温过程中可控制在20～30℃之间，保温过程可控制在±5℃，退火后，残余构件应力分布均匀一致。

4. 高效节能。密封较严，绝热效果好，热效率高。

其总体成本是煤气退火成本的40%～50%。

5. 清洁环保、整个过程无废物产生、操作方便。

6. 投资省，维修方便。

由于使用的是模板式结构，重复利用率高，故投资省。

二、适用范围

适应的最高保温温度为900℃，控温精度为±5℃，而对退火地点、退火件尺寸不作任何限制。对大型件退火，电源要满足负荷要求（1600kW），小型件退火可以采用临时发电机作为退火电源。

三、工作原理

结构系统采用模板式耐热件，保证了对退火件尺寸、退火地点、退火重量的适应性；结构连接采用专用联结件，保证了建炉的快速和对环境的适应性；控制系统采用反馈回路电脑控制技术，保证了退火工艺的先进性与准确性。

四、组装实施工艺流程

1. 建炉地点的选择

建炉地点由用户根据需要确定。一般情况下，建炉地点最好为水泥或砖石结构承重地面。当建炉地点为软土地面时应铺设钢板。建炉地点的地势应是比较平坦且不能低洼存水，并尽可能的靠近吊车以方便建炉及工件的吊装入炉，另外还应尽量靠近电源，以减小 1 次电缆的用量。

2. 炉子外形的确定

(1) 首先根据构件的外形尺寸来确定加热炉的形状及其布置和炉体板的数量。

①炉最小长度（L）= 工件最大长度 + 1m

②炉最小宽度（W）= 工件最大宽度 + 1m

③炉最小高度（H）= 工件最大高度 + 1m

④炉长所需的数量（n）= $L/1.075$ 取整数

⑤炉宽所需的数量（m）= $W/1.075$ 取整数

⑥炉顶所需的数量（h）= n_x（$L+0.2$）$/1.525$ 取整数

⑦炉长 = $1.075X_n$

⑧炉宽 = $1.075X_m$

(2) 加热器数量的确定。

通过工件的重量，并参考所确定的退火炉的容积，按热功计算来确定加热器的数量，工艺计算如下：

$Q_{工} = G(C_2T_2 - C_1T_1)/t_{(升)}$

$Q_{散} = (T_{炉} - T_{环})xS/(\delta/\lambda + 0.159)$

$Q_{蓄} = V\rho\Delta TC_{均}/t_{(升、保)}$

$Q_{短} = KQ_{散}$

$Q_{总} = Q_{工} + Q_{散} + Q_{蓄} + Q_{短}$

$P = Q_{总}/3600$

$n = P/10000$ 按 3 的整倍数取整。

式中 G——表示构件的质量（kg）；

T_1——表示构件的初始温度（℃）；

T_2——表示构件的保温温度（℃）；

C_1——表示构件的在初始温度时的比热［J/（kg·K）］；

C_2——表示构件的在保温温度时的比热［J/（kg·K）］；

$t_{(升)}$——表示构件升温所用的时间（s）；

$T_{炉}$——表示炉壁（顶）内侧的炉子温度（℃）；

$T_{环}$——表示炉壁（顶）外侧的环境温度（℃）；

S——表示炉壁（顶）的面积（m^2）；

δ——表示炉壁（顶）的厚度（m）；

λ——表示炉壁（顶）保温材料的导热系数［W/（m·K）］；

V——表示炉壁（顶）的体积（m^3）；

ρ——表示炉壁各种材料的平均密度（kg/m^3）；

ΔT——表示保温阶段炉壁内外温度的平均值（℃）；

$C_{均}$——表示平均温度（ΔT）下各种材料的平均比热［J/（kg·K）］；

$t_{(升、保)}$——表示构件从升温开始到保温结束所用的时间；

K——短路散热系数（取1~1.5）；

$Q_{工}$——表示构件及工装吸收的热能（J）；

$Q_{散}$——表示炉体散失的热能（J）；

$Q_{蓄}$——表示炉体积蓄的热能（J）；

$Q_{短}$——表示因封闭不严等其他原因导致的短路损失热能（J）；

$Q_{总}$——表示退火过程所需的总热能（J）；

P——表示退火过程所需的总功率（W）；

n——表示所需10kW标准加热器的总数（片）。

（3）加热器的布置。

根据工件的重量的分布来确定加热器的布置，如果构件分布均匀，一般采取下多上少成三角形的原则布置加热器，加热器布置时，只准倒挂和正挂，不准把加热器平放，以免电阻带粘连。

3. 组装工艺流程

现场考查→热功计算→炉子外形的确定→炉体板数量的确定→加热器数量的确定→炉底的组装→炉墙的拼装→炉墙的组装→炉盖的组装→构件的吊装→热电耦的布置→炉盖的安装→二次电缆的连接→整体的调试→封炉门→正式通电温升→保温→降温→构件出炉

4. 组装的施工工序

（1）首先根据现场的实际情况找出基准线，然后开始组装。

（2）炉底的安装：根据热处理工艺确定的组合方式，按炉宽尺寸把炉底板组合成条，并且每两块炉底板之间夹两块硅酸铝毡条以保证炉底的密封绝热。将第1条炉底板组件在选定位置安放好后，再安装横向密封条，然后安放第2条炉底组件，并保证将横向密封条压紧。以此类推，直至将全部炉底安装完毕。

（3）立柱的安装：沿炉底四周铺设炉底连接梁，并将立柱底座插入炉底板下部，然后采用点焊方式将炉底连接梁和立柱连成一体并进行找正和找方，最后用螺栓将立柱及立柱支座连接成一起，该过程应注意按炉体的4个角附近各设置1根立柱、每2片拼装组合块之间设置1根中间立柱的原则以及炉墙分片组装数量确定立柱的安装位置，立柱安装好后，需要通过调整立柱的连接螺栓来调整立柱的垂直度。调整后应注意使立柱稍向内倾斜10~15mm。

（4）炉体的分片组装。炉墙安装前，应先进行分片组装分片长度按热处理工艺规定2块炉体板之间夹装硅酸铝保温密封材料。将炉体连接梁平放在炉体板的连接套上，穿入连接卡后用连接螺栓紧固。

（5）炉墙的安装。将分片炉墙立起，用加热器挂钩按需要位置挂好加热器，并在分片炉墙边缘铺好硅酸铝毯。将分片炉墙吊装到位，用连接板将分片炉墙连接在一起，并用立柱挂钩将炉墙固定在立柱上。炉墙的吊装顺序为从上至下、先侧墙后端墙。

（6）炉盖的安装。其方法与炉墙相同，为增强炉体强度，需增设两根连接纵梁。纵向连接梁与横向连接梁之间用U型卡固定。炉盖分两片组装。工件吊装入炉后加盖炉盖。如起吊高度受限或工件需平移时，可采用端装法。此时，工件进入方向1侧炉墙不能预先安装，工件入炉就位后，再安装该侧墙，然后安装炉盖。

(7) 加热器的布置。本加热器采用框式电阻带加热器作为热源。为便于操作和保证热处理质量，在加热器上加装了安装吊梁和耐热引出导线并配备了电加热器挂钩。加热器安装时，首先应将电加热器挂钩挂在炉体板端部，然后将电加热器通过吊梁放置在挂钩上，再将电加热器耐热引出导线从2层炉体板之间的硅酸铝毯中间穿出。根据组装式电阻炉的特点，电加热器放置原则为立置或倒置的放置方式应避免采取横置的放置方式。因电加热器受热后温度很高，电阻带受热松弛伸长较大，容易出现电阻带之间粘连短路现象，影响使用受命及热处理效率，故禁止电加热器平置使用。炉顶不能布置加热器。加热器具体布置由工件形状决定。不均布的构件应在质量较大处多布置一些，质量小处少布置一些。加热器的布置原则，按上少下多、逐层减少的原则确定布置。

(8) 动力线连接。组装式电阻由其结构形式决定，动力线按使用功能不同分为1次电缆和2次电缆。1次电缆为主动线，是从变压器或配电柜至控温柜之间的主电缆。采用$3\times185+1\times90$的橡铜电缆，连接方式一般为压线鼻连接。2次电缆是控温柜各加热器之间的连接电缆，采用10mm塑铜电缆。其数量由加热器数量来决定，长度由控温柜摆放的位置来决定。具体连接部位采用快速插头，操作方便。

(9) 热电偶的连接。热电偶的布置要根据构件的外行具体布置，具体布置的原则是每两个热电偶之间不超过4.5m，首先将热电偶从炉体板间的缝隙插入，测温端用连接件与工件紧密连接，热电偶引出端用补偿导线与控温柜相应的信号输入端子连接。

(10) 总体调试。加热器组装完成后，正式送电升温前必须进行1次总体调试。有线路首先对电加热器进行逐1检测，以确定其完好及接线正确无误。应保证所有电器元件均处于完好及正常状态。必须杜绝接头松弛、虚接、短路漏电及错接情况以保证用电安全。其次检查整个炉体的密封情况，是否存在漏气、漏风等不严密处。个别不严密处用硅酸铝毯塞堵严密以节约能源及保证升温平稳、迅速。最后对控温柜预通电，检查所有仪表运行是否准确以及微机显示屏数据是否正常。一切正常后，即可封炉门正式通电升温。

炉温控制原理图1所示。

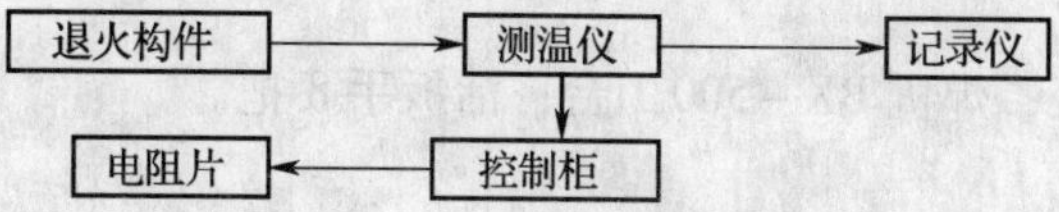

图1　炉温控制原理图

(11) 构件的升温、保温、降温、出炉，构件升温时，温度在400℃以下时升温速度尽量快，温度上升到400℃时温度控制在80℃/h以内，这样可以减小构件的变形。构件降温时，温度在400℃以内时，降温速度应控制在100℃/h以内，温度降在400℃后打开炉盖让构件在空气中自然冷却。

五、施工要点

1. 制作结构模板时，采用模样制作。
2. 认真执行首件确认与停点检查原则。
3. 对外构件采用先验货再提供原则，保证单件质量。
4. 供电系统与控制系统施工验收由专家负责确认后方可分区试车。分区试车合格送电开炉。

六、质量措施

1. 组装式电阻炉开炉前，应先检查电阻带对地的绝缘情况，是否符合要求，一般应在2mΩ以上。

2. 检查电阻带的瓷环是否有损，如果有损坏应即时更换。

3. 要确认电阻器的电源插头是否正确紧固。

4. 送电前检查每个电阻器的对应保险、触发板、可控硅是否良好。

5. 在送电前检查热电偶的引线是否正确接触良好。

6. 在封炉门前应检查热电偶的位置是否正确。

7. 先送电源，后启动温控柜，检查电脑与记录仪的温度指示是否一致。

8. 根据退火工件的工艺曲线，给电脑输入相应的数据，当电脑指示正常时再将触发开关打开。

9. 在送电以后要检查加热器是否正常工作，插头部位是否有发热现象，并做好记录。

10. 退火完毕要先关掉电脑，然后拉掉总闸并让记录仪继续记录。

11. 记录完毕拉掉总电源。

12. 退火完毕对入炉温度、升温速度、保温温度与时间、降温速度、出炉温度等工艺关键点要与退火工艺曲线作对比，确保退火的有效性。

13. 退火整个过程控制点

退火炉基座不平度±20mm；立柱垂直度 $h/1000$，max = 10mm。

侧墙垂直度 $h/1000$，max = 10mm；退火温度符合退火工艺曲线；结构模块外形尺寸符合要求，绝热层厚度大于100mm。

七、施工机具及劳动力组织

1. 施工机具

8T汽车吊8个台班；焊机BX－500 1台；活扳手8把。

2. 劳动力组织

(1) 安装过程：结构安装6人作业7d；供电系统安装4名电工作业5d；控制系统安装调试2名电工配合2名辅助人员作业3d。

(2) 退火过程：1名电工、2名天车工、4名操作工轮班作业。

八、施工安全措施

1. 施工人员进入现场必须穿戴好劳保用品。

2. 吊装时，必须由专职人员指挥，起重臂下严禁站人。

3. 构件摆放必须做到稳固整齐。

4. 特殊工种操作人员持证上岗。

5. 非操作人员不得随便触摸和靠近电气柜及控温柜。

6. 在安装及每次开炉前必须先检查加热器是否接地和短路，以及快速接头是否松动。在通电的情况下不要随便拔插快速接头。

7. 在正式送电升温前必须进行1次总体调试。首先对电加热器进行逐一检测，确定其完好及接线正确无误。应保证所及电气元件均处于完好状态。

8. 避免交叉作业。

9. 交接班必须明确责任人。

10. 通电时必须有专人监护，操作人员不准随便离开。

九、使用过程的改进

1. 转炉退火时炉底的改进

转炉退火时一般设计硬炉底，目的是使构件直接放在炉底板上，这样可以增加保温材料的重复利用率而且可以防水。但是对于像转炉这样重的构件放在1个具有弹性的保温材料上，它不仅限制了构件在热胀冷缩时的自由伸缩，增加构件的变形，而且会把炉底板上的保护板压变形。针对这一问题改用了刚性支座，取掉了3块炉底板，在其下面增加了3个刚性支座。用废弃的保温材料把这3个刚性支座包起来起到了同样的保温效果，这样既保护了炉底板又可以保证了构件在热胀冷缩时的自由伸缩。

2. 不锈钢盘条退火时的工艺改进

盘条退火时，旧设计的加热器的最高使用温度是700℃，而盘条的工艺要求为760℃走上限，因为使用温度比设计温度高60℃，这样就有一连串的问题出现。

（1）炉底的改进。

最初出现的问题是由于盘条的受力面积小和炉温高致使炉底板严重氧化，而且变形特别大。针对这一问题我们在炉底板上覆盖了1层上几次用过的保温材料，这样做既可以使炉底板隔绝空气减小炉底板的氧化，又可以使保护板不直接被加热降低了炉底板的温度，炉底板的强度也就提高了。

（2）加热器的改进。

由于使用温度较高，加热器变形特别严重，经过分析最后决定将挂在上面的加热器改为双吊耳，通过改变受力点的办法来减小加热器的变形。在退第3炉时发现加热器有许多加热器由于连接螺栓氧化后发生接地现象，针对这一问题我们采取更换联结螺栓和换瓷环的办法来解决这一问题。

由于不锈钢盘条退火时，要求保温温度高达780℃，保温时间长达8h，故解决加热器氧化失效的根本办法是根据实际情况重新设计制造加热器。我们提出改变加热器框架材质、增加框架钢板厚度、改变绝缘瓷环形状等等措施都被厂家采纳，并经使用证明效果良好。

十、经济效益分析

1. 成本投入：外购部分：控制柜、加热器、电缆等70万元；自制部分结构件、材料与制作费用30万元。

2. 太钢二钢厂1#转炉3大件（炉壳、托圈、转盘车）整体退火比机械修造公司煤气退火节约7.2万元。

3. 三轧厂不锈钢盘条0Cr13、1Cr13、2Cr13退火产值达3500t×650元/t＝22.75万元

4. 预计到年底大型构件退火总量可达7000t，为太钢增加销售收入7000t×0.8万元/t＝5600万元，创利7000t×0.06万元/t＝420万元。

十一、工程使用实例

1. 使用实例

（1）太钢二钢厂转炉炉壳退火。

单件重量达60t，外形尺寸长×宽×高达6.2m×6m×4m。

（2）太钢三轧厂不锈钢盘条退火。

累计退火达3500t，到年底可达7000t。因为控温精度高，热均匀性好，所以消除应力效果要比四轧厂和机械厂的退火炉效果好。

（3）太钢二钢厂转炉水冷烟罩退火。

烟罩外形复杂，除此炉外太原地区无满足其尺寸要求的退火炉，目前所有烟罩均顺利退火完毕。

2. 应用前景

因为它的控温精度高，炉温均匀，所以理论上可应用到所有炉温可达到的热处理方面，如机械行业的红装、制造行业的热成型等方面。通过加热片的更改及炉壁板的加厚，组装式电阻炉还可用于回火、正火等热处理。由于其可拆卸，故特别适用于外形大、运输困难构件；另外对那些位置固定的热处理构件，此炉是其唯一选择。

燃气式罩式退火炉安装工法

YJGF 102—2004

中国第二十冶金建设公司

魏　强

燃气式罩式退火炉是冶金工业广泛用于冷轧带钢退火的工艺技术，近年来，通过对燃气式罩式退火炉的技术改进，退火质量、自动化程度都有很大提高，退火时间有所降低。中国第二十冶金建设公司机械设备安装工程分公司在宝钢三期燃气式罩式退火炉的改造中，成功的安装了全氢罩式退火炉，实现了带钢光亮退火这一质的突破。在宝钢全氢罩式退火炉的安装中取得了良好的经济效益和社会效益，成为唯一通过国家质量监督局上海防爆站（国家级，此防爆站是与德国、美国共识的）检查、测试和认证的项目，并通过了上海市环保院的评审。

燃气式罩式退火炉安装在国内没有明确的安装方法和检验标准，二十冶在宝钢工程建设中承建了大型的2030mm冷轧152座罩式炉的安装，完成了新建8座，续建4座和改造原有的152座中44座全氢罩式炉的安装。通过对早期和换代两种不同类型的罩式炉的安装，总结了安装施工方法和检验标准并应用于施工技术中，因此，施工质量一直保持国内先进水平。

一、特点

1. 安装质量优良

采用该工法施工的罩式炉，能正确地进行炉台、内罩、加热罩、冷却罩及炉体钢结构的安装，并能合理地协调钢结构、设备与管道间的安装关系。从而保证了独立炉体和相关的设备、结构、管道的连续性和质量要求。

2. 施工速度快

按该工法进行罩式退火炉的安装，解决了罩式退火炉的各工序间的穿插及配合问题，大大地加快了安装施工进度，同时正确地选择安装标准也保证了施工质量。

3. 经济效益显著

与传统的燃气式罩式炉的安装工艺有所不同，采用此工法，一方面能降低材料消耗、减少人工投入，缩短了施工周期，提高了安装工程的经济效益；另一方面，提前交付生产能产生较好的直接经济效益。

4. 质量检验方法简单可靠

本工法采用的检验方法适合于施工现场作实地的质量检验，工器具没有什么特殊的，而且检测数据都较客观的反映出安装质量水平。按制定出的切实可行的安装检验表和质量验收标准，施工质量均能得到保证。

二、适用范围

1. 本工法适用于各类碳素钢、合金钢带钢退火要求的罩式退火炉。

2. 本工法适用于各类有色金属带钢退火要求的罩式退火炉。

3. 本工法适用于各类机电产品退火要求的罩式退火炉。

三、安装程序（图1）

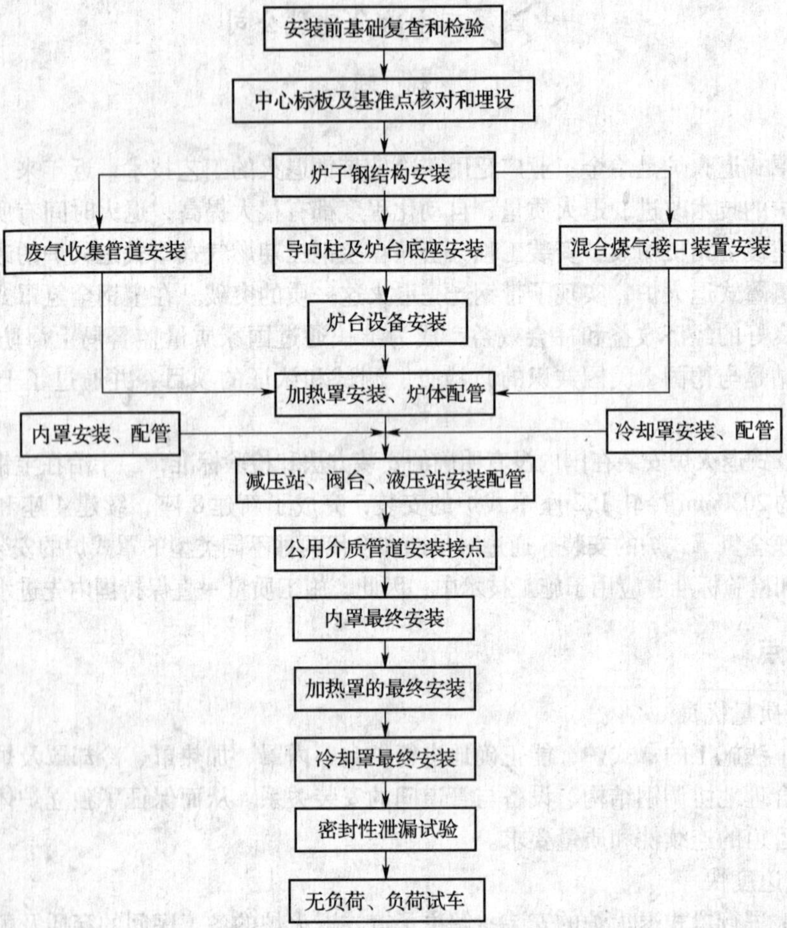

图1　燃气式罩式退火炉安装程序图

四、安装方法

1. 炉子钢结构的安装

对于炉子钢结构的安装，根据炉子的配置不同，钢结构平台有的需要满足炉子的荷载，有的只是载人的负荷，安装的检查按设计及规范要求进行。

首先进行钢结构立柱井字架的组装和组合的框架安装，然后将钢结构连成一体，炉体部分留出，其余部分铺设平台板，立柱上再进行管道支架的安装，便可以进行炉台和管道的施工。

2. 导向柱、炉台定位柱和混合煤气接口支座的安装

(1) 实际安装中，导向装置的定位均靠设备制造或现场制作的标准安装架控制：在安

装前，首先检查安装架制作的精度是否满足设计要求。安装时只需把安装架的纵横中心标记同炉台的中心钢线的线重合，然后将导向柱底座、定位柱、煤气接口支座按安装架设计位置放置，中心线偏差就能满足安装要求。

（2）导向装置的定位技术：以安装架的纵横中心标记同炉台的中心钢线重合调整检查，然后将导向柱底座、定位柱、煤气接口支座按安装架设计位置放置，中心线偏差即能满足安装要求。这是安装的主要控制项目之一。

3．炉台的安装

（1）炉台首先应将炉台下部主循环风机电机安装好，然后把冷却密封安装好。在炉台吊装前，要将炉台接触平台部位的八个点用垫片找平，然后将炉台吊起，把炉台上的定位套对准定位柱装入放平。同时检查炉台标高和炉台钢卷支承面水平度公差。

（2）炉台的定位和找正技术：炉台以中心线和定位柱的安装精度确定，炉台接触平台部位的夹角为45°，8个点位用水平仪将垫片找平，然后将炉台吊入。把炉台上的定位套对准定位柱装入放平，检查炉台位置正确后进行定位套的焊接，同时检查炉台标高和炉台钢卷支承面水平度公差，达到要求后固定炉台。

（3）吊开炉台上的分流板，将主循环风机的叶轮按要求进行装配，装配完毕后手动盘车，以无卡阻现象再将分流板安装好。

4．加热罩安装

（1）把加热罩吊上炉台，然后根据罩体上的中心线标记垂线至炉台纵横向中心线上，调整加热罩的正确安装位置。把加热罩体上导向装置的位置与导向柱找正并调整好间隙，定位点焊接后交付电焊工施焊。

（2）加热罩定位技术：以罩体上的中心线标记与炉台纵横向中心线重合，按照安装精度要求进行找正，可用线坠垂直炉台纵横向中心线，调整加热罩的正确安装位置，也可用经纬仪进行中心线的找正工作。加热炉定位完成后，把加热罩体上的导向装置位置与导向柱的位置找正并调整好间隙，进行定位焊接。

（3）把燃气接口座、管道与炉台燃气接口进行连接定位，确定罩体上的主燃气管道接口位置，接着进行下一步管道的安装工作。

（4）安装加热罩上的热交换器、燃烧点火风机和管道。

（5）完成加热罩平衡配重的安装和热排气管、烟气阻断器的安装。

（6）完成加热罩绝热管道的试压工作和绝热保温，将烧嘴部分留出，待炉内保温工作完成后再进行烧嘴和绝热工作。

（7）加热罩安装完毕后，要在各个炉台上进行试吊，以检查其互换性是否满足要求。

5．冷却罩的安装

（1）冷却罩的正确装入是将炉台制造的中心标记与基准中心线重合，找正可用经纬仪或线坠进行，找正后调整冷却罩喷淋出水口与盛水漏斗的位置，将冷却罩的导向装置吊入，安装冷却罩导向架，实现与导向柱的正确配合后定位焊接成型。

（2）完成冷却罩冷却风机的安装和冷却水管的安装。

（3）冷却罩安装完毕后要进行各个炉台的试吊工作，并检查其互换性是否满足要求。

6．内罩的安装

（1）内罩与炉台的正确贴合是能否实现密封的关键，安装前应检查内罩法兰的平面度。

（2）为保证炉台上的钢卷与内罩内壁的间距相等，应检查内罩法兰与内壁的垂直度公差。

（3）安装时应满足内罩与炉台结合面的误差要求，并满足内罩在各个炉台上互换。

7. 液压站的安装

液压站是带泵式油箱站，要按考虑油箱的安装标准要求进行。

8. 减压站的安装

减压站是以阀门、减压装置、流量控制测量装置和管道等组成的框架式设备，安装时按阀台的安装标准执行。

9. 阀站的安装

对于每台炉子，均有1个阀台控制其氢气、氮气、烧嘴吹扫用氮气、仪表控制用氮气、液压压紧装置等来实现炉子退火。该阀站的组成形式也属组合式框架设备。安装时也需按阀台的安装标准执行。

需要注意的是每个阀台按所编组的数目，进行设备分组找正工作。

10. 管道的安装

燃气式罩式退火炉各种介质管道制安装均按《工业管道工程施工及验收规范》（GB 50235—97）、《工业设备管道焊接工程施工及验收规范》（GB 50236—98）、《冶金机械设备安装工程施工及验收规范》（YBJ 207—85）（液压、气动和润滑）中的有关规定执行。煤气管道施工按《工业企业煤气安全规程》（GB 6222—86）执行，压力管道按劳部发［1996］140号《压力管道安全管理与监察规定》执行，对于高纯气体可按设计和企业提出的特殊要求进行施工。

11. 炉子的气密性试验

（1）炉子按单独炉台与内罩的气密性、加热罩燃气管道的气密性进行试验，保证内罩、加热罩在互换条件下与各个炉台的气密性达到试验要求。

（2）内罩与炉台在每个炉子底部接入1个进气源，采用检查水柱变化的检测方法，保证一段时间内充入一定量的气体，然后进行炉体焊缝检测、内罩与炉台之间是否有泄漏现象，待查清炉体的泄漏源后，气体应静止一段时间，待检查水柱的变化情况后，最后确定炉体是否合格。

（3）气密性试验步骤：

①先将内罩吊到炉台上，用液压缸将内罩与炉台锁紧。

②内罩通入气体，使之达到设计要求的水柱高度。

③检查内罩于炉台结合处的密封、内罩焊缝处的密封程度和炉台电机接合处的密封程度。

④按要求在规定时间内检查水柱的升降情况，达到设计要求后，填写试验记录，结束1个炉子的气密性试验工作。

⑤其他炉子依照上述试验步骤进行。

加热罩上的燃气管道气密性试验，按设计要求检查水柱变化情况，管道内充气后静止一段时间，以检查水柱的变化情况，最后确定燃气管道无变形、无泄漏为合格。

（4）气密性试验步骤：

①先将加热罩吊装到炉台上，连接好主燃气管道。

②在燃气管道上接入进气管道，按要求通入气体，使之达到设计要求的水柱高度。

③检查燃气管道阀门接口处和焊缝处的密封情况。

④按要求在规定时间内检查水柱的升降情况，达到设计要求后，填写试验记录，结束1个加热罩上燃气管道的气密性试验。

⑤其他加热罩上的燃气管道试验依照上述步骤进行，炉子的气密性试验合格后可准备试车。

五、质量标准

综合外方、中方及现场制作安装要求确认的技术标准，并通过冶金总局、宝钢质监站质量检查和冷轧厂的生产情况，我公司的安装质量标准是经得起实践验证的。宝钢2030mm冷轧厂带钢罩式退火炉荣获国家安装质量金质奖，安装标准超过奥地利的安装质量水平，并在无锡长江薄板有限公司改造的6台超大型全氢罩式退火炉工程施工中，也以高质量的水平安装建成，可谓冷轧工程建设史上一个壮举。综合安装过程，其质量标准如下：

1. 钢结构安装标准

（1）中心线极限偏差±3mm。

（2）柱基准点标高±2mm。

（3）主体结构整体垂直度$H/1000$，且≤15mm。

（4）主体结构总高度$H/1200$，且≤15mm。

（5）主体结构平台梁水平度$l/1000$，且≤20。

（6）主体结构承重平台梁侧向弯曲$l/1000$，且≤10mm。

（7）主体结构承重平台梁垂直度$l/250$，且≤15mm。

2. 炉台的安装标准

（1）炉台中心线极限偏差≤±3mm。

（2）炉台顶面标高极限偏差≤±5mm。

（3）炉台与内罩结合面水平度≤3mm（在炉台接触面的直径方向上的全长范围）。

（4）炉台钢卷支承面水平度公差≤2mm（在分流板直径方向的全长范围）。

3. 加热罩的安装标准

（1）导向柱中心线极限偏差≤±3mm。

（2）煤气接口支座中心线极限偏差±2mm。

4. 内罩的安装标准

（1）内罩法兰的平面度公差≤2mm（在炉台接触面的直径方向上的全长范围）。

（2）内罩法兰与内壁的垂直度公差≤3mm（在炉台接触面的直径方向上的全长范围）。

（3）内罩法兰与炉台结合面误差≤3mm（在炉台接触面的直径方向上的全长范围）。

5. 液压站、减压站、阀站的安装标准

（1）纵横向中心线极限偏差≤±5mm。

（2）标高极限偏差≤±5mm。

（3）纵横向垂直度公差≤1.5/1000mm。

六、机具设备

主要机具及辅助设备以6~8台炉子设备及综合管路考虑，见表1。

表 1　燃气式罩式退火炉安装主要机具和辅助设备

序号	名称	规格型号	单位	数量	备注
1	电锤		把	2	
2	冲击钻头	ϕ6 ~ 20mm	根	各 4	
3	电焊机	BX1 - 300	台	4	
4	氩弧焊机	TSP300	台	4	
5	电钻	ϕ6 ~ 13mm	只	各 2	
6	钳工水平仪或框式水平仪	0.02mm/m	只	2	
7	内径千分尺	0 ~ 1800mm	套	1	
8	百分表	0 ~ 3mm	套	4	
9	量规	精度等级一级	套	1	
10	长平尺（2 ~ 5m）	精度等级一级	只	各 1	
11	水平仪	N2	台	1	
12	经纬仪	T2	台	1	
13	角向磨光机	ϕ100mm	台	6	
14	链式起重机	1 ~ 3t	台	各 4	
15	电动试压泵		台	1	

七、劳动力组织

本工法的劳动组织按宝钢 2030mm 冷轧厂燃气式罩式退火炉和 2030mm 冷轧厂全氢罩式退火炉安装，以 6 ~ 8 台炉子设备及综合管路考虑，见表 2。

表 2　燃气式罩式退火炉安装需用人数（6 台以上）

序号	名称	需用人员	工作内容
1	工程技术人员	1	安装作业设计编制、安装过程操作、安全防护措施制定、安装资料的收集整理、安装指导
2	质量检查人员	1	安装过程控制及质量检查和确认
3	安全检查人员	1	安装过程控制及安全检查和确认
4	钳工	6	设备与钢结构的安装
5	配管工	4	管道的配置
6	氩电联焊工	4	管道的焊接
7	气焊工	2	管道的切割和焊接
8	起重工	2	设备、钢结构、管道的吊装
9	电工	2	用电器具的安装、检查与维护
10	测量工	2	前期测量用

八、安全措施

1．钢结构安装时要有拼装场地，构件应按要求进入现场。堆放时要整齐，以保证道路的畅通。

2．施工按程序进行，考虑设备、构件、管道交叉施工的合理性，以确保设备、构件的完好性，避免强制安装。

3．罩式退火炉施工存在高空作业，作业时必须有攀登条件，佩戴好安全带、安全帽。

4．为避免高空作业时踩踏孔洞造成高处坠落事故，施工时应注意及时围栏。

5．钢结构平台的栏杆和攀登用的梯子应随钢结构的安装同步进行，这样可以大大减少和避免高处坠落事故的发生。

6．加热罩内侧焊接和砌筑时要搭设平台，以保证砌筑作业的安全。

九、技术经济效益分析

1．使用燃气式罩式退火炉安装工法，加快了施工进度，可提高功效2倍左右。

2．气密性试验方法的运用，保证了炉子在使用过程中的带钢质量，仅此一项，宝钢2030mm冷轧厂全氢罩式退火炉每年可节约技术改造费近千万元。实现了带钢光亮退火，成材率也大大提高。

3．通过引进、吸收、消化，燃气式罩式退火炉安装工法与奥地利艾伯纳工业炉公司罩式退火炉安装方法相比工期短、质量好；同样也比德国洛易工业炉公司罩式退火炉安装工期短、质量好。这就促成了罩式退火炉安装的国际竞争力。笔者对中国的冶金建筑行业走出国门，与世界同类行业接轨奠定了扎实的基础，形成了一套有中国特色的燃气式罩式退火炉安装、施工工艺和检验标准，为今后类似燃气式罩式退火炉安装施工提供了借鉴与指导意义。

十、工程实例

1．由中国第二十冶金建设公司承建的上海宝钢集团公司2030mm冷轧厂CM03燃气式罩式退火机组施工，从1994～1998年完成了新建8台、续建4台和改造44台全氢罩式退火炉的安装，在应用安装工法时，实现了与传统安装方法的转化，尝试了多项新的安装施工技术，特别是全氢罩式炉的气密性试验方面，保证了氢气在炉内的配置均能满足设计与安全技术要求，达到了设计与建筑安装的初衷，使我公司燃气式罩式退火炉的安装技术再上一个台阶，整体安装施工水平达到了一定的高度。

2．1999年8月，本工法又应用于无锡长江冷轧薄板厂6台超大型全氢罩式退火炉。按本工法安装施工，同样在较短的时间内达到了保质、保量、保工期要求，按时完成了全部炉子的安装施工任务，实现了对业主的承诺，为二十冶建设公司赢得了信誉。

特大型高炉冷却壁在线快速更换工法

YJGF 103—2004

上海宝冶建设有限公司

王　雄　朱宝良　李树彬　张　顺　彭根东

冷却壁是高炉炉壳冷却系统的重要设备，对高炉生产运行中炉壳的冷却起着至关重要作用。但由于高炉在长期生产运行过程中，冷却壁上砌筑的耐火砖及喷涂的耐火材料发生脱落，从而冷却壁上冷却水管发生严重损坏，冷却壁降低甚至失去了对高炉炉壳的冷却能力，虽然采取在冷却壁上增设微型冷却器、压浆等补救措施，但只能实现短期维持效果，无法从根本上解决高炉长寿的难题。尤其是冷却壁发生严重烧坏后，根本无法再增设微型冷却器，此时便只剩炉皮在工作，仅靠外部洒水难以维持，从而出现炉壳发红。因此必须更换掉损坏的冷却壁，才能根除制约高炉长寿的一大隐患。

2004年3月23~27日宝冶建设在100h内成功进行了宝钢三号高炉（炉容4350m^3）S3段56块冷却壁的在线快速更换，满足了宝钢炼铁生产的需要。在对宝钢三号高炉冷却壁更换工程分析总结的基础上编制了本工法，因此文中多处以宝钢三号高炉S3段冷却壁更换情况进行描述说明。

一、工法特点

1. 短期化施工

充分利用高炉定修时间，即可实现高炉冷却壁的快速更换。

2. 技术先进、施工操作方便

采用多种自行设计、制作的特殊工机具及吊点、吊具组合吊装的方法，实现物流畅通和快速、准确拆除及安装。

3. 可减轻劳动强度，降低危险性

作业人员不需进入高炉炉内，在炉体外框架平台上即可进行冷却壁更换作业，从而确保安全施工。

4. 技术新颖，属国内首例

国内曾进行过的高炉冷却壁更换是采取高炉停炉中修进行，工期长（至少需20d），且作业人员是进入高炉炉体内进行施工，存在煤气、高空落物等安全隐患多。

国外曾进行的高炉冷却壁更换，由于施工环境、作业条件、高炉炉体状况等不同，其采用冷却壁更换施工技术也无可比性。

二、适用范围

本工法适用于4000m^3及以上级特大型高炉冷却壁更换，其他各种容积高炉冷却壁也可参考借鉴。

三、工艺原理

1. 基本原则

（1）利用高炉定修期间进行施工，实现短期化施工。

（2）作业人员不进入炉内，在炉体外平台上进行冷却壁更换作业，实现安全、快速、准确施工目标。

2. 工艺原理立面示意图（见图1）。

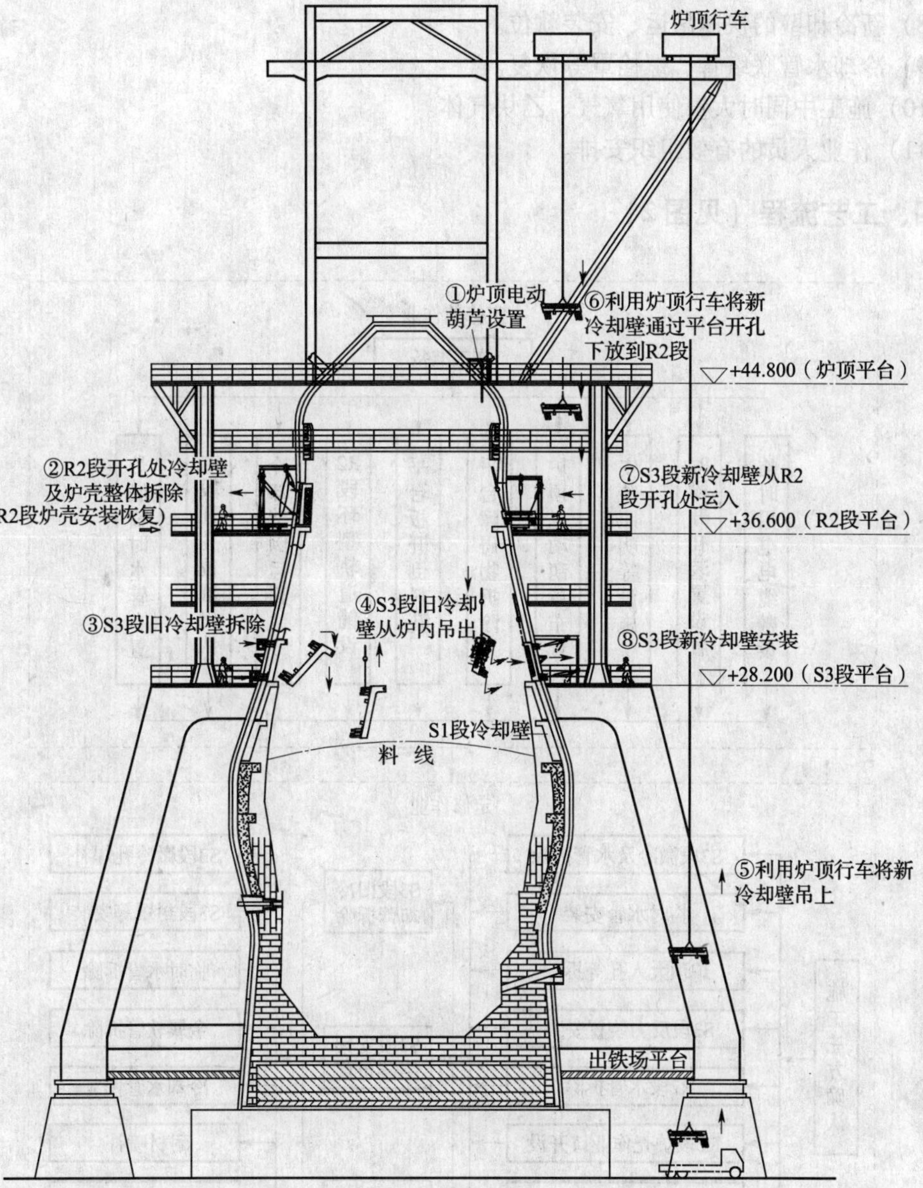

图1　施工工艺原理立面示意图

3. 冷却壁快速更换工法主要解决了以下关键技术难题。

（1）整个施工工艺流程、工时工序的编排。

（2）吊运机械的选用及其吊点设置。

（3）冷却壁吊装过程中，吊运机械的多吊点有效组合使用。

（4）旧、新冷却壁在炉体外平台上的顺畅倒运。

（5）炉壳上4个作业口的开设位置、开设方法及快速回装。

（6）旧冷却壁的快速拆除及从炉内吊运到炉外。

（7）微冷快速拆除及炉壳上微冷孔的处理。

（8）新冷却壁的快速吊运、安装就位。

（9）冷却水管联络管、螺栓罩等恢复。

（10）施工中同时大量使用氧气、乙炔气体。

（11）作业人员的有效组织安排。

四、工艺流程（见图2）

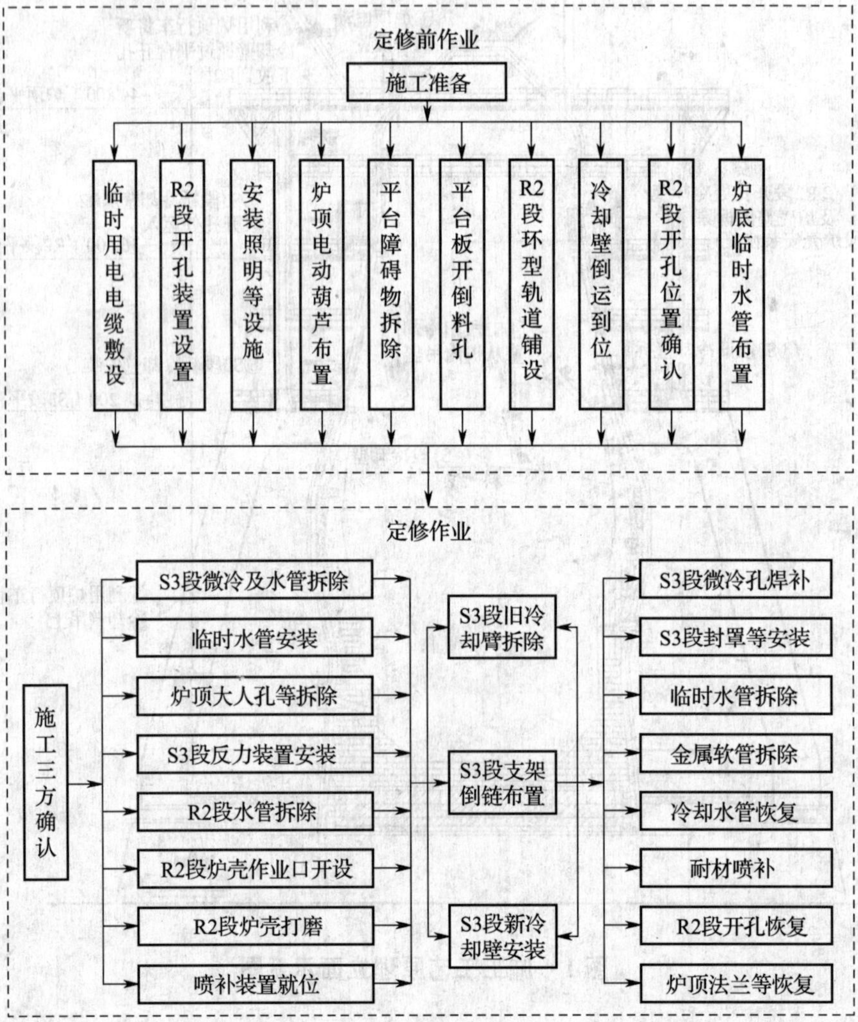

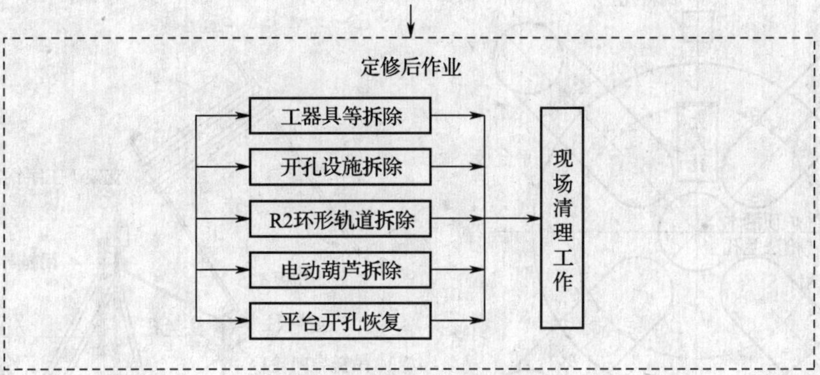

图 2　施工工艺流程图

五、操作要点

1. 施工主要机具及使用

（1）旧冷却壁吊运

旧冷却壁拆除后，利用在炉顶平台上方的沿炉体全周设置电动葫芦将其从炉内吊运到炉顶平台，然后利用炉顶 50t 行车将其从炉顶运送到出铁场平台，利用拖车将旧冷却壁运走。

（2）新冷却壁吊运、安装

新冷却壁利用拖车运到出铁场平台上，利用炉顶 50t 行车将其吊运到炉顶平台，然后通过炉顶平台上所开的倒料孔下放到作业口（注：由于考虑到炉壳状况及炉外平台作业环境等因素，宝钢 S3 段冷却壁更换时作业口开设在 R2 段上）所在平台的台车上，运到作业口处，配合使用炉内电动葫芦、手动葫芦将其送入炉内，进行吊装，在更换段冷却壁所在炉壳外用手动葫芦横向拉动冷却壁就位。

2. 炉顶电动葫芦设置

（1）结合现场实际情况，选用单链式电动葫芦，主要基于以下几方面考虑：①起重机械额定起重量满足冷却壁重量；②弥补钢丝绳不耐高温的缺陷，铁链在炉内高温情况下能安全作业；③电动葫芦采用 30m 链，满足吊装高度要求；④弥补了采用卷扬机钢丝绳受环境限制的缺陷；⑤电动葫芦吊装上下运行安全可靠、快捷。从而确保快速地进行冷却壁的吊运。

（2）在炉顶框架或设置的辅助支架上焊接吊耳，安装电动葫芦，电动葫芦数量应能满足全周冷却壁拆装作业需要。由于电动葫芦吊链是利用炉顶洒水枪法兰孔（见图 3）放入，故电动葫芦应尽量设置在炉顶洒水枪法兰孔正上方。

（3）利用上升管下方洒水枪法兰孔时，由于空间狭小，无法直接设置电动葫芦，可以通过导向轮等实现（见图 4）。导向轮轴承必须涂抹润滑油保持充分润滑，以减少使用中的摩擦。

（4）电动葫芦辅助支架、吊耳等制作设置时，必须保证焊缝质量、强度等满足使用需要，使用前必须进行安全可靠度确认。

（5）电动葫芦进行编号，电动葫芦电缆也相应的编号，以便使用时易于辨认。

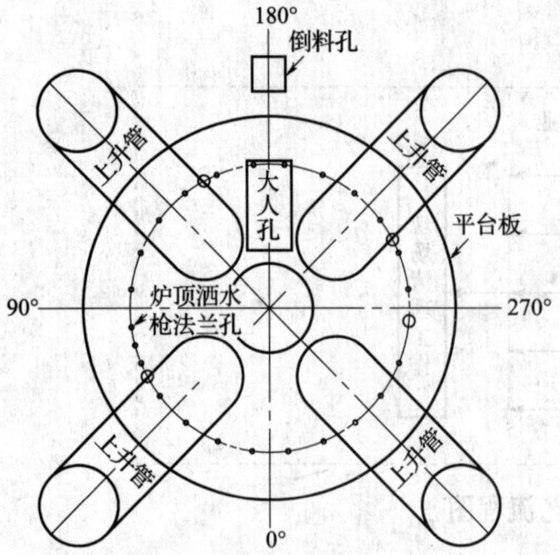

图3　炉顶电动葫芦吊点平面示意图

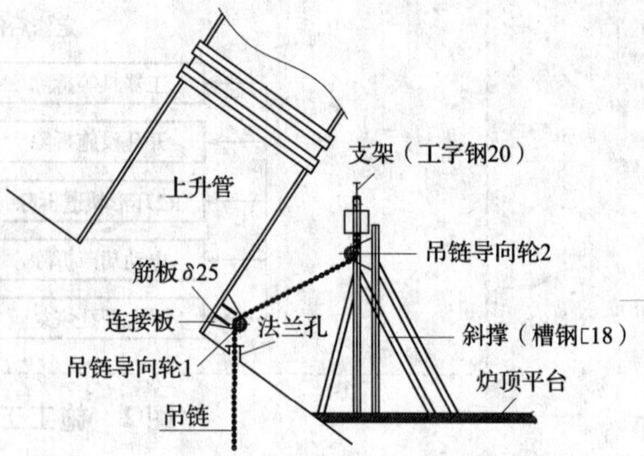

图4　导向轮示意图

（6）电动葫芦备件（保险管等）准备充分，以保证施工中电动葫芦及时维修、正常使用。

（7）电动葫芦使用过程中，设专人在炉顶进行监控。

3．作业口所在平台（R2 段）上环行轨道铺设及转盘布置

（1）冷却壁在作业口所在平台（R2 段）的倒运依靠自制台车来运输。运输台车制作应根据冷却壁水管的长度，尽量降低小车的高度，以防止小车运输冷却壁的失稳。因此在作业口所在平台（R2 段）上沿四周铺设轨道。

（2）轨道铺设时，要保证其平整度、轨道间距。轨道的转向是靠转盘来实现的，两条轨道的中心线应通过转盘的中心。

（3）铺设轨道处的平台板下方应进行加固，以保证台车在轨道上运行时不致发生倾倒。

（4）轨道铺设完成后，应进行台车试运行，确保台车运送冷却壁时在轨道上能畅通。

（5）在运输中，应避免发生台车脱轨、倾倒等情况，尤其是在台车从轨道推上转盘、在转盘上转动及从转盘推上轨道过程中（见图5）。

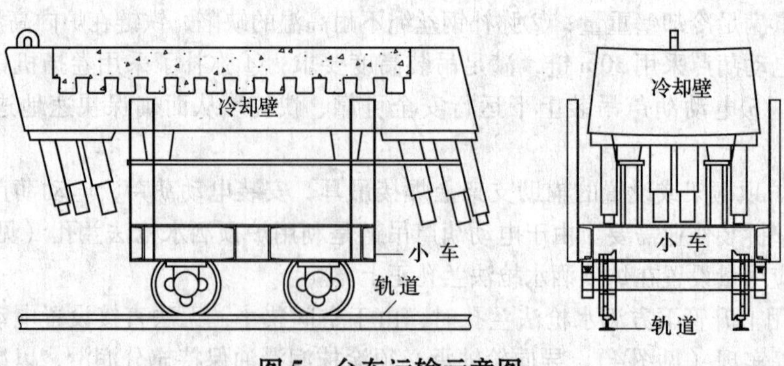

图5　台车运输示意图

4．炉壳作业口（R2 段）开设

（1）如图6 所示，先在开孔位置炉壳上做出开孔轮廓线。

（2）应根据作业口（R2 段）冷却壁的冷却水管位置进行开孔轮廓线的标记及确认，而不能根据其螺栓罩，因为螺栓罩中心与螺栓孔中心位置偏差较大。

（3）在炉壳上焊接吊耳，并将手动葫芦与其可靠连接。

（4）按已做好的标记线进行气刨，注意气刨方向如图6所示。炉壳气刨后，使用自动切割机、风镐将冷却壁之间的耐材清理掉，然后将耐材锚固件割断，通过上下两个倒链配合将炉壳连同冷却壁整体取下，放到自制台车上运走。并用磨光机对炉壳孔洞的四边进行坡口打磨加工。

5.（S3段）微型冷却器拆除

先割除进、排水连接管，然后设置千斤顶，拆除微冷，见图7。

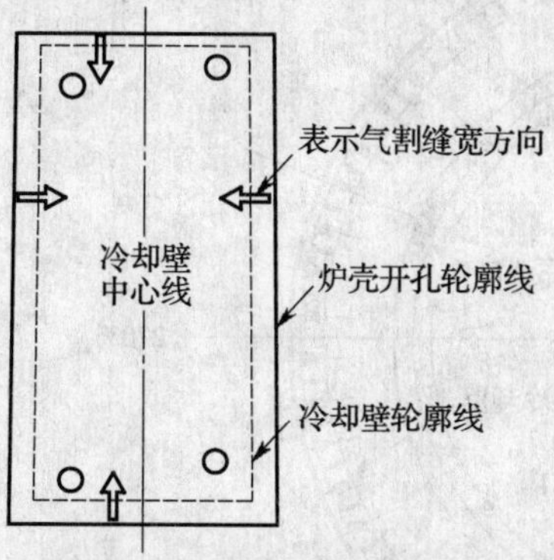

图6　R2段炉壳开设作业口轮廓线示意

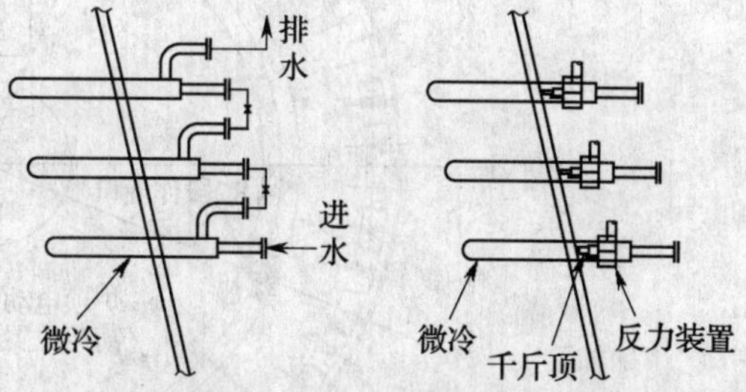

图7　S3段微冷拆除示意

6.（S3段）旧冷却壁拆除

（1）旧冷却壁拆除前，应先将冷却联络管、冷却管封罩、螺栓罩、螺栓等拆除。然后在冷却本体管上焊接吊耳，并将事先备好的吊装用铁链一端与吊耳可靠连接，而链条的另一端临时固定，避免落入炉内（8）。链条应放置在铁桶内，避免随冷却壁落入炉内时伤人。

（2）考虑到耐材锚固件的存在，应先从损坏严重的旧冷却壁开始进行拆除。

（3）在反力装置上设置千斤顶，通过顶冷却壁本体冷却管将旧冷却壁向炉内推，使之下落到炉内，见图8。将电动葫芦的吊索与冷却壁上事先绑好的链条另一端可靠连接，然后操作电动葫芦将旧冷却壁提升至作业口（R2段开孔）或炉顶大人孔处，从作业口（R2段开孔）或炉顶大人孔拿出。

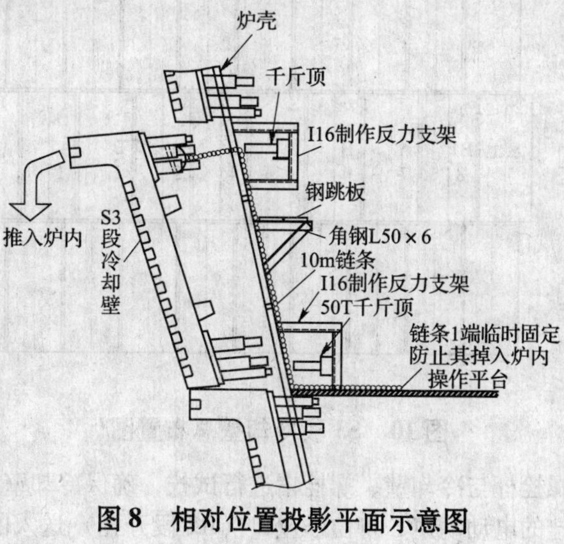

图8　相对位置投影平面示意图

7.（S3 段）新冷却壁安装

（1）炉顶电动葫芦、作业口（R2 段开孔）、（S3 段）新冷却壁相对位置，如图 9。为了便于吊装，应尽量利用相对离新冷却壁安装位置最近的一组电动葫芦进行吊装。

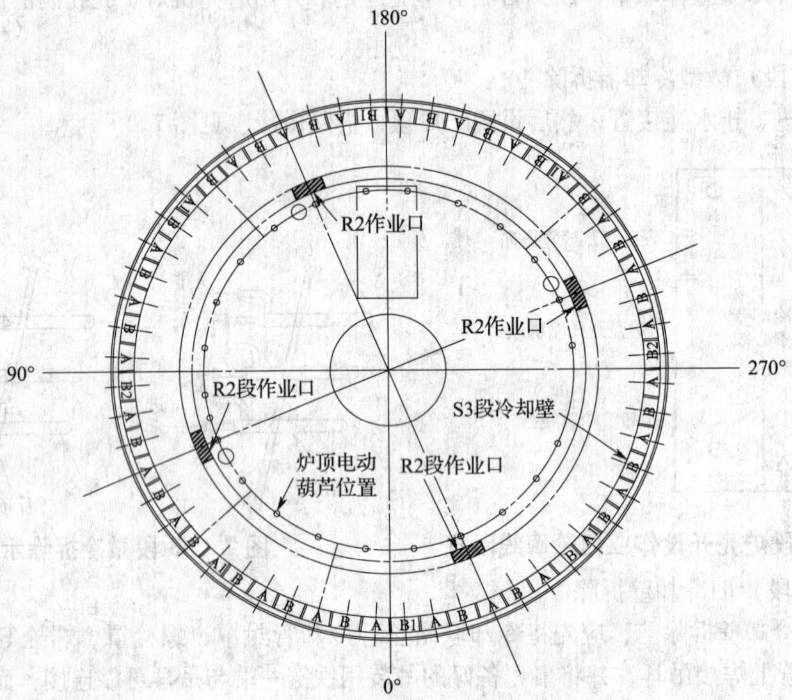

图 9　相对位置投影平面示意图

（2）安装前应按冷却壁安装平面布置图对冷却壁及炉壳对应地按 1、2、3……进行编号，见图 10。

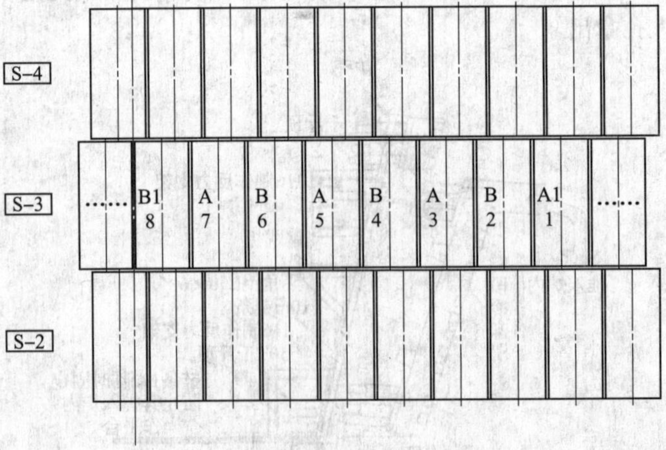

图 10　S3 段冷却壁总布置图

（3）在安装前将螺栓杆与冷却壁、螺栓帽进行试拧，确保冷却壁上螺栓丝扣的质量。

（4）操作炉顶悬挂的电动葫芦，将由作业口（R2 段开孔）送入的新冷却壁尽量下放到

（S3段）安装位置，然后在安装位置（S3段）炉壳外侧通过炉壳上的水管孔观察冷却壁的位置，使用铁钩将事先绑在冷却壁本体冷却管吊耳上的钢丝绳钩到炉壳外，将之挂到门型支架上悬挂的倒链上。一边通过倒链将冷却壁横向拉动，一边配合操作电动葫芦，使冷却壁向炉壳位置就位。

（5）冷却壁完全就位（即螺栓、冷却管等穿出炉壳，螺栓凸台完全顶紧炉壳内表面）后，套上垫板及螺帽，紧固到位（判定标准：事先在螺栓及冷却管上根据设计尺寸标记出应穿出炉壳的位置，螺帽紧固到标记处即可）。

（6）螺栓紧固达到要求后，安装螺栓罩。

8．S3段其他作业

（1）微冷孔焊补（见图11）

（2）螺栓罩、冷却管封罩安装

（3）冷却水管联络管的恢复（见图12）

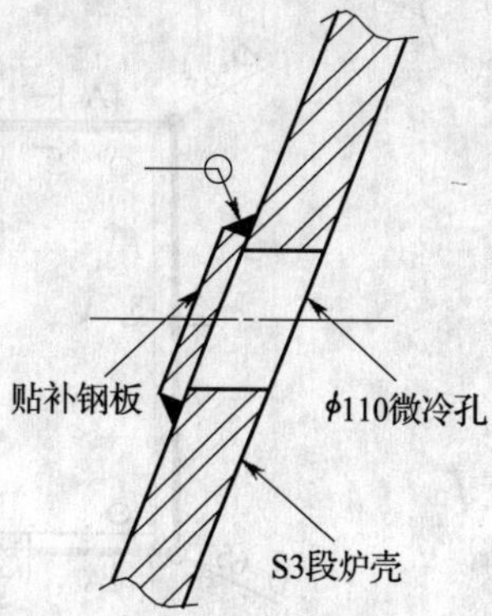

图11　S3段微冷孔贴补焊

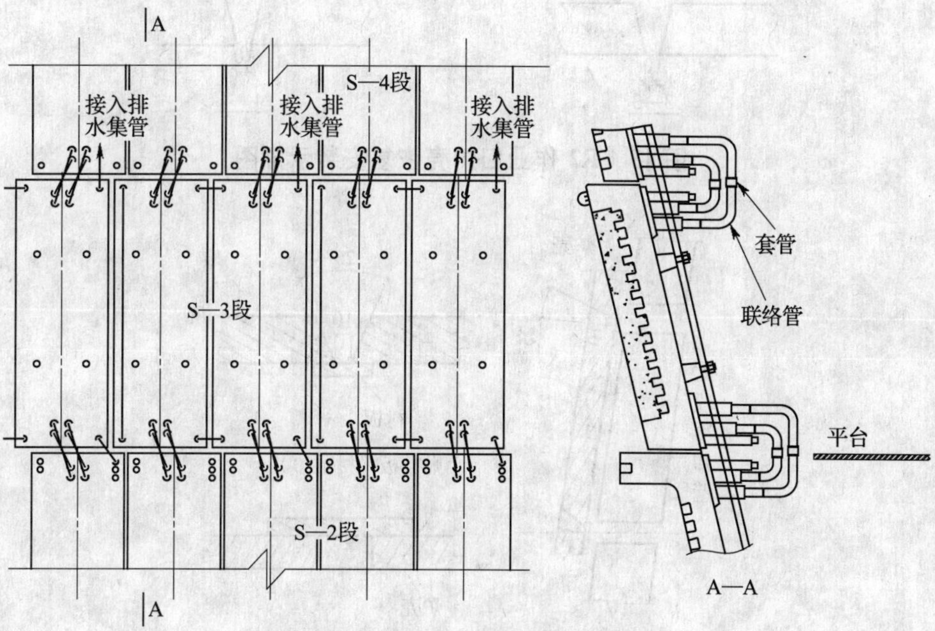

图12　S3段冷却水管联络管恢复

（4）注意：由于焊接施工作业条件差，很多地方施焊难度极大，而且焊缝繁多，因此应依次严格进行焊接作业、焊缝质量检查、不合格焊缝返修、焊缝质量检查确认，以保证在高炉送风后，焊缝不发生泄漏。

9．（R2段）作业口恢复（见图13、图14）

（1）新炉壳安装前，应首先用磨光机对作业口处炉壳进行打磨加工。根据炉壳作业口尺寸，对新炉壳（根据炉壳作业口预定大小，新炉壳事先加工制作好备用，包括坡口加工、冷却壁安装、螺栓封罩安装、耐材砌筑、炉壳上水管孔盲板等安装）进一步打磨加工，然后利用倒链吊装其与炉壳孔洞进行对合恢复。

（2）作业口焊缝同时施焊。立缝、横缝均对称施焊，多层多道焊，严禁1道成型。每道焊渣清楚干净。立缝采用 ϕ4mm 焊条，横缝采用 ϕ4mm 焊条打底，ϕ5mm 焊条填充盖面。焊条牌号 J507RH。焊接过程锤击消除应力。每道焊渣清除干净。

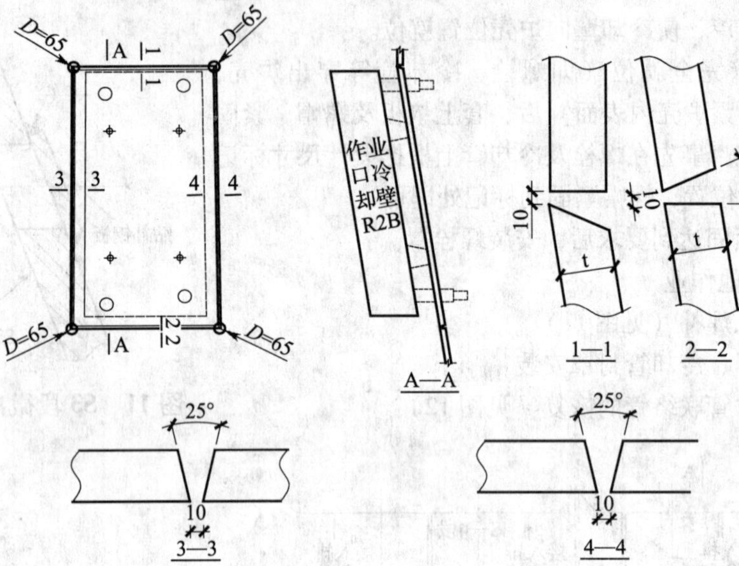

图 13　R2 作业口炉壳恢复安装示意图

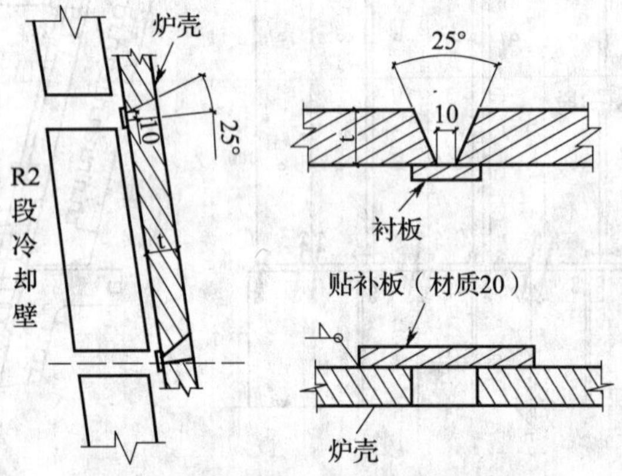

图 14　R2 作业口炉壳恢复焊接示意

（3）立、横焊缝焊接完成后，在四角各钻 1 个直径为 65mm 孔，再贴补焊接钢板，以补偿焊缝缺陷。

10. 氧气、乙炔的提供与使用

在拆除作业中需大量使用氧气、乙炔，为节省换气时间，在施工中采取氧气格笼形式进行供氧。每个格笼放置 15 瓶氧气，可以同时供 4 套割枪使用。

11. 其他必要工作

（1）前期技术、施工工器具及资材配备等充分准备工作必不可少。

（2）炉顶行车、电动葫芦等机械的使用保驾是较为关键因素。

（3）施工任务明确划分，五个作业组分派熟悉高炉系统的管理人员进行现场管理。

六、机具、设备（见表1）

表1　主要机具设备表

序号	名　称	型号规格	数　量	备　注
1	千斤顶	100t	4台	拆除旧冷却壁
2	千斤顶	50t	16台	拆除旧冷却壁
3	电动葫芦	额定起重量6.3t	30台	冷却壁拆装
4	手动葫芦	10t	4台	冷却壁拆装
5	手动葫芦	5t	12台	冷却壁拆装
6	手动葫芦	3t	8台	冷却壁拆装
7	拖车	20t	2台	冷却壁运输
8	直流电焊机	ZX5－500	30台	
9	砂轮机	ϕ100	20台	
10	对讲机		40台	
11	气铲	5（JB/T 8412—1996）	8台	清渣等
12	强光手电筒		30把	
13	煤气检测仪		20台	
14	空气呼吸器		20组	
15	氧气格笼		20个	
16	氧气分配器		16组	
17	自制台车	6吨载重量	10台	冷却壁倒运
18	转盘		12件	

七、劳动组织

1. 劳动力组织（见表2）

表2　劳动力组织表

序号	名　称	人　数	备　注
1	管工	120	分白班、夜班两班倒
2	起重工	100	分白班、夜班两班倒
3	电焊工	80	分白班、夜班两班倒
4	气焊工	32	分白班、夜班两班倒
5	电工	8	分白班、夜班两班倒
6	铆工	160	分白班、夜班两班倒
7	其他	100	（倒运冷却壁等）分白班、夜班两班倒

2．人员组织安排

为保证工期，投入作业人员约600名进行24h倒班连续流水作业，主要分成5个作业组。

（1）组织1个作业组专门负责新、旧冷却壁炉外的倒运工作。

（2）按（R2段）炉壳所开4个作业口，划分成4个区，将（S3段）旧冷却壁拆除、新冷却壁安装等任务落实到4个作业组，明确责任，统一指挥、控制。

八、质量、安全

1．质量标准

（1）引用规范及标准：

①《建筑钢结构焊接技术规程》（JGJ 81—2002）。

②《钢结构工程施工质量验收规范》（GB 50205—2001）。

③设计院提供的设计总说明、图纸及其他相关资料。

（2）安装质量主要指标，见表3。

表3　安装质量主要指标

<table>
<tr><th>序号</th><th>项目名称</th><th colspan="3">质 量 指 标</th><th>备　注</th></tr>
<tr><td>1</td><td>冷却壁螺栓连接</td><td colspan="3">牢固可靠，外露丝扣不应少于2扣</td><td>丝扣无损坏</td></tr>
<tr><td>2</td><td>冷却水管联络管</td><td colspan="3">弯头不小于90°</td><td></td></tr>
<tr><td>3</td><td>冷却水管联络管对接</td><td colspan="3">焊缝无泄漏</td><td>通水试验</td></tr>
<tr><td>4</td><td>炉壳作业口开孔尺寸（mm）</td><td colspan="3">±3.0</td><td>坡口加工打磨完</td></tr>
<tr><td>5</td><td>作业口炉壳对接间隙</td><td colspan="3">允许偏差：+3.0，-2.0、</td><td>有垫板</td></tr>
<tr><td rowspan="3">6</td><td rowspan="3">作业口炉壳对接焊缝</td><td rowspan="3">一级焊缝（mm）</td><td>焊缝余高</td><td>允许偏差：0~4.0</td><td></td></tr>
<tr><td>焊缝错边</td><td>允许偏差：$d<0.15t$，且≤2.0</td><td>t为板厚</td></tr>
<tr><td colspan="2">100%探伤，GB 11345—89B类Ⅱ级合格</td><td></td></tr>
</table>

2．质量保证措施

（1）建立质量管理体系，加强质量管理，确保安装质量达到设计要求。

（2）冷却壁在运输和吊装过程中要做好成品保护工作，避免碰撞，特别是冷却水管在运输、安装时，应避免变形和损坏。在冷却壁砌砖、倒运中，制作胎架放置冷却壁。

（3）安装前，应核查冷却壁的尺寸、编号等是否正确。用螺栓杆对每块冷却壁每个螺栓孔进行试拧，以保证冷却壁上螺栓丝扣质量完好。

（4）安装时应严格按照冷却壁排版图进行，避免冷却壁安装位置错误。

（5）冷却壁安装必须保证螺栓凸台完全贴紧炉壳内表面，同时螺栓应全部紧固到位。

（6）R2段炉壳恢复安装时，必须保证对缝平整，防止发生错边。焊接必须按焊接工艺进行，充分保证焊缝质量。

（7）冷却水管联络管安装时，应避免焊渣等遗留在管内。

（8）严格保证所有焊缝质量要求。

3. 安全

（1）由于作业人员、工机具、冷却壁等数量众多，各层平台需进行承重验算及必要的加固处理，尤其是冷却壁临时堆放点、轨道铺设及转盘设置点。

（2）现场电焊机、电动葫芦及照明等用电设备数量多，应严格执行《施工现场临时用电安全技术规范》（JGJ 46—2005）。

（3）各层作业平台的空洞及间隙等处四周必须设置安全防护栏杆及警示标志牌等。

（4）作业环境中煤气、温度等条件必须经3方检测确认安全挂牌后方可作业。

（5）现场必须保证紧急疏散通道畅通，并有醒目的昼夜指示牌。

（6）做好防煤气措施。作业人员必须配备煤气检测仪，并备好空气呼吸器等防护用品待用。

（7）做好防高温措施。现场派专人定时测温，并做好书面记录。炉壳气割开孔、微冷拔出等作业时，应注意防止高温烧伤。

（8）各层平台间平面、立面交叉作业时，应保持信息畅通，听从统一指挥，相互配合好。

（9）关键工器具使用前，应检查确认倒链等吊具、吊耳、吊钩、钢丝绳强度等，确保其安全可靠。

（10）吊装冷却壁及千斤顶等使用时应防止高空坠落。

（11）做好安全教育、安全技术措施交底及作业环境、作业内容预制等工作。

九、效益分析

1. 社会效益

（1）采用本工法实施高炉冷却壁更换工程，彻底更换了损坏的高炉冷却壁难题，使高炉寿命延长约6年，为宝钢增产创造了十分可观的经济效益。

（2）采用本工法，实现利用高炉定修期间快速更换冷却壁。

（3）采用本工法，可延长高炉炉龄，对炼铁厂正常生产，提高产量，增加效益具有重要意义。

（4）与传统方法相比。传统方法：高炉停炉中修20d，而按本工法只需100h，缩短工期16d。

①从高炉生产角度将创造十分可观的经济效益：

16d×10000t/d×500元/t×41.5%（铁水成本中高炉所占比例）

×20%（此项目所占贡献系数）=664万元

②从施工角度看，仅人工费一项即节约：

16d×1.5d/人·d×600人×200元/d=288万元

增收节支总额达952万元。

2. 直接经济效益

（1）项目结算总价520万元

（2）成本支出441.8万元

其中	模拟试验费	73.8万元
	辅材、机具折旧费	176万元
	机械费	45万元

人工费	95 万元
管理费等	52 万元
创造效益	78.2 万元

十、工程实例

本工法于 2004 年 3 月 23 ~ 27 日成功应用于宝钢 3 号高炉 S3 段 56 块冷却壁在线快速更换，实际工期 100h，比计划工期提前 6h，实现了安全、快速、短期化施工目标，满足了高炉恢复生产及长期安全运行的需要，为宝钢创造了十分可观的经济效益。

带水大开挖成沟、控制负浮力牵引管道穿越大江大河施工工法

YJGF 104—2004

管道局石油天然气管道第四工程公司

高建国　宋华奇　王平国　朱东志　曹会清

输气管道穿越大江大河，根据不同的工程条件，采用不同的方法。忠武输气管线干线长度达700余km，四穿长江、七跨激流，横越两湖水网。西气东输工程绵延2500多km，大型河流穿越达32处。西气东输冀宁输气管道，纵贯苏、鲁、冀三省，线路全长874km，大、中型河流同样达到了30多条。在这些大型的管道工程中，采用了盾构法、定向钻法、顶管法及大开挖法等多种方法进行穿越河流。

川汉管道红花套长江穿越、忠武线襄樊汉江穿越和西气东输冀宁支线大汶河穿越工程，都采用带水大开挖成沟、控制负浮力牵引管道穿越江河施工方法进行管道穿越施工，稳管采用镯式混凝土配重块连续覆盖方式。经过工程技术人员的精确计算、充分准备，成功的对管道入水后的负浮力进行了控制，采用小平车轨道发送法，管道牵引均获得了成功。

经过工程技术人员认真总结、整理，形成了“带水大开挖成沟控制负浮力牵引管道穿越大江大河施工工法”。

一、工法特点

带水大开挖成沟控制负浮力牵引法管道穿越，具有以下施工特点：

1. 施工一般在枯水期，可选轮斗式、抓斗式、绞吸式等挖沙船进行施工带水开挖，不影响河道通航。
2. 工程量较为集中，便于施工力量的组织调配。
3. 重点和难点工序主索发送方法成熟、安全。
4. 有效控制管道入水后的负浮力，施工过程平稳、安全，施工风险较小。
5. 管道就位准确，埋深符合要求，施工质量较好。
6. 因采用埋设，对以后的航道无负面影响。

二、适用范围

带水大开挖成沟控制负浮力牵引管道穿越大江大河施工工法，适应的范围广，对于沙层、卵石层等定向钻难以穿越的地段，采用此法成本低，速度快，适用范围广。

1. 施工地段无较厚坚硬岩石层。
2. 卵石砾石层较厚、成孔困难，不适合定向钻等其他方法穿越。
3. 河道中心流速较缓，一般不超过1.5m/s。
4. 河床底部冲刷较小，管道埋深一般在13m以内。
5. 适用于大、中、小型河流穿越。

三、工艺原理

带水大开挖成沟控制负浮力牵引法的核心工艺是管沟的矩形槽开挖、管道负浮力控制和主索发送。所谓的矩型槽开挖法，即开挖时沿管沟轴线反复开挖，随着开挖深度的增加，管沟侧壁无法保持直立，必定自然坍塌，并达到自稳状态；继续开挖管沟轴线，沟壁也继续坍塌，但是管沟深度在逐渐增大，管沟上口在不断增宽，最终，管沟达到设计深度，沟壁也自然休止，管沟成型，具体如图1所示。

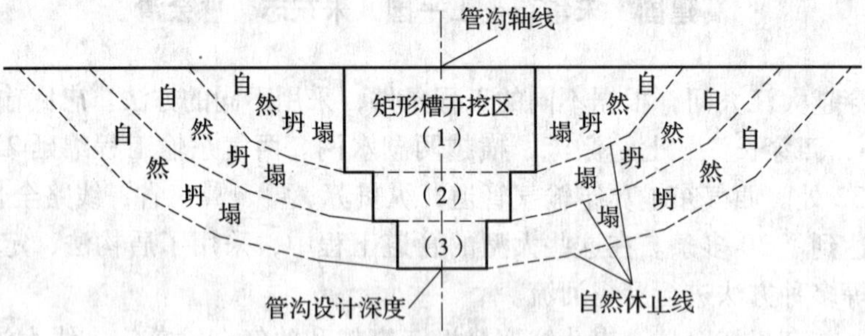

图1　矩形槽开挖法示意图

负浮力控制包括管道入水负浮力计算、管道负浮力削减措施、管道负浮力控制原则。

1. 管道入水负浮力计算

采用控制负浮力牵引法施工的牵引管道，一般采用镯式混凝土配重块连续覆盖稳管方式。为了保证防腐层的完好性，一般在配重块和管道防腐层之间，满铺橡胶板。所以在计算管道入水后的负浮力的时候，需考虑管道重量、排水体积等因素。为了方便描述，需假设相关参数。

如果水下管道每m重量G，钢管每m重量G_1，防腐层每m重量G_2，橡胶皮每m重量G_3，配重块每m重量G_4，则

水下管道的每m重量为$G = G_1 + G_2 + G_3 + G_4$

管道长度L，管道入水后每m浮力$F_{浮}$，水的密度ρ，管道排水体积V，防腐管排水体积V_1，橡胶板自身体积V_2，配重块自身体积V_3，则

管道排水体积$V = V_1 + V_2 + V_3$（注：由于配重块安装后，无法做到密不透水，故不应按照配重块排水体积计算，而应按照各个单体的排水体积累加，以保证计算结果准确）

按照上述体积计算后，可得出管道入水后每m浮力$F_{浮} = \rho \cdot V/L$

故管道入水后每m负浮力$F_{负1} = G - F_{浮}$

2. 管道负浮力削减措施

经过上述计算，管道入水后每m负浮力为$F_{负1}$较大，为了达到安全施工、降低投入的目的，应该采用负浮力削减措施。在管道上方安装浮筒减小管道负浮力是最为安全、经济、可行的办法。浮筒的形式如图2所示。

管道负浮力控制原则：按照本工法的方法控制负浮力，可以使负浮力控制在$0 \sim F_{负1}$之间。但是在进行负浮力控制时，应确定合理的负浮力控制目标，即要确定安装浮筒后，管道入水后应达到的负浮力水平，以保证施工安全、避免浪费。

设管道在发送道上的重量为G'，管道与发送道的摩擦系数为μ_1，最大静摩擦系数K，则

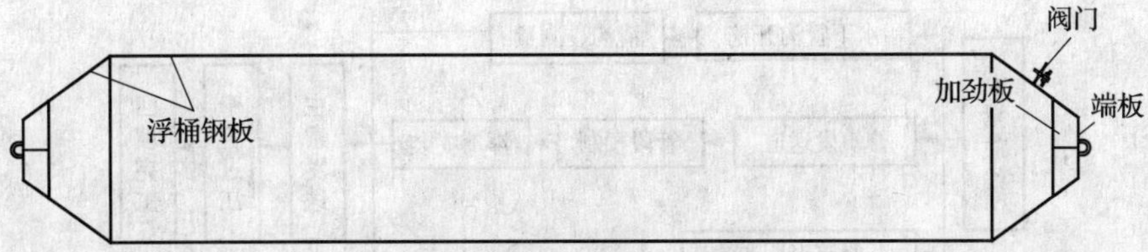

图2　浮筒结构示意图

牵引力 $F=K\cdot\mu_1\cdot G'$，管道在水下的牵引力不宜超过 F，管道在水下的摩擦系数为 μ_2，管道长度为 L，则管道在水下的每 m 负浮力控制水平应为 $F_{负}=F/(L\cdot K\cdot\mu_2)$，浮筒数量为 m，单个浮筒应该提供的静浮力为 $F_{浮筒}$，则 $F_{浮筒}=(F_{负1}-F_{负})\cdot L/m$。

按照如上确定的浮筒静浮力，参考以下几个要点，进行浮筒设计。

（1）浮筒设计时，宜尽量增大浮筒体积、减少浮筒数量。但是浮筒直径以小于牵引管道外径（如果为椭圆，则按长轴计）的1.5倍为宜。

（2）为保证浮筒刚度，浮筒钢板壁厚不宜低于3mm，端盖板壁厚不宜低于6mm，加劲板壁厚不宜低于6mm。

（3）为减小浮筒在水中的阻力，浮筒前端的梭型顶角不宜大于90°。

（4）为保证浮筒安全，应设计充气阀门，并根据穿越河流水深，确定充填压力。

（5）管道牵引过程中，管道尾部100m范围内的浮筒所起作用不大，故不必安装浮筒。

3. 牵引主索的发送

主索发送是本工法施工的一个重点和难点。主索发送方法很多，采用“双船舶主索发送法”更为安全、可靠，其发送原理如图3所示。

动力船舶与运输船舶并排、垂直于管沟轴线布位。动力船舶最好采用绞锚船，根据水的流速确定锚缆的方向和位置，使船舶严格沿管沟轴线方向前进，保证船舶在水流方向保持不动。在船舶移动的过程中，进行钢丝绳放绳，最终完成钢丝绳发送。

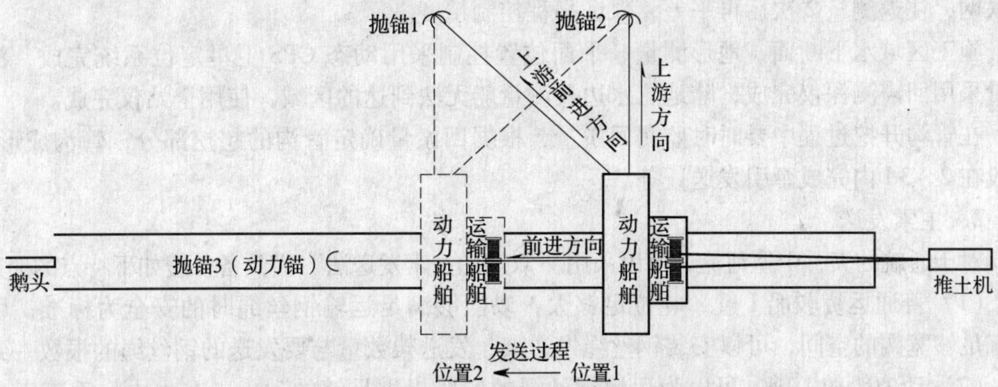

图3　“双船舶主索发送法”原理图

四、工艺流程及操作要点

带水大开挖成沟控制负浮力牵引管道穿越，应按照图4所示工艺流程进行施工。

施工中，涉及到的主要工序有水下管沟开挖、发送道修筑、牵引道修筑、管段预制（含混凝土配重块安装）、浮筒安装、主索发送、牵管过江等施工工序。下面对本工法施工的主要工序及操作要点介绍如下。

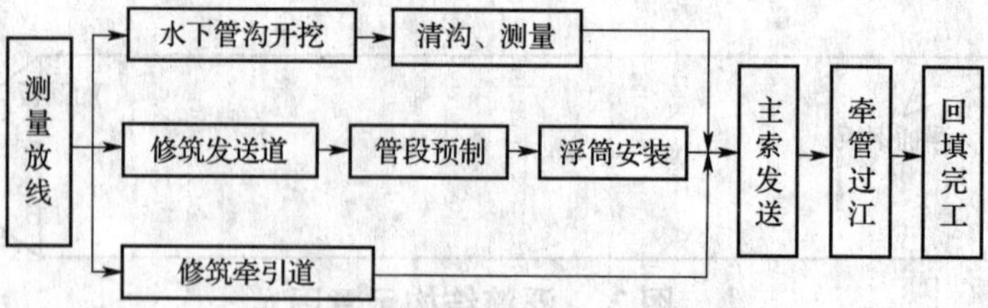

图4　管道穿越主要工艺流程图

1．带水大开挖成沟

带水大开挖成沟是一种带水开挖的施工形式，对河流航道影响较小。开挖机械采用水上挖泥船，根据工程地质特点，选择不同形式、特点的挖泥船进行管沟开挖，挖泥船的数量选择根据开挖总方量而定。

挖泥船只施工时，按“一”字布置在管沟轴线上，根据其开挖能力，分配不同的工作空间，各个挖泥船在自己的任务空间内进行管沟开挖（图5）。

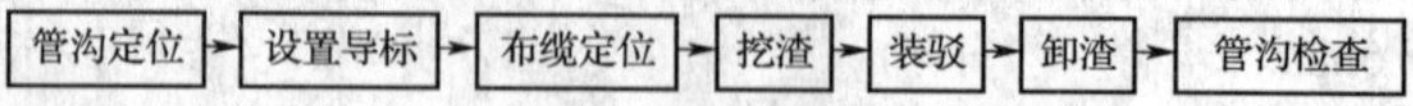

图5　水下管沟开挖流程图

管沟开挖采用矩形槽开挖法，为了防止边坡失稳，施工中采取开挖土远运堆放的施工方法，对开挖好的管沟，分别在上下游方向设置不同的边坡，并在管沟上游方向超挖土方，以给回淤坍塌留有空间，保证最终的管沟成型。

管沟开挖过程中，随时随地进行管道轴线及高程、宽度检查，对偏离轴线及管底高程等及时控制，保证开挖轴线精度，科学、合理、精确的控制施工船舶，使船舶按照总体部署，有序的进行水下开挖作业，以满足施工要求。

合理布置控制点是控制施工质量、进度的必要条件。根据设计提供的控制点，在两岸进行控制点加密，并将所有控制点联网复测，保证平面控制精度，同时采用全站仪将所有控制点联网，往返测量2次后再平差，保证高程控制精度。

施工区域水下断面、地形测量、平面位置控制采用动态GPS卫星定位系统完成，深度测量采用回声测深仪完成，陆地、水边及测量船无法到达的区域，使用全站仪完成。

在管沟开挖过程中要时时监测回淤量，根据回淤量确定管沟的超挖部分，管沟成形后，一般在2~3d内完成牵引发送任务。

2．主索发送

对于通航的大、中型河流，可以采用“双船舶主索发送法”需具备2艘如下特点的船舶。

（1）普通运货驳船1艘，吨位足够大，以能够满足运输钢丝绳时的安全为标准；甲板上有足够宽阔的空间，可以安装钢丝绳发送架，发送架数量与要发送的钢丝绳的根数一致；

（2）动力船舶1艘，可以为运输钢丝绳的驳船提供足够的动力，在水中，垂直于水流方向行进时，可以保证船舶行进方向不偏离轴线。

对于不通航的中、小型河流，可能无法采用双船舶法发送主索，建议采用小绳带大绳的方法，但是需注意，小绳带大绳的方法的危险在于钢丝绳之间的连接形式，牵绳过程中要千万注意窝裹力对钢丝绳发送的影响。

3．发送道修筑

管道底拖发送可选择的方法有辊轴支架法、小平车轨道法和水利发送法，本工法建议采用小平车轨道发送法，小车采用串联法回收。在第（4）、第（5）节中，都是以小车轨道法发送为前提的（图6）。轨道地基要特别注意修筑坚固，防止沉降，同时，按照枕木间距，要对轨道断面进行抗剪验算，轨道修筑形式如图7所示。

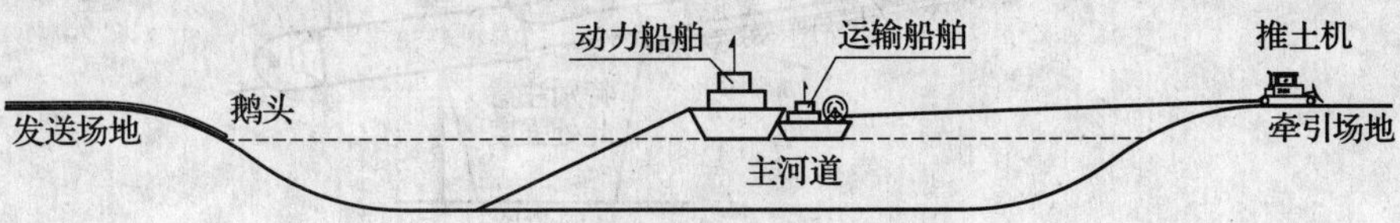

图6　主索发送过程示意图

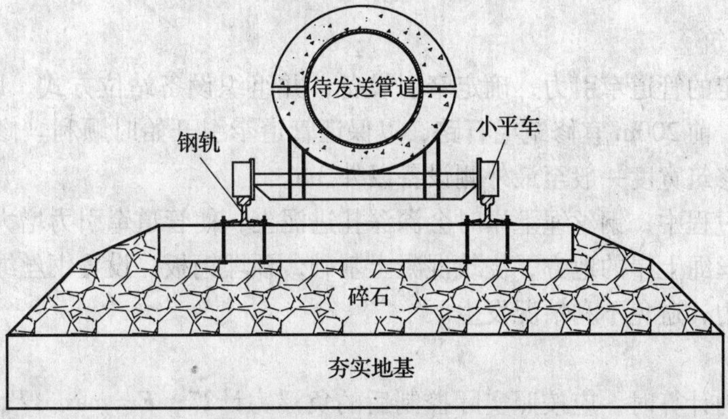

图7　小平车轨道发送法

轨道修筑好后，将小平车按照一定间距布置在轨道上，配重块则连续布置在轨道或小车上，管道整体预制完成后，再采用3台以上吊管机，整体吊装到配重块上，最后安装好配重块上瓦。其牵引管段安装过程如图8所示。

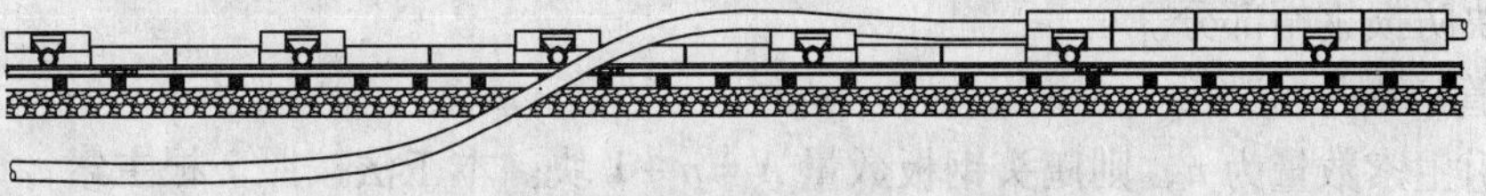

图8　牵引管段安装过程图

4．小车串联法回收

所有的小平车，采用串联法回收，所谓串联法回收，就是将小车通过钢丝绳和卡具，连接成串，小车随着管道牵引，行进到轨道端头时，落入小车回收坑，将每串小车的第1辆留出绳头，挂在回收设备上，最终将小车拉出，成串的小车左右交替回收，具体如图9所示。

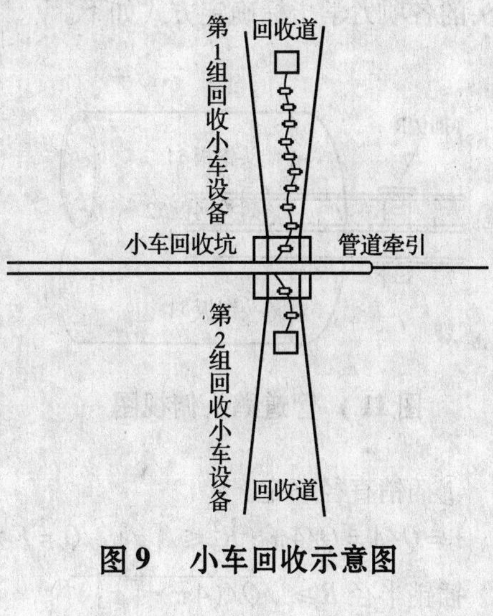

图9　小车回收示意图

采用串联法回收小车，需修筑小车回收坑。小车回收坑的形式可以采用钢结构，也可以采用砌筑结构，但是，一定要注意修筑强度，特别是图10中指出的位置，在管道入水后，单点受力将达到十几吨甚至几十吨，其强度是否达到要求，是工程成败的关键。

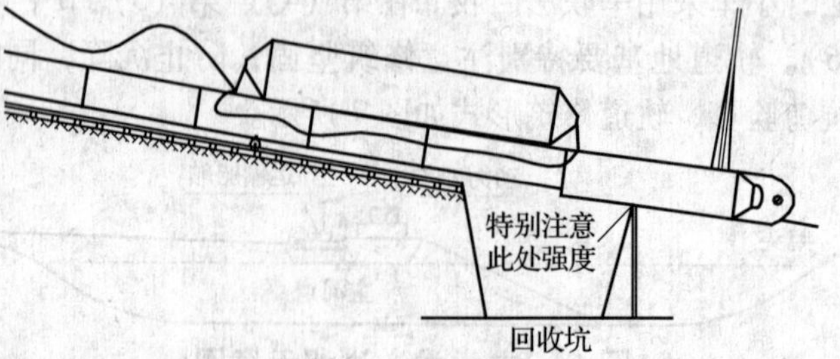

图 10　小车回收坑

5. 牵引道修筑

按照最终确定的管道牵引力，确定牵引设备，并组织设备站位方式，以便修筑牵引道。牵引道的起始端，前 200m 宜修筑毛石路，以保证管道牵引开始时顺利。修筑宽度按照牵引设备站位确定。修筑宽度一般至最外侧设备以外 3m。

管道在牵引过程中，钢丝绳上岸时会深深扎进泥土，使管道牵引力增大很多。施工中应采取措施，在钢丝绳上岸的地方，浇筑混凝土基础，预埋钢板，设置钢丝绳导向滚轮，可以显著的减少摩擦力，避免不利情况发生。

6. 牵管过江

实际在牵引力计算时，应按照实际控制后的负浮力计算，$F=\max\{F_{岸上}, F_{水里}\}$，牵引主索根据计算的牵引力选取，安全系数应控制在 3.5 以上，主索数量至少选取 2 根，但是根据牵引的不同，可以增加到 4 根。

管道牵引鹅头是管道牵引系统的关键，牵引力的受力点就在牵引鹅头上。牵引头的结构和形式，关系到整个工程的安全。牵引头一般包括以下几个部分：鹅头部分；管道标志杆部分；配重块防损钢帽部分。

(1) 管道鹅头。

设牵引主索数量为 n，则鹅头钢板数量 $N=n+1$ 块。本工法按照 2 根主索，即 3 块鹅头钢板计算。管道鹅头采用图 11 ~ 图 13 所示形式，2 根主索拴在插销上。牵引力为 F，管道鹅头的各项力学指标确定方式如下。

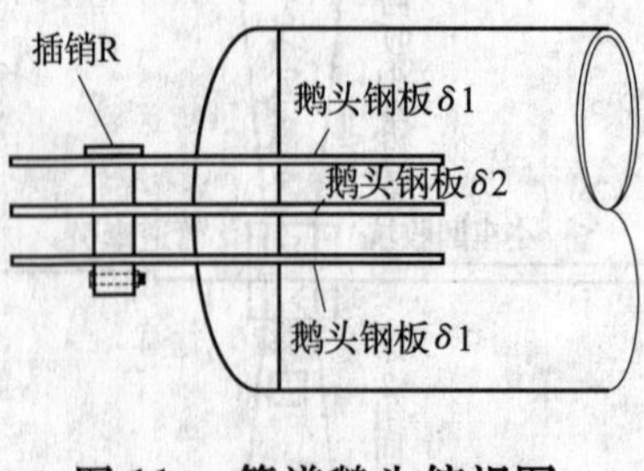

图 11　管道鹅头俯视图

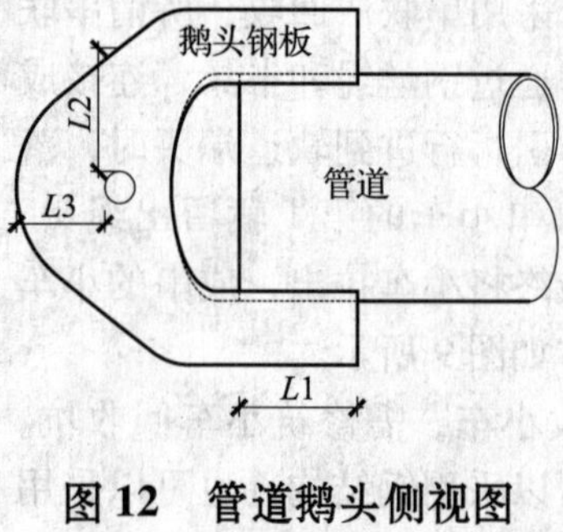

图 12　管道鹅头侧视图

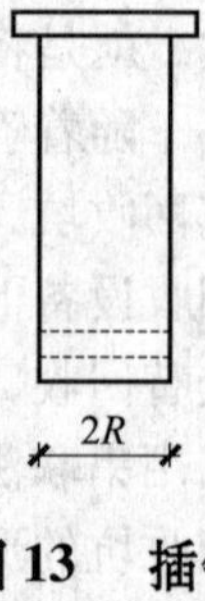

图 13　插销

①插销直径确定。

$\tau=Q/A=Q/4\pi\cdot R^2\leqslant[\tau]$，$Q=F\times1.4$（活载系数）$\times3.5$（安全系数），则

插销半径 $R\geqslant\sqrt{Q/(4\pi\cdot[\tau])}$

②鹅头钢板纵向焊缝长度确定。

鹅头钢板采用3块钢板，2侧板δ_1，中间板δ_2，侧焊缝长度用L_1表示。计算中，按照最不利情况考虑，即3块钢板已断2块，只有1块δ_1钢板（较薄钢板、2条焊缝受力）承担剪应力。

$\tau = Q/A = Q/2\delta L \leqslant [\tau]$，$Q = F \times 1.4$（活载系数）$\times 1.5$（安全系数），则

焊缝长度$L_1 \geqslant Q/(2\delta_1 \cdot [\tau])$

③插销孔处抗拉及抗剪面确定

a. $\sigma = Q/A = Q/2\delta L \leqslant [\sigma]$，$Q = F \times 1.4$（活载系数）$\times 1.5$（安全系数），则

抗拉面长度$L_2 \geqslant Q/(2\delta_1 \cdot [\sigma])$

b. $\tau = Q/A = Q/\delta L \leqslant [\tau]$，$Q = F \times 1.4$（活载系数）$\times 1.5$（安全系数），则

抗剪面长度$L_3 \geqslant Q/(\delta_1 \cdot [\tau])$

钢板间距按照$L \leqslant 2 \cdot D_{主索}$确定，考虑到焊接的困难，其最小间距应保证8cm。为了使受力形式更为有利，在插销上应设置垫圈，具体如图14所示。

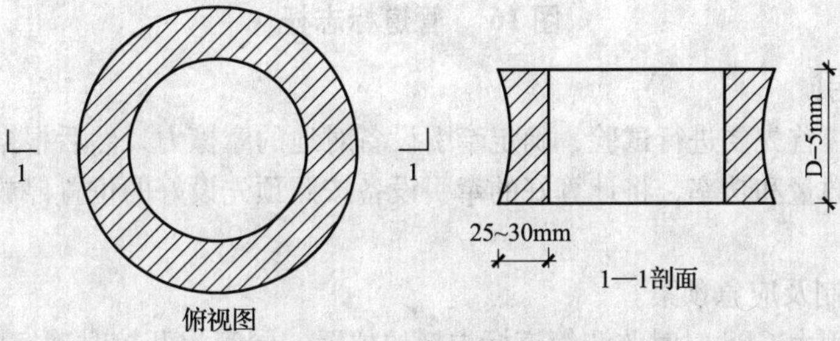

图14　插销垫圈图

（2）防损钢帽。

牵引管道预制完成后，管道前端的第1套配重块需用防损钢帽保护起来，以免配重块在牵引时由于所受阻力太大而损坏。钢帽钢板厚度不宜低于6mm，前端成锥形收口，焊接在主管道管头上，仅露出管道封头。钢帽内设置支撑钢板，内支撑钢板厚度不宜低于6mm，具体如图15所示，钢帽内径参考配重块外径确定，钢帽总长度不小于5m。钢帽组装时应注意安装顺序。

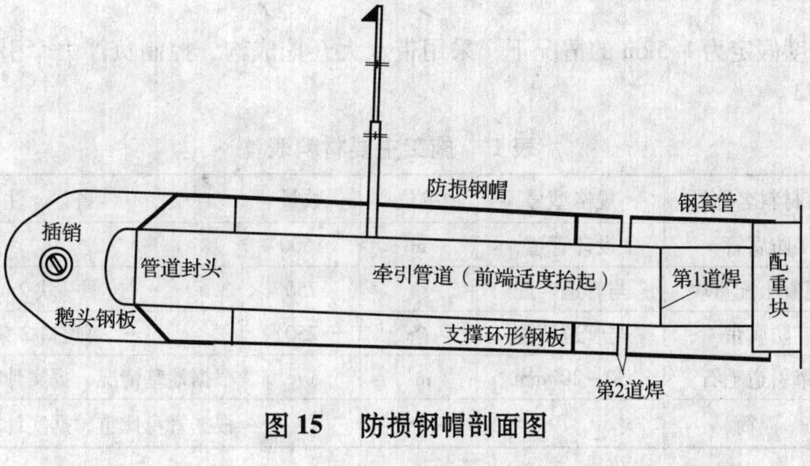

图15　防损钢帽剖面图

(3) 管道标志杆。

为了标识管道牵引时，管道牵引头的位置和状态，在管道鹅头上方，需设置管道标志杆，标志杆焊接在牵引管道上，并穿过防损钢帽，竖立在管道上方。根据水深情况，确定管道标志杆长度，由于河道中心水流较大，水深较深，标志杆需进行充分的抗弯计算，确定最小管径。标志杆顶悬挂红旗一面，杆体上以1m为单位，划上红白相间的斑马线，管道牵引时，可以通过观察斑马线，判断管道行进情况。标志杆的设置情况见图16所示。

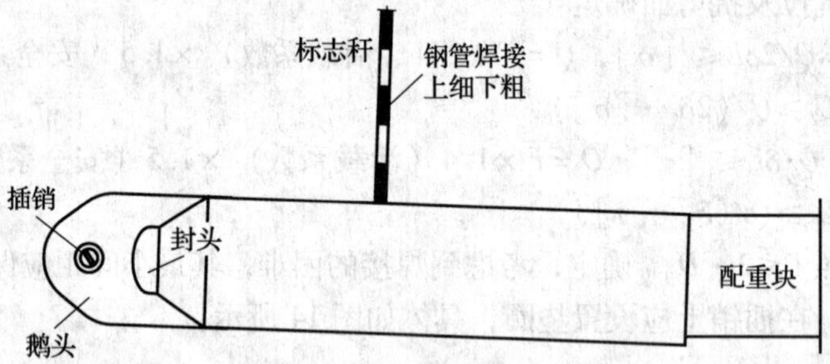

图16　管道标志杆

(4) 管道牵引。

管道牵引时，首先要进行试验，确定牵引设备对地的摩擦力，然后根据摩擦力和牵引力确定牵引设备的数量和功率，将计算好的牵引设备按照预先设好的位置停放好，统一指挥牵引设备的前进。

(5) 方向控制及应急预案。

牵引时，采用大GPS时时监测管道标志杆的位置，同管沟开挖时确定的坐标进行比较，已确定管线在水中的位置。

牵引时，需要准备备用的牵引设备和一定吨位的吊装船，如果管线偏离管沟，可以采用吊装船将管线移至管沟内；或者处理其他障碍，救援等。

7. 管沟回填

牵引完成后，可以将阻碍航道的渣土运回管沟回填，回填一定高度后，可以利用江河的回淤自然回填。

五、主要施工材料

穿越长度假定为1.5km的情况下，采用带水大开挖成沟、控制负浮力牵引法施工的主要材料见表1。

表1　施工主要材料表

序号	材料名称	规格型号	单位	数量	备　注
1	防腐管	设计管道	m	1500	
2	混凝土配重块	与管道匹配	块	750	按照一块2m计
3	防腐带	与管道匹配	条	250	每道口2条
4	牵引道毛石	30~200mm	m^3		根据地基情况，据实计算
5	浮筒		个		根据管身比重，据实计算

续表 1

序号	材料名称	规格型号	单位	数量	备　注
6	钢丝绳	相应规格	根	2	牵引主索 2 根每根 1500m 带绳套
7	钢丝绳	相应规格	根	10	每根 12m 带绳套
8	旋转卸扣	相应规格	个	2	每根主索 1 个旋转卸力装置
9	钢丝绳	相应规格	m	1500	浮筒拆除
10	钢丝绳	相应规格	m	1500	浮筒连接
11	U 型卡扣	相应规格	个	根据牵引设备布置，据实选取	
12	牵引鹅头钢板	20mm	m^2	4	按照鹅头的一般形式计
13	钢销	ϕ100mm	个	1	连接鹅头与钢丝绳
14	标志杆钢管	4″	m	6	焊接成管道标志杆 按照水深 11m 设计
		2″	m	6	
15	防腐管	12m	根	1	钢丝绳防扎地装置用
16	钢板	10mm	m^2	30	管道牵引头及其他

注：以上仅为穿越施工的重要手段用料，关于手段用料数量，还要参考施工的具体方法。

六、主要机具设备

1. 水下管沟开挖设备（见表 2）

表 2　水下管沟开挖设备

序号	名　　称	规格及型号	单位	数量	备　　注
1	铰吸式挖泥船	视工程需要定	艘	1	
2	抓斗式挖泥船	视工程需要定	艘	1	
3	绞锚船舶	与抓斗船配套	艘	1	
4	链斗式挖泥船	视工程需要定	艘	据总工程量确定数量	
5	自卸式运砂驳	100t	艘	据总工程量确定数量	
6	运输木船		艘	2	
7	全站仪		套	2	管沟成型检查
8	测深仪		套	2	
9	GPS 卫星定位系统		套	1	轴线定位

2. 配重块生产预制设备（见表 3）

表 3　配重块生产预制设备

序号	名　　称	规格及型号	单位	数量	备　　注
1	搅拌站	$0.5m^3$	套	1	
2	装载机	$1.5m^3$	台	1	
3	龙门吊	5t	台	1	
4	模具	符合施工图	台	10	根据施工图自制

续表 3

序号	名　称	规格及型号	单位	数量	备　注
5	下料机		台	1	
6	弯钩机		台	1	
7	弯箍机		台	1	
8	弯弧机		台	1	
9	压力实验机	200t	套	1	
10	锅炉及配套设备		套	1	蒸汽养护

3. 管道牵引设备（见表4）

表4　管道牵引设备表

序号	设　备	型　号	数量	备　注
1	推土机	据牵引管段情况选型	用于管道牵引，数量据实而定	
2	推土机		2 台	牵引备用
3	推土机		2 台	小车回收
4	推土机		2 台	管道尾拖制动
5	单斗		4 台	南北两岸各 2 台（备用）
6	吊管机	40t	1 台	管道发送场备用（防掉轨）
7	快艇		1 艘	水上巡视
8	对讲机	10km	28 部	现场通讯
9	对讲机	10km	2 部	现场通讯（备用）
10	望远镜		3 部	指挥用
11	望远镜		2 部	指挥（备用）

七、劳动力组织及安全

1. 按本工法所介绍的方法进行河流穿越，需组建具备如下设置的项目部，以顺利完成工程施工，提高效率，降低成本（见表5）

表5　劳动力组织

管理层次	部门岗位	人数	职能分工
项目部决策层	项目经理	1	总体负责
	技术副经理兼总工程师	1	技术主管
	施工副经理兼总调度长	1	施工主管
	HES 总监	1	HSE 主管

续表 5

管理层次	部门岗位		人数	职能分工
项目部管理层	技术部	部　长	1	重点、难点方案编制
		技术员	1	现场技术交底
		技术员	1	技术资料整理
	施工部	部　长	1	施工计划
		调度员	1	施工进度
	HSE 部	部长（兼）	1	HSE 文件编制
		HSE 员	3	施工现场监督
	文控部	部长	1	文件控制
	行政部	部　长	1	内外协调
		成　员	1	后勤
	采办部	部　长	1	合同购料计划
		采购员	1	材料购买
		保管员	1	仓库保管
	其他	会　计	1	财务主管
		经济师	1	造价主管
项目部作业层	配重块预制组	机组长	1	配重块生产
		技术员	1	生产技术
		实验员	1	质量控制、实验
		施工人员	30	生产制作
	土石方机　组	机组长	1	土石方开挖回填
		技术员	2	水上、陆上各 1 人
		施工员	1	陆上土石方
		测量员	2	施工测量
		施工人员	30	土石方施工
	管道施工机组	机组长	1	兼管工
		防　腐	2	管道焊接防腐试压
		焊　工	4	
		操作手	4	
总　计			100	根据工程情况局部调整

2. 穿越项目部的组织设置，可以完成管道穿越的准备工作，并不能满足牵引时的实际需要。管道牵引时，应在现有人员的基础上，成立管道牵引指挥部，并按照管道牵引的实际需要，重新对人员定岗、定责，以顺利完成管道牵引。

管道牵引的施工组织，具体如表6所示。

表6　管道牵引指挥、作业人员统计表

序号	工　种	岗　位	人数配置	备　注
1	指挥人员	总指挥	1人	
		副总指挥	2人	2岸各1
2	设备指挥人员	牵引指挥	1人	牵引作业
	设备操作手	设备操作	按牵引设备数配置	
3	一般指挥人员	制动指挥	1人	制动作业
	设备操作手	设备操作	按制动设备数配置	
4	一般指挥人员	岸上监控指挥	1人	岸上监控作业
	普　工	牵引监控	1人/100m	
5	一般指挥人员	水上监控指挥	1人	水上监控作业
	潜水员	水上作业人员	6人	
	普工	船上作业	2人	
	汽艇操作	司艇	1人	
6	一般指挥人员	应急指挥	1人	应急作业
	管　工	应急作业	2人	
	焊　工	应急作业	2人	
	普　工	应急作业	4人	
7	一般指挥人员	入水控制指挥	1人	管道入水控制
	管　工	配合作业	2人	
	普　工	配合作业	2人	
合　计			30人+不定数人员	

3. 管道牵引施工时，施工组织者应注意以下安全注意事项。

（1）围观人群。管道牵引施工时，除了大量的工作人员之外，现场不可避免地引来围观人群，围观人群对穿越施工来说，属于无知人群，他们对工程的了解程度及危险预见程度不够，是容易出现危险的人群。

（2）施工设备。施工现场，大型施工设备很多，多台设备或交叉或平行同时施工作业，既相互影响，又相互配合，任何1台设备出现问题，都势必会影响其他设备和工程整体安排。

（3）钢丝绳连接点。牵引设备通过钢丝绳及卡具的连接，组成牵引系统，牵引系统通过牵引主索，与发送场地的主管道连接起来。设备与设备之间、设备和管道之间的连接点多，增加了工程的不确定因素。

（4）结构稳定性。牵引管道管身结构重度大，管段长度长，结构高度高，管道牵引时的不稳定因素因此增加。

（5）浮筒的不稳定连接。浮筒体积大，数量多，与管道配重块的连接为临时结构（管道就位后将拆除），浮筒在管道发送时有与管道脱离的可能性。

（6）管道底拖的隐蔽性。主河道管沟如果成型不好，或者回淤过大，将对管道牵引产生很大影响。管道入水后，指挥人员将失去对水下管道行进状态的直观了解。

4. 针对以上的施工各种施工危险源，在管道牵引施工前，需进行充分的准备，为了做到安全施工，需做好以下几点：

（1）对所有现场工作人员和相关人员，进行责任分工、技术交底和安全教育，做到责任明确的同时，对可能发生的技术问题有解决办法。对可能出现的危险事件，有避免的手段和应对措施。成立现场应急指挥小组，并在施工全区域设置安全警示标志和安全警戒线，安排专职安全员，阻止无知人群靠近施工作业区。

（2）对施工现场的每台大型设备，都由专人负责指挥调动，两岸指挥人员之间保持交流，保证施工设备的协调一致；并在两岸都配备应急及备用施工设备，在设备上岗前，认真检查设备的完好性。

（3）在管道牵引前，认真检查每 1 个连接部位，特别是牵引设备的连接环节，确保牵引动力系统万无一失。现场配备作业组，具备随时调整修理的条件。

（4）控制牵引速度，协调牵引设备步伐，保证管道发送平稳。

（5）牵引管道沿线、两侧设置监控人员，全程监控管道发送，一旦发现浮筒偏转，立即调用应急设备，对浮筒进行调整。

（6）严格控制水下管沟开挖施工，对管沟成型情况进行多种方法联合检查，包括派遣潜水员、GPS 全球定位系统测量等；在回淤严重地段，增大管沟开挖宽度，为回淤留下空间，即允许管沟回淤，但是要保证回淤在指定的区域内。

八、质量要求

工程质量评定按《石油建设工程质量检验评定标准长输管道线路工程》（SY 4029—93）的要求执行。施工及验收主要按中华人民共和国石油天然气行业标准《输油输气管道线路工程施工及验收规范》（SY 0401—98）和《石油天然气管道穿越工程施工及验收规范》（SY/4079—95）执行，配重块质量符合《混凝土结构工程施工及验收规范》（GB 50204—2002）。在施工过程中，还应参考下述施工规范。

1.《长距离输油输气管道测量规范》（SY 0055—93）。

2.《长输管道线路敷设流水作业施工工艺》（SY/T 4062—93）。

3.《长输管道阴极保护工程施工及验收规范》（SYJ 4006—90）。

4.《涂装前钢材表面预处理规范》（SY/T 0407—97）。

5.《埋地钢质管道聚乙烯防腐层技术标准》（SY/T 0413—2002）。

6.《钢质管道焊接及验收》（SY/T 4103—1995）。

7.《管道下向焊接工艺规程》（SY/T 4071—93）。

8.《石油天然气钢质管道对接焊缝射线照相及质量分级》(SY 4056—93)。

9.《石油天然气管道穿跨越工程施工及验收规范》(SY 0470—2000)。

10.《水道测量规范》(SL 257—2000)。

九、效益分析

采用带水大开挖成沟、控制负浮力牵引法施工，施工工艺要求管身采用镯式连续配重，为了保证管道埋深、避免冲刷造成的不利影响，开挖深度一般较深，对以后的航道通行没有影响。管沟施工一般利用航道挖沙、清淤设备，施工设备来源广泛。应用于沙层，卵石层等定向钻难以穿越的地段，具有成本低，速度快的特点。

十、实例分析

川汉输气管道红花套长江穿越工程是川汉输气管道的一个重要组成部分，也是该工程的施工难点之一，穿越管道规格为 ϕ1020mm×20.62mm，管道穿越点地处长江中游，江面宽1km，枯水季节水深12m，河床地质复杂，其口径之大、江面之宽，是我国管道穿越史上的第1次。其牵引管道长为1145m，重量达到了1632t，采用4根65mm钢丝绳作为牵引主索，牵引力由16台推土机提供，最大牵引力达到了197t，1979年3月7日，胜利实现了管道牵引。

忠武输气管道襄樊支线汉江穿越工程，是忠武管道的控制性工程，是忠武线能够按期送气的保证。穿越管道规格为 ϕ406.4mm×9.5mm，设计输气压力为6.3MPa，钢材等级为X52(L360)，采用镯式混凝土配重块连续稳管方式，穿越地点位于湖北省襄樊市隆中区柿铺东－花木店村。工程采用带水大开挖成沟、控制负浮力牵引法管道穿越施工工艺，牵引长度1382m，管身比重达到1.86，经过负浮力控制，管道入水后负浮力从320kg/m下降到108kg/m，牵引力达到131t，采用8台推土机共同牵引，后期增加到10台。由于发送场地不够，采用曲线发送道，曲率半径3490m。牵引道长度较短，采用了3次牵引。工程于2003年11月8日开工，经过134d紧张施工，于2004年3月22日11时26分牵引开始，整个牵引过程安全、平稳，18时26分，管道成功就位。

汉江穿越工程成功的应用了控制负浮力牵引法，工程采用了曲线发送、3次牵引、“双船舶主索发送法”和“串联法”回收小车，这些在以往的穿越工程中是没有过的。汉江穿越工程被评为忠武管道“优良工程”。

西气东输冀宁支线大汶河穿越工程，是西气东输－陕京二线联络线工程的关键，工程工期紧、任务重。穿越管道规格为 ϕ711mm×14.7mm，设计输气压力为10MPa，钢材强度等级为X70，同样采用镯式混凝土配重块连续稳管方式，穿越地点位于山东省肥城市宁阳县汶阳镇西南庄村。工程采用带水大开挖成沟、控制负浮力牵引法管道穿越施工工艺，牵引长度842m，管身比重为1.5，经过负浮力控制，管道入水后负浮力从417kg/m下降到131kg/m，牵引力达到112t，采用4台推土机、4台吊管机共同牵引，1次牵引成功。工程于2005年2月1日正式开工，经过61d紧张施工，于2005年4月3日9时30分牵引开始，14时26分，管道成功就位，管道与设计轴线符合很好。

盾构隧道 ϕ1016mm 管道安装工法

YJGF 105—2004

大庆油田建设集团

王校东　华　晶　王柏强　刘亚洲　赵传海

长江穿越工程地点，位于南京市以东 38.6km 的三江口江段，穿越形式为盾构法掘进隧道穿越。隧道内径为 3.8m，隧道长度为 1992m，两岸竖井尺寸均为 15m×7.5m，北岸竖井深度为 19.94m，南岸竖井深 12.6m，管道安装长度（两岸锚固墩之间距离）2100m。

隧道内设计敷设 3 条管道，工程分 2 期完成，其中 2 条输气管道分别为 ϕ1016mm 和 ϕ813mm，1 期工程只考虑安装 ϕ1016mm×26.2mm 的输气管道和 2 期工程所需的基础和部分埋件。隧道内管道布置如图 1 所示。

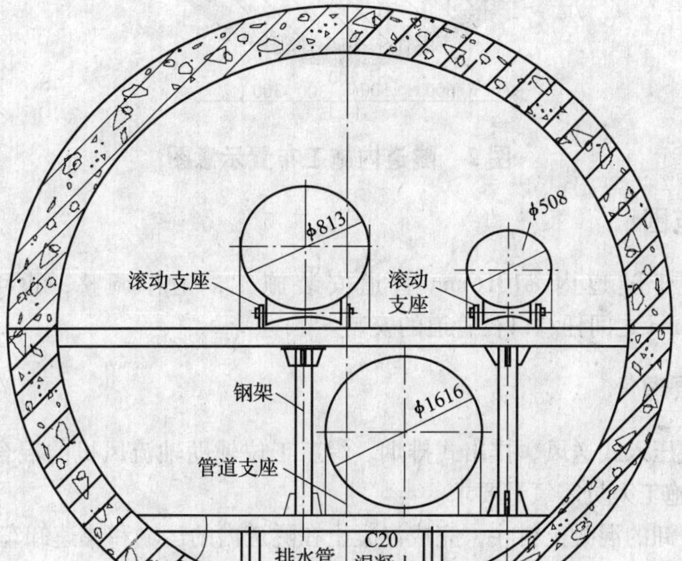

图 1　隧道内管道布置图

经过 3 个多月的紧张施工，按期完成了盾构隧道内管道安装施工任务。我们对盾构隧道内 ϕ1016mm 管道安装进行总结，形成了本工法。

一、工法特点

按照隧道内施工布置（如图 2 所示）进行施工，该工法解决了在狭小的盾构隧道内 ϕ1016mm 管道运输和管道安装的施工技术和施工组织问题，在施工过程中成功地将变频调速电动机车运用于隧道内管道的运输；采用自制的窄幅移动式起吊架解决管道的卸车和组对焊接问题；通过通风机和排风机的设置解决了在隧道内施工时新鲜空气的通入和焊接过程中烟尘的排放问题，将各种有害物质浓度控制在容许浓度范围之内，使隧道内作业环境符合 HSE 标准的要求。

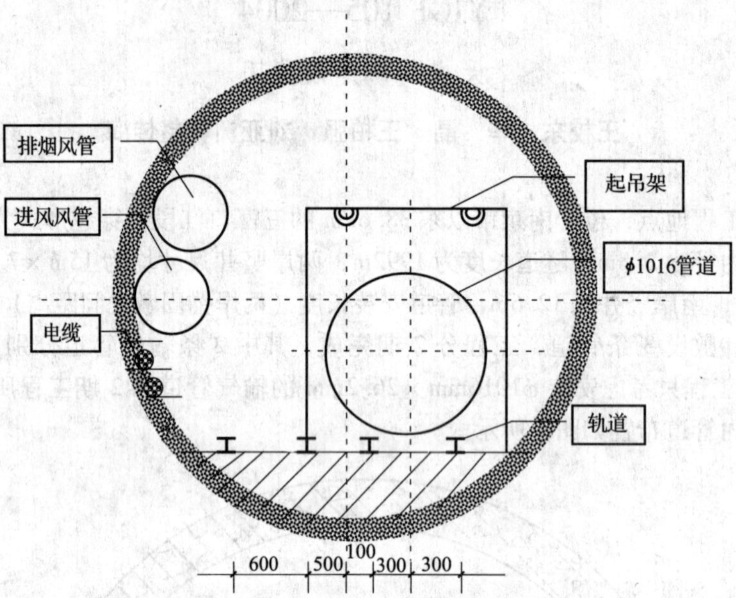

图 2　隧道内施工布置示意图

二、适用范围

该工法适用于隧道内 ϕ1016mm 管道安装施工，稍作调整，也可以用于隧道内 ϕ508mm ~ ϕ1016mm 之间任意口径管道的安装。

三、工艺原理

1. 采用机械压入式送风、排出式排烟、焊工工位辅助轴流风机的混合式通风和排烟方式，满足隧道内施工人员需氧量要求。

2. 利用可自卸的混凝土料斗，完成混凝土在隧道内的运输和快速卸车。

3. 利用适合轨道行驶的变频调速电动机车牵引平板车，完成隧道内防腐管道和混凝土的运输。

4. 应用窄幅移动式起吊架，解决了隧道内防腐管的卸车、组对问题。

5. 管道组对采用外对口器，焊接采用半自动下向焊工艺。

四、工艺流程及操作要点

1. 工艺流程

隧道内管道安装工艺流程就是管道安装实施的全过程，施工工艺流程图参见图 3。

2. 操作要点

(1) 施工准备。

①人力资源准备。安排 2 个台班组，以隧道中心为界，各自负责隧道一半管道安装任务。

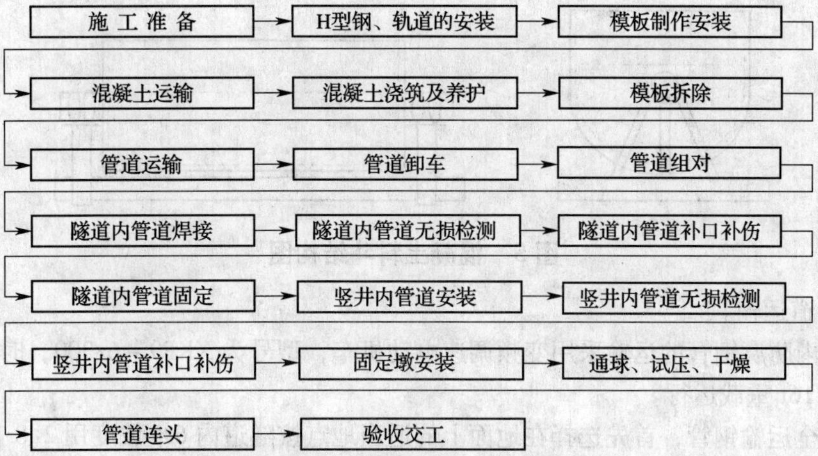

图 3　隧道内管道安装施工工艺流程图

②设备准备。每班组设置林肯半自动电焊机 8 台；吊管用窄幅移动式起吊架 4 组，其中卸管用 2 组，组对用 2 组；2 边竖井各设置 25t 吊车 1 台，负责向隧道内吊运混凝土料斗和管道；竖井内每班组配 1 台变频调速电动机车用来运输混凝土料斗、管道及其他材料；2 岸各设置 1 台喷砂机对管道补口部位进行喷砂除锈。

③施工用电。在隧道内 380V 电缆上每隔 200m 安装 1 个配电箱，做 10 个并联电路，解决电焊机供电问题。

④通风。2 台 FBD6/2 ×22 隔爆型对旋式进风机分别布置于盾构隧道两岸竖井边，2 台 FBD6/2 ×22 隔爆型对旋式排烟机布置于盾构隧道内管道施工位置，随作业面上焊接工位的移动而移动，因隧道距离长，焊接工位连续移动，通风孔、排风孔采用百叶窗式，每隔 48m 设 1 处，接近隧道竖井位置处可适当减少。有作业人员处可将百叶窗全开，没有人员作业区域，可将百叶窗关闭或开启少许。为了更好地给焊工提供需氧量，每名焊工工位增加 1 台 BT 35 －11 －3 型轴流风机。600mm 的软质送风管道位于隧道底部，600mm 的软质排风管道设于隧道顶部，借助盾构环片紧固螺栓用卡环固定。风机和风管布置如图 4 所示。

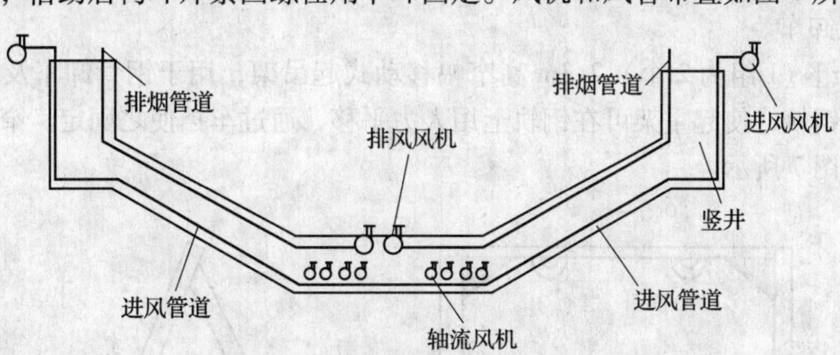

图 4　风机、风管布置示意图

（2）混凝土的运输。

浇筑用混凝土采用商品混凝土，由 $6m^3$ 混凝土罐车送至 2 岸竖井旁，混凝土由罐车卸至专用混凝土料斗内，用吊车吊至竖井内的料斗运输车上，由变频调速电动机车运送至隧道内的浇筑位置进行浇筑。专用混凝土料斗制造结构如图 5 混凝土料斗结构图所示。

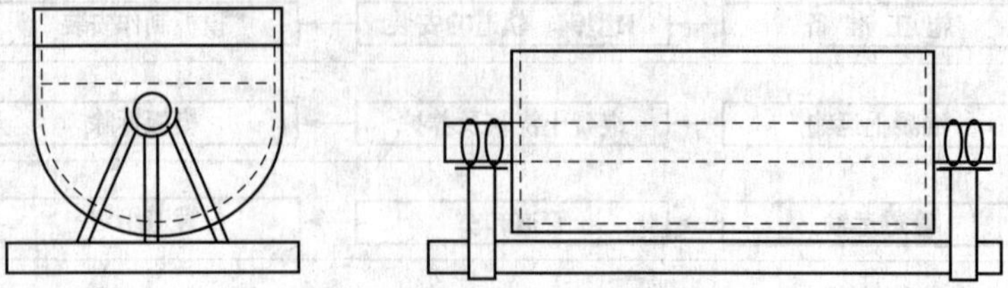

图5　混凝土料斗结构图

（3）管道运输。

①隧道内防腐钢管的运输采用变频调速电动机车，型号为 XKP9－6/300，时速11km/h，可牵引重达 16t 重载运行。

②为安全运输钢管，首先选择在地面上的适当地点按隧道内 6% 坡度用 2∶8 灰土修一段 200m 长的路基，在枕木上按设计的型号及要求铺设轨道，保证与隧道施工条件基本相同，进行地面模拟实验，取得切实可行的控制速度参数来指导隧道内施工。

③单根防腐钢管采用吊车吊至竖井内两台平车上。运管开始时，先启动变频调速电动机车推动运管小车向竖井方向移动少许，撤出车轮下的车挡后，再向隧道内行驶。在开始变坡处，控制好行驶速度，缓慢通过变坡点，以防止由于小车速度过快、管段弹性变形能力差而出现的管线跳动现象，造成前端小车悬空发生意外事故。隧道内管道运输如图 6 所示。

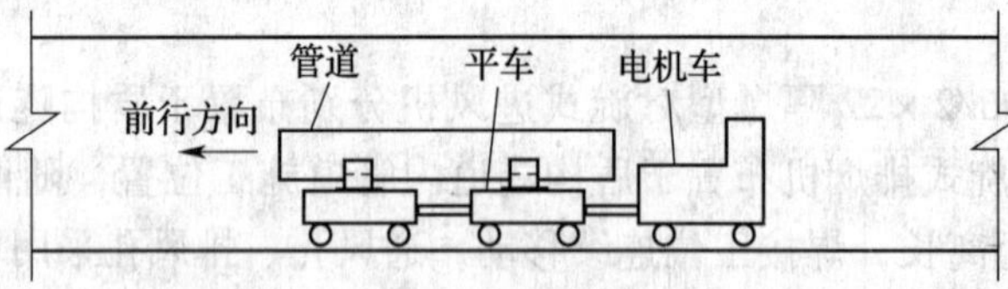

图6　隧道内管道运输示意图

④运管变频调速电动机车接近停放地点前 50m 应慢行，司机听从前方指挥人员的指令缓慢行驶至停放位置，停稳后在车轮下加设车挡，防止滑行移动。

（4）管道卸车。

①自制两组（1 组为 2 个）2.3m 高窄幅移动式起吊架，用于钢管卸车及组对，并利用最外侧的两根钢轨，使起重架可在钢轨上用人力平移，通过车挡使之固定。窄幅移动式起吊架结构尺寸如图 7 所示。

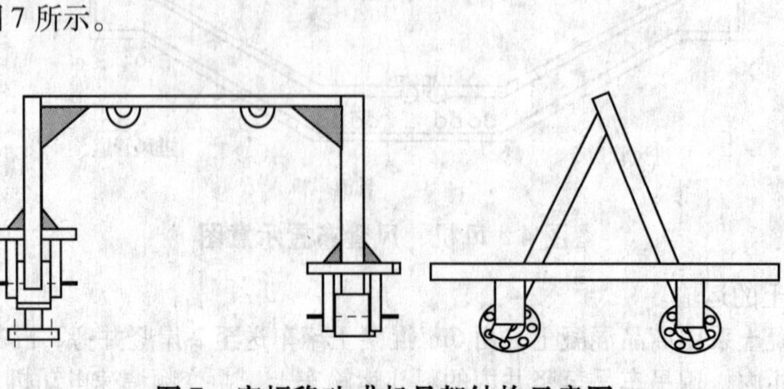

图7　窄幅移动式起吊架结构示意图

②将 2 个窄幅移动式起吊架分别放置在管道的两侧，起吊架两侧顶端悬挂 10t 倒链，用来起吊钩挂上从管道底部兜上来的吊管带，注意吊管带长度稍长过钢管直径，然后逐个拉紧倒链，使钢管悬空脱离小车，启动电动机车，将小车拖走。

③拖走运管小车后，人工匀速回落倒链使管段就位，管段就位后，将起吊架移至下根管卸管位置。

（5）管道组对。

①先用火焊拆除对口处 1.2m 长悬空的钢轨，保证焊接作业有足够的操作空间。

②将准备组对的管口进行 2 次清理，清除浮锈、灰尘，保持管口清洁。

③管道组对采用外对口器，并利用窄幅移动式起吊架吊管和千斤顶顶管相配合。用起吊架吊装管段向前移动，安装外对口器并微调对口间隙，同时拉动倒链微调高度，紧固对口器完成对口工作。

（6）竖井内管道安装。

①管段预制。在地面平地上组对竖井内 2 个热煨弯头的来回弯，再进行整体吊装组对，完成竖井内的管道安装。组对用外对口器，并用 2 台 40t 吊车配合进行。组焊完成经无损检测合格后，直接补口待用。

②来回弯吊装。为保证预制来回弯在吊装时不出现滚动现象，需在 2 个吊点处加横梁卡环套组合件固定。先将来回弯从平面位置翻转 90°，呈垂直状，再安装型钢和钢板制作的横梁卡环套组合件，组合件内加 10mm 厚胶皮用螺栓紧固在管线上，每个吊点设 2 个吊环。来回弯吊装如图 8 所示。

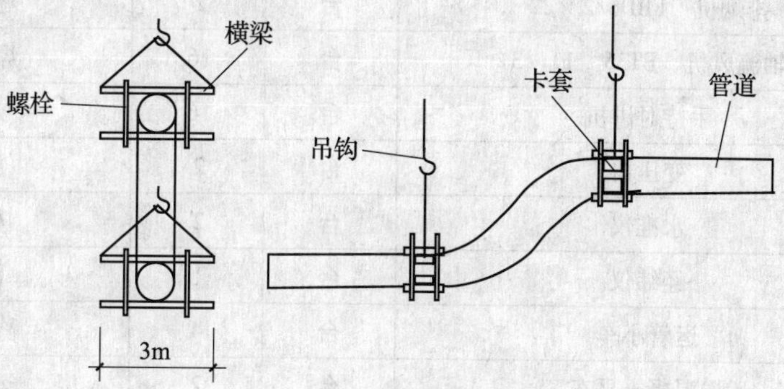

图 8　来回弯吊装示意图

用 2 台 40t 吊车抬吊来回弯，由专人指挥吊车司机进行操作，经地面 0.5m 高度试吊无误后开始正式吊装。吊装由 2 台吊车配合进行。先将来回弯管线按安装时方位平稳缓慢吊至竖井口上方管线轴线位置，再缓慢平稳下落。

待靠近隧道口、管线可以进入隧道时，停止管线下落，改为向隧道口侧平移，先将一端移进隧道内已安装完管线的上方，在管线另一端垂直位置位于竖井内时，再缓慢平稳地下落管线，管线另一端可穿入竖井出口位置时，将来回弯管线向竖井出口方向平移，待隧道内管端移至与待组焊的管口垂直时，停止水平移动。然后下落管线至与待对接管口平齐位置停止下落，准备组对焊接。

五、机具设备（见表1）

表1　主要机具设备表

序号	设备名称及规格型号	单位	数量	用　途
1	半自动焊机　V－350P	台	18	管道焊接（备用2台）
2	外对口器　DN1000	台	2	隧道内管道组对
3	弧焊机	台	4	埋件及H型钢焊接
4	液压千斤顶　40t	台	4	隧道内管道组对
5	手拉葫芦　10t	台	8	隧道内管道组对
6	电动机车　XKP9－6/300	台	2	隧道内运输
7	振捣器　HZ_6－50	台	18	混凝土的振捣
8	发电机组　400kW	台	2	备用
9	运管拖车　40t	台	4	拉运管线
10	汽车吊　25t	台	2	吊装混凝土
11	汽车吊　40t	台	2	吊装钢管
12	通球、测径、试压设备	套	2	通球、测径、试压
13	通风机　FBD6/2×22	台	2	向隧道内送风
14	排烟机　FBD6/2×22	台	2	隧道内排烟
15	轴流风机　BT35－11－3	台	16	焊工工位用
16	手持对讲机	台	16	通信联系
17	变压器	台	2	施工供电
18	水准仪	台	2	标高测量
19	经纬仪	台	1	测量放线
20	运管小车	台	4	隧道内运管
21	运送混凝土平车	台	2	运输混凝土
22	起吊架　20t	只	8	卸车和组装管线
23	压风机　$6m^3$/min　0.6MPa	台	2	用于充气、喷砂气源
24	高效喷砂机　AC－3P	台	2	防腐
25	砂罐　$0.5m^3$	个	2	喷砂
26	烘烤加热设备	套	2	管口预热
27	运设备小车	台	12	运输焊机等施工机具
28	硫化氢型复合气体检测仪 GX－82A	台	1	隧道内有害气体浓度检测
29	普通噪音计　MODEL　4001	台	1	隧道内噪音检测
30	高浓度可燃气体检测报警仪 XP－334	台	1	隧道内可燃气体检测

六、劳动力组织及安全措施

1. 劳动力组织（表2）

表2　劳动组织表

序号	职务（工种）	人数	序号	职务（工种）	人数
1	队长	1	10	操作手	12
2	技术员	2	11	防腐工	8
3	Q/HSE 监督员	2	12	测量工	4
4	材料管理员	2	13	司机	4
5	电工	2	14	混凝土振捣人员	4
6	管工	6	15	模板工	8
7	电焊工	18	16	力工	25
8	火焊工	2	合计		106
9	起重工	6			

2. 安全措施

(1) 总体要求。

①所有进入隧道施工人员必须进行体检，对于身体不适于狭窄空间作业的人员不得进入隧道内施工。

②所有参加施工人员必须经过专门作业防护培训，取得上岗资格后方可参加施工。

③所有参加施工的机械设备必须经过检修，合格后方可在本工程使用。

④设立专门人员监测隧道内有害气体和粉尘浓度，达不到标准不可进入隧道内施工。

⑤在通风系统正常运行的条件下，方可进入隧道内施工。

⑥建立良好的通讯系统，每个施工队伍要配备对讲机或有线电话。

(2) 人员防护。

①粉尘防护。由于施工在隧道内进行，打磨工作会产生 SiO_2，空气中游离 SiO_2 含量在10% 以下的砂轮磨尘的最高允许浓度为 $10mg/m^3$。打磨人员必须配备防尘面罩。

②有害气体防护。每位进入隧道人员配备防毒面具。有害气体浓度用硫化氢型复合气体检测仪检测，容许浓度为

a. 一氧化碳（CO）最高容许浓度为 0.0024%。

b. 硫化氢（H_2S）最高容许浓度为 0.00066%。

c. 二氧化碳（CO_2）最高容许浓度为 0.5%。

d. 二氧化硫（SO_2）最高容许浓度为 0.0005%。

③意外伤害的防护。

a. 每个施工队伍均配备 1 个急救箱。必备药品为止血带、心脑血管类药品、防中暑晕倒类药品、呼吸系统类药物。

b. 每位施工人员均要掌握必要的急救方式，如人工呼吸、紧急包扎等。

c. 施工现场必须保证通讯的畅通。

④噪声的防护。

a. 每天进入隧道内施工作业前及施工过程中，均需对隧道内的噪声用普通噪音计进行检测，当隧道内的噪声超过规定要求的90分贝时，作业人员需采取措施后方可继续施工。

b. 隧道内的作业人员必须每人配备耳塞，噪声超过90分贝低于135分贝时用于阻塞噪声对耳膜的损伤，如隧道内的噪声超过135分贝时无论采取何种防护形式均不得继续进行施工。

七、质量要求

1. 一般规定

(1) 进场材料的品种、规格、性能应符合现行国家产品标准和设计要求，有产品质量证明文件及检验报告。

(2) 焊工、防腐工必须经考试合格并取得合格证书。持证焊工必须在其考试合格项目及其认可范围内施焊。

2. 质量控制

(1) 焊接H型钢的翼缘板拼接缝和腹板拼接缝的间距不应小于200mm。翼缘板拼接长度不应小于2倍板宽；腹板拼接宽度不应小于300mm，长度不应小于600mm。

(2) 结构混凝土的强度等级必须符合设计要求。用于检查结构构件混凝土强度的试件，应在混凝土浇筑地点随机抽取。

(3) 管道组对（表3）。

表3 管道组对规定

序号	检查项目	规定要求
1	管内清扫	无任何杂物
2	管口清理（10mm范围内）和修口	管口完好无损，无铁锈、油污、油漆、毛刺
3	管端直缝余高打磨	端部10mm范围内焊缝余高打磨掉，并平缓过渡
4	两管口直缝间距	错开间距不小于100mm弧长
5	错边量	沿周长均匀分布，且不大于1.6mm
6	对口间隙	1~2.5mm
7	钢管短节长度	大于管径，且不小于0.5m
8	相邻和方向相反的两个弯管中间直管段长	不小于管外径，且不小于0.5m
9	管子对接偏差	小于或等于3°，不允许割斜口（禁用虾米腰）

(4) 焊接坡口表面应均匀、光滑，不得有起鳞、磨损、铁锈、渣垢、油脂、油漆和其他影响焊接质量的有害物质，管内外表面坡口2侧25mm范围内应清理至现金属光泽。

(5) 施焊时不得在坡口以外的管壁上引弧。焊前在防腐层2端缠绕1周宽度为800mm的保护层，以防焊接飞溅灼伤。

(6) 焊缝外观成型均匀一致，焊缝及其附近表面不得有裂纹、未熔合、气孔、夹渣、引弧痕迹、有害的焊瘤、凹坑等缺陷。焊缝盖面尺寸应符合以下规定。

①宽度：坡口上口宽 +（2 ~ 4）mm

②余高：0 ~ 1.6mm。局部不超过 3mm，且长度不大于 50mm。

（7）热收缩套（带）基材边缘应平直，表面平整、清洁、无气泡、裂口及分解变色。基材厚度应不小于 1.5mm，胶层厚度应不小于 0.8mm，周向收缩率应不小于 15%。

（8）防腐层端部有翘边、生锈、开裂等缺陷时，应进行修口处理，一直切除到防腐层与钢管完全粘附处为止。

（9）喷砂除锈用砂应干燥，应采用石英砂，严禁使用粉砂，石英砂颗粒应均匀且无杂质，粒径在 2 ~ 4mm 之间，喷砂工作压力宜为 0.4 ~ 0.6MPa，管口表面处理质量应达到 Sa2.5 级。

（10）喷砂时应不得损伤补口区以外防腐层，除锈完毕后，应清除灰尘，管口表面处理与补口间隔时间不宜超过 2h，如果有浮锈，应重新除锈。

（11）热收缩套（带）补口应用电火花检漏仪逐个进行针孔检查，检漏电压 15kV，如出现针孔，应重新补口。

（12）热收缩套（带）补口粘结力按要求进行抽查，25℃ ±5℃ 下剥离强度应不小于 50N/cm。

（13）清管球充水后直径过盈量应为管内径的 5% ~8%。

（14）试压介质应选择洁净水。

（15）强度试压允许压降值为试验压力值的 1%，且不大于 0.1MPa；严密性试压允许压降值为试验压力值的 1%，且不大于 0.1MPa。

八、效益分析

以长江超水深盾构隧道内 ϕ1016 管道安装为例，缩短工期 20d，经济对比列入表 4。

表4 经济对比

项目 对比项	人工费（元）	设备费（元）	材料费（元）
预算	979217.67	3727617.44	4460718.22
实际	565817.55	3097017.89	3744218.56
对比计算出效益为 1760499.11 元			

九、工程实例

本工法在长江盾构穿越江苏南京三江口工程中成功应用。本工程开工日期为 2003 年 8 月 10 日，竣工日期为 2003 年 11 月 13 日。在狭窄隧道内施工中应用本工法，施工人员没有发生 1 例安全事故；施工质量优良，焊接 1 次合格率达到 100%。这项工法的应用，不仅对我国石油天然气管道行业总结出一套切实可行的施工方法，填补了我国石油天然气管道行业在盾构隧道内安装大口径天然气管道的空白，而且也为相关行业在隧道内安装高压大口径管道提供了可借鉴的管道安装工程实践。随着我国石油天然气管道建设的发展，隧道内管道安装的工程实例会越来越多，所以此项技术的应用前景广阔。

长输管道真空干燥施工工法

YJGF 106—2004

管道局石油天然气管道第四工程公司

代宗育　解立功　王　平　黄运祥　陈仲举

输气管道经过试压后，内部不可避免地存在大量的游离水和水蒸气，需要对管线进行干燥处理后才能投产。管线干燥方法很多，主要有干燥剂法、干空气干燥法、真空干燥法等。这几种干燥方法各有特点，适用于不同的环境和管道本身的特征，其中真空干燥法在国外应用较多，主要应用于管内没有内涂层的管道，施工中一般同干空气干燥法结合使用。

真空干燥设备功率较小，利比亚真空干燥设备机组总功率240kW，设备移动简便，效率较高，经过现场测定，干燥速度达到了1000kW空压机干空气的干燥速度。在真空干燥过程中，如果在盲段导入少量的干空气，可以加快干燥进度，因此推荐采用真空干燥和干空气辅助干燥的方法。但干空气辅助干燥同管线干空气干燥的设备相差很大，辅助干燥的空压机采用普通的小排量空压机10m^{3}即可，配备相应的干空气干燥设备。

我公司在利比亚西部输气管道上首次成功应用真空干燥方法后，先后干燥管线1054km，形成了一套较完整的真空干燥施工技术。

一、工法特点

1. 施工技术实用有效，适用范围广。
2. 设备先进、自动化程度高。
3. 施工无污染，完全符合 HSE 标准。
4. 完全适应野外施工。
5. 施工费用合理。
6. 耗能省。
7. 运输方便。

二、适用范围

本工法适用于天然气输气管道以及其他需要干燥的管道、站场、阀室等的干燥施工，对站场、阀门等盲端、“死角”有独到的作用，适用的环境温度一般大于5℃。

三、工艺原理

利用合适的真空泵组对管道内气体在环境温度下进行降压处理，管道内的水分在负压下大量气化被真空泵源源不断地带出管内，经过长期的抽真空过程，使管内的真空度达到管道干燥标准设定的真空度时，管道干燥结束，这时，管内的水蒸气的露点正好等于－20℃干空气的露点。真空干燥可以分段进行，也可以1次干燥数百 km 以上。

真空干燥的时间预测可以按照理想气体状态方程初步计算。

四、工艺流程及操作要点

1. 工艺流程

作业段试压合格，管道内扫水结束⟶除水检验⟶真空干燥设备的布置、连接和调试⟶仪器仪表的连接⟶预干燥检查⟶减压⟶蒸发/排气⟶渗透试验/验收⟶干燥空气吹扫填充，干燥结束

2. 操作要点

（1）前期准备。作业段必须经通球扫线、测径、强度和严密性试验合格后，可进行干燥前的准备工作，见图1所示。

①管道2端安装临时收发球筒，作用是扫水时通球，推出管道内的水和湿空气，同时摊开管道内可能积存的水。

②作业段起、终点与调度室间通讯畅通。

③除水干燥作业所用物资全部到位。

④由监理对管道干燥前的条件进行预验收，并同意进行干燥作业。

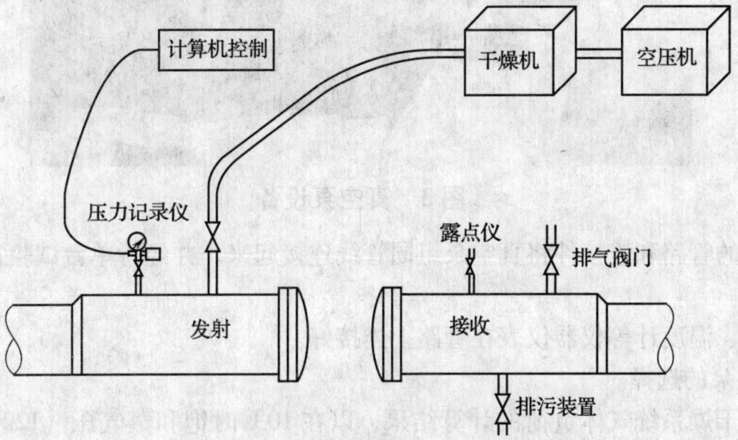

图1　设备安装及临时收发球装置

（2）除水检验。

在进行管道的干燥作业之前，必须进行除水检验工作。除水检验采用泡沫型清管器进行，泡沫型清管器具有光滑外表或开放孔外表，有一定的吸水能力，能够通过至少100km的距离，用于干燥时推出湿空气，摊开积水。用空气推动1枚泡沫清管器对管内进行除水检验作业，运行速度根据管径不同，空压机排量不同，会有不同的速度，推荐泡沫型清管器在管内的速度为3m/s。若接收到的泡沫型清管器未推出明水且颜色变化不大，增重不超过0.5kg，证明除水施工达到标准。管道内壁只残留1层较薄的水膜，附着在管壁上，其厚度大约为0.1mm（水膜厚度与管道内壁粗糙度有关）。否则还要进行除水工序作业。

除水效果检验的目的是检验上一施工程序是否符合标准，能否进行干燥施工。若除水不彻底，将大大延长干燥工期，因此，除水是否彻底是干燥的重要条件。

（3）真空干燥设备的布置、连接和调试，仪器仪表的连接。

根据管道干燥的特点，真空设备组一般按照2级进行配置，第1级是罗茨泵，第2级是旋片真空泵，如图2所示。

罗茨泵的转速较高，排量大，但进口和出口的压差要求较小，旋片真空泵的排量小，转速低，但进口和出口的压差可以较大。因此，采用这种罗茨泵和旋片真空泵之间串联，而旋片真空泵相互并联的结构有利于真空干燥作业（见图3）。

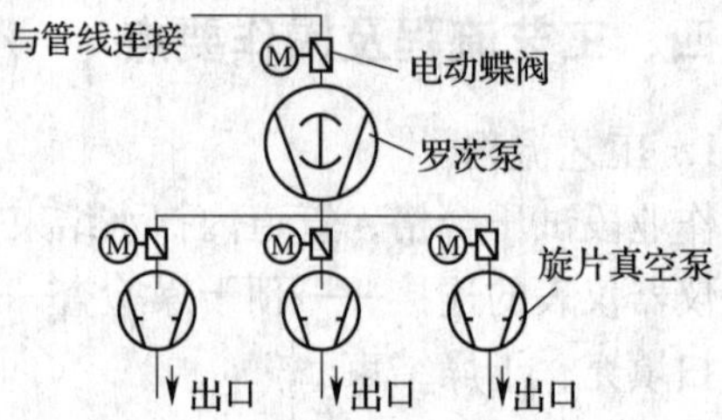

图2　真空设备组连接示意图

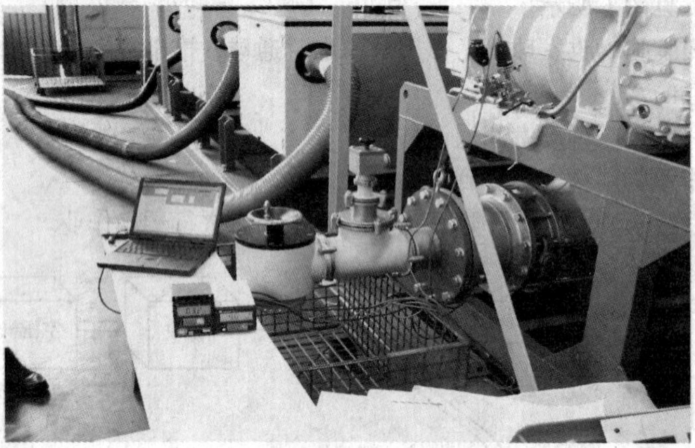

图3　真空泵设备

采用合适的管路和连接件将真空泵组同管线连接起来，并经行单台试验正常后，可投入使用。

将真空计、温度计等仪器仪表在管路上连接好。

（4）真空泵的选择。

根据对待干燥系统气体负荷的计算结果，以在10℃时饱和蒸气压（1227Pa）为参考计算的主泵有效抽速 S_p（真空室抽气口的有效抽速），则对于待干燥系统，主泵（罗茨泵）的选择为考虑流导后并留有一定余量的抽速，即 $S = 1.5 \times S_p$ 为真空机组的名义抽速。

对于某一具体的真空泵的名义抽速，可以通过试验方法测得有限个离散点，对各离散点进行3次样条插值得到3次样条插值函数。

前级泵（旋片泵）应能及时将主泵抽出的水蒸气带走，应有相同的能力，同时考虑到一定的余量，乘以1.5倍，得到前级泵的抽水蒸气的能力。

（5）预干燥检查。

在干燥之前，应该对以下作业进行检查。

①同真空泵组和干燥管线连接的阀门全部打开到全开位置。

②同管线连接的没有在这次干燥范围的阀门全部完全关闭。

③所有用于干燥的仪器仪表都被标定，并且在允许范围之内。

④通讯畅通。

（6）减压。

①泄漏检查。启动真空泵降低管线压力，每15min记录一次管线压力值，当管线压力降

低到80mbar时，稳压1h，用于观察临时连接是否有泄漏发生。

每 $\Delta t = 10$min 记录1次压力变化值，记录每个时间间隔的发生的压力增长值 ΔPi，求出压力增长平均值 ΔP，管道容积为 V，则该真空室的漏气率 q 可用下式求出。

$$q = \frac{V\Delta P}{\Delta t} \quad (\text{Pa} \cdot \text{m}^3/\text{s})$$

计算得出的 q 在10－2～10Pa·m^3/s范围内，表明真空系统的密封性是合理的，可以进行下一步作业。

②继续降低管线压力。记录管内负压值并记录管内温度值。当管内的水分蒸发和真空泵的排出达到平衡时，管内的压力较稳定。因管内的水分蒸发由压力和温度所控制，蒸发所引起的温度差由周围环境进行补充，温度下降过快需要关闭1台旋片泵。

当管内压力降低到8.0～6.0mbar时，对应的水蒸气的露点是5～0℃；当负压为1mbar时，对应的露点是－20℃。

（7）渗透试验/验收。

当管内压力降到规定的负压值时，关闭真空泵组，密闭24h，如果管内压力变化小于所计算的泄漏值时，验收合格。否则，需要进一步降低压力。

（8）干燥质量控制。

在干燥的后期从管道不抽气的另一端注入适量的干空气，这样既能加快干燥速度，又能通过检测干空气的露点来控制干燥的质量。

干空气发生装置中干空气的进口压力应保持在0.6～0.8MPa，这时干燥器处于最佳干燥能力状态，能保证干燥器的出口露点在－40℃以下。管道线路末端露点达到－20℃时干燥合格。

（9）干空气填充，干燥结束。

用露点－40℃以下的干空气对管内进行充填，使管内处于微正压状态。关闭阀门，拆除临时设备，干燥结束。

五、主要用料

施工中同真空泵和干空气干燥器连接相配套的无缝钢管，连接高压软管，密封法兰等。

六、主要机具设备（见表1）

表1　主要施工设备

序号	名　　称	数量	备　　注	序号	名　　称	数量	备　　注
1	可移动式空气压缩机组	1	73m³/min	8	露点仪	2	DM70
2	风冷型高效空气冷却器	1	FH－100/8	9	真空计	4	0.1mdar
3	微热再生空气干燥器	1	WZG－100/8	10	管内测量温度计	2	
4	罗茨真空泵	1	根据管径选择	11	泡沫型清管器	若干	
5	旋片真空泵	3	根据管径选择	12	皮碗清管器	2	
6	电动蝶阀	4	根据管径选择	13	清管器发球筒	1	
7	粉尘过滤器	1	LF－100/8	14	清管器收球筒	1	

续表1

序号	名　　称	数量	备　　注	序号	名　　称	数量	备　　注
15	温度计	4	内置式0~80℃	19	电焊机	2	
16	压力表	4		20	气割设备	2	
17	磅秤	1		21	通讯对讲机	4	
18	计时器	4		22	通讯车辆	2	

七、劳动力组织（见表2）

表2　劳动力组织

序号	工　　种	数　　量	职　　能
1	项目经理	1	负责工程的全面工作
2	项目副经理	2	负责组织施工现场的生产工作
3	技术员	6	负责施工技术工作和记录、计算等
4	HSE员	2	负责HSE工作
5	设备操作工	12	负责空压机、真空泵组的操作
6	电焊工	4	负责设备安装和临时引管的预制
7	设备维修工和电工	2	负责设备维修和电气安装维修
8	巡线员	4	负责跟踪清管器
9	司机	4	负责人员、设备和油料等物资的运输
10	后勤	2	负责后勤工作

八、安全技术措施

1. 连接和焊接处要按规范要求进行严格的检查。

2. 施工前应对管道、阀门、设备进行检查，其开闭状态应符合要求，施工设备不准同时进行其他作业。

3. 空压机应安置在管道25m范围以外。

4. 各种仪器仪表应有出厂合格证和计量检验标志和铅封。

5. 工作人员在工作中应按规定穿戴劳保用品。

6. 特种作业人员要持证上岗。

7. 空压机的操作要严格按《空压机操作规程》进行。

9. 真空泵的操作要严格按《真空泵操作规程》进行。

九、质量要求

管线干燥以输送介质不同，而采用不同的水蒸气露点作为验收标准。国外多数管道公司将1mbar作为输气管线干燥的最终干燥标准，与此对应的是干空气干燥露点 -20℃，两种检验结果是一致的。

十、效益分析

国内气管道建设方兴未艾，管道干燥正处于发展阶段。采用真空干燥有其他方法无可比拟的优越性。同甲醇干燥方法相比，无污染、无毒，安全，干燥后的气体可任意排放；同干空气干燥方法相比，设备功率小得多，移动方便，干燥时间接近，尤其对对站场、阀门等盲端、“死角”有独到的效果，一般需要配合小的干空气干燥共同作业，可以经过推广，广泛采用。具有较好的综合效益。

十一、应用实例

2003 年 11 月 ~2004 年 7 月，在利比亚西部管道施工中，利用真空干燥法干燥 ND32“管线 527km，ND16”管线 527km，干燥一般按照阀室分段进行，大致 30km 一段，ND32“管线每段干燥时间 5d，ND16”干燥时间 3d。

以上管道均成功地完成了真空干燥施工，通过了意大利业主组织的验收。管线现已进行投产。

大口径长输管道清管试压工法

YJGF 107—2004

中国石油天然气管道第三工程公司

陈兵剑　李　林　钱明亮　孙克刚　林金河

石油天然气长输管道的发展，日益趋向大口径、大壁厚、高钢级、高压力、严环保。在管道施工（包括试压）方面也相应采取了不同于传统中小口径管线的施工措施。

管道主体安装结束后，管道试压是一项重要的施工环节。为达到节约成本、保证质量、提前工期，同国际先进的试压技术水平接轨的目的。在技术标准上，要求更加规范、完善、严格；在工艺流程上，要求更加严密、合理。中国石油天然气管道第三工程公司于2003年、2004年在西气东输管道工程、陕京二线输气管道工程建设中，充分借鉴了国际先进的试压技术，并开展了大规模的科研攻关活动，经过大量的试压实践，在大口径长输管道清管、试压方面积累了丰富的施工经验，总结形成了较为严密、先进的清管试压技术。

一、工法特点

1. 本工法清管、测径程序化。

2. 本工法取、排水进行水质化验，并办理取、排水许可证，符合环保要求。

3. 本工法整体上水、分段试压；重复利用水资源。

4. 本工法注水采用背压措施。

5. 本工法试压过程中，全部使用精密、配套的压力天平、流量计、压力自动记录仪、温度自动记录仪等仪器。

6. 本工法在注水升压时采用P/V图。

7. 本工法排水时使用泡沫清管器，提高扫水质量，并且量化分析扫水程度。

二、适用范围

本工法适用于公称直径在DN800以上的输油输气长输管道液体清管试压。

三、工艺原理

大口径长输管道敷设完毕，为消除管线投产运行前的安全隐患、输送介质达到洁净无污染，通过清管、测径；管道注水；管道试压；管道排水；深度扫水等工艺流程。

1. 在清管、测径时，根据管道内杂物的数量和种类选择不同类型的清管器，按照一定的程序进行清管、测径。

2. 管道注水。

（1）首先根据高差、管径等已知条件使用列宾宗公式进行沿程水力损失验算，根据计算结果，选择能够满足（扬程流量）的水泵作为注水设备。

一般情况下，由于管内水流均匀，流速慢。采用水力光滑区模式计算。

$$h_f = 0.0246 \frac{(\pi r^2)^{1.75} V^{0.25}}{d^{4.75}} L$$

式中 h_f——磨阻（m）；

r——管道半径（m）；

v——水流速度（m/s）。

（2）在注水过程中，防止大落差下坡段注水清管器速度加快，抽空进入空气形成气囊或发生管内水击现象，采用背压措施对注水清管器的行走速度加以控制。背压与试压长度关系见表1。

表1　背压与试压长度的关系

项目名称	比例（%）	初始背压（Pa）								
		0	15	20	25	30	35	40	45	50
管道注水长度 F	10	2	18	34	29	35	41	46	52	57
	20	4	22	29	35	41	47	54	60	66
	30	6	28	35	42	49	56	63	71	78
	40	10	35	43	52	60	68	77	85	93
	50	15	45	55	65	75	85	95	105	115
	60	22	60	72	85	97	110	122	135	147
	70	34	84	101	118	134	151	168	184	201
	80	59	134	159	184	209	234	259	284	309
	90	132	282	332	382	432	482	532	582	632

根据 F、时间 t（h）以及试压管段的总长度 L，计算出的速度为

$V = \frac{F\,L}{t}$（速度依照长度 L 的单位，使用 mph 或 km/h）。

3. 管道试压

（1）在升压过程中，计算理论注水量和实际注水量做比较，来分析是否出现0.2%的偏差，可及时发现管道是否有泄露或管中存在空气，影响压力增高。增加水量的理论数据应根据公式：

$$dv = Vdp\,[\,(D/Et)\,(1-\omega^2)+1/K]$$

式中 dv——增加的水量（m^3）；

V——试压管道容积（m^3）；

dp——水量增加所对应增加的压力（kPa）；

D——管道外径（mm）；

E——阳式弹性系数（2×10^8）；

t——管道壁厚（mm）；

ω——泊松系数（0.3）；

k——水性模数（2343961kPa）。

（2）在严密性稳压过程中，压力有明显降低，就要判断这一压力下降是小的泄漏造成的还是温度变化造成的。由于管道（水）温度降低使压力下降需要计算加以证明，并和实际压力减少做比较，分析管道严密性试验是否合格，否则找出使压力下降的漏点，并进行修

补重新试压；计算因温度降低而使压力下降的数据因根据公式：

$$dP = (\beta - 2\chi)/[(D/Et)(1 - \omega 2) + 1/K]$$

式中 dP——每摄氏度的压力变化；

β——水的热膨胀系数（$-64.26 + 17.105T - 0.203T^2 + 0.0016048T^3$）$/10^6$；

T——试压水温度（℃）；

χ——钢的线性膨胀系数（-1.17×10^{-5}）；

D——钢管外径（mm）；

E——阳式弹性系数（2×10^8）；

t——管道壁厚（mm）；

ω——泊松系数（0.3）；

k——水性模数（2343961kPa）。

4. 管道排水

（1）避免对生态环境的破坏，建设绿色管道。

（2）使用泡沫清管器进行深度扫水，如果泡沫清管器增加的重量应小于1.5kg，没有发生颜色变化，扫水合格。

四、工艺流程及操作要点

1. 工艺流程（见图1）

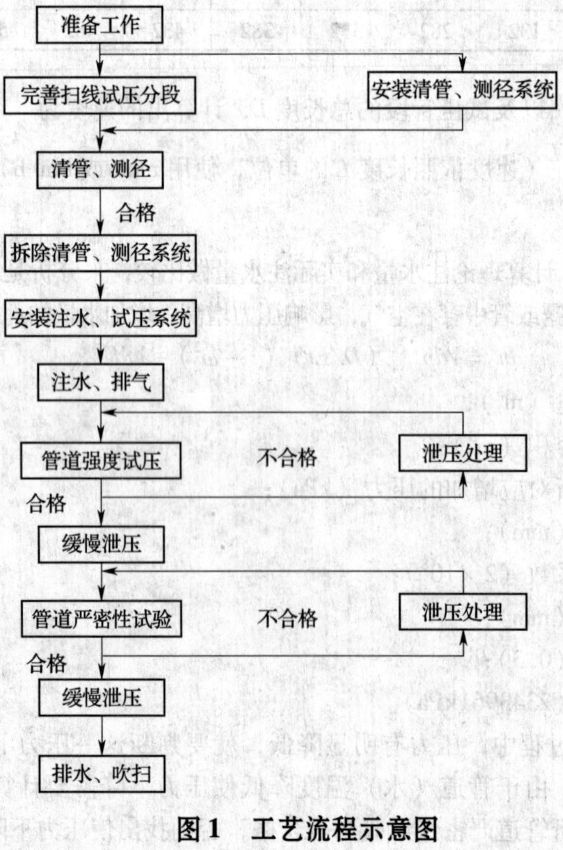

图1 工艺流程示意图

2. 操作要点

(1) 管线试压分段。

根据管道长度、地区等级、高差、水源等实际情况进行管道试压分段：

①长输管道试压分段一般不宜超过35km。

②管道试压分段应结合水源的地理位置。

③由于管道沿线的地区等级不同，管材壁厚也不相同，管道强度试验压力也不同。

④管道进行水压试验时，管道海拔高程不同，在满足全段管道最小强度试验压力时，由于海拔高差相差较大，管道两端或其他位置压力相差较大，必须保证特殊点压力小于管道的90% 屈服强度。

⑤管道为更好地在注水时排空、试压后扫水，应结合管线长度、高差，尽量在管道分段时，使管道两端位于分段的高点和低点，管线中间避免出现高差较大的U型谷。

⑥应当检查每个试压管段的最低点、最高点、起点和终点的实际标高。测试管段上，每种壁厚管道的最低点的实际试验压力必须保持低于管道90% 最低屈服强度的压力，在测试管段每种壁厚（每种地区等级）管线的最高点的实际试验压力必须保持高于最低试验压力。

(2) 清管、测径。

在主体管道分段完毕后，为达到理想的清管效果，在清管时，根据管道内杂物的数量和类型选择四种不同类型的清管器，通过收发球筒和空压机进行清管和测径，保证试验管段试压时内部清洁，提高输气（油）质量。建议清管器的运行速度为4～8km/h。不得使用黄油或者类似物质润滑清管器。

第1种，直板双向8片聚酯盘清管器，用来清除固体物质和碎屑。清管器中间6片聚酯盘为密封皮碗，有良好的柔韧性，起到密封作用，清管器在行走过程中，推动碎屑；清管器前后第1片聚酯盘为支撑盘，具有一定的硬度，不易变形，防止清管器中心偏移管道中心线，使清管器和管道内壁四周接触力度一致，使密封皮碗起到良好密封作用，并在清管器在行走过程中，推动固体物质和碎屑（见图2）。

第2种，使用不伤害内涂层带尼龙盘刷的清管器进行清管，清除灰尘和氧化皮。清管器前安装1个尼龙盘刷主要用来清除管壁上的灰尘和氧化皮；清管器后端有3个杯型皮碗，有一定的柔韧性，起密封作用，清管器在行走过程中，推动管道内堆积的灰尘和氧化皮，如果管道内清除不净，可增加清管次数继续清理（见图3）。

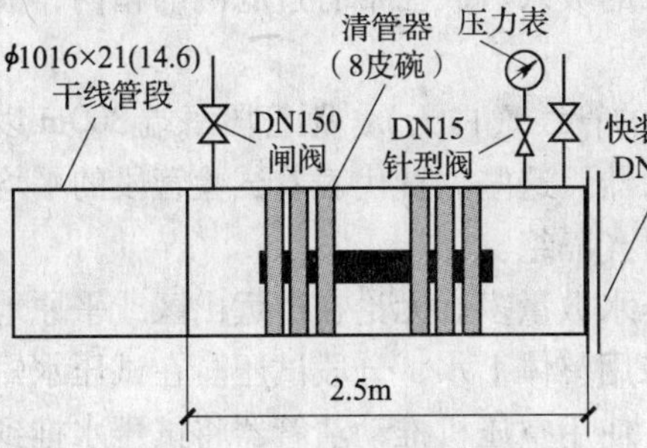

图2　直板清管器结构图

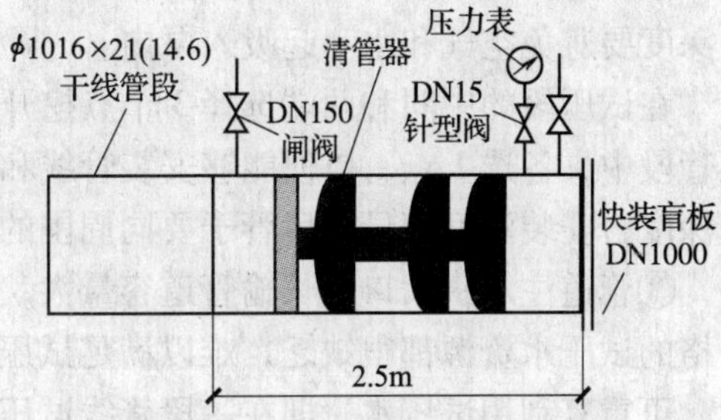

图3　碟型清管器结构图

第 3 种，测径清管器，测径清管器为直板 8 片聚酯盘清管器，配有 8mm 厚，直径等于最小管段内径 90% 的铝质测径圆盘，应可以通过较大壁厚的弯头和管段。铝测径圆板安装在第 4 和第 5 个聚酯盘中间。测径清管器前部盘的材料应为中软硬度的聚酯材料。通测径清管器，清管器到收球端后，将测径清管器小心翼翼地从接收头取出，检查测径圆盘是否有损坏或者弯曲（见图 4），如果没有变形或损坏，则测径合格。

第 4 种，通泡沫清管器，清除水气和氧化皮。要求至少使用两个泡沫清管器（发射间隔时间为 1h）泡沫清管器重量轻，开放孔聚氨酯泡沫清管器，比重约 16 ~ 20kg/m^3 小长度为直径的 1.5 倍，未加外涂层，子弹头型（见图 5）。

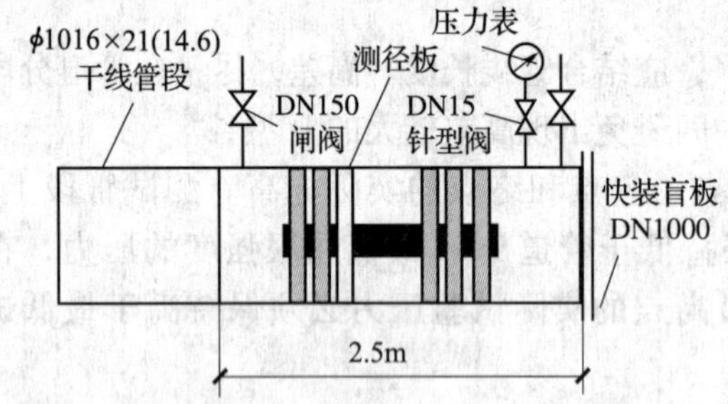

图 4　测径清管器结构图

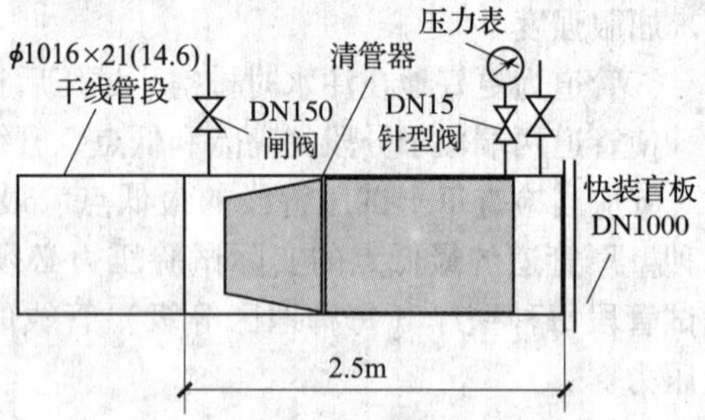

图 5　泡沫清管器结构图

如果清管器卡在管道内，要设法增压推动。而且不能增加到发射筒的额定压力或管道设计压力。

清管器使用后，在下次清管前应检查清管器及清管器皮碗的外形尺寸变化、划伤程度，对磨损较大的必须进行更换。

清管的验收标准是管道不会排出灰尘；泡沫清管器抵达收球筒的时候，不潮湿，同时，也没有明显的变色。试验管段要进行密封，防止管内进入灰尘、水或异物，保证试验管段试压时内部清洁。

（3）注水。

①水质化验、办理取水证。为使管道在试压过程中和试压结束后不受到试压水的腐蚀，应选择合格的洁净水。注水前对试压水进行水质化验，并及时和当地水管部门进行协调，根据试压用水量和用水时间办理取水证。

在试压或冲洗水中不得投入化学药剂。

②注水准备。选择满足扬程、排量的注水泵，泵的吸入口放在带有过滤网的箱内，放置的深度要避免空气和水一起吸入泵内。

在试压段的中间和两端选择 3 个点挖开 0.6m 长的管线（白天），距管段每端 300m 以及在管段中央各选 1 点，以便能够安装管线和地温记录器。这些位置代表着试验管段的平均回填深度，安装温度记录器后管子要同周围的空气和日光隔绝。

③管道注水。大口径长输管道容量大，使用试压水数量多。无论在边远山区或平原地带合格的试压水资源都很缺乏，难以满足试压，可以采用整体上水、分段试压。在试压水短缺时，可重复利用试压水，即在一段管线试压合格后，使用空压机推动清管器将试压水推到下一段试压段内，既解决水源问题，又起到排水作用。管道主体在清管、测径合格以后，利用离心水泵对管线进行整体上水（见图 6）。

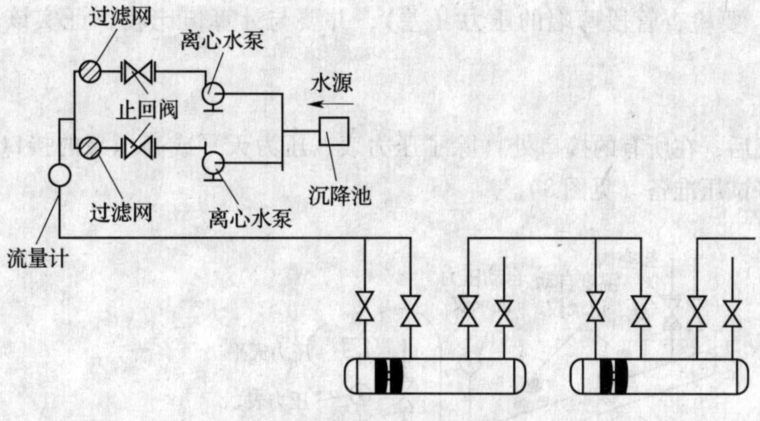

图 6　管道整体注水示意图

水泵将通过阀门与试压头相连，同时阀门的安放位置要适合清管器的长度。最初，在第 1 个注水清管器前面的管道内注入 300m 长或 $250m^3$ 的冲洗水。水注入后，将流量计复位到 0，而后将水注入到第 1 个注水清管器的后面。第 1 个注水清管器将被注入的水推出发射筒。在第 1 个注水清管器的后面，注入 300m 或 $250m^3$，并紧跟第 2 个注水清管器注入试压水，以类似方式发射第 2 个注水清管器，以防形成气穴。之后流量计应再次调零。注水清管器发射的准确时间要记录在案。持续注水推动注水清管器和冲洗水，直至试压管段注水完成。

注水清管器的行走速度要加以控制。选择足够排量和扬程的注水泵，达到规定的注水速率和克服试压段高差，以防在试压段内夹杂空气。在管线整体或大落差管道上水时，防止下山坡段注水清管器速度加快，保证在注水时注水清管器后面的水流不会中断。要保持注水清管器和末端试压头之间有充足的背压（根据试压管段纵断面标高情况，在接受端控制试压段的压力表显示压力来控制），以免清管器行走过快，管道内形成真空，吸入空气。要控制注水清管器的行走速度，保证正确注水。注水清管器的最大速度应限制为 3km/h。

如果采用整体上水，第 1 个管段注水完成后应立即向第 2 个管段的注水（见图 7）。

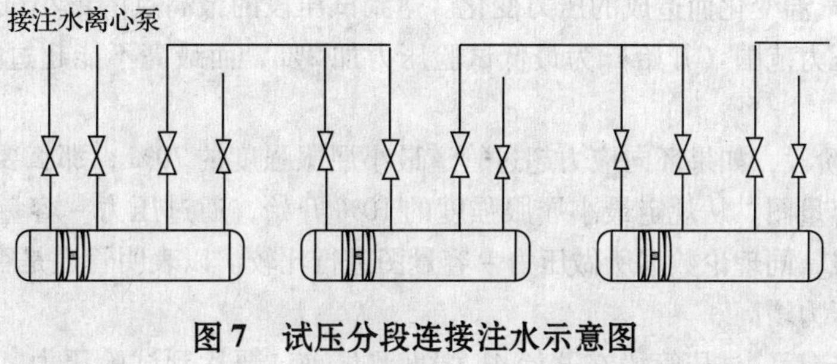

图 7　试压分段连接注水示意图

计算注水清管器的估计到达时间。在接收段，要通过排水管排除冲洗水，一旦看到注水清管器到达便立即关闭排水阀。清管器前面的空气要使用放气阀排掉。要随时监测注水量，以便计算 2 个清管器已经行走的长度。

注水完成后，管道/水的温度不稳定时，允许 1 个最少 24h 的稳定期，或直到与地面温度接近。要检查管段两端的压力（差），并要与计算值比较，证实该段特定的试验压力。

（4）试压。

注水完成后，在所有的接口处（除了压力表、压力天平或高压泵的接口）安装盲法兰和封头，做好试压准备（见图 8）。

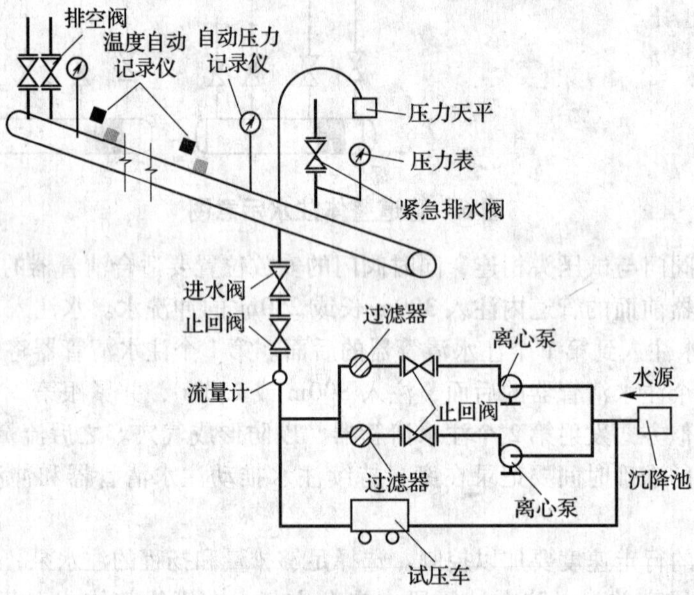

图 8　试压结构图

①强度试验。

a. 缓慢地增加试验压力，达到试压段最高点的最低试验压力的 30%。检查所有的管件和连接段，看是否有漏水情况。继续增大压力至试验压力的 60%，检查漏水情况和系统的完整性；然后根据试压计划，继续增压力。

b. 每分钟不大于 75kPa 的均匀速率增加试验压力，一般将规定的最小试验压力增加 2%，以弥补因气温变化而造成的压力变化。达到试压段的最高点的最小试验压力的 102%，在低标高点，压力范围（开始）为最低试验压力加 2%，而最高不能超过规定的 90% 最低屈服强度。

c. 在试压阶段，如果环向应力超过管道最小屈服强度的 70%，那么要绘制所有的压力试验的压力 - 容量图。从规定最小屈服强度的 10% 开始，通过压力 - 容量曲线实际记录的数据划一条直线，同理论数据所做压力 - 容量图进行比较。以表明管道是否有泄露或管中存在空气，影响压力增高。

d. 压力稳定后，试压管段在开始 4h 强度测试前，要达到试验压力。在稳压试验的前 30min，每 5min 记录 1 次压力天平的读数。下个 30min，每 10min 记录 1 次压力天平读数。在下 1h，每 15min 记录 1 次读数，以后每 30min 记录 1 次。

e. 如果从试验开始压力损失就超过试验管段规定最低试验压力的 2%，试验段将加水返回到原来的试验压力。在4h稳压后期，必须至少要有1h的压力稳定期，否则要延长试压期，直到出现1h稳定期为止。在确定试验压力的变化时，要考虑温度－压力变化的相互关系。如果强度试验在规定的最低测试压力下保持了4h，没有发生裂管、明显的压降或者由于温度损失要增加水量，则强度试验就可验收通过。

②严密性试验。

a. 泄压，将试压管段最高标高点的压力降到严密性试验压力。从接收端试压头泄压，有利于注水清管器完全进入到试压头内。要使用足够强度的和安全的排水管，按照批准的方法排水。

b. 压力降到严密性试验压力并稳定后，开始24h的严密性试验。在整个严密性试验过程中，记录仪和压力天平继续工作。

c. 关闭通向压力管线的阀门和切断与压力泵的连接。每15min记录1次压力和实际时间。每1h记录1次管壁和地温度。

d. 要检查外部管道和管件有无漏泄情况，如果可能，将漏泄水收集到容器内，或者计算它的数量。如果试验管道发现看得见的漏泄，要停止试验，修补漏泄，重新开始24h严密性试验。

e. 在规定的最低压力下，严密性试验维持24h，如果没有出现最大为1%的压力降，则严密性试验合格，予以验收。可能需要超过24h，以便将压力稳定到小于1%的变化值。

f. 如果没有出现最大为1%的压力降，则严密性试验合格。如果压力降超过1%，必须说明其他原因加以证明，如温度减低或者轻微漏泄。如果不能找出其他原因证明，必须继续或重复进行严密性试验，直到达到满意的试验结果为止。

（5）排水。

在试压合格后，利用空压机和管道内的注水清管器推动管内试压水，在没有流动水后，改用泡沫清管器进行深度扫水。

①为避免对生态环境的破坏，建设绿色管道，在试压合格后，试压水排放前进行水质化验；到当地环保部门办理排水许可证，在指定地点排放试压水。至少要在排水前24h通知当地的环保部门及监理试压检查人员。排水管道要有足够的强度，安全的支撑，并在排水端固定排水管以免排水时摆动。要提供和安装排水缓冲设施，防止冲蚀，深切地面或者损害排水点的植被。

②通过将第2个注水清管器驱回发射头，用压缩空气将水从试压段内排出。要特别注意防止在管段排水时憋压。清管器排水速度要限定在最高排量为$450m^3/h$。

③在出发点接收回第2个注水清管器之后，应将第1个注水清管器推回出发点。然后再拆除试压头，在试压段两头重新安装清管收发筒。增加皮碗清管器清管，直至清管器到达接收头的时候，清管器前没有流水。还应当监督、记录驱动排水清管器所需的空气压力，这样就可以识别出压力较高的区域以及可能出现的残留水。

④用注水清管器排水后，应使用泡沫清管器（每隔1h放射1次），直到泡沫清管器在接收时是干燥的、不出现变色（因灰尘造成）。应在清管器发射前和接收后称测其重量，如果泡沫清管器增加的重量应小于1.5kg，没有发生颜色变化，试压检查员可以认定这一试压管段的水分已经清理完毕。

五、材料（见表2）

表2　材料（以西气东输 $\phi1016$ 为例）

序号	名　称	规 格 型 号	单位	数 量	备 注
1	短管	$\phi1016$　X70	m	104	制作试压头
2	快开盲板	DN1000　PN4.0MPa	套	2	
3	无缝钢管	$\phi219\times10$　$20^{\#}$	m	1800	配高压弯头50个
4	无缝钢管	$\phi159\times7$　$20^{\#}$	m	300	配高压弯头20个
5	无缝钢管	$\phi108\times6$　$20^{\#}$	m	100	配高压弯头20个
6	无缝钢管	$\phi89\times5$　$20^{\#}$	m	180	配高压弯头10个
7	焊接螺旋管	$\phi325\times5$　$20^{\#}$	m	300	弯头10个
8	椭圆封头	DN1000　PN25MPa	个	26	
9	椭圆封头	DN200　PN4MPa	个	2	空压机汇流小罐
10	高压闸阀（球阀）	DN200　PN20MPa	个	52	
11	高压闸阀（球阀）	DN150　PN20MPa	个	14	
12	高压闸阀（球阀）	DN100　PN20MPa	个	10	
13	高压闸阀（球阀）	DN80　PN20MPa	个	15	
14	止回阀	DN200　PN8.0MPa	个	2	
15	止回阀	DN80　PN4.0MPa	个	4	
16	针型阀	DN15　PN25 MPa	个	60	
17	针型阀座、压力表座、温度计座		个	各30个	接压力表、压力天平
18	缓冲表弯	DN15	个	30	
19	压力表（0.4级精密）	YB－150 PN25　MPa	块	26	
20	压力表（0.4级精密）	YB－150　PN1.6 MPa	块	4	
21	清管器皮碗	DN1000	个	120	
22	注、排水清管器	DN1000	台	26	8－聚酯杯形皮碗
23	测径清管器	DN1000	台	13	8－聚酯杯形皮碗
24	吹扫清管器（带软尼龙鬃盘刷）	DN1000	台	9	4－聚酯杯形皮碗
25	泡沫清管器	子弹头型	个	140	
26	千斤顶	16t	个	4	
27	手动葫芦	5t	个	4	
28	钢板	δ20	m^2	5	加强筋
29	钢板	δ14	m^2	8	加强板
30	钢板	δ1.5	m^2	15	管口盲板
31	道木	1.5m	根	20	
32	过滤器	40目 流量600m^3/h	套	1	试压水过滤

六、机具设备（见表3）

表3 机具设备

序号	名 称	规格型号	单位	数 量	备 注
1	太脱拉打压车	AC－400	台	1	泥浆泵
2	英格索兰空压机	$20m^3$/min 1.2MPa	台	2	
3	英格索兰空压机	$30m^3$/min 2.4MPa	台	1	
4	高压空压机	$20m^3$/min 10MPa	台	1	
5	发电机	100kW	台	2	
6	发电机	10kVA	台	3	
7	离心水泵	$100m^3/h$ $H=80m$	台	1	
8	一体焊机	双把	台	1	
9	挖掘机	$1.0m^3$	台	1	
10	槽车	8t	台	1	
11	油罐	5t	台	2	
12	巡逻车	213 吉普车	台	1	
13	客货两用车	1.5t	台	2	
14	面包车	12 座	台	1	
15	半自动割管机		台	1	
16	角向磨光机	DN150 DN100	台	各2台	
17	焊条烘干箱		台	1	
18	流量计（DN150）	显示（S/L）精度0.5%	台	4	
19	压力天平	DH4301	台	1	
20	压力自动记录仪	24h 制图，$D\geqslant300mm$	台	2	
21	电子测温装置	精度为0.5℃	台	6	
23	温度计记录仪		台	6	
24	热电偶温度计		套	2	
25	水银温度计		套	6	
26	无线电台		套	3	
27	帐篷		顶	3	
28	清管发射仪、跟踪仪	低频信号	套	3	
29	清管指示仪	机械	套	4	
30	工具房		个	1	
31	试压头	自制	套	24	
32	试压泵		台	1	试压头、阀门接管试压

七、劳动力组织及安全

1. 试压项目劳动力组织（见表4）

表4　试压项目劳动力组织

序号	工　种	数量	序号	工　种	数　量
1	项目经理	1	8	机械工	4
2	技术负责人	1	9	电工	2
3	技术员	1	10	泵工	2
4	HSE 监督管理员	1	11	司机	4
5	质量	1	12	炊事员	1
6	管工	2	13	普工	4
7	电焊工	4	合　计		30
8	气焊工	2			

2. 安全措施

（1）在水压试验进行期间，严格执行 HSE 管理制度，保证所有管道施工人员和公众的健康和安全。

（2）清管试压工作进行前，应由项目 HSE 监督员对参加试压人员进行有关安全教育。

（3）HSE 体系在试压期间，为职工提供劳动保护用品。所有的试压人员都要得到充分的安全教育，并且以前有参加过试压工作的经验。

（4）清管、试压工作设备应由专人负责操作。

（5）在施工交接班前，应有班前会议，交接清楚应注意事项。

（6）试压前应通过各种形式，向沿线所经过的城市、村庄的居民通知试压时间，所经过的地区及注意事项。

（7）清管施工时，现场出口前方 60m、左右 30m 内设好警戒区；警戒区内设置警示牌、警示灯等警示标志、安全防护线，并派人值守。标志上要用文字标出："警告－管道在进行高压试验""切勿靠近"等。

（8）为了安全和更好的工作，在试压时应准备照明系统。

（9）在清管和试压的全过程中，应保持通讯联系畅通，信息传递及时，交通工具配备充分。以便所有参与试压的工作人员能够相互通报在试压期间的试压状态和出现的问题。

（10）对水压试验工序要进行减轻危害分析，重点在试压头处。

（11）试压时，试验棚、管汇、压力泵、仪表等设备仪器必须在距试压管线 20m 之外。

（12）管道升压、降压时，试压区域内未经过 HSE 监督员准许的人员严禁进入，禁区内的居民应暂时撤离到安全地带，无关人员、车辆不得进入禁区。升压过程中，工作人员不得沿管道检查。

（13）管道升压时，试压设备应与试压管道至少保持20m的距离，且应放置在其侧面；与试压车和主管道相连的试压管应与地面加固。

（14）试压场地必须具有充分的消防设备、逃生梯；噪音应控制在要求的范围之内。

（15）升压时，封头对面100m内不准站人，发现泄露时应立即停止升压，不准带压补焊。

（16）所有参加试压人员要熟悉操作流程，防止错误操作，重要操作要有专人负责。

（17）检查所有软管、管件、接头和阀门的正确压力等级。软管不论承受压力等级如何，都不得用于连接高压泵和试压头。

（18）禁止维修和拆除带压管件，即使压力表读数为零，也要使阀门处于完全打开的状态，并且操作符合相关要求。

（19）设置储油罐应符合环境要求，和设备保持20m的距离，加油时的漏油要用瓶、罐接住，加油完毕后，立即用油盖盖好。在油罐附近应配置1个4kg的灭火器，油罐旁边应有鲜明的“严禁烟火”标志。

八、质量要求

1. 检查项目

（1）试压头及参与试压管件的焊接组装。

（2）试压水质化验及取水证办理。

（3）管道清管的洁净程度，是否符合要求。

（4）强度试验压力和严密性试验压力和稳压时间。

（5）排水水质化验及排水许可证的办理。

2. 检查标准

（1）《输油输气管道线路工程施工及验收规范》（SY 0401—2000）。

（2）《石油天然气钢质管道对接焊缝射线照相及质量分析》（SY 4056—93）。

（3）《钢质管道焊接及验收》（SY/T 4103—1995）。

（4）《石油天然气金属管道焊接工艺评定》（SY 0452—2002）。

（5）《生活饮用水标准》（GB 11730—89）。

（6）《污水综合排放标准》（GB 8978—1996）。

（7）《陕京二线管道工程线路工程施工及验收规范》（Q/SY JS 0021—2003）。

（8）《西气东输管道工程线路施工及验收规范》（Q/SY XQ 1—2003）。

九、效益分析

根据运用本工法所施工工程的实践，结合以往长输管道清管、试压实际情况。

1. 技术指标（见表5）

以管道直径ϕ1016、每试压段30km为例进行比较。

2. 经济效益（见表6）

以管道直径ϕ1016、每试压段30km为例比较，以728km计算经济效益。

表5　技 术 指 标

项目 技术	工　期	质　量	HSE	备注
传统施工技术	清管：采用碟型皮碗清管器或橡胶球达到合格条件，需通球次数16次，需要工期15d 试压：采用150m^3/h离心水泵，需要工期8d 扫水：利用采用碟型皮碗清管器或橡胶球达到扫水要求，需通球14遍，需要工期14d	精确度：压力和温度采用人工记录，人为因素较大，精确度一般 分项工程优良率：60%	安排施工不合理、采用人工记录，施工人员的劳动强度高，造成疲劳作业，劳动效率低。试压水不经过化验随意排放。采用人工记录，人为因素大，精度低，数据不可靠、安全系数低	每个工作日8h计算
本工法施工技术	清管：由于采用复合结构类型的清管器，通球次数为4～5次，需要工期5d 试压：采用450m^3/h离心水泵，需要工期4d 扫水：由于采用复合结构类型的清管器，通球次数为4～5次，需要工期5d	精确度：压力和温度采用自动记录仪记录，自动制图，精确度高，同时具有可追溯性 分项工程优良率：100%	合理安排施工、采用自动记录，降低施工人员的劳动强度，避免疲劳作业，提高劳动效率 试压水化验合格后，定点排放 采用自动记录，精度高，数据可靠、施工安全	每个工作日8h计算
比较	节省工期23d	精确度和优良率提高	施工更加符合HSE的要求	

表6　经济效益比较

项目 技术	人工费	材料费	机械使用费	其他费用	合计
传统施工技术	所有参与试压人员（包括普工）所需费用20万元	参与试压的阀门、清管器、封头、无缝钢管等材料所需费用46万元	参与试压的打压车、空压机、挖掘机、吊车、运输车、巡逻车（包括租赁）所需费用70万元	所需费用39万元	175万元
本工法施工技术	所有参与试压人员（包括普工）所需费用9万元	参与试压的阀门、清管器、封头、无缝钢管等材料所需费用45万元	参与试压的打压车、空压机、挖掘机、吊车、运输车、巡逻车（包括租赁）所需费用51万元	所需费用36万元	141万元
比较	节省费用11万元	节省费用1万元	节省费用19万元	节省费用3万元	34万元

本工法总效益：728/30×34≈825 万元

3. 社会效益

运用本大口径管道清管、试压技术，节约成本，缩短工期，克服了缺水困难，解决了无人无水区试压用水的关键问题，使水压试验由可能变成了现实。

在试压过程中使用压力天平、流量计、压力自动记录仪、温度自动记录仪，仪器、仪表由实验室转移到施工现场，使管道试压更加直观、精确、可靠。在升压过程中，根据升压注水量、管道增加压力制作 P/V 图，使管道压力试验更加安全。

使用泡沫清管器，以此来显示清管器清出的最小水量，泡沫清管器增加的重量应小于 1.5kg。在国内第 1 次使用泡沫清管器，为管道扫水的干燥程度提供数据依据。

排水过程中，进行了水质化验，定点排放试压水，避免了生态环境的破坏，建设绿色管道。

对一些施工措施的可行性进行了论证，积累了试压的丰富经验，填补了国内管径 ϕ1016mm 压力 10MPa 长输管道试压技术的空白，对以后大口径管道试压提供依据。

运用本大口径管道清管、试压技术，确保了西气东输工程管线上水清管、试压按期完成任务，为西气东输在 2004 年 9 月 1 日整体输气奠定基础。创造了目前世界上大口径（ϕ1016mm）、长距离（984km）、大落差（847.9m）地段一次整体上水的施工新纪录。

十、工程应用实例

西气东输管道工程管道口径大、高钢级、管壁厚，里程长是我国管道事业发展史的又一高峰，备受世人瞩目。西气东输管道工程引进先进的国际施工技术，接受外方监理的监督，管道施工要求严格。西气东输管道工程沿线地形复杂，高程变化较大，典型的大落差地理位置较多，对试压造成很大困难。位于西气东输的西段 1～6 标段，沿线干旱少雨，而大口径的西气东输管道所需试压水较多，在遵守试压规范的原则下，采用高扬程、大排量离心水泵对 2～6 标段 958km 进行整体上水，在管道试压过程中应用并不断总结完善了本工法。

1. 2003 年 4 月 27 日至 2004 年 6 月 9 日中国石油天然气管道局第三工程公司开始在西气东输管道工程新疆段至甘肃段即第 1 标段（轮南－孔雀渠东）线路工程、第 2 标段（孔雀渠东－库米什南山）线路工程、第 5 标段（哈密市）线路工程、第 6 标段（新甘界－桥湾）线路工程清管、试压，管线规格为 ϕ1016，清管、试压共完成约 599km。

2. 2004 年 8 月 2 日至 2004 年 12 月 20 日在陕京二线输气工程进行清管、试压，管线规格 ϕ1016，共完成清管、试压累计长度约 129km。

本工法经西气东输、陕京二线管道工程累计完成清管、试压 728km。均获得 1 次成功，缩短了工期，试压技术受到了外方监理的高度评价，达到了国际先进水平，形成了中国石油天然气管道第三工程公司企业标准《大口径长输管道清管试压工法》1 项；试压机组 QC 小组的《运用 QC 方法，控制影响试压因素，确保西气东输管道试压的一次成功》成果，获管道局优秀奖。

运用《大口径长输管道清管、试压工法》，可以提高试压的准确性、科学性、安全性，并能满足国内的环保要求，充分利用水资源，降低水源开支成本，缩短工期，填补了国内管径 ϕ1016mm 压力 10MPa 长输管道试压技术的空白，创造良好的经济效益。使大口径管道清管、试压在我国管道建设史跨上了新的台阶。

超高压输气站场工艺管道爆破吹扫、气压试验施工工法

YJGF 108—2004

北京城建亚泰建设工程有限公司

吴雄平　吴精辉　刘　兵　刘传高　董佳节

输气站场工艺管道复杂、管径大、管道系统管路很多，如采用常规吹扫方法，从进站管口接空压机往系统内进空气，从系统各主、支出口吹出，不能保证各管道内脏物被带走吹扫所需的气流速度，很难达到清洁工艺管道系统的效果，如按常规用水试压，则地下汇气管内存水将无法排出，冬季时易产生管道冰堵，从而降低管道的实际输气量，增加了干燥处理的难度，试压用水源和排出处理困难。

我们开发研究并应用的超高压输气站场工艺管道吹扫、气压试验技术成功地解决了以上的难题，并形成了工法。根据工艺系统特点，采用爆破吹扫法。爆破吹扫的原理是对吹扫系统只留 1 个吹扫出口，在此用石棉橡胶垫封堵作为爆破膜，当空压机向系统内加压到爆破膜的承压极限时，石棉橡胶膜爆破，系统内压缩空气在瞬间（短时间内）高速向爆破口排出，管道内锈尘、杂物随气流涌向出口，从而达到对系统内管道清扫的目的。通过对气压试验时管道应力的计算，在满足管道最低屈服强度设计系数的前提下，采取相应安全措施后，实行超高压（11.5MPa）气压试验。

本工法在保证工艺管道吹扫效果和气压试验 1 次成功前提下，具有工期短、成本低的优点，在陕京二线输气管道工程（北京末站）、永清－北京东郊门站输气管线工程（北京东郊门站）等工程中应用并取得了成功，北京末站将随陕京二线工程申报国家优质工程奖。

一、工法特点

1．超高压输气站场工艺管道爆破吹扫通过设置爆破膜保证了管道吹扫干净所需的气流速度，从而达到清洁管道的目的。

2．超高压输气站场工艺管道气压试验用压缩空气为介质进行试压，从而解决水压试验存在排水不彻底、管道干燥处理工作量大等难题。

二、适用范围

适用于各天然气长输管线站场的吹扫、试压施工。

三、工艺原理

爆破吹扫的原理是对吹扫系统只留 1 个吹扫出口，在此用石棉橡胶垫封堵作为爆破膜，当空压机向系统内加压到爆破膜的承压极限时，石棉橡胶膜爆破，系统内压缩空气在瞬间（短时间内）高速向爆破口排出，管道内锈尘、杂物随气流涌向出口，从而达到对系统内管道清扫的目的。

用压缩空气做介质进行压力试验，根据《输气管道工程设计规范》规定应满足以下条件：

1. 试压时最大环向应力小于50%管道屈服强度（三级地区）。

2. 气压试验压力为设计压力的1.15倍。

3. 所试验的是新管材并且焊缝系数为1.0。

4. 管材满足止裂韧性要求。

四、工艺流程

爆破膜及盲板设置⟶空气压缩机连接⟶爆破吹扫⟶工艺设备连接及勾头⟶空压机升压⟶强度试验⟶降压⟶严密性试验⟶泄压

五、操作要点

1. 封堵设置

进、出站管口处焊接相应承压能力的椭圆封堵，对不能参加吹扫的计量调压等设备前后管段实行封堵。

2. 爆破口的设置

根据计量，调压设备不能参加吹扫的要求，将系统分为前、后二区，各设置1个爆破口，分别进行爆破吹扫，爆破膜选用5mm厚的高压石棉橡胶板。

3. 爆破吹扫

吹扫空压机选用XHP1070（$V=30m^3/min$，$P=2.4MPa$），在进、出站管上分别接空压机加压，每区经过5次爆破，用白布进行排出气体打靶试验，白布上未发现铁锈、尘土、水分等赃物，吹扫达到要求（见图1）。

图1　爆破吹扫

4. 工艺设备连接

爆破吹扫完成后，将未参加爆破吹扫的设备与系统连接好，将试压用空压机通过空气净化装置与工艺系统连接好（见图2）。

图2　过滤包接管及加固

5. 气压试验

输气站场工艺系统按设计工作压力一般分为三个压力级，即高压区、中压区、低压区。试压时按高、中、低压进级试压，高、中压区之间及中、低压区之间设置分界阀。高压区主要工艺管道及设备强度试验压力为1.15倍工作压力，严密性试验压力为工作压力；中压区为工艺系统中所有放空阀至放空分离罐和排污阀至污水罐的管道，强度试验压力为1.15倍工作压力，严密性试验压力为工作压力；低压区为放空分离罐和污水罐后的管线，强度试验压力为1.15倍工作压力，严密性试验压力为工作压力。试压时采用2台空压机S－10/250（$V=10m^3/min$，$P=25MPa$）同时往试压系统高压区内加压，当系统压力升至低压区强压时，关闭中、低分界阀、对低压区进行强度试验，4h稳压强度试验合格后，打开低压区泄压阀使低压区压力降至低压区工作压力，稳压24h用肥皂水对焊缝及法兰等宜漏部位进行严格检漏，合格后泄至常压，低压区试验完毕，低压区泄压阀保持开启状态；当系统压力升至中压区强压时，关闭高、中压分界阀，对中压区进行强度试验，稳压4h强压合格后，打开中、低压分界阀降压至中压区工作压力，稳压24h检漏合格后泄至常压；当系统压力升至高压区强压时，空气压缩机停止加压，关闭试压管上进气阀，对高压区进行强度试验，4h稳压合格后打开高压区泄压阀降压至高压区工作压力，稳压24h检漏合格后泄至常压，试压工作全部完成。

六、材料准备

高压椭圆封堵、空气净化装置、高压石棉垫（爆破膜）、高压针形阀、压力表。

七、机具准备

空压机XHP1070（$V=30m^3/min$，$P=2.4MPa$）　1台

空压机S－10/250（$V=100m^3/min$，$P=25MPa$）　2台

八、劳动力组织及安全措施

1. 劳动力组织

（1）成立试压工作组织机构，试压工作领导小组组长全面协调指挥试压的各项工作。

（2）根据试压的各工序组织相关工作组，压缩机操作组、检查刷漏组、紧固维修组、读表及开、闭阀组、疏散警戒组、抢救组。

2. 安全措施

（1）压力试验区域外50m处设置警戒线，只限参与试压的工作人员进入，并标明“管道高压试验无关人员严禁入内”。试压段周围，与试压作业没有直接关系的作业须停止。在试压段进行试压时，所有不需要直接参与试压操作人员（检漏、拧紧垫圈、操作空压机、记录数据等等）的行动要加以限制，尽可能不要进入试压作业区。

（2）参加吹扫和试压的员工在施工现场作业时统一穿戴劳动保护用品，佩戴胸卡，吹扫、试压设备的操作人员佩戴耳塞，升压时封头对面及法兰连接处的侧面不准站人，发现渗漏时应停止升压，将距泄漏处两侧最近的控制阀门关闭，泄掉渗处的压力后进行修补，在试压过程中严禁敲击任何受压管道。

（3）试压场地要求平整并设置明确的安全通道，试压区域范围用隔离网封闭，按照要求设置警示标志。

（4）在试压作业期间提供和维护可靠的通讯系统，以便所有参与试压的工作人员能够相互通报在试压期间的试压状态和出现的问题。在所有的试压现场备有当地医疗和应急反应机构的电话号码。

九、质量要求

1. 试压前所有焊口（包括临时连接管焊口）100%无损检测合格，法兰螺栓全部采用扭矩扳手均匀上紧，所有工艺管道的支座全部完成，试压用临时管线必须加固。

2. 所有用于试压的阀门必须逐个试验，压力表应校验合格，压力表精度等级不得低于1.0级，表盘尺寸直径不小于150mm，量程为试验压力的1.5倍至2倍，被试各区域中压力表的设置应不小于2块。

十、效益分析

超高压输气站场工艺管道爆破吹扫、气压试验施工工法，对天然气站场吹扫、试压领域是1个创新和突破，具有广泛的推广应用价值，具有显著的经济效益和社会效益，在陕京二线输气管道工程（北京末站）采用爆破吹扫、气压试验施工，在保证管道吹扫效果和气压试验1次成功的前提下，减少了对工艺管道的干燥处理工作量，节约用水1050t，节约人工1102个，缩短工期15d，为北京市2004年冬季高峰用气提供了气源（图3）。

十一、应用实例

工程名称：陕京二线输气管道工程（北京末站）工程地点：北京市大兴区采育镇

图 3　北京末站

工程量：进、出站管径为 DN1000，进站流量为 264～3000 万 m^3/d，管材为 X70，设计压力为 10MPa，具有过滤、分离、计量、调压等功能，工艺管线全长 2558m，阀门 129 个，设备 20 台。

开工日期：2004 年 8 月 15 日，竣工日期：2004 年 11 月 30 日。

采用本工法施工，在保证施工质量的前提下，降低了施工成本，缩短了工期，为北京市 2004 年冬季高峰用气提供了充足的气源。该工程将随陕京二线整体工程申报国家优质工程奖。

大口径管道内喷涂施工工法

YJGF 109—2004

中油管道防腐工程有限责任公司

穆 铎 许传新 刘月芳

随着我国石油天然气的开发利用，天然气管道建设进入了高峰期，这对相关领域的技术提出了新的、更高的要求。长输天然气管线上采用内涂层减阻技术，可以降低管线摩阻、减少压气站数量、延长管道使用寿命、达到降低管道工程造价和运行费用的目的。当今国外许多大口径、长距离天然气管线由于采用了此项技术，取得了非常好的经济效益。国外的防腐施工企业经过几十年的应用，内涂层的涂料生产和施工技术日趋成熟。内涂层减阻技术的优越性已经得到普遍认可。而目前我国的管道建设在内涂层应用尚在起步阶段，缺乏大口径管道建设内涂敷应用经验，西气东输工程开创了国内内涂层在长距离输气管道应用的先河。

在国外，采用液体环氧涂料进行大口径管道内涂层的涂敷已有几十年应用的历史，“西气东输”工程采用减阻型内涂层为国内发展内涂层涂敷作业的专业工厂提供了绝佳的历史机遇。采用液体环氧材料的内涂层具有造价低廉、便于施工、对管道外涂层没有损坏、施工周期短等优势；而在钢管厂建设内涂层涂敷工厂则具有易于同钢管生产和外涂层涂敷配套、施工条件好、涂敷施工质量易于保证、施工费用低乃至节约管材在现场的 2 次倒运等优点，因而在管厂配套建设可进行液体环氧涂料冷涂的配套涂敷厂已十分必要。

2002 年我公司研制的大口径内涂敷作业线荣获“2002 年国家项目‘十五’重大技术装备研制国产化”二等奖。在此基础上我们编制了管道内喷涂施工工法。

一、特点

1. 管道内涂层由于摩阻变化可以改变介质流态，降低管内气体输送阻力。据有关资料介绍，在管径相同的情况下，采用内涂层的管道可增加 5% ~ 15% 的输气量。就全长近 4000km 的西气东输管道工程计算，采用钢管内涂层，就可以节省 3 个加气站，为国家节约近 6 亿 ~ 8 亿元建设资金。

2. 在输量一定的情况下，使用内涂层可以缩小管径，节约大量钢材，从而大大降低工程造价。

3. 降低压缩机组的动力消耗，使用内涂层一般可减少输气动力消耗 15% ~ 20%，从而降低运行费用。

4. 减少管内的介质沉积和污染物的聚集，有效地延长清管周期，保证气体质量，同时还有一定的防腐功能，延长管子的使用寿命。

5. 可以减少管道、阀门等设备的磨损，节约维修成本。

今后，随着管道内涂层涂敷厂的建立，国内建设的干线天然气、煤气管道都将大量采用内涂层减少管道摩阻，提高管道输量，降低建设和运行费用的目的。

二、适用范围

1. 本工法主要适用于管道内喷涂施工。
2. 适用管径：ϕ426～ϕ1500mm。
3. 适用管长：8～13m。
4. 除锈等级：Sa2.5级。

三、工艺原理

采用了各种技术综合成内涂敷技术，工艺核心部分是内抛丸除锈技术和内喷涂技术。

1. 内抛丸除锈技术原理。钢管在进行内抛丸处理前，应去除内表面的油脂、污垢、焊渣、毛刺等，然后进行抛丸机械处理过程。抛丸除锈的目的是为了使钢管内表面不仅达到要求的除锈等级而达到一定的锚纹深度，提高涂层的附着力。

除锈系统包括如下主要部件：

（1）除锈时罩住管端的管罩（包括移动护罩和固定护罩）。

（2）内伸臂和送丸机构。

（3）适用于20″（约600mm）以上所有管径的抛头。

（4）钢丸回收系统。

（5）除尘系统。

（6）电气控制系统。

内抛头及除锈设备如图1所示。

图1　内抛头图

2. 内喷涂技术原理。目前，国外已基本不采用空气喷涂装置，取而代之的是高压无气喷涂。高压无气喷涂与空气喷涂相比，喷涂后的漆膜质量好、涂层均匀、针眼气孔少，能够减少涂料、溶剂的雾滴对大气的污染。内喷涂采用高压无气喷涂的方法，将数个喷头装在内伸臂前端，内伸臂的喷枪沿管子轴向运动，管子旋转。涂敷系统包括如下主要部件：

（1）带调速电机的喷涂小车（高度可调），带搅拌器的喷涂箱，真空式回收剩余的锈尘。

（2）喷涂室：配有回收软管，高压无气喷嘴，滚轮，涂料和气动开启装置。

（3）在管端固定管罩的吸管，过滤顶和自动灭火装置。

（4）带有自动制动的移动管罩和空气吸管。

（5）喷涂室空压站包括护罩、软管、镀锌吸管、软管移动时的旋转支撑、引风机、电气控制盘。

（6）涂料预制系统。

（7）转管装置涂敷时，管子必须保持旋转，应由一组转管机构完成，这套机构与除锈站的机构相同。

喷枪及喷涂过程如图 2 所示。

图 2　喷枪图

四、工艺流程

先进的工艺流程在西气东输工程中得到很好体现。我公司研制的撬装多功能内外涂敷生产线在防腐施工时很方便，既可以“先内后外”，又可以“先外后内”。两条涂敷生产线既可以独立施工又可以联合生产。内涂敷施工工艺如图 3 所示。

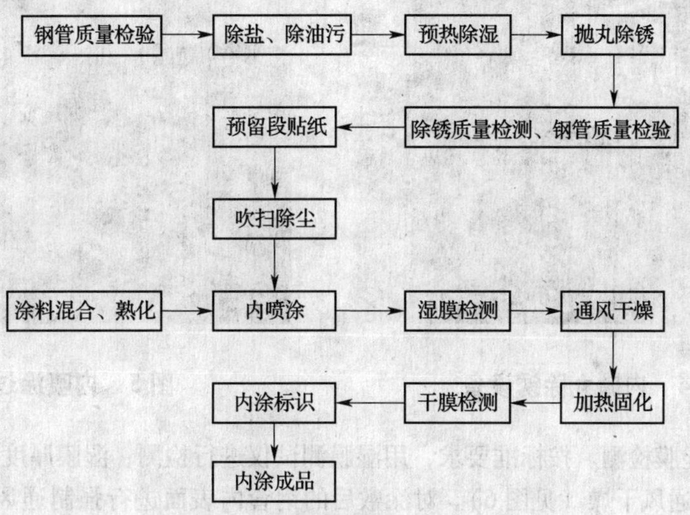

图 3　内涂敷工艺流程

五、操作要点

1．钢管表面盐分的检测。在机械清理之前需要除去油污或油脂，对于经过海运的钢管，应按《清洁表面氯化物的实验室确定》（ISO 8505—2）的要求，做钢管表面盐分测定，如果测定值超出标准要求时，应用有清洗剂的清洁水进行冲洗。如果测定值不超标，则不用进行水洗。

2．进管。按照标准要求，对进入进管平台管架的钢管进行外观检查，主要检查项目包括焊缝高度、摔坑、腐蚀坑、坡口损伤、管端椭圆度、管体弯曲度等；对管号、管长、钢级、壁厚、炉号、生产日期、数量等进行记录。不合格的钢管应退出进管平台，另行处理。

3．内除锈前预热。带有外涂层的钢管或光管经上管平台进入内涂敷作业线，钢管在内除锈前，按照技术规范要求，管体温度应大于露点温度 3℃，且环境温度不低于 10℃，相对湿度不大于 80%。如果达到规范要求，则不进行预热。

4．内抛丸除锈。为了保证除锈等级和连续生产能力，中油管道防腐工程有限责任公司公司从国外引进内抛丸除锈机（见图4），除锈能力为400m^2/h，除锈等级为Sa2.5级，钢管内表面粗糙度为30～50um。

5. 内表面清扫。内抛丸除锈后的钢管，用干燥的清洁空气将在钢管内表面的灰尘和研磨料吹扫干净，清扫后的内表面应达到项目规定的要求。

6. 除锈后质量检测。除锈后的钢管应按照规定进行检测以达到除锈等级的要求。检测合格的钢管进入内涂敷，不合格的钢管返回重新除锈。

7. 端口处理。为了便于焊接，管体两端要求一定的预留段，预留段长度根据标准的要求为50mm。涂敷前按预留段宽度采用胶带覆盖。

8. 内喷涂。为了保证内涂敷质量和连续生产能力，中油管道防腐工程有限责任公司公司从国外引进整套内喷涂设备（见图5），生产率为500m^2/h。对于内减阻层，其涂层厚度在50～75μm，只需喷涂一次即可；喷涂过程中，管内壁温度最好在50～60℃，涂敷时的具体温度由所用涂料决定。

图4　内抛丸除锈设备

图5　内喷涂过程

9. 内涂层湿膜检测。按标准要求，用湿膜测试仪进行检测，湿膜厚度应满足标准要求。

10. 内涂层通风干燥（见图6）。对涂敷后的钢管内表面进行强制通风，使漆膜中的溶剂得以迅速挥发。挥发性气体和空气混合稀释，并对尾气进行处理，以达到环保要求。

11. 内涂层烘烤固化（见图7）。管子经过内涂敷后，在存放或运输之前，要求一定的

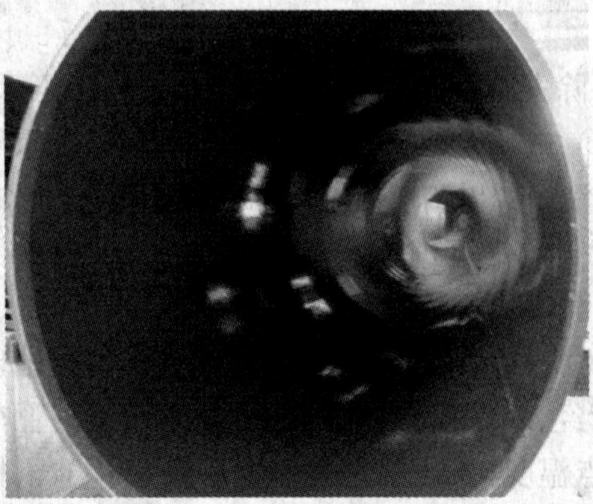

图6　内涂层通风干燥

图7　固化

固化时间，其主要取决于大气温度，较高温度时，固化时间将缩短。如果大气温度过低，而不能正常固化，则需有强制固化系统，如热空气固化炉。在内涂层表干之后，将钢管送入固化炉加速内涂层的固化。固化炉长度为15m，内涂后的钢管可在炉内停留1～1.5h，炉内温度为60～70℃。

12. 内涂层厚度检测（见图8）。当钢管内涂层固化后，质检人员按要求使用磁性测厚仪测量钢管内涂层的干膜厚度，达到标准要求为合格。

13. 内涂层修补。按招标文件的要求，在内涂层完全固化后，用手工喷涂或刷涂的方法，对内涂层较小面积的缺陷及损伤进行修补，若需要修补的总面积达到后超出管子总内表面积的1%时，整个管子的内表面必须重新进行涂敷，修补后涂层应达到标准要求。

14. 喷内涂标记。内涂敷成品管检验合格后，采用漏字板手工操作及其他方法在钢管内壁作标识。操作时，应防止对内涂层造成损坏。标识或标号使用的油漆必须与内涂层材料相容并与之颜色反差鲜明。

15. 管口保护。对内涂敷和外防腐合格的钢管加钢质防护圈或塑料防护罩，以免搬动和运输时碰坏钢管管口，同时对管口进行封闭。使用防护圈时，还要用帆布、塑料编织物封在管口上，再压上防护圈。然后将成品管堆放到成品管垛上等待发运（见图9）。

图8　干膜厚度检测

图9　成品管

六、材料

管道内涂敷使用的主要材料为液体环氧涂料、熔结环氧粉末，还有环氧酚醛树脂、聚氨酯和聚酰胺等。其中，液体环氧涂料用于管道内减阻，其他材料用于管道内防腐。经过筛选，最适合天然气管道内涂层减阻型涂料是液态环氧树脂型涂料，目前这种涂料产品已经定型。

为了保证施工质量，选择涂料应遵循如下原则。

1. 所选涂料必须满足API 5L2标准和英国天然气GB/CM1规范的要求。

2. 所选涂料必须有良好的应用历史（有较长时间应用的管线示例），寿命要长，在整个寿命期内不会发生剥落和起泡等现象。

3. 所选涂料应对储存2年的管子提供良好的保护，并能提供充分的证据。

4. 涂层必须具有良好的表面光滑度（提供粗糙度数值）。

5. 涂层涂料必须达到表1标准的要求。

表1　BS（英国标准）/ASTM（美国材料标准）

测试项目	标准	结　果
耐磨性	ASME D4060	每1000转－1kg负载－CS转轮，损失90mg
抗冲击	BS 3900 E3	冲击5mm，回弹2.5mm
抗干热	ASME D248	100℃
正拉伸附着力	ASME 4541	550psi（3.8kPa）
铅笔硬度	ASME D336	HB
盐雾	ASME B117	极好，5000h无影响
拉伸剪切	ASME D1002	2000psi（13.8kPa）
弹性	BS 3900 E1	通过0.5in（1.27cm）
弹性	ASME D522－4	36%
耐湿性	BS 3900F2	5000h无影响
划痕	BS 3900 E2	2.5kg负载，通过

同时，涂层应满足API5L2规范中要求的起泡实验，即：天然气起泡：1200psi（8.3kPa）压力下5s中施放压力，无起泡现象。水起泡：在2400＋500psi（20kPa）的压力下，5s中泄压，无起泡现象。

七、机具设备（见表2）

表2　机具设备

序号	设备名称	用途	数量（台、套）	生产厂家	完好状况
1	预热风机	对钢管进行预加热	2台	国产	完好
2	内抛丸除锈设备	对钢管内壁除锈	1套	进口	完好
3	内喷涂设备	进行内喷涂	1套	进口	完好
4	挥发气处理装置	对挥发气进行回收处理	1套	国产	完好
5	固化炉	对内涂层进行固化	1台	国产	完好
6	3t叉车	运料，上料	2台	国产	完好
7	吊车25t	装管和安装作业线	4	进口	完好
8	抓管机125B	需上管或下成品管	2	进口	完好
9	10t拖车	需倒管	4	国产	完好
10	生产指挥车	生产指挥用车	2	国产	完好
11	锚纹测试仪	COATEST1410	1	进口	完好
12	针孔测试仪	ZT－6	1	进口	完好
13	针入度仪		2	进口	完好
14	温漠厚度测量仪		1	进口	完好
15	压痕仪		1	进口	完好
16	光泽仪		1	进口	完好
17	计算机		3	国产	完好
18	综合试验室		1	进口、国产	完好

八、劳动力组织与安全

1．生产人员配置计划（见表3）

表3　内涂敷车间人员配置计划表

生产操作人员	①上管平台	2人
	②内抛丸除锈控制	1人
	③管端贴纸	2人
	④内喷涂控制	1人
	⑤混料	1人
	⑥固化	1人
	⑦作成品标志号	2人
	⑧成品管出管	2人
生产线操作人员合计：		12人
生产班长	负责全面工作并协助开机或停机	1人
维修班	①负责机械、电气等设备的维护与保养	1人
	②负责生产的供气、水、油等工作	1人
	③配电间人员	2人
仓库保管与供料	①负责仓库材料，钢管，原材料，成品管的保管工作	2人
	②负责生产的供料	2人
生产线外的辅助人员合计：		9人
质量控制人员	①进管质检控制区	1人
	②除锈质检控制区	1人
	③涂敷质检控制区	1人
生产线质量控制人员		3人
单班生产人员合计：24人		

2．生产组织框图（见图10）

3．安全事项

（1）认真执行《中华人民共和国环境保护法》和地方政府有关环境保护的法规。

（2）施工机械和运输车辆要在规定的作业区和道路上运行，不得乱走乱压。

（3）工地内不得随意丢弃工业垃圾、乱放废油，工业垃圾要集中妥善处理。

（4）运输车辆要遵守交通规则，做到“礼让三先”。

（5）尊重地方风俗习惯，与当地有关部门和人民群众搞好关系。

（6）尊重建设单位和监理工程师，说话要和气，办事公道，虚心接受监理的监督，及时改进工作。

(7) 在坚持贯彻“安全第一，预防为主”的安全方针下，坚决贯彻执行项目部颁发的《管道施工安全规定》。

(8) 装车不要超重、超高、超宽、超长，如有超越时，办理好行车证件。

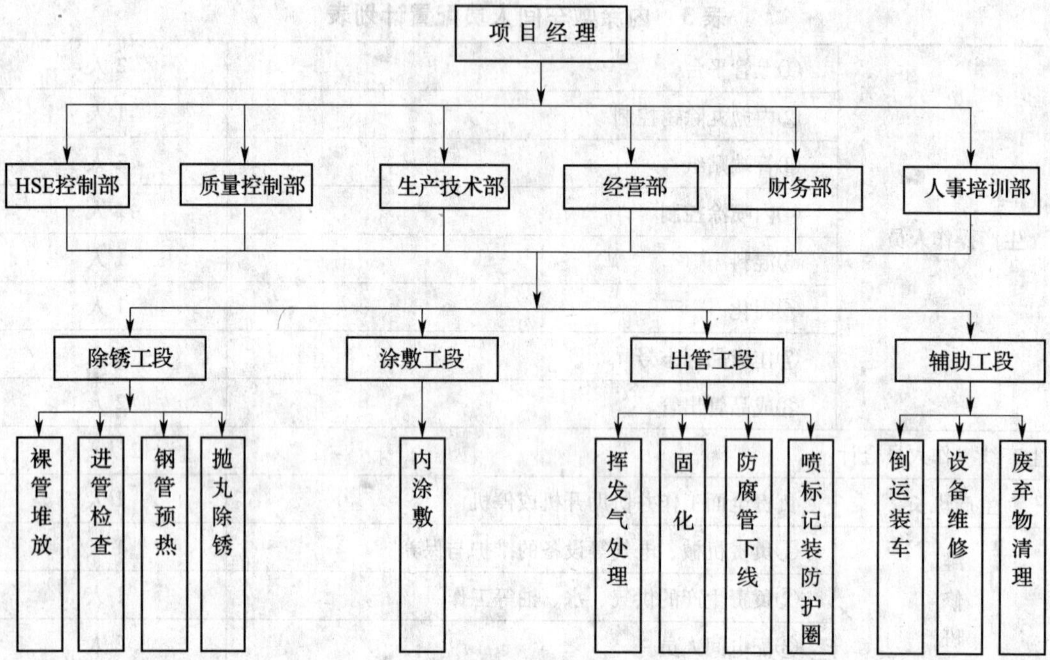

图10　防腐厂生产组织框图

(9) 安装时吊装要稳，不得有冲击现象。

(10) 电工接线时要注意安全，有电时禁止连接，送电时要通知到位，挂好警示告示。

(11) 气路安装时要紧固，以防破裂、漏气、伤人。

(12) 调试，首先保证单机正常运转，再全线综合运转正常。

(13) 捆绑要紧固到位，轻装轻放。

4. HSE 措施

为了满足 HSE 的要求，不同的工序采用不同的措施，在抛丸除锈岗给工人发护目镜，防止钢丸伤人；要求管工使用专用滚管工具；在内涂敷岗、挥发气处理岗给操作人员发防毒口罩。

九、质量要求

对内涂敷的质量要求完全按以下标准执行：

《非腐蚀性气体输送管道内覆盖层推荐做法》(Q/SY XQ10—2003)

《西气东输管道内壁减阻覆盖层补充技术条件》(Q/SY XQ11—2003)

为了保证内涂层质量，还应采取以下措施：

1. 质量控制管理

防腐厂设立质量控制部，下设车间质量控制组、接发管质量控制组及数据统计组。车间质量控制组每班针对质量控制点配置质量检验员，对相应质量控制点负责，并设立质检组长

1名，对该班质检员负责；接发管质量控制组设组长1名，对接、发管负责；数据统计组负责日常钢管数据的计算机输入及报表编制工作；质量控制部设部长1名，对整个质量控制工作负责。

2. 质量控制点

针对西气东输防腐质量参照标准，确定关键质量控制点，主要有：

(1) 钢管验收站。对接收钢管进行质量验收，有自行设计表格，专人记录验收。

(2) 进管检验站。对进作业线钢管进行质量检验，有自行设计表格，专人检验记录。

(3) 除锈质量检验站。对除锈前钢管预热温度、除锈质量进行质量检验，有自行设计表格，专人检验记录。

(4) 涂敷检验站。对涂敷前加热温度、内涂敷质量进行检验控制，有自行设计表格，专人检验记录。

(5) 内涂层最终检验站。对内涂层厚度、外观进行检验，有自行设计表格，专人检验记录。

(6) 成品发放检验站。对发放成品管进行质量检验，有自行设计表格，专人检验记录。

3. 计算机辅助质量控制

针对西气东输采用防腐管规格多样、数量多、质量要求严、质量控制点多及成品发运涉及的中转站繁多等特点，防腐厂自行建立计算机数据库辅助质量控制系统，主要有以下内容。

(1) 对每根钢管验收数据进行详细数据的计算机输入，作为共享数据。

(2) 对车间各质量控制点记录数据进行计算机输入，并调用钢管验收数据。

(3) 对成品发放质量控制点记录数据进行计算机输入，并调用钢管验收数据和车间各质量控制点数据。

(4) 根据以上的数据进行任意防腐管任意质量控制点的相关查询，并进行防腐生产各项报表的数据整理统计。

4. 实施效果

(1) 严密的质量控制流程极大程度的保证防腐生产质量；科学的质量管理使质量控制工作有条不紊。

(2) 计算机辅助质量控制极大减少了统计人员的劳动强度，使各项数据报表编制迅速准确，而且对防腐管的追踪控制起到了至关重要的作用。

十、效益分析

在西气东输工程中，我公司的镇江防腐厂、玉门防腐厂、辽阳防腐厂、淄博防腐厂，共完成ϕ1016钢管内涂敷加外防腐1966.6km，获得很大经济效益，创造产值近1.7亿元，利润达1700万元左右。

十一、工程实例

钢质管道内涂敷作业线，从研制成功到2004年，主要应用于以下工程，详见表4。

表 4　正在承建的工程和其他已承包的工程

工程名称	业主名称	工程类型、管径、工程量	竣工时间	质量评定等级
西气东输工程（镇江防腐厂）	石油天然气股份有限公司西气东输管道分公司	一类工程 ϕ1016、1093. 4km	2002. 12	优良
西气东输工程（玉门防腐厂）	石油天然气股份有限公司西气东输管道分公司	一类工程 ϕ1016、275. 1km	2003. 8	优良
西气东输工程（淄博防腐厂）	石油天然气股份有限公司西气东输管道分公司	一类工程 ϕ1016、167. 5km	2003. 5	优良
西气东输工程（辽阳防腐厂）	石油天然气股份有限公司西气东输管道分公司	一类工程 ϕ1016、281. 7km	2003. 5	优良
陕京二期输气管道工程（太原防腐厂）	北京华油天然气有限责任公司	一类工程 ϕ1016、180km	2004. 8	优良

大型机组油系统冲洗工法

YJGF 110—2004

中国石化集团第五建设公司

王学义　李明忠　张建国　刘国忠　李福阳

随着科学技术的进步和资源的开发，我国石油化工行业得到了飞速的发展，新技术、新设备、新流程不断的引进，石油化工装置渐趋大型化，随之而来使得离心式、轴流式压缩机组及汽轮机组（以下简称机组）的大型化和控制系统智能化。

大型机组是石油化工装置的"心脏"设备，油系统对大型机组轴承的润滑和冷却、驱动调节系统和维护连锁装置的动作灵敏、可靠性等起着十分重要的作用，是机组长周期、满负荷、安全、稳定运行的保证。因此油系统冲洗成为机组施工的重要工序。

大型机组对润滑油、密封油和调速油的油系统的洁净度要求很高，这直接关系到机组正常安全运行。因此，在大型机组调试、试运行前必须对油系统进行认真的油冲洗，以保证机组运行中的油路洁净、畅通和各部件的动作准确、灵敏。如何能使油管路系统在最短的时间内，以最低的成本达到冲洗合格就是本工法的宗旨。

本工法是根据我公司历年来在施工国内外多项石油化工装置中大型机组油系统管道、设备的经验基础上编制而成，并在实践中经过不断完善的1套成熟的施工工法。

一、工法特点

1. 油冷器单独与临时油泵、油箱和管道形成冲洗油的循环回路，用煤油、汽轮机油分别进行冲洗，并进行解体、清理、检查及组装，以保证油冷器内的洁净。

2. 在采用大流量、高流速冲洗的同时，在回油总管进入油箱前加节流孔板，以保证冲洗回路每一段管道内壁全部接触冲洗油，且分阶段逐步提高滤网密度，间断开、关阀门且充入氮气的方法，使冲洗油在管路内产生紊流和漩涡，以提高冲洗效果。

3. 使油系统油温交替地冷、热反复变化，使管道交替的膨胀和收缩，从而达到剥离管道内壁沉积物的作用。

4. 从油冷器放油丝堵处配临时接管，将油排至油箱，并在进油箱前用180目滤网过滤，这样能减少脏油积存在油冷器内，避免了冲洗死角。

5. 对油系统分段进行油循环，能加快冲洗速度、缩短冲洗时间、降低施工成本、改善劳动条件。

二、适用范围

本工法适用于石油化工装置中离心式、轴流式压缩机机组及汽轮发电机组等大型机组的油系统的油冲洗。

三、工艺原理

1. 油系统冲洗前采用人工或机械的方法除去管道、阀门及设备内的尘土、杂物和油污。

2. 油系统冲洗前采用化学清洗法除去管道内的锈蚀及沉积物。

3. 利用油加热器和油冷器交替地对系统内的油反复进行加热或冷却，使油温发生热、冷的交替变化，进而使管道交替的膨胀和收缩，以此达到剥离管道内壁沉积物的作用。

4. 加大冲洗油流量，并提高冲洗油的流速，冲洗流速应能使油流保持紊流状态。在回油总管进入油箱前加节流孔板，使冲洗回路每一段管道内壁全部接触冲洗油，以此保证冲洗质量，缩短冲洗时间。

四、工艺流程及操作要点

1. 工艺流程（见图1）

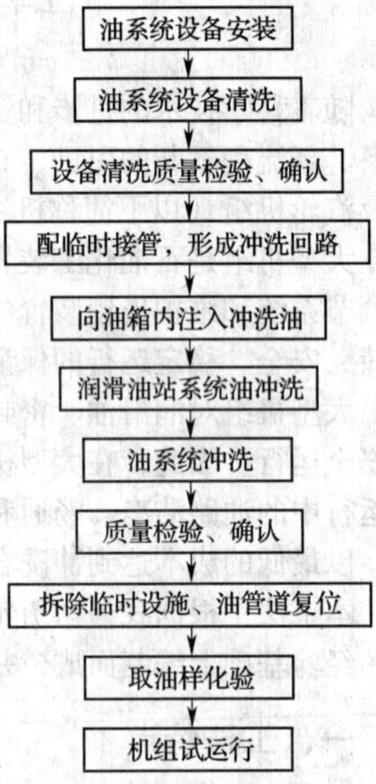

图1　工艺流程

2. 操作要点

（1）油系统管道的预制与清洗。

①预制油系统管道时，应采用机械方法切割和加工坡口，其焊缝底层应采用氩弧焊施焊。

②油系统管道采用循环化学清洗工艺，使管道内壁表面呈现金属光泽，并在管道内表面形成1层致密的钝化膜以获得化学稳定性，从而保证管道内的清洁度。

（2）油系统设备、管道的检验与清理。

①管材、管件、阀门和设备等应按制造厂技术文件和相关标准、规范的要求进行检验，不合格产品严禁使用。

②油系统管道采用不锈钢管时，清理管道内壁时用旧布反复拖拉，再用低压蒸汽吹扫干净，并及时封闭管口；当回油管道采用碳钢管道时，用拖布、钢丝刷在管内反复拖拉，再用白布拖拉干净，并及时封闭管口。

③对油管路中的窥视镜、管件、阀门、三通等附件逐一进行拆检、清理，并用面团粘净。对阀门进行强度和密封性试验。

④对油系统设备及轴承箱、变速箱和随机到货的油管道、法兰、阀门等逐一进行拆检、清理，并用面团粘净。油冷器在清理、组装后，油腔用冲洗油进行试压，水腔用水进行试压。

⑤安装前油系统设备、管道清理合格后，经质检员及监理人员共同检查、确认后，方可封闭保护。

（3）油系统管道与机器的连接

①与机器连接的油系统的管道，其固定焊口应远离机器并在固定支架以外，以减小焊接应力的影响。

②管道与机器连接时，不允许机器承受设计以外的附加载荷。

3. 准备工作

（1）油冲洗前的准备。

①油系统管道和设备的吹扫及化学清洗应符合设计文件的规定或SH/T 3507的要求，并经有关人员确认合格。

②结合制造厂技术文件的要求，制定出油冲洗措施，并绘制油冲洗系统图。

③确认油系统内阀门开启状态符合设计流程要求，确认油系统工作状态良好、有效。油系统油泵、排油烟风机试运转合格。

④分别将润滑油、密封油、调速油系统中进入机器及错油门、油动机各入口处的管道与油冲洗管道断开，配置临时接管，连接供、回油管道，形成冲洗油的循环回路。将供油系统中滤油器的滤芯、节流孔板等可能限制流量的部件均取出，并在机器和阀体入口处加设临时盲板。在回油总管进油箱前的法兰处增设临时检查滤网，滤网可逐次采用100~200目的滤网过滤，以便检查油管道的冲洗效果。

⑤拆除滤油器的滤芯，在滤油器出口法兰处装上临时滤网，规格逐次由小到大更换（120~200目），并在油箱与泵入口管道的连接处加设150~180目的临时滤网，其通流面积不小于管道横截面积的2~4倍。

⑥用滤油机向油箱注入符合设计文件或制造厂技术文件要求，并经抽样化验合格的冲洗油或工作油，油位应达到最高油位。冲洗油与系统工作介质相溶，冲洗油粘度低于工作介质粘度。滤油机出口临时管道，进油箱前应加设180~200目的滤网过滤。

⑦油系统油循环配置的临时管道宜采用内衬钢丝透明胶管，法兰连接的密封垫片宜采用冲压耐油石棉橡胶垫片或聚四氟乙烯垫片。

（2）油系统冲洗措施。

①油系统冲洗以循环的方式进行，循环过程中每8h宜在40~70℃的范围内反复升降油温2~3次。

②提高冲洗油的流速，加大冲洗油的流量，在回油总管进入油箱前加节流孔板，使冲洗回路每1段管道内壁全部接触冲洗油。油系统较长时可采用分段冲洗，并联的各冲洗回路管径应接近，冲洗回路中的死角管段应另成回路冲洗。分段冲洗时，可以间断开、停油泵和开、关油路阀门，以产生冲击油流，使冲洗油在管内产生紊流；向管内充入压力稍高于系统内油压的氮气，且充氮气应间断进行，每隔1~2h充氮1次，每次5~10min。这样可使冲洗油在油管内产生漩涡流动，以提高冲洗效果。

③冲洗油的冲洗流速应大于1.5m/s，压力保持在0.2~0.4MPa之间，冲洗油压不得超过油系统额定压力的10%。

④在油冲洗的过程中，按油的流向用木槌沿管道敲击各焊缝、三通和弯头的管壁，使氧化物、焊渣等松动脱落。从回油管窥视镜和透明胶管观察冲洗油流应正常，并定期排放或清理油路的死角和最低处积存的污物，并从冷油器放油丝堵处配临时接管，将油排至油箱。进油箱前用180目滤网过滤，以减少脏油积存在冷油器内。

⑤详细记录并保存每天油冲洗的时间、油压及油温的变化和每次检查滤网上的杂质的规格与数量情况。

⑥在油冲洗过程中采用滤油机连续、循环过滤，清除杂质和水分，直至油质洁净。

（3）油系统冲洗程序。

①润滑油站系统的冲洗。

在油箱与泵入口管道连接处加设150~180目的不锈钢滤网。此段冲洗回路包括整个系统的油箱、油冷器、滤油器和油泵等设备及主要阀门（调节阀、截止阀、止回阀等）。本系统管线、弯头及阀门都多，且工艺复杂，是油系统冲洗的重点。

②第1次系统油冲洗。

在滤油器出口法兰处加设120～150目的不锈钢滤网，在回油总管进入油箱前加设100～120目的不锈钢滤网，每冲洗4h停泵检查、清洗1次滤网，逐步延长至8h清洗1次。油泵交替进行工作，用热油和冷油反复交替进行冲洗。当目测过滤网内表面每cm^2面积上杂质很少时，可提前结束第1次的油冲洗工作。将油箱内冲洗油排净，彻底清理并用面团粘净，拆除油箱与油泵入口管处的滤网，并清洗油泵入口过滤器。

③第2次系统油冲洗。

将过滤的冲洗油再用滤油机注入油箱，将滤油器出口处的滤网更换为150～180目，将回油总管入油箱前滤网更换为150目。拆除临时设施，装好流量、温度、压力等检测部件，将油管道与润滑油、密封油和调速油系统进行连接，并在各进油管处加设180～200目的尼龙丝滤网。将各径向轴承上瓦取下，盖好轴承盖，然后进行油循环。起初每2～4h停泵检查、清洗1次滤网，此后，每隔4h检查、清洗1次滤网，当滤网每cm^2上肉眼可见软性杂质不超过3点时为合格，并视具体情况换装合格的工作油进行油冲洗。

④第3次系统油冲洗。

清理轴承箱，将全部轴承清洗干净并组装好。拆除滤油器出口处滤网，清洗滤油器和滤芯，然后将滤芯装入滤油器。将回油总管进油箱前的滤网更换为180～200目，将润滑油、密封油和调速油的进口处更换为180～200目的新滤网。冲洗时，把调速油压控制在正常操作油压，密封油应达到要求的油气压差。每冲洗4h停泵检查、清洗1次滤网和滤芯，在油冲洗中，应根据滤油器的前后压差变化情况经常清洗滤油器和滤芯。

当按正常流程连续冲洗4h后检查180～200目的滤网，其每cm^2上肉眼可见软性杂质不超过3点（允许有微量纤维杂物存在，但不允许存在硬质杂物）时，再连续循环20h，当滤油器的前后压差值不超过0.01～0.15MPa时系统油冲洗达到合格标准。

油系统冲洗合格后，需经业主/监理单位和制造厂代表对油冲洗质量进行确认，并签署油冲洗合格证书。

油循环完毕应及时拆除所有临时滤网，将油系统设备及管道、各节流孔板进行复位，并达到设计要求状态，从油箱或冷油器最低放油点取油样化验，油品合格后可作为机组试运行用油。

五、材料

本工法油管道冲洗用料（不包括化学清洗用料）见表1。

表1　油管道冲洗消耗材料一览表

序号	名　称	规　格	单位	数量	备注
1	煤油		kg	100	清理、清洗用
2	白棉布	纯棉	m	20	
3	海绵	$\delta=50mm$	kg	3	清理设备用
4	白面粉		kg	50	清理设备用
5	耐油石棉橡胶板	$\delta=2$、2.5mm	m^2	各3	密封垫片用
6	不锈钢丝网	20目	m^2	2	做加强网用
7	不锈钢丝网	100、120、150目	m^2	各3	做临时滤网用
8	不锈钢丝网	180、200目	m^2	各2	做临时滤网用

续表 1

序号	名　称	规　格	单位	数量	备注
9	尼龙丝滤网	180、200 目	m^2	各 2	做临时滤网用
10	内衬钢丝胶管	1″、11/2″、2″	m	各 30	做临时接管用
11	内衬线透明胶管	1″、11/2、2″	m	各 30	做临时接管用
12	碳钢板	$\delta = 10$mm	m^2	2	做临时孔、盲板
13	塑料薄膜	2000mm × 2000mm	m^2	30	封闭设备、管道
14	薄铁皮	0.5 ~ 0.75mm	m^2	5	封闭管道用
15	毛刷	1″、2″、3″	把	各 2	清理用
16	钢丝刷		把	5	清理用
17	圆形刷	$\phi = 80 \sim 100$mm	个	各 4	清理管道用
18	木槌	3kg	把	6	敲击管道、弯头
19	铁丝	8#	kg	20	绑扎临时管用

六、主要施工机具（见表 2）

表 2　油管道冲洗施工机具一览表

序号	名　称	规　格	单位	数量	备注
1	移动空压机	$6 \sim 8m^3/min$	台	1	清理吹扫用
2	滤油机	$5 \sim 7m^3/h$	台	1	注油、滤油用
3	砂轮切割机	$\phi = 400$mm	台	1	管道下料用
4	电动磨光机	$\phi = 100$mm	台	各 1	打磨管坡口用
5	氩弧焊机		台	2	焊接用
6	放大镜	$\phi = 80$，10 倍	台	1	检查滤网杂质
7	天平		台	1	称杂质重量
8	百分表	0 ~ 5mm	块	3	检查管道应力
9	电动磨头	$\phi 6$	台	2	打磨焊缝用

七、劳动组织及安全

1. 劳动力组织（见表 3）

表 3　系统油冲洗劳动力安排

序号	工种	人数	备　注
1	管工	6	负责油系统管道清理、预制、组装、配置临时管道
2	电焊工	2	负责焊接作业
3	起重工	2	负责起重作业
4	电工	3	由电仪公司安排，负责电器作业
5	钳工	9	负责设备清理、油循环工艺操作，拆检、清洗、更换、滤网等，3 班倒

2. 安全措施

(1) 建立 HSE 保证体系，严格遵守相关 HSE 规章、制度和规定。

(2) 施工前做好安全技术交底，施工时认真执行安全操作规程。

(3) 施工现场消防道路畅通，并备有符合要求的消防器材。

(4) 负责油循环人员应加强巡回检查，严禁跑、冒、滴、漏等现象发生。更换、清洗滤网时，应采取接油措施，避免污染基础和地面。

(5) 油系统设备、管道表面及周围环境清洁，无易燃物，工作区域周围无明火作业；做到零部件、工具和施工材料等都有储存设施。

(6) 油系统冲洗时不得盘动转子，以免损伤轴瓦和转子。

(7) 做好工序交接，认真填写工序交接记录。

八、质量要求

1. 质量管理

(1) 施工前编制科学有效的系统油冲洗方案，并对施工人员进行技术交底。

(2) 对施工人员进行质量意识教育，增强责任感。

(3) 开展 QC 小组活动，运用全面质量管理指导油系统冲洗。

(4) 强调工序质量，做好工序交接，确保系统油循环质量。

(5) 坚持做到质量“三检制”，加大施工考核力度。

(6) 严格执行设计文件，制造厂技术文件和规程规范的质量要求。

2. 质量要求标准明细见表 4。

表 4　质量要求标准明细表

序号	标准代号	标 准 名 称
1	GB 50235—97	工业金属管道工程施工及验收规范
2	DL 5011—92	电力建设施工及验收规范（汽轮机篇）
3	SH 3519—2002	乙烯装置离心压缩机机组施工技术规程
4	SH 3516—2001	催化裂化装置轴流压缩机－烟气轮机施工技术规范
5	HGJ 205—92	化工机器安装工程施工及验收规范（离心式压缩机）
6	APIstd 614—99	专门用途润滑、轴封及控制油系统

九、效益分析

本工法与传统施工方法相比，具有技术先进、施工质量好、成本低、效率高等特点。从 1991 年至今已在国内外几个石油化工装置大型机组油系统冲洗中运用本工法施工，均取得了良好的经济效益和社会效益。

1. 经济效益

运用本工法施工与运用其他方法进行油系统冲洗相比，不仅可以缩短施工工期，保证机组试运转用油质量，而且还能降低施工成本，为机组调试和试运行创造良好的条件。1991

年运用本工法施工的兰化石油化工厂 2.5 万 t/a 丙烯腈装置空压机机组（5 机组）油系统冲洗，与同期施工的兰化化肥厂空分车间氮压机组（3 机组）、兰州煤制气厂空分车间空压机组（2 机组）油系统冲洗相比，结果如下：

（1）油系统冲洗时间缩短了 35~40d，提高工效 3.5~4 倍。

（2）节省人工 315 个。

（3）降低成本。机组油系统冲洗合格后，冲洗油经过滤油机过滤除去杂质和水分可以作为机组试运转用油或做为其他机组油系统冲洗用油。而那 2 台机组由于油系统冲洗时间长、杂质又较多，分别被迫更换冲洗油 12t。

消耗材料中的煤油、透明胶管、不锈钢丝网等均可回收再利用到其他机组油系统冲洗。

经粗略估算，自 1991 年运用本工法以来，共为我公司节约费用约 35 万元。

2. 社会效益

历年来在多项石油化工装置大型机组油系统冲洗中运用本工法，为机组早日试运行和装置投产、早出效益做出了较大的贡献，赢得了业主/监理及工程承包商的一致赞誉。提高了企业的技术素质和市场竞争能力，为公司的发展赢得了良好的信誉。

十、工程实例

1. 本工法于 1991 年 7 月首次成功应用于兰化石油化工厂 2.5 万 t/a 丙烯腈空压机组（5 机组）油系统冲洗中，仅用 10d 就达到了合格标准，取得了良好的效果。经兰化公司质监站、制造厂（杭州汽轮机厂、沈阳鼓风机厂、沈阳电机厂、大连液力耦合器厂）代表共同检查、确认油系统冲洗质量符合设计文件要求。制造厂代表充分肯定了本工艺的技术先进性，认定有广泛的实用性，值得推广。

2. 1994 年 6 月在兰州兰化公司动力厂 15 万 t/a 催化裂化装置主风机机组油系统冲洗中运用本工法，仅用了 60h 就达到了油冲洗合格标准。

1994 年 8 月该装置气压机机组的油系统冲洗同样运用本工法施工，机组油循环仅用了 7d 就达到合格标准，经业主/监理及制造厂（杭州汽轮机厂、沈阳鼓风机厂）代表确认达到了油冲洗合格标准。

2000 年 6 月本装置由 15 万 t/a 扩建为 50 万 t/a，其主风机机组、气压机机组扩容改造时油系统冲洗也运用本工法施工，仅用 3d 油循环合格，为机组试运行创造了有利条件，赢得了业主的高度评价。

3. 1997 年 2~3 月，兰化公司化肥厂 30 万 t/a 合成氨装置的空压机机组、氮压机机组油系统冲洗也按照本工法施工，2 台机组油系统合用 1 个油站，2 机组油系统同时进行油循环也仅用了 18d，经德国西门子公司、瑞士苏尔寿公司专家确认符合他们公司的油系统冲洗合格标准。

1997 年 4~5 月，同装置的合成气压缩机机组、冰机机组油系统循环也运用本工法进行油冲洗，2 台机组油系统也是共用 1 个油站，油冲洗只用了 20d，经日本三菱重工广岛造船所专家确认达到了三菱重工的油系统冲洗合格标准。

1999 年同装置的 2#1.8Mkw 背压式汽轮发电机组油系统冲洗也用本工法施工，机组系统油循环 12d，经杭州汽轮机厂和济南发电机厂及兰化监理检查、确认油系统冲洗达到了合格标准。

4. 2003 年上海 SECCO 乙烯 26 万 t/a 丙烯腈装置空压机机组和丙烯制冷机机组的油系统冲洗运用本工法施工，分别只用了 7 ~ 9d 便全部达到了合格标准，得到了 SECCO 专家的高度评价。

5. 2004 年西安石化公司 50 万 t/a 催化裂化装置主风机机组（离心式压缩机——烟气轮机机组）、备用风机机组、气压机机组、增压机机组的油系统冲洗全部采用本工法施工，机组油系统冲洗分别只用了 5 ~ 8d 便全部合格，得到了业主/监理、中石化洛阳工程公司、西安鼓风机厂、沈阳鼓风机厂、杭州汽轮机厂、中石油兰州石化公司和兰炼机械厂的专家高度评价，为装置早日投产打下了良好的基础。

大中型球罐无中心柱现场组装工法

YJGF 111—2004

中国化学工程第十三建设公司　中国石油天然气第一建设公司

曹顺跃　李小朋　李　强　阮刚锋

随着西气东输天然气工程的全线贯通，天然气储备及往各城市的贮运、输送量日益增加，大中型球罐作为理想、经济的天然气储存容器，将会得到更快地发展。目前我国最大型的天然气球罐从设计到压制均已获得成功。近年来随着我国石油化工业的迅猛发展，球罐无中心柱组装方法的应用，将对我国大中型球罐的建造起到推波助澜的作用。

球罐的现场组装是整个球罐建造工程的关键工序之一，大中型球罐施工准备工作量大，既要立中心柱，又要组装相应的伞型架，使用大型吊车台班多，辅助材料用量大，拖拉绳的受力角度增加了焊道局部应力，由于有中心柱，测量椭圆度时不准确，所用施工机具设备多，所以选择合理、先进的组装方法，不仅能提高组装质量，而且能提高效率，降低成本，缩短工期。本工法是我公司在总结众多小型球罐采用相应工艺的基础上，于1999年在北京10000m^{3}球罐的施工过程中，根据球罐的直径和每块球壳板的重量，经过专业技术人员多次计算数据，反复研究而总结出来的切实可行的大中型球罐组装工艺，后经多个工程使用并验证，效果很好。北京10000m^{3}球罐工程于2001年6月获化学工业优秀施工项目奖，2002年8月被评为全国优秀焊接工程，2003年3月获国家优质工程银质奖，并于2005年5月被评为2003～2004年度全国化工施工工法。

本工法总结了我公司近年来在大中型球罐组装施工中的经验，对大中型球罐的组装作了详细的技术规定，注重实用，对大中型球罐的组装起到指导作用。

一、工法特点

1. 球罐组装时，抗拉绳角度合理，组装成形后，每块球壳板处于自由状态，应力小，使焊接质量得到保障。

2. 在施工、测量、调整时，操作人员是站在整体的外脚手架的作业平台上，测量数据准确，调整方便，操作安全。

3. 施工人员少，工期短，使用大型吊车台班数量少，有效地降低了成本，提高了经济效益。

二、使用范围

适用于所有材质的大中型球罐。

三、工法原理

对球罐基础复验，吊装好球罐柱腿，记录每块板的几何尺寸、曲率等数据后，采用球罐组装的几大步骤进行安装，最后调整球罐的椭圆度、棱角度、间隙量、错边量。

四、施工工艺流程及操作要点

1. 工艺流程

基础检查放样⟶球壳板复验⟶下段支柱安装⟶外架搭设⟶赤道带组装调整赤道带及组装质量检验⟶下温带组装⟶下极带组装⟶上温带组装⟶上外架搭设⟶上极带组装⟶防护棚搭设⟶内架搭设⟶总体组装质量检查及点焊。

2. 操作要点

（1）基础检查放样

以复验的球壳板几何尺寸及焊接收缩量在基础上放出基准圆（见图1）。

在这个基础上测量好水平度高度用垫铁找平，所有下支柱吊装就位，以赤道板的安装高度搭设外脚手架（见图2）。

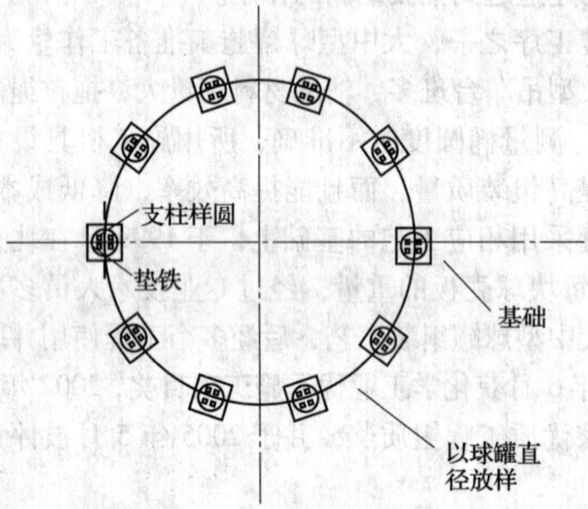

图1　放样

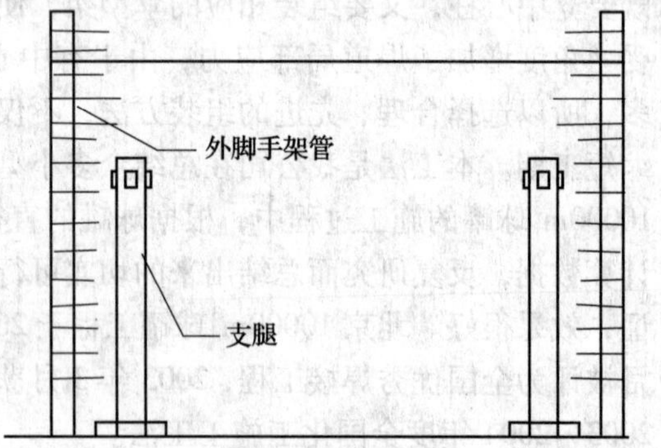

图2　搭设外脚手架

（2）赤道带组装

赤道带的组装是球罐整体组装的基准，属重中之重，赤道带的组装是建立在下段支柱安装就位的前提下，所以必须调整好支柱垂直度。按中心位置在2段支柱上各焊好等分的定位螺栓孔板3个（见图3），根据支柱直径和板的重量，依据设计要求，一般采用M27－32的高强度螺栓，吊装第1块带上段支柱的赤道板并按要求将其与下段支柱按中心线对中，锁紧螺栓，用拖拉绳将赤道板锚固（见图4），并使之略往外倾斜。

继续吊装第2块上支柱的赤道板，同时安装好相邻支柱间的拉杆，然后插入第1块不带支柱的赤道带板（见图5），利用龙门卡具调整好间隙（2±2mm），曲率控制在≤5mm，赤道带依次组装直至整体闭合。

赤道带吊装须连续作业，中途停止吊装时，尤其是过夜，两敞开端必须用锚绳向内、外拉固，以防大风。还应注意赤道带组装完成后上下用筋板封口，不易整道焊缝点焊，减少整体周长收缩。

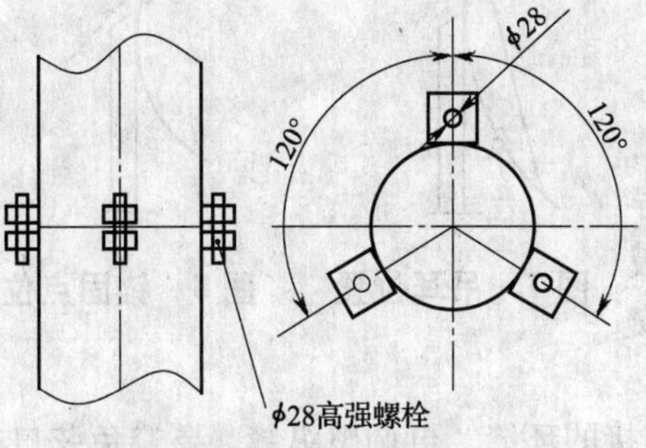

图3　赤道带组装示意图（一）

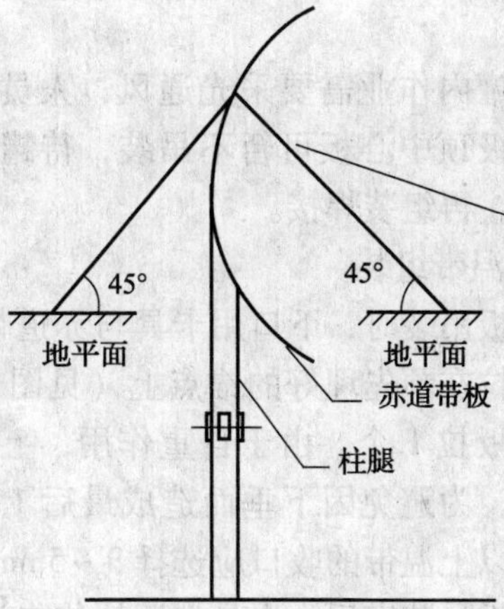

图4　赤道带组装示意图（二）

赤道带是整个球罐安装的基准带，其组装精度至关重要，对于其他各带及整个球罐的组装质量影响很大，必须精心调整，以保证椭圆度、上下弦口水平度、对口间隙、错边量、角变形等技术参数达到规范要求后再进行下一步组装工序。

椭圆度可利用柱间拉杆调整，对口间隙、错边量、角变形用组装卡具调整。

支柱的垂直度要符合设计图纸及规范要求，在球罐径向和周向两个方向测量支柱的垂直度，确保垂直度在允许偏差内即可。

（3）下温带组装

吊装第1块下温带板时，上口用卡具与赤道带固定，下口用导链及钢丝绳拉在赤道带上弦口外侧的吊耳上（见图6），用卡具调整环缝间隙，用导链调整曲率，以后每隔1块板在下口用倒链固定1块。下温带板组装时，要注意其下垂趋势，所以收口间隙控制在3mm以内为宜。

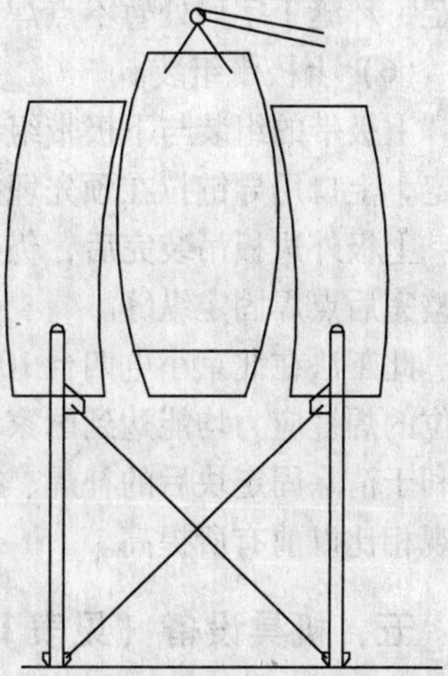

图5　赤道带组装示意图（三）

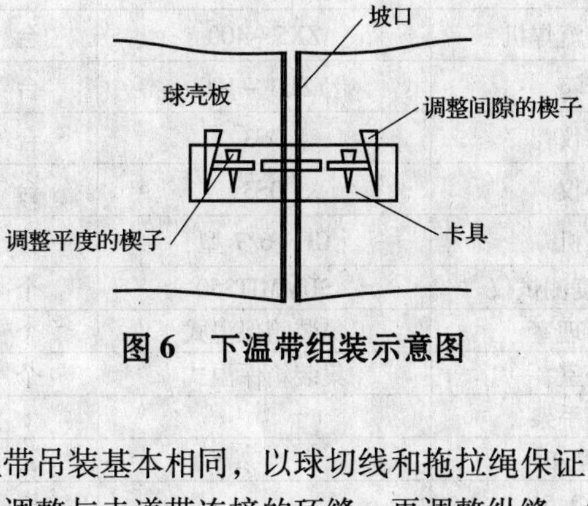

图6　下温带组装示意图

（4）下极带组装

下极带边板吊装和温带吊装基本相同，以球切线和拖拉绳保证30角选吊耳位置如图7，待4块边板吊装完后，先调整与赤道带连接的环缝，再调整纵缝，然后吊装下极板，调整完后点焊固定。

考虑到罐内作业需要采光通风，人员进出罐方便等，下极顶中心板可暂不吊装，待罐内焊接作业结束后，再组装焊接。

（5）上温带组装。

上温带板吊装时，下口用卡具与赤道带固定，上口用导链拉在预先埋好的锚点上（见图 8），导链可隔两块板拉 1 个。由于自重作用，上温带板有下垂趋势，为避免因下垂而造成最后 1 块板安装不上，所以上温带的收口应选择 3～5mm。

图 7　吊耳位置

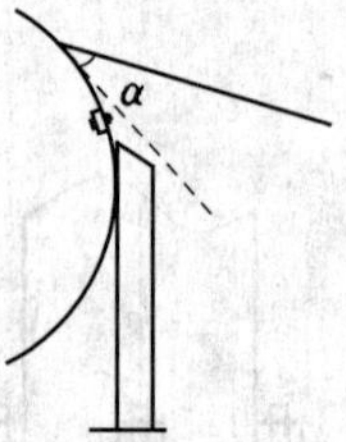

图 8　锚固点位置

上温带板吊装完后，也是先调整与赤道带连接的环缝，再调整纵缝，要避免弦口“露头”现象。调整环缝时，必须保证赤道板和温带板的纵向弧度，切勿错口。调整好后点焊固定，环缝丁字口处暂不点焊，其余各处点焊固定。

（6）上极带组装。

上极带的组装与下极带组装基本相同。吊装第 1 块上极外边板时，下口用卡具与上温带固定，上口用导链拉在预先埋好的锚点上。上极外边板组装时，也要注意其下垂趋势。

上极外边板吊装完后，仍先调整其与上温带的环缝，后调整纵缝，然后吊装上极边板，调整完后点焊固定纵缝。

此工法在北京小屯四台 10000m^3球罐施工中，经兰州石油机械研究所的声发射测试，各部位的焊缝应力均能达到国家和省部级的规范要求。球罐组装完成后，内部工卡具焊点少，有利于清除固定块后的补焊、打磨及检测，组对作业环境好，整体工作量减少，使整体球罐外观相比以前有所提高。

五、机具设备（见表 1）

表 1　1 万 m^3 球罐施工中采用的主要机具设备

序号	品　名	规　格	单位	数量	备　注
1	汽车吊	80t	台	1	
2	硅整流直流焊机	ZX5－630	台	2	
3	硅整流直流焊机	ZX5－400	台	5	
4	烘干箱	YZH1－100	台	2	
5	经纬仪	DS3	台	1	
6	水平仪	DS3	台	1	
7	空压机	CF－6/7 型	台	2	
8	红外线温度测试仪	SUMMIT350	个	4	
9	焊条管理室	集装箱保温式	个	2	
10	办公室	集装箱保温式	个	2	
11	钢管脚手架		t	85	
12	三防棚布		m^2	3300	
13	铁跳板 2. 5m		块	3000	

六、劳动力组织（表2）

表2　劳动力组织单台球罐

工程量 / 人数 / 工种	$10000m^3$	$5000m^3$	$3500m^3$
铆工	6人	5人	4人
电焊工	6人	5人	4人
起重工	6人	5人	4人
探伤工	2人	2人	2人
技术员	2人	2人	2人
管理人员	2人	2人	2人
配合人员	5人	4人	3人
合计	29人	25人	21人

七、安全措施

1. 由于在整个球罐的组装过程中，操作人员全部都在整体的固定钢制脚手架管平台上工作，较以往的传统工艺在挂架上和移动架上工作，安全性得到大大提高。

2. 注意的安全事项

（1）拖拉绳的选用。

以板重量的1/3选用拖拉绳的规格。按国家标准，拖拉绳应选用6×19　+1。5倍的安全系数。

拖拉绳必需严格检查有破损。硬折等现象严禁使用，拖拉绳与地面夹角为45°（见图7），以此数据来选用拖拉绳的长度。

（2）拖拉绳与球切面角度 α 必须大于30°（见图8）。

（3）所有的“吊耳”焊后必须作着色无损检查。

（4）赤道带吊装的前2块带柱腿板必须要有抗风拖拉绳，以后依次最边赤道板必须有抗风拖拉绳。

（5）上、下温带和上、下极板则隔块加拖拉绳固定调节。

（6）外脚手架管的搭设要合理，即要考虑对组装人员的可操作，又要适应以后焊接人员的作业。

八、质量要求

1. 严格按照国家规范要求进行，依据为：

国家质量技术监督局《压力容器安全技术监察规程》。

《钢制压力容器》（GB 150—1998）。

《钢制球形储罐》（GB 12337—1998）。

《球形储罐施工及验收规范》（GB 50094—98）。

《钢制压力容器焊接工艺评定》（JB 4708—2000）。

本公司编制的《压力容器制造（组焊）质量保证手册（球罐篇）》。

2. 施工人员在施工过程中应有责任心和质量意识，施工时以自检为主，专检为辅。为强化质量管理，在下列控制点，专业检查员必须到位检查并确认是否合格。

（1）赤道带的椭圆度曲率是否符合规范要求。

（2）上、下2大环口间隙及曲率是否合格。

（3）所有柱腿垂直度是否合乎规范要求，确保无组装应力。

九、效益分析

从工程实践效果分析此工艺在组装过程中，所有的球壳板都处于自由状态，内在应力小，为焊接工序打下了良好的基础，与以前的工艺比较，以前组装1台10000m^3球罐所需人员58人，工期为15d，采用此工艺所需人员29人，工期为7d，节约资金2.9万元，使用吊车节约8个台班，较以前节约资金8万元，节省中心柱和伞型架的材料费。制作安装费约20万元，在组装过程中每台球罐降低成本节约资金30万元。

十、部分应用实例（见表3）

表3 部分应用实例

工程名称	地点	开竣工日期	实物工程量	应用效果
北京燃气集团小屯储配厂	北京	1999.1～2000.2	4台 10000m^3	缩短工期30d，节约资金120万元，工程质量优良并获化学工业施工项目奖、被评为全国优秀焊接工程、获国家优质工程银质奖
咸阳天然气公司	咸阳	2001.3～2001.10	3台 5000m^3	缩短工期23d，节约资金75万元，工程质量优良
蚌埠新奥天然气公司	蚌埠	2002.2～2002.8	2台 3500m^3	缩短工期12d，节约资金42万元，工程质量优良
重庆天然气公司	重庆	2005.1～	2台 10000m^3	缩短工期14d，节约组装资金60万元

综上所述，随着此工法的普遍应用，将会对我国球罐行业的发展建设起到巨大的推动作用，必将极大地加速球罐行业的发展进程。

（执笔人：中国化学工程第十三建设公司　曹顺跃　李小朋　李　强）

大型立式圆筒形压力容器现场整体内燃法热处理工法

YJGF 112—2004

中国石油天然气第一建设公司

卫建良　薛金保　刘朝志　王启宇　张志强

压力容器进行焊后热处理对消除焊接残余应力、减缓 H_2S 腐蚀、改善焊缝机械性能具有重要作用。在石油化工装置及其工艺设备大型化发展趋势下，分片到货、现场组焊的工艺设备如塔、容器、反应（再生）器等压力容器类设备（以下简称塔器）越来越多。同时，装置对国外高硫原油依赖程度也越来越高，为减轻 H_2S 等介质腐蚀或消除焊接应力，延长设备使用寿命，对现场组对焊接的大型炼油化工立式圆筒形压力容器（塔器）越来越多地提出了进行整体热处理的要求。大型立式圆筒形压力容器现场热处理历来是施工中技术难度较大、操作参数难于控制、质量不易保证的工序。尤其是塔器类工艺设备具有外形尺寸大、长径比（设备长度或高度与直径之比）大、结构复杂等特点，国内外常规现场砌筑热处理炉、电加热法以及霍克喷嘴内燃法等热处理技术对于大型圆筒形压力容器现场热处理都不同程度存在缺陷，难于满足热处理温度均衡性和热量要求。需要寻找1种快速、简洁、高效的热处理方法以解决大型炼油化工设备现场热处理问题，满足施工工期和装置运行质量要求。

我公司根据现场组焊大型立式圆筒形压力容器热处理的需求，经过周密调研，选用新型大功率燃油喷嘴、实现微正压内燃工艺；通过在塔器内设置热气流导向装置，采用 DCS 集散控制系统调节油风比例和烟囱热量排放张合度，对局部超厚壁板适当电加热辅助，从而解决大容积变截面不等壁厚超重大容积设备施工现场热处理中温度不均衡、调整难度大等技术关键，创新了国内大型炼油化工设备现场整体热处理技术，取得良好效果，形成了完善配套的施工工艺方法。

一、工法特点

1. 配备新型 EK9－1000 型大功率燃油喷嘴作为热处理加热设备，采用微正压内燃工艺，便于燃烧烟气（热气流）向器壁流动。

2. 塔器内设置热气流导向装置，导向装置可局部改变烟气流向，强制烟气尽量沿器壁向上流动，使热气均匀向塔器加热，保证塔器筒体温差在规范允许范围内。

3. 使用 GC－W/K 新型温控设备，该设备集成了喷嘴、油泵、流量计、鼓风机、电子点火器、温度记录仪等自动调节单元，与电源、油罐接好就能工作。

4. 控制系统采用 DCS 集散控制，按照预先设定值和热处理曲线自动调节升降温速度和温差，使其符合工艺要求，实现升降温度和恒温自动控制，提高了温度控制精度。烟囱还设有一个电磁阀，通过信号线与热处理控制系统相连，用以调节烟囱开合度。

5. 对局部超厚壁板或较大补强区以及筒体延伸等特殊部位，适当采用电加热辅助，与 GC－W/K 温控设备连接，实现自动控制，保证局部特殊部位与塔器整体温度均匀。

二、适用范围

该工法适用分片到货、现场组焊、并要求进行整体热处理的大型塔器类设备，如延迟焦化装置焦炭塔、催化裂化装置再生器等设备。对于超长设备也可通过设置临时顶盖或底盖的方法进行分段热处理。

三、工艺原理

1. 热处理工艺原理

（1）改变常规热处理方法：即将工件热处理的外热法改为内热法，常规的外热法为将工件放在热处理炉内，通过燃油、燃气或电加热在其外部提供热量，满足热处理要求，以炉体耐火材料减缓热量损失。内热法也可称内燃法，是在工件腔体底部或其他部位设置高效燃油喷嘴，通过燃油加热提供热处理热量，工件表面用保温材料包裹，起到隔热作用，防止热量损失。

（2）因为塔器类工艺设备具有外形尺寸大、长径比大等特点，单一喷嘴燃烧时烟气不易在设备内腔形成回流，导致对设备不能均匀加热，因此，需在设备内部设置导流设施，调整热气流流向，强制烟气的流动，使热气均匀向塔器加热，以保证热量分布均衡。导流装置的形状尺寸和安装位置是本工法的关键点。

（3）对于局部难以满足热处理均衡温度要求的死角，辅以电加热带或加热板补充热量，从而满足热处理温度要求。

2. 热工计算

热工计算主要进行热处理热能和油耗计算，热处理热能和油耗计算结果是热处理设备选用的依据，计算要求按照最大热处理工件重量和同时参与热处理的辅助金属材料之和（以下统一简称工件）进行。

按照热处理曲线和升降温速度选择温度区段和时间区段，根据温度区段选择工件和保温被以及燃烧废气的热工特性值，在热处理过程中主要存在工件吸热、保温被吸热、保温被散热、废气带走热等主要热支出项，柴油燃烧放热为热收入项。为确保热处理工作的正常运行，必须保证总热收入大于等于总热支出，据此进行热平衡计算。

已知条件：1kg0#轻柴油燃烧放热 0.042×10^6kJ，需 11.55 标准 m^3 空气，产生 12.15 标准 m^3 烟气。

（1）热收入计算：

$$Q_{收} = Q_H B$$

式中　$Q_{收}$——一个温度区域内的热量收入（kJ）；

Q_H——轻柴油燃烧放热（kJ/kg）；

B——一个温度区域内的燃料耗量（kg）。

$$Q_{收} = 0.042\times10^6 B$$

（2）热支出计算：

①工件吸热：

$$Q_{工件} = cm\Delta t$$

式中　$Q_{工件}$——工件吸收热量（kJ）；

c——工件在特定温度区域下的比热容（kJ/kg℃）；

m——工件质量（kg）；

Δt——温差（℃）。

根据工件在各温度区域内的比热容，计算各温度区域内工件吸收热量情况。

②保温被散热：

$$Q_{散} = A_{外} q \tau$$

式中 $Q_{散}$——保温被散热量（kJ/h）；

$A_{外}$——保温被表面积（m^2）；

q——保温被向空气中散失的热流（kJ/m^2h）；

τ——散热时间（h）。

根据提供保温被在各温度区域内向空气中散失的热流系数，计算各温度区域内保温被的散热量。

③保温被吸热：

$$Q_{被} = c_{被} G_{被} t_{平均}$$

式中 $Q_{被}$——保温被吸收热量（kJ）；

$c_{被}$——保温被在平均温度下的比热容（kJ/kg℃）；

$G_{被}$——保温被质量（kg）；

$t_{平均}$——保温被在温度区域内的平均温度差（℃）。

根据保温被在各温度区域内的平均温度及在平均温度下的比热容可以计算出保温被在各温度区域内的吸热情况。

④燃烧废气带走热，计算耗油量：

$$Q_{产} = V_m c_{产} t_{产} B$$

式中 $Q_{产}$——燃烧产物带走的热量（kJ/h）；

V_m——单位燃料燃烧生成的燃烧产物量（m^3/kg）；

$t_{产}$——燃烧产物温度（℃），根据实际测试燃烧产物比工件温度高出100°C左右；

$c_{产}$——在 $t_{产}$ 温度下的燃烧产物比热容（kJ/kg·K）；

B——燃料消耗量（kg/h）。

$$\Sigma Q_{支} = Q_{工件} + Q_{散} + Q_{被} + Q_{产}$$

根据热平衡方程：

$$Q_{收} = \Sigma Q_{支}$$

可以得出

$$Q_H B = Q_{工件} + Q_{散} + Q_{被} + V_m c_{产} t_{产} B$$

$$B = (Q_{工件} + Q_{散} + Q_{被}) / (Q_H - V_m c_{产} t_{产})$$

根据在各温度区域内的燃烧产物在该温度下的比热容可以计算出各温度区域内的耗油量以及每小时耗油量。

根据计算最大小时耗油量和喷嘴特性，乘以一定裕量系数（取1.6~1.8），得出满足热处理要求的喷嘴最小耗油量，以此校验燃烧喷嘴能力是否满足热处理要求，并根据各温度区段耗油量总和，乘以一定裕量系数（1.3~1.5），得出热处理前需储备的燃油量。

3. 辅助电加热部分

对于仅靠工件热传导难以满足热处理温度要求的局部超厚或延伸部位，可按照现场热处理工作量，考虑热传导因素确定电加热板的数量和热处理设备“路、点”布置方式。

按工艺要求向温控设备输入热处理工艺曲线，热处理运行后，由温控设备按输入工艺曲线自动跟踪、控温，定时打印热处理温度和热处理曲线，若超出设定的温度报警值范围，发出报警信号，自动调节燃油量和烟囱张合度，满足热传导要求，必要时进行手动调整。

四、工艺流程及操作要点

1. 工艺流程（见图1）

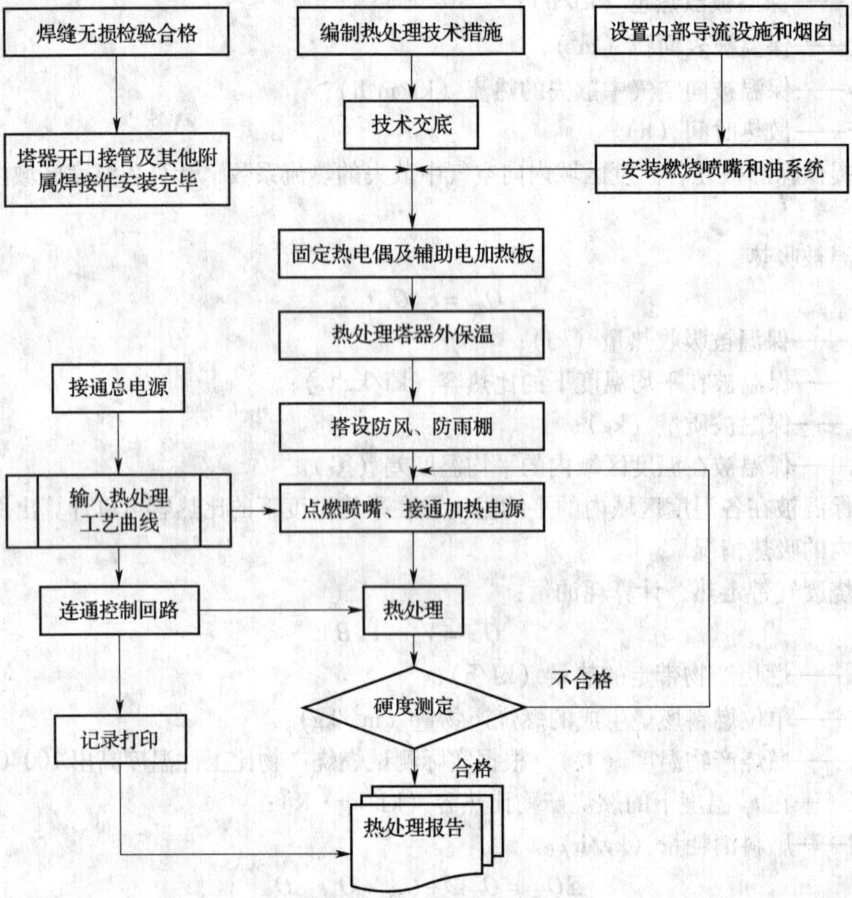

图1　工艺流程图

2. 操作要点

（1）导流伞架设置。

大型塔器设备的长径比一般较大，在立式圆形筒体内不易使烟气产生回流循环，对容器均匀加热影响较大。而仅靠设备自身热传导很难满足温度均匀性要求，尤其对于某些变截面塔器设备，必须通过内部导流设施，才能强制烟气在容器下部局部回流，增加加热气流在底部循环和滞留时间，保证对其底部及下段加热，并依靠热传导满足温度均匀性要求。导流设施一般设计成伞状，如图2所示。为保证伞架能从人孔等设备接管内通过，降低导流设施重量，导流伞架一般用圆钢做

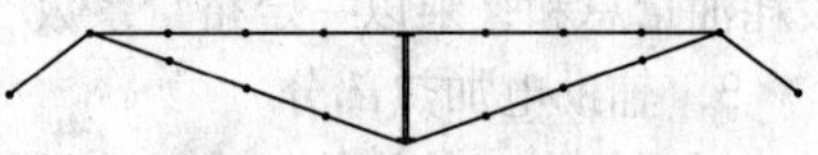

图2　导流伞架设置示意图

骨架，敷设铁丝网，然后用硅酸铝针刺毯敷设在伞架上并用铁丝固定，形成导流面。最后将导流伞架用圆钢临时固定在塔器设备内部。伞架底部直径和伞架底面距燃油喷嘴距离根据热处理工件结构形状和尺寸确定。

（2）热处理设备选择。

热处理设备选用 EK9－1000 型燃油喷嘴和 GC－W/K 型控制柜。该设备供热能力为 1000 万 kJ/h，最大供油能力 1200kg/h，可满足 600t 工件热处理供油需要，并集成了喷嘴、油泵、流量计、鼓风机、电子点火器、温度记录仪、自动调节单元等，与电源、油罐接好就能工作，控制系统采用 DCS 集散控制，按照预先设定值自动调节升降温速度和温差使其符合工艺要求。烟气放空的烟囱设有一个电磁阀，通过信号线与热处理装置相连，用以调节烟囱开合度。

（3）热电耦设置。

按照设计文件要求的测温位置和数量确定测温点，设计无明确要求时可按照《钢制压力容器焊接规程》（JB/T 4709—2000）和《碳钢、低合金钢焊接构件焊后热处理方法》（JB/T 6046）要求布置。测温点采用镍镉—镍硅铠装热电偶，热电偶间隔不大于 4.5～5m，用专用点焊机固定在工件外侧，专用点焊机固定较以往开口螺栓固定具有固定速度快、测量精度高、对设备母材损伤小等优点。

（4）电加热带布置。

辅助加热推荐选用 LCD－220－1 型履带式电加热器。固定加热器可利用扁铁折弯点焊在工件外壁，加热器外再用铁丝勒紧。

（5）保温系统。

保温材料。按热处理温度要求选用保温材料，通常采用无碱超细玻璃棉。为便于现场敷设和周转使用，常制作成棉被形式。

保温。先在设备外壁固定焊有保温钉的 －40×3 的扁铁，扁铁间距 500mm，将 2 层共 100mm 厚的保温被将设备外壁敷设严密。敷设时应由下向上进行，2 层的接缝错开 200mm 以上。在保温被外再用扁铁和铁丝勒紧加固。

（6）温度设定。

通过 GC－W/K 型控制柜的计算机操作界面输入升降温速度、热处理温度和恒温时间，同时设置温度跟踪点、温度输出间隔时间以及长图记录仪走纸速度等参数。

（7）热处理。

全部检查合格后，启动自动点火装置，进入 GC－W/K 温控设备运行状态，控制程序自动按热处理工艺曲线升温、恒温及降温，并自动记录热处理温度。

400℃以下升温，原则上可不要求控制升温速度和温差。但为控制 400℃以上的升温速度和温差，当升温接近 400℃时，应采取有效措施进行控制，防止局部温度偏差超标，如调小烟囱开合度和燃油量，通过工件热传导进行均温，使各点温度基本一致，满足温差要求时，再适度增加燃油量，进行 400℃以上控制升温。

运行中若出现意外值或报警，可暂停运行，实施补救措施。检查加热油路系统、热电偶测温回路系统、烟囱废气排放、保温等有无意外情况，排除故障后恢复运行。

（8）热处理效果评价。按以下方式进行。

①热处理曲线满足设计或规范要求。

②硬度测试，根据设计或规范要求确定测定点数量和测点位置，测点硬度值满足设计要求为合格。

③必要时（如用户要求或需进行应力消除评价）可采用盲孔法进行应力测试，比较热处理前后应力变化情况。

五、机具设备及材料（见表1）

表1　主要机具设备及材料表

序号	名称	型号及规格	数量	备注
1	热处理设备	EK9－1000 型	1 台	
2	温控设备	GC－W/K 型	1 台	
3	履带式电加热板	LCD－220－1 型	72 块	
4	电焊机	ZX5－400	1 台	伞架焊接及点焊保温钉等
5	电焊机		1 套	热偶固定专用
6	热电偶	镍镉－镍硅铠装热电偶	70 支	
7	硬度仪		1 台	
8	K 型补偿导线	$KC2 \times 1.0mm^2$	2km	
9	接长导线（阻燃）	$50mm^2$ 24m 长	40 根	
10	低压动力电缆	$VV_{22}3 \times 185 + 1 \times 95mm^2$	200m	
11	保温被	无碱超细玻璃棉	$2000m^2$	
12	扁铁	40mm×3mm	835m	
13	磨光机	ϕ125mm	2 台	
14	铁丝	$20^{\#}$	750kg	
15	钉头	L＝120mm	1500 个	
16	油箱	10t	1 个	
17	油管	ϕ25 PVC	50m	
18	柴油	$0^{\#}$	15t	

注：本表为热处理300t 工件所需数量。

六、劳动组织（见表2）

表2　劳动力需求表

序号	工种名称	人数	分工与职责
1	铆工	5	封闭管嘴、安装燃油喷嘴，制作安装伞架
2	电焊工	1	制作安装伞架
3	保温工	10	保温
4	电工	2	连接电源、供电维护
5	仪表工	3	连接测温、加热回路、操作温控柜
6	架子工	6	防风、防雨棚及操作平台的架设

续表 2

序号	工种名称	人数	分工与职责
7	调度	1	综合协调热处理工作
8	技术人员	2	负责热处理技术工作
9	安全员	1	管理、检查热处理现场的安全
10	司机	1	值班
11	试验员	1	硬度测定

七、安全措施

1. 对参加热处理工作的人员进行专门训练和安全教育。

2. 热处理应尽量选择在风力较小天气的时间进行。

3. 作业前进行全面检查，电气设备工况良好。

4. 热处理现场划定安全区，设置警戒线，非工作人员严禁入内。

5. 脚手架绑扎牢固，设置安全护栏或安全网，高空作业挂好安全带。

6. 作业现场严格管理易燃物品，预防火灾。并配置足够的消防器材和照明设备。

7. 维护好现场用电设备，保护好电缆线，以防漏电。

8. 配备值班车和值班电话，专职安全员巡回检查，及时发现隐患并处理事故。

9. 风油量突然变化或风油比不当、机械和管路出现故障，会发生灭火，如发生中间灭火，应立即关闭供油阀门，排除故障后再重新点火，不得灭火后继续供油。

八、质量要求

1. 执行标准

执行以下标准，并应探讨使用其最新版本的可能性。

《钢制压力容器》（GB 150—98）。

《钢制压力容器焊接规程》（JB/T 4709—2000）。

《碳钢、低合金钢焊接构件焊后热处理方法》（JB/T 6046）。

2. 主要质量指标

若非设计另有要求，通常按以下要求。

升温速度 V_1：50℃/h≤V_1≤5000/δ℃/h，且 V_1≤200℃/h。

降温速度 V_2：50℃/h≤V_2≤6500/δ℃/h，且 V_2≤260℃/h。

δ 为热处理最大工件最大厚度。

升温期间任意 5000mm 内温差不大于 100℃。

恒温期间最大温差不大于 40℃。

3. 质量保证措施

（1）成立热处理领导小组，由项目技术负责人任组长，实行统一领导。

（2）热处理前向热处理人员进行详细技术交底，交清质量要求，明确质量责任。

（3）做好热处理期间天气预报预测，尽量选择好天气进行热处理。热处理时做好挡风，防雨、雪措施。

（4）内燃法热处理空腔内为正压，热处理前设备所有接管和遗留缝隙必须密封严实。

（5）当温度达到400℃时，如果局部温度偏差太大，必须调小烟囱开合度和燃油量，通过工件热传导进行均温，各点温度基本一致时再适度增加燃油量。

（6）热处理时统一指挥，协调行动，及时处理突发事故。

九、效益分析

1. 采用GC－W/K型温控设备和导流装置，提高了控温精度，减小温差，提高了热处理质量，热处理1次合格率达到100%。

2. 开发大型塔器现场热处理工艺，可实现大型塔器设备分段、分片出厂，现场组装焊接，内燃法热处理工艺简单，控制全部实现自动化，仅需3d时间就能1次完成热处理工作，缩短施工工期。

3. 采用内燃法热处理工艺，省去现场建筑退火炉或大功率电加热设备等临时热处理设施，可降低热处理成本。

4. 采用高效燃油喷嘴，热效率高，燃烧充分，1次热处理工件重量可达600多t，缓解了炼油化工设备向大型化方向发展受热处理技术的制约和限制。

十、应用实例

1. 2002年7月，在中油股份大连石化分公司350万t/年催化裂化装置中，再生器上段直径15.6m，壳体高度30.4m，壳体材质20R，设备壳体重量475t，具有变截面（ϕ15.6m/ϕ9.3m）、不等壁厚（100/80/54/36/32mm）、超大容积、超大重量等特点，设计要求对壳体进行现场消除应力热处理。上段热处理设施布置及控制过程如图3所示。

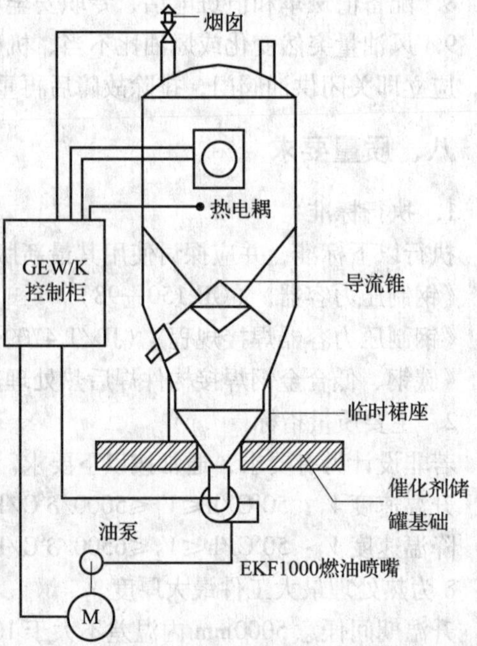

图3　热处理设施布置及控制过程图

（1）通过热处理温度曲线和设备打印的温度记录显示热处理参数变化和设计要求情况见表3。

（2）热处理后应进行布氏硬度试验，试验部位为：每条纵缝、环缝和接管角焊缝各1处，每处包括焊缝1点、热影响区和母材两侧各1点，共5点，布氏硬度试验结果最大HB156，小于规范允许HB200。

（3）产品焊接试板同设备一起热处理后按JB 4744—2000进行力学性能检验，完全符合规范要求。

（4）热处理前后，用盲孔法（Center－hole Method）进行焊接残余应力测定，在应力集中处选择测量点。通过测定数值对比，应力有明显变化，这一方面说明热处理效果比较明显，另一方面也说明对大型压力容器进行热处理很有必要。

表3　焊后热处理记录报告

热处理参数	起始温度（℃）	升温速度（℃/h）	恒温温度（℃）	恒温时间（min）	冷却速度（℃/h）
设计要求	气温	50～90	620±20	130	50～120
实际运行	22	53	605～635	135	56

（5）热处理所用时间为7d，较电加热热处理工艺节省投资160万元，缩短工期40d，确保180d完成亚洲最大催化裂化装置安装工程，创造催化裂化装置施工工期最短记录奠定了良好条件。

（6）再生器焊接和热处理被评为2003年全国优秀焊接工程一等奖、再生器内燃法热处理被评为2003年全国安装之星，河南省科技进步新成果，洛阳市科技进步二等奖。

2．2003年4月，吉林石化公司100万t/a延迟焦化装置焦炭塔，尺寸 ϕ8400×35150mm，壁厚32/30/28mm，上段筒体材质为15CrMoR+0Cr13，下段材质为15CrMoR，单台重量320t，采用微正压内燃法现场进行整体热处理，仅用5d时间完成两台焦炭塔整体热处理工作，均做到一次成功。设计要求恒温温度620±20℃，实际恒温阶段最大温差11℃，升温阶段最大温差60℃，热处理后硬度和产品试板满足设计和规范要求。

3．2004年7月，中油股份克拉玛依石化分公司150万t/a延迟焦化装置焦炭塔，尺寸 ϕ8800×35342mm，壁厚26～42mm，筒体材质为14Cr1MoR，单台热处理重量350t，采用微正压内燃法进行热处理，仅用5d时间完成2台焦炭塔整体热处理工作，设计要求恒温温度625±20℃，实际恒温阶段最大温差16℃，升温阶段最大温差40℃，热处理硬度和产品试板满足规范和设计文件要求。

N6/Q235A 镍/钢复合板焊接工法

YJGF 113—2004

中国化学工程第六建设公司

简　逊　董冬益　吴泽祥　吕金武　王广继

2004年3月，我公司承接了山东淄博齐鲁20万t/a离子膜烧碱装置的施工任务。该装置由成都八院设计院设计，采用日本旭化成电解专利技术。其电解工序中碱液中间罐（位号为V-2200，规格ϕ6600×10000，容积322m^3，重约40000kg，底、壁、顶板厚度分别为δ=3+12、3+10、3+8，常压锥顶罐）其材质为镍/钢复合板（N6/Q235A）。作为一种新型的复合材料，镍/钢复合板（N6/Q235A）具有成本低，耐腐蚀性强等特点，在石油、化工方面有着广阔的应用前景。

由于镍与钢具有不同的焊接特性和不同的物理化学性能，镍/钢复合板在焊接过程中易产生热裂纹及气孔。只有解决了镍/钢复合板的焊接缺陷，该材料才能得到全面的推广与应用。

在齐鲁20万t/a离子膜烧碱装置V-2200碱液中间槽的焊接制作中，经过技术攻关，成功开发出镍/钢复合板焊接技术，解决了镍/钢复合板的焊接难关。经过化工施工技术鉴定委员会鉴定认定：技术先进，属全国同行业先进水平；工艺合理，设备简单，操作方便；焊缝质量优良，提高了工效。本工法被授予公司2004年度工法一等奖，2003~2004年度全国化工施工工法（部级），2003~2004年度土木建筑国家级工法。

一、工法特点

镍是在某些介质中耐蚀性非常好的金属材料，例如镍抗碱类的腐蚀性非常强，对酸性和碱性的有机化合物的抗腐蚀性也非常强，但对亚硫酸、盐酸特别是硝酸的抗腐蚀性能较差。

镍具有较高的熔点（1455℃）、一定的强度和较高的塑性、良好的加工性能和焊接性能。

镍/钢复合板（N6/Q235A），其基层为Q235A，复层为6号镍（N6），纯度99.5%，其化学成分见表1。

表1　镍/钢复合板（N6/Q235A）化学成分表

化学成分	Cu	Si	Mn	C	Mg	S	P	Fe	Pb	Bi、Sn	As	Sb、Cd	Zn
含量（%）	0.002	0.01	<0.002	0.05	0.017	<0.005	0.001	0.005	0.002	<0.002	<0.002	<0.002	<0.002

镍与钢具有不同的焊接性能，它们具有不同的物理化学性能——热膨胀系数差异大，因此焊后易产生热裂纹。同时二者具有较强的熔合性，焊接时，如果基层的碳过渡到复层中，会降低复层的耐蚀性。因此，如何保证焊后不产生热裂纹，同时确保复层的耐蚀性成为镍/钢复合板焊接的关键。

二、适用范围

本工法是以齐鲁20万t/a离子膜烧碱装置碱液中间槽罐制作为基础编制的，对于镍/钢复合板（材质为 N6/Q235A. B，壁厚在复合层 $\delta \geq 3$mm，基层 $\delta = 5-24$mm 之间）的对接焊缝和角焊焊缝同样适用。

三、工艺原理

镍/钢复合板是由两种不同材质组成，由于镍与钢具有不同的焊接性能，两者具有无限熔合性；同时，镍与钢具有不同的物理化学性能——热膨胀系数差异大，为防止焊后产生热裂纹，降低复层耐蚀性，复层焊接选用热源集中、温度高、热影响区窄的手工钨极氩弧焊，选择相匹配的焊丝，氩气选用纯度不小于 99. 99%，基层焊接选择焊条电弧焊，选用与 Q235A 相应的焊接材料，焊接接头的抗拉强度应不低于基层母材标准规定的抗拉强度的下限值。

焊机选用性能稳定的直流焊机，正极接法。手工钨极氩弧焊是通过焊嘴喷出的氩气将焊件处的空气排除掉，在氩气的保护下，利用焊嘴上钨极与工件之间的电弧热来加热和熔化焊件、焊丝，通过它们的共同熔化，结晶而形成焊缝。根据焊件尺寸，选择适当的焊接工艺，从而获得满意的焊接质量。

四、焊接工艺和操作要点

1. 镍复合板焊接施工工序流程（见图 1）。

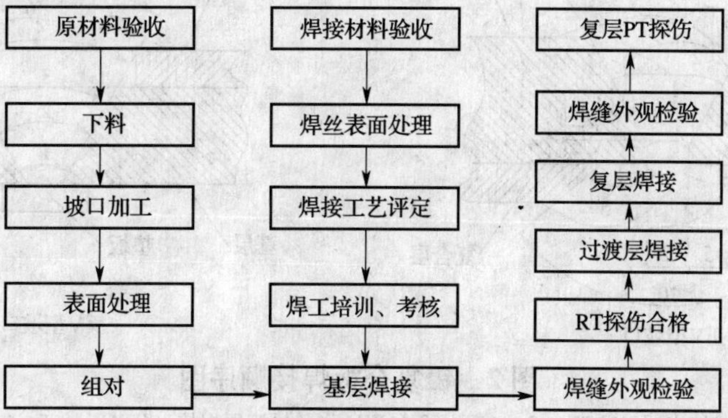

图 1　焊接工艺流程图

2. 焊接施工要求

（1）焊接材料的选用。

齐鲁 20 万 t/a 离子膜烧碱工程，镍/钢复合板板材为 N6/Q235A（3 + 12），焊接复层时选用进口焊丝，牌号为 N48K4H，规格为 ϕ2. 0mm，各种化学性能及技术指标与国内 N6 材质接近，焊接基层 Q235A 时选用 E4303 焊条，规格为 ϕ3. 2 ~ 4. 0mm，选用纯度不低于 99. 99% 的氩气保护，钨极选用铈钨，规格为 ϕ2. 0 ~ 3. 0mm。

（2）焊接工艺评定及焊工考试。

施工前因国家行业尚无镍/钢复合板工艺评定规范，参照 JB 4708—2000 中有关规定进行焊接工艺评定，并根据评定结果编制焊接工艺说明书，指导焊工培训，焊工培训考试按国家质检总局颁发的《锅炉压力容器、压力管道焊工考试与管理规则》的有关规定进行，考试合格后方可上岗施焊。

（3）焊接工艺。

①由于镍和钢可无限固熔，同时考虑到两者物理性能的差异，从减小基层融入复层熔合

比方面考虑，先焊基层，再焊过渡层，最后焊接复层，这样既可以避免复层重复受热，同时也可减少由于复层融入碳钢基层中过多而使其材质变脆，避免焊后产生裂纹。焊接基层时，应尽量避免在复层上引弧，以避免基层金属在复层上的沉积。

②镍/钢复合钢板焊接质量好坏，关键是基层和复合层交界处（过渡层）的焊接。焊过渡层时，为减少基层的碳钢金属融入复层中，从而使焊缝金属的耐腐蚀性能降低，采用热源集中、温度高、热影响区窄的氩弧焊。在焊缝中靠近基层处用镍含量较高的焊丝焊接过渡层，这样有利于减少过渡层的熔合比，以保证复层耐蚀性。在焊接过渡层时宜选用较小的焊接线能量，以防止基层金属过多融入过渡层中。

③焊接复层时为避免伤及过渡层，防止过渡层金属融入复层，应采用线能量小的氩弧焊，严格控制层间温度。

④焊接操作过程中，应注意保持焊枪、焊丝和焊件待焊部位三者的空间位置。焊丝与焊件之间的夹角一般为10°~20°，焊枪略向前倾斜与工件夹角为70°~80°，使氩气更多地保护熔池前受热的区域，焊炬移动要均匀，采用直线运动，不做横向运动。

⑤当开“V”型坡口时，根据工作需要开正、反“V”型坡口。正“V”型坡口应由基层开始焊接，反坡口一般是焊接底板时采用。（焊接顺序见图2）

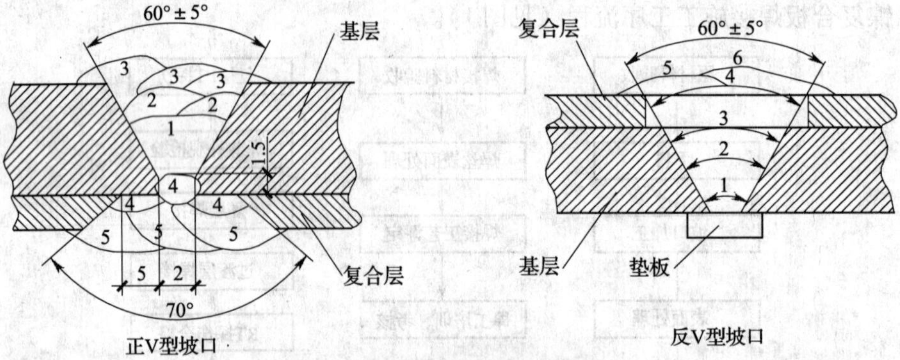

图2　镍复合板焊接顺序图

1—打底（SMAW）；2—填充（SMAW）；3—盖面（SMAW）；4—过渡层焊接（GTAW）；5、6—复合层盖面（GTAW）

⑥基层焊接完毕后，清理根部焊渣，用砂轮机打磨干净，再焊接过渡层和复合层。

罐底采用带垫板的对接接头，对接焊缝应完全焊透，表面平整，垫板应与其对接的两块底板贴实，其间隙不得大于1mm，罐底对接接头间隙应为2±mm。

⑦要确保焊缝熔合良好，选择相匹配的焊接工艺参数至关重要。焊接参数的选择详见表2。

表2　焊接工艺参数表

焊道焊层	焊接方法	填充材料		焊接电流		电弧电压（V）	焊接速度（cm/min）	氩气流量（L/min）
		牌号	直径（mm）	极性	电流（A）			
打底	SMAW	J422	$\phi3.2$	正接	60~150	22~26	4~13	
填充	SMAW	J422	$\phi3.2\sim4$	正接	80~220	22~26	4~15	
盖面	SMAW	J422	$\phi3.2\sim4$	正接	80~220	22~26	4~15	
过渡层焊接	GTAW	N48K4H	$\phi2.0$	正接	60~140	8~15	4~12	10~20
复合层盖面	GTAW	N48K4H	$\phi2\sim2.5$	正接	60~140	8~15	4~15	10~20

（4）坡口加工及检查。

①坡口型式及尺寸应按设计规定选用，当设计无规定时，原则上应选用确保焊接质量、填充金属量少、熔合比小、便于操作的坡口型式。

②镍/钢复合板的切割及坡口加工宜采用机械加工，切割面应光滑。如采用等离子切割，切割后，应用机械方法去除端面及热影响区的缺陷或裂纹，严禁将切割的熔渣落在复层上，采用等离子切割时，复层应朝上。

③加工完的坡口应进行外观及着色检查，不得有裂纹和分层，否则应进行修补。

（5）组对与定位焊接。

①坡口及两侧各20mm之内外表面应分别用不锈钢丝刷和钢丝轮清理表面杂物、油污等。

②组对时应以复合层为基准，以防错边量过大影响焊接质量，错边量应控制在±1mm以内，且长度不得超过该焊缝长度的5/100mm。

③在装配过程中，严禁在复层表面引弧和焊接工卡具，如确实需要，应在基层钢板一侧，并采用与基层钢相同材料的卡具，选用相同牌号的焊条。拆除辅助板时，应防止损伤基层金属，焊接修补处应打磨光滑。

④设备上安设人孔和接管时，应选用相应牌号的焊材进行施焊，使接管的端面及焊缝有4mm的堆焊层。

（6）焊接施工环境条件。

①焊接前应根据焊接工艺评定编制焊接工艺指导书及技术措施。

②焊接环境应符合以下要求。

a. 环境温度不低于0℃。

b. 焊条电弧焊时，风速应小于5m/s；钨极氩弧焊时，风速应小于2m/s。

c. 相对湿度应小于80%。

d. 焊接场所应有防风、雨、雪措施。

e. 焊接设备应处于完好状态，焊工使用的小型工机具、劳保防护服应配备齐全。

五、质量标准及质量控制措施

1. 质量措施

（1）焊缝表面应成形美观，不允许存在表面裂纹、未熔合、过烧、飞溅性熔渣及表面气孔等缺陷。焊缝加强度、咬边、错边量应控制在设计规定所允许的范围内。

（2）射线探伤在外观质量合格后进行，并符合JB 4730—94的规定。

（3）底片评定按JB 4730—94标准进行评定。

（4）产品试板应进行拉伸、冷弯试验，抗拉强度应≥470MPa，冷弯角度为180°。

2. 技术措施

（1）严格按《锅炉压力容器、压力管道焊工考试与管理规则》的有关规定进行焊工培训与考试，考试合格并熟练掌握镍/钢复合板焊接技能的焊工方能上岗。

（2）焊前技术员应按工艺指导书的要求对焊工进行技术交底。

（3）严格按照焊接施工的各项技术要求进行施工。

（4）焊工施焊前应对焊件、焊丝表面进行清理，保证焊口组对质量。

(5) 及时反馈焊缝质量检验评定结果，技术员应针对焊缝中所出现的缺陷认真查找原因，提出预防措施。

(6) 焊机性能应能满足施工工艺要求。

3. 管理措施

(1) 各工序工作分工明确，落实到人。

(2) 合理安排施工进度和焊接工作量，严格控制焊接质量，协调好焊缝检验与施工进度之间的关系。

(3) 焊工应对焊机定期进行保养，确保焊机处于完好状态。

(4) 严格控制环境温度条件，当环境条件不能满足焊接环境要求时，应采取一定的防范措施。

4. 质量控制流程（见图3）

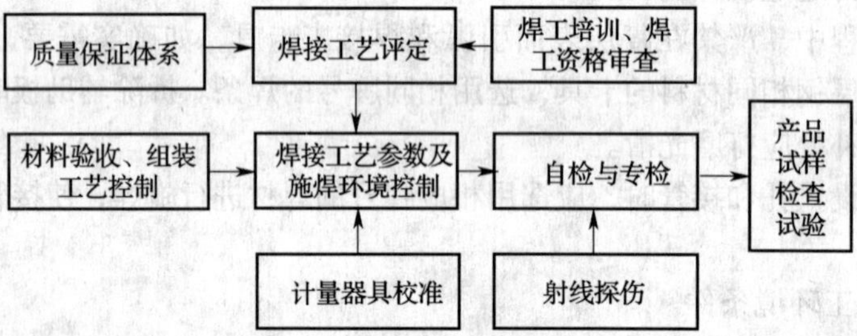

图3　质量控制流图

六、劳动力组织及安全措施

1. 劳动力组织（见表3）

表3　劳动力组织

序号	工种	人数	备　注
1	焊工	6	其中1人组对点焊
2	铆工	6	其中1人下料
3	起重工	2	
4	技术员	1	负责焊接工程技术
5	质量检查员	1	根据技术规范和设计要求对现场焊接工作全面检查监督
6	安全员	1	对现场安全、文明施工进行监督
7	材料员	1	
8	电工	1	
合计		19	

2. 安全措施

(1) 施工现场必须配备防风、雨、雪等设施。

（2）焊工上岗施焊应穿戴劳动保护用品，防止紫外线灼伤、烫伤和触电事故发生。

（3）焊机外壳要接地良好，要设立单独开关，拉合闸刀时要戴好绝缘手套，脸部侧向操作。

（4）施焊现场不得有易燃、易爆物品。

（5）每次施焊工作结束后，应切断焊机电源，并检查操作地点，确认无火灾隐患后方可离开现场。

七、主要工机具、材料（见表4）

表4 主要工机具、材料

序号	名称	规格型号	数量	备 注
1	逆变电焊机	ZX7－400STG	6台	带有高频引弧，气体延时保护和电流衰减装置
2	空气等离子切割机	LGK－100	1台	
3	空气压缩机	$3m^3/min$，0.8MPa	1台	
4	角向磨光机	ϕ125（P型）	4台	砂轮片用 Al_2O_3 型磨料制成
5	角向磨光机	ϕ100（P型）	4台	
6	不锈钢钢丝刷		20把	
7	镍焊丝	N48K4H	25kg	
8	氩气	纯度≥99.99%	30瓶	
9	卷板机	16×2000	1套	

八、效益分析

本工法应用于山东省齐鲁20万t/a离子膜烧碱装置2次盐水及电解工序V－2200碱液中间槽（ϕ6600mm×10000mm）的制作，经经营部门和财务部门核实，与同类装置相比，共缩短工期12d，1次性节省资金8万余元。齐鲁石化质检站对镍/钢复合板的焊接质量给予了高度的评价和认可。同时赢得了甲方的信赖和好评，为我公司拓展山东市场、占领国内离子膜烧碱项目建设市场奠定了基础。

九、应用工程实例

2004年在齐鲁20万t/a离子膜烧碱装置2次盐水及电解工序V－2200碱液中间槽（ϕ6600mm×10000mm）施工中，采用此工法，完成焊缝延长米约550m，仅用焊工6人，200h完成焊接，焊接1次合格率达到100%，既保证了施工质量，也确保了工期。

不锈复合钢板焊接操作工法

YJGF 114—2004

太原钢铁（集团）建设有限公司

于立兴　王秋平　彭　善　孙计成　裴保华

00Cr18Ni5Mo3Si2 是太钢首次开发冶炼的双相组织不锈钢，经爆炸与 Q345C（低合金钢）复合而成双金属不锈复合钢板，具有优越的耐孔蚀、耐应力腐蚀和抗晶间腐蚀的性能。本工法通过对不锈复合钢板焊接接头进行试验研究，合理选择焊接材料，提出焊接工艺及焊接操作方法，为爆炸缺陷的修复及用户对产品的使用提供依据。

一、工法特点

材质为 00Cr22Ni5Mo3　Si2 + Q345C 不锈钢复合板，规格 4 + 20mm，采用手工电弧焊，基层选用 E5015 焊材，覆层选用 CHS2209 焊材，符合工艺性和实用性要求，过渡层选用 E309MoL，使焊缝金属的硬度下降，而弯曲韧性得到改善。

二、适用范围

本工法适用于双相组织的不锈复合钢板的焊接。

三、工艺原理

1．焊材影响。00Cr18Ni5Mo3Si2 + Q345C 不锈复合钢板，不仅是由化学成分和物理性能有很大差异，而且焊接性也有重大差异的 2 层钢材组合而成的，因而不可能用单一的焊接材料和焊接工艺进行焊接，而应将基层和覆层区别对待。单独选择适合基层的焊接材料，则焊接覆层时将出现高合金马氏体焊缝，不仅力学性能不良，还容易产生裂纹，而且完全丧失了覆层应有的耐蚀性；如果采用单一适合于覆层的焊接材料进行施焊，虽然易于得到抗腐蚀性能合格的覆层表面，然而基层焊缝金属却完全由高、中合金水平的马氏体钢成分组成，其焊接裂纹倾向非常大，而且其塑性、强度等级不能同钢板整体协调，以至于在载荷作用下会出现不连续的应力状态，可能诱发断裂失效。考虑到异种钢熔合在一起带来的尖锐矛盾，在不锈复合钢板的焊接工艺试验及实践中，都力求将基层的焊接尽可能同覆层的焊接区分开来，尽量减少 2 种材料的熔合。

2．焊缝的稀释。焊接覆层采用奥氏体不锈钢焊材时，很显然，焊缝中熔化的基层金属将对覆层金属的合金产生稀释作用，其结果使得两结合处的金属成分及组织与两母材金属都有很大的差异，严重时焊缝中将出现马氏体组织，使接头性能恶化，因此焊接时必须设法选择合适的焊接材料及合理的焊接工艺，来克服问题的出现。

3．碳迁移。碳钢和铬镍奥氏体不锈钢接头中，在焊接高温下，一般不发生强烈的碳迁移。只有进行焊后热处理（500～700℃）并保持较长时间，或在上述温度下长时间使用，才发生明显的碳迁移，形成脱碳层和增碳层。

4．接头应力状态。由于 2 种钢材的线膨胀系数不同，使焊缝和熔合线附近产生附加拉应力，容易导致在熔合线上断裂。

四、焊接工艺

1. 材料

（1）母材材质00Cr18Ni5Mo3Si2 + Q345C，规格为板厚4 + 20mm。

（2）焊材E5015，E309MoL，CHS2209焊条，直径ϕ3.2mm，ϕ4.0mm。

以上试验用材料的化学成分，机械性能均符合国家标准。

2. 焊接工艺

（1）坡口型式，本试验采用“X”型不对称坡口，钝边2mm，角度70°±5°，坡口采用冷加工制备。

（2）焊接部位及焊材型号

基层用焊条E5015　　　规格为ϕ3.2mm，ϕ4.0mm。

过渡层用焊条E309MoL　规格为ϕ3.2mm。

覆层用焊条CHS2209　　规格为ϕ4.0mm。

（3）焊条烘干

E5015：烘干温度350℃，保温2h，随用随取。

E309MoL、CHS2209：烘干温度280℃，保温1.5h，随用随取。

（4）施焊工艺

①焊前用酒精清理坡口两侧杂物，在坡口两侧各150mm内涂防飞溅剂。

②手工施焊，采用直流反接，小规范。

③先焊基层，再焊过渡层，最后焊覆层，在小坡口侧采用碳弧气刨清根打磨，使其露出金属光泽。

④基层采用多层焊，过渡层和覆层采用多层多道焊，每层熔敷厚度3~4mm。

⑤基层焊缝上表面与接合面的距离为1~1.5mm，过渡层焊缝上表面与接合面的距离为1~1.5mm。

⑥控制层间温度，基层与过渡层之间在50℃以下，过渡层与覆层之间在100℃以下。

⑦主要焊层焊接规范规定见表1。

表1　焊层规定

焊层	电流（A）	电压（V）	焊速（cm/min）
过渡层	95~100	25~30	14
覆层	95~100	25~28	20

3. 焊接操作手法

基层焊缝。采用锯齿微摆动，短电弧操作，弧长小于焊条直径。

过渡层焊缝。采用直线不摆动，快速运条，长电弧操作，弧长略大于焊条直径。

覆层焊缝。采用直线不摆动，快速运条，长电弧操作，弧长略大于焊条直径。

五、机具设备

AX1—500直流电焊机

LK—10空压机

六、劳动组织

技术人员1名，焊工2名，铆工2名。

七、质量控制

1. 焊前不需预热，覆层和过渡层的层间温度控制在不大于50℃。

2. 焊接规范采用直流反接，过渡层采用小电流、高电压，平焊、横焊采用多层多道焊，立焊、仰焊采用多层焊，焊接线能量应控制在18kJ/cm，焊接层次以8层为宜。

3. 过渡层焊接前，应严格清理基层焊接飞溅物，修磨平整，以降低熔合比。

4. 质量检验。

(1) 焊缝外观检验和无损检验。

①试板焊缝外观检查。用10倍放大镜，未发现裂纹，夹渣，气孔，未熔合等缺陷，符合GB/T 13148—91规定要求。

②试板焊缝经100% X射线检查，符合GB 3323—87 Ⅰ级标准。

(2) 力学性能试验。

①拉力试验。

a. 拉力试样，厚度方向包括基层和覆层厚度，并按GB/T 13148—91规定制备。

b. 试验结果如表2所列。

表2　力学试验结果

标准要求	试件	断位	结论
$\sigma_b=470\sim630MPa$	$\sigma_b=545MPa$	母材	合格

②弯曲试验。

a. 弯曲试样，弯曲试样按GB/T 13148—91制备，内弯、侧弯，受拉伸面为基层母材及焊缝、覆层母材及焊缝和整体的焊接接头。

b. 试验结果如表3所列。

表3　弯曲试验结果

试验温度	标准要求	内弯80°	侧弯80°	结论
0℃	80°　d=3a	完好	完好	合格

③冲击度试验。

a. 冲击试验，冲击试验在基层中取样，试样上表面与复合层接近重合，并按GB/T 13148—91规定制备试样。

b. 试验结果如表4所列。

表4　冲击试验结果

试验温度	标准要求	母材	焊缝	热影响区	结论
常温	AKV≥34J	135J	125J	93J	合格

④硬度试验

a. 硬度试验打点位置分布在距表面4mm以内的热影响区、熔合区、焊缝区。

b. 试验结果如表5所列。

表5　硬度试验结果

标准规定	接头区域	覆层肉焊	焊肉过渡区	基层焊肉	覆层母材	基层热影响区	基层母材	结论
HV≤350	HV	214	225	161	204	145	112	合格

（3）焊缝熔敷金属化学成分（见表6）

表6　焊缝熔金属化学成分

含量（%）	C	Mn	Si	S	P	Cr	Ni	Mo	N	结论
GB/T 983—95	<0.04	2.5~2.0	<0.09	<0.03	<0.04	21.5~23.5	8.5~10.5	2.5~3.5	0.05~0.20	合格
试验数据	0.03	0.97	0.021	0.007	0.026	23.02	9.69	3.3	0.125	

（4）金相试验。

试验结果：覆层焊缝区的金相组织为奥氏体+铁素体，其中铁素体含量为70.53%。

八、安全措施

执行国家颁发的《建筑安装工程安全技术规程》。

九、效益分析

1. 该工法已用于对不锈复合钢板焊接缺陷的修复，提高了成材率。

2. 促进了太钢生产的不锈复合钢板的推广应用，使不锈复合钢板的销售市场不断拓宽，使用范围不断增大，为企业赢得了明显的经济效益和社会效益。

十、工程实例

对太钢供给国家三峡水利重点工程的双相不锈复合钢板，进行了现场焊接操作指导，用户十分满意，受到好评。

GSM－R天馈系统安装调试工法

YJGF 115—2004

中铁四局集团有限公司

林　赜　阮　波　裴　光

我国铁路综合数字移动通信将采用GSM－R技术体制，它是今后铁路专用通信网发展的方向，符合通信信号一体化发展趋势。

GSM－R天馈系统是移动通信基站设备的重要组成部分，其工程施工的质量直接关系到整个系统工作性能的优劣。天馈线的安装是基站收发台安装中工程量最大的1部分，一般占整个基站收发系统设备安装调试工程近70%的时间。青藏线GSM－R无线综合移动通信系统为我国铁路及世界高原铁路中首次采用，本工法针对青藏线格纳段GSM－R工程的需要而研究开发，并在天馈系统安装调试工程中成功运用。节约了成本，缩短了工期。基站开通后，铁路沿线信号达到了良好覆盖，保证了工程质量。

一、工法特点

1. 开发研究了基站覆盖范围与俯仰角计算关系式，总结出现场勘测优化天线角度的经验，大大提高天线角度调整的成功率，减少网络优化过程中天线的调整次数。

2. 研制了专用馈线接头工具，保证了接头紧密度，减小了天馈系统的驻波比、线损等参数。

二、适用范围

本工法适用于双极化定向天线、7/8″及5/4″馈线的安装调试工程。

三、工艺原理

基站信号沿铁路覆盖范围由天线的高度、俯仰角、方位角以及基站附近地形决定。其中只有天线的方位角和俯仰角是可调的，因此在施工过程中基站的覆盖范围一般只由天线的角度来确定，其中天线的俯仰角起决定性作用。根据现场勘测基站附近地形资料，确定其覆盖范围，计算出天线的角度，并现场优化。

本工法的关键技术是：

1. 采用GPS定位系统确定基站的经纬度，结合铁路沿线电子地图资料经专用软件计算出天线的方位角和俯仰角。

2. 现场实地考察基站的地形地貌情况（基站上下行附近地形坡度、弯道、隧道等），利用开发的基站覆盖范围与俯仰角计算关系式，对天线角度数据进行计算、优选，使天线的角度经过现场的检验将更加符合施工现场的实际情况，使天线的方位角、俯仰角更准确，达到最佳优化效果，减少在全线网络优化过程中的天线调节次数。

四、施工工艺流程及操作要点

1. 工艺流程（见图 1）

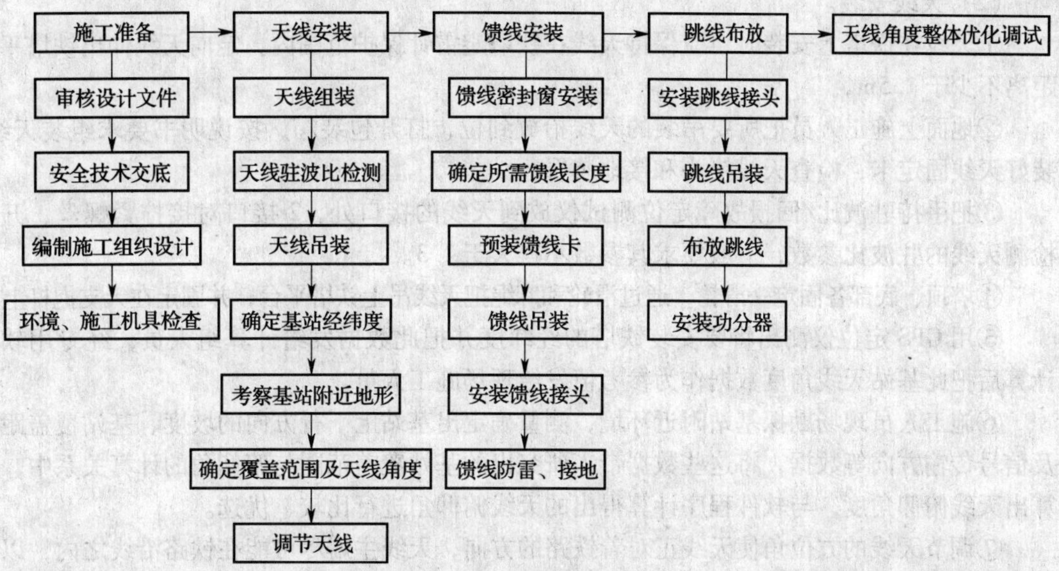

图 1　工艺流程图

2. 工艺操作

（1）施工准备。

天线与馈线连接示意图见图 2。

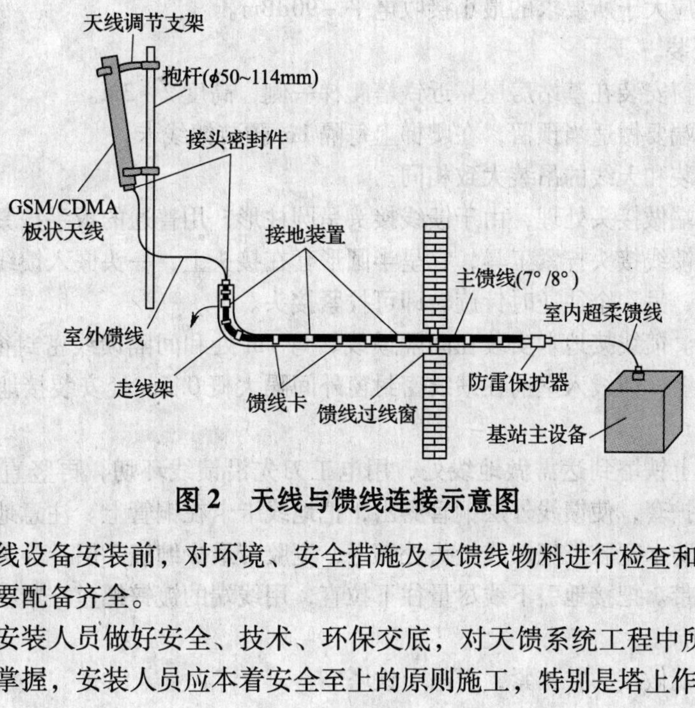

图 2　天线与馈线连接示意图

在进行天馈线设备安装前，对环境、安全措施及天馈线物料进行检查和准备。

①安装工具要配备齐全。

②安装前对安装人员做好安全、技术、环保交底，对天馈系统工程中所用材料、工具、操作方法应熟悉掌握，安装人员应本着安全至上的原则施工，特别是塔上作业，做好高空防

护安全措施，记录好真实的工程数据。

③对安装环境做现场勘察，在恶劣天气下（如六级以上大风、沙尘暴、雨雪天气等）不进行安装。

（2）天线安装。

①天线在铁塔上安装时，应保持天线在铁塔避雷针保护范围内，定向天线伸出铁塔平台距离不少于1.5m。

②地面上施工人员把所要吊装的天线抬放到位，打开包装箱，按说明书要求组装天线，装好天线固定卡，检查天线接头和接地装置。

③把手持驻波比/回损故障定位测试仪放到天线的接口处，2接口对接拧紧螺丝，开机检测天线的驻波比参数，一般要求其参数不得大于1.3。

④塔顶、底部各固定一滑轮，通过滑轮和麻绳把天线吊上铁塔平台，并固定在天支抱杆上。

⑤用GPS定位仪测出将要安装铁塔的经纬度并把此数据发给计算组人员，经专用软件计算后把此基站天线角度数据作为参考值发给现场施工人员。

⑥施工人员现场勘探基站附近环境，测量确定出基站上下行方向的坡度、基站覆盖距离及信号传输方向等数据，将这些数据带入研究出的基站覆盖范围与俯仰角的计算关系中，计算出天线俯仰角度，与软件程序计算得出的天线俯仰角进行比较、优选。

⑦调节天线的方位角使天线正对着铁路的方向，天线主瓣尽可能在铁路沿线之内，以使铁路沿线场强最大。

⑧轻轻扭动天线，调节方位角，测俯仰角，反复扭动、测量，直至误差在设计范围内。再轻轻向前或向后搬动天线的上部，调节俯仰角并测量，使其达到要求值。控制天线俯仰角、方位角误差不大于0.5°。拧紧天线上的螺栓，把天线在抱杆上固定好。

⑨确保相邻小区的覆盖重叠有足够的长度（覆盖重叠长度在700m以上），两个小区在重叠区内的电平应大于所要求的最小接收电平 -90dBm。

（3）馈线安装。

①馈线密封窗安装在基站房屋靠近铁塔爬梯一侧，高度2~3m。

②馈线在2端要做适当预留，在爬梯上每隔1m预装馈线卡。

③馈线的吊装和天线的吊装大致相同。

④在馈线两端做接头处理，由于馈线接头呈圆柱形，用普通的扳手拧紧困难，针对这一情况专门制作了馈线接头拧紧工具，它呈半圆形套在接头上，一头嵌入馈线接头的孔中，一个往顺时针旋转，另一个往逆时针旋转即可拧紧接头。

⑤馈线防雷。馈线接地卡安装在间隔馈线转弯1m处和间隔馈线密封窗0.5m处，往下引线连到接地体上。馈线入室前在馈线密封窗外间隔大概0.5m处安装接地卡，往下引线到室外地排上。

施工人员爬上铁塔到达需做地线处，用电工刀先沿馈线环切，再竖直切下后沿馈线环切。剥开馈线外护套，使馈线外层铜管露出，把地线卡卡在铜管上。注意地线卡引线的方向沿馈线向下。用防水宽胶带把馈线接头处绑好，宽胶带最少缠绕3层。为美观要求，可在外层再绕一层窄胶带。把接地引下线尽量往下拉直，用线端的镀锌螺丝拧紧在汇流线上。

（4）跳线布放。

①在跳线两端做接头并拧紧，再吊上铁塔。

②在天线接口处做1个避水弯，跳线沿着铁塔平台上的圆形槽钢绑扎。

③把同1平台上天线的2根主跳线接在1个功分器上，再和主馈线相连；把2根分跳线和分馈线连在另1个功分器上。

(5) 天线角度整体优化调试。

天线角度的优化是一个系统而复杂的过程，在基站开通并经过稳定运行至少7d之后，在铁路沿线用场强测试设备反复测试沿线场强电平，并对现场的地形地貌再做进一步的勘察，对各种数据综合分析研究，得出天线的角度。如与第1次角度不同，按第2次的角度数据再调整。调整后再沿铁路测试场强电平，和第1次的场强情况作比较。如此反复，直到找到最佳的方位角和俯仰角为止。

五、材料与设备

1. 主要设备材料（见表1）

表1　主要设备材料

序号	名称	单位	数量	备注
1	双极化定向天线	套	2	
2	功分器	个	2	
3	馈线	m	110 ~ 140	7/8″、5/4″型，馈线长度视铁塔高度定。
4	避雷器	个	2	
5	粗麻绳	m	150	
6	跳线	m	23	5m/根、1.5m/根

2. 作业小组配备的主要机具设备（见表2）

表2　作业小组配备的主要机具设备

序号	名称	单位	数量	用途
1	GPS全球定位仪	台	1	检测基站的地理位置、海拔等
2	天馈线测试仪	台	1	检测天馈系统参数
3	角度仪	台	1	检测天线的角度
4	罗盘	台	2	检测天线的角度
5	馈线接头工具	套	1	馈线接头，自制
6	滑轮	个	2	吊装工具
7	天线安装工具	套	1	安装工具
8	射频信号发生器	台	1	发送测试载波
9	安全防护工具	套	5	保护施工人员

六、劳动组织（见表3）

表3　作业小组劳动组织

序号	分工	主要任务	人数	对人员要求
1	塔上人员	安装调测天线	3	高级通信工1名、中级通信工2名
		布放跳线		
		安装功分器		
2	塔下人员	馈线接头	4	技术人员1名，中级通信工3名
		吊装天馈线		
		确定天线角度		
		组织协调		

七、质量控制

1. 质量要求

（1）执行规范

《铁路通信施工规范》（TB 10205—99）。

《铁路运输通信工程施工质量验收标准》（TB 10418—2003）。

（2）天线角度误差不大于±0.5°。

（3）馈线弯曲的最小弯曲半径应不小于馈线直径的20倍。

（4）天线在铁塔上安装时，保证天线在铁塔避雷针保护范围内。

（5）天馈线系统的最佳阻抗匹配方案，在满足设计要求的情况下尽可能的减小驻波比，提高信号传输质量。

2. 质量控制

（1）塔上与塔下人员必须协调一致，做到统一行动。

（2）严格按照馈线接头的操作规范进行操作，用专用拧紧工具拧紧接头。

（3）馈线接头处做好防水处理。

（4）塔上跳线沿平台圆形槽钢绑扎。

（5）把实际所得的天线角度与模拟试验所得的角度进行比较，择优选取。

3. 质量检查

（1）天馈线安装完成后必须经过天馈线测试仪测量。

（2）基站开通后进行场强测试，检查天线是否在最佳角度。

八、安全措施

1. 塔上人员系好安全带等防护工具，立体交叉作业时必须设置安全保护盘，挂设安全防护网。

2. 塔上施工工具的性能要可靠，工具应拴绳使用，工具和零部件要直接传递，放置和安设要稳妥可靠，严防坠落。

3．高空禁忌病人和酒后人员严禁上塔。

4．地面人员戴好安全帽等防护工具，严禁在塔底逗留。

5．严禁在雷雨、大风天气架设铁塔和安装天线。

6．在高原严重缺氧的地区进行天馈线安装时，工作人员要携带储氧设备，保证施工期间有充足的氧气供应。

九、环保措施

1．执行《建设项目环境保护条例》、《青藏铁路施工期环境保护手册》、《青藏铁路建设施工期环境保护管理办法及保护措施》等相关规定、条例。

2．高含冰量冻土地段、不良地质现象发育地段及植被良好地段不得取土、也不宜设置施工场地和弃土。

3．天馈线安装施工期间加强对高原、高寒地表植被的保护。

十、效益分析

1．采用本工法减小了天馈系统的驻波比等参数，提高了网络质量。

2．采用吊装法进行安装，可提高工效20%。

3．利用本工法确定基站信号覆盖范围及天线的方位角、俯仰角，将大大减少调试次数，可节省工时近30%。青藏线格纳段 GSM－R 工程，采用本工法共节约人工费、材料费等直接、间接费用22万元。

4．本工法的开发为 GSM－R 天馈系统施工标准的制定提供了有价值的数据参数和工程实例，具有显著的经济效益和社会效益。

十一、应用实例

2004年7月中铁四局集团有限公司承担了青藏线试验段北起格尔木车站，南至纳赤台车站，铁路正线长度87.001km的通信工程。通信干线正线87km，中间站1个，会让站1个，区段站1个，西宁无线交换中心1座，格尔木通信站1座以及87km GSM－R 铁路无线综合移动通信系统，无线基站16座。总投资约1.4亿元。采用本工法完成 GSM－R 天馈系统的安装调试，不仅节约了投资，而且比计划提前完成施工。基站开通后，铁路沿线信号达到了良好覆盖，无盲区和弱场强区，信号重叠区也达到了预定目标，保证了工程质量得到了青藏铁路总公司的好评。

驼峰自动化信号施工工法

YJGF 116—2004

中铁八局集团电务工程有限公司

吴开强　黄存宣　朱永丽

世界上的驼峰从简易驼峰、机械化驼峰发展到半自动化驼峰、自动化驼峰经历了1个多世纪，上世纪60、70年代已研制出自动化驼峰。我国驼峰发展也经历了半个多世纪的坎坷历程，从1985年开始研制自动化驼峰。简易驼峰、机械化驼峰解编1列车需1~2h，半自动化驼峰解编一列车也需50min左右，而自动化驼峰解编一列车只需10min左右。

驼峰自动信号分为进路控制系统和速度控制系统，进路控制采用计算机连锁来实现，解决了继电自动集中设备在解编车辆过程中无法处理的“钓鱼”、追钩、溜错道等难题，同时还可在显示、操作、记录、处理上增加很多功能，增加了作业的透明度和可操作性。速度控制依靠车辆测重、雷达测速、股道测长采样送计算机速度控制机运算，驱动车辆减速器对车辆进行有效制动，控制车辆进入股道的速度，使车辆溜放到准确位置，实现驼峰自动化编组作业。车辆溜放位置是否准确，车辆测重设备、雷达测速设备、股道测长设备的安装调试显得非常重要。

驼峰自动化信号工程在整个铁路信号工程中占的比例非常少，施工接触的机会小，且驼峰自动信号施工中，接触新设备较多，安装过程中没有丰富的经验和技术指导很容易出现错误安装，造成设备损坏和工程返工，如在水压试验过程中水进入空压机或气缸，就会损坏设备；在溜放车试验前如不拉重车压道，磨去钢轨表面的铁锈，在溜放过程中有可能轨道电路分路不良，使钩车掉道，造成重大经济损失。我司在近几年驼峰自动信号施工中，总结出了1套针对室外调速设备的施工方法，成功地克服了以上问题，加快了施工进度，提高了施工质量。2004年9月，结合驼峰自动信号工程进行研究的科技项目《驼峰自动化控制系统综合施工技术》通过四川省科技厅组织的专家鉴定，达到了国内先进水平，取得了显著的经济效益和社会效益，经总结形成本工法。

一、工法特点

1. 本工法在针对雷达测速箱、压磁测重传感器、车辆减速器和水压试验、溜放车辆试验等几个安装精度要求高、易造成返工的施工环节进行有效控制。

2. 有利于提高工程质量和设备可靠性，减少设备维修工作量，提高驼峰作业效率。

二、适应范围

本工法适应于大、中、小型驼峰自动化信号工程。

三、施工工艺（见图1）

如图1所示，驼峰自动控制系统以计算机控制系统为中心，对溜放进路、车辆速度进行控制，采集溜放车辆的重量、速度和股道存放车辆的长度等相关信息进行运算，驱动车辆减速器对车辆进行有效制动。

驼峰自动信号的进路控制由计算机完成，连锁软件由厂家开发、安装、调试，驼峰场室外信号机、道岔转辙设备、轨道电路和室内微机连锁设备安装及调试与车站信号工程安装调试基本相同，本工法不再进行叙述，本工法主要对调速控制系统的室外调速设备的车辆测重设备安装、雷达测速设备安装、股道测长设备安装、车辆减速器安装、水压试验和溜放车辆试验等关键施工方法和工艺进行总结。驼峰自动化信号施工流程图见图 2。

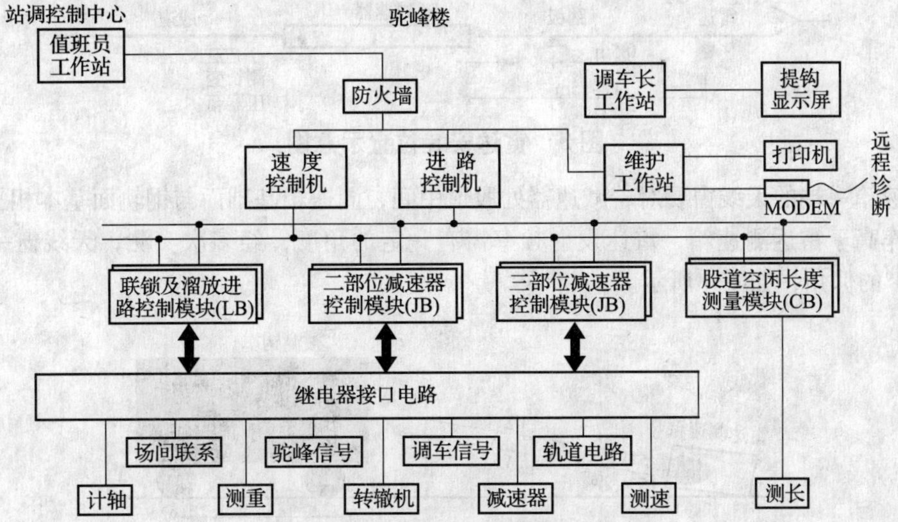

图 1　驼峰自动化系统结构图

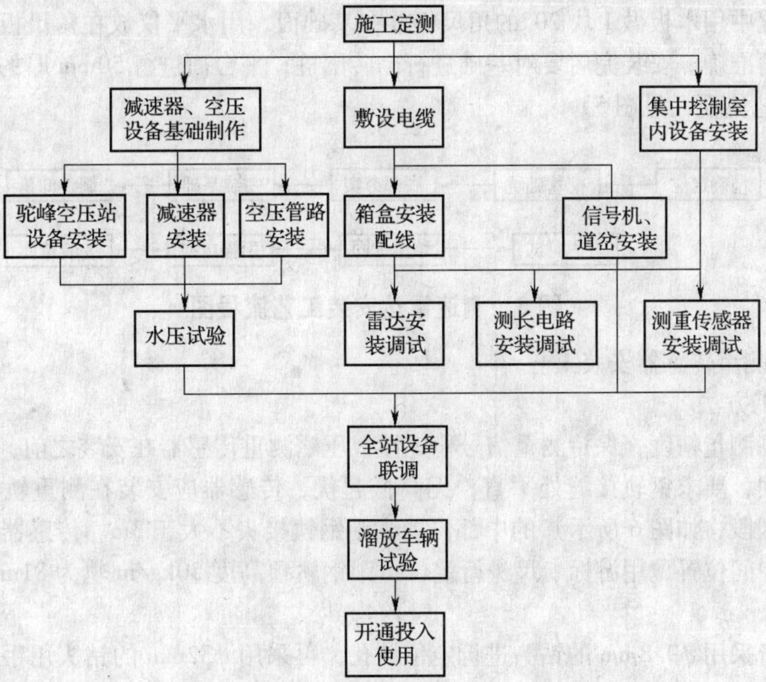

图 2　驼峰自动化信号施工流程图

1．测速雷达安装工艺

（1）施工方法

雷达测速箱的安装与轨道变压器箱的安装基本相同，为保证雷达测速箱安装牢固，基础预制尺寸为高800mm、厚100mm。安装时须将基础下的土方加入碎石夯实，保证基础不下沉。雷达测速箱安装在减速器前方线路侧，距减速器入口12～15m，如图3所示。

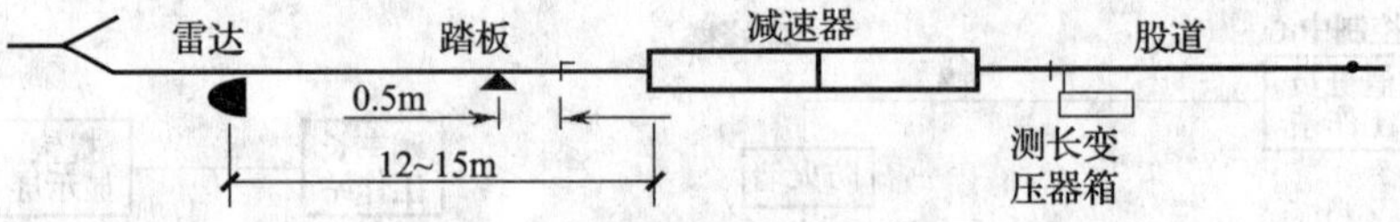

图3　雷达安装位置示意图

测速箱一端的天线窗要对着减速器处股道中间，测速箱基础面与钢轨面基本相平，由于被测钩车高于雷达测速箱，雷达发射频率需有一定的角度，经多次实测，天线窗一端应有15°～30°的仰角，如图4所示。

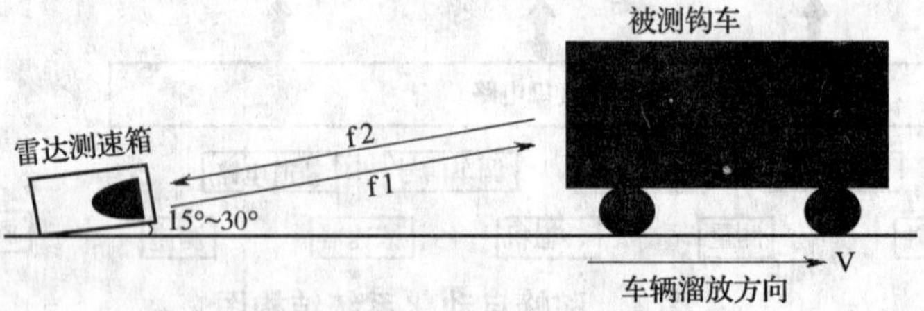

图4　雷达测速示意图

安装过程中用木板做1块20°的角尺板放在基础面，用水平仪放在角尺板上进行水平测量，保证仰角准确。安装完后要对基础进行砌砖围桩，平台面进行50mm厚的混凝土浇铸。

（2）工艺流程（见图5）

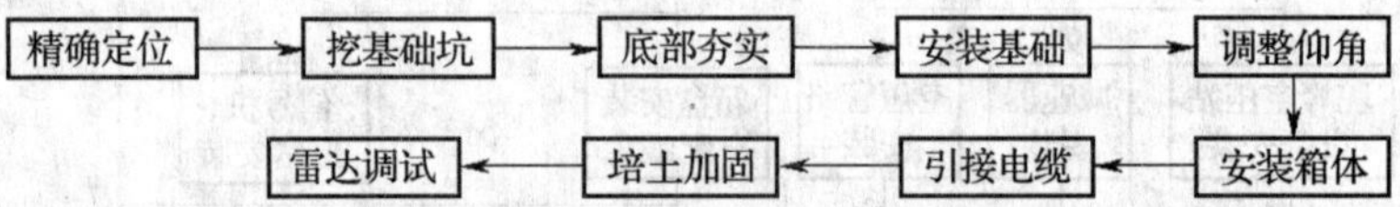

图5　测速雷达安装工艺流程图

2．压磁测重传感器安装工艺

（1）施工方法。

为了提高测量精度，保持测重信号稳定性，压磁测重传感器在安装之前，对枕木下方道碴须夯实捣固，要求钢轨接缝处平直，无高低起伏，传感器应安装在测重轨（第1分路道岔前的保护区段，如图6所示）的中部位置，距钢轨接头不大于3m。传感器的安装孔中心在钢轨腹部中间位置，用游标卡尺进行定位，距钢轨顶高度50kg/m轨为81mm，43kg/m轨为71mm。

钻孔先行采用ϕ9.8mm的钻头进行定位钻孔，再采用ϕ32mm的钻头用手扳钻从钢轨外侧向内侧扩孔，孔扩好后在手板钻上换上专用铰刀，将安装孔内壁铰出1∶30的小锥度。在铰孔时要特别注意孔径要适当，钢轨孔径铰得太大，将不能安装压磁铁芯，只有更换钢轨。

铰刀往前铰准确尺寸为46mm，由于钢轨厚度存在差异，在往前铰到43mm时，退出铰刀，用压磁铁芯进行比较，边比边铰，使传感器的铁芯正好在钢轨腹部中央，否则将影响性能。安装孔扩好后要抹上机油，把传感器装入，用螺母拧紧。

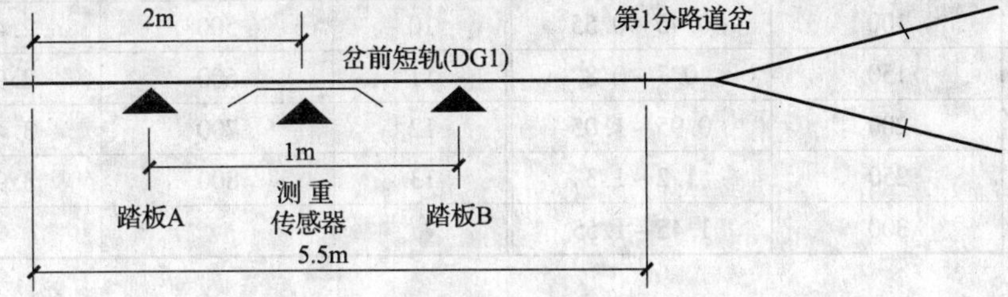

图6　测重传感器布置示意图

（2）工艺流程（见图7）

图7　测重传感器施工流程图

3. 测长电路安装工艺

（1）施工方法

将股道两根钢轨连接成闭合的回路，闭合的股道长度一般为800m以内。钢轨接头处安装两根塞钉式轨端连接线，接续线在钢轨钻孔后即刻钉上，如遇旧钢轨有眼孔，也必须重新钻孔，保证接触良好。股道末端（靠峰尾端）安装两根3000mm长、截面积为42mm^{2}的钢绞线将两根钢轨连通（不能影响峰尾设备）。在股道入口端安装变压器箱，箱内安装测长变压器，用截面积为42mm^{2}的变压器箱连接线连上钢轨，如图8所示。

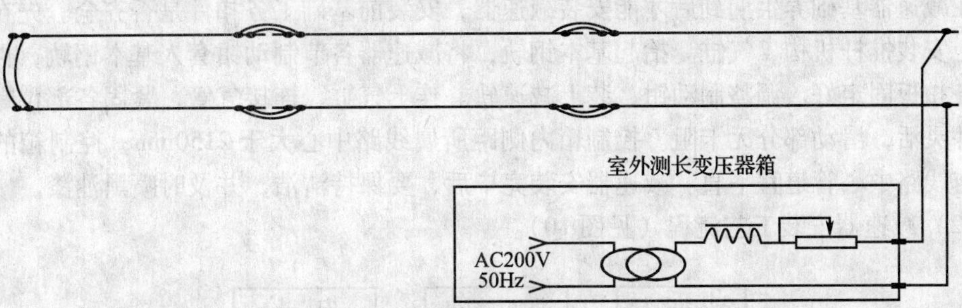

图8　测长设备安装示意图

测长电源经过测长变压器后送上钢轨的回路电流为3.5～4.5A，通电后对测长股道进行分段取样，用专用短路线（设备厂家提供）对股道进行分段短接，室内提取电压值。先进行满线短接，即在股道入口处短接，然后前400m每50m短接1次，后400m每100m短接1次。由于驼峰场各股道的回路阻抗不同，各股道测试的电压值也有所不同，股道测长电压值取样如表1所示。

表 1　股道测长电压值取样表

序号	股道长度（m）	取样电压值（V）	序号	股道长度（m）	取样电压值（V）
1	满线	0 ~ 0.05	8	350	1.7 ~ 1.8
2	50	0.2 ~ 0.3	9	400	1.95 ~ 2.05
3	100	0.45 ~ 0.55	10	500	2.45 ~ 2.55
4	150	0.7 ~ 0.8	11	600	2.95 ~ 3.05
5	200	0.95 ~ 1.05	12	700	3.45 ~ 3.55
6	250	1.2 ~ 1.3	13	800	3.95 ~ 4.05
7	300	1.45 ~ 1.55			

（2）工艺流程（见图 9）

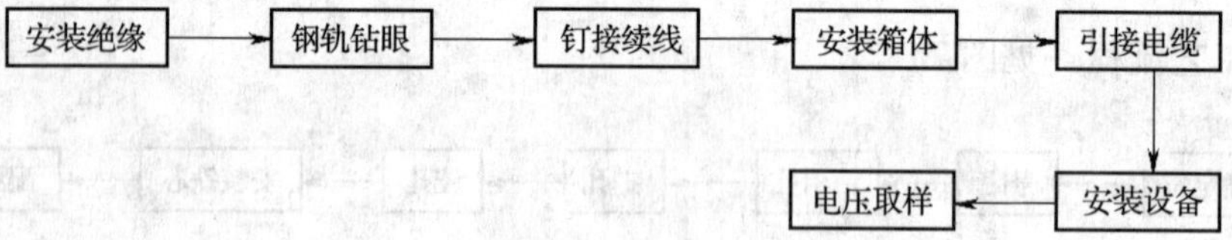

图 9　测长设备施工流程图

4. 车辆减速器安装工艺

（1）施工方法。

车辆减速器基础安装涉及到路基，一般电务公司没有施工资质，基础安装一般由设备厂家或者是路基施工单位完成。但电务公司要进行检查，在安放轨枕板时，必须注意轨枕板上的凸台面，必须迎着车辆进入方向安装。轨枕板的设置尺寸正确，其横向水平偏差为 ±2mm；轨枕板纵向中心线在 1 条直线上，总量控制纵向允许偏差 ±3mm。承轨槽、支架座的顶面高程允许偏差为 ±2mm。螺旋道钉锚固后，其位置允许偏差为 ±1.5mm。浇筑时减速器基础之间留伸缩缝。浇筑完成的基础，在养生期内加强养生维护。

在减速器基础养生期到后才能安装减速器，安装前基础工务扣件是否齐全。先在轨枕板基础上安装推杆机构、气缸。抬起基本钢轨，将减速器各节制动钳套入基本钢轨，再将钢轨的工务扣板固定好。调整制动钳，装上减速轨。连上气缸，连接气管，紧固各部位螺栓，转动部件灵活，滑动部分无卡阻。控制箱内侧距所属线路中心大于 2150mm，控制箱的进、出气口与线路中心管道宜平直。减速器安装完毕后，要保持清洁，并及时喷黑油漆。

（2）减速器安装工艺流程（见图 10）。

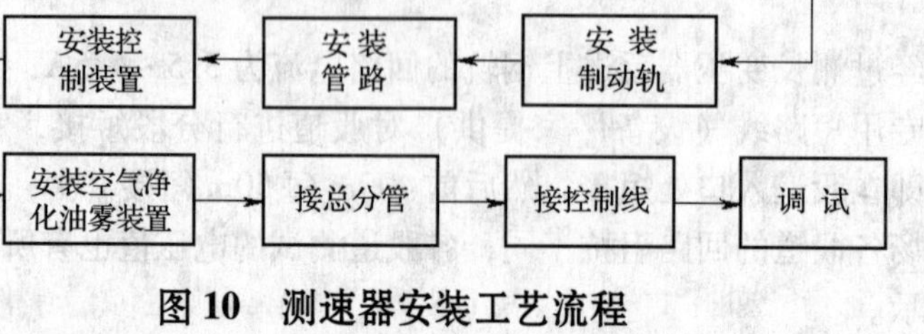

图 10　测速器安装工艺流程

（3）减速器调整尺寸。

节距1.2m。

两内侧制动轨轨顶间最小距离1351mm ±36mm。

制动轨制动位入口第1钳中心处129 +5mm。其他钳中心处126 +6mm。

制动轨缓解位≥165mm。

制动轨上侧面至基本轨顶面距离：

制动位　内侧78 ±64mm　　外侧72 ±64mm

缓解位　内侧≤78mm　　外侧≤72mm

制动轨高度限界尺寸：

制动位　内侧轨93mm　　外侧轨87mm

缓解位　内侧轨80mm　　外侧轨76mm

5. 水压试验工艺

（1）施工方法。

压力容器和空压管路安装完毕正式投用前须进行水压试验。

①水压试验需要大量的水，提前将水源解决。

②关闭室内储气罐的进气阀门，将空压机隔开，关闭减速器的气动附件箱、气缸的进气阀门，关闭电空转辙机的进气阀门，为防止水进入减速器的气缸和电空转辙机内。打开储气罐与主管路、主管路和支管路之间的全部阀门，连通储气罐和室外的所有管路。

③由于室内储气罐隔水源最近，最好选择从室内储气罐处灌水。在其中1个储气罐的排污阀口临时接1根ϕ25mm的水管，连接到自来水管上。

④准备工作就绪后，打开自来水龙头往储气罐内灌水，灌水过程中要将支路管末端的排污阀打开排气，以便缩短加压过程。在排污阀口有水溢出后将排污阀关闭。将储气罐和管道内的水灌满后，在入水管上接入水压缩机，往储气罐内压水加压。储气罐内的水是否灌满，通过敲击储气罐发出的声音来判断。

⑤由于入水管小，给储气罐和管道灌水和加压需要较长时间，一般15股道左右的中小型驼峰灌水需8 ~11h，加压到1MPa又需6 ~8h；30股道左右的大型驼峰灌水需15 ~17h，加压到1MPa又需12 ~14h。

⑥在加压过程中，要派人对室外管路进行24h巡查，特别是对支管路，发现管路有变形、接头有漏水的现象，要立即停止加压，关闭主管路至该支管路的阀门，将水排出进行处理。

⑦当储气罐和管路内的水压达到设备工作压力的1.25倍，即1MPa时，停止压水，必须保压30min，目测管路不变形，管路丝接头无连续的滴状渗漏，焊接头无水渗漏出，30min后管路压力不下降。水压试验必须由压力容器检验单位确认，做好水压试验记录，

⑧水压试验完毕后，将水排出，开启空压机，送风将储气罐和管路内的水和污质吹干净。吹扫要分段进行，先吹扫主干管道，再吹扫支管道。主干管道吹扫过程中，可用直径为30 ~40mm的木棒敲击管道，使管道内壁上的铁锈被震落，吹扫出管路。主管路吹扫干净后，打开主管路至各支管路的阀门吹扫支管路。吹扫管路时，要间断进行，即吹扫4h后停2h，特别是吹扫主管路时，因为水附在管道内壁上不容易吹干，吹扫停止后，水会集中到管道下部，这时再进行吹扫，容易把水吹出管道，这样反复几次，才能彻底将管道内的水吹

干，如不间断吹扫，吹扫的时间将会增加 24h 左右。

⑨检查管路是否吹干净，用白布或涂有白漆的靶板在排污阀口检查，将板靶正对排污阀口，排出的气体吹在板靶上 5min 内其上无铁锈、粉尘及其他脏物即可。

（2）工艺流程（见图 11）。

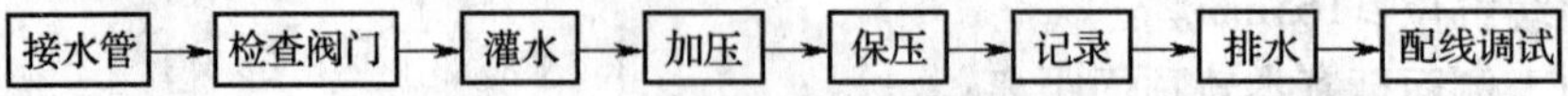

图 11　水压试验工艺流程图

6. 溜放车辆试验

（1）施工方法。

驼峰设备安装调试完毕后，必须进行溜放车辆试验后才能正式开通投入使用。

①进行溜放车辆试验前，必须与车站签订《溜放车辆试验安全配合协议》，制定详细的《溜放车辆试验方案》。

②压道试验。由于驼峰场峰上峰下都是新铺钢轨，溜放车辆试验前，必须将钢轨表面的铁锈磨掉，保证轨道电路分路良好。如轨道电路分路不良，就会造成溜放命令丢失，车辆溜错道，影响解编车辆作业效率；也会造成道岔中途转换，将车辆拉翻、脱轨，造成重大事故和重大经济损失。拉 1 列 30 个车辆的车列，要有 70% 以上的重车，室内控制台可排列调车进路也可在应急盘操纵道岔建立进路，车列从峰顶向各股道顺序压道。来回不少于 4 遍，将钢轨表面的铁锈磨掉，在压第四遍时，在室内控制台显示器观察，看是否有分路不良现象，如有分路不良现象，还必须多压几次，直到分路良好为止。压道完后，将车列拉上峰顶待命。

③车辆减速器闯口试验。由于车辆减速器制动轨表面不平，不顺滑，车辆减速器第一次制动车辆要进行闯口，用车轮将车辆减速器制动轨表面磨平。控制台操纵道岔手柄，排列好进路，用 3 至 4 个重车为 1 组，从峰顶溜下对车辆减速器进行闯口试验。车辆溜下还没达到减速器前，现场减速器操作员将减速器操作到制动位，让车轮挤入制动轨，如不用重车而采用轻车，车轮有可能挤不进制动轨而爬上制动轨，造成车辆翻车事故。当前 1 个车辆通过减速器后，操作员要对减速器进行缓解、制动反复操作，不要将车辆夹停在减速器上。第 1 钩车进入股道后，接着溜放第 2 钩车进行闯口试验，每组减速器进行两次闯口试验。在第 1 次闯口试验时，要在减速器制动轨前端口涂上黄油，以便车辆能顺利闯入。如是 2 部位车辆减速器进行闯口试验，溜放车辆推峰速度控制在 7km，保证闯口速度在 11 ~ 13km；如是 3 部位车辆减速器进行闯口试验，溜放车辆推峰速度控制在 5km，保证闯口速度在 13km。在溜放过程中，同时检查测重、测速、踏板、测长设备是否正常。各股减速器闯口试验完成后，进行控制台手动控制溜放试验。

④手动控制溜放试验。按每股道溜放 1 组钩车进行试验，依次从 1 道开始顺序溜放。车辆按 3km 的推峰速度依次从峰顶溜下，控制台操作员手动操纵道岔建立进路，将钩车溜放到各股道，控制台操纵减速器对钩车进行制动、缓解，控制钩车的出口速度。出口速度先自行设定，根据控制台雷达测速显示将车辆出口速度控制在设定位。手动控制溜放试验完成后，进行自动溜放试验。

⑤按每股道溜放 2 组钩车建立溜放作业计划，建立溜放进路后调车员按作业计划单依次进行摘钩溜放，检查提钩显示屏的显示是否一致、溜放钩车所到股道是否与作业计划一样。同时

现场用测速仪表对钩车入口、出口速度进行测试，与计算机系统测出的速度进行比较，有无大的差异，检查车辆的安全连挂情况。溜放过程中搜集各种参数，对微机数据进行校核和修改。

⑥如现场测试的数据与微机显示的数据存在大的差异，在对采样数据进行调整后，再进行自动溜放试验。

（2）工艺流程（见图12）。

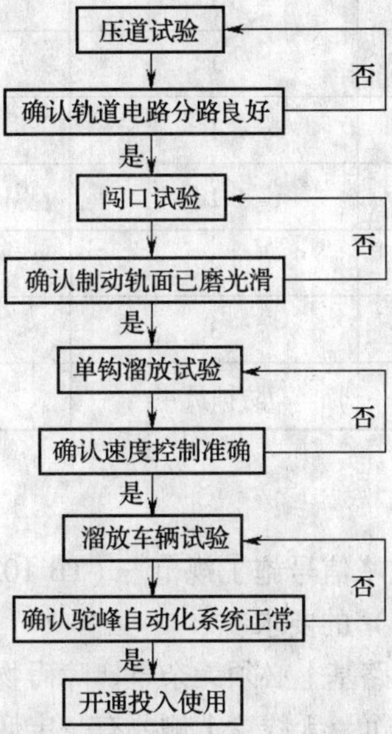

图12　溜放车辆试验工艺流程图

四、机具设备（见表2）

表2　驼峰自动化信号综合施工工法所需机具设备

序号	机具设备名称	单位	数量	序号	机具设备名称	单位	数量
1	笔记本电脑	台	2	13	管钳	把	10
2	试验列车组	列	1	14	成套扳手	套	10
3	测速仪表	台	2	15	配线小工具	套	10
4	水泵	台	1	16	榔头	把	10
5	水压缩机	台	1	17	游标卡尺	件	2
6	发电机	台	2	18	水平仪	件	2
7	电钻	台	2	19	卷尺	把	5
8	电焊机	台	2	20	角尺	把	5
9	切割机	台	2	21	镐、锹	套	20
10	雷达调试仪	台	1	22	钢钎	根	20
11	对讲机	台	10	23	电烙铁	把	8
12	万用表	块	10	24	板靶	块	5

五、劳动力组织（见表3）

表3 劳动力组织

序号	作业项目	技术人员（人）	技工（人）	普工（人）
1	测速雷达安装	1	2	1
2	测重传感器安装	1	1	1
3	测长设备安装	1	2	2
4	减速器安装	1	5	10
5	水压试验	2	5	5
6	溜放车辆试验	3	5	3
7	安全防护	防护员4		

六、质量要求

1. 本工法必须满足《铁路驼峰信号施工规范》（TB 10221—2000）和《铁路信号工程质量验收标准》（TB 10419—2003）的要求。

2. 雷达测速箱至减速器间的路基上必须无杂草、障碍物及轨距杆等。

3. 安装必须牢固，保证不下沉，天线窗1侧要有一定仰角。

4. 测重传感器的定位必须准确，传感器要固定紧。

5. 测长轨道电路接续线和终端断接线必须采用双根，测长变压器箱的连接线截面积不小于42mm^2。

6. 测长区段轨道电路的轨枕不能被沙土或其他杂物埋没。

7. 减速器控制装置中心距线路中心不得小于2700mm。

8. 水压试验时必须保证充足的水源。

9. 水压试验过程中派专人负责各种阀门的开和关。

10. 溜放车辆试验时用重车压道4遍以上，保证分路良好。

11. 车辆减速器闯口试验必须用重车组进行。

七、安全措施

1. 在既有改造驼峰施工必须设置室内、室外安全防护。

2. 搬动笨重机具、材料时要配备足够的劳动力。

3. 水压试验时各种阀门的关、开派专人负责，特别是灌水前管路、储气罐通往设备的阀门必须关严。

4. 水压试验灌水过程和加压过程必须派人24h进行监控，防止压力过大造成事故。

5. 水压试验灌水过程和加压过程要派人对室外管路进行巡查，发现管路发生变化，及时处理。

6. 溜放车辆试验必须与车站签订《溜放车辆试验安全配合协议》，试验过程中的行车组织由车站进行。

7. 溜放车辆试验必须制定严密的《溜放车辆试验方案》，室内、室外、峰上、峰下必须统一指挥，按《溜放车辆试验方案》逐步实施。

8. 溜放试验车辆严禁采用罐车，尽量采用敞车、煤车。

9. 溜放车辆试验中的压道试验必须压4遍以上，保证轨道电路分路良好。

10. 溜放车辆试验中的闯口试验必须用重车组进行闯口，如用轻车组进行闯口，车轮容易被减速器挤出制动轨，造成脱轨和翻车事故。

11. 溜放车辆试验过程中，现场操作减速器必须由持有减速器操作员资格证书的人员操作。

12. 溜放车辆试验过程中，股道上要派铁鞋制动员进行防护，每组钩车要上车辆制动员进行防护，防止车辆出口速度过快撞坏车辆。

八、效益分析

随着国民经济的飞速发展，铁路运量不断增加，驼峰解编能力不足这一矛盾越发尖锐地摆在了我们面前，显然实现驼峰编组站自动化是解决这一矛盾的最有效手段。今后的铁路建设中将会有更多的驼峰自动信号工程施工，本工法对今后的驼峰自动信号工程施工具有很强指导作用。

1. 经济效益分析

驼峰自动化号工程施工与常规的车站信号工程施工存在很大的差异，涉及的新技术、新设备多，稍不注意就会造成重大经济损失和安全事故。

（1）安装测重传感器压磁铁芯时，如钢轨安装孔径钻得太大，不但影响测重精度，还会使钢轨报废，发生一次会造成1.2万元的损失。

（2）安装雷达测速箱时，如安装角度不对，在调试时很难成功，必将造成返工，发生一次将会损失0.6万元。

（3）测长股道的轨端接续线在钢轨钻孔后如不及时钉上钢轨，就会造成测长不准确和施工返工，或给使用造成隐患。

（4）车辆减速器的上部基础预制时，轨枕板的方向摆放错误，会造成整组减速器的轨枕板和基础报废，1组减速器将损失30万元以上。

（5）水压过程中水渗漏进空压机等设备，将会造成设备损坏。

（6）溜放车辆试验时不先进行压道试验，将造成轨道电路分路不良，使道岔中途转换，造成车辆脱轨、颠覆事故。减速器闯口试验若不用重车，也会造成车辆脱轨、颠覆事故和人员伤亡事故，发生一次将会损失50万元以上。

（7）如以上情况都发生，将会造成直接经济损失80万元以上，而在本工法指导下施工决不会发生以上事故，避免不必要的损失，为工程创造更多利润。

2. 社会效益分析

我司采用《驼峰自动化信号综合施工工法》施工的多个驼峰自动信号工程都是优质、安全地投入使用，没有给维修造成隐患，提高了车辆解编能力，保证了铁路运输生产的顺利进行。

九、工程实例

1. 我司在施工第1个达县站驼峰自动化信号工程中，就发生了报废钢轨、雷达箱安装返工、空压设备进水，造成直接经济损失19.8万元。

2. 我司在广元南、重庆西、宜宾南、内江、贵阳南驼峰自动信号工程中采用了《驼峰自动化信号综合施工工法》，为公司创造产值3000万元以上，实现利润400多万元，并受到建设单位和各铁路分局的好评。其中，广元南整体信号工程和宜宾南整体信号工程获得四川省建设工程“天府杯”银奖。

铁路数字调度通信系统调试工法

YJGF 117—2004

中铁八局集团电务工程有限公司

汪建清　朱永丽　谢　邦

铁路数字调度通信系统主要包含2个大部分，即位于铁路分局或指挥调度中心的枢纽主系统和位于铁路分局管辖的各个车站或小指挥调度中心的车站分系统，如图1所示。

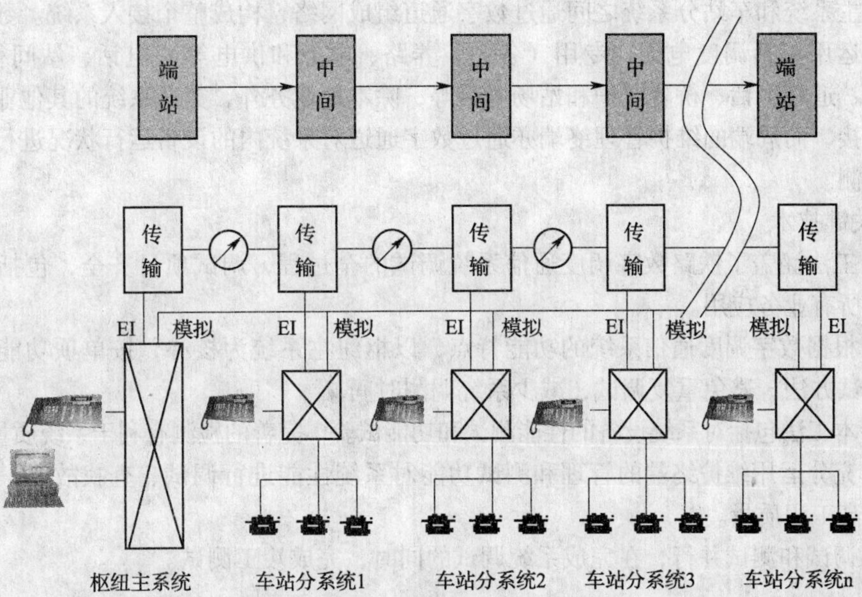

图1　铁路数字专用通信系统构成

数字调度系统是1项新技术，它集成了以往铁路专用通信系统中的模拟调度电话、专用（各站、养路、电务和供电等）电话、集中机、区间转接机的各项功能，所提供的业务多，系统庞大复杂，调试难度较大。随着铁路系统现代化和信息化的发展，数字调度通信系统正在铁路专用通信中得到越来越广泛的采用。

我公司先后承担了内宜线、宝成线、成都枢纽西环线、成渝线等数调工程的施工，在此基础上，在2003年我公司承担的成昆铁路数字调度通信系统工程中，组织技术力量，加强技术攻关，运用科学管理技术和方法，安装、调试、开通了成昆铁路成都－攀枝花－格里坪段数调工程，并形成本工法。西合、川黔数字调度通信系统工程采用本工法调试后，提高了工作效率，确保了工程质量。系统运行质量受到使用及维护部门的好评。

一、工法特点

1. 以枢纽主系统为核心，按单项功能逐站实施的系统调试方法，循序渐进，避免重复调试。

2. 利用系统的网管功能，对系统调试过程中的故障进行分析判断，缩短调试时间，提高调试工作效率。

3. 系统调试和测试并行，在调试的同时完成竣工测试。

4. 采用功能试验和性能测试相结合监测调试结果，提高工程施工质量。

二、适用范围

本工法适用于新建或改建铁路数字调度通信系统的调试。

三、工艺原理与关键技术

1. 工艺原理

枢纽主系统和车站分系统之间通过数字通道组成网络，构成整个接入系统。数字调度系统的业务运用包括调度电话、专用（各站、养路、电务和供电等）电话、站间行车电话、区间电话、道口电话、桥隧守护和站场电话等，除本地业务外，数调系统的其他业务采用数字通道连接，而局端的维护管理终端亦通过数字通道对系统内的设备运行状况进行在线测试和故障监测。

2. 关键技术

（1）工法涵盖了铁路数字调度通信系统调试的全过程，调试项目齐全，包括目前铁路系统中的所有业务应用。

（2）根据数字调度通信系统的功能特点，以枢纽主系统为核心，按单项功能逐站实施的系统调试方法，避免重复调试，减少系统调测时间。

（3）本工法包括对系统设备的性能测试和功能试验，完善的检测有利于系统质量的保证。

（4）充分运用维护终端的管理和测试功能对系统性能进行调试、查找故障，缩短调试时间，提高工程质量。

（5）调试和测试并行，在完成系统调试的同时，完成竣工测试。

四、施工工艺及流程

1. 工艺流程

铁路数字调度通信系统调试工艺流程见图 2。

2. 工艺方法

（1）调试前的准备工作。

①硬件检查。检查线路板（数字板、主处理机板、电源板、数字信号板、模拟信号板、音频接口板等）的型号数量和安装槽位，特别注意系统中关键线路板如主控板、数字板、电源板等无备份配置。按照系统功能要求（备份比例、车站站号）将拨码开关拨至相应的状态。

②配线检查。

a. 设备电源配线及地线连接要可靠。

b. 检查车站分系统 2M 配线，利用传输网管判断上下行 2M 链路通断情况并利用网管测试功能或数据测试仪测量 E1 接口的误码、抖动等指标。

c. 检查用户线、2B + D 线以及维护台串口与主系统维护台接口和调试接口的连接。

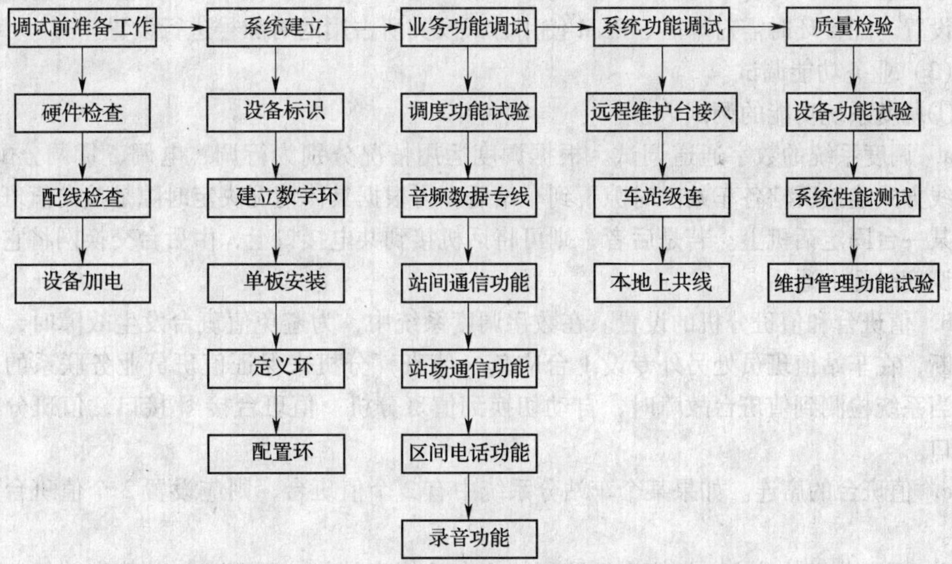

图2　铁路数字调度通信系统调试工艺流程

③设备加电。检查电源电压正常后，对设备加电，注意观察分析面板上各种指示灯的状态，发现问题及时处理。

(2) 系统建立。

①维护台、车站信息表的配置及数字环的建立。

设置维护台及车站的标识并配置好维护台车站的类型、IP 地址、模块号、车站号等信息。运用维护台监视功能检测车站分系统的主控板、数字板的状态并通过 2M 传输通道将所有车站分系统和主系统串在 1 个数字环上，建立起数调系统的主通道。

②枢纽主系统及车站分系统单板的安装。设备出厂时，其槽位处理机编号、PCM 线的使用和系统的逻辑设备号等系统运行的基本数据已配置完毕，除非特殊情况，一般对该数据不作修改。需要的是根据设备实际配备的各种单板的型号和数量及安装槽位在维护台上相应车站的设备框里进行安装，然后收集、查看各单板的状态是否正常。

③定义环。将各个车站分系统添加到环上，形成 1 个环的框架。车站在环上的位置是本站在环上的顺序号，不能重复。如果 1 个车站同时接在 2 个环上，则禁止该站在 2 个环中所使用的 DTP 槽位相同。

④配置环。配置环即配置各环时隙的使用方式。1 个数字环上的时隙资源共 32 个，除 1 个数字通道固需的同步时隙和 4 个系统自己的固定通信时隙外，其余时隙可用于以下业务的任意组合。

共线时隙——用于调度和专用电话，每种业务占用一个时隙。如行调、电调、货调、工务、车务、电务、水电等

站间时隙——用于相邻站间的通信，如上下行闭塞（站间行车）电话。

远程时隙——用于配置远程调度台，通过 1 组时隙（2 或 3 个具体根据厂家设备）将调度台延伸至远方某小站。

数据专用时隙——用于其他数据业务。

在配置环时只对各环的 PCM 时隙进行预分配，各种使用方式的具体数据在业务配置时再行设置。配置环时需对环名、PCM 使用方式及其所占用的时隙号进行设置。

（3）业务功能调试。

①调度系统功能的调试。

a. 调度系统的数字通道调试。根据调度运用情况分别为行调、电调、货调分配时隙，以共线方式连接所辖各车站。时隙下到车站后，再根据具体情况决定时隙是接向值班员还是接到某一台固定话机上。若是后者，则可将话机接到共电接口上，由后台交换网将它交换到数字调度时隙上通话。

b. 值班台和值班分机的设置。在数字调度系统中，为避免值班台发生故障时，调度通信中断，在车站值班员处另外专设 1 台应急（值班）分机来保证值班员业务联系的正常进行。当系统检测到值班台故障时，自动切换到值班分机。值班台接 U 接口，值班分机接共电接口。

c. 值班台的席连。如果某个车站分系统中有 2 个值班台，则应设置 2 个值班台之间的席连。

d. 调度分机的接入。调度电话除了接入车站值班员外，还要求与其他有关的业务部门相通，如变电所、接触网、机务、乘务等，因此要求在这些地点安装调度分机。调度分机一般从共电口接入。

e. 备份模拟调度回线的接入。为确保系统运行安全，将模拟调度回线接进数字调度系统内，作为数字通道的备份，在数字通道局部或全部中断时，自动启用模拟调度回线对数字通道不能到达之处进行保护。调试时，将枢纽主系统的模调口通过音频调度汇接分配器、模拟调度实回线接到车站分系统的选号口从而进入车站值班台。在接入之前需对回线指标进行相关测试，接入后要对其通话质量进行试验。

f. 调度区段分界站点的调度电话设置。在调度区段分界站点的值班员往往需要分别与 2 个调度区段调度员进行通话，因此在相邻 2 站需要设置 2 个区段调度电话。解决此问题有以下几种方案。一是如果该车站接在 2 个数字环上，则在值班台上各定义 1 个键分别通过各自的数字通道与调度前台直通；二是在车站挂在 1 个数字环上的情况下，如果两调度区段所在数字环连接可能，则在主系统作数据交叉连接，为两车站前台分别提供 1 个数字通道，把调度电话接至车站分系统前台；三是在两系统不具备或不方便进行数字交叉连接的情况下，通过站间实回线或 PCM 通道把相邻车站作为 1 个调度系统末端车站分系统的 1 个分机进行连接。

g. 调度台的台连。如果 2 个调度台之间有业务联系，则需要配置这 2 个调度台之间的台连数据。通过枢纽测数据中的模拟线路表和调度台按键表进行相应的设置。

h. 远程调度台的接入。如果系统要接入远程调度台，则需在主系统侧安装远主 U 口板，与之相对应，在远程调度台连入的车站分系统侧安装远分 U 口板。连接方式见图3。

远程调度台连接需要数字时隙，一般情况下，1 个远程调度台需要 2 或 3 个（具体根据设备厂家提供资料）时隙。调试时，将这 2 个时隙与对应的枢纽主系统和车站分系统进行配置连接。即选择分配远程调度台的环，分配该环中远程调度台所占用的时隙，设置远程调度台连接的车站分系统及所管理的车站名称。

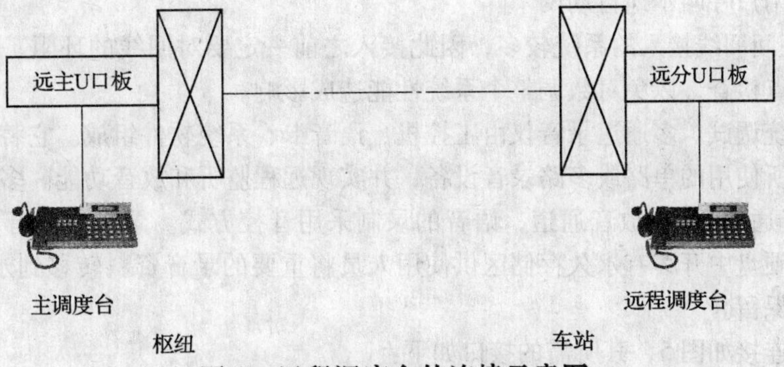

图 3　远程调度台的连接示意图

②音频及数据通道调试。根据工务、电务、水电、车务各专用系统及列车无线调度电话(有音频和64K 数据两种)、环境监控设备的要求先在系统数字环里分别提供相应的数字通道或共线时隙，然后为各分系统分配分机，在分系统中将分配给分系统的分机固定连接到指定的接口模块上。由于这些通道都是与其他设备进行连接，加上本身系统链路一般较长且可能经过汇接分配器的多次分配连接，因此，必须注意相互接口信号电平的匹配，并且各分机接入之前，应对分机回线进行电气指标测试，避免系统内部不平衡产生啸叫。

③站间通信系统功能调试。

a. 数字通道调试。将分配给闭塞电话的时隙按车站分段为相邻两站提供站间数字通道。

b. 模拟站间行车回线的接入。将干线或区段电缆的站间行车回线接到分系统的磁石接口，再通过数据配置连到值班台。模拟站间行车回线作为站间数字通道的备份，主备通道切换自动进行。在接入之前对回线进行环阻、绝缘等电气指标测试。

④站场通信系统功能调试。

a. 根据车站业务情况进行值班台的单呼、组呼、全呼键设置。

b. 各分机回线接入之前对回线进行环阻、绝缘、杂音等电气指标测试，对影响通话效果的回线（牵引变电所较常见），应考虑采用数字信号传输，终端使用数字话机。

⑤区间电话系统调试。车站分系统的区转机板与区间电话的连接如图 4 所示。

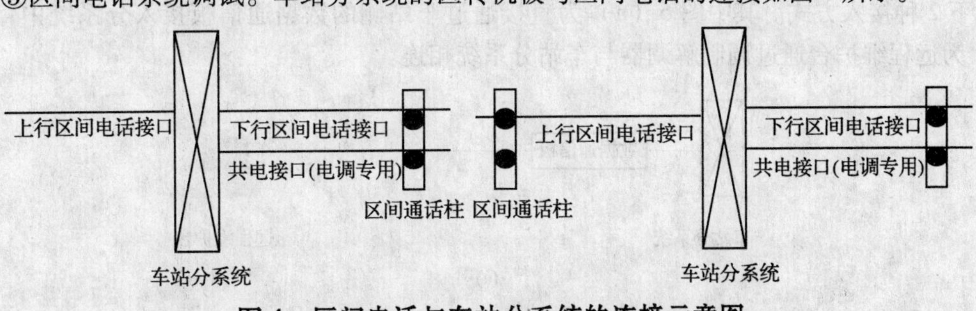

图 4　区间电话与车站分系统的连接示意图

a. 区间电调功能调试

b. 区间自动功能调试

区间自动用户相互呼叫

区间自动用户呼叫上下行车站值班台

区间自动用户呼叫车务、电务、各站、养路

区间自动用户呼叫本地自动网

c. 由于区间回线接入的系统较多，因此接入之前一定要对回线的环阻、绝缘、杂音等电气指标作重点检查，以免对数调整个系统性能造成影响。

⑥录音系统调试。多通道录音仪由工控机、语音卡、系统软件组成。它替代目前铁路站场和调度区段所使用的单路或多路录音设备，并实现远程监听和放音功能。多通道录音仪可提供15个录音通道，1个放音通道，语音的录制采用音控方式。录制的语音资料存贮在硬盘中。系统在硬盘中开辟有永久存储区供使用人员将重要的录音资料转移到永久存储区中，以便较长期地保留。

录音仪的连接如图5，其所需的接口如下：

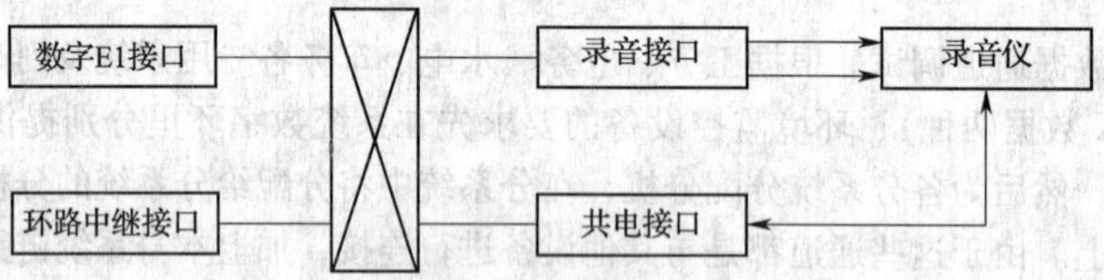

图5　多通道录音仪的连接示意图

数字接口——固定一个时隙用于语音播放，可将车站分系统多通道录音仪中某通道的语音通过某数字时隙交换到枢纽主系统的某个接口上，便于远程监听。

环路中继接口——与交换机的用户线相连，以便管理人员从外线拨入录音系统，检查工作。

音频接口——用于和多通道录音仪相接，将需要录的语音从音频口送出，系统配有录音U口板，提供2个录音音频通道，同时提供1个串口用于与多通道录音仪进行消息通信。

共电接口——用于和多通道录音仪的放音接口相接，提供放音、监听及各种服务业务通道。共电接口外接普通电话机，通过拨特服号接入录音仪，收听录音、监听或执行其他业务。

（4）系统功能调试。

①远程维护台的接入。

a. 远程维护台与车站分系统直接相连。视远程维护台与车站分系统距离的远近，可选用以下2种接入方式。其中图6（a）为直接通过车站侧的数据通信板接入分系统中，图6（b）为远程维护台通过调制解调器与车站分系统相连。

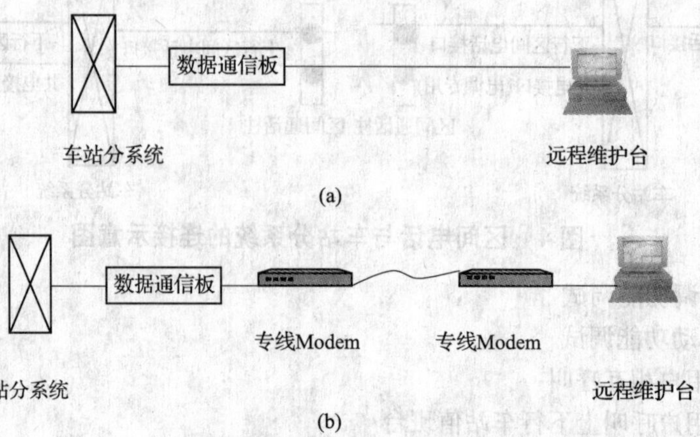

图6　远程维护台连接示意图

远程维护台的类型只能设置成远程维护台，而不能是主维护台，其所能管辖的车站信息一定要填进车站配置表。远程维护台的 IP 要填进主维护台的维护台配置表，并传给主系统，否则无法收到车站分系统的告警等信息。

b. 远程维护台与数调系统通过公众网相连。把远程维护台与数调系统同时接进公众电话网，通过电话拨号进行连接。此种连接方式一般只是厂家远程维护用。

②车站级连。车站级连主要应用于以下 2 种情况：

a. 一些大的编组站、货场等需要很多集中机的车站，1 个车站分系统的容量远远不够，此时即通过一定的方式将多个车站分系统级连起来。

b. 对于铁路沿线没有数字光缆的车站可通过级连的方式接入数字调度系统。

在级连的车站分系统中，只需将 1 个车站分系统串接到数字环上，其余的车站分系统都通过数据通信接口挂接到那个与数字环连接的车站分系统上。其中，挂接到数字环上的车站分系统称为“车站转接系统”，它通过数据通信板与待转接的车站分系统相连。1 块数据通信板一般可级连 4 个车站分系统。多个车站分系统级连方式如图 7 所示。

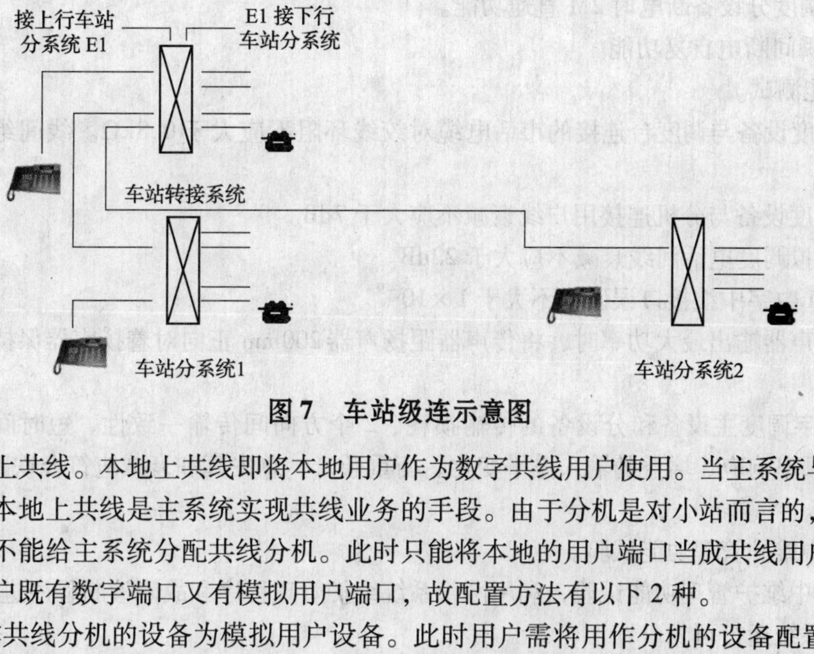

图 7　车站级连示意图

③本地上共线。本地上共线即将本地用户作为数字共线用户使用。当主系统与分系统合二为一时，本地上共线是主系统实现共线业务的手段。由于分机是对小站而言的，因此分配共线分机时不能给主系统分配共线分机。此时只能将本地的用户端口当成共线用户使用。由于本地的用户既有数字端口又有模拟用户端口，故配置方法有以下 2 种。

a. 用作共线分机的设备为模拟用户设备。此时用户需将用作分机的设备配置为直通到相应的共线总机，然后在总机的键定义时将对应此端口的键定义成本地上共线。

b. 用作共线分机的设备为数字用户设备。此时需先在用作共线分机的值班台的键定义 1 项中配置 1 个键呼叫到相应的共线总机，线路定义成非共线；然后在总机的键定义 1 项中定义 1 个键呼叫用作分机的值班台，线路定义成本地上共线。

（5）数调系统质量检测。

①功能试验。各种功能实验应正常。

a. 调度台功能。

（a）单呼、组呼、全呼功能。

（b）调度台台间联络功能。

（c）调度台故障自动倒向备用自动话机。

(d) 调度台液晶显示功能（呼入状态显示、运用状态显示、储存状态显示）。

(e) 调度呼叫无阻塞。

b. 数字调度设备功能。

(a) 站间行车电话接入功能。

(b) 区间（应急）电话接入功能。

(c) 模拟调度设备接入功能。

c. 值班台功能。

(a) 值班台录音功能。

(b) 值班台故障自动倒向备用自动话机功能。

(c) 液晶显示功能。

d. 系统功能。

(a) 热备分部件自动切换功能。

(b) 数字通道迂回（自愈）功能。

(c) 调度分设备断电时2M直通功能。

(d) 瞬间断电自复功能。

②性能测试。

a. 调度设备与调度台连接的市话电缆对绞线环阻不应大于0.8kΩ。线间绝缘电阻应大于20kΩ。

b. 调度设备与分机连接用户线衰减不应大于7dB。

c. 模拟调度电话回线衰减不应大于22dB。

d. 2M数字中继接口误码率不大于1×10^{-9}。

e. 扬声器输出最大功率时，将传声器距扬声器200mm正向对着扬声器保持2min，应无振鸣现象。

f. 数字调度主设备和分设备的传输损耗、2个方向间传输一致性、短时间内损耗随时间变化、频率响应、增益随输入电平变化、衡重杂音、总失真和衰减应符合铁路通信工程的有关规定。

③集中维护管理功能试验。

a. 集中维护管理功能试验，利用网管系统维护管理程序和故障诊断程序进行性能监测，确保整个系统运行可靠。

b. 一般管理功能，能真实显示系统的网络拓扑结构，实时反映其物理连接状态及各点设备运行条件和状态。

c. 故障管理功能，能设定告警等级、报警方式（声光、打印）；屏蔽/打开某类告警；清除告警；分时间段、告警类型及所属管理区段查询、打印告警；生成告警信息的统计分析报表等。

d. 配置管理功能，能对系统网络进行配置和数据设定。在用户数据更新时不应影响交换系统的正常运行，正在进行的通话不应受影响。

e. 安全管理功能，系统具有在线维护管理功能；应具有安全保护措施，应能设置三级以上权限分级别进行系统管理。所有的错误和告警信息、任何的系统数据变更、修改和命令引用等操作均可以存盘、打印，存盘文件应有严禁修改、严禁删除的功能属性。存入硬盘的各种信息应优先以文本格式而非编码格式进行屏幕显示、打印。

五、劳动力组织

铁路数字调度通信系统调试由3个组配合进行，即枢纽主系统调试组、车站分系统调试组及邻站配合组。

1. 由技术人员1人、技工1人组成主系统调试组开始主系统本机调试，安装配置维护台。

2. 枢纽主系统本机调试结束，由技术人员1人、技工2人组成的分系统调试组至靠主系统的第1个车站配合主系统调试组完成对车站分系统的本机检测、数据配置、功能试验及故障处理。

3. 第1个车站分系统调完，分系统调试组至相邻的下1个车站配合主系统调试组调试。同时，邻站配合人员至第1个车站配合分系统调试组进行有关测试、功能试验、故障处理。

4. 分系统调试组及邻站配合人员同时移动直至调试完成。

六、机具设备

铁路数字调度通信系统调试用主要机具见表1。

表1　主要机具表

序　号	名　称	单　位	数　量	用　途
1	数字万用表	套	2	测试电源电压、线缆通断等
2	绝缘表	台	2	测试绝缘性能
3	地阻仪	台	1	测试接地电阻
4	电桥	台	2	直流特性测试
5	PCM测试仪	台	2	音频通路测试
6	数据分析仪	台	2	检测通道误码特性
7	试验话机	台	3	通话试验用
8	常用工具	套	2	处理故障
9	中型仪表车	辆	1	搬移仪表，测试人员转移用

七、质量控制

1. 质量标准

《铁路通信施工规范》（TB 10205—99）；

《铁路运输通信工程施工质量验收标准》（TB 10418—2003）。

2. 质量控制

（1）影响质量的因素分析。

①参加工程调试的技术人员是否掌握数调系统的原理、PCM原理，是否对所调设备的软硬件系统十分了解，是否掌握调试和测试技术，是影响质量的关键因素。

②调试用仪表的精确度及测试方法的正确与否，关系到系统的质量。

③设备的性能，系统设计的合理与否，决定了网络的合理性与质量。

（2）质量控制点。

①参加工程调试的技术人员须掌握数调系统的原理，PCM 原理，熟悉设备及单板性能，能熟练运用仪表对系统进行相关测试。

②对共线通道进行严格的指标测试，应重点检查各车站分系统处用户线的接线情况，以免通道阻抗失配对共线系统造成影响。

③对易受干扰的区间回线及铁路牵引变电所用户回线等的绝缘、杂音进行测试，合格方能接入，以免影响通话质量及系统稳定。

④对值班台话路的调整需注意设备增益控制的标称范围，反复试验，值班员所感受的音强应无差别，同时注意检查喇叭有无回声。当值班员感受的音强有明显差别时，可使用仪表进行测试，直到达到要求为止。

⑤运用系统故障诊断程序，通过维护终端对系统进行故障监测，对所发生的故障进行定位，及时排除故障。

⑥联网调试中，运用测试仪表进行监测，确保系统各设备间配合良好。

3．质量检验

（1）对调度台、数字调度设备、操作台、系统功能和集中维护管理功能进行功能试验应符合有关技术要求。

（2）对系统的各项指标的性能测试符合质量标准要求。

八、安全措施

1．机房温度、湿度等建筑环境条件符合有关技术要求。

2．在既有电源设备上搭电时，要多检查，确保既有设备安全。

3．设备和仪器仪表加电前，检查电源电压，防止电压不正常造成设备及仪表损坏。

4．更换插件板时严格按照厂家技术手册的要求进行，断电时应逐级切断电源。

5．涉及既有运用中设备时须有维修人员配合，不能中断使用中的通信设备。

6．执行《铁路通信施工技术安全规则》中的相关规定。

九、效益分析

随着国民经济的发展及铁路运量的不断增加，安全、高效成为铁路运输的主要目标，而对于作为铁路运输指挥的神经系统的调度专用通信系统，其作用决定了它必将在更多既有铁路和新建铁路中得到广泛采用。

本工法针对铁路数字调度通信系统工程的调试，明确了调试方法、顺序和检验标准，使施工规范化、标准化。用该工法指导工程施工，可避免安装调试过程中对设备单板和模块的损坏，系统调试能做到 1 次完成，相比以往工程由于方法、顺序不当或质量不稳定需反复多次调试，减少了系统调试时间和处理故障时间，降低了施工成本。

本工法对铁路数字调度通信系统质量的完善检测保证了系统开通后稳定可靠运行，减小了设备的维修工作量，提高了铁路行车部门工作人员的生产效率，对保障铁路的安全生产起到了较好的作用。就此而言，本工法具有不可估量的社会效益。

十、工程实例

1. 2003 年，本工法首次应用在成昆铁路成都－攀枝花－格里坪段数调工程中。成都－攀枝花－格里坪，全线共 91 站，划分为成都－燕岗、燕岗－普雄、普雄－西昌、西昌－攀枝花－格里坪 4 个调度区段，每个调度区段组成 1 个数字环，在成都分局调度所安装数调主系统，其余各站设置数调分系统，业务包括行调、电调、货调、站场通信、区间通信等。系统于 2003 年 10 月调试开通，调试过程中未发生操作不当损坏设备单板及模块的情况，同以往工程相比，调试时间提前 40d，系统开通后运行稳定，受到建设、使用及维护单位的好评。

2. 本工法在宁西联络线数字调度系统工程中推广应用获得成功，此工程于 2003 年 12 月顺利调试开通投入使用。

3. 2004 年，川黔铁路数字调度通信系统工程调试采用本工法，相比之下，调试时间缩短 20d，系统开通后运行良好，受到用户一致好评。

ZPW－2000A 无绝缘自动闭塞设备安装及调试工法

YJGF 118—2004

中国铁路通信信号集团公司天津工程分公司

徐国斌　齐进宽　潘书庆　刘圣革　邰建民

ZPW－2000A 无绝缘轨道电路是为满足主体化机车信号和列车超速防护对轨道电路高安全、高可靠的要求而研制的，铁道部已决定将 ZPW－2000A 无绝缘自动闭塞作为统一我国铁路自动闭塞制式的主流制式。

ZPW－2000A 无绝缘轨道电路传输采用载频 1700～2600Hz、FSK 键控式移频信号，并充分利用了计算机技术，因此系统对抗电磁干扰性能提出了较高要求，且其自身的高频信号也可能对周围设备产生不同程度的影响；此外，与 UM71 系统比较，ZPW－2000A 无绝缘移频轨道电路调谐区长度为 29m，并增加了对调谐区小轨道的检查。

为保证 ZPW－2000A 无绝缘轨道电路的可靠运行，在工程施工时，必须确保设备安装正确、可靠，调试全面。为此，我们根据 ZPW－2000A 无绝缘轨道电路系统设备的特点，总结了北京、石家庄枢纽自动闭塞改造工程（北京西～黄村段）中的安装及调试经验，开发了本工法，而后在第 5 次提速京沪自闭改造工程（天津枢纽～静海段）、兰新线百里风区自闭改造工程（鄯善～小草湖段）中得到成功应用，工程均取得了工期短、质量高的效果，保证了机车信号的可靠连续接收，为铁路第 5 次大提速提供了质量保障。对 ZPW－2000A 无绝缘自动闭塞技术在我国铁路的广泛应用起到了良好的推动作用。

一、工法特点

1. 对 ZPW－2000A 无绝缘自动闭塞设备安装及调试进行了全面的描述，为施工作业规范化、标准化、系统化奠定了基础。

2. 利用自制定位尺，完成了调谐区设备安装位置测量定位，确保定位精度，简单，易用。

3. 施工过程中，采取内栅格分开布线、成对配线采用扭绞线或屏蔽线等多项防干扰措施，有效避免干扰信号对设备的影响，提高了系统的可靠性。

4. 细划调试项目及层次，调试项目全面，调试方法规范化、系统化。在较大程度上缩短了设备倒装时中断运输的时间。

二、适用范围

本工法适用于 ZPW－2000A 无绝缘自动闭塞设备安装及调试。

三、工艺原理

电气绝缘节（调谐区）是 ZPW－2000A 无绝缘自动闭塞的关键环节，电气绝缘节由调谐单元、空心线圈、29m 钢轨组成，利用谐振原理实现相邻轨道电路的电气隔离，29m 钢轨长度的精确程度决定电气绝缘节的性能；本工法根据施工图标注的信号机坐标，利用自制的工具，实施调谐区设备的定位，确保了调谐区设备安装位置的误差在系统允许范围内。

利用电磁感应原理及屏蔽防干扰原理降低设备间的相互干扰。设备间配线采用对绞线或金属屏蔽线，设备电源线运用人工扭绞，抵消或屏蔽外界信号对轨道电路的电磁干扰，同时也减小轨道电路信号对其他设备的影响；布线时，将不同用途配线相互隔开，通过增加空间距离降低相互间的感应，从而减少相互间的干扰。

设备调试分为室外单点试验、单机调试、室内单项调试和系统联调，由局部到整体。

利用电气绝缘节的谐振原理，检查了调谐区设备，实现了室外设备的单点试验。

选用适宜的电阻组成串并联电路，模拟室外钢轨线路，能够系统全面的检查主轨道、小轨道电路及设备的工作性能。本工法的关键技术为：

1. ZPW－2000A 调谐区设备定位技术和安装方法。

2. 室内设备的布线工艺、方法。

3. ZPW－2000A 无绝缘自动闭塞调试技术。

四、施工工艺

施工工艺流程如图 1 所示。

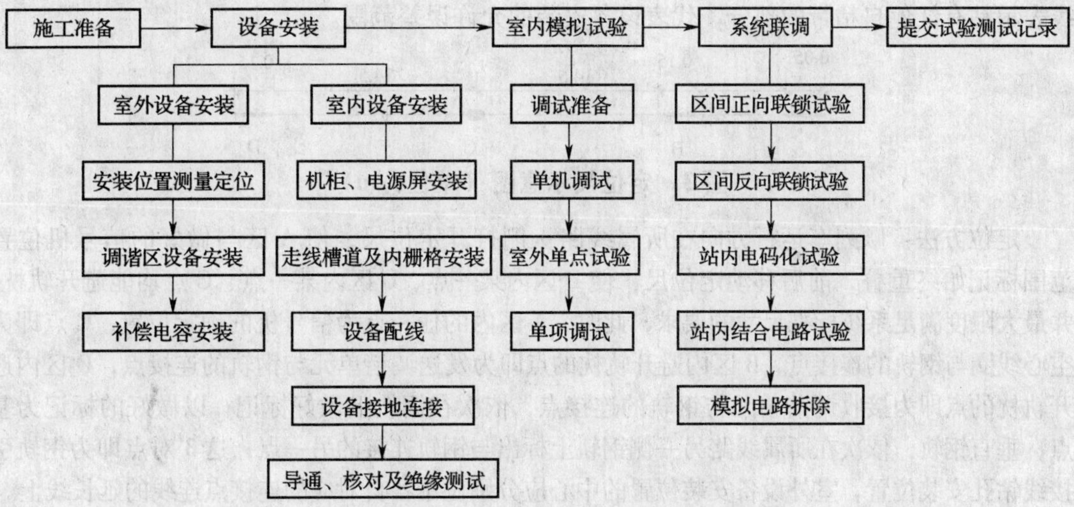

图 1　ZPW－2000A 无绝缘自动闭塞设备安装及调试工法工艺流程图

1. 施工准备

审核设计文件，进行施工现场勘测调查，做出物资、机具、仪器、仪表申请计划。

2. 室外设备安装

（1）安装位置测量定位。

①信号机位置的测量定位。根据设计文件给定的信号机坐标位置，复测所属线路实际里程；依据《铁路信号施工规范》、《ZPW－2000A 系列无绝缘轨道电路施工技术标准（暂行）》规定，在施工现场确定信号机的位置范围，做好标记。

②调谐区轨道设备位置的测量定位。以信号机坐标为基准，在所属线路一侧用定位尺（30.35m，自制）进行测量，确定设备的安装位置，并在钢轨外侧做好标记。设备位置定位具体尺寸如下：

发送调谐单元中心距信号机机柱中心（列车运行方向）为 $1^{+0.2}_{0}$ m。

空芯线圈中心距发送调谐单元中心（列车运行方向）为 $14.5^{+0.15}_{0}$ m。

接收调谐单元中心距空芯线圈中心（列车运行方向）为 $14.5^{+0.15}_{0}$ m。

各种设备防护盒内侧边沿距所属线路钢轨外沿不小于1.5m。

设备布置如图2所示。

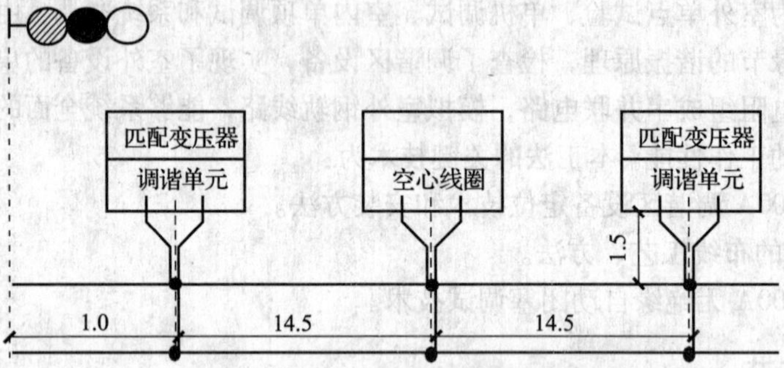

图2　调谐区设备布置示意图（单位：mm）

用钢尺制作定位尺，长度为30.35m，如图3所示分别在钢尺的相应位置做好标记，粗线表示粘有红色自粘带的部分，代表设备安装的允许误差范围。

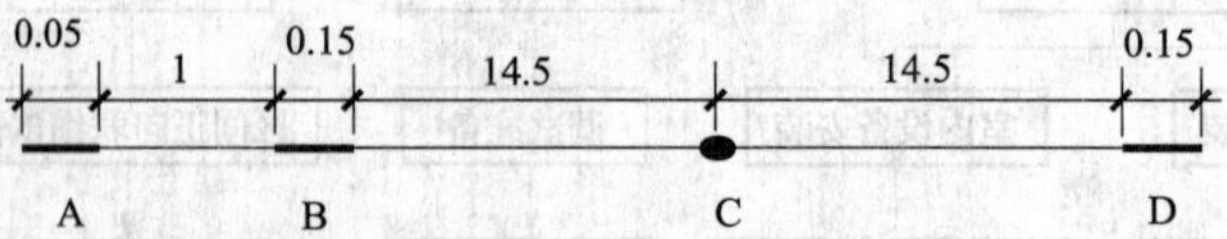

图3　定位尺示意图（单位：m）

定位方法：顺列车运行方向在所属线路一侧打开定位尺，使A区与做好的信号机位置范围标记始终重叠，前后移动定位尺，使B区内某一点、D区内某一点、C点均能避开轨枕，并最大限度满足系统标准尺寸的要求，此时，A区内的任一点为信号机的确定位置，C点即为空心线圈与钢轨的连接点，B区内避开轨枕的点即为发送调谐单元与钢轨的连接点，D区内避开轨枕的点即为接收调谐单元与钢轨的连接点，依次在钢轨上做好标记；以做好的标记为基点，垂直钢轨，依次在所属线路另一侧钢轨上标出与钢轨连接的另一点；这3对点即为钢轨引接线钻孔安装位置，室外设备安装位置的中心应分别位于各自对应的连接点连线的延长线上。

③进站口（或离去口）处设备测量定位。电化区段站口设备布置示意图如图4所示。

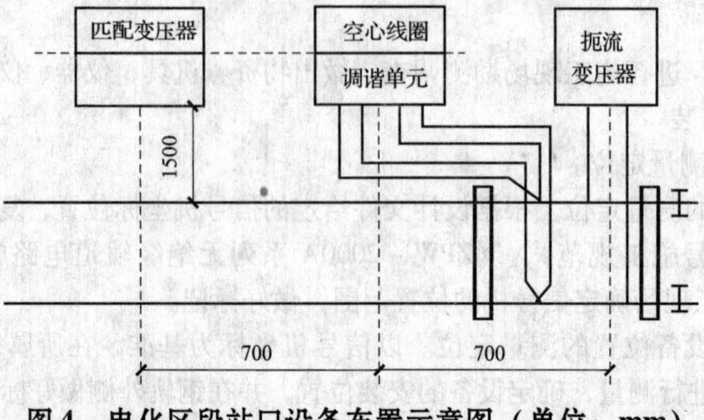

图4　电化区段站口设备布置示意图（单位：mm）

非电化区段站口不装设扼流变压器时，调谐单元（空芯线圈）中心距钢轨绝缘节中心（站内方向）为700mm、防护盒内侧距所属线路钢轨外沿为1500mm，匹配单元中心距调谐单元（空芯线圈）中心（站内方向）为700mm，且调谐单元（空芯线圈）防护盒、匹配单元防护盒安装应在同一中心线上，并在钢轨外侧做好标记。

（2）调谐区设备安装。

①各种连接线制作。根据设备的安装位置及设备间的距离，集中进行各种连接线的预制工作。各种规格的连接线均采用多股铜芯电缆，预制完毕，分类集中放置。不同规格的连接线选用相应规格的冷压铜端头。各种连接线的长度、数量及用途见表1。

表1　各种连接线的长度、数量及用途

序号	名称	规格	长度（mm）	单位	数量	备注
1	设备连接线	7.4mm²	250	根	2根/每绝缘节	调谐单元与匹配变压器之间的连线（区间用）
2	设备连接线	7.4mm²	500	根	2根/每绝缘节	调谐单元与匹配变压器之间的连线（区间用）
3	设备连接线	7.4mm²	2700	根	2根/每绝缘节	调谐单元与匹配变压器之间的连线（站口用）
4	设备连接线	10mm²	500	根	1根/每绝缘节	空芯线圈中点与防雷单元的连接（不设置完全等电位线时）
5	设备防雷地线	25mm²	实测	根	1根/每绝缘节	空芯线圈中点或防雷单元与贯通地线的连接
6	横向连接线	70mm²	实测	根		根据设计文件设置

②基础桩安装。根据设备测量定位位置，测定基础中心距所属线路中心位置，和基础面距所属轨面的高度后，逐点进行挖坑，引入支线电缆，埋设基础桩。

③电气绝缘节处设备安装。在电气绝缘节处，空芯线圈面向钢轨单独安装在基础桩的固定板上。防雷单元（有时）靠大地侧平放安装在同一基础桩上。此处空芯线圈型号为ZW·XK1。

匹配变压器与调谐单元背靠背固定在基础桩的固定板上。匹配变压器面向大地侧，调谐单元面向所属线路侧（安装时校核载频是否与设计文件相符）。

④机械绝缘节处设备安装。在机械绝缘节处，匹配变压器面向大地侧单独固定在基础桩的固定板上。空芯线圈与调谐单元背靠背固定在基础桩的固定板上。空芯线圈面向大地，并按载频分4种，其型号为ZPW·XKJ。调谐单元面向所属线路侧（安装时校核载频是否与设计文件相符）。

⑤空芯线圈、调谐单元、匹配变压器安装完毕后，加装防护盒并加锁。防护盒顶面距所属线路轨顶面≤200mm，防护盒内侧边沿距所属线路钢轨外沿≥1500mm。

⑥引接线、连接线的安装。钢轨钻孔：钻孔的水平位置即为定位时做的标记，垂直位置

应为轨腰中部（50kg 钢轨轨腰中部为距轨面 83.5mm 处；60kg 钢轨轨腰中部为距轨面 97mm 处），钻孔孔径应与塞钉配套，钻孔及塞钉安装应严格按塞钉安装操作说明进行。钻好的孔不宜长时间不安装塞钉，如条件所限不能及时安装塞钉时，可在孔口涂抹导电油（膏），防锈。

小枕木埋设及各种卡具的安装：小枕木埋设及各种卡具的安装应按照《ZPW－2000A 无绝缘轨道电路室外设备安装过程工艺标准（暂行）》进行施工。固定引接线的卡具要安装牢固。

钢轨引接线固定：成对钢轨引接线应并在一条直线上，禁止盘圈。

各种连接线固定：各种连接线应安装牢固。

⑦注意事项：

在平交道口附近安装调谐区时，应在道口轨道信号波及范围以外安装设备。

在特殊地段（隧道、大桥上）安装轨旁设备，防护盒内侧边沿距所属线路轨外沿的距离在 1200～1500mm 之间调整。

轨道电路范围内有小于 200m 的护轮轨时，在护轮轨两端对角加装钢轨绝缘；当护轮轨长度超过 200m 时，每隔 200m 加装一对绝缘。

在护轮轨范围内安装调谐区时，在调谐区范围内及调谐区范围两端附近的护轮轨上加装钢轨绝缘。

（3）补偿电容安装。

用测距车测量两相邻调谐区内空心线圈的距离（轨道电路长度）L；在电气绝缘节与电气绝缘节组成的轨道电路中，电容补偿长度 $L_{调}=L-29\text{m}$；在电气绝缘节与机械绝缘节（站口）组成的轨道电路中，电容补偿长度 $L_{调}=L-14.5\text{m}$。等间距用 Δ 来表示，每个闭塞分区补偿电容的数量用 N_C 来表示，则 $\Delta=L_{调}/N_C$（N_C：根据 L 和设计文件中给定的道碴电阻，从轨道电路补偿电容配置表中查出，同时可查出补偿电容的容值）；补偿电容布置如图 5 所示。

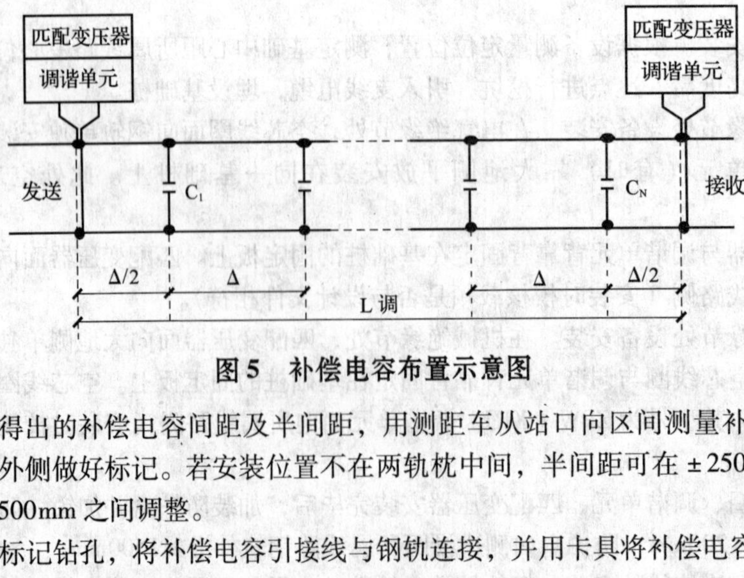

图 5　补偿电容布置示意图

根据计算得出的补偿电容间距及半间距，用测距车从站口向区间测量补偿电容安装位置，并在钢轨外侧做好标记。若安装位置不在两轨枕中间，半间距可在 ±250mm 之间调整，等间距可在 ±500mm 之间调整。

按做好的标记钻孔，将补偿电容引接线与钢轨连接，并用卡具将补偿电容固定在轨枕侧面。或将电容安置在特制的轨枕中。

补偿电容应安装在道口信号波及范围以外。

3. 室内设备安装。

（1）机柜、电源屏安装。

依据设计图纸排列机柜及电源屏，做到横平竖直、高低一致，底部着地平稳、不悬空，并使用 M8×30mm 镀锌螺栓将相邻两机柜连接紧固、密贴。电源屏底座下加垫绝缘橡胶板或木方，使其与大地隔离。

（2）走线槽道及内栅格安装。

首先安装机柜顶部槽道，后安装排与排之间槽道，在槽道拐角加橡胶板防护，保证配线不受损伤，然后采用走线槽道延长至墙壁或另附 50mm×50mm×5mm 角钢支架进行与墙壁间的连接固定。

槽道内栅格将整个走线槽道纵向分为 5 个小槽道，根据配线的用途不同分别布放，以避免不同信号间的相互干扰。

栅格使用厚度为 2mm 左右的钢板制作（见图6，每格的宽度可按实际情况调整），固定在走线槽道内侧底板上，并在走线槽下线孔处、转弯处及槽道直线段每隔 1m 处安装 1 列栅格（见图7）。

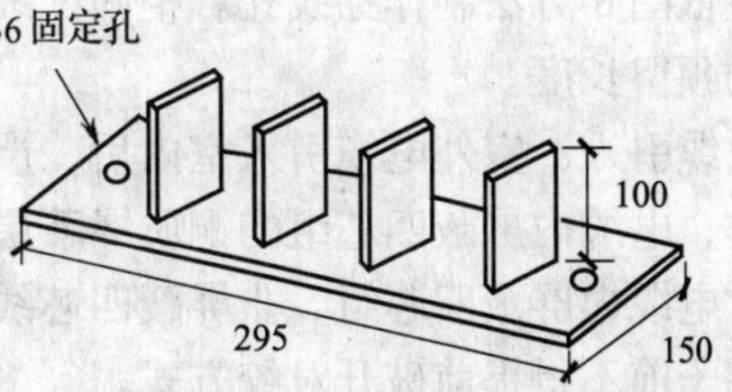

图6 栅格结构示意图（单位：mm）

A 槽道布放电源线，B 槽道布放室内电缆及接地线，C 槽道布放轨道发送线，D 槽道布放其他配线（RV 型铜芯塑料软线），E 槽道布放轨道接收线。

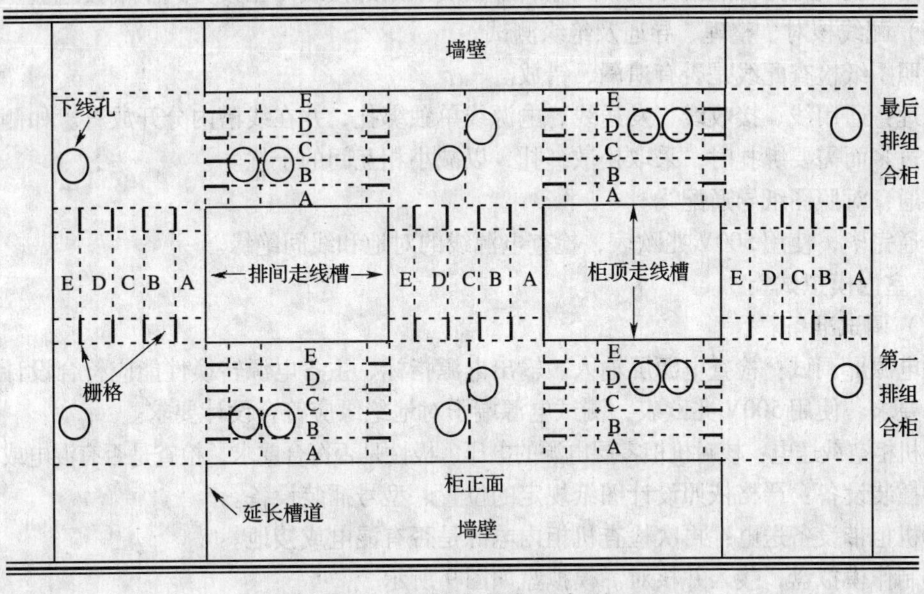

图7 走线槽布线示意图

（3）设备配线。

①布线及电缆引入。配线的规格型号应严格按照设计要求，不同用途的配线利用线色相互区分，并放置在规定的小槽道内，各种配线禁止盘圈和迂回。

布线顺序依次为电缆、电源线、轨道发送线、轨道接收线、其他 RV 型铜芯塑料软线。

柜间电源线成对手工扭绞，消除电流在电源线周围产生的电磁场。

轨道信息传输线采用对绞线或金属屏蔽线，且必须成对使用，在到达配线端子前不得提前开绞。

使用“穿线板”布线：根据组合侧面 3×18 柱端子板样式，用 1~2mm 厚塑料板制作“穿线板”，标明端子号（见图 8），对应组合柜侧面每块 3×18 柱端子板放置。配线时，将线穿入对应端子的穿线孔内，并在线端打节，以防掉落。

使用布线模板预制配线：模板使用 5 层胶合板或硬质塑料板比照组合柜各部尺寸制作模板，对应每层组合侧面端子板位置依图 8 方法制作穿线孔。柜间配线预制时，应注意柜间线的预留长度。

电缆引入：室外电缆引入室内后，严格按照电缆成端工艺制作；电缆内屏蔽四芯组的铜质屏蔽层在柜顶下线口处做成端。电缆内屏蔽四芯组、非屏蔽四芯线组、对绞线组在出线到端子前不得提前破开对绞方式。

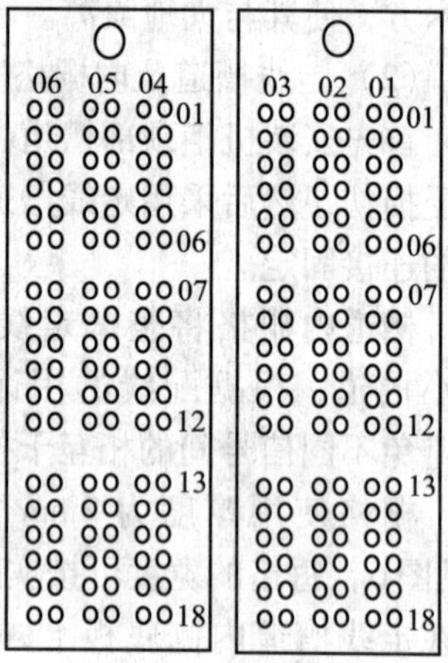

图 8　穿线板反意图

②结线。根据机柜提供的配线端子类型不同，分别采用冷压接、弹簧式回拉端子（WAGO 端子）插接及焊接等方式进行接线。

（4）设备接地连接。

采用星型最短路径连接方式，且金属屏蔽线采用焊接或冷压接方式单端接地。

（5）配线核对、整理、导通及绝缘测试。

对照图纸检查配线是否有遗漏、错放。

整理：通用线、接收线、发送线、电源线单独绑扎，并在线槽内分开放置。如侧面线槽内配线过多而需要绑扎时，采取松散绑扎，以减小相互间的干扰。

导通：对照图纸导通配线。

导通完毕，使用 500V 兆欧表，检查电源线的对地和线间绝缘。

4. 室内模拟试验

（1）调试准备。

①电源屏调试：检查电源屏输入、输出电源指标、主备电源转换性能应符合设计及产品说明书要求。使用 500V 兆欧表，测试电源端子对地绝缘应符合设计要求。

②机柜空载送电：核对机柜零层电源的电压、极性是否符合要求，检查是否有混电或接地。

③插装设备：严格依照设计图纸规定的位置、型号插装设备。

④机柜带设备送电：再次检查机柜内电源是否有混电或接地。

⑤制作模拟盘，接入并核对。模拟盘如图 9 所示

在网络接口柜（分线柜）的信号机点灯输出端子上直接接入 220V/40W 白炽灯泡模拟区间通过信号机。

在网络接口柜（分线柜）端将本站同咽喉的上、下行 2 套方向电路的外线环接，使本站的四套方向电路构成闭环。接入方向电路按钮条件。

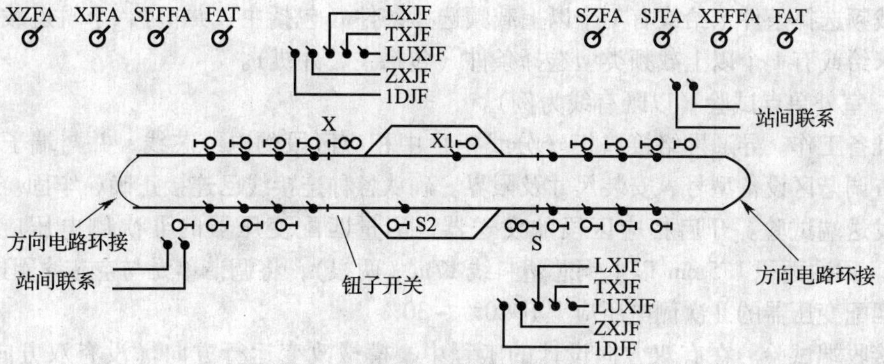

图 9　模拟盘示意图

根据轨道电路模拟电路方式（见图 10），将轨道电路发送、接收线及由区间组合柜引出的正向进站、反向进站信号机条件接入模拟盘；接通电路后依次接通模拟开关，检查开关状态是否与相应的继电器对应。

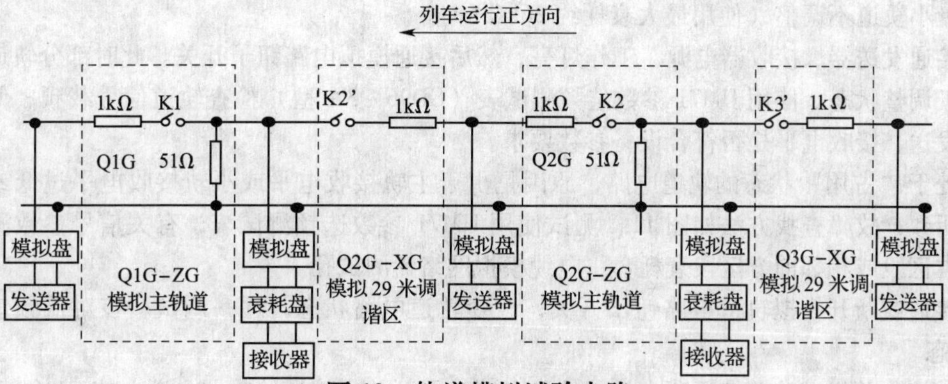

图 10　轨道模拟试验电路

模拟盘接入条件的多少，视模拟试验需要而定。

（2）单机调试。

①试验准备。根据设计图复核发送器载频、载频类型、输出电平选择线和低频编码条件线、接收器主、并机主轨道载频、载频类型及小轨道载频、载频类型选择线。

移频柜发送器、接收器保险全部置于断开位置。电源屏送电，在移频柜零层测量 +24V、024V 电源电压应在 23.5 ~24.5V 范围内。

②调试发送器。接通发送器电源，发送器经约 5S 延迟，“工作”表示灯亮，FBJ 励磁吸起，表示发送盒工作正常。“发送工作灯”不亮存在的原因：

发送器电源断或不符，发送载频选择条件未给或有一个以上载频选择条件，发送载频类型选择条件未给或有一个以上载频类型选择条件，低频编码选择条件未给或有一个以上低频编码选择条件，功出电平选择条件未给。

测量发送功出的电压、载频、低频信息。

③调试接收器。接通接收器电源，接收器经过约 5S 延迟，“工作”表示灯亮，表示接收器工作正常。“接收工作灯”不亮存在原因：

接收器电源断或不符，主轨道载频选择条件未给或有 1 个以上载频选择条件（包括主、并机），主轨道载频类型选择条件未给或有 1 个以上载频类型选择条件（包括主、并机），小轨道载频选择条件未给或有 1 个以上载频选择条件（包括主、并机），小轨道载频类型选择条件未给或有 1 个以上载频类型选择条件（包括主、并机）。

（3）室外单点试验（以既有线为例）。

①准备工作。导通网络接口柜（分线柜）中相应区段的电缆芯线，并与端子连接。在室外核查调谐区设备型号、安装尺寸及限界。确认各种连接线已连接正确、牢固。

②发送端试验。开启相应区段的发送器，测量匹配变压器的Ⅱ次侧电压应为 500～1500mV。用截面积 1.5mm^2 以上铜芯塑料线 17m（两根），将调谐单元与空芯线圈连接起来，再测量匹配变压器的Ⅱ次侧电压应上升 20%～30%。

③接收端试验。在有双方向设计的工程中，模拟改变运行方向（没有双方向设计时，在分线柜中成对交叉发送及接收线对即可），按步骤②方法进行测量试验。

（4）单项调试。

①ZPW－2000A 无绝缘轨道电路设备调试。调试模拟电路见图 10。

将发送器发送电平调至 10 级，电缆模拟网络调至补偿 0km、接收等级按工程实际调整，衰耗盘小轨道不调整（使用最大衰耗约 26kΩ）。

接通发送器、接收器电源，工作灯亮，然后接通模拟电路钮子开关。此时部分轨道电路应处于调整状态。使用 UM71 参数选频测试表（CD96－3A 型）检查轨道信号载频、低频信息及发送、接收电平是否符合设备参数要求。

处于“占用”状态的轨道电路，原因是由于主轨接收电平或小轨接收电平过低或配线错误所致；故障查找方法如图 11，测试使用 UM71 参数选频测试表，有关信号参数测试位置为本区段或相邻前方区段衰耗盘、电缆模拟网络盘测试孔。

接通或断开模拟轨道电路钮子开关，改变轨道电路状态，逐一调试、核对低频信息和 GJ 状态。

②接收并机试验。接通所有模拟轨道电路钮子开关，接通接收器电源，使 GJ 全部励磁；逐个断开接收器电源，GJ 应保持励磁状态。

③移频报警试验。逐个断开接收器、发送器电源，移频报警继电器落下，且向控制台发送声光报警信息。

④发送器 N＋1 冗余系统试验。将本站所有发送器均打开，而后逐一断开发送器电源，＋1 发送器应自动上线工作，测试载频、低频信息及输出电平；对于任一发送器的所有低频信息应逐一试验。

试验任意两个发送器同时故障时，＋1 发送器接入的优先顺序。

⑤方向电路调试。接通所有模拟轨道电路钮子开关，使 GJ 全部励磁；调整区间硅整流输出电压，监督回路 JQJ1－4 端电压为 21～24V，方向回路 FJ1－4 端电压在 12～18V。试验方向电路的正常办理改变方向和辅助办理改变方向。

5. 系统联调

（1）区间正向连锁试验。利用模拟盘，进行模拟列车压道试验，逐一核对低频码序和信号机显示。

拆除信号机模拟电路，接入区间信号机电缆；在既有线施工时，将信号机构偏向大地侧，遮挡信号机灯光；利用模拟盘，进行模拟列车压道试验，逐一核对低频码序和信号机显示，试验红灯断丝灯光转移、主灯丝断丝报警。

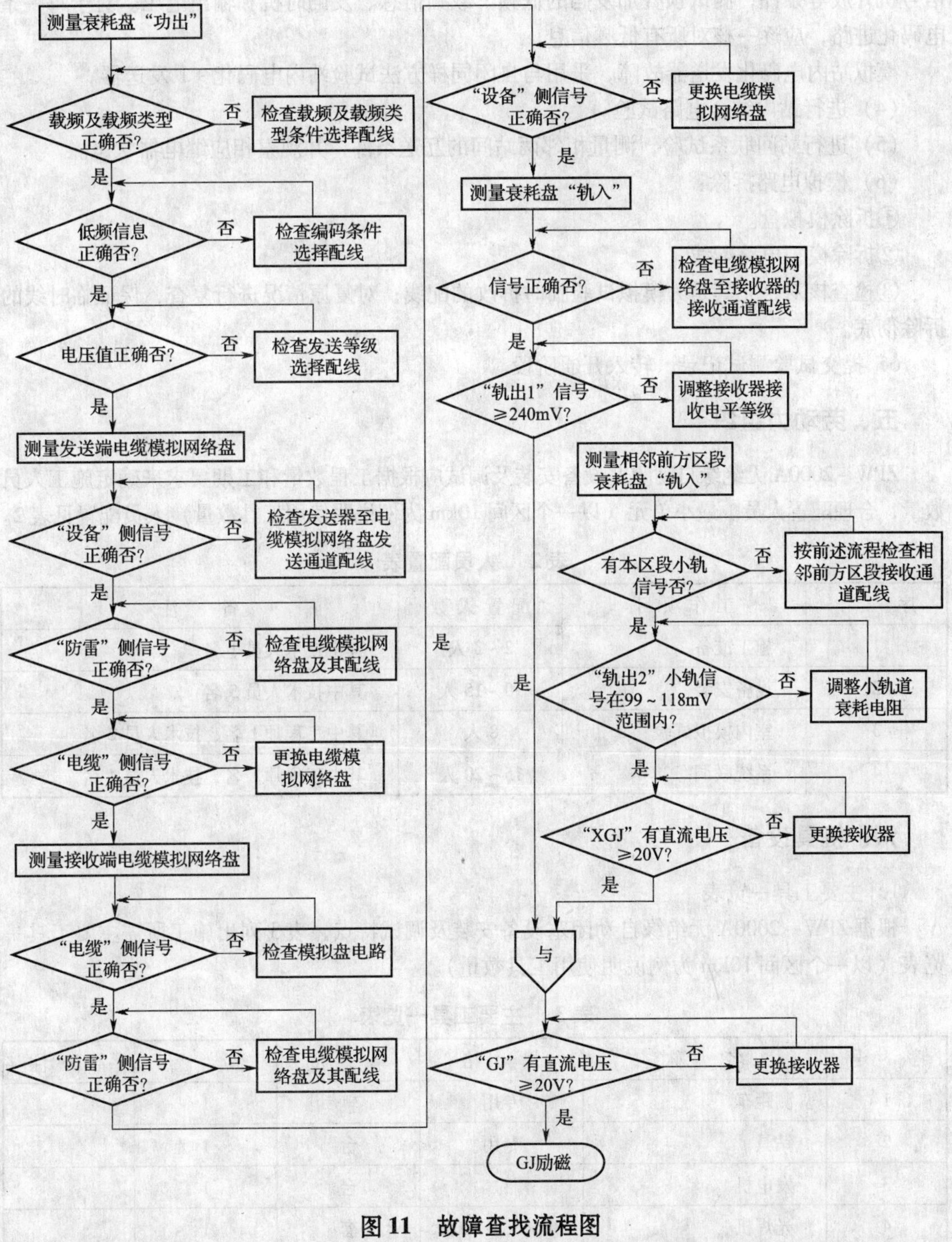

图 11　故障查找流程图

在新线施工时，可以拆除轨道模拟电路，接入轨道电路，进行系统联调。

(2) 区间反向连锁试验。操纵模拟电路，改变运行方向；利用模拟盘，进行模拟列车压道试验，逐一核对低频码序和继电器状态。

(3) 站内电码化试验。利用模拟盘，操纵站内轨道复示继电器，模拟列车运行和相关信号机开放等条件，测试预叠加发码的低频、载频信息、发码时机和输出电压。对于每一条电码化进路，应逐一核对所有低频信息。

模拟站内电码化发送器故障，采用与自闭同样方法试验站内电码化+1发送器。

（4）进行站内结合电路试验。

（5）进行站间联系试验，测量相邻两站间的互送条件，并观察相应继电器状态。

（6）模拟电路拆除：

①拆除模拟盘。

②拆除模拟电路配线。

③检查核对，尤其是为模拟试验临时拆改的配线；对复原情况进行复查，保证临时线的拆除彻底。

6. 提交试验测试记录，转入开通阶段。

五、劳动力组织

ZPW－2000A无绝缘自动闭塞设备安装及调试应根据工程数量和工期要求来确定施工人员数量，合理配置人员。最小单元（以一个区间10km为例说明使用工具数量）人员配置见表2。

表2　人员配置表

序　号	工作项目	配置人数	备　注
1	施工准备	2~3人	其中技术人员1名
2	设备安装	10~15人	其中技术人员5名
3	室内模拟试验	8人	其中工程师1名、技术人员2名
4	系统联调	15~20人	其中工程师1名、技术人员4名

六、机具设备

1. 主要工具一览表

根据ZPW－2000A无绝缘自动闭塞设备安装及调试特点，表3列出施工所需主要工具一览表（以一个区间10km为例说明使用工具数量）。

表3　主要工具一览表

序　号	名　称	规　格	单　位	数　量	备　注
1	测距车	专用	辆	1	
2	钻具	专用	台	1	
3	发电机		台	1	
4	光焊机	BB6688－100A	套	1	
5	塞钉拉杆用液压钳	专用	套	1	
6	冷压铜端头液压钳	ZYQ－120	台	1	
7	棘轮扳手	专用	个	2	

续表3

序　号	名　称	规　格	单　位	数　量	备　注
8	转矩扳手或公斤扳手	专用	个	2	
9	定位尺	30.35m	个	1	
10	手电钻	13cm	台	1	
11	冲击电钻	13cm	台	1	
12	万用表	数字式、机械式	块	各1	
13	端子压接钳		套	1	
14	兆欧表	ZC－7	台	1	
15	UM71参数选频测试表	CD96－3A型	台	1	
16	小工具	信号专业常用	套	1	

2. 管理方法

（1）所使用的各种施工设备、机具、仪器仪表必须定期检查和保养，并建立台账。

（2）电动工具使用前应检查电气、机械性能良好。

（3）计量器具，使用前应按照国家计量法的有关规定进行检查，并建立检定周期台账，且必须在其检定周期内使用。

七、质量控制

严格按照ISO 9001：2000版质量保证体系标准建立质量管理体系，加强过程控制，确保施工质量。

1. 质量标准

《铁路信号施工规范》（TB 10206—99）。

《铁路信号工程施工质量验收标准》（TB 10419—2003、J 289—2004）。

《ZPW－2000A无绝缘轨道电路室外设备安装过程工艺标准》（暂行）。

《ZPW－2000系列无绝缘轨道电路施工技术标准》（暂行）。

《机车信号信息定义及分配》（TB/T 3060—2002）。

2. 质量控制点

（1）发送调谐单元与信号机机柱中心距离可在$1^{+0.2}_{-0}$m之间调整。

（2）调谐区轨道设备防护盒内侧边沿距所属线路钢轨外沿不小于1500mm，顶面距所属线路钢轨顶面不大于200mm；空芯线圈防护盒中心与发送、接收调谐单元防护盒中心的距离可在$14.5^{+0.15}_{-0}$m之间调整；钢轨引接线应并在1条直线上。

（3）补偿电容位置测量及安装时，等间距（步长）可在±500mm之间调整；半间距可在±250mm之间调整；做好电容的安装及防护。

（4）钢轨钻孔使用专用钻具，钻头规格与钢轨引接线塞钉外径相匹配。

（5）在进行钢轨引接线冷压铜端头线环与钢轨连接安装时，应使用专用转矩扳手或液压扭力扳手，顺时针方向旋至50N·m的刻度既止，拧紧后的螺母不得反转。

（6）参加施工人员必须了解 ZPW－2000A 自动闭塞系统构成及工作原理，掌握安装标准、工艺方法，技术人员应掌握设备的工作参数、工程技术条件及设备调试方法。

（7）为降低电磁干扰而采取的布线工艺，确保实施。

（8）通过单体调试、单项调试，测试的设备各项指标，以及通过系统调试验证的联锁关系必须符合设计规定及《ZPW－2000 系列无绝缘轨道电路技术条件（暂行）》的规定。

3．质量检验

质量检验是确保工程质量的关键，本工法对安装过程中的每道工序、每个阶段均有质量标准要求，并严格遵照检查。

八、安全措施

本工法执行部颁《铁路工程施工安全技术规程》（TB 10401.2—2003），并应遵守以下事项：

1．在既有信号设备室内施工时，应按照与设备管理部门签订的安全协议进行施工。

2．在铁路运营线路上施工时，按需设驻站联络员，施工地段两侧要设专职防护员，并要求在施工期间保证驻站联络员、现场施工负责人、防护人员之间的通信畅通，一旦出现通信故障，必须立即停止施工。

3．施工设备与既有设备安装连接时，要做好安全防护措施。

4．室内设备送电之前，应排除各项电源间的可能存在的短路、混电，且各机柜的安全地线要连接牢靠，并在机柜电源部位做好标识，确保人身和设备安全。

5．设备送电后，应通过电源屏电流表测试各路电源的输出电流是否在合理范围之内；经常观察发送器、接收器、网路模拟盘、各型变压器、硅整流状态，避免烧毁，保证室内设备安全。

6．严禁擅自动用线路上原有使用中的设备，必须动用时应与有关部门联系登记要点，得到信号值班人员的同意后，方可进行施工。试验中，严禁动用使用中的设备；临时加入的模拟线路应详细记录，试验完成后专人负责拆除，并复查。

7．ZPW－2000A 设备多为精密设备，运输时确保包装完好。搬运时轻搬轻放，施工安装时力求稳准，并使用专用工具。

九、技术经济分析

本工法在北京、石家庄枢纽自动闭塞改造工程（北京西～黄村段）、第 5 次提速京沪自闭改造工程（天津枢纽～静海段）和兰新线百里风区自闭改造工程（鄯善～小草湖段）中得到成功应用，这 3 项工程均为 ZPW－2000A 无绝缘自动闭塞改造工程，采用本工法保证了 ZPW－2000A 系统的正常可靠工作，使 ZPW－2000A 设备的功能得以充分发挥，确保了 4 显示自动闭塞的正常运行和机车信号的可靠连续接收，为铁路第 5 次大提速提供了质量保障。对 ZPW－2000A 无绝缘自动闭塞技术在我国铁路的广泛应用起到了良好的推动作用。社会效益显著。

既有营业线更新改造采用本工法进行系统调试，因不需列车压道试验，从而减少设备倒装时的运输中断时间，以 10km 为例减少约 45min；乌鲁木齐铁路局统计资料表明兰新线运输每中断1min损失1.5万元，45min折合经济效益约为70万元。经济效益明显。

十、工程实例

1. 北京、石家庄枢纽自动闭塞改造工程（北京西~黄村段）

北京、石家庄枢纽自动闭塞改造工程（北京西~黄村段）为ZPW-2000A无绝缘自动闭塞工程，北京西~黄村段包括广安门、李营、黄村3站站内电码化及北京西~广安门~李营~黄村区间4显示自动闭塞，运用本工法，自2003年11月开工，2004年4月16日顺利开通投入使用。

2. 第5次提速京沪自闭改造工程（天津枢纽~静海段）

第5次提速京沪自闭改造工程（天津枢纽~静海段）为ZPW-2000A无绝缘自动闭塞工程，工程包括天津枢纽~静海区间72正线公里4显示自动闭塞和10个站站内电码化，运用本工法，自2004年1月5日开工，2004年4月12日开通完毕投入使用。

3. 兰新线百里风区自闭改造工程（鄯善~小草湖段）

兰新线百里风区自闭改造工程（鄯善~小草湖段）为ZPW-2000A无绝缘自动闭塞工程，工程包括鄯善站、七克台站、红旗坎站、小草湖站站内电码化配套改造和K1599+409~K1532+250共67.159正线公里ZPW-2000A 4显示自动闭塞改造，运用本工法，自2003年10月开工，2004年6月顺利开通投入使用。

接触网全补偿弹性链型悬挂施工工法

YJGF 119—2004

中铁电气化局集团有限公司

祝玉林

接触网全补偿弹性链型悬挂是在接触悬挂定位点处安装弹性吊索，弹性吊索内的吊弦安装在弹性吊索和接触线之间，消除了定位点处的硬点，提高了弹性，改善了弓网关系。

全补偿弹性链型悬挂早在襄渝线施工时就采用过，但由于当时的设计、施工工具、施工技术都相对落后，施工后未能达到预期的效果。随着国内电气化铁路由常速向高速发展的需要，全补偿弹性链型悬挂又提到了电气化铁路的议事日程。1998～2001 年施工的哈尔滨至大连电气化工程，引进了德国 Re200 技术，接触网采用了全补偿弹性链型悬挂。该技术起点、标准高，运用常速施工工艺和全补偿简单链型悬挂的施工工艺标准，远不能满足施工的需要，为此我们组成了科研小组，从上部施工测量、计算、安装、调整到检测等施工工艺进行了研究，开发了《Re200c 接触网施工工艺》用于指导该线弹性链型悬挂施工，并在施工过程中进行修改和完善，使该线的质量、工期都达到了预期的目的。本工法正是在此基础上开发的。

一、工法特点

1. 应用程序化、数据化施工，减少现场施工工作量，并提高了工程质量。
2. 采用“大循环、小流水”及专业组施工模式，以充分利用有限的封闭点。
3. 采用张力架线车、张力调整计等先进的生产机具，提高了施工效率和施工质量。
4. 摸索出了 1 套接触网弹性链型悬挂施工的经验。

二、适用范围

适用于时速 200km/h 新线 1 次电化、客运专线及既有电气化改造工程，接触网全补偿弹性链型悬挂施工。

三、工艺原理及关键技术

1. 工艺原理

(1) 利用解析几何和力学原理建立合理的数学模型开发 Re200c 系列计算软件进行腕臂、软横跨及吊弦计算。

(2) 利用激光测量仪、直读式导线高度测量杆、经纬仪等进行精确测量。

(3) 根据金属材料的物理特性，采用恒张力架设线索，不仅消除了导线的弯曲、损伤及新线蠕变伸长，还消除了温度变化引起的整个接触网锚段的系统变化（如中锚、线岔、电连接等）。

(4) 利用系统工程原理和网络技术，在整体工程部署上采用“大循环、小流水”的施工作业方式。

（5）采用工厂化预配腕臂、软横跨及整体吊弦，充分利用封闭点，提高了工程质量，减轻了劳动强度。

（6）利用吊弦制作平台、接触线煨弯器、弹性吊索张力计、腕臂制作平台及电连接线压接钳等先进工具，提高了工作效率和工程质量。

（7）利用先进的检测车进行静态和动态检测，对导高、拉出值、硬点、接触压力及离线率进行检测，提高了运行的安全性和可靠性。

2. 关键技术

（1）腕臂、软横跨及吊弦测量技术。

（2）恒张力架线技术。

（3）腕臂、吊弦预配工厂化技术。

（4）利用弹性吊索张力计调整弹性吊索。

（5）交叉吊弦安装调整技术。

（6）利用接触网检测车进行动态检测、静态检测。

四、工艺流程

1. 工艺流程（见图1）

2. 操作要领

（1）腕臂、软横跨计算数据测量。

①腕臂计算数据测量。

a. 腕臂柱侧面限界测量。

b. 上下底座间距离测量。

c. 曲线外轨超高测量。

d. 支柱斜率测量。

②软横跨测量。

a. 用经纬仪测量支柱斜率。

b. 用水平仪测量基础面至最高轨面距离（钢柱、大容量软横跨柱）或地线眼至最高轨面距离（H170 软横跨柱），测量各股道与最高轨面的高差。

c. 测量1组软横跨的横向距离，混凝土软横跨柱测量两支柱内侧距离，钢柱测量两支柱外侧距离。

③腕臂、软横跨测量后将测量数据根据需要填表，然后根据数据表用软件进行计算。计算完后打印成预制表。

（2）软横跨预制安装。

①软横跨预制。

a. 将横承力索和上下部固定绳线材用手扳葫芦拉直。

b. 根据软横跨预制表中数据进行预制。

②软横跨安装。

a. 将预制好的软横跨运至工地后，对号把横承力索、上部固定绳展开，根据预制表和预制图将横承力索和固定绳进行组装。

b. 安装横承力索和上部固定绳角钢。

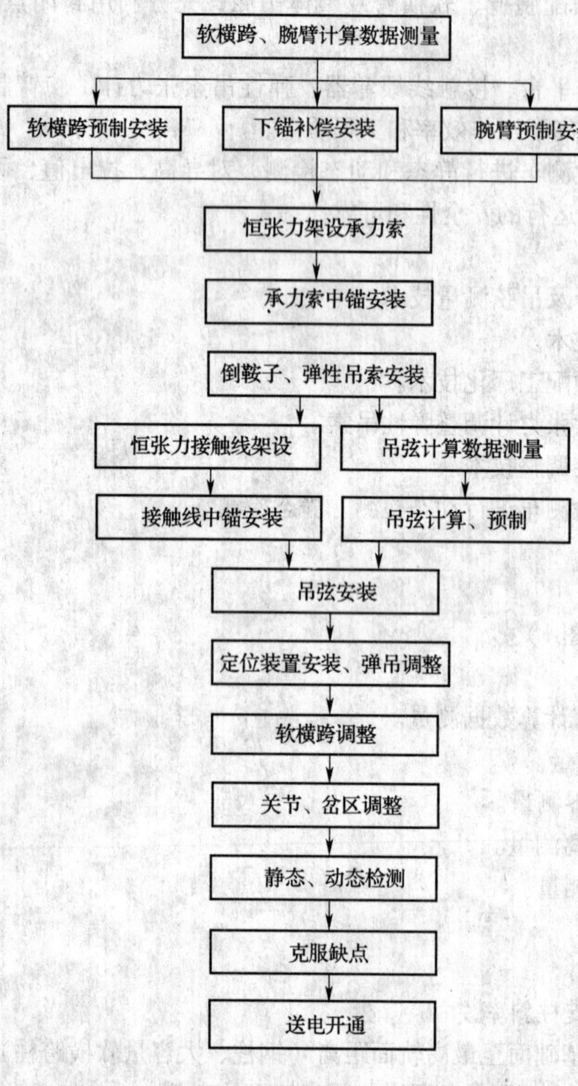

图 1　Re200c 接触网施工工艺流程图

c. 起吊并安装软横跨的一端。

d. 安装另一端横承力索和上部固定绳角钢。

e. 起吊并安装另一端软横跨。

（3）下锚补偿安装。

①棘轮下锚角钢安装。

②安装拉线。

③坠铊限制架上部底座安装。

④坠铊限制架下部底座安装。

⑤将各底座调整水平，棘轮竖轴调整垂直。

⑥安装棘轮，安装完后用铁线将棘轮与底座固定，以防架线时串动。

⑦安装限制架导管。

⑧将坠铊用铁线悬挂在棘轮上。

（4）腕臂预配安装。

①腕臂预配。

a. 根据预配表的下料长度进行水平和斜腕臂下料。

b. 在斜腕臂的一端打 1 个 $\phi 6$ 圆孔。

c. 将水平腕臂两端套丝。

d. 按腕臂预配表在斜腕臂上测量出承力索定位座、定位环位置。

e. 安装承力索定位座、定位环等。

f. 组装定位管、定位环、定位器等并作出标识。

②腕臂安装。

a. 安装上、下底座。

b. 将水平腕臂、斜腕臂、棒式绝缘子等配套组装。

c. 擦拭干净绝缘子后用塑料布包扎。

d. 按腕臂安装工艺安装腕臂。

（5）张力架设承力索。

①架线准备。

a. 检查各支柱上部安装情况。

b. 检查道口、线路上方电力线干扰拆除情况。

c. 将转换柱及曲线内侧支柱腕臂进行防止偏斜处理。

②恒张力架设承力索。

a. 架线车至起锚柱处，作业平台人员与支柱上作业人员配合进行起锚。

b. 起锚完成后，张力控制人员将张力调整至额定张力。

c. 逐跨进行架设。

d. 下锚。

e. 检查。

（6）承力索中心锚结安装。

①区间。

a. 安装中锚下锚固定角钢及拉线。

b. 做好一端回头。

c. 检查两端坠铊高度。

d. 将预制好的中锚绳回头与绝缘子串连接。

e. 承力索中锚绳展放。

f. 展放至另一下锚柱后用张力计根据中锚安装曲线紧线。

g. 中心锚结终端制作。

h. 将中锚转换柱处承力索中锚绳倒入承力索定位座内。

②站场。

a. 根据软横跨安装图确定安装形式。

b. 检查并调整两端坠铊高度。

c. 用葫芦将中锚处承力索紧线后将承力索剪断。

d. 用楔型线夹作回头后与叉头连板连接。

e. 将断开的两端头用压接管进行压接（若断开的线索不够长应接1段附加线）。

（7）倒鞍子、弹性吊索安装。

①倒鞍子。

a. 根据安装曲线将腕臂纵向调整到位。

b. 安装铜铝过渡衬垫。

c. 涂导电膏。

d. 压接铜铝过渡衬垫。

e. 紧螺栓。

②弹性吊索安装。

a. 根据正定位、反定位确定弹性吊索长度，正定位时弹性吊索为18m，反定位时为14m，下料时预留200mm。

b. 下料后在减去200mm后的正中间做一标记。

c. 将标记的中点固定在承力索定位座后，先向中锚方向展放弹性吊索，用线夹固定后回到定位点，向下锚侧展放弹性吊索，尽量拉紧后用线夹临时固定。

（8）张力架设接触线。

采用架设承力索的方法架设接触线。

（9）接触线中心锚结安装。

①接触线中心锚结的长度为5倍中锚线夹处承力索至接触线的高度加500mm。

②在跨中距吊弦500mm处用中锚线夹连接中锚绳与接触线。

③向中锚柱方向展放接触线中锚绳。

④用并联线夹将接触线中锚绳与承力索连接。

（10）吊弦计算数据测量。

①定位点处承力索高度测量。

②以各定位点位置为准测量跨距。

③根据预制表中的间距测量出各吊弦点。

（11）吊弦计算、预制。

①用吊弦计算软件进行吊弦计算。

②吊弦预制。利用专用作业平台先制作其中一端，再根据下料长度下料，最后再制作另一端。制作完后在作业平台上进行检验。

（12）吊弦安装。

①根据预制表中的吊弦间距在承力索上做出标记。

②安装承力索吊弦线夹：将电联环线鼻子与吊弦线夹眼对齐后穿入螺栓，按力矩紧固螺栓，打入U型卡钉。

③按安装承力索吊弦线夹的顺序及方法安装接触线吊弦线夹。

（13）定位装置安装、弹性吊索调整

①定位装置安装。

a. 根据安装曲线检查并调整腕臂偏移。

b. 安装定位管、定位器。

c. 根据定位管坡度要求调整到位后用铁线将定位管临时吊起。

②弹性吊索安装。

a. 调整弹性吊索：将初装时预留有200mm端（下锚端）的弹性吊索线夹松开后安装弹性吊索张力计，然后按要求调整张力，张力达到标准后卸下张力计。

b. 安装防风拉线。

c. 测量定位管临时斜拉线长度。

d. 预制定位管斜拉线。

e. 安装定位管斜拉线。

（14）软横跨调整。

①架线完成后对软横跨进行初调，将横承力索、固定绳、软横跨直吊弦、斜拉线基本调整到位。

②测量并调整直吊弦位置。

③正线安装弹性吊索。

④安装滑轮或鞍子处辅助绳。

⑤安装定位器。

⑥调整软横跨：将软横跨横承力索调整到位，将软横跨直吊弦、斜拉线调整到位，按安装曲线调整固定绳弹簧补偿器。

⑦测量除岔区外的承力索高度。

⑧计算整体吊弦。

⑨安装整体吊弦，岔区安装临时吊弦。

⑩检查并调整：横承力索、固定绳、弹簧补偿器、软横跨直吊弦。

⑪压接软横跨下端直吊弦。

（15）关节、岔区调整。

①关节调整。

a. 按中间柱的调整方法调整工作支。

b. 检查复核工作支与非工作支水平及垂直距离。

c. 按要求将工作支、非工作支调整到位。

d. 安装电连接。

②岔区调整。

a. 调整承力索、接触线拉出值。

b. 检查调整软横跨。

c. 在接触线距邻线线路中心拉出值为550～600mm处安装交叉吊弦。

d. 调整岔区临时吊弦。

e. 安装线岔。

f. 测量临时吊弦长度。

g. 根据测量的临时吊弦长度制作整体吊弦。

h. 拆除临时吊弦、安装整体吊弦。

i. 安装电连接。

（16）检测。

①外观检测。主要用测杆、激光测量仪、线坠、钢卷尺等进行观察、测量等。

②静态检测。用检测车主要检测导线高度、拉出值、是否有脱弓、钻弓等现象。

③动态检测。用检测车主要检测接触网弹性、接触压力、硬点及离线率等。

（17）克服缺点。将外观检测、静态检测、动态检测中检测出的缺点进行克服。

（18）送电开通。编制开通方案，做好开通前的检查和绝缘测试，做好抢修各项准备工作。

五、劳动力组织（见表1）

表1 劳动力组织

序号	项目	单位	人数	工作内容
1. 软横跨、腕臂计算数据测量				
1	跨距测量	人	3	其中1人记录
2	上下底座距离测量	人	2	
3	软横跨测量	人	5	
4	计算	人	1	
5	防护员	人	1	安全防护
2. 软横跨预制安装				
1	施工负责人	人	1	
2	技术指导	人	1	
3	预制、安装	人	10	
4	驻站防护	人	1	
5	工地防护	人	1	
3. 下锚补偿安装				
1	安全监护	人	1	
2	杆上作业	人	2	
3	地面辅助工作	人	1	
4. 腕臂预配安装				
1	腕臂预配	人	6	
2	腕臂安装安全监护	人	1	
3	腕臂安装杆上作业	人	2	
4	地面辅助工作	人	1	
5. 承力索架设				
1	施工负责人	人	1	
2	操作人员	人	8	平台3人、张力控制1人、起下锚各2人
3	作业车司助人员	人	2	
4	防护人员	人	若干	根据情况确定

续表 1

序号	项目	单位	人数	工作内容
6. 承力索中锚安装				
1	施工负责人	人	1	
2	操作人员	人	3	
3	作业车司助人员	人	2	
4	防护人员	人	2	驻站 1 人，现场 1 人
7. 倒鞍子、弹性吊索安装				
1	施工负责人	人	1	
2	操作人员	人	3	
3	作业车司助人员	人	2	
4	防护人员	人	2	驻站 1 人，现场 1 人
8. 恒张力架设接触线				
1	施工负责人	人	1	
2	操作人员	人	8	平台 3 人、张力控制 1 人、起下锚各 2 人
3	作业车司助人员	人	2	
4	防护人员	人	若干	根据情况确定
9. 接触线中锚安装				
1	施工负责人	人	1	
2	操作人员	人	3	
3	作业车司助人员	人	2	
4	防护人员	人	2	驻站 1 人，现场 1 人
10. 吊弦计算数据测量				
1	施工负责人	人	1	兼记录
2	承力索高度测量	人	2	道尺、测高各 1 人
3	跨距复测	人	2	
4	防护人员	人	1	
11. 吊弦计算、预制				
1	吊弦计算	人	1	
2	吊弦预制	人	2	

续表 1

序号	项目	单位	人数	工作内容
12. 吊弦安装				
1	施工负责人	人	1	
2	安装操作人员	人	2	
3	作业车司助人员	人	2	车梯安装时不需要
4	防护人员	人	2	驻站 1 人，现场 1 人
13. 定位装置安装、弹性吊索调整				
1	施工负责人	人	1	
2	操作人员	人	3	
3	作业车司助人员	人	2	车梯安装时不需要
4	防护人员	人	2	驻站 1 人，现场 1 人
14. 软横跨调整				
1	施工负责人	人	1	
2	操作人员	人	8	
3	作业车司助人员	人	2	车梯安装时不需要
4	防护人员	人	2	驻站 1 人，现场 1 人
15. 关节、岔区调整				
1	施工负责人	人	1	
2	操作人员	人	3	
3	作业车司助人员	人	2	车梯安装时不需要
4	防护人员	人	2	驻站 1 人，现场 1 人
16. 检测				
1	施工负责人	人	1	
2	检测人员	人	3	
3	检测车司助人员	人	2	
4	防护人员	人	2	驻站 1 人，现场 1 人
17. 克服缺点				
1	施工负责人	人	1	
2	操作人员	人	2	
3	作业车司助人员	人	2	车梯安装时不需要
4	防护人员	人	2	驻站 1 人，现场 1 人
18. 送电开通				
1	施工负责人	人	1	
2	送电开通	人	若干	

六、主要机具、设备（见表2）

表2　主要机具设备配备

序号	名　　称	规　　格	单位	数量	备　　注
1. 软横跨、腕臂计算数据测量					
1	经纬仪		台	1	
2	水平仪		台	1	
3	钢卷尺	5m	把	1	
4	钢卷尺	50m	把	1	
5	道尺		把	1	
6	测高杆		套	1	
7	线坠		个	1	
8	激光测量仪		套	1	
9	计算机		台	1	
2. 软横跨预制安装					
1	手动压接钳		套	1	含压模
2	梅花扳手	M13、M17	把	4	
3	钢卷尺	5m	把	2	
4	钢卷尺	50m	把	1	
5	手锤	1kg	把	1	
6	钢丝套	$\phi 11$	根	2	
7	断线钳		把	1	
8	手扳葫芦	1.5～3t	台	2	
9	大棕绳		根	2	
10	小棕绳		根	2	
11	施工工具		套	1/人	
12	开口滑轮		个	2	
13	安全帽		顶	1/人	
14	安全带		条	4	
15	行车安全防护用品		套	1	
3. 下锚补偿安装					
1	水平尺	300mm	把	1	
2	皮尺	15m	把	1	

续表 2

序号	名　称	规　格	单位	数量	备　注
3	手锤	1kg	把	1	
4	梅花扳手	M13、M24、M36	把	4	
5	断线钳		把	2	
6	棕绳		条	1	
7	钢丝套	ϕ11	根	2	
8	手扳葫芦	1.5～3t	台	2	
9	施工工具		套	1/人	
10	开口滑轮		个	2	
11	拉线紧线器		套	1	
12	安全帽		顶	1/人	
13	安全带		条	4	
14	行车安全防护用品		套	1	
4. 腕臂预配、安装					
1	无齿切割机	台式	台	1	
2	电钻	台式	台	1	
3	套丝机	台式	台	1	
4	钢卷尺	5m	把	1/组	
5	画线笔		支	1/组	
6	煨弯器		套	1	制作防风吊弦
7	梅花扳手		套	1/组	
8	作业车		台	1	
9	施工工具		套	1/人	
10	扭矩扳手		套	1	
11	小绳		条	1	
12	水平尺		把	1	
13	安全帽		顶	1/人	
14	安全带		条	4	
15	行车安全防护用品		套	1	
5. 恒张力架设承力索					
1	恒张力架线车		台	1	
2	放线滑轮	尼龙或塑料	个	30	
3	断线钳		把	1	
4	手扳葫芦	1.5t	台	2	

续表 2

序号	名　称	规　格	单位	数量	备　注
5	尼龙绳套		个	4	
6	紧线器		套	2	
7	施工工具		套	1/人	
8	报话机		台	5	
9	行车安全防护用品		套	1	
6. 承力索中心锚结安装					
1	恒张力架线车		台	1	
2	梅花扳手		套	1	
3	断线钳		把	1	
4	手扳葫芦	1.5t	台	2	
5	尼龙绳套		个	4	
6	紧线器		套	2	
7	施工工具		套	1/人	
8	铜铝过渡衬垫压接钳		把	1	
9	拉力计		台	1	
10	温度计		个	1	
11	行车安全防护用品		套	1	
7. 倒鞍子、弹性吊索安装					
1	作业车		台	1	
2	铜铝过渡衬垫压接钳		把	1	
3	梅花扳手		套	1	
4	套筒扳手	M13	把	2	
5	断线钳		把	1	
6	尼龙绳套		个	4	
7	施工工具		套	1/人	
8	行车安全防护用品		套	1	
8. 接触线架设					
1	恒张力架线车		台	1	
2	手扳葫芦	1.5t	台	2	
3	紧线器		套	2	
4	套筒扳手	M13	把	2	
5	断线钳	900mm	把	1	
6	接触线煨弯器		套	1	制作接触线终端

续表2

序号	名　称	规　格	单位	数量	备　注
7	放线滑轮	尼龙或塑料	个	100	
8	S钩	0.5/0.8	个	25/75	
9	尼龙绳套		个	4	
10	棕绳		条	1	
11	报话机		台	5	
12	安全帽		顶	1/人	
13	安全带		条	3	
14	施工工具		套	1/人	
15	行车安全防护用品		套	1	
9. 接触线中心锚结安装					
1	作业车		台	1	
2	梅花扳手	M17 M19	把	各2	
3	安全帽		顶	1/人	
4	安全带		条	3	
5	施工工具		套	1/人	
6	行车安全防护用品		套	1	
10. 吊弦计算数据测量					
1	测量杆		根	1	测承力索高度
2	钢卷尺	50m	把	1	测量跨距
3	行车安全防护用品		套	1	
11. 吊弦计算、预制					
1	计算机		台	1	
2	吊弦制作平台		台	1	带压接钳
3	断线钳		把	1	
12. 吊弦安装					
1	作业车		台	1	
2	梅花扳手	M17	把	2	
3	吊弦间距测量仪		台	1	
4	导线校面器		把	1	
5	安全帽		顶	1/人	
6	安全带		条	3	
7	施工工具		套	1/人	
8	行车安全防护用品		套	1	

续表 2

序号	名　称	规　格	单位	数量	备　注
13. 定位装置安装、弹性吊索调整					
1	作业车		台	1	
2	梅花扳手		套	1	
3	水平尺	1m	把	1	
4	水平尺		把	1	
5	钢卷尺	5m	把	1	
6	压接钳		把	1	压定位管斜拉线
7	弹吊张力计		套	1	
8	报话机		台	2	
9	温度计		个	1	
10	安全帽		顶	1/人	
11	安全带		条	3	
12	施工工具		套	1/人	
13	行车安全防护用品		套	1	
14. 软横跨调整					
1	紧线器	25、50、70mm^2	个	各 1	
2	梅花扳手		套	1	
3	测高杆		套	1	
4	车梯		台	1	
5	激光测量仪		套	1	
6	压接钳	25mm^2	把	1	
7	小绳		条	1	
8	棘轮扳手	M17 M19	把	各 1	
9	钢卷尺	2m	把	1	
10	温度计		个	1	
11	断线钳		把	1	
12	报话机		台	2	
13	安全帽		顶	1/人	

续表 2

序号	名　称	规　格	单位	数量	备　注
14	安全带		条	3	
15	施工工具		套	1/人	
16	行车安全防护用品		套	1	
15．关节、岔区调整					
1	作业车		台	1	
2	梅花扳手		套	1	
3	测高杆		套	1	
4	导线校面器		套	1	
5	激光测量仪		套	1	
6	电连接压接钳		把	1	
7	钢卷尺	5m	把	1	
8	温度计		个	1	
9	水平尺		把	1	
10	报话机		台	2	
11	安全帽		顶	1/人	
12	安全带		条	3	
13	施工工具		套	1/人	
14	行车安全防护用品		套	1	
16．检测					
1	接触网检测车		台	1	
2	万能道尺		套	1	
3	测高杆		套	1	
4	激光测量仪		套	1	
5	丁字尺		把	1	
6	钢卷尺	5m	把	1	
7	温度计		个	1	
8	水平尺		把	1	
9	报话机		台	2	
10	安全帽		顶	1/人	
11	安全带		条	3	
12	施工工具		套	1/人	
13	行车安全防护用品		套	1	

七、质量要求及安全措施

1. 在施工过程中严格执行《铁路电力牵引工程质量评定验收标准》、《铁路电力牵引供电施工规范》、《铁路电力牵引供电施工安全规则》及设计标准。

2. 施工质量控制

（1）腕臂、软横跨、吊弦等上部安装测量力求准确。

（2）张力放线时应匀速行驶，防止突然停车和启动造成导线小弯。

（3）弹性吊索张力应严格控制。

（4）必须严格按操作程序施工。

（5）严格控制各种预配件的制作标准，使各个环节质量始终处于受控状态。

（6）严格控制交叉吊弦安装标准。

（7）严禁作业人员踏踩接触导线。

八、安全措施

1. 张力放线的张力控制人员必须是经过培训的专人负责。
2. 架线前必须对计划架线区段进行全面检查，特别是跨越电力线。
3. 线索架设后应设临时接地线，以防止感应电。
4. 架线前应将起锚端棘轮用铁线固定在底座上，以防止架线时转动。

九、效益分析

1. 本工法采用了“大循环、小流水”，的作业方式，充分利用了封闭点。
2. 减少对行车的干扰。
3. 采用本工法解决了高速电气化铁路施工所造成的不安全因素。
4. 采用此工法确保了高速电气化铁路施工的工程质量。
5. 本工法为高速电气化铁路弹性链型悬挂施工培养了一批施工和技术人员。

十、工程实例

本工法于1998年至2001年在哈大线施工中应用，在施工中做到了测量数据化、计算微机化、生产工厂化、施工标准化，使支柱安装、腕臂装配、软横跨安装、整体吊弦安装、悬挂调整等满足了高速铁路的质量要求。为保证该线的质量、工期、安全起到了重要作用。该线完工后经过德方、设计单位、建设单位、铁道部等进行多次外观检查、静态检测、动态检查及高速运行检测，都一致认为工程质量达到了设计要求。确保了工程的安全性、可靠性。

经过此工法的推广应用，使施工人员严格按标准化施工，彻底改变了接触网施工精度差的问题，培养了一批施工人员和工程技术人员。

SEI 列控联锁一体化系统设备安装、调试工法

YJGF 120—2004

中铁电气化局集团有限公司

沈九江　梁　辉　朱俊鹏　蒋先进

秦沈客运专线作为我国第1条客运专线被世人所关注，是我国铁路建设史上里程碑式工程，秦沈客运专线采用了大量的国内外先进技术和设备，代表着当今铁路技术发展的方向。秦沈客运专线设计标准高、设备先进、施工难度大更是前无仅有，其中信号专业新线区段所采用的SEI列控连锁一体化系统，是我国首次引进国际先进水平的法国高速铁路先进技术，并与之配套了诸多的国内成熟的先进技术，使秦沈客运专线列车自动控制系统更加完善。秦沈客运专线信号系统主要由引进法国的列控连锁一体化系统（SEI）、我国自主开发研制的列车运行指挥系统（CTC）、信号集中监测系统、环境监测系统组成。

SEI列控连锁一体化系统采用数字化、智能化和集成化技术，将车站连锁设备和区间列控设备合二为一，实现了列控－连锁一体化，列控连锁信息由内部安全网实现通信，非本地信息采用光缆传输，信息传输延迟少，提高了系统的可靠性和安全性；它还实现了轨道电路数字化、站内区间一体化。

课题组以铁道部现行标准为基础，参照法方提供的“安装手册”，结合以往UM71施工经验以及秦沈客运专线现场的既有特点和具体要求，经过多次试验，反复比选、论证，同时参考了建设、设计、接管单位和法方专家的建议，开发了“SEI列控连锁一体化系统设备安装、调试工法”。该工法较为全面的概括了SEI列控连锁一体化系统设备和UM2000无绝缘数字轨道电路从室内、外设备安装至系统的测试、调试过程中的新技术、新方法。

本工法是在秦沈客运专线“山海关－绥中”试验段工程施工中形成的，得到了铁道部秦沈客运专线建设总指挥部的支持和肯定，得以在全线推广使用。课题组于今年1月再次修改后，最终形成了现在的版本。

本工法在工程应用中，确保了工程的按时开通、统一施工标准和系统设备的正常投运，取得了较好的效果。工法所链接的核心工艺《SEI列控连锁一体化系统设备安装、调试技术研究》已于2003年11月29日通过了中国铁路工程总公司的评审。

一、工法特点

1．遵守国内既有标准，参考法方“安装手册”，结合现场实际，使引进设备与我国实际情况和配套设备有机结合。

2．该工法涵盖了施工、调试、开通整个过程，形成了工法的系列化。

3．按照系统技术特点和设备工作特点，科学合理的对各项设备的安装、各单元电路的测试和试验工作进行了排序，使之各项工作有章可循。

4．研发的“UM2000数字轨道电路、18#、38#道岔模拟试验电路”，能够在室外传输通道和器材未连接的条件下，对室内数字轨道电路设备和道岔控制电路进行检验，以保证开通

前线路的正常运行。

5. 结合试验工程制定了相关标准，并在全线推广使用，对系统设备安装工序和技术要求进行了规范，保证了系统设备安装质量达到设计要求。

二、适用范围

本工法主要适用于新建、改建自动闭塞以 UM71、UM2000 和 SEI 列控连锁一体化制式为主的大型综合铁路信号工程。对今后我国高速铁路信号系统设备的安装和调试将具有一定的指导、借鉴意义。

三、工艺原理

秦沈客运专线信号系统广泛采用信息化、智能化、数字化、集成化和网络化技术，很多是国内首次引进，不仅对信号系统的安装和调试提出了较高的要求而且国内无成熟的施工标准可借鉴，课题组通过秦沈线工程实践，总结、开发了《SEI 列控联锁一体化系统设备安装、调试工法》。工法中采用了大量的全新技术，其主要关键技术包括：

1. 设备安装中提高安装精度，确保数字轨道电路电气特性要求。
2. 设备安装、布线避免线间环流干扰。
3. 设备安装和接配线确保系统的屏蔽连接和可靠接地。
4. 系统中各设备的等位线连接，满足系统电磁兼容的要求，实现系统的可靠工作。
5. 针对国内标准和法国 SEI 系统标准的差异，完善了相关标准。
6. SEI 系统技术的吸收消化，掌握该系统的各项技术指标。
7. 研究与国内设备的接口，编制系统调试程序。
8. 采用仿真模拟方式调试，确保系统调试的完整、彻底。

四、施工工艺

1. SEI 机柜施工工艺

SEI 机柜是列控联锁一体化系统设备的专用机柜，由应用柜、接口柜、轨道柜和本地维护柜组成。

（1）工艺流程（见图 1）。

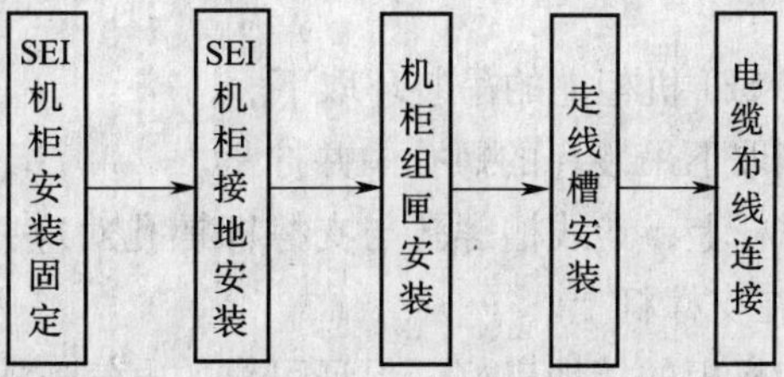

图 1　SEI 机柜安装工艺流程图

（2）操作要点。

①SEI 机柜安装固定。SEI 机柜在安装前应开箱检查检查 SEI 机柜外观有无损伤，零部件是否齐全，SEI 机柜的实际安装位置是否满足设计要求，室内网络地线是否安装良好，其对地绝缘是否达到设计要求。

②SEI 机柜接地安装。

a. 在每个 SEI 机柜安装位置中心（防静电地板上）钻出 ϕ16mm 的地线孔，焊 2 条 10mm^2 扁平铜缆在离地线孔最近的网络地线上，铜缆的另一端从地线孔引出（其长度从出线孔处不超过 600mm 为宜），铜网末端加工成有 1 个 ϕ8mm 连接孔的连接头。

b. 将 SEI 机柜移到位，将机柜下面的接地点连到地网上；同一排两端的机柜 4 个脚有 2 个脚直接接至地网，并与相邻机柜这边的 2 个脚跨接，同 1 排中间机柜的 4 个脚与相邻机柜的 2 个脚分别跨接，并有 2 个脚与地网连接。如图 2。

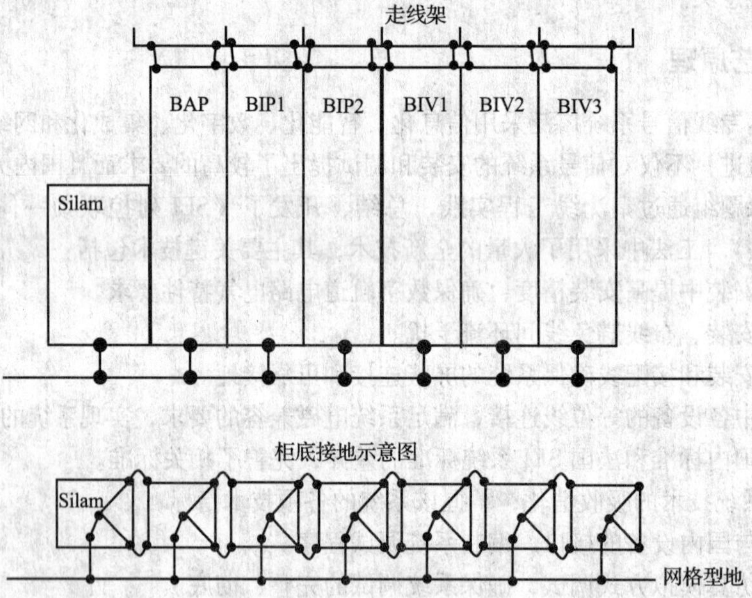

图 2　SEI 接地示意图

SEI 机柜安装完后，调整 4 个角使其横平竖直，机柜排列整齐。

③SEI 组匣安装。

SEI 组匣在机柜中的安装位置应与工厂集成时的位置相同，根据安装资料将组匣放入相应的位置用螺杆固定。

④走线槽安装。

a. 在安装走线槽前将 SEI 机柜上的吊装环取下。

b. 将支撑杆固定在刚取下吊装环的螺孔中并拧紧。

c. 将走线槽放在支撑杆上，走线槽螺孔与支撑杆螺孔对应并在螺孔四周用砂纸打磨光滑，用螺杆将走线槽固定在支撑杆上。

d. 为了保证走线槽和机柜的接地良好，保证可靠的电气连接。将走线槽与走线槽之间、走线槽和 SEI 机柜之间用铜网连接。铜网的长度适宜、要有一定弧度。

⑤电缆布线连接。在 SEI 机柜安装中，涉及 3 种类型的电线缆，电源线（24V）、信号电缆、内部电缆，布线时线缆禁止交叉。

a. SEI 机柜信号电缆布线和连接。信号电缆采用导线截面积 1mm^2 带屏蔽的 2 芯双绞线信号电缆，放在机柜的右侧，（对轨道机柜放置在左右两侧）。信号电缆在柜顶走线槽中的中间位置。信号电缆从走线槽出线孔至相应组匣，在距屏蔽层夹线板 15 ~ 20cm 处剥掉外皮。从上往下自然地附在支撑轨上，额外长度的电缆不能盘圈，如图 3。

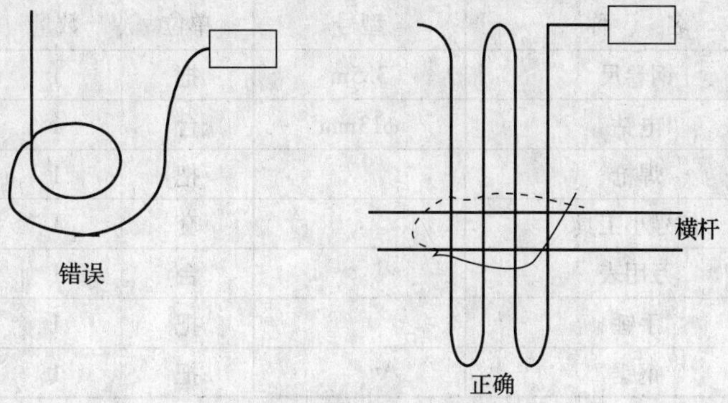

图 3　电缆额外长度的处理

b. SEI 电源电缆布线与连接。电源线采用带屏蔽的 50mm^2 电缆，由电源屏至机柜顶部的端子块上。柜内电源线采用 U1000RC04V 型电缆，由组匣至机柜顶部的端子块上，此电缆将放置在 SEI 机柜的右侧，(对轨道机柜放置在左右两侧)。

c. SEI 机柜内部电缆布线和连接。内部电缆应用组匣和接口组匣间的电缆（CAPIP），接口组匣和轨道组匣间的电缆（CIPIV）和接口组匣与点式发送组匣间的电缆（CIPEP）放在应用柜（BAP）和接口柜（BIP）的左侧，放在轨道柜（BIV）的任意侧。

内部电缆按如下顺序安装：CAPIP，CIPIV 和 CIPEP。

在 BIP 机柜里，电缆通常放置合适的长度；额外长度的电缆固定在 BAP 和 BIV 机柜里。

CAPIP 这些 10m 长的电缆通过电缆走线槽连接 PAP 组匣和 PIP 组匣，15 针连接器上的出厂标签将放置在 PIP 侧，并将电缆的金属护套固定在组匣的 DIN 支撑轨上。

在 BAP 侧，将多余长度的电缆附在支撑轨上，不能形成任何环路，使用塑料环扣，将电缆附在组匣前面的 DIN 支撑轨（Telex 支撑轨）上。

CIPIV 这些 15m 长的电缆通过电缆走线槽连接 PIP 组匣和 PIV 组匣，35 针连接器的标签将放在 PIP 侧。

CIPEP 这些 15m 长的电缆通过电缆走线槽连接 PIP 组匣和 PEP 组匣。9 针连接器的标签将放置在 PIP 侧。

(3) 劳动力组织（见表 1）。

表 1　SEI 机柜安装劳动力组织表

序号	项　目	单位	数量（人）	备　注
1	SEI 机柜安装固定	站	6 ~ 7	
2	组匣安装	站	2	
3	走线槽安装	站	4	
4	电缆布线及连接	站	4 ~ 5	

（4）机具（见表2）。

表2　SEI机柜安装机具表

序号	名　称	型号	单位	数量	备　注
1	钢卷尺	3.5m	把	1	
2	电钻	ϕ13mm	台	1	ϕ12mm 钻头
3	焊枪		把	1	
4	信号小工具		套	1	
5	万用表		台	1	
6	手锤		把	1	
7	钢锯		把	1	

（5）设备材料（见表3）。

表3　SEI机柜安装主要设备材料表

序号	名　称	型号	单位	数量	备　注
1	SEI机柜	设计	套	设计	
2	SEI组匣	设计	套	设计	
3	扁平铜缆	$10mm^2$	m	设计	
4	屏蔽电源线	$50mm^2$	m	设计	
5	屏蔽电源线	$6mm^2$	根	设计	
6	屏蔽双绞线	32×0.2mm	m	设计	
7	内部电缆		根	设计	
8	移动连接器		个	设计	
9	铜端头	TM50－8	个	设计	
10	走线槽		架	设计	
11	螺杆	8×10mm	只	30	
12	螺杆	6×10mm	只	60	

2. 组合柜、分线柜施工工艺

（1）工艺流程图（见图4）。

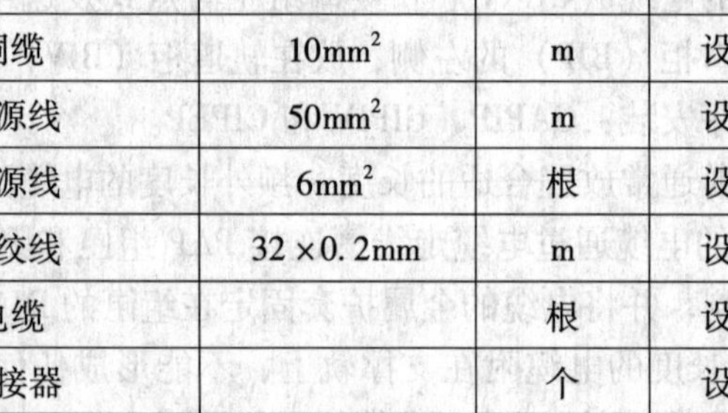

图4　组合柜、分线柜施工工艺流程图

（2）操作要点。

①分线柜、组合柜组装。根据设计图和现场情况制作加工图，按照加工图进行现场组装。

②室内安装固定。分线柜、组合柜的安装位置和安装方式应符合设计要求，固定牢固、横平竖直。分线柜、组合柜规格、端子配置应符合设计要求。在安装前首先根据图纸在安装位置处用电钻在防静电地板上钻直径16mm的孔，作地线连接用。

③电缆安装固定。

a. 电缆引入室内，余量盘放在电缆井内，盘放应采用“U”型，禁止盘放成“O”型，电缆在进入信号机房的引入口处应做屏蔽连接，接至总接地板上。

b. 电缆在分线柜内排列整齐、互不交叉。电缆固定采用直径6mm的U型螺栓，固定在电缆固定板上。电缆固定应顺直、牢固、高度一致。

c. 每1根电缆应将其钢带和铝护套分别用$6mm^2$铜线焊接，焊接处用绝缘胶布绑扎，另一端压铜端头后用螺杆固定在接地板上。

④接地及屏蔽连接。

a. 组合柜接地连接如图5所示，分线柜接地连接如图6所示，在分线柜、组合柜安装位置下的环型地网上就近焊接两根$10mm^2$的铜编织线，长不超过600mm，与柜连接。

b. 分线柜、组合柜与走线槽、走线槽与走线槽均要求用$10mm^2$铜编织线进行电气连接；柜与柜门用$6mm^2$铜线进行电气连接。

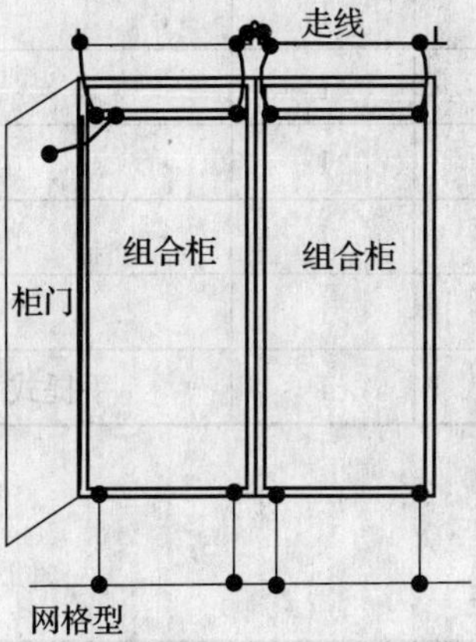

图5　组合柜接地示意图

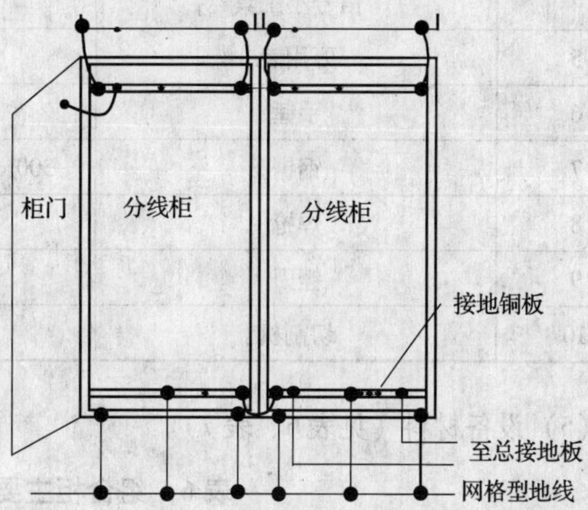

图6　分线柜接地示意图

⑤组合柜、分线柜布配线。配线应按设计图要求进行接配线，布放线条应按先竖后横的顺序进行，线条中间不得有接头或绝缘破损，配线排列整齐、到位准确。WAGO端子不得有上双线的现象。

进柜屏蔽线在柜顶部走线槽内应剥掉外皮露出屏蔽层。所有屏蔽层连接后接至接地板。

（3）劳动力组织（见表4）。

表4　组合柜、分线柜安装劳动力组织表

序号	项　目	单位	人数	备　注
1	组合柜、分线柜组装	柜	2	
2	室内安装	柜	2~3	
3	电缆安装固定	柜	2	
4	接地及屏蔽连接	柜	2	
5	布配线	柜	2	

(4) 机具(见表5)。

表5　组合柜、分线柜安装机具表

序号	名　称	型　号	单位	数量	备　注
1	钢卷尺	3.5m	把	1	
2	电钻	ϕ13mm		1	
3	手枪电钻		台	1	配4、5、6mm钻头
4	信号小工具		套	1	
5	万用表		台	1	
6	手锤		把	1	
7	钢锯	300mm	把	1	
8	焊枪		把	1	
9	锉刀		把	1	
10	切割机		台	1	手提式

(5) 设备材料(见表6、表7)。

表6　组合柜主要设备材料表

序号	名　称	型号	单位	数量	备　注
1	组合柜	设计	套	设计	
2	组合	设计	块	设计	
3	扁平铜缆	$10mm^2$	m	设计	
4	屏蔽铜缆	$6mm^2$	根	设计	
5	铜端头	TM6-6	个	设计	
6	走线槽	45mm×45mm	m	设计	

表7 分线柜主要设备材料表

序号	名　　称	型号	单位	数量	备　注
1	分线柜	设计	套	设计	
2	分体式分线层	设计	块	设计	
3	扁平铜缆	$10mm^2$	m	设计	
4	铜缆	$25mm^2$	m	设计	
5	屏蔽铜缆	$6mm^2$	根	设计	
6	铜板	1500mm × 50mm × 5mm	块	1	
7	WAGO 端子		块	设计	
8	铜端头	TM25 - 6	个	设计	
9	铜端头	TM6 - 6	个	设计	
10	电缆固定卡	U 型	个	设计	
11	走线槽	50mm × 50mm	m	设计	
12	走线槽	45mm × 45mm	m	设计	
13	走线槽	25mm × 25mm	m	设计	

3. 智能电源屏施工工艺

秦沈信号电源屏采用铁路信号智能电源系统，分为车站屏和中继站屏，车站屏由 A、B、C、D 屏、UPS 柜、电池柜组成，中继站屏由 A、B 屏、UPS 柜、电池柜组成。两路输入电源可实现自动、半自动和人工切换，向负载提供稳定可靠的电源。

(1) 工艺流程图（图7）。

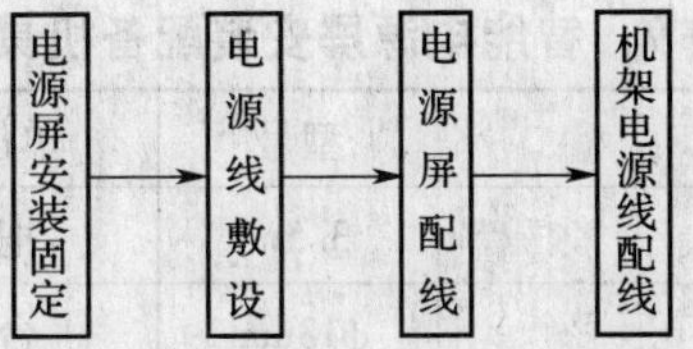

图7 智能电源屏施工工艺流程图

(2) 操作要点。

①安装前的检查及地线准备。

a. 电源屏在安装前应开箱检查：检查电源屏是否符合设计要求和完好。

b. 根据电源屏图纸和说明书进行导通和输入输出端绝缘测试。

c. 检查电源屏的实际安装位置和房建预埋的引线管是否满足设计要求。

②电源屏的安装固定。

a. 先根据电源屏的实际尺寸和设计图纸要求，在地板上画出电源屏的实际安装位置和引线孔的位置，并保证电源屏正、侧面距墙 1.2m，屏间距 1.5m。取下地板，用切割机在地板上画好的位置切割出 150mm × 250mm 的引线孔，电源屏用 $10mm^2$ 的编织铜线与网络地线连接。

b. 电源屏按画好的位置安装就位，旋动电源屏底部四角的支撑脚，使移动轮离地，调平电源屏；将接地铜缆连接到电源屏的接地端子上。

③电源线敷设

a. 电源线敷设应按图进行，所选用的电源线规格、截面积应符合设计规定。

b. 电源线敷设径路：外电网引入由电力配电盘经预埋管道、电源屏引线孔引入A屏，屏间配线从地板下经引线孔引入机柜内；电源输出由地板下从组合侧面引线槽上至走线架，引入组合零层和SEI机柜内。电源线应整齐缓和地敷设在地板内或走线架上，两端留适当长度。电源线敷设完毕应进行导通确认方可进行配线作业。

④电源线配线绑扎

a. 电源屏的外电输入和电源输出配线从地板下绑把，经引线孔引入电源屏内，在电源屏入口处剥掉外皮，拉出屏蔽层，横向编成辫子用$10mm^2$的铜缆连接到网络地线上。

b. 绑把时从线把根部向最远端子方向绑扎，边绑扎边出线，线条引向端子的长度适当，绑把时注意保证最远端子的线始终走在线把外层。

（3）劳动力组织（见表8）。

表8　智能电源屏安装劳动力组织表

序号	项　目	单位	人数
1	安装固定	套	3～4
2	电源线敷设	站	2～3
3	电源屏配线	套	1～2
4	SEI机柜及组合架配线	站	3～4

（4）机具（见表9）。

表9　智能电源屏安装配备机具表

序号	名　称	型号	单位	数量	备　注
1	钢卷尺	3.5m	把	1	
2	电钻	ϕ13mm	台	1	
3	切割机		台	1	
3	焊枪		把	1	
4	小工具		套	1	
5	万用表		台	1	
6	兆欧表	500V	台	1	
7	手锤		把	1	
8	钢锯		把	1	
9	专用压接钳		套	1	
10	WAGO端子专用工具		个	2	

（5）设备材料（见表10）。

表10　智能电源屏安装配备主要设备材料表

序号	名　称	型号	单位	数量	备　注
1	电源屏	设计	套	1	
2	扁平铜缆	设计	m	设计	
3	电源线	设计	m	设计	
4	铜端头	M8－50	个	50	

4．临时限速盘施工工艺

秦沈客运专线列控设备具有临时限速功能，站间限速值160km/h，可由调度中心设定，亦可由车站本地控制台设定，区间临时限速以闭塞分区为限速单位，限速值分为65km/h及30km/h两种。区间及站内临时限速的设定通过设于各车站及中继站的临时限速盘（TSR）实现。

（1）工艺流程图（见图8）。

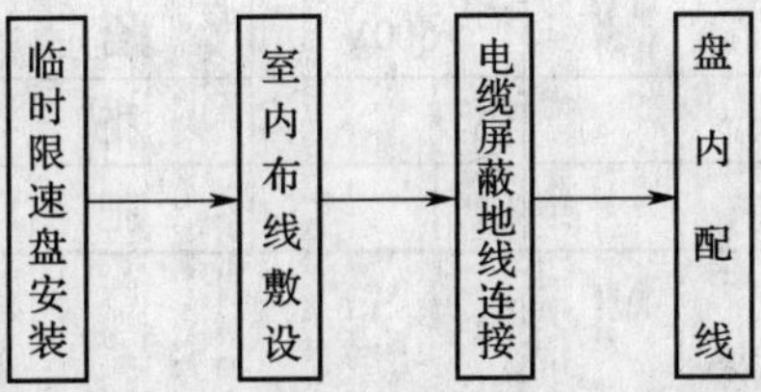

图8　临时限速盘施工工艺流程

（2）操作要点。

①安装前的检查。

a．临时限速盘在安装前应开箱检查：临时限速盘外观有无损伤，各种铭牌、标识是否正确清晰，钥匙、合格证、说明书、随机备件是否齐全；各种按钮、转换开关是否灵活，接触良好，元器件焊接是否牢固。

b．根据临时限速盘图纸和说明书进行导通和输入输出端绝缘测试。

②临时限速盘的安装固定。

a．临时限速盘的实际安装位置应满足设计要求，安装应水平、牢固。

b．据设计图纸及走线钢槽的高度在墙上标出临时限速盘的安装位置，装上5颗6mm的膨胀螺栓，将临时限速盘和走线钢槽固定到位。

③布线应按规定进行。

④地线连接及电缆屏蔽，地线进入临时限速盘后，压接相应的铜端头，连接到临时限速盘的接地端子上。屏蔽双绞线进入临时限速盘后应剥掉外皮，拉出屏蔽层连接到接地端子上。

⑤临时限速盘配线，剥掉屏蔽层的双绞线与电源线分别绑把，进入走线槽电缆铜芯剥出8～10mm，不要弄散铜芯线，插入接线端子。

（3）劳动力组织（见表11）

表 11　临时限速盘施工劳动力组织表

序号	项　　目	单位	人数
1	TSR 安装固定	台	2~3 人
2	电缆及地线敷设	站	3~4 人
3	配线	套	1 人

（4）机具（见表 12）。

表 12　临时限速盘施工机具表

序号	名　　称	型号	单位	数量	备　　注
1	钢卷尺	3.5m	把	1	
2	冲击钻	ϕ9mm	台	1	ϕ6mm，ϕ9mm
3	切割机		台	1	
3	焊枪		把	1	
5	万用表		台	1	
6	兆欧表	500V	台	1	
7	手锤		把	1	
8	钢锯		把	1	

（5）设备材料（见表 13）。

表 13　临时限速盘施工主要设备材料表

序号	名　　称	型号	单位	数量	备　　注
1	临时限速盘	设计	套	1	
2	屏蔽双绞线	设计	m	设计	
3	电源线	设计	m	设计	
4	铜端头	M6－6	个	2	
5	接地线	设计	m	设计	

5. 应急控制台施工工艺

（1）工艺流程：应急控制台安装固定→电源线、串行接口线、接地线、道岔交直流表电源线敷设→应急控制台配线。

（2）操作要点。

①安装前检查和测试。

a. 控制台在安装前应开箱检查：控制台的规格型号是否符合设计规定；外观有无损伤，各种按钮、表示灯是否良好，零部件是否齐全；控制台的合格证、说明书、随机备件是否齐全；各种限速开关是否灵活。检查控制台盘面与图纸是否相符。

b. 控制台安装位置是否符合设计要求；房建在地沟处是否预留引线口

②控制台的安装位置、方向应符合设计规定。安装应端正、平直、牢固。

③电源线、串行接口线、接地线、道岔交直流表电源线敷设。电源线、串行接口线、接地线、道岔交直流表电源线敷设应按图进行，规格、型号、截面积应符合设计规定。电源线敷设径路：控制台的电源是经 CTC 供电。从 CTC 经防静电地板下接向控制台电缆地沟内引向控制台。串行接口线的敷设径路同电源线。接地线的敷设径路：接地线从信号机房地网引入控制台。道岔交直流表电源线敷设径路：从电源屏经控制台电缆地沟引入控制台内，再从控制台经电缆地沟引至组合架零层。电源线、串行接口线敷设完毕应进行导通确认方可进行配线作业。

④控制台配线。电源线及串行接口线从控制台的走线槽内引到上线端子处。电源线及串行接口线做头插入 WAGO 端子。接地线从电缆地沟内引入控制台，用压线钳把铜端头压好后连到控制台的接地螺栓上用螺帽固定。(控制台左右各 1 根)。

(3) 劳动力组织（见表 14)。

表 14　应急控制台施工劳动力组织表

序号	项　目	单位	人数	备　注
1	控制台安装固定	台	3~4	
2	电源线、串行接口线、接地线敷设、道岔交直表电源线敷设	站	3~5	
3	控制台配线	套	1	

(4) 机具（见表 15)

表 15　应急控制台施工配备机具表

序号	名　称	型号	单位	数量	备　注
1	钢卷尺	3.5m	把	1	
2	冲击钻	ϕ16	台	1	ϕ12 钻头 1 个
3	信号小工具		套	1~2	
4	万用表		台	1	
5	钢锯		把	1	
6	压线钳		把	1	

(5) 设备材料（见表 16)

表 16　应急控制台施工配备主要设备材料表

序号	名　称	型号	单位	数量	备　注
1	控制台	设计	台	1	
2	电源线	设计	m	设计	
3	串行接口线	设计	m	设计	
4	膨胀螺栓	M10×120	根	4	
5	铜端头	M8×25	个	2	
6	接地线	设计	m	设计	

6. 18 号和 38 号道岔跳线施工工艺

（1）工艺流程图（见图 9）。

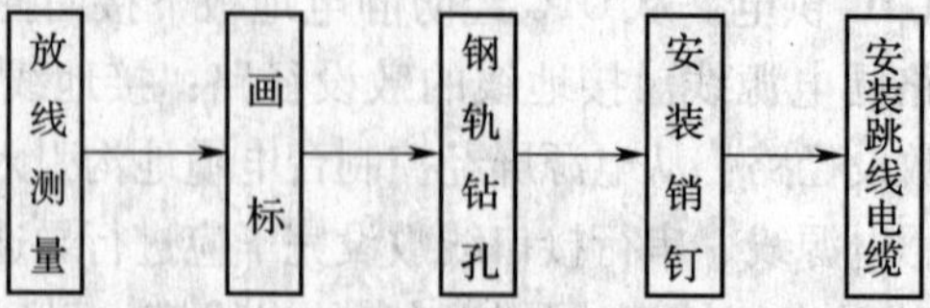

图 9　道岔跳线施工流程图

（2）操作要点。

①放线测量。

a. 放线测量应遵循的原则：

（a）道岔跳线在道岔区域应均匀布置；道岔跳线之间的最大间距为 24m。

（b）绝缘节附近道岔跳线应尽可能靠近绝缘节，但 2 者之间的最小距离为 1m。道岔跳线与补偿电容或补偿调谐单元之间最小距离原则上为 1m，特殊情况需另行处理。

（c）当道岔跳线的位置与补偿元件的位置矛盾时，对道岔跳线的位置可在 1m 范围内调整。

（d）绝缘节附近的跳线要采用交叉延长方式安装（其长度不得小于 1. 5m）。

（e）在道岔的活动范围内不可安装道岔跳线。

b. 对道岔进行实际测量，岔前部分测量以极性绝缘为基本点。

c. 极性绝缘和岔后绝缘采用交叉连接方式

②在测量时按测量的位置用油漆在钢轨上划标。

③在划标处用手锤和点眼冲点上印，然后用专用电机钻孔每间隔一段规定时间（3 ~ 4 秒左右）往钻头上喷一次润滑油。

④安装销钉：钻孔后，用倒角器在孔口倒角，并用清洁布，在孔中小心擦拭。采用液压拉力钳安装 M10 不锈钢销钉。

⑤安装 $70mm^2$ 护套电缆：

a. 首先检查电缆外皮是否破损，然后按实际长度截取护套电缆，采用专用液压钳压接 $70mm^2\phi10mm$ 铜端头。

b. 把压接好的护套电缆两端连接到 M10 不锈钢销钉上，上好垫片，螺母采用扭矩扳手紧固（扭矩扳手扭矩调到 50Nm）。

c. 电缆过轨处用过道卡进行安装固定。

d. 活动岔心钢轨接头处用长 900mm 钢丝绳进行电气连接。

（3）劳动力组织（见表 17）

表 17　道岔跳线施工劳动力组织表

序号	项　目	单位	人数	备　注
1	现场测量	组	3 ~ 4	
2	钢轨钻孔	组	3	
3	安装 M10 不锈钢销钉	组	2	
4	安装 $70mm^2$ 护套电缆	组	4 ~ 6	包括安装水泥枕、卡具

（4）机具（见表18）。

表18　道岔跳线施工机具表

序号	项　　目	单位	型号	数量	备　　注
1	钢轨钻孔机	台	设计提供	1	
2	液压拉力钳	把	设计提供	1	
3	扭矩扳手	把	设计提供	1	
4	手锤	把		2~3	
5	点眼冲	把		1	
6	小工具	套		1~2	

（5）设备材料（见表19）。

表19　道岔跳线施工主要设备材料表

序号	名　　称	规格	单位	数量	备　　注
1	护套电缆	$70mm^2$	m	41.8~43	
2	不锈钢销钉	M10	个	32	
3	各种卡具		个	60	平卡，正反卡，过道卡
4	PVC管	25~35mm	m	3~5	
5	油漆	调和漆	kg	0.1	

7．机械室接地系统施工工艺

秦沈客运专线信号接地系统与以往信号设备接地方式有本质的区别，其中信号机械室内采用网格型地线、环形地线进行接地连接。

（1）工艺流程图（见图10）。

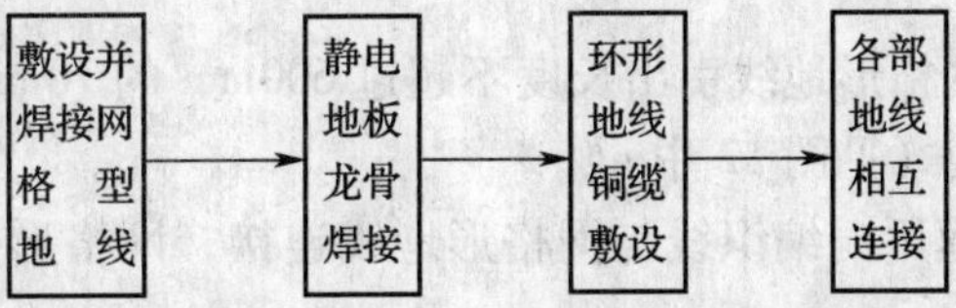

图10　机械室接地系统施工工艺流程图

（2）操作要点。

①敷设网格型地线。

a．先用$50mm^2$裸铜线沿机械室四周墙边敷设一个环形，将接头处焊接牢固。

b．从一边开始每隔1m敷设1根（最大距离为1m，可以小于1m，但绝对不能大于1m）。

c．相邻的另一边也同样每隔1m敷设1根，并使之交叉成网格型（见图11）。

d．将每一个交叉点绑扎后焊接牢固。

②防静电地板支架焊接。用电焊机将防静电地板的支架与和它相连接的支撑钢条焊接成为一个整体，并将支架与离它最近的网格型地线用铜芯线绑接在一起。

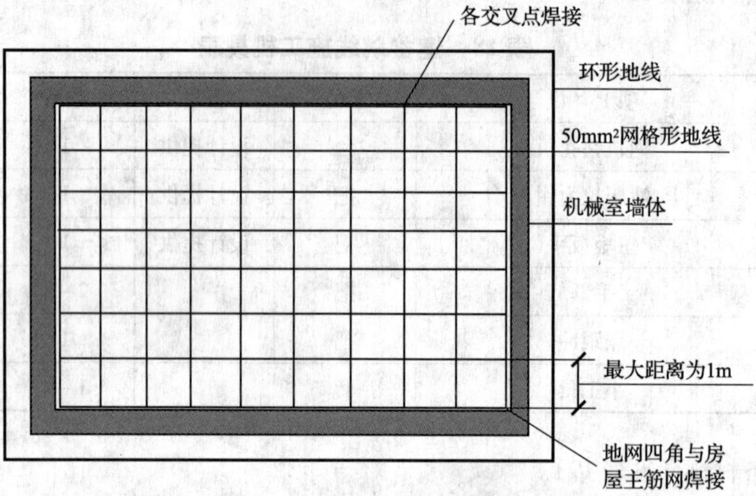

图 11　网格形地线敷设

③敷设环形地线。沿机械室地基周围敷设 1 条 50mm^2 裸铜缆，埋设深度不小于 1.2m，电缆中间不得出现接头，首尾焊接在一起形成一个闭合的环状。

④地线的连接。

a. 总接地板。在电缆引入口上方设置 1 块总接地板（见图 12 中 a），进入机械室的电缆在引入口处剥开电缆外护套，在电缆钢带上焊接 6mm^2 铜缆引至总接地板。

b. 分线盘接地板。室外电缆引至分线盘后，钢带和铝护套分别焊接 6mm^2 引接线，压接 ϕ10 端头连接至分线盘接地板。分线盘接地板通过 25mm^2 的铜缆与总接地板相连（见图 12 中 b）。

c. 网格形地线的连接

（a）网格形地线四角与机械室地基主钢筋网焊接在一起（见图 12 中 c）。

（b）分线盘及组合架柜体通过两根 10mm^2 铜编织线焊接至网格形地线，柜体一端压接端头用螺丝固定（见图 12 中 f）。

（c）在 SEI 机柜下网格形地线引出长度不超过 600mm 的 10mm^2 铜编织线，机柜通过专用连接线与铜编织线连接（见图 12 中 e）。

（d）电源屏地脚螺丝用铜编织线与网格形地线连接，网格形地线端焊接，地脚螺丝端压接端头（见图 12 中 g）。

（e）网格形地线与环形地线连接采用 25mm^2 铜缆，在墙体上打洞穿入室内焊接（见图 12 中 d）。

⑤其他连接

SEI 机柜顶端与走线槽采用 10mm^2 铜编织线连接，要求在走线槽顶端上在同一螺丝上。

各种机柜门要求全部可靠接地，即用 6mm^2 电源线压接端头把柜门与柜体连接牢靠。

BEC 接地铜缆通过两根 35mm^2 裸铜缆与总接地板连接在一起，BEC 端焊接，总接地板端压端头固定。

总接地板引一根 10mm^2 铜缆通过防雷元件接至机械室旁扼流变压器中点。

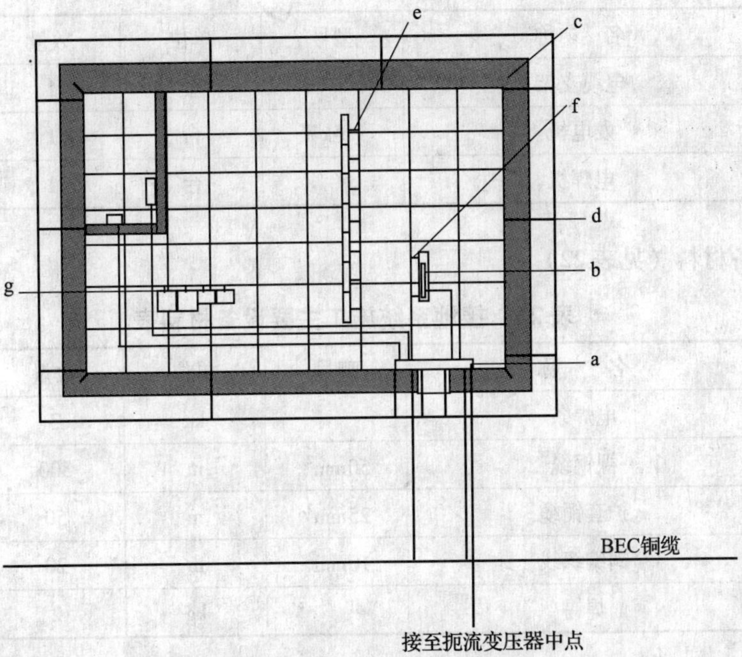

图 12　网格形地线的连接

（3）劳动力组织（见表20）。

表 20　接地系统施工劳动力组织表

序号	项　目	单位	人数	备　注
1	网格形地线敷设焊接	站	3～4	
2	防静电地板骨架焊接	站	2	
3	环形地线敷设	站	3	
4	地线连接	站	2	

（4）机具（见表21）。

表 21　接地系统施工机具表

序号	名　称	型号	单位	数量	备　注
1	喷灯		把	5	
2	锹镐		套	1	
3	电工工具		套	2	
4	液压钳	专用	把	1	
5	钢锯		把	2	
6	烙铁		把	1	

续表21

序号	名　　称	型号	单位	数量	备　　注
7	电缆支架		套	1	
8	发电机	1.5kW	台	1	
9	电焊机		台	1	

（5）设备材料（见表22）。

表22　接地系统施工主要设备材料表

序号	名　　称	型号	单位	数量	备　　注
1	电焊条		kg	3	
2	裸铜缆	$50mm^2$	m	300	
3	护套铜缆	$25mm^2$	m	50	
4	铜编织线	$10mm^2$	m	20	
5	焊锡		kg	2	

8．等电位线施工工艺

秦沈客运专线UM2000自动闭塞区段设置等电位线来平衡上、下行两线间的电位，它分为完整等电位线和简单等电位线两种形式。

（1）工艺流程图（见图13）。

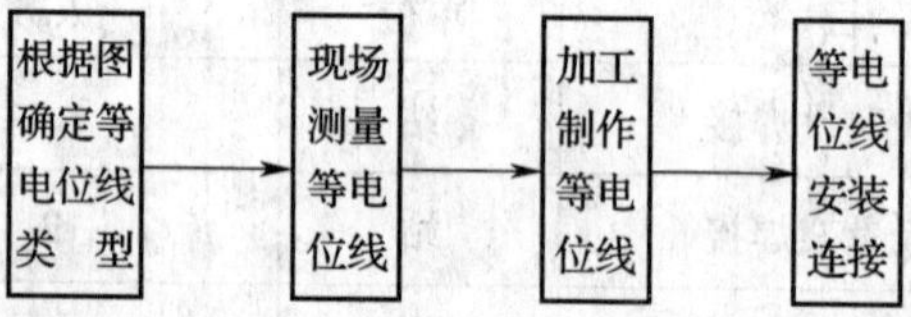

图13　等电位线施工工艺流程图

（2）操作要点。

①依据设计文件，确定等电位线的类型和设置方式。

②根据等电位线的类型和设置方式进行现场测量。

a．等电位线设置于并置区间点或2个电气绝缘节之间距离小于90m的差置区间点时，连接线长按两信号点SVAC的中点间距离计算。

b．设置于区间差置点两个绝缘节之间距离大于90m时，需在对面轨道上增设600A扼流变压器，连接线长按SVAC中点和扼流变压器中点间距离计算。

c．等电位线设置于有绝缘轨道电路区段时，连接线长按两扼流变压器中点间距离计算。

③根据现场测量数据进行加工制作。

④等电位线的安装与连接。

a．等电位线的防护参照《电号9604》标准图执行。

b．需增设扼流变压器时，要求扼流变压器距机械绝缘节或SVAC不小于50m，距补偿电容不小于20m。

(3) 劳动力组织（见表23）。

表23　等电位线施工劳动力组织表

序号	项　目	单位	人数	备　注
1	扼流变压器安装	处	2	
2	埋设等电位线	处	2	
3	等电位线连接	处	1	
4	施工防护	处	1	

(4) 机具（见表24）。

表24　等电位线施工机具表

序号	名　称	型号	单位	数量	备　注
1	钢卷尺	50m	把	1	
2	锹镐		套	2	
3	液压钳	专用	把	1	
4	个人电工工具		套	1	
5	钢锯		把	1	

(5) 设备材料（见表25）。

表25　等电位线施工主要设备材料表

序号	名　称	型号	单位	数量	备　注
1	扼流变压器	600A	台	1	
2	扼流变压器连接线	长短各一根	套	1	1800mm一根、3800mm一根
3	扼流变压器基础		对	1	
4	连接线过轨卡具		个	1	
5	接地铜缆防护管	PVC管	m	3	内径不小于30mm
6	接地铜缆压接端头	$70mm^2\phi10mm$	个	1	
7	信号锁		把	1	
8	小枕木		块	2	
9	基础螺母		个	4	
10	接地铜缆	$70mm^2$	m	现场定	
11	接地铜缆	$10mm^2$	m	现场定	
12	接地铜缆	$25mm^2$	m	现场定	
13	电缆槽	直型80mm	m	现场定	

9. 机械绝缘节处轨道电路设备施工工艺

（1）工艺流程图（见图14）。

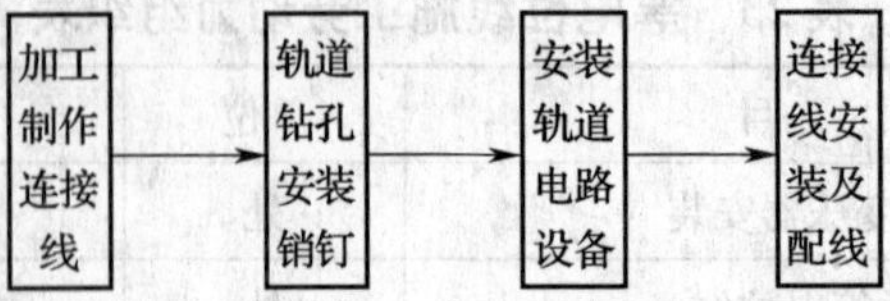

图14　轨道电路设备施工工艺流程图

（2）操作要点。

①按标准加工各类连接线。

②TAD至BA、BA至BE、BE至BE之间的连线均要用PVC管进行防护。

③用专用电钻给轨道钻孔，钻孔每间隔一段时间（3~4s左右）往钻头上喷1次润滑油。

④安装销钉。钻孔后，用倒角器在孔口倒角，并用清洁布，在孔中小心擦拭。采用液压拉力钳安装M10不锈钢销钉。

⑤按标准进行轨道电路设备安装，不得侵限。

（3）劳动力组织（见表26）

表26　轨道电路设备施工劳动力组织表

序号	项　目	人数	备　注
1	加工制作连接线	2	以进站口为例
2	安装机械绝缘处轨道器材	4	
3	轨道打眼	3	
4	连接电缆配线	2	
5	防护	2	

（4）机具（表27）

表27　轨道电路设备施工机具表

序号	名　称	型号	单位	数量	备　注
1	液压钳及各种模具		套	1	厂家提供及自购
2	电钻及钻头		套	1	
3	钢卷尺	3.5m	把	2	
4	锹镐		把	2	
5	各种电工具		套	2	
6	防护用品		套	1	

（5）设备材料（见表28）。

表28　轨道电路设备施工主要设备材料表

序号	名　称	规　格	单位	数量	备　注
1	调谐单元	BAF1、F2	台	各1	
2	匹配单元	TAD430－1	台	2	
3	空心线圈	SVA	台	2	
4	轨道连接线	L1、L2、$70mm^2$	套	各2	L1＝4200mm，L2＝6200mm
5	扼流变压器	BE－800/25	套	2	含连接线及水泥枕
6	连接线	$7.4mm^2$	m	8	为一处总长
		$70mm^2$	m	41	同上
		$35mm^2$	m	0.72	同上
7	铜端头	ϕ10～12/200－300A	个	32	
		ϕ6/60－80A	个	4	
8	塞钉		套	4	
9	卡具		套	16	其中平卡4套，过道卡套个，正反卡8套
10	水泥枕		块	11	其中2柱2块，4柱5块
11	单体盒		个	2	
12	双体盒		个	2	
13	PVC管		m	25	用于防护各种连接线

10．电气绝缘节处轨道电路设备施工工艺

（1）工艺流程图（见图15）。

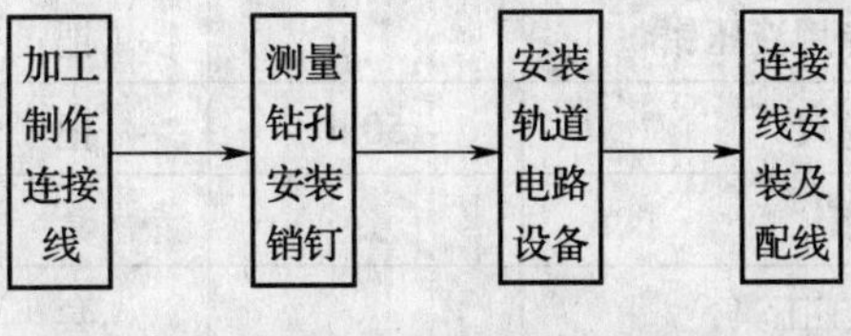

图15　电气轨道电路设备施工流程图

（2）操作要点。

①按标准加工各类连接线。

②连接好设备装入防护盒，在防护盒上标明设备名称、编号、频率及使用地点等。

③核对调谐区坐标及调谐区长度：按照图纸设计坐标确定调谐区中心坐标（即SVAC的位置），从SVAC向两边量9.6±0.2m（桥上为10.2±0.2m）确定两边BU的位置，并保证BU至BU长度为$19.2^{+0.1}_{-0}$m（桥上为20.4＋0.1m）。根据计算的补偿半节距分别向两边量出

相应距离确定 DB 位置。

④根据确定好的调谐区长度及位置在一条钢轨上钻孔，然后用方尺确定另一条钢轨上钻孔位置，以确保两个孔在同一坐标。用专用电钻给轨道钻孔，钻孔每间隔一段时间（3~4秒左右）往钻头上喷 1 次润滑油。

⑤安装销钉。钻孔后，用倒角器在孔口倒角，并用清洁布，在孔中小心擦拭。采用液压拉力钳安装 M10 不锈钢销钉。

⑥按标准进行轨道电路设备安装和配线，不得侵限。

⑦在距 SVAC 两端规定的地方安装禁止停车标志牌，并按照行车方向装设正向和逆向信号点号码牌。标志牌埋深大于 1.0m。

（3）劳动力组织（见表 29）。

表 29　电气轨道电路设备施工劳动力组织表

序号	项　目	单位	人数	备　注
1	核对调谐区坐标及长度	处	2	
2	轨道钻孔、安装塞钉	处	2	
3	各种连接线预配	处	2	
4	设备安装	处	6	
5	埋设标志牌	块	2	

（4）机具（见表 30）。

表 30　电气轨道电路设备施工机具表

序号	名　称	型号	单位	数量	备　注
1	电钻及钻头	专用	套	1	
2	液压钳及模具	专用	套	2	
3	扭力扳手		把	1	
4	安装塞钉专用液压钳		把	1	
5	钢卷尺	50m	把	1	
6	锹镐		套	3	
7	各种电工工具		套	3	
8	钢锯		把	1	
9	喷灯		把	1	
10	烙铁		把	1	
11	压线钳	7.4mm² 专用	把	1	
12	压线钳	10mm² 用	把	1	
13	液压钳及模具	25mm² 用	把	1	
14	兆欧表	1000V	块	1	

（5）设备材料（见表31）。

表31　电气轨道电路设备施工主要设备材料表

序号	名　称	规格	单位	数量	备　注
1	匹配变压器	TAD430	台	2	
2	空心线圈（SVAC）		台	1	
3	通用调谐单元（BU）	根据图纸	台	2	
4	补充调谐单元	根据图纸	台	2	
5	防雷单元		台	1	
6	变压器箱	根据图纸	台	1	
7	变压器箱基础		对	1	
8	基础螺母	$\phi12$	个	4	
9	平垫、弹簧垫	$\phi12$	个	各4	
10	单体防护盒		套	1	
11	信号锁		把	3	
12	复合材料防护罩		套	5	
13	塞钉		套	10	
14	冷却剂		罐	1	
15	细铁线		kg	0.1	
16	麻袋片		kg	1	
17	电源线	$6mm^2$多股	m	4	
18	端头	$70mm^2$ $\phi13$	个	10	
19	端头	$70mm^2$ $\phi10$	个	10	
20	端头	$25mm^2$ $\phi10$	个	1	
21	端头	$10mm^2$ $\phi6$	个	1	
22	端头	$10mm^2$ $\phi10$	个	1	
23	端头	$6mm^2$ $\phi10$	个	2个/根电缆	
24	端头	$7.4mm^2$ $\phi10$	个	4	
25	接线片	$7.4mm^2$	个	4	
26	调谐区标志牌	根据图纸	个	2	
27	绝缘胶		kg	1	
28	低温焊料		kg	0.1	
29	油画笔		支	1	
30	调和漆	灰	kg	0.2	

续表31

序号	名　称	规格	单位	数量	备　注
31	小枕木		块	14	
32	电子辐射防护管	特制	套	1	
33	电源线	$70mm^2$	m	8	
34	电源线	$7.4mm^2$	m	56	
35	电源线	$25mm^2$	m	具体测量	
36	电源线	$10mm^2$	m	6	
37	焊锡		kg	0.1	

11. BSP数字点式设备安装调试工艺

秦沈客运专线设置BSP数字点式环线用以向机车发送载频切换、绝对停车等控制信息。

(1) 工艺流程图（见图16）。

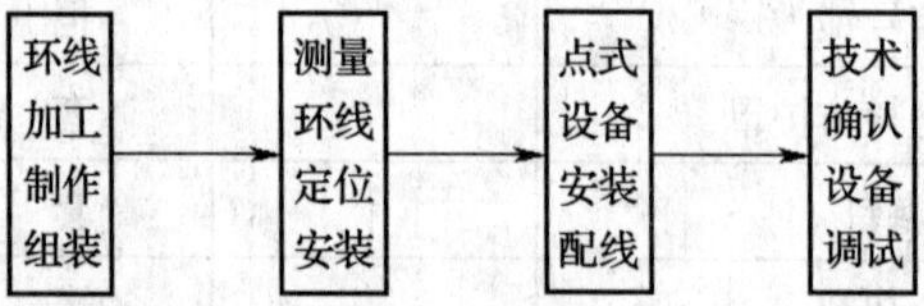

图16　BSP数字点式设备安装调试工艺流程图

(2) 操作要点。

①按标准长度加工制作环线并组装，组装前检查电子辐射管、各种弯头、热缩材料有无缺损，电缆线径是否正确，长度是否合适。

②根据设计图确定环线安装位置，在钢轨上安装固定卡具，按照标准宽度埋设固定用小枕木，要求其成两条直线排列。

③将组装好的环线固定在线路上，要求靠近钢轨一侧的环线高于钢轨底部30mm。

④安装点式防护盒及点式发送变压器，电缆留两米备用量，盘成“Ω”状，严禁盘圈。

⑤按照配线图将环线及电缆线配至相应端子，余量弯成“Ω”型。

⑥对安装好的环线进行技术确认，检查安装位置、接配线、电气性能和两个环线的电流方向。

⑦调试。

a. 在技术确认和室内相关设置已完成的情况下方可进行调试。

b. 接通电源，室内CEP板上左半环和右半环表示灯亮，SILAM中CEP板为绿色。

c. 室外断开左半环，室内CEP板上左半环表示灯熄灭，SILAM中CEP板为红色。室外接通左半环，室内CEP板上左半环表示灯重新点亮，SILAM中CEP板为绿色。

d. 室外断开右半环，室内CEP板上右半环表示灯熄灭，SILAM中CEP板为红色。室外接通右半环，室内CEP板上右半环表示灯重新点亮，SILAM中CEP板为绿色。

e. 用万用示波器测量半环环线电流，应超过750mA（峰峰值），保证机车可靠接收。测量TAD125输入电压应低于120V（峰峰值），符合TAD125的最大输入功率要求。

f. 用滤波箱测量62.5kHz分量和125kHz分量正确。用BSP解调器和移动PC读取2个半环发送信息正确。

（3）劳动力组织（见表32）。

表32　BSP安装调试劳动力组织表

序号	项　目	单位	人数	备　注
1	环线组装	处	2	
2	环线定位、安装	处	2	
3	点式变压器安装及配线	处	1	
4	技术确认、设备调试	处	2	

（4）机具（见表33）。

表33　BSP安装调试机具表

序号	名　称	型号	单位	数量	备　注
1	万用示波器		台	1	
2	滤波器箱		台	1	
3	BSP解调器		台	1	
4	移动PC		台	1	
5	钢卷尺	50m	把	1	
6	钢卷尺	5m	把	1	
7	锹镐		套	1	
8	各种电工工具		套	2	
9	钢锯		把	1	
10	喷灯		把	1	
11	烙铁		把	1	
12	压线钳	7.4mm^2专用	把	1	
13	兆欧表	1000V	块	1	
14	指南针		个	1	
15	电池组	12V	组	1	

（5）设备材料（见表34）。

表 34　BSP 安装调试主要设备材料表

序号	名　称	规格	单位	数量	备　注
1	电源线	$6mm^2$	m	45	
2	电子辐射防护管		套	1	
3	单体防护盒		套	1	
4	点式发送变压器	TAD125	台	1	
5	胶带	2mm	个	1	
6	环线固定卡具	专用	套	1	
7	铁线	4	m	8	穿线用
8	小枕木（包含固定卡具）	定做	块	15	两块长螺杆
9	胶粘带		盘	1	
10	焊锡		kg	0. 1	
11	信号锁		把	2	
12	低温焊料		根	1	
13	电源线	$6mm^2$	m	2	
14	细铁线		kg	0. 1	
15	麻袋片		kg	0. 1	

12. 贯通地线接续施工工艺

秦沈客运专线采用 $25mm^2$ 铅护套多股铜缆作为全程贯通地线，其直型接续采用铜管压接技术，外护套采用热缩套管防护；分支形接续采用“T”字形焊接技术，外护套采用开启型热缩套管防护。

（1）工艺流程图（见图 17）。

挖接续作业坑 → 贯通或分支接续 → 施工现场清理恢复

图 17　贯通地线接续施工工艺流程图

（2）操作要点。

①开挖接续作业坑，宜在接续位置正中开挖，坑深与电缆沟底水平，大小以方便接续作业为准。

②贯通地线直形接续。

a. 清洁铜缆接续两端各 0. 5m 范围，用钢锯在距铜缆端头 30mm 处对铜缆铅护套作环状锯口，用电工刀横向剖切铅护套，将铅护套剥掉。用接续材料中砂纸打磨铜缆芯线，去掉芯线表面氧化层。

b. 接续时，将内径 20mm、长 300mm 的热缩套管套入一端铜缆中，将处理完毕后的铜缆端头穿入内径 7mm、长 60mm 的紫铜管内（接续材料附料），用专用液压钳压接牢固；然后将另一端穿入铜管压接结实。

c. 密封时，在铜缆接续铜管处从左向右缠绕1层石棉带将之密封，用胶带固定；将内径13mm、长110mm的铅衬套放置于铜缆铅护套上，将接续头处完全包裹后用粘胶带固定；将热缩管套入接续位置，使接续点正处在热缩管中间，铅护套两端做好标记后移开热缩管；用砂布将热缩管接触部分铜缆打毛清洁，分别在距铜管中心约135mm处缠绕铝箔；移回热缩管并用喷灯。

在热缩管中间作环状均匀加热，待中间部分完全收缩后逐渐向两端移动加热，直至端口有胶溢出。

③分支接续。

a. 清洁铜缆接续处两端各0.5m范围。在贯通铜缆分支接续处量出100mm，用钢锯对铜缆铅护套作环状锯口，用电工刀作横向剖切把10cm铅护套剥掉，露出铜缆芯线。用电工刀将分支地线（25mm^{2}聚乙烯护套电缆）拨开100mm，露出芯线。两者芯线均用砂纸打磨去掉氧化层。

b. 接续时，将分支接地铜缆与干线贯通铜缆接续处水平并接，用直径1.0mm镀锌铁线分别在首尾处缠绕3~5圈，绑扎牢固。将烙铁加热对接续部位挂锡，使焊锡能充分渗透到铜缆芯线中，并使焊接表面光滑无毛刺。

c. 密封时，待焊锡冷却后，用石棉带从左向右包扎接续处并用胶粘带固定。将内径20mm、长150mm的铅衬套安装在接续部位，清洁铅护套；将接头材料中的热熔胶带叠成条状夹在铜缆分歧根部。将开启型热缩套管包裹接续位置，使接续点处于热缩管中间，在热缩套管两端缠绕铝箔后，合上钢卡。用喷灯均匀加热钢卡，使钢卡内热熔胶条完全扩张两边露出白线后，再从中间向两端慢慢均匀加热，直至两端有胶溢出。

④回填。

将接续处冷却30min后，进行绑扎，用直形电缆复合槽将接续处防护好，铜缆余量在接续处一端呈“Ω”状盘好，回填接续作业坑；在接续处正上方埋设地线接头标。清扫施工现场。

（3）劳动力组织（见表35）。

表35　贯通地线接续施工劳动组织表

序号	项　目	单位	人数	备　注
1	铜缆直线接续	处	1	
2	铜缆分支接续	处	1	

（4）机具（见表36）。

表36　贯通地线接续施工机具表

序号	名　称	型号	单位	数量	备　注
1	专用液压钳		把	1	
2	喷灯		个	1	
3	锯弓		把	1	

续表 36

序号	名　称	型号	单位	数量	备　注
4	钢卷尺	3m	个	1	
5	信号专用工具		套	1	
6	锹镐		套	1	

（5）设备材料（见表37）。

表37　贯通地线接续施工主要设备材料表

序号	名　称	型号	单位	数量	备　注
1	接头材料	直形或分支	套	1	
2	接续标桩		块	1	
3	直形电缆复合槽		套	1	
4	焊锡丝		盘	1	
5	镀锌铁线	1.0mm		若干	
6	汽油			若干	

13. 补偿电容施工工艺

补偿电容是UM2000型数字轨道电路的组成部分，它采用22μF电容量并根据轨道电路的载频决定其补偿步长。

（1）工艺流程图（见图18）。

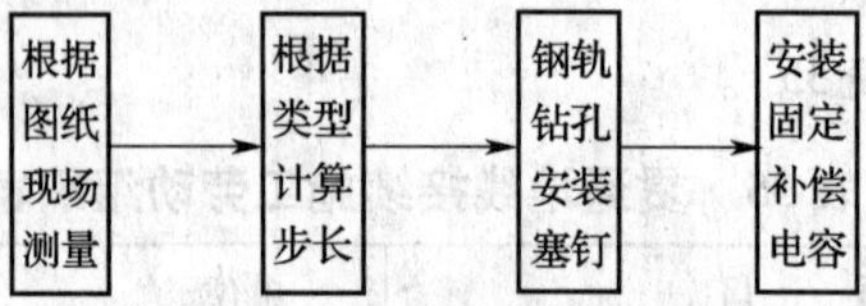

图18　补偿电容施工流程图

（2）操作要点。

①审核施工图纸，核查闭塞分区的频率及实际长度，并进行现场测量。

②根据测量的实际分区长度和轨道电路类型计算出补偿电容步长。

③根据计算结果确定C1～Cn的分区内坐标位置，在原钢轨用白油漆做好标记。应注意尽量不根据计算结果重新拉尺，否则会因每尺的误差使最后节距长度超出误差范围。

④钢轨钻孔、安装塞钉，如果标记的位置钻孔困难，允许有正负300mm误差。钻孔完毕应立即打入塞钉。塞钉应从外向内打入，露出部分应不小于11mm。

⑤电容安装时，电容防护盒尽可能靠近枕木，并背着列车运行方向。

（3）劳动力组织（见表38）。

表38　补偿电容施工劳动力组织表

序号	项　目	人数	备　注
1	核对调谐区坐标及闭塞分区长度	2	应有现场技术人员参加
2	轨道钻孔、安装塞钉	4	
3	电容支架组装	1	
4	补偿电容安装	2	
5	施工防护人员	2	

（4）机具（见表39）。

表39　补偿电容施工机具表

序号	名　称	型号	单位	数量	备　注
1	电钻		台	1	
2	发电机	1.5kW	台	1	
3	电动砂轮机		台	1	
4	塑料水桶		个	1	
5	单轨车或平板车		台	1	
6	钢卷尺	50m	把	1	
7	锹镐		套	1	
8	各种电工工具		套	1	
9	扳手	375mm	把	1	
10	钻头	$\phi 7.1$	根	10	
11	手锤		把	1	
12	过眼冲子		把	1	
13	油画笔	小号	支	1	

（5）设备（见表40）。

表40　补偿电容施工主要设备材料表

序号	名　称	规格	单位	数量	备注
1	电容支架	专用	套	1	秦沈线订制
2	补偿电容	22μF	个	1	
3	电容销钉	M6	套	2	包含螺母、垫片等

续表 40

序号	名　称	规格	单位	数量	备注
4	电容引接线卡具	专用	套	2	
5	白油漆		kg	0.5	定测电容坐标用
6	汽油		kg	若干	
7	黄油		kg	若干	

14. UM2000 无绝缘数字轨道电路调试工艺

(1) 工艺流程图（见图 19）。

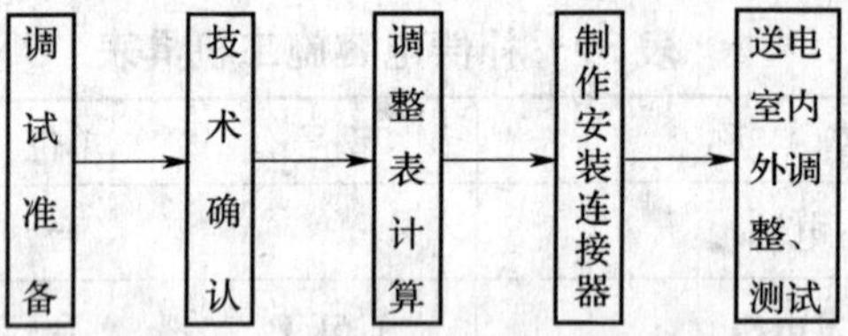

图 19　UM2000 电路调试工艺流程图

(2) 操作要点。

①调试准备。在调试 UM2000 轨道电路前必须确保室内外设备已安装到位，室内列控连锁一体化系统已完成软件调试，电源屏工作正常。轨道柜与接口柜、接口柜与连锁柜之间的连接和调试已完成。

②技术确认。在调试准备工作完成后，进行技术确认，主要是对轨道电路的长度、频率、送受端的电缆长度、轨道电路两端的绝缘类型、轨道电路所在的位置（是否在站内、有无道岔、钢轨类型）等技术参数进行确认并填表。每个轨道电路做 2 张技术确认表格（每端 1 张）。

③调整表计算。根据技术确认表提供的各种参数进行轨道电路调整表的计算，将轨道电路的各种参数根据调整表计算软件的要求输入到计算软件中，计算出轨道电路的模拟电缆的连接端子和接收发送的连接端子。

④制作安装连接器。根据调整表计算出的结果，制作轨道电路两端的模拟电缆连接器和接收器、发送器的连接器，将制作好的四个连接器安装到轨道柜（BIP）的对应轨道组盒（PIV）上（1 个组盒 2 个轨道区段），插入相应的“看门狗”和到分线盘及 PIP 柜的连接器。

⑤送电室内外调整、测试。

a. 断开 SEI 机柜内熔丝，闭合电源屏输出开关，测量 SEI 机柜内各部分电压、极性应正确无误。否则检查电源配线。

b. 接通 PIV 电源，然后启动 PIP、PAP 及 SILAM，观察轨道电路状态。

在正常情况下，SILAM 中代表轨道电路的线段为绿色，代表方向的箭头只有 1 个。PIV 中发送板 CEC 上 3 个表示灯均为绿色，接收及回读板 CRR 上 3 个表示灯均为黄色，方向板点亮两个表示灯，否则根据不同情况作相应调试。

c. 轨道测试。轨道电路工作正常后，要对轨道电路进行测试：

（a）室内部分需测试：

发送电压Uem；发送端模拟电缆输出电压LF TR U_{LFS}；发送端电流Iem；接收端模拟电缆输入电压LF Rec U_{LFS}；接收端模拟电缆输出电压U_{V1V2}；接收板输入电压U_{R1R2}。

（b）室外部分需测试：

发送端轨面电压U_{VE}；接收端轨面电压U_{VR}；轨道最小短路电流I_{CC}min。

在一个方向测试完毕后，若系统无法转换轨道电路方向，则用轨道电路方向模拟板更换下该轨道电路方向板，转换轨道电路方向，重新测试上述参数并做好记录。

（3）劳动力组织（见表41）。

表41　UM2000电路调试劳动力组织表

序号	项　目	单　位	人数	备　注
1	调试准备	区段	1	
2	技术确认	区段	2	
3	调整表计算	区段	1	
4	制作安装连接器	区段	1	
5	送电室内外调整、测试	区段	3	

（4）机具（见表42）。

表42　UM2000电路调试机具表

序号	名　称	型号	单位	数量	备注
1	轨道电路分路器	专用	根	1	
2	VS190	带表线	套	1	
3	轨道电路方向模拟板	专用	块	1	
4	插针	专用	根	1	
5	电工工具		套	1	

15. 车站SEI列控连锁一体化系统调试工艺

本调试是在SEI系统软件安装完成，采用分别试验、系统调试的方法。按照施工设计图纸中单元电路的设计原理和单元电路的动作程序，分别对电源屏、SEI机柜及组合柜中的继电器动作等进行调试。在调试前应对机械室室内设备安装进行技术确认。

（1）工艺流程图（见图20）。

（2）操作要点。

①根据审核后的施工图对室内设备的配线进行导通，重点是到SEI各柜的配线，保证室内配线正确、无错配、漏配等现象。

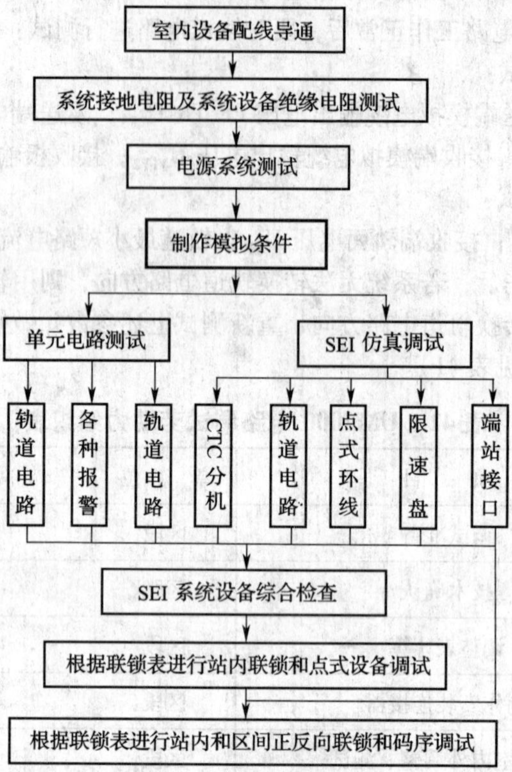

图 20　车站一体化系统调试工艺流程图

②对系统设备接地和绝缘进行全面检查和测试，确保系统工作在同一等电位上。

③对电源屏进行空载通电试验，检查各路电源输出及切换电路是否正常，然后检查各组合柜及 SEI 机柜电源输入正确，无短路、混电、接地等故障。

④制作模拟条件。

a. 制作道岔模拟表示条件。18 号、38 号道岔均使用 S700K 电动转辙机，动作电源为三相交流 380V，采用 5 线制。制作 S700K 电动转辙机表示的模拟条件时，首先应根据图纸画出定、反位表示的等效电路图：然后根据分线柜配线图纸在室外分线（盘）柜上找出对应每组道岔各个电机的 1 ~5 线，再按照等效电路图的原理进行制作。

b. 道岔手柄按钮。按照图纸在室外分线柜（盘）上分别找出每组道岔的 DSBJ1、2，FSBJ1、2，然后将各个 2 位非自复式开关分别连在各组道岔 D/FSBJ1、2 上。

c. 信号机。按照图纸在室外分线柜上分别找出各架信号机各个灯位的输出去线和回线（先甩掉室外电缆线），然后按照各个灯位的颜色在其输出去线和回线之间接入相同颜色的彩色灯泡。

当所有的模拟条件制作完毕后，应根据图纸对制作的模拟条件复查，确保制作的模拟条件正确。

d. 根据图纸制作各种端站接口、报警、限速盘、点式等采集信息和输出信息的模拟条件，并进行单项核对测试。

⑤单元电路调试。对道岔、信号机和报警等根据图分别进行送电调试。

⑥SEI 仿真调试：根据调试程序对 SEI 内部设备进行系统调试，用仿真机替代各种控制命令，用开关替代各种输入信息，用表示灯替代各种输出信息，在 SILAM 中监测检查各种命令的执行情况和传输信息的传输情况，进行仿真试验。

⑦接入 CTC 分机设备，进行 SEI 与控制台之间联调，确保信息交换正确，并进行主备机切换调试。

⑧接入限速盘、轨道电路、各种报警、点式环线等进行调试，并在 SILAM 中检查各种命令的执行情况。

⑨SEI 系统设备综合检查：接入已调试好的所有单元电路，通过 SILAM 对各个设备上、通道及 SEI 机柜中各单元进行全面完好性检查，测试核对其正确性。

⑩在控制台按下非常站控按钮将车站设备转入站控状态，然后根据连锁表在控制台分别办理进路和在临时限速盘上进行各种操作，室内人员分别观察道岔电路和信号点灯电路继电器动作并与室外核对，再在 SILAM 上模拟封轨（若站内进路空闲，也可在站内轨道区段上实际封轨），模拟列车运行，同时观察并记录 SILAM 上的码序，然后把测试记录和码序表对照，确认码序是否正确。

⑪在两端站已完成本站系统试验后，接入端站接口条件进行站内和区间正反两方向连锁和码序调试。

a. 进行方向试验：在区间完全空闲情况下，通过两站办理进路进行方向试验；在区间占用情况下，通过 2 站间的特殊办理进行方向试验；同时测试站内和区间正反两方向时的连锁和码序，观察并记录 SILAM 上的方向和码序。

b. 进行临时限速、区间封锁、股道封锁试验：按照临时限速盘上各种按钮的功能，在临时限速盘上进行各种设定，试验各种临时限速功能，观察控制台状态，进行各种进路试验并记录 SILAM 上的方向和码序。

c. 根据连锁表和码序表在控制台办理各种进路，进行正常和非正常情况下模拟列车运行，测试站内和区间正反两方向的连锁和码序，观察并记录 SILAM 上的码序，然后把测试记录和码序表对照，确认码序是否正确。

d. 各种报警、转换、故障试验，观察并记录 SILAM 上的各种信息。

（3）劳动力组织（见表 43）。

表 43　车站一体化系统调试劳动力组织

序号	调试内容	人数
1	室内设备配线导通	2
2	电源系统测试	2
3	制作模拟条件	2
4	SEI 机柜测试	4
5	控制台操作	1
6	观察继电器动作	1
7	确认组合架、SILAM、CTC、LCP 表示是否一致	2

续表 43

序号	调试内容	人数
8	操作 SILAM	1
9	室外配合试验	6 ~ 12
10	端站配合试验	2

（4）机具（见表 44）。

表 44　车站一体化系统调试机具配备

序号	名　　称	单位	数量
1	VS190 专用测试仪表	台	2
2	数字万用表	台	4
3	500V 手动摇表	台	1
4	接地电阻测试表	台	1
5	WAGO 端子专用叉子	个	4
6	电烙铁	把	2
7	对讲机	台	8
8	二极管	个	75
9	AC220V/25W 彩色灯泡	个	32
10	二位非自复式开关	个	若干
11	专用轨道电路分路器	根	6 ~ 10

16. 中继站 SEI 列控连锁一体化系统调试工艺

（1）工艺流程图（见图 21）。

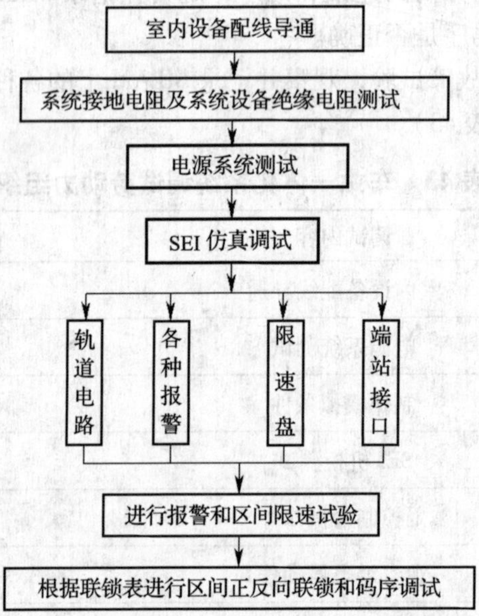

图 21　中继站一体化调试工艺流程图

（2）操作要点。

①根据审核后的施工图对室内设备的配线进行导通，重点是到 SEI 各柜的线，保证室内配线正确、无错配、漏配等现象。

②对系统设备接地和绝缘进行全面检查和测试，确保系统工作在同 1 等电位上。

③对电源屏进行空载通电试验，检查各路电源输出及切换电路是否正常，然后检查各组合柜及 SEI 机柜电源输入正确，无短路、混电、接地等故障。

④根据图纸制作各种端站接口、报警、限速盘等采集信息和输出信息的模拟条件，并进行单项核对测试。

⑤SEI 仿真调试。根据调试程序对 SEI 内部设备进行系统调试，用仿真机替代各种控制命令，用开关替代各种输入信息，用表示灯替代各种输出信息，在 SILAM 中监测检查各种命令的执行情况和传输信息的传输情况，进行仿真试验。

⑥接入限速盘、轨道电路、报警等进行调试，并在 SILAM 中检查各种命令的执行情况。检测 SEI 系统 BIV 柜的轨道发送及接收参数是否符合标准。根据轨道电路调整表和采集指示灯对照表进行测试。

⑦SEI 系统设备综合检查：接入已调试好的所有单元电路，通过 SILAM 对各个设备、通道及 SEI 机柜中各单元进行全面完好性检查，测试核对其正确性。对轨道电路室内外一致性进行确认。

⑧进行临时限速试验。按照临时限速盘上各种按钮的功能，在临时限速盘上进行各种设定，试验各种临时限速功能，观察并记录 SILAM 上的方向和码序；同时对与临站有关的要通知临站进行测试和记录。

⑨在两端站已完成本站系统试验后，接入端站接口条件，并对端站接口通道和相关信息进行测试，通过两端控制车站进行区间正反两方向连锁和码序调试。根据连锁表和码序表模拟列车运行，测试区间正反两方向的连锁和码序，观察并记录 SILAM 上的码序，然后把测试记录和码序表对照，确认码序是否正确。

⑩各种报警、转换、故障试验，观察并记录 SILAM 上的各种信息。

（3）劳动力组织（见表 45）。

表 45　中继站一体化调试劳动力组织

序号	调试内容	人数
1	室内设备配线导通	2
2	电源系统测试	2
3	制作模拟条件	2
4	SEI 机柜测试	4
5	控制台操作	1
6	观察继电器动作	1
7	确认 PIP、PIV、SILAM 表示是否一致	1
8	操作 SILAM	1
9	室外配合调试	4～8

（4）机具（见表46）。

表46　中继站一体化调试机具配备

序号	名　　称	单 位	数　量
1	VS190 专用测试仪表	台	1
2	数字万用表	台	2
3	500V 手动摇表	台	1
4	接地电阻测试表	台	1
5	WAGO 端子专用叉子	个	4
6	电烙铁	把	2
7	对讲机	台	3
8	二位非自复式开关	个	若干
9	专用轨道电路分路器	根	4

五、质量控制

1．室内外各设备安装除应满足铁道部现行标准外还应严格按照本工法的具体要求，特别是 UM2000 数字轨道电路轨道引接线长度、调谐区长度等。

2．全程贯通铜缆的接地电阻小于等于1Ω。

3．电缆及备用量和各类配接线敷设时，不得出现环状，避免产生环流。

4．室内所有设备外壳金属部分均要连至综合接地网并连接到全程贯通铜缆。

5．等电位线的布置和安装应严格按照设计文件和工法中的具体要求执行，避免两线间不平衡电流对设备的影响。

6．设备通电前，要进行技术确认，并如实填写技术确认表。

7．轨道电路调整应在调整表范围内，特殊情况需编制新调整表。

8．各种试验应严格按照相关程序进行。

六、安全措施

1．各类施工人员上岗前，必须进行安全学习，考试合格后方可持证上岗，施工作业应严格执行各种安全规定。

2．进行各类轨旁设备和桥上设备安装时，必须设专人防护，以保证行车及人身安全。

3．进行机架搬运、安装及电缆敷设工作中，应按规定配足人力和机械，并按规范的作业程序进行作业，以免造成施工人员身体伤害和机件损伤。

4．进入机房，要求换穿防护鞋。SEI 机柜中设备不得随意拆开，以免静电损坏机件。在机房内使用大功率对讲机时，要尽量远离机柜以防电磁干扰

七、技术经济分析

1．技术效益

通过“SEI 列控连锁一体化系统设备安装、调试工法”的研究和开发，我们较为全面地

掌握了高速铁路信号专业的施工组织、工艺操作和系统调试，创立了1整套行之有效的施工方法，积累了高速铁路信号系统施工、调试的宝贵经验，推动了企业的科学技术进步，填补了国内空白；为今后我们在高速铁路信号专业的施工提供了技术保证。

2. 经济效益

“SEI 列控连锁一体化系统设备安装、调试工法”具有安全、合理，便于掌握和操作等优点。在秦沈客运专线 D34 标段的实际应用中，大大地提高了工作效率，节省了大量的劳动力，减少了不应有的返工现象，缩短了施工周期，取得了显著的经济效益。

按照既有的施工模式，采用松散的施工技术管理和施工管理，秦沈客运专线 D34 标段的施工要有 200 人以上的施工队伍，并且施工周期要 1 年半左右时间。通过课题组的技术攻关，同时采用了“SEI 列控连锁一体化系统设备安装、调试工法”指导施工，科学的施工技术管理。该项目只用了 80 多人，不到 1 年时间就完成了施工生产任务，仅此 1 项就节约工费 80 万元左右。加上节省的材料、机具等其他费用，总的经济效益在 100 万元以上。

3. 社会效益

作为全路首家、首次进行秦沈客运专线“山－绥”试验段信号专业施工的大型综合型施工企业，我们抓住机遇，组织集团公司内信号专业的技术精英，成立了精湛的课题攻关小组，发挥集团优势，进行全面的技术课题攻关，最终开发了“SEI 列控连锁一体化系统设备安装、调试工法”。采用该工法完成的所有工程，经最终验收工程合格率达 100%，优良率达 98% 以上，系统工作稳定可靠。得到了铁道部领导、建设单位和运营部门的赞扬，提高了我集团公司的信誉。“SEI 列控连锁一体化系统设备安装、调试工法”的研究开发不仅再次确立了我集团公司信号专业的工程施工在全路内的领先地位，同时为我集团公司今后抢占高速铁路市场，扩大市场份额，提高市场竞争力，提供了强有力的依据和坚实的基础，并且为推动我国高速铁路的发展做出了积极的贡献。

八、工程实例

本工法是在 2002 年 8 月进行的秦沈客运专线“山海关－绥中”综合试验段工程的施工和调试、试验实际过程中提炼出来的，并推广到整个 D34 标段，最后由铁道部秦沈客运专线建设总指挥部推广到全线，作为施工、验收的执行标准。在工程应用中均取得了较好的效果，并且设备投运后工作稳定，质量可靠。